단백질의 일생

생성 · 성숙 · 수송 · 관리 · 분해 · 병태

***Life of Proteins*:**
Synthesis · Maturation · Traffic
Quality Control · Degradation · Disease

편집

Ogura Teru · Endo Toshiya
(小椋 光 · 遠藤斗志也)
Mori Masataka · Yoshida Masasuke
(森 正敬 · 吉田賢右)

역자

진익렬 (경북대 생명공학부 교수)
권오유 (충남대 의대 해부학과 교수)

월드사이언스
www.worldscience.co.kr

단백질의 일생

인 쇄 · 2006년 10월 15일
발 행 · 2006년 10월 30일
역 자 · 진익렬 권오유
발행인 · 박 선 진
발행처 · 도서출판 월드사이언스
서울특별시 동작구 사당5동 240-15
등록일자 · 1987년 12월 14일
등록번호 · 3-136
TEL · (02) 581-5811~3
FAX · (02) 521-6418
E-mail · worldscience@hanmail.net
URL · http://www.worldscience.co.kr

정가 25,000원
ISBN 89-5881-071-8
ISBN 978-89-5881-071-1

이 도서의 국립중앙도서관 출판시도서목록(CIP)은 e-CIP 홈페이지
(http://www.nl.go.kr/cip.php)에서 이용하실 수 있습니다.
(CIP제어번호: CIP2006002099)

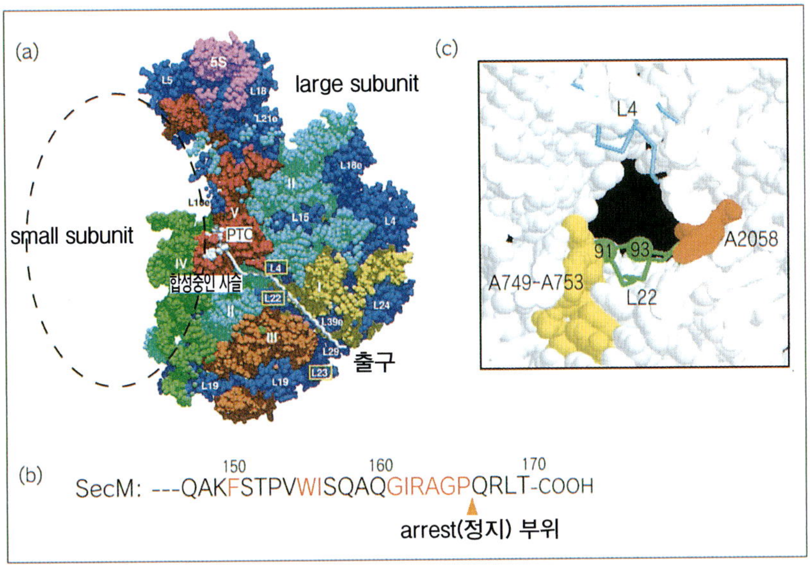

그림1. 리보솜 터널의 구조도와 SecM의 번역정지

(a) 고도 호염균 유래 리보솜 큰 subunit의 결정구조 : 터널전체가 잘 보이도록 일부 제거되어있다. 리보솜 단백질은 청색, 합성중인 사슬은 백색. 5S rRNA가 핑크. 그 외의 색은 213S rRNA(숫자는 도메인名)로 되어 있다. 본문중에서 기재되어 있는 리보솜단백질을 황색으로 둘러쌌다(문헌2에서 허가받고 전제). (b) SecM의 C말단영역의 아미노산배열 : 번역정지에 중요한 잔기를 적색으로 나타냈다. 정지부위인 166번째의 Pro잔기에는 화살촉을 붙였다. (c) PTC측에서 세포질측으로 향하여 내다보인 경우의 턴널협착부위의 단면도: 23S rRNA를 백색. L4, L22 리보솜단백질을 각각 청색, 녹색으로 나타냈다. 중앙의 흑색부분은 턴널의 출구를 나타내고 있다. 적색, 황색(이상, 23S rRNA내의 변이). 및 녹색의 공모양(L 22내의 변이 : Gly91, Ala93)은 정지배열을 합성해도 번역신장을 계속할 수 있는 변이형 리보솜의 변이부위 (문헌5에서 허가받고 게재).(中戶川 仁 · 伊藤維昭, p.27)

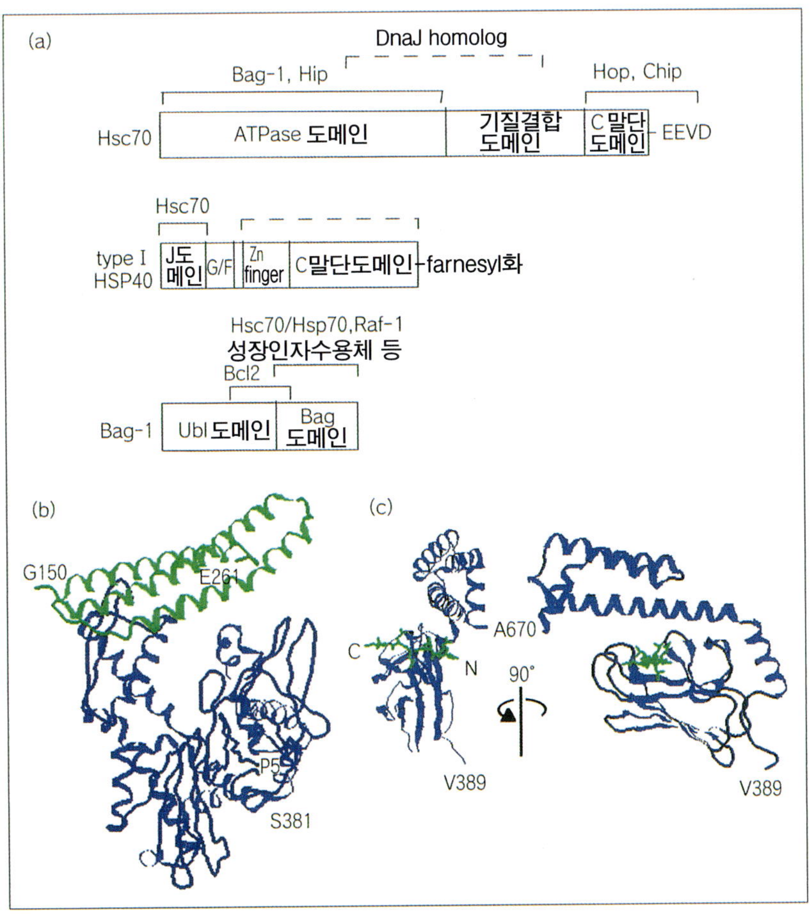

그림2. Hsp70, type I HSP40과 Bag-1

(a) Hsc70과 cochaperone의 도메인구조. 각 도메인과 상호작용하는 인자를 나타낸다. (b) Hsc70의 ATPase도메인(청)과 Bag-1의 Bag도메인(녹)의 복합체. PDB accession:1HX1
(c) DnaK 펩타이드결합도메인(청)과 motif 기질펩타이드(녹, 지면을 향하여 N말단에서 C말단으로). PDB accession:1DKX(寺田和豊 · 森 正敬, p.41)

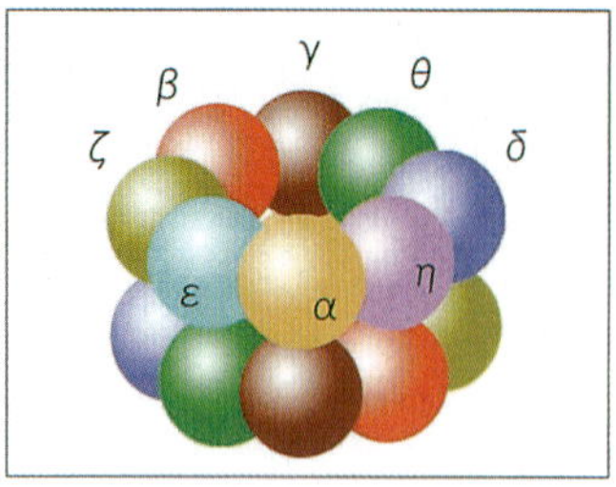

그림3. CCT분자구조의 모델.
subunit의 배치는 문헌8에 기초한다 (Kubota Hiroshi, 久保田廣志, p79).

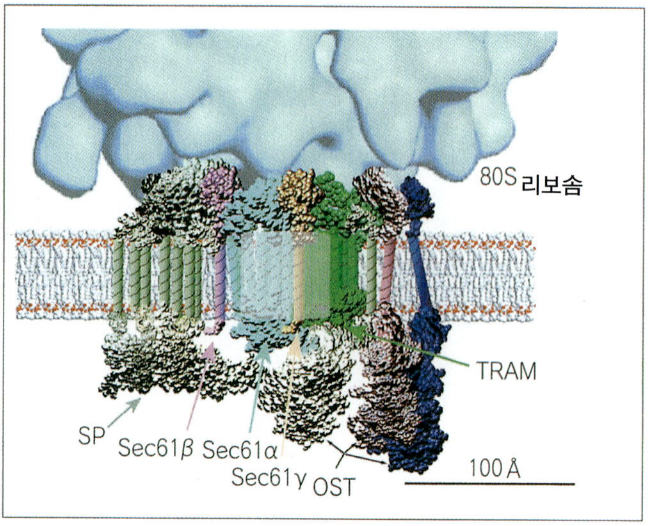

그림4. translocon의 구성분자.
translocon을 구성하는 분자의 종류와 그의 topology (문헌에서 43허가를 얻어 전제) (永田和宏, p.205)

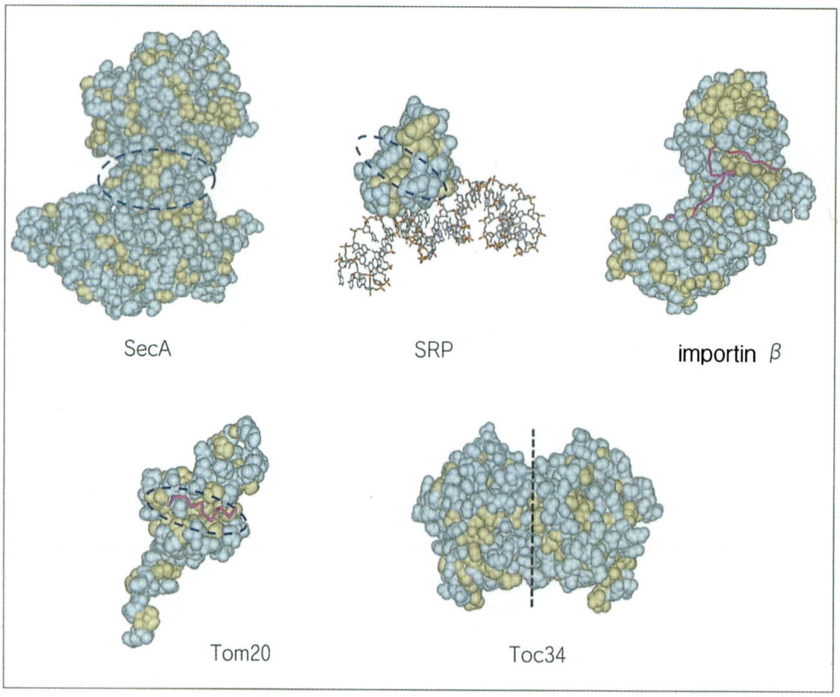

그림5. 행선지신호를 인식하는 단백질(공간충전 모델)
대장균SecA, 대장균SRP(Ffh의 4.5S RNA와 M도메인:4.5S RNA는 wire모델로 나타냈다). importin β와 NLS 펩타이드의 복합체(NLS펩타이드를 적색으로 나타냈다). rat TOM 20과 pre 배열펩타이드를 적색으로 나타냈다). 애기장대 34(2량체의 대칭면을 점선으로 나타냈다). 소수성 아미노산을 황색으로 나타내고, 신호가 결합한다고 생각되는 소수성의 구덩이를 점선의 타원형으로 나타냈다(遠藤斗志也 · 吉久 徹, p.84).

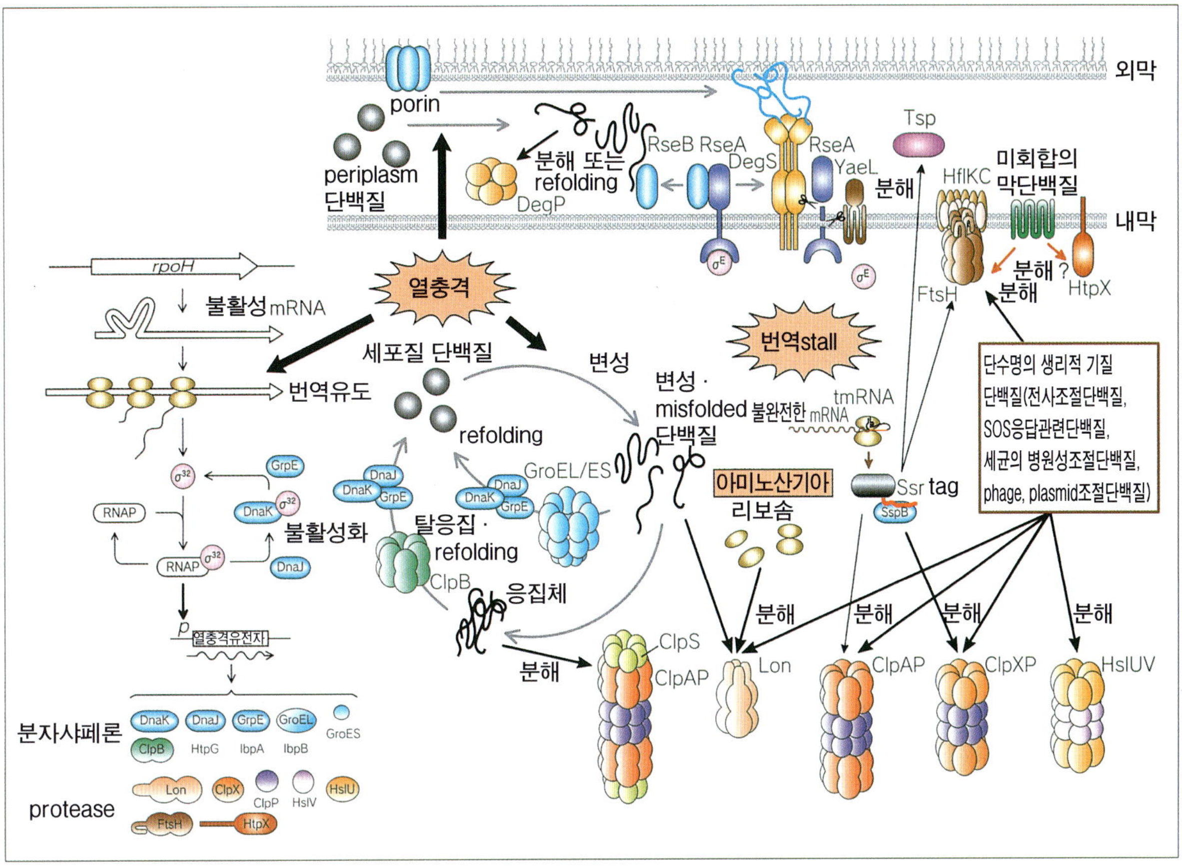

그림6. 원핵세포의 단백질 recycling system의 전체상.

대장균의 세포를 예로 하는 단백질 recycling system의 전체를 나타낸다. 왼쪽에 전사인자 σ32에 의한 열충격응답기구와 대표적인 열충격단백질을 나타낸다. σ32는 DnaK시스템에 의한 불활성화와 주로 FtsH에 의한 분해에 의해 (–)로 제어된다. 진정세균에 있어서도 열충격응답기구는 다양성이 있고, 이를테면 고초균에는 σ32는 아니고, HrcA repressor에 의한 제어기구가 있다. 열충격단백질의 대부분은 분자샤페론 또는 protease로 분류되며, 이들은 단백질의 품질관리에 관여하는데, 기능미지의 열충격단백질(그림에서는 생략)도 있다. 중앙에 단백질의 변성 · refolding의 cycle과 그것에 관여하는 샤페론을 나타낸다. 변성단백질이나 응집체는 protease에 의한 분해경로에서도 처리된다. 오른 쪽에 ATP의존성 protease와 그들의 주요한 기질을 나타낸다. 정상적인 폴딩상태에 있는 생리적 기질단백질은 각각 특이적인 protease에 의해 분해되는데, 이 논문의 주제는 아니므로 일관하여 나타내고, 개별적으로는 나타내지 않는다(문헌9를 참조). tmRNA(SsrA)가 관여하는 transtranslation의 결과 생기는 SsrA tag 단백질의 운명과 아미노산 기아조건에서의 Lon에 의한 리보솜단백질의 분해를 나타낸다. 위에 세포표층에 있어서 단백질의 품질관리기구를 나타낸다. (小椋光, p.285)

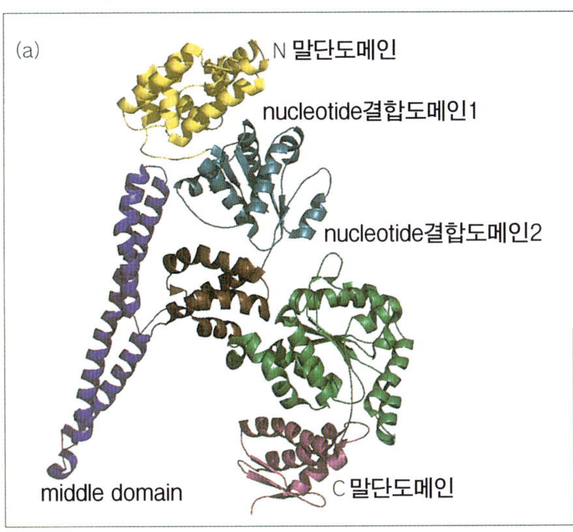

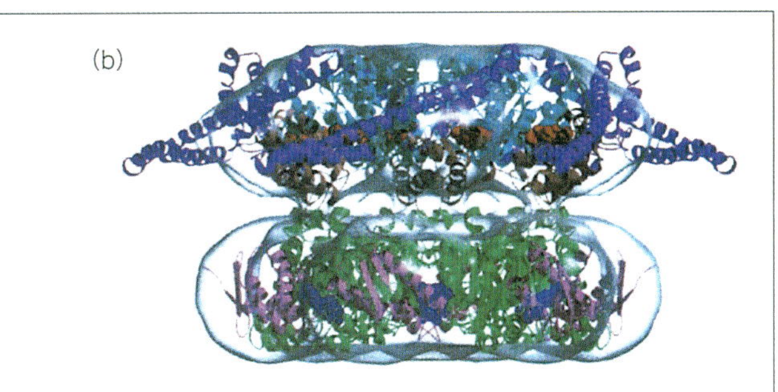

그림7. 호열균 ClpB의 결정구조.

(a) 단량체구조와 (b) 6량체모델. 각각 N말단도메일(노랑). nucleotide결합도메일1(청), middle 도메인(자색+차색). nucleotide 결합도메인2(녹). C말단도메인(핑크). (b)에서는 N말단도메인이 생략되어있다. [渡邊洋平 · 吉田賢右, p.298]

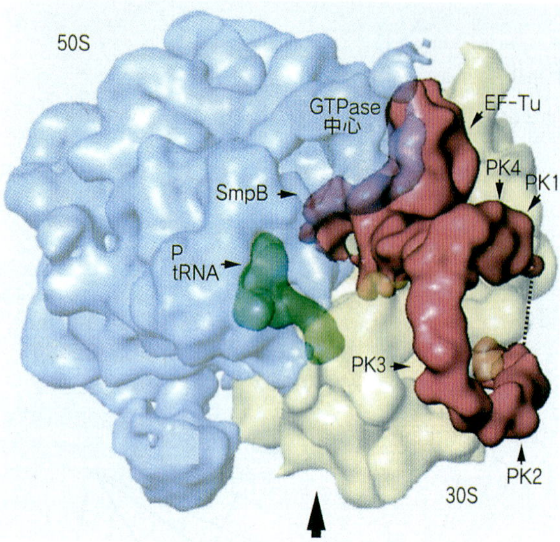

그림8. tmRNA·SmpB·EF-Tu(GDP)·kirromycin·리보솜복합체의 저온전자현미경상

적색은 tmRNA · SmpB · EF-Tu(GDP) · kirromycin · 리보솜복합체, 녹은 P부위의 peptidyl tRNA를 나타낸다. S1이 결합하는 30S subunit의 부위를 화살표로 나타냈다. 번역개시지점을 포함하는 한 가닥사슬의 영역은 점선의 부위에 위치한다고 생각된다. (문헌23에서 전재) [姬野俵太 · 武藤 昱, p.304]

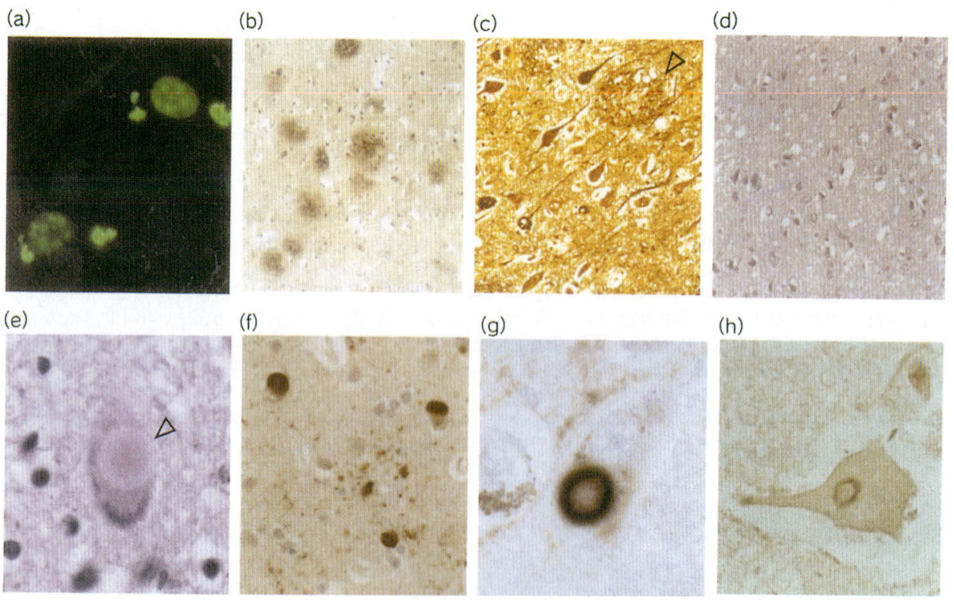

그림9. 신경변성질환에서 보이는 특징적인 병리소견.

(a) polyglutamine을 발현시킨 신경세포에서 인정된 polyglutamine의 응집상.
(b) alzheimer병에서 인정되는 노인반점(차색).
(c) alzheimer병에서 인정되는 노인반점(차색)과 신경세포내의 신경원(神經原)섬유변화.
(d) Creutzfelt-Jakob병 환자의 해면상뇌증(海綿狀腦症). 광범위한 신경세포의 소실 때문에 뇌의 실질(實質)이 해면과 같이 구멍이 숭숭나 있다.
(e) Parkinson병에서 인정되는 Lewy小體(화살표).
(f) 항ubiquitin항체로 진하게 염색된 파킨슨병의 Lewy소체(차색).
(g) 파킨슨병의 Lewy소체는 항α-sinuclein항체로 특히 윤곽부분이 halo상으로 진하게 염색된다.
(h) 항SOD1항체로 염출된 가족성 근위축성측색(側索)경화증 환자의 neuron내의 초자(硝子)모양 봉입체.
[(b)는 Kyoto대학의학부의 木下彩榮 박사, (c)와 z(f)는 宇多野병원의 小牟禮 修 박사, (d)는 Tokyo도립신경병원의 小田雅也 박사, (e)는 Kyoto대학의학부의 尾崎彰彦 박사, (g)는 Tokyo 대학약학부의 岩坪 威 박사, (h)는 Tottori(鳥取)대학의학부의 大浜榮作 박사에게 각각 제공받았다.] (문헌1에서 전재)[垣塚 彰 · 森 正敬, p.323)

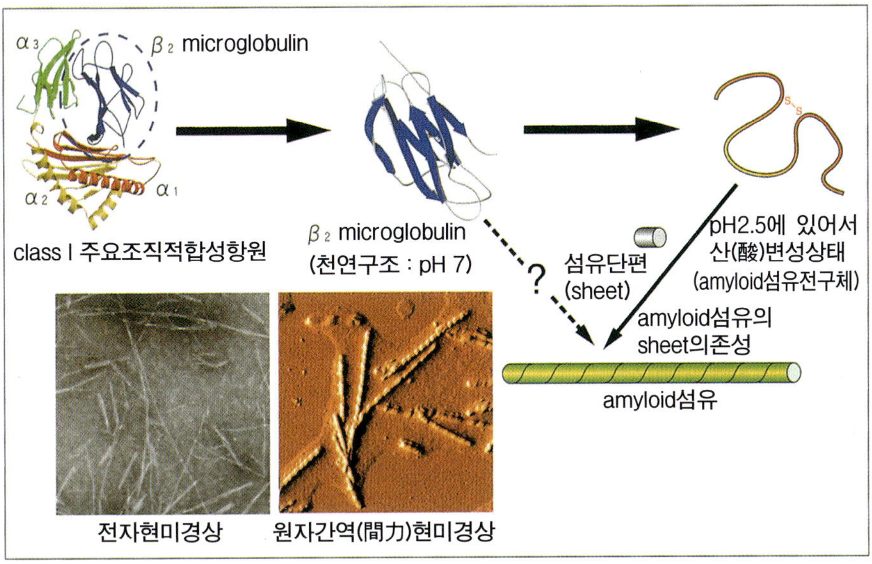

그림10. β_2 microglobulin의 구조변화와 amyloid섬유형성반응

amyloid섬유의 전자현미경상(왼쪽)은 문헌7, 원자간역현미경상(오른쪽)은 문헌8을 원본으로 작성. [後藤祐兒 · 伴 匡人 · 星野大, p.338]

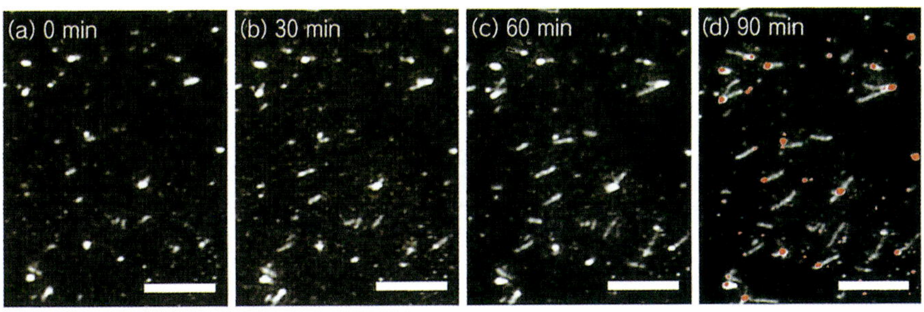

그림11. amyloid섬유신장반응의 real time 관찰.

thioflavin-T의 형광을 이용하여, 全반사형광현미경에 의해서 관찰한 β_2 microglobulin의 amyloid섬유신장반응. (d)의 붉은 점은 (a)의 sheet의 빛나는 점을 중복한(overlap) 것. scale bar는 10μm. 문헌10을 원본으로 작성. [後藤祐兒 · 伴 匡人 · 星野大, p.339]

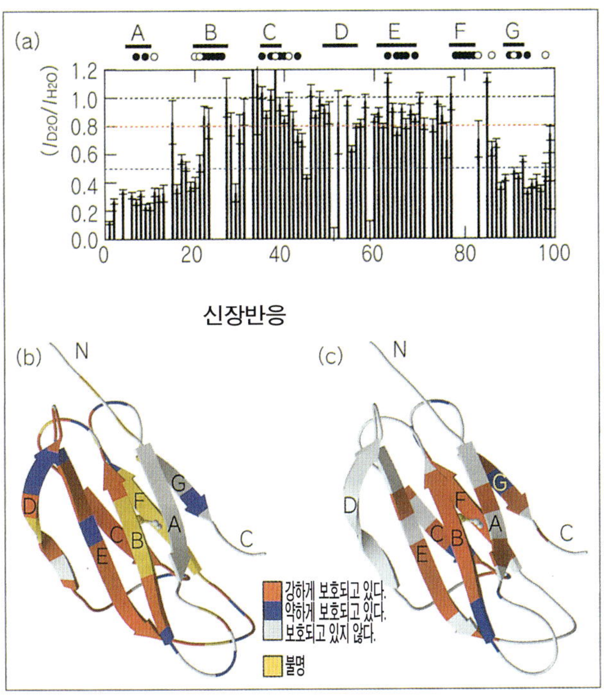

그림12. β_2 microglobulin의 amyloid섬유의 중수소화반응.

(a) pD 2.5, 25℃에서 8일간 중수소교환한 다음, 교환의 정도를 아미노산잔기번호에 대해서 polt했다. 전혀 교환하지 않는 경우가 1.0이다. 전체의 형은 台形이 되어있고, 중심부분은 중수소교환하지 않았는데, N, C말단영역은 교환했다. 그림의 위에 천연구조에 존재하는 β strand의 위치(A~G의 가로棒(봉))과, 천연구조에서 교환으로부터 보호되고 있는 잔기((c)의 적 · 청부분)을 원[●: 강하게 보호되고 있는 잔기((c)의 적), ○: 약하게 보고되고 있는 잔기((c)의 청)으로 나타냈다. (b) amyloid섬유에 있어서 교환에서 의 보호를 천연구조의 위에 표시했다. (c) 천연구조(pD 6.5, 5℃)를 약 10분간 중수소교환하고, 교환할 때의 보호상태를 천연구조 위에 표시했다. 문헌15를 원본으로 작성.
[後藤祐兒 · 伴 匡人 · 星野 大, p.339]

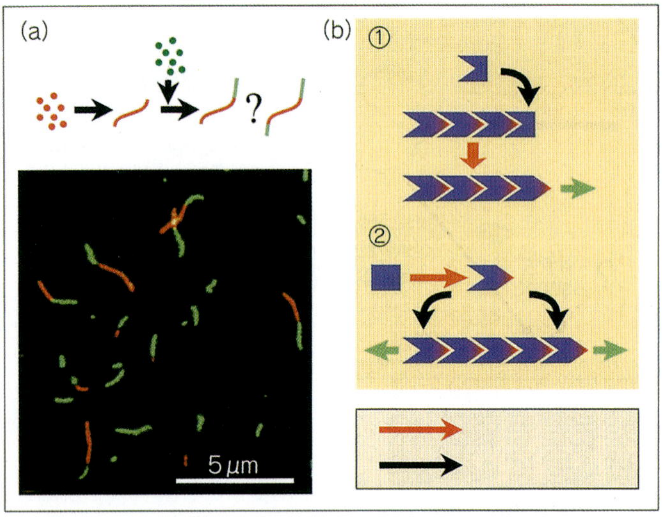

그림13. 프리온섬유가 구조변환을 촉매한다.

(a) 붉은 색으로 형광표지한 Sup35NM섬유를 녹으로 형광표지한 Sup35NM으로 성장시켰을 때, 대부분이 일방향성장을 나타냈다. 녹색만의 섬유도 있으나 이것은 후에 첨가한 녹색의 Sup35NM이 새롭게 섬유형성한 것이다.

(b) 만약 구조변환의 후에 중합이 일어나면 섬유성장은 양방향의 성장이다②. 반대로 일방향성장이라면 구조변환은 섬유의 말단에 부가하고 나서 일어난 것을 의미한다①.

[井上雄嗣 · 吉田賢右, p.356]

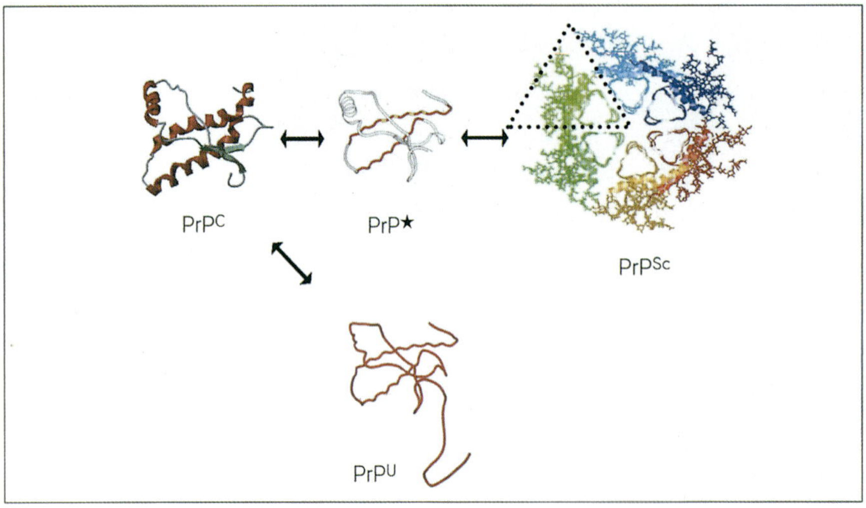

그림14. 프리온의 구조변환과정과 중간체의 역할(5)

세포형(PrP^c), 중간체(PrP^*). 변성형(PrP^U), scrapie형(PrPsc)의 입체구조(hamster prion, 아미노산번호90에서 231까지를 나타낸다)와 입체구조변환에 관계하는 상호관계를 나타낸다. PrPsc는 모델에 지나지 않는다[10].

[桑田一夫, p.359]

서 론

[생명은 단백질의 운동이다]고 Engels가 말한 것은 19세기말이었다. 즉 단백질은 펩타이드결합으로 연결된 아미노산 중합체인 걸 Fischer가 발견하기 전의 일이다. 그러나 이 운동이라는 말이 함축하는 바를 구체적인 이미지를 가지고 이해하기에 이른 것은 최근이다.

단백질의 구조는 아주 다양하며, 단백질이 실현하고 있는 기능은 거의 만능인 듯 하다. 하나하나의 단백질은 그 자체 매력적이다("All enzymes are beautiful." Paul Boyer, 1997 노벨상 수상자). 이 매력에 끌려서 지난 반세기 동안 막대한 연구노력이 각각의 단백질분자의 작용기구의 해명에 바쳐져 왔다. 연구는 한층 가속하고 있다. 이는 각각 고유한 기능적 구조상태(native structure)에 있는 단백질 분자에게만 관심을 집중한 연구이다.

그러나 만물은 이미 기원과 역사와 소멸의 인과를 알기 시작하여 그 존재의 의미를 알 수 있다. 단백질도 그렇다. 세포내외의 단백질의 움직임에 관한 우리들의 개념은 최근 10년에 일신되었다. 단백질은 폴리펩타이드로서 합성되면, 이후는 틀림없이 스스로 기능적 구조를 형성하고 소정의 장소에 다다라 세포의 요구에 응하는 역할을 담당하며, 확률적으로 파괴되어 간다. 이러한 naive한 개념은 과거의 것이 되었다.

리보솜에서 폴리펩타이드가 만들어진 순간에 고분자중합체로서의 단백질은 이미 완성하고 있다. 그러나 이것은 쓸모있는 단백질로 되기 위한 단순한 출발점이지 결코 최후 목표는 아니다. 폴리펩타이드는 세포의 내부에서 스스로 혹은 다른 인자에게 도움을 받아서 기능적 구조를 획득하여 제구실하는 단백질이 된다. 세포내를 이동하여 특정의 구획에 들어가는 단백질이나, 세포의 외로 분비되는 단백질도 있다. 이와같은 이동하는 단백질은 끈모양으로 늘려진 형태로 막에 존재하는 수송장치를 통하여 막을 통과한다. 그래서 예정된 장소에 도착하여 정착하고 요구되는 기능을 발현하게 된다.

잘 완성하여 배치된 단백질도 그대로 쭉 안정하게 그곳에 계속 존재하는 것은 아니다. 여러 번 온도상승이나 약간의 스트레스에도 많은 단백질의 고차구조가 붕괴한다. 고차구조가 손상한 단백질은 경우에 따라서는 수복되어 회복하지만, 감당할 수 없게 되면 분해되어 소멸한다. 이 과정에서는 분자샤페론과 ATP의존성protease가 ATP의 가수분해의 에너지로 그 역할을 수행한다. 이와같이 태어나서 죽을 때까지 [단백질의 일생]에는 각각의 단백질 특유의 고비나 변환이 있고, 그 움직임도 또한 세포에 의해서 제어되고 있음을 알게 되었다. 더욱이 세포는 모든 단백질이 각각으로 변화하여 멈추지 않고 있는 가운데 통일적인 기능을 유지할 뿐만 아니라, 환경의 변화에 따라서 단백질의 사회를 재구성하기 위하여 용의주도하게 여러 가지 장치를 구비하고 있는 것을 알게 되었다. 그러나 어떠한 시스템에도 파탄은 생긴다. 회복도 분해도 실패하면, 변성한 단백질은 응집체로서 축적하고 이것이 혹은 이 과정이 세포의 상해를 가져온다. 상해는 증식을 할 수 없는 신경계의 세포에 있어서 정도가 심하여 일군의 심각한 병을 일으킨다. 이것도 최근 10년사이에 확립된 새로운 병의 개념이다.

그래서 단백질의 일생을 통하여 어느 때는 어슴프레한 소리같고, 어느 때는 널리 울려 퍼지는 통악기 저음과 같은 물음이 있다. 어떤 단백질이 어떠한 구조로 폴딩(folding)하는가, 그래서 어떠한 기능을 가지는가, 이것은 오로지 아미노산배열로 결정된다고 Anfinsen Dogma는 말하고 있다. 그뿐만이 아니라 그 단백질이 어디로 가는지, 언제 분해되는지, 그것도 결국 세포가 아미노산배열에 유래하는 정보를 직접 혹은 간접적으로 아미노산 배열에 유래하는 단백질의 안정성 등의 성질을 읽어서 그것에 따라서 결정해간다. 그래서 환경과 유전의 관계와 같이 세포의 상태가 변화하면 그 정보의 독해법도 또한 변화해간다. 만약 이와 같은 확장된 Anfinsen Dogma가 올바르다면, 인류는 아무래도 아미노산배열과 환경에서 개개의 단백질의 운명을 예언할 수 있을 가능성이 있다. 그러나 Anfinsen Dogma 혹은 확장된 Anfinsen Dogma는 어떠한 경우에도 유효한 원리일까?

이번 증간호에서는 단백질의 [일생]의 여러 경우에 대한 최근의 이해를 소개한다. 저자는 전부 세계의 최일선에서 활약중인 연구자이다. 각부의 총론에서는 그 분야의 연구가 어떠한 계기로 개시되고 어떻게 발전해왔는가를 개설하고 있다. 연구는 어느 의미에서는 아주 개인적인 작업이다. 그곳에서 특히 공헌을 한 연구자의 사진을 게재했다. 단, 이외에도 공적이 있는 분은 많다. 또한 일본인 연구자의 사진은 싣지 않았다. 공평하며 틀림이 없는 연구사를 기록하기는 어렵다. 실수나 평가의 잘못이 있더라도 이해해 달라. 총론에 이어서 몇 가지 각론이 있고, 거기에서는 자신의 연구에 대해서 얘기하면서 그 분야의 총괄적인 검토를 하고, 현재의 과제에 대해서 기술하고 있다. 그래서 최근의 토픽을 칼럼에서 소개하고 있다. 이 증간호에서는 각 저자의 개성을 존중하여 될 수 있는 대로 상호 관련을 알 수 있도록 또한 폭넓은 독자가 무리없이 읽을 수 있도록 감수자가 원고를 읽으면서 수정의견을 기술하여 다시 저자에게 질문을 하고 그 질의응답을 논문말미에 게재했다. 이번 증간호의 각각의 논문은 [단백질의 일생]을 둘러싼 세계의 연구의 도달점과 일본의 연구의 최전선을 동시에 밝히고자 시도하였다. 독자에게 새로운 자극을 불러일으킬 수 있으면 다행이라고 생각한다.

편자를 대표하여 Yoshida Masasuke (吉田賢右)

목 차

I. 단백질의 생성과 성숙

II. 단백질수송

III. 단백질의 품질관리

IV. 병태 · 폴딩병

●표지그림에 관해서●

인생의 3 시기(Die drei Lebensalter)

Gustav Klimt 1895 로마 국립근대미술관 소장

빈의 세기말화가 클림트의 명품의 하나이다. 그가 생애를 통해서 추구한 테마인 [성애][탄생][젊음][늙음][죽음]이라는 인생의 도정(道程)이 한 장의 그림에 응축되어 있다. 눈부시게 화려하고 관능적인 그림의 안에 탄생과 젊음의 기쁨과, 늙음이나 죽음의 슬픔이 서로 얽혀 다투고 있는 것이 인상적이다.

단백질의 탄생과 성숙

Yoshida Masasuke (吉田賢右)

세포 안의 많은 단백질은 각각의 운명을 다한다. 그 드라마의 무대를 연출하는 것도 또한 단백질이다. 여기에서는 드라마의 전반부분, 다시 말해서 단백질의 탄생과 성숙을 조망한다.

key Words folding, 분자trigger factor(방아쇠인자), 샤페론, Hsp60 Hsp70 Hsp90 Hsp100 Hsp104 sHsp

●서 론

리보솜의 긴 턴널을 빠져나오면 cytosol이다. 그래서 머리 중앙이 하얗게 되었다. 만원전차와 같이 혼잡하게 붐비는 cytosol의 광경이 눈에 들어왔다. 혼잡한 채 모두 대단한 속도로 아무렇게나 달려 서로 부딪치고 있다. 이따금 무시무시한 protease가 이곳을 노려보면서 눈앞을 지나간다. 이대로 벌거벗은 채(끈모양 그대로) 비실비실 얼떨결에 리보솜에서 나와서 다니다가 눈 깜짝할 사이에 protease에 잡아먹혀버린다. 성숙한 단백질은 겨우 옷을 입고(폴딩하여) 몸을 단단하게 하여 protease를 가까이 오지 못하게 한다. 가끔 겉옷을 입지 않은 채(혹은 옷을 벗어버리고) 붐빔 가운데에서 이리저리 밀려나고 있는 초라한 벗은 몸이 있다. 그들은 아직 protease에게 맞닥뜨려지지 않은 만큼 행운인지도 모르나, 이곳에 있어서는 protease와 같이 위험한 존재이다. 이것도 누드이지만 이 정도로 위험한 것은 없다(결론부분에서 이어짐).

단백질은 반드시 폴리펩타이드인데, 폴리펩타이드는 반드시 단백질인 것은 아니다. 우리들이 생각하는 단백질은 아미노산잔기의 공간적인 위치에 이르기까지 확정할 수 있는 확실한 기능적인 입체구조(native structure)를 취하고 있는 폴리펩타이드의 특수한 한 무리이다. 단백질은 폴리펩타이드로 태어나서, 입체천연구조로 자신을 꾸부리고 비틀어서(folding) 성숙하며, 드디어 단백질로 되는 것이다. 이것은 세포에 있어서 쉬운 것은 아니고 세포는 여러 가지 장치로 이것을 관리하고 있다. 제1부에서는 그 장치에 관해서 최근의 지식을 정리하여 소개하고, 또한 과제를 해설한다. 이 서론적 총설에서는 이것을 개관하고 각론에서 취급하지 않는 점에 대해서는 다소 상세하게 해설하기로 한다.

I. 종합정보처리기능을 가진 리보솜

리보솜의 구조결정은 노벨상을 받을 만한 구조생물학의 위업이다. 리보솜은 분명하게 틀림없는 RNA 효소(ribozyme)이었다. 그래서 단백질생합성도 바야흐로 원자수준에서 논할 수 있게 되었다. 그뿐만 아니라 리보솜은 단순한 단백질합성기계는 아니고 그렇다고 해도 대단한 일인데, 단백질생합성의 제어에 관해서도 종합조정하는 활동을 하고 있는 것을 최근이 되어서야 알게 되었다. 이전에는 세포의 단백질 생합성은 DNA에서 mRNA를 전사하는 단계에서 제어되고 있다고 생각되어 왔는데, 세포는 단백질합성의 거의 모든 단계를 붙잡아서 정교한 제어를 할 수 있는 듯하다. 리보솜이 관여하는 제어의 예를 몇 가지 올린다(**그림1**).

Masasuke Yoshida, 東京工業大学 資源化学研究所 E-mail : myoshida@res.titech.ac.jp
Birth and maturation of proteins

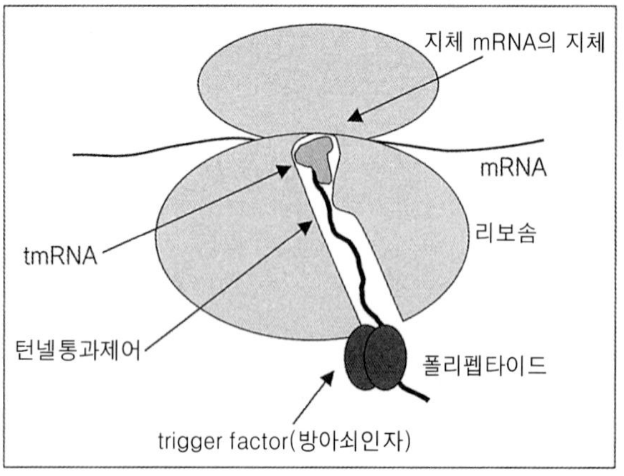

그림1. 리보솜에 있어서 단백질탄생중의 제어
리보솜은 단순한 단백질합성기계는 아니다.

10Sa RNA라는 360염기정도의 기능미지의 RNA가 대장균에 존재하고 있는 것이 이전부터 알려져 있었다. 1994년 Muto(武藤)와 Inoguchi(井口) 등은 각각 이것이 tRNA의 기능을 가진 것을 발견했다[1,2]. 그후 Sauer 등의 연구에서 이 RNA의 정체가 밝혀졌다[3]. 리보솜이 사고로 종지코돈을 잃어버린 불량 mRNA의 번역을 시작한 경우, mRNA의 3 '말단까지 진행한 경우에 이미 끝이 없기 때문에 선 채로 꼼짝도 못한다. 그러면 이 RNA(tRNA와 mRNA의 양쪽의 기능을 겸비하므로 tmRNA라고 명명되었다)가 다가와서 단백질의 말단에 tmRNA의 코돈에 유래하는 10아미노산의 펩타이드를 부가한 다음, 진퇴유곡에 빠지게 하기도 하고 리보솜을 불량 mRNA에서 해방하기도 한다(제III부 黑仁田 등의 원고, 阿保 등의 원고).

완전길이의 mRNA에서도 여러 가지 사정에 의해서 리보솜이 순조롭게 mRNA를 읽어서 진행시키지 않고 같은 장소에서 꾸물거리는 경우가 있다. 이를테면 mRNA에 사용빈도가 낮은 코돈이 있으면 대응하는 aminoacyl tRNA가 좀처럼 와주지 않아서 리보솜은 거기서 잠시 멈춰 꼼짝도 않는 경우이다. 어쨌든 이유가 무엇이든 리보솜이 꾸물거리고 있으면 mRNA는 리보솜의 A부위(혹은 약간 더 끝부분)에서 절단되어버리는 것이 Sauer 등에 의해서 최근 보고되어있다[4]. 절단되면 거기에 mRNA의 3′ 말단이 생겨, 다음은 tmRNA로 처리되어 버린다. 통상의 단백질합성의 경우, A부위에 잘못 들어온 aminoacyl tRNA는 리보솜에 구비되어있는 교정시스템에 의해 추적된다. 그러나 올바른 aminoacyl tRNA가 좀처럼 오지 않으면, 잘못한 tRNA가 교정되지 않는 채 폴리펩타이드에 끼어들어져서 불량품의 단백질이 만들어질 확률이 높아진다. 이것을 미연에 방지하기 위하여 mRNA절단이 일어난다고 생각된다. mRNA를 A부위에서 절단하는 RNase는 아직 동정되지 않고 있으며, 어쩌면 리보솜 자신이 이것을 하고 있을 가능성도 있다. 그러면 리보솜은 탄생을 담당·관리할 뿐만 아니라 태업하는 것을 파괴하는 야누스(로마의 두 얼굴 신)이었던 걸까?

William T. Wickner

계속 합성되고 있는 폴리펩타이드는 리보솜의 내부의 10nm 길이의 턴널을 통하여 외계, 즉 cytosol로 나간다. 2002년 Ito(伊藤) 등은 이 턴넬통과에 있어서도 제어가 일어나는 예를 발견했다[5]. 즉 리보솜의 턴널에는 협착부가 있고 폴리펩타이드에 의해서는 협착부의 내벽과 상호작용이 생겨서, 외부에서 끌어당겨지고 있는 때에는 여기를 통과할 수 있으나, 외부에서 끌어당김이 없어지게 되면 통과가 몹시 느려진다고 하는 것이다. 끌어당김이란 무엇인지, 느려지게 되는 것이 다음에 무엇을 불러일으키는 가에 대해서는 Nakatogawa·Ito(中戸川·伊藤)의 원고를 읽어보길 권유한다.

1987년 Wickner 등은 대장균의 *in vitro*의 단백질막통과의 실험에서 막통과가능한 변성구조를 유지하는 인자를 발견하여 방아쇠인자(trigger factor)라고 명명했다[6]. 그러나 최근에 이르러 Bukau 등은 방아쇠인자는 리보솜의 턴널의 출구의 L23이라는 단백질에 느슨하게 부착하고 있는 것을 발견했다[7]. 여기에서 막 나온 신생 폴리펩타이드를 기다려서 인수받아서 결합하는 것이라고 생각된다. 최초의 Wickner의 관찰은 방아쇠인자에게는 (다른 분자샤페론과 같이) 변성상태의 단백질에 결합하는 성질이 있기 때문에 그 때문에 막통과촉진활성이 검출되었다고 해석할 수 있다. 방아쇠인자는 단백질의 내부의 proline잔기의 주쇄(主鎖)의 cis-trans배위를 상호 변환하는 활성을 가지는데, 아마도 그것과는 관계없이 신생 폴리펩타이드에 결합한다. 그 역할은 합성도중의 폴리펩타이드가 N말단에서 마음대로 폴딩을 개시하는 것을 방지하는 것이겠지.

이와같이 리보솜과 그 주변에 관해서는 아직 미지의 현상이 대부분 숨겨져 있는 듯 하다. 리보솜과 번역과정의 *in vitro*의 연구는 오로지 세포의 조잡한 추출액(crude extract)을 가지고 해왔다. 20종 이상의 aminoacyl tRNA합성효소 등 필요한 성분이 지나치게 많아서 일일이 정제하여 첨가하는 것이 실제적으로는 없었던 것이다. 그런데 최근 모두 정제인자로 된 *in vitro* 번역실험계가 만들어졌다. 앞으로의 리보솜의 연구나 신생 폴리펩타이드의 성숙의 연구에 도움이 될 것에 틀림없다(應·上田의 원고).

II. 샤페론

리보솜에 의해서 태어난 폴리펩타이드는 자기 스스로 폴딩하여 단백질로 된다. 그러나 세포의 내부는 단백질농도가 20%에 달하는 진한 용액이며, 폴딩과 응집이 길항한다(高田의 원고). 큰 단백질은 폴딩에 시간이 걸리므로 그만큼 응집이 일어나기 쉽다. cytosol에 존재하는 분자샤페론은 이 폴딩을 보조한다. 또한 천연입체구조로 된 단백질도 여러 가지 기회에 장해가 생겨서 고차구조는 손상을 받는다. 단백질의 안정성은 여유없는 경우가 많다. 고작 1개의 ATP의 가수분해에너지의 반 정도의 에너지로 구조를 유지하고 있다. 아무것도 없어도 100초에 1회정도는 구조가 싹 파괴되어버리는 듯 하다[*1]. 하물며 온도의 변화 등 세포가 스트레스를 받으면 단백질은 간단하게 변성한다. 이럴 때에도 분자샤페론이 붕괴된 단백질의 고차구조를 수복한다. 역사적으로는, 분자샤페론은 세포가 고온에 노출된 경우에 유도되는 열충격단백질(heat shock protein : Hsp)로서 우선 인식되며, 그 역할의 해명과 함께 분자샤페론의 개념이 등장했다. 분자샤페론의 원래의 정의는 '미숙한' 구조상태의 단백질에 일시적으로 결합하여 '성숙'하는 것을 '돕는'(chaperone) 단백질이다. 그러나 현재로는 "····"의 부분의 확대해석에 의해서 변성단백질의 응집을 막은 작용만으로도 샤페론활성이라고 불리는 경우가 있다. 또한 "분자"를 생략하여 샤페론이라고 부르는 경우도 많게 되었다. 어느 하나의 단백질의 폴딩에만 작용하는 샤페론도 있다(小出의 원고). 그러나 그것을 모든 단백질이라고 한다면 샤페론은 얼마큼 있어도 부족하기 때문에, 넓은 범위의 단백질의 성숙의 보살핌을 돌보는 것이 일반적인 샤페론이다. 진화적으로 잘 보존되어 있으며, 그 기능도 광범위하게 걸치는 샤페론으로서는 sHsp, Hsp60, Hsp70, Hsp90, Hsp100의 5종류의 family가 있다.

Costa Georgopoulos

sHsp (small heat shock protein)는 분자량 15~30K의 단백질로, 초파리 등에서 열충격으로 유도되는 기능불명의 단백질로서 1980년경부터 알려져 있는데, 1993년경에 Buchner 등 여러 그룹에 의해서 이것이 샤페론활성을 가지고 있음이 발견되었다[8)]. 대장균의 경우, sHsp는 봉입체결합인자(inclusion body binding protein ; Ibp)라고도 불린다. 대장균에 인위적으로 대량 발현시킨 단백질은 종

*1 단백질의 천연입체구조를 안정화하고 있는 에너지는 −20kJ mol−1정도. 그러면 단백질의 native/denatured의 인구의 비는 약 1,000:1이며 어느 순간에 있어서도 0.1%의 단백질은 변성하고 있는 것이 된다. 그래서 단백질의 폴딩에 0.1초가 걸린다고 하면, 변성의 속도(빈도)는 그의 1,000배, 즉 100초로 된다. 물론 변성해도 대부분의 경우, 이미 원래의 기능구조를 회복하는 것이지만, 만약 이것이 빈틈없이 오지 않으면, 500초 후에는 세포의 내부에 살아남아있는 단백질은 겨우 1%로 되어버린다. 세포는 단백질의 여분의 안정성을 진화의 과정에서 버려온 것이겠지. 37℃의 체온을 가진 사람은 50℃에서 견딜 수 있는 효소를 가질 필요는 없었다. 혹은 그러한 안정한 효소는 분해하기에 곤란했으므로 돌이켜보면 유해한 것인지도 모른다. 안정성이 "지나치게 있는" 단백질을 도입했기 때문에 세포가 죽어버렸다고 하는 실험은 아직 들어보지 못했지만.

Arthur Horwich

종 응집체(봉입체)로 되어 연구자를 곤혹스럽게 하는데, sHsp가 이것에 결합하여 있기 때문이다. 분명히 sHsp와 결합한 응집체는 ClpB 등 다른 샤페론의 작용을 받기 쉬워지기도 하고, 재생하기 쉬워진다고 하는 보고가 있다. sHsp는 거대한 안이 텅 빈 바구니모양의 폴리머(12량체, 24량체)를 만들 수 있고, 그 결정구조가 결정되어있다. 세포의 안에서는 단량체와 평형에 있는 듯 하다. 바구니 안에 변성한 단백질이 들어있을 뿐만 아니라 바구니의 표면에 변성한 단백질이 결합한다는 보고가 있는데[9], 바구니구조와 샤페론활성의 관계는 아직 확실하지 않다. 뜻밖에도 우리들의 눈의 수정체의 단백질인 crystalline은 sHsp의 family의 일원이고 샤페론활성을 가진다. 수정체가 단백질의 변성과 응집으로 탁해져 버려서는 큰 일이므로 crystalline의 이와 같은 활성이 필요한 것이겠지.

Hsp60은 대장균의 경우 GroEL(phage growth, λ E. Large)이라고 불린다. 그 변이가 파-지의 capsid(頭殼 두각)의 성숙부전(不全)을 일으키는 숙주대장균의 유전자로서, 1973년 Geogopoulos등에 의해서 처음으로 보고되었다[10]. 단백질로서는 1976년 Ishihama(石浜) 등에 의해서 RNA polymerase에 혼입해온 기능미지의 거대한 ATPase로서 처음 정제되었다[11]. 이 혼입물을 포함하는 RNA polymerase표품(標品)에 대한 항체를 사용하여 대장균의 RNA polymerase의 합성을 조사한 Yura(由良) 등은 배양온도의 고온 전환(shift)에 수반하여 합성이 일시적으로 촉진되는 단백질(즉 GroEL)을 발견했다. 대장균의 열충격응답의 발견이다[12]. 1988년, 이즈음 엽록체의 안의 탄산고정화효소(Rubisco)가 성숙하여 활성을 가지기 위해서는 일시적으로 이것에 결합하는 Rubisco결합단백질이라는 것이 필요한 것을 알게 되었는데, Ellis등은 대장균의 GroEL과 엽록체 Rubisco결합단백질은 아미노산배열이 아주 닮아있고, 진화적으로 같은 family에 속하는 것에 주목하여, 이것을 전형적인 샤페론이라는 의미에서 샤페로닌이라고 이름붙였다[13]. 이어서 Lorimer 등에 의해서 실제로 GroEL과 GroES(보조인자)와 ATP로 Rubisco의 폴딩을 촉매할 수 있음이 증명되었다[14]. 파-지의 단백질도 식물의 단백질도 같은 Hsp60에 의해서 폴딩이 촉매된다는 사실은 충격적이며, 분자샤페론이라는 개념을 확립하는 계기로 되었다. 그 작용기구에 관해서는 Horwich를 필두로 많은 그룹에 의해서 집중으로 연구된 결과, 현재로는 GroEL은 가장 해명이 잘 되고 있는 분자샤페론이 되었다. GroEL은 변성한 단백질을 분간하여 이것에 결합하고 이어서 GroES가 온 힘을 다하여 변성단백질을 GroEL내부의 큰 텅빈 통(空洞, cavity)에 밀어넣음과 동시에 GroES 자신은 공동의 뚜껑이 되며, 수초가 경과하면 자동적으로 GroES가 떨어져서 뚜껑이 비게 되어 폴딩한 단백질이 밖으로 튀어나온다(河田 등의 원고, Ueno 上田 등의 원고). 이 과정은 ATP의 소비로 진행한다. 바로 그림을 그린 듯한 분자기계이고, 당연히 기계로서 사용하려는 시도도 시작되고 있다(金原·相田의 원고). 세균의 세포의 안에서 GroEL은 양이 많은 단백질이며 샤페론으로서의 작용 이외에도 뭔가 아직 미지의 기능을 담당하고 있을 가능성도 있다(和地의 원고, 松田의 원고). 진핵세포의 cytosol의 Hsp60은 진화적으로 GroEL과 다소 떨어져 있고, TriC, TCP-1, 혹은 CCT라고도 불리며, 그 subunit 조성은 복잡하다(Kubota 久保田의 원고). 또한 진핵세포에는 GroES에 상당하는 것이 없다. 뚜껑은 어떻게 되어있는 것일까? 고세균도 TriC형의 Hsp60을 가지고 있다(Yoshida 吉田 등의 원고).

Arthur Horwich

Hsp70은 열충격에 의해서 생기는 초파리의 타액선 염색체의 puff에서 합성되는 단백질의 하나로서 1960년대부터 알려져 왔다. 1970년대 후반이 되자 유사한 성질의 단백질이 닭이나 효모에서도 보고되

Elizabeth A. Cralg

어, 1984년에 Craig 등이 초파리의 Hsp70과 대장균의 열충격단백질 DnaK가 아미노산배열에서 50%의 상동성을 나타내기에 이르러, 열충격단백질의 생물계에 있어서 일반성과 중요성은 의심의 여지가 없는 것으로 되었다[15]. 덧붙여 말하면 DnaK와 그의 보조인자인 DnaJ는 그 변이가 phage의 DNA 복제에 장해를 일으키는 유전자로서 1977년에 Uchida (内田) 등에 의해서 처음 보고되었다[16]. 현재로는 DNA복제개시복합체에 결합하고 있어서 그 활성을 억누르고 있는 단백질을 복합체에서 해리시키는 데에 DnaK가 필요하다고 알려져 있다. DnaK와 GrpE라는 2 가지의 보조단백질과 ATP를 필요로 한다. DnaK가 인식하여 결합하는 데는 끈 모양으로 늘어난 폴리펩타이드의 염기성 잔기에 둘러싸인 몇 가지 잔기의 소수성잔기의 펩타이드부분이고, DnaJ는 ATP분해를 촉진하며, GrpE는 그 ADP/ATP의 교환을 촉진한다. 진핵세포에서는 Hsp70의 몇 개의 다른 멤버가 cytosol 만이 아니라 여러 가지 세포내 소기관에도 존재하고 있고, 보조단백질도 몇 개 있어, 다방면에 걸친 기능을 담당하고 있다(Terada·Mori 寺田·森의 원고).

Hsp90도 초파리의 열충격단백질의 하나로서 알려져 왔다. 한편 1980년대 전반경부터 분자량90K의 단백질이 steroid hormone 수용체나 암유전자산물의 tyrosine kinase와 복합체를 만드는 것이 알려져 왔다. 1980년대 후반이 되어서 이 양자가 같은 것임이 밝혀지고, 또한 변성단백질의 응집을 억제하는 활성이나 ATP가수분해활성이 확인되어, 샤페론으로서 인식되게 되었다. 그러나 그 기능은 Hsp70이상으로 복잡하며, 폴딩제어라기 보다도 세포의 여러 가지 정보전달계에 관계하여 그 성분의 해리나 회합(會合) 등의 제어에 활동하고 있다(Miyada 宮田의 원고). 따라서 Hsp90의 변이는 세포의 분화나 증식 등에 심각한 영향을 주어서, Hsp90저해제가 항암제의 유력후보로서 임상시험이 진행되고 있다. 또한 샤페론은 단백질의 천연입체(native) 구조를 불안정하게 하는 돌연변이가 생겨도 그 구조의 수복을 하는 것으로, 변이가 표현형으로서 그대로 나타나지 않도록 하는 작용을 가진 경우가 있다.

Susan Lindquist

Lindquist 등은 Hsp90에 의한 많은 은폐된 변이의 축적과 무언가의 계기에 의한 그 현재화(顯在化)를 초파리에서 실증하고 이것을 생명역사중 여러 가지 규모로 출현하는 동식물의 폭발적 진화의 분자적 요인으로 제안하여 주목을 받았다[17](Yahara 矢原의 원고). Hsp90은 진핵세포의 cytosol에 가장 많이 존재하는 중요한 샤페론인데, 대장균의 Hsp90(HtpG로 불린다)은 존재량도 그 만큼 많지 않고 기능이 확실하지 않는 샤페론이다. 대장균의 생존에 필수가 아니고, 세균에 따라서는 애당초 *htpG*유전자를 처음부터 가지고 있지 않다.

Hsp100은 AAA^+ ATPase라는 큰 family에 속해 있다. AAA^+ATPase는 특징적인 아미노산배열 motif나 ATP결합도메인을 가지고 있어서 가운데 구멍이 있는 링모양의 복합체를 형성하며, 세포 가운데에서 아주 다양한 역할을 담당하고 있다(제III부 Ogura 小椋의 원고). 1987년 Maurizi나 Goldberg 등은 대장균의 ATP의존성 protease인 ClpAP(caseinolytic protease)를 발견했다. 1990년 Maurizi는 대장균의 안에 ClpA과 닮은 단백질을 코드하는 유전자를 발견하고, 그 단백질을 ClpB라 명명했다. ClpB가 대장균의 열충격유도 σ(sigma) 인자인 σ^{32}의 지배하에 있는 열충격단백질인 것은 Yura(由良) 등과 Squires 등에 의해서 보고되었다. 1991년 Lindquist 등은 효모에 열내성(thermotolerance)를 주는 인자로서 Hsp 104라는 열충격으로 유도되는 단백질을 동정했다. 25℃에서 증식하는 효모를 50℃로 옮기면 5분이내에 신속하게 사멸해 버린다. 그러나 25℃에서 37℃로 옮기고 다시 50℃로 옮기면 몇 10분이나 생존하다. 그런데 Hsp104를 결손하는 효모는 37℃의 중간온도에 노출해도 50℃에서 10분정도로 사멸해버린다. 덧붙여서 말하면 25℃나 37℃에서의 증식속도는 Hsp 104 결손주와 야생주에서 차이는 보이지 않는다[18]. Lindquist 등은 곧 Hsp104와 ClpF(그리고 ClpA)의 아미노산배열의 상동성에 주목하고 이들을 모두 뭉뚱그려서 Hsp104/ Clp라는 열충격단백질 family를 제안했다. Hsp104와 ClpB는 그 중에서도 한층 닮아있는 subfamily이다. 단지 Hsp104는 진핵생물에서도 하등 효모에만 존재하며, 사람 등에서는 발견하지 못하고 있다. Hsp104/ClpB의 샤페론으로서의 특징은 한동안 몰랐는데, 이것이 단백질의 응집을 다시 가용화하여 단백질의 활성을 회복하는 특이한 샤페론인 것이 호열균, 효모, 이어서 대장균에서 확인되었다(제III부 Watanabe·Yoshida 渡邊·吉田의 원고).

III. 단백질의 성숙

대체 세포의 안에서는 어느 정도의 폴리펩타이드가 어느 분자샤페론의 도움을 받게 되는 것일까? 대장균에 관해서 Bukau에 의해서 제안되고 있는 것을 정리하여 **그림2**에 나타낸다[18,19]. 이것에 의하면 리보솜의 턴널에서 나오는 폴리펩타이드는 방아쇠인자에 결합하여 합성이 완료하면 리보솜에서 떨어져간다. 막단백질을 제하고 약 2,500종의 가용성의 여러 가지 폴리펩타이드 가운데 대충 10%는 GroEL계(GroEL+GroES)에게 도움받아서 폴딩한다. 또한 같은 정도의 비율의 폴리펩타이드의 폴딩이 DnaK계(DnaK+DnaJ+GrpE)의 도움을 필요로 한다. 어느 계의 경우도 ATP를 필요로 한다. 나머지 70%정도의 폴리펩타이드는 다른 도움을 필요로 하지 않고 스스로 폴딩한다. 단지 다음에 기술하듯이 여기에서 기

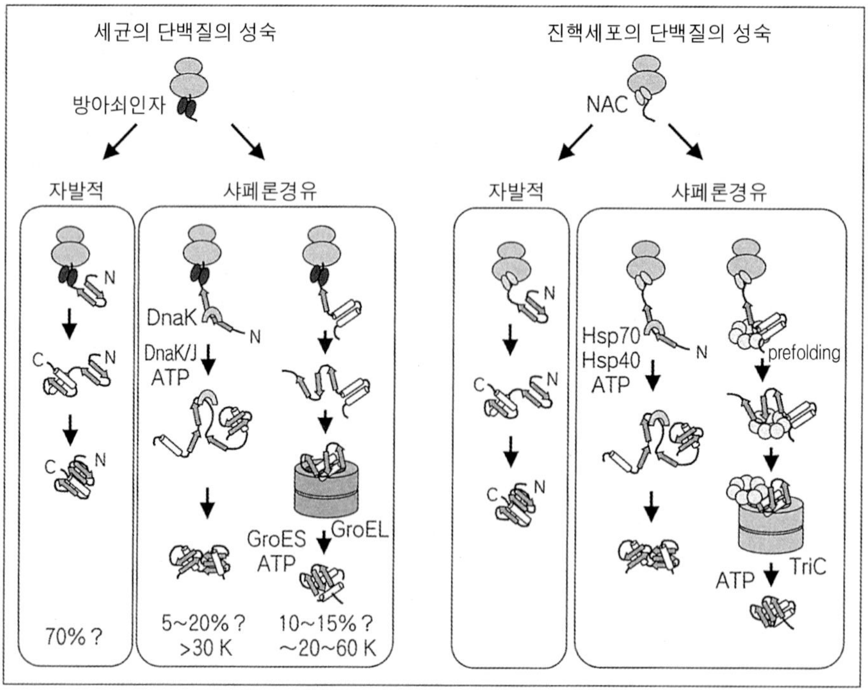

그림2. 세포 안의 단백질의 성숙 루트

이런 루트가 있겠지 하는 개념도. 상세한 것은 아직 확실하지 않다. 이를테면 번역동시적인 (co-translational) 폴딩원조는 반드시 확립되어있지는 않으며, 샤페론경유의 두 가지의 루트는 도중에 교차하고 있을 지도 모른다. 진핵세포의 Hsp70과 Hsp40에는 많은 멤버가 있고, 그 임무분담은 복잡하며, 그림에서는 특히 어느 멤버라고 특정(特定)하고 있지 않다(문헌23을 참고).

표1. 대장균 한 세포 안의 샤페론분자의 개수(18)

샤페론	평상시(30℃)	열충격시(42℃)
방아쇠 인자(2량체)	20,000	?
sHsp(IbpA/B)(단량체)	600	5,200
Hsp60(GroEL)(14량체)	1,230	2,590
Hsp70(DnaK)(단량체)	9.900	20,000
Hsp90(HtpG) (2량체)	1,050	3,850
Hsp104(6량체)	500	1,115

( )는 활성이 있는 분자구조. 분자의 개수는 그 활성분자를 1개로 헤아리고 있다. 덧붙여서 말하면 증식하고 있는 대장균에는 2,000개 정도의 RNA polymerase가 존재하여 RNA를 합성하며, 20,000개 정도의 리보솜에 의해서 매초 500개 정도의 폴리펩타이드를 합성하고 있다. sHsp는 monomer를 활성분자로 하고 있는데, 12량체, 24량체가 활성분자일 가능성도 있다. 방아쇠인자의 활성분자가 2량체인 것도 아직 확립한 것은 아니다.

술한 과정이나 숫자는 아직 잠정적인 것이며, 그것도 세포가 처한 조건에서 크게 변동한다고 생각된다.

우선 방아쇠인자인데, 세포 안에서 방아쇠인자는 2량체로서 리보솜과 동수(同數) 정도로 존재한다(표 1). 따라서 모든 리보솜에는 방아쇠인자가 부착하여 있고, 신생 폴리펩타이드에 반드시 결합한다고 생각할 수 있다. 그러나 방아쇠인자를 결손해도 대장균은 언뜻 보기에 일반적으로 증식할 수 있다. 방아쇠인자와의 결합은 단백질의 폴딩에 있어서 필수이지는 않다. DnaK도 다량으로 존재하는 분자샤페론이다(표 1). DnaK가 결손하면 대장균은 고온(42℃)에서 증식할 수 없게 된다. 그래서 150~200종의 단백질이 세포 안에서 응집해버린다. 적온(30℃)이면 응집체는 만들어지지 않는 듯이 보이지만, 응집체를 분해하는 protease의 양을 감소시키면 DnaK 결손의 대장균에 한해서 역시 다수의 단백질응집이 세포내에서 출현한다*2. 따라서 세포의 안에서 DnaK계가 상당히 다수의 단백질의 응집을 방지하여 폴딩을 원조하고 있는 것은 확실하겠지. 그러나 DnaK가 결손해도 적합한 온도이면 대장균은 어떻게든 간신히 증식할 수 있다. DnaK도 단백질의 폴딩에 있어서 필수이지는 않다. 그러나 방아쇠인자와 DnaK의 2중결손이 되면 대장균은 증식할 수 없다고 2 그룹이 앞다퉈 발표했다. 따라서 양자의 기능은 상호 중복하고 있는 듯 하다고 생각했는데, 뜻밖에도 이번은 같은 두 그룹이 실은 2중 결손의 대장균도 낮은 온도이면 그럭저럭 증식할 수 있다고 발표했다. 결국 신생 폴리펩타이드는 방아쇠인자와 DnaK의 양자의 어느 쪽으로도 적당히 결합하여 효율적으로 폴딩하는 것인데, 생육환경이 좋으면 양자없이도 (적어도 생육에 필수적인 단백질은) 어떻게든 정확하게 폴딩할 수 있는 듯 하다. 고세균은 대저 방아쇠인자를 가지고 있지 않는데, DnaK도 가지고 있지 않다.

대장균의 샤페론 가운데 결손하면 균이 죽어버리는 필수의 샤페론은 GroEL뿐이다. 위에 기술한 방아쇠인자와 DnaK의 2중결손주의 경우도 GroEL이 대신 증산되는 듯 하다. 또한 고온에서 증식할 수 없는 온도감수성의 대장균이 GroEL계의 증산에서 증식할 수 있게 되는 예가 있다. 고온이 되면 잘 폴딩할 수 없는 혹은 곧 변성하여 응집해버리는 결함이 있는 변이단백질이 GroEL계의 원조가 있으면 어떻게든 간신히 폴딩하여 기능을 담당할 수 있게 된다. 대장균에서 추출한 가용성 단백질을 변성시켜서 GroEL과 혼합시키면, 적어도 반은 GroEL에 결합한다. 천연입체구조의 단백질에게는 전혀 돌보지 않는데 변성한 단백질에게는 분별없이 결합하는 것이다. 이만큼 유능한 GroEL계인데, 여기에 성가시게 된 단백질은 어쩐지 위와 같이 전체의 1할 정도이다. Hartl 등도 대장균의 GroEL에 결합하고 있는 단백질을 약 300종 검출하고 있다[20]. 세포에 존재하고 있는 GroEL은 결코 소량은 아니다. 그러나 분자량이 1, 000K에 가깝고 1반응회전에 10초정도 소비하는 효소로서 보면 이상하게 늦은 반응사이클에서 추정하면, 신생 폴리펩타이드의 1할정도의 보살핌을 보는 것으로도 힘에 벅찬 듯 하다. GroEL계의 원조를 받

*2 DnaK와 σ^{32}의 양쪽을 결손한 대장균에서 관찰한 결과의 고찰이다[19]. σ^{32}의 결손에 의해서 열충격에 의해서 유도되는 ATP의존성의 protease의 양이 저하하고 있다고 생각된다. 부가하면 같은 실험에서 방아쇠인자, HtpG, sHsp ClpB 등의 결손에서는 응집체는 생기지 않는다. GroEL의 양을 감소시켜도 응집체는 생기지 않는다. GroEL을 잃은 대장균은 죽어버리므로 이것을 완전하게 결손시키는 실험은 할 수 없다. 세포에서 응집을 방지하는 역할은 오로지 DnaK계가 담당하고 있는 듯 하다.

F. Urich Hartl

을 수 있는 단백질은 분자량이 20~60K의 단백질이 많다. 상한이 60K인 것은 GroEL의 분자내 공동(空洞)에는 분자량 60K 이상의 단백질은 수용할 수 없는 것이 된다*3. DnaK계에서 GroEL계로 인도되는 폴리펩타이드도 있을지도 모른다. 이 경로가 야단스럽게 제안된 적도 있었지만 *in vitro*의 실험에서 추론이고[21],한번더 실험에 의해서 확실히 해야 할 과제이다.

그래서 개관해보면 대장균의 분자샤페론의 사용 방법은 아주 유연한 것을 알았다. 저것이 없으면 이것을 사용한다고 하는 방식으로 임기응변이다. 필수 유전자인 GroEL이라고 해도 보통 상태의 존재량에서 100분의 1로도 아직 세포는 증식할 수 있다고 하는 보고도 있다. 이 탄력성, 신축성이 샤페론의 생리적 역할의 본질인지도 모른다.

세균의 단백질의 성숙에 대해서는 또 하나의 최근의 진보를 얘기하지 않으면 안된다. 그것은 전체단백질의 3할을 넘는 막단백질의 성숙이다. 전에는 소수적인 막단백질(여기에는 막관통영역을 가지는 내막의 단백질을 가리킨다)은 방치해놓아도 스스로 소수적인 막의 가운데로 들어가서 폴딩한다고 막연히 생각되어 왔다. 그러나 아직 세균의 단백질의 통과의 주요한 장치인 SecYE계가 분비단백질만이 아니라 다수의 막단백질의 기능발현에 필요한 것을 알았다. 그래서 세균의 신호인식입자(signal recognition particle; SRP)가 SecYE계에 막단백질을 인도하고 있는 루트도 있음을 밝히게 되었다. SRP는 RNA를 포함한 복합체이고 진핵세포에 있어서 소포체의 단백질을 합성하고 있는 리보솜의 폴리펩타이드 출구에 나타난 신호배열을 인식하여 결합하고, 소포체막의 Sec61복합체(세균의 SecYE에 대응)에게 그의 리보솜을 docking시키는 역할을 가지고 있음을 알게 되었다. 세균의 SRP의 경우도 그것과 아주 닮은 역할을 담당하고 있는 것이다. 더욱이 최근 YidC가 막단백질의 막에 집어넣기에 필요한 인자로서 주목받게 되었다(제II부 Nishiyama 西山의 원고). YidC는 균의 생존에 필수인 분자량 약 60K의 막단백질이며, 미토콘드리아나 엽록체의 단백질막투과에 관계하는 인자(각각 Oxa1p, ALB3)의 대장균의 상동체(homolog)로서 주목을 받아서 조사된 것이다. 당초는 YidC도 SecYE계에 협력하는 형으로 막단백질 집어넣기에 관여한다고 생각되었는데, 그것만이 아니라 YidC는 SecYE계와는 독립으로 있는 일군(一群)의 막단백질의 막삽입을 매개하고 있는 듯 하다[22]. 결국 막단백질이 막까지 운반될 경우에는 SPR을 필요로 하는 경로와 그렇지 않는 경로가 있고, 막삽입에 대해서는 YidC의 외에 SecYE가 필요한 경로와 그렇지 않는 경로가 있는 듯 하다. 자신만으로 자발적으로 막에 집어넣는 경로의 존재도 아직 부정되는 것은 아니다. 여기에서도 막삽입을 매개하고 있는 인자의 역할은 복잡하고 더욱이 탄력적인 듯이 보인다.

그런데 진핵생물의 단백질의 성숙은 어떠한 방식으로 보장되어 있는 것일까. 미토콘드리아나 소포체의 단백질의 성숙에 대해서는 막통과기구의 해명에 수반하여 밝혀지고 있다. 그러나 cytosol의 단백질에 대해서는 유감스럽게도 세균보다도 더욱 모호한 지식밖에 없다. 리보솜에서 나온 신생 폴리펩타이드는 NAC(nascent polypeptide associated complex)라는 단백질을 붙잡는다. 혹은 Hsp70에게 포촉된다. 전술한 바와 같이 진핵세포의 cytosol에는 TriC라는 Hsp60에 속하는 샤페론이 있고, 또한 이것에게 변성단백질을 인도하는 pre- folding이라는 샤페론이 있다. TriC는 오로지 actin과 tubulin이라는 섬유단백질의 폴딩을 돕는다고 말해져 왔는데, 최근의 지식으로는 훨씬 많은 단백질(>50?)의 폴딩의 원조를 하고 있는 듯 하다. NAC를 방아쇠인자 상당의 것이라고 한다면 (양자에게 아미노산배열의 상동성은 없지만), 대장균의 경우와 닮았다고 말할 수 있고, 그러

*3 분자량 60K 이상의 단백질도 GroEL-GroES에 의존하여 폴딩하는 경우가 있다. 그 경우는 GroEL은 분자내 공동(空洞)을 사용하지 않는 또 하나의 방식으로 폴딩을 돕고 있다(trans-ring에 의한 폴딩지원).

면 NAC에서 Hsp70, 혹은 Tri C라는 경로를 추정하는 것도 가능하다. 그러나 그것도 증거가 있는 것은 아니다. 일반적으로 진핵세포에 있어서 cytosol의 샤페론의 역할은 대장균의 경우보다도 약간 적을 듯이 보인다. 이것은 아마도 진핵세포의 경우에는 cytosol에 머물지 않고 막을 횡단하여 수송되는 단백질이 많기 때문일까. 확실하게 소포체나 미토콘드리아에는 cytosol보다도 준비하여 갖춘 분자샤페론 군이 있어서 막을 통과하여 온 폴리펩타이드의 폴딩을 원조하고 있는 듯 하다. 혹은 단순히 소기관 내부의 폴딩의 경우가 cytosol의 것보다도 연구가 더 진행하고 있고 있기 때문인지도 모른다.

● 결론

서론에서 계속하여 - 이쪽도 벗은 몸, 즉 누드로 같은 것인데, 같은 종류만큼 위험한 것은 없다. 그것은 곧바로 다른 벗은 몸에 달려들어 꼭 껴안고 싶어 하기 때문이다. 아, 이쪽일지라도 [사이렌의 노래]에 맘이 끌리듯이 벗은 몸을 보면 의지와 관계없이 소수 상호작용으로 붙잡아버리겠지. - 바로 그 물건이 없어서 실례 -. 그렇게 되면 최후, 서로는 이미 경단 떡처럼 되어서(응집하여) 옷은 걸치지 않는다. 후속의 펩타이드부분이 뒤에서 부쩍부쩍 압박해오기도 하고, 싫어도 리보솜에서 떨어질 시간이 다가온다. 불안에 쫓기고 있으면 가까이서 대기하고 있던 방아쇠 인자가 몸 가까이 다가와서 어쨌든 임시변통의 욕의(浴衣)를 제공해준다는 방식이지만, 그러나 언제까지나 욕의로 있을 게제는 아니라고 생각하고 있으면, 하늘의 도우심인가, 모양좋게 저 쪽에서 거대한 GroEL이 옷을 가지고 ····라는 형편을 보고 온 듯이 단백질의 일생을 이해하고 싶다. 그러나 지금은 아직 배우가 가지런히 속속 다 나오고 있는 중이고, 그 배우가 실제의 무대의 위에서 어느 정도 활약을 할지는 아직 잘 모른다. 그러나 세포의 상태는 시시각각 변화해가기 때문에 매일 각본이 점점 변해 갈 것이다. 배우와 무대와 각본을 여러 가지 버전(version)으로 이해하는 것이 단백질의 일생의 연구이다.

문 헌

1) Komine, Y., Kitabatake, M., Yokogawa, T., Nishikawa, K., Inokuchi, H. : *Proc. Natl. Acad. Sci. USA*, **91**, 9223-9227 (1994)
2) Ushida, C., Himeno, H., Watanabe, T., Muto, A. : *Nucl. Acid. Res.*, **22**, 3392-3396 (1994)
3) Keiler, K. C., Waller, P. R. H., Sauer, R. T. : *Science*, **271**, 990-993 (1996)
4) Hayes, C. S., Sauer, R. T. : *Mol. Cell*, **12**, 903-911 (2003)
5) Nakatogawa, H., Ito, K. : *Cell*, **108**, 629-636 (2002)
6) Crooke, E., Brundage, L., Rice, M., Wickner, W. : *EMBO J.*, **7**, 1831-1835 (1988)
7) Kramer, G. *et al.* : *Nature*, **419**, 171-174 (2002)
8) Jacob, U., Gaestel, M., Engel, K., Buchner, J. : *J. Biol. Chem.*, **268**, 1517-1520 (1993)
9) Kim, R. *et al.* : *Proc. Natl. Acad. Sci. USA*, **100**, 8151-8155 (2003)
10) Georgopoulos, C. P., Hendrix, R. W., Casiens, S. R., Kaiser, A. D. : *J. Mol. Biol.*, **76**, 45-60 (1973)
11) Ishihama, A., Ikeuchi, T., Matsumoto, A., Yamamoto, S. : *J. Biochem.*, **79**, 927-937 (1976)
12) 由良 隆 : 『ストレス蛋白質-基礎と臨床』, (永田和宏編), pp.1-9, 中外医学社 (1994)
13) Hemmingsen, S. M. *et al.* : *Nature*, **333**, 330-334 (1988)
14) Goloubinoff, P., Christeller, J. T., Gatenby, A. A., Lorimer, G. H. : *Nature*, **342**, 884-889 (1989)
15) Bardwell, J. C., Craig, E. A. : *Proc. Natl. Acad. Sci. USA*, **81**, 848-852 (1984)
16) Saito, H., Uchida, H. : *J. Mol. Biol.*, **113**, 1-25 (1977)
17) Rutherford, S. L., Lindquist, S. : *Nature*, **396**, 336-342 (1998)
18) Mogk, A. *et al.* : *EMBO J.*, **18**, 6934-6949 (1999)
19) Tomoyasu, T., Mogk, A., Langen, H., Goloubinoff, P., Bukau, B. : *Mol. Microbiol.*, **40**, 397-413 (2001)
20) Ewalt, K. L., Hendrick, J. P., Houry, W. A., Hartl, F. U. : *Cell*, **90** 491-500 (1997)
21) Langer, T. *et al.* : *Nature*, **6371**, 683-689 (1992)
22) Samuelson, J. C. *et al* : *Nature*, **406**, 637-641 (2000)

I. 단백질의 생성과 성숙

단백질의 탄생에 있어서 리보솜의 턴널의 역할

Nakatogawa Hitoshi(中戸川 仁)·Ito Koreaki(伊藤維昭)

게놈에 코드된 모든 단백질은 리보솜의 peptidyl transferase 활성중심에서 합성되며, 리보솜내부에 있는 세포질로 "탈출용 턴널"을 통해서 탄생한다. 이 턴널은 단지 무기질(無機質)로 된 통로는 아니다. 턴널의 내벽은 가운데를 통하는 폴리펩타이드쇄의 아미노산배열을 읽고, 외부환경에 따라서 그의 단백질을 탄생시킬지 어쩔지를 결정하기도 하고, 거꾸로, 읽은 정보를 외부로 전하기도 한다. 우리들의 예상을 뛰어넘는 적극적인 리보솜의 턴널의 기능과 구조가 계속해서 밝혀지고 있다

key Words 리보솜턴널 유전자발현제어 단백질막투과 번역정지 SecM

● 서론

리보솜에는 턴널[1)]이 있는 것을 아십니까? 교과서를 보면 합성도중에 있는 폴리펩타이드쇄(이하 합성도중쇄)가 리보솜의 어디에서 라고도 할 것 없이 표출하고 있는 그림이 많다. 그래서는 턴널의 존재자체를 모르는 분이 많은 것도 무리가 아니다. 그러나 리보솜의 턴널은 유전정보의 발현이나 단백질의 합성과정에서 일어나는 이벤트에 있어서 무시할 수 없는 존재이다.

단백질의 생합성(펩타이드결합의 형성)을 촉매하는 peptidyl transferase 활성중심(PTC)은 리보솜 large subunit의 small subunit와 접점부근에서 23S rRNA에 의해서 형성되고 있다[2)]. 폴리펩타이드쇄의 신장에 수반하여 합성도중쇄는 그의 N말단에서 순차적으로 리보솜 large subunit의 PTC와는 반대측의 표면에서 세포질로 출현해간다[3)]. large subunit의 내부에는 이 출구와 PTC를 연결하는 "턴널"이 존재한다[4)]. 리보솜의 턴널은 PTC에 있어서 신장반응에서 합성된 폴리펩타이드쇄가 그 신장에 따라서 세포질로 나타나기까지의 통로이며, 이른바 단백질을 탄생시키기 위한 "산도(産道)"이라고 말할 수 있다.

I. 리보솜턴널의 구조

고도호염균의 리보솜 large subunit의 결정해석에 의하면[2)] 턴널의 길이는 약 100Å이며, α helix 사슬, 약 40잔기분을 수용할 수 있다(**그림1a**). 직경은 10~20Å정도이며, 턴널의 내부에서 α helix 정도 이상의 입체구조의 형성은 곤란하다고 생각된다. 턴널의 내벽은 대부분이 23S rRNA의 친수성 루프로 형성되어있다. 소수성의 patch가 존재하지 않는 턴널내벽은 번역산물인 폴리펩타이드쇄와 상호작용하지 않는 매끈매끈한 성질을 구비하고 있다고 여겨진다. [제품]이 [생산공장]자체와 상호작용하는 것은 피하지 않으면 안된다는 것이다.

한편 리보솜턴널에는 좁게 좁혀진 부분(협착부분)이 존재하는 것도 밝혀지게 되었다. 이 협착부위는 23S rRNA와 리보솜단백질 L4 및 L22에 의해서 형성된다. L4, L22의 대부분은 리보솜 large subunit의 표면에 노출되고 있는데, 일부는 리보솜입자의 내부에 몽둥이모양으로 들어있어서 턴널내부에 돌출하고 있다(그림1a). 이와같은 협착부위는 왜 존

Hitoshi Nakatogawa, Koreaki Ito, 京都大学ウイルス研究所構造形成学分野 E-mail : hnakatog@virus.kyoto-u.ac.jp
kito@ virus.kyoto-u.ac.jp http://www.virus.kyoto-u.ac.jp/Lab/kouzou.html
The functions of the ribosomal tunnel in a birth of proteins

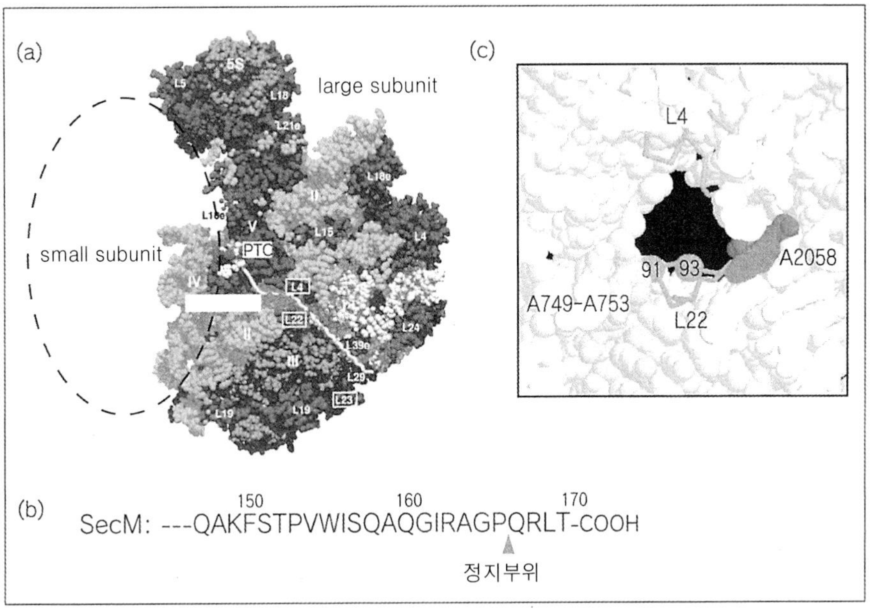

그림1. 리보솜의 턴널의 구조도와 SecM의 번역정지

(a) 고도호염균유래 리보솜 large subunit의 결정구조 : 턴널전체가 보이듯이 일부 소거되고 있다. 리보솜단백질은 청색, 합성도중쇄가 백색, 5S rRNA가 핑크, 그 외의 색은 23S rRNA(숫자는 도메인명)으로 되어있다. 본문중에서 기재된 리보솜단백질을 황색으로 둘러쌓다. (문헌2에서 허가전제) (b) SecM의 C말단영역의 아미노산배열 : 번역정지에 중요한 잔기를 적색으로 나타냈다. 정지부위인 166번째의 Pro잔기에는 화살표머리를 붙였다. (c) PTC측에서 세포질측으로 향하여 엿본 경우 턴널협착부위의 단면도 : 23S rRNA를 백색, L4, L22 리보솜단백질을 각각 청색, 녹색으로 나타냈다. 중앙의 흑색부분은 턴넬의 출구를 나타내고 있다. 적색, 황색(이상, 23S rRNA내의 변이) 및 녹색의 공모양(L22내의 변이; Gly91, Ala93)은 정지배열을 합성해도 번역신장을 계속할 수 있는 변이형 리보솜의 변이부위. (문헌5에서 허가전제) [그림1(p.3)참고]

재할까?

II. 난산(難産)단백질 SecM에 의한 SecA의 발현제어기구

1. SecM의 정지(arrest)배열은 리보솜턴널과 상호작용하여 신장을 정지시킨다

확실히 리보솜턴널에는 테프론코팅과 같은 매끄러운 성질도 필요하겠지. 그러나 RNA와 단백질로 되는 생체물질이기 위해서는 특정한 단백질(아미노산배열)과 상호작용하는 것도 충분히 고려된다. 필자들은 SecM(분비모니터)에는 리보솜턴널과 상호작용하는 아미노산배열이 존재하는 것을 발견했다[5].

대장균에 있어서 periplasm 공간이나 외막등 세포표층에 국재하는 단백질은 Sec막통과장치(이하, Sec장치)의 작용에 의해 막을 넘어서 수송된다(제II부, Mori 森의 원고참조)[6], 막통과를 작동하는 ATPase인 SecA는 동일 mRNA에서 *secM, secA*의 순으로 코드되어 있다. 어떤 원인으로 Sec장치의 활성이 저하한 경우에는 SecA의 발현이 번역수준에서 상승하는 것이 알려지고 있는데, SecM은 이 조절에 관여한다. SecM은 자신의 몸을 가지고 세포의 단백질분비활성을 표본추출(sampling)하여 모니터하고 있다. SecM 자신, Sec장치에 의해서 막통과되는 분비단백질이고, 스스로 분비상태에 응하여 SecA의 번역량을 제어한다. 필자들은 SecM의 번역은 종지코돈부터 5잔기상류의 Pro 잔기까지 진행한 시점에서 일단 peptidyl tRNA의 상태에서 정지하는 것을 발견했다[5,7]. 이 번역신장정지는 번역도상 SecM쇄 가운데 아직 리보솜내부에 머물고 있는 부위에 의해서 일어나는 것이 밝혀지게 되어, 그 부위의 철저한 변이해석에 의해 SecM의 C말단영역에 존재하는 아미노산배열 "FXXXXWIXXXXGIRAGP"가 번역정지에 필요한 만큼 충분한 것을 알았다(그림1b)[5]. 대장균리보솜은 이 "정지배역"을 번역하면, 그의 Pro잔기이후에 폴리펩타이드쇄를 신장할 수 없게 된다. SecM의 정지배열은 전후의 아미노산배열과는 무관하며 어떠한 단백질 가운데 이식한 경우에도 거기에서 번역신장을 정지시키는 능력을 가지고 있다[5].

필자들은 SecM에 있어서 번역정지현상을 완화하는 (SecM의 정지배열을 넘어서 번역을 계속하는 능력이 높아졌다) 대장균변이주를 분리·해석하고, 이 현상의 분자메커니즘에 리보솜의 턴널이 관여하는 것을 발견하였다[5]. 흥미로운 것은 얻는 변이는 리보솜 large subunit의 2가지 성분, 23S rRNA 및 L22 리보솜 단백질의 각 특정한 잔기에 집중했다. 더욱이 놀라운 사실은 이들 잔기는 모두 턴널의 협착부위의 내벽에 둘러싸듯이 배치된 것을 알게 되었다(그림 1c). SecM의 정지배열은 리보솜의 턴널내벽과 상호작용함에 따라서 스스로 번역신장을 정지시킬 수 있음이 강하게 시사되었다.

필자들은 정지배열과 턴널의 상호작용양식과 신장정지의 기구에 대해서 몇 가지 고찰했는데, 최근 Berisio 등은 항생물질 troleandomycin(TAO)의 작용기구와 관련에서 흥미로운 구체적 모델을 제창했다[8]. TAO도 리보솜 턴널의 내벽에 작용하여 번역신장을 저해한다. TAO의 결합에 의해 협착부위를 구성하는 L22의 β hairpin부위가 내벽의 RNA부위에서 일탈하여 크게 튀어오르며 턴널을 막아버리는 것이 TAO 리보솜 복합체의 결정구조해석에 의해 제시되었다. TAO의 결합부위는 필자들이 분리한 SecM의 번역정지에 대한 억제변이가 일어난 부위(정지배열과 상호작용부위?)와 중복(overlap)했다. 이 사실 때문에 SecM의 정지배열도 턴널내벽과 상호작용을 거치며, L22의 β hairpin의 내벽과 상호작용에 실패하여 그 튀어오르기를 유발시키는 것이라고 생각된다.

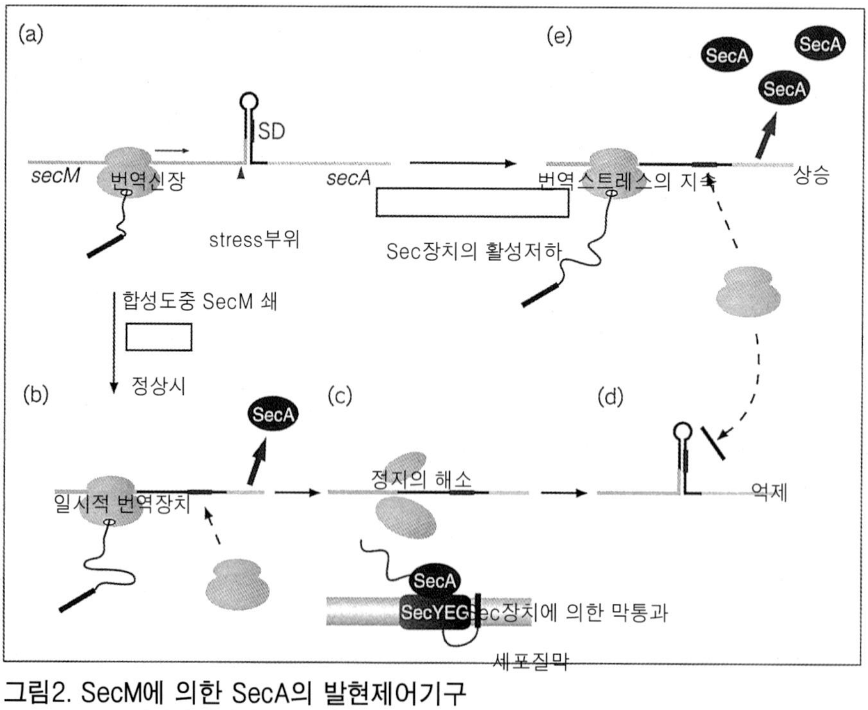

그림2. SecM에 의한 SecA의 발현제어기구

SecM은 N말단영역에서 Sec장치의 활성을 모니터하고, 그것에 따라서 C말단영역에 의한 번역정지의 지속시간을 변화시킴으로써, SecA의 발현을 번역 수준에서 제어하고 있다. 자세한 것은 본문을 참고하라.

정지에 필요한 SecM의 아미노산잔기는 PTC의 직후에서 협착부위에 걸쳐서 여러 개 존재하는 데, 이들은 정지peptide가 L22의 β hairpin을 내벽에서 밀어제치는데 필요한 특이적 배향(配向)을 취하기 위하여 필요하다고 생각하면 멋지게 설명할 수 있다.

2. 리보솜턴널내의 번역정지는 합성도중쇄의 리보솜외의 영역의 행동에 영향을 받는다

SecM이 번역정지를 일으킨 상태에서 신호배열을 포함하는 SecM의 N말단영역은 이미 세포질에 노출되어 있다(**그림2b**). Sec장치가 이 N말단영역을 막통과기질로서 인식하고 작용하면 정지가 해제된다(그림2c)[7]. 필자들은 SecM합성도중쇄가 막통과모터단백질인 SecA와 SecYEG 막통과턴널의 작용에 의한 막을 건너는 수송반응에 의해 끌어당겨짐에 따라, 턴널내벽에서 박피되어 번역신장이 재개되는 것은 아닌가하고 생각하고 있다. SecM은 조산원(助産員, Sec장치)에게 이끌려지지 않으면 탄생할 수 없는 난산(難産) 단백질인 것이다.

3. 번역정지의 SecA의 양적 및 질적 기능발현에 있어서 역할

SecM의 번역정지는 Sec장치의 활성이 저하한 경우나, Sec자신의 신호배열이 결손한 경우에는 오래 지속하지만, 정상세포에 있어서도 일과성으로는 일어난다(그림2b). SecM의 변이주해석에 의해 SecM이 번역정지를 일으키는 성질을 가진 것은 하류에 인접하는 *secA* 유전자의 번역이 충분히 일어나기 위하여 필수인 것은 가리킨다. 물론 분비결손상태로는 SecA의 번역은 더욱더 상승한다. *secM–secA* mRNA의 유전자사이영역은 stem loop구조를 취하는 성질이 있고, 이 구조는 SecA의 번역에는 억제적으로 움직인다(그림2d)[9]. SecM의 C말단가까이에서 번역정지가 일어나고 있는 상태에서는 mRNA에서 왕복하고 있는 리보솜에 의해서 위의 stem–loop는 파괴되어, SecA의 SD배열은 이용가능하게 된다(그림2e). 이와 같이 하여 SecM의 분비상태는 정지의 지속시간을 결정하고 SecA의 번역빈도를 조절하게 된다.

그런데 SecM의 번역정지가 그 막통과에 의해서 해제되는 것은 SecM은 그 번역도중에 (mRNA 다같이 함께) 막의 Sec장치에 표적된다는(target) 것을 의미한다. 필자들의 최근의 결과에 의하면, SecM이 번역정지를 일으키는 것은 동일mRNA에서 SecA의 번역량의 확보에 필요할 뿐만 아니라, SecA가 활성형 막통과모터로서 보다 기능하기 쉬운 상태에서 합성되기 위해서도 도움이 되는 듯 하다. SecA은 가용성 2량체, 막결합상태, 막삽입상태 등 복수의 얼굴을 가진 특이한 단백질이며, 그 생합성의 장이 기능에도 영향을 주는 것은 아주 흥미로운 사실이다.

III. 리보솜내부에서 번역정지를 사용하는 제어계의 일반성

SecM 이외에도 최근 번역정지를 이용한 유전자발현제어의 예가 원핵세포[10]에서 포유동물[11]까지 여럿 보고되어있다. 이들의 대부분에서는 하류유전자가 코드하는 효소의 기질이나 대사산물의 농도변화에 응하여 상류유전자의 번역정지가 일어나고, 이것이 하류유전자의 전사 또는 번역제어에 연쇄한다. 이와 같은 번역정지에도 리보솜내부에 있는 합성도상쇄의 아미노산배열이 중요한 것이 시사되고 있다[12]. 그들의 아미노산배열에는 유사성이 없는 점에서 리보솜내부에 있어서 신장정지는 여러 가지 기구에서 일어날 수 있다고 생각된다. 각각은 감지해야할 물질농도나 세포활성의 변화에 따라서 자신의 번역정지를 조절할 수 있도록 특화하고 있는 것이라고 생각된다.

IV. 턴널을 빠져나가면····합성도중쇄가 오기를 기다리는 인자의 docking site

최근 턴널의 출구에 관한 정보가 보고되었다. L23 리보솜단백질은 출구부근에 위치하고(그림1a), 신생 단백질의 폴딩을 돕는 방아쇠인자나 막통과장치로 표적하여 작동하는 신호인식입자의 "docking site"로 되어 있다[13~15]. 이들 인자는 턴널의 출구부근에서 대기하고 출구에서 출현한 합성도중쇄에게 신속하게 작용한다고 생각되는데. 이들은 docking site를 순회하며 경쟁한다고도 말한다[15]. 합성도중쇄가 턴널의 출구에서 나타나기 전에 그것에 적합한 인자가 docking site에 모집충원(recruit)되는 것일까?

V. 리보솜턴널과 막통과통로(channel)의 동시 작동

소포체막에서 번역과 동시작동한 단백질의 막통과에 있어서는 리보솜턴널과 Sec61복합체가 형성하는 "channel"이 연결한다(**그림3a**)[16]. 단백질이 막을 가로로 끊을 때의 통로인 챈널은 이온 등의 저분자에 대한 막의 통과장벽기능을 해치지 않고 작동하지 않으면 안된다. 단백질 막통과반응에 있어서 저분자의 왕래는 리보솜이 챈널과 단단하게 결합하는 것으로 방지된다고 여겨지고 있다[17]. 막통과통로는 막단백질의 막으로의 삽입에도 이용되고 있다. 막관통부위와 될 수 있으면 소수성영역이 합성된 다음도 리보솜은 턴널챈널에서 완전히 떨어지지 않고 번역을 계속하는 듯 하다. 그러나 이와같이 막관통부위배열에 계속 잇달아서 세포질영역이 합성되는 때에는 그 영역의 세포질국재(局在)를 가능하게 하기 위하여 리보솜과 챈널의 사이에 탈출용의 간격을 만들 필요가 있다(그림3d). Johnson 등의 연구에 의하면 리보솜이 막관통영역을 번역한 시점에서 턴널에서 무언가 신호전달이 일어나서 챈널의 소포체내강(內腔)측은 Bip(Hsp70 family의 샤페론)에 의해서 막혀지고(그림3b), 세포질측에서는 리보솜과 챈널의 연결이 느슨해져서 간격이 생기게 되어(그림3c), 이 문제가 처리된다[18,19]. 리보솜턴널은 막관통영역과 될 수 있으면 아미노산배열을 인식하여, 그것이 리보솜의 밖에 나타나기 전에 챈널을 [막통과형]에서 [막삽입형]으로 구조변화시키고 동시에 막의 통과장벽의 유지에 중요한 역할을 담당하고 있다고 생각된다.

● 끝맺음

이상 개관했듯이 리보솜내부의 턴널에서 감지한 합성도중쇄의 정보가 리보솜표면에 전달되면, 리보솜은 고전적인 합성공장이라기보다 고도로 IT화된 로봇트라고 말해야 되는 것은 아닌가하고 생각된다. 단백질합성에 있어서 리보솜이 역동적인 구조변화를 나타내는 것은 실험적으로도 확인되고 있다[20]. 앞으로 리보솜의 턴널이 합성도중쇄와 상호작용을 개재시켜서 유전정보의 발현제어나 단백질이 합성도중에 받는 프로세스의 제어에 중요한 역할을 담당하고 있는 실례(實例)는 더욱더 발견되어지겠지. 그러나 각각의 합성중인 사슬이 어떻게 턴널과 상호작용하는 지, 그래서 그들이 어떻게 하여 리보솜외부의 이벤트에서 제어되며, 혹은 리보솜밖에서 그 합성중인 사슬의 운명을 결정하는지 등의 의문에 대한 답은 앞으로의 연구를 기대하지 않으면 안된다. 이들의 해명은 유전학, 생화학, 구조생물학 등의 총력을 기울여서 취급할 필요가 있겠지.

Q SecM이 수송반응에 의해서 끌어당겨져서 턴널내벽에서 떨어져나가기 위해서는 협착부위와 PTC의 사이에서 합성된 폴리펩타이드쇄가 신장해가지 않으면 안된다. 협착부위와 PTC의 사이의 구조에서 본다면 신장한 경우에 비해서 몇 아미노산잔기 정도 여분으로 합성되겠나?

A PTC에서 협착부위까지의 거리는 결정구조해석의 결과, 약 28Å으로 되어 있다. 이것은 신장한 상태

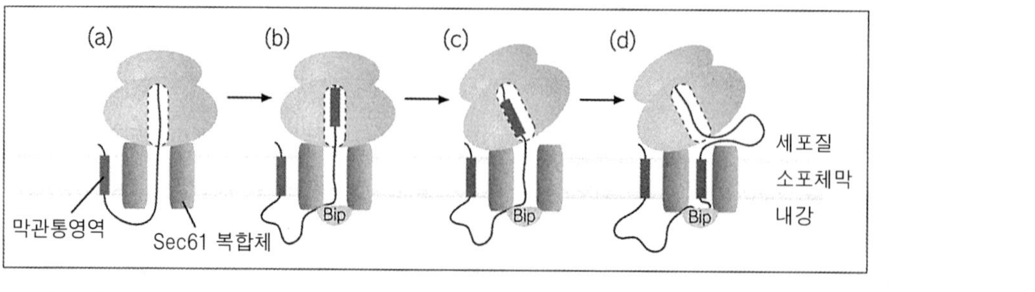

그림3. 막단백질의 막삽입에 있어서 리보솜의 턴널의 역할
리보솜은 자신이 합성중인 막단백질의 막관통영역을 턴널내부에서 인식하고, 그것을 Sec61복합체 및 내강측의 Bip에 전달함으로써 소포체막의 통과장벽으로서의 기능을 계속 유지하면서 막단백질의 막으로의 삽입을 진행시킨다. 상세는 본문을 참고하세요.

의 폴리펩타이드쇄 약 8잔기분에 상당한다. 정지배열은 17잔기로 되어있으므로 "FXXXXWIXXXXGIRAPG"의 N말단의 Phe잔기가 협착부위에 도달한 시점에서 정지가 일어난다고 가정하면 신장한 경우에 비해서 9잔기 정도의 아미노산이 여분으로, PTC와 협착부위의 사이에 가득 밀어넣은 상태로 된다고 예상할 수 있다. 정지배열은 턴널내부에서 뭔가의 구조를 취하고, 내벽과 상호작용해놓고, 그것이 막통과장치에 의해서 리보솜외부에서 끌어당겨지게 되어 잡아 늘어져서 턴널 내벽에서 해리하여 정지가 해제된다고 할 가능성은 충분히 고려된다.

Q 번역정지가 물리적으로 일어난다고 하면, PTC에서는 어떤 상태에서 아미노산전이가 정지하고 있다고 생각하면 좋을지?

A 현재 *in vitro*에서 해석중이며, puromycin이 신속한 해제를 일어나지 않게 하는 것을 알게 되었는데, A부위에 결합할 수 있을지 어떨지의 결론은 내리지 못했다. 최근 Sauer 및 Aiba(饗場)의 그룹으로부터 번역정지를 일으킨 mRNA가 A부위의 위치에서 절단되고 또한 폴리펩타이드산물은 SsrA-tagging을 받는 것이 보고되었다(Mo.Cell, 12, 903-911(2003), RNA, 10, 378-386(2004)). 단지 완전전체길이(full length)의 SecM에 대해서 이 리보솜구출작전이 어느 정도 작동하는지는 아직 모른다. 정지상태의 peptidyl tRNA는 P부위로 전이가 부전(不全)이던가 다음의 PTC반응이 저해되고 있든가 양자모두 배제할 수 없다. 필자들은 완전전체길이의 SecM의 경우는 위의 구출기구는 작동하지 않는다는 것을 시사하는 결과를 얻었는데, 전자일 가능성도 고려되고 있다.

문 헌

1) Jenni, S., Ban, N. : *Curr. Opin. Struct. Biol.*, **13**, 212-219(2003)
2) Nissen, P. *et al.* : *Science*, **289**, 920-930(2000)
3) Bernabeu, C., Lake, J. A. : *Proc. Natl. Acad. Sci. USA*, **79**, 3111-3115(1982)
4) Yonath, A. *et al.* : *Science*, **236**, 813-816(1987)
5) Nakatogawa, H., Ito, K. : *Cell*, **108**, 629-636(2002)
6) Mori, H., Ito, K. : *Trends Microbiol.*, **9**, 494-550(2001)
7) Nakatogawa, H., Ito, K. : *Mol. Cell*, **7**, 185-192(2001)
8) Berisio, R. *et al.* : *Nat. Struct. Biol.*, **10**, 366-370(2003)
9) McNicholas, P. *et al.* : *J. Mol. Biol.*, **265**, 128-141(1997)
10) Gong, F., Yanofsky, C. : *Science*, **297**, 1864-1867(2002)
11) Morris, D. R., Gaballe, A. P. : *Mol. Cell Biol.*, **20**, 8635-8642(2000)
12) Tenson, T., Ehrenberg, M. : *Cell*, **108**, 591-594(2002)
13) Pool, M. R. *et al.* : *Science*, **297**, 1345-1348(2002)
14) Kramer, G. *et al.* : *Nature*, **419**, 171-174(2002)
15) Ullers, R. S. *et al.* : *J. Cell Biol.*, **161**, 679-684(2003)
16) Beckmann, R. *et al.* : *Cell*, **107**, 361-372.
17) Crowley, K. S. *et al.* : *Cell*, **78**, 461-471(1994)
18) Liao, S. *et al.* : *Cell*, **90**, 31-41(1997)
19) Haigh, N. G., Johnson, A. E. : *J. Cell Biol.*, **156**, 261-270(2002)
20) Gao, H. *et al.* : *Cell*, **113**, 789-801(2003)

I. 단백질의 생성과 성숙

단백질합성계의 완전재구성
단백질탄생에서 성숙까지의 pure approach

Ying Bei-Wen(應 蓓文)·Ueda Takuya(上田卓也)

필자들은 번역과정에 필수적인 인자만으로 된 시험관내(in vitro) 유전자발현계 PURE SYSTEM을 구축했다. 리보솜에서 합성된 신생펩타이드는 복잡한 과정을 거쳐서 기능을 가진 다양한 형태의 성숙형 단백질로 된다. 단백질은 단순한 폴리펩타이드쇄가 아니라 활성발현가능한 형태로 되기 위하여 당쇄부가를 위시한 가공공정을 거치지 않으면 안된다.
PURESYSTEM은 단백질의 탄생과정을 무기질화한 것이고, 필자들은 PURESYSTEM에 단백질성숙과정에 관여하는 인자군을 공존시키므로써 성숙과정의 메커니즘해명을 목표로하고 있다. 우선 폴딩과 번역의 양 과정의 연동을 해석하기 위하여 샤페론을 공존시킨 PURESYSTEM을 구축했다. 또한 막단백질이나 분비단백질의 국재기구를 해석하기 위하여 분비시스템 등의 subsystem을 연결한 PURESYSTEM을 개발했다.

keyWords 무세포단백질합성계 샤페론 폴딩 분비시스템

● 서론

21세기에는 단백질의 구조와 기능의 망라적인 해석에 의한 생명상의 첫 달성이 생화학의 주과제일 것이다. 그를 위하여 충분한 생리활성을 가지는 단백질을 high throughput로 발현시키는 시스템의 구축이 필수이다. 2010년까지 1만개의 단백질의 구조해석의 달성이 기대되고 있는데, 현재 구조결정되고 있는 단백질은 수백에 지나지 않는다. 최대의 neck(난점)은 단백질의 발현·정제의 단계이고, 또한 기능발현에 필요한 입체구조를 가진 고품질의 단백질을 얻기 위한 기술의 확립이 요구되고 있다. 지금까지 세포를 사용한 대량 발현계에 의한 단백질생산의 수법으로는 high throughput화가 요구되는 proteome시대에 대응할 수 없는 것은 명백하다. 생세포를 사용한 발현계에 대신하는 기술로서 무세포단백질합성계가 주목받는 시발점이다. 무세포단백질합성계로는 배양 등의 성가신 과정이 불필요하고 발현단백질의 품질조절이 용이하다는 우수한 이점이 있다.

I. PURESYSTEM 단백질탄생을 위한 pure approach

현재 주로 사용되고 있는 무세포 단백질합성계는 대장균 S30획분추출액이나 소맥배아추출액이나 토끼막상(網狀)적혈구추출액 등이다[1,2]. 그러나 이들의 무세포 단백질합성계는 세포추출액을 기본으로 한 시스템이기 때문에 전사번역을 저해하는 협잡물이 들어있고, 시스템으로서 안정성과 효율화에는 한계가 있다고 생각된다. 여기에서 필자들은 대장균의 단백질합성계에 필수일 뿐 아니라 더욱더 최소한의 구성요소에서 재구축한 순수한 무세포 단백질합성계를 처음으로 만들었다[3].

Bei-Wen Ying, Takuya Ueda, 東京大学大学院新領域創成科学研究科先端生命科学専攻 E-mail : ueda@k.u-tokyo.ac.jp
Reconstitution of *in vitro* protein maturation system : The pure approach for protein maturation

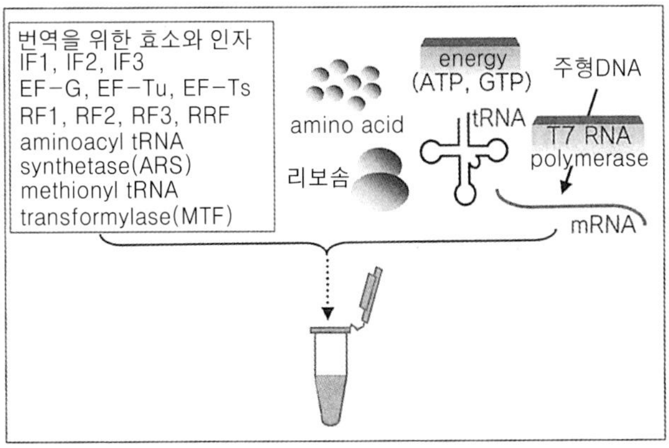

그림1. PURESYSTEM의 구성요소
전사·번역에 필수적인 인자만으로 구축한 무세포단백질합성계이다. 에너지재생계도 포함하고 있다. 주형DNA의 첨가로 목적 단백질을 *in vitro*에서 약 1시간으로 발현시킬 수 있다.

1. PURESYSTEM이란?

대장균에 있어서 단백질합성에 관여하는 31종류의 가용성인자-개시인자(IF1, IF2, IF3), 신장인자 (EF-G, EF-Tu, EF-Ts), 종지인자(RF1, RF2, RF3, RRF), 20종류의 aminoacyl tRNA synthetase, methionyl tRNA transformylase를 His tag 붙임의 형으로 클로닝하여 대량으로 발현시켰다. 각각의 인자에 대해서 tag를 이용하여, 수백 milligram단위의 각 인자를 정제하는데 성공했다. 더욱이 리보솜도 설탕밀도구배원심법과 고염농도에서 처리함에 따라, 부착한 협잡물을 제거했다. 단백질합성에 필수적인 인자만으로 재구성된 시스템이기 때문에, PURE(protein synthesis using recombinant elements) SYSTEM이라고 이름붙였다(**그림1**). PURESYSTEM은 시스템내의 모든 구성성분이 명확하므로 반응조건을 자유로 설정할 수 있고 반응제어가 아주 용이하며, 보다 고품질 단백질생산시스템으로 개량할 수가 있다. 또한 protease나 nucelase 등의 단백질합성의 저해요인으로 되는 분자는 전혀 포함되어 있지 않으므로 보다 높은 안정성과 효율적인 합성을 기대할 수 있는 시스템이다.

2. 폴리펩타이드의 합성법으로서 PURESYSTEM

PURESYSTEM을 구성하는 인자는 모두 His tag가 붙어있으므로 Ni column를 통과함으로써 이들 인자를 간단하게 제거하여 tag가 붙어있지 않는 천연형의 단백질만을 간단하게 얻을 수가 있다. 모델예로서는 1mL반응액당 약 160μg의 dihydrofolate reductase의 합성과 정제에 성공했다[3]. PURESYSTEM에 의해 합성한 단백질은 1시간 이내로 정제가 가능하기 때문에 high throughput화에 알맞은 단백질합성시스템으로서 높은 가능성을 간직하고 있다.

다음에 비천연아미노산을 효율좋게 단백질로 집어넣을 수 있다. suppressor tRNA에 비천연아미노산을 결합시켜, ORF 가운데 도입한 amber codon에 대응시켜서 비천연아미노산을 도입하는 것이 일반적인 방법인데[4], 지금까지의 추출액을 기본으로 한 무세포단백질합성계에서는 종결인자가 존재하므로 amber codon에서 종결한 불완전한 단백질이 부산물로서 합성된다. PURESYSTEM에 있어서는 종결인자를 첨가하지 않는 것이며, amber codon에 대응시켜도 비천연아미노산의 도입을 고효율로 할 수 있다. 실제로 모델로서 valine을 부가한 suppressor tRNA를 사용하여 amber codon에게 valine을 도입하는데 100%의 효율로 성공했다[3]. 이 수업에 의해서 20종류이외의 아미노산을 조합하여 짜맞춘 새로운 기능을 가진 폴리펩타이드를 생산하는 것이 가능하게 되었다.

최근 무세포단백질합성계를 사용하여 리보솜 display법을 위시한 다양한 생체외 선택법이 개발되고 있는 중이다[5]. PURESYSTEM은 종결인자를 존재시키지 않는 것으로, 보다 간단하게 안정성이 높은 mRNA-리보솜-단백질복합체를 형성시킬 수 있다. 기능성 폴리페타이드를 고수율로 스크린할 수 있는 시스템의 구축이 가능하다. 이 PURESYSTEM 보다 peptide 시험관내 진화계는 단백질의 구조기능상관의 연구에 있어서 우수한 루트로 된다고 여겨져 개발을 진행하고 있다.

II. 단백질성숙과정의 pure approach

세포내의 단백질합성계에서 합성된 폴리펩타이드는 폴딩, subunit회합(會合), 번역후수식 등의 단계를 거쳐서 기능을 발현하는 성숙형단백질로 된다. 당쇄부가를 위시한 과정은 세포내국재와 밀접하게 관계하고 있다. 필자들은 이렇게한 폴리펩타이드의 가공에 관여하는 각각의 시스템을 연결시켜서 단백질 성숙과정을 *in vitro*에서 해석가능한 계의 구축을 시도하고 있다.

필자들이 제1의 표적으로 하고 있는 것은 분자샤페론의 폴딩기구의 해명과, 단백질의 막통과과정의 해명이다. 리보솜에서 탄생한 폴리펩타이드가 번역과정과 어떻게 연동하여 꾸부려져가는지 아직 번역도중의 분자샤페론의 관여에 대해서도 지금까지의 유전학적 해석으로는 그 해석에 한계가 있다. 또한 번역종료후의 폴딩으로 분자샤페론의 기여에 대해서도 그 메커니즘은 명확하지 않다. 단백질의 막통과기구에 대해서는 번역과 막통과의 과정을 연결하여 해석하는 *in vitro*의 시스템은 현재는 없고, 번역과의 coupling에 대해서도 아직 논의가 분분한 상황에 있다[6,7]. 이러한 펩타이드쇄의 합성과 그것에 연속하는 가공단계를 *in vitro*에서 재구축한 시스템의 개발을 시도하고 있다.

1. 전사번역-폴딩계

대장균 등에 의한 대량발현계이 있어서는 샤페론의 공동발현에 의해서 발현단백질의 가용화율이 향상하는 것이 잘 관찰된다. 같은 모양으로 신생펩타이드의 생리활성을 향상시키기 위하여 PURESYSTEM에 있어서 여러 가지 샤페론을 조합하여 번역과 폴딩 network이 동시 작동 시스템의 구축을 시도했다.

종래의 세포추출액에 의한 무세포합성계를 사용한 실험에서는 이들이 샤페론의 폴딩에 대한 관여에 관한 해석의 보고가 있는데, 명확한 결과를 얻은 것은 아니다. 그 이유로서 내재성(内在性)의 샤페론의 존재에 의한 노이즈(noise)가 높고, 샤페론의 기여의 판정이 곤란했기 때문이다. 신생 펩타이드에 결합하고 번역과정과 연동하여 폴딩을 촉진한다고 여겨지는 DnaK 시스템이나, 번역과 공역하지 않는 결로된 샤페로닌(GroEL/ES)과 PURESYSTEM의 공존시스템을 재구축하고 있다. PURESYSTEM을 이용하여 합성된 항체분자(scFv)의 가용성이나 활성 등이 이들의 샤페론의 공존에 의해서 향상하는 것을 관찰했다(**그림2**). 또한 단백질합성계를 정지한 경우와 하지 않는 경우를 비교하여 번역과의 연관성을 해석해봤을 때, 종래에는 번역과는 독립이라고 여겨져온 샤페로닌이 번역과 연관해도 기능할 수 있는 가능성이 시사되었다. PURESYSTEM에 여러 가지의 샤페론의 sub-system을 공존시킴으로써 폴딩이나 응

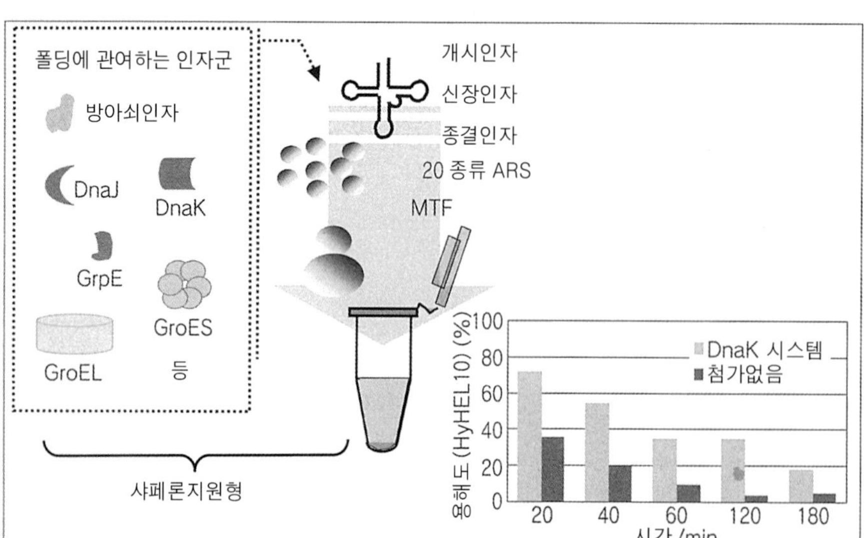

그림2. 샤페론을 공존시킨 PURESYSTEM
번역시에 샤페론(DnaK시스템)을 공존시키므로써 목적단백질(이 경우는 항체)의 가용성이 향상했다. 아마도 응집의 억제나 폴딩의 촉진에 의한 것이라고 여겨진다.

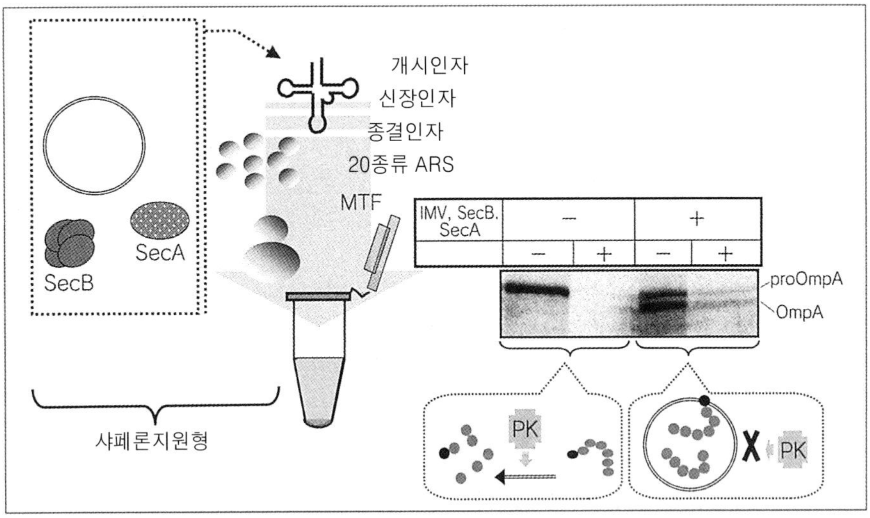

그림3. 분비시스템과 연결시킨 PURESYSTEM

PURESYSTEM에서 합성된 분비단백질인 OmpA의 전구체는 SecA, SecB, 반전막소포(IMV)로 구성되는 분비시스템을 공존시킨 경우에는, IMV내부에 집어넣어져서 protease K에 대해서 저항성이 된다. 이 시스템에 의해 분비단백질이나 막단백질의 성숙과정을 해석하는 것이 가능하게 된다.

집의 억제의 메커니즘을 생화학적으로 연구할 수 있게 되었다.

또한 이들의 샤페론은 게놈상의 단백질의 개성에 대응하여 기능하고 있다고 생각된다. 종래의 변성단백질의 활성회복을 해석에 의해서 얻은 결과는 어떤 의미로는 병이 된 단백질이 회복하는 과정을 반영하고 있는 데에 지나지 않는다. 단백질이 건강하게 성숙해가는 과정을 밝히기 위하여 탄생의 단계인 번역의 단계에서 연속적인 snap shot을 해석할 수 있는 시스템을 구축하는 것은 필요불가결이다.

2. 번역-분비계

막단백질의 기능이나 구조의 해석은 많은 연구자가 흥미를 갖는 것인데, 일반적인 발현계로는 성공한 예는 거의 없다. 필자들은 이들의 단백질의 합성하기 위하여 무세포계에서 유전자발현계와 분비계를 통합한 시스템의 구축을 목적하고 있다. 이미 대장균분비에 관여하는 인자의 많은 것이 밝혀져 있기 때문에, PURESYSTEM에 이들의 분비분자나 분비장치 또는 machinery 등을 공존시켜서 분비단백질합성과정을 재구축하는 것은 단백질의 막국재(膜局在) 기구를 밝히려는 이상적인 접근방식은 아닌가하고 생각한다.

막단백질이나 분비단백질의 전구체에 결합하고 그의 폴딩을 억제하여 막통과가능한 상태로 보존하는 인자로서 SecB가 알려져 있다[8,9]. 필자들은 분비장치(Sec machinery)를 가진 반전막소포(反轉膜小胞)를 대장균에서 분리하고, SecB 의존적으로 분비를 할 수 있는 분비형 PURESYSTEM을 구축하고 있다(**그림3**). 실제로 대장균의 OmpA 단백질의 주형DNA를 분비형 PURESYSTEM에 첨가하는 것만으로 신호가 절단된 성숙단백질이 효율좋게 반적막수포내로 수송되었다. 또한 대장균의 SRP에 상당하는 Fft(FtsY)와 4.5S RNA(Ffs) 복합체를 이용하여, 번역과 동시 작동한 막단백질합성용 PURESYSTEM의 구축도 시도하고 있다. 이들의 재구축시스템을 이용하여 전자·번역·막수송·조립을 연속적으로 진행시킬 수 있는 *in vitro* 시스템이 가능하게 되었다.

단백질합성과 수송분비과정의 연대에 대해서 이 PURESYSTEM을 이용한 전사번역-분비계를 이용하여 막으로 가는 단백질의 분배기구에 관한 해석을 하고 있다. 이들의 해석에 의해서 지금까지 *in vivo*가 주체이었던 연구와는 달랐고, 보다 상세한 지식이 얻어진 것이라고 여겨지고 있다.

● 결론

세포는 분자로 구성된 정밀한 공장이다. 이 공장을 분자로부터 조립할 수 있다면 지금까지 생명의 관찰에 기초하는 생물학과는 다르고, 보다 정밀한 메커니즘해석을 갖게 될 거라고 믿고 있다. 필자들은 이러한 생각에 기초하여 분자로 재구축한 번역시스템 PURESYSTEM을 개발했다. 세포내에서는 탄생한 폴리펩타이드는 여러 가지 가공과정, 수송과정을 거쳐서 적절한 장소에서 있어야 할 모습으로 역할을 다하고 있다. 이 전체 모습에 대해서 PURESYSTEM을 기반으로 하여 *in vitro*에서 이들의 성숙과정을 재구축한다는 pure approach로 다가서고 싶다[10]. pure approach를 보다 강력히 추진함으로써 단백질과학에 대한 패러다임 변화를 가져올 것이라고 믿고 있다.

Q PURESYSTEM으로는 어느 정도 단백질생산량이 향상하는지. 지금까지 어떠한 단백질을 어느 정도의 양을 이 PURESYSTEM으로 합성할 수 있었는가?

A DHFR의 경우는 약 160 μg/mL정도의 생산량이었다. 경험적으로는 대장균유래의 것이면 DHFR과 거의 동량으로 합성할 수 있다. scale up하면 mg단위로 가능. 또한 식물유래나 동물유래의 단백질의 합성에 성공하였다. 단백질의 종류에 따라서 생산량이 평균치에서 벗어나는 경우가 보이지만, 대충 수 10 μg에서 수 mg의 범위의 합성양이다.

Q 그림3에 있어서 분비되어 반전막소포에 들어간 OmpA는 protease K로 분해되지 말아야 하는데, 실험에서는 상당히 분해되고 있다. 이것은 왜 그런가? 분비가 아직 되고 있지 않는 pro OmpA가 분해되는 것은 이해할 수 없다. 문제는 성숙형의 OmpA이다.

A 그것은 분비시스템이 아직 최적화되지 않기 때문이라고 생각된다. 아마도 신호배열이 절단된 다음 분비가 순조롭게 되지 않아 막에 아직 머물고 있는 OmpA가 protease K에 의해서 분해되었기 때문이라고 생각된다.

문 헌

1) Madin, K. *et al.* : *Proc. Natl. Acad. Sci. USA*, **97**, 559-564 (2000)
2) Spirin, A. S. *et al.* : *Science*, **242**, 1162-1164 (1988)
3) Shimizu, Y. *et al.* : *Nat. Biotechnol.*, **19**, 751-755 (2001)
4) Noren, C. J. *et al.* : *Science*, **244**, 182-188 (1989)
5) Mattheakis, L. C. *et al.* : *Proc. Natl. Acad. Sci. USA*, **91**, 9022-9026 (1994)
6) Teter, S. A. *et al.* : *Cell*, **97**, 755-765 (1999)
7) Deuerling, E. *et al.* : *Nature*, **400**, 693-696 (1999)
8) Mori, H., Ito, K. : *Trends Microbiol.*, **9**, 494-500 (2001)
9) Muller, M. *et al.* : *Prog. Nucl. Acid. Res. Mol. Biol.*, **66**, 107-157 (2001)
10) Swartz, J. : *Nat. Biotechnol.*, **19**, 732-733 (2001)

Column

단백질의 폴딩
*in vitro*와 *in vivo*의 사이

Takada Shoji (高田彰二)

*In vivo*의 단백질폴딩문제로는 일꾼이 한없이 등장하고 있어서 말을 어렵게 한다. 이 원고에서는 *in vitro* 폴딩에서 출발하여 *in vivo*에서 효과가 있을 요인을 하나씩 고려하고 주로 물리적, 이론적 입장에서 논의를 펼친다.

*In vitro*에서 *in vivo*로 향하는 최초의 단계로서 단백질간의 비특이적 상호작용, 특히 응집을 생각할 수 있다. 종래 응집이라면 거추장스런 방해물이었는데, 최근 amyloid섬유와의 관계로 응집의 연구가 각광을 받아서 연구대상으로서 논의되기 시작했다. 특히 Dobson 등은 아미노산치환에 의한 응집속도변화를 비교적 간단히 半정량적으로 예측할 수 있다고 했다[1]. 우선 단백질이 변성하고 있는 시간이 있을 만큼 긴 것이 응집의 필요조건이다. 그 조건을 만족한 범위에서 아미노산치환에 의한 응집속도의 변화는 그 치환에 의한 단백질의 (1) 소수성의 증가, (2) 전하의 절대치의 감소, 및 (3) 치환위치가 α-helix에서 β-strand로 바뀔 때의 자유에너지차이의 증가의 3가지의 합으로 평가할 수 있다. 단백질이 변성하고 있는 한, 응집경향은 비율과 아미노산조성으로 대개 결정하고 있다(**그림1**). β 형성경향이 높은 만큼 응집하기 쉽다는 점은 실험자의 직감과 합치되어 흥미롭다. 또 하나의 점, Dobson 등의 실험데이터에 의하면, 천연단백질에서 여러가지 아미노산을 치환하면 응집이 빨라지는 것도 느려지는 것도 같은 정도로 존재한다. 응집속도가 어느 정도 작은 것은 물론 필요했지만, 진화압(進化壓)은 응집속도를 최소화하도록 움직이지 않았다고 하기보다도 단백질은 특정의 입체구조(천연입체구조)로 폴딩하도록 진화한 결과, 어느 정도의 소수성 core를 만들 필요가 있고, 그것은 필연적으로 단백질을 한 발짝만 틀려도 응집을 일으켜버리는 도무지 여유가 없는 빠듯한 존재로 되어버린 것이겠지.

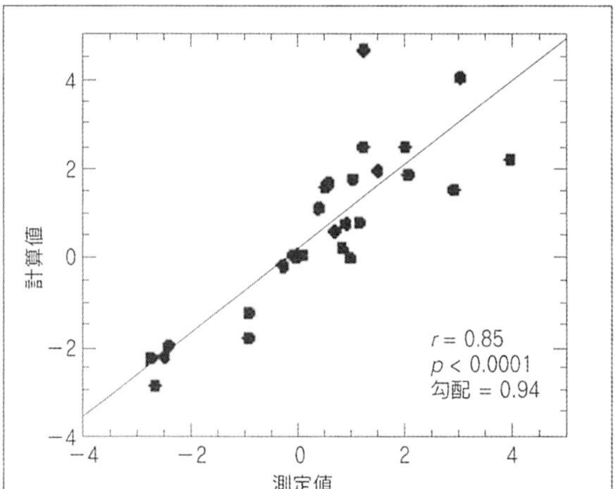

그림1. 아미노산 치환에 의한 응집속도변화의 대수(對數) plot.

측정치를 가로축에, 계산식에 의한 예측치를 세포축으로 하여 plot하고 있다. 근사직선의 기울기는 0.94와 1에 가깝고, 상관계수는 0.85로 높다(문헌1에서 전재).

다음에 다른 인자로서 타 고분자에 의한 혼합(macromolecular crowding)효과를 생각할 수 있다. 세포내의 고분자농도는 체적점유율 20~30%로 상당히 혼합되어있다. 여기에서는 충분히 저농도의 단백질 용액에 다른 가용성의 고분자가 고농도로 들어있는 상황을 생각한다. 가용성의 고분자는 흔히 생각할 수 있는 단백질과는 특이적인 상호작용을 하지 않는다고 한다. 최근 Sasahara(笹原) 등은 dextran(가용성 고분자)농도를 변하게 하면서 라이소자임의 변성온도변화를 측정하고, dextran에 의해서 혼합하는 만큼 라이소자임의 변성온도가 상승하는 것을 관찰했다[2]. 이것은 Minton이 제창한 "고분자혼합(macromolecular crowding)효과"의 이론[3]을 기초로 거의 정량적으로 설명할 수 있다[2,3]. 단적으로 말하면, 용액이 가용성인 고분자로 혼합하면 단백질은 작은 쪽이 움직이기 쉬워서, 즉 물리적으로는 entropy가 높아서, 유효한데, 배제체적(排除體積; 조잡하게 말하면 관성반경이라고 생각해도 좋다)이 작은 천연구조의 편으로 평형이 올라간다. 단지 그 안정화의 정도는 그만큼 크지 않다.

물리적으로 이것을 이상화한 듯한 상황은 협소한 공간에 갇혀있던 단백질 1 분자의 폴딩을 생각하는 것이다. 이것도 최근 실험·이론 양면에서 조사되었다[4,5]. 우선 닫혀진 것에 따라서 일반적으로 단백질의 열안정성이 상승한다. 이것은 폐쇄됨에 따라서 변성상태를 취할 수 있는 구조에 제한이 가해진 때문이다. 변성상태의 배위entropy가 감소하고, 따라서 자유에너지가 상승하게 되며, 천연상태가 상대적으로 안정하게 되는 것이다. 이를테면 silica matrix내의 동굴(空洞)에 갇혀진 단백질의 변성온도가 약 30℃상승한다고 하는 보고가 있다[4]. 효과는 좁은 공간(단지 단백질 천연구조보다 작은 공간에는 들어가지 않는다)에 갇혀질 만큼 강하게 되며, 계산에 의하면 최대 60℃정도까지 상승한다고 어림잡았다[5]. 속도론적으로 보면, 폐쇄는 폴딩을 가속한다. 계산상으로 약 10배 정도의 가속이 가능하다[5]. 고분자혼합과 폐쇄는 어느 쪽도 단백질을 안정화하는 효과를 가지는데, 그 정도는 후자의 경우가 강하다. 샤페로닌 GroEL/ES 가운데 폐쇄된 단백질은 갇혀져 있는 것만으로 꽤 안정화되며, 폴딩속도도 당연히 가속될 터이다[5,6].

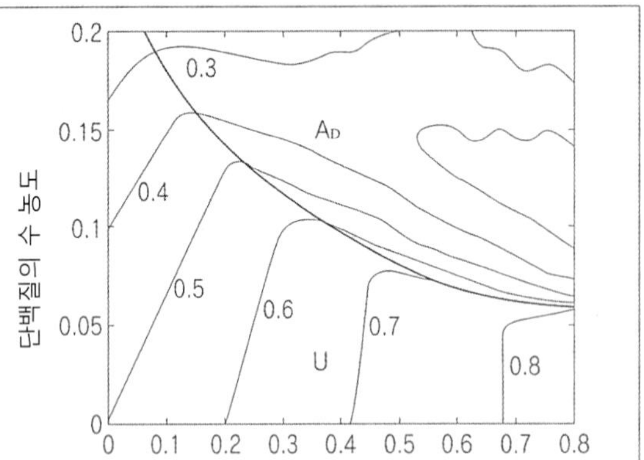

그림2. 단백질과 가용성 고분자의 농도를 바꿨을 때의 단백질의 상도(相圖)

A_D는 변성상태의 응집이 보이는 상(相), U는 가용상(相), 가는 실선은 단백질이 천연구조를 취하고 있는 비율의 등고선을 나타낸다. 이 실선에 붙여진 숫자는 천연구조의 비율이다. (문헌7에서 발췌). 혼합은 응집을 촉진하는 한편, U상내(相內)에서는 혼합이 단백질을 안정화하고 있다.

말을 다소 복잡하게 해보면 폴딩을 할 단백질 및 가용성의 고분자에 어느 정도의 농도로 존재하는 상황을 생각해보자. 여기에서는 폴딩과 응집의 경쟁하에 고분자혼합효과가 어떻게 효과적으로 오는지가 문제로 된다. 평형론적으로는 (1) 혼합은 응집을 촉진한다, (2) "응집하지 않는 범위로 보면", 혼합은 단백질의 천연상태를 안정화하는(**그림2**) 것이 분명하다. 여기에서 우선 아직 충분한 논의가 되어 있지 않는데, 속도론적으로는 고분자혼합은 폴딩이 늦은 단백질을 응집하기 쉽게 하는 한편으로, 빠른 단백질에 대해서는 폴딩을 가속하여 천연상태에 도달해버리기 때문에 응집을 방해할 수 있는 것이 이론·실험에서 추측되고 있다[7]. 여기에 분자샤페론이 참가하면 얘기는 더욱 복잡하게 된다. 분자샤페론은 변성단백질의 폴딩을 도와서 응집을 억제한다. 그 용액이 가용성의 고분자로 혼합해오면 무언가 일어날 수 있든가 혼합효과의 가운데서 큰 일로서 일반적으로 분자회합의 촉진이 있다. 이 경우 기질 단백질과 분자샤페론의 결합이 촉진되며, 그것에 따라서 분자샤페론의 효험은 증가할 가능성이 있다. 단지, 폴딩이 늦은 기질단백질에 대해서는 "혼합"은 애당초 응집을 촉진하므로 상반하는 효과가 경쟁하는 것으로 되어 말은 미묘하다[8].

최후로 약간 화제를 바꿔서 여러 domain을 가지는 단백질의 폴딩은 합성과 병행하여 N말단도메인에서 차례로 진행해가든가 합성후에 촘촘하게 되고나서 전장(全長)에 걸쳐서 구조탐색을 하고 있든가 라는 문제를 논의한다. 종래 N말단에서 도메인마다에 폴딩하여 간다는 생각이 주류이었기도 하고, 그것을 지지하는 듯한 데이터도 있었다. 그러나 최근 Braakman 그룹은 LDL-R이라고 하는 여러 도메인 단백질이 도메인사이에 걸치는 잘못된 S-S결합을 가지는 촘촘한 misfolded 중간체를 거치고, 그 후 천연구조에 다다른다는 것을 시사하는 실험결과를 얻었다[9]. 아주 놀랄 일이지만, 이론적으로는 이러한 시나리오가 일반적이라고 생각하기 어렵다. 하나의 도메인으로 되는 단백질은 배열에 이어져 멀리 있는 아미노산쌍 가운데 중요한 것을 탐색하는 과정이 폴딩의 율속단계로 된다. 결과로서 잔기길이 N가 100보다 긴 단백질도메인의 폴딩속도는 대강 In $K_F \sim N^a$, (a~0.6정도)와 같이 흔들거리며, 긴 단백질만큼 폴딩은 급격하게 느려지는 것으로 알려져 있다. 만약 여러 도메인에 있어서도 배열상 먼 도메인사이의 촘촘한 형성이 필수이기 때문에, 그것을 탐색하는 시간은 같은 식에 따른 것을 예상할 수 있다. 그러나 그것으로는 이를테면 1000잔기있는 단백질이 수초내에 폴딩하는 것은 전혀 불가능하게 된다. 훨씬 빨리 폴딩하기 위하여 각 도메인내에서 각각 최적구조를 찾고, 그것을 연결하여 합쳐서 전체구조를 형성해가는 것이 자연스럽다. 애당초 단백질이 도메인으로 분리되듯이 진화해온 것이 무엇보다 그 증거이라고 생각한다. 최근 알게된 LDL-R의 입체구조를 보면, 도메인의 분리가 애매모호하고, 이것이 각 도메인이 폴딩단위라고 말할 수 없는 특수한 경우인지도 모른다. 어떻든 결말짓기에는 말할 것도 없이 실험이 필요하다.

Q GroEL/ES의 폐쇄효과는 변성상태의 entropy 감소에만 기여하지 않는가? 닫힘에 따라 폴딩에 시간이 걸리는 듯한 변성상태가 일어나기 어렵게 되고, 폴딩경로가 변하여 폴딩이 촉진되는 경우는 없는가?

A 본문에서 쓰인 것은 적어도 변성상태의 entropy 감소라는 효과는 존재한다는 점이다. 지적한 가능성은 부정할 수 없으나 개인적으로는 있을 것 같지 않다고 생각하고 있다. 폴딩에 시간이 걸리는 변성구조가 있다고 해도, 그것은 꽤 촘촘한 구조일 것이다. 폐쇄에 따라 그 구조를 취하기 어렵게 된다고는 생각하기 어렵기 때문이다. 또한 샤페론이 많은 단백질폴딩을 돕는 일에서도 특이적인 상호작용에 상관하는 이와같은 가능성은 생각하기 어려운 것은 아닐 까하고 생각한다.

Q 세포안에서는 이종의 단백질끼리도 응집한다. 혼합에 의한 응집의 위험성은 dextran을 사용한 실험에서 추정되기보다도 훨씬 큰 건 아닐까?

A 아마도 그렀겠지요. dextran을 사용한 실험은 응집효과를 할 수 있는대로 억누르고 있고, 혼합에 의한 단백질안정화를 측정하기위한 질적 차이는 전자가 천연상태와 변성상태라는 2가지 상태를 취하는 점이라고 생각한다. 단백질은 천연상태에 있는 한 어느 정도의 가용성이고, 일반적으로 응집은 변성과 꽤 강하게 연결하고 있다. 그래서 단백질의 응집의 위험성은 상당부분 변성의 위험성이 있다고 해도 좋을 지도 모른다.

●문헌

1) Chiti, F., Stefani, M., Taddei, N., Ramponi, G., Dobson, C. M. : *Nature*, **424**(6950), 805-808(2003)
2) Sasahara, K., McPhie, P., Minton, A. P. : *J. Mol. Biol.*, **326** (4), 1227-1237(2003)
3) Minton, A. P. : *Curr. Opin. Struct. Biol.*. **10**, 34-39(2000)
4) Eggers, D. K., Valentine, J. S. : *Protein Sci.*, **10**, 250-261 (2001)
5) Takagi, F., Koga, N., Takada, S. : *Proc. Natl. Acad. Sci. USA*, **100**, 11367-11372(2003)
6) Brinker, A., Pfeifer, G., Kerner, M. J., Naylor, D. J., Hartl, F. U., Hayer-Hartl, M. : *Cell* **107**, 223-233(2001)
7) Kinjo, A. R., Takada, S., : *Phys. Rev.*, **E66**, 031911(2002)
8) Kinjo, A. R., Takada, S. : *Biophys. J.*, **85**, 3521-3531(2003)
9) Jansens, A., van Duijn, E., Braakman, I. : *Science.*, **298** (5602), 2401-2403(2002)

Shoji Takada 神戸大学理学部，科学技術振興財団さきがけ
E-mail : stakada@kobe-u.ac.jp

Protein folding *in vitro* and *in vivo*

I. 단백질의 생성과 성숙

세포에 있어서 Hsp70샤페론계의 기능

Terada Kazutoyo(寺田和豊)·Mori Masataka(森 正敬)

동물세포 cytosol의 대표적인 분자샤페론의 하나인 Hsc70은 단백질의 일생에 깊게 관계하고 있다. Hsc70/Hsp70은 HSP40 family를 기원으로 한다. 다양한 cochaperone에 의해서 제어되며, 단백질의 생성 · 성숙에 따른 폴딩만이 아니고, 수송, 분해, 더욱이 병에 대한 직접적인 관여가 in vivo에서 밝혀지게 되었다.

key Words HSP70 HSP40 Bag-1 cochaperone(보조샤페론인자)

● 서론

HSP70 family는 actin·hexokinase형 입체구조를 가지는 N말단측의 ATPase도메인과 C말단측의 기질결합도메인으로 되는 대표적인 분자샤페론이다. family는 모두 대문자이며, 각각의 멤버는 최초의 문자만 대문자로 나타낸다. HSP70은 일부의 초호열성고세균을 제하고 모든 생물에 존재하며, 대장균에서는 DnaK, 사람을 포함한 포유동물에서는 구성형 Hsc70과 유도형 Hsp70이 cytosol에 존재하며, 주요한 분자샤페론으로서 세포내 단백질의 일생에 깊이 관계하고 있다. 미토콘드리아나 소포체에도 각 organelle 고유의 HSP70 family분자가 존재한다. 이 원고에서는 포유동물 cytosol의 Hsc70과 그의 움직임을 제어하는 cochaperone군(群)의 관계를 개관하고, 세포내에서의 움직임에 대해서 기술한다.

I. Hsp70 샤페론계와 co-chaperone

1. HSP70 family

포유동물 cytosol에 구성적으로 존재하는 HSP70은 Hsc(heat shock cognate 70, p73)이고, 세포내 전(全)단백질의 1%정도 존재한다. 이것에 대하여 유도형의 Hsc70(p72)은 열충격을 위시하는 스트레스 시에 전사번역수준에서 유도되는 것을 말한다[1, 2]. 평상시에 있어서도 유도형 Hsp70은 일부의 조직이나 배양세포에 존재한다. 최근 마우스의 유도형 Hsp70을 lacZ로 knocking한 개체를 사용하여, 생체내에서의 발현양식이 검토되어있다[3]. Hsp70은 동일의 폴리펩타이드를 코드하는 유전자 Hsp70.1과 Hsp70.3이 동일염색체에 접근하여 존재한다. 그 외 2종류의 정소(精巢)특이적 HSP70(Jsp70.2와 Hsp70t) 등이 알려져 있다.

2. HSP70의 샤페론작용

Hsc70은 N말단측의 ATPase도메인과 그것에 이어지는 기질결합도메인, EEVD로 끝나는 C말단도메인으로 된다(**그림1**). ATPase도메인은 대장균의 DnaK와 자세한 점에서는 다른 것도 있지만, 기본적으로 같은 구조이다[4]. 모델 peptide를 결합한 기질결합도메인의 구조는 DnaK의 것이 알려져 있다. 기질은 소수성지방족의 아미노산잔기로 되는 core를 가진 7잔기이상의 신장한 상태의 peptide이며, 이것은 소수성잔기가 노출한 비천연상태의 폴리펩타이드에 대해서 활동하는 HSP70의 기능에 합치한다. ATPase도메인과 기질결합도메인간의 상호작용이 HSP70의 샤페론작용을 생각할 때 불가결이지만, 양자동시의 구조해석은 되어있지 않다. C말단도메인

Kazutoyo Terada, Masataka Mori, 熊本大学大学院医学薬学研究部 (医学系) 分子遺伝学教室
E-mail : terada@gpo.kumamotou.ac.jp masa@gpo.kumamoto-u.ac.jp
Cellular functions of cytosolic Hsp70

은 대장균 DnaK에는 존재하지 않는 EEVD배열을 포함하고, tetratricopeptide repeat(TPR)을 가진 co-chaperone과의 결합에 필요하다.

ATP결합형의 HSP70은 기질도메인이 열린 구조을 취하고, 기질폴리펩타이드를 받아들이기 쉽고, 해리하기 쉽다. 반대로 ADP결합성이 된 HSP70은 기질의 폴리펩타이드를 강하게 결합한다. nucleotide에 대한 친화성의 차이는 HSP70이 나타내는 HSP40 family(대장균에서는 DnaJ)에 존재하는 J도메인은 HSP70에 결합한 ATP의 가수분해를 촉진하는 활성을 가진다. Zn finger와 C말단도메인은 DnaK에 닮은 기질특이성을 가진 기질결합도메인을 구성하고, DnaK에 결합한 기질폴리펩타이드가 DnaK에 인도되는 사이클이 생각되고 있다(**그림2**). DnaK에 결합한 ADP는 nucleotide교환인자인 GrpE에 의해서 해리하며, ATP결합형DnaK가 재생한다[5].

3. HSP70의 ATPase 활성을 촉진하는 HSP40 family

HSP40 family는 약 80잔기로 된 J도메인을 가지

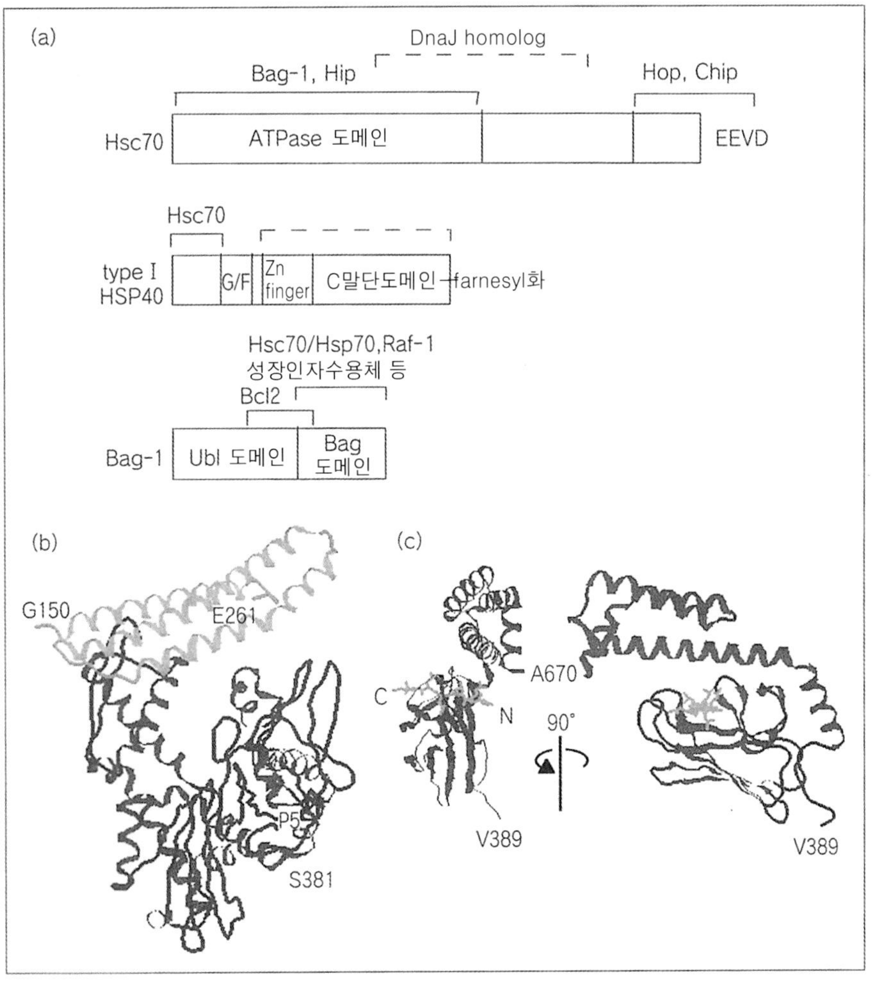

그림1. Hsc70, type HSP40과 Bag-1.
(a)Hsc70과 co-chaperone(보조샤페론)의 도메인구조. 각 도메인과 상호작용하는 인자를 가리킨다. (b) Hsc70의 ATPase 도메인(청)과 Bag 도메인(녹)의 복합체. PDB accession: 1HX1. (c) DnaK 펩타이드결합도메인(청)과 모델기질펩타이드(녹, 지면으로 향하여 N말단에서 C말단으로). PDB accession : 1DKX [그림2(p.3)참조]

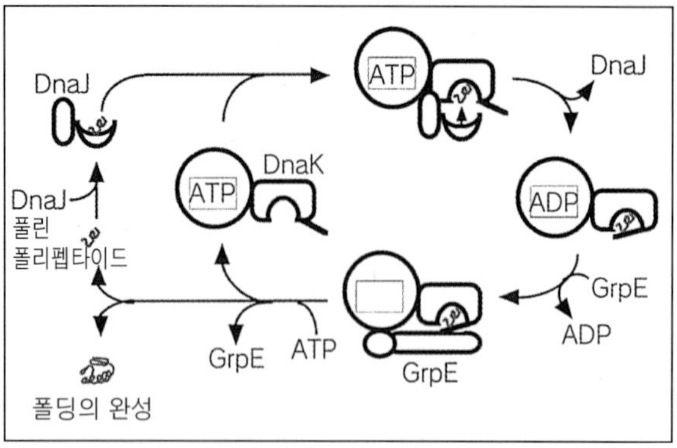

그림2. 대장균 DnaK-DnaJ-GrpE에 의한 폴딩 모델.

동물의 HSP70 샤페론계도 HSP40, Bag-1에 의해서 같은 모델이 고려되는데, 그 외의 샤페론에 의해서 수식될 수 있다.

며, 사람에서는 40종류이상 존재한다고 추측되고 있다[6]. 이들은 3가지의 Type I~III으로 분류된다. Type I은 대장균 DnaJ의 ortholog이고, 4종류 알려져 있다(DjA1~4). 그중 DjA1과 DjA2의 2 가지는 일반적으로 존재하며, Hsc와 협동으로 변성된 모델단백질을 *in vitro*에서 효율좋게 폴딩한다[7,8]. 나머지 하나는 미토콘드리아에 존재하며, 또하나는 조직특이적으로 발현하고 있다[9]. Type II는 15종류 발견되어있으며, 기질결합에 관여하는 Zn finger 도메인을 가지지 않는다. Type II에 포함된 Hsp40(DjB1)은 Otsuka(大塚, 中部大學)가 포유동물에서 처음 발견한 DnaJ homolog이며, Hsc70의 co-chaperone의 대표로서 잘 쓰이고 있다. Type III는 G/F와 Zn finger 도메인을 가지지 않는다.

4. nucleotide 교환활성을 가지는 BAG family

동물에서는 대장균 GrpE의 homolog가 cytosol에서만 발견되고 있지 않는데, 抗 apoptosis 작용을 가진 인자로서 동정된 Bag-1이 Hsc70의 nucleotide 교환인자로서 활동하는 것이 밝혀졌다. Bag-1은 Hsc70-DjB1 chaperone계에 의한 폴딩을 억제하는 것으로 보고되어있다(*EMBO J.*, 16, 4887-4896). 한편 필자들은 Hsc70-DjA1/2샤페론계에서 Bag-1이 폴딩을 촉진하는 인자인 것을 발견했다[8]. Bag-1이 Hsc70샤페론계의 폴딩활성에 미치는 영

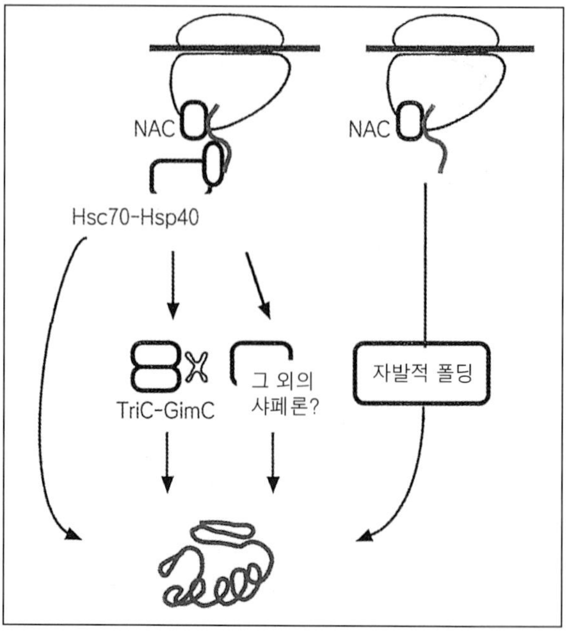

그림3. 신생 폴리펩타이드의 폴딩경로모델.

신생 폴리펩타이드 가운데 15~20%가 Hsc70 샤페론계에, 10%가 TriC 샤페로닌에 의존한다고 추측된다.

향은 파트너로 되는 HSP40 family의 차이에 의한 것인지도 모른다.

Bag도메인을 가지는 멤버는 6 종류 알려져 있다[10]. Bag도메인은 Hsc70의 ATPase도메인과 복합체를 형성하는데, 구조적으로도 다르다(그림1b, 문헌11). 기능적으로도 Bag-1은 ADP의 해리만을 촉진하며, ATP의 해리도 촉진하는 대장균GrpE와 다르다[4]. Bag 도메인 이외의 motif나 도메인은 특정한 기질인 단백질을 결정하며, Hsc70을 택하여 보강하는 기능을 가진다고 생각되고 있다[10]. 특히 Bag-1은 Hsc70/Hsp70과 협동하여 apoptosis, 정보전달, 증식, 전사, 불사화(不死化, immortalization) 등의 여러 가지 국면에서 작용하고 있는 것이라고 여겨지고 있다[12].

5. 그 외의 co-chaperone(샤페론보조인자)

Hsc70이나 Hsp70의 EEVD배열은 TPR을 가지는 Hop나 Chip을 결합한다. 최초로 Hsp90 샤페론계의 보조샤페론인자로서 동정된 Hop는 2 가지의 TPR motif를 가지며, Hsp90의 EEVD배열과 Hsc70의 EEVD배열을 인식하는 것이 밝혀졌다[13]. Hop는

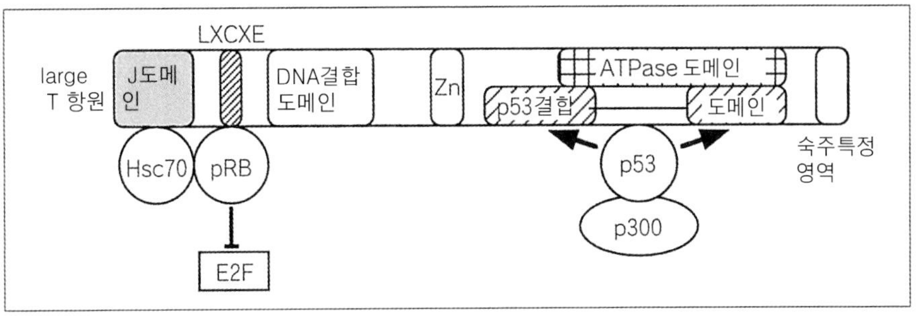

그림4. large T 항원.
J 도메인, pRB결합motif(LXCXE), 분리한 p53결합도메인에 각각 Hsc70, pRB, p53/p300복합체가 결합한다. pRB는 많은 세포증식응답성·성장증진유전자의 프로모터에 결합하는 전사인자 E2F를 억제한다.

Hsc70샤페론계와 Hsp90샤페론계를 물리적으로 연결하는 인자로서 중요하다.

Chip는 TPR과 U box(많은 경우 E3 ubiquitin ligase활성을 가진다)를 가지며, TPR motif를 사이에 두고 Hsc70/Hsp70이나 Hsp90의 EEVD배열과 결합한다. Chip를 과잉발현시키면, glucocorticoid수용체나 변이형 CFTR△F508의 ubiquitin화가 높아지며, proteasome에 의한 분해가 촉진된다[14,15]. 따라서 Chip는 Hsc70-Hsp90 샤페론계에 의한 폴딩과 proteasome에 의한 분해의 분기점을 결정짓는 인자이다. Chip의 U box가 확실히 E3 ubiquitin ligase활성을 가진 것도 증명되고 있다[16].

이외에도 Hip는 Hsc70의 ATPase 도메인에 결합하여 ADP의 해리를 방해하는 작용이 있고, Bag-1과 길항하는 것이라고 생각된다.

II. 단백질 생합성과 HSP70

신생폴리펩타이드에 Hsc70이 결합하고 있는 것이 밝혀지고, 리보솜에서 번역중인 폴리펩타이드의 폴딩에 대한 관여가 시사되었다. 그 후 Hsc70-Hsp40(DjB1) 샤페론계가 신생 luciferase의 폴딩을 하고 있는 것이 시사되었다. 대장균에서는 DnaK와 방아쇠인자(prolyl isomerase활성을 가진다)의 이중결손이 신생폴리펩타이드의 응집을 초래하며, 합성치사로 된다. 동물에서는 리보솜에서 NAC가 방아쇠인자대신에 움직인다고 추측된다[17]. NAC는 prolyl isomerase활성을 가지고 있지 않기 때문에 폴딩의 관여에 대해서 불분명한 점이 많다. 어쨌든 NAC나 Hsc70-Hsp40 샤페론계, 샤페로닌인 TriC가 신생폴리펩타이드의 폴딩에 관여하고 있다고 생각된다(그림3). 이들 분자샤페론에 의존하여 폴딩되는 신생 폴리펩타이드는 전체의 1/3에 달한다고 추측되고 있다. 일반적으로 동물의 cytosol 단백질은 대장균의 것과 비교해서 분자량도 크고 복잡한 도메인구조를 가지는 것이 많다. 번역속도도 원핵생물에 비해서 훨씬 늦다. 폴딩완성전의 소수성잔기가 노출한 불안정한 신생 폴리펩타이드를 안정화하기 위하여, 이들 이외의 분자샤페론이 움직이고 있을 가능성도 있다.

III. 단백질수송과 HSP70

미토콘드리아로 가는 단백질수송에 cytosol의 Hsc70이 관여하고 있음은 잘 알려져 있다. 미토콘드리아 단백질의 대부분은 cytosol 외막의 단백질수송 수용체 Tom70의 TPR도메인에 Hsp70과 Hsp70의 양쪽이 C말단의 EEVD배열을 매개하여 결합하여 이들 2가지의 샤페론계가 내막에 끼어들어가는 타입의 단백질 수송을 담당하는 것이 밝혀지게 되었다[18]. 같은 단백질의 수송을 효모에서 조사하면 Hsp90보다도 Hsp70 샤페론계에게 주로 의존하고 있고, 효모와 동물에서는 사용되는 샤페론계에 차이가 보였다. 이 차이가 무엇에 유래하는지 불분명하지만, 동물에서는 Tom70의 양이 적으므로 수송되는 단백질을 cytosol에 머물도록 하기 위하여 Hsp90이 동원되고 있을 가능성이 있다.

소포체로 가는 단백질수송은 SRP를 매개로 한 번역과 동시(co-translational) 수송이 대표적인데, 신호 펩타이드부위가 짧은 단백질 등은 번역후(post-translational)의 수송경로를 취한다. 이들 단백질이 소포체에 수송되기까지 cytosol의 Hsp70이 이들을 안정화하고 있음이 밝혀졌다.

핵으로 가는 단백질수송에 있어선 Hsc70이 핵이동신호(NLS)의 인식에 필수이라고 알려져 있다. Hsc70은 NLS수용체와 같은 모양으로 핵으로 이행하는 점에서 그 이후의 수송단계(핵막공(膜孔)통과나 수용체의 해리)에 있어서도 관여하고 있을 가능성이 고려된다.

IV. HSP70의 세포기능

1. 바이러스복제와 HSP70

SV40 등의 polyoma virus 속의 T항원(종양항원)은 바이러스복제에 필수이다(그림4). SV40의 초기유전자산물인 3가지의 T항원은 N말단의 82잔기가 같은 J도메인이며, 실제로 Hsc70과 1:1로 결합한다. 이 가운데 large T항원의 J도메인은 2종류의 사람 HSP40의 J도메인과 교환해도 SV40바이러스의 복제가 가능하다. J도메인의 변이는 복제효율을 크게 저하시키는 점에서도 T항원의 J도메인이 숙주세포의 Hsc70을 모아서 선택하고(recruit) 바이러스 복제에 이용하게 된다[19].

adenovirus나 papillomavirus에서는 바이러스측에 보조샤페론인자는 존재하지 않는데, 이들 바이러스로도 숙주의 Hsc70 샤페론계를 복제, 전사— 종양형성, 바이러스입자형성 등에 이용한다[20]. chicken adenovirus에서는 복제에 필수인 Gam1의 기능을 Hsp70-Hsp40 샤페론계가 부분적으로 상보하는 듯 하다[21].

2. endocytosis와 HSP70

막의 각종 수용체나 세포외에서 물질을 끌어들이는 것(endocytosis)은 clathrin피복소포의 형성(coat 소포)에 의해서 시작한다(**그림5a**). clathrin은 중쇄(重鎖, heavy chain), 경쇄(輕鎖, light chain)가 각각 3분자씩 집합하여 3개다리를 가진 특이한 구조단위(triskelion)를 형성하고, 이 기본단위가 집합하여 피복을 구성한다. 완성한 피복소포는 막에서 유리한 후, 즉각 Hsc70의 작용에 의해서 clathrin 피복이 해리한다. clathrin 해리에 의해서 생긴 초기 endo-

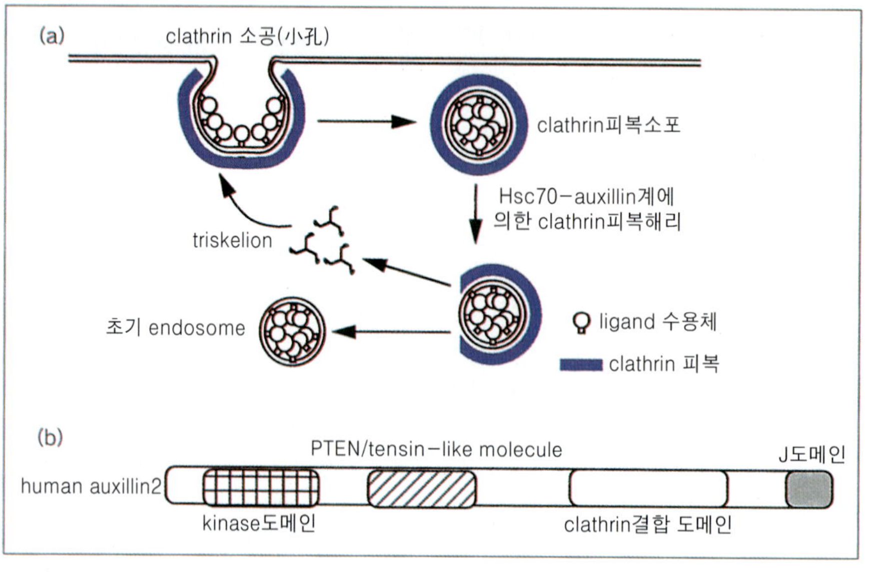

그림5.
세포막의 ligand를 결합한 수용체는 clathrin소공을 거쳐서 피복소포로 된다. 세포내에 집어넣어진 clathrin피복소포는 Hsc70 auxillin계에 의해 clathrin피복이 해리되고, 초기endosome으로 된다. 실제 clathrin피복은 adaptor복합체를 매개로 하여 형성된다.

some은 수용체의 반송(retrieval)이나 lysosome과 융합함에 따른 분해 등의 다양한 소포수송경로를 취한다. 이것과는 별도로 trans Golgi network(영역)에서의 수송에도, clathrin피복소포가 관여한다. *in vitro* 실험에서 clathrin피복의 해리에는 Hsc70과 typeIII HSP40에 속하는 auxillin이 필요했다. 최근 효모와 선충에서 Hsc70 auxillin 샤페론계가 실제로 clathrin 피복의 해리에 필요하다고 했다[22-24].

사람, 선충, 효모의 auxillin은 C말단에 J도메인을 가지며, 그에 앞서 clathrin결합도메인을 가진다(그림5b). 효모의 auxillin을 파괴하면, 생육지연이나 소포수송에 있어서 clathrin기능부전에 관한 여러 가지 장해가 관찰되었다. 더욱이 triskelion pool의 고갈과 피복소포의 축적도 보였다[23,24]. 선충에서 RNAi 실험을 하면, GFP표지한 난황단백질의 끌어들임이 장해받아서 유충에서의 발육정지가 관찰되었다[22]. Hsc70의 ATPase 도메인변이체를 HeLa 세포에서 발현시킨 실험에서는 피복소포의 축적이 보여서 transferrin수용체의 반송이 보이지 않았다[25].

synapse소포에 있어서 신경전달물질방출에서는 typeIII HSP40의 cysteine-string protein (Csp)이 중요하다. 초파리의 Csp를 파괴하면 성충으로 발육이 현저하게 저해되며, 생존한 성충도 마비나 행동이상 등의 신경전달경로이상을 나타낸다. Csp는 VAMP/synaptobrebin이나 syntaxin1A와 상호작용하는 것이 보고되어있으며, 앞으로의 전개가 주목된다[26].

● 결론

동물 cytosol의 Hsc70 샤페론계는 대장균의 DnaK-DnaJ-GrpE 샤페론계와 공통점도 많은데, 다양한 HSP40 family분자에 의해서 특정의 세포내 기능에 대응할 수 있도록 방향이 지어져있다. BAG family는 GrpE의 기능적 homolog로서 움직일 수 있지만 불분명한 점이 많고, 실제로 생체내에서 보편적으로 움직이고 있는지 앞으로 검토가 필요하다. C말단의 EEVD배열은 진핵생물의 Hsc70이나 Hsp70과 Hsp90에 특징적이며, TPR motif를 가진 Hop에 의해서 2 개의 샤페론계가 연결되어 있는 건 놀랍다. 또한 같은 TPR단백질분해와 폴딩의 분기결정점에 위치하는 Chip도 TPR motif를 가지는데, 이들 C말단도메인 특이적 보조샤페론인자 사이의 역할분담은 어떻게 결정되어 있는걸까. 다양한 보조샤페론인자에 의한 Hsc70샤페론계의 제어기구와 그의 생리적·병리적 의의에 대해서는 아직 많은 주요한 문제가 남아있다.

Q Hsp70(Hsc70)의 knockout는 어떠한 표현형을 하겠는가?

A 마우스에서는 주요한 유도형 Hsp70인 Hsp70.1과 70.3의 knockout가 보고되어 있는데, 각각 단독의 knockout는 개체수준에서 영향이 보이지 않았다. 따라서 각각의 knockout 섬유아세포에서는 열내성의 저하가 보고되어있다. 양자의 이중knockout의 결과가 기대되는데, 게놈에서 아주 근접하고 있어서 교배에 의해서 얻는다는 것은 사실상 불가능하다. 구성형 Hsc70의 knockout는 보고되어 있지 않다. 정(精)세포특이적 Jsp70.2의 knockout은 pachytene stage(太絲期, 厚絲期, 合體期)에서 정세포분화가 정지한다. 이에 대해서 정소특이적 Hsp70t의 knockout은 특별나게 이상이 보이지 않는다.

Q Hsp70의 ATPase도메인과 펩타이드결합도메인을 연결하는 부분은 어떻게 되어있는가? ATP의 가수분해가 어떻게 기질단백질의 결합을 변화시키고 있는가, 그 구조적 이해는 어디까지 진전하고 있는가?

A ATPase도메인과 펩타이드도메인은 각각 독립으로 구조해석되어있는데, 전체길이의 구조는 아직 해명되지 않았다. 현시점에서 2가지의 도메인사이(linker region)이나 도메인사이의 상호작용에 대한 논의는 신중하게 되지 않을 수 없지만, 펩타이드결합도메인이 ATPase 도메인의 구조변화를 불러일으키는 것은 자명하다.

(1) ATP의 결합에 의해 DnaK의 ATPase도메인은 trypsin감수성이 소실하며, 펩타이드결합도메인이 감수성을 가진 듯 하다(*JBC*, 270, 16903-16910).

(2) 전체길이의 rat Hsc70을 대장균에서 발현시키면, C말단도메인이 절단을 받은 것이 만들어진다.

이 조환체는 ATPase활성이 현저하게 증대하고 있다(*JBC*, 272, 24825-24831). 이것과 같은 결과가 DnaK에서도 보고되고 있다(*Biochemistry*, 42, 5867-5876).

(3) 형광probe수식한 ATP analog와 DnaK의 복합체에 기질 펩타이드를 첨가하면, 양에 따라서 형광의 증대가 관찰된다(*FEBS* Lett., 539, 100-104). 따라서 실제의 폴딩반응에 있어서는 DnaJ가 기질의 인수를 행하고, ATPase의 활성화를 불러일으키므로 문제는 더욱 복잡하다. DnaJ의 J도메인은 DnaK의 ATPase도메인의 ATP결합부위근방과 상호작용하고, 동시에 (아마도 C말단측에서) DnaK의 펩타이드결합도메인과도 작용하는 것으로 생각된다(*PNAS*, 95, 15223-15228). 그러면 생리적으로는 DnaJ가 DnaK의 ATPase도메인과 펩타이드결합도메인의 구조변화를 담당하고 있을 가능성이 크다고 여겨진다.

문 헌

1) Morimoto, R. I. : *Genes Dev.*, **12**, 3788-3796(1998)
2) Kedersha, N., Anderson, P. : *Biochem. Soc. Trans.*, **30**, 963-969(2002)
3) Huang, L., Mivechi, N. F., Moskophidis, D. : *Mol. Cell. Biol.*, **21**, 8575-8591(2001)
4) Brehmer, D., Rudiger, S., Gassler, C. S., Klostermeier, D., Packschies, L., Reinstein, J., Mayer, M. P., Bukau, B. : *Nat. Struct. Biol.*, **8**, 427-432(2001)
5) Bukau, B., Horwich, A. L. : *Cell*, **92**, 351-366(1998)
6) Ohtsuka, K., Hata, M. : *Cell Stress Chaperones*, **5**, 98-112(2000)
7) Terada, K., Kanazawa, M., Bukau, B., Mori, M. : *J. Cell Biol.*, **139**, 1089-1095(1997)
8) Terada, K., Mori, M. : *J. Biol. Chem.*, **275**, 24728-24734(2000)
9) Abdul, K. M., Terada, K., Gotoh, T., Hafizur, R. M., Mori, M. : *Cell Stress Chaperones*, **7**, 156-166(2002)
10) Takayama, S., Reed, J. C. : *Nat. Cell Biol.*, **3**, E237-E241(2001)
11) Sondermann, H., Scheufler, C., Schneider, C., Hohfeld, J., Hartl, F. U., Moarefi, I. : *Science*, **291**, 1553-1557(2001)
12) Townsend, P. A., Cutress, R. I., Sharp, A., Brimmell, M., Packham, G. : *Biochim. Biophys. Acta*, **1603**, 83-98(2003)
13) Scheufler, C., Brinker, A., Bourenkov, G., Pegoraro, S., Moroder, L., Bartunik, H., Hartl, F. U., Moarefi, I. : *Cell*, **101**, 199-210(2000)
14) Connell, P., Ballinger, C. A., Jiang, J., Wu, Y., Thompson, L. J., Hohfeld, J., Patterson, C. : *Nat. Cell Biol.*, **3**, 93-96(2001)
15) Meacham, G. C., Patterson, C., Zhang, W., Younger, J. M., Cyr, D. M. : *Nat. Cell Biol.*, **3**, 100-105(2001)
16) Murata, S., Minami, Y., Minami, M., Chiba, T., Tanaka, K. : *EMBO Rep.*, **2**, 1133-1138(2001)
17) Hartl, F. U., Hayer-Hartl, M. : *Science*, **295**, 1852-1858(2002)
18) Young, J. C., Hoogenraad, N. J., Hartl, F. U. : *Cell*, **112**, 41-50(2003)
19) Sullivan, C. S., Pipas, J. M. : *Microbiol. Mol. Biol. Rev.*, **66**, 179-202(2002)
20) Sullivan, C. S., Pipas, J. M. : *Virology*, **287**, 1-8(2001)
21) Glotzer, J. B., Saltik, M., Chiocca, S., Michou, A. I., Moseley, P., Cotten, M. : *Nature*, **407**, 207-211(2000)
22) Greener, T., Grant, B., Zhang, Y., Wu, X., Greene, L. E., Hirsh, D., Eisenberg, E. : *Nat. Cell Biol.*, **3**, 215-219(2001)
23) Pishvaee, B., Costaguta, G., Yeung, B.G., Ryazantsev, S., Greener, T., Greene, L. E., Eisenberg, E., McCaffery, J. M., Payne, G. S. : *Nat. Cell Biol.*, **2**, 958-963(2000)
24) Gall, W. E., Higginbotham, M. A., Chen, C., Ingram, M. F., Cyr, D. M., Graham, T. R. : *Curr. Biol.*, **10**, 1349-1358(2000)
25) Newmyer, S. L., Schmid, S. L. : *J. Cell Biol.*, **152**, 607-620(2001)
26) Chamberlain, L. H., Burgoyne, R. D. : *J Neurochem.*, **74**, 1781-1789(2000)

샤페로닌 GroEL의 작용기구

Kawata Yasushi(河田康志)·Taguchi Hideki(田口英樹)·Yoshida Masasuke(吉田賢右)

분자샤페론 가운데 작용기구의 연구가 가장 앞서 나아가고 있는 것은 대장균의 샤페로닌 GroEL이다. GroEL은 변성해 있으면 좋아하는 것만 선택하지 않고 어떠한 단백질에게도 결합하여 폴딩을 도울 수 있다. 최근의 연구에 의하여 GroEL은 cis와 trans의 2 가지방법으로 폴딩원조를 하는 것, cis 입장에는 GroEL내부의 바구니에 단백질을 담아두기 때문에 지금까지 알려지지 못했던 중간체를 경유한다는 것을 알아냈다.

Key Words HSP70 HSP40 Bag-1 cochaperone(보조샤페론인자)

● 서론

샤페로닌은 분자샤페론 가운데 Hsp60 family에 속하며, 진핵세포에게도 세균에게도 널리 분포하고 있는데, 대장균유래의 샤페로닌 GroEL이 가장 잘 연구되어있다. 여기에서는 GroEL과 그의 보조인자 GroES의 협력에 의한 다른 단백질의 폴딩 돕기의 분자기구에 대해서 기술한다. 처음에 폴딩의 돕기란 도대체 어떠한 것인지 생각해보자. 일반적으로 아미노산배열이 결정되면 그 단백질이 어떠한 입체구조로 폴딩할 지는 한 마디로 결정된다(Anfinsen Dogma)고 생각된다. 단지 변성단백질은 서로 소수면에서 부착하고, 응집체를 형성하기 쉽다. 이것을 어떻게 회피하는 지가 세포의 과제이다. 그를 위한 방법은 2가지 있다. 하나는 변성한 단백질을 하나씩 바구니 속에 넣고 응집의 공포없이 폴딩시키는 방법이다. 또 하나는 변성상태의 단백질의 농도를 감소하는 것이다. 응집은 n차반응이므로 농도의 감소는 효과적이다. 샤페로닌 GroEL은 cis경로와 trans경로라는 방법으로 어느 쪽의 방법으로도 대응할 수 있는 강력한 분자샤페론인 것을 알게 되었다.

I. 샤페로닌의 구조[1)]

그림1에 샤페로닌 GroEL과 GroES의 입체구조와 그의 특징에 대해서 나타냈다. GroEL은 분자량 58K의 subunit가 7량체ring을 형성하며, 그 ring이 등짝을 맞대고 2개가 합쳐져서 14량체구조를 형성하고 있다(그림1a). GroEL ring으로 둘러쳐진 ring내부에는 직경 45Å정도의 동굴이 존재하고 있다. 이 동굴은 상하의 링이 각각으로 있는데, 2개의 동굴은 연결되어 있지 않다. 보조인자인 GroES도 분자량 10K의 subunit 7개의 링이며, 그림1c에 확대하여 나타냈듯이 3가지의 도메인으로 되어있다. 즉, 폴딩 중에 단백질이나 GroES를 결합하는 정상(頂上)도메인, ATP가수분해의 촉매부위를 형성하는 적도도메인, 그리고 양 도메인을 연결하는 중간도메인이다. GroEL은 단독으로는 그림1a의 가로에서 본 그림처럼, 드럼통 모양을 하고 있는데, GroES가 결합하면, 그림1d에 제시한 탄환형과 같은 GroEL-GroES복합체로 된다. 이때 동굴의 체적은 거의 2배로 확대하여 GroES에 의해서 뚜껑을 하여서, 큰 폐쇄공간(바구니)이 생

Yasushi Kawata[1], Hideki Taguchi[2], Masasuke Yoshida[3], [1]鳥取大学工学部, [2]東京大学工学部, [3]東京工業大学資源化学研究所 E-mail : kawata@bio.tottori-u.ac.jp taguchi@k.u-tokyo.ac.jp myoshida@res.titech.ac.jp
Mechanism of chaperonin function

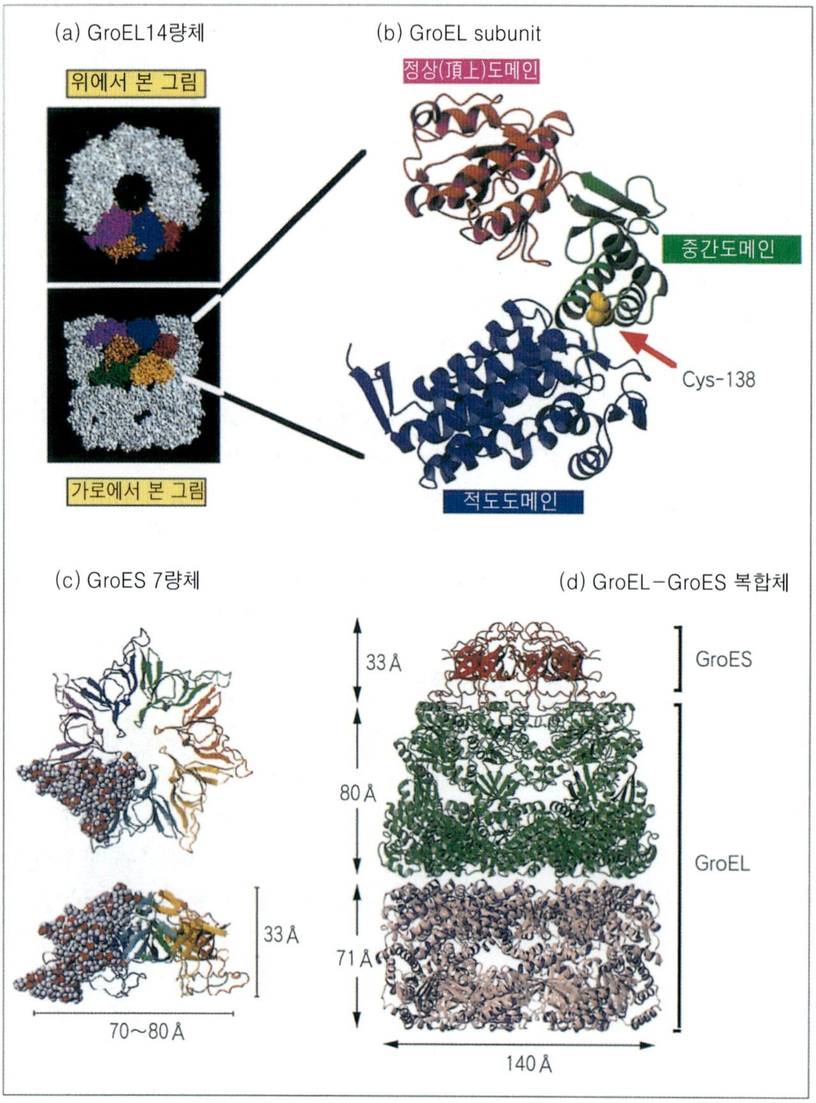

그림1. GroEL과 GroES의 구조.
(a) GroEL 14량체의 위에서 및 가로에서 본 그림. 7량체 링이 2단으로 포개져있다. 각각의 링의 내부에는 직경 45Å정도의 동굴이 있다. 2가지의 동굴은 내부로 연결되어 있지 않다.
(b) GroEL subunit의 구조와 3가지의 도메인. 정상도메인, 중간도메인, 적도도메인(각각 색깔 구분을 하고 있다)으로 되어있다. (c) GroEL 7량체 링의 위에서 및 가로에서 본 그림. (d) ADP 존재하에서 형성되는 GroEL-GroES 복합체의 구조(Protein Data Bank. 1AON에서 인용) GroES가 결합하면 GroEL 링의 정상도메인과 중간도메인에 큰 구조변화가 일어나고 동굴은 확대하여 뚜껑을 하여 바구니(폐쇄공간)를 만들 수 있다.

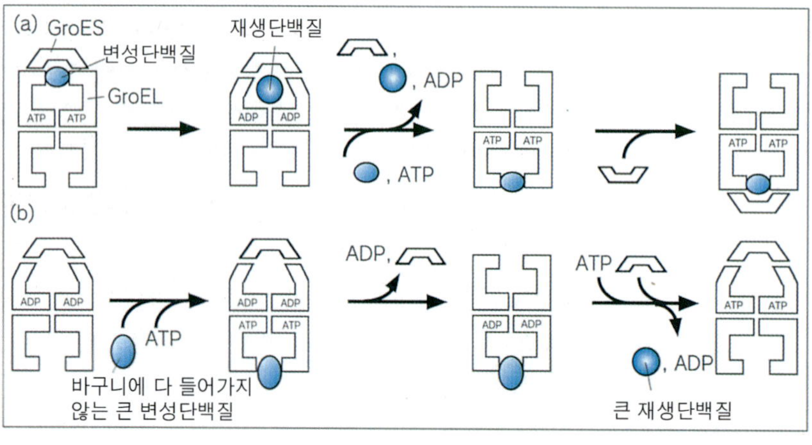

그림2. GroEL/ES의 기능 사이클모델.
(a) cis경로의 폴딩. (b) trans 경로의 폴딩.

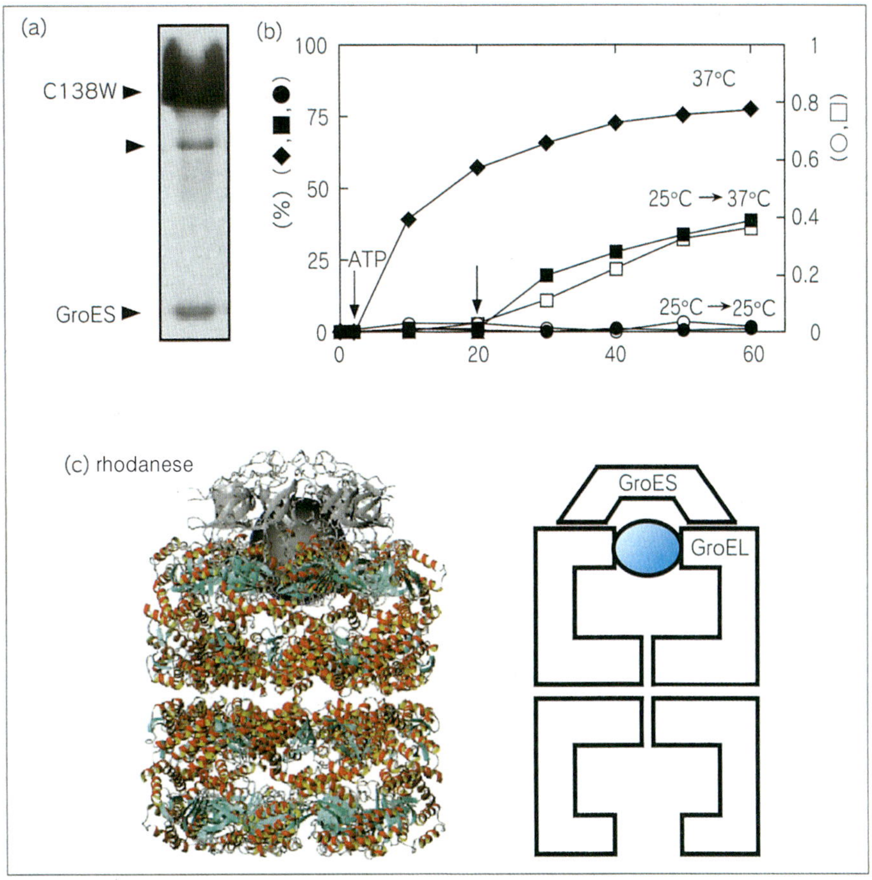

그림3. 사이클도중에 반응이 정지하는 GroEL CW 변이체의 성질[9]

(a) GroEL CW와 변성 rhodanese와 GroES의 3자복합체형성. GroEL CW변성시킨 rhodanese와, GroES와 ATP를 첨가하고 gel여과chromatography로 분획한 것을 SDS-PAGE로 관찰했다. (b) 승온(昇溫)에 의한 rhodanese의 폴딩과 GroEL CW의 ATPase활성. ◆ : 37℃에서 GroEL CW의 폴딩활성, ○와 ● : GroEL CW의 온도변화없음(25℃). ■와 □: GroEL CW의 25℃에서 37℃로 승압. (c) cis형 3자복합체의 모식도. GroEL-GroES복합체가 형성된 후도 변성단백질은 GroEL의 내측에 결합하여 있어서 폴딩을 개시할 수 없다.

긴다*1. 이 바구니 안에서 단백질은 응집의 공포없이 폴딩할 수 있다[2]. GroES가 결합하는 링을 cis-ring이라 하고 반대측의 링을 trans-ring이라고 부른다.

II. GroEL의 단백질인식과 결합

변성단백질은 GroEL의 정상도메인의 결합부위에

*1 여기에서 기술한 GroEL-GroES 복합체는 동굴내에 기질단백질을 함유하지 않는 [텅빈] 구조이다. 그런데 동굴내에 기질단백질이 포함되어 있을 때에 GroEL-GroES 복합체의 입체구조는 어떻게 될까. 호열균 *Thermus thermophilus*의 GroEL-GroES 복합체는 아주 안정하므로, 세포내에서의 기질단백질을 가둔 채로 복합체를 정제할 수 있다. 덧붙여서 말하면 대장균의 GroEL, GroES는 곧 해리한다. 결정구조를 알고 있는 GroEL-GroES 복합체는 ADP존재하에서 재구성된 것이다[1]. 이 호열균 샤페로닌의 입체구조를 결정한 경우, 흥미로운 것으로 GroES가 결합하고 있는 GroEL의 정상도메인이 크게 비뚤어져 있으며, 7회 대칭이 붕괴하고 있는 것을 알아냈다(Taguchi 田口 등, 투고중). 기질인 변성단백질이 GroEL-GroES 복합체의 구조·기능에 어떻게 영향을 미치는 가는 앞으로의 큰 과제이다.

소수적인 상호작용으로 결합한다. 결합부위는 링 원주에 휘어서 7 곳이나 있을 만 한데, 큰 변성단백질은 그 전부의 부위에 결합할 수 있으므로 강하게 빨리 결합할 수 있다(K_d<$10^{-9}$$_M$. K_{on}>107$M^{-1}S^{-1}$). 거꾸로 복수의 결합부위를 이용할 수 없는 작은 펩타이드는 강하게 결합할 수 없다. GroEL에는 천연입체구조의 단백질은 결코 결합하지 않는다. 변성해있으면, 실로 다종다양한 단백질을 결합할 수 있다[3,4]. 이것은 *in vivo*에서도 *in vitro*에서도 확인할 수 있다. (적어도 *in vitro*에서) 아주 한정된 변성단백질밖에 결합할 수 없는 DnaK 등의 다른 샤페론과 대조적이다. 천연입체구조가 주로 β-strand로 되는 단백질(면역globulin의 Fab fragment나 superoxide dismutase)도, α-helix만을 가진 단백질도 어쨌든 변성하여 있으면 GroEL에 결합한다. 인공적으로 만들어진 random한 아미노산배열의 단백질(폴딩할 수 없어서 변성상태이다)에게도 결합한다[5]. GroEL이 폴딩을 돕는 단백질에게는 GroEL없이도 스스로 폴딩할 수 있는 단백질과, GroEL(와 GroES)이 없으면 폴딩할 수 없는(듯이 보이는) 단백질이 있다. 전자 가운데에는 lysozyme과 같이 스스로 신속하게 폴딩할 수 있으므로, GroEL이 있으면 거기에 결합하는 시간만 폴딩이 지연된다. 후자는 GroEL의존단백질(stringent substrate protein)이라고 불리는데, 정말로 그렇다면 그 단백질은 스스로 폴딩방식을 잊어버린 탓에 Anfinsen Dogma에서 일탈하고 있다.

그렇다면 세포 안에서는 어떨까? 대장균의 신생 단백질의 10~20%정도가 GroEL/GroES한테서 폴딩을 도움받고 있다고 추측되고 있다. 그 가운데 동정된 50개 정도의 기질 단백질의 구조를 보면, 2가지 이상의 α/β구조를 포함하고 있는 것이 상대적으로 많다고 한다[6]. 이와같은 α/β구조를 가진 단백질은 응집을 불러일으키기 쉬우므로, GroEL의 폴딩도움을 받을 기회가 많을 지도 도른다. 단지 α/β구조를 가진 단백질은 많고, 대장균의 세포질은 200~600개정도 존재하고 있기 때문에 단순히 그것을 반영하고 있을 뿐일 가능성도 있다.

GroEL-GroES의 바구니 안에 격납될 수 있는 기질 단백질의 크기는 어느 정도일까? 대장균의 조추출액을 변성시켜서 바구니에 수납시켜보면, 57K 정도까지의 크기의 단백질이 수납되었다[7]. 그 한계에 가까운 54K의 GFP 2량체가 바구니의 안에서 폴딩할 수 있는 것도 알았다. 또한 후에 기술하는 cis형 3자복합체에 포함되는 기질 단백질의 크기는 26K에서 54K의 범위에 한정되어 있다[8].

III. 샤페로닌의 작용기구

샤페로닌의 작용기구의 자세한 것은 여러 가지 변이체나 속도론해석으로 조사되어있고, 그 개략은 다음과 같다. 즉 기질 단백질과 GroEL의 결합, GroEL과 ATP의 결합, GroES와 cis ring의 결합(바구니 형성), 기질 단백질을 바구니에 수납, ATP의 가수분해, ATP(와 변성단백질)와 trans ring의 결합, cis ring에서 ADP와 GroES의 해리, 바구니에 폐쇄되어 있던 기질 단백질의 방출이라는 일련의 사이클이다(**그림2a**). 사이클에는 10초정도 걸리며, 바구니 안의 단백질은 폴딩할 수 있도록 되어있지 않으면 밖으로 방출된다. 또한 ATP가수분해를 할 수 없는 변이체도 바구니 안에서 기질 단백질을 수납하여 폴딩시킬 수 있으므로(단지 쭉 바구니 안에 들어있는 채), A의 가수분해전에 기질 단백질은 바구니 안에 수납되어 있는 듯 하다. 이 일련의 사이클에서 가장 정교하게 할 수 있는 것은 기질 단백질을 바구니에 가둘 수 있는 단계와 그의 방출의 단계이겠지. 후자에 있어서는 trans ring에 ATP가 결합함으로써 cis ring에서 GroES의 해리가 일어나기 때문에 GroEL의 양 ring사이에 정보교환기구[9]가 존재하고 있는 점, 또한 약 10초의 타이머기구[10,11]가 어딘가에 수납되어 있는 것을 알 수 있다. 전자의 기질 단백질의 바구니 안에서의 폐쇄(가둬둠)에 관해서는 최근 필자(Kawata 河田) 등의 GroEL변이체의 연구에서 이제까지 몰랐던 새로운 중간체의 존재가 시사되었다[8,9]. 그 변이체는 GroEL의 적도도메인과 중간도메인을 연결하는 돌쩌귀부위에 위치하는 cysteine138을 tryptophan으로 바뀐 변이체(GroEL CW)이다(그림1b). 이 흥미깊은 성질을 소개한다.

1. GroEL CW 변이체의 ATPase 활성

37℃에서는 GroEL CW변이체는 야생형과 같은 사이클을 돌며, 기질 단백질(이를테면 rhodanese)

의 폴딩은 효율좋게 진행했다. 그러나 25℃에서는 형편이 달랐다. 25℃에서 변이체 단독의 경우는 야생형과 같은 ATP가수분해활성을 나타냈다. 그러나 변성단백질이 정상도메인에 결합하면 ATP가수분해는 정지했다. 더욱이 그 정지상태에서 GroES를 첨가하면, GroEL-변성단백질-GroES라고 하는 3자복합체가 안정하게 형성되었다(**그림3a**). 이때 폴딩은 일어나지 않는다. 즉 이 변이체는 "온도감수성" 변이체이었다(그림3b).

온도상승은 중간도메인의 138번째의 tryptophan 잔기의 열적(熱的) 동요를 증가시키기 때문에 그 부분의 유연성이 증가하고, 야생형과 같은 움직임이 회복하여 기능이 발휘되는 것이라고 여겨졌다. 25℃에서는 정상도메인에 변성단백질이 결합한 때만 적도도메인내에 있는 ATP가수분해활성이 저해된다. 정상도메인과 적도도메인사이는 중간도메인을 경유하여 정보를 전달하고 있을 것이다.

2. 3자복합체의 해석

GroEL에 결합한 변성단백질은 protease분해를 받기 쉬운데, GroES라고 하는 뚜껑이 덮여지면 protease내성으로 된다. 25℃에서 안정하게 형성된 GroEL-변성단백질-GroES 3자복합체에 포함되는 변성단백질은 protease내성이었다. 이것은 변성단백질은 GroEL-GroES의 바구니에 갇혀져 있는 것을 가리킨다(cis형 3자복합체). cis형 3자복합체를 37℃에 옮기면 금방 폴딩이 개시된다. 이 GroEL CW를 도입한 대장균은 25℃에서는 생육할 수 없고, 37℃에서는 생육할 수 있다. *in vivo*에서도 GroEL은 이 3자복합체를 경유하는 사이클에서 움직이고 있다고 생각되고 있다[8].

이 삼자복합체에 의해서 변성단백질이 바구니의 안에 갇혀지는 기구를 잘 설명할 수 있다. 종래의 설명은 GroEL의 변성단백질의 결합부위와 GroES의 결합부위는 거의 overlap(중복)하고 있으므로 GroES가 GroEL에 결합하면 변성단백질은 행선지가 없게 되어 바구니 안에서 방출된다는 것이다. 그러나 변성단백질은 어떻게 하여 넓은 용매로 도망치지 않고 좁은 바구니 안에 물에서 숨어드는 것일까. CW변이체로는 기질단백질은 GroES가 결합한 후에도 GroEL 안의 어딘가에 변성상태로 결합하고 있다. 여기서 추정하면, 야생형의 GroEL도, GroES와 변성단백질을 동시에 결합할 수 있는 것은 아닐까? 그렇다면 변성단백질을 용매에 놓아주지 않고 확실하게 GroEL-GroES의 바구니 안에 집어넣을 수가 있다. cis형 삼자복합체가 샤페론의 사이클 가운데 중간체라고 하는 것은 1분자형광실험 등에 의한 속도론적 연구에서도 시사되고 있다(문헌12 및 Ueno 上野 등의 원고참고). 이제까지 제창되지 않았던 새로운 반응중간체를 포함한 샤페로닌의 기능사이클은 그림2a와 같이 정리된다.

IV. 또 하나의 방법 : trans-ring 주역의 경로

지금까지 기술해온 것은 cis경로의 폴딩이다. 그런데 바구니 안에 들어오지 않는 큰 기질 단백질에 대해서는 GroEL-GroES는 무력한 걸까? 큰 단백질이야말로 폴딩이 어려워지므로 원조가 필요하다. 실제로는 분자량이 60K를 넘는 단백질도 GroEL-GroES에 의존하여 폴딩하는 예가 알려져 있다[13,14]. 그 경우 변성한 큰 단백질은 우선 GroEL의 trans-ring에 결합한다(그림2b). 그러면 cis-ring의 GroES가 떨어진다. 이어서 cis-ring에 ATP가 결합하고, GroES가 결합하며, 단백질은 변성한 대로 GroEL에서 떨어진다. 이것을 반복한 다음에 단백질은 확률적으로 용액 가운데에서 자발적으로(Anfinsen적으로) 폴딩한다. 이 trans경로의 폴딩은 용액 가운데 변성단백질의 농도를 낮추고, 응집을 피하는 이른바 소극적인 방법이다. 그러나 폴딩의 효율은 의외로 좋다. 즉 바구니 안에 있는 그것의 반정도의 효율이다[15]. trans 경로는 스스로 폴딩할 수 있는 단백질에게만 적용가능하다. 그러나 최근 의외의 결과가 보고되었다[16]. cis 경로를 불가능하게 하여 trans 경로의 폴딩 밖에 할 수 없도록 한 GroEL-GroES를 만들어서 조사한 결과, cis 경로의 바구니 안에서만 폴딩할 수 있다고 지금까지 생각했던 단백질이 trans 경로에서도 훌륭하게 폴딩할 수 있었다고 하였다. 더욱이 이 trans-ring의 GroEL-GroES만으로도 대장균은 훌륭하게 증식했다. 그러나 성장은 더뎠다. 물론 GroEL 혹은 GroES를 결실한 대장균은 전혀 증식할 수 없었다.

● 결론

마지막 의문이 아직 답해지지 않았다. 샤페로닌이 돕는 폴딩이란 Anfinsen Dogma에 따랐던 폴딩일까? Dogma에 의하면 단백질은 스스로 자발적으로 천연입체구조로 폴딩할 수 있어서 그 때문에 밖에서 에너지나 정보를 받을 필요가 없다는 것이다. 그러나 샤페로닌(GroEL+GroES+ATP)이 없으면 스스로 폴딩할 수 없어 보이는 단백질도 수없이 많다. 이것이 정말이라면 단지 Anfinsen Dogma의 반증으로 될 뿐이다. 그러나 아직 발견되지 않고 있고, 적당한 조건에서는 그 단백질도 스스로 폴딩할 수 있다고 하는 가능성은 언제나 남아있다. 또한 trans 경로의 폴딩만으로 대장균이 증식할 수 있다고 하는 것이 만약 정말이라면 적어도 대장균의 필수단백질은 모두 스스로 폴딩할 수 있다고 하는 것이 된다. Dogma는 깨어져 있지 않다. 깨어졌다는 증거는 아직 없다. 그럼 샤페로닌에게 도움받은 폴딩은 자발적인 폴딩보다도 빠르다고 하는 예는 어찌된 일이냐? 자발적인 폴딩과는 다른 경로를 샤페로닌이 안내하여 가기 때문에 빨라진 것은 아닐까? 그럴 지도 모른다. 그러나 cis 경로의 갇힘 효과만으로도 폴딩이 빨라지는 경우는 있을 수 있다(Takada 高田의 원고참고). 마지막 의문은 여전히 답해지지 않았다.

Q 바구니 안에 들어오는 것은 분자량의 상한이 있다는 것은 알지만, 하한도 있는 듯이 보이는 것은 왜일까?

A 확실하게 20K이상의 분자량의 변성단백질은 바구니 안에 들어오기 어려운 듯 하다. CW 변이체의 삼자복합체의 경우에는 작은 단백질은 GroEL의 바구니 안쪽에 들어붙은 채로 GroES도 결합한다고 하는 삼자복합체가 불안정하기 때문에, 기질단백질이 바구니 안에서 떨어지기 쉽게 되는 듯 하다. 기질단백질이 GroEL에서 떨어지면, GroES는 ATP존재하에서 통상적으로 사이클을 돌며, 결과적으로 뚜껑이 열려서 기질단백질은 바구니에서 밖으로 나간다고 생각된다. 다시 말해서 작은 단백질과 GroEL의 결합은 약해서 떨어지기 쉽다고 하는 것이 하나의 설명이다. 그러나 바구니에 갇혀져 있는 기구를 모르면 진정한 이유도 모른다.

문 헌

1) Xu, Z., Horwich, A. L., Sigler, P. B. : *Nature*, **388**, 741-750 (1997)
2) Hartl, F. U., Hayer-Hartl, M. : *Science*, **295**, 1852-1858 (2002)
3) Kawata, Y., Nosaka, K., Hongo, K., Mizobata, T., Nagai, J. : *FEBS Lett.*, **345**, 229-232(1994)
4) Kawata Yasushi 河田康志 : [단백질의 모습과 물성], 시리즈, 신 생물물리 1 (中村春木有坂文雄 編), pp110-126, Kyoritzu (共立)출판(1997)
5) Aoki, K., Motojima, F., Taguchi, H., Yomo, T., Yoshida, M. : *J. Biol. Chem.*, **275**, 13755-13758(2000)
6) Houry, W. A., Frishman, D., Eckerskorn, C., Lottspeich, F., Hartl, F. U. : *Nature*, **402**, 147-154(1999)
7) Sakikawa, C., Taguchi, H., Makino, Y., Yoshida, M., : *J. Biol. Chem.*, **274**, 21251-21256(1999)
8) Miyazaki, T., Yoshimi, T., Furutsu, Y., Hongo, K., Mizobata, T., Kanemori, M., Kawata, Y. : *J. Biol. Chem.*, **277**, 50621-50628(2002)
9) Kawata, Y., Kawagoe, M., Hongo, K., Miyazaki, T., Higurashi, T., Mizobata, T., Nagai, J. : *Biochemistry*, **38**, 15731-15740(1999)
10) Weissman, J. S., Rye, H. S., Fenton, W. A., Beechem, J. M., Horwich, A. L. : *Cell*, **84**, 481-490(1996)
11) Rye, H. S., Burston, S. G., Fenton, W. A., Beechem, J. M., Xu, Z., Sigler, P. B., Horwich, A. L. ; *Nature*, **388**, 792-798 (1997)
12) Taguchi, H., Ueno, T., Tadakuma, H., Yoshida, M., Funatsu, T. : *Nat. Biotechnol.*, **19**, 861-865(2001)
13) Grimm, R., Donaldson, G. K., van der Vies, S. M., Schafer, E., Gatenby, A. A. : *J. Biol. Chem.* **268**, 5220-5226(1993)
14) Brunschier, R., Danner, M., Seckler, R. : *J. Biol. Chem.*, **268**, 2767-2772(1993)
15) Chaudhuri, T. K., Farr, G. W., Fenton, W. A., Rospert, S., Horwich, A. L. : *Cell.*, **107**, 235-246(2001)
16) Far, G. W., Fenton, W. A., Chaudhuri, T. K., Clare, D. K., Saibil, H. R., Horwich, A. L. : *EMBO J.*, **22**, 3220-3230(2003)

Column

대장균의 세포분열과 GroEL

Wachi Masaaki (和地正明)

대장균에게 있어서 GroEL 단백질은 왜 필수인가? 이 문제에는 아직 명료한 답을 얻지 못하고 있다. 단백질합성에 있어서 중심적인 역할을 담당한다고 여겨지고 있는 DnaK 단백질마저도 그의 결실주는 생존가능하다. 과연 샤페론으로서의 기능만으로 설명할 수 있는 것일까?

McLennan 등은 *groEL*변이주가 제한조건하에 용균을 일으키며, peptidoglycan합성의 전구체 diaminopimelic acid를 배지에 첨가함으로써 그것을 억제할 수 있음을 발견하였다. 이로써 GroEL의 필수성의 적어도 하나는 세포벽 합성계에 있다고 했다[1]. 그러나 diaminopimelic acid의 첨가는 배양액의 탁도의 저하는 억제할 수 있으나 plate에서 colony 형성능을 회복시킬 수는 없다. 더욱이 용균이 일어나게 되는 것은 제한조건에 상당한 장시간 노출한 후이었고, 제한조건에서도 잠깐 동안은 탁도의 상승이 계속했다. 이때 세포는 신장하고 있고 세포분열이 저해되고 있다고 생각된다.

저자들은 peptidoglycan합성저해제인 penicillin의 작용기구를 해석하는 도중에 세포분열과 GroEL단백질의 접점에 맞닥뜨렸다. 페니실린으로 대장균을 처리하면 용균하여 죽음에 이르는데, 이때 우선 세포의 중앙부분(분열예정면)의 세포벽에 균열이 생기고, 세포내팽압에 의해서 세포막이 팽창하여 bulge라고 하는 형태를 나타낸다(**그림1**). peptidoglycan합성은 세포표층의 전면에 걸쳐서 이뤄지는 데도 불구하고 왜 bulge형성은 세포중앙에 한정되는가, 필자들은 이 문제에 집중하는 중에 GroEL이 bulge부분에 농축되는 것을 발견했다. 더욱이 간접면역형광염색에 의해 페니실린처리를 하지 않는 세포에서도 GroEL이 세포중앙의 분열환(FtsZ ring)과 함께 국재하고 있는 것을 발견했다. GroEL의 세포중앙으로의 국재는 *ftsZ*변이주에서는 관찰되지 않는 점에서 FtsZ ring의 형성에 의존하고 있다고 생각되었다. 의외로 GroEL의 파트너인 GroES는 bulge로의 농축도 세포중앙으로의 국재도 관찰되지 않았다. 이러한 점으로 봐서 GroEL은 이제까지 알려지고 있는 이른바 샤페로닌으로서의 (cochaperonin GroES와 복합체로서) 기능이외에 세포분열에 있어서 무언가의 역할을 담당하고 있다고 생각된다. 필자들은 이것이야말로 GroEL의 필수성을 설명하는 것은 아닌가 하고 생각하고 있다.

GroEL은 분열면에 있어서 무엇을 하고 있는가? 분열환에서는 FtsZ ring을 중심으로 여러 가지 단백질이 분열장치를 형성하고, 분열환의 수축을 일으키고 있다. 그러한 상황에서는 상당히 역동적인 단백질 복합체의 변화−분열환의 수축에 수반하는 단백질의 입체구조, 또는 subunit 사이의 결합의 비뚤어짐−가 당연히 일어나고 있을 것이다. GroEL은 그러한 복합체에 집어넣어져서 비뚤어짐의 해소나 재구축을 위한 구조변환을 GroES 비의존적으로 촉매하고 있는 것은 아닐까? 진핵세포에서 GroEL의 상대에 해당하는 CCT/TriC는 tubulin(FtsZ의 상대에 해당)에 결합하고 있는 것이 알려져 있다[2]. 또한 진핵세포에는 GroEL에 해당하는 cochaperonin은 존재하지 않는다. GroEL과 FtsZ의 결합은 보편적으로 보존되고 있는지도 모른다.

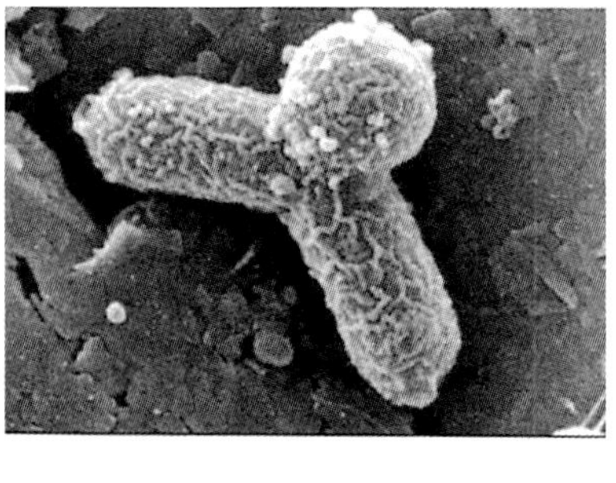

그림1. penicillin처리에 의해 bulge를 형성한 대장균 세포의 주사현미경사진

그의 특징적인 형태 때문에 rabbit ear라고 불리고 있다.

Q FtsZ(혹은 다른 Fts단백질)-GroEL 복합체는 검출되고 있는가?

A 샤페로닌인 GroEL은 많은 단백질과 결합해도 당연하기 때문에, 분열환에서 특이적인 결합을 어떻게 나타내면 좋을지 현재 검토중이다.

Q 대장균이외의 세균에서도 GroEL이 같은 것을 하고 있다고 생각하느냐?

A 샤페로닌과 tubulin의 3결합은 진핵세포에까지 보존되고 있는 것을 고려한다면 다른 세균에서도 같은 일이 이뤄지고 있다고 생각된다.

●문헌

1) McLennan, N., Masters, M. : *Nature*, **392**, 139 (1998)
2) Llorca, O. *et al.* : *J. Struct. Biol.*, **135**, 205-218 (2001)

Masaaki Wachi, 東京工業大学大学院生命理工学研究科生物プロセス専攻　E-mail : mwachi@bio.titech.ac.jp

Role of GroEL in *Escherichia coli* cell division

Column

세포외 GroEL의 기능

Matsuda Kazuhiko (松田一彦)

진딧물의 체내에서는 공생세균 *Buchnera*에 유래하는 GroEL이 주요한 단백질로서 축적된다[1]. *Buchnera*의 GroEL은 대장균의 GroEL과 같이 다량체구조와 ATP가수분해능을 가지며[2], *groEL*유전자에 변이를 가진 대장균의 안에서 분자샤페론으로서 기능한다[3]. 흥미롭게도 이 단백질은 대장균의 GroEL에선 보이지 않는 자기인산화활성이나 인산기전이활성을 가지는 것이 발견되었다[4].

숙주의 안에서 공생세균의 GroEL이 축적되는 예는 다른 데에서도 보인다. Yoshida 등은 개미귀신(명주잠자리의 유충)의 내뱉는 액에서 분리한 *Enterobacter aerogenes*의 배양액에서 곤충독성을 나타내는 성분의 하나로서 GroEL을 얻었다[5]. 이와 같이 개미귀신의 토사액에서 GroEL이 검출되고, *E. aerognenes*가 곤충병원성을 나타내는 점에서 이 단백질은 개미귀신의 수획물에 본 균의 감염을 지원하는 분자로서 기능하는 것은 아닌가하고 추측된다. 최근 Trypanosoma症을 매개하는 cheche fly의 소화관에 함유된 주요한 단백질이 공생세균 *Wigglesworthia glossinidia*에 의해 생산되는 GroEL인 것이 발견되었다[6]. 이것이 트리파노소마증과 관련한다고 하면 재미있겠다.

이들 현상의 의미를 보다 좋게 이해하기 위하여 사람의 세포내에 기생하는 폐렴 *Chlamydia*의 GroEL의 기능에 관한 지식은 한 가지 도움이 될 지도 모르겠다. 폐렴 *Chlamydia*의 GroEL은 면역세포의 활성화[7]나 혈관평활근의 증식을 일으킨다[8]. 이와같은 생리활성의 발현에 Toll모양 수용체(TLR)가 관여하는 것이 밝혀져있다[7,8]. 그러나 GroEL은 TLR에게는 직접적으로 결합하지 않는다고 하는 보고가 있고[9], 진짜 수용체는 따로 존재한다고 생각된다.

이상의 지식에서 세포외에서 GroEL이 신호물질로서 움직인다고 가정하면, GroEL은 세균에 의해 적극적으로 분비된다고 추측된다. 이것을 시사하는 보고는 있는데[10], 그 분비장치는 아직 동정되어 있지 않다. 이와같이 세포외에 있어서 GroEL의 기능에 관한 분야에 대해서는 세포내 기구에 비해서 미해명의 문제가 수많이 남아있다.

Q 인산화된 *Buchnera*의 GroEL의 샤페론으로서의 활성은 어떻습니까?

A 본문중에도 기재했듯이 *Buchnera*의 GroEL은 대장균내에서 *groEL*유전자의 변이를 상보하는 점에서 샤페론으로서 기능하는 것이라고 생각된다. 그러나 인산화된 상태에서 이 GroEL이 샤페론활성을 가지고 있는지 어떤지에 대해서는 지금까지 검토되어 있지 않다. 이를테면 인산화에 관여하는 histidine잔기를 다른 아미노산잔기로 치환하여 샤페론활성을 측정하면, 이 의문에 대해서 간접적으로 답할 수 있는 것은 아닌가 한다.

●문헌

1) Ishikawa, H. : *Insect Biochem.*, **12**, 613-622(1982)
2) Morioka, M., Ishikawa, H. : *J. Biochem.*, **114**, 468-472(1993)
3) Ohtaka, C., Nakamura, H., Ishikawa, H. : *J. Bacteriol.*, **174**, 1869-1874(1992)
4) Morioka, M. *et al.* : *J. Biochem.*, **114**, 468-472(1994)
5) Yoshida, N. *et al.* : *Nature*, **411**, 44(2001)
6) Haines, L. R. *et al.* : *Insect Biochem. Mol. Biol.*, **32**, 1429-1438(2002)
7) Vabula, R. M. *et al.* : *J. Biol. Chem.*, **276**, 31332-31339(2001)
8) Sasu, S. *et al.* : *Circ. Res.*, **89**, 244-250(2001)
9) Habich, C., Baumgart, K., Kolb, H., Burkart, V. : *J. Immunol.*, **168**, 569-576(2002)
10) Venet, A., Labigne, A. : *Infect. Immun.*, **66**, 1023-1027(1998)

Kazuhiko Matsuda, 近畿大学農学部 E-mail : kmatsuda@nara.kindai.ac.jp

Functions of extracellular GroELs

Column

1분자 imaging에 의한 샤페론 연구

Ueno Taro(上野太郎)·Tadakuma Hisashi(多田隈尚史)·Funatsu Takashi(船津高志)

●서론

1분자형광 imaging(이미지화)기술은 단백질1분자의 위치나 방향의 변화를 측정할 수 있는 이점을 가지며, 특히 근육을 구성하는 motor단백질의 연구분야에서 1990년대 중반부터 급속하게 발전해왔다[1]. 이것은 생물분자모터의 운동이나 힘을 발생하기 위한 기능의 측정이 용이하고 이 기술이 크게 위력을 발휘할 수 있었기 때문이다. 그러나 생명활동을 지지하는 대다수의 단백질은 결합·해리를 반복할 뿐으로 모터단백질과 같은 일방향성의 운동은 하지 않고, 타분야에서 이 기술을 활용한 예는 거의 없었다. 여기에서는 유전자공학, 생화학, X선 결정구조해석, 전자현미경 등의 전통있는 수법에 의해 왕성하게 연구되어온 GroEL의 분자기구에 주목하여, 이 분야에 1분자 이미징을 응용하는 것으로 새로운 분자메커니즘의 해명에 관계한 예를 소개한다.

이미 해설되고 있듯이 GroEL에 포촉된 변성단백질은 뚜껑형을 한 GroES의 결합에 수반하여 복합체 내부로 떨어뜨려져, 격리된 공간의 안에서 자발적으로 꾸부려 접힌다. 꾸부려 접힘과 병행하여 GroEL의 cis-ring에 결합한 7가지의 ATP가 가수분해되며, 그 후 GroES의 해리와 동시에 변성단백질은 GroEL의 외부에 방출된다. 변성단백질은 자신의 꾸부려짐이 종료했는지 어떤지에 상관없이 일정시간 후에 방출되는데, 더욱이 불가사의한 것은 격리되어 있는 시간은 모든 종류의 변성단백질에게 일정하게 유지되고 있다. 종래 이 격리시간을 결정하고 있는 것은 약 8초에서 일어나는 ATP가수분해반응이고, 이것이 유일한 타이머로서 움직이고 있다고 여겨져 왔다[2]. 1분자 형광이미징은 이들의 가설에 돌을 던지고 그 후의 여러 가지 해석의 도움을 받아서 필자들은 새로운 GroEL의 분자기구모델을 제안하고자 한다.

1 GroEL과 GroES의 결합해리의 가시화

GroEL의 기능을 1분자수준에서 이미징하기 위하여 필자들은 우선 GroES와 결합해리반응에 주목했다. 1분자 형광이미징을 하기 위해서는 형광표지한 단백질을 유리위에 고정할 필요가 있다. 거기에서 GroEL의 활성을 유지한 채 고정할 수 있도록, biotin化BSA, streptoavidin을 사이에 두고 GroEL을 slide glass에 가로방향으로 고정했다(**그림1**). 여기에 GroES, ATP, 변성단백질을 함유하는 용액을 첨가하고 全반사형형광현미경(total internal reflection evanescent fluorescence microscopy, TIRFM)을 사용하여 관찰했다. 우선 고정된 GroEL분자의 위치를 하나하나씩 확인하고, 그들에게 GroES가 결합해리하는 모습을 관찰했다. 그 결과, GroEL에게 GroES가 몇 번이나 결합·해리하는 모습이 관찰되었다. GroEL로 GroES결합시간의 histogram을 만든 경우, 3초와 5초의 2 가지의 율속반응을 거치며 해리하는 것을 알았다. 이것은 GroES의 결합시간을 결정하고 있는 율속반응은 ATP가수분해반응만이 아니라 다수 존재한다는 걸 나타내고 있다[3].

2 샤페로닌에 의한 단백질의 폴딩

GFP(분자량 28.5K)는 변성상태에서는 형광을 내지 않고 3차구조를 취하면 형광을 발하는 단백질이다. 그래서 필자들은 GFP를 GroEL의 기질단백질로서 이용하고, GroEL-GroES의 동굴내부에서 일어나는 단백질의 폴딩의 가시화를 시도했다. 우선 산변성시킨 GFP를 GroEL에 결합시켜서 그림1과 같이 복합체를 slide glass에 고정했다. 과잉량의 GroES, caged ATP존재하에 자외선조사에 의해 ATP를 생성하고 GroEL에 GroES를 결합시켜서, GFP의 형광이 나타나는 모습을 조사했다. GFP는 폴딩에 약 30초를 요구하므로 대부분의 GFP는 폴딩하기 전에 외부에 방출되어 버린다. 거기에서 야생형 GroEL에 비

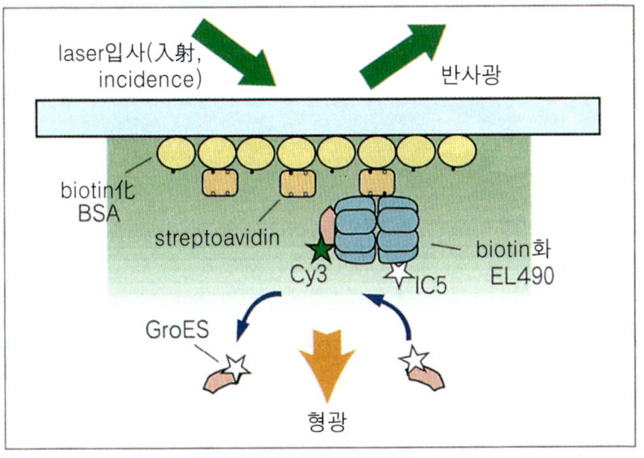

그림1. GroEL과 GroES 결합해리의 1분자형광 이미징
우선 GroEL의 측면(Asp490)에 cysteine을 도입하여 biotin과 형광색소 IC5를 결합시켰다. 유리표면에 biotin化 BSA, streptoavidin을 고정하고 다시 한번더 GroEL을 가로방향으로 고정했다. 브라운운동을 하고 있던 GroES(형광색소Cy3로 표지)가 GroEL에 결합하면 Cy3의 형광이 휘점(輝点, 반짝이는 점)으로서 관찰할 수 있다.

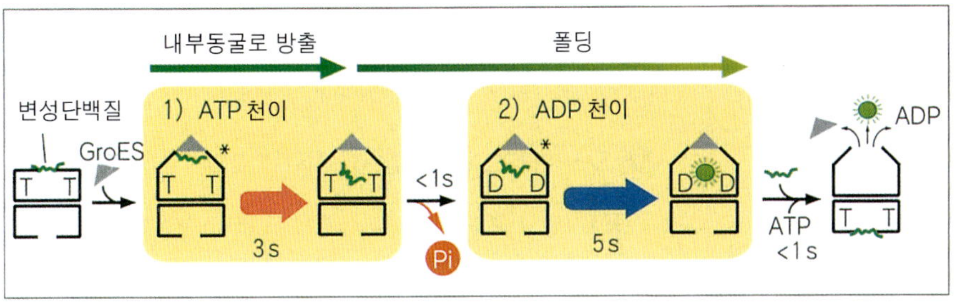

그림2. GroEL의 단백질 폴딩반응 사이클.
변성단백질을 결합한 GroEL은 GroES를 결합한 후 3초 걸려서 단백질을 내부동굴로 방출한다. 동시에 ATP가수분해와 인산방출이 일어나고, 이어서 제 2율속과정에 있어서 변성단백질의 폴딩이 진행한다.

해서 가수분해가 아주 느린(약 30분) 변이체 D398A를 사용하여 안정한 GroEL-GroES 복합체를 얻었다. 그 결과 GroEL의 위치에서 서서히 GFP의 형광이 나타났다. ATP의 생성에서 GFP의 형광이 나타나기까지의 시간의 histogram을 작성한 경우, 3초와 30초의 3단계반응을 거쳐서 GFP가 폴딩하는 것을 알았다. GroEL 비존재에서는 약 30초의 1단계반응에서 GFP가 자발적으로 폴딩하므로 GroEL 내부에서는 GroES가 결합하여 3초간 GFP의 폴딩이 억제되어있는 것이 시사되었다. 이 폴딩이 시작하기까지의 시간은 GroEL의 결합시간에서 구한 GroEL의 반응사이클의 제1율속과정(3초)와 일치하고 있다. 이상으로 봐서 GFP의 폴딩이 진행하는 것은 주로 제2율속과정인 점이 시사되었다. 한편 제1율속단계에서는 GFP와 GroES가 동시에 GroEL에 결합하고 있는 중간상태에 있고, GFP를 GroEL내부에 확실하게 격리하기 위하여 제1율속과정이 중요한 역할을 담당하고 있다고 추측된다[4]. 필자들은 거듭 GroEL에 의한 ATP가수분해반응의 초속도해석으로부터 제1율속반응과 인산의 방출이 밀접하게 관계하고 있음을 밝혀냈다(**그림2**).

●결론

GroEL의 반응사이클은 2가지의 율속과정으로 구성되어 있고, 제1율속과정에서는 변성단백질의 폴딩이 저해되어 있음이 밝혀졌다. 요컨대 변성단백질은 GroES 결합후도 2초간 GroEL에 결합하고 있다고 여겨진다. 그런데 GroES와 변성단백질의 결합부위는 아주 가깝기 때문에 변성단백질이 처음에 결합하고 있던 부위에 그대로 결합하고 있다고는 생각하기 어렵고, 이 3초간에 변성단백질이 어떻게 GroEL과 결합하고 있는지에 대해서는 새로운 해석이 기대된다. 이 연구는 단백질-단백질사이의 상호작용을 대상으로 한 1분자해석의 선구임과 동시에 단백질 1분자의 폴딩을 실시간으로 관찰한 첫 예이다. 1분자형광 이미징기술은 분자샤페론의 기능해석은 물론 여러 가지 분야에서 유효하게 활용할 수 있는 가능성을 가지고 있다.

●문헌

1) Harada, Y. *et al.* : *Method. Cell Biol.*, **55**, 117-128(1998)
2) Rye, H. S. *et al.* : *Cell*, **97**, 325-338(1999)
3) Taguchi, H. *et al.* : *Nat. Biotech.*, **19**, 861-865(2001)
4) Ueno, T. *et al.* : *Mol. Cell*, in press(2004)

Taro Ueno[1], Hisashi Tadakuma[2], Takashi Funatsu[1], [1]早稲田大学・理工学部・物理学科, [2]東京大学大学院・工学系研究科・物理工学専攻 E-mail : taro@fuji.waseda.jp tadakuma@ap.t.u-tokyo.ac.jp funatsu@waseda.jp

Single molecule imaging of chaperonin functions

Column

샤페로닌을 반도체 나노입자의 운반체로서 이용한다

Kinbara Kazushi(金原 數)·Aida Takuzo(相田卓三)

샤페로닌을 생체기능과는 전혀 다른 관점에서 보았을 때, 중앙에 나노크기의 공기구멍을 가지며, ATP에 의해 그 구멍의 구조가 변화하여 내용물을 방출한다는 특징은, 화학자에 있어서 합성분자에서는 실현할 수 없는 매력적인 성질이다. 최근 샤페로닌이 변성단백질과 같이 반도체나노입자(Q dot)를 끌어들이고, ATP의 첨가에 의해서 이것을 방출하는 동적인 운반체로서 이용할 수 있음을 밝혔다[1].

대표적인 Q dot인 황화카드뮴 나노입자는 특징적인 발광(형광)을 한다고 알려져 있는데, 특히 수중에서는 불안정하며, 안정화제가 없는 경우에는 응집하여 발광성을 잃어버린다. 따라서 샤페로닌(GroEL 혹은 T.th cpn)을 포함하는 완충액내에서 황산카드뮴나노입자(직경2~3nm)[2]를 가하면, 샤페로닌이 안정화제로서 움직이며 응집이 억제되는 것을 알았다. 첨가후의 용액을 gel여과로 정제하면, 샤페로닌이 Q-dot를 차지하는 복합체가 얻어진다(**그림1**). 정말로 중심부의 구멍에 집어넣어져있는지에 대한 의문이 솟구쳐나는데, 투과형전자현미경, 광산란 등을 구사함에 따라 확실하게 중앙의 구멍에 Q-dot를 거둬들여 차지한다는 것을 알았다. 이 복합체는 아주 안정하며, 용기인 샤페로닌의 내열성이 그대로 유지되고 있다.

대장균의 GroEL와의 복합체에서는 40℃부근까지, 호열균(*T. thermophilus*)의 T.th cpn과의 복합체로는 80℃부근까지 파괴되는 일이 없었다. 이들 결과는 샤페로닌이 Q-dot를 안정화하는 운반자로서 아주 우수한 것임을 말하고 있다.

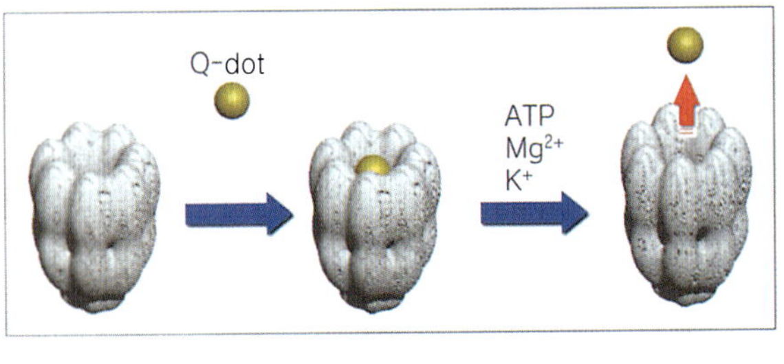

그림1. ATP응답성 샤페로닌/Q-dot복합체.

이와 같이 확실하게 안정화된 Q-dot가 정말로 ATP에 의해서 방출되는 것일까? 실제 ATP, Mg^{2+}, K^+를 복합체의 용액에 첨가한 경우, 금방 침전이 생기고 Q-dot 특유의 발광이 소실했다. 이것은 ATP에 응답하여 샤페로닌이 내포하고 있는 Q-dot를 방출하여 그결과 Q-dot가 완충액 가운데서 응집했음을 나타내고 있다. 이와같은 발광의 소실은 ATP, Mg^{2+}, K^+가 단독인 경우 혹은 ADP 등으로는 일어나지 않았다. 이들 결과로 봐서 생체내에서 refolding된 단백질이 방출되는 과정과 같은 원리에 의해서 내포된 Q-dot가 방출되었다고 여겨진다.

이상과 같이 샤페로닌이 ATP를 이용하여 Q-dot의 출입을 거행할 수 있는 운반체로서 이용할 수 있음을 밝히게 되었다. 앞으로 샤페로닌과 같은 특이한 기능을 가지는 단백질을 기능재료로서 응용하는 것이 비약적으로 발전할 것으로 기대된다.

Q Q-dot를 집어넣은 GroEL에게 GroES와 ATP를 가하면 GroES가 결합하여 Q-dot는 닫혀진 동굴내에 수납되느냐?

A GroES와 ATP를 첨가한 계에 대해서는 상세한 검토를 하지 않았지만, 나노입자의 갇아 둠에 대해서는 앞으로 반드시 검토해야 한다고 생각한다.

Q Q-dot(황산카드뮴)과 변성단백질의 사이에 어떤 공통점은 없나? 다른 Q-dot는 GroEL에 집어넣어지느냐?

A 양자모두 수중에서는 응집하기 쉽다고 하는 점이 공통이다. 다른 나노입자에 관해서는 현재 검토중인데 집어넣기 쉬운 것은 나노입자표면의 상태에 크게 영향을 받을 수 있음이 밝혀졌다.

●문헌

1) Ishii, D., Kinbara, K., Ishida, Y., Ishii, N., Okochi, M., Yohda, M., Aida, T. : *Nature*, 423, 628-632 (2003)
2) Murakoshi, K., Hosokawa, H., Saitoh, M., Wada, Y., Sakata, T., Mori, H., Satoh, M., Yanagida, S. : *J. Chem. Soc., Faraday Trans.*, 94, 579-586 (1998)

Kazushi Kinbara, Takuzo Aida, 東京大学大学院工学系研究科
E-mail : kinbara@macro.t.u-tokyo.ac.jp
Application of chaperonin as a carrier for Q-dots

1. 단백질의 생성과 성숙

고세균의 분자샤페론시스템의 반응기구

Yoshida Takao(吉田尊雄)·Usui Keisuke(碓井啓資)·Iizuka Ryo(飯塚 怜)·Zako Tamotsu(座古 保)·Yohda Masafumi(養王田正文)

고세균의 분자샤페론시스템의 주요한 멤버인 sHsp, group2형 샤페로닌 및 prefolding의 반응기구에 관한 최신 지식을 소개한다. 24량체의 sHsp는 고온에서 해리하고, 변성중간 상태의 단백질을 포획함에 따라 응집을 방지한다. 또한 prefolding은 6개다리의 해파리와 같은 구조를 하고 있고, 다리의 선단에 상당하는 부분에서 변성중간상태의 단백질을 잡으며, 2형 샤페로닌에서는 helical protrusion으로 구성되는 뚜껑이 ATP의존적으로 개폐하여 단백질의 폴딩을 촉진한다.

key Words 고세균 group2형 샤페로닌 sHsp(저분자량분자샤페론) prefolding

● 서론

고세균의 분자샤페론은 호산호열성 고세균 *Sulfolobus shibatae*의 열충격단백질 TF55가 GroEL과 구조나 아미노산배열에 유사성이 있음과 동시에 TCP-1이라고 불리는 진핵생물 cytosol유래 단백질과 높은 상동성이 있는 것으로 각광을 받았다[1]. GroEL(I형)과는 다른 타입의 샤페로닌(2형)의 발견이며, 그 모델로서 많은 연구자가 고세균의 샤페로닌에 주목했다. 그런데 고세균의 샤페로닌의 대부분은 *in vitro*에서 단백질 refolding활성을 나타내지 않기 때문에, 반응기구에 관한 연구가 현저하게 느리며, 1형 샤페로닌의 모델에서 유추로만 논의되고 있다. 그러나 최근 구조해석을 중심으로 연구가 진행함과 동시에 필자들이 발견한 초호열성 고세균 *Thermococcus* sp. strain KS-1(*T*. SK-1)유래 샤페로닌이 높은 refolding활성을 가지고 있음으로 인해서 반응기구의 해석에도 진전이 보이고 있다[2,3].

고세균 가운데에서도 유난히 초호열성 고세균의 분자샤페로닌 시스템은 단순하며, 보편적인 샤페론이라고 말해지고 있는 Hsp70, Hsp90, Hsp104는 존재하지 않는다. 한편으로는 진핵생물에 있어서 cytosol 샤페로닌 CCT(cytosolic chapeonin containing TCP-1)에게 기질단백질을 인도하는 기능을 가지는 prefolding이라는 새로운 분자샤페로닌이 발견되었다[4,5]. 그의 homolog가 고세균에도 존재하는 것을 알게 되었다. 고세균에 있어서도 prefolding은 group2형 샤페로닌과 협조하여 기능하고 있다고 생각하여도 좋겠지.

여기에서는 초호열성 고세균의 분자샤페로닌 시스템을 구성하는 저분자샤페로닌(sHsp), group2형 샤페로닌, 그리고 prefolding에 대해서 그 반응기구에 관한 최신의 지식을 소개한다. 즉 2003년 이 잡지 1월호에 미니리뷰 "고세균의 분자샤페로닌의 세계"를 썼기 때문에 그쪽도 참고하여 읽어주면 고맙겠다[6].

I. sHsp : 응집방어기구에 있어서 기질단백질결합과 oligomer구조변화

sHsp는 열충격단백질 가운데에서도 가장 subunit

Takao Yoshida, Keisuke Usui, Ryo Iizuka, Tamotsu Zako, Masafumi Yohda, 東京農工大学大学院工学研究科
E-mail : yohda@cc.tuat.ac.jp
Reaction mechanism of archaeal molecular chaperones

의 분자량이 작은 (12~42K) family이며, 척추동물의 눈의 렌즈에 존재하는 α-crystalline에서 이름 붙여진 α-crystalline domain을 공유하는 것이 특징이다[7]. 모든 생물계에 존재하며[8], 여러 가지 단백질의 열변성을 방지하는 기능을 가지고 있다[9,10]. 1998년 초호열성 고세균 *Methanococcus jannaschii* 유래 sHsp의 X선 결정구조가 해명되었으며[11], 고세균의 sHsp는 바구니모양의 24량체의 homolog oligomer 구조라고 여겨지고 있다. 여기에서는 호산호열성 고세균 *Sulfolobus tokodaii* strain 7의 sHsp를 사용하여 얻은 최근의 결과를 소개한다.

S. tokodaii stain 7의 게놈에는 2가지의 sHsp 유전자(StHsp19.7, StHsp14.0)가 코드되어있다. StHsp14.0은 호열균유래 IPMDH(isopropyl malate dehydrogenase)의 87℃에 있어서 응집을 비교적 높은 효율로 방지하는데, 그것보다도 낮은 온도영역에 있어서 응집억제효율은 낮다. StHsp140-IMPDH 복합체를 전자현미경에서 관찰하면, StHsp14.0 단독의 24량체보다도 크게, random한 형상을 하고 있었다(**그림1**)[12]. 이 결과로부터 고세균의 sHsp도 타생물유래의 sHsp와 같이 고온스트레스온도에서 24량체를 해리하고, 해리한 작은 brock이 변성중간상태에 있는 기질에게 random하게 결합하여 그 기질의 응집을 막고 있다고 여겨진다. 저온에서는 이 해리의 효율이 낮으므로 활성이 낮은 것이겠지.

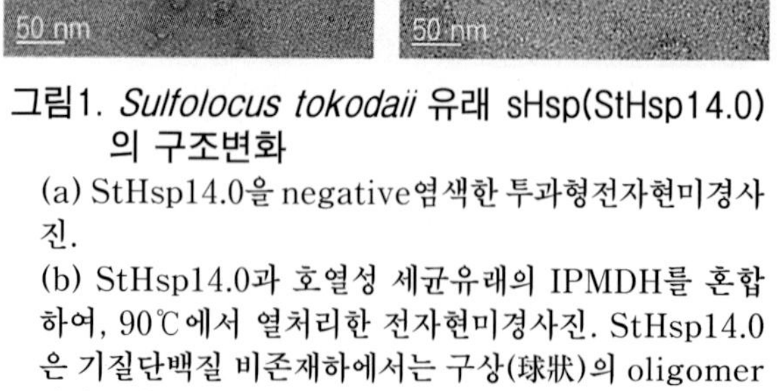

그림1. ***Sulfolocus tokodaii*** **유래 sHsp(StHsp14.0)의 구조변화**

(a) StHsp14.0을 negative염색한 투과형전자현미경사진.

(b) StHsp14.0과 호열성 세균유래의 IPMDH를 혼합하여, 90℃에서 열처리한 전자현미경사진. StHsp14.0은 기질단백질 비존재하에서는 구상(球狀)의 oligomer 입자로서 존재한다. 기질단백질IPMDH존재하에서 열처리하면 StHsp14.0은 열로 변성한 IPMDH와 결합하여 oligomer입자보다 크게 random한 형상의 복합체구조를 형성한다.

sHsp에 의해서 응집을 면한 단백질은 Hsp70이나 Hsp104 등에 의해서 천연상태의 구조로 인도된다고 여겨지고 있다[13]. 그러나 초호열성 고세균에는 Hsp70이나 Hsp104가 존재하지 않으므로 고세균에 있어서 sHsp-변성단백질 복합체의 행방은 묘연하다.

II. 샤페로닌 : 폴딩기구에 있어서 built-in 구조의 뚜껑의 개폐와 ATP가수분해

2형 샤페로닌의 최대의 특징은 샤페로닌 링 중앙에 존재하는 동굴에 뚜껑을 하는 보조인자를 존재시키지 않고, 정상도메인의 선단의 helical protrusion이라고 하는 영역이 built-in lid를 형성하고 있는 것이다[2]. 그 뚜껑의 개폐는 ATP에 의해 제어되고 있으며, 이 구조변화를 목표하는 연구가 현재 가장 성황중이며 논란이 활발하다.

Gutsche 등은 호산호열성 고세균 *Thermoplasma acidophilum* 유래 샤페로닌을 중성자 소각(小角)산란법에 의해 해석하고, ATP 또는 AMP-PNP (비가수분해성 ATP analog)존재하에서 분자길이가 짧은 성분이 증대하는 점에서 ATP의 결합에 의해 뚜껑이 닫힌 구조로 전환한다고 보고했다[14]. 한편 Meyer 등은 인산 아나로그를 사용한 X선 소각산란 및 protease에 의한 한정분해실험에서 CCT의 뚜껑을 닫히게 하기 위해선 ATP의 가수분해가 필요하다고 보고했다[15]. 그들은 종래의 실험결과가 AMP-PNP에 오염되어있는 ATP에 의한 것이며, 2형 샤페론의 뚜껑의 개폐는 ATP의 가순분해로 제어되고 있다고 결론지었다.

필자들도 AMP-PNP를 포함하는 여러 가지 adenine nucleotide에 의한 protease 절단 패턴과 helical protrusion에 도입한 tryptophan의 형광의 변화로부터 *T.* KS-1 샤페로닌의 구조변화가 ATP의 결합에 의해 일어난 것임을 밝혔다(**그림2**)[16]. X선 소각산란에 의한 해석으로부터 ATP결합형에 비해서 보다 compact한 구조를 하고 있고, T. KS-1 샤페로닌은 ATP의 결합에 의해 뚜껑이 닫힌다고 여겨진다(논문투고중). 또한 정제한 AMP-PNP를 사용해도 결

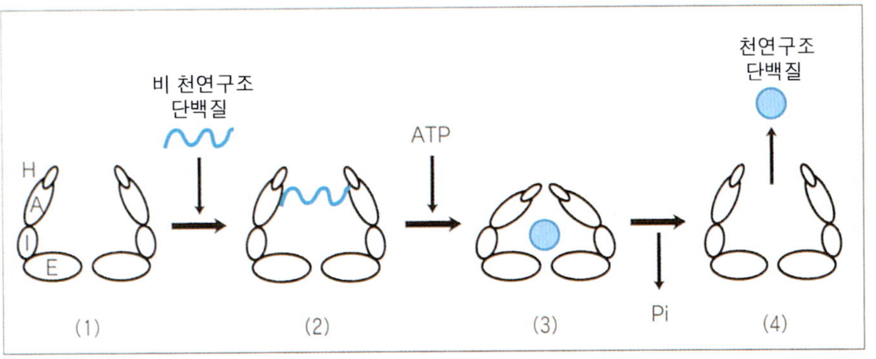

그림2. 고세균형 샤페로닌의 뚜껑의 개폐모델.

고세균의 샤페로닌에서는 뚜껑이 열린 구조의 nucleotide free 형(1)은 비천연구조의 단백질과의 결합(2)으로 이어지고, ATP의 결합이 일어나면 뚜껑이 닫힌 듯한 구조변화가 일어나며, 포촉한 단백질의 폴딩을 재촉하는 상태로 된다(3). nucleotide free 형과 ADP결합형에서는 분자구조에 큰 차이가 인정되지 않는다. ATP의 가수분해는 닫힌 구조를 열린 구조로 되돌리는 데에 필요하다고 여겨진다. 이때 포촉한 단백질의 방출이 일어난다(4). 즉 A, I, E는 각각 정상, 중간, 적도 도메인에 H는 helical protrusion에 대응하고 있다. 또한 GroEL과 같이 "기능적으로 비대칭"인 지 어떤 지는 미지수이므로 한쪽편의 링만을 표기했다.

과는 변해지지 않았던 점에서 구조변화의 계기가 되는 것은 ATP 결합 또는 결합후의 ATP가수분해와, 진핵형과 고세균형의 사이에는 차이가 있을 것이다.

뚜껑의 개폐기구의 해명에는 뚜껑이 열린 open형 구조의 해명이 필수불가결이다. *T.* KS-1 유래 샤페로닌에 관해서도 뚜껑이 닫히기 어렵게 된 변이체 등, 여러 가지 결정(crystal)의 해석을 하고 있지만, 이미 뚜껑이 닫힌 closed형 구조이었다[17]. 또한 다른 group도 open형구조의 결정에 성공했다는 보고는 없다. 결정화에 쓰이는 침전제에 의해 open형에서 closed형으로 구조변화가 유도된 것이 원인인 듯 하다[16].

III. prefolding:샤페로닌의 단백질폴딩 협동기구

prefolding은 효모의 cytosol에 있어서 세포골격의 형성에 필요한 유전자 GIM (genes involved in microtubule biogenesis)으로서 동정되었고[4], 변성 β-actin에 결합하여 그것을 CCT에 인도하는 기능을 가지는 점에서 prefolding이라고 명명되었다[5]. 진핵생물의 prefolding은 2종의 α type과 4종의 β type이 서로 배열이 다른 6개의 subunit으로 구성된다. 한편 고세균의 prefolding은 α와 β의 2종류의 subunit으로 되는 $\alpha_2\beta_4$라고 하는 비교적 간단한 subunit 구조를 하고 있다. 메탄생성 고세균유래 prefolding(MtGimC)의 X선결정구조에 의하면 MtGimC는 해파리와 같은 형을 하고 있고, 2가지의 평행구조에서 6개의 촉수와 같은 coiled coil이 돌출

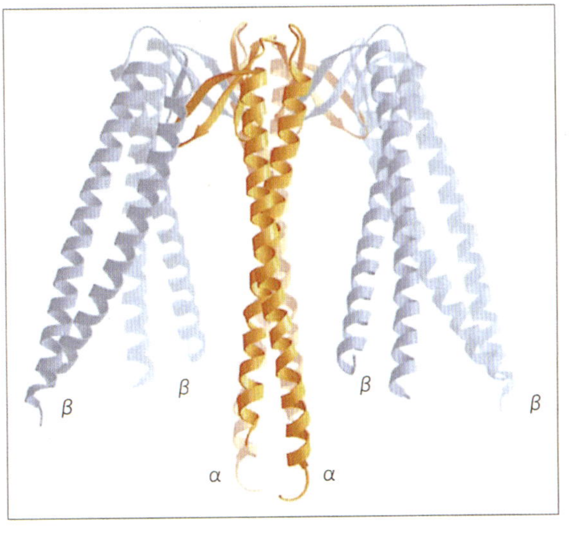

그림3. *Methanobacterium thermoautotrophicum* 유래 prefolding(MtGimC)의 X선결정구조

하고 있다(**그림3**)[18]. 기질단백질이나 샤페로닌의 결합은 coiled coil의 선단부분에서 일어나고 있다고 여겨진다. 2002년에는 포유류 유래의 prefolding과 기질의 복합체의 전자현미경상이 얻어졌다. 구조는 MtGimC와 같고, 기질은 해파리 다리의 틈사리 부분에 해당하는 coiled coil 사이에 결합하고 있다[19].

필자들은 초호열성 고세균의 계를 사용하여 prefolding, 샤페로닌 사이의 협조기구나 결합의 kinetics에 관한 연구를 진행하고 있다. 초호열성 고세균 *Pyrococcus horikoshii* 유래 prefolding은 돼지 심장 유래 citrate synthase의 열변성 응집을 저해하며, 산변성한 GFP의 자발적 응집을 저해한다. 또한 GFP와 결합한 prefolding을 초호열성 고세균유래의 샤페로닌과 공존시켜서 ATP를 가하면, GFP의 폴딩이 촉진된다[20]. 이상의 결과로부터 prefolding이 변성중간상태의 단백질을 취하여 샤페로닌에게 인도하는 것이 기능적으로 시사되었다.

또한 실제로 prefolding과 샤페로닌이 물리적으로 상호작용하고 있는 것은 면역침강, 표면 plasmon 공명(SPR) 센서에 의한 해석, 1분자이미징 등에 의해 설명되고 있다(논문투고중). 더욱이 샤페로닌과의 협동기구해명을 위하여 형광현미경을 사용한 prefolding과 기질단백질의 상호작용의 해석을 했다. prefolding이 유리에 강하게 결합하는 점을 이용하여, 형광표지한 기질단백질의 결합을 샤페로닌 존재, 비존재하에서 측정했을 때, 샤페로닌 존재하에서는 해리속도가 4배정도 빠르게 되었다(논문투고중). 이 결과는 prefolding에서 샤페로닌으로 기질단백질의 인도 기구해명의 관건이 된다고 여겨진다.

● 결론

이번에 소개한 sHsp, 2형 샤페로닌, prefolding은 고세균에 한하지 않고 여러 가지 생물에서 중요한 기능을 담당하고 있는데, 미해명 부분이 많으며, 그 반응기구는 잘 알고 있지 않다. 이번 호에 의해 많은 분들의 관심을 모음과 동시에 필자의 연구가 이들의 분자샤페론반응기구의 해명에 기여할 수 있으면 고맙겠다.

이번 호에 소개한 필자들의 연구성과는 해양과학기술센터 丸山正 박사, 산업총합연구소 石井則行 연구원, 쿄토대학 三木邦夫 교수, 壓村康人 박사, 토쿄대학 桑島邦弘 교수, 와세다 대학 船津鼓志 교수, 토쿄농공대학 大河內美奈 박사 등과의 공동으로 수행한 것이며 거듭 감사를 드린다.

Q sHsp가 바구니상의 올리고머로서 존재하는 이유는 뭣인가? sHsp는 단량체로는 기질결합을 할 수 없는가?

A sHsp는 안정한 2량체를 block로 하는 올리고머를 형성하고 있는 점에서 올리고머가 2량체로 해리하므로써 단백질결합영역이 노출하며, 분자샤페론활성을 발현한다고 여겨지고 있다. 올리고머를 형성하는 것은 열스트레스상태에서만 분자샤페론활성을 발현하기 위한 짜임새라고 여겨지고 있다. 단량체에게도 단백질결합영역은 존재하겠지만, sHsp가 단량체까지 해리하는 일은 없다고 여겨지고 있다.

Q sHsp에게 결합한 기질이 샤페로닌에게 인도될 가능성은 없는가?

A 변성단백질과 sHsp의 복합체는 아주 크므로 직접 prefolding이나 샤페로닌의 기질로는 되지 않는다. 복합체의 해리에는 ATP의 에너지를 필요로 할 것이므로 ATPase활성을 가지는 새로운 샤페론에 의해서 해리된 다음, prefolding에게 붙들려서 샤페론에게 인수된다고 여겨진다.

문헌

1) Trent, J. D., Nimmesgern, E., Wall, J. S., Hartl, F. U., Horwich, A. L. : *Nature*, **354**, 434-435(1991)
2) Ditzel, L., Lowe, J., Stock, D., Stetter, K. O., Huber, H., Huber, R., Steinbacher, S. : *Cell*, **93**, 125-138(1998)
3) Yoshida, T., Kawaguchi, R., Taguchi, H., Yoshida M., Yasunaga, T., Wakabayashi, T., Yohda, M., Maruyama, T. : *J. Mol. Biol.*, **315**, 73-85(2002)
4) Geissler, S., Siegers, K., Schiebel, E. : *EMBO J.*, **17**, 952-966(1998)
5) Vainberg, I. E., Lewis, S. A., Rommelaere, H., Ampe, C., Vandekerckhove, J., Klein, H. L., Cowan, N. J. : *Cell*, **93**, 863-873(1998)
6) 吉田尊雄・養王田正文・丸山 正：蛋白質 核酸 酵素, **48**(1), 33-39(2003)
7) Caspers, G. J., Leunissen, J. A., de Jong, W. W. : *J. Mol. Evol.*, **40**, 238-248(1995)
8) Narberhaus, F. : *Microbiol. Mol. Biol. Rev.* : **66**, 64-93(2002)
9) Horwitz, J. : *Proc. Natl. Acad. Sci. USA*. **89**. 10449-10453

(1992)
10) Chang, Z., Primm, T. P., Jakana, J., Lee, I. H., Serysheva, I., Chiu, W., Gilbert, H. F., Quiocho, F. A. : *J. Biol. Chem.*, **271**, 7218-7223(1996)
11) Kim, K. K., Kim, R., Kim, S. H. : *Nature*, **394**, 595-599(1998)
12) Usui, K., Ishii, N., Kawarabayasi, Y., Yohda, M. : *Protein Sci.*, **13**, 134-144 (2004)
13) Mogk, A., Schlieker, C., Friedrich, K. L., Schonfeld, H. J., Vierling, E., Bukau, B. : *J. Biol. Chem.*, **278**, 31033-31042 (2003)
14) Gutsche, I., Holzinger, J., Rauh, N., Baumeister, W., May, R. P. : *J. Struct. Biol.*, **135**, 139-146(2001)
15) Meyer, A. S., Gillespie, J. R., Walther, D., Millet, I. S., Doniach, S., Frydman, J. : *Cell*, **113**, 369-381(2003)
16) Iizuka, R., Yoshida, T., Shomura, Y., Miki, K., Maruyama, T., Odaka, M., Yohda, M. : *J. Biol. Chem.*, **278**, 44959-44965 (2003)
17) Shomura, Y., Yoshida, T., Iizuka, R., Maruyama, T., Yohda, M., Miki, K. : *J. Mol. Biol.*, **335**, 1265-1278(2004)
18) Siegert, R. Leroux, M. R., Scheufler, C., Hartl, F. U., Moarefi, I. : *Cell*, **103**, 621-632(2000)
19) Martin-Benito, J., Boskovic, J., Gomez-Puertas, P., Carrascosa, J. L., Simons, C. T., Lewis, S. A., Bartolini, F., Cowan, N. J., Valpuesta, J. M. : *EMBO J.*, **21**, 6377-6386 (2002)
20) Okochi, M., Yoshida, T., Maruyama, T., Kawarabayasi, Y., Kikuchi, H., Yohda, M. : *Biochem. Biophys. Res. Commun.*, **29**, 769-774(2002)

I. 단백질의 생성과 성숙

세포내 신호전달분자의 생성과 기능발현에 관계하는 Hsp90

Miyata Yoshihiko (宮田愛彦)

주요한 분자샤페론의 하나인 Hsp90은 여러 가지 세포내 단백질과 상호작용하여 그의 정확한 폴딩이나 안정성 · 가용성을 보증하며, target로 되는 고객(client, 기질)단백질의 기능이 바르게 제어되기 위하여 필수의 작용을 하고 있다. Hsp90의 작용을 받을 단백질에는 protein kinase나 steroid hormone수용체 등의 세포증식이나 분화에 중요한 역할을 담당하는 신호전달분자가 많이 함유된다. Hsp90은 Cdc37이나 FKBP52 등의 보조샤페론인자와 함께 움직이며, 이들의 신호전달분자를 바르게 생성 · 성숙시켜서 필요한 때에 정확하게 응답하도록 유지하고 있다. Hsp90의 특이적인 저해제 geldanamycin은 Hsp90의존성의 많은 세포내신호전달분자를 동시에 제어하고 세포증식저해활성을 나타내며, 효과적인 항암제로서 유망시되고 있다.

keyWords Hsp90 신호전달 분자샤페론 kinase geldanamycin

● 서론

Hsp90은 주요한 분자샤페론의 하나이며, 세포가 스트레스에 노출되면 그의 발현양이 증대하는데, 통상의 상태에서도 세포내의 가용성 단백질의 1~수%를 점하며, 농도로 환산하여 수10 μm에도 달하는 세포질에 가장 많이 존재하는 단백질의 하나이다. 최근 10년간에 Hsp 90의 구조와 기능의 해명이 크게 진행되어, Hsp90은 목표로 하는 고객단백질과 상호작용하여, 그의 정확한 폴딩과 기능을 보증하는 것을 확립했다. Hsp90의 고객단백질에는 protein kinase나 steroid hormone 수용체 등의 세포증식이나 분화에 중요한 역할을 담당하는 신호전달분자가 많은 것이 특징이다. Hsp90의 기능의 해명에 수반하여 Hsp90 저해제를 암의 치료에 사용한다는 새로운 전망이 나와서, 종래 기초세포생물학적인 분야에 머물고 있던 Hsp90의 연구는 생각지도 못하는 발전과 응용의 가능성을 갖추고 있다고 말할 수 있다. 한편으로 어떠한 분자기구로 Hsp90이 기능하고 있는 지에 관해서는 아직 해명못한 문제가 많이 남아있다.

I. 분자샤페론으로서 Hsp90

1. Hsp90의 기본기능

Hsp90의 아미노산배열은 대장균에서 사람에 이르기까지 종간에 잘 보존되어있으며, 그 기능도 고등생물에서는 공통하고 있다고 생각된다. Hsp90은 세포내에서 다종다양한 단백질과 복합체를 형성하며, 많은 경우 Hsp90과 상호작용이 표적단백질의 안정한 존재나 정상적인 기능에 필수이다. Hsp70 등의 다른 분자샤페론은 표적단백질과 일시적으로 상호작용하는데 대해서, Hsp90은 고객단백질과 보다 지속적으로 안정한 기능적 복합체를 형성하는 경우가 많다. 즉, Hsp90은 고객단백질과 복합체를 형성하고, 단백질의 기능을 어느 특정한 구조인 채 유지한

Yoshihiko Miyata, 京都大学大学院 生命科学研究科 多細胞体構築学 シグナル伝達学分野
E-mail : ymiyata@Lif.kyoto-u.ac.jp
Involvement of Hsp90 in the quality control of signal transducing proteins

다는 기본적인 기능을 가지고 있다[1-3]. 다양한 단백질에 대해서 Hsp90이 나타내는 다면적인 작용은 모두 이 기본적인 기능이 다른 단면으로 볼 수 있는 변주(變奏)라고 할 수 있다.

Hsp90 단독으로는 완전히 변성한 폴리펩타이드를 천연입체구조까지 폴딩하는 활성은 없고, 폴딩중간체나 스트레스에 의해 반변성상태로 된 단백질과 상호작용하여 표적단백질이 활성이 없는 불가역적인 응집을 일으키지 않도록 보호하는 작용을 가진다. 신생 단백질에 대해서는 Hsp90의 결합은 그것과 Hsp70 등 다른 분자샤페론에 의한 folding-competent(폴딩 요구를 충족시키는) 상태로 유지하기 위해서 필요한 듯 하다. 고온이나 저이온강도에서 단백질의 구조가 변화하여 변성으로 향하는 과정에 있으면, Hsp90은 그것을 인식하고 결합하여, 신호에 호응하여 즉각적으로 변화할 수 있는 불안정한 구조를 한 표적에 결합하여 그 상태를 유지한다.

2. Hsp90의 샤페론기능의 특색

Hsp90의 고객단백질에는 세포내 신호전달에 관계되는 분자의 비율이 아주 많다.(**그림1**). 이들 신호전달분자의 정상적인 움직임에는 Hsp90의 기능이 필수이다. 옛부터 알려지고 있는 Hsp90의 고객단백질의 대표적인 예로서 steroid hormone 수용체가 거론된다. glucocorticoid, progesterone, estrogen 등의 steroid hormone에 대한 수용체는 세포질에서는 Hsp90과 결합하여 존재하고 있다. ligand의 결합에 의해서 Hsp90은 수용체에서 해리하고, 자유롭게 된 수용체는 핵으로 이동하여 전사를 활성화한다. 한편으로 Hsp90이 존재하지 않으면, steroid 수용체는 ligand결합이나 DNA전사의 활성을 발휘하는 구조를 취하지 않는다.

Hsp90은 고객단백질의 종류에 응한 고유의 다른 분자샤페론(보조샤페론인자, cochaperone이라고 한다)과 함께 크게 복잡한 단백질복합체를 형성하고 있는 수가 많다. Hsp90의 대표적인 고객단백질인 kinase의 경우에는 Cdc37이 또는 steroid hormone 수용체의 경우에는 cyclophilin 40이나 FKBP52 등이 각각 복합체에 포함되고 있다. 이들의 보조샤페론인자는 Hsp90의 기능을 조절함과 동시에 표적의 인

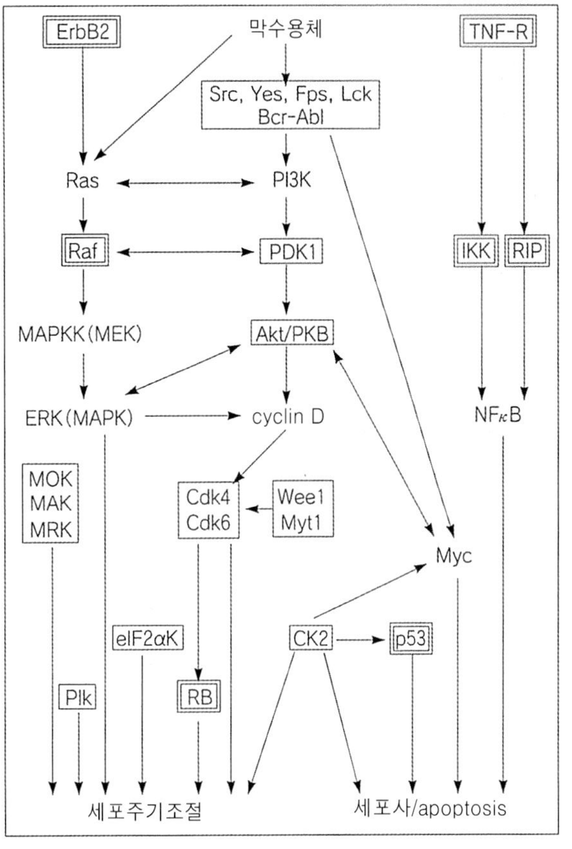

그림1. 세포내 신호전달 망에 있어서 Hsp90의 표적.
세포외 신호는 여러 가지 단백질kinase에 의한 신호전달경로(화살표)를 거쳐서 최종적으로 세포주기세포증식과 세포사 apoptosis를 제어하고 있다. 그 중에서 Hsp90의 고객단백질로서 Hsp90의존적으로 움직이고 있는 것을 □(kinase) 및 ▣(kinase 이외)로 표시했다. 반드시 모든 화살표가 +의 적극적인 제어를 의미하고 있는 것은 아니고, 또한 그림에 표시하지 않은 경로도 존재하는 점에 유의해야한다.

식이나 폴딩에 적극적으로 관계하고 있다고 여겨진다.

3. 미해결 문제

Hsp90의 구조·기능의 해명과 고객단백질의 명부작성은 순조롭게 진행해왔는데, 그의 작용기구에 대해서는 근본적인 문제가 몇 가지 미해결인 채 남아있다. 우선 Hsp90이 어떻게 하여 표적단백질을 인식하는 지가 불분명하다. Hsp90은 모든 steroid hormone 수용체 혹은 모든 kinase에 결합하는 것은 아

니고 특정한 분자에게만 특이성을 가지고 결합하고 있다. 따라서 Hsp90이 좋아하는 motif가 표적단백질중에 들어 있을 것이다. 따라서 그러한 모티프를 동정하는 시도는 이제까지 성공하지 못했다. 아마도 단순한 아미노산의 나열이 아니고 뭔가 입체적인 구조를 인식하고 있다고 생각되며, 그것을 결정하는 것이 과제이다.

한편 Hsp90이 어떻게 하여 단백질의 폴딩하는가에 대한 분자기구도 불분명한 채이다. Hsp90의 ATP 결합능과 ATPase활성이 그의 기능에는 필수이며, Hsp90은 단순하게 고객단백질에 정적으로 결합하는 이상의 적극적인 움직임을 하고 있다고 예상된다. Hsp90의 ATP·ADP 결합도메인의 구조해석[4]이나 표적단백질 및 보조샤페론인자에 의한 Hsp90의 ATPase활성의 조절의 해석의 결과로부터 Hsp90은 ATP의 가수분해사이클에 따라서 기능하고 있다고 생각되는데, ATPase활성이나 그것에 의해서 얻어지는 에너지가 Hsp90의 기능과 어떻게 결부하고 있는 지는 확실하지 않다. Hsp90은 2량체를 형성하여 존재하며, 입체구조나 보조샤페론인자와의 결합능이 ATP형과 ADP형에서 다르다고 여겨지는데, 구조·기능상관의 해명에는 Hsp90의 전체길이의 구조가 ATP/ADP변환이나 고객단백질과의 상호작용에 의해서 어떻게 변화하는 가를 밝힐 필요가 있다.

II. 신호전달 kinase와 Hsp90

그림1을 참고하면서 여기에서는 그 기능이 Hsp90에 의해서 보증되고 있는 여러 가지 단백질kinase 가운데 대표적인 것에 대해서 기술해보자. 각 kinase에 고유한 상황이 있는, 관찰하여보면 Hsp90과 고객 kinase의 상호작용의 공통항목이 떠올라온다.

1. tyrosine kinase

tyrosine kinase인 암유전자산물 pp60v-src는 세포질에서 Hsp90 및 보조샤페론인자 Cdc37과 불활성 복합체를 형성하며[5,6], 활성화할 때에는 복합체가 해리한다. 그 한편에서 Hsp90이 존재하지 않으면 v-Src는 활성을 발현시키지 않으며, v-Src의 기능에는 Hsp90이 필수이다. 즉 Hsp90은 활성화신호를 받을 때까지 v-Src를 불활성 상태로 유지하며 필요한 때에 활성화될 수 있는 구조를 유지하고 있다고 여겨진다. Src family에 속하는 Yes, Fps, Lck, 백혈병의 원인의 하나인 Bcr-Abl 융합단백질, EGF수용체family에 속하는 EfbB2 등의 tyrosine kinase도 그의 기능에 Hsp90을 필요로 한다.

2. 세포증식에 관계하는 serine-threonine kinase

Raf는 여러 가지 증식인자의 자극에 의해서 Ras의 하류에서 활성화되어 MAPKKK로서 움직인다. Raf는 Hsp90과 Cdc37과 복합체를 형성하고 있고[7], 이 복합체형성이 Raf의 기능에 필요하다. 활성도메인의 배열이 MAP kinase와 가까운 MOK, MAK, MRK의 3 종류의 상호 유사한 kinase는 어느 것도 세포내에서 Hsp90 및 Cdc37과 결합하여 존재한다. MOK가 세포내에서 안정하게 존재하기 위해서는 Hsp90과 결합이 필수이며, Hsp90과 결합하지 않으면 MOK는 재빨리 proteasome system에 의해서 분해된다[8].

CK2(casein kinase II)는 세포증식이나 세포의 생존에 필수인 잘 보존된 kinase이다. 활성subunit를 사이에 둔 Hsp90과의 복합체형성은 CK2의 기능에 필수이며, Hsp90에서 해리하면 CK2는 불활성 응집체를 형성하는 점에서 Hsp90은 CK2의 불용화·불활성화를 막고 있다고 여겨진다[9].

insulin 등의 자극에 의해 P13 kinase활성이 증진하면 우선 PDK1가 그리고 이어서 그 하류에서 Akt가 인산화되어서 활성화되어 세포의 생존신호를 전하고 있다. PDK1도 Akt도 세포내에서 Hsp90 및 Cdc37과 활성형의 복합체를 형성하여 존재한다. Akt의 인산화상태[10]나 세포내 안정성[11]은 Hsp90과 결합에 의해서 보존되고 있는 듯 하다.

그 밖에 개시인자를 인산화하여 단백질합성을 제어하는 eIF2aK, TNK 수용체의 하류에서 활성화되어서 NFκB로 신호를 전하며, 염증반응이나 세포사의 제어에 관계하는 IKK 및 RIP도 Hsp90과 상호작용한다.

3. 세포주기에 관계하는 kinase

Cdc4는 cyclin D와 복합체를 형성하는 것으로 활성화되며, 주로 RB단백질의 인산화를 매개하여 세포주기의 진행에 결정적인 역할을 담당하는 kinase

이다. Cdk4는 Hsp90과 복합체를 형성하여 존재하며, Hsp90과 결합하고 있는 Cdk4는 cyclin과 결합하지 않는다[12-14]. 한편으로는 Cdk4가 cyclin과 결합하여 활성화되기 위해서는 Hsp90이 필요하며, Hsp90이 저해되면 세포내에서 Cdk4는 불안정하게 되어 신속하게 분해된다. Cdk를 인산화하여 억제적으로 작용하는 Wee1과 Myt1도, Hsp90과 상호작용이 보고되고 있다.

Plk는 세포주기에 수반하여 변동하며, spindle 미소관의 형성과 centrosome의 구축 등을 매개하여 세포분열의 제어에 관계하는 kinase이다. Plk는 Hsp90과 세포내에서 복합체를 형성하여 존재하며, Hsp90과의 결합이 Plk의 세포내에서의 안정성에 중요하다[15,16].

III. Hsp90저해제 geldanamycin에 의한 신호전달 kinase의 불안정화-새로운 항암제의 가능성

geldanamycin(이하 GA)는 항진균약의 스크리닝으로 발견된 benzoquinone계의 저분자화합물인데, v-Src로 형질전환한 암세포에 대해서 증식억제작용을 가지는 것, 실험동물의 고형종양을 축소시키는 것을 알고 항암제로서의 응용이 기대되고 있다. GA는 세포내의 v-Src의 kinase활성을 약화시키는데, 정제한 v-Src에는 결합시키지 않고 활성도 저해하지 않는 점에서 GA의 작용점은 v-Src의 활성에 필요한 다른 세포내인자일 것이라고 예상된다. GA에 결합하는 세포내 단백질의 정제·동정을 한 결과, Hsp90이 GA의 직접 작용점인 것이 밝혀지게 되었다[17].

GA는 Hsp90의 작용에 필수인 ATP-binding pocket에 결합하고, Hsp90의 ATPase활성 및 샤페론기능을 저해한다[4,18]. 세포를 GA존재하에서 배양하면, Hsp90에 의존하는 고객단백질은 정상적인 구조를 형성할 수 없게 되어 활성이 저하하고 많은 경우 최종적으로 ubiquitin proteasome system에 의해서 분해된다. 이를테면, 포유동물에 Hsp90과 복합체를 형성하는 MOK 및 Raf1을 발현시켜서 GA로 처리하면 농도·시간의존적으로 세포내의 MOK 및 Raf1의 단백질과 활성이 감소한다. 중요한 것은 Hsp90저해제가 Hsp90이라는 단일의 표적에 결합하면서 많은 Hsp90 고객단백질을 동시에 표적으로서 실활시키는 점이다. 이것이 단일의 신호전달분자를 억제하는 종래의 항암제에 비해서 Hsp90의 저해제가 보다 효과적인 항암제가 될 수 있는 이유의 하나이다.

현재 GA의 유도체로 비교적 독성이 낮고 수용성이 높은 17-arylaminogeldanamycin (17-AAG)를 이용한 phase I의 치료효험이 미국과 영국을 중심으로 행해지고 있다[19,20].

●결론

앞에서 Hsp90의 기능에 대해서 신호전달에 관계하는 kinase를 고객단백질의 주요한 예로서 열거하면서 Hsp90저해제의 항암제로서의 가능성도 타진하면서 기술했다. 물론 kinase 이외에도 여러 가지 활성을 가진 단백질이 Hsp90의존적으로 활동하고 있고, Hsp90저해제의 항암활성은 kinase를 매개로 한 신호전달의 영향만으로는 말할 수 없다는 것도 강조해두고 싶다. Hsp90에는 공동하여 움직이는 몇 가지 보조샤페론인자가 있고, Hsp90의 고객단백질의 종류에 따라서 역할분담하여 기능한다. Hsp90의 구조와 기능의 연구는 특이적인 저해제의 발견에 의해서 현격하게 나아가서 현재는 한층 보조샤페론인자의 연구나 고객단백질을 최종적으로 분해하는 proteasome system과의 관계에 대한 연구도 진행되고 있다. 분자샤페론의 연구는 세포와 단백질의 성립을 파악하는데 중요하며 순수한 흥미를 북돋우는 것이지만, 얻은 지식이 널리 쓸모가 있는 의약에 결부되면 그것도 또한 연구의 또다른 맛이라고 할 수 있겠지.

Q 원핵세포에서는 Hsp90의 역할은 그만큼 크지 않는데 진핵세포에서 Hsp90이 중용되는 이유는 무엇일까?

A 대장균과 사람의 Hsp90의 구조는 잘 보존되어 있고, 분자로서의 본질적인 기능은 변해지 않는다고 생각된다. 진핵세포에서 Hsp90이 중용되고 있다기 보다는 Hsp90의 존재를 전제로 시작하여 진핵세포에 특이적으로 보이는 복잡·정교한 신호전달

분자가 다양한 보조샤페론과 함께 진화의 과정에서 나타났던 것이라고 생각된다.

Q Hsp90의 ATPase 활성과 기능의 관계에 대해서는 아직 충분히 알고 있지 않지만 모델로서는 어떠한 것이 고려되고 있는가?

A Hsp90은 ADP결합형과 ATP결합형으로 크게 구조가 다르며, 세포내에서는 양자가 균형을 유지하여 사이클하고 있는 듯 하다. 여러 가지 표적단백질이나 보조샤페론인자가 그 균형의 동적상태를 변화시키며 또한 양자 사이에서 보조샤페론인자나 고객단백질과의 결합상태가 다르고 있다. Hsp90의 ATPase활성은 그 자신을 ATP결합형(신호전달분자의 기능발현을 지지하는 형)에서 ADP결합형(표적을 분해로 유도하는 형)으로 변환하는 내재(內在) 스윗치로서 작동하고 있다는 것이 현재 유력한 모델이다.

문헌

1) Yahara, I., Minami, Y., Miyata, Y. : *Ann. N.Y. Acad. Sci.*, **851**, 54-60(1998)
2) Csermely, P., Schnaider, T., Soti, C., Prohaszka, Z., Nardai, G. : *Pharmacol. Ther.*, **79**, 129-168(1998)
3) Buchner, J. : *Trends Biochem. Sci.*, **24**, 136-141(1999)
4) Prodromou, C., Roe, S. M., O'Brien, R., Ladbury, J. E., Piper, P. W., Pearl, L. H. : *Cell*, **90**, 65-75(1997)
5) Brugge, J. S., Erikson, E., Erikson, R. L. : *Cell*, **25**, 363-372(1981)
6) Perdew, G. H., Wiegand, H., Vanden Heuvel, J. P., Mitchell, C., Singh, S. S. : *Biochemistry*, **36**, 3600-3607(1997)
7) Stancato, L. F., Chow, Y. H., Owens-Grillo, J. K., Yem, A. W., Deibel, M. R., Jr., Jove, R., Pratt, W. B. : *J. Biol. Chem.*, **269**, 22157-22161(1994)
8) Miyata, Y., Ikawa, Y., Shibuya, M., Nishida, E. : *J. Biol. Chem.*, **276**, 21841-21848(2001)
9) Miyata, Y., Yahara, I. : *J. Biol. Chem.*, **267**, 7042-7047(1992)
10) Sato, S., Fujita, N., Tsuruo, T. : *Proc. Natl. Acad. Sci. USA*, **97**, 10832-10837(2000)
11) Basso, A. D., Solit, D. B., Chiosis, G., Giri, B., Tsichlis, P., Rosen, N. : *J. Biol. Chem.*, **277**, 39858-39866(2002)
12) Stepanova, L., Leng, X., Parker, S. B., Harper, J. W. : *Genes Dev.*, **10**, 1491-1502(1996)
13) Lamphere, L., Fiore, F., Xu, X., Brizuela, L., Keezer, S., Sardet, C., Draetta, G. F., Gyuris, J. : *Oncogene*, **14**, 1999-2004(1997)
14) Dai, K., Kobayashi, R., Beach, D. : *J. Biol. Chem.*, **271**, 22030-22034(1996)
15) Shimizu, S., Osada, H. : *Nature Cell Biol.*, **2**, 852-854(2000)
16) De Carcer, G., Do Carmo Avides, M., Lallena, M. J., Glover, D. M., Gonzalez, C. : *EMBO J.*, **20**, 2878-2884(2001)
17) Whitesell, L., Mimnaugh, E. G., De Costa, B., Myers, C. E., Neckers, L. M. : *Proc. Natl. Acad. Sci. USA*, **91**, 8324-8328(1994)
18) Stebbins, C. E., Russo, A. A., Schneider, C., Rosen, N., Hartl, F. U., Pavletich, N. P. : *Cell*, **89**, 239-250(1997)
19) Neckers, L. : *Trends Mol. Med.*, **8**, S55-S61(2002)
20) Maloney, A., Workman, P. : *Expert Opin. Biol. Ther.*, **2**, 3-24(2002)

Column

분자샤페론 Hsp90과 형태의 진화

Yahara Ichiro (矢原一郎)

Rutherford와 Lindquist는 초파리 Hsp90돌연변이주의 hetero접합체의 stock을 다루고 있을 때, Hsp90야생주보다도 훨씬 많은 형태이상을 나타내는 개체가 혼재하고 있는데 주목했다. 이 발견을 단서로 하여 그들은 Hsp90이 형태의 결정에 관계하는 몇 가지의 유전자에 생긴 변이를 숨기고 있음을 시사하는 일련의 실험결과를 얻어서 1998년에 보고했다[1,2]. 이 보고는 분자수준의 진화를 거시적인 진화에 연결하는 첫 연구방법으로서 선구적이며 진화의 과학에 강한 충격을 주었다.

60여년전에 Waddington은 환경이 변하면 발생의 이상이 일어나는 점에서 원래 개체에는 숨겨진 유전적 변이(cryptic genetic variation)가 상당히 있고 그들은 정상적인 환경에서는 유전적 완충작용(genetic buffering)에 의해서 발현이 방해되고 있다고 주장했다[3]. 발생학적 배경을 강조하여 환언하면 [작은 변이가 있어도 그들의 변이는 유전적 환충작용에 의하여 표현형으로는 되지 않는다]는 말이 된다. 다시 한번 환언하면 [환경이 바뀌면 완충작용이 파탄하여 발생의 이상이 생긴다]고 하는 생각이다. Rutherford와 Lindquist는 그들의 논문에서 발생현상의 homeostasis 가설의 하나로서 Waddington의 논문에 언급하고 있다. 그러나 Waddington은 자연을 주의 깊게 그리고 몇 가지 모델을 염두에 두고 관찰한 것은 틀림이 없지만 시대가 분자생물학에 지나치게 선행하고 있었다. 그 때문에 Waddington의 혜안은 인정할 수 있지만 여기에서는 이것이상 언급하지 않는다.

분자진화와 거시적인 진화의 관계에 대해서 Lindquist의 생각을 요약하면 다음과 같다.

(1) 진화에 있어서 몇 가지의 독립한 유전적 변화(다른 유전자에 생긴 변이)가 공동적으로 작용하여 새로운 행태나 기능을 만들어낸다.

(2) 그러나 개개의 변이의 대부분은 열성이기 때문에 진화의 선택압에 의해서 도태되어 버린다.

(3) 변이가 도태되지 않고 축적하기 위해서는 변이를 숨기는 장치가 필요하다.

(4) 분자샤페론 Hsp90은 변이를 숨겨서 저장하는 기능을 가진다.

(5) 또한 숨겨져 있는 유전적 변이를 나타나게 하여 새로운 형질을 창출하는 것으로서 환경변화(열, 스트레스 등)가 있다. 또한 같은 작용을 나타내는 요인으로서 Hsp90 저해제나 효모 prion이 있다.

(6) 새로운 환경에서 저장된 변이가 일거에 발현하면 새로운 종으로의 선택이 일어난다.

이 도식의 요점은 [분자진화의 중립설]의 제창자인 Kimura(木村)가 생각한 [분자진화와 거시적인 진화의 융합을 위해 필요한 단계]와 아주 잘 닮아있다[4]. Kimura는 이것을 스스로 "4 단계의 시나리오"라고 칭했다. 즉

(1) 어느 유전자의 집단이 이제까지 있었던 선택압에서 자유로 된다. 즉 도태되지 않게 된다.

(2) 개방된 조건하에서 중립적으로 된 변이는 갑자기 축적한다. 말할 것도 없는 것이지만 개체로의 변이의 축적은 random drift(무작위 방임)에 의해서 일어난다.

(3) 환경이 격변하면 새로운 환경에 있어서 어느 개체에 축적된 (표현형이) 중립변이가 유용에서 유해까지 폭넓은 표현형을 취한다.

(4) 그룹간 경쟁 혹은 개체간의 선택은 새로운 적응진화를 초래한다.

씌여진 대로 판단하면 만년의 Kimura는 분자진화와 거시진화의 융합에 상당히 집착하고 있었던 듯이 보인다. 그러나 세계에서도 지금 주목받고 있지 않다. 몇 가지 잡지가 Rutherford와 Lindquist의 논문을 해설했는데, Kimura의 [4단계의 시나리오]를 언급한 것은 하나도 없었다.

Lidquist와 Kimura의 차이는 전자가 변이를 감추기 때문에 가능성으로서의 표현형이 중립적으로 되어 축적한다고 생각하는데 대해서, 후자는 표현형이 있어도 그것은 선택압에 노출되지 않는다(감추는 것은 그의 일부)고 생각하는 점이다. Kimura는 환경에 의해서 변이가 선택압에 노출되기도 하고, 관용상태에 있기도 하는 예로써 대장균의 어느 종의 변이가 배지의 탄소원에 의존하여 표현형을 나타내는 것, 이른바 "Dykhuizen-Hartl 효과"를 한 예로 들었다. 따라서 양자의 차이는 그렇게 큰 것은 아니다.

앞에서 말한 Lindquist의 생각에서 가장 문제로 되는 것은 [발현하면 거시적인 형태를 변화시키는 복수의 변이유전자]의 실체이다. 이것을 정공법으로 해명하는 데는 복수의 유전자를 동시에 대상으로 하지 않으면 안되기 때문에 아주 곤란하다. 그러나 Hsp90에 의해서 숨겨지고 있는 변이유전자를 언제까지나 가설인 채로 방치해 둘 수는 없다. 그래서 다른 각도에서 이 생각이 바른가를 생각해 보고 싶다.

최근 거시적인 형태변화를 초래하는 변이유전자는 상당히 한정된 것임을 시사하는 결과가 보고되었다[5]. 초파리 유충의 등 쪽에 있는 trichomes라고 하는 모상(毛狀)돌기는 초파리의 종에 따라 형태가 다르며, 소실을 포함하는 특징있는 pattern변이를 나타낸다. 흥미로운 것은 이들 형태변이(이를테면 돌기가 작고 체절(體節)이 일부밖에 없는)는 초파리의 다른 subgroup에 속하는 각각의 종으로 보이는 것이다. 도해하면 *Drosophila virilis*의 그룹은 9가지의 종으로 되는데, 다른 subgroup에 속하는 몇 가지의 종에서는 같이 변해진 형상의 trichomes가 보인다(**그림1**). 다시 말해서 subgroup이 분기(分岐)한 다음으로 각각 subgroup의 중에서 trichomes가 같이 변화한 종이 나타난 것이다. 이 형태변이의 기본으로 되는 유전자 변화를 추구한 결과, *shavenbaby*(*svb*)라는 유전자가 지배하고 있는 것이 밝혀졌다.

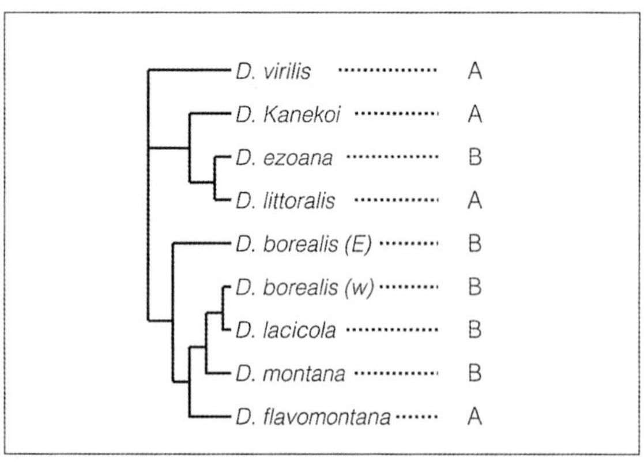

그림1. 초파리의 9가지의 근연종에게 보이는 trichomes(hairs)의 2 가지 pattern A와 B.
A와 B는 필자가 편의적으로 붙인 명칭이다. 어떤 pattern인지는 원보(5)를 참고하세요.

환언하면 근연이지만 다른 종 가운데서 공통의 유전자로 독립하여 생긴 변이가 자연선택에 의해서 각각의 새로운 종의 가운데서 정착한 것이 된다. 더욱이 평이하게 기술하면 같은 진화가 근연종의 가운데서 독립하여 일어난 것이다. 이러한 현상을 평행진화라고 부른다.

Trichomes pattern의 변이는 분절(segmentation) pattern을 결정하는 유전자에 의해서 지배되고 있다고 상상되는데, *wingless* 등의 6종의 분절유전자는 *D. virilis*그룹에 속하는 모든 종에서 완전히 같았다. *svb* 유전자는 이들 분절유전자의 하류에서 움직이는 것의 하나라고 여겨진다. 이 결과에서 일반적인 결론을 도출하는 것은 위험하지만 적어도 어느 경우에는 특정의 유전자(trichomes pattern의 경우는 *svb*유전자 하나)에 생긴 변이에 유래하는 표현형의 변화가 자연선택에 의해서 몇 회나 독립적으로 선택되는 바가 있다고 말할 수 있다(진화는 1회만이 아니라 같은 진화가 독립적으로 수회나 일어난다). 여기에서 강조하고 싶은 것은 이렇게 하나의 유전자에 생긴 변이는 축적될 필요 없이 자연선택에 맡겨진다는 점이다. 따라서 여기에서는 Hsp90은 등장할 여지가 없다.

초파리의 trichomes pattern는 평행진화의 한 예이지만, 최근 일본에서도 아주 흥미로운 평행진화의 예가 보고되었다[6]. JT생명지관(生命誌館)의 Ozawa 등은 세계의 *Carabus*[갑충류(*Cleoptera*, 鞘翅類, 초시류)목의 한 亞目]의 계통진화를 미토콘드리아의 *ND5* 유전자를 지표로 하여 해석했다. 그 결과 가운데 특기할 것으로서 大 *Carabus*屬의 亞계통의 진화가 있다. *Carabus*속에는 九州·山陰아계통, 山陽아계통, 四國

아계통의 3가지의 아계통이 있다. 불가사의한 것은 각각의 아계통에 형태적으로(모양이나 색채만이 아니고 ♂생식기의 형태도 포함) 다른 종으로 분류되는 姬(여성)Carabus와 大Carabus가 나오는 것이다. 다시 말해서 아계통이 분리하고 나서 각각의 아계통의 가운데서 아주 닮은 종분화가 일어났다고 하는 말이 된다. Ozawa 등은 이 현상을 설명하는 4가지 가능성의 하나로서 type switching(불연속형태변화)이라는 새롭고 난해한 기구를 언급하고 있다. 이들이 발견한 평행진화는 상술한 초파리 trichomes의 형태변화의 사례와 기본적으로는 공통하는 기구에 의존하고 있다고 생각된다. 즉 Ozawa등이 발견한 현상은 복수(적어도 소수)의 유전자(*svb*와 같은)의 변화가 표현형을 정향적(定向的)으로 바꾸는 것으로 설명할 수 있다. 만약 그들 여러 개의 유전자의 변화가 연결하고 있다면(기구는 상상할 수 없지만), 이치상 여성*Carabus*와 大*Carabus*가 다른 亞系의 大*Carabus*속에 출현하는 것을 설명할 수 있다. 이 경우는 복수의 유전자가 등장하므로 Lindquist의 생각에 근접하게 된다. 즉 몇 가지의 변이가 세트로서 쌓이기까지 Hsp90이 숨겨놓는다고 생각하는 것이다. 왜 같은 유전자변화의 세트가 쌓이는 지는 아직 전혀 모른다.

현상으로는 Lindquist의 생각은 아주 매력적인 가설인데, 아직 그것이 옳은 지를 명확하게 판단할 근거는 충분치 않다. 또한 부정하는 사실도 없다. 그러나 실험과학, 특히 분자유전학이 거시적인 진화를 정면으로 대상하도록 되어온 것은 틀림이 없다. 작업가설을 가지지 않으면 보이지 않는 현상은 많다. 여기에서 언급한 선구적인 연구는 어느 것도 이의없이 작업가설을 유도하기 때문에 거시적인 진화의 분자생물학(분자유전학)에 의한 해명은 앞으로 가속될 것으로 기대된다.

Q 효모프리온에 의한 변이저장의 현현화(顯現化)는 Hsp90과 어떻게 결부되고 있는가? 혹은 효모프리온의 중합해리를 조절하는 Hsp104나 Hsp70, 어쩌면 프리온 자신도 돌연변이를 숨기는 기능을 가지고 있는 것인가?

A 프리온배열 그것이 돌연변이를 숨기는 기능을 가진다고는 생각하고 있지 않다. Sup35의 경우는 번역정지인자에 프리온배열이 부가되어 있고, [*psi*⁻] 상태에서는 거의 정상으로 번역정지가 이뤄지는데, [*PSI*⁺](프리온응집체)상태에서 Sup35가 응집체를 형성하면, 종지코돈에서 번역정지의 효율이 낮아져서, 결과적으로 nonsense돌연변이의 suppressor로서 기능한다. 이 nonsense codon의 suppression이 결과적으로 돌연변이를 감추고 있다고 생각한다. 즉 Lindquist 등은 출아효모세포가 [*psi*⁻]에서 [*PSI*⁺]로 변하면 나타나게 되는 돌연변이가 있다는 것을 나타낼 뿐이며, 변이가 어떻게 숨겨져 있는 지를 명확하게 한 바는 없다(Hsp90의 경우도 같다).

Q 몇 가지의 개개의 숨겨진 유전변이가 여느 때에 일제히 현재화(顯在化)하여 새로운 형태나 기능을 낳는다고 생각하면, 중간표현형이 나타나지 않는다고 하는 불연속진화는 잘 설명할 수 없다. 그러나 개개의 변이는 도태를 받지 않기 때문에 그 조합은 random하게 되어 버린다. 그러면 그 조합의 변이가 현재화했을 때, 표현형이 때마침 환경적응적인 확률은 대단히 작게 생각되는데 어떻게 생각하느냐?

A 축적하는 변이의 조합은 아주 많은데 그들 가운데 random drift(무작위 방임)에 의해서 얼만가의 조합이 남는다는(수렴한다는) 것이다. 어느 변이세트의 표현형이 환경에 적응하는 확률이 얼마큼 낮아도 母집단의 수가 충분히 많으면 문제는 되지 않는다고 생각한다.

●문헌

1) Rutherford, S. L., Lindquist, S. : *Nature*, **396**, 336-342(1998)
2) True, H. L., Lindquist, S. : *Nature*, **407**, 477-483(2000)
3) Waddington, C. H. : *Nature*, **150**, 563-565(1942)
4) Kimura, M. : *Proc. Natl. Acad. Sci. USA*, **88**, 5969-5973 (1991)
5) Richardson, M. K., Brakefield, P. M. : *Nature* (news and views), **424**, 894-895(2003)
6) 大澤省三・蘇 智慧・井村有希：『DNAでたどるオサムシ

Ichiro Yahara, ㈱医学生物学研究所伊那研究所 E-mail : iyahara@mbl.co.jp

Molecular chaperone Hsp90 and morphological evolution

collagen의 생합성을 실현하는 분자샤페론 Hsp47

Koide Takaki (小出隆規)

collagen은 3가닥 나선이라는 특이한 2차구조를 그의 기본구조로 하고 있고, 그의 소포체 내강(內腔, cavity)에 있어서 구조형성과정은 다른 단백질과는 크게 다르다. Hsp47은 collagen 전구체인 procollagen을 유일의 대상으로 하며, 그의 구조형성실현을 위하여 특화한 기능을 담당하는 분자샤페론이다. 이제까지 Hsp47은 척추동물문(門)에서만 동정되어 있고, 다른 어떠한 분자샤페론과도 유사성을 가지지 않는다. 근년 얻어진 Hsp47의 collagen인식기구에 관한 지식은 그의 독특한 샤페론 기능을 나타내는 것으로 되었다.

keyWords collagen 3가닥나선 분자샤페론 소포체 Hsp

●서론 : 독특한 collagen 생합성과 특이적 샤페론 Hsp47

collagen[*1]은 척추동물의 신체 가운데서 가장 다량으로 존재하는 단백질이다. collagen은 Gly-Xaa-Taa배열의 긴 반복에 의해서 형성되는 polyproline II형 helix의 초(超)3가닥나선을 그의 기본구조로 하고 있다. collagen 3가닥 나선의 구조는 α나 β 구조로 구성되는 일반적인 구상(球狀) 단백질의 구조로는 몇 가지의 점에서 크게 다르고 있다. 우선 collagen 3가닥나선에서는 3잔기마다 나타나는 Gly이 나선의 중심(심, 芯)으로 되어있고, 통상 단백질의 내부에 존재하는 소수적 core는 존재하지 않는다. 따라서 collagen은 다른 단백질과 같이 소수적 core형성을 구동력으로 한 구조형성을 할 수 없다. 이것은 collagen 3 가닥나선형성영역에서는 동일 폴리펩타이드 내에서 주쇄(主鎖) amide사이의 수소결합이 존재하지 않는다. 이것은 collagen 3가닥나선은 폴리펩타이드 1가닥1가닥이 2차구조를 형성하고나서 3가닥으로 묶어지는 것이 아니라 폴리펩타이드사이에서의 2차구조형성과 3가닥나선형성이 동시에 진행하는 것을 의미한다.

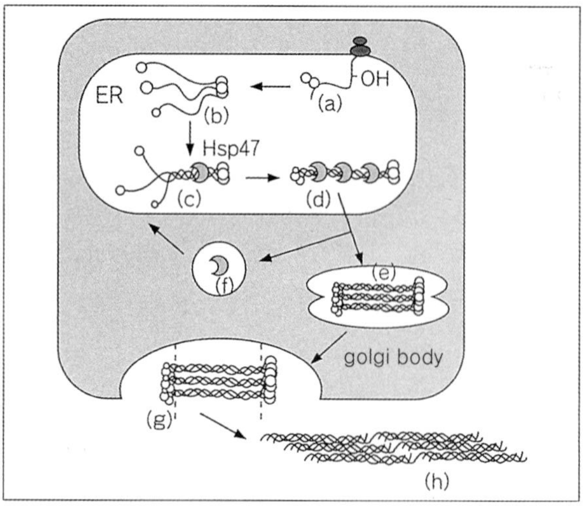

그림1. 세포에 있어서 collagen의 생합성(모델)

(a) 소포체(ER) 내강에 분비된 폴리펩타이드는 proline hydroxy화나 당쇄부가 등의 특이적 번역후 수식을 받는다. (b). C-propeptide가 3량체화한다. (c) C말단에서 N말단으로 향하여 3가닥나선형성이 이뤄진다. Hsp47은 3가닥나선구조에 결합한다. (d) procollagen 분자의 완성. (e) procollagen은 golgi body에서 측면중합한다. (f) 해리한 Hsp47은 ER로 끌어당겨져 되돌려진다. (g) 세포외에서 propeptide가 효소적으로 절단된다. (h) 자기집합에 의한 collagen fibril의 형성

Takaki Koide, 徳島大学・工学部・生物工学 現 新潟薬科大学・薬学部 E-mail : takakikoide@msn.com
Hsp47, an endoplasmic reticulum-resident molecular chaperone that plays the specialized role in procollagen biosynthesis

그림1에 나타나듯이 collagen은 긴 3가닥나선구조의 양말단에 구상(球狀)폴리펩타이드가 부가된 전구체 procollagen으로서 생합성된다. procollagen의 구조형성은 다른 분비단백질같이 소포체 내강에서 이뤄진다. 우선 소포체 내강에 분비된 한 가닥사슬(一本鎖) 폴리펩타이드는 C-propeptide영역에서 3량체화하고, disulfide가교된다. 이 C-propeptide 영역이 핵으로 되어 C말단에서 N말단의 방향으로 pasna를 닫도록 3가닥나선형성이 이뤄지고 있다고 한다[1]. 또한 collagen의 3가닥나선영역에는 proline 및 lysine의 hydroxy화 및 *O*결합형당쇄부가 등, 특이한 번역후 수식이 실시되는데, 이들의 수식은 한 가닥사슬의 단계에서 효소적으로 이뤄지고 있다고 알려져 있다.

Hsp47은 소포체내에서 국재하는 유일한 열충격단백질(Hsp)이고 소포체내에서 생합성과정에 있는 procollagen과 특이적으로 결합한다. 또 非(non) 스트레스하에서의 Hsp47의 발현은 그의 고객인 collagen의 발현과 잘 일치하고 있다[2]. 스트레스하에 있어서 Hsp47의 발현증진은 다른 Hsp과 같이 열충격 promoter에 의한 긍정적(positive) 제어를 받고 있다. 그러나 이것 이외에 다른 Hsp family와의 구조상의 homology 및 기능적인 유사점은 발견하기 어렵다.

[Hsp47이 procollagen의 생합성을 돕는 분자샤페론이다]라고 하는 설은 일찍부터 제창되었고[3,4], 많은 상황증거의 축적에 의해 이 설은 널리 받아들여지고 있다. 그러나 아직 Hsp47의 분자기능의 실태는 명확하지 않다. Hsp47의 분자기능에 관한 연구가 다른 분자샤페론에 비해서 늦어지고 있는 데는 2가지의 큰 이유가 있다. 제1은 Hsp47이 척추동물에서 밖에 발견되고 있지 않고, 또 그의 고객인 collagen도 단세포생물에는 존재하지 않는 점에서 대장균이나 효모를 이용하는 연구상의 장점을 향유할 수 없었던 점, 제2는 고객인 collagen은 거대하고 불용성의 분자이며 이 성질이 *in vitro*의 연구를 하는데 큰 장해로 되었던 점이다.

I. Hsp47의 procollagen 인식기구

분자샤페론이 인식하는 고객단백질의 구조를 아는 것은 샤페론의 분자기능을 아는데 큰 실마리가 된다. 그러나 앞선 말한 것처럼 Hsp47의 고객인 collagen은 통상의 생화학·단백질화학의 수법에 친숙하지 않는 불용성 단백질이다. 그래서 필자들은 collagen 3가닥나선구조를 모방하는 모델펩타이드를 사용한 시스템을 개발하여, 이것을 활용함으로써 처음 Hsp47의 collagen 인식기구를 상세히 밝혔다[5-7]. 또한 Bulleid 그룹은 semi-permeabilized cells(반투화(半透化)세포)를 사용한 독자적인 *in vitro* 번역/translocation system과 3가닥나선영역을 짧게 고친 mini collagen을 사용하여 Hsp47과 procollagen의 상호작용을 상세히 해석했다[8,9].

2개 그룹은 다른 연구수법을 사용했는데도 불구하고 얻은 결론은 거의 같았다. 이 일련의 연구에 의해서, (1) Hsp47은 procollagen의 3가닥나선형성영역에 결합하고, (2) 주된 결합배열은 Xaa-Arg-Gly이며, (3) 한 가닥사슬 폴리펩타이드와 거의 결합하지 않고 3가닥나선구조를 취하여 비로소 Hsp47이 결합한다는 것이 밝혀졌다.

단백질의 폴딩을 돕는 Hsp70이나 샤페론 등 일반적인 분자샤페론은 고객단백질의 구조형성이 완료하지 않은, 즉 unfolded 부분을 인식하여 결합하는 것이 그의 샤페론기능의 본질이다. 그런데 Hsp47은 폴딩이 완료한 3가닥나선에 있는 Yaa자리의 Arg를 인식하여 결합한다.

II. Hsp47의 샤페론기능

Hsp47은 소포체내에서 procollagen에 대해서 무엇을 하고 있을까? 앞선 본 것처럼 unfolded collagen에게는 core형성을 위한 소수적인 cluster가 없는 점 및 Hsp47이 올바르게 꾸부려접힌 3가닥나선구조를 인식하여 결합한다는 사실때문에 Hsp47이 Hsp70처럼 unfolded 단백질을 잡아서 그의 응집을 방지한다는 기능은 생각하기 어렵다.

*1 포유동물에 있어서는 25종류 이상의 collagen이 동정되어있는데, 여기에서는 全collagen의 90%이상으로 가장 다량으로 존재하며, 또한 생합성에 관한 연구가 가장 잘 진행되어 있는 type I collagen을 간단히 collagen이라고 부르기로 한다.

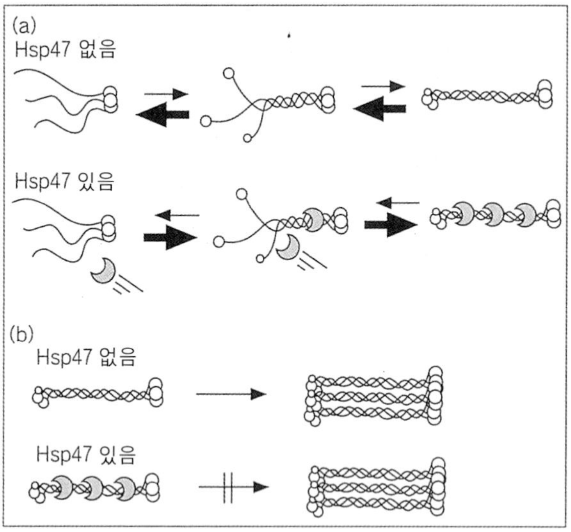

그림2. Hsp47의 추정되는 분자기능
(a) 기능모델1 : 폴딩중간체의 안정화에 의한 3가닥나선 형성의 실현
(b) 기능모델2 : 소포체 내강에 있어서 응집(측면중합)의 저해

Bulleid 및 필자들의 그룹은 Hsp47이 procollagen의 중간체 가운데 3가닥나선부분에 결합함에 따라 불안정한 3가닥나선을 안정화하고 전체길이에 걸쳐서 긴 3가닥나선형성을 하면서 앞으로 나가게 하기 위한 [가봉바늘]과 같은 기능을 하고 있다는 모델을 제출했다(**그림2a**)[6~8]. 최근 이 모델을 지지하는 중요한 지식이 “Type I collagen is thermally unstable at body temperature"라는 제목의 논문으로 발표되었다[10]. 필자들은 collagen 3 가닥나선의 폴딩-unfolding의 과정이 평형상태에 이르기까지 장시간을 요하는 점에 착안하여 아주 느린 온도상승에 의한 collagen unfolding의 과정을 추적했다. 그 결과 포유동물의 collagen 분자의 3가닥나선구조는 체온에서는 unfolded 구조로 평형이 기울고 있는 것을 알았다. 즉 collagen분자의 3가닥나선구조는 열역학적으로 체온에서는 단독으로 폴딩할 수 없는 것을 의미한다. 그러나 실제의 세포에서는 체온에서 procollagen이 효율좋게 생산되기 때문에 procollagen의 3가닥사나선형성을 적극적으로 앞으로 진행시키는 메커니즘의 존재가 강하게 시사된다. 덧붙여서 Bruckner 등은 세포내에 있어서는 procollagen의 안정성이 *in vitro*보다도 높은 점을 이미 보고하고 있다[11]. 이들은 Hsp47이 불안정한 3가닥나선중간체를 안정화한다는 모델을 지지할 뿐만 아니라 Hsp47의 열충격유도성을 잘 설명할 수 있다. 그러나 최근 Bachinger 등의 *in vitro*에서의 실험 데이터[12]는 Hsp47의 collagen 3가닥나선 안정화 및 폴딩촉진을 한 +기여는 아주 작은 것을 제시하고 있으며*2, 이 기능모델의 타당성에 관해서는 의견이 분분하다.

또 하나의 유력한 Hsp47의 기능모델은 소포체내에 있어서 collagen 3가닥나선사이에서의 응집(측면중합)의 저지이다(그림2b). Ananthanarayanan 그룹은 collagen의 *in vitro*에서의 섬유형성을 Hsp47이 억제한다는 결과를 발표했다[13]. collagen의 3가닥나선영역에는 측면적으로 자기집합을 하여 섬유를 형성하는 성질이 있다. 실제 세포외에서는 collagen은 고차구조(collagen fibril)를 형성한다(**그림1**). 또한 procollagen이 Hsp47에서 개방된 golgi body에서는 procollagen의 측면중합체가 전자현미경에 의해 관찰된 것[14]도 이 기능모델을 지지한다.

위의 2가지 모델은 현재 가장 지지받고 있는데, 어느 것도 직접적인 증명에는 이르지 못하고 있다. Hsp47의 분자기능모델의 증명에는 더욱더 상세한 실험결과를 쌓을 필요가 있다. 특히 *hsp47*-/-세포[15] 내에서 정상적인 구조형성을 완성할 수 없게 된 collagen 분자가 어떠한 이상구조를 취하고 있는지를 해석하는 것이 Hsp47의 분자기능해명의 관건이 되겠지.

III. 아직 손대지 않은 것의 의문

1. Hsp47은 어떻게 해서 procollagen에서 해리하는가?

Hsp47은 소포체에서 procollagen과 결합하고, cis golgi body 혹은 ER-Golgi intermediate compartment(ERGIC)에 의해서 해리된다[16]. 그러

*2 이 실험은 C-propeptide가 결여된 collagen을 사용하여 25℃에서 시행한 것이다. 따라서 결과가 *in vivo*의 폴딩과정을 반영하고 있는지 어떤지에 대한 해석에는 신중을 요한다.

나 이 해리의 메커니즘에 대해서는 거의 알려져 있지 않다. 유일한 모델은 pH변화에 의한 결합, 해리의 조절이다. 적어도 이제까지 조사된 바에 의하면 Hsp47은 ATP, 이온강도, 금속이온에 의해서 거의 영향받지 않는다. 그러나 *in vitro*에 있어서 Hsp47은 pH를 6.3이하로 저하시킴에 따라 collagen에서 해리한다[17]. 골지체 내강의 pH는 소포체보다도 낮다는 것이 제시된 점으로 봐서 pH 저하에 의한 Hsp47 procollagen 복합체의 해리 메커니즘은 그럴 듯하다. 그러나 실제로 이 메커니즘이 세포내에서 기능하고 있는 지 어떤 지에 대해서는 전혀 불분명하다. 이것을 증명하기 위해서는 이를테면 collagen과의 결합해리에 pH에 의한 제어가 관계하지 않는 Hsp 47변이체를 얻어서, 이것을 hsp-/-세포에 도입하여 procollagen의 분비가 어떻게 되는지를 조사한다는 세포생물학 수준에서의 연구가 필요하다.

2. collagen의 구조형성에 Hsp47은 필수인가?

collagen family는 해면에서 사람에 이르는 모든 다세포동물에 존재한다. 그러나 Hsp47의 존재가 확인되고 있는 것은 어류 이후의 척추동물만이다. Hsp47을 가지는 동물에 있어서는 그의 발현은 고객인 collagen과 잘 일치하고 있으며, Hsp47유전자를 homo로 결손하는 마우스는 여러 가지의 collagen이상을 나타내고 태생치사로 된다[15]. 따라서 척추동물에서는 collagen의 정상적인 생합성에 Hsp47의 움직임은 필수이라고 해도 좋다.

그런데 무척추동물의 collagen은 어떻게 하여 구조형성하는 걸까? 무척추다세포동물에 Hsp47 혹은 같은 기능을 가진 분자샤페론이 있을까? 적어도 Nagata(永田)그룹에서 연구한 초파리의 단백질·유전자수준에서의 탐색은 헛수고로 끝나고 있다. 또한 *C. elegance*의 게놈에서의 Hsp47 ortholog의 탐색에서도 부정적인 결과가 나와 있다. 요컨대 척추동물 이외에서는 collagen의 구조형성에 Hsp47을 필요로 하지 않는다는 가능성이 충분히 고려된다.

이와같은 숨겨진 정보가 의미하는 바는 무얼까? 하나의 생각으로는 collagen의 구조형성과정은 모든 동물에 있어서 공통이고, 무척추동물에 있어서도 Hsp47, 혹은 같은 샤페론 기능을 가지는 다른 단백질은 존재하지만, 아직 발견되지 않고 있을 뿐이라는 생각이다. 그러나 보다 매력적인 생각은 collagen의 구조형성은 Hsp47의 작동없이도 본질적으로 실현 가능한데, 척추동물의 직접 조상이 Hsp47을 획득하여 그 결과 collagen이 강한 골격이나 강한 피부를 형성할 수 있는 분자로 변화할 수 있었으므로 척추동물로 진화할 수 있었다고 하는 생각이다. 즉, 척추동물의 조상은 Hsp47을 획득한 것이고, collagen유전자에 Hsp47의 도움없이는 구조형성할 수 없게 되는 듯한 큰 변이의 축적을 허용하여, 그것에 의해서 척추동물에서는 섬유화능을 가진 긴 collagen의 합성이 가능하게 되어 그 결과 신체를 구성하는 주성분을 이룰 수 있었던 것은 아닐까?

●결론

이제까지 기술해왔듯이 Hsp47은 다른 Hsp family보다도 생물진화의 역사상 훨씬 늦게 출현한 새로운 분자샤페론이다. 본문에서는 언급하지 않았지만 Hsp47은 serine protease inhibitor(SERPIN) superfamily에 속하는 단백질이며, 다세포동물은 어떻게 해서 Hsp47을 획득한 (진화시킨) 것인지를 조사하는 것도 재미있는 연구테마로 될 수 있겠지. 물론 Hsp47의 분자기능의 해명이 앞으로도 특이한 collagen 3가닥나선의 구조형성원리를 해명하는 이상으로 훨씬 중요한 과제인 것은 말할 것도 없다.

Q 무척추동물에는 Hsp47이 없다는 말인데, 무척추동물의 collagen의 구조는 척추동물의 그것과 달랐던 점은 있는가?

A 현시점에서 무척추동물 모두에 Hsp47이 존재하지 않는다고 단언할 수 없다. 또한 무턱추동물의 collagen의 구조나 폴딩에 대해서도 척추동물과 비교하기에 충분한 지식을 얻을 수 없다.

Q procollagen의 번역수식, 특히 hydroxyproline (Hyp)은 3가닥나선의 안정화에 기여하고 있는데, Hsp47의 결합에도 영향있는가?

A *In vitro*에서는 Pro-Pro-Gly를 반복하면서 3가닥나선은 약하면서도 Hsp47과 결합한다. 한편 Pro-Hyp-Gly의 반복은 결합하지 않는다[5]. 그러나 이와같은 결합제어는 *in vivo*에서는 그다지 의

미가 없다고 여기고 있다.

Q Procollagen이나 Hsp47의 이상은 결합조직의 유연성에 큰 영향을 미치는 것이 예상된다. 유전병은 알려지고 있는가?

A collagen 유전자의 변이에 의한 유전병은 다수 알려져 있고, 골·결합조직·기저막 등에 이상을 초래한다. 그러나 Hsp47 유전자의 변이를 원인으로 하는 질환에 대해서는 보고의 예가 없다.

Q Proryl hydroxylase는 산소농도에 의존하여 procollagen에게 3가닥나선형성에 필수인 hydroxy proline을 공급한다. 저산소하에서 분비장애는 일어나지 않는가?

A 저산소하에서는 collagen 및 proryl hydroxyase의 발현이 유도되며, collagen의 생합성이 증진하는 것을 알고 있다.

문헌

1) Prockop, D. J., Kivirikko, K. I., Tuderman, L., Guzman, N. A. : *N. Engl. J. Med.*, **301**, 13-23 (1979)
2) Nagata, K. : *Matrix Biol.*, **16**, 379-386 (1998)
3) Nakai, A., Satoh, M., Hirayoshi, K., Nagata, K. : *J. Cell. Biol.*, **117**, 903-914 (1992)
4) Nagata, K. : *Trends Biochem. Sci.*, **21**, 22-26 (1996)
5) Koide, T., Asada, S., Nagata, K. : *J. Biol. Chem.*, **274**, 34523-34526 (1999)
6) Koide, T., Aso. A., Yorihuzi, T., Nagata, K. : *J. Biol. Chem.*, **275**, 27957-27963 (2000)
7) Koide, T., Takahara, Y., Asada, S., Nagata, K. : *J. Biol. Chem.*, **277**, 6178-6182 (2002)
8) Tasab, M., Batten, M. R., Bulleid, N. J. : *EMBO J.*, **19**, 2204-2211 (2000)
9) Tasab, M., Jenkinson, L., Bulleid, N. J. : *J. Biol. Chem.*, **277**, 35007-35012 (2002)
10) Leikina, E., Mertts, M. V., Kuznetsova, N., Leikin, S. : *Proc. Natl. Acad. Sci. USA*, **99**, 1314-1318 (2002)
11) Bruckner, P., Eikenberry, E. F. : *Eur. J. Biochem.*, **140**, 397-399 (1984)
12) Macdonald, J. R., Bachinger, H. P. : *J. Biol. Chem.*, **276**, 25399-25403 (2001)
13) Thomson, C. A., Ananthanarayanan, V. S. : *Biochem. J.*, **349**, 877-883 (2000)
14) Bonfanti, L. *et al.* : *Cell*, **95**, 993-1003 (1998)
15) Nagai, N. *et al.* : *J. Cell. Biol.* : **150**, 1499-1505 (2000)
16) Sato, M., Hirayoshi, K., Yokota, S., Hosokawa, N., Nagata, K. : *J. Cell. Biol.*, **133**, 469-483 (1996)
17) Saga, S., Nagata, K., Chen, W.-T., Yamada, K. M. : *J. Cell. Biol.*, **105**, 517-527 (1987)

Column

세포질 샤페로닌 CCT
훨씬 복잡한 분사샤페론?

Kubota Hiroshi (久保田廣志)

1 CCT의 기능

세포질 샤페로닌 CCT(TriC라고도 한다)는 대장균의 GroEL이나 미토콘드리아의 HSP60에 대한 진핵생물세포질에 있어서 homolog이며, 세포질단백질의 생합성 후의 폴딩을 돕는 분자샤페론이다[1]. GroEL이나 Hsp60 등을 포함하여 샤페로닌 family에 특징적인 2중링 모양 구조는 CCT에 있어서도 보존되어 있다(**그림1**). CCT는 처음에는 actin과 tubulin의 폴딩을 돕는 분자로서 동정되었는데, 최근의 연구로부터 이들 2가지의 단백질만이 아니고 여러 가지 단백질의 폴딩이나 복합체형성에 필요한 것을 알게 되었다. 이제까지도 이를테면 세포주기의 S기의 진행에 필수 단백질인 cyclin E나 세포의 암화억제에 관계하는 단백질 VHL의 폴딩에 CCT가 필요하다고 알려져 있는데, 아주 최근이 되어서 전사의 corepressor인 SMRT와 복합체를 형성하여 histone을 탈아세틸화함에 따라 chromatin구조를 변화시켜서 전사를 억제한다고 여겨지고 있는 HDAC3을, 활성을 가진 기능형분자로 성숙시키기 위하여 CCT가 필요하다는 것이 보고되었다[2]. 더욱이 세포분열기의 진행에 필수인 ubiquitin ligase복합체 APC/C와 결합하여 그의 활성화를 일으키게 하는 단백질 Cdc20의 기능발현에 CCT가 필수인 점이나, 꼭같이 APC/C와 결합하여 G1기에 APC/C를 활성화하는 Cdh1과도 CCT가 결합하는 것이 시사되었다[3]. 따라서 CCT는 actin이나 tubulin과 같은 세포골격단백질만이 아니라 다종다양한 단백질의 폴딩이나 분자성숙에 필수인 분자샤페론이라고 말할 수 있다. 단지 변성상태이어도 CCT와 결합하지 않는 단백질이 존재하는 것도 알려져 있기 때문에, 아마도 분자샤페론으로서 움직이지만은 않는다. 어떠한 기질특이성이 있는지를 결정하는 것이 앞으로 남겨진 중요한 과제의 하나이다. 상술한 바와 같이 CCT가 분자샤페론으로서 움직이는 기질단백질에는 세포주기의 진행에 중요한 움직임을 가진 것이 많이 포함된다. 필자들은 CCT의 발현패턴을 상세히 해석하여 생체내에 있어서도 배양세포에 있어서도 CCT의 모든 subunit 종의 발현양이 세포증식에 의존하여 현저히 증가하는 것을 나타내고, 특히 G1/S 이행기에서 S기초기에 있어서 강하게 발현상승한다는 것을 밝혔다[4]. 이 결과는 CCT가 세포의 증식에 있어서 필수의 분자샤페론이라는 사실과 합한다고 여겨진다. 더욱이 8종류의 subunit 유전자 가운데 3가지의 유전자의 상세한 전사해석을 한 바, 각각 서로 다른 전사인자에 의해 제어되지만, 그 어느 것도 증식인자 의존적 신호전달을 담당하는 중심적 cascade인 MAP kinase계에 의존하여 활성화되는 전사인자인 것을 알았다(문헌5,6 및 필자사신). 따라서 CCT의 세포증식 의존적 발현상승에 MAP kinase계의 신호전달이 중요한 작용을 담당하고 있는 것이라고 생각된다. 고도로 진화한 진핵생물의 단백질을 폴딩시키기 위하여 비스트레스에 있어도 세포증식에 수반하는 왕성한 단백질합성에 맞춰진 CCT와 같은 분자샤페론을 증가시킬 필요가 있는 것이라고 추정된다.

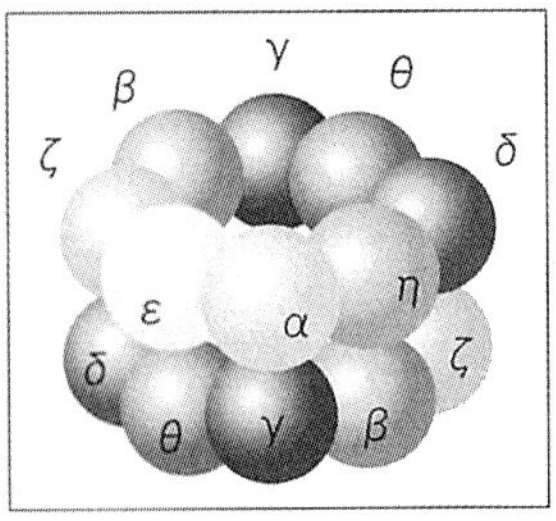

그림1. CCT 분자구조의 모델.
subunit의 배치는 문헌 8에 기초한다. [그림3(p. 4) 참고]

CCT는 GroEL과 같이 ATP의 결합과 가수분해의 사이클 중에 일어나는 구조변화에 의해 기질단백질의 폴딩을 촉진한다. CCT도 GroEL도 변성한 단백질에게는 결합하지만, 완전히 재생한, 즉 원래대로의 고유입체대로 되돌아온 단백질에는 결합하지 않는다. 단지 CCT는 GroEL보다도 재생이 진행하는 폴딩중간상태의 기질을 인식한다고 얘기되고 있고, 이것은 GroEL이 비교적 광범위한 기질에 대해서 소수성상호작용에 의해 결합하는 것에 대해서 CCT는 기질을 선택하는 경향이 강한 것이 원인의 하나라고 여겨지며, 상세한 해석이 기대되고 있다. GroEL에 의한 폴딩의 경우 그의 실린더모양 구조내에 기질단백질을 결합하고 GroEL이 뚜껑을 하여 생기는 동굴 내에서 폴딩이 일어난다. 단지 동굴에 들어갈 수 없을 만큼 큰 기질의 경우는 GroEL과의 결합과 외부로 해리를 반복함에 따라 폴딩된다고 여겨진다.

한편 CCT에 대해서는 GroEL에 상당하는 분자가 발견되어 있지 않고, CCT자신의 구조변화에 의해서 그의 실린더모양 구조에 뚜껑을 하고 그 내부에서 기질을 폴딩한다고 여겨지고 있다. 이때 nucleotide analog를 사용한 연구로부터 ATP가 ADP와 인산으로 분해되기 직전의 중간상태에서 CCT에 뚜껑을 닫는 듯한 구조변화가 일어나는 모델이 제창되고 있다[7]. 이 구조변화에 수반하여 실린더 내의 기질결합도메인이 은닉되어 기질은 실린더내에 방출된다. 이때 완전히 재생되어 있으면, 그 후의 ATP가수분해 완료에 따라서 CCT의 구조가 원래대로 돌아가도 기질단백질은 CCT에게 결합하지 않으므로 폴딩된 단백질로서 실린더의 밖으로 나간다고 여겨지고 있다.

2 8종류의 subunit

CCT가 GroEL이나 HSP60과 가장 다른 점은 무언가? 그것은 한 가지 분자가 8종류의 subunit로 형성되고 있는 점이다(그림1). 8종류의 subunit가 일정한 배열로 링에 배치하고 있는 모델이 CCT복합체에서 부분적으로 해리한 생산물의 해석으로부터 제창되어 있는데[8], 이것을 보고한 그룹이외에 확인이 되고 있지 않기 때문에, 가장 확실한 방법으로 조사하여 바로 잡을 필요가 있다고 여겨진다. 각 subunit는 서로 약 30%의 아미노산배열 상동성을 나타내며, ATPase 활성에 관여한다고 여기지는 부분은 잘 보존되고 있는데, 그것 이외의 부분에서의 상동성은 낮다. 기질결합에 관여한다고 여겨지는 영역에 있어서도 아미노산배열상동성은 낮으므로 기질특이성이 subunit사이에 다를 가능성이 시사된다. 이 생각은 전자현미경에 의한 CCT-기질복합체의 관찰에서도 지지되며, actin이나 tubulin과의 결합에 특정 subunit종이 관여하고 기질에 의해서 결합에 관여하는 subunit종이 일부 다른 것이 보고되고 있다[9]. 따라서 각 subunit가 가지는 기질특이성을 결정하는 것은 CCT와 GroEL의 차이를 명확하게 함과 동시에 CCT의 기능해석에 있어서 필수라고 생각된다.

필자들의 연구실에서는 배양세포의 세포주기를 동조시키면 CCT복합체내의 subunit 구성비율이 변화하며, 이에 따라 CCT의 샤페론기능이 증감하는 것을 발견하였고[10], 이와같은 조절도 각 subunit의 역할의 하나인 것을 가리키는데, subunit 구성비율이 변화할 때 복합체 가운데서 어떠한 배열이 되어 있는가는 아직 모르므로 이 점은 밝힐 필요가 있다.

●결론

앞에서 기술한 바와 같이 CCT의 기능해석을 위해서는 GroEL과의 기능적 차이를 명확하게 함과 동시에 각 subunit의 역할을 밝히는 것이 가장 중요하다고 생각된다. 아주 최근에 δ subunit의 C450Y 변이가 열성유전하는 신경계의 질환을 쥐에서 일으킨다고 보고되었다[11]. 분자샤페론의 변이가 유전성 신경계 질환을 일으키는 첫 사례라고 여겨져 주목을 받고 있다. 이로 봐서 추측하기로는 사람의 신경계 질환과 CCT와의 관련의 가능성에도 흥미를 불러오고 있다.

Q actin이나 tubulin의 폴딩에는 CCT의 보조인자로서 GimC(prefolding)가 보고되어 있다. GimC는 CCT의 샤페론 기능에 필요한가?

A 효모를 사용한 실험에서 CCT의 knockout는 치사적인데, prefolding/GimC의 knockout는 치사적이지 않다. 또한 *in vitro*의 해석에도 CCT는 prefolding/GimC없이 기질의 폴딩을 촉진할 수 있다. 따라서 prefolding/GimC는 CCT를 통해서 폴딩경로에서 촉진적으로 활동하는 인자이지만 필수는

아니라고 생각된다.

Q 다른 subunit 유전자의 전사는 다른 전사인자에 의해서 제어받는데, 8량체 링의 형성에 subunit 사이의 과부족은 생기지 않는가?

A 다른 전사인자인지만, 어느 것도 세포증식의존적인 제어를 하기 때문에 증식중인 세포내에서는 subunit사이의 양의 균형은 크게는 붕괴되지 않는다고 여겨진다. 세포증식을 멈추면 이 균형은 깨지는데, 양비(量比)가 변해도 복합체는 만들어진다. 단 이때 actin을 폴딩시키는 활성은 현저하게 저하한다.

Q CCT의 하나의 subunit를 knockout하면 어떻게 되느냐?

A 효모에서는 조사된 바로는 어느 하나를 knockout해도 치사되므로 포유동물에서도 같다고 예상된다.

●문헌

1) Kubota, H. : *Vitam. Horm.*, **65**, 313-331(2002)
2) Guenther, M. G. *et al.* : *Genes Dev.*, **16**, 3130-3135(2002)
3) Camasses, A. *et al.* : *Mol. Cell*, **12**, 87-100(2003)
4) Yokota, S. *et al.* : *J. Biol. Chem.*, **274**, 37070-37078(1999)
5) Kubota, H. *et al.* : *J. Biol. Chem.*, **275**, 28641-28648(2000)
6) Yamazaki, Y. *et al.* : *J. Biol. Chem.*, **278**, 30642-30651(2003)
7) Meyer, A. S. *et al.* : *Cell*, **113**, 369-381(2003)
8) Liou, A. K., Willison, K. R. : *EMBO J.*, **16**, 4311-4316(1997)
9) Llorca, O. *et al.* : *EMBO J.*, **20**, 4065-4075(2001)
10) Yokota, S. *et al.* : *Eur. J. Biochem.*, **268**, 4664-4673(2001)
11) Lee, M. J. *et al.* : *Hum. Mol. Genet.*, **12**, 1917-1925(2003)

Hiroshi Kubota, 京都大学再生医科学研究所・CREST/JST E-mail : hkubota@frontier.kyoto-u.ac.jp

Cytosolic chaperonin CCT: The most complex molecular chaperone?

II. 단백질수송 (총론)

단백질의 이동 (진핵생물)

세포내의 교통관제시스템의 작동 구조

Endo Toshiya(遠藤斗志也)·Yoshihisa Tohru(吉久 徹)

진핵생물의 세포내에는 막으로 둘러싸인 다이나믹한 소기관 구조가 형성되어있다. 단백질에는 이들의 특정한 막계로 이동하는 신호가 씌여져 있어서 세포내에는 그것을 읽어서 단백질의 정확한 교통을 실현하는 시스템이 준비되어있다. 단백질의 교통은 막통과, 소포수송, 핵수송으로 나뉘며, 각각에 관계하는 단백질군의 동정과 각 단계의 분자기구의 해명이 급속하게 진행하고 있다.

key Words 행선지신호 막통과 소포수송 핵수송

●서론

세포는 막으로 칸막이된 구획에 의해 구성되고 있다. 원핵생물은 세포는 세포질막, 혹은 세포질막과 외막으로 둘러싸여 있다. 진핵생물에서는 세포내에는 미토콘드리아, 엽록체, 소포체, 핵, 골지체, lysosome, peroxisome 등, 막으로 둘러싸인 소기관이 형성되어 있다. 이들 소기관은 정적인 구조가 아니라 어떤 것은 모양을 바꾸고, 어떤 것은 끊임없는 융합과 분열을 반복하며, 어떤 것은 작은 막소포가 사이를 왕래하고 있다. 이들 막계에는 각각에게 특이적인 단백질이 배치되어 있어서 그것에 따라서 각 소기관이 독자의 기능을 담당하고 있다. 바꿔 말하면 단백질을 이들 구획에 정확하게 이행시키는 짜임새, 조직이 필요하다. 단백질은 어떻게 하여 목적지의 소기관을 찾아내어서 막으로 칸막이된 구획내로 이동하는 걸까? 단백질의 세포내 이동을 [단백질의 교통(trafficking)]이라고 부른다면, 단백질의 trafficking은 어떻게 관제되고 있는 걸까?

I. 신호가설

[단백질의 교통]이라는 큰 연구분야를 태어나게 하는 동기로 된 것은 1971년의 Blobel의 "신호가설"이었다[1]. 1960년대 말까지 미국 Rockefeller대학의 Palade그룹에 의해서 분비단백질의 대부분은 (소포체)막결합형 ribosome, 분비되지 않는 단백질은 유리형 ribosome으로 만들어지는 것을 알게 되었다. 록펠러대학의 Blobel과 Sabatini는 [리보솜을 소포체에 결합시키는 신호는 합성되는 분비단백질의 N말단에 있다]고 하는 "신호가설"을 제창했다(**그림1**). 분비단백질은 N말단에 신호배열이라는 여분의 아미노산배열이 부가된 전구체로서 생합성된다. 신호인식입자(SRP)가 리보솜의 폴리펩타이드사슬 턴널에서 나온 신호배열을 인식하면, 단백질합성이 정지한다. 소포체막에는 SRP수용체가 있고, SRP가 수용체에 결합하면 정지하고 있던 단백질합성이 재개한다. 리보솜턴널에서 나오는 폴리펩타이드사슬은 소포체막을 관통하는 다른 턴널을 통하여 내부동굴(內腔)에 직접 보내며, 신호배열이 절단되어 성숙체 단백질로 된다. 이상이 1971~75년에 걸쳐서 정

Toshiya Endo[1], Tohru Yoshihisa[2], [1]名古屋大学大学院理学研究科物質理学専攻, [2]名古屋大学物質科学国際研究センター
E-mail : endo@biochem.chem.nagoya-u.ac.jp
Protein traffic (in eukaryotic cells) : Mechanism of operation of the protein-traffic control system in the cell

Günter Blobel

리된 "신호가설"의 핵심인데, 현재는 그 대부분이 올바른 것을 알게 되었다.

유전정보가 단백질의 아미노산배열, 입체구조만이 아니라 행선지까지도 지정한다는 Blobel의 아이디어는 지금은 생명과학의 가장 기본적인 원리의 하나로 되고 있다. 이 원리는 소포체로 이동하는 분비단백질만이 아니라 모든 단백질에 적용된다. 우선 90년대말에 스위스 Basel대학의 Schatz 등에 의해서 미토콘드리아단백질이, 록펠러대학의 Chua 등에 의해서 엽록체단백질이 각각 N말단에 행선지를 지정하는 여분의 아미노산배열(presequence, transit sequence)이 부가된 전구체로서 합성되는 것을 발견하였다. 이어서 핵이나 peroxysome으로의 이동신호, 더욱이나 분비경로에 올려진 단백질이 어디까지 운반되는지를 지정하는 신호나, 소기관내에서의 국재장소를 지정하는 분류신호 등이 차차 발견되어 왔다. Blobel은 1999년에 노벨생리학·의학상을 받았다.

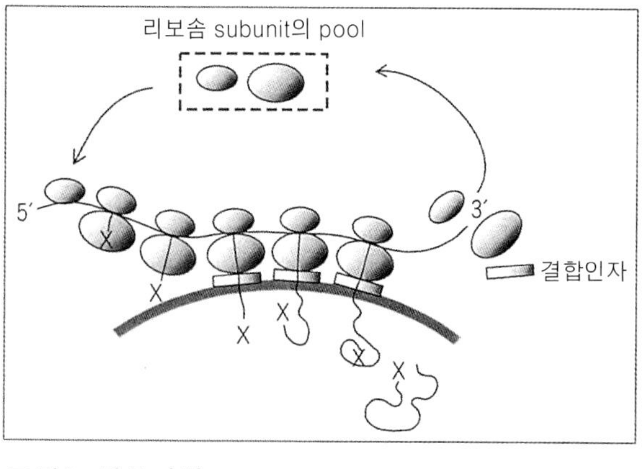

그림1. 신호가설

X는 N말단의 신호배열인데, 대부분의 경우 동굴에서 절단된다 (문헌1에서 改變).

II. 행선지신호

Gottfried Schatz

행선지신호는 분비단백질이나 미토콘드리아, 엽록체의 단백질과 같이 최종적으로 절단제거되는 N말단의 신호배열부분에 씌여져 있는 경우와 그 외의 부분에 내재성신호로서 기록되어 있는 경우가 있다[2]. 후자의 경우는 C말단으로 행선지신호가 국재하고 있는 경우 등을 제하고는 행선지신호의 실체를 찾아내는 것은 쉽지 않다. 한편 전자의 경우 수많은 단백질에 대해서 신호가 동정되며, 또한 게놈정보에서 추정되는 아미노산배열중에 이들 신호가 있는지 어떤지를 검색하는 방법도 개발되어있다.

동정된 N 말단의 신호배열은 길이도 1차구조도 놀라울 만큼 다양하다. 분비단백질의 신호배열은 소수성의 아미노산 cluster를 가지는, 미토콘드리아 단백질의 경우는 +로 하전한 양친매성(兩親媒性) helix를 만들 수 있는 특징이 있는, 공통consensus배열은 찾아낼 수 없다. 엽록체단백질의 경우는 serine이나 threonine이 많으며, 산성아미노산을 포함하지 않으며, 도무지 공통하는 특징은 적다. 세포내에서 단백질의 국재는 엄밀하게 제어되고 있는데, 왜 공통하는 motif가 보이지 않을까?

최근의 연구에 의하면 단백질의 행선지신호는 목적지에 도달하기까지 종종 복수의 인자에 의해 인식된다. 각 인자가 인식하는[인식요소]는 인자마다 다르고 신호배열의 위치도 일치할 필요는 없다. 즉 신호배열에 복수의 신호가 경우에 따라서는 중복하여 기록되어 있기도 하며, 신호배열 환을 보고 있는 한, 개개의 인식요소의 실체에는 다가서기 어렵다. 개개의 인자와 그 인식요소의 엄밀한 동정과 구조정보가 필요하게 된다.

현재까지 행선지 신호를 인식하는 가용성인자의 입체구조에 대해서는 원핵생물의 분비단백질의 신호배열에 결합하는 SecA[3], 신호인식입자(SRP)를

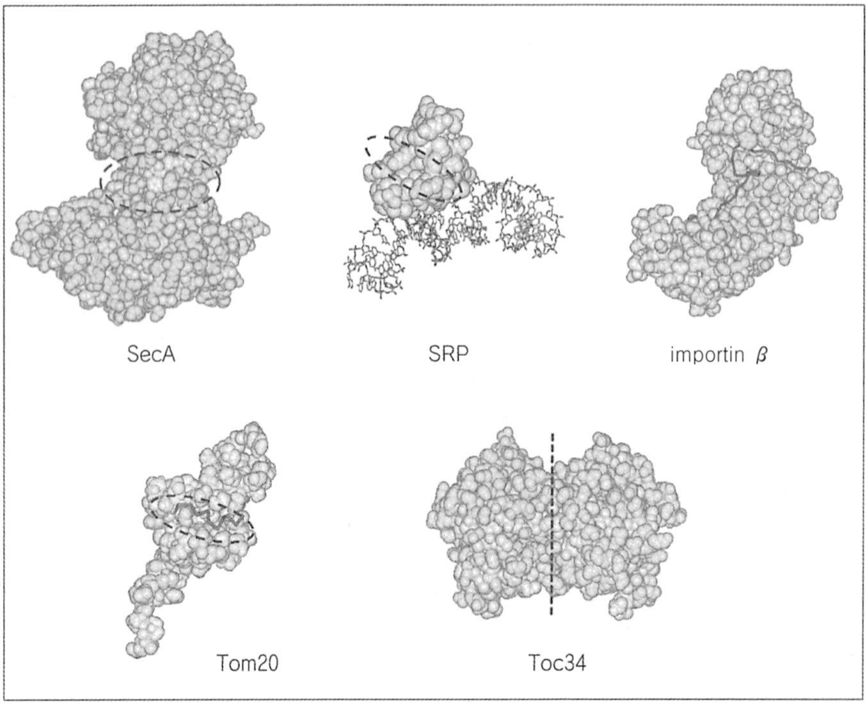

그림2. 행선지신호를 인식하는 단백질(공간충전모델)

대장균 SecA, 대장균SRP(Ffh의 4.5S RNA와 M domain;4.5S RNA는 wire 모델로 표시했다). importin β와 NLS 펩타이드와의 복합체(NLS 펩타이드는 적색으로 표시했다). rat Tom20과 presequence 펩타이드와의 복합체(presequence를 적색으로 표시했다). 애기장대 Toc34 (2량체의 대칭면을 점선으로 표시했다). 소수성 아미노산을 황색으로 나타내고, 신호가 결합한다고 여겨지는 소수성의 틈새를 점선의 타원형으로 나타냈다 (그림5(p.4) 참조).

구성하는 F로[4], 핵이동신호에 결합하는 importin β[5]의 결정구조가 밝혀져 있다(**그림2**). 또한 표적 막의 수용체의 입체구조에 대해서는 rat 미토콘드리아 외막의 presequence 수용체 Tom20과 presequence 펩타이드의 복합체의 NMR구조[6], 엽록체의 transit(통과)배열 수용체라고 생각되는 Toc34의 결정구조[7]가 해명되어 있다(그림2). 이들 구조는 신호인식의 짜임새를 생각할 때 필수정보로 된다. 이를테면 Ffh에는 깊은 소수성의 틈새(그림2 가운데 타원형의 점선으로 표시)가 있고, 여기에 신호배열의 소수성 cluster부분이 결합한다고 생각된다. 한편 Tom29에도 소수성의 틈새가 있고, presequence가 만드는 양친매성 helix의 소수성부분이 결합한다. 그러나 Ffh의 틈새와 Tom20의 틈새는 깊이가 다르다. Tom20의 경우는 틈새가 얕으므로 양친매성 helix의 소수성부분을 수납할 수 있는데, 분비단백질의 신호배열의 소수성helix 전체를 수납할 수는 없다. 따라서 분비신호가 만드는 소수성 helix와 미토콘드리아행 신호가 만드는 양친매성 helix는 소수성의 틈새의 깊이에 따라서 구별된다고 여겨진다[8].

III. 막통과와 에너지

일반적으로 단백질의 막통과나 막으로 삽입하기 위해서는 일부 경우를 제하고는 어떠한 에너지가 필요하다. 에너지요구성의 검토를 위해서는 생세포를 사용한 pulse표지-chase실험만이 아니라 in vitro에서의 막통과의 실험계가 빠른 시기에 개발된 점이 중요했다. 즉 토끼망상적혈구, 보리배아(胚芽), 대장균세포의 추출액을 사용한 무세포단백질합성계에 의해서 RI표지된 전구체단백질을 합성하고 번역종료 후(post translation), 혹은 번역과 동시(co-translation)에 분리한 소포체, 미토콘드리아, 엽록체 등을 공존시켜서 그의 내부에 끌어들이는 실험계를 사용하여, 막통과에 있어서 에너지요구성이 상세하게 조사되었다. 그래서 80년대말까지 원핵생물의 세포질막, 소포체, 미토콘드리아, 엽록체 등 어느 것도 ATP의 가수분해의 에너지가 필요한 점, 미토콘드리아에서는 더욱더 내막의 막전위도 필요한 것을 알았다. 엽록체에서는 후에 GTP도 필요한 것이 발견되었다(Akita(秋田)의 원고참고).

단백질의 막통과는 능동수송이기 때문에 방향성을 가진 이동에 ATP나 막전위가 필요할 것이라고 생각된다. 그러나 1980년대 당시에 ATP가 막통과하는 단백질의 고차구조를 푸는 데(unfolding)에도 사용된 것을 발견한 점은 중요했다. 이것을 계기로 하여 그때까지는 일부의 단백질 연구자만이 취급하고 있던 단백질의 폴딩이나 unfolding이라는 문제를 세포생물학의 연구자들이 일제히 진지하게 생각하기 시작하게 된 때문이다.

단백질은 막통과에 대해서 고차구조가 풀리지 않으면 안된다고 하는 일반적 원리는 80년대에 발견되었다. 결정적인 실험은 Schatz의 연구실의 대학원생인 Eiler에 의해서 이뤄졌다[9]. Eiler는 미토콘드리아 단백질의 presequence와 dihydrofolic acid(DHFR)와의 융합단백질을 대장균에 발현시켜서 정제하여 미토콘드리아에 집어넣는 실험을 하고 있었는데, 정제단백질은 미토콘드리아에 잘 집어넣어지지 않는 문제로 머리를 앓고 있었다. 이윽고 그는 융합단백질의 affinity정제에 사용했던 自作의 methotrexate(DHFR의 ligand)의 column에서 누출된 methotrexate가 막투과를 선택적으로 저해하는 것을 발견하였다. pre배열에서가 아니라 DHFR부분에 결합하여 그의 고차구조를 안정화하는 저분자가 막통과를 저해하는 것은 DHFR부분의 고차구조가 풀리지 않으면 막을 투과할 수 없음을 시사한다. 멀지 않아 다른 막계에서도 전구체단백질은 고차구조가 풀려서 막을 통과하는 것이 확인되었다.

그러면 ATP를 써서 단백질의 고차구조를 푸는 것은 무엇인까? 당시 몇몇 그룹은 스트레스단백질인 Hsp70가 의심스러운 것이 아닌가 하고 생각하기 시작했다. 영국 MRC분자생물학연구소의 Pelham이 Hsp70은 ATP의 에너지를 사용하여 변성단백질의 소수성부분에 결합·해리하며 부적절한 단백질간 상호작용을 방해한다는, 오늘날의 샤페론의 개념의 선구로 되는 가설을 제출하고 있었기[10] 때문이다. 실제 곧 cytosol의 Hsp70이 미토콘드리아 및 소포체로의 이동에 필수임이 2 그룹에서 독립적으로 발표되었다. California대학의 Schekman은 Wisconsin대학의 Craig와의 공동연구에서 효모의 cytosol Hsp70의 발현을 억누르면 cytosol에 분비단백질과 미토콘드리아 단백질의 전구체가 축적하는, 즉 소포체와 미토콘드리아의 막통과가 저해되는 것을 발견했다[11]. 한편 Blobel그룹은 in vitro에서 분비단백질의 번역과 공동협력하지 않는 소포체막통과에 필요한 cytosol 인자를 생화학적으로 정제하고 그의 하나가 Hsp70인 것을 발견했다[12]. 이렇게 해서 cytosol Hsp70이 전구체를 막통과가능한 고차구조가 풀린 상태로 유지하는 기능을 가진다. 후에 Hsp70은 물론 전구체의 응집을 막기 위하여 필요하다고 생각되게 되었다(Yano·Mori(矢野·森)의 원고참고). 이들의 발견은 90년대의 Hsp70만이 아니라 MSF(큐슈대학 Mihara(三原)등)라는 다른 cytosol인자가 미토콘드리아로의 단백질이동에 중요하다는 발견으로 이어져간다.

cytosol Hsp70은 막의 이쪽(cis)에서 단백질의 unfolding을 촉진하는 인자이다. 막을 향하는 측, 저쪽(trans)에도 단백질을 unfolding하는 인자가 있음을 90년에 München대학의 Neupert 등에 의해서 발견되었다[13]. 미토콘드리아내의 Hsp70의 기능이 결실하면 처음부터 unfolding하고 있는 기질단백질은 미토콘드리아내로 집어넣어지는데, 고차구조를 형성하고 있는 기질단백질은 미토콘드리아막을 통과할 수 없게 되는 것을 알았다. 막의 trans측에서 기질을 unfolding하고, 막통과를 작동하는 인자는 그 후 소포체(Hsp70)나 엽록체(ClpC(Hsp 93))에서도 발견되어있다.

소기관내의 Hsp70은 어떻게 하여 단백질의 막통과와 unfolding을 작동하는지는 현재는 아직 해결되지 않은 큰 문제이다[14]. 일반적으로 단백질의 고차구

Randy Schekman

조는 흔들리고 있고, 단백질의 여러 가지 segment가 일단 풀려서는 다시 원래로 돌아오는 것을 반복하고 있다. 풀린 부분이 막통과통로에 들어오면 브라운운동, 즉 용매분자의 무작위한 충돌에 의해서 통로내를 전후로 이동한다. 소기관내에 도달한 segment가 통로의 출구에서 기다리고 있는 Hsp70에 결합하면, 통로를 거꾸로 돌아갈 수 없게 된다. 이상의 단계를 반복하면 전구체는 소기관의 밖에서 안으로 천천히 이동하게 된다(Brownian Ratchet Model). Brownian Ratchet로는 원래 무작위한 브라운운동중 밖에서 가운데로만 효율좋게 움직이게 함으로써, 실질적인 이동을 실현한다. 한편 소기관내의 Hsp70이 가장 적극적으로 자기자신의 형태변화에 따라 전구체를 모체 matrix로 끌어들인다는 모델(power stroke model)도 있다. 막통과에서는 Hsp70이 전구체를 소기관의 밖에서 내부로 선상으로(linear) 이동시킨다. ATP의 에너지를 사용하여 선상(linear) rail모양 분자의 위를 이동하는 myosin이나 kinesin과 같은 모터단백질의 analog이며, 소기관의 Hsp70을 일종의 모터라고 간주할 수 있다. Brownian Ratchet인지 Power Stroke인지는 여러 가지 모터 분자의 작동기구에 공동하는 큰 문제이다.

IV. translocon

진핵생물의 소포체, 미토콘드리아, 엽록체, peroxisome 등의 소기관의 막에서 단백질의 막통과나 막으로 집어넣기를 담당하는 것은 translocon이라고 하는 막통과장치(translocator 또는 translocase라고도 한다)이다. translocon에는 전구체를 인식하는 수용체로서의 기능, unfolding한 전구체를 끈모양으로 통과시키는 통로의 기능이 있다고 여겨진다. translocon의 실체에 관해서는 구성인자의 유전학적 수법에 의한 검색이 80년대에 시작하여 90년대부터는 생화학적 수법을 사용한 검색이 진행되었다. 현재로는 각 소기관의 막계에 복수의 translocon이 동정되고 그들이 복수의 막단백질이 집합한 큰 복합체인 것을 알게 되었다. 그러나 translocon구성인자의 동정은 아직 완료되지 않았으며, 현재는 새로운 인자의 검색이 계속되고 있다.

Walter Neupert

translocon의 실체해명의 중요한 이정표는 정제인자를 사용한 translocon의 인공막으로의 재구성일 것이다. 1990~91년에 Wickner(당시 캘리포니아대학) 그룹[15)]과 Mizushima·Tokuda(Tokyo대학)의 그룹[16)]은 대장균의 세포질막의 Sec단백질로 이뤄진 transolocon의 재구성에 성공했다. 1993년에 Rapoport그룹(당시 MaxDelbrueck 분자의학센터)은 소포체막의 Sec61복합체로 이뤄진 transolocon의 재구성에 성공했다[17)]. 정제인자에 의한 기능의 재구성은 그 기능에 필요최소한의 인자를 동정하는 결정적인 실험이 된다. 대장균 세포질막의 translocon의 재구성계를 사용한 상세한 실험에 의해서 SecY와 SecE가 만드는 통로에 ATP의 에너지를 사용하여 SecA가 막의 cis측에서 전구체를 강제로 밀어넣는 것을 밝히게 되었다. 한편 소포체막 translocon의 재구성계를 사용하여 번역과 동시작동한 분비단백질의 막통과에는 SRP수용체와 Sec61복합체가 필요하며 번역완료후의 막통과에는 더욱더 trans측에 Hsp70(BiP)이 필요한 것을 밝히게 되었다. 번역과 동시 작동한 막통과에서는 막통과를 구동하는 것은 폴리펩타이드 신장이며, 동시작동하지 않는 막통과에서는 미토콘드리아와 꼭같은 Hsp70이 전구체를 끌어당기는 모터로서 기능하는 것이 된다.

몇 가지의 translocon에 대해서는 전자현미경을 사용한 해석으로부터 확실하게 구멍이 있다는 것을 알게 되었다. 더욱이 최근 Harvard대학의 Rapoport 등에 의해서 원핵생물의 Sec 복합체 translocon의 고분해능의 결정구조가 처음으로 해명되었다[18)].

Tom Rapoport

진핵생물의 소포체막은 원핵생물의 세포질막이 진화적 기원이라고 생각되고 있다. 대장균의 분비단백질과 진핵생물의 분비단백질의 신호배열이 흡사한 점, Sec61복합체로 된 소포체막의 translocon과 대장균 세포질막의 SecY/SecE로 된 translocon이 아주 닮아있는 점은 이러한 진화적 관계성을 반영하고 있다. 진핵생물의 미토콘드리아나 엽록체는 원핵생물이 세포내공생하여 진화한 것이라고 여겨지고 있다. 미토콘드리아나 엽록체의 단백질유전자의 대부분은 핵게놈으로 이동했는데, 일부의 단백질은 현재도 여전히 각 소기관 DNA에 코드되며, 소기관내에서 생합성된다. 소시관내에서 합성된 단백질이나 cytosol에서 소기관내로 집어넣어진 단백질의 소기관내에서의 이동에는 원핵생물시대의 단백질수송시스템이 현재도 보존되며, 일부 사용되고 있을 가능성이 있다고 여겨지고 있다. 엽록체의 thylakoid막은 cyanobacteria의 thylakoid막과 동일하며, 세균의 세포질막을 기원으로 한다. 필자 등[19]과 Cline 등(Florida대학)[20]은 독립적으로 엽록체내에는 SecA가 남아있고 단백질의 thylakoid막통과에 관여하는 사실을 밝히게 되었다. 그 후 SecY/SecE복합체, Tat 단백질복합체라는 2종류의 원핵생물형 translocon이 thylakoid막에 남아 있다는 사실을 밝히게 된 것이며, 더욱이 엽록체 stroma에는 원핵생물의 cytosol에 있는 SRP의 homolog도 발견되었다(Asakura (朝倉) 등의 원고참고). 엽록체와 같이 미토콘드리아내에도 Sec 단백질이 남아있을 가능성이 있는데, 일부의 원생동물을 제외하면 Sec단백질은 미토콘드리아에서 소실해버린 듯 하다. 그러나 미토콘드리아의 matrix에서 내막으로의 단백질의 끌어넣기에는 원핵생물의 translocon의 구성인자 Oxa 1이 관계한다는 것을 밝히게 되었다[21].

V. membrane traffic

이미 기술했듯이 소포체는 원핵생물시대의 세포질막이 진화한 것이라고 생각되고 있다. 진핵생물의 세포에는 후술하는 소포수송 또는 조(槽)성숙이라는 과정에서 연결하여 묶여진 여러 가지 막계(膜系)가 있다. 골지체, lysosome, 형질막, endosome, 그리고 많은 소포(小胞), 이들 막계를 총칭하여 [중앙공포(空胞)계]라고 부르기도 한다. 이들 막계를 왕래하는 단백질이 막을 통과 또는 막에 끼어드는 경험을 하는 것은 소포체막에 있어서의 1회뿐이며, 이후의 이동은 모두 막에 둘러싸인 compartment(칸막이된 기능)로서 혹은 막과 함께 이뤄진다. 거기에서 이와같은 막의 흐름과 그것에 지배된 단백질의 이동을 membrane traffic이라고 부른다.

membrane traffic의 흐름을 단순화하면 **그림3**과 같이 된다. 소포체에서 (동물에서는 중간 compart-

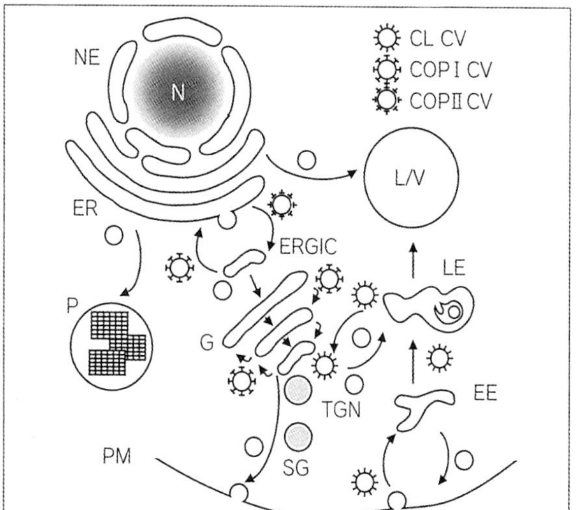

그림3. 진핵생물의 중앙공포(空胞)계 소기관과 membrane traffic.

진핵생물의 중앙공포계 소기관과 소기관사이의 membrane traffic에 대해서 모식적으로 정리했다. 소기관 이름의 약칭은 다름과 같다. N:핵, NE:핵막, ER:소포체, ERGIC:ER-골지체 중간compartment, G:골지체, TGN: trans골지網, SG: 분비과립, PM: 형질막, EE: 초기 endosome, L/V: lysosome·액포, P: peroxisome, CL CV: clathrin피복소포, COPI CV: COPI 피복소포.

George E. Palade

ment 또는 ERGIC라고 불리는 구조를 거쳐서) 골지체, 그리고 TGN (Trans Golgi Network (트랜스골지망)으로 분지하여 세포표층을 향하는 흐름과, lysosome/액포계로 향하는 흐름으로 나뉘는 경로. 거꾸로 세포표층에서 세포내로 들어와서 초기 endosome으로 분지하여 다시 세포표층으로 되돌아오는 흐름과, 후기 endosome에서 lysosome/액포계로 향하는 흐름으로 나뉘는 경로가 있다.

membrane traffic의 연구는 우선 [보는 것]에서 시작했다. 골지체가 1898년 Camillo Golgi에 의해서 발견된 것은 유명한데, 소포체의 발견은 1952년 전자현미경에 의한 관찰까지 기다리지 않으면 안되었다. 그 후 70년대에는 전자현미경관찰과 밀도구배원심에 의한 분획 등에서 분비계의 소기관의 전모가 밝혀지게 되고, 1975년 Palade는 새로 합성된 단백질이 어떻게 분비되는 지에 관한 기념비적 총설을 썼다[22]. 그러나 소기관사이의 단백질수송의 분자기구의 본격적 해명에는 70년대 말에서 80년대 전반에 걸쳐서 2가지 큰 비약이 필요했다.

하나는 당시 프린스톤대학의 Rothman 등에 의한 소기관 사이의 단백질수송의 *in vitro* 재구성이다. 그들은 수포성구내염(口內炎) 바이러스G 단백질(VSV-G)을 발견하고 골지체의 당수식효소인 GlcNAc transferase I을 결핍한 변이 CHO(chinese hamster 난소)세포와, VSV-G를 발현하지 않는 야생형CHO세포에서 각각 골지체획분을 조제했다. 그래서 2가지의 골지체획분을 cytosol과 ATP의 존재하에서 incubate하고, VSV-G에 GlcNAc가 전이하는, 즉 변이CHO의 골지체에서 야생형CHO의 골지체로 VSV-G가 수송된 것을 발견했다[23]. 이 재구성계와 전자현미경에 의한 반응산물의 관찰을 무기로 Rothman등은 비교적 안정한 소기관사이를 소포에 실어서 단백질이 이동한다는 [소포수송]의 개념을 생화학적으로 확립하여 관여하는 인자를 차차 발견하고 있다.

James E. Rothman

한편 *in vivo*에서의 단백질수송연구의 돌파구를 연 것은 Schekman 그룹이다. 그들은 출아효모를 사용하고 단백질을 분비할 수 없는 *sec*돌연변이체를 다수 분리하여, 그들의 소기관구조를 관찰하기도 하고 분비표지단백질의 수식의 정도를 조사함에 따라 Palade 등이 형태관찰에서 예상한 소포체→골지체→세포표층 또는 lysosome이라는 단백질의 흐름이 실제로 *in vivo*에서 일어나고 있음을 증명했다[24]. 더욱이 변이유전자의 동정과 효모를 사용한 *in vitro*의 수송실험계를 조합함으로써 *SEC*유전자산물의 기능을 구체적으로 밝히게 되었다. 이렇게 한 *in vitro*와 *in vivo*의 실험계의 확립에 의해서 80년대 중반까지는 소포수송반응은 donor(공여) 소기관에 있어서 수송소포의 형성과, 수송소포와 목표 소기관의 융합이라는 2가지의 과정으로 나뉘는 것을 밝히게 되고, 그 후부터 90년대에 걸쳐서 수많은 수송관련인자가 동정되고 있다(**그림4**).

VI. 소포(小胞)수송

소포수송에서 중요한 역할을 담당하는 것은 한 무리의 피복소포이다. 전자현미경으로 보면 외투소포는 전자밀도가 진한 껍질(각)을 뒤집어쓴 60~100nm의 소포로서 관찰된다. 최초로 발견된 것은 형질막, 골지체, endosome 등의 사이의 단백질 수송에 관여하는 clathrin 피복소포이다[25]. 피복단백질로서 바구니모양구조의 형성에 필요한 clathrin과 운반화물의 선별에 필요한 adaptor 단백질이 동정되었다. 이어서 COP I 소포와 피복단백질의 복합체 coatmer가 발견된다[26]. 당초 COP I 소포는 골지층판 사이의 순행(順行)수송에 관계한다고 했으나 후에 골지체-소포체간의 역행수송에 중요한 역할을 담당하는 것이 밝혀졌다. 그래서 소포체-ERGIC(효모에서는 cis golgi)사이의 수송에 관계하는 COP II 소포가 발견되었다[27].

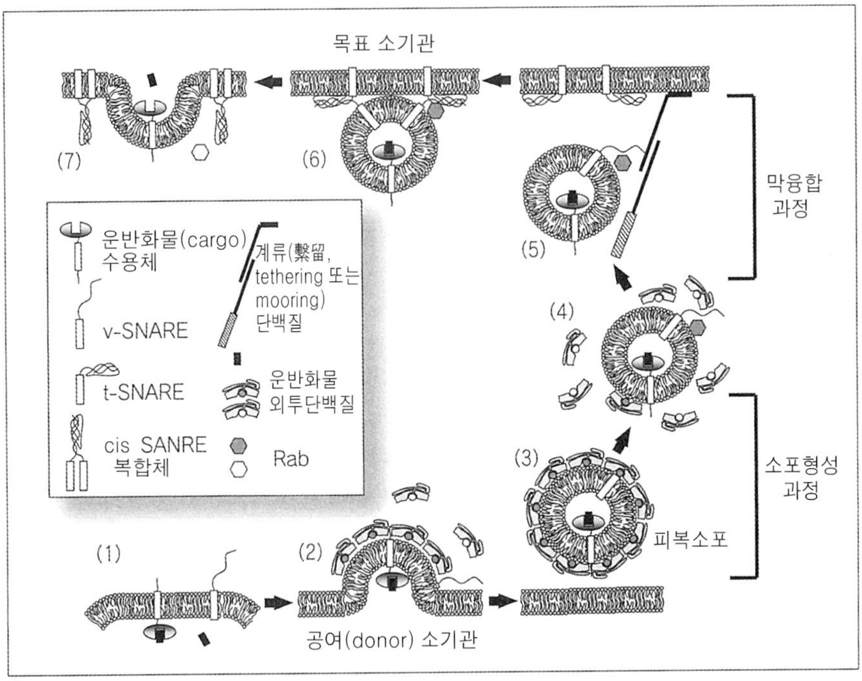

그림4. 소포수송
각 단계에 대해서는 본문참조

피복단백질은 지질2중층의 곡율(曲率)을 제어하므로써 소기관막에서 소포를 출아형성시키는 듯 하다(그림4, 단계(2))[28]. clathrin coat(피복), COP I coat, COP II coat 어느 것도 소포형성에는 Arf family나 Sar I family의 GTP결합단백질이 관계한다. clathrin에 첨가하여 AP-1과 GGA라는 adaptor 단백질을 포함하는 clathrin 소포와 COP I 소포의 형성에는 Arf family의, COP II 소포의 형성에는 Sar I family의 GTP 결합단백질이 필요하다. GTP 결합단백질의 역할은 피복단백질의 집합·해리의 스윗치이라고 생각된다. 그러나 GTP의 가수분해는 집합·해리의 유일의 에너지원이며, 피복소포를 만드는 원동력이라고도 생각된다.

피복단백질에 의해서 형성된 소포는 cytosol을 이동하고 목적지의 소기관막에 융합한다. 소포수송의 신뢰성은 당연히 이 융합과정의 특이성에 달려있다. 1993년에 Rothman 그룹은 SNARE단백질(soluble NSF attachment protein receptor)을 발견하고, SNARE가 막융합의 특이성을 결정한다는 "SNARE가설"을 제창했다[그림4 단계(6)][29]. 소포에 존재하는 SNARE단백질을 v-SNARE, 표적막에 존재하는 것을 t-SNARE라고 한다. 소포는 표적막과 융합할 때, v-SNARE와 t-SNARE는 각각이 합쳐서 4가닥의 α-helix를 제공하며, 올바른 v-SNARE와 t-SNARE를 조합하면 부절(符節, 또는 割符 ; 증거문서 또는 짝패)과 같이 helix끼리 회합하여 trans SNARE복합체를 형성하여 막융합의 방아쇠가 당겨진다[30]. 실제 진핵생물의 게놈에는 수많은 SNARE단백질유전자가 발견되어 있으며, 수송소포와 표적막의 여러 가지 조합에 따라서 다른 v-SNARE와 t-SNARE의 짝이 작용한다고 생각된다. 또한 trans SNARE복합체의 형성은 소포와 표적막의 조합의 특이성을 결정할 뿐만 아니라 물리적으로 2가지의 막을 가깝게 하여, 지질2중층의 융합을 매개하는 것이라고 여겨지고 있다. 융합이 종료하면 막에는 불필요하게 된 SNARE복합체[cis SNARE복합체 ; 그림4, 단계(7)]가 남는다. 이것을 해리시켜서 다음 차례의 막융합을 가능하게 하는 것이 NSF(NEM*1-sensitive fusion protein)과 SNAP(soluble NSF attachment protein)의 복합체이다[31].

SNARE가설은 매력적인 가설인데, 수송소포와 표적막과의 [상성相性]의 판정은 융합반응의 가장 빠른 단계에서 이뤄진다고 밝혀져 있다. 수송소포는 느닷없이 표적막에 융합하는 게 아니라, 한 무리의 tethering(또는 mooring, 계류, 繫留)단백질이라고 불리는, SNARE와는 다른 인자에 의해서 相性을 판정

*1 : N-ethylmaleimide(역자주)

받아서, 미리 표적막근처에 머무른다[그림4, 단계(5)][32], 이어서 GTP결합단백질의 일종인 Rab가 상성(相性)의 특이성을 이중조사한다. 사람게놈에는 *Rab*유전자가 60종 이상 존재하며 소기관마다 다른 Rab가 국재한다고 생각되고 있다. Rab은 표적막에 있는 그 Rab에 특이적으로 대응하는 Rab effector를 매개하여 SNARE에 의한 막융합반응의 효율제어에 관계한다고 여겨진다[33].

수송소포라고 하는 ferryboat는 cargo(운반화물) 단백질을 가려서 선택을 할까?(佐藤·中野의 원고참고). 애초 Rothman 등은 순행수송(소포체→세포표층)이 분비경로의 default(시그널 등으로 행선지를 지정하지 않고 단순히 그 흐름에 맡기는 것)이며, 도중의 소기관에 머무는 경우만 시그널을 필요로 한다고 하는 [Barkflow]의 개념을 제출했다[34]. 그들은 소포체내에서 *N*결합형 당쇄의 부가만을 받고, 국재신호를 가지지 않는다고 생각되는 짧은 펩타이드가 효율좋게 세포표층에는 운반된다는 것을 시사했다. 그러나 그의 해석이 진행함에 따라 수송소포에는 운반단백질이 농축되어 있는 것과, 운반화물소포에서는 외부단백질과 운반화물인 막단백질이 상호작용하는 것이 밝혀지게 되었다. 실제 그 후 운반화물 수용체로서 기능하는 단백질군이 속속 발견되고 있다[35]. 그것은 어느 것도 특정의 운반화물과 직접 상호작용하며, 그의 식별을 하고 있는 듯 하다. 물론 운반화물 수용체 자신은 운반화물단백질에 인식되며, 올바르게 소포에 국재할 필요가 있다(그림4). 그래서 현재로는 Barkflow theory 가설은 부정된 모습으로 여겨지고 있다.

효모와 같은 작은 세포의 경우 수송소포는 간단히 cytosol을 표류하는 것만으로 표적 소기관을 만날 수 있을 지도 모른다. 그러나 보다 크고 거기다가 기능적으로 분화한 영역을 가진 고등진핵생물에서는 수송소포나 소기관자신이 세포골격계를 철로(rail)로 하여 올바른 방향으로 운반하기도 하며 위치결정될 필요가 있다[36]. 이를테면 동물세포에서는 골지체가 미소관형성중심근방에 국재할 뿐만 아니라 미소관계(微小管系)를 파괴하면 ER-golgi body 사이의 소포수송이 저해된다[37]. 또한 endocytosis관련소기관은 초기 endosome에서 lysosome까지 세포주위에서 미소관형성중심으로 차례로 배치되어 있다. 더구나 신경세포에서는 축책(軸策)에 맞닿아있는 미소관에 의해서, 세포에서 synapse로 여러 가지 소기관이 장거리 수송되고 있다. 다른 한편으로 식물에서는 오히려 actin섬유계가 소기관의 세포내수송에 관여한다고 하며, 효모에서도 actin계가 소포수송에 필요하다고 알려져 있다. 이러한 철로에 연한 막구조의 동작의 동력원은 모터단백질이다[36]. 미소관 계에서는 − endomotor인 세포질 dynein과 + endomotor인 kinesin이 주로 소포수송에 관여한다(豊島의 원고참조). golgi체로 향하는 소포는 세포질 dynein에 의해서, 그곳에서 세포주위로 향하는 소포는 kinesin에 의해서 운반된다고 여기지고 있다. motor단백질이 운반되어야 하는 순행방향의 소포와, 역행(되돌아오는) 소포를 어떻게 인식하는지는 중요한 문제이다. dynein motor에 의한 소기관의 인식에는 dynactin 복합체가 관계한다고 여겨지고 있으며, 다른 한편 전술한 Rab GTPase가 소포와 kinesin의 다리 역할을 하고 있다고 보고되고 있다[38]. actin섬유계에서는 V형의 myosin이, 소포수송에 관계하는 motor로 역할하고 있다. 실제로 철로로서 actin이 어느 정도 사용되고 있는지는 모르지만, 동물세포를 포함하여 ER-golgi body 사이, endocytosis 등, 소포수송의 여러 가지 국면에서 actin계와 그 제어가 소포의 표적이나 융합에 필요한 듯 하다.

VII. 조(槽, 통; 소기관)성숙과 소기관의 identity(동질성)

membrane traffic에 있어서 단백질의 이동의 원리에는 두 가지 모델이 있고, 때로는 큰 논쟁을 불러왔다(**그림5**). 우선 하나는 지금까지 기술해온 소포수송모델이다. 여기에서 단백질이 태어난 소포체보다 먼 소기관으로 향하는 수송을 순행수송이라고 부르고, 역방향의 수송을 역행수송이라고 부른다. 또 하나의 생각으로는 단백질은 시종일관으로 같은 compartment에 존재하고, compartment 자신이 미숙한 단계에서 성숙한 단계로 계속하여 변화하여, 목적지로 향하여 이동한다고 한다(조 성숙화 모델). 성숙의 과정에서 불필요하게 된 인자를 보다 전단계의 compartment로 되돌려 보내기 때문에 소포에 의한 역행수송이 필요하게 된다. 순역 양방향의 물질수송을 소포에 의뢰하는

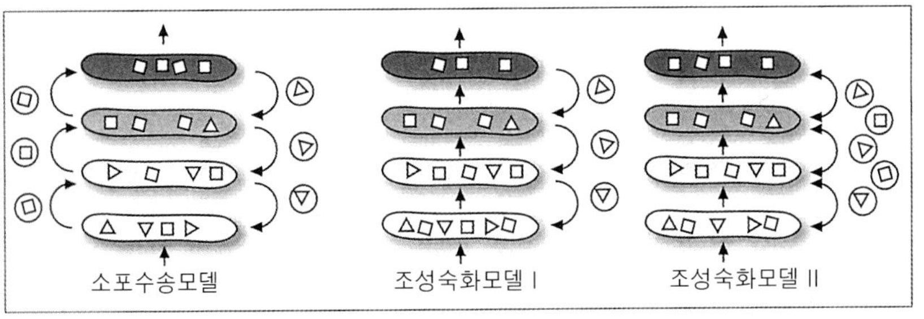

그림5. 소포수송모델과 조성숙화모델
소기관(조槽)사이의 단백질수송의 모델의 비교. 순행수송(아래에서 위로)기질을 □로, 역송수송(위에서 아래로)기질을 △로 표시했다. 화살표가 없는 소포수송모델에서는 층판層板은 움직이지 않는다.

것이 소포수송모델이고, 역수송만을 소포에 의뢰하는 것이 조성숙화 모델이라고 말할 수 있다.

두 가지의 모델 중 어느 것이 올바른가에 관해서 가장 논의가 비등한 것은 golgi body이었다. 소포수송의 개념이 확립된 80년대 후반부터 90년대 전반에 걸쳐서는 골지체층판(層板)사이의 순행수송은 모두 coat소포에 의한다는 소포수송모델이 우세했다. 그러나 골지체발견 100년을 맞을 즈음부터 조 성숙화모델이 대두했다. 세기말에는 Rothamn을 필두로 하는 소포파(secessionists)와 Pelham을 위시한 성숙파(progressionist)의 사이에서 격한 논의가 교차되었다[39]. 조성숙화모델을 지지하는 중요한 발견은 collagen lot 등의 소포보다 큰 단백질복합체가 골지체층판에만 존재하고, 주위의 세포에 끼어들어가지 않고, 더욱이 다른 단백질들의 속도로 성숙화·수송되는 것이다[40]. NIH의 Lippincott-Schwartz 그룹은 중간compartment에서 골지체로 가는 단백질수송에 더하여 TGN에서 세포표층으로 가는 단백질수송에 관해서도 광학현미경으로 검출가능한 꽤 자유형상을 한 소기관이 관여할 가능성을 GFP(녹색형광단백질)융합단백질을 사용한 생세포의 실시간(real time) 관찰로 나타냈다[37]. 단지 조성숙화모델에 있어서도 cis측 골지체로 막의 유입과 trans측의 송출이 정상적(定常的, stationary; 변함없이 같은 상태를 유지하는)으로 일어나면 소포수송은 역행수송전용일 필요는 없고 바로 가까운 층판사이의 물질수송을 쌍방향으로 떠맡는 것으로 골지체의 극성을 형성할 수 있다고 하는 simulation도 보고되고 있다(그림5, 조성숙화모델II). 어떻든 막 traffic에 있어서는 소포수송과 조성숙의 어느 쪽만은 움직이지 않는다는 게 아니고, 수송부위마다 소포수송이 일어나기도 하고 조성숙이 일어나기도 하며, 혹은 양자가 동시에 일어나기도 하는 것이 아닌가하고 여겨지기 시작하고 있다.

[소포수송]과 [조성숙]의 문제는 소기관의 동일성의 문제와도 밀접하게 관련하고 있다(中村·吉村의 원고참고). 세포분열시에는 소기관도 또한 증식하고, 딸세포로 분배될 필요가 있는데, 소기관을 새로 형성하기위해서는 2 가지 방법이 있다. 하나는 소기관이 항상 부모한테서 나고, 부모가 소기관의 동일성을 결정한다는 것이다. 기존의 소기관이 성장확대하고, 분열함에 따라 증가하는 미토콘드리아나 엽록체가 여기에 해당한다. 한편 막 traffic에 의해서 연결한 소기관은 막 traffic의 동적인 평형으로 성립되어 있고, 조성숙화 모델과 같이 소기관 자신이 다른 소기관으로 변화해가기도 하여, 막동태의 변화에 따라서 어떤 소기관은 성숙단계의 바로 전 또는 후의 소기관에 흡수되기도 한다[41]. 이 경우 소기관은 다른 소기관에서 *de novo*로 합성되게 되어, 소기관의 동질성은 소기관자신이 아니라 막 traffic이나 막구조의 동태가 지배하고 있게 된다. 막 traffic에 있어서 단백질수송과 소기관의 동질성의 문제는 분리할 수 없는 것이다.

VIII. 핵수송

소기관내부에 국재하는 단백질 가운데 유일 생체막의 통과를 경험하지 않는 것이 핵단백질이다. 핵의 내부(핵질)와 핵의 외부(세포질)은 내외 2매의 막으로 되는 핵막에 의해서 격리되어져 있다. 그러나 핵막에는 내외 양쪽의 막을 관통하는 핵막공(孔,구멍)이 다수 존재하고, 이것에 의해서 내와 외는 물리적으로 연결되어 있다. 실제 분자량 40~60K 이하의 단백질은 자유확산에 의해서 핵막공을 통과한다. 이것보다 큰 단백질이 되면 처음으로 국재화신호가 핵막공통과에 필요하게 된다. 핵막공은 단백질만이 아니라 핵산이나 저분자 등 여러 가지 분자가 출입하며, 그것에 수반하는 정보의 통로이기도 하다. 이 통로의 교통량은 아주 커서 하나의 핵막공당 histone 1종류를 봐도 매분 100분자가 핵의 안으로 들어간다. 또한 아주 큰 통로이기도 한다. 리보솜 大小 subunit가 세포질로 수송된다.

"신호가설"에 의하면 단백질의 행선지는 단백질자신에 씌여져 있고, 신호가 없는 경우 default는 합성된 장소, 즉 세포질에 머문다고 예전에는 여겨져 왔다. 그러나 leptomycin B (LMB)라는 항생물질의 발견으로 이 단순한 세포질관은 부득이 전환되었다. LMB는 후술하는 단백질의 핵외수송인자 exportin-1/Crm1p의 저해제이다. 놀랍게도 이제까지 세포질에 국재하고 있던 단백질 중에 LMB처리 때문에 핵에 집적하는 것이 다수 발견되었다[42]. 물론 단백질의 합성이 이뤄지고 있지 않아도 핵내수송의 저해에 의해 세포질에 축적하는 단백질도 있다. 다시 말해서 핵질 또는 세포질이라는 단백질의 국재는 예상이상으로 동적이었던 것이다. 이것은 핵막공의 교통량이 단순히 신규단백질이 그의 국재장소로 향하기 때문이라고 여겨지는 양보다 훨씬 많다는 것을 제시한다.

핵막공은 1950년에 Callan과 Tomlin에 의해서 처음 보고되었다. 그 후의 상세한 전자현미경관찰로 8회대칭성을 나타내는 분자량 60~125MDa의 거대한 단백질복합체(핵막공복합체 : NPC)인 것을 알게 되었다. NPC는 nucleoporin(Nup)이라고 불리는 일군의 단백질로 구성된다. 동물세포의 NPC는 ring, spoke, 및 중앙 plug로 되는 핵심부분과, 세포질 측의 세포질 filament, 핵질 측의 핵내 basket이라는 주변부로 구성된다[43](小瀨·今本의 원고참고).

핵단백질은 어떻게 하여 핵으로 운반되는 것인가. 핵단백질이 세포질에서 공급된다는 사실은 70년대 말에 밝혀지게 되었는데, 염기성아미노산의 cluster가 핵이행신호(NSL)로서 작동한다는 것은 1984년 Kalderon(영국NIMR) 등에 의해서 밝혀졌다. 한편 핵에서 외부로 나오는 단백질도 있다. 핵외로 나오기 위한 신호(핵외수송신호: NES)로서 leucine이 풍부한 NES가 발견된 것은 1995년이다. 다른 계와 같이 *in vitro*의 해석계가 이들의 신호의 인식 등, 핵수송에 관계하는 인자 발견의 돌파구로 되었다. 1990년에 계면활성제인 digitonin처리로 형질막을 부분적으로 파괴한 semi-intact 세포와 형광표지한 모델단백질을 이용한 *in vitro*계가 미국Scripps 연구소의 Gerace그룹에 의해서 개발된 것이다[44].

Larry Gerace

우선 SV40 large T 항원의 NLS를 인식하는 importin α/importin β hetero dimer가 발견되었다. 당시 이 인자의 동정을 목표로 하여 Goerlich (당시 영국CRC), Blobel, Adam (Northwestern의과대학), Maida(米田, 大阪대학) 등의 그룹이 격렬한 경쟁을 벌였다[45, 46]. 그 후 여러 가지 수송담체가 밝혀지게 되자, 핵내핵외수송의 다양성의 대부분은 importin β family의 단백질과 importin β와 기질사이를 연결하는 adaptor 단백질의 조합으로서 이해할 수 있는 것을 알았다[47](米田의 원고참고). importin β family의 단백질은 HEAT라는 특징적인 반복배열로 되어있고[48], 후술하는 GTP결합단백질 Ran, 특정의 Nup, 그리고 수송기질 또는 adaptor 단백질의 3자와 결합한다. importin β는 이 삼자와의 결합특성의 차이에 의해서 핵내에 단백질을 운반하는 좁은 의미의 [importin]과, 핵외로 단백질을 운반하는 [exportin]으로 구분된다. 동일분자가 핵으로 들어올 때는 importin으로서, 핵에서 나올 때는 exportin으로서 기능하는 것도 알려져 있다.

좁은 의미의 importin은 세포질에서 기질이나 기질-adaptor 복합체를 결합하고, Nup와 친화성에 따라서 핵막공을 통과한다(그림6, importin cycle)[47]. 핵내로 들어온 importin-기질복합체는 핵내에 풍부하게 존재하는 GTP형 Ran와 결합하면 해리한다. 기질을 떠난 importin은 GTP형 Ran과 함께 Nup와 친화성에 따라서 핵막공을 역방향으로 통과한다. 한편 exportin은 GTP형 Ran 존재하에서 기질과 결합한다(그림6. exportin cycle). 따라서 exportin은 핵내에서 기질과 결합하며, Nup와의 친화성에 따라서 핵막공을 통과한다. 핵막공을 통과한 importin-기질-Ran 복합체는

Dirk Görlich

핵막공 세포질 fliament에 존재하는 RanBP1, RanGAP(RanGRPase 활성화단백질)에 의해서 RanGTPase가 활성화되어 Ran가 GDP형으로 되면 해리한다. 해리 importin은 기질과 결합하여 다음 cycle의 핵내수송을 매개하며, 해리 exportin은 단독으로 핵으로 돌아온다. GTP형 Ran 존재하에서 기질과 결합하는지 떨어지는 지가 importin과 exportin의 기능의 차이의 본질이라고 말할 수 있다.

importin β family의 단백질의 기질 특이성에 다시 폭을 가지게 하는 게 adaptor단백질이다. 최초로 NLS인식단백질로서 동정된 importin α는 adaptor 단백질의 하나이고, importin β를 닮은 armadillo (ARM) repeat라는 반복domain구조를 가진다[48]. importin β-adaptor 복합체에 의한 기질인식은 반드시 1대1의 대응은 아니다. 여러 importin이 독립적으로 같은 기질을 인식하는 경우도 있다면, 같은 importin이나 adaptor단백질이 다른 기질인식부위를 이용하여 여러 종류의 NLS나 NES를 인식하는 경우도 있다[47].

단백질의 핵수송에는 GTP가 유일 에너지원으로서 필요하다. 그러나 GTP의 가수분해는 단백질의 핵막통과와 직접 관련하여 함께 작동하지 않는다. Ran은 주로 핵질에 축적하고 있는데, RanGEF(GDP에서 GTP로 교환을 촉진한다)인 RCC1은 핵질의 염색체에 결합하고 있고, RanBP1이나 RanGAP는 NPC 세포질filament에 국재하고 있기 때문에 GTP형 Ran은 핵질에, 일부의 GDP형 Ran은 세포질에 존재하게 된다. GTP형 Ran의 존재가 핵수송에 있어서 핵의 내부 또는 외측일 지를 결정하고 있다. 세포질측의 GDP형 Ran의 핵내수송담체는 NTF2이며, 핵질에 Ran을 제공한다[47]. NTF2가 GTP형 Ran을 인식하지 않는 결과, 핵내부에 Ran이 축적된다(그림6).

단백질의 핵막공통과의 메커니즘으로서는 친화성이 다른 여러 기질결합부위가 핵막공의 외부에서 내부로 나열하여 한 방향으로 수송되는 모델과, 비교적 대칭으로 분포한 결합부위군과 브라운운동을 기반으로 한 촉진확산(facilitated diffusion)에 의한 모델이 제창되어 있다(小瀨·今本의 원고참고)[47]. 앞으로 상세한 수송분자와 핵막공의 상호작용에 대한 해석이 이뤄지면서 올바른 모델이 밝혀질 것이라고 생각된다.

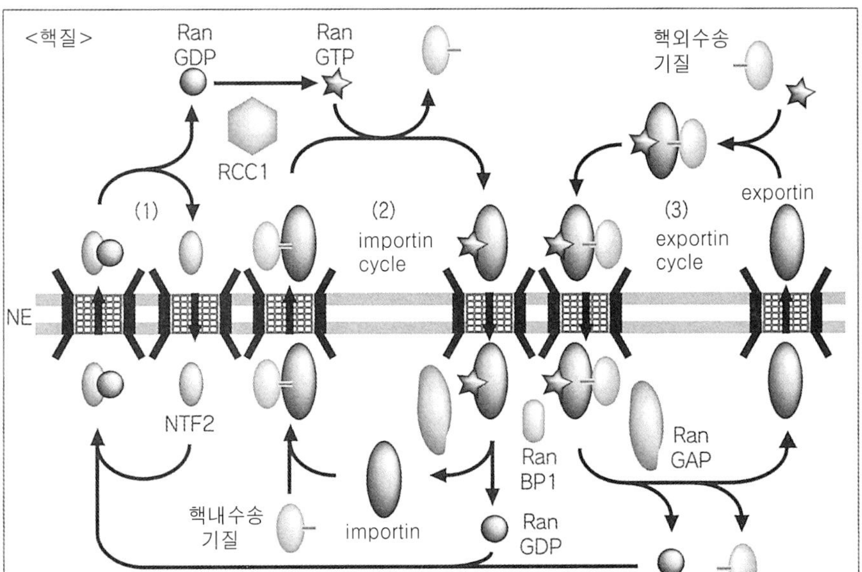

그림6. importin β family에 의한 핵내·핵외 수송

● 끝맺음

원핵생물이 진핵생물로 진화하는 데 맞춰서 세포는 외벽이었던 세포질막을 내부로 함몰시키고, 다른 원핵생물을 세포내로 공생시킴에 따라서 세포내부를 고도로 구획화하여 막구조의 면적을 비약적으로 증대시켰다. 그 결과 복잡한 생화학반응을 분리해서 행하고, 막에 효소를 집적하

여 반응의 효율을 높여서 막의 내외의 용질의 농도차를 이용하여 에너지나 정보를 축적할 수 있게 되었다. 즉 진핵생물의 방대한 처리능력은 이들 고도로 발달한 세포내막구조에 의하고 있다. 한편 세포내막계의 발달은 단백질의 세포내 traffic을 단번에 복잡화하여 그것을 관제하는 시스템을 고도로 세련된 것으로 변화시킬 수 있게 되었다. 우리들은 그러한 시스템의 일단을 지금 보고 있다. 시스템을 지지하는 현상의 분자기구의 대부분은 아직 미해결이며, 대부분의 문제가 수수께끼인 채 남아있다. 그러한 활발한 화제, 대부분의 연구자가 연구하고 있는 문제가 소개되어 있는 각론을 참고하여 읽어준다면 고맙겠다.

문 헌

1) Blobel, G., Sabatini, D. D. : "Biomembranes 2", (Manson, L.A. ed.), pp.193-195, Plenum, New York (1971)
2) Schatz, G., Dobberstein, B. : *Science*, **271**, 1519-1526 (1996)
3) Hunt, J. F., Weinkauf, S., Henry, L., Fak, J. J., McNicholas, P., Oliver, D. B., Deisenhofer, J. : *Science*, **297**, 2018-2026 (2002)
4) Batey, R. T., Sagar, M. B., Doudna, J. A. : *J. Mol. Biol.*, **307**, 229-246 (2001)
5) Cingolani, G., Bednenko, J., Gillespie, M. T., Gerace, L. : *Mol. Cell*, **10**, 1345-1353 (2002)
6) Abe, Y., Shodai, T., Muto, T., Mihara, K., Torii, H., Nishikawa, S., Endo, T., Kohda, D. : *Cell*, **100**, 551-560 (2000)
7) Sun, Y.-J., Forouhar, F., Li, H.-M., Tu, S.-L., Yeh, Y.-H., Kao, S., Shr, H.-L., Chou, C.-C., Chen, C., Hsiao, C.-D. : *Nat. Struct. Biol.*, **9**, 95-100 (2002)
8) Endo, T., Kohda, D. : *Biochim. Biophys. Acta*, **1592**, 3-14 (2002)
9) Eilers, M., Schatz, G. : *Nature*, **322**, 228-232 (1986)
0) Pelham, H. R. B. : *Cell*, **46**, 959-961 (1986)
1) Deshaies, R. J., Koch, B. D., Werner-Washburne, M., Craig, E. A., Schekman, R. : *Nature*, **332**, 800-805 (1988)
2) Chirico, W. J., Waters, M. G., Blobel, G. : *Nature*, **332**, 805-810 (1988)
3) Kang, P.-J., Ostermann, J., Shilling, J., Neupert, W., Craig, E. A., Pfanner, N. : *Nature*, **348**, 138-143 (1990)
4) Neupert, W., Brunner, M. : *Nat. Rev. Mol. Cell Biol.*, **3**, 555-565 (2002)
5) Brundage, L., Hendrick, J. P., Schiebel, E., Deiessen, A. J. M., Wickner, W. : *Cell*, **62**, 649-657 (1990)
6) Akimaru, J., Matsuyama, S., Tokuda, H., Mizushima, S. : *Proc. Natl. Acad. Sci. USA*, **88**, 6545-6549 (1991)
17) Görlich, D., Rapoport, T. A. : *Cell*, **75**, 615-630 (1993)
18) Van den Berg, B. *et al.* : *Nature*, **427**, 36-44 (2004)
19) Nakai, M., Goto, A., Nohara, T., Sugita, D., Endo, T. : *J. Biol. Chem.*, **269**, 31338-31341 (1994)
20) Yuan, J. G., Henry, R., McCaffery, M., Cline, K. : *Science*, **266**, 796-798 (1994)
21) Stuart, R. A. : *Biochim. Biophys. Acta*, **1592**, 79-87 (2002)
22) Palade, G. E. : *Science*, **189**, 347-358 (1975)
23) Balch W. E., Dunphy, W. G., Braell, W. A., Rothman, J. E. : *Cell*, **39**, 405-416 (1984)
24) Novick, P., Field, C., Schekman, R. : *Cell*, **21**, 202-215 (1980)
25) Pearse, B. M. : *J. Mol. Biol.*, **97**, 93-98 (1975)
26) Malhotra, V., Serafini, T., Orci, L., Shepherd, J. C., Rothman, J. E. : *Cell*, **28**, 329-336 (1989)
27) Barlowe, C. *et al.* : *Cell*, **77**, 895-907 (1994)
28) Bonifacino, J. S., Lippincott-Schwartz, J. : *Nat. Rev. Mol. Cell Biol.*, **4**, 409-414 (2003)
29) Rothman, J. E., Warren, G. : *Curr. Biol.*, **14**, 220-233 (1994)
30) Sutton, R. B., Fasshauer, D., Jahn, R., Brunger, A. T. : *Nature*, **395**, 347-353 (1998)
31) May, A. P., Whiteheart, S. W., Weis, W. I. : *J. Biol. Chem.*, **276**, 21991-21994 (2001)
32) Whyte, J. R. C., Munro, S. : *J. Cell Sci.*, **115**, 2627-2637 (2002)
33) Zerial, M., McBride, H. : *Nat. Rev. Mol. Cell Boil.*, **2**, 107-117 (2001)
34) Wieland, F. T., Gleason, N. M., Serafini, T. A., Rothman, J. E. : *Cell*, **50**, 289-300 (1987)
35) Aridor, M., Traub, L. M. : *Traffic*, **3**, 537-546 (2002)
36) Vale, R. : *Cell*, **112**, 467-480 (2003)
37) Presley, J. F. *et al.* : *Nature*, **389**, 81-85 (1997)
38) Nielsen, E., Severin, F., Backer, J. M., Hyman, A. A., Zerial, M. : *Nat. Cell Biol.*, **1**, 376-388 (1999)
39) Pelham, H. R. B., Rothman, J. E. : *Cell*, **102**, 713-719 (2000)
40) Bonfanti, L. *et al.* : *Cell*, **95**, 993-1003 (1998)
41) Shorter, J., Warren, G. : *Annu. Rev. Cell Dev. Biol.*, **18**, 379-420 (2002)
42) Fukuda, M. *et al.* : *Nature*, **390**, 308-311 (1997)
43) Suntharalingam, M., Wente, S. R. : *Dev. Cell*, **4**, 775-789 (2003)
44) Adam, S., Marr, R. S., Gerace, L. : *J. Cell Biol.*, **111**, 807-816 (1990)
45) Görlich, D., Prehn, S., Laskey, R. A., Hartmann, E. : *EMBO J.*, **15**, 5584-5594 (1994)
46) Imamoto, N. *et al.* : *FEBS Lett.*, **368**, 415-419 (1995)
47) Görlich, D., Kutay, U. : *Annu. Rev. Cell Dev. Biol.*, **15**, 607-660 (1999)
48) Chook, Y. M., Blobel, G. : *Curr. Opin. Struct. Biol.*, **11**, 703-715 (2001)

II. 단백질수송

미토콘드리아 외막단백질의 미토콘드리아 표적화와 막삽입

Mihara Katsuyoshi (三原勝芳)

분비경로의 소기관막을 구성하는 막단백질의 대부분은 모두 단백질합성의 도중에 SRP(신호인식입자)의 작용에 따라서 소포체로 운반되어 단백질합성반응에 함께 작용을 하여 막에 삽입된다. 한편 미토콘드리아나 peroxisome의 단백질은 단백질합성이 끝난 후에 소기관으로 수송된다고 한다. 그런데 분비경로의 막단백질과 아주 닮은 소수성영역을 가진 막단백질은 어떻게 하여 소포체로 수송을 면하고 목적 소기관막으로 삽입되는 것일까. 여기에서는 미토콘드리아의 막단백질에 대해서 그 표적화와 삽입에 대한 연구동향을 소개한다.

key Words　미토콘드리아　막단백질　단백질수송장치　수송신호

● 서론

미토콘드리아는 외막과 내막의 2 장의 막으로 둘러싸인 구조를 취하며, 호기적인 ATP생산뿐만이 아니라 아미노산대사, 지방산산화, heme합성 등에도 관계하는 진핵세포에 필수적인 소기관이다. 미토콘드리아 단백질의 대부분은 핵의 DNA에 코드되어 있으며, 포유류에서는 내막의 호흡쇄를 구성하는 겨우 13종류(효모에서는 8종류)의 단백질이 미토콘드리아DNA에 코드되어 있는데 지나지 않는다. 따라서 미토콘드리아단백질의 대부분은 cytosol에서 합성된 다음에 외막과 내막의 단백질수송장치에 의해서 각각의 sub-compartment로 운반되어 기능한다[1~4].

I. 미토콘드리아수송신호

미토콘드리아내로 수송된 단백질의 약 70%는 분자의 N말단에 20~80 아미노산으로 된 pre배열을 가진 전구체로서 합성된다. pre배열 중에는 serine과 threonine을 포함하여 염기성의 兩친매성 α-helix를 구성하는 영역이 존재하며 이 부분에 단백질을 미토콘드리아의 matrix까지 운반하는 데에 필요 충분한 정보(matrix-targeting signal : MTS)가 포함된다. 단백질합성이 끝나고 cytosol로 유리한 전구체단백질은 MTS를 인식하는 세포질의 인자(mitocondrial import stimulation factor(MSF), presequence binding factor(PBF))에 의해서 미토콘드리아의 수용체로 운반된 다음에, 외막의 수송장치 TOM복합체를 통하여 다시 내막의 TIM 복합체에 의해서 막전위와 matrix의 ATP에 의존하여 matrix 내로 수송된다(**그림1**).

한편 나머지 약 30%의 미토콘드리아 단백질은 pre배열을 가지지 않은 채로 합성된다. 모든 외막단백질, 일부의 막간(膜間)공간단백질[cytochrome c, cytochrome c heme lyase (CCHL)], 및 일부의 내막단백질[ATP/ADP carrier (AAC)나 bcl1 복합체의 assembly에 일하는 BCS1 등]이며, 이들 분자내로 수송에 필요한 신호(내재성신호)를 가진다. 이를테면 AAAC는 6회 막관통형단백질이며, matrix쪽의 3개의 loop내에 염기성의 신호(carrier sequence

Katsuyoshi Mihara, 九州大学大学院医学研究院分子生命科学教室　E-mail : mihara@cell.med.kyushu-u.ac.jp
Targeting and insertion of preproteins into the mitochondrial outer membrane

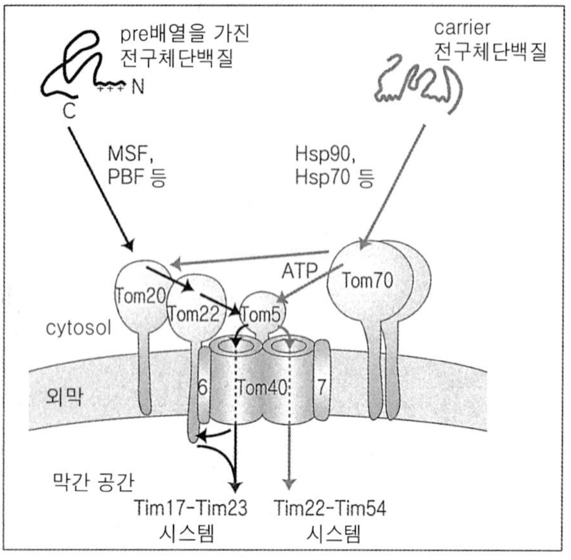

그림1. 전구체단백질의 미토콘드리아 외막 통과

세포질에서 pre배열을 가진 전구체단백질로서 합성된 단백질은 세포질 샤페론에 의해서 미토콘드리아 외막의 import 수용체에 운반된 다음에 TOM복합체와 Tim17-Tim23복합체 시스템의 작동에 의해서 matrix로 수송된다. AAC 등 metabolite carrier라고 불리는 pre배열을 가지지 않은 채 합성되는 일군(一群)의 단백질은 세포질 샤페론 복합체에 의해서 Tom70에 운반된 다음에 TOM복합체와 Tim22-Tim54 복합체 시스템의 작동에 의해서 내막에 삽입된다.

motif)가 존재한다[5]. CCHL에서는 분자의 후반부에 약 60아미노산으로 된 염기성아미노산과 산성아미노산이 풍부한 영역[6]이, 또한 내막의 1회 막관통형 단백질 BCS1은 막관통영역(TMD)과 그 직후의 MTS에 유사한 영역이 hairpin구조를 취하며 신호로서 작용한다[7].

II. 외막통과장치(TOM복합체)

TOM복합체의 주요부분(TOM core 복합체)은 Tom40, Tom22, Tom7, Tom6, Tom5로 구성된다(그림1). Tom40은 통로의 주성분이며, β-barrel 구조를 취하며 외막에 매몰되었다고 생각되고 있다. Tom22는 수용체로서 기능이외에 TOM의 assembly의 조절, Tom5는 수용체에서 Tom40으로 전구체단백질의 전달, Tom6과 Tom7은 TOM복합체의 해리-회합(會合)에 관계한다. TOM core 복합체에 전구체단백질수용체 Tom20, Tom70이 느슨하게 결합하여 TOM 복합체를 형성한다[1~3]. 포유류 미토콘드리아의 외막수송장치는 Tom7, Tom20, Tom22, Tom40 및 Tom70을 포함하여 효모와 유사한데, 덧붙여서 Tom34, metaxin 및 OM37이라는 포유류 독자의 성분이 보고되어 있다[3].

III. 외막통과의 구동력

미토콘드리아 내막과 달리, 외막에는 막전위는 형성되지 않고, 또한 막간공간에는 ATP에 의존하여 단백질을 구동할 수 있는 샤페론분자는 알려져 있지 않다. 외막으로 단백질의 삽입이나 외막의 통과는 어떠한 힘에 의해서 구동되는 것일까?

정제한 TOM복합체를 집어넣은 liposome의 내강(內腔)에 MPP를 봉입하고, 밖에서 전구체단백질을 첨가하면 그 MTS는 하류부분을 밖에 남긴 채로 소포의 내측에 도달하고, MPP에 의해서 절단을 받는다. 요컨대 TOM복합체의 통로 Tom40은 전구체단백질을 부분적으로 수송하는 기능을 가지고 있는 것을 알았다. 외막통과의 과정에서 전구체단백질의 MTS부분은 우선 염(?)감수성의 결합을 매개하고 외막의 수용체에 결합하여(cis결합부위) Tom40에 다다른다. 전구체단백질은 Tom40에 의해서 구조가 풀려서 pre배열부분이 Tom40 통로의 내부 또는 막간공간 쪽의 부위(trans결합부위) 에 결합하여 염내성(鹽耐性)의 중간체를 형성한다[1,2,8]. 정제한 Tom40 자신도 염감수성의 cis결합부위를 가지고 있는데, 그의 결합은 미토콘드리아막의 cis부위의 결합보다도 훨씬 강하다. 외막의 cis부위에서 이와같은 친화력의 차이, 더욱이 막의 표면에서 안쪽에 걸쳐서 형성되는 친화력의 차이에 의해서 전구체단백질의 신호부분의 구동이 일어나는 것이라고 생각된다. 전구체단백질은 그 다음 막간공간 쪽에서 안정한 구조형성을 하는 과정에서 TOM 복합체를 떠나서 막간공간에 국재화한다. 이를테면 cytochrome c에서는 CCHL에 의한 heme결합과정이, 또는 내막에 삽입되는 AAC의 경우는 수송신호와 막간공간의 소분자량 Tim단백질의 상호작용이 구동력을 제공하고 있다. 막전위의존적으로 더욱이 내막이나 matrix로 수송되는 전구체단백질의 경우는 내막의 수송인자와 상호작용

표1. 외막단백질의 막 삽입반응에 있어서 외막수송인자의 의존성

삽입반응	Tom70	Tom22	Tom20	Tom5	Tom40	porin	Bcl-2*
Tom70 의존성	−	+	−	−	+	ND	ND
Tom20 의존성	−	+	−	−	+	+	+
Tom22 의존성	−	ND	−	−	+	+	−
Tom5 의존성	ND	ND	−	−	+	+	−
Tom40 의존성	+	ND	+	+	+	+	−
Tom40 통로 폐색(閉塞)에 의한 저해	+	ND	−	−	+	+	−

*Bcl-2의 효모 미토콘드리아로 삽입시의 요구성을 나타냈다.

이 관계하고 있다고 여겨진다.

IV. 외막단백질의 표적화와 막으로 삽입

1. N말단 anchor단백질

Tom70, Tom20은 N말단에 TMD를 가지며, N말단을 막간공간에, C말단측을 cytosol에 낸 Nin-Cout의 배향성(配向性)을 가지고 외막에 삽입된다. 신생한 Tom20과 Tom70은 수용체를 우회하고, 직접 Tom40을 매개하여 TOM 복합체에 삽입한다(**표1, 그림1**)[4]. 효모의 Tom70은 N말단에 존재하는 MTS 모양의 배열에 의해서 수송이 개시되며 그것에 이어서 TMD에 의해서 matrix로 수송이 정지하며(stop-transfer 배열), 결과적으로 외막에 삽입되는 것이라고 여겨지고 있었는데, 후에 TMD부분이 표적화와 삽입에 필요충분한 신호anchor인 점이 시사되었다. Tom20(그림2)의 경우는 소포체막단백질보다도 소수성이 약한 TMD와 그의 직후의 정하전(+)이 신호의 조건이다. TMD직후의 정하전을 제거하던가 TMD의 소수성을 높이면 단백질은 모두 소포체로 수송된다. 이것은 N말단 anchor형 단백질에 공통한 신호의 특성이다[9]. N말단 anchor단백질의 TMD는 합성초기에 SRP(신호인식입자)에 의해서 인식되는데, 그 소수성이 낮기 때문에 결합은 약하며, TMD직후의 정전하에 의해서 SRP의 기능은 저해된다. 이렇게 하여 소포체행 수송은 저해받으며, 어쩌면 cytosol의 표적화 인자에 의해서 미토콘드리아외막으로 표적화가 이뤄진다고 생각된다. 한편 TMD의 소수성이 높은 경우는 SRP에 대한 친화력이 강하므로, 그 기능은 하류의 정전하에 의해서는 저해되지 않으며 우선적으로 소포체로 표적화가 일어난다.

2. C말단 anchor단백질

외막단백질에는 C말단에 막결합부위를 가지며, 분자의 대부분을 cytosol쪽(Nout-Cin의 배향성)에 내어서 존재하는 것이 있다. Tom5, Tom6, metaxin, 미토콘드리아외막 국재형 cytochrome b_5(OMb), Bcl-2 등이다(그림2)[4]. 덧붙이면 C말단 anchor형 단백질의 소포체행 표적화와 막에게 삽입은 SRP-SRP receptor-Sec61에는 의존하지 않는 기구에 의한다고 말해지고 있다[10]. 필자들의 해석에 의해서 C말단 anchor단백질의 미토콘드리아 표적화와 외막삽입에는 적어도 2가지의 다른 신호를 요구하는 경로가 있다고 밝혀졌다. 외막에 분산하여 존재하는 C말단 anchor단백질, 이를테면 포유류의 OMP25나 VAMP1B(효모 Tom5는 포유류 미토콘드리아내에서는 TOM복합체에 삽입하지 않고, OMP25나 VAMP1B와 꼭같이 흔들거리며 춤춘다)는 다음과 같은 신호의 특성을 가진다[11]: (1) TMD직후의 염기성 아미노산의 cluster, (2) 적절한 길이 (18~20잔기)의 TMD, (3) TMD에서 C말단의 염기성 아미노산 cluster까지의 거리. 이들 중요한 조건이 결핍하면 세포질에 분산하기도 하고 특이성을 잃고 세포막계 전체로 수송되어 버린다. 한편 효모TOM복합체의 구성성분인 Tom5의 표적화는 TMD직후의 염기성 아미노산 cluster와 그의 주변의 아미노산 및 TMD의 helix 구조가 중요함이 밝혀졌다. 이 삽입은 외막의 수용체를 필요로 하지 않고, Tom40에 의존하여 일어난다(표1). OMP25나 VAMP1B의 삽입경로, 또는 효모Tom5의 포유류 미토콘드리아로 삽입이 효모 미토콘드리아와 일부 공통하는 경로에서 이뤄지는지 어떤지는 아직 모른다.

N말단 anchor단백질

		소수성度
Tom20	MVGRNTAIAAGVCGALFIGYCIYFDRKRRSDP NFKDRL - - -	2.0
Tom70	MAASKPVEAAMAAAAAPASGNGVGSSGGTAAP GSGAGTLPRWHVALAIGAPLLLGAGAMYLWSR RRRRRE - - -	1.3

C말단 anchor단백질

		국재	소수성度
Tom5	QTEKTLKQAAYVAAFLWVSPMIWHLVKKQWK-COOH	Mt	1.55
cyt b_5	TTVESNSSWWTNWVIPAISALVVALMYRLYMAED-COOH	ER	1.51
OMb	KNNSCQSSWAYWIVPIVGAILIGFLYRHFWADSKSS-COOH	Mt	2.05
VAMP1-A	KYWWKNCKMMIMLGAICAIIVVVIVIYFFT-COOH	ER-PM	3.01
VAMP1-B	KYWWKNCKMMIMLGAICAIIVVVIVRRD-COOH	Mt	3.20
OMP25	RGDGEPSGVPVAVVLLPVFALTLVAVWAFVRYRKQL-COOH	Mt	2.58

분자내 anchor단백질

Tom22	··EEDDDDELDETLSERLWGLTEMFPERVRSAAGATFDL SLFVAQKMYRFSRAALWIGTTSFMILVLPVVFETEKLQ··

그림2. 미토콘드리아 외막단백질의 수송신호주변의 아미노산배열

Tom5는 효모유래, 그 외는 모두 rat유래의 단백질의 배열이다. 한 가닥 아랫줄은 TMD를, Tom22의 두 가닥 아랫줄은 삽입에 필수인 α-helix영역을 나타낸다.

3. 분자내 anchor단백질

Tom22는 1회관통형 단백질인데, 분자의 한 가운데쯤에 TMD를 가지며, Nout-Cin의 배향을 취한다. 외막에 삽입에는 Tom70과 Tom20이 수용체로서 사용되며, 아마도 Tom40도 관여하고 있다고 추측된다(표1). 효모Tom22에서는 TMD와 10잔기 상류(세포질측)에 있는 염기성의 兩(양)친매성 helix 영역이 hairpin구조를 취하는 것이 신호에 필요할 걸로 여겨지고 있다[13]. rat Tom22에서는 TMD와 그의 약30잔기상류에 있는 10잔기로 된 산성의 helix 영역이 필수 신호로 된다(그림2)[14]. 이와같이 분자내 anchor단백질에 있어서는 N말단 anchor단백질이나 C말단 anchor단백질과 다른 타이프의 신호가 작용하고 있는 듯 하다.

4. 외막에서 topology의 결정

막단백질의 외막에서의 topology를 결정하는 요소는 아직 모른다. 대장균내막과 소포체막에 있어서 삽입하는 막단백질은 삽입이 개시되는 TMD측에 정전하가 한쪽으로 기울고 있는 점(positive-inside rule)에서, 외막에 있어서도 TMD의 전후의 전하의 차가 요인이 된다고 추측되는데, 적어도 Tom22에 관해서는 TMD주변의 하전분포를 역전해도 topology는 변화하지 않았다[13]. Shore그룹은 효모 Tom70의 신호 anchor의 상류(N말단)에 다른 전구체단백질의 MTS를 연결하면, 그 단백질은 본래와 거꾸로의(Nout-Cin의) topology로 삽입되는 것을 알아냈다[15]. TMD의 N말단쪽이던지 C말단쪽의 영역을 cytosol쪽(미토콘드리아의 표면쪽)에 유지하는 기구가

topology를 결정하는 요소로 되는 것인지도 모른다.

5. polytopic 막단백질

TOM복합체의 중심성분인 Tom40은 소수성의 TMD를 가지지 않고. β-barrel구조를 취하여 외막에 삽입된다. 이 삽입은 세포질의 인자와 ATP에 의존하고 더욱이 import 수용체(Tom70, Tom20 및 Tom22)에 의존한다(표1)[16]. 신생단백질이 cyto-sol인자의 작용에 의해서 고차구조를 만들고, 그 구조에 제시된 신호(signal patch)의 작용으로 수용체에 운반되는 기구가 생각되는데, 신호의 특성과 세포질인자의 실체는 아직 불명이다. 미토콘드리아 외막의 porin도 β-barrel단백질이며, Tom40처럼 Tom20, Tom22, Tom5, 및 Tom40을 거쳐서 지질막에 삽입된다(표1)[17]. 한편 α-helix를 형성하는 TMD를 여러 개 가지는 외막단백질도 존재한다. 이를테면 matrix내로 cholesterol의 수송에 관계하는 PBP(peripheral benzodiazepine receptor)는 외막에서 5회 막관통형의 topology를 취하는데, 그의 표적화와 막으로 삽입하는 기구는 불명이다.

6. 외막단백질의 지질층으로 정착

미토콘드리아 외막단백질은 Tom40을 거친 다음 어떻게 하여 지질이중층에 anchor되는 것일까? Tom40은 β-barrel로 되는 구멍을 형성하고 있다고 여기지고 있는데, matrix행의 전구체단백질에 의해서 통로를 막았을 때의 삽입저해의 유무를 관찰함으로써 Tom40에 의한 막단백질의 인식에는 적어도 2개의 방식이 있음이 밝혀지게 되었다. 하나는 Tom70이나 Tom40과 같이 matrix에 수송되는 전구체단백질과 같이 통과구멍을 사용하는 경우이고, 또하나는 Tom21이나 Tom5와 같이 Tom40의 통과구멍 이외의 영역을 사용하는 경우이다(표1). 이 2가지 방식의 구분하여 사용하기와 지질이중층으로 방출하는 기구는 앞으로의 과제이다.

7. β-barrel 단백질복합체의 조립(assembly)

신생의 Tom40전구체는 수용체에서 Tom40통로를 통하여 막간공간에 나온 다음에 다시 막으로 삽입되며, 중간체I(250K)을 형성하고, 더욱이 중간체 II(100K0를 거쳐서 TOM 복합체(400K)로 삽입된다[18]. Mas37은 cardiolipin의 생합성에 관계하는 외막인자로서 발견되어, 전구체단백질수용체로서 그 기능이 생각되어 왔는데, 그것을 부정하는 보고가 나오는 등 기능에 문제점이 남아있는 단백질이었다. Pfanner그룹은 Mas37이 결실됨으로써 TOM복합체형성과정이 저해되는 것을 발견하여, Mas37을 포함하는 210K의 복합체가 TOM복합체형성과정의 요점이 되고 있는 것을 알아냈다(**그림3**). Mas37의 결실은 역시 β-barrel단백질인 porin 및 Mdm10의 assembly를 저해하는데, 다른 전구체단백질의 수송에는 전혀 영향을 미치지 않았던 점에서 Mas37 복합체는 β-barrel구조를 취하는 단백질의 assem-bly에 관계하는 인자라고 생각되어, SAM(sorting and assembly machinery)라고 이름붙였다[19]. 그러나 Mas37은 붉은 빵곰팡이의 미토콘드리아에는 발견되지 않고, 이 삽입반응에 공통하는 인자는 아니다. 이것과 관련하여 Omp85라는 그램양성세균의 생육에 필수인 외막단백질이 β-barrel형 외막단백질의 assembly에 관여한다고 보고되었다[20]. 단지 그와같은 기능은 아니고 외막으로 지질의 수송에 관여한다는 보고도 있다[21]. 최근 Omp85에 상동성을 가진 효모의 생육에 필수인 단백질[Sam50[22] 또는 Tob55(topogenesis of mitochondrial outer mem-brane β-barrel protein55[23])]가 발견되어, β-barrel단백질의 외막으로 assembly하는 데에 필수인자인 점이 밝혀지게 되었다. Sam50/Tob55는 효모에서 포유류까지 보존된 단백질이고, Mas37과 함

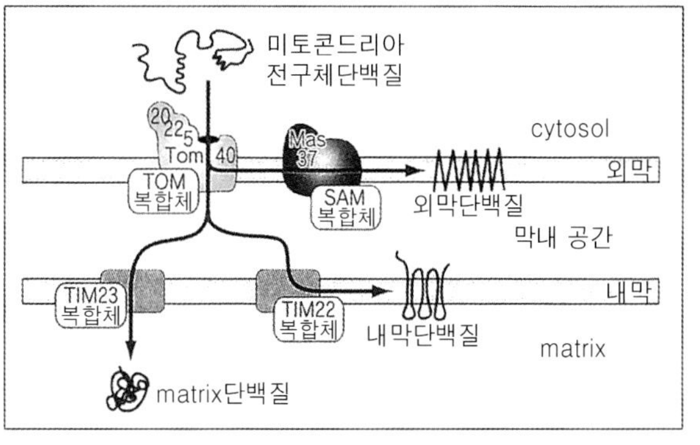

그림3. SAM복합체에 의한 TOM복합체의 조립과정
(문헌24에서 인용)

께 SAM복합체에 존재하며, 그의 통로기능을 매개하여 막간공간쪽에서 β-barrel단백질의 삽입에 관여하고 있는 듯하다.

● 끝맺음

소포체에 삽입되는 막단백질과 유사한 TMD를 가지는 단백질이 소포체로 수송을 면하여 미토콘드리아나 peroxisome에 운반되는 기구는 거의 알려져 있지 않다. 지금까지 미토콘드리아로의 단백질수송은 post-translational 방식으로 일어난다고 믿어져 왔는데, 소수성이 풍부한 단백질의 응집을 막고 import-competent 상태로 보존되어, 한층 co-translational한 방식으로 표적화가 일어날 가능성도 충분히 고려된다. 막단백질이 가진 다양한 내재성 신호를 인식하고, 미토콘드리아로 표적화하는 기구의 해석을 급히 하지 않으면 안된다. 미토콘드리아로 운반되는 전구체단백질의 수송은 모두 TOM복합체를 경유하여 미토콘드리아내의 sub-compartment에 보내진다. 그 중심이 되는 Tom40통로는 거의 모든 미토콘드리아 단백질의 구별과 수송에 관계하고 있다. 외막과 내막의 단백질을 식별하는 기구, 외막단백질이 Tom40을 통하여 지질층에 정착하는 기구, 막에서 topology를 결정하는 기구 등, 많은 흥미있는 과제가 미해결인 채 남아있다.

Q 일반적으로 SRP에 의한 ER신호배열의 인식에 영향을 주는 인자로는 소수성의 크기와 전하의 위치와 수 이외에 어떠한 것이 알려져 있는가? 이를테면 입체구조의 특징은?

A 그 정도 상세한 해석은 되어 있지 않다고 생각한다. SRP 비의존수송계의 효모변이주(sec63 및 sec62)의 수송거동으로 봐서, 8종류의 전구체단백질에 대해서 SRP에 의존하는 것(II형 막단백질인 dipeptidyl aminopeptidase B, Pho8), SRP에 전혀 의존하지 않는 것(preprocarboxy peptidase Y, prepro α 인자 등), 양쪽의 경로로 수송되는 것(preKar2)을 분류하고, 그의 신호펩타이드의 특성을 해석한 예가 있다. 그 결과 소수성 core가 평균 소수성도(Kyte-Doolittle의 plot)가 +2이하이라면 SRP에 의존하지 않는 수송계로, 그것 이상이라면 SRP에 의존하는 경로(또는 양쪽의 경로)로 수송된다고 알려져 있다. 구성아미노산의 특징으로서는 SRP에 의존하지 않는 경로의 신호펩타이드는 소수성 core에 Ala, Ser, Thr 등, 측쇄가 적은 아미노산이나 OH를 가지는 아미노산을 많이 함유하는 것, SRP에 의존하는 신호는 Leu, Ile, Val 등 지방족측쇄를 가지는 아미노산이 풍부한 것이 보고되어있다.

Q Tom20의 TMD이 직후의 정전하를 제거하던가 TMD의 소수성을 높이면, SRP에 의해서 인식되는 듯한데, 거꾸로 ER신호를 바꿔서 소수성을 낮춤으로써 미토콘드리아 이동형으로 바뀐 예는 있는가?

A 그러한 실험 예는 아직 보고된 바 없다. 단지, 천연에는 cytochrome P-4502B1, P-4501A1, P-4502E1 등과 같이 N말단에 ER표적화신호, 그의 직후에 MTS를 가지는 것이 있고, 보통은 ER로 수송되며, 신호부분보다 하류의 Ser가 A kinase에 의해서 인산화되면 미토콘드리아로 수송되는 예가 있다.

Q Tom40의 기능으로서 통과구멍의 형성과 다른 Tom인자의 결합이외에, 신호에 대한 직접적인 수용체로서, 특히 C말단 anchor형 단백질의 수용체로서 기능할 가능성은 있는가?

A 외막에 분산하여 존재하는 C말단 anchor단백질의 수송경로는 아직 모른다. N말단 anchor 단백질 Tom70, Tom20은 protease에 의해서 외막의 import수용체를 제거해도 정상적인 수송이 일어나는 점으로 봐서 아마도 Tom40이 직후의 수용체로서 작용하고 있다고 생각하고 있다.

문헌

1) Pfanner, N., Geissler, A. : *Nat. Rev. Mol. Cell Biol.*, **2**, 339-349(2001)
2) Endo, T., Kohda, D., *Biochim. Biophys. Acta*, **1592**, 3-14(2002)
3) Mori, M., Terada, K. : *Biochim. Biophys. Acta*, **1403**, 12-27(1998)
4) Mihara, K. : *BioEssays*, **22**, 364-371(2000)
5) Sirrenberg, C. *et al.* : *Nature*, **391**, 912-915(1998)
6) Diekert, K. *et al.* : *Proc. Natl. Acad. Sci. USA*, **96**, 11752-11757(1999)

7) Fösch, H. *et. al.* : *EMBO J.*, **15**, 479-487(1996)
8) Rapaport, D. *et al.* : *J. Biol. Chem.*, **273**, 8806-8813(1998)
9) Kanaji, S. *et al.* : *J. Cell Biol.*, **151**, 277-288(2000)
10) Borgese, N., Colombo, S., Pedrazzine, E. : *J. Cell Biol.*, **161**, 1-7(2003)
11) Horie, C. *et al.* : *Mol. Cell. Biol.*, **13**, 1615-1625(2002)
12) Horie, C. *et al.* : *J. Biol. Chem.*, **278**, 41462-41471(2003)
13) Rodriguez-Cousino, N. *et al.* : *J. Biol. Chem.*, **273**, 11527-11532(1998)
14) Nakamura, Y. *et al.* : *J. Biol. Chem.*, in press(2004)
15) Li, J.-M., Shore, G. : *Science*, **256**, 1815-1817(1992)
16) Rapaport, D., Neupert, W. : *J. Cell Biol.*, **146**, 321-331(1999)
17) Krimmer, T. *et al.* : *J. Cell Biol.*, **152**, 289-300(2001)
18) Model, K. *et al.* : *Nat. Struct. Biol.*, **8**, 361-369(2003)
19) Wiedemann N. *et al.* : *Nature*, **424**, 565-571(2003)
20) Voulhoux, R. *et al.* : *Science*, **299**, 262-265(2003).
21) Genevrois, S. *et al.* : *EMBO J.*, **22**, 1780-1789(2003)
22) Kozjak, V. *et al.*, : *J. Biol. Chem.*, **278**, 48520-48523(2003)
23) Paschen S. A. *et al.* : *Nature*, **426**, 862-866(2003)
24) Mihara, K. : *Nature*, **424**, 505-506(2003)

II. 단백질수송

단백질의 미토콘드리아 표적화와 분자샤페론

Yano Masato (矢野正人)·Mori Masataka (森 正敬)

미토콘드리아단백질의 외막의 수용체에게 보내는 수송시스템의 해석은 이제까지 신호배열과 수용체분자에 주목하여 행해지는 경우가 많고, 분자샤페론의 중요성에 관해선 그다지 고려되지 않았다. 그 때문에 분자샤페론이나 그것에 의존하는 전구체단백질이 수용체에게 인도되어 미토콘드리아로 끌려 들여지기까지의 사이에 어떠한 행동을 하는 지 충분히 알고 있지 않다. 여기에서는 이것에 관한 연구를 몇 가지 소개하고 아울러 필자의 연구에 대해서도 기술한다.

key Words 미토콘드리아 단백질수송 분자샤페론

● 서론

미토콘드리아 단백질은 cytosol에 있어서 미토콘드리아 이동신호를 가지는 전구체단백질로서 합성되어, 그 대부분은 분자샤페론과 결합한 상태로 미토콘드리아 외막의 수용체로 운반된다. 수용체는 신호배열을 식별하여 전구체에 결합하고 그것을 외막통과장치로 인도한다. 이 일련의 과정에 있어서 분자샤페론은 전구체를 이상(異狀)하게 꾸부려지고 꺾임(폴딩)으로써 생기는 응집으로부터 보호하는 역할을 담당하고 있다[1,2]. 그러나 이제까지 이뤄져 온 수송메커니즘의 해석은 신호배열(pre배열)을 dihydrofolic acid dehydrogenase나 녹색형광단백질 등의 폴딩되기 쉬운 단백질에 결합시킨 인공전구체단백질을 모델로 사용하여 성취된 경우가 많았다[3]. 그 때문에 미토콘드리아 이행신호와 그의 수용체의 작용에 관한 정보는 수많이 얻어져 왔지만, 분자샤페론의 작용을 포함한 지식은 충분히 얻어지지 않았다(**그림1**). 이를테면 분자샤페론의존성의 전구체단백질이 수용체에 인계된 경우에는 수용체나 외막의 인자와 분자샤페론의 상호작용이 필요하다고 생각되는데, 이 기구에 대해서는 최근까지 그다지 잘 알려져 있지 않았다. 여기에서는 분자샤페론 Hsp70의 역할을 중심으로 최근의 연구를 소개함과 동시에 필자들이 진행해오고 있는 연구에 대해서도 기술한다.

I. 미토콘드리아단백질수송에 있어서 분자샤페론의 역할

cytosol에서 합성되는 전구체단백질의 대부분에는 분자샤페론70이 결합한다. Hsp70에 결합한 전구체는 폴리펩타이드사슬이 폴딩한 입체구조를 취하지 않고 부분적으로 풀린 상태로 보존된 채 미토콘드리아 외막의 수용체로 운반된다고 여겨지고 있다[1](그림1). 이 Hsp70의 작용에 의해서 전구체는 cytosol에 있어서 잘못된 폴딩이나 분해로부터 보호받는다고 추정되고 있다. 또한 수용체로 인도된 전구체의 폴리펩타이드사슬은 풀린 상태로 외막통과장치를 통하여 미토콘드리아 내부로 끌여들여진다. 따라서 Hsp70이 결합하여 전구체가 풀린 상태로 보호되는 것은 전구체가 미토콘드리아로 끌여들여지기를 효율좋게 하기 위해서도 중요하다고 생각된다.

Masato Yano, Masataka Mori, 熊本大学大学院医学薬学研究部 (医学系) 分子遺伝学教室 E-mail : myano@gpo.kumamoto-u.ac.jp masa@gpo.kumamoto-u.ac.jp
Mitochondrial protein import and molecular chaperone

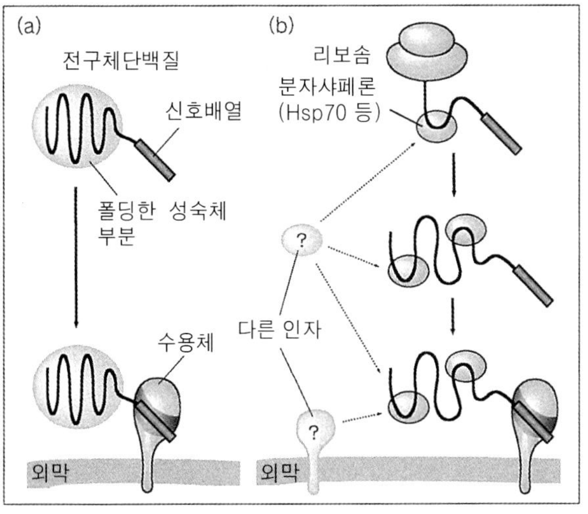

그림1. 전구체단백질의 미토콘드리아 외막의 수용체로 수송

(a) cytosol인자 비의존성 전구체단백질의 수송. 일부의 진짜 전구체단백질이나 인공적으로 만들어진 모델전구체단백질에서는 성숙체부분이 cytosol에서 폴딩하여 안정한 구조를 취한다. 이 경우 Hsp70 등의 분사샤페론의 관여는 거의 없다고 추정된다. (b) cytosol인자비의존성 전구체단백질의 수송. 대부분의 authentic한 전구체단백질에서는 전구체가 합성되는 단계에서 분자샤페론을 포함하는 많은 cytosol인자가 관여한다고 생각된다. 또한 외막에도 이들과 상호작용하는 인자가 존재한다고 추정된다. 그림에는 pre배열형 전구체의 예만을 제시했는데, 막단백질 등 내재성 신호를 가지는 전구체는 특히 분자샤페론의존성이 높다고 여겨진다.

필자의 연구실에서 잘 사용하고 있는 pre배열형 전구체단백질인 ornithine transcarbamoylase(혹은 carbamoyl transferase) 전구체(pOTC)는 Hsp70에 높은 의존성을 나타낸다. 토끼 망상(網狀)적혈구에서 합성한 pOTC는 분리한 미토콘드리아와 혼합하면 효율좋게 미토콘드리아내로 끌여들여진다. 그러나 Hsp70을 제거한 토끼망상적혈구에서 합성한 pOTC는 미토콘드리아로 끌여들여지지 않는다[4]. 또한 pOTC의 합성후에 Hsp70을 첨가해도 pOTC의 미토콘드리아로 끌여들여지기는 회복하지 않는다. 이것 때문에 pOTC가 미토콘드리아로 들어가는 이입(移入)능력을 가지기 위해서는 pOTC가 합성도중의 단계에서 Hsp70에 결합할 필요가 있다고 여겨진다. 또한 Hsp70이 작용하는 부위는 pOTC의 성숙체부분에 있음이 시사되고 있다. 더욱이 Hsp70의 보조인자(cochaperone)인 dj2(HSDJ/Hdj-2)나 dj3도 pOTC의 수송에 관여한다[5]. dj2와 dj3는 대장균의 DnaJ homolog이며, Hsp70에 결합한 ATP를 ADP로 변환하는 것으로 Hsp70과 기질단백질의 복합체를 보다 안정화한다고 여겨지고 있다. 아마도 미토콘드리아 수송에 있어서도 dj2나 dj3는 Hsp70에 결합한 전구체를 미토콘드리아로 수송되기 까지 안정화하는 역할을 담당하고 있다고 생각된다.

또한 pOTC와 같이 pre배열형 전구체단백질인 aspartate aminotransferase(AAT) 전구체(pAAT)도 Hsp70 등의 분자샤페론에 의존하여 미토콘드리아로 수송된다[6,7]. 분자샤페론과 결합하지 않은 pAAT는 미토콘드리아로 끌여들여지지 않는다. 이것은 pAAT의 성숙체부분이 천연(native)상태로 폴딩되어 버리기 때문이라고 생각되고 있다. 사실 정제한 pAAT의 성숙체부분은 protease에 내성으로 되며, AAT의 기질에도 결합하게 된다. 그래서 Hsp70에 결합한 pAAT는 효율좋게 미토콘드리아로 끌여들여진다. protease에도 높은 감수성을 나타낸다. 이런 점으로 봐서 Hsp70은 pAAT를 부분적으로 풀린 상태로 보존함으로써 pAAT가 미토콘드리아로 끌여들여지기 쉽게 된다고 여겨진다. 적어도 pAAT에 관해서는 Hsp70은 전구체단백질의 잘못한 폴딩을 방지하기 보다도 오히려 미토콘드리아로 효율좋게 끌여들이기 위해서 필요하다고 생각된다.

이와같이 Hsp70 등의 분자샤페론은 전구체단백질의 미토콘드리아수송에 있어서 중요한 역할을 담당한다고 생각되고 있다. 그러나 이제까지의 Hsp70에 관한 해석은 cytosol에서 역할을 조사하는 것이 중심이었고, 미토콘드리아 외막에서 일어나는 일과는 별도로 논의되는 경우가 많았다. 이 때문에 수용체에 전구체가 인도될 때의 분자샤페론과 그것에 결합한 전구체의 동작에 대해서는 거의 해석되어 있지 않다.

II. 외막의 수용체와 분자샤페론의 상호작용

최근 Tom70을 경유하여 수송되는 전구체단백질에 대해서 Hsp70과 결합한 전구체가 외막의 수용체에 인도되는 기구의 일부가 해명되었다. Tom70은 7개의 tetratricopeptide repeat(TPR) motif를 가지

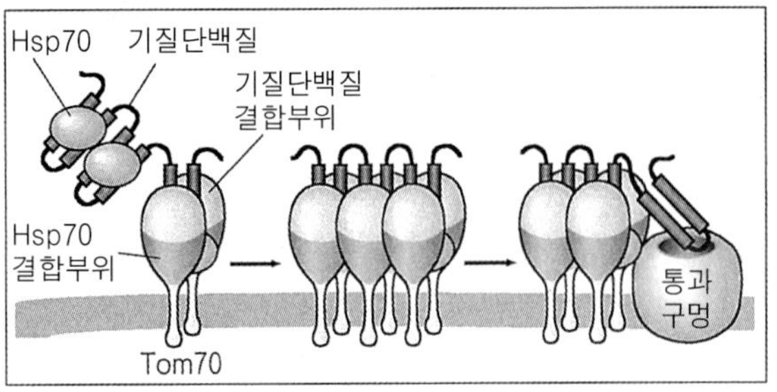

그림2. Tom70을 매개하는 AAC의 수송모델
Tom70은 Hsp70에 결합한 AAC를 받아들여서 전구체를 외막통과로 인도한다.

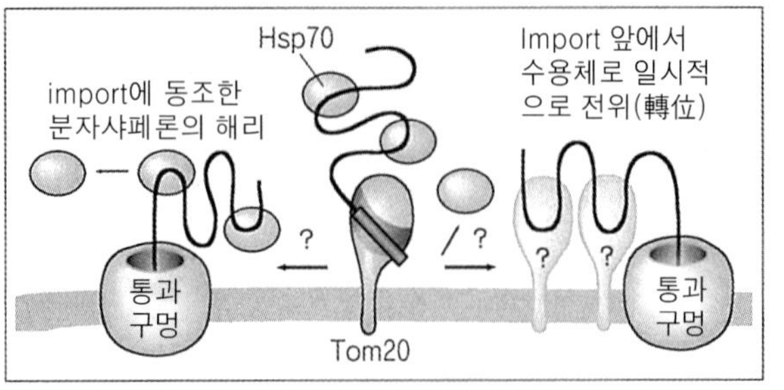

그림3. Tom20을 매개하는 Hsp70의존성 pre배열형 전구체단백질의 수송모델

며, C말단측의 4개의 TPR motif는 전구체에 대한 결합부위로서 작용하며, N말단특의 3개의 TPR motif는 Hsp70에 대한 결합부위로서 작용한다[8,9](**그림2**). ATP/ADP carrier 단백질(AAC)는 내재성신호를 가지는 미토콘드리아 내막단백질이며, Tom70을 경유하여 수송된다. AAC는 두 가닥의 α-helix와 그것에 좁혀진 loop구조를 하나의 단위로 하는 module을 3개 가지며, 각각의 module에 Hsp70이 결합한다고 여겨지고 있다[10]. Hsp70이 결합한 AAC는 module단위마다 Tom70의 이량체(dimer)에 의해서 받아들여진다. 결과적으로 1개의 AAC를 외막에서 일시적으로 안정화하기 위하여 6개의 Tom70이 사용된다고 생각된다. 이와같이 Tom70은 전구체단백질결합부위와 샤페론결합부위의 양쪽을 준비함으로써 전구체단백질과 Hsp70을 동시에 받아들여서 막통과장치에 운반되기 까지 전구체단백질을 안정한 상태로 보호한다고 생각된다.

한편 pre배열형의 전구체단백질 등, Tom20을 경유하여 운반되는 전구체에 대해서는 Hsp70과 결합한 전구체가 수용체에 인도되는 기구는 알려져 있지 않다. 가능성으로는 pre배열을 포함한 전구체전체가 일단 어느 수용체에 인도된 다음에 막통과가 시작하는 모델이나, 우선 pre배열만이 수용체에 결합하여 막통과장치로 운반된 다음에 Hsp70의 해리가 차례로 계속 일어나서 막통과가 진행하는 모델이 생각되고 있다(그림3). 전자의 모델에서는 단순하게 생각하면 pre배열형 전구체의 pre배열은 Tom20에 결합하고 Hsp70에 의존한 성숙체부분의 수용체로 인계하는데는 AAC의 경우와 꼭같이 Tom70이 관여한다고 생각하는 것이 합리적이다. 그러나 이제까지의 연구로 봐서 일반적으로는 Tom20의존성의 pre배열형 전구체는 Tom70의존성이 낮은 것으로 알려져 있다[3]. 실제 Tom70이 관여하지 않고 Tom20이 직접 Hsp70에서 전구체를 받아들일 가능성도 있다. 이를테면 Hsp70에 결합한 전구체가 Tom20에게 인도되면 Hsp70은 Tom70 비의존적으로 해리하여, 전구체와 Tom20의 복합체가 형성된다는 것이 보고되어있다[11]. 또한 Tom20의 cytosol영역은 pre배열만이 아니라 성숙체부분에 결합하는 것도 알려져 있다[12~14]. 이와같이 Tom70 이외에도 Tom20이나 다른 단백질이 Hsp70에 결합한 전구체전체에 대한 수용체로서 기능할 가능성도 있다. 한편 후자의 모델에서는 전구체가 효율좋게 막통과장치로 진행하기 위해서는 미토콘드리아 외막에서 전구체에서 Hsp70을 재빨리 해리시키는 인자의 존재가 추정된다. 대장균에서는 Hsp70에서 기질의 해리를 촉진하는 인자로서 GrpE가 알려져 있는데, 같은 활동을 하는 분자가 미토콘드리아 외막에 존재하여 수송을 효율화하고 있을 가능성도 생각된다. 이상과 같이 pre배열형 전구체 단백질의 수송에 관해서 분자샤페론의 존재를 포함한 모델을 생각한 경우 아직 불분명한 점이 많다. 이것을 밝히기 위해서는 Hsp70의존성의 authentic한 pre 배열형 전구체를 사용한 상세한 연구가 새삼스럽게 필요하다고 생각된다. 최근 필자들은 Tom20의 C말단영역과 상호작용하는 단백질로서 Hsp70이나 Hsp90 등과 함께 dioxine 수용체의 복합체형성에 관계한다고 알려져 있는 샤페론보조인자(cochaperone) aryl hydrocarbon receptor interacting protein(AIP)를 발견했다[15]. AIP는 Tom20에 더하여 전구체단백질과도 결합한다. 이제까지 해석으로 봐서 AIP는 pOTC전구체를 안정화하여 미토콘드리아로 수송을 촉진하는 점에서 Tom20과의 결합의 관련성을 포함하여 현재 해석을 진행하고 있다.

● 끝맺음

미토콘드리아 단백질수송시스템은 이제까지 장년에 걸친 해석에 의해서 대강의 전체상이 보이게 되었다. 그러나 여기에서 기술했듯이 이 시스템의 초기단계인 cytosol에서 외막의 수용체로 가는 수송반응에 있어서 조차도 분자샤페론이나 그것에 결합한 전구체의 동작 등, 여전히 상세한 것이 밝혀지지 않는 부분이 많다. 또한 고등생물에서는 세포특이성을 반영하여, 다종다양한 전구체가 미토콘드리아로 운반된다. 또한 apoptosis에 관해서 일군의 단백질이 미토콘드리아로 이행하기도 하고, 방출되기도 한다. 이 때문에 고등생물에서는 진균류와 비교해서 보다 복잡한 수송시스템을 가질 가능성이 크다. 실제 고등생물에서는 진균에는 존재하지 않는 특이한 인자가 cytosol이나 외막에서 발견되고 있다[1, 2, 16]. 또한 고등생물의 미토콘드리아수송에서는 Hsp70은 물론 Hsp90도 이용되고 있다는 보고도 있다[9]. 고등생물은 진균에 존재하는 기본적인 수송인자 이외에 이들의 다양한 인자를 활용함으로써 미토콘드리아에 국재화하는 전구체단백질의 variation(변동, 변화량, 변이)을 넓히고 있는지도 모른다. 이를테면 apoptosis 관련단백질인 Bcl-2는 미토콘드리아 외막에 국재하는데, 그 외막으로 삽입하는데는 Tom20이 관여한다고 보고되어있다[17]. 그러나 다른 한편에서는 Bcl-2의 국재에는 FKBP38이 관여한다는 보고도 있다[18]. 이러한 점들로 봐서 FKBP38은 Tom20에 부가적인 기능을 주는 것이며 Bcl-2의 미토콘드리아 외막으로 국재화를 촉진하는 지도 모른다. 이와 같은 넓은 의미에서 미토콘드리아 단백질수송시스템이 존재할 가능성도 포함하여 아직 남겨진 과제가 많다.

Q AAC에서 Tom70과 Hsp70의 결합부위가 중복하고 있을 가능성도 있을까? 그 경우, Tom70은 AAC에 대해서는 수용체라기 보다는 오히려 Hsp70과 같은 샤페론으로서 작용한다고 여겨지는데........

A Brix그룹은 AAC와 같이 내재성신호를 가진 인산 carrier 단백질(PiC)에 관해서 Tom70이 결합하는 1차배열을 펩타이드 scanning법에 의해 해석하고 있다[13]. 그들은 PiC분자의 1차배열에는 다수의 Tom70결합부위가 광범위하게 산재하고 있고, 그들은 소수성이 높은 영역인 경우가 많다고 보고하고 있다. 한편 Hsp70 등의 샤페론도 소수성이 높은 영역을 인식한다고 추정되고 있다[19]. 이런 점들로 봐서 PiC내의 Hsp70결합부위와 Tom70결합부위가 중복하고 있을 가능성은 충분히 고려된다고 생각한다. 또한 Tom70자신이 샤페론적으로 작용할 가능성도 있다고 생각한다. Tom70은 전구체단백질의 응집을 억제하는 샤페론같은 활성을 가질 지도 모른다.

문헌

1) Mori, M., Terada, K. : *Biochim. Biophys. Acta*, **1403**, 12-27 (1998)
2) Hoogenraad, N., Ward, L., Ryan, M. : *Biochim. Biophys. Acta*, **1592**, 97-105 (2002)
3) Pfanner, N., Geissler, A. : *Nat. Rev. Mol. Cell Biol.*, **2**, 339-349 (2001)
4) Terada, K., Ueda, I., Ohtsuka, K., Oda, T., Ichiyama, A., Mori, M. : *Mol. Cell. Biol.*, **16**, 6103-6109 (1996)
5) Terada, K., Mori, M. : *J. Biol. Chem.*, **275**, 24728-24734 (2000)
6) Mattingly, J. R., Jr., Youssef, J., Iriarte, A., Martinez-Carrion, M. : *J. Biol. Chem.*, **268**, 3925-3937 (1993)
7) Artigues, A., Iriarte, A., Martinez-Carrion, M. : *J. Biol. Chem.*, **277**, 25047-25055 (2002)
8) Brix, J., Ziegler, G. A., Dietmeier, K., Schneider-Mergener, J., Schulz, G. E., Pfanner, N. : *J. Mol. Biol.*, **303**, 479-488 (2000)
9) Young, J. C., Hoogenraad, N. J., Hartl, F. U. : *Cell*, **112**, 41-50 (2003)
10) Wiedemann, N., Pfanner, N., Ryan, M. T. : *EMBO J.*, **20**, 951-960 (2001)
11) Komiya, T., Rospert, S., Schatz, G., Mihara, K. : *EMBO J.*, **16**, 4267-4275 (1997)
12) Yano, M., Kanazawa, M., Terada, K., Takeya, M.,

Hoogenraad, N., Mori, M. : *J. Biol. Chem.*, **273**, 26844-26851 (1998)

13) Brix, J., Rudiger, S., Bukau, B., Schneider-Mergener, J., Pfanner, N. : *J. Biol. Chem.*, **274**, 16522-16530 (1999)

14) Yano, M., Hoogenraad, N., Terada, K., Mori, M. : *Mol. Cell. Biol.*, **20**, 7205-7213 (2000)

15) Yano, M., Terada, K., Mori, M. : *J. Cell Biol.*, **163**, 45-56 (2003)

16) Mihara, K., Omura, T. : *Experientia*, **52**, 1063-1068 (1996)

17) Motz, C., Martin, H., Krimmer, T., Rassow, J. : *J. Mol. Biol.*, **323**, 729-738 (2002)

18) Shirane, M., Nakayama, K. I. : *Nat. Cell Biol.*, **5**, 28-37(2003)

19) Rudiger, S., Buchberger, A., Bukau, B. : *Nat. Struct. Biol.*, **4**, 342-349 (1997)

I형 신호anchor배열에 의한 막topology형성의 연구

Sakaguchi Masao (阪口雅郎)·Kida Yuichiro (木田祐一郎)

막단백질의 대부분이 소포체막에서 합성과 동시에 막에 조립되어 탄생한다. 철저한 topology형성 배열의 연구에서 신호배열이 완수하는 다양한 구조형성기능이 밝혀져 왔다. N말단을 막통과로 유도하는 신호anchor배열의 해석에서는 소포체에서도 큰 도메인의 합성후 막통과가 일어난다고 알려져 있고, 고효율로 제어가능한 무세포해석계를 구축할 수 있었다. 단백질분자가 풀리면서 translocon을 막통과한다는 역동적인 과정이 물리계측으로 가능하게 되었다.

key Words topology 신호배열 translocon 막단백질

● 서론 : 막단백질의 탄생을 연구하는데 있어서 3가지 관점

막단백질의 구조형성의 제1단계는 막topology의 형성이다. 이어서 막내외로 배치된 폴리펩타이드사슬이 각각의 환경에서 폴딩하여 최종적인 입체구조를 형성한다. topology형성은 생체막과 펠리펩타이드사슬의 양자의 관계로 진행하는 과정에서가 아니라, 소기관막 표적화, 막에서의 배향(配向)결정 그리고 막삽입의 각 단계에서 세포에 구비된 인자들이 결정적으로 기여한다. 아미노산배열이 주어지면 다른 인자를 고려하지 않아도 법칙에 따라서 최종구조가 연역된다고 하는, 물리학적으로 단순한 사고방식은 성립하지 않는다.

그래서 세포내에서 막단백질의 구조형성의 이해를 목표로 할 때, 다음의 3가지가 중요하다고 생각된다. 생명에 구비된 시스템 중에서 어떤 배열이 작용하고 어떠한 topology가 만들어 지는 가라는 신호의 문제(1), 그 배열을 무엇이 식별하여 막에 조립하는 가라는 인자(2)의 문제, 더욱이 이들의 인자와 신호가 어떻게 함께 작용하여 topology가 만들어 지는가 라는 메커니즘의 문제(3)이다.

I. 신호에 대한 새로운 개념

막단백질의 topology형성에 관계하는 신호는 어느 정도 다양한가? 이 문제에 관해서 필자들은 몇 가지 새로운 개념을 제창해왔다. 제1은 막단백질에는 절단되지 않는 신호가 존재할 수 있는 것. 제2는 어떤 신호는 N말단측을 막통과시킬 수 있다는 생각이다. 이 N말단측을 막통과시키는 분자내신호배열은 I형의 배향을 가진 막결합영역을 형성하는 점에서 I형 신호anchor배열(SA-I)이라고 명명되고 있다[1)](**그림1a**). 한편 뒤쪽의 배열을 막통과시키는 신호배열은 절단제거되는 신호펩타이드와 막achnor로서 분자내에 남는 II형 신호anchor이다. 이들의 신호배열은 모두 SRP(신호인식입자)에 의해서 인식을 받아서, translocon으로 진입을 개시하는 작용을 가진다[*1]. 또한 점변이에 의해서 서로 역배향으로 변환할 수 있다고 알려져 있다[1, 2)]. 현재까지 소포체신호의 본질은 소수성배열이며, 소수성segment가 막으로 진입강도를 규정하며, 그의 양쪽에 근접한 정하전의 아미노산잔기가 배향결정에 공헌하는 것을 알게 되었다. 상세한 것은 다른 해설을 참고하세요[3~5)]. SA-I이 이 논문의 주제이다.

Masao Sakaguchi, Yuichiro Kida, 九州大学大学院医学研究院, 分子生命科学系 E-mail : sakag@cell.med.kyushu-u.ac.jp
Membrane topogenesis via type I signal-anchor sequence

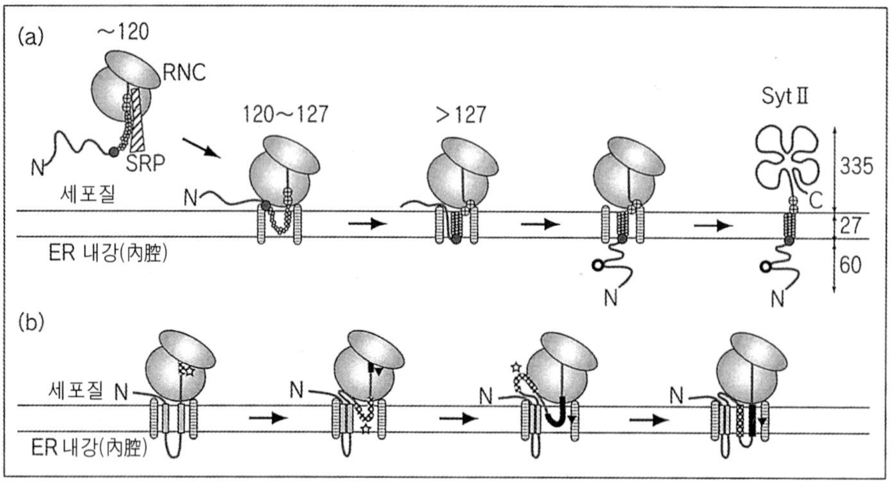

그림1. SA-I에 의한 topology형성

(a) Syt II의 topology형성을 단락형(短絡型) mRNA를 사용한 무세포단백질합성계로 조사했다. 단락형 mRNA는 종지코돈을 가지지 않으므로, 3′ 말단까지 번역되어도 합성은 완결하지 않아서 폴리펩타이드사슬은 리보솜에 결합한대로 있다. 소포체막 내강에 도달한 사슬은 당쇄부가(◎)을 받는다. 리보솜에서 소수성배열과 정전하배열⊕이 나오면 N도메인의 막통과가 진행한다. 이 과정에는 소수성배열직전의 turn형성경향 높은 아미노산잔기(●)가 필수이다. 숫자는 각 단계의 아미노산잔기 수를 가리킨다.
(b) multispan 막단백질의 분자내부에서 SA-I(▼)이 작용하면 막에 들어가는 특성이 없는 segment(★)가 타율적으로 막내에 배치된다.

신호에 관한 제3의 발견은 multispan 막단백질의 구조형성에서 보이는 SA-I에 의한 강제적인 삽입작용이다. SA-I은 N말단쪽에 있는 소수성이 낮은 막관통segment를 막내로 끌어넣어서 막관통topology를 형성시킬 수 있다[6~9](그림1b). 이 기구에 의하면 모든 막관통segment가 반드시 충분한 소수성특성을 가지고 있을 필요는 없고, 다양한 segment의 막관통 topology 형성을 설명할 수 있다. 이전부터 생각해오던 소수성 segment의 [자율적인 막삽입]과는 대조적이므로 이 기구를 [타율적 막삽입]기구라고 명명했다[10~12].

II. SA-I의 topology형성은 어떻게 나아가는가?

이 문제를 밝히기 위하여 모델단백질로서 synaptotagmin II(Syt II)을 선택하여 단락형 (短絡型, short) mRNA를 사용한 무세포 단백질합성계를 사용하여 해석했다. ORF의 도중까지 코드하고, 종지코돈을 가지지 않는 단락형 mRNA를 무세포계에서 번역함에 따라서 신생 폴리펩타이드사슬이 리보솜에 결합한 그대로의 복합체(ribosome-nascent chain complex; RNC라고 약칭)를 형성시킬 수 있다. 이 실험계를 이용하여 RNC의 신생폴리펩타이드사슬의 막표적화와 topology형성의 timing을 조사했다(그림1a)[13]. SA-I topology형성은 완전히 합성과 동시에 함께 하고 있고, 소수성의 segment와 직후의 정전하영역이 리보솜에서 나오면, N말단도메인(N domain으로 약칭)의 막통과가 진행하여 막관통 topology가 만들어진다. 이에 따라 몇 잔기 짧은 단계로 소포체막으로 표적화가 이미 완료하고 있기 때문에 막표적화와 N도메인의 막통과에서는 필요한 배열이 다르다고 생각된다[13]. 또한 막표적화 이전에는 소수영역이 SRP와 상호작용하고 있는 점과, 막표적화 후에는 translocon이 구성subunit인 Sec61a와 상호작용

*1 translocon은 총론에서 언급되었듯이 단백질 막통과 챈널로서 특징지어져온 것인데, 막단백질의 막삽입과 topology형성에도 필수적인 역할을 담당하고 있다.

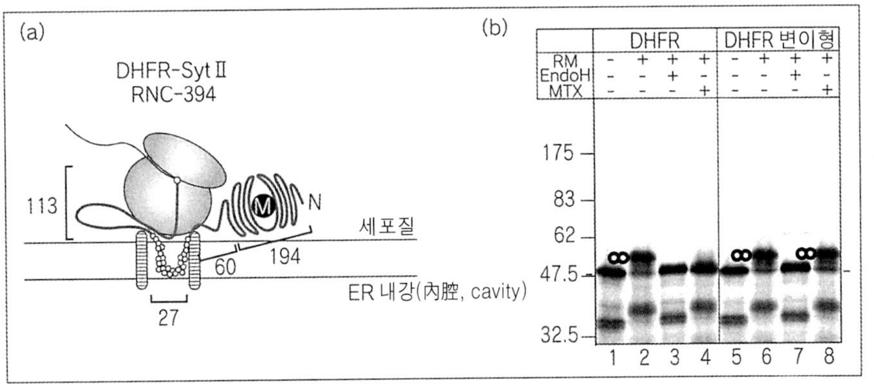

그림2. SA-I배열의 N말단에 융합한 DHFR 도메인의 막통과

(a) DHFR-Syt II 융합단백질의 단락형 mRNA를 사용하여 형성되는 막삽입의 중간상태. DHFR에 결합하는 ligand인 methotrexate(Ⓜ)의 첨가로 막통과가 저지된다. 숫자는 각 부분의 잔기수. (b) DHFR 도메인의 막통과에 수반하는 당쇄부가(lane2와 6 ∞印). EndoH처리로 당쇄가 떨어지며, 저분자량형으로 된다(lane3과 7). MTX의 첨가로 막통과가 저지되는데(lane 4), 변이형DHRF의 막통과는 MTX로 저해되지 않는다(lane 8 ∞印).

하는 것도 제시되었다. 이들 상호작용은 일시적이어서 폴리펩타이드사슬이 보다 신장하기도 하고 puromycin에 의해서 리보솜에서 해리되기도 함에 따라 보이지 않게 된다. Rapoport 등도 같은 timing에 관한 실험데이터를 보고하고 있다[14].

Syt II의 topology형성에는 소수영역과 N 도메인 사이에 proline잔기 등의 turn형성경향이 높은 한 무리의 아미노산잔기가 필수이다[13]. 이들은 전하에 관계없이 극성이 높을 필요가 있으며, 소수성도가 높은 것으로는 치환불가능이었다. 또한 잔기에 의해서는 1잔기가 어긋남으로써 N도메인의 막통과가 불가능하게 되는 점 등, 정전하 이외의 topology 형성요인이 계속 밝혀지고 있는 참이다[15].

또한 소수성영역의 직후에 존재하는 정전하 아미노산의 흥미로운 역할도 밝혀졌다[13]. 27잔기의 소수영역의 직후에 있는 8개의 정전하를 전하가 없는 극성잔기로 치환하면 N도메인이 아니라 C말단측이 막통과한다. 리보솜에서 나온 정전하 영역이 translocon에 의해 적극적으로 식별되어 N도메인의 막통과에 기여하고 있는 것이 밝혀졌다. 이 정전하 cluster는 소수영역에서 20잔기이상 떨어진 위치에서도 배향결정에 작용할 수 있다는 것을 알게 되었다. translocon은 예상이상으로 광범위한 아미노산배열을 식별하여 배향을 결정하고 있는 듯 하다. 이러한 정보는 제창되어 오래된 topology형성에 있어서 정전하의 작용의 예인데, 앞으로 이들 정전하를 식별하는 장치의 실체해명이 중요과제이다.

III. SA-I배열에 의한 큰 도메인의 제어가능으로 고효율적인 막통과 실험계

N도메인의 막통과는 어떻게 진행하는가? 이 문제를 물리화학의 언어로 설명하고 싶다. 이를 위하여 막통과나 topology형성의 과정을 직접 계측할 수 있는 실험계의 확립이 필요하다. 여기에서 필자들은 물리계측가능한 정도로 유지하고 더욱이 정지와 재개가 제어가능하며 소량의 막표품(膜標品)으로 실현가능한 고효율 막통과실험계를 목적으로 하여 조건을 검토해왔다. dihydrofolic acid reductase(이하 DHFR로 약칭)를 Syt II의 N말단에 융합한 분자를 써서 RNC의 막삽입을 조사했다(**그림2a**). 이 분자의 단락형 mRNA를 무세포계에서 번역하면 DHFR 도메인은 고효율로 막통과하여 내강(内腔)에서 당쇄부가된다(그림2b). 더욱이 막통과의 부하를 강하게 하기 위하여 DHFR의 ligand인 methotrexate(MTX)를 결합시키면 안정화한 DHFR 도메인은 막통과할 수 없다(lane4). 한편 구조형성을 할 수 없게 되어 있

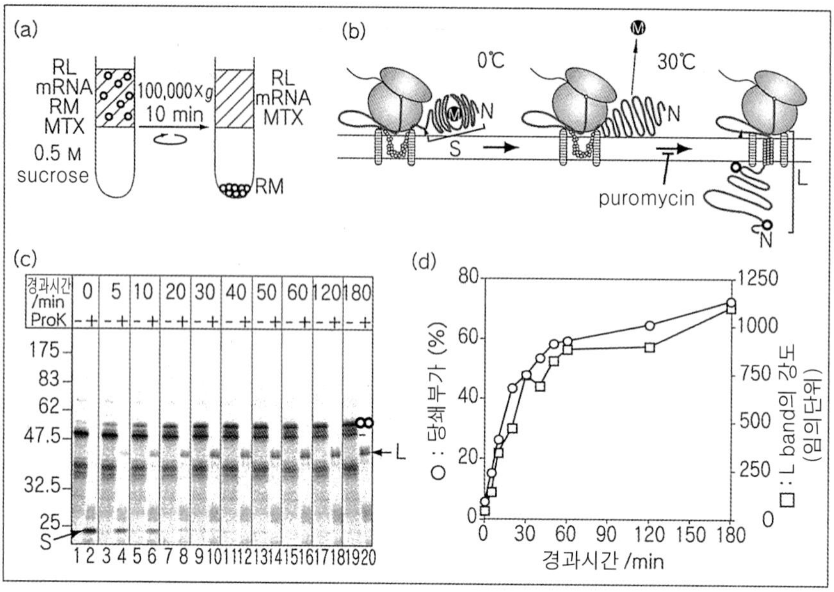

그림3. 한번 정지된 DHFR 도메인의 막통과재개

(a,b) 막으로 표적화된 다음. 초원심으로 MTX를 제거하고 온도를 30℃로 올림으로써 DHFR 도메인의 막통과를 재개시킬 수 있다. 이 막통과는 puromycin 처리에 의해서 리보솜을 해리시키면 제어된다.

(c,d) 막통과재개후, 소포체내강에서 당쇄부가를 받은 band(∞)가 출현하는 경시변화. 각 시점에서 protease처리하면 DHFR의 단편(S)이 소실하며, 막에 의해서 보호된 큰 단편(L)이 보이기 시작한다.

의 소포체막으로 가는 표적화는 GRP의 비가수분해형 analog로 저해되는데, ATP analog로는 영향을 받지 않았다. 한편 표적화 후의 막통과는 어느 analog로도 저해되지 않았다. SRP 및 SRP 수용체를 매개한 소포체표적화에는 GTP의 가수분해는 필요한데, 막통과자체에는 어느 고에너지화합물도 필요없다고 여겨진다. 또한 소포체를 알칼리추출하고, 내강의 BiP를 1%이하까지 제거해도 막통과에는 영향은 없었다. N 도메인의 막통과는 ATP나 GTP와 같은 에너지도 필요로 하지 않으면, 소포체내강 단백질에 의한 끌어들이기 기구도 작동하지 않는다고 생각된다.

그러면 어떠한 구동력으로 막통과하는걸까? (1) 간단히 AS-I의 소수성 segment가 막관통 topology를 형성할 때의 탄력만으로 설명할 수 있는가? (2) 소수성 sebment가 translocon에서 가로방향으로 확산이탈하는 것으로써 구동되는가? (3) translocon 및 근방의 막단백질인자가 끌어오는 모터로서 작용하는가? 이들은 앞으로의 흥미있는 과제이다.

는 변이형 DHFR에서는 MTX를 첨가해도 통과는 억제되지 않는다(lane8). DHFR 도메인은 RNC의 상태에서도 구조형성가능하며, 안정화하면 translocon을 통과할 수 없음을 가리키고 있다.

이 계에서는 막통과가 억제된 상태에서 소포체까지 표적화하고 있다. 그래서 소포체막을 초원심으로 침전함으로써 MTX를 제거해 본 결과, 막통과를 재개시킬 수가 있었다(**그림3**). 이 재개직전에 puromycin을 작용시키면 막통과는 거의 진행하지 않았다. 리보솜이 translocon의 기능유지에 적극적인 작용을 하고 있다고 생각된다. 이와같이 ligand의 첨가·제거에 의해서 DHFR 도메인의 폴딩상태를 조절함으로써 소포체표적화 후의 막통과를 동조시켜서 고효율로 관찰할 수 있게 되었다.

IV. 큰 도메인이 막통과를 하게하는 요인은 무엇인가?

N도메인 막통과의 에너지요구성을 조사했다. RNC

● 끝맺음

이상과 같이 소포체에서의 단백질 막통과나 삽입에 대해서 메커니즘에 육박하는 것이 가능하게 되어왔다고 생각된다. 앞으로 (1) 한분자계측을 함유한 새로운 물리계측기술에 의한 막통과 역동성의 해명, (2) 분자동력학 등에 의한 이론적 연구와 그의 실험적 검증, (3) translocon에 의한 막삽입중간상태의 구조해석, (4) translocon 내의 신호식별장치의 해명 등, 분야를 초월한 다양한 접근이 필요하다. [자연은 과학의 경계 등을 모른다]라는 말을 가슴에 새겨야 한다.

Q DHFR-Syt II의 실험에서 DHFR부분의 막통과와 직후의 막관통배열의 막으로 삽입은 동시에 일어나는 것일까? DHFR부분과 막관통배열의 사이에 구조를 취하지 않는 spacer배열을 넣으면 DHFR부분의 막통과는 저해되는가?

A spacer배열을 삽입하면, 막관통배열이 막에 삽입하여, 그의 직전부분이 막통과하여 당쇄부가를 받게 되는데, DHFR부분이 아직 세포질측에 있다는 중간상태를 형성시킬 수가 있다. 더욱이 그 상태에서 MTX를 제거함에 따라 DHFR부분을 막통과시킬 수 있으므로 막관통부분의 막으로 진입과 N말단도메인의 막관통은 동시일 필요는 없다고 여기고 있다.

Q ER의 translocon은 어느 정도의 크기의 구멍을 가지고 있을까? 또한 SA-I에 의한 topology형성 시에 그의 크기나 trnaslocon의 조성 등도 역동적으로 변화하는 걸까?

A trnaslocon의 직경은 전자현미경상에서 20Å, 물질의 침입을 본 실험에서 40~60Å, 십입도중의 막관통 helix를 5가닥 유지할 수 있다는 결과에서 80Å 이상, 등 여러 가지 보고가 있다. 크기는 중간정도의 segment에 응하여 역동적으로 변화하는 것이라고 생각된다. translocon의 기능에 수반하는 구조변화에 대해서는 이제부터의 과제이다.

문헌

1) Sakaguchi, M. *et al.* : *Proc. Natl. Acad. Sci. USA*, **89**, 16-19(1992)
2) Sato, T. *et al.* : *EMBO J.*, **9**, 2391-2397(1990)
3) 阪口雅郎 :『タンパク質の一生』, シリーズ・バイオサイエンスの新世紀 2 (中野明彦ほか編), pp.92-105, 共立出版(2000)
4) 阪口雅郎 :『生体膜のダイナミクス』, シリーズ・ニューバイオフィジックスII④(八田一郎ほか編), pp.82-99, 共立出版(2000)
5) 阪口雅郎 : 生化学, **75**, 520-528(2003)
6) Ota, K. *et al.* : *J. Biol. Chem.*, **273**, 28286-28291(1998)
7) Ota, K. *et al.* : *Mol. Cell*, **2**, 495-503(1998)
8) Ukaji, K. *et al.* : *Biochem. Biophys. Res. Commun.*, **292**, 153-160(2002)
9) 阪口雅郎 : 細胞工学, **18**, 102-112(1999)
10) 阪口雅郎 : パリティ, **17**, 52-54(2002)
11) 阪口雅郎 : 実験医学, **20**, 2068-2074(2002)
12) Sakaguchi, M. : *Biochem. Biophys. Res. Commun.*, **296**, 1-4(2002)
13) Kida, Y. *et al.* : *J. Cell Biol.*, **150**, 719-729(2000)
14) Heinrich, S. U. *et al.* : *Cell*, **102**, 233-244(2000)
15) Kida, Y. *et al.* : *FEBS Lett.*, **507**, 341-345(2001)

II. 단백질수송

핵-세포질間 단백질수송의 다양성과 복잡성

Yoneda Yoshihiro(米田悅啓)

핵-세포질간 단백질수송은 보통 importin β family에 속하는 분자가 수송인자로서 기능하며, 수송기질/수송인자복합체가 핵막공(孔)을 통과한다. importin β family에 속하는 분자군의 수만큼 수송시스템은 다양하다고 말하는데, 그 자신 단독으로 핵내로 옮길 수 있는 분자도 존재한다. 또한 수송의 adaptor 분자인 importin α는 importin β family가 개재하는 수송경로와는 전혀 다른 경로에서 핵막공을 통과한다. 또한 수송을 조절한다고 생각되는 cofactor가 동정되어, 수송기구의 복잡성을 보여주고 있다.

keyWords 핵단백질수송 핵막공복합체 importin

●서론

진핵세포에 핵막이라는 두 층의 지질이중막에 의해서 핵과 세포질이 갈라져 있다. 핵막에는 핵막공이라는 소공(小孔)이 열려있고, 이 핵막공을 통하여 핵과 세포질 간의 정보교환이 이뤄지고 있다.

최근 이 핵-세포질간 단백질수송기구에 관한 분자수준의 이해가 급속하게 진전하여, 수송인자의 동정이나 핵막공복합체의 분자구축이 해명되어 왔다[1-3]. 그러나 한편으로는 수많은 의문이 나왔다. 큰 문제의 하나는 수송기질-수송인자복합체가 어떠한 메커니즘에서 방향성을 가지고 핵막공을 통과하는 가라는 문제이고, 이것에 관해서는 Imamoto(今本) 등의 원고를 참고해 달라. 또 하나의 큰 의문은 아주 다종류의 핵단백질을 수송하는 시스템은 일단 어느 정도 다양한 것인가 하는 점이다. 또한 개체수준에서 본 경우, 이를테면 신경세포와 간세포에서 같은 수송장치를 가지고 있는 가라는 의문이 나온다. 다시 말해 핵단백질의 수송량은 항상 일정수준으로 보전되고 있고, 수송되는 단백질의 종류만이 환경의 변화에 대응하여 변화하고 있는 지, 그렇지 않으면 수송장치 그것이 어떠한 조절을 받으며, 수송양도 시시각각 변화하고 있는 것일까?

여기에서는 특히 핵단백질의 핵내수송에 초점을 맞추고, 최근 밝혀져 온 수송경로의 다양성이나 메커니즘의 복잡성을 중심으로 최신의 정보를 해설한다.

I. 수송경로의 다양성

개개 세포는 다종다양한 핵단백질을 효율좋게 수송하기 위하여, 어느 정도 다양한 수송경로를 준비하고 있는 것일까? 또한 세포의 종류에 따라서 그 경로에 차이가 있는 걸까? 이 의문에 답하기 위하여 크게 2가지의 접근을 시도해왔다.

1. importin β family를 조사한다

핵단백질의 핵내이행기구의 해석은 최초 SV40 T항원의 핵국재화신호를 지표로 하여 진행되었으며, importin α/β수송계가 발견되었는데, 이른바 수송인자라고 할 수 있는 것은 importin β이다(**그림1a**)[4, 5].

그 후 동정된 수송인자 transportin이 importin β에게 1차구조상 유사할 뿐만 아니라, GTP결합형 Ran

Yoshihiro Yoneda, 大阪大学大学院生命機能研究科 E-mail : yyoneda@anat3.med.osaka-u.ac.jp
Nucleocytoplasmic protein transport and its multiplicity and complexity

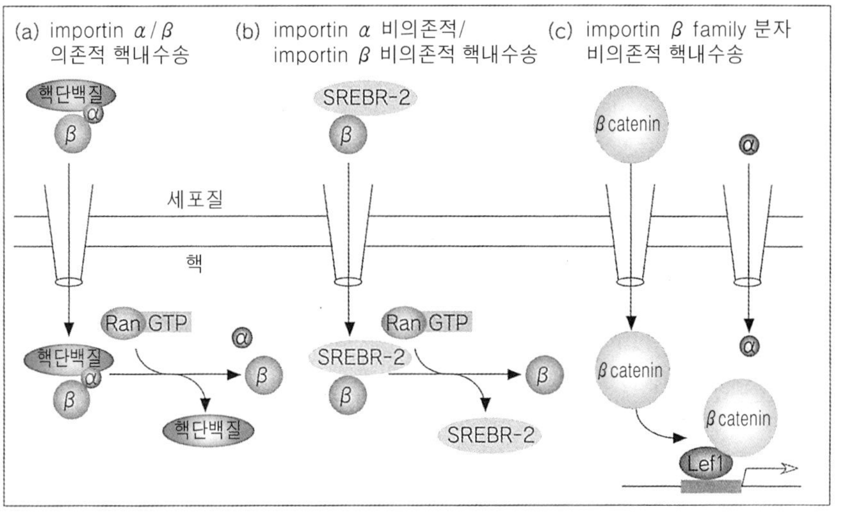

그림 1. 단백질의 핵내수송의 다양성

단백질의 핵내수송에는 (a) adaptor분자인 importin α와 수송인자인 importin β의 양쪽에 의존한 경로와, (b) importin α는 필요치 않고, importin β에게만 의존하는 경로, 및 (c) 그 어느 쪽의 family분자에게도 의존하지 않는 경로가 알려져 있다. importin α와 같은 adaptor분자를 거쳐서 화물분자를 수송할 수 있는 것은 importin β family 분자중에서 importin β뿐이다. importin β에 의존한 수송경로에서는 핵내에 존재하는 GTP결합형 저분자량 G단백질 Ran이 importin β에 결합하는 것이 방아쇠가 되어서 핵내로 수송복합체를 해리시킨다.

(RanGTP)에 결합하는 능력과 핵막공복합체구성인자(nucleoportin)과 상호작용하는 활성도 공통인 점으로 보아, RanGTP결합단백질을 생화학적으로 동정하고, 그것이 수송인자로서 기능하는지, 다시 말해 어떠한 핵단백질을 수송하고 있는지를 알고자 하는 전략에서 수송경로의 다양성에 다가서는 연구가 진행되었다[6]. 한편으로 게놈과학의 급속한 진전에 따라, 게놈상의 상동성으로부터 importin β에 유사한 단백질을 발견하고자 하는 접근도 동시에 이뤄졌다. 이와 같이 동정된 분자군을, 최초로 동정된 수송인자 importin β에 연유하여 importin β family라고 부르게 되었다.

그 결과 출아효모에서는 14종류의 importin β family분자가 존재하는 것을 알아냈고, 그 가운데 10종류의 분자가 importin으로서, 3종류가 exportin으로서 기능하고, 나머지 1종류는 양쪽의 기능을 겸비하는 분자인 점이 드러났다[2]. 또한 포유류의 세포에는 대략 22종류의 importin β family에 속한다고 생각되는 분자가 존재한다고 추정되고 있는데, 기능이 아직 명확하지 않는 분자도 수많이 남아 있다. 또한 효모의 경우와 같이 exportin이라고 생각되는 분자의 경우가 importin으로 분류되는 분자보다도 적고, 현시점에서는 6종류뿐이다[2]. 단지 각각의 분자가 어떠한 핵단백질을 수송하고 있는지는 아주 한정된 정보밖에 없고, 화물의 종류분별이 세포내에서 이뤄지고 있는가는 아직 모른다.

한편 importin β family와 핵단백질을 연결하는 adaptor분자인 importin α에도 상동체가 존재하며, 포유류에서는 적어도 6종류의 family분자가 존재하는 것을 알아냈다[7, 8]. 모든 importin α에 의해서 인식되는 핵단백질이 있다면, 어느 한정된 importin α에게만 결합하는 핵단백질도 있다고 알려져 있어, importin α 분자종류의 수만큼 수송에 다양성이 일어난다고 말해도 좋은데, 출아효모에는 1종류밖에 존재하지 않는 importin α가 왜 포유류에서는 다수 존재하는 가에 대한 의문은 본질적으로는 아직 해결되어 있지 않다.

2. 세포기능에 주목한 접근

필자들은 다른 연구그룹이 진행한 importin β

family에 속하는 분자를 동정해나가는 방법이 아니라, 특징적인 "화물"로부터 그의 "배(船)"를 알고자 하는 접근을 시도했다. 다시 말해서 이 분야의 연구를 이끌어온 핵단백질인 SV40 T항원은 세포질에서 합성되어 곧바로 수송되는 분자의 대표이므로, 이 분자와 다른 상황에서 핵으로 수송되는 단백질이나 핵 이외의 소기관에서 핵으로 정보를 전달한다고 여겨지는 분자를 지표로 하여 새로운 수송경로의 발견을 목표로 하였다.

a. importin α 비의존적/importin β 의존적 핵내수송

전사인자 SREBP-2(sterol regulatory element binding protein-2)는 보통은 소포체막을 2회관통하는 모습으로 존재하고 있는데, 세포내 cholesterol 농도가 저하하면 분자내에서 절단을 받아서 세포질측으로 노출한 N말단부분이 유리하여, 핵내로 옮아가서 cholesterol 대사에 관계하는 유전자의 전사를 조절한다. 요컨대 소포체와 핵의 사이의 정보전달분자의 하나라고 할 수 있다. 이 SREBP-2의 N말단부분의 세포질에서 핵으로의 수송기구를 해석한 결과, 성숙형 SREBP-2는 세포질로 유리한 다음, 2량체를 형성하고, 그것에 직접 importin β가 결합함으로써 수송복합체로 되어, adaptor분자 비의존적으로 핵내로 수송되는 것을 알아냈다[9](그림1b). 그 후 마찬가지로 전사인자의 Smad3 등, 이 경로에서 수송되는 분자가 점차 발견되어[10], 그들이 세포에 있어서 가장 기본적인 기능을 담당하는 분자군인 점으로 생각해보아 adaptor분자 비의존성의 수송시스템이야말로 importin β에 의한 수송의 원형은 아닌가라고 생각한다.

b. importin β family분자 의존적 핵내수송

β catenin은 세포접착인자 cadherin의 세포내 영역에 결합하고, α catenin을 통해서 actin세포골격계와 cadherin을 연결하는 분자로서 동정되었다. 그 후 발생초기에 중요한 역할을 담당하는 신호전달계인 Wnt/Wingles 신호를 받은 세포에서는 β catenin이 핵에 집적하여 유전자 전사의 coactivator로서 기능하는 걸 알아냈다. 또한 어떤 종류의 암세포에서는 β catenin이 핵에 축적하는 것이 발암의 방아쇠가 된다는 걸 알게 되었다. 당초 β catenin에는 전형적인 핵 국재화 신호가 없기 때문에, 핵내에서 협조하여 움직이는 전사인자인 Lef/Tcf1에 결합하여, Lef/Tcf1과 함께 핵내로 이동한다고 여겨졌다. 그러나 실제로는 β catenin 자신에게 핵막공을 통과할 능력이 있고, importin β family분자나 Ran의 도움을 빌리지 않고 핵내로 이동한다는 것이 증명되었다(그림1c)[11].

이와 같이 β catenin에는 importin β family 수송인자에게는 의존하지 않고 핵내로 이동할 수 있음을 알았는데, 동시에 그의 핵막공통과는 importin β family분자에 의해서 경쟁적으로 저해되는 점으로 봐서, 적어도 일부는 importin β family분자와 같은 경로를 통하여 핵으로 이동하고 있음이 시사되었다[11]. 이것은 β catenin분자에는 importin β의 핵막공통과에 중요한 부분의 결정구조와 아주 유사한 구조를 나타내는 부분이 있다는 사실로 보아 설명가능할 지도 모르겠다[12].

한편 importin β family분자의 수송경로와는 전혀 다른 경로로 핵막공을 통과하는 분자가 있다는 사실을 알았다. 그것은 importin α이며, 그의 이동활성은 효모에서 사람에 이르기까지 잘 보존되어있다. 다시 말해서 importin α는 그 자신 단독으로 핵막공을 통과하며, 그의 핵막공통과는 importin β family분자로 저해되지 않는 점으로 봐서 수송경로가 importin β family의 경우와는 전혀 다르다고 여겨진다(그림1c). 더욱더 흥미롭게도 개개의 핵에서 importin α의 이동효율이 다른 점으로 봐서 이제까지 균일하다고 여겨져 왔던 핵막공복합체가 기능적으로 dynamic하게 변화하고 있을 가능성도 시사된다[13]. 그러나 importin α가 importin β family와는 다른 경로에서 어떠한 화물분자를 수송하고 있는 지는 아직 모르며, 어떤 종류의 단백질이 핵막공을 통과하는 능력이 있다는 점과, 다른 분자를 핵내외로 수송할 수 있다는 점은 같다고 말할 수 없다.

II. 수송의 제어시스템은 있는가?

이상과 같이 수송경로에는 다양성이 있고, 핵단백질에 의해서 수송이 이뤄지는 방향이 다르다는 것을 알아왔지만, 각각의 수송경로는 항상 일정한 효율로 작동하고 있는 것일까? 이것에 대한 대답의 하나로

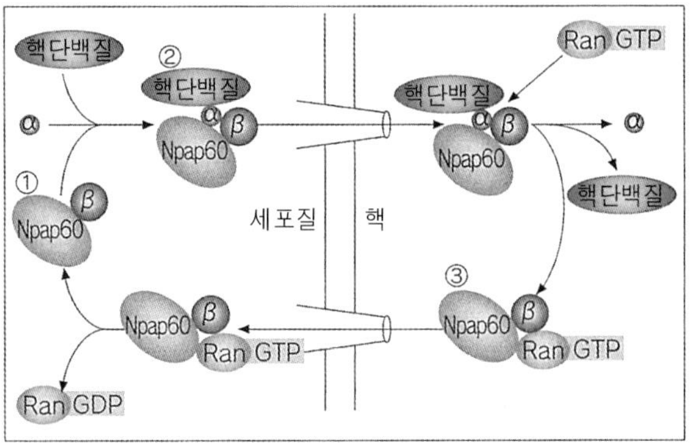

그림 2. 단백질의 핵내수송의 복잡성
Npap60은 최초 nucleoporin의 하나로서 동정되었는데, importin α, importin β에 결합함에 따라 핵내외를 왔다갔다하며, importin α/importin β/수송기질 복합체의 형성효율을 조절하고 있을 가능성이 시사되었다. 다시말해서 Npap60은 복합체①, 복합체② 및 복합체③의 상태를 조절한다. 스위치의 역할을 하는 분자이라고 제창되고 있다. 단지 Ran 순환과 구체적으로 어떻게 관련하는 가 등은 알고 있지 않다.

서 importin β family 수송분자나 Ran이라는 기본인자이외에 그들의 기능을 조절하는 cofactor가 존재한다는 것은 알려져 있다.

최초로 동정된 cofactor라고 일컫는 분자는 RanBP1(Ran binding protein)이며, RanGAP의 작용을 지원하는 활성이 있다. 다시 말해 이를테면 세포질에 나온 importin β family분자-RanGTP 복합체는 RanGAP의 작용에 의해서 RanGTP가 GDP결합형으로 됨으로써 복합체가 해리할 수 있는데, RanGAP 단독으로는 이 반응은 거의 일어나지 않으며, RanBP1의 도움을 빌려서 비로소 순조롭게 반응이 진행하는 점으로 보아, RanBP1은 importin β family 분자의 순환효율을 조절하는 분자이라고 추측할 수 있다[2].

한편 importin α/β에 의한 핵단백질의 핵내이동경로에 있어서도 cofactor가 발견되었다(**그림2**). 그것은 Npap60이며, 이제까지 nucleoporin의 하나라고 여겨지고 있다. Npap60은 importin α에게도, Npap60은 importin β에게도 결합하는 능력이 있고, importin α/β 이량체와 결합하여 importin α/β-Napa60 복합체를 형성한다. 이 3자복합체는 효율좋게 핵국재화신호를 포함하는 단백질을 인식하여 4자복합체를 형성한다. 그 다음, importin α/β-Npap60-핵단백질복합체의 모양으로 핵막공을 통과한다. Npap60은 RanGTP와 결합한 importin β에게도 결합할 수 있으므로, 핵내로 화물핵단백질을 내려놓은 importin β는 importin β-Npap60-RanGTP 복합체의 모양으로 세포질로 재수송된다. 세포질에서 RanGTP가 GDP결합형으로 변화하며, Ran이 importin β에서 해리해도 Npap60은 importin β에 결합한 채로 있다고 여겨진다. 다시 말해서 Npap60은 importin β와만 결합하고 있는 상태(그림2의 ①), importin α/β/핵단백질 복합체와 결합하고 있는 상태(그림2의 ②), importin β/RanGTP 복합체와 결합하고 있는 상태(그림2의 ③)의 3가지의 다른 상태를 조절하는 스위치와 같은 단백질이라고 여겨진다[14]. 세포내에서 실제로 importin α/β 수송경로가 항상 cofactor로서 Npap60을 필요로 하고 있는지, 실제로 수송효율의 조절이 Npap60에 의해서 이뤄지고 있는지는 이제부터의 연구과제이다.

●끝맺음

핵-세포질간 단백질수송은 배에 해당하는 수송인자에 다양성이 있을 뿐만 아니라, 그 자신 단독으로 핵막공을 통과해가는 분자가 발견되는 등, 단백질이 핵막공을 통과하는 수단은 예상이상으로 여러 갈래로 갈라져 있다는 걸 알게 되었다. 개개의 수송경로가 상호 어떻게 조절하고 있는 가에 대한 문제는 앞으로의 큰 과제로서 상정될 것이다. 또한 수송의 cofactor가 동정되는 등, 수송경로의 제어시스템이 조금씩 밝혀지고 있는데, 이를테면 세포주기의 진행에 따라서 수송효율이 조절을 받을 것인가에 대한 문제는 앞으로 풀어야 할 과제로 남겨져 있다. 지면의 관계상 RanGAP의 SUMO(small ubiquitin-like modifier)화에 의한 제어[15], ATP이용에 관한 화제[16] 등, 수많은 흥미로운 정보를 소개할 수 없다. 앞으로는 예상이상으로 복잡성을 보여온 수송시스템의 전모를 해명할 필요가 있다. 그러기 위해서는 새로운 실험계의 개발이 불가피할 지도 모르겠다.

Q importin β 의존성 경로는 RanGTP의 유무에 의해서 핵내외의 식별이 이뤄지고 있다. 그런데

importin 비의존성경로, 특히 Ran 비의존의 경우에는 수송인자는 어떻게 해서 핵의 내외를 구분할 수 있는가?

A 현재로서는 핵내에 결합하는 인자가 존재하는 경우에 핵에 머무르며, 그렇지 않은 경우는 농도구배에 역으로 수송되는 것은 아닌가하고 생각되며, RanGTP와 같이 수송의 방향성, 다시 말해 핵의 내외를 보증하는 분자는 없다고 여겨진다.

Q importin α 단독의 이동효율은 핵막공복합체의 상태나 구조변화에 의해서 규정되는가?

A 그것은 아주 흥미로운데, 현재로서는 전혀 알고 있지 않다.

Q RanBP와 Npap60의 어느 쪽이 사용되는 가는 담체인 transportin에 의해서 결정되는가?

A RanBP1과 Npap60이 cofactor로서 기능하는 상황은 전혀 다르며, RanBP1은 아마도 모든 importin β family에 의한 수송계에 관계한다고 생각되는 데 대해서 Npap60은 importin α/β 계에만 관여한다고 여겨진다.

문헌

1) Mattaj, I. W., Englmeier, L. : *Annu. Rev. Biochem.*, **67**, 265-306(1998)
2) Görlich, D., Kutay, U. : *Annu. Rev. Cell Dev. Biol.*, **15**, 607-660(1999)
3) Yoneda, Y. : *Gene. Cells*, **5**, 777-787(2000)
4) Imamoto, N. *et al.* : *EMBO J.*, **14**, 3617-3626(1995)
5) Imamoto, N. *et al.* : *FEBS Lett.*, **368**, 415-419(1995)
6) Jäkel, S., Görlich, D. : *EMBO J.*, **17**, 4491-4502(1998)
7) Köhler, M. *et al.* : *FEBS Lett.*, **417**, 104-108(1997)
8) Tsuji, L. *et al.* : *FEBS Lett.*, **416**, 30-34(1997)
9) Nagoshi, E. *et al.* : *Mol. Biol. Cell*, **10**, 2221-2233(1999)
10) Kurisaki, A. *et al.* : *Mol. Biol. Cell*, **12**, 1079-1091(2001)
11) Yokoya, F. *et al.* : *Mol. Biol. Cell*, **10**, 1119-1131(1999)
12) Lee, S. J. *et al.* : *J. Mol. Biol.*, **302**, 251-264(2000)
13) Miyamoto, Y. *et al.* : *EMBO J.*, **21**, 5833-5842(2002)
14) Lindsay, M. E. *et al.* : *Cell*, **110**, 349-360(2002)
15) Pichler, A., Melchior, F. : *Traffic*, **3**, 381-387(2002)
16) Schwoebel, E. D. *et al.* : *J. Cell Biol.*, **157**, 963-974(2002)

Column

핵막공 복합체와 핵-세포질간 수송

Kose Shingo (小瀬眞吾)·Imamoto Naoko (今本尙子)

1 핵막공복합체 : 구조와 구성인자

핵막공복합체(nuclear pore complex : NPC)는 진핵생물의 가장 큰 세포내 구조물의 하나이며, 8회전 대칭성 등의 형태적 구조는 종간에 잘 보존되어있다. 총중량은 효모에 있어서 ~50MDa, 척추동물에서 ~125MDa로 계산되어 있고, 적어도 ~1,000개의 단백질로 구성되어 있다고 예상되고 있다. 그러나 최근 출아효모와 쥐 간의 proteaome해석에 의해서 NPC 구성인자(Nup)는 함께 약 30종류라는 것이 밝혀지게 되었다[1, 2](표1). 그래서 각 Nup는 하나의 NPC당 여러 개(8~47copies) 존재한다고 여겨진다. 또한 면역전자현미경에 의한 효모 Nup의 국재해석의 결과, 형태적 비대칭성과 달리 대부분의 Nup가 핵막에 대해서 세포질과 핵질의 양측에 대칭적으로 분포하고 있다는 걸 알았다.

효모와 포유류에서 각 Nup의 아미노산배열의 상동성은 비교적 낮다. 그러나 NPC 내국재(內局在)·Nup간(間)의 sub-complex형성 등의 유사성으로 봐서 약2/3의 Nup가 기능적 상동성을 가진다고 생각된다. 아미노산배열에서 종간에서 가장 보존되고 있는 것은 FG, FxFG, GLFG라는 짧은 반복 아미노산배열이다. 이 배열은 수송담체분자가 NPC를 통과할 때 가장 중요한 결합부위로 인식되고 있다[3]. 효모·쥐 모두 약 1/3의 Nup가 FG반복배열을 가지고 있고, NPC의 세포질측·중심부·핵질측과 전체로 분포하고 있다. 또 하나의 특징적인 배열로서 WD반복배열이 있고, 포유류Nup에서 많이 동정되었다.

2 핵-세포질간 수송 : NPC통과모델

NPC는 많은 분자의 빠른 유통(20~1,000분자/s/NPC)과 특정분자만을 통과시키는 높은 선택성의 양조건을 만족하는 장소로서 기능한다. 수송담체분자와 결합력이 강한 만큼 높은 선택성을 나타내게 되지만, 이것은 동시에 통과속도의 저하를 의미한다. 원활한 유통과 높은 선택성, 이 두 조건을 모두 만족시키는 조건에서 NPC통과기구를 설명하는 데는 어려움이 있다.

수송담체분자의 NPC통과메커니즘으로서 일반적으로 받아들여지고 있는 사실은 (1) 수송담체분자는 Nup와 특이적으로 결합하는 것으로 양 방향성으로 통과한다, (2) 이 NPC통과반응에 에너지의 요구성은 보이지 않는다, 등의 크게 2가지 점이다. 제창되고 있는 몇 가지의 NPC통과모델을 소개한다.

(1) the Brownian affinity gate model[1] : Rout그룹은 효모 Nup의 면역전자현미경에 의한 국재해석에서 대부분의 Nup가 세포질과 핵질의 양쪽에 대칭적으로 분포하고 있는 것을 밝혀냈다. 이 Nup의 대칭적 배치에서 Nup와 상호작용하는 수송담체분자는 NPC중심부에 진입하기 쉽게 되는데, NPC내에서는 주로 브라운운동을 기초로 하는 random한 움직임에 의해서 통과한다고 생각했다.

(2) the selective phase model[4] : Rebbeck과 Goerlich는 Nup의 FG배열간의 약한 소수성결합에 의해서 만들어지는 망상(網狀)구조를 NPC내에 상정했다. 이 소수환경은 친수성의 macro분자의 침투를 저해한다. 그러나 FG배열에 결합하는 수송담체분자는 이 소수영역에 진입가능하며, 부분적으로 FG간 소수결합을 파괴하면서 방향성을 가지지 않고 통과해간다. 그들은 trans-cyclohexane-1,2-diol을 써서 소수결합을 저해하면(아마도 망상구조가 파괴되어) NPC의 침투성이 증가하는 것도 보고하고 있다[5].

(3) the affinity gradient model[6] : Ben-Efraim과 Gerace는 importin β와 몇 개의 Nup의 결합력을 측정하여 핵질측에 친화성이 보다 높은 Nup가 존재하는 것을 밝혔다. 따라서 Nup가 수송담체분자와 결합력이 약한 것에서 높은 것으로 차례로 NPC내로

표1. 척추동물의 NPC구성인자(Nup)

Nup	NPC 내 국재	효모 homolog (null변이체의 표현형)	Nup sub-complex	motif	NPC 이외의 세포내국재
Nup358/RanBP2	C			FG, RBD, ZnF	kinetochore
Nup214/CAN	C	Nup159	Nup88, Nup62	FG, Gly	
Nup88	C	Nup82	Nup214		
NLP1/hCG1	C	Nup42		FG, ZnF	
(hGle1)	C*	Gle1			
Nup155	C,N	Nup157, Nup170			
Nup133	C,N	Nup133	Nup107 complex, Nup98, Nup153		kinetochore
Nup107	C,N	Nup84	Nup107 complex, Nup98, Nup153		kinetochore
Nup62	C,N	Nsp1	Nup62 complex,Nup214	FG, Gly	
Nup58	C,N	Nup49	Nup62 complex,	FG, Gly	
Nup54	C,N	Nup57	Nup62 complex,	FG, Gly	
Nup45	C,N	Nup49	Nup62 complex,	FG, Gly	
Tpr	N	Mlp1, Mlp2	Nup98, Nup153		
Nup153	N*	Nup1	Nup107 complex, Tpr	FG, Gly, ZnF	핵내 小體
Nup160	N	Nup120	Nup107 complex, Nup98, Nup153		
Nup96	N	Nup145C	Nup107 complex, Nup98, Nup153		
Nup98	N*	Nup100, Nup116, Nup145N	Nup107 complex, RAE1, Tpr	GLFG, Gly	
Nup93	N	Nic96	Nup62, Nup205, Nup188		
Nup50	N*	Nup2*	Nup153	FG, RBD	
RAE1/Gle2	N*	Gle2	Nup98	WD	kinetochore
	N	Nup60			
gp210	PM		POM121	Gly	
POM121	PM		gp210	FG, Gly	
	PM	Ndc1			
	PM	Pom34			
	PM	Pom152			
Nup205	?	Nup192	Nup188, Nup93		
Nup188	?	Nup188	Nup205, Nup93		
Nup75/Nup85	?	Nup85			kinetochore
ALADIN	?			WD	
Nup43	?			WD	
Seh1	?	Seh1		WD	
Nup37	?		Nup107 complex, Nup98, Nup153	WD	
Nup35	?	Nup53, Nup59			

척추동물에서 동정되어 있는 30종의 Nup(단지 HGle)는 NPC 분획에서 농축되지 않는다)를 NPC내 국재를 기반으로 분류했다. 각 국재마다 분자량이 큰 것부터 표시하고 있다. 문헌 1, 8을 기초로 작성

C:세포질, N:핵, PM:막관통(pore membrane). *:가동Nup. null변이체의 표현형:그림자붙임:필수, 밑줄:농도감수성, 표시없음:비필수

Nup107 complex:Nup160, Nup133, Nup107, Nup96, Nup37, Sec13, Nup62 complex:Nup62, Nup58, Nup54, Nup45, FG (GLFG, WD):반복배열, Gly:glycosyl화, RBD:Ran결합도메인, ZnF:Zn finger

배치되어있고, 수송담체분자는 그들 Nup와 결합·해리를 반복하면서 결합력이 보다 높은 Nup가 위치하는 방향으로 진행해간다는 모델을 제창하였다. 아주 최근 Pyhtila와 Rexach는 importin β의 출아효모 homolog인 Kap95를 써서 해석을 하여, 출아효모에 있어서도 핵질측에 보다 강한 결합부위가 존재하며, 이 결합이 기질의 핵내이동에 중요한 점을 보고하였다[7)].

이상 3가지의 모델이 서로 크게 다른 점은 NPC내의 수송담체분자의 활동에 방향성을 상정하고 있는

가에 있다. NPC통과에 있어서 에너지 비요구성 때문에 모델1과2는 약한 상호작용에 의한 방향성이 없는 활동을 상정(想定)하고 있다. 그러나 Nup와 결합실험에서는 각 수송담체분자에 의해서 친화성이 상당한 차이가 있다. importin β와 같이 해리정수 1.0~200 nm order의 강한 결합력을 나타내는 분자도 있는 한편, NTF와 같이 1.4~20 μm로 약한 결합력을 나타내는 분자도 있다. Nup와 결합력이 1만배 가깝게 다른 각 수송담체분자가 모두 같은 분자메커니즘으로 이동한다고 보기 어렵다. 또한 어떠한 기질을 운반하는 경우에도 같을까라는 문제도 남아있다. 실제 기질의 크기에 따라서 Ran이나 에너지의 요구성이 다르다는 보고도 있다. 더욱이 핵외이동반응을 해석하는 과정에 있어서 분자적 근거에 빈약한 점도 거론되고 있다.

게놈, 프로테옴 등의 해석으로 미뤄봐서 대부분의 Nup가 동정되었다. 앞으로 수송담체분자와 Nup의 보다 상세한 결합부위·양식의 해석, 특히 importin β family 분자/RanGTP 복합체 등, 핵외이동에 있어서 Nup와 상호작용에 대한 보다 상세한 해석이 중요하다. 또한 Nup의 NPC내 배치나 sub-complex의 기능 등, NPC의 보다 상세한 구조적 기능해석은 핵-세포질간 수송기구에 새로운 지식을 가져다준다고 생각된다.

Q 상당한 수(양)의 Nup가 핵막의 면에 대해서 면대칭으로 존재하고 있다. 일부 Nup의 비대칭분포만으로 친화성구배는 만들어지는가?

A 현재 제창되어있는 the affinity gradient model은 세포질측, 중앙plug, 핵질측의 3 영역사이에서 형성되는 친화성구배를 기초로 하고 있다. 더욱이 좁은 영역(이를테면 중앙 plug내)에서는 친화성 구배는 형성되지 않을 가능성은 있다.

Q the Brownian affinity gate model의 문제는 선택성을 어느 정도 설명할 수 있는가이다. 핵 또는 세포질로 향하는 수송선택성을 실현하기 위하여 어떠한 친화성 site의 특성이 funnel부분에 필요로 할 것인가?

A 이 모델에서는 중앙plug에 섬유상의 Nup(FG-Nup)로 구성되고, macro분자의 수동확산을 저해하는 좁은 통로를 상정하고 있다. 이 통로근방에 친화성을 가진 수송담체분자는 중앙plug에 침투해갈 가능성이 높아져서 NPC내를 통과한다. 비대칭적으로 분포하고 있는 세포질 filament나 핵내 basket에 위치하는 Nup, 또는 중앙plug근방에 존재하는 Nup에 대한 친화성이 수송담체분자의 NPC통과를 촉진한다고 생각된다.

Q 핵외수송이나 importin 같은 수송담체를 사용하지 않는 분자의 핵내수송에는 Nup의 FG배열 이외의 결합/인식부위가 NPC에 존재하는가?

A 일반적으로 importin β 같은 수송담체분자는 RanGTP와 결합하면 FR-Nup에서 해리한다. 실제, 기질을 포함하는 핵외수송복합체(export complex)가 효율좋게 결합하는 Nup는 거의 동정되어 있지 않다. 그 때문에 FG배열은 핵외수송에 있어서는 중요하지 않을 가능성이 있다. 또한 수송담체에 의해서는 FG배열이외의 영역에도 결합하는 것이 제시되고 있는 것도 있다.

●문헌

1) Rout, M. P., Aitchison, J. D., Suprapto, A., Hjertaas, K., Zhao, Y., Chait, B. T. : *J. Cell Biol.*, **148**, 635-651 (2000)
2) Cronshaw, J. M., Krutchinsky, A. N., Zhang, W., Chait, B. T., Matunis, M. J. : *J. Cell Biol.*, **158**, 915-927 (2002)
3) Bednenko, J., Cingolani, G., Gerace, L. : *Traffic*, **4**, 127-135 (2003)
4) Ribbeck, K., G-rlich, D. : *EMBO J.*, **20**, 1320-1330 (2001)
5) Ribbeck, K., G-rlich, D. : *EMBO J.*, **21**, 2664-2671 (2002)
6) Ben-Efraim, I., Gerace, L. : *J. Cell Biol.*, **152**, 411-417 (2001)
7) Pyhtila, B., Rexach, M. : *J. Biol. Chem.*, **278**, 42699-42709 (2003)
8) Suntharalingam, M., Wente, S. R. : *Dev. Cell*, **4**, 775-789 (2003)

Shingo Kose, Naoko Imamoto, 理化学研究所・中央研究所・細胞核機能研究室 E-mail : skose@postman.riken.go.jp
Nuclear pore complex and nucleocytoplasmic transport

소포체에서 COP II 소포형성과 단백질선별수송의 분자메커니즘

Sato Ken (佐藤 健)·Nakano Akihiko (中野明彦)

진핵세포내에는 여러 가지 세포내 소기관이 존재하고, 이들 소기관들이 각각의 역할을 담당하여 서로 상호 대화(크로스토크)함에 따라 복잡한 생명현상을 지지하고 있다. 단백질분비경로의 출발점인 소포체에서는 분비단백질이외에도 골지체, 세포막,endosome/lysosome이라는 하류의 소기관에 수송해야할 단백질도 합성된다. 이와같은 방대한 수의 단백질의 소포체에서 골지체로 가는 수송을 담당하는 것이 COP II소포이다. COP II소포의 형성은 저분자량 GTPase Sar1p가 GDP형에서 GTP형으로 변환되어, COP II복합체(Sec23p/Sec24p 복합체와 Sec13p/Sec31p 복합체로 된다)가 잇달아 회합(會合)함으로써 개시된다.

Key Words 소포체 COP II소포 단백질선별수송

● 서론

소포체에서 수송을 담당하는 COP II 복합체(이후 COP II)는 출아효모를 사용한 *sec*변이주의 분리와 그 다음의 *in vitro* 재구성계를 사용한 해석에 의해 동정되었다[1]. COP II는 Sec23p/24p. Sec13p/Sec31p의 2가지의 sub-complex와 저분자량 GTPase cycle이 COP II에 의한 소포의 형성을 제어하고 있다(**그림1**). GDP형 Sar1p가 GDP·GTP 교환인자인 소포체막단백질 Sec12p에 의해 GTP형으로 변환되면 Sec23p/Sec24p, Sec13p/Sec31p 순으로 소포체막에 recruit(모집충원)된다[2]. Sar1p와 Sec23p/Sec24p는 막에서 안정한 복합체를 형성하는데, Sec13p/Sec31p를 첨가하지 않으면 소포가 형성되지 않는 점으로 봐서 Sec13p /Sec31p가 모임(會合)에 따라 소포를 형성하는 데에 필요한 역학적인 힘이 생기는 게 아닌가 하고 생각되고 있다. COP II 소포가 형성되면 GTPase활성화단백질인 Sec23p에 의해 Sar1p의 GTP의 가수분해가 촉진되어, COPII 복합체가 소포에서 해리하고, 골지체로 수송가능한 소포로 된다. *in vitro* 재구성계에 있어서 가수분해되지 않는 GTP analog(GTPγS, GMP-PNP)를 사용한 경우에서도 COP II소포는 형성되는데, 그 후 COP II의 해리는 일어나지 않는 점으로 봐서 Sar1p에 의한 GTP의 가수분해는 coat 단백질의 소포에서 해리에 필요한 것은 아닌가라고 여겨진다. 이 COP II소포의 형성은 산성인지질을 포함하는 리보솜과 정제 COP II복합체를 써도 완전 재구성된다[2].

I. Prebudding complex의 형성

소포체로부터 수송될 단백질은 어떻게 하여 COP II소포로 가도록 선별되는가? 수송소포형성시에 무작위로 단백질이 소포에 쌓인다(bulk-flow)는 모델이 제창된 시기도 있었는데, 최근 수년간의 해석에 의해서 소포체에서 골지체로 나아갈 단백질(화물, cargo라고 부른다)에는 소포체에서 나오기 위한 소포체수출신호가 존재하며, COP II가 이들 화물을 직

Ken Sato[1], Akihiko Nakano[1,2], [1]理化学研究所 生体膜研究室, [2]東京大学大学院理学系研究科 生物科学専攻 E-mail : satoken@postman.riken.go.jp nakano@postman.riken.go.jp
COPII-dependent vesicle formation and protein sorting from endoplasmic reticulum

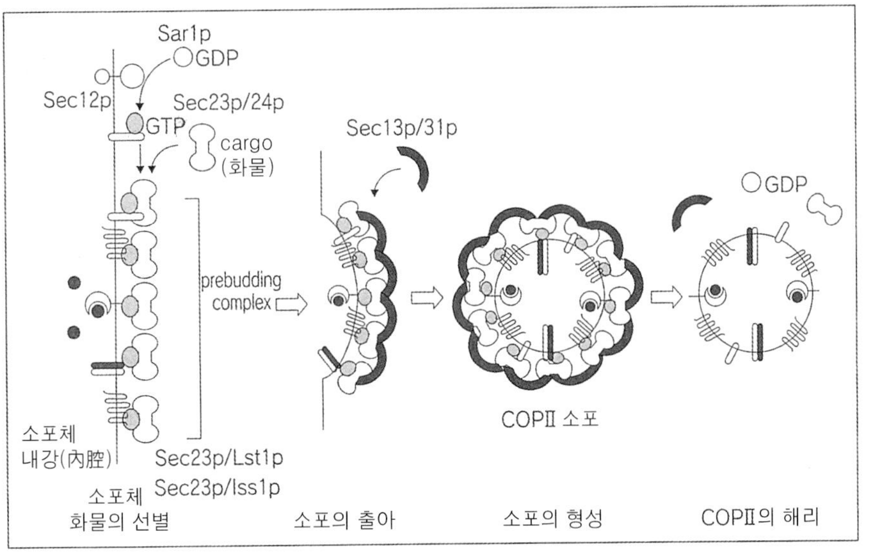

그림1. COP II 소포형성의 현시점의 모델

Sec12p에 의해 Sar1p가 GDP형에서 GTP형으로 변환되어 활성화되면 화물단백질에 결합하며, 그 후 Sec23p/Sec24p복합체와 함께 prebudding complex를 형성한다. 그 다음 다시 Sec13p/Sec31p복합체가 모여서 소포의 출아가 개시된다. 소포형성후 Sar1p의 GTP가 Sec23p에 의해 가수분해되며, COP II복합체는 소포에서 해리한다. COP II복합체가 해리한 다음, 소포는 골지체로 수송된다. Sec23p/Sec24p, Sec23p/lss1p, Sec23p/lst1p가 조합됨으로써 폭넓은 화물의 선별을 가능하게 한다.

접적, 간접적으로 인식하여 COP II소포로 농축한다는 것이 밝혀지게 되었다. Sar1p를 GMP-PNP존재하에 소포체막획분과 혼합하면 화물인 세포막단백질이나 SNARE 단백질과 특이적으로 결합하며, 그곳에 다시 Sec23p/Sec24p를 첨가하면 상호작용이 현저하게 증강된다[3]. 이런 점에서 Sar1p는 Sec1p에 의해서 GTP형으로 변환되면, 우선 화물과 결합하고 그 후 Sec23p/ Sec24p가 모집충원되어 화물단백질과 결합을 강화하여 COPII소포로 화물을 유도하는 것은 아닌가하고 생각된다. 이 Sar1p/Sec23p/Sec24p와 화물로 되는 복합체는 prebudding complex라고 불린다.

II. 막단백질의 소포체수출신호

그러면 소포체수출신호란 어떠한 것인가? 막대한 수의 단백질을 소포체에서 골지체로 효율적으로 수송하기 위해선 적어도 수 종류의 신호가 작동하는 듯하다. 동물세포에 있어서 소포체에서 세포막으로 수송되는 막단백질인 VSV-G단백질의 경우, C말단측 세포질영역에 있어서 DXE(aspartate-X-glutamate)라는 motif가 소포체수출신호로서 작용한다[4]. 그 후 동물세포나 효모의 막단백질에도 같은 motif가 발견되어, di-acidic 신호로서 널리 인지되고 있다. 이것과는 별도로 ERGIC-53단백질(이후 ERGIC-53)이나 효모의 Emp24p의 C말단측 세포질영역에는 2개의 phenylalanine잔기(FF)로 된 배열이 있고, 이 배열이 소포체에서 수송시에 있어서 COP II와 상호작용에 중요한 것임이 밝혀지게 되었다[5, 6]. Emp24p의 소포체로부터 수송에는 다시 C말단영역에 있어서 leucine, valine잔기로 된 배열도 중요하다[7]. 이들 배열은 di-hydrophobic 혹은 di-aromatic 신호라고 불리고 있다. ERGIC-53의 효모 homolg Emp46p의 경우는 C말단측 세포질영역에 존재하는 YYMF라는 배열의 tyrosine, phenylalanine 잔기와 C말단의 2개의 leucine잔기가 소포체로부터 효율적인 수송에 필요하다[8]. 그러나 Emp46p의 COP II소포에 있어서 농축에는 또하나의 ERGIC-53 homolog인 Emp 47p와 복합체형성이 필요한 점으로 봐서, Emp46p와 Emp47p의 수출신호가 조합됨으로써 형성되는 복합적인 신호가 COP II 소포에 있어서 농축에 중요하다고 생각된다[9]. 현재 Emp 46p, Emp47p에 대해서는 정제단백질을 리보솜에 삽입하여 거기에서 COP II 소포를 형성시키는 완전재구성계에도 성공하고 있고, 앞으로 그의 과정에 있어서 단백질선별의 메커니즘이나 Sar1p의 역할에 대해서 크게 이해가 될 것으로 기대된다[10]. 한편 효모의 출아부위의 선택에 활동하는 세포막단백질Axl2p는 직접적으로 는 COP II와 상호작용하지 않고 Erv14p라는 특별한 화물수용체를 매개하여 COP II에 농축된다[11]. 또한 세포질측에 노출한 영역을 전혀 가지지 않는 GPI(gycosyl phosphatidyl inositol) anchor형단백질의 수송에는 Emp24p/ Erv25p 복합체가 작용하는 듯하다. 이들 단백질의 결손변이주에서는 GPI anchor형 단백질 Gas1p가 소포체에서 나가는 수송이 현저하게 저하한다. 최근 Muniz그룹에 의해 Emp24p/ Erv25 복합체가 GPI anchor 단백질 Gas1p와 직접적으로 상호작용한다는 것이 제시되어, 이 복합체가 GPI anchor 단백질에 대한 화물수용체일 가능성이 시사되었다[12].

III. Sec24p family의 역할

화물단백질의 COP II 소포행 선별에는 Sec23p/ Sec24p가 중요한 역할을 하고 있다. 출아효모에는 Sec24p외에 Iss1p와 Lst1p라는 2가지의 homolog가 존재하며, 어느 것도 Sec23p와 복합체를 형성한다[13, 14]. Iss1p는 Sec24p와 기능적으로 중복하는 단백질이라고 여겨지고 있는데 대해서, Lst1p는 특별한 역할을 담당하고 있다. *LST1*의 유전자파괴주는 저(低)pH배지에 있어서 생육저해를 나타내며, 이것은 세포내 pH조절에 중요한 세포질 H^+-ATPase (Pma1p)가 소포체에 축적해버리는 것이 원인이었다[13]. *in vitro* 재구성계에 의한 해석결과, Sec23p/ Lst1p를 사용하여 형성된 COPII소포에는 Sec23p/ Sec24p를 사용한 경우와 비교하여 Pma1p가 아주 효율적으로 COP II 소포로 농축되는 것이 밝혀지게 되었다[15]. 한편으로 Sec23p/Lst1p를 사용하여 형성되는 소포에는 COP II 소포와 골지체의 융합에 필수적인 v-SNARE단백질이 거의 농축않고 골지체와 융합할 수 없는 불안전한 소포가 형성되어 버리는 점에서 골지체행 수송가능한 소포를 형성하기 위해서는 Sec23p/Sec24p 또는 Sec23p/ Iss1p의 존재가 불가결이다[16]. Sec23p/Lst1p는 Sec23p/Sec24p에 의해서는 잘 인식되지 않는 Pma1p 등의 화물을 인식하여, COP II 소포로의 농축을 돕는 인자라고 생각된다. 이와같이 Sec23p/Sec24p, Sec23p/Iss1p, Sec23p/Lst1p가 잘 조합됨으로써 보다 폭넓은 화물을 인식하여 COP II 소포에 있어서 효율적인 농축을 가능하게 한다고 여겨진다. 더욱이 아주 최근 Sec24p자신이 화물을 직접 인식·결합하는 다수의 영역이 있음이 생화학적, 구조적으로 증명되어, 화물선별에 대한 이 subunit의 역할이 밝혀지게 되었다[17, 18].

IV. 가용성 화물단백질의 선별기구

분비단백질 등의 가용성 화물단백질은 소포체 내강에 격리되어 있으므로 COP II 소포에 농축되기 위해서는 그것을 중개하는 인자가 필요하다. 많은 그룹이 이 화물수용체의 분리를 시도했는데 좀처럼 그 실체가 잡히지 않고 있었다. Barlowe그룹은 *in vitro* 재구성계를 사용하여 COP II 소포를 정제하고 그곳에 존재하는 막단백질의 망라적인 해석을 시도했다. 그 가운데 하나인 Erv29p에 대해서 파괴주를 만든바, 이 균주에 있어서는 효모에서 분비되는 α 접합인자의 전구체가 COP II 소포로 효율좋게 농축되지 않는 것을 알았다[19]. 더욱이 Erv29p와 α 접합인자 전구체가 물리적으로 상호작용하는 것과 Erv29p는 Sar1p/Sec23p/ Sec24p와 prebudding complex를 형성하는 것으로 봐서, Erv29p가 α 접합인자 전구체에 대한 화물수용체인 것을 결국 밝혀냈다[16]. Erv29p의 결손주에서는 액포단백질의 수송도 지연하고 있는 점에서 Erv29p는 다수의 가용성 화물에 대해서 활동하고 있을 가능성이 있다[20]. 한편 동물세포를 사용한 해석에서는 ERGIC-53이 당단백질에 대한 화물수용체이라는 증거를 얻었다. ERGIC-53의 막내강영역에는 Ca^{2+}의존적으로 mannose와 결합하는 lectin영역이 존재한다. ERGIC-53은 이 영역을 매개하여 cathepsin Z와 같은 단백질의 당단백질의 당쇄부분과 특이적으로 결합하며, 소포체에서 수송을 촉진하고 있다[21]. ERGIC-53은 인간 혈우병의 원인유전자로서도 동정되어 있다. 이 환자의 혈장 중에서는 혈액응고인자V와 VIII가 현저하게 저하하고 있는 점으로 봐서, ERGIC-53은 이들 단백질의 소포체발(發) 수송에도 활동하고 있을 가능성이 있다[22].

● 끝맺음

COP II 소포의 형성기구와 화물단백질의 선별 메커니즘은 최근 수년에 걸쳐 극적으로 밝혀지게 되었다. 그러나 아직 미해결인 문제도 많이 남아있다. 상술한 바와 같이 Sar1p의 GTP가 가수분해하면 COP II는 막에서 해리해버린다. 그러나 소포체막에는 화물의 적재와 COPII소포의 형성이 완료하기까지 Sar1p의 GTP가 가수분해되지 않도록 제어하는 미동정의 인자가 존재하고 있는 게 아닌가 하고 생각된다. 또한 소포체막의 언제 어디에서 COPII소포의 형성이 개시되는 지도 여전히 수수께끼이다. COP II 소포의 형성에는 Sec12p에 의해서 Sar1p가 GDP형에서 GTP형으로 변환되는 것이 필수이므로 Sec12p의 GEF활성을 제어하는 기구가 중요한 것일지도 모른다. COP II 소포형성에 필수적인 또 하나의 인자 Sec16p의 존재도 흥미롭다. Sec16p는 COP II 가운데 실제 Sar1p, Sec23p, Sec24p, Sec31p와 상호작용하는 점으로 봐서 COP II 소포형성의 토대로 될 가능성이 있다[23]. 한편 가용성 화물단백질의 소포체수출신호의 실체도 거의 모른다. 수많은 분비단백질에 있어서 consensus가 존재할지 어떨 지는 아주 흥미롭다. 또한 최근 GPI anchor단백질 GAs1p가 보통의 COP II 소포와는 다른 소포를 매개로 하여 소포체에서 수송된다는 놀라운 보고가 있었다[24]. 그러나 다른 한편으로는 Gas1p와 그의 화물수용체 Emp24p/Erv25p가 보통의 COPII소포에 착실하게 적재된다는 상반하는 보고도 있다[16]. 이러한 문제는 앞으로 새로운 해석이 기대된다.

Q 모든 분비단백질에는 ER을 나오기 위한 신호가 있는가? 모든 분비단백질이 효율좋게 수송되기 위해서는 다양한 소포체수출신호와 다양한 화물수용체가 협조하여 진화하지 않으면 안되었다고 생각하는가?

A 모든 분비단백질에게 소포체수출신호가 존재하는 가에 대해서는 현시점에서는 잘 모른다. 화물수용체 Erv29p에 의해서 인식되는 α 접합인자전구체에서 조차도 소포체수출신호는 밝혀지지 않았다. Erv29p가 다른 단백질의 소포체발 수송에도 활동하는 점으로 봐서 이들의 화물에 대해서는 Erv29p에 의해서 인식되는 구조적 motif가 존재하는 게 아닌가 하고 생각된다. 한편 췌외(膵外)분비세포에 있어서는 amylase 등의 분비단백직이 COP II 소포 출아부위에 농축되지 않는다는 보고도 있다. 이와같은 단백질에게는 수출신호가 존재하기 않고 bulk flow에 의해서 소포체에서 수송되고 있는지도 모른다. 앞으로 새로운 검증이 필요하다. 최근 초파리를 이용한 연구에서 TGF α의 homolog인 Spitz단백질전구체를 골지체로 수송하는 데에 활동하는 Star단백질이나, LDL수용체를 소포체에서 수송하는 데에 필요한 Boca단백질 등이 발견되었다. 이와 같이 다양한 화물에 대응한 여러 가지 화물수용체가 존재하는 것은 아닌가라고 예상된다.

Q Sec13p/Sec31p의 회합이 소포형성의 힘을 발생하고 있는 듯한데, 어떠한 모델이 생각되고 있는가? 이것에는 에너지는 필요하지 않는가?

A Sar1p가 GDP형에서 GTP형으로 변환되면 우선 Sec23p/Sec24p 복합체가 막에 모집보충(recruit)된다. 전자현미경을 사용한 해석에서 이 Sec23p/Sec24p 복합체는 나비넥타이 모양의 구조를 취하고 있다. Sec13p/Sec31p 복합체는 flexible lot 구조의 양측에 구상 도메인이 2개씩 존재하는 구조를 하고 있으며, 이들이 Sec23p/Sec24p에 모여서 5각형내지 6각형의 격자구조를 만듦에 따라서 막상(膜状)에 만곡(彎曲)을 형성하고 있는 게 아닌가 하고 생각되고 있다(그림1). 소포형성개시 때에 Sar1p가 GDP형에서 GTP형으로 변화되는 것은 필수이지만, 가수분해하지 않는 GTP analog를 결합시킨 경우에도 리보솜에서 COP II 소포의 형성이 일어나는 점으로 봐서 GTP의 가수분해는 COP II 소포의 형성에는 필요하지 않다고 여겨지고 있다. ATP도 필요하지 않다고 여겨지고 있다.

문헌

1) Barlowe, C. *et al.* : *Cell*, **77**, 895-907(1994)
2) Matsuoka, K. *et al.* : *Cell*, **93**, 263-275(1998)
3) Kuehn, M. J. Schekman, R. : *Curr. Opin. Cell Biol.*, **9**, 477-483(1997)
4) Nishimura, N., Balch, W. E. : *Science*, **277**, 556-558(1997)
5) Belden, W. J., Barlowe, C. : *J. Biol. Chem.*, **271**, 26939-26946(1996)
6) Kappeler, F. *et al.* : *J. Biol. Chem.*, **272**, 31801-31808(1997)
7) Nakamura, N. *et al.* : *Mol. Biol. Cell.*, **9**, 3493-3503(1998)
8) Sato, K., Nakano, A. : *Mol. Biol. Cell.*, **13**, 2518-2532(2002)
9) Sato, K., Nakano, A. : *Mol. Biol. Cell*, **14**, 3055-3063(2003)
10) Sato, K., Nakano, A. : *J. Biol. Chem.*, **279**, 1330-1335(2004)
11) Powers, J., Barlowe, C. : *Mol. Biol. Cell.*, **13**, 880-891(2002)
12) Muniz, M., Nuoffer, C., Hauri, H. P., Riezman, H. : *J. Cell Biol.*, **148**, 925-930(2000)
13) Roberg, K. J. *et al.* : *J. Cell Biol.*, **145**, 659-672(1999)
14) Kurihara, T. *et al.* : *Mol. Biol. Cell*, **11**, 983-998(2000)
15) Shimoni, Y. *et al.* : *J. Cell Biol.*, **151**, 973-984(2000)
16) Miller, E., Antonny, B., Hamamoto, S., Schekman, R. : *EMBO J.*, **21**, 6105-6113(2002)
17) Mossessova, E., Bickford, L. C., Goldberg, J. : *Cell*, **114**, 483-95(2003)
18) Miller, E. A. *et al.* : *Cell*, **114**, 497-509(2003)
19) Belden, W. J., Barlowe, C. : *Science*, **294**, 1528-1531(2001)
20) Caldwell, S. R., Hill, K. J., Cooper, A. A. : *J. Biol. Chem.*, **276**, 23296-23303(2001)
21) Appenzeller, C., Andersson, H., Kappeler, F., Hauri, H. P. : *Nat. Cell Biol.*, **1**, 330-334(1999)
22) Nichols, W. C. *et al.* : *Cell*, **93**, 61-70(1998)
23) Supek, F. *et al.* : *J. Cell Biol.*, **158**, 1029-1038(2002)
24) Muniz, M., Morsomme, P., Riezman, H. : *Cell*, **104**, 313-320(2001)

Column

역행 수송

Aoe Tomohiko (青江知彦)

세포내에서는 서로 다른 세포내 소기관의 사이에서 단백질이나 지질이 쌍방향성의 소포수송에 의해서 수송되고 있다. 소포체와 골지체의 사이에서는 단백질이 분비되는 방향에 따라서 소포체에서 골지체로 수송이 순행수송, 골지체에서 소포체로 수송이 역행수송이라고 부른다. 원래 소포체에 머물러야 하는 단백질이 잘못하여 골지체로 분비된 경우에 역행수송에 의해서 소포체로 반송되며, 단백질의 세포내 국재와 세포내 소기관의 항상성이 유지된다고 여겨져 왔다.

1 골지체에서 소포체로 수송

소포체에서 분비되는 단백질은 COPII 소포에 의해서 수송된다. 소포체에 국재하는 단백질은 COPII 소포에게 붙들리지 않고 잔류하는데, COPII소포에 붙들려지는 경우에도 ERGIC (ER-Golgi intermediate compartment) 혹은 골지체에서 선별을 받아서 소포체로 역수송된다. 세포질영역에 KKXX, KXKXX, FFXXRRXX 등의 소포체 잔류신호를 가지는 내재성 막단백질에게는 COPI단백질이 결합하며, 그들 단백질은 COPI소포에 의해서 소포체로 역수송된다[1]. 소포체에 국재하는 가용성단백질로 C말단에 KDEL아미노산배열을 가진 것은 ERGIC 혹은 골지체까지 분비되면 막단백질 KDEL수용체에 의해서 인식되어 COPI소포에게 붙들린다. KDEL수용체자신에게도 세포질영역에 KK배열이 있고, KDEL배열을 가진 단백질과 함께 COPI소포에 의해서 소포체로 역수송된다[2](**그림1**). 또한 막단백질에 대한 역행성수송의 수용체로서 Rer1이 알려져 있다[3]. 이러한 COPI 소포수송이외의 수송양식으로서 Shiga toxin은 Rab6에 의존한 수송양식으로 골지체에서 소포체로 수송되어 병원성을 발현하는 것으로 보고되어 있다[4].

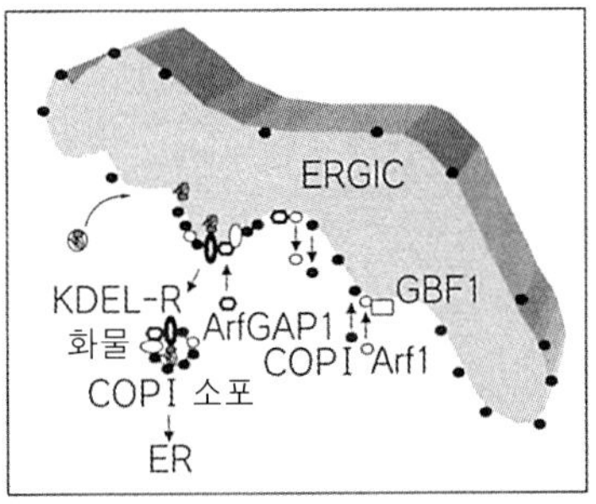

그림1. COPI단백질의 세포질-막간 이동

상세한 것은 본문을 참조하세요. COPI 소포형성에는 소포체 샤페론과 같은 화물단백질, KDEL 수용체와 같은 화물수용체, Arf1. COP1, ArfGAP1이 필요하다고 생각된다.

2 COPI단백질의 세포질, 막간의 이동

COPI단백질은 적어도 7개의 subunit으로 된 복합체이며, 저분자량 GTPase인 Arf1에 의해서 세포질에서 막으로 이동한다. 이 과정은 Arf1이 guanine nucleotide 교환인자인 GBF1에 의해서 활성화되고 GTP결합형으로 되어서 막과 결합하여 일어난다[5]. 막에 이동한 Arf1, COPI단백질은 막에 잔류하는 게 아니라 항상 막과 세포질이 사이를 계속 이동한다[6]. GTP결합형 Arf1은 GAP(GTPase-activating protein)인 AfrGAP1에 의해서 그의 GTP가수분해 활성이 촉진되어 막에서 떨어지고 세포질로 이동한다[7]. COPI 단백질은 Arf1과 동시에 세포질로 이동할 뿐만이 아니라 잠시 막에 머물기도 한다. GBF1이나 GTP결합형 Arf1변이주의 과잉발현이 ERGIC의 골지체로 성숙하는 것을 억제하는 점으로 봐서, Arf1과 COP1이 세포질과 막을 계속 이동 하는 과정에서 골지체가 형성되어 간다고 생각된다(그림1).

3 COP1소포형성

Arf1과 COP I의 세포질에서 막으로 이동은 반드시 COP I 소포형성을 동반하는 것은 아니다. Prelsey 그룹은[6] Arf1과 COP I이 세포질과 막의 사이를 이동하는데 소포형성을 수반하지 않는 도메인형성과, Arf1과 COP I이 막으로 이동하여 소포가 형성되며, 이윽고 소포막에서 Arf1과 COP I이 유리하는 소포형성의 2단계를 상정하고 있다. COP I 소포형성에는 Arf1, COPI단백질의 외에 ArfGAP1이 필요하다. 이전에는 GAP는 COP I 소포형성후에 세포질에서 소포막으로 이동하고, COP I의 uncoat에만 필요하다고 여겨져 왔는데, 현재로는 COP I 소포에 Arf1, COP I과 함께 존재하는 것, COP I 소포형성 때의 화물단백질의 선별에 중요하다는 게 제시되어있고, COP I 소포에 있어서 GAP인 Sec23과 꼭같이 COP I 소포형성의 구성요소이라고 여겨지고 있다[2](그림1).

4 COP I 소포수송의 제어

COP I 소포수송은 Arf1 혹은 GBF1, ArfGAP에 의해서 제어된다고 말할 수 있는데, 이들 제어인자를 다시 제어하는 것은 무엇인가? KDEL배열을 가진 소포체단백질은 골지체에서 KDEL수용체에 인식되는데, 이 과정에서 KDEL수용체는 ARfGAP1과 모여서 만나고, COPI 소포수송이 촉진된다(그림1).

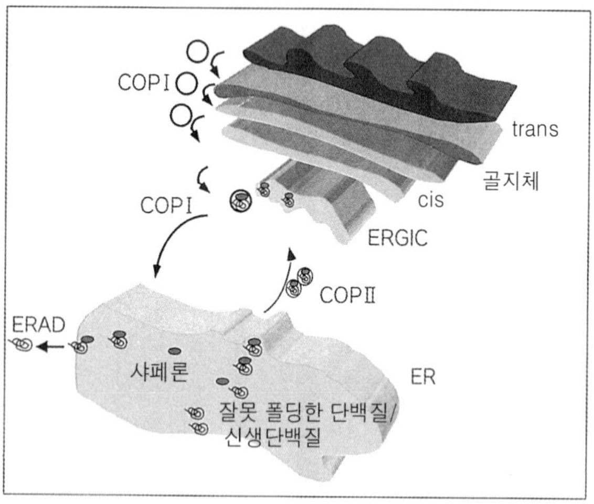

그림2. 소포체-골지체 사이의 수송

잘못 폴딩한 단백질이나 신생단백질은 소포체(ER)에서 샤페론와 만나고, 폴딩되지 않는 경우는 세포질로 이동하여 proteasome에 의해서 분해된다 (ER-associated degradation : ERAD). 이들 단백질의 일부는 소포체에서 ERGIC, 골지체로 분비되는데, COPI소포에 의해서 소포체로 역행수송된다.

KDEL배열을 가지는 소포체단백질은 BiP, calreticulin 등의 소포체 샤페론이다. 잘못 폴딩한 단백질이 소포체에 모여서 쌓이면 샤페론의 발현도 유도되어 잘못 폴딩한 단백질과 만난 샤페론이 분비되어서 골지체에서 KDEL수용체를 활성화하여 COPI 소포수송을 촉진하여 수포체로 역행수송된다고 생각된다[8]. 따라서 COPI 소포에 의해서 수송되는 화물단백질 자체가 COP I 소포수송을 제어하고 있을 가능성이 있다.

5 역행수송과 질의 제어

효모의 carboxypeptidase Y의 변이체 CPY*는 ER 관련분해의 기질로서 알려져 있는데, 과잉으로 발현한 경우는 소포체에서 골지체로 수송이 저해되면 분해가 억제된다고 보고되고 있다[9]. 따라서 잘못 폴딩한 단백질이나 소포체샤페론이 골지체로 분비되는 것은 "잘못해서"라고 반드시 말할 수 없고, 단백질 품질관리나 COP I 수포수송의 제어기구에 끼어들어가 있을 가능성이 있다. 신생 단백질의 30%정도는 1차구조의 이상의 유무에 관계없이 단백질품질관리기구에 의해서 분해된다는 것[10]을 고려하면, 잘못 폴딩한 단백질의 소포체에서 골지체로 분비와 역행수송은 항상 존재한다고 여겨진다(**그림2**).

이러한 COPI 소포에 의한 역행수송이 세포수준만 아니고 개체수준에서 어떠한 생리적 의의를 가지는지 혹은 사람의 질환과 관계하는 것인지는 앞으로 역행수송관련분자의 유전자변이 마우스의 해석에 의해서 밝혀지게 될 것으로 기대된다.

Q KDEL수용체의 화물의 결합·해리는 어떻게 제어되고 있는가?

A Pelham은 KDEL수용체의 liposome으로 재구성실험한 결과, 지질의 구성성분에는 그다지 영향받지 않고, 주로 pH에 의해서 제어된다고 보고하고 있다. 소포체에서 골지체로 이동함에 따라 관강내(管腔內)는 산성이 되어 가는데, 산성환경에서 KDEL수용체와 화물의 결합은 일어나기 쉽게 된다.

Q 순행수송소포와 역행수송소포의 화물을 적재한 KDEL수용체와, 텅빈 화물공간의 KDEL수용체

를 어떻게 하여 구분할 수 있는가?

A 화물과 결합에 의해서 KDEL수용체는 활성화되어 다량체를 형성하고, 또는 PKA에 의해서 세포질영역의 serine잔기가 인산화되어 COPI단백질인 ArfGAP1과 친화성이 증대하여 COP I 역행수송소포에 끼어들어가기 쉽게 된다고 생각된다.

Q 잘못 폴딩한 단백질의 분해경로로서는 일단 골지체로 운반된 다음에 ER로 재수송되어서 처음 ERAD의 기질로 될 수 있는 예가 있다는 것인데, 일단 골지체로 수송된다는 것의 의미로서는 현시점에서는 어떠한 가능성이 추정되고 있는가?

A 잘못 폴딩한 단백질 자신 혹은 ERAD에 필요한 어떤 요소가 골지체로 수송되며, ERAD에 필요한 당쇄수식 등의 무언가의 수식을 받을 가능성이 추측되고 있다.

●문헌

1) Letourneur, F. *et al.* : *Cell*, **79**, 1199-207(1994)
2) Yang, J. S. *et al.* : *J. Cell Biol*, **159** (1), 69-78(2002)
3) Sato, K. *et al.* : *PNAS*, **94**, 9693-9698(1997)
4) Girod, A. *et al.* : *Nat. Cell Biol.*, **1**, 423-430(1999)
5) Kawamoto, K. *et al.* : *Traffic*, **3**, 483-495(2003)
6) Presley, J. F. *et al.* : *Nature*, **417**, 187-193(2002)
7) Cukierman, E. *et al.* : *Science*, **270** (5244), 1999-2002(1995)
8) Yamamoto, K. *et al.* : *EMBO J.*, **20** (12), 3082-91(2001)
9) Haynes, C. M. *et al.* : *J. Cell Biol.*, **158**, 91-101(2002)
10) Schubert, U. *et al.* : *Nature*, **404**, 770-774(2000)

Tomohiko Aoe, 千葉大学大学院医学研究院発生生物学 E-mail : taoe@faculty.chiba-u.jp

Retrograde transport

II. 단백질수송

골지체·소포체형성에 필수적인 p97막융합기구

Kondo Hisao (近藤久雄)·Uchiyama Keiji (內山圭司)·
Okiyoneda Tsukasa (沖米田 司)

세포내 소기관 골지체 · 소포체는 각각 편평막적층(扁平膜積層)구조라는 특징적인 형태를 나타낸다. 이 소포체 · 골지체의 특이적인 형태와 그 기능은 종을 넘어서 잘 보존되어 있고, 그의 형태는 기능을 위하여 중요하다고 여겨진다. 그들의 특징적인 형태형성에 필수적인 세포내막융합경로로서 p97경로가 알려져 있다. 여기에서는 그의 경로의 필수인자들에 관해서 해설을 하고, 그의 세포주기조절에 대해서도 기술한다.

key Words 골지체 소포체 막융합 p97

● 서론

세포내에 있어서 소포체는 mRNA로부터 단백질이 만들어지는 장소이고, 생성단백질의 품질관리의 거점이기도 하다. 소포체에서 만들어진 단백질은 골지체에 이송되며, 거기에서 수식·선별된 다음에 여러 가지 목적지로 내보내지고 있다. 따라서 소포체·골지체는 틀림없이 세포기능의 근간을 담당하는 세포내소기관이라고 말할 수 있다. 그 형태는 아주 특징적이며, 소포체는 망상(網狀)구조를, 골지체는 편평막적층구조를 취하고 있다. 이 소포체·골지체의 특이적인 형태가 어떻게 형성되고 유지되고 있는지 또한 그들의 구조가 어떻게 기능을 위하여 필요한가라는 문제는 세포의 구성요소나 기능을 생각하는데 아주 흥미롭다. 골지체나 소포체를 시험관내에서 재구성하는 시스템(계, 系)이 개발된 적도 있고, 최근 10년간 사이에 급속하게 이들 세포내소기관형성의 분자기구가 차츰 밝혀지게 되었다. 그래서 이 글은 특히 필자들이 이제까지 밝혀온 막융합기구 p97경로의 관점에서 간단히 정리하고 싶다.

I. 골지체·소포체의 세포주기변화

동물세포에 있어서는 세포분열의 초기과정에서 골지체의 적층층판구조는 소실하고, 세포분열의 후기에 딸세포에서 재구성된다. 이 골지체구조의 소실은 극적이며, 그 기구에 대해서는 상반하는 2가지 가설이 있어 수년전부터 격렬한 논쟁이 계속하고 있다. 우선 하나는 고전적인 것인데 골지체가 세포분열기에 소포·소관(小胞·小管)화하고, 그것이 널리 세포질전체로 넓혀진다는 것이다. 세포분열기후기에 딸세포에 있어서 그들 분산한 소포·소관이 모여서 골지체의 층판적층구조가 재구성된다.

그것에 대해서 Lippincott-Schwartz는 세포분열기에서 골지체의 소실은 소포체로 흡수되기 때문이라는 가설을 제창하고 있다[1]. 그들은 골지체국재단백질에 GFP를 붙인 융합단백질을 안정적으로 발현하는 배양세포를 써서 골지체를 生세포로 가시화하여 골지체의 움직임을 관찰했다. 그 결과 세포분열기초기에 대부분의 골지체막은 소포체에 흡수되어, 후기로 부터 소포체에서 다시 나온 골지체막에 의해, 골지체는 딸세포에서 재구성된다고 했다. 이것에 대

Hisao Kondo[1~3], Keiji Uchiyama[1,3], Tsukasa Okiyoneda[1,2], [1]Cambridge Institute for Medical Research, University of Cambridge, [2]科学技術振興機構SORST, [3]三菱化学生命科学研究所 E-mail : hk228@cam.ac.uk(日本語可)
p97-mediated membrane fusion is required for Golgi and ER assembly

해서 Jokitalo그룹은 같은 세포를 전자현미경관찰한 결과, 골지체소포는 결코 소포체에 흡수되지 않는다고 보고하고 있어서[2], 현재도 결정이 되지 못하고 있다.

또한 이 세포분열기의 골지체의 소실에는 protein kinase의 관여가 중요하다고 알려져 있는데, 어떠한 인산화효소가 중요한지에 대해서도 격렬한 논쟁이 반복되고 있다. 현재까지 보고되고 있는 것은 Cdc2 kinase[3], MAPK[4], Polo-like kinase[3]가 있다. 복잡한 구조를 가진 골지체를 분해하기 위해서는 몇 가지의 단계가 필요하다고 여겨지며, 각 단계에 서로 다른 kinase가 필요한 것이겠지.

한편 소포체에서는 골지체와 사정이 약간 다르다. 세포분열기에서는 핵막이 붕괴하고 염색체의 분해가 되기 때문에 세포질전체에 그물모양으로 널리 퍼져있는 소포체의 재구성이 필요하다. 단지 그것이 어떻게 되는 것일지. 일단 그물구조가 단열(斷裂)하고 뿔뿔이 흩어진 다음에 재구성되는 것인지, 그것도 그물구조가 유지된 채로 재구성되는 건지 현재로서는 적어도 완전히 단열하여 소포·소관모양으로는 되지 않는 것은 확실한데, 그 단열의 정도에 대해서는 견해가 일치하지 않고 있다.

II. 세포내막융합과정

골지체의 형성에 필요한 막융합경로로서 NSF(NEM-sensitive factor)경로와 p97경로의 2가지의 경로가 보고되어있다. NSF경로는 Rothman그룹에 의해서 밝혀져온 고전적인 세포내막융합기구이며, 이 책에서는 Nakamura(中村)의 원고에 설명되어있다. 그래서 여기에서는 p97경로로 좁혀서 최근 밝혀지고 있는 여러 인자에 대해서 설명한다. p97경로의 인자로서 현재까지 알려져 있는 것은 p97, p47, VCIP135 (VCP/p47 complex-interacting protein, p135), syntaxin 5의 4개이다.

1. p97

p97(p97은 VCP라고도 불린다)는 NSF와 꼭같이 AAA family에 속하는 ATPase이며, 2가지의 ATP 결합영역을 가지며, 6량체를 형성하고 있다. p97은 종을 넘어서 잘 보존되어 있고, 그의 homolog는 효모는 말할 것도 없고 고세균에게도 인정된다. 원래 p97은 세포상청액(supernatant)에 다량으로 존재하고, 침강계수가 큰 분자로서 정제·클로닝되어 현재로는 여러 가지 보(補)인자와 결합하여 막융합이외에 ubiquitin화·ERAD 등 다양한 기능을 가지고 있다고 보고되고 있는데, 그들에 관해서는 이 책의 다른 장을 참고해 달라.

2. p47

p97의 분자량이 정제표품과 세포상청액에서 서로 다른 점에서 결합인자의 존재가 추정되어 370아미노산으로 된 p47이 동정·정제되었다[6]. 출아효모에도 homolog를 가지며, 종을 넘어서 널리 분포하고 있다. 이 p47단독으로는 3량체를 형성하지만, p97과 복합체를 이룬 가운데에서 양비(量比)에 대해서는 6량체 p97에 대해서 p47이 3분자 혹은 6분자라는 2가지의 설이 있고[7], 아직 확정하지 못했다.

p97/p47 복합체에서는 p97의 N말단부분이 p47의 C말단부분이 2 곳의 결합부위와 결합하고 있다[8]. 이 가운데 단지 C말단측의 결합부위는 UBX도메인을 가지며, ubiquitin과 닮은 구조를 취한다. 또한 p47은 N말단부분에 UBA 도메인을 가지고 있고 monoubiquitin과 결합하는 것이 가능하며, 흥미롭게도 이 영역은 더욱이 그의 막융합기능을 위하여 중요하다고 보고되어있다[9].

In vitro 골지체재구성계를 사용한 실험에서 p97 단독으로는 막융합은 일어나지 않고, p97/p47 복합체에 의해서 비로소 일어났다. 즉 p97/p47 복합체가 막융합기능의 실체라고 여겨진다.

3. VCIP135

p97의 ATP가수분해작용 의존적으로 p97/p47 복합체를 해리하는 인자로서 앞서 발견된 신규단백질이며, 1221아미노산으로 되는 거대분자이다[8]. p97경로의 SNARE(soluble NSF attachment protein receptor)인 syntaxin 5와도 결합하여, p97/p47/syntaxin5 복합체를 p97의 ATP가수분해작용을 사용하여 해리한다(**그림1**). 세포상청에도 존재하지만, 골지체·소포체에도 결합하여 존재한다. 시험관내 골지체재구성계를 사용한 실험에서 막에 결합한

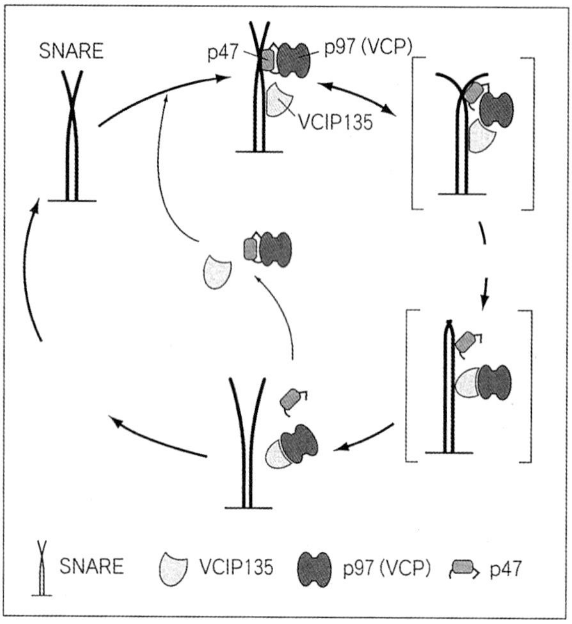

그림1. p97막융합경로의 여러 인자

VCIP135가 p97/p47경로의 필수인자인 점이 제시되었다. 또한 VCIP135에 대한 항체를 生세포에 microinjection한 경우, 항p47항체와 꼭같이 세포분열에 있어서 딸세포에서 골지체·소포체의 재구성이 저해된다.

4. p97경로의 SNARE

In vitro 골지체재구성계에 있어서 NSF경로와 p97경로의 효과를 검토한 결과, 두 경로의 효과는 가중적(加重的)이 아닌 것이 밝혀졌다. 그래서 두 경로가 서로 무슨 인자를 공유하고 있고 그것이 율속단계로 되어있을 가능성이 추정된다. 그래서 그 공통인자를 검토한 결과, syntaxin 5가 p97경로에 포함되고 있음이 알려졌다. p97/p47 복합체는 골지체막에서 직접 syntaxin 5와 결합하고, 그 경합양식으로서는 p47을 매개하여 결합하고 있다[10].

그렇다면 syntaxin5의 상대로 되는 SNARE는 도대체 무언가? 이것에 관한 흥미로운 데이터가 p97의 효모의 homolog Cdc48p에서 제출되어있다. 효모의 소포체의 Cdc48p에 의한 동종 막의 융합(homo막융합)을 검토하고 있던 Latterich그룹은 소포체의 t-SNARE인 Ufe1p가 융합하는 양쪽의 막에 필요하며, 그 외의 v-SNARE는 필요하지 않다고 보고하고 있다[11]. 즉 Cdc48p(p97)경로에서는 t-t SNARE쌍이 형성되고 있다는 걸 나타냈다. 단지 그 다음의 NSF경로에서 SNARE류의 결정해석이 연구에서 이 t-t SNARE쌍은 이론적으로 곤란하며, 새로운 SNARE(-like)인자가 필요할 가능성이 지적되고 있다. 또한 이 Ufe1p의 포유류에서 homolog의 후보로서 syntaxin18이 보고되어 있는데[12], 이것이 p97에 의한 소포체형성에 필요한지 어떨지는 지금으로서는 확인되어 있지 않다.

III. 골지체형성을 위하여 2가지의 막융합경로가 존재하는 의의

NSF와 p97의 2가지의 경로가 존재하는 의의에 대해서 그다지 잘 알려져 있지 않는데, 몇 가지의 시사적인 실험결과가 있다. *In vitro* 골지체재구성계에 있어서 NSF경로와 p97경로는 다른 형태의 골지체낭을 형성한다[12]. NSF는 그물모양의 막을 형성하고, p97경로는 그물눈이 없는 매끄러운 막을 형성한다. 또한 semi-intact 세포를 사용한 계에 있어서 골지체의 재구성계에서는 우선 최초로 NSF경로가 작동하고 이어서 p97경로가 작용할 필요가 있다고 한다[14]. 이들에 대한 하나의 설명은 재구성의 조기단계에서는 COPI소포의 융합(hetero막융합)이 NSF경로에 의해 일어나며, 그것에 계속이어서 일어나는 보다 큰 골지낭 단편들의 융합(homo막융합)에 p97경로가 작용한다는 것이다. 실제로 또한 p97경로의 인자 p47이나 VCIP135에 대한 항체를 生세포에 microinjection하는 실험에서 이 가설은 생세포에서도 확인되고 있다[8].

한편으로 소포체의 형성에서는 골지체의 형성과는 달리 p97경로만이 필요하며, NSF경로의 관여는 현재로서는 보고되어있지 않다. 또한 소포체와 연속하는 핵막의 형성에 있어서도 p97이 중요한 작용을 하는 것이 *in vitro*계에서 보고되어있다[15]. 단지 핵막의 경우 p97/p47 복합체 이외에 p97/Ufd1/Np14 복합체도 필요하다고 하는 차이가 있다.

IV, p97경로의 세포주기조절

모두에서 기술했듯이 세포분열기에 들어오면 골

지체 소포·소관의 융합이 저해되며, 골지체의 적층층판구조는 소실한다. 그러면 도대체 어떤 기구로 세포분열기에 있어서 골지체막의 막융합은 저해받는 것인가?

NSF경로에서는 소포번류(繫留)기구의 GM130/p115/giantin 복합체가 세포분열기에서는 해리하여 소포를 연결중단할 수 없게 되어, 소포융합이 저해된다는 것이다[3]. 즉 GM130은 그의 N말단부분에서 p115와 결합하는데, 세포분열기에는 그의 N말단부분이 Cdc2 kinase에 의해서 인산화됨에 따라 p115와 결합할 수 없게 되어 GM130/p115/giantin 복합체는 해리한다. 그러나 또 하나의 경로인 p97/p47경로에서는 GM130/p115/giantin 복합체는 필요로 하지 않으므로 NSF경로의 세포주기조절과 전혀 다른 기구가 있다고 상상된다.

앞서 필자들은 p47이 분열기 특이적으로 인산화되며, 그것이 p97경로를 저해한다고 하는 세포주기조절기구를 발견했다[16](**그림2**). 세포분열초기에 p47의 140번째의 serine이 Cdc2 kinase에 의해 인산화된다. 인산화된 p47은 골지체막에는 결합할 수 없게 되어, p97경로에 의한 골지체막의 막융합은 저해된다. Cdc2 kinase의 활성이 저하하는 세포분열기의 후반이 되면, 인산화된 p47은 탈인산화되어, p47은 골지체막에 다시 결합하게 되어 p97에 의한 막융합은 재개한다고 생각된다. 세포분열후, 핵막이 형성되면, p47은 핵이동신호를 가지므로 핵으로 이동하여 p97경로는 다시 억제된다. 이상과 같이 p97경로는 그의 보조인자 p47의 인산화와 세포내국재에 의해서 세포주기의존적으로 제어되고 있다.

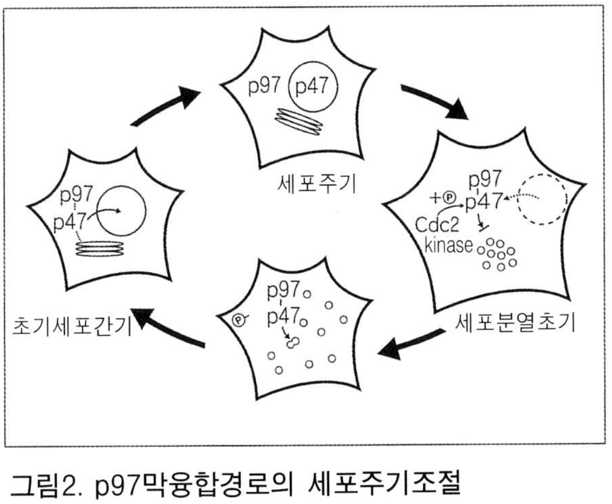

그림2. p97막융합경로의 세포주기조절

그러면 세포분열기에서도 p97경로가 작용하게 되면, 골지체는 어찌 되는 건가? 인산화되지 않도록 만든 변이p47을 세포분열기의 세포에 집어넣어보았다. 그러자 세포분열기에서도 골지체는 소실않고 그의 적층층판구조는 유지되었다. 즉 이 세포에서는 세포분열기에 골지체가 소포화하지 않고, 또한 Lippincott-Schwartz그룹이 말하듯이 소포체에 흡수되지 않고 그의 적층층판구조를 그대로 유지하였다. 흥미롭게도 이와 같은 세포에서도 세포분열은 지연않고 진행하여 골지체가 딸세포로 균등분배가 되어갔다. 다시 말해 포유류동물에 있어서 골지체의 세포분열기에서 소포화·분산은 그의 딸세포로 균등분배에는 필요하지 않게 된다. 이것은 말할 것도 없이 큰 의문을 생기게 한다. 포유류세포는 세포분열을 당하여 도대체 어떻게 골지체를 일단 부숴서 딸세포에서 재구성하지 않으면 안되는가? Malhotra그룹은 이 골지체의 세포분열기에 있어서 분해·분산이 세포분열기 개시의 checkpoint로서 중요하다고 보고하였다[17]. 따라서 단순히 골지체의 균등분배를 위한다고 하기보다 뭔가 다른 중요한 생물학적 의의를 가지고 있는 듯한데, 이것에 대해서는 앞으로 검토할 필요가 있다.

● 끝맺음

이상과 같이 골지체·소포체의 형성과정에 필요한 인자에 대해서는 불쑥하고 배우가 막 나타난 지경이고, 여전히 무대 뒤에는 많은 중요한 배우가 준비하고 대기하고 있을 것은 의심하지 않는다. 이를테면 필자들은 이즈음 세포주기에서 세포내 소기관의 유지에 필요한 신규 p97경로를 발견하였다(투고준비중). 이 새로운 p97경로는 VCIP135는 필요하지만 p47이나 syntaxin5는 필요로 하지 않고 종래의 p97/p47경로와는 다른 분자기구를 가지고 있다.

앞으로는 이들 분자기구의 해명에 덧붙여 한층 발생·분화나 여러 가지 병태에 있어서 그들 분자기구의 수식기구의 해명으로 연구가 진행해 갈 것이다.

문헌

1) Zaal, K. J. *et al* : *Cell*, **99**, 589-601(1999)
2) Jokitalo, E. *et al.* : *J. Cell Biol.*, **154**, 317-330(2001)
3) Lowe, M. *et al.* : *Cell*, **94**, 783-793(1998)
4) Acharya, U. *et al.* : *Cell*, **92**, 183-192(1998)
5) Sutterlin, C. *et al.* : *Proc. Natl. Acad. Sci. USA*, **98**, 9128-9132(2001)
6) Kondo, H. *et al.* : *Nature*, 388, 75-78(1997)
7) Rouiller, I. *et al.* : *Mol. Cell*, **6**, 1485-1490(2000)
8) Uchiyama, K. *et al.* : *J. Cell. Biol.*, **159**, 855-866(2002)
9) Meyer, H. H. *et al.* : *EMBO J.*, **21**, 5645- 5652(2002)
10) Rabouille, C. *et al.* : *Cell*, **92**, 603-610(1998)
11) Patel, S. K. *et al.* : *Cell*, **92**, 611-620(1998)
12) Hatsuzawa, K. *et al.* : *J. Biol. Chem.*, **275**, 13713- 13720(2000)
13) Rabouille, C. *et al.* : *Cell*, **82**, 905-914(1995)
14) Acharya, U. *et al.* : *Cell*, **82**, 895-904(1995)
15) Hetzer, M. *et al.* : *Nat. Cell. Biol.*, **3**, 1086-1091(2001)
16) Uchiyama, K. *et al.* : *J. Cell. Biol.*, **161**, 1067-1079(2003)
17) Sutterlin, C. *et al.* : *Cell*, **109**, 359-369(2002)

Column

골지체의 "종자"

Nakamura Noburiro (中村暢宏)·Yoshimura Shin-ichiro (吉村信一郎)

골지체는 독립한 소기관인지 아닌지에 대한 논의가 있다. 미토콘드리아는 핵에 코드된 단백질이나 소포체 등에서 합성된 지질 등에 의존하여 그들을 끌어들여서 증식한다고 말할 수 있고, 독자의 DNA를 가지며, 전구체로 되는 미토콘드리아없이는 *de novo*로는 발생할 수 없다. 따라서 독립한 소기관이라고 말할 수 있는 것이다. 그러면 골지체는 어떤 것인가?

포유류의 골지체는 발달한 층판(層板)구조를 가지며, 그들이 중심체부근에 모여서 연결하여 리본모양의 구조를 만들고 있다. 세포분열 때는 이 리본모양구조도 층판구조도 산산이 해체되어 세포질분열에 동반하여 거의 균등하게 딸세포에게 분배된 다음, 핵막의 재형성과 때를 같이하여 재형성된다[1]. Warren그룹이 1987년에 최초로 전자현미경관찰을 보고한 이래, 일관하여 골지체막은 소포체막과 섞이지 않고 독립한 상태로 딸세포에게 인계된다고 여겨져 왔다[1]. 골지체는 몇 개의 unit로 갈라져 있다고 말할 수 있어서 하나의 독립한 소기관이라는 사고이다. 한편 Lippincott-Schwartz그룹은 GFP 융합단백질을 사용한 관찰에서 골지체의 막단백질의 대부분이 분열기에 소포체로 흡수되는 것을 제시하여 골지체는 소포체에서 *de novo*로 합성된다고 하는 설을 제창하고 있다[2]. 골지체는 분비경로와 endocytosis 경로의 교차점에 위치하여 많은 수송물질의 중계기지라고 말할 수 있다. 따라서 소포체가 돌출하던가 또는 세포막이 함입해 만들어졌다고 생각한 편이 이치에 맞는 게 아닌가. 애당초 미토콘드리아와 달라서 DNA도 없고, 과거에 있었던 듯한 기분도 전혀 없는 것은 아닌가. 그러나 도대체 정말로 골지체는 *de novo*로 생산하는 것일까? 실은 Golgi·Matrix(이후 GM)가 문제해결의 관건을 쥐고 있다.

골지체에 핵막의 뒷받침(보강)구조와 같은 막골격이 있는 건 아닌가? 1993년 Warren 연구실에서는 골지체의 막골격성분(GM)의 생화학적 분리실험이 진행중이었다. 필자의 한 사람인 Nakamura는 바로 그 시기에 그의 연구실에 유학하여 전임의 대학원생을 이어서 GM의 해석을 하게 되었다(http://cell.p.kanazawa-u.ac.jp/Golgi/PNE2003.html 참조). 상세한 것은 생략하지만, 행운이 따라주어서 Nakamura는 GM에 GM130과 p115가 농축하여 존재하는 걸 발견했다. p115는 골지체층판사이의 수송에 필수인 세포질인자로서 동정되어 있는데, GM130은 golgin95로서 그의 부분배열이 보고되어 있었던 것이나 기능은 불명이었다[3]. 그 후 필자들의 연구에서 골지체에서 COP I으로 생성된 수송소포를 p115가 골지체층판에 docking(번류, 繁留)하여, 재융합을 촉진하고 있는 듯한 것이 시사되었다[4]. 또한 p115는 골지체층판의 cis측에 국재하는 GM130과 결합함에 따라 소포의 docking을 하는 듯한 것이 밝혀졌다[4]. 다시 말해 골지체의 막골격성분을 찾고 있어서 수송소포의 docking 인자에 맞닥뜨렸던 것은 당연하다. 분열기에는 GM130이 Cdc2 cyclin B에 의해서 골지체로 향하는 수송소포의 docking·융합이 저해되며, 그것이 골지체해체의 기초로 되고 있는 듯하다(**그림1**)[5]. 한편 필자의 동료 Barr는 간기(間期)에는 골지체층판에 묻혀있고, 분열기에 층판이 해체되면 노출하는 층판중층(重層)인자를 찾

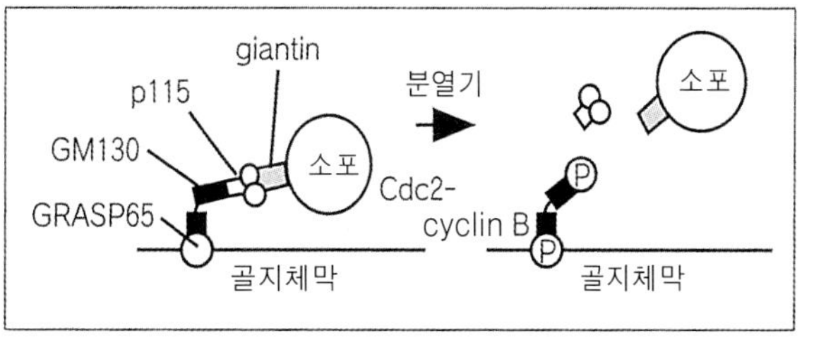

그림1. 골지체에서 소포 docking와 그의 조절
분열기에는 GM130과 GRAP65가 인산화되고, 골지체로 향하는 소포의 집합·융합에 필요한 소포의 골지막으로 가는 docking이 저해된다.

고 있어서 GRASP65에 맞닥뜨렸다[6]. 그 후 GRASP65가 GM130의 골지체막에서 수용체로서 작용하는 것이 증명되었다(그림1)[6]. Barr는 그 후 GRASP65와 높은 상동성을 가진 GRAP55와 그의 결합단백질 golgin45를 동정하고, 이들이 골지체의 구조유지에 큰 역할을 담당하고 있음을 증명하였다[7].

필자들은 이들 GM의 어느 것도 표재성(表在性) 막단백질인 점에 주목했다. GM이 막골격으로서도 기능하고 있다면 골지체형성의 종자로 될 수 있다고 생각한 것이다. 세포질에 존재하는 단백질복합체에 소포가 딱 붙어서 그것이 융합하여 크게 되면 골지체를 형성할 수 있을 것이다. 다시 말해 무슨 사정으로 골지체의 막의 대부분을 잃게 되어도 골지체의 종자만 있다면 골지체는 생성될 수 있을 것이다. 역으로 이 종자가 없다면 골지체는 형성될 수 없게 될 것이다. 분열기에 산산조각난 골지체가 분열이 끝나자마자 신속하게 재구성되는 것은 종자가 있기 때문이 아닌가.

그런데 그렇다면 이것을 어떻게 하여 증명하는가? (1) GM을 정제하고, 거기에 COPII에서 형성되는 소포체에서 골지체로 향하는 수송소포를 뿌려서 골지체가 생성하는지를 조사한다. 직접적인 방법이지만, COP II 수송소포를 정제하는 방법을 개발하지 않으면 안된다. 이건 귀찮은 일이다. (2) GM 단백질군이 세포질에서 합성되어 소포체를 경유하지 않고 직접 골지체에 국재하는 걸 의미한다. GM이 소포체에서 막에 anchor하여 골지체로 운반되는 것이라면 종자라고 말하기 어렵다. (3) 골지체의 막을 어떤 방법으로 소포체로 흡입시켜서, GM이 세포질에 남는지를 확인한다. 소포체에 흡입되는 것이라면 종자라고는 말하기 어렵다. (4) 골지체의 막을 어떤 방법으로 소포체로 흡입시키고 GM을 제거하여 그 다음 소포체만으로 골지체가 재형성되는지를 확인한다. 어떻게 하여 GM만을 제거하는 가가 난제이다.

그래서 우선 (2)와 (3)을 증명하기로 했다. (2)에 대해서는 수년전에 논문으로 발표한 것이므로 여기에서는 상세한 것은 생략한다[8]. GM 단백질군은 세포질에서 합성된 다음, 소포체를 경유하지 않고 직접 골지체에 국재하고 있었다. (3)에서는 어떻게 하여 골지체의 막을 소포체로 흡입하는 지가 문제였는데 다행히 (2)의 실험에서 기초데이터를 얻었다. Sar1p의 GTP결합변이체를 세포에 미세주입하여 소포체에서 골지체로 가는 정방향의 수송을 멈춰도 1시간 정도로는 거의 골지체로 가는데 영향이 없다. 그러나 장시간 두면 골지체의 층판의 단백질의 대부분이 소포체로 역행수송되어 버리는 것을 알게 되었다. 조사해보면 Sar1p의 GTP결합변이체로 장시간처리한 다음도 cis골지체에 국재하는 GM130과 GRA65는 세포질에 산재하는 입상(粒狀)구조체에 국재하여, 소포체로 흡수되지 않는다는 것이 밝혀졌다. cis골지층판은 소포체에서 수송되어온 수송소포가 최초로 골지체로 융합하는 장소이며, 여기에 국재하는 단백질이 소포체에 흡입하지 않고 세포질에 남아서 독자성을 가진다고 하는 것은 cis GM이 골지체의 종자로서 기능한다는 걸 강하게 시사하고 있다. 이들 결과의 상세한 것은 논문을 참고해 달라[9]. 덧붙여 말하면 (4)는 Warren 등이 brefeldin A와 세포질을 잘라내는 cytoplast 제작법이나 Sar1p의 GTP 결합변이체를 조합시킨 실험에 의해서 명쾌하게 증명해보였다[10,11]. 나머지는 (1)의 실험인데 이 결과를 얻기에는 약간 시간이 걸리겠지.

필자들이 지금까지 얻은 실험결과는 cis GM이 골지체의 종자로서 작용하고 있다는 것을 강하게 시사하고 있다. 다시 말해서 골지체는 소포체에서 운반되는 막과 단백질만으로는 *de novo*에서 형성할 수 없다는 것을 시사하고 있는 점이다. 그런데 포유류이외의 세포에서는 어떤가? 실은 말은 그렇게 간단하지 않은 듯 하다. 이제부터가 재미있겠지만 유감스럽게도 지면관계로 자세한 것은 앞서 말한 web page 등을 참고하면 좋겠다.

Q 단백질복합체가 골지체의 종자로서 가지고 있어야할 조건은 무언가?

A (1) 골지체의 막 또는 막단백질과 특이적으로 결합할 것, (2) 소포체 등에서 보내온 소포를 특이적으로 인식하여 골지체로 융합을 중개할 것, (3) 골지체에서 소포로 수출되지 않고 골지체에 머물 것, GM은 이들 모든 조건을 만족하고 있다.

Q 세포분열후에 골지체가 재구성되는 장소(종자가 蒔(심을 시)하여지는 장소)에 대해서는 어떤 정보가 모여져 있는가?

A 분열중기에 해체된 골지체는 분열종기에 층판을 재구성하기 시작한다(*J.Cell Biol.*, 109, 463-474(1989)). GM은 이 과정에서 골지체층판재구성의 핵(종자)으로 된다고 생각된다. GM은 중기의 골지체 해체와 함께 세포질에 cluster를 만들어 흩어지지만, 그 일부는 방추체극부근에 연결하여 묶여져 있어서 골지체의 균등분할에 기여하고 있을 가능성이 시사되고 있다(*J. Cell Biol.*, 141, 955-966(1998). 분열종기에서 세포질분열에 걸쳐서 GM이 핵으로 되어 계속 재구성되어가는 골지체층판은 동시에 중심체부근으로 서서히 이동·집적하여 분상(盆狀, 쟁반모양)구조를 재구성한다고 여겨진다.

●문헌

1) Shorter, J., Warren, G. : *Annu. Rev. Cell. Dev. Biol.*, **18**, 379-420(2002)
2) Zaal, K. J. M. *et al.* : *Cell*, **99**, 589-601(1999)
3) Nakamura, N. *et al.* : *J. Cell Biol.*, **131**, 1715-1726(1995)
4) Nakamura, N., Lowe, M., Levine, T. P., Rabouille, C., Warren, G. : *Cell*, **89**, 445-455(1997)
5) Lowe, M. *et al.* : *Cell*, **94**, 783-793(1998)
6) Barr, F. A. *et al.* : *EMBO J.*, **17**, 3258- 3268(1998)
7) Short, B. *et al.* : *J. Cell Biol.*, **155**, 877-883(2001)
8) Yoshimura, S. *et al.* : *J. Cell Sci.*, **114**, 4105-4115(2001)
9) Yoshimura, S. *et al.* : *J. Biochem.*, **135**, 201-216(2004)
10) Pelletier, L. *et al.* : *Nat. Cell Biol.*, **2**, 840-846(2000)
11) Seemann, J. *et al.* : *Science*, **295**, 848-851(2002)

Nobuhiro Nakamura, Shin-ichiro Yoshimura, 金沢大学薬学部
E-mail : osaru3@kenroku.kanazawa-u.ac.jp
Seeds of the Golgi apparatus

II. 단백질수송

엽록체의 단백질 수송 : thylakoid

Asakura Yukari (朝倉由香里)·Kikuchi Shingo (菊地眞吾)·
Nakai Masato (中井正人)

엽록체 thylakoid를 구성하는 단백질의 대부분은 핵DNA에 코드되어있고, cytosol에서 전구체단백질로 합성된 다음, 포막(包膜)을 통과하여 운반된다. 이제까지 연구로 thylakoid로 가는 수송과정에는 원핵생물에서 발견된 Sec 수송경로, SRP 수송경로, Tat 수송경로가 존재하고 있음이 밝혀져 있다. 이들의 경로가 밝혀지게 된 배경이나 현시점에서 이해와 남겨진 문제점에 대해서 해설한다. 또한 엽록체가 진화의 과정에서 새로 획득했다고 제창되고 있는 소포수송에 대해서도 간단히 소개한다.

keyWords thylakoid 광화학계 시아노박테리아 내공생(內共生)

● 서론

엽록체 내막계의 thylakoid막은 광화학계 등 다수의 막단백질복합체가 집적하여 고도로 조직화된 에너지 생산의 장이다. 이들 단백질의 어떤 것은 세포질에서 합성된 다음에 포막(包膜)을 통과하여 운반되고, 또한 어떤 것은 엽록체내에서 합성되어 thylakoid로 삽입된다. 이 정교하게 만들어진 에너지 생산의 장은 실은 지구에서 생명이 탄생한 다음, 지금부터 20억년전쯤 물을 전자공여체로 함으로써 최초로 산소발생형의 광합성을 영위하게 되어 폭발적인 발전을 거듭한 시아노박테리아가 발달시킨 내막계에 유래하고 있다. 즉 엽록체가 진화의 과정에서 원시진핵세포에 현재의 시아노박테리아에 가까운 원핵생물이 내(內)공생한 것이 발전하여 온 결과이며, 그 때문에 thylakoid 형성의 중핵(中核)도 시아노박테리아의 그것을 계승하고 있다. thylakoid로 가는 단백질수송에도 기본적으로는 진화적으로 보존된 원핵생물형의 수송장치가 관여하고 있다. 그러나 내공생이 성립한 다음도 원시엽록체 게놈에 존재하고 있던 많은 유전자가 핵으로 이동하고, 또한 지금까지 수생(水生)의 조류(藻類)였던 진핵광합성생물이 육상에 진출하기도 하고 세포내외의 환경이 변화하는 가운데 thylakoid막의 구조도 단백질수송의 메커니즘도 변천을 거듭해왔다고 여겨진다. 이 총설에서는 식물thylakoid로 가는 단백질수송의 분자메커니즘 중에 보존되고 있는 원핵생물형의 수송메커니즘과 거기에 더하여 어떠한 구조를 새롭게 획득하여 왔는지를 소개하고자 한다.

I. thylakoid로 가는 단백질의 수송에는 다수의 원핵생물형의 경로가 알려져 있다

식물엽록체 thylakoid막에는 20종류전후의 sub-unit로 된 광화학계I·광화학계II와 그것을 둘러싸는 집광성(集光性) chlorophyll복합체, cytochrome b6/f, ATP합성효소나 NADP 등의 화학에너지로 변환하는 역할을 담당하고 있다. 또한 thylakoid막내측의 가용성획분(내강內腔이라한다)에는 전자운반체(carrier) 단백질인 plastocyanin이 존재하고 있다. 핵코드이며 thylakoid막이나 내강에 수송되는 단백질의 대부분은 N말단에 엽록체행의 transit(운송, 통과)배열에 이어서 thylakoid행의 신호배열이 직렬로 앞뒤로 나란히 있는 구조를 가진다. 이들의 전구체단

Yukari Asakura, Shingo Kikuchi, Masato Nakai, 大阪大学蛋白質研究所 酵素反応学研究部門 E-mail : nakai@protein.osaka-u.ac.jp
Protein targeting to thylakoids

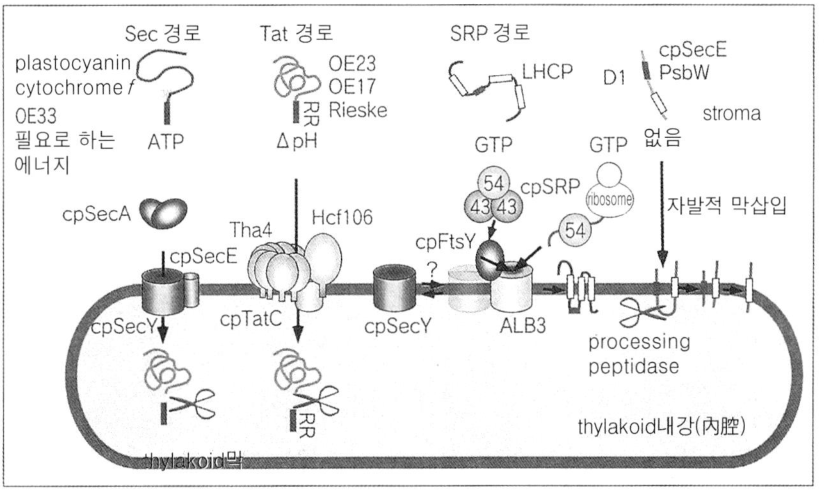

그림1. 식물엽록체 thylakoid로 향하는 단백질수송경로와 관여하는 인자

cp는 엽록체 chloroplast에 존재하는 homolog인 것을 나타내기 위하여 단백질 이름을 부기하고 있다.

백질은 Akita(秋田)의 원고에 씌여져 있듯이 Toc/Tic복합체를 통하여 포막투과후, stroma의 protease로 엽록체행의 배열이 절단되고, thylakoid행의 신호가 노출하여 이것이 인식되어 thylakoid막의 수송장치에 운반되어 간다[1]. 엽록체코드의 thylakoid단백질도 N말단에 thylakoid이동신호(성숙체부분에 포함하는 것도 있다)를 가지며, 꼭같이 thylakoid로 수송된다. thylakoid로 가는 단백질수송경로는 필요한 에너지와 stroma인자에서 자발적으로 막에 삽입되는 경우를 제외하고 적어도 3가지의 다른 경로가 알려져 있는데(**그림1**), 이들중 어느 것도 원핵생물형의 수송경로와 공통점이 많다[2].

1. Sec경로

엽록체Sec경로의 연구는 원핵생물Sec단백질의 homolog의 탐색에서 가속했다[3]. 이 경로에서는 에너지원으로서 ATP를 stroma인자로서 cpSecA를 필요로 한다[3]. 가용성의 cpSecA가 기질단백질의 신호배열을 인식하고, ATP의 가수분해를 동반하여 10회막관통형의 cpSecY와 1회막관통형의 cpSecE로 구성되는 막통과통로에 기질을 유도하여 막통과가 일어난다. SecG 등 원핵생물에서 동정되어 있는 다른 Sec component가 존재하는 지는 아직 불명인데, 전체게놈배열이 밝혀진 Arabidopsis에서는 보존되어있지 않은 듯이 생각된다. cyanobacteria에서는 이들 component는 존재하고 있고, 엽록체thylakoid의 Sec경로에 특유의 component가 존재하여 대역을 하고 있는 지 혹은 간소화된 메커니즘이 존재하고 있는 지 흥미를 불러일으킨다. Sec경로에서 운반된 단백질에는 광화학계 II의 33 K단백질, plastocyanin 등의 thylakoid내강(內腔)의 가용성 단백질이 많은데, cytochrome f나 광화학계 I의 PsaF 등 막단백질도 있다.

2. Tat(△pH)경로

thylakoid로 향하는 단백질수송에서는, ATP가 필요한 Sec 경로와는 달리, thylakoid막을 사이에 두고 proton 농도구배(△pH)를 에너지원으로서 필요로 하는 경로가 존재하는 것을 알게 되었다. 당초 이 경로는 엽록체 특유의 진화적으로 새로운 것이라고 생각되었는데, 이 경로를 결핍한 옥수수 Hcf106변이체의 원인유전자가 밝혀지게 되고 더욱이 그의 homolog TatB가 원핵생물에서 TatA, TatB, TatC의 유전자 cluster를 형성하여 세포질막에서 단백질수송에 관여하는 것이 밝혀지게 되어 이 경로도 실은 원핵생물에게 보편적으로 존재하는 단백질수송경로인 것을 알게 되었다[4]. 엽록체Tat수송장치는 Hcf106(cpTatB)와 그의 paralog인 Tha4(cpTatA), 막관통도메인을 다수 가지는 cpTatC로 되어있다. 이 경로에는 stroma인자는 필요하지 않는 것으로 알려져 있다. 이 경로에 필요한 △pH의 형성를 위하여 엽록체가 생산하는 전체 에너지의 3%가 사용되고 있다는 분리thylakoid막을 사용한 계산이 보고되어있다[5]. 한편 *Chlamydomonas*를 사용한 *in vivo*실험계에서는 △pH는 필요하지 않는다는 보고도 있고[6], 의견이 분분하다. Tat경로의 thylakoid 이동신호는 Sec경로와 닮아있는데, 소수성아미노산의 직전에 arginine잔기가 2개 나란히 있는 것이 많아서 이것이 twin-arginine translocation(Tat)경로라고 불리는 소이이다. 이 경로에서 운반되는 것은 광화학계 II의 23K·17K단백질, cytochrome b6/f의 Rieske등의 thylakoid 내강의 단백질이 많다. 이 수송경로에서는 단백질은 폴딩하여 고차구조를 지닌 상태에서 막통과가 가능하다는, 원핵생물의 Tat수송경로에게도 공통하는 특이한 특성이 있다. 약 700K의 Hcf106-cpTatC 복합체에 기질의 단백질이 결합하면 △pH가 방아쇠가 되어 Tha4가 복합체에 결합하여 막통과가 진행하며 통과 후 Tha4가 복합체에서 해리한다[7]. Tat수송장치는 단백질수송에 동반하여 역동적으로 그 구조가 변화하는 듯 하며, 자세한 분자메커니즘이나 수송장치의 입체구조의 해명에 많은 주목을 받고 있다.

3. SRP경로

SRP(신호인식분자; signal recognition particle) 경로는 애당초 진핵생물소포체로 향하는 단백질 수송계에 있어서 발견되었고, 후에 원핵생물에 기본적인 시스템이 존재하는 것이 밝혀지게 된 경로이다. 엽록체 SRP경로에서 수송되는 단백질의 대표격은 thylakoid막단백질의 반을 점유하는 3회 막관통형 단백질의 LHCP(light-harvesting chlorphyll-binding protein)이다. cyanobacteria에서는 집광(集光)은 주로 phycobilisome이라는 막표재성(表在性) 복합체가 담당하고 있고, 식물엽록체에 있어서 다량의 LHCP를 thylakoid로 운반하는 기능은 내공생(內共生)후에 획득한 메커니즘이라고 여겨진다. 그 때문인가 식물엽록체의 SRP시스템은 원핵생물의 것과 다른 점을 가진다(**그림2**)[8]. 원핵생물의 SRP경로에서는 신호배열을 인식하는 중심적 subunit SRP54(Ffh라고도 한다)가 4.5S RNA와 복합체를 만들고 있는데, 엽록체의 SRP에는 SRP54에 상당하는 cpSRP54는 있는데, 4.5S RNA에 대응하는 것은 없고, 그 대신 엽록체 특유의 cpSRP43을 가진다. cpSRP43은 포막(包膜)을 통과해온 LHCP에게 stroma에서 cpSRP54와 함께 결합하여 약 200K의 수송복합체를 형성한다. 그래서 그 가용성을 가지면서 thylakoid막의 SRP수용체인 cpFtsY로 운반한다. cpSRP54와 cpFtsY는 GTP결합단백질이고, 사실 이 경로에서는 GTP의 가수분해가 필요하다. 그 후 LHCP는 thylakoid막내재의 ALB3(대장균 YidC, 미토콘드리아 Oxa1p의 homolog)에 의해 막내로 삽입된다. ALB3도 원핵생물의 YidC와 같이 Sec경로의 막통과통로인 cpSecY와 결합하고 있다는 보고도 있는데[9], cpSecY항체에서는 LHCP의 수송이 저해되지 않는다는 실험결과도 있고[10], cpSecY가 SRP경로의 통로로서 활동하는 경우가 있는지는 아직 확인되고 있지 않다.

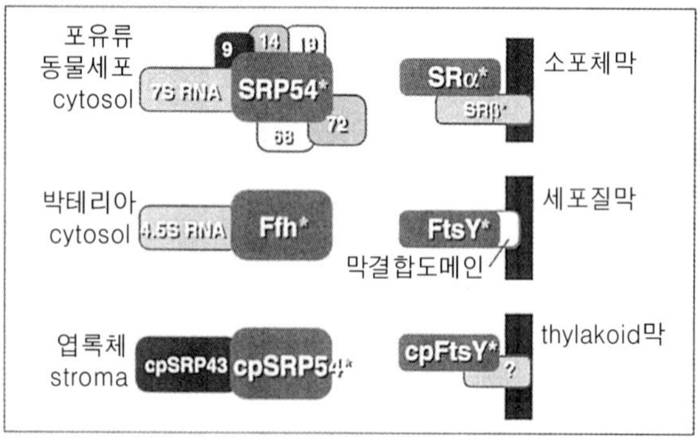

그림2. 엽록체 thylakoid로 향하는 단백질수송에 있어서 SRP경로에 관여하는 인자와 포유류 동물세포 및 박테리아에 존재하는 homolog
*는 GTP결합단백질을 가리킨다.

필자들이 동정하여 해석을 한 thylakoid막표면에 존재하는 SRP수용체인 cpFtsY(11)에도 아직 수수께끼가 남아있다. 진핵세포의 소포체에 있어서 분비과정에 활동하는 SRP수용체는 SRα라는 막결합형의 subunit에 결합하는 것으로 막에 표재(表在)하고 있다. 한편 대장균 등 원핵생물의 SRP수용체 FtsY는 SRα와 상동한 영역의 N말단에 막결합에 관여하는 도메인을 가지고 있고, 여기에서 직접 막과 상호작용하고 있다고 여겨지고 있다. 그러나 cpFtsY에는 그러한 도메인도 존재하지 않는다. 그런데도 불구하고 cpFtsY는 대부분이 thylakoid표면에 결합한 상태로 존재하고 있다. cpFtsY가 thylakoid막에서 무엇과 어떤 상호작용을 하여 결합하고 있는지는 밝혀지지 않으면 안되는 문제의 하나이다(그림2). 최근 필자들의 연구실에서 분리에 성공한 cpFtsY결손의 옥수수변이체에서는 LHCP만이 아니라 다른 광화학계의 subunit의 thylakoid막삽입도 널리 영향을 받고 있음을 알게 되었다[12]. 그 중에는 SRP경로이외에서 thylakoid에 삽입된다고 생각되는 것도 포함하고 있으며, 왜 cpFtsY가 없으면 이러한 다면적인 형질이 나타나는지도 이제부터의 과제이다.

II. 내포막과 thylakoid의 사이에는 소포수송이 존재하는 것일까?

2001년에 엽록체단백질수송에서는 대가인 Soll그룹에서 흥미있는 논문이 발표되었다[13]. 고등식물의 엽록체에서는 막(內包膜)과 thylakoid의 사이에 진핵생물 타이프의 소포수송이 존재한다는 것이다. 소포수송의 저해제 microcystin을 엽록체에 가하기도 하고 저온으로 처리하면 확실히 내포막과 thylakoid의 사이에 소포가 축적하는 듯이 보인다. 또한 Soll 그룹은 이것 이전에 Vipp1이라는 엽록체단백질을 동정하고 있는데, 그 결손주에서는 저온에서 소포의 축적은 관찰되지 않게 된다고 한다[14]. 이 결과에서 그들은 내포막에서 thylakoid로 지질이나 단백질이나 색소 등을 공급하기 위한 vesicle수송이 있다고 제창하고 있다. 또한 엽록체내의 vesicle이 육상식물이후에만 보이는 점에서 수생에서 육상으로 진출한 식물이 진화적으로 상당히 후기에 획득한 것은 아닌가 하고 추정하고 있다. 매력적인 가설이지만 앞으로 검증을 기대하고 있다.

● 끝맺음

엽록체 thylakoid로 가는 단백질수송기구의 해석은 오랜 기간 분리엽록체를 사용한 생화학적 해석에 의존한 경우가 컸다. 그 첫번째 이유는 식물에 있어서 대장균이나 효모에서 쓰이는 분자유전학적·분자세포생물학적 해석이 용이하지 않다는 데에 기인한다. 그러나 이미 냉이나 벼에 있어서는 전체게놈염기배열이 밝혀지고 있고, 또한 특정한 유전자가 파괴된 식물개체의 line이 전세계적으로 정비되어, 세계도처의 연구자가 인터넷을 경유하여 그야말로 마우스를 클릭하므로써 그들을 가져오게 하는 것이 가능하게 되었다. 앞으로는 엽록체thylakoid로 향하는 단백질수송의 연구분야에 있어서도 이와같은 식물개체를 취급하는 분자유전학적·분자세포생물학적 해석과, 정제단백질을 사용한 구조생물학적 해석을 양날개로 하여 연구가 전개되어 상세한 분자메커니즘의 해명이 진행되어 가고 있다. thylakoid에서 영위되는 광합성은 태양에너지를 화학에너지로 변화하는 점에서 지구상의 생명을 지켜주고 있는 중요한 장소이다. 이 장소가 어떻게 형태가 만들어지는 지를 알게 된다면, 이를테면 가혹한 환경에서도 높은 에너지변환효율을 나타내는 thylakoid의 디자인에도 응용하는 것이 가능하게 될 날이 올지도 모르겠다.

Q thylakoid막에는 stroma lamella와 grana lamella가 있고, 단백질조성도 다른데, 구분방법은 어떻게 알고 있는가?

A thylakoid막은 조직이나 생육조건에 따라 모양을 역동적으로 변화시킬 수 있다. 층상(層狀)의 grana lamella는 집광성 단백질 복합체나 광화학계II의 분자집합에 의해 형성된다고 여겨지고 있는데, 층구조를 취하지 않는 stroma lamella의 부분(역자주: 내막으로 둘러싸인 액상부분)과 공간적으로 연결하여 있고, 막단백질이나 가용성단백질도 이동이 가능하다. 단백질수송장치는 stroma lamella부분에 존재하고, 이곳에서 삽입된 단백질이 각 구획으로 분배되어가는 듯하다. 이 분배에 구별인자가 필요하다고 하는 보고는 아직 없다.

Q Tat경로에서는 단백질은 폴딩한 상태에서 막통과한다고 하는데, 그와 같은 시스템을 가질 필요성 혹은 장점으로서 어떠한 것이 생각되느냐?

A 단백질에는 heme이나 철-유황 cluster 등, 보결분자족의 부가가 필수적인 것이 있다. 보결분자족이 막의 cis측에서 생합성되는 경우나 산화환원상태등에 의해서 부가반응이 막의 trans측에서는 일어나기 어려운 경우 등, 단백질은 보결분자족의 부가후에 폴딩한 상태로 막을 통과할 필요가 있다. 보결분자족이 부가되어 올바르게 폴딩한 것을 효율좋게 수송한다는 quality control에 도움이 되고 있다고도 할 수 있다.

문 헌

1) Keegstra, K., Cline K. : *Plant Cell*, **11**, 557-570(1999)
2) Robinson, C., Thompson, S. J., Woolhead, C. : *Traffic*, **2**, 245-251(2001)
3) Nakai, M. *et al.* : *J. Biol. Chem.*, **269**, 31338-31341(1994)
4) Settles, A. M., Martienssen, R. : *Trends Cell Biol.*, **8**, 494-501(1998)
5) Alder, N. N., Theg, S. M. : *Cell*, **112**, 231-242(2003)
6) Finazzi, G., Chasen, C., Wollman, F-A., de Vitry C. : *EMBO J.*, **22**, 807-815(2003)
7) Mori, H., Cline, K. : *J. Cell Biol.*, **157**, 205-210(2002)
8) Eichacker, L. A., Henry, R. : *Bichim. Biophys. Acta*, **1541**, 120-134(2001)
9) Klostermann, E., Droste Gen Helling, I., Carde, J. P., Schunemann, D. : *Biochem. J.*, **368**, 777-781(2002)
10) Jiang, F. *et al.* : *J. Biol. Chem.*, **277**, 19281-19288(2002)
11) Kogata, N., Nishio, K., Hirohashi, T., Kikuchi, S., Nakai, M. : *FEBS Lett.*, **447**, 329-333(1999)
12) Asakura, Y. *et al.* : *Plant Cell*, **16**, 201-214(2004)
13) Westphal, S., Soll, J., Vothknecht, U. C. : *FEBS Lett.*, **506**, 257-261(2001)
14) Kroll, D. *et al.* : *Proc. Natl. Acad. Sci. USA*, **98**, 4238-4242 (2001)

엽록체로 향하는 단백질수송
초기단계에 있어서 GTP의 관계

Akita Mitsuru (秋田 充)

엽록체로 향하는 단백질수송의 초기단계에 있어서는 GTP가 필요하다. 엽록체외포막(外包膜)에 GTP 결합부위를 가지는 단백질수송인자가 2종류 존재한다고 알려져 있었는데, 이제까지 GTP가 단백질 수송에 어떻게 관계하고 있는지는 잘 몰랐다. 최근 생화학적 및 유전학적 해석에 의해서 간신히 GTP의 역할이 밝혀지게 되었다. 동시에 이제까지 예상되지 못했던 지식도 얻었다. 여기에서는 GTP결합부위를 가지는 단백질수송인자에 초점을 맞춰서 단백질수송에 대한 GTP의 관여에 대해서 소개한다.

key Words 엽록체 포막(包膜) Toc Tic GTP

● 서론

엽록체로 향하는 단백질수송은 독특하다. 에너지 요구성이기도 하고 단백질수송장치이기도 하다. 이제까지 엽록체의 외포막(外包膜), 내포막(內包膜)에 국재하는 단백질수송장치, Toc복합체, Tic복합체를 구성하는 많은 Toc, Tic인자가 완두콩에서 분리한 엽록체를 사용한 생화학적 연구에서 발견되어왔는데, 어느 것도 엽록체에 독특하다[1]. 최근에는 생화학적인 연구와 합쳐서 애기장대를 사용한 유전학적인 연구도 이뤄지게 되었다. 이와같은 배경에서 단순하게 Toc, Tic라고 부르는 경우는 완두콩(Ps: *Pisum sativum*)에서 발견된 인자를 가리키며, 다른 종의 식물의 상동단백질은 At(애기장대:*Arabidopsis thaliana*)와 같이 학명의 약어를 쓰는 경우가 많다. 그래서 여기에서는 그 관습을 그대로 답습한다.

그런데 엽록체는 색소체의 하나의 형태이고, 각각의 색소체는 조직의 분화에 동반하여 분화·재분화를 반복하고 있다. 단백질수송도 분화와 무관하지 않다. 이 논문에서는 GTP결합부위를 가지는 Toc인자인 Toc159와 Toc34에 초점을 맞춰서 GTP의 관여 그리고 엽록체의 분화와의 관계에 대해서 소개한다.

I. 엽록체단백질수송에 있어서 GTP요구성

엽록체단백질은 대부분의 외포막단백질을 제하고 N말단에 transit peptidase(TP)라는 엽록체이동신호를 가진 전구체로서 cytosol에서 합성되어 엽록체 포막에 존재하는 Toc복합체와 Tic복합체를 통하여 엽록체에 수송된다(**그림1**). 엽록체포막에 있어서 단백질수송은 에너지론적으로 2단계로 갈라진다. 저농도의 GTP와 ATP(모두 100μm정도)의 존재로 전구체단백질은 엽록체와 불가역적인 결합, 이른바 binding 또는 docking이라는 초기 막통과중간체를 형성하며, 고농도의 ATP존재(수mM)로 양(兩) 포막을 통과한다. 초기단계에 있어서 GTP의 요구성 그것이 엽록체로 향하는 단백질수송의 특징의 하나이고, GTP의 요구성은 GTP결합부위를 가지는 2가지의 Toc인자(그림1), Toc159와 Toc34, 에 의존하고 있다고 여겨지고 있다.

II. Toc159와 Toc34의 생화학적 해석

1. 구조의 특징

Toc159는 N말단에서 각각 산성아미노산이 풍부

Mitsuru Akita, 愛媛大学農学部生物資源学科 E-mail : akita@agr.ehime-u.ac.jp
Protein import into chloroplasts : The role of GTP during the early stage of import

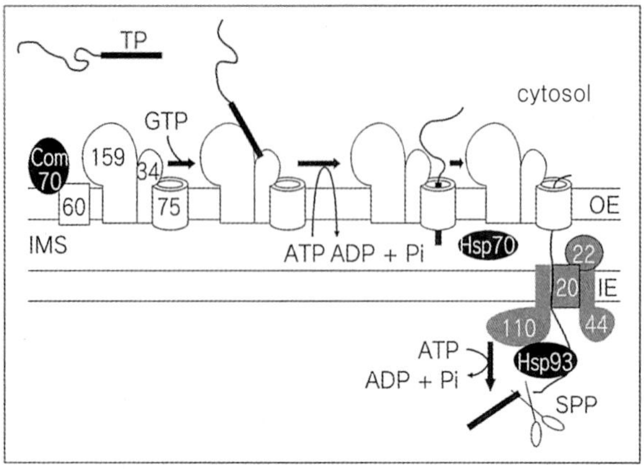

그림1. 엽록체로 향하는 단백질수송의 개략도

엽록체이동신호인 transit peptidase(TP)를 N말단에 가지는 전구체단백질은 외포막(OE)과 내포막(IE)에 존재하는 Toc복합체 및 Tic복합체를 통하여 엽록체내부의 stroma에 수송된다. 전구체단백질은 GTP의 존재로 Toc159 혹은 Toc34를 수용체로서 인식하고, 막간부(膜間部, IMS)의 ATP의 가수분해에 의해서 초기 막통과중간체를 형성한다. 전구체단백질은 고농도의 ATP의 존재로 stroma의 분자샤페론의 작용에 따라 양(兩)포막을 통과한다. 막통과중 혹은 막통과완료후 processing peptidase(SPP)에 의해서 TP는 절단된다. Toc인자와 Tic인자는 각각 숫자로 표시했다.

한 영역(함량 20~25%)(A-domain), GTP결합부위(G-domain), 전형적인 소수성영역을 가지지 않는 막에 내재하는 영역(M- domain)의 3가지 큰 도메인으로 나뉜다(그림2a). Toc159는 당초 A-도메인이 결실한 86K의 분해산물(Toc86)로서, 전구체단백질과 상호작용하는 외포막단백질로서 완두엽록체에서 발견되었다(그림2a, PsToc159로 나타내는 665이후의 부분)[2]. 한편 Toc34는 GTP결합영역(G-도메인)과 막관통영역을 가지고 있고(그림2a), 초기 막통과중간체를 형성하는 인자의 하나로서, Toc159, 단백질통과를 위한 통로로 추정되고 있는 Toc75와 함께 완두엽록체의 외포막에서 발견되었다(3,4). 데이터베이스의 검색에서 Arabidopsis에서는 Toc159의 상동단백질로서 AtToc159, AtToc132, AtToc120, AtToc90이, Toc34의 상동단백질로서 AtToc34, AtToc33이 발견되어 있다(그림2)[1]. Arabidopsis의 Toc159상동단백질들은 A-도메인 사이의 상동성은 낮다(그림2b). 식물종의 사이에서도 A-도메인은 다양성을 나타낸다(Toc159와 AtToc159의 사이의 상동성은 G, M-도메인의 70% 이상에 대해서 A-도메인은 27%). 더욱이 G-도메인에 한정하지 않고 Toc159와 Toc34, 그들의 상동단백질의 사이에 35%전후의 상동성이 있다.

2. Toc159와 Toc34의 엽록체외포막에 삽입

Toc159와 Toc34는 다른 대부분의 외포막단백질같이, 성숙체로서 cytosol에서 합성되며 Toc 및 Tic

(a)

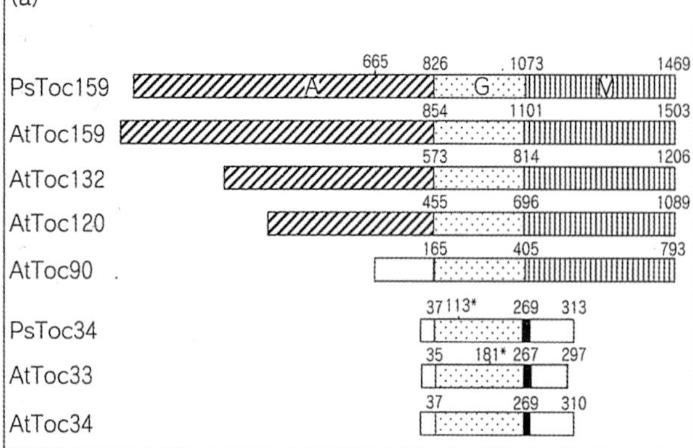

(b)

	PsToc159				AtToc159				AtToc132				AtToc120				AtToc90			
	F	A	G	M	F	A	G	M	F	A	G	M	F	A	G	M	F	A	G	M
PsToc159					49	27	72	77	37	18	58	51	39	19	60	49	38	26	46	38
AtToc159									38	20	57	52	39	20	58	48	38	34	47	35
AtToc132													77	51	93	88	38	26	50	34
AtToc120																	38	26	50	35
PsToc34			37				35				34				29				33	
AtToc34			36				35				37				35				34	
AtToc33			37				38				36				36				33	

그림2. 완두콩(Ps: *Pisum sativum*), 애기장대(At: *Arabidopsis thaliana*)의 Toc159와 Toc34의 구조 (a)와 각 도메인간의 상동성(b)

F는 전체길이를, A, G, M은 각각 A-도메인, G-도메인, M-도메인을 나타낸다. 흑색부분은 막관통영역이다. PsToc159에서 표시한 665는 분해산물인 86K단편의 N말단을 나타낸다. 또한 113*, 181*은 Ps Toc34, AtToc33에 있어서 인산화된다고 생각되고 있는 serine잔기의 위치를 표시하고 있다. (b)의 숫자는 퍼센트.

복합체를 이용하지 않고 엽록체외포막에 직접 삽입된다. 그러나 Toc159나 Toc 34의 삽입은 GTP에 의존하는 점에서 다른 외포막단백질과는 다르다(Q&A참고)[5]. 그런데 AtToc159의 삽입은 M-도메인만이 아니라 G-도메인의 존재가 필요하다[6]. AtToc159는 내부 GTPase의 작용에 의해서 GTP결합형에서 GDP결합형으로 변환됨으로써 막에 삽입되는데, 삽입에는 단백질性의 인자가 관여하는 점이 지적되어 있었다. GDP결합형 AtToc159의 G-도메인이 AtToc33의 G-도메인과 직접 상호작용하는 점[7], recombinant 단백질을 집어넣은 proteoliposome을 사용한 재구성실험[8]의 결과로부터 AtToc159의 외포막으로 집어넣는 삽입에는 AtToc33과 AtToc75의 관여가 표시되었다. 그런데 Toc34의 외포막으로 삽입에도 자신이 가진 GTPase활성이 중요한 역할을 담당하고 있고, Toc34의 외포막으로 집어넣은 삽입에는 Toc34자신이 필요할 가능성이 고려된다. 결정구조해석에 의해서 Toc34의 G-도메인은 GDP존재로 homo 이량체를 형성한다고 제시되었고[9], 한편 Pull down assay에 의해서 AtToc33은 GDP의 존재로 homo 이량체를, AtToc159와 hetero 이량체를 형성한다고 했다[10]. 이들 결과는 위에서 기술한 가정을 지지하고 있다. 그런데 AtToc132, AtToc120, AtToc90, AtToc34의 삽입기구는 아직 모르는데, AtToc159, AtToc33과 같은 것으로 여겨진다.

3. 전구체단백질수용체로서 Toc159와 Toc34

Toc159와 Toc34는 초기 막통과중간체 중에서 전구체단백질과 가교복합체를 형성하고 있었던 점에서[2], 일찍부터 전구체단백질의 수용체이라고 지적되었다. 어느 쪽이 수용체인지에 대해서는 2가지 설로 나뉜다.

우선 Toc34설을 소개한다. 초기막통과중간체의 형성에는 GDP가 아니라 GTP가 필요하며[11], Toc34는 GTP결합형만이 전구체단백질과 상호작용하고 있다[12]. 그래서 전구체단백질과 상호작용의 제어에는 Toc34와 TP의 인산화가 관여한다고 보고되어 있다[12]. 같은 연구그룹은 다시 proteoliposome을 사용한 단백질의 외포막통과의 재구성실험을 하여, Toc159는 GTPase활성과 동시에 작용하여 전구체단백질을 외포막내측에 밀어내는 모터단백질로 추정되고 있다[13]. 그러나 이 일련의 흐름에는 몇 가지 문제점이 있다. (1) 계통수해석에 있어서 Toc34에 근연의 AtToc34는 인산화되지 않고, AtToc33가 인산화되는 점, (2) Toc34와 AtToc33의 인산화부위가 지나치게 떨어져 있는 점 (113번째의 serine잔기에 대해서 181번째의 serine잔기)(그림2a), (3) 재구성실험에는 Toc159의 분해산물을 쓰고 있는 점, (4) 재구성실험에 있어서 GTP의 존재하에서 전구체단백질이 liposome을 완전히 통과하고 있는데, 엽록체에서는 초기 막통과중간체의 전구체단백질은 전체길이가 외포막을 통과하고 있지는 않다(필자들, 미발표데이터).

한편 Toc159설은 어떤가? TP는 염기성아미노산이 많고, 산성아미노산이 적은 점이 특징의 하나인 점에서 Toc159의 A-도메인이 정전기적 상호작용에 의해서 전구체단백질을 인식하고 있다고 생각된다. Toc34에서 지적되었듯이 Toc159와 전구체단백질의 상호작용에 있어서 GTP의 의존성을 나타내는 결과는 보고되어있지 않는데, 최근 Toc159나 AtToc159가 cytosol에도 존재하고 있는 점에서 Toc159 cycle의 존재가 제창되었다[14]. 즉 AtToc159가 우선 cytosol에서 GTP의 존재하에서 전구체단백질과 상호작용하고, GTP의 가수분해와 함께 외포막에 삽입되어, 전구체단백질을 Toc34에 인도한다. 재미있는 모델이지만, cytosol에 있어서 Toc159와 전구체단백질의 상호작용, Toc159의 외포막에서 탈리(脫離)라는 정보가 전혀 보고되어 있지 않다. 또한 Toc159의 분해산물인 86K 단편만으로도 전구체단백질의 외포막통과는 진행하는 점이 같은 연구그룹에서 보고되고 있어서 이 모델에 관해서도 해결해야할 과제가 많다. 어느 모델의 검증에 대해서도 앞으로의 연구의 진전에 기대가 된다.

III. Toc159와 Toc34의 유전학적 해석

Arabidopsis에서는 *atToc159*와 *atToc33*에게 T-DNA가 삽입된 변이주가 분리되어. 이들 변이주의 해석으로부터 단백질수송만이 아니라 엽록체의 분화의 관점에서도 흥미깊은 결과가 얻어지고 있다. 이들 변이주에서는 초기단계에 있어서 식물체의 색이 엽록색에서 albino(백변종, 흰둥이/피부색소 결핍된 색)를 띄고 있었는데, 발달함에 따라서 정상적인 녹색으로 되었다[15, 16]. 엽록체는 원색소체(原色素體)에서 분화하고, 원색소체나 chromoplast로 재분화한다. 엽록체로 되는 분화는 빛에 의해서 제어되고 있고, 동시에 광합성에 관여하는 단백질이 급속하게 축적한다. AtToc33이나 AtToc159의 발현량은 분화의 때 증가해있었다. 따라서 엽록체분화의 때에 급증하는 엽록체단백질의 traffic에 AtToc33이나 AtToc159가 대응한다고 여겨진다. 변이주에 있어서는 원색소체에서 단백질수송에 관계되고 있다고 추정되는 AtToc34나 AtToc159의 상동체가 AtToc33이나 AtToc159의 기능을 상보한다고 여겨진다. 다시 말해서 몇 종류의 수용체가 선택성을 가지고 전구체단백질을 인식할 가능성, 수용체는 서로 상보할 가능성을 나타내고 있다. 벼에 있어서는 적어도 2종류의 Toc159상동단백질이 존재하고 있고, 완두에 있어서도 여러 종의 Toc159상동단백질의 존재가 생각되어서 각각이 전구체단백질의 선택성을 가지고 있다고 상상된다. 그런데 완두엽록체에 있어서는 Toc159와 Toc75, Toc33는 안정한 복합체를 형성하고[4], AtToc33과 AtToc34는 AtToc75와 상호작용한다[17]. 그곳에서 단일의 복합체에 AtToc33과 AtToc34가, 또한 AtToc 159, AtToc132, AtToc120, AtToc90이 Toc75와 공존하는 지 혹은 여러 가지 조합된 복합체가 독립하여 존재하는지는 아직 해명되지 않았고, 이제부터 해결해야할 과제이다.

● 끝맺음

전구체단백질이 초기 막통과중간체를 형성하는 때에는 GTP와 함께 ATP가 필요하며, ATP와 GTP가 작용하는 경우는 다르다[2]. GTP의 관여에 대해서는 위에서 기술했듯이 수많은 지식이 얻어지고 있는데, ATP의 작용점에 대해서는 아직 미해결이다. 이제까지 엽록체외포막에는 2가지의 Hsp70-cytosol 쪽의 Com70과 막간부측(膜間部側)의 Hsp70-이 존재한다고 보고되어있고, 이들이 ATP를 필요로 할 가능성이 있다. 그러나 이들의 Hsp70은 각각 문제를 껴안고 있다. 이들 Hsp70에 관한 문제점은 cytosol 인자의 관여와 함께, 다른 곳에 기록되어있다[18]. 그런데 엽록체로 향하는 단백질수송에 관한 연구는 본문에서 기술한 예에서도 알 수 있듯이 같은 재료를 취급하고 있으면서도 마치 별세계의 재료를 상대로 하고 있다고 오인하는 등, 혼돈하고 있다. 그 하나의 이유는 연구자인구가 한정되어 있기 때문이다. 엽록체로 가는 단백질수송은 식물을 사용한 유용물질생산에도 직결하며 응용적으로도 중요한 연구이다. 이 글을 읽고 보다 많은 사람들이 이 분야에 흥미를 가져서 실제로 연구에 종사하게 된다면 좋겠다고 기대하고 있다.

Q 외막단백질의 국재화에 대해서는 어느 정도로 알고 있는가?

A 현재 3종류의 국재화기구가 알려져 있다. (1) 여기에서 기술한 Toc159와 Toc34와 같이 GTP와 다른 단백질인자를 필요로 하는 경로, (2) 내부이동신호를 가지고 있는 것의, 다른 단백질인자나 에너지를 필요하지 않고, 자발적으로 외포막에 삽입하는 경로, (3) Toc75와 같이 Toc 및 Tic 복합체를 이용하여 2단계 processing을 받는 경로이다. 많은 외포막단백질은 (2)의 경로를 취한다고 생각되고 있다.

Q 많은 GTP결합단백질은 그의 GTPase cycle에 GEF(교환촉진인자)와 GAP(가수분해촉진인자)가 필요하다. 엽록체의 Toc159와 Toc34에 대해서는 GTPase cycle의 제어인자에 대해서는 어떤 것을 알고 있는가?

A GAP에 관해서는 Toc34자신이 homo 2량체를 형성할 때에 각각이 GAP로서 기능하고, 서로의 GTPase 활성을 촉진하는 것이 제안되어 있다[9]. GEF에 관해서는 그의 존재의 유무를 시작으로 하여 전혀 알고 있지 않는 것이 현상이다.

Q thylakoid로 향하는 수송에서는 Sec경로, Tat경로, SRP경로가 보고되어있고, 각각에 대해서 특징있는 수송시스템이 제창되어 있다. 이들 수송경로의 전(前)단계에 해당하는 Toc경로는 이들 수송경로를 거치는 단백질의 수송을 혼자서 떠맡는 것인가? 다른 수송경로가 있다고 생각해야 하는가?

A thylakoid로 수송되는 단백질이 핵내유전자에 코드되어있는 경우는 모두 같은 경로를 취한다

고 생각되고 있다.

문헌

1) Jackson-Constan, D., Keegstra, K. : *Plant Physiol.*, **125**, 1567-1576(2001)
2) Perry, S. E., Keegstra, K. : *Plant Cell*, **6**, 93-105(1994)
3) Kessler, F. *et al.* : *Science*, **266**, 1035-1039(1994)
4) Nielsen, E. *et al.* : *EMBO J.*, **16**, 935-946(1997)
5) Chen, D., Schnell, D. J. : *J. Biol. Chem.*, **272**, 6614-6620(1997)
6) Bauer, J. *et al.* : *J.Cell Biol.*, 159, 845-854(2002)
7) Smith, M. D. *et al.* : *J. Cell Biol.*, **159**, 833-843(2002)
8) Wallas, T. R. *et al.* : *J. Biol. Chem.*, **278**, 44289-44297(2003)
9) Sun, Y-J. *et al.* : *Nat. Struct. Biol.*, **9**, 95-100(2002)
10) Weibel, P. *et al.* : *J. Biol. Chem.*, **278**, 37321-37329(2003)
11) Young, M. E. *et al.* : *Plant Physiol.*, **121**, 237-244(1999)
12) Sveshnikova, N. *et al.* : *Proc. Natl. Acad. Sci. USA*, **97**, 4973-4978(2000)
13) Schleiff, E. *et al.* : *Proc. Natl. Acad. Sci. USA*, **100**, 4604-4609(2003)
14) Hiltbrunner, A. *et al.* : *J. Cell Biol.*, **154**, 309-316(2001)
15) Jarvis, P. *et al.* : *Science*, **282**, 100-103(1998)
16) Bauer, J. *et al.* : *Nature*, **403**, 203-207(2000)
17) Gutensohn, M. *et al.* : *Plant J.*, **23**, 771-783(2000)
18) Jackson-Constan, D. *et al.* : *Biochim. Biophys. Acta*, **1541**, 102-113(2001)

Column

단백질수송에서 본 식물 peroxisome연구의 新전개

Hayashi Makoto (林 誠)·Nishimura Mikio (西村幹夫)

이 증간호의 제IV부 Fujiki(藤木)의 원고에 자세히 씌여져 있듯이 최근 십수년 동안에 peroxisome의 단백질수송이나 형성기구에 대한 연구가 비약적으로 진전했다. 고등식물의 peroxisome에서도 단백질의 수송신호나 peroxisome의 형성에 관계하는 *PEX*유전자군에 관한 연구가 진행되고 있다[1]. 또한 그것과 병행하여 모델실험식물로서 널리 사용되고 있는 애기장대를 사용하여 여러 가지 peroxisome관련돌연변이체가 분리되게 되었다(**표1**). 이들 결과는 고동식물의 peroxisome이 종래 알려져 있던 것과 같은 지방산분해나 광호흡 등의 물질대사에 관계하는 것만이 아니라, 광응답이나 형태형성, 수분(受粉), 소기관형성이라는 식물의 고차기능발현에 관여하고 있다는 사실을 짐작케 한다. 여기에서는 식물peroxisome에 있어서 단백질수송기구를 소개하고, 최근 밝혀져온 peroxisome에 의한 고차기능발현의 예를 소개한다.

peroxisome의 세포간질(間質, matrix)단백질은 cytosol의 유리polysome에서 번역된 다음, peroxisome내로 수송된다. 이러한 단백질의 대부분은 C말단에 PTS1이라는 수송신호를 가진 것과, PTS2를 포함하는 연장(延長)펩타이드를 동반한 고분자량전구체로서 번역되며, peroxisome으로 수송된 다음에 processing을 받아서 성숙형 단백질로 되는 것 등의 2종류로 분류할 수 있다[2]. PTS1이나 PTS2는 cytosol에 존재하는 2가지의 수용체와 결합한다. 애기장대의 경우는 각각 *At*Pex5p(*PEX5*유전자산물) 및 *At*Pex7p(*PEX7*유전자산물)이라고 부른다. 이들 2종류의 수용체는 서로 결합하는 활성을 가지고 있는 점으로 봐서[3] cytosol에서 수용체복합체를 형성하고 있다고 생각된다. 포유류의 세포에서는 선택적 splicing의 결과, 하나의 *PEX5*유전자에서 2개의

표1. 고등식물(애기장대)에서 분리되어있는 peroxisome관련돌연변이체

유전자번호	유전자명	결손하는 peroxisome단백질	표현형
At1g06310	*ACX3*	중쇄(中鎖) acyl CoA oxidase	지방산 β산화능결손
At1g79810	*TED3*	*At*Pex2p	*det1*변이주의 suppressor
At2g06050	*DDH1* *OPR3*	12-oxophytodienoate reduatase	웅성불임
At2g13360	*SAT*	serine-glyoxylate amino transferase	광호흡결손
At2g26350	*PEX10*	*At*Pex10p	배성(胚性)치사/저장소기관형성不全
At2g33150	*PED1*	3-ketoacyl CoA thiolase	발아時 sucrose요구성 glyoxysome형태이상
At2g45690	*SSE1*	*At*Pex16p	종자쪼그라듦/저장小器官형성不全
At3g15290	*CHY1*	droxyisobutyl CoA hydrodase	indole 3-butyrate내성
At3g21720	*ICL*	isocitrate lyase	isocitrate lyase결손
At4g29010	*AIM1*	다두(多頭)효소	화서(花序)형태이상
At4g39850	*CTS* *PED3* *PXA1*	"full size" ABC transporter	종자휴면이상 발아時의 sucrose요구성 indole 3-butyrate내성
At5g03860	*MS*	malate sythase	malate sythase결손
At5g56290	*PEX5*	*At*Pex5p	indole 3-butyrate내성
At5g62810	*PED2*	*At*Pex14p	발아時의 sucrose요구성 광호흡결손 peroxisome형태이상

isoform이 만들어지는데, 애기장대에서는 *At*Pex5p가 단일 단백질분자로서 존재한다. peroxisome단백질과 결합하여 만든 수용체화물(receptor cargo) 복합체는 다시 peroxisome막단백질 *At*Pex14p와 *At*Pex5p의 결합활성에 의해서 peroxisome으로 끌어당겨진다. 따라서 PTS1형 단백질은 *At*Pex5p *At*Pex14p를 통하여 peroxisome막에 포촉되고, PTS2형 단백질은 *At*Pex7p, *At*Pex5p, *At*Pex14p의 3가지의 단백질을 통하여 peroxisome막에 포촉될 예정이다. 실제 *At*Pex5p의 발현량을 억제하면, PTS1단백질 및 PTS2단백질의 어느 쪽도 peroxisome으로 수송되지 않게 되는데, *At*Pex 7p의 발현양을 억제한 경우에는 PTS2단백질만 수송저해가 일어난다.

필자들은 *At*Pex14p를 결실한 *ped2*변이체를 분리하였다[4]. 이 변이체는 2,4-dichlorophenoxy butyrate(2,4-DB)내성을 나타내는 변이체(*ped1~3*)의 하나이다. 2,4-DB는 농업2,4-dichlorophenoxy acetate(2,4-D)의 유도체이다. 야생형 Arabidopsis에서는 peroxisome의 지방산 β산화에 의해서 2,4-DB가 2,4-D로 분해되기 때문에 성장저해가 일어난다. 한편 지방산 β산화가 결손한 *ped2*변이체는 2,4-DB가 2,4-D로 대사되지 않고 2,4-DB 존재하에서도 정상적으로 성장한다. *ped2*변이체는 *At*Pex14p를 결실하기 때문에 PTS2단백질의 고분자량전구체 및 PTS1단백질의 어느쪽의 수송도 저해받는다. 단백질수송의 저해는 모두 peroxisome에서 일어나고 있고, glyoxysome의 지방산 β산화만이 아니라 녹엽 peroxisome의 광호흡도 기능이 현저하게 저하하고 있다. 이러한 연구에서 고등식물의 peroxisome의 단백질수송기구에는 식물특유의 특징이 있는 점, 기본적인 기구에 대해서는 다른 생물과 공통점도 많은 것이 밝혀지게 되었다. 실제 *At*Pex5p나 *At*Pex7p, *At*Pex14p는 다른 생물의 ortholog와 30%전후의 아미노산배열의 유사성을 나타낸다. 현재 전체 생물종을 포함하면 23을 넘는 *PEX*유전자가 동정되어있는데, 이들 중 15종류에 대해서는 애기장대의 게놈가운데 ortholog라고 여겨지는 유사유전자가 존재하고 있다[5].

이러한 지식이 축적함에 따라서 광형태형성 등의 이제까지 무관계라고 여겨져 왔던 현상에도 peroxisome의 관여를 시사하는 예가 보고되기에 이르렀다. 광형태형성이란 광조건에 따라서 발생분화의 과정이 제어되는 현상이다. 이를테면 식물은 발아의 때에 광자극에 따라서 자엽의 전개나 엽록테의 발달이 일어나는데, 암소(暗所)에서는 자엽의 전개나 엽록체의 발달이 일어나지 않고 대신에 배축(胚軸)이 현저하게 신장한다. *DET1*은 이 현상을 제어하는 유전자의 하나이다. 이 유전자를 결실하는 *det1*변이체는 암소에서 발아시켜도 배축이 신장하지 않고, 자엽의 전개, 엽록체의 발달, 광제어유전자의 이소적(異所的) 발현, 등의 표현형을 나타낸다. 최근 *det1*변이의 suppressor로서 *ted3*유전자가 분리되었다[6]. *TED3*유전자는 *PEX*유전자군의 하나인 *PEX2*의 ortholog를 코드하고 있다. 거기에서 peroxisome 기능을 조사한 바, *det1*변이체는 지방산 β산화능을 결손하고 있는 점, 한편으로 *det1*, *ted3* 2중변이체는 야생형과 동등의 지방산 β산화능을 가지고 있는 것을 밝혀냈다. 이런 점으로 봐서 *ted3*는 기능획득형 변이를 가지며, *det1*변이에 의해서 야기된 peroxisome의 기능결손을 복귀시킨다고 생각된다. *Pex2p*는 RING 도메인을 가지는 peroxisome막단백질이다. 이 단백질은 Pex10p 및 Pex12p와 복합체를 형성하고 단백질의 막통과의 단계에서 기능하고 있다고 예상된다. *TED3*유전자산물이 어떠한 기능을 담당하고 있는지 또한 어떠한 peroxisome 기능이 광형태형성의 제어에 관여하고 있는지에 대해서는 아직 실마리를 얻지 못하고 있다.

*PEX*유전자의 ortholog가 원인유전자인 다른 변이체로서 *sse1*변이체가 알려져 있다[7]. 이 변이체의 특징은 종자에 있다. 애기장대는 지방성 종자식물이다. *sse1*돌연변이체의 종자는 야생형과 같은 형질을 나타내는 것이 10%정도 포함되고 있는 것과 나머지 90%는 건조해두면 쪼그라들어서 쭈글쭈글해져 버린다. 쭈글쭈글해지는 유전자는 치명적이고 세포에게는 단백질체(proetin body)를 조금밖에 존재시키지 않고 lipid body(지질체)도 조금밖에 존재하지 않는다. 그 대신에 전분립(粒)을 축적한 amyloplast

(澱粉體)가 발달하고 있다. *SSE1*유전자는 *PEX16* 유전자의 ortholog이다. *PEX*16유전자는 peroxisome의 막단백질의 수송에 관여한다. 최근 peroxisome의 막단백질의 일부는 소포체에서 수송된다고 여겨지게 되었다. 유감스럽게도 식물세포에 있어서 *SSE1*유전자산물의 역할을 아직 해석되지 않았지만, *sse1*변이체에서 결실하는 단백질체나 지질체의 어느 쪽도 소포체에 의존하는 소기관인 점은 *sse1*유전자산물의 기능을 생각할 때 중요한 실마리로 될 것이다.

이들 연구결과는 식물 peroxisome에는 아직 미지의 기능이 존재하는 것을 예상하게 한다. Arabidopsis의 게놈배열이 결정된 점에서 peroxisome에 착안한 포스트게놈해석도 진행되고 있다. Arabidopsis의 게놈중에는 PTS1 또는 PTS2를 가진 단백질이 적어도 256개 존재하는데. 이들 중에서 기능이 동정된 것은 10%정도 밖에 없다[8, 9]. 변이체의 해석이나 포스트게놈해석의 진전에 따라서 식물 peroxisome의 다채로운 기능이 밝혀지게 될 것을 기대한다.

Q peroxisome으로 향하는 단백질수송기구에 있어서 포유류 등과 공통하는 것 이외에 고등식물에 특이적인 인자는 발견되었는가?

A 현재 몇 가지 그룹이 여러 가지 방법으로 Arabidopsis의 peroxisome기능결손돌연변이체의 동정에 노력을 집중하고 있다. 현재 이러한 연구에서 동정된 *PEX*유전자는 다른 생물과 공통하는 것뿐이다. 그러나 유전자가 동정되어 있지 않는 돌연변이체가 다수이어서 앞으로의 해석이 기대된다. 특히 고등식물의 peroxisome은 다른 생물의 것과 다르고, 세포분화나 환경변화에 호응하여 기능이 거칠고 동시에 유연하게 변화하려고 했을 때의 특징을 겸비하고 있는 점에서 식물독자의 단백질수송의 짜임새를 구비하고 있을 가능성이 높다.

●문헌

1) Baker, A., Graham, I. : " Plant Peroxisomes", Kluwer Academic Publishers, Dordrecht(2002)
2) 林 誠・西村幹夫: 『植物細胞』, 朝倉植物生理学講座 1, pp. 96-110, 朝倉書店(2002)
3) Nito, K., Hayashi, M., Nishimura, M. : *Plant Cell Physiol.*, **43**, 355-366(2002)
4) Hayashi, M., Nito, K., Toriyama-Kato, K., Kondo, M., Yamaya, T., Nishimura, M. : *EMBO J.*, **19**, 5701-5710(2000)
5) Mullen, R. T., Flynn, C. R., Trelease, R. N. : *Trend. Plant Sci.*, **6**, 256-261(2001)
6) Hu, J. P., Aguirre, M., Peto, C., Alonso, J., Ecker, J., Chory, J.: *Science*, **297**, 405-409(2002)
7) Lin, Y., Sun, L., Nguyen, L. V., Rachubinski, R. A., Goodman, H. M. : *Science*, **284**, 328-330(1999)
8) Kamada, T., Nito, K., Hayashi, H., Mano, S., Hayashi, M., Nishimura, M. : *Plant Cell Physiol.*, **44**, 1275-1289(2003)
9) Hayashi, M., Nishimura, M. : *Curr. Opin. Plant Biol.*, **6**. 577-582 (2003)

Makoto Hayashi, Mikio Nishimura, 基礎生物学研究所・細胞生物学研究系 E-mail : makoto@nibb.ac.jp mikosome@nibb.ac.jp

Research on protein targeting innovates on present knowledge of plant peroxisomes

Column

단백질의 일생의 가시화

Yamauchi Shinoby (山內 忍)·Murata Masayuiki (村田昌之)

● 서론

단백질은 그의 탄생에서 일생을 마칠 때까지로 크게 구분하여 [전사], [번역], [수송·targeting], [분해]의 4가지 과정을 통과한다. 각 과정은 세포내의 특정한 장소(핵, 세포질, 소기관 등)에서 많은 관련 단백질에 의해서 바르게 제어되고 있다. 단백질의 수명이나 기능발현의 시간조절(timing)이나 장소를 결정하는 것도 이들의 과정이다. 그래서 그의 이상(異狀)은 세포에 있어서 중대한 장해로 된다. 한편 같은 단백질이라도 세포가 처한 환경에서는 그의 발현양식이나 수명은 다르다. 그래서 그의 차이(또는 異相)가 세포의 개성이나 병태의 발현에 연결된다. 이와같이 세포내의 장소나 시간에 의존한 단백질의 역학(力學, dynamics)을 추적하여 해석하기 위해서는 광학현미경기술을 이용한 가시화해석법이 좋은 방편(tool)을 제공한다. 여기에서는 단백질의 일생을 결정짓는 위의 4가지 과정중 단백질 탄생의 전단계라고 말할 수 있는 [전사]과정 이외의 3가지 과정의 가시화해석에 관한 현상을 소개하고자 한다.

1 번역

신경세포가 축삭(軸索)을 신장하고 표적이 되는 다른 신경세포와 synapse를 형성할 때는 축색선단에 존재하는 성장원추上의 수용체가 뇌내에 존재하는 여러 가지 cue(신호, 자극)에 응답하고 결정된 도근(道筋)에 따라서 축삭이 주행한다. 다채로운 cue에 대한 성장원추의 응답성의 변화에 대해서는 성장원추위에서 국소적인 수용체 발현의 상승이 관계한다고 여겨지고 있는데 그 메커니즘은 불명(不明)이었다.

그래서 Brittis그룹은 신경세포의 축색에 있어서 단백질합성을 추적하기 위하여 가시화가능한 reporter분자를 코드하는 RNA의 도입을 했다[1]. Sindbis virus는 한 가닥사슬 RNA 게놈을 가지며, 이것이 숙주세포내에서 mRNA virus로서 기능하고 번역된다. 그들은 이 RNA virus 유래의 vector에 GFP(해파리녹색형광단백질)를 넣고, 닭망막시신경세포체에서 분리한 축색에 Sindbis-GFP vector를 도입하여, 국소적인 번역의 검출을 하고 있다. 막계유형(膜係留型)의 alkaline phosphotase(PLAP)를 꼭같이 집어넣은 Sindbis-PALP 벡터를 도입함으로써 합성된 단백질이 축색막표면에 수송되는 것을 관찰하였다. 더욱이 그들은 반발성 cue의 하나인 ephrin의 수용체인 Eph A2수용체의 mRNA의 3′ 말단 비번역영역 중에, 번역제어배열로서 알려져 있는 motif를 포함하여, 생물종사이에서 고도로 보존된 배열이 존재하는 점에 주목했다. 그래서 이 배열에 GFP배열을 연결한 RNA를 electroporation으로 닭태아척수에 도입했을 때, 원위(遠位)의 축색영역에서 강한 GFP의 발현을 관찰했다. 이와같이 그들은 단일세포내에서 번역을 가시화함으로써 신경축색에는 RNA에 기인한 장소의존적인 단백질번역기구와 그것을 막표면에서 발현시키기 위한 기구가 구비되어 있는 것을 제시했다[1].

2 수송·표적화

형광분자는 강한 광조사에 의해 불가역적으로 그의 형광을 잃는 성질을 가지기 때문에 퇴색한(빛바랜) 부분의 형광의 회복을 monitor함에 따라 형광분자의 확산, 축적상태를 알 수가 있다. 이와같은 형광의 소광(消光, bleach)을 이용한 기술을 형광퇴색(photobleaching)법이라고 부르며, 주로 FRAP(fluorescence recovery after photobleaching; 형광퇴색회복법)이나 그의 변법(變法)인 FLIP(fluorescence loss in photobleaching; 형광퇴색소실법)의 방법이 범용되고 있다. FRAP로는 형광분자의 확산을, FLIP로는 형광분자가 국재하는 막의 연속성을 관찰하는 용도로 사용되는 일이 많다. 이를테면 세포내의 소기관사이의 단백질수송을 관찰할 때 한편의 소기관의 GFP융합단백질을 강력한 laser 조사로 형광퇴색시킨 다음, 후속(後續)하는 GFP융합단백질의 수송에 위한 GFP형광의 회복을 관찰한다. 그 GFP형광의 회복곡선에서 수송의 대충의 kinetics도 해석할 수 있다. Lippincott-Schwartz그룹은 온도감수성변이를 가진 수표성구내염 바이러스의 G단백질(VSVG-ts045)의 GFP융합단백질(VSVG-GFP)을 probe로 하여 포유동물세포의 막단백질의 분비경로(소포체→골지체→세포막)의 수송경로의 가시화와, 각 compartment사이의 수송kinetics를 정량화하고 있다[2]. 또한 Dahm그룹은 소포체·골지체사이를 recycle하는 단백질(VIP36등)을 probe로 사용하고, 양 소기관사이의 왕복수송과정을 정량적으로 해석하고 있다[3]. 이들 2가지의 그룹을 이용한 compartment사이의 수송 kinetics 해석법을 사용함에 따라 세포내의 상당한 소기관사이 수송의 정량적 해석이 가능하게 된다고 생각된다. 그들의 해석법에는 어느 정도 가정조건이 있기 때문에 실제의 수송해석으로 응용하는 데는 주의가 필요하다.

필자들의 연구실에서도 형광퇴색법과 [semi-intact 세포계]라는 완전한 신규 세포내조작기술을 연결시켜서 세포내 소포수송과정의 가시화해석·재구성에 응용하고 있다. 이 시스템의 근간으로 되는 [semi-intact 세포]란 세포막을 부분적으로 투과성으로 한 세포를 말한다. 이 경우 소기관이나 세포골격은 그대로 유지한 채 세포질을 유실시킬 수 있다. 여기에 새롭게 외부에서 분획한 세포질성분과 ATP재생계 등을 첨가하고, 세포질에 의존적인 세포내 이벤트를 재구성하면 그 가운데서 일어나는 생리현상을 가시화해석을 중심으로 한 생물물리학적, 생화학적 수법을 구사하여 해석할 수 있다. 이를테면 골지체에 국재하는 galactosyl transferase의 GFP융합단백질(GT-GFP)은 ER-Golgi body사이를 소포수송에 의해 재순환하고 있다. GT-GFP를 항상적으로 발현하는 CHO(chinese hamster 난소)세포의 semi-intact 세포의 골지체 영역의 GFP형광을 형광퇴색시킨다. 따로 조제한 세포질과 ATP재생계를 첨가하고 32℃에서 배양하여 형광퇴색시킨 골지체 영역의 형광강도의 회복을 모니터하면, 퇴색후 아주 짧은 배양시간에서 골지체의 형광강도의 회복이 관찰되었다. 이 GFP형광의 회복은 세포질과 ATP의 가수분해에 의존적이며, 이 과정에는 ATPase나 GTPase가 필수이고, ARF1, COP1, COPII 등의 단백질(복합체)에 의존한 각 과정이 연결된 것으로서 분할할 수가 있다[4]. 즉 분할하면 그 분할된 각 과정이 연결되어 있다. 같은 방법을 사용하면 형광표지한 세포질단백질의 특정 소기관이나 세포막으로 향하는 세포질의존적인 표적화를 semi-intact 세포내에서 가시화·재구성할 수 있다.

3 분해

세포내에서 자기의 단백질분해에는 크게 나눠서 ubiquitin/protease계와 lysosome/액포계의 2가지가 있다고 생각된다. 현재까지 이들 시스템에 관계하는 많은 단백질이 동정되고 있는데, 그 분자기구에 대해서는 모르는 부분도 남아있다. 또한 변이단백질 분해과정의 지연이나, 이상과 신경변성질환발증과 관련도 있어서 아주 흥미깊은 과정이다. 분해이상의 상태에서 축적하는 GFP융합단백질을 검출하는 것이 Kopito그룹에 의해서 이뤄지고 있는데[5], 유감스럽게도 이 과정에 있어서 가시화해석은 놀랍게도 진행되지 않고 있다.

● 끝맺음

이와같이 단백질의 일생의 가시화연구는 막 시작한 단계이며 상당히 분산적으로 진행하고 있는 현상이다. neuron이나 면역세포 등 특정한 세포집단내의 단일세포내에서 일어나는 특정한 단백질의 번역, 수송·표적화, 분해과정을 가시화하고 그것을 제어하는 분자네트워크를 밝힐 수 있다면 궁극적인 단백질기능해석계를 만들 수 있다. 필자들의 연구실에서는 앞서 기술한 [semi-intact 세포계]와 [가시화기술]을 응용하여 단백질의 일생을 좌우하는 위의 3가지 각 과정을 제어하는 분자네트워크의 해명에 돌입하기 시작했다. semi-intact 세포계의 이용은 세포내 topology가 문제로 되는 수송·표적화 과정의 연구나 이제까지 실험계구축이 어려웠던 번역·분해과정의

[장소나 시간]의존성의 연구에 널리 이용할 수 있는 이점이 있다. 단백질의 일생을 [보는 것으로 끝난다]는 게 아니라 [보는 데서 시작한다]는 것이 필요하게 된 시점이다.

Q 실제시간에서 가시화로 우선 처음으로 시도하기에 적합한 형광색소 및 GFP variant는 어느 것이냐?

A GFP를 사용하는 것이 좋다고 생각된다. 목적으로 하는 단백질을 GFP융합단백질로 하여 생세포내에서 발현시키기 위한 벡터는 현재까지 많은 종류가 시판되고 있다. 그 가운데서 대사회전이 빠른 불안정형 GFP를 가지는 발현벡터도 있고, 일시적 유전자제어의 동적해석이나 정량적 reporter assay 등에도 사용할 수 있다. GFP에서 목적단백질의 표지는 각종 형광색소로 하는 표시에 비해서 간단하게 생세포에서 단백질의 동적인 움직임을 추적할 수 있다. 그러나 GFP분자가 표지(tag)로서는 반드시 작지는 않으므로, GFP를 단백질의 N말단이나 C말단에 붙임으로써 그 단백질과 다른 분자와 상호작용이 방해되어 목적단백질의 움직임을 방해할 가능성도 있는 점을 항상 염두에 두고 실험을 해야 한다.

●문헌

1) Brittis, P. A., Lu, Q., Flanagan, J. G. : *Cell*, **110**, 223-235 (2002)
2) Hirschberg, K., Miller, C. M., Ellenberg, J., Presley, J. F., Siggia, E. D., Phair, R. D., Lippincott-Schwartz, J. : *J. Cell Biol.*, **143**, 1485-1503 (1998)
3) Dahm, T., White, J., Grill, S., F-llekrug, J., Stelzer, E. H. K. : *Mol. Biol. Cell*, **12**, 1481-1498 (2001)
4) 加納ふみ・田中亜路・村田昌之 : 実験医学, **20**, 961-967 (2002)
5) Johnston, J. A., Ward, C. L., Kopito, R. R. : *J. Cell Biol.*, **143**, 1883-1898 (1998)

Shinobu Yamauchi, Masayuki Murata, 東京大学大学院総合文化研究科・広域科学専攻・生命環境科学系 E-mail : shinobu@bio.c.u-tokyo.ac.jp

Visualization of life of proteins

Column

세포내 물질수송과 모터 단백질

Toyoshima Yoko (豊島陽子)

● 서론

진핵생물에서는 세포골격인 actin filament나 미소관(微小管)이 발달하여 그들을 철로로삼아 그 위를 세포내 소기관이나 수송소포, 단백질이나 RNA 분자 등의 화물(cargo)이 수송된다. 이들의 움직임은 세포내 소기관을 적절하게 배치함에 따라 세포내의 질서를 만들어 유지하고 또한 필요한 물질을 목적지로 운반하기 위한 수송효율을 높이기 위해서 필요한 것이며 그것을 담당하고 있는 것은 myosin, kinesin, dynein 등의 모터단백질이다. 소포의 수송이나 분비에 관한 많은 지식을 얻어온 효모에 있어서는 세포골격이 발달하고 있지 않으므로 세포분열에 관계하는 것 이외, 모터단백질은 거의 작동하고 있지 않다. kinesin과 dynein은 미소관 위를 이동하고, myosin은 actin filament 위를 달린다. 포유동물세포에서는 20종류 가까운 myosin과 40종류이상의 kinesin[1], 2,3종류의 세포질 dynein의 유전자가 발견되었다.

모터단백질은 공통으로 두부(頭部)와 미부(尾部)를 가진다. 머리부분(두부)에는 ATP가수분해부위와 미소관이나 actin filament에 결합하는 부위가 있고, ATP를 분해한 에너지를 이용하여 세포골격위를 움직이는 모터 도메인이다. 운동의 방향은 미소관이나 actin filament의 극성에 따르고, 어느 쪽으로 움직일지는 모터단백질의 종류에 따라서 결정되어있다. 꼬리부분(미부)은 수송하는 화물을 결합하는 부위이며, 무엇을 운반할 지를 결정한다. 따라서 모터단백질의 연구의 과제는 어떻게 운동을 발생하는 가(두부의 문제)와 어떠한 화물을 언제 운반하는 가(미부의 문제)로 대별되며, 전자는 생물물리의 분야에서, 후자는 세포생물학의 분야에서 의논되는 일이 많다. myosin과 kinesin은 모터기능이 상당히 알려지게 되어, 양자에 공통하는 부분도 있음을 알게 되었다. 또한 유전자해석 등으로부터 myosin이나 kinesin의 두부와 상동한 배열을 가지지만 미부는 다른 듯한 단백질이 다수 발견되어, 세포생물학적인 확대를 기대하고 있다. 한편 dynein은 분자가 크게 복잡한 구조를 취하기 때문에 연구가 어렵고, 또한 myosin이나 kinesin과는 기본적인 구조가 전혀 다르므로 미해명의 부분이 많다. 세포내 물질수송에 관계하는 myosin과 kinesin의 상세한 점은 다른 총설(2~4)을 참고해주시고, 여기에서는 세포질 dynein에 초점을 맞춰서 현재의 문제점을 중심으로 소개하고자 한다.

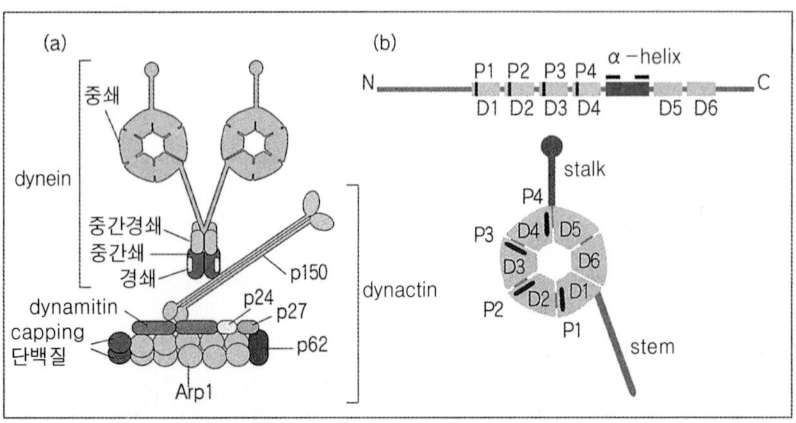

그림1. 세포질 dynein
(a) dynein과 dynactin 복합체
(b) dynein중쇄의 구조

1 세포질 dynein의 역할

세포내 물질수송을 하는 세포질 dynein은 편모섬모운동의 원동력이 되는 축사(軸絲) dynein과는 유전자가 다르며, 명확하게 역할분담되어 있다. 세포질 dynein은 세포질내에 중심체에서 방사상으로 퍼져있는 미소관의 위를 중심체의 방향(minus방향)에 화물을 수송한다. 골지체가 중심부근에 배치되어있는 것은 골지체에 결합한 dynein의 작용에 의한다. 또한 endosome, lysosome, 세포외에서 진입한 바이러스 등을 세포중심방향으로 수송한다. 신경축삭에 있어서 역행성의 소포수송, 발생에 수반하는 신경세포유주시의 핵의 이동, 균사류의 핵의 이동도 세포질 dynein이 담당하고 있다. 세포질 dynein은 또한 세포분열시에는 방추체극이나 kinetocore에 국재하고 방추체기능에 있어서 역할도 담당하고 있다.

2 세포질 dynein의 구조

세포질 dynein은 다수의 폴리펩타이드로 되는 복합체이며, 전체 분자량은 1,500K에 이르며, 모터도메인을 포함하는 중쇄(重鎖) 2가닥이 2량체를 형성하며, 다수의 중간鎖, 중간경쇄(輕鎖), 경쇄가 중쇄2량체에 부가한 구조를 취하고 있다[5](**그림1a**). 중쇄의 C말단측의 약 2/3는 모터도메인을 구성한다. 모터도메인에는 AAA family의 ATPase에 공통하는 AAA module이 6개 존재하며(D1~D6), 그것이 반지모양으로 병렬하여있고, 중앙에 구멍이 열린 구조를 취한다(그림1b). 6개의 AAA module 가운데 N말단측에 위치하는 4가지(D1~D4)에는 nucleotide 결합부위인 P loop(P1~P4)가 존재하는데, 이 가운데 P1만이 ATP가수분해를 한다고 생각되고 있다. 반지구조에서는 stalk라는 돌기가 돌출하고 있으며, 이 선단에서 미소관과 상호작용한다. 중쇄의 N말단측의 약1/3은 역시 모터도메인에서 돌출한 구조이며 stem이라 불리며, 2량체구조를 형성하고, 중간쇄 등의 다른 폴리펩타이드가 결합하는 부위이다. 생체내에서는 dynactin 복합체와 결합하여 화물결합에 관여하고 있다.

3 모터기능의 수수께끼

dynein은 이와 같은 복잡한 구조를 하고 있고, 어떻게 움직이는 가라는 운동메커니즘은 거의 수수께끼로 싸여있다. 현재 주목되고 있는 것은, (1) 4개의 P loop의 역할은 무언가, 가수분해부위는 정말로 P1만인가, (2) stalk의 선단에서 미소관과 결합·해리를 어떻게 제어하고 있는가, (3) 미소관에 결합하는 각도변화를 동반하는 power stroke를 하고 있는가 라는 문제이다.

(1)에 대해서는 P1이외에도 P3부위에서 ATP가 가수분해되고 있을 가능성이 있는 점이나, 그것 이외에 ADO에 대한 친화성이 높은 P loop가 존재하고, 그 부위로 ADP가 결합함으로써 다른 부위에서 ATP 가수분해활성을 조절하는 제어기구가 존재하는 것을 알게 되었다. (2)에 관해서는 dynein이 stalk의 선단에서만 미소관과 결합·해리를 반복하는 것이라면, ATP가수분해에 의한 반지구조의 변화가 stalk의 병(柄)의 부분의 역평행의 coiled coil이라는 가늘고 긴 구조를 통하여 어떻게 stalk선단의 미소관에 대한 결합력을 조절할 수 있는 지 전혀 알고 있지 않다. (3)에 대해서는 최근 결합nucleotide상태의 다른 dynein분자의 전자현미경상으로 봐서 stem이나 stalk가 모터도메인에 대해서 각도변화함에 따라서 lever arm과 같은 작용을 한다는 모델이 나왔다[6].

4 화물의 선택

한편 dynein이 세포내에서 화물을 어떻게 인식하는가에 대해서는 세포질dynein의 중간쇄와 중쇄, dynactin복합체가 열쇠로 되어있다. 이들은 dynactin보다 더욱더 복잡한 구성과 구조를 가지고 있고(그림1), 11종류의 단백질로 되어있다[7]. 그 가운데 p150이 dynein중간쇄와 결합하고, 같은 dynactin복합체 가운데 Arp1이 spectrin과 결합하면, spectrin network를 가지는 막소포와 dynein이 고정된다[8]. dynein 중간쇄와 dynactin p150의 결합은 dynein 중간쇄의 인산화에 의해 제어되고 있다. 난세포의 극성의 결정에 관계하는 초파리의 Bicaudal-D의 포유류에 있어서의 homolog, BCID2는 골지체에 국재하고, dynactin복합체인 dynamitin과 직접 결합한다고 한다. 덧붙여 말하면 dynamitin은 dynamin(Takei 竹居의 원고)과는 전혀 다른 단백질이다. 최근의 보고[9]에서는 p150은 또한 kinesin과 같은 종류이고 kinesin-II라고 불리는 hetero 3량체 가운데 꼬리부분에 있는 Kap와도 결합하며, p150의 같은 장소를 dynein중간쇄와 Kap가 경합하고 있는 듯 하다. kinesin-II는 미소관의 plus끝방향으로 화물을 운반하고 dynein은 minus끝방향으로 향하기 때문에, dynactin이 dynein과 kinesin-II 중 어느 쪽을 선택할 지를 결정하고 있을 지도 모른다. 혹은 dynein에 의해서 운반된 화물을 마이너스 끝부분에서 떨어뜨리고 거기에서 kinesin-II로 갈아타서 플러스끝으로 되돌아오는 것을 반복하는 shuttle의 역할을 가지고 있을 지도 모른다.

dynactin을 통하지 않는 세포질 dynein의 결합의 상대도 알고 있다. 시세포의 광수용체단백질인 rhodopsin은 Tctex-1이라는 dynein경쇄와 직접 결합한다[10]. Tctex-1은 또한 신경축색에 있어서 neurotrophin의 수용체, T가A와 결합하고, 역행성의 소포수송을 한다[11]. 세포외에서 진입한 바이러스 중에는 dynein중간체나 LC8이라는 dynein경쇄에 매달려서, dynein에 의해서 세포의 중앙으로 운반되어 핵에 도달하는 것을 노리고 있는 것도 있다.

● 끝맺음

최근 생체내에서 dynein의 모터에 작용하여 그의 활성제어를 한다고 여겨지고 있는 단백질로서 LIS1과 NUDEL이 주목받고 있다[12]. 이들 단백질은 균류에서도 포유류에서도 공통하여 세포내의 dynein의 기능 특히 핵의 이동에 필수인 점이 제시되고 있다. 그런데 단백질을 정제하여 세포질 dynein의 *in vitro* 운동활성에 미치는 영향을 조사해보면 운동활성을 저지하는 방향에 작용한다고 한다. 얼핏 보아 모순되는 결과가 얻어진다. 세포내의 dynein의 활성의 제어를 위시하여, 어떤 화물을 언제 운반하는 가하는 조절기구에 대해서는 꼬리부분의 문제로 한정할 수 없고 머리부분을 포함한 분자전체를 볼 필요가 있다. 앞으로 더욱이 많은 구성인자의 관여가 밝혀져서 *in vivo*와 *in vitro*의 연구를 통합해 감에 따라 dynein의 기능과 역할이 밝혀지게 되리라.

●문헌

1) Miki, H., Setou, K., Kaneshiro, K., Hirokawa, N. : *Proc. Natl. Acad. Sci. USA*, **98**, 7004-7011(2001)
2) Hirokawa, N. : *Science*, **279**, 519-526(1998)
3) Vale, R. D. : *Cell*, **112**, 467-480(2003)
4) Langford, G. M. : *Traffic*, **12**, 859-865(2002)
5) Susakura, S. J., Pfister, K. : *J. Nerocytology*, **29**, 819-829(2000)
6) Burges, S. A., Walker, M. L., Sakakibara, H., Knight, P. J., Ooiwa, K. : *Nature*, **421**, 715-718(2003).
7) Allan, V. : *Curr. Biol.*, **10**, R432(2000)
8) Muresan, V. *et al.* : *Mol. Cell*, **7**, 173-183(2001)
9) Deacon, S. W. *et al.* : *J. Cell Biol.*, **160**, 297-301(2003)
10) Tai, A. W., Chuang, J. Z., Bode, C., Wolfrum, U., Sung, C. H. : *Cell*, **97**, 877-887(1999)
11) Yano, H. *et al.* : *J. Neurosci.*, **21**, RC125(1-7)(2001)
12) Xiang, X. : *J. Cell Biol.*, **160**, 289-290(2003)

Yoko Y. Toyoshima, 東京大学大学院総合文化研究科 E-mail : cyytoyo@mail.ecc.u-tokyo.ac.jp
Transport and motor protein

II. 단백질수송

Dynamin과 Endocytosis

Takei Kohji (竹居孝二)

Dynamin은 clathrin의존성 endocytosis에 기능하는 단백질이다. dynamin은 clathrin피복pit을 절단하고, clathrin피복소포를 형성한다. 1989년에 동정된 dynamin은 초파리 *shibire*유전자산물의 homolog이었던 점에서 endocytosis기능단백질로서 해석이 되어 도메인구조와 그의 생리적 역할이 해명되어왔다. 최근에는 3차구조가 부분적으로 밝혀지게 되어, 구조에서 dynamin의 작용기구를 해명하려는 시도가 시작되고 있다. 더욱이 dynamin의 인산화-탈인산화에 의해 endocytosis가 조절되는 점도 밝혀져 왔다.

KeyWords KeyWords : dynamin clathrin endocytosis synapse

● 서론

clathrin 의존성 endocytosis는 거의 대부분의 진핵생물이 가지는 process이며, 세포표면수용체의 흡입에 의한 down regulation, 세포외에서 영양섭취, 혹은 신경synapse에 있어서 synapse소포의 재생 등 여러 가지 세포기능에 관여하고 있다. dynamin은 clathrin 의존성 endocytosis에 있어서 clathrin피복pit의 절단에 기능하는 중요한 단백질이다. 여기에서는 dynamin의 동정, 구조, 기능, 작용기구, 활성의 조절에 대한 최근의 지식을 소개한다.

I. dynamin의 동정

1989년 Shpetner와 Vallee는 송아지 뇌에서 분자량 약 100K의 미소관결합단백질을 동정했다(그림1a). 이 단백질은 미소관을 sliding하게 하는 점에서 미소관모터단백질로 여겨져, force, power를 의미하는 그리스어 "dynamis"를 따서 dynamin이라고 명명되었다[1]. 그의 1차구조로 봐서 dynamin은 초파리의 *shibire*유전자산물과 상동성을 가진 GTPase인 점이 밝혀지게 되었다[2~4].

*shibire*유전자의 연구는 1973년에 Suzuki그룹이 온도감수성의 마비변이를 발견하여 "shibire[痺(shibi)れ(re)]변이체"로 명명된 데서 출발한다[5]. Ikeda그룹은 *shibire* 변이체의 마비가 synapse전달의 차단에 의한 것임을 밝혔다. 그들은 전자현미경에 의해 신경근(筋)접합부synapse의 synapse소포의 감소와 endocytic pit의 증가를 인정하고 pit경부(頸部)에 collar(힐금(詰襟);양복깃)라는 구조를 관찰했다(그림1c)[6]. 분비에 의해서 세포막에 융합한 synapse소포막은 endocytosis에 의해 회수되어 synapse소포재생에 이용되는데[7], *shibire*변이체에서는 pit절단이 저해되었기 때문이었다. 후에 그들은 *shibire*변이체의 endocytosis 저해가 비신경세포에서도 일어나는 것을 발견했다.

Vallee그룹이 동정한 dynamin은 뇌에 고발현하고, 현재로는 dynamin 1이라고 한다. 그 밖에 ubiquitous 조직발현을 나타내는 dynamin 2가 McNiven그룹에 의해[8], 정소에 고발현하는 dynamin 3는 Hirokawa그룹에 의해[9] 보고되어있고, 이들의 isoform은 높은 상동성을 나타낸다.

Kohji Takei, 岡山大学大学院医歯学総合研究科生体制御科学専攻脳神経制御学講座 E-mail : kohji@md.okayama-u.ac.jp
Dynamin and endocytosis

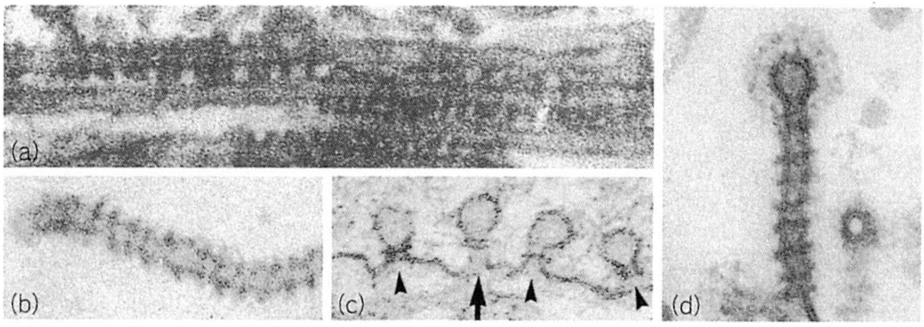

그림1. dynamin의 전자현미경상

(a) 미소관주변에 중합한 dynamin. 미속관속을 형성하고 있다(문헌1에서 전제). (b) 리포솜주변에 중합한 dynamin. 리포솜은 튜브모양으로 신장하여 있다(문헌15에서 전제). (c) *shibire*변이체의 synapse세포막에 병렬한 다수의 pit. 경부에는 collar구조가 보인다(문헌28에서 전제). (d) *in vitro*에서 재구성한 clathrin피복pit경부에 중합한 dynamin. 경부는 튜브모양으로 신장되어있다(문헌11에서 전제).

II. dynamin은 pit절단에 기능한다

*shibire*유전자산물과 상동성에서 예상된대로, dynamin이 endocytosis에 기능하는 점이 강제발현계를 사용하여 밝혀졌는데[10], clathrin피복pit나 피복소포는 아주 잠정적인 구조이기 때문에 dynamin이 endocytosis의 어느 과정에서 기능하는 지는 여전히 불명이었다.

필자들은 이들의 피복구조를 *in vitro*에서 재구성하기 위하여 세포분획한 synapse의 세포막을 뇌세포질, ATP 및 GTPγS(비가수분해형 GTP analog)와 incubation했다. 이것을 전자현미경관찰하면 피복pit가 다수 보이고, 그의 경부는 dynamin이 링모양으로 중합하여 튜브모양으로 신장하고 있다(그림1d)[11]. 이 구조는 미소관주변에 중합한 dynamin(그림1a)[1]이나 *shibire*변이체의 collar구조(그림1c)[6]와 유사하였다. 더욱이 정제 dynamin은 내경 약 25nm의 링을 형성하는 점 등으로 봐서[12] dynamin의 생리적 기능은 pit경부에 링모양으로 중합하여 이것을 절단하는 것이라고 시사되었다.

위의 *in vitro*실험계는 실은 endocytosis의 기구해명을 위하여 시작한 것이었다. 소포수송의 기구로서 Rab GTPase나 SNARE가설이 1993년에 제창되어[13, 14], 이것을 계기로 소포의 수송방향의 결정이나 막융합의 연구가 왕성하게 되었는데, 당시 필자가 유학하고 있던 Yale대학 De Camilli 연구실도 이것을 막 시작한 참이었다. synapse소포는 분비에 앞서서 세포막으로 운반되는데, 이 수송에 필요한 Rab GTPase를 GTPγS에 의해 활성화하고, synapse소포를 세포막에 이동시키려고 시도했다. 이것에 대해서는 유감스럽게도 명확한 결과는 얻지 못했는데, 링모양의 피복을 가진 튜브구조가 자주 전자현미경으로 관찰되었다. 이 구조의 본체에 대해서는 잠간 동안 전혀 짐작을 하지 못했는데, 1994년 Gordon Research Conference에서 Schmid가 발표했다. 정제 dynamin에 의해서 형성되는 링구조나 나선구조[12]가 이것에 유사하였다. 연구실에 돌아와서 표본을 보자 이제까지 파편으로 관찰되고 있던 튜브구조는 세포막에 연속하고 있고 튜브모양으로 신장된 피복pit 경부인 것을 알았다. 더욱이 면역전자현미경에 의해 튜브주변의 피복이 dynamin인 것을 판명했다[11].

그 후 dynamin, clathrin 피복구조의 *in vitro*재구성은 인공지질막(liposome)을 사용해도 가능한 것을 알았고(그림1b)[15], 같은 시기 COP I, COP II 피복소포도 리포솜에서 재구성할 수 있다고 보고되었다. 이 때부터 소포수송에 있어서 막지질의 역할이나 막지질-단백질 상호작용이 주목받기 시작했다.

III. dynamin의 구조

dynamin은 5개의 도메인구조를 가진다(**그림2**). N말단에는 G단백질로 보존된 guanine nucleotide 결합motif를 가진다. pleckstrin homology(PH)도메인은 inositol인지질과의 결합에 기능한다. C말단의 proline/arginine-rich 도메인(PRD)은 Src homology 3(SH3)도메인과의 결합 motif이고, amphiphysin이나 endophilin이 SH3도메인을 함유하는 생리적인 파트너이다[16]. GTPase effector 도메인(GED)은 GTPase활성상승에 필요하다. Rab 등의 저분자량 G단백질의 활성은 GTPase-activat-

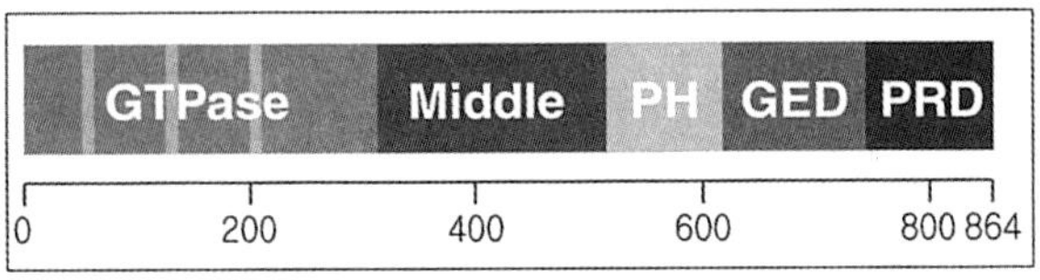

그림2. rat dynamin 1의 도메인구조
GTPase: GTPase도메인, Middle: middle도메인, PH: pleckstrin homology(PH)도메인.
GED: GTPase effector도메인, PRD: proline/arginine-rich 도메인. 아래부분의 scale은 아미노산잔기수를 나타낸다.

ing protein(GAP)에 의해 상승하는데, dynamin의 경우는 GAP의 기능을 분자 중에 있는 GED가 행하고 있다고 여겨진다[21]. GED는 GTPase도메인, middle도메인(GTPase도메인과 PH도메인의 중간부), 다른 dynamin분자의 GED와 결합하여 dynamin 링을 형성한다.

3차원구조에 대해서는 GTPase도메인과 PH도메인이 X선결정해석에 의해 밝혀지게 되었다. GTPase 도메인은 소수성그룹을 형성하고 이 부분이 GED와의 결합에 기능한다[17]. PH도메인은 7개의 β strand가 직교(直交)하는 2개의 β-sheet를 이루며 그 한 쪽끝에 존재하는 양전하를 가지는 loop가 inositol 인지질과 결합한다[18].

Zhanf과 Hinshaw는 리포솜에 중합한 dynamin ring을 사용하여 Cryo 전자현미경에 의한 구조해석을 행했다. dynamin링은 2량체로 된 unit가 13~15개 모여서 형성되어있고, 각각의 unit는 Head, stalk, Leg의 3개부분으로 된 T자형을 이루고 있다. head, stalk는 각각 GTPase도메인, middle도메인 및 GED 도메인에 상당하며, PH도메인에 상당하는 leg부분에서 리포솜에 접하고 있다[19].

IV. dynamin의 작용기구

dynamin은 어떠한 기구에 의해 pit를 절단하는 걸까? 이에 대해서 아래와 같은 다수의 모델이 제창되고 있다.

하나는 mechanoenzyme으로서 작용한다는 모델이다. GTP가수분해에 동반하는 형태변화에 의해 dynamin ring이 좁아져서 그의 기계적인 힘에 의해 pit경부가 절단된다는 것이다. 정제 dynamin에 의해 형성되는 링에는 닫힌 것과 열린 것이 혼재하는 점에서 이와 같은 모델이 제창되었다[12]. 단단히 죄는(pinch) 효소(ase)인 점에서 pinchase, 혹은 죄어 압축한다는(constrict) 점에서 constrictase라고 한다[19]. 또한 MacMahon그룹은 형태변화가 dynamin의 나선구조가 축방향으로 늘어나도록 작용하여 pit를 튀어오르도록(pop) 하여 절단한다는 모델을 제창하고 popase라고 불렀다[20]. pinchase모델, popase 모델의 어느 쪽도 dynamin GTP나 그외 다른 분자와의 결합에너지를 기계적 에너지로 변환하여 작용한다.

한편 dynamin이 분자스위치로서 작용한다는 모델이 Schmid의 그룹에 의해 제창되고 있다[21]. 저분자량 G단백질과 같이 GTP결합형, GDP결합형이 각각 스위치 ON상태, 스위치 OFF상태에서 GTP 결합형 dynamin이 하류의 effector 분자를 활성화한다는 것인데, effector분자는 이제까지 동정되어 있지 않다. 이 모델의 근거는 GTPase활성을 저해하는, 즉 dynamin은 GTP결합형에 멈추는 변이dynamin을 발현시킨 세포에서 endocytosis활성이 상승한 것이다. 이것에 대해서 다른 변이를 사용한 실험에 의해 dynamin의 GTP가수분해가 endocytosis에 필수이라고 결론하는 보고도 있다[22].

dynamin의 작용기구가 mechanoenzyme인지 분자스위치인지는 현재로서는 합의가 되어 있지 않다. mechanoenzyme으로서 작용함과 동시에 분자스위치로서 하류의 effector분자를 활성화할 가능성도 있어서 진상규명은 앞으로의 연구를 기다리지 않으면 안된다.

Sever그룹은 최근 dynamin의 하류의 effector분자를 탐구하는 과정에서 clathrin탈피복단백질인 auxillin이 GTP결합형 dynamin에 결합하는 것을 발견했다[23]. 이 발견은 endocytosis의 pit절단과 탈피복의 과정을 연속시킬 메커니즘으로서 주목된다.

V. dynamin의 인산화, 탈인산화

Robinson 등은 신경synapse의 탈분극에 동반하여 탈인산화되는 단백질군을 dephosphin라고 총칭하고, 그 중 하나가 dynamin 1인 점을 밝혔다[24]. 이제까지 동정된 7개의 dephosphin은 구조적인 유사성은 없는데, 어느쪽도 endocytosis에 기능하는 점에서 공통하고 있다. dynamin 1의 탈인산화는 cyclosporin A나 FK506에 의해 저해되는 점에서 calcineurin에 의한다고 여겨지고 있다[25]. 인산화에 대해서는 *in vitro*의 실험에 기초하여 여러 가지 kinase가 보고되어 왔는데, 최근이 되어서 cyclin의존성kinase5(CDK5)가 생리적 kinase이라고 보고되었다[26, 27]. 또한 dynamin 1만이 아니라 amphiphysin도 동시에 CDK5에 의해서 인산화되는 점도 밝히게 되었다[27].

dynamin 1의 인산화-탈인산화는 dynamin 1이 synapse세포질에서 세포막으로 보강증원되며, pit 절단후는 세포질로 해리하기 위한 메커니즘이라고 여겨진다. dynamin 1은 세포막분획, 세포질분획의 양쪽에 존재하는데, 인산화 dynamin 1은 세포질에만 존재하는 점, *in vitro*에서 dynamin 1의 인산화-탈인산화에 의해 막결합성이나 GTPase 활성이 변화는 점[26, 27] 등이 그의 근거이다. dynamin의 인산화-탈인산화는 endocytosis의 중요한 조절메커니즘의 하나이겠지.

● 끝맺음

endocytosis의 기능분자는 최근 수년 사이에 다수 동정되어왔다. 이들 기능단백질은 단백질간 혹은 막지질과 다수의 특이적 결합을 나타내는데, 앞으로의 endocytosis연구는 이들 단백질-단백질간, 단백질-지질간의 상호작용이 endocytosis의 과정에서 시공적으로 어떻게 변화하는가가 주제로 될 것이다. 또한 dynamin은 여기에서 기술한 clathrin 의존성 endocytosis 이외에도 phagocytosis, 세포내 신호전달, cabeorra, actin세포골격 등, 다양한 세포기능에 관여하는 것이 알려져 오고 있고, 이들도 세포생물학적으로 아주 흥미깊은 토픽이다.

Q dynamin이 mechanoenzyme으로서 작용하기 위해서는 생체막에 강하게 결합할 필요가 있는데, 그렇다면 dynamin ring이 협착해도 지질막에서 해리할 수 없으므로 절단에는 이르지 않을 거라고 생각하는가?

A 일반적으로 dynamin ring이라고 부르는 것은 바퀴고무와 같은 링이 아니라 ring washer의 형을 하고 있다. 이와 같은 구조는 평면적인 협착만이 아니라 나선축방향으로 늘릴 수 있는 구조이다. 이와 같은 기계적인 힘이 종합적으로 작용하면 절단에 이르는 것이 아닌가하고 생각한다.

Q dynamin의 nucleotide교환인자는 존재하는가? 그것도 GED 등의 dynamin자신의 도메인에 준재하는가?

A 중요한 문제인데, 지금으로는 보고가 없다.

Q 미소관에 결합한 dynamin도 PH도메인에서 접하고 있겠지?

A Maeda그룹[29]이 미소관에 중합시킨 dynamin을 급속동결, deep etching에 의한 전자현미경관찰을 하였는데, 그의 dynamin은 나선모양으로 중합하고, 외주경(外周徑)이나 pitch는 리포솜에 중합시킨 경우와 유사하고 있다. 분자의 배열도 같고 즉 PH도메인을 미소관으로 향하듯이 배열하고 있다고 예상된다.

문헌

1) Shpetner, H. S., Vallee, R. B. : *Cell*, **59**, 421-432(1989)
2) Obar, R. A., Collins, C. A., Hammarback, J. A., Shpetner, H. S., Vallee, R. B. : *Nature*, **347**, 256-261(1990)
3) Chen, M. S. *et al.* : *Nature*, **351**, 583-586(1991)
4) van der Bliek, A. M., Meyerowitz, E. M. : *Nature*, **351**, 411-414(1991)
5) Grigliatti, T. A., Hall, L., Rosenbluth, R., Suzuki, D. T. : *Mol. Gen. Genet.*, **120**, 107-114(1973)
6) Kosaka, T., Ikeda, K. : *J. Neurobiol.*, **14**, 207-225(1983)
7) Heuser, J. E., Reese, T. S. : *J. Cell. Biol.*, **57**, 315-344(1973)
8) Cook, T. A., Urrutia, R., McNiven, M. A. : *Proc. Natl. Acad. Sci. USA*, **91**, 644-648(1994)
9) Nakata, T., Takemura, R., Hirokawa, N. : *J. Cell. Sci.*, **105** (Pt 1), 1-5(1993)
10) Herskovits, J. S., Burgess, C. C., Obar, R. A., Vallee, R. B. : *J. Cell. Biol.*, **122**, 565-578(1993)
11) Takei, K., McPherson, P. S., Schmid, S. L., De Camilli, P. : *Nature*, **374**, 186-190(1995)
12) Hinshaw, J. E., Schmid, S. L. : *Nature*, **374**, 190-192(1995)
13) Zerial, M., Stenmark, H. : *Curr. Opin. Cell. Biol.*, **5**, 613-620(1993)
14) Sollner, T. *et al.* : *Nature*, **362**, 318-324(1993)
15) Takei, K. *et al.* : *Cell*, **94**, 131-141(1998)
16) Takei, K., Slepnev, V. I., Haucke, V., De Camilli, P. : *Nat.*

Cell. Biol, **1**, 33-39(1999)
17) Niemann, H. H., Knetsch, M. L., Scherer, A., Manstein, D. J., Kull F. J. : *EMBO J.*, **20**, 5813-5821(2001)
18) Ferguson, K. M., Lemmon, M. A., Schlessinger, J., Sigler, P. B. : *Cell*, **79**, 199-209(1994)
19) Zhang, P., Hinshaw, J. E. : *Nat. Cell. Biol.*, **3**, 922-926(2001)
20) Stowell, M. H., Marks, B., Wigge, P., McMahon, H. T. : *Nat. Cell. Biol.*, **1**, 27-32(1999)
21) Sever, S., Muhlberg, A. B., Schmid, S. L. : *Nature*, **398**, 481-486(1999)
22) Marks, B. *et al.* : *Nature*, **410**, 231-235(2001)
23) Newmyer, S. L., Christensen, A., Sever, S. : *Dev. Cell*, **4**, 929-940(2003)
24) Robinson, P. J. *et al.* : *Nature*, **365**, 163-166(1993)
25) Bauerfeind, R., Takei, K., De Camilli, P. : *J. Biol. Chem.*, **272**, 30984-30992(1997)
26) Tan, T. C. *et al.* : *Nat. Cell. Biol.*, **5**, 701-710(2003)
27) Tomizawa, K. *et al.* : *J. Cell Biol.*, **163**, 813-824(2003)
28) Koening, J. H., Ikeda, K. : *J. Neurosci.*, **9**, 3844-3860(1989)
29) Maeda, K. *et al.* : *Mol. Biol. Cell*, **3**, 1181-1194(1992)

단백질수송과 envelope의 형성(원핵세포)

Tokuda Hajime (德田 元)

단세포생물인 세균은 외계에서 구별되기 시작하여 생명체로서 존재할 수 있다. 겨우 수 nanometer의 세포질막이 생명유지에 결정적으로 중요하다. 그러나 세균은 생명유지에 급급하고 있는 것만은 아니다. 세포의 표층에는 여러 가지 환경변화의 가운데서도 자기의 번영을 도모하기 위한 방법을 한곳에 집중시킨 짜임새이다. 이와 같은 고안은 평화적이라고 할 수 있는데, 날라온 미사일에 저격을 붙여서 미사일을 발사하기도 하고, 상대의 방어를 파괴하여 폭탄을 투척하는 듯한 짜임새를 가진다. 도저히 평화적이라고 말할 수 없는 세균도 있다. 이와같은 짜임새는 실로 교묘한 단백질의 수송기구에 의해서 만들어지고 있다.

KeyWords KeyWords : 세균 envelope 병원성세균 단백질분비

● 서론 : 세균세포표층의 기본구조

세균은 그램염색으로 양성과 음성으로 대별된다. **그림1**에 나타냈듯이 그램양성세균은 세포질막의 외측에 두꺼운 peptidoglycan(PG, 세포벽)이 존재한다. 한편 그램음성세균의 PG는 양성세균보다 두껍고, 세포질막(내막)의 외측에는 다른 막(외막)이 존재한다. 그램음성세균의 2가지 막의 사이는 periplasm이라는 공간이다. 이들 세포표층(envelope)의 구축은 단세포생물인 세균이 생명체로서 존재하기 위해서 필수일 뿐만 아니라, 그곳에 존재하는 기능은 변화에 풍부한 환경에 대응하여 생육하기도 하고, 숙주세포를 공격하기도 하기 위한 중요한 작용을 하고 있다. 세균의 세포표층에 존재하는 단백질은 모두 세포질에서 합성되며, 세포질막(혹은 세포질막과 외막의 양쪽)을 넘어서 각각의 장소로 운반된다. 세포표층구조가 복잡한 그램음성세균에서는 특히 교묘하고 다양한 단백질수송계가 발달하고 있다.

Ehrmann(Cardiff대학)등의 해석에 의하면 대장균 K12주의 게놈에 코드되어있는 4,285종의 단백질 가운데, 2,937종이 세포질에서 작용하고, 1,348

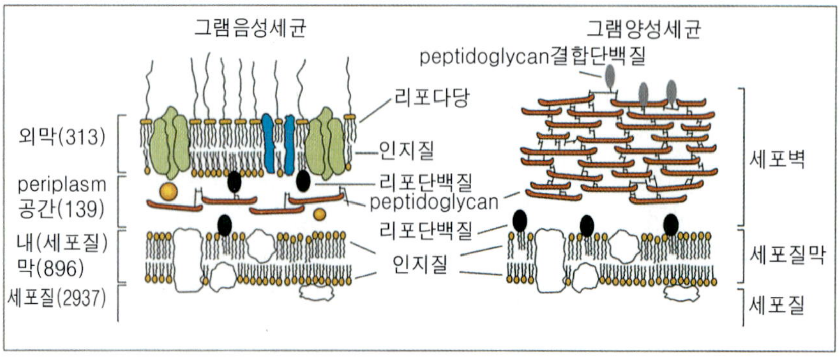

그림1. 세균세포표층의 구조
그램음성세균의 괄호내에는 Ehrmann의 추측에 의한 대장균의 단백질의 존재수를 예로서 나타냈다.

Hajime Tokuda, 東京大学分子細胞生物学研究所 E-mail : htokuda@iam.u-tokyo.ac.jp
Protein trafficking and envelope biogenesis in bacteria

William T. Wickner

종은 세포표층을 구성하는 단백질로 된다(http://www.cf.ac.uk/biosi/staff/ehrmann/tools/ecce/ecce.htm). 세포질막단백질도 peripolasm에 노출한 영역을 가지고 있으므로 전단백질의 3할 넘게 세포질에서 합성된 다음, 적어도 그의 구조의 일부가 세포질막을 넘어서 수송되게 된다. 세포질막 단백질의 막삽입, periplasm에 있어서 단백질의 고차구조형성, 외막 단백질의 수송·막삽입 등, 세포표층의 구조형성기구와 세포표층에 존재하는 기능에 대해서 대장균을 위시하여 *in vitro*에서 해석이 진전하고 있다. 또한 병원성 그램음성세균에서는 세포의 밖으로 단백질을 분비하는 기구의 해석도 진행하고 있다. 여기에서는 이들 기구를 최신의 지식으로서 주로 소개한다.

I. 세포질막의 통과

1. Sec막통과장치와 Tat막통과장치

세균의 세포표층형성에 훨씬 중요한 작용을 하고 있는 것이 Sec막통과장치이다(**그림2**)[1~3]. periplasm과 외막에 존재하는 단백질의 거의 모두가 이 장치에 의해서 세포질막의 외측으로 운반된다. 이들 단백질은 N말단에 신호펩타이드를 가진 전구체로서 세포질에서 합성되어, 신호펩타이드에 의존하여 세포질막을 넘는다. 운반의 과정에서 신호펩타이드가 절단제거되어 성숙체로 된다. 신호펩타이드는 이들 단백질의 세포질막통과에 필수인데, 그 후의 국재장소를 결정하는 기능은 없다. 그램음성세균에서는 세포직막을 넘은 다음의 단백질은 periplasm에 존재하는 각종의 샤페론이나 기구에 의해서 각각 소정의 장소로 운반된다. 그램양성세균에서는 세포질막을 넘으면 거기는 외계인데, 단백질을 PG에 유지하는 기구가 있다(후술). 이 기구의 대상으로 되지 않는 단백질은 세포외로 분비되게 된다.

막통과장치를 구성하는 Sec인자는 대장균에서 유전학적 수법에 의해서 동정되었다[4, 5]. 그 후 그램양성세균이나 고세균에도 Sec인자가 발견되었다. 더욱이 진핵세포의 조면소포체에 존재하는 막통과장치인 Sec61복합체와 구조적, 기능적으로 상동성이 있다고 알려져 있다. 즉 Sec막통과장치는 생물전반에 보편적으로 갖춰진 기구이다. 대장균에서 밝혀졌듯이 Sec장치를 구성하는 것은 6종류의 Sec인자(A, D, E, D, G, Y)와 YajC 및 YidC이며, 이것이 전구체 단백질의 고차구조형성을 제어하는 분자샤페론기능을 가진 SecB이 관여하여 막통과가 일어난다. 장치의 core부분은 세포질막에 존재하는 SecY-SecE-SecG복합체[6, 7](Sec YEG)와 막표재성(表在性)의 SecA[8] 2량체로 구성되며, 이것에 SecD-SecF-YajC 복합체가 가볍게 결합한다[9]. YajC의 기능은 모르지만, 유전자가 SecD, SecF의 유전자와 operon을 구성하며[10], 다른 인자와 함께 장치를 구성한다. YidC는 전구체단백질의 막통과에는 관여하지 않는데, 막단백질의 막삽입에 관여하는 인자[11]이고

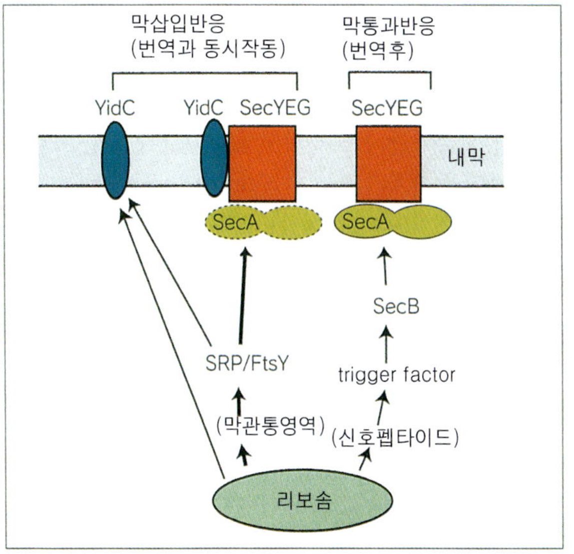

그림2. 막단백질의 세포질막삽입과 전구체단백질의 막통과

막관통영역과 신호펩타이드의 소수성의 차이가 SRP경유와 trigger factor경유를 결정한다. Sec장치에 의해서 막삽입하는 경우에서도SecA의 필요성은 막단백질에 의해서 다르다. 전구체단백질의 막통과에는 YidC는 불필요하다.

(후술), SecD-SecF-YajC복합체와 결합한다[12]. 막통과의 구동력은 ATP의 결합과 가수분해에 의해서 SecA가 전구체단백질과 함께 막에 삽입하고, 전구체에서 해리하여 막에서 살짝 빠져나오는 cycle을 반복하고 있다[13]. SecA는 SecY와 SecE가 형성하는 통로에 삽입된다고 생각된다. SecG는 SecA의 막삽입사이클을 촉진한다[14]. 또한 SecD, SecF도 SecA 사이클을 촉진한다고 여겨진다[9].

Sec막통과장치는 고차구조를 형성한 전구체를 막통과할 수는 없다. 이 때문에 전구체단백질의 고차구조의 형성을 제어하는 인자로서 SecB가 작용하고 있다[15]. 한편 고차구조를 형성한 단백질을 막통과시키는 것이 Tat막통과장치이다[16]. N말단에 존재하는 신호펩타이드에는 Tat계에서 막통과하기 위하여 필요로 하는 2개 연속한 Arg 잔기를 포함하는 motif (SRRXFLK)가 있는 점에서 Twin arginine translocation(Tat)이라고 불린다. 금속이온을 보조인자로 하여 담당하는 전자전달에 관여하는 단백질에 Tat막통과장치의 기질로 되는 것이 있다. 세포질에서 보조인자를 흡수하여 고차구조를 형성한 다음, Tat계에 의해서 periplasm측으로 수송된다. 장치는 TatA, B, C로 구성되며, 분자량 600K이상의 큰 구조체라고 생각된다[17]. Tat는 원래 엽록체의 thylakoid막에 존재한다고 알려져 왔는데, 세균에도 존재하는 것이 밝혀졌다. 에너지는 proton구동력이다. Tat계의 신호펩타이드에 결합하는 단백질이 동정되고, 이것이 기질단백질을 Tat장치에 운반하는 역할을 하고 있는 게 아닌가 하고 여겨진다[18].

2. 세포질막단백질의 막삽입

Sec 막통과장치는 신호펩타이드를 가진 전구체단백질만이 아니라 세포질막을 구성하는 상당수의 단백질의 막삽입에도 관여하고 있다(Nishiyama(西山)의 원고참고). 진핵세포의 조면(rough)소포체막에 존재하는 Sec막통과장치는 같은 기구로 많은 막단백질을 막에 삽입한다고 여겨진다. 그런데 대장균에서는 막단백질의 종류에 따라서 막삽입에 요구되는 인자가 다르다는 것이 최근의 연구에서 계속 밝혀지고 있다[19]. 대장균의 신호인식입자(SRP)는 진핵세포의 SRP를 구성하는 인자의 하나인 54K subunit의 homolog인 Ffh와, 4.5S RNA만으로 구성되어있다. 또한 SRP수용체로서 진핵세포의 α-subunit에 해당하는 FtsY가 존재한다. 대부분의 막단백질은 SRP에 의해서 막관통영역이 인식되며, FtsY에 의존하여Sec막통과장치로 운반되며, 번역과 동시 작동하면서 막삽입된다고 여겨진다. 그러나 막단백질의 종류에 따라서는 SRP에 의존하지만 Sec막통과장치를 경유하지 않는 것[19], SRP를 경유하지 않고 YidC만을 필요로 하는 것[20], Sec막통과장치를 경유하는 경우에도 SecA를 필요로 하는 것과 하지 않는 것[21], 등 여러 가지이다(그림2). periplasm측에 큰 영역이 있는 경우는 이 영역을 막통과시키기 위하여 SecA를 포함하는 Sec막통과장치가 필수로 된다고 여겨진다.

YidC는 미토콘드리아의 matrix측에서 단백질을 막삽입시키는 Oxa1p의 homolog로서 발견되었다[11]. SRP나 Sec에 의존하고 있는지 어떤지에 관계없이 대부분의 막단백질의 삽입에는 YidC가 관여하고 있다고 보고되고 있다. Sec의존의 막단백질의 경우는 Sec장치내로 삽입된 막관통영역을 인식하여 장치에서 인지질이중층에 막단백질을 이동시키는 작용이 상정되고 있다. Sec 장치를 막삽입의 장으로 하지 않는 경우는 YidC가 막삽입의 장으로 된다고 여겨진다. 한편 YidC는 Sec에 의존하지 않는 특정한 막단백질의 삽입만 필요하며, YidC 변이에 의해서 광범위한 막단백질의 삽입이 저해되는 것은 2차적 영향이라고 하는 생각도 있다[23]. 어떻든 YidC는 막에서 작용하는 막단백질특이적 분자샤페론기능을 가지고 있다고 여겨진다.

3. Sec막통과장치의 구조와 앞으로의 과제

Sec막통과장치의 핵심부분인 SecYEG와 SecA의 구조에 관하여 최근 중요한 지식이 속속 보고되고 있다. 우선 전자현미경에 의한 관찰에서 막통과장치는 SecYEG가 3~4개 집합한 구조를 하고 있다고 보고되었다[23]. 이것에 대해서 SecYEG oligomer는 대량발현에 의해서 생긴 artefact라고 하는 보고[24]나 가용화조건에 의해서 올리고머의 양이 변화한다는 보고[25]가 있다. 한편 SecYEG 2량체의 형성에는 SecA가 필수이라는 결과가 *in vitro*실험계에서 얻어졌다

[26]. 또한 SecY 2분자를 융합하여도 기능을 가지고 있는 것을 밝히게 되었다[27]. 이 경우 막통과장치는 항상 SecYEG 2량체로 기능하고 있다고 여겨지지만, 반드시 2량체가 기능적인 장치이라는 것은 의미하지 않는다. 최초로 보고된 SecYEG 단량체의 결정구조[28)]는 해상도가 높지 않았는데, 최근 현저하게 해상도가 높은 구조[28b)]가 보고되었다(Mori(森 博幸)의 원고참조). 이 구조에서는 SecYEG monomer에 단백질이 통과하는 구멍(pore)이 관찰되었다. 그러나 이 구조는 SecA가 없는 고세균의 구조(정확하게는 SecYE3 복합체)이며, 지금까지 주로 대장균에서 얻게 된 생화학적·분자생물학적 지식으로써 모두 설명할 수 있는 구조는 아니다. SecA의 구조도 밝혀져 있고, 링과 같은 구멍이 관찰되었다[29, 30]. 더욱이 SecA는 통상 2량체로 존재하는데, 막통과반응에 동시 작용하여 단량체로 변환한다는 보고도 있다[31]. 이들 보고를 종합해보면 아무래도 막통과장치의 핵심부분인 SecYEG와 SecA는 어느쪽도 큰 구조변화를 하는 것은 확실하다고 생각된다. 그러나 막통과반응과 구조변화가 어떻게 관련하고 있는 지를 밝히는 데는 좀더 시간이 필요하겠지. 더욱이 SecYEG복합체와 SecDFYajC복합체에 YidC가 첨가되어 형성되는 초복합체의 구조해명이 이제부터의 중요한 연구과제로 되고 있다.

Sec장치에 의한 막통과속도는 단백질합성속도에 비해서 현저하게 빠르다. 한편 세포당 막통과장치의 개수는 SecY나 SecE의 발현양으로 추정하자면, 리보솜에 비해서 훨씬 적다. periplasm이나 외막을 구성하는 단백질이 번역후에 막통과되는 것은 다수의 단백질이 적은 수의 장치로 효율좋게 막통과하는데에 적합하다고 여겨져 왔다[32]. 이 때의 고찰에서는 막통과장치에 포함된 Sec인자는 각각 1분자이라고 가정하고 있었다. 그러나 SecYEG unit가 막통과반응에 의존하여 집합하고 또한 Sec막통과장치는 번역과 동시에 작동한(co-translation) 막단백질의 삽입에도 사용되는 것이라면 이제까지의 추정보다는 훨씬 적은 수의 막통과장치에 의해서 periplasm이나 외막단백질은 막통과되는 것으로 된다. 앞에서 소개한 Ehrmann의 해석으로는 세포질막단백질은 896종, 신호펩타이드를 가진 periplsm이나 외막단백질은 452종이다(그림1). Sec장치의 태반은 반응의 율속이 단백질합성속도인 막단백질의 삽입에 사용되며, 나머지 극소수의 장치에 의해서 periplasm이나 외막단백질의 막통과가 이뤄지게 된다. Sec 장치에 의한 막통과는 아주 효율좋은 반응이라고 생각된다. YidC가 실제로 어떠한 역할을 담당하고 있는지에 대해서는 여전히 모르는 부분이 많다. YidC를 결핍해도 전구체단백질의 막통과는 거의 영향받지 않으나, Sec장치에 의존하여 삽입되는 막단백질을 YidC결핍조건에서 대량 발현하면, 전구체단백질의 막통과가 저해된다[11]. 동일한 Sec 장치에서 막통과와 막삽입이 일어날 수 있음을 시사하고 있다.

II. periplasm 단백질과 외막단백질

1. 외막관통형단백질

생체막은 일반적으로 그의 내엽과 외엽의 어느쪽도 인지질로 구성된 대칭적인 지질이중층이 기본구조로 되어있다. 한편 그램음성세균의 외막은 외엽을 리포다당(lipopolysaccha- ride: LPS), 내엽을 인지질이 구성하는 비대칭적인 구조로 되어있다(그림 1). 외막에는 친수성물질에 대한 구멍을 형성하는 단백질이 존재한다. 외막관통형의 단백질은 통상적인 생체막을 관통하는 단백질과는 성질이 다르다. 세포질막 등 일반적인 생체막을 관통하는 단백질에는 소수성 잔기가 연속한 막관통segment가 있고, 이것이 α-helix를 형성하여 막을 관통하고 있다. 한편 외막관통형의 단백질에는 전형적인 막관통segment는 존재하지 않는다. 전형적 막관통segment를 가진 단백질은 세포질막에 머물기 때문에 결코 외막의 단백질로는 될 수 없기 때문이다. 외막관통형단백질은 소수성잔기가 한쪽 편에 배열하는 양친매성(兩親媒性)의 β구조로 막을 관통한다. β-barrel구조가 외막관통형단백질에서는 잘 보이는 구조이다. 외막에게 단백질이나 인지질을 운반하는 기구로서 외막과 내막이 융합한 듯한 부분(Bayer's junction)을 경유하는 것은 아닌가라는 생각이 옛날부터 있었다. 그러나 이런 융합부분의 생리적 의의는 전혀 모른다. 이와같은 융합부분을 경유한다면 전형적인 막관통 segment를 가진 세포질막단백질도 외막에 응당 존재할

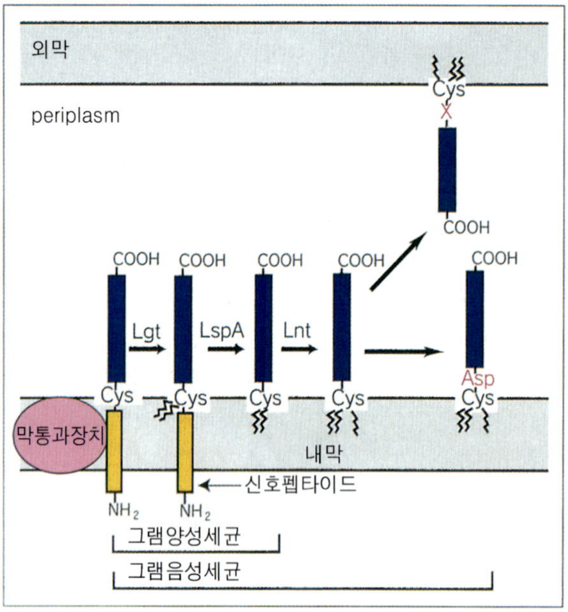

그림3. 리포단백질의 생합성과 막국재화
X는 Asp 이외의 아미노산을 나타낸다.
Lgt : phosphatidyl glycerol-prolipoprotein diacyl glyceryl transferase
LspA : prolipoprotein signal peptidase
Lnt : phospholipid-apolipoprotein transferase

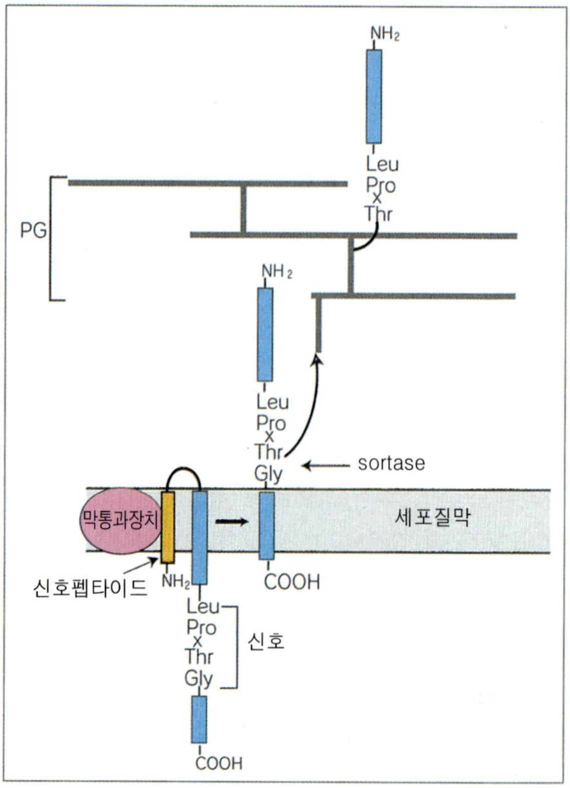

그림4. 그램양성세균의 peptidoglycan 결합형 단백질

것이다. 외막단백질은 한번 periplasm에 분비되어 periplasm의 샤페론에 의해서 구조가 형성되며, 그 후 외막에 삽입된다는 걸 가리키는 많은 결과가 보고되고 있다.

2. 막anchor형 리포다당(LPS)

세균에는 N말단에 지질로 수식된 Cys잔기를 가지는 리포단백질이 널리 존재하고 있다[33]. 지질부분에서 막에 박혀서(anchor) 단백질부분을 친수적인 환경에 노출시키고 있는 리포단백질이 많다. 리포단백질은 세균표층구조를 구성하는 중요한 단백질군이며, 여러 가지 기능을 가지고 있다고 여겨진다. 또한 lime(석회)병의 원인세균인 *Borrelia burgdorferi*에는 100종류이상의 리포단백질이 존재하며[34], 외막의 외측에 박혀 있는 리포단백질도 있다[35]. 이들중에는 숙주세포에 면역응답을 일으키게하는 원인물질이 되는 것이 있고[36], 의학적으로도 중요한 단백질군이다. 외막을 가지지 않는 그램양성의 고초균 *Bacillus subtilis*에도 100종류이상의 리포단백질이 존재하며[37], 세포질막외측에 박혀 있다. 그램음성세균의 periplasm에 존재하는 당이나 아미노산에 대한 결합단백질군에 상상하는 단백질은 그램양성세균에서는 리포단백질로서 세포질막의 외엽에 쿡 박혀있다. 기질결합단백질은 세포질막에 존재하는 각종 ABC transporter로 기질을 인도하는 역할을 하고 있는 점으로 봐서 세포질막의 가까이에 존재할 필요가 있겠지. 대장균에서는 적어도 90종의 리포단백질이 있고[38], 대부분이 외막의 periplasm측에, 일부가 세포질막의 periplasm 측에 박혀 있다.

리포단백질은 신호펩타이드를 가지는 전구체로서 세포질에서 합성되며, Sec막통과장치에 의해서 세포질막을 통과한다[33]. 그 후 세포질막의 periplasm 측에서 질질수식과 신호펩타이드의 절단이 단계적으로 진행하여 성숙체로 된다(**그림3**). 신호펩타이드 절단영역에는 리포 box라고 부르는 공통배열(L·A/S·G/A·C)이 있고, 이 배열을 효소Lgt가 인식하여 성숙체영역의 N말단에 존재하는 Cys잔기에 phosphatidyl glycerol에서 diacyl glycerol이 부가된다. 리포단백질특이적 signal peptidase LspA는 diacyl glycerol로 수식된 리포단백질전구체를 인식하여, 신호펩타이드를 절단한다. 절단에 의해서 새롭게 N말단으로 된 Cyc잔기에 Lnt에 의해서 지방산이 부가되어 성숙체리포단백질로 된다[39]. 그림3에 제시한 리포단백질의 생합성과정에서 Cys의 아미노산에 acyl기가 부가되는 반응을 촉매하는 Lnt는 그램음성세균에는 널리 보존되어 있는데, 그램양성세균에는 발견되고 있지 않다. 대장균의 리포단백질은 세포질막에 머물던가 외막에 운반되던가에 상관없이 Cys의 아미노산기는 acyl화되어있다[40].

대장균에서의 해석에 의하면 N말단 Cys의 다음의 아미노산잔기(+2)가 Asp인 리포단백질은 세포질막에, Asp이외의 아미노산인 리포단백질은 외막에 국재화한다[41]. 대부분의 대장균 리포단백질이 외막에 국재하는 이유는 +2자리에 Asp를 가진 리포단백질이 제한되어 있기 때문이다. 리포단백질의 지질수식은 세포질막의 periplasm측에서 일어나기 때문에 세포질막의 통과에 영향을 주지 않는다. 외막관통형의 단백질이 가지고 있는 양친매성의 β구조도 세포질막통과를 저해하지 않는다. 즉 양친매성의 β구조와 지질수식은 세포질막을 넘어서 외막에 단백질을 국재화시키기 위해서 중요하다고 여겨진다.

3. peptidoglycan결합형 단백질

그램음성세균에서는 외막주요리포단백질(Lpp)이 PG와 공유결합하고 있다. 한편 그램양성세균의 세포표층단백질 중에는 PG와 공유결합하여 존재하고 있는 것이 있다. sortase의 기질이 되는 단백질에는 C말단영역에 LPXTG배열이 있고, 세포질막을 넘은 다음, sortase에 의해서 T와 G의 사이가 절단된다[42]. C말단으로 된 T는 PG와 공유결합하여 표층단백질로 된다(**그림4**). 잘 알려져 있는 것은 *Staphylococcus aureus*가 생산하는 면역globulin에 결합하는 protein A이다. 면역침강의 실험에 시약(상품명, IgG Sorb)으로 사용된다. 또한 세포표층에 존재하는 teichoic acid에 결합하는 단백질도 있다. 이들은 그램양성세균이 표층단백질을 보존하는 기구로서 작용하고 있다.

III. 각종 단백질분비경로

생화학이나 분자생물학의 연구에서 오래 사용되어 온 병원성이 없는 대장균에 비해서 병원성 그램음성세균에는 세포외나 숙주세포중에 단백질을 분비하는 여러 가지의 기구가 발달하고 있다. 이들 단백질수송계는 숙주세포로 접착, 숙주세포내로 침입, 숙주세포에 대해서 여러 가지 생물활성을 가지는 동성인자나 효소의 분비에 관여하고 있다. 외막을 넘어서 단백질을 분비하는 기구는 *in vitro*실험계를 적용하기 어렵기 때문에 주로 유전학적으로 해석되고 있다. 다수의 구성인자로 되는 분비계의 구조와 기능에 관해서는 더욱이 생화학적인 상세한 해석이 필요하다. **그림5**에 이들 기구를 도식적으로 제시했다.

1. Type I

Type I은 세포질막의 ABC transporter, periplasm의 막융합단백질 및 외막을 관통한 통로를 형성하는 단백질의 3성분으로 되는 분비기구이다. 숙주의 세포에 구멍을 형성하는 단백질이나 분해계의 효소 등이 ATP의 에너지에 의해서 분비된다[43]. ABC transporter에는 Walker A, B motif 이외에 ABC signature라는 보존배열이 있다. hemolysin HlyA는 ABC transporter HlyB 및 막융합단백질 HlyD의 작용으로 외막의 통로 TolC를 경유하여 분비된다[44]. Type I으로 분비되는 단백질의 C말단영역에 이 기구로 인식되기 위한 신호가 있다[43]. 3량체의 TolC는 β-barrel구조로 외막을 관통하고 periplasm에 늘려진 긴 α-helix의 통로(길이 100Å)를 가진 특이한 구조인 것이 밝혀져 있다[45]. TolC는 단백질만이 아니라 다제(多劑)내성기구에 의한 약제배출의 통로로서도 사용된다[46].

2. Type II

Type II는 절단된 신호펩타이드를 N말단에 가진 전구체가 Sec막통과장치나 Tat막통과장치에 의해서 periplasm에 운반된 다음, 성숙체단백질을 외막의 밖으로 분비하는 기구이다. TypeII 장치는 다수의 단백질 subunit로 구성된다[47]. 그림5에는 *Kleb-*

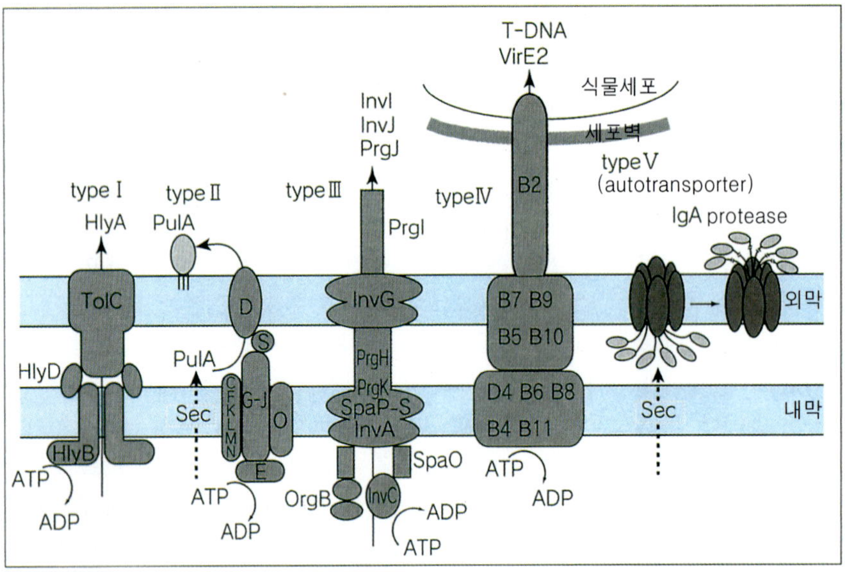

그림5. 단백질의 분비기구

세포의 밖으로 단백질을 분비하는 기구에 대해서 문헌33,45,49,53,54에 기초하여 도시했다. Type II에 의한 pullulase(PulA)의 분비는 *pul*유전자군에 의존한다. PulA는 외막의 외측에 박혀있는 리포단백질이다. Type III는 *Salmonella typhimurium*에 의한 InvI, InvJ, PrgJ의 분비를 표시했다. 점선의 화살표는 Sec 막통과장치에 의한 세포질막통과를 나타낸다.

*siella oxitoca*의 리포단백질 PulA(pullulanase)를 외막의 외엽에 박히게(anchor) 하는 type II 장치에 관여하고 있는 Pul 단백질군을 나타냈다. 흥미있게도 효율좋게 PulA를 외막의 외엽에 국재화하기 위해서는 Kanamaru(金丸)그룹의 원고에서 상술하는 리포단백질국재화기구(Lol시스템)도 관여하고 있다고 생각된다. PulA는 세포질막에 머무는 선별신호를 가진 리포단백질이다. 외막에 운반되는 신호를 변경하면 Lol시스템에 의해서 외막의 내엽에 운반되기 때문에 외막의 외엽에 있게 되는 국재화가 저하한다[33]. PulA를 외막의 외엽에 운반하는 type II 장치는 세포질막의 periplasm측에 박힌 PulA를 인식한다는 것을 가리키고 있다.

3. Type III

Type III는 needle형의 구조를 하고 있고[48], 숙주세포 안에 직접 단백질을 주입하는 장치라고 여겨지고 있다. 즉 병원성이 없는 대장균에도 존재하는 편모도 구조와 기능의 양면에서 type III와 상동하다고 여겨지고 있다. 편모를 구성하는 단백질은 편모내부를 거쳐 수송되어 선단에 이르러서 편모가 형성된다. Type III 분비계도 동일한 기구로 단백질을 분비한다고 여기지고 있다(Abe(阿部)의 원고참고).

Type III의 기질로 되는 단백질의 인식기구는 왕성하게 연구되고 있지만 아직 확정하지 못하고 있다. mRNA의 최초의 10수 코돈에 분비신호가 있다는 생각과, N말단영역이 양친매성의 helix를 형성하여 이것이 인식된다고 하는 생각이나, 혹은 그 어느 쪽도 필요하다는 생각 등이 있다[49]. 그러나 기질단백질 각각에 결합하는 샤페론이 존재한다고 생각되는 점으로 봐서 이들이 기질인식에 주요한 역할을 담당하고 있을 가능성은 높다고 여겨진다.

4. Type IV

세균의 접합전달계가 진화한 것이라고 생각되는 type IV는 핵산이나 단백질을 분비하는 장치로서 알려져 있다[50]. 잘 연구되어 있는 것은 *Agrobacterium* 속의 세균이 식물세포에 DNA나 단백질을 주입하는 기구이다. *Agrobacterium*속의 세균에는 식물세포에 감염하여 crown gall이라는 종양을 형성하는 것이 있다. 이 종양형성에 필요한 유전자를 검색하면, 세균이 접합하여 DNA를 전달할 때에 요구되는 유전자의 homolog가 발견되었다. 백일해균 *Bordetella pertussia*의 type IV 분비계는 백일해독소(perussis toxin)를 균체외로 분비한다. 독소는 그 후 endocytosis에 의해서 숙주세포내로 들어간다. 한편 *Helicobacter pylori*의 CagA단백질은 type IV 분비계에 의해서 직접 숙주내로 이동한다.

5. Type V

Type V로 분류하는 것이 제창되어 있는 것[51]이 이제까지 autotransporter[52]라고 불리는 기구이다. 다른 분비기구와 달리 분비되는 단백질의 C말단에 β-barrel구조의 외막공(孔)을 형성하는 영역이 있고, 이 영역이 분자량 약 500K의 oligomer를 형성하며[53], 자기자신을 외막의 밖으로 수송한 다음, 자기촉매적으로 성숙체부분을 절단한다. 잘 알려져 있는 것으로는 병원성 *Neisseria*속의 세균이 숙주세포의 IgA로부터 공격되는 것을 방지하기 위하여 IgA protease를 분비하는 기구이다. 외막을 자기촉매적으로 통과하는 분비계이므로 필요한 것은 세포질막을 넘기 위한 Sec막통과장치만이다.

6. 분비계의 정의의 혼란

세포의 밖으로 단백질을 분비하는 기구를 분류해 보면 위에서 말한 typer I ~V이 있다. 한편 세균에 있어서 단백질의 분비기구를 해설한 우수한 해석[33]에서는 외막이 있던 없던 간에 상관않고 세균세포질막의 밖에 신호펩타이드를 가진 전구체단백질을 Sec장치를 경유하여 여러 장소에 국재화하는 기구의 총칭을 GSP(general secretory pathway)라고 부르고 있다. 따라서 이 정의에 의하면 type II나 type V (autotrnasporter)만이 아니라, Kanamaru의 원고에서 기술하는 리포단백질의 막국재화기구도 GSP에는 포함된다. 이것에 대해서 type I, type III는 GSP에 포함되지 않는다. 그런데 최근 GSP는 type II의 별칭이라고 한 총설이 보고되어 있다[54]. 이 혼란의 원인은 GSP의 정의가 반드시 엄밀하지는 않았던 점과 대장균의 어떤 종의 편모형성에 관계하는 type II를 구성하는 유전자에 *gsp*라는 이름을 붙인 점에 기인한다고 생각된다(Pugsley의 사신). Sec장치를 경유하는 기구의 총칭으로서 GSP는 분비계의 분류가 확립된 현재로는 혼란스럽기 때문에 사용하지 않는 편이 좋다.

● 끝맺음

포스트게놈시대는 단백질의 기능해석의 시대이고 더욱이 단백질의 수송기구해명의 시대이기도 한다. 훨씬 단순한 세균에 대해서라도 단백질이 수송기구의 해명에 다다르기는 아직 멀다. 또한 모든 수송기구가 발견된다고는 결코 생각될 수 없다. 특히 세균의 단백질수송기구는 짜임새의 일부를 달리하는 수송계를 잘 공유하기도 하고, 어떤 단백질에 특이적인 수송기구가 있기도 하여, 실제로 변화무쌍하다. 그러나 생화학적으로 상세하게 해석되어 있는 수송계는 한정되어 있다. 특히 병원세균의 구성인자의 많은 단백질수송계는 생화학적인 해석이 곤란한 기구이다. 가까운 장래에 이와 같은 수송계에 대해서도 상세한 분자기구를 논의할 수 있는 실험결과가 얻어질 것을 기대해본다.

끝으로 이 총설원고작성에 도움을 준 Ishihara(石原理加)씨에게 심심한 사의를 드린다.

문헌

1) Duong, F., Eichler, J., Price, A., Leonard, M. R., Wickner, W. : *Cell*, **91**, 567-573 (1997)
2) Driessen, A. J., Manting, E. H., van der Does, C. : *Nature Struct. Boil.*, **8**, 492-498 (2001)
3) Mori, H., Ito, K. : *Trends Microbiol.*, **9**, 494-500 (2001)
4) Bassford, P., Beckwith, J. : *Nature*, **277**, 538-541 (1979)
5) Bieker, K. L., Phillips, G. J., Silhavy, T. J. : *J. Bioenerg. Biomembr.*, **22**, 291-310 (1990)
6) Brundage, L., Hendrick, J. P., Schiebel, E., Driessen, A. J. M., Wickner, W. : *Cell*, **62**, 649-657 (1990)
7) Hanada, M., Nishiyama, K., Mizushima, S., Tokuda, H. : *J. Biol. Chem.*, **269**, 23625-23631 (1994)
8) Lill, R., Cunningham, K., Brundage, L. A., Ito, K., Oliver, D., Wickner, W. : *EMBO J.*, **8**, 961-966 (1989)
9) Duong, F., Wickner, W. : *EMBO J.*, **16**, 2756-2768 (1997)
10) Pogliano, K. J., Beckwith, J. : *J. Bacteriol.*, **176**, 804-814

(1994)
11) Samuelson, J. C. *et al.* : *Nature*, **406**, 637-641(2000)
12) Scotti, P. A. *et al.* : *EMBO J.*, **19**, 542-549(2000)
13) Economou, A., Wickner, W. : *Cell*, **78**, 835-843(1994)
14) Nishiyama, K., Suzuki, T., Tokuda, H. : *Cell*, **85**, 71-81 (1996)
15) Kumamoto, C. A. : *J. Bioenerg. Biomembr.*, **22**, 337-351 (1990)
16) Settles, A. M., Martienssen, R. : *Trends Cell Biol.*, **8**, 494-501(1998)
17) Bolhuis, A., Mathers, J. E., Thomas, J. D., Barrett, C. M. L., Robinson, C. : *J. Biol. Chem.*, **276**, 20213-20219(2001)
18) Andriyka, L. P., Carol, L. L., Raymond J. T. : *J. Biol. Chem.*, **278**, 32501-32506(2003)
19) de Gier, J-W., Luirink, J. : *Mol. Microbiol.*, **40**, 314-322 (2001)
20) Samuelson, J. C. *et al.* : *J. Biol. Chem.*, **276**, 34847-34852 (2001)
21) van Dalen, A., van der Laan, M., Driessen, A. J., Killian, J.A., de Kruijff, B. : *FEBS Lett.*, **511**, 51-58(2002)
22) van der Laan, M. *et al.* : *Proc. Natl. Acad. Sci. USA*, **100**, 5801-5806(2003)
23) Meyer, T. H. *et al.* : *J. Mol. Biol.*, **285**, 1789-1800(1999)
24) Yahr, T. L., Wickner, W. T. : *EMBO J.*, **19**, 4393-4401(2000)
25) Bessonneau, P., Besson, V., Collinson, I., Duong, F. : *EMBO J.*, **21**, 995-1003(2002)
26) Manting, E. H., van der Does, C., Remigy, H., Engel, A., Driessen, A. J. : *EMBO J.*, **19**, 852-861(2000)
27) Duong, F. : *EMBO J.*, **22**, 4375-4384(2003)
28) Breyton, C., Haase, W., Rapoport, T. A., Kuhlbrandt, W., Collinson, I. : *Nature*, **418**, 662-665(2002)
28b) van der Berg, B. *et al.* : *Nature*, **427**, 36-47(2004)
29) Wang, H. W. *et al.* : *Proc. Natl. Acad. Sci. USA*, **100**, 4221-4226(2003)
30) Hunt, J. F. *et al.* : *Science*, **297**, 2018-2026(2002)
31) Benach, J. *et al.* : *J. Biol. Chem.*, **278**, 3628-363(2003)
32) Matsuyama, S., Fujita, Y., Sagara, K., Mizushima, S. : *Biochim. Biophys. Acta*, **1122**, 77-84(1992)
33) Pugsley, A. P. : *Microbiol. Rev.*, **57**, 50-108(1993)
34) Fraser, C. M. *et al.* : *Nature*, **390**, 580-586(1997)
35) Cox, D. L. *et al.* : *Proc. Natl. Acad. Sci. USA*, **93**, 7973-7978 (1996)
36) Scragg, I. G. *et al.* : *J. Biol. Chem.*, **275**, 937-941(2000)
37) Tjalsma, H. *et al.* : *J. Biol. Chem.*, **274**, 1698-1707(1999)
38) Masuda, K., Matsuyama, S., Tokuda, H. : *Proc. Natl. Acad. Sci. USA*, **99**, 7390-7395(2002)
39) Sankaran, K., Wu, H. C. : *J. Biol. Chem.*, **269**, 19701-19706 (1994)
40) Fukuda, A. *et al.* : *J. Biol. Chem.*, **277**, 43512-43518(2002)
41) Yamaguchi, K., Yu, F., Inouye, M. : *Cell*, **53**, 423-432(1988)
42) Navarre, W. W., Schneewind, O. : *Microbiol. Mol. Biol. Rev.*, **63**, 174-229(1999)
43) Binet, R., Letoffe, S., Ghigo, J. M., Delepelaire, P., Wandersman, C. : *Gene*, **192**, 7-11(1997)
44) Holland, I. B., Blight, M. A., Kenny B. : *J. Bioenerg. Biomembr.*, **22**, 473-491(1990)
45) Koronakis, V., Sharff, A., Koronakis, E., Luisi B., Hughes, C. : *Nature*, **405**, 914-919(2000)
46) Nikaido, H. : *J. Bacteriol.*, **178**, 5853-5859(1996)
47) Sandkvist, M. : *Mol. Microbiol.*, **40**, 271-283(2001)
48) Kubori, T. *et al.* : *Science*, **280**, 602-605(1998)
49) Plano, G. V., Day, J. B., Ferracci, F. : *Mol. Microbiol.*, **40**, 284-293(2001)
50) Christie, P. J. : *Mol. Microbiol.*, **40**, 294-305(2001)
51) Henderson, I. R. *et al.* : *Trends Microbiol.*, **8**, 352(2000)
52) Henderson, I. R., Cappello, R., Nataro, J. P. : *Trends Microbiol.*, **8**, 529-532(2000)
53) Veiga, E., Sugawara, E., Nikaido, H., de Lorenzo, V., Fernandez, L. A. : *EMBO J.*, **21**, 2122-2131(2002)
54) Lee, V. T., Schneewind, O. : *Genes Dev.*, **15**, 1725-1752 (2001)

단백질막통과장치연구의 새로운 흐름 - 구조생물학의 시대로

Mori Hiroyuki (森 博行)

원핵생물의 단백질막통과반응은 SecA ATPase에 의한 ATP가수분해의 에너지를 이용하여 진화적으로 보존된 SecY/E/G복합체를 매개하여 일어난다. SecY-SecE-SecG 사이의 상호작용부위에 관해서 아미노산잔기의 수준에서 상세한 해석이 이뤄짐과 동시에 [막통과 장치는 다수의 SecY/E/G에 의해서 형성된다]는 보고가 축적해왔다. 2004년이 되어서 고세균 SecY/E/β복합체의 입체구조에 대해서 보고되었다. [통로(기질단백질의 통로)는 2개의 SecY/E/β 복합체로 형성된다]고 하는 놀라운 내용이었다. 한편으로 SecA의 입체구조도 해석되어 막통과반응기구의 분자수준의 검토가 진행함과 동시에 그의 기능단위에 관해서 새로운 생각이 제창되고 있다. 단백질막통과의 연구도 본격적인 구조생물학의 시대로 돌입하여 새로운 국면을 맞이하고 있다.

KeyWords KeyWords : 단백질막통과 SecY/E/G SecA

● 서론

원핵생물에 있어서 외막이나 periplasm공간에 국재하는 단백질의 대부분은 Sec 막통과장치를 매개하여 세포질막을 통과한다. 진화적으로 보존된 SecY/E/G로 된 hetero 막단백질복합체가 기질단백질의 통로(막통과통로)를 형성하며, SecA에 의한 ATP 가수분해의 에너지를 이용하여 기질단백질을 막통과시킨다. 통과장벽으로서 생체막의 기능을 유지하면서 단백질을 통과시키기 위해서 막통과통로에는 엄밀한 gate개폐기구가 존재하고 있다고 생각된다. 여기에서는 최근의 구조생물학적 연구도 포함한 단백질막통과연구의 현재를 소개하며, 남겨진 문제점도 논의한다.

I. 단백질막통과장치를 구성하는 중심인자

1. SecA ATPase

SecA는 막통과반응에 있어서 모터로서 작용하는 필수적인 ATPase이다. 막통과에 관계되는 모든 인자(기질단백질, SecB, SecY/E/G, 인지질)와 상호작용한다. SecA는 가용성 환경과 막환경의 양쪽에 존재하여 큰 구조변화를 동반하며 기계적인 일을 하고 있다고 여겨진다.

2. SecY/E/G 막통과통로

막통과통로는 SecY, SecE, SecG로 이뤄지는 내재성복합체에 의해서 형성된다.

a. SecY

통로의 중심적 subunit이며 10회의 막관통영역(이후 N말측에서 순차적으로 TM1~TM10이라고 부른다, **그림1**). 6개의 세포질영역(C1~C6), 5개의 periplasm영역(P1~P5)을 가진다. 원핵생물에서 고등생물에 이르기까지 진화적으로 가장 잘 보존된 필수인자이다[1]. 진핵생물의 Sec61a가 homolog에 해당한다.

b. SecE

대장균 SecE는 3회의 막관통영역을 가지며, 생육에

Hiroyuki Mori, 京都大学ウイルス研究所 E-mail : hiromori@virus.kyoto-u.ac.jp
Molecular architecture of protein translocase

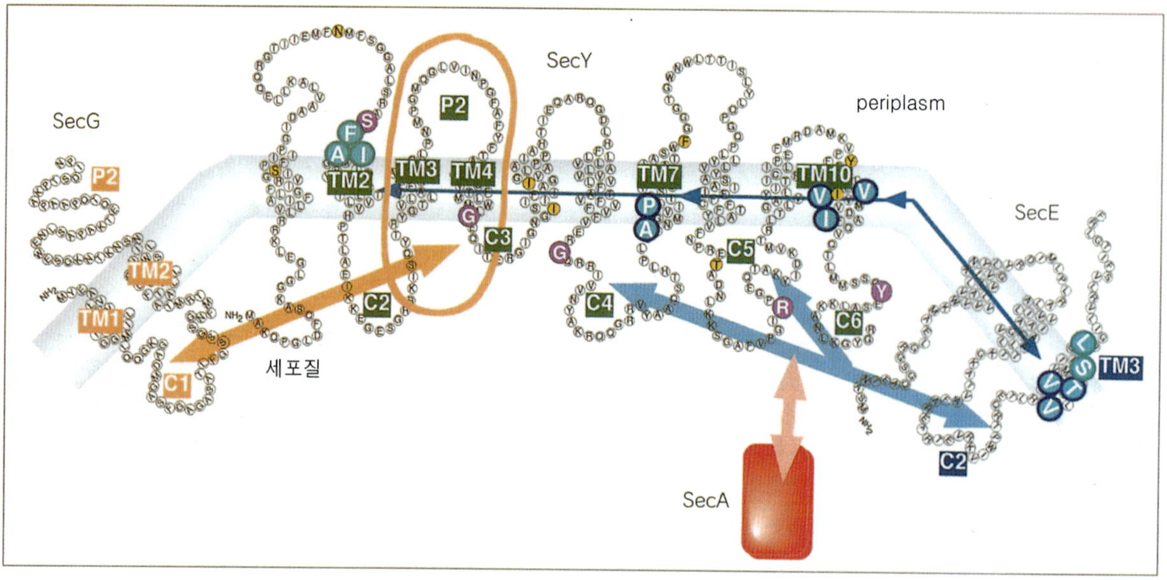

그림1. SecA-SecYEG subunit간(間) 상호작용

SecY-SecG간, SecY-SecE간, SecY-SecA간의 상호작용은 각각 orange, 청, 적색으로 나타냈다. SecY상태에 있어서 중요한 아미노산잔기 Ser76(P1), Gly175(TM4/C3), Arg357(C5), Tyr429(C6)를 자색으로 표시했다. SecY205변이(Tyr429Asp)에 의한 저온생육결손을 극복하는 분자내 suppressor(intragenic suppressor)의 위치도 황색으로 표시했다. 이들 잔기의 입체구조의 위치를 그림2에 map했다. SecE의 TM3영역과 근접하는 SecY 분자내의 아미노산잔기를 청으로 나타냈다. 농청 혹은 박청의 가두리장식으로 표시한 위치에서 cysteine잔기를 도입한 SecY와 SecE 변이체의 조합으로 분자간 disulfide결합이 형성되었다.

필수이다(그림1). SecE기능에는 C2- TM3-P2영역만으로 충분하다. 고초균, 고도호열균, 고세균유래의 SecE는 막1회관통의 필수영역만으로 이뤄진다. 진핵생물의 Sec61γ가 homolog에 해당한다. SecY의 대량축적은 SecE의 동시발현에 의해서 비로소 가능하게 되며, SecY분자의 안정화가 주요한 역할이다.

C. SecG

2회의 막관통영역을 가지며 생육에 필수이지는 않다. 진핵생물의 Sec61복합체에는 homolog가 존재하지 않는다. SecA의 작용과 공동하여 자신의 막내 topology를 반전시키는 독특한 성질을 가진다[2]. Sec61β와 SecG의 사이에 homology는 보이지 않는다.

II. 단백질막통과장치의 기능해석

1. SecY-SecA이 상호작용

SecA의 ATPase 활성은 엄밀히 부(−)로 제어되고 있고, SecY/E/G복합체나 기질단백질과의 상호작용에 의해 비로소 활성화를 받아(translocation ATPase 활성),단백질막통과구동능을 발휘한다. 필자들은 여러 온도감수성 SecY 변이체를 사용한 *in vitro*해석을 하여 SecY의 C5, C6영역이 SecA의 활성화에 중요하다는 것을 제시했다[1]. 더욱이 C5영역의 임의변이해석을 통하여 SecY 기능에 필수인 아미노산 Arg357잔기를 동정했다[3](그림1).

2. SecY/E/G복합체내 subunit간 상호작용

SecY/E/G복합체는 대부분이 막내에 함몰된 소수적인 단백질집합체이며, 해석에는 곤란이 뒤따른다. 필자들은 변이형 SecY/E/G복합체를 사용한 full-down실험을 통하여 SecY가 SecE, SecG와 각각 독립한 상호작용부위를 가진 것을 제시했다. 최근 계통적인 가교실험에 의해서 통로내의 subunit간 상호작용영역이 아미노산잔기수준에서 속속 밝혀지고 있다(그림1). 세포질영역에 초점을 맞춘 가교실험에서

SecY의 C4, C5영역과 SecE의 C2영역과의 근접을 나타냈다[4]. [C4영역이 SecE와 상호작용에 중요]하다는 유전학적 결과와 일치한다. 다른 그룹에 의해서 SecY-SecE간의 막관통영역내의 상호작용부위도 계통적으로 검토되어 SecY의 TM2,7, 10영역과 SecE의 TM3영역의 사이의 근접이 제시되어있다[5]. SecY와 SecE는 다수의 막관통영역과 세포질영역의 상호작용에 의해서 통로의 안정성과 활성을 가지고 있다. SecY-SecE 사이의 상호작용이 저하한 변이형 통로에는 막통과활성이 항진한(accelerate) 것이나[6], 기질단백질에 대한 인식이 느슨하게 된 것[7]이 발견되었다. SecY-SecE 사이의 상호작용은 기질단백질의 교정이나 화성의 조절도 하고 있는 듯 하다. 필자들은 같은 가교실험에 의해서 SecY의 C2-TM3-P2-TM4-C3영역이 정지상태의 SecG분자와 상호작용영역을 형성하고 있는 점을 밝혔다[8]. SecY의 TM3,4영역은 다른 막관통영역과 비교해서 소수성도가 낮다. SecG의 기능와 동시에 작용하는 특별한 역할을 가질 가능성이 고려된다.

3. 막통과통로의 oligomer구조

SecY/E/G복합체의 subunit간 상호작용은 서서히 밝혀져 왔다. 한편으로 활성형의 통로가 몇 개의 SecY/E/G복합체에 의해서 형성되는가에 대한 문제에 대해서 합의점은 얻고 있지 않다. **표1**에 SecY/E/G통로의 oligomer상태에 대한 보고를 정리했다. 막통과통로는 1~4단위의 SecY/E/G복합체에 의해서 형성되어 있다고 보고되었다. 통로에서 SecA의 결합에 의해서 2량체(불활성형)에서 4량체(활성형)으로 구조를 변화시킨다는 대담한 가설도 있다[9]. Blue native 전기영동을 사용한 해석을 봐서 활성형의 통로는 2개의 SecY/E/G복합체에 의해서 구성되었다는 설도 있다[10]. 명확한 결론이 나오지 않는 이유는 관찰된 올리고머상태가 원래의 구조와 복합체의 소수성에 기인한 인공적인 상태의 어느 쪽을 반영하고 있는 지를 판단할 수 없는 점에 있다. 이는 막단백질 복합체해석의 어려움을 표시하고 있다.

필자들은 우세결손 *sec*E변이체를 사용한 유전학적 해석을 하여[11] 2개이상의 SecY/E/G복합체가 활성을 가진 막통과통로의 형성에 관계하고 있다는 결과를 얻었다. 우세결손의 효과는 야생형SecE의 과잉발현에 의해서 비로소 제거되며, SecY의 과잉발현으로는 효과는 보이지 않았다. 세포내에서는 SecE-SecE 상호작용이 존재하고, SecE 변이체가 야생형의 SecE분자를 빼앗아서 활성형의 통로의 수를 저하시킨 것이 우세결손성의 원인이라고 여겨진다. 유전학적 지식은 세포내의 삶의 현상을 반영하고 있고, 다수의 SecY/E/G에 의한 통로의 형성의 중요한 방증이라고 말할 수 있다.

또한 고도호열균 *Thermus thermophilus* HB8의 SecYE 복합체(TSecYE)를 재료로 하여 FRET (fluorescene resonance energy transfer)해석을

표1. SecYEG oligomer에 관한 보고

해석방법	생물종	SecYEG unit/ 막통과통로	발표년	연구대표자	문헌
전자현미경	고세균	3~4	1998	Rapoport	
SecE間 S-S결합	대장균	≧2	1999	Driessen	
면역침강 가교실험	대장균	1	2000	Wickner	
전자현미경 원자間力현미경	대장균	2 → 4 SecA	2000	Driessen	9
SecG間 S-S결합	대장균	≧2	2000	Tokuda	18
Cryo전자현미경 분석초원심	대장균	2, 4	2001	Collinson/ Rapoport	
Blue native 전기영동	대장균	2	2002	Duong	10
Cryo전자현미경	대장균	2	2002	Collinson	13
유전학	대장균	≧2	2003	Ito	11
FRET	호열균	≧2	2003	Ito	12
X선 결정해석	고세균	1	2004	Rapoport	14

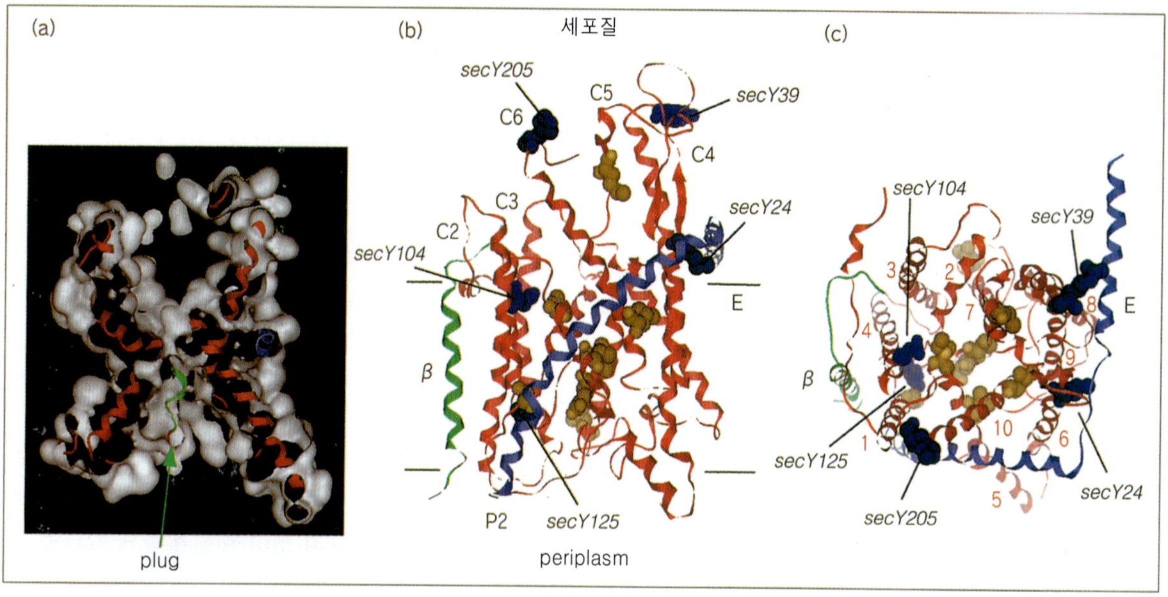

그림2. 호열성고세균 Methanococcous jannaschii의 SecY/E/β (MSecY/E/β)의 입체구조

(a) MSecY/E/β복합체입체구조의 개관: MSecY/E/β 통로의 분자중앙부를 막에 대해서 수직으로 절단했을 때의 절편그림을 나타낸다. 분자의 표면을 회색으로, 주쇄의 폴리펩타이드쇄를 리본모델올 표시했다. 분자의 중앙이 가늘게 잘록한 모래시계와 같은 구조를 가진다. 중앙부의 구멍의 periplasm(외)측에는 plug라고 부르는 짧은 α-helix가 위치하여 구멍을 막고 있다. SecY분자는 적색, SecE분자는 청색으로 표시하였다. plug의 위치는 특히 녹색으로 나타냈다. (b)(c) *secY*변이부위의 mapping: MSecY/E/β의 입체구조를 리본모델로 나타냈다. SecY, SecE, β subunit는 각각 적, 청, 녹색을 나타냈다. (c)에 있어서 SecY의 각 막관통영역의 위치를 붉은 숫자로 나타냈다. (b) 측면도. 그림의 상부가 세포질측, 하부가 periplasm 측, 중앙이 막관통영역을 표시한다. 본문중에서 논의한 SecY분자내의 영역을 나타냈다. (c) 세포질측에서 바라본 그림. 우리 연구실에서 이전에 분리한 대장균 온도감수성 *secY*변이부위를 (b), (c)의 입체구조에 map했다(그림1참고, 청색의 공간충진도). *secY24*변이에 의해 고온감수성생육결손을, 다른 변이에 의해 저온감수성생육결손을 일으킨다. *secY39*(Arg357 His, C5), *secY205*(Tyr425Asp, C6)는 SecA와 기능적 상호작용에 관계한다. *secY104*(Gly175Asp, C3/TM4)의 allele특이적인 suppressor변이가 *secG*유전자내에 분리되어있다. *secY24*(Gly240Asp, C4)변이는 SecY-SecE의 상호작용을 저하시킨다. *secY125*(Ser75Phe, P1)는 막통과의 후기과정에 결손을 가진다. 이들 변이체의 특징은 입체구조에서 추정되는 각 영역의 기능과 모순하지 않는다. *secY205*변이에 대해서 분리된 분자내 suppressor의 위치도 같이 표시했다(황토색의 공간충진도). 통로의 중심에 연하여 변이가 집중하고 있다. 그림은 Protein Data Bank의 accession code 1RHZ의 좌표데이터를 기본으로 하야 필자가 MOE(The Molecular Operating Environment)소프트를 이용하여 작성했다.

하고 막내의 통로의 상태를 검증했다[12]. 재구성 리보솜내에서는 2종의 형광표지한 TSecYE복합체는 FRET이 관찰할 수 있을 정도로 근접하고 있고, 막내에서는 다수의 SecY/E/G복합체가 막통과통로형성에 관계하고 있다고 생각된다.

SecYEG복합체의 고차구조해석은 늦어지고 있었는데, 2002년 대장균 SecYEG복합체 2차원결정의 Cryo 전자현미경을 사용한 8Å projection map의 해석결과가 보고되었다[13]. 막관통 helix가 겨우 관찰할 수 있을 정도이며, 이 구조를 기반으로 막통과반응의 분자기구를 의론하는 것은 도저히 불가능하였다. 그러나 얻어진 정보도 많다. 15개의 막관통영역을 가진 SecY/E/G복합체가 2개 회합하여 중앙에 crevasse를 가진 통로가 형성되어있다. 그들은 이 crevasse에 SecA가 결합한다고 생각하고 있는 듯하다. 한편 기질단백질이 통과가능한 관통한 구멍은 관찰되어 있지 않고, 활성상태의 통로의 구조와의 관계는 불명이다. 2개의 SecY/E/G복합체는 1 개의 크게 비스듬하게 기울어진 helix를 매개하여 상호작용하고 있다. [다수의 SecY/E/G복합체로부터 통로가 형성되고 있다]는 보고가 대세를 이루고 있다.

4. 호열성고세균 SecY/E/β막통과통로의 입체구조

2004년도 신년호의 *Nature*지에 Rapoport 그룹에 의해 호열성고세균 SecY/E/β복합체의 3.2Å 분해능의 입체구조가 보고되었다(**그림2**)[14]. 고분해능으로 한 구조해석의 최초의 보고이다. 이 고세균은 SecA, SecG를 가지지 않는다. 해석된 통로의 구조는 SecG의 대신에 β subunit를 포함하여 진핵생물형이라고 여겨진다. SecY/E/β복합체는 중앙부가 잘록한 모래시계와 같은 모양을 하고 있고, 중심부를 1개의 구멍(중앙부는 5~8Å)이 관통하고 있다고 볼 수 있다(그림2a). [단백질의 통로는 SecY/E/β복합체 1unit에 의해 형성된다]고 하는 것이 그들의 생각이다. 이것은 앞서 기술해온 oligomer에 의한 통로 형성의 다수의 보고예와 언뜻 모순하는 듯이 볼 수 있는데, [[oligomer상태가 기능단위]라는 생각을 부정하고 있지는 않다. 막통과를 위한 통로를 제공하고 있지 않는 나머지의 SecY/E/β복합체는 리보솜이나 SecA 등의 인자결합을 위한 터전을 제공하고 있다는 생각인 듯 하다. 정지상태의 입체구조가 풀어져도 막통과통로의 기능단위는 남겨진 큰 과제라고 말할 수 있다.

다소 약간 구조를 조망해보자. 모래시계의 잘록함(pore ring)의 periplasm측에는 짧은 α helix로 되는 마개(plug)가 그 구멍을 막는 모양으로 존재하고 있다(그림2a 녹). 한편 입체구조와는 다른 위치에 마개가 존재하는 것을 나타내는 대장균의 실험보고가 있다[15]. 그들은 [막통과조건시에는 이 마개가 이동하고, 이어서 막관통영역의 위치관계도 변화하여 통로가 열린다]는 생각을 제창하고 있다. 통로가 가진 통과장벽으로서 기능을 잘 설명하는 흥미깊은 생각이지만 상세한 해석이 필요하다. 통로의 형성에 관계하는 아미노산잔기는 각종 SecY homolog 사이에서 잘 보존되어 있다. 원래 막통과하지 않는 변이형 전구체단백질의 막통과를 허락하는 SecY측의 변이(*prlA*변이)[16]나 *secY*변이에 의한 생육결손을 극복하는 분자내 suppressor 변이(intragenic suppressor 변이)[17]의 대부분이 이 통로의 형성에 관계하는 아미노산잔기 혹은 마개의 장소에 위치하고 있다(그림2b,c의 황토색의 공간충진도로 표시한다. [통로의 구조를 느슨히 함으로써 막통과의 허용성을 높인다]는 이제까지의 해석과 모순하지 않는다. 앞서 기술한 SecY의 C4, C5영역과 SecE의 세포질영역의 근접[4], 혹은 SecG와 SecY의 C2, C3영역의 근접[5] 등도 본 구조와 대체로 일치한다. 이번의 입체구조는 대장균 SecY/E/G복합체의 2차원 결정으로부터 만든 전자밀도map[13]과 잘 맞으며, 후자에서는 β subunit의 장소에 SecG유래라고 생각되는 2개의 막관통영역이 존재한다. SecY의 C말단측의 세포질영역(C4~C6)은 세포질측에 크게 돌출하고 있어 필자들의 연구결과와 합쳐서[1] 보면 이들의 영역에서 SecA 등의 구동인자와 상호작용한다고 논의되고 있다.

한편 이제까지의 보고와 맞지 않는 점도 많다. (1) 막관통영역내의 SecY-SecE상호작용부위(그림1)는 아미노산잔지수준에서 상세히 검토되어 있지만[5], 이번의 결과와 크게 다르고 있다. (2) SecG는 분자사이에서 S-S결합을 유지한 채로도 기능할 수 있다는 보고가 있는데[18], SecY/E/G 1개의 기능단위라고 생각하면 그 설명은 어렵다. (3) [SecA의 막내삽입을 동반하는 역동적인 구조변화에 의한 막통과구동모델(후술)][19]을 설명하는 것도 어렵다. SecA를 이용하지 않는 고세균의 통로는 SecA, SecG를 이용하는 진성세균의 막통과통로와 그 구조나 반응기구가 (부분적으로) 다를 가능성이 생각된다. 진성세균 SecY/E/G복합체의 입체구조의 해명도 중요한 연구과제이다. (4) 형광 probe의 소광(消光)에 기초한 해석으로 봐서 어림잡은 막통과시의 구멍의 크기는[20] 구조로부터 추정되는 값보다 훨씬 크다. 구동인자(SecA, 리보솜)와의 상호작용이나 전구체의 삽입에 동반한 통로측의 역동적인 구조변화(큰 구멍을 가진 통로의 형성)가 생길 가능성이 고려된다. SecA-SecY/E/G복합체의 여러 단계에 있어서 입체구조의 해명이 기대된다.

III. SecA에 의한 단백질막통과구동의 기구

1. SecA 삽입모델

ATP의 가수분해의 에너지를 SecA가 어떻게 기질단백질의 막통과의 활동으로 변환시키고 있을 지

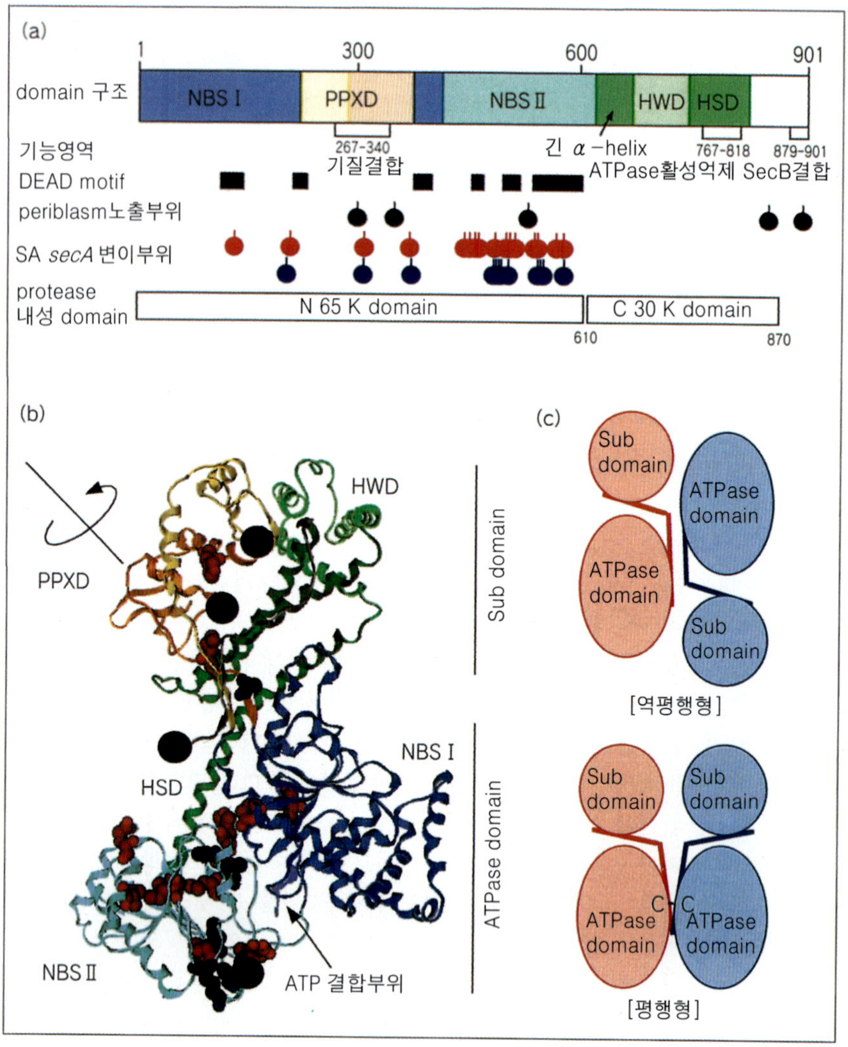

그림3. SecA의 구조

(a) 도메인 구조 ; 대장균 SecA의 1차구조를 모식적으로 나타냈다. 입체구조의 각 도메인마다 색으로 구분했다. 기능영역도 동시에 나타냈다. DEAD motif(RNA helicase 등의 ATPase family에서 잘 보존되어 있는 아미노산배열)의 위치를 검정봉으로 기록했다. periplasm 공간으로 향한 노출부위는 흑색원으로 나타냈다. super active(SA) *secA*변이부위(*secY39*, *secY205*변이주의 suppressor변이로서 분리)는 각각 적색, 청색으로 표시했다.
(b) 단량체의 입체구조: 고초균 SecA의 입체구조에 대해서 periplasm 공간노출부위(검정원). SA SecA 변이부위(적색, 청색으로 공간충진표시)를 나타냈다. PPXD도메인(오렌지색과 황색)이 그림 중의 화살표방향으로 회전한 구조가 따로 얻어졌다(본문참고).
(c) 2량체의 회합모델: 역평행형2량체:고초균, 결핵균 SecA로 관찰된 2량체. 평행형:고도호열균 SecA로 관찰된 2량체.

는 흥미로운 문제이다. 1994년에 미국의 Wickner 그룹이 제안한 "SecA삽입-탈삽입모델(insertion-deinsertion model)"이 널리 받아들여져 왔다[19]. 그들은 [SecA의 C말단영역(후에 [분자전체]로 수정, 그림3a)이 막통과조건에서 protease에 대해서 내성으로 된다]는 점에서 다음의 모델을 제안했다. SecA는 막통과통로에서 ATP, 기질단백질을 결합하면, 전구체단백질을 동반하여 통로내로 깊이 삽입한다. ATP의 가수분해에 의해서 기질단백질을 통로 내에 남기고 자신은 막에서 탈삽입한다. SecA는 ATP의 에너지를 사용하여 막으로 침입·탈출을 반복함에 따라 기질단백질의 막통과를 구동한다. 이 생각은 SecA분자의 일부는 periplasm측에서 접촉가능하다[21], 기질단백질은 불연속적으로 막통과된다[22]는 등의 보고를 잘 설명할 수 있다. 그러나 그의 분자실체는 아직 모른다.

2. SecA의 제어도메인

SecA는 약100K의 분자량을 가진 거대분자이며 2개의 도메인구조를 가진다(그림3a). 65K로 이뤄지는 N도메인은 Walker형의 2개의 nucleotide 결합도메인(NBS I, NBS II)과 기질단백질결합영역(PPXD)으로 구성되어있다. periplasm영역에서 접촉가능한 아미노산잔기가 여러개 동정되어 있다[21](그림3a 흑색원). 필자들은 *secY*변이가 나타내는 저온생육장해를 극복하는 suppressor *secA*변이(super active *secA*)를 다수 분리했다(그림3a 적, 청색원). 이들 변이의 대부분은 NBS II 도메인에 집중하고 있고, 변이체의 ATPase 활성은 항진하고 있었다[23, 24]. NBS II 도메인은 NBS I 도메인의 ATPase활성을 부(−)로 제어하고 있는 조절 subunit 라고 생각된다[25]. C말단영역내에도 ATPase 활성을 부(−)로 제어하는 영역이 동정되어있다[26].

3. SecA의 입체구조

최근 고초균[27], 결핵균[28] 유래의 SecA(2량체)의 X선 결정구조가 보고되었다. 필자들은 고도호열균 SecA의 입체구조를 결정했다(투고준비중). SecA protomer의 입체구조는 3자에 있어서 유사하였다(그림3b). SecA의 2개의 nucleotide 결합도메인으로 이뤄진 ATPase 도메인(helicase domain[*1])과 PPXD와 C말단영역으로 이뤄진 sub도메인으로 구성되어있다. 2개의 도메인은 분자를 관통하는 긴 α-helix를 좁히듯이 위치하고 있다. nucleotide는 2개의 NBS 도메인의 사이에 1개만 결합한다. NBS II내의 몇 가지 아미노산잔기가 ADP의 결합에 관여하고 있고, [NBS II 영역이 ATPase 활성을 조절한다][25]는 생각을 뒷받침한다. periplasm으로 노출된 아미노산잔기는 분자전체에 분산하고, 분자내부에 완전히 매몰되어 있는 잔기도 보인다(그림3b 흑색원). 아주 최근 Rapoport는 고초균 SecA단량체의 다른 형태구조를 결정하여 학회에서 보고했다(논문은 미발표). PPXD영역이 도메인의 구조를 유지한 채 약 60° 정도 회전하고, C말단도메인과 사이에 새로운 큰 cleft가 관찰되었다(open형). 그들은 이 cleft가 기질단백질결합부위의 일부라고 생각하는 듯 하다. 그러나 다른 영역이 큰 구조변화를 보이지 않고, ATP와 동시에 작용한 역동적인 구조변화는 아직 잡히지 않고 있다. SecA의 구조만으로 봐서 막통과의 분자기구를 논의하기는 어렵다.

4. SecA의 기능단위

SecA의 protomer의 구조는 유사하지만, 2량체 구조는 크게 다르다(그림3c). 고초균, 결핵균 SecA는 한편의 ATPase도메인과 다른편의 sub도메인에 근접하는 역평행형의 2량체가 모형화되었다. 상호작용에 관계하는 부위는 양자에서 다르다. 한편 고도호열균 SecA는 ATPase도메인 끼리 상호작용하는 평행형의 2량체이었다. 고초균 SecA open형은 단량체로서 구조가 풀린다. 평행형2량체의 존재는 입체구조의 근접부위에 Cys를 도입한 변이형 SecA가 disulfide결합을 형성하는 것으로부터 밝혀졌다. 같은 disulfide 2량체는 대장균 SecA에 있어서도 관찰된다. 평행형2량체는 보편적으로 존재하고 있는 듯하다. 역평행형2량체의 존재도 FRET을 사용한 연구로부터 지지받고 있다[29]. 용액중에서는 SecA는 다수의 존재상태를 가진 듯하다.

SecA는 안정한 2량체로서 기능한다고 믿어져왔다[30]. 다른 타이프의 SecA 2량체의 존재는 이 생각에 의문을 던진다. [기능단위는 2량체]라는 생각에 다르다고 주장하는 보고가 속속 이어지고 있다. SecA는 단량체와 2량체의 사이의 평형상태에 있고[3], 인

*1 SecA의 N말단 65K영역은 RNA helicase와 1차구조상 높은 상동성을 가지며, DEAD ATPase family의 일원이라고 여겨지고 있다. *In vitro*에서는 SecA가 RNA helicase활성을 가진다고 보고되어있다.

지질이나 신호펩타이드와 상호작용에 의해 평형이 단량체측으로 이동한다[32, 33]고 보고되어, SecA의 기능단위는 단량체라는 생각도 제창되고 있다[32]. SecA는 2량체이며 통로에 결합하여, 단량체로 기능한다는 보고도 있다[31]. SecA 단량체의 구조해석은 이 생각을 지지한다. 앞서 기술한 변이형 disulfide결합 2량체 SecA는 분자간의 결합을 개열시킬 수 없는 한 막통과능을 가지지 못한다. SecA가 통로에서 기능하기 위해서는 단량체간 끼리끼리의 움직임(monomer를 포함함)이 제한되지 않는 것이 중요할 것이다.

SecA는 세포질과 세포질막에 국재하는 [2개의 얼굴]을 가진다. 세포질형 SecA는 자신의 mRNA와 결합하여 번역을 억제함과 동시에 다음의 막통과반응 사이클을 위한 저장소로서도 기능하고 있다. 2개의 다른 환경에서 잘 기능하기 위해서는 각각의 환경에 적응한 독자의 형태를 가지며, 환경에 응하여 구조를 바꿀 가능성이 고려된다. 변이형 disulfide결합 SecA는 용액중에서 안정성은 높게 되지만 막과 상호작용을 잃는다. SecA는 다수의 형태의 사이를 자유로 이동할 수 있도록 설계되어 있는 것일 것이다.

5. SecM에 의한 SecA의 번역조절기구와 그의 생리적 의의

SecA의 세포내 양은 세포의 분비능력에 응하여 조절되고 있다. 이 조절에는 *secA*유전자의 상류에 존재하는 SecM이 관계한다. SecM은 자신의 분비의 정도에 따라서, 리보솜 내부에 있어서 번역신장·정지의 정도를 변화시켜, SecA의 발현양을 제어하고 있다[35, 36]. SecM의 번역정지결손변이체는 생육불능으로 되는 점으로 봐서 SecM의 번역arrest 기구의 생리적 중요성이 밝혀지게 되었다. 번역arrest의 해제에는 막통과장치와 상호작용이 필요하다. 번역중인 SecM 분자는 리보솜을 동반하여 막 근처까지 운반된다. 이것은 SecA의 합성이 세포질막의 가까이에서 일어나는 것을 허용하여 막 가까이에서 기능할 수 있는 SecA의 양을 증가시킨다. SecM에 의한 SecA의 막으로 향한 표적화기구는 SecA의 세포질에서 불안정을 보정하기 위하여 세포가 획득한 정교한 짜임새라고도 여겨진다.

● 끝맺음: 남겨진 문제점과 앞으로의 과제

막통과통로의 연구도 본격적인 구조생물학의 시대에 돌입하여 그의 실체가 분자수준에서 속속 밝혀지고 있다. 그러나 (1) SecY/E/G 통로의 기능단위와 기능상태에서의 입체구조, (2) 막통과통로에 의한 SecA ATPase의 활성화(부(−)의 제어의 해제) 기구, (3) SecA의 기능단위와 구조변화의 실체 등, 해결하지 않으면 안되는 문제가 많이 남아있다.

이 원고에서 소개한 연구의 대부분은 Kyoto대학 바이러스연구소 Ito Koreaki (伊藤維昭)교수의 연구실에서 대학원생들과 공동으로 연구한 것이다. 고도호열균 SecA의 구조해석은 Riken(理研)/Hama(播磨)의 Dmitry Vassylyev 박사와 공동연구의 결과이다. 감사드린다.

Q SecDFYajC의 역할은 어떻게 생각하면 좋은가?

A 세포내에서 SecDFYajC의 양을 감소시키면 단백질분비능이 저하한다. 이들 인자가 단백질막통과반응에 어떤 모습으로 관계하고 있는 것은 틀림없는데, 그 역할의 상세한 것은 모른다. SecDFYajC에 관한 지금까지의 보고는 간단히 정리하면 (1) SecY/E/G 복합체과 함께 거대한 복합체를 형성한다. (2) SecY/E/G와 기능적으로 상호작용한다. (3) 막통과된 기질단백질의 방출이 관계한다. (4) 막단백질 삽입에 관계하는 인자 YidC와 복합체를 형성하고 있다. 등이 있다. 최근이 되어서 Δ*secG*의 조건에서는 SecDF이 결실에 의해 막통과활성이 크게 저하한다고 보고되어, SecDF의 막통과반응에 있어서 관계가 *in vitro*에서도 확인되었다. 어떻든 SecDFYajC의 역할의 해명은 앞으로 남겨진 큰 연구과제이 하나라고 말할 수 있다.

Q SecA를 가지지 않는 호열성고세균의 막통과는 무엇이 구동하는가?

A 구조가 결정된 Methanococcus jannaschii의 막통과구동인자에 관한 연구는 아직 보고되어있지 않다. 일반적으로 고세균은 통로내에 SecG의 대신에 Sec61β를 가진 점으로 봐서 고등진핵생물와 경우과 같이 리보솜에 의한 펩타이드신장반응과 동시에 작용한 기구(co- translational translocation)으로 막통과가 진행하고 있다고 생각된다. 이 점에서

도 이 고세균의 통로는 진핵생물형의 통로구조에 유사하고 있다고 말할 수 있다.

Q SecY-SecE 상호작용부위가 생화학적으로 동정된 결과 및 결정구조와 결과가 크게 다른데, 구체적으로 어떤 점인가?

A 네델란드의 Driessen그룹에 의해서 대장균 SecY와 SecE의 막관통영역내의 상호작용부위가 상세히 검토되었다. 그들은 분자내에 하나만의 Cys를 가진 SecY와 SecE를 계통적으로 만들고, 분자간의 disulfide결합형성을 목표로 하여 兩인자의 근접을 보고하고 있다. 그림1에 나타냈듯이 세포질측에서 periplasm측으로 향하여 SecE의 TM3영역과, SecY의 TM7, 10, 2 영역이 순차적으로 disulfide결합이 형성할 수 있을 만큼 근접하고 있다고 보고하고 있다. 한편 구조가 결정된 고세균 SecY/E/β에 있어서도 SecE의 TM(그림2b, c 청색의 리본으로 표시, 대장균 SecE의 TM3에 상당)은 막관통영역이 기울고 있고, SecY의 3개의 TM영역과 근접하고 있다. 그러나 이 경우에는 근접하고 있는 SecY의 막관통영역은 세포질측에서 바깥측으로 향한 순으로 TM6, 10, 5로 되어, TM2, 7은 SecE의 반대측에 위치한다. 앞서 기술한 대장균의 실험결과와 크게 다르다. 이 원인·이유에 대한 고찰은 구조의 논문 가운데서는 언급되어 있지 않다.

Q SecA의 2개의 nucleotide결합부위에는 동시에 nucleotide가 결합하는가? 가수분해의 협조성은?

A *Science*지에 보고된 고초균 SecA의 결정구조 해석의 논문중에는 NBS II영역과 nucleotide 결합에 관해서는 명확한 기재는 없는데, supporting data의 가운데서 다음과 같이 기술하고 있다.

2개의 MBS 도메인은 거의 같은 fold를 가지고 있다. 2개의 도메인을 입체구조로 중합시키면, NBS II의 Walker A motif에 상당하는 위치의 구조는 P loop와 크게 다른 지, 이 구조를 형성하는 아미노산배열(428YMTEAEKI : 대장균 SecA이 배열)은 이전에 제창된 MBS II영역의 A motif의 배열(503ATNMAGRGT : 같은 대장균의 배열)과는 달랐다. YMTEAEKI 배열은 Walker A motif로서는 거의 보존되어 있지 않다고 말해진다. NBS II영역내의 이 부위와 nucleotide의 결합은 꽤 의문이다.

위의 말과는 달리 이전에 제창된 NBS II영역의 A motif(503ATNMAGRGT)의 입체구조의 위치를, 필자들이 구조를 결정한 고도호열균 SecA protomer의 구조로 조사해보면, 이 상정(想定)한 A motif에 의해 형성되는 loop의 구조도 P loop의 구조와 전혀 다르다. 또한 1차구조로 상정된 NBS II영역의 B motif(631-653: 대장균 SecA의 번호)는 A motif가 존재하는 위치와 크게 동떨어진 전혀 다른 도메인(긴 α-helix)의 가운데에 있다. 이런 점으로 봐서 NBS II영역내에는 ATP(ADP)를 결합할 수 있는 pocket은 존재하지 않는 것이라고 생각된다.

NBS II 역내의 상정(想定) Walker motif내의 변이해석으로부터 이들 motif가 막통과반응에 있어서도 중요하다는 것으로 나타났는데, 입체구조의 결과로부터 생각해도 이 영역은 ATP결합에 관계한다는 것보다는 오히려 조절 subunit로서의 역할을 가진다고 이해하는 편이 좋다고 생각한다. 최근 SecA의 protomer당(當) 결합하는 ATP의 수는 1개라는 보고도 있다.

문헌

1) Mori, H., Ito, K. : *Trends Microbiol.*, **9**, 494-500(2001)
2) Nishiyama, K., Suzuki, T., Tokuda, H. : *Cell*, **85**, 71-81 (1996)
3) Mori, H., Ito, K. : *Proc. Natl. Acad. Sci. USA*, **98**, 5128-5133 (2001)
4) Satoh, Y., Mori, H., Ito, K. : *Biochemistry*, **42**, 7442-7447 (2003)
5) Veenendaal, A. K., van der Does, C., Driessen, A. J. : *J. Biol. Chem.*, **277**, 36640-36645(2002)
6) Mori, H., Akiyama, Y., Ito, K. : *J. Bacteriol.*, **185**, 948-956 (2003)
7) van der Wolk, J. P. *et al.* : *EMBO J.*, **17**, 3631-3639(1998)
8) Satoh, Y., Matsumoto, G., Mori, H., Ito, K. : *Biochemistry*, **42**. 7434-7441(2003)
9) Manting, E. H., van der Does, C., Remigy, H., Engel, A., Driessen, A. J. : *EMBO J.*, **19**, 852-861(2000)
10) Bessonneau, P., Besson, V., Collinson, I., Duong, F. : *EMBO J.*, **21**, 995-1003(2002)
11) Matsuo, E., Mori, H., Ito, K. : *Mol. Gen Genomics*, **268**, 808-815(2003)
12) Mori, H. *et al.* : *J. Biol. Chem.* **278**, 14257-14264(2003)
13) Breyton, C., Haase, W., Rapoport, T., Kuhlbrandt, W.,

Collinson, I. : *Nature*, **418**, 662-665(2002)
14) van den Berg, B. *et al.* : *Nature*, **427**, 36-47(2004)
15) Harris, C. R., Silhavy, T. J. : *J. Bacteriol.*, **181**, 3438-3444(1999)
16) Bieker, K. L., Phillips, G. J., Silhavy, T. J. : *J. Bioenerg. Biomembr.*, **22**, 291-310(1990)
17) Mori, H., Shimizu, Y., Ito, K. : *J. Biol. Chem.*, **277**, 48550-48557(2002)
18) Nagamori, S., Nishiyama, S., Tokuda, H. : *J. Biochem.*, **128**, 129-137(2000)
19) Economou, A., Wickner, W. : *Cell*, **78**, 835-843(1994)
20) Hamman, B. D., Chen, J. C., Johnson, E. E., Johnson, A. E. : *Cell*, **89**, 535-544(1997)
21) Ramamurthy, V., Oliver, D. : *J. Biol. Chem.*, **272**, 23239-23246(1997)
22) Schiebel, E., Driessen, A. J., Hartl, F.-U., Wickner, W. : *Cell*, **64**, 927-939(1991)
23) Matsumoto, G., Nakatogawa, H., Mori, H., Ito, K. : *Genes Cell*, **5**, 991-999(2000)
24) Mori, H., Ito, K. : *J. Bacteriol.*, **185**, 405-412(2003)
25) Nakatogawa, H., Mori, H., Ito, K. : *J. Biol. Chem.*, **275**, 33209-33212(2000)
26) Karamanou, S. *et al.* : *Mol. Microbiol.*, **34**, 1133-1145(1999)
27) Hunt, J. F. *et al.* : *Science*, **297**, 2018-2026(2002)
28) Sharma, V. *et al.* : *Proc. Natl. Acad. Sci. USA*, **100**, 2243-2248(2003)
29) Ding, H., Hunt, J. F., Mukerji, I., Oliver, D. : *Biochemistry*, **42**, 8729-8738(2003)
30) Driessen, A. J. : *Biochemistry*, **32**, 13190-13197(1993)
31) Woodbury, R. L., Hardy, S. J., Randall, L. L. : *Protein Sci.*, **11**, 875-882(2002)
32) Or, E., Navon, A., Rapoport, T. : *EMBO J.*, **21**, 4470-4479(2002)
33) Benach, J. *et al.* : *J. Biol. Chem.*, **278**, 3628-3638(2003)
34) Duong, F. : *EMBO J.*, **22**, 4375-4384(2003)
35) Nakatogawa, H., Ito, K. : *Mol. Cell*, **7**, 185-192(2001)
36) 中戸川仁・伊藤維昭：蛋白質 核酸 酵素, **48**, 338-345(2003)

Column

대장균의 단백질막삽입에 있어서 YidC의 기능

Nishiyama Kenichi (西山賢一)

YidC의 발견은 단백질막삽입기구의 해석에 있어서 큰 충격을 주었다. YidC고갈주(YidC의 발현이 arabinose첨가로 제어할 수 있는 균주를 arabinose 비존재로 배양한 균주)에서는 이제까지 자발적으로 막삽입한다(spontaneous insertion)고 생각되어온 M13 파-지의 코트단백질(M13 procoat)이 막삽입하면, 강하게 저해된다는 것이 제시되었기[1] 때문이다. 여기에서는 대장균의 단백질막삽입에 있어서 YidC의 기능에 관해서 해석한다.

YidC는 60K의 막단백질이며, 막을 6회관통한다. 1번째와 2번째의 막관통영역의 사이에 비교적 큰 periplasm영역을 가지고 있다. YidC는 미토콘드리아의 Oxa1이나 엽록체의 Albino3과 상동적인 인자이며, 이들은 단백질막삽입에 관여하는 인자이다[2]. *yidC*유전자는 생육에 필수인 유전자이다[1]. YidC는 SecYEG와 공(共)면역침강시킬 수 있고[3], 단백질막통과장치의 일부를 형성하고 있다고 생각된다. 또한 YidC의 분자수는 SecYEG보다도 여러 배나 많고[4], 단독으로 존재하는 YidC도 시사되고 있다.

M13 procoat는 73아미노산으로 된 작은 막단백질이며, 전형적인 신호배열의 직후에 막관통영역을 가지고 있다. 막삽입의 결과 분비단백질처럼 신호배열이 절단되어 막삽입의 지표로서 쓰인다. M13 procoat는 아주 작으므로 SRP/SR계(대장균에서는 Ffh/FtsY)를 이용할 수 없다[5](**그림1**). 또한 이제까지 동정되어있는 어느 *sec*변이주에서도 막삽입이 저해되는 것은 아니다[5]. 막전위를 파괴하면 막삽입이 저해되기 때문에 막전위가 막삽입의 구동력으로서 여겨지고 있다[5]. 그러나 어떤 M13변이체에서는 막전위비존재에서도 막삽입이 저해되지 않기 때문에 막전위는 막삽입을 촉진하는 것이고, 필수는 아니다. 더욱이 막단백질을 전혀 포함하지 않는 liposome에도 M13 procoat는 막삽입하기 위하여 M13 procoat의 삽입은 막관통영역과 막의 소수적 상호작용에 의해서 자발적으로 일어난다고 생각되게 되었다[5]. 이것은 protease를 봉입(封入)한 리포솜존재하에서 M13 procoat를 합성하면 자발적으로 삽입하는 결과, 리포솜내부의 protease로 소화되어 버린다고 하는 데이터[6]에 기초하고 있어서 상당히 설득력이 있는 것으로 여겨진다. M13 procoat는 파-지 유래의 단백질이므로 자발적 삽입은 파-지 독자의 정교한 기구는 아니라는 비판도 있는데, 엽록체에서도 자발적인 삽입기구의 존재가 고려되기도 하고, 대장균에도 많은 저분자막단백질이 존재한다. 이 기구는 막삽입기구의 훨씬 단순한 것으로 널리 받아들여지고 있었다.

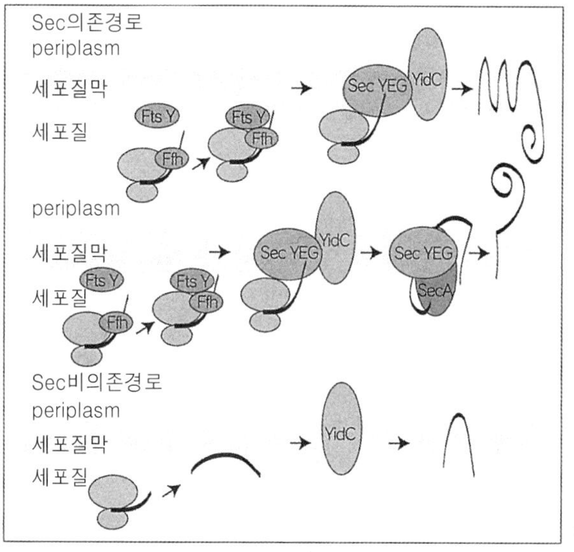

그림1. 대장균에 있어서 단백질삽입기구
막단백질은 통상 Ffh, FtsY에 의해 막으로 표적화되며, 단백질합성과 동시에 작용하여 SecYEG에서 막삽입이 일어난다(Sec의존경로). 막단백질이 친수적인 periplasm 영역을 가질때는 그의 막통과에 SecA가 필요하다(중간). 한편 일부의 막단백질은 Ffh나 FtsY, SecYEG에는 의존하지 않고 막삽입하는데, YidC고갈의 영향을 받는다(Sec비의존경로).

그런데 YidC고갈주에서는 M13 procoat의 pro-cessing이 강하게 저해를 받는 것이 밝혀졌다[1]. 더욱이 YidC고갈주의 spheroplast를 protease처리해도 procoat는 소화되지 않게 되는 점[1]으로 봐서 확실히 YidC고갈주에서는 M13 procoat의 막삽입이 저해된다고 여겨진다. YidC 고갈주에서는 M13 procoat만이 아니라 Lep(leader peptidase)나 Pf3 coat 단백질 등, Sec의존(Lep)인지 비의존(Pf3 coat 단백질)인지에 상관없이 조사된 모든 막단백질에서 막삽입저해가 인정되었다[1]. 그것에 대해서 proOmpA와 같은 분비단백질의 막통과는 거의 영향을 받을 수 없기[1] 때문에, YidC는 막단백질의 막삽입에 특이적으로 관여하고 있는 인자라고 생각된다.

*In vitro*실험계에 있어서도 기질막단백질과 YidC의 상호작용이 조사되어있다. FtsQ(막관통영역1개)나 MtlA(막관통영역6개)의 신생사슬을 막소포와 반응시켜서 막삽입중간체를 형성시킨 후 화학가교(架橋)반응을 하면, YidC와 가교산물을 형성할 수 있다[7, 8]. 이들 결과는 막삽입시에 막단백질은 YidC와 상호작용하는 것을 강하게 시사하고 있다. 또한 정제표품을 사용한 재구성계에서도 FtsQ 신생사슬과 YidC의 화학가교가 SecYEG의존으로 관찰되고 있다[9]. 더욱이 YidC에는 막내에서 샤페론같은 작용이 있을 가능성도 제창되고 있다[10]. 즉 막단백질은 막삽입직후 YidC에서 고차구조를 형성해간다는 가능성이다.

지금까지의 결과로 봐서 YidC는 막단백질의 막삽입에 관여하는 아주 중요한 인자이며, 자발적 삽입기구는 리보솜을 사용한 in vitro 실험의 인공산물에 지나지 않는다. 2, 3년 전이면 이런 결론으로 이 칼럼은 여기에서 재미있게 되었을 것이지만, 얘기는 그렇게 간단하지 않을 듯 하다. 지금은 많은 연구실에서 막단백질삽입의 *in vitro*계가 연구되고 있지만, YidC와 상호작용(화학가교)를 나타낸 보고는 수없이 많은데, 막단백질삽입에 있어서 YidC가 필수인지 어떤지는 아직 논의 대상이라고 말할 수 있다.

단백질삽입의 지표로서 알칼리추출도 자주 쓰인다. procoat의 막삽입에 있어서 알칼리추출로 조사된 보고에 의하면, YidC고갈주에서도 YidC⁺주와 같은 정도의 M13 procoat가 알칼리 내성으로 되는 것을 밝혔다[11]. 이것은 YidC고갈주이어도 spheroplast로는 protease 소화는 받지 않으나, 알칼리내성으로 되는 정도에서는 M13 procoat의 막삽입이 일어나는 것을 나타내고 있다. 더욱이 아주 짧은 periplasm 영역밖에 가지지 못하는 막단백질 KdpD의 막삽입은 YidC 고갈주로도 효율좋게 일어난다[12]고 보고되어있다. 이런 것들은 막단백질의 일부는 여전히 자발적 삽입기구에 의해 응당 막삽입할 가능성을 가리킨다. 애초 여러 가지 막단백질이 YidC고갈주에서 영향을 받지만, 그 저해의 정도는 가지각색이며[1], M13 procoat를 위시하여 파-지유래의 막단백질을 제거하면 그의 저해정도는 오히려 약하다고 해도 좋다. 연구가 진행함에 따라 막삽입에 있어서 YidC의 중요성에 의문이 생겨온 듯이 느껴진다.

그런데 YidC는 왜 대장균의 생육에 필수일까? 최근에 새로운 YidC의존의 막단백질로서 F_0F_1 AT-Pase의 C subunit와 cytochrome oxidase의 II sub-unit의 2개가 동정되었다. YidC고갈주에서는 이들 막삽입이 강하게 저해되고 있는 듯한데, 그 결과 대장균의 proton구동이 저하한다면, 이것이 M13 procoat의 막삽입저해의 이유일 지도 모르지만, 막전위가 없어도 효율좋게 막삽입하는 M13 procoat 변이체에서도 YidC고갈주에서도 저해가 걸리기[14] 때문에, M13 procoat의 막삽입에 관해서 직접적인 YidC의 관여가 완전히 부정되고 있는 건 아니다.

YidC의 발견은 막단백질의 막삽입기구를 생각할 때 아주 중요하며, 그의 기능해석에 대해서는 YidC 고갈주를 사용하여 정력적으로 연구가 진행되고 있다. 그런데도 불구하고 상술한 바와 같이 아리송한 점이 남아있는 것은 YidC가 생육에 필수인자이며, YidC고갈주에서 YidC를 충분히 고갈시키는 것이 어렵기 때문이다. YidC의 정확한 기능해석을 위해서는 *in vivo*에 있어서 단백질막삽입을 충실하게 반영한 재구성계이 확립이 기대된다.

Q 대장균 YidC와 미토콘드리아 Oxa1, 엽록체 Al-bino3는 기능도 같다고 생각해도 좋은가? 그렇지 않으면 진화와 함께 변화했다고 생각해도 좋은가?

A YidC와 Oxa1의 차이는 대충 말하면 YidC가 periplasm 영역과 그것에 앞선 막관통영역을 여분으로 가지고 있는 것과, Oxa1은 C말단에 YidC에는 없는 영역을 가지고 있는 것이다. YidC의 큰 periplasm 영역은 YidC기능에는 필수이지는 않다. 또한 Oxa1 이나 Albino3도 △yidC주를 상보할 수 있는 것이 알려져 있다. 따라서 이들의 기능은 같다고 말할 수 있다고 생각한다. Oxa1의 C말단영역은 미토콘드리아 DNA에 코드된 막단백질이 단백질합성에 동시에 작용하여 막삽입하기 위하여 중요하다고 생각된다.

문헌

1) Samuelson, J. C. *et al.* : *Nature*, **406**, 637-641(2000)
2) Luirink, J. *et al.* : *FEBS Lett.*, **501**, 1-5(2001)
3) Scotti, P. A. *et al.* : *EMBO J.*, **19**, 542-549(2000)
4) Urbanus, M. L. *et al.* : *J. Biol. Chem.*, **277**, 12718-12723(2002)
5) Kuhn, A. : *FEMS Microbiol. Rev.*, 17, 185-190(1995)
6) Geller, B. L. *et al.* : *J. Biol. Chem.*, **260**, 13281-13285(1985)
7) Urbanus, M. L. *et al.* : *EMBO Rep.*, **2**, 524-529(2001)
8) Beck, K. *et al.* : *EMBO Rep.*, **2**, 709-714(2001)
9) van der Laan, M. *et al.* : *EMBO Rep.*, **2**, 519-523(2001)
10) Chen, M. *et al.* : *J. Biol. Chem.*, **277**, 7670-7675(2002)
11) Samuelson, J. C. *et al.* : *J. Biol. Chem.*, **276**, 34847-34852(2001)
12) Facey, S. J. *et al.* : *Eur. J. Biochem.*, **270**, 1724-1734(2003)
13) van der Laan, M. *et al.* : *Proc. Natl. Acad. Sci. USA*, **100**, 5801-5806(2003)
14) Samuelson, J. C. *et al.* : *J. Biol. Chem.*, **276**, 34847-34852(2001)

Ken-ichi Nishiyama 東京大学分子細胞生物学研究所 E-mail : unishiy@mail.ecc.u-tokyo.ac.jp

Function of YidC in the protein insertion into the cytoplasmic membrane of *E. coli*

리포단백질의 선택적 국재화기구

Kanamaru Kyoko (金丸京子)·Matsuyama Shin-ichi (松山伸一)·
Tokuda Hajime (德田 元)

세균의 세포표층에는 N말단의 Cys가 지질수식된 다수의 리포단백질이 존재해있고, 형태형성, 물질수송 등의 기능에 관여하고 있다. 대장균에는 약 90종류의 리포단백질이 존재하며, Sec 막통과장치를 통하여 세포질막을 통과한 다음, 지질수식과 신호펩타이드의 절단을 받아서 대부분이 외막에 수송되며, 일부가 내막에 머문다. 이들 리포단백질의 국재화에는 5가지의 Lol 인자(LolA, B, C, D, E)가 기능하는 것이 밝혀져 있다. 여기에서는 이 선택적 국재화에는 리포단백질과 대장균 인지질의 상호작용이 관여하고 있는 점과 Lol 인자의 구조와 기능에 대해서 유전학적, 생화학적, 결정학적 해석결과를 소개한다.

Key Words 대장균 리포단백질 선택적국재화 지질수식 ABC transporter

● 서론

Lol인자를 매개한 대장균 리포단백질의 내막 또는 외막으로 향한 선택적국재화는 몇 가지 단계로 나뉜다(그림1)[1~3]. 우선 지질수식된 외막리포단백질은 내막에 존재하는 ABC transporter LolCDE에 의해서 인식되며, ATP분해의 에너지와 carrier단백질 LolA에 의존하여 내막에서 유리한다. 수용성 periplasm 공간에서 LolA와 1:1의 수용성 복합체를 형성한 리포단백질은, 외막에 존재하는 수용체단백질 LolB에 인도되며, 그 후 외막에 삽입된다. 각각의 Lol인자의 기능을 해명하기 위해서 여러 가지 변이체가 얻어져서 해석되고 있다. 또한 LolA와 LolB 단백질에 대해서는 결정구조가 밝혀지게 되었다. 더욱이 LolCDE에 의한 인식에 중요한 리포단백질의 구조상의 특징이나 리포단백질의 선별에는 인지질과 상호작용이 관계된다는 것이 밝혀졌다. 여기에서는 최근 얻어진 이들 지식을 소개하고 Lol 인자의 기능에 대해서 고찰한다.

I. ABC transporter LolCDE

지질수식된 리포단백질의 막에서 유리하는 데 우선 중요한 것이 ABC transporter LolCDE이다[4]. LolCDE는 내막에서 1:2:1의 mole비(比)로 복합체를 형성하며, LolC, LolE가 막subunit, LolD가 ATP 결합subunit로서 기능하는 전형적인 세균형 ABC transporter이다(그림1)[5]. 그러나 다른 세균형 ABC transporter가 ATP분해의 에너지를 사용하여 막을 거치는 물질을 흡수 또는 배출하는 데에 대해서, LolCDE는 리포단백질의 막에서 유리를 촉매하는 점에서 기능적으로 독특한 ABC transporter이다. LolC와 LolE는 아미노산배열상 서로 26%의 상동성이 있고, alkaline phosphatase와 융합실험에서 어느 것도 4개의 막관통영역과 1개의 큰 periplasm영역을 가지는 구조적 유사성이 발견되었다. 그러나 *lolCDE* 유전자결손주의 해석결과로 봐서 어느 쪽도 리포단백질의 유리에 있어서 불가결하기 때문에 다른 기능

Kyoko Kanamaru[1], Shin-ichi Matsuyama[2], Hajime Tokuda[1], [1]東京大学 分子細胞生物学研究所, [2]立教大学 理学部生命理学科
E-mail : kanamaru@iam.u-tokyo.ac.jp smatsuya@rikkyo.ac.jp htokuda@iam.u-tokyo.ac.jp
Localization of lipoproteins in *Escherichia coli*

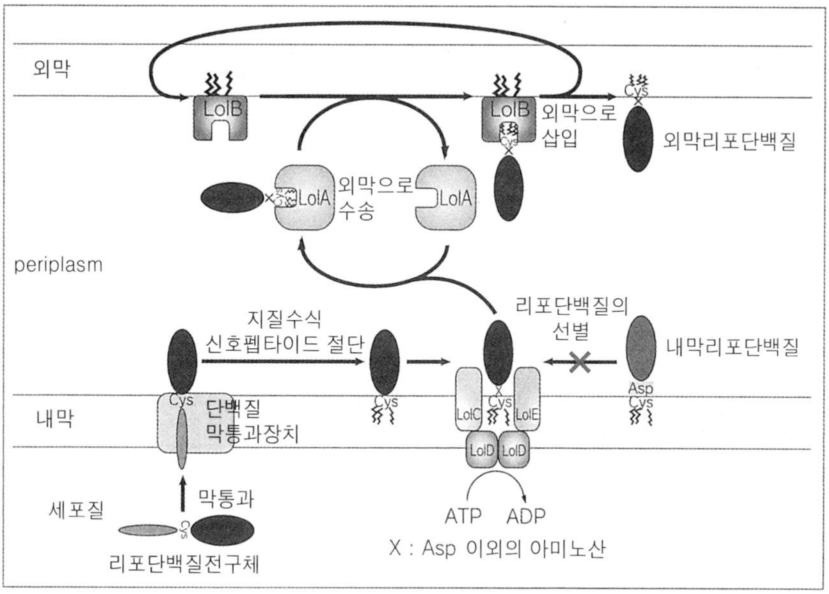

그림1. 리포단백질의 선택적 국재화 기구
내막에 존재하는 ABC transporter LolCDE. periplasm의 carrier단백질 LolA, 및 외막의 수용체단백질 LolB에 의해서 리포단백질의 선별과 막국재성이 일어난다.

을 담당하고 있다고 생각된다[6].

리포단백질은 성숙체의 첫 번째의 Cys가 지질수식받아서 막에 박혀 있다. 리포단백질이 내막에 머물지 Lol인자에 의해서 외막에 수송될 지는 Cys의 다음(+2자리)의 아미노산이 Asp인가 다른 것인가에 의해서 결정된다(+2 rule)(그림1)[7, 8]. 더욱이 +2자리의 Asp에 의해서 리포단백질이 내막에 머물기 위해서는 +3자리의 아미노산잔기도 중요하다[8]. 90종류의 리포단백질 중, 8종이 +2자리에 Asp를 가지고 내막에 국재한다. 이들 +3자리는 Asp(5종), Gln(2종), Arg(1종)에 한정되어있다. 한편 외막에 수송되는 모든 리포단백질에서는 +2자리가 Asp이외의 아미노산잔기이다. 최근 그의 선택적 수송능이 변화한 때문에 내막국재화신호를 가지는 리포단백질을 외막에 수송하는 변이주를 얻었다[9]. 변이는 LolC에 생겼고 40번째의 Ala가 Pro로 치환하여 있었다(LolC(A40P)변이체). 이 변이 LolC 단백질은 SDS-PAGE에 있어서 야생형 LolC에 비해서 영동도가 느린 점, 또한 LolD에 His꼬리표(tag)를 붙인 LolCDE 복합체를 정제하면, LolDE와 함께 회수되어 오는 양이 적은 점으로 봐서 한 개 아미노산치환에 의해서 큰 구조변화가 생기며, LolD나 LolE와 상호작용이 저하함과 함께 내막국재화 리포단백질을 막에서 유리시키도록 한 것이라고 생각된다.

많은 ABC transporter는 기질을 인식하면 자신의 ATP분해활성을 상승시켜서 그의 에너지를 이용하여 막을 미개한 물질수송을 행한다. 리포단백질의 막으로부터 유리에도 LolCDE에 의한 ATP분해에너지가 필요하다[4, 10]. ATP분해활성이 LolCDE의 기질인식으로부터 유리까지의 어디에서 필요한 지 아직 밝혀져 있지 않다. LolC(A40P)변이체는 기질인식과 ATP분해활성의 관계를 밝히기 위해서 유용하다고 여겨지지만, 아직 유리활성을 가진 복합체를 정제하지 못했다.

ATP결합subunit인 LolD의 homolog는 세균에 널리 존재하며, LolD motif라고 부르는 높은 아미노산 상동성 나타내는 영역이 존재하고 있다[4]. 이 영역의 96번째의 His가 Pro(H96P), 97번째의 His가 Thr(H(&T)로 각각 치환한 변이LolD는 야생형LolD와 같은 정도의 ATP분해활성을 나타내는데, LolCE와 복합체를 형성하면 ATP분해활성은 현저하게 낮게 된다. 이것은 복합체를 형성했을 때에 LolD motif가 막subunit와 기능적 상호작용 혹은 에너지전달에 관여하고 있음을 시사하고 있다.

II. 리포단백질 선택적 국재화 신호의 기능

대장균 리포단백질은 신호펩타이드를 가지는 전구체로서 합성되며, Sec 막통과장치를 매개하여 세포질막을 통과한 다음[11], 3개의 막내재성효소에 의

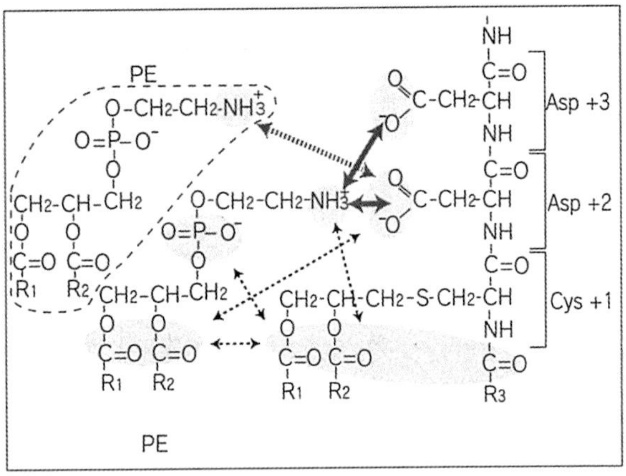

그림2. 내막 리포단백질과 대장균 인지질의 상호작용 그림

Lol 회피신호(=2, +3자리가 Asp)의 부(-)전하와 phosphatadyl ethanolamine(PE)의 정(+)전하의 정전기적 상호작용(굵은 화살표)과, PE와 +1자리의 Cys 사이의 수소결합(가는 화살표)을 나타냈다(상세한 것은 본문 참고). 한편 +2자리의 측쇄가 긴 Glu의 경우, 점선으로 둘러싼 PE와 정전기적 상호작용은 형성되지만, 이 PE는 +1의 Cys와 수소결합하고 있는 PE와 다르다고 생각된다.

해서 차례로 diacyl glycerol의 부가, 신포펩타이드의 절단, acyl기의 부가를 받아서 성숙체로 된다(Tokuda(德田)의 총론참고)(그림1)[12]. 외막국재화 리포단백질이 LolCDE에 의해서 인식되기 위해선 최종단계에서 *N*-acyl전이효소에 의한 apo형 리포단백질에 대한 acyl기 부가가 불가결하다[13]. 내막국재화 신호를 가지는 리포단백질도 acyl기가 부가되기 때문에 국재화신호는 acyl기 부가에 영향을 미치지 않는다[13].

대장균의 리포단백질 Pal은 +2자리가 Ser이며 외막에 수송되는데, 이 Ser가 Asp로 변한 Pal(D)은 내막에 머물게 된다. 다른 외막 리포단백질 L10P의 유리는 과잉양의 Pal에 의해서 방해받는데, 과잉양의 Pal(D)로는 영향받지 않는 점으로 봐서 내막국재화 신호는 LolCDE에 의해서 인식되지 않는 Lol 회피신호(Lol avoidance signal)라고 생각된다(그림1)[10]. 따라서 전술한 LolC(A40P)변이체는 인식할 수 없는 내막국재화 신호를 인식할 수 있게 된(gain-of-function)변이체이다. 그렇다면 +2자리의 Asp는 어떻게 하여 LolCDE에 의한 인식을 방해할 수 있을까? 야생형의 =2자리를 Cys로 바꾸어(여전히 외막국재화 신호로서 기능) 여러 가지 수식시약으로 수식함에 따라 +2자리의 구조를 변화시켜도 대개의 수식은 LolCDE에 의한 인식을 방해하지 못했다[14]. 그러나 Cys를 과개미산(performic acid)*1으로 처리하여 cysteine산(cysteic acid)으로 바꾸면, 내막에서 유리하지 않는 Lol회피신호로 되었다. 한편 부전하(−)를 가지는 Glu가 +2자리에 있어도 외막국재화신호이다. 이들 결과로 봐서 Lol회피신호로 되기 위해서는 부전하와 주쇄의 α 탄소원자까지의 거리가 중요한 요소이라고 생각된다. 이 거리는 Asp에서 2.72~3.69Å, cysteic acid에서 2.87~ 3.95Å, Glu에서는 4.24~4.95Å이다[14]. 또한 +2자리는 막외로 노출하고 있지 않는다는 걸 나타내는 결과로 봐서, 부전하와 막을 구성하는 인지질간에 어떤 상호작용이 있다고 추정되었다. 그래서 대장균인지질의 7−8할을 차지하는 phosphatidyl ethanolamine(PE)의 정전하를 amine 특이적 수식시약으로 제거한 대장균 인지질을 사용하여 proteoliposome을 재구성했을 때, 내막리포단백질의 유리가 인정되었고, PE의 amine의 정전하와 내막국재화 리포단백질 +2자리 의 부전하와 상호작용이 중요한 것을 알게 되었다(**그림2**)[14]. PE는 더욱이 +1자리의 Cys와 수소결합하여 안정한 리포단백질−PR 복합체가 형성된다고 생각되는데, 이 복합체에서는 acyl 기가 5개 존재하므로써 LolCDE에 의한 인식을 회피한다고 추측된다.

III. 리포단백질의 carrier 단백질 LolA, 수용체단백질 LolB

LolCDE에 인식된 리포단백질은 ATP분해에너지를 이용하여 LolA에 인도되어 LolA와 1:1의 mole 比의 수용성복합체로서 periplasm공간을 통과하여 외막에 존재하는 LolB를 거쳐서 외막에 삽입된다(그림1)[15, 16]. 최근 LolA, LolB의 X선 결정구조해

*1 개미산(formic acid)과 과산화수소를 실온에서 혼합하여 제조한다. 단백질의 S−S결합을 산화적으로 절단하는 시약으로서 사용되고 있다. F. Sanger가 insulin의 구조결정을 할 때 개발했다.

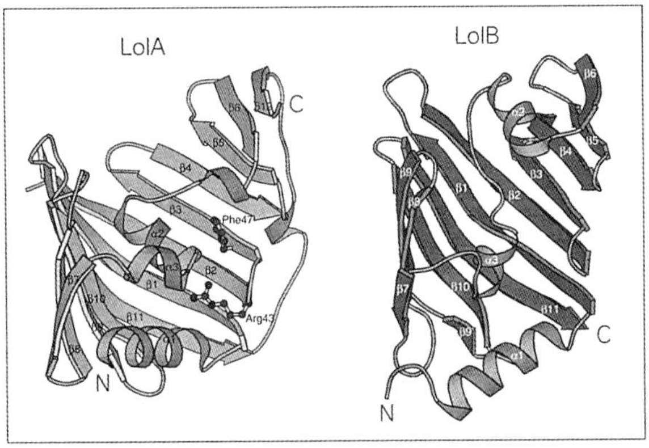

그림3. LolA, LolB의 X선 결정구조해석
LolA, LolB는 각각 1.65Å, 1.9Å의 분해능으로 입체구조가 결정되었다. 상세한 것은 본문참고하세요.

석이 이뤄져서 입체구조가 밝혀졌다[17]. 아미노산수준에서 양자는 10%정도의 상동성인데, 구조는 아주 닮았으며, 어느 쪽도 3개의 α-helix를 포함한 2개의 loop와 11개의 β쇄로 구성되는 역평행 β-sheet로 되어있다(그림3). β-sheet의 부분에서 cavity를 형성하여 안쪽은 소수적, 바깥쪽은 친수적인 아미노산잔기로 구성되어 있어서, 리포단백질의 지질부분이 LolA, LolV의 cavity의 안쪽에서 상호작용하고, 전체적으로 친수성의 구조를 취한다고 여겨진다. 더욱이 α-helix를 포함한 loop가 소수적인 cavity의 뚜껑과 같이 덮여있다. LolA에서는 2번째와 3번째의 β쇄의 사이에 있는 43번째의 Arg가 loop의 아미노산잔기와 수소결합을 형성하고 있으므로 cavity의 뚜껑은 닫혀져 있다. 리포단백질을 결합할 때에는 이 뚜껑이 열린다고 생각된다. 뚜껑을 열기위해서는 ATP 가수분해에너지가 LolD에서 LolCE로, 즉 내막의 바깥쪽에 전달되어 사용된다고 추측하고 있다. 한편 LolB의 cavity의 뚜껑은 열려있기 때문에 ATP가 존재하지 않는 periplasm공간에서도 LolA-LolB 상호작용에 의해서 리포단백질의 인도가 가능한 것이겠지.

LolA, LolB의 기능을 더한층 해명하기 위하여 변이체의 취득과 기능해석이 진행중이다. LolA의 F47E 변이체는 LolCDE로부터 리포단백질을 받을 수 없다[18]. R43L변이체에서는 수소결합을 할 수 없어서 cavity의 뚜껑이 닫히지 않는다고 예상하고 있다. 한편 F47E변이체에서는 loop의 잔기의 사이에 더욱더 수소결합이 생겨서 닫힌 구조가 안정화되는 것은 아닌가하고 추측된다. LolA와 LolCDE, LolB 혹은 리포단백질의 상호작용에 관해서는 변이체의 해석에 의해서 상세한 것이 밝혀지게 될 것으로 기대하고 있다. 또한 LolB가 리포단백질을 외막에 삽입시키는 기구는 모르나 현재 이 기능에 결함을 가진다고 생각되는 변이체를 해석중이다.

● 끝맺음

全염기배열의 결정에 의해서 대장균에는 100종류 이상의 리포단백질이 존재한다고 추측되지만, 기능이 밝혀진 것은 일부이다. 필자들의 연구그룹에서는 그들 모두를 클로닝하고 번역산물이 지질수식되는가에 대해 알아보는 연구를 통하여 적어도 90종류의 리포단백질이 존재하는 것을 밝히게 되었다. 현재 결실변이주의 취득에 따라서 각각의 기능해명을 진행하고 있다. 필수리포단백질이나 결손에 의해서 균의 형태변화, 외막단백질의 합성결손, 약제나 온도에 대한 감수성상승을 일으키는 것이 밝혀지게 되었다(미발표데이터). Lol인자에 의한 리포단백질국재화기구의 상세한 내용과 함께 국재화한 리포단백질이 대장균의 증식이나 세포구조의 형성에 어떻게 공헌하고 있는가가 앞으로 밝혀지게 될 것이다.

Q 외막리포단백질의 결합의 친화성은 LolA→LolB→외막의 순으로 강하다고 생각되는데, 어떻게 하여 LolA→외막과 끊어지지 않는가?

A 결정구조에서 리포단백질결합의 친화성은 LolB의 편이 LolA보다 높다고 생각된다. 생화학적 해석결과도 이것을 지지한다. 또한 리포단백질은 외막에서 훨씬 안정하게 존재한다고 생각된다. LolB에는 외막에 리포단백질을 삽입하는 기능이 있다고 예상하며, 이것을 실험적으로 증명하려고 시도하고 있다. 한편 LolA에는 리포단백질을 막에 삽입하는 기능이 없음은 실험으로 이미 증명하였다.

Q 세균에 널리 리포단백질이 존재하는 이유는 무엇인가?

A 그램음성세균의 외막단백질은 내막통과에 지장이 없는 양친매성의 β구조를 가지는 단백질이

든가 내막통과 후에 지질수식된 리포단백질이다. 외막을 가지지 않는 그램양성세균에서도 단백질을 막에 유지하기 위하여 지질수식된 리포단백질이 존재한다고 여겨진다. 그램음성세균의 periplasm에 존재하는 기질결합단백질에 상당하는 단백질은 그램양성세균에서는 리포단백질이다. 이와 같이 세균에서는 단백질의 막국재화에 지질수식이 널리 이용되고 있다.

Q 90종류의 리포단백질의 모든 결실변이주를 취득중인데, 이제까지 얻은 변이체의 중에서 특히 흥미깊은 표현형에는 어떤 것이 있는가?

A 필수의 리포단백질은 LolB를 포함한 소수의 것이다. 그러나 리포단백질의 종류에 의해서는 결실하면 생육이 온도 혹은 약제에 감수성으로 되는 것, 분열할 수 없게 되는 것, 운동성을 잃는 것 등이 있다.

문헌

1) 徳田 元・松山伸一：蛋白質 核酸 酵素，**46**, 1221-1227(2001)
2) 徳田 元：生化学，**75**, 109-118(2003)
3) 松山伸一・徳田 元：実験医学，**21**, 874-879(2003)
4) Yakushi, T. *et al.* : *Nat. Cell Biol.*, **2**, 212-218(2000)
5) Schneider, E., Hunke, S. : *FEMS Microbiol. Rev.*, **22**, 1-20(1998)
6) Narita, S. *et al.* : *J. Bacteriol.*, **184**, 1417-1422(2002)
7) Yamaguchi, K. *et al.* : *Cell*, **53**, 423-432(1988)
8) Terada, M. *et al.* : *J. Biol. Chem.*, **276**, 47690-47694(2001)
9) Narita, S. *et al.* : *Mol. Microbiol.*, **49**, 167-177(2003)
10) Masuda, K. *et al.* : *Proc. Natl. Acad. Sci. USA*, **99**, 7390-7395(2002)
11) Pugsley, A. P. : *Microbiol. Rev.*, 57, 50-108(1993)
12) Sankaran, K., Wu, H. C. : *J. Biol. Chem.*, **269**, 19701-19706(1994)
13) Fukuda, A. *et al.* : *J. Biol. Chem.*, **277**, 43512-43518(2002)
14) Hara, T. *et al.* : *J. Biol. Chem.*, **278**, 40408-40414(2003)
15) Matsuyama, S. *et al.* : *EMBO J.*, **14**, 3365-3372(1995)
16) Matsuyama, S. *et al.* : *EMBO J.*, **16**, 6947-6955(1997)
17) Takeda, K. *et al.* : *EMBO J.*, **22**, 3199-3209(2003)
18) Miyamoto, A. *et al.* : *Biochem. Biophys. Res. Commun.*, **287**, 1125-1128(2001)
19) Miyamoto, A. *et al.* : *FEBS Lett.*, **528**, 193-196(2002)

Column

외막단백질의 수송

Matsuyama Shin-ichi (松山伸一)·Tokuda Hajime (德田 元)

● 서론

대장균을 위시한 그램음성세균의 외막은 인지질이 내엽에, 리포다당(LPS)은 외엽에 국재하는, 비대칭적인 지질 이중층으로 단백질이 삽입된 구조를 하고 있다. 대장균K-12균주의 외막에는 친수성저분자의 통과공(孔)을 형성하고 있는 OmpC, OmpF, LamB, PhoE 이나 세포표층구조의 유지에 기여하고 있는 OmpA가 각각 세포당 105분자 존재하고 있으며, 주요외막단백질이라고 부르고 있다. 이들 단백질은 외막을 8~18회 관통하고 있는 내재성(內在性) 막단백질인데, 막관통영역은 소수성아미노산잔기가 연속하는 α-helix구조는 아니고, 친수성아미노산과 소수성아미노산이 교차하여 병행하는 양친매성(兩親媒性)의 β구조이다. 이 β구조가 원통형으로 병행하여 β-barrel라고 하는 존상(樽狀, 가운데가 뚱뚱한 통 모양)의 입체구조를 막가운데에 형성하고 있다. 외막단백질은 신호펩타이드를 가진 전구체로서 세포질에서 합성되며, Sec단백질막통과장치를 매개하여 내막을 통과한다. 내막을 통과한 외막단백질은, 예전에는 내막과 외막의 융합부위를 통하여 외막에 운반된다고 생각된 시기도 있었는데, 현재로는 수용성의 환경인 periplasm 공간을 통하여 외막으로 국재화하는 경로가 실험적으로 지지받고 있다(그림 1).

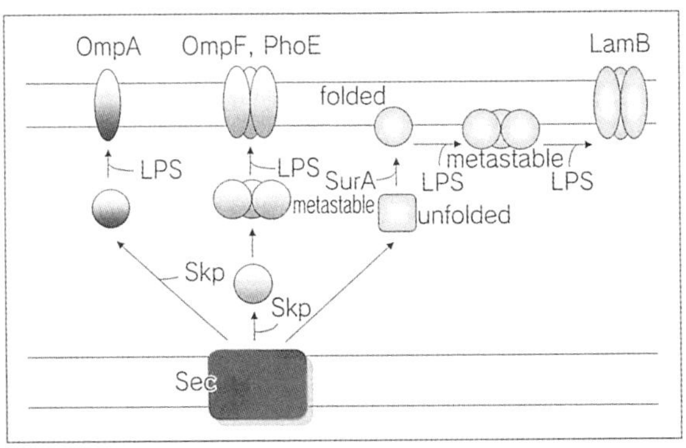

그림1. 외막단백질의 국재화기구

대장균을 lysozyme 처리하여 외막을 제거한 spheroplast로 합성된 OmpF나 PhoE는 배지중에 수용성의 단량체로서 분비된다. 이 단량체를 외막과 반응시키면 native OmpF나 PhoE로 보이는 듯한 SDS내성의 3량체로 변화되는 점으로 봐서, 이 단량체는 국재화의 중간체를 형성하기 전에 항(抗)OmpF 3량체 항체에는 반응하지만, SDS존재하에서 단량체로 해리해버리는 [metastable trimer]를 형성하고 있는 점이 발견되었다. OmpF의 metastable 3량체는 LPS의 변이주나 합성저해에 의해서 periplasm에 축적하는 점으로 봐서, LPS는 metastable 3량체에서 SDS내성의 3량체로의 변환에 중요한 점이 밝혀지게 되었다. 이 결과는 외막으로 향하는 표적화에는 반드시 3량체일 필요가 없다는 걸 나타내고 있다. LamB의 경우에는 단량체에서 metastable 3량체, metastable 3량체에서 SDS내성의 3량체로 변환하는데에 LPS가 관여하고 있는 것을 나타내는 결과가 얻어졌다(이하는 문헌 1을 참조).

periplasm공간에는 외막단백질의 표적화나 표적화에 관여하는 인자로서 SurA, PpiD, DegP, Skp 등이 존재하고 있다. peptidyl prolyl *cis-trans* isomerase(PPIase)인 SurA[2]나 PpiD[3]이 고갈하면, 올바르게 외막에 단백질이 삽입되지 않고, 외막단백질이 현저하게 감소했다. 또한 *surA*변이주의 해석을 통하여, LamB는 unfolded 단량체로부터 folded 단량체를 거쳐서 metastable 3량체가 형성되는 점, unfolded 단량체에서 folded 단량체로의 변환에 SurA가 관여하고 있는 점이 밝혀지게 되었다[2]. SurA 단백질은 PPIase 이외에 샤페론으로서의 기능을 가지고 있다. PPIase활성을 결핍한 SurA는 야생형 SurA와 꼭같이 외막단백질에 특이적으로 결합할 수가 있으며, *surA*변이주에 있어서 외막단백질 국재화의 결손을 상보할 수 있었다[4]. 따라서 외막단백질의

표1. 대장균의 외막단백질의 국재화에 관여하는 단백질인자

단백질인자	세포내국재	기능
SurA	periplasm	샤페론/PPIase
PpiD	내막	PPIase
DegP	periplasm	샤페론/protease
Skp	periplasm	샤페론
YaeT	외막	LPS 수송에 관여하는 Neisseria Omp85의 homolog
Imp/OstA	외막	외막구성성분의 생합성?

국재화에는 SurA의 PPIase활성보다도 샤페론활성의 편이 더욱 중요하다고 말할 수 있다. 큰 periplasm 영역을 가지는 내막단백질 PpiD는, *surA*변이주의 multicopy suppressor로서 동정된 PPIase이다[3]. *surA*와 *ppiD*의 2중변이는 치사성을 나타낸 점에서, 이 두 가지의 단백질은 외막단백질의 국재화의 중요한 세포기능을 중복하여 담당하고 있다고 생각된다.

DegP는 protease활성과 샤페론활성의 양쪽을 가지고 있고, 고온에서는 protease활성이, 저온에서는 샤페론활성이 우세하게 된다. 올바르게 폴딩되지 못한 외막단백질의 분해를 담당하고 있으며, 42℃에서는 생육에 필수이다. *degP*와 *surA*의 이중변이주는 23℃이상의 온도에서는 치사을 나타냈는데, protease활성만을 결실한 DegP의 발현에 의해서 37℃ 이하에서는 생육할 수 있게 되었다[5]. 이것은 37℃이하에서는 SurA, 또는 DegP의 샤페론활성이 필수인 것을 나타내고 있다. Skp는 외막단백질에 결합하는 periplasm인자로서 동정되었다. *skp*변이주에서는 외막단백질의 감소가 관찰되며, *surA*과의 이중변이주는 생육할 수 없었다[5]. Skp는 내막을 통과한 PhoE에 결합함으로써 외막단백질이 periplasm에서 가용화상태를 유지하고, 응집하지 않도록 작용하고 있다고 생각되고 있다[6]. *In vitro*에서 OmpA의 폴딩실험에서 Skp와 LPS가 결합한 unfolded OmpA는 인지질막소포의 존재로 효율좋게 native 폴딩하는 것이 발견되었다. 이들 결과로 봐서 외막단백질은 샤페론과 LPS가 결합한 상태로 외막에 국재화한다고 시사되었다[7].

최근 *Neisseria*(임균)의 외막단백질 Omp85가 인지질과 LPS의 외막으로 가는 수송에 관여하고 있는 것이 밝혀졌다[8]. Omp85의 homolog는 그램음성세균에 널리 존재하는 점으로 봐서 대장균의 homolog인 YaeT도 같은 기능을 가지다고 여겨진다(**표1**). 또한 한편으로는 Omp85가 변성상태의 외막단백질과 결합하는 것이 보고되어있고[9], 외막단백질국재화와의 관련에도 흥미가 기대된다.

외막단백질의 최후(C말단)의 막관통영역은 외막국재화에 특히 중요하다. 그의 C말단의 phenylalanine은 종을 넘어서 보존되어 있고, 이것을 결실 또는 친수적인 아미노산에 치환하면 외막으로 올바르게 국재화할 수 없게 된다10). 따라서 이 영역은 외막으로 가는 국재화신호로서 기능을 담당하고 있다고 생각되고 있는데, 이 영역을 특이적으로 인식하는 인자는 아직 발견되지 않고 있다.

periplasm공간에는 ATP 등의 에너지원은 없다. 외막단백질이 막에 삽입될 때 에너지는 필요로 하지 않는지는 현재로서는 모른다.

Q 외막 삽입의 *in vitro* 재구성계는 어느 정도 확립하고 있는가?

A *In vitro*에서 외막단백질을 막에 삽입시키고, 그 배향성이나 기능을 해석하는 실험계는 확립되어 있지 않다. OmpA의 경우에는 상온에서 SDS내성의 β구조가 형성되는 지 어떤지, 그리고 OmpF, LamB 등의 경우에는 상온에서 SDS내성의 3량체구조가 형성되는 지 어떤지, 현재로써는 유일한 국재화 반응의 지표로서 이용되고 있다.

Q 외막단백질의 구조변환에 있어서 LPS의 작용은 어떠한 기구이라고 생각되는가?

A LPS는 샤페론같은 기능을 담당하고 있다고 여겨지고 있지만, 상세한 것은 모른다. LPS와 인지질의 영향을 개별적으로 해석하게 된 것은 아주 최근의 일인데, LPS의 관여를 조사한 지금까지의 연구에서는 인지질의 영향이 그다지 고려되지 않았다. 외막단백질의 구조변화에는 LPS만이 아니라 인지질도 관여하고 있을 가능성이 있다.

문헌

1) Tokuda, H., Matsuyama, S. : " Protein targeting and translocation", (Phoenix, D. A., ed.), p.105-119, Portland Press(1998)
2) Rouviére, P. E., Gross, C. A. : *Genes Dev.*, **10**, 3170-3182 (1996)
3) Dartigalongue, C., Raina, S. : *EMBO J.*, **17**, 3968-3980(1998)
4) Behrens, S., Maier, R., de Cock, H., Schmid, F. X., Gross, C. A. : *EMBO J.*, **20**, 285-294(2001)
5) Rizzitello, A. E., Harper, J. R., Silhavy, T. J. : *J. Bacteriol.*, **183**, 6794-6800(2001)
6) Schäfer, U., Beck, K., Müller, M. : *J. Biol. Chem.*, **274**, 24567-24574(1999)
7) Bulieris, P., Behrens, S., Holst, O., Kleinschmidt, J. H. : *J. Biol. Chem.*, **278**, 9092-9099(2003)
8) Genevrois, S., Steeghs, L., Roholl P., Letesson, J. J., van der Ley, P. : *EMBO J.*, **22**, 1780-1879(2003)
9) Voulhhoux, R., Bos, M. P., Geurtsen, J., Mols, M., Tommassen, J. : *Science*, **299**, 262-265(2003)
10) Struyvé, M., Moons, M., Tommassen, J. : *J. Mol. Biol.*, **218**, 141-148(1991)

Shin-ichi Matsuyama[1], Hajime Tokuda[2], [1]立教大学理学部生命理学科, [2]東京大学分子細胞生物学研究所 E-mail : smatsuya@rikkyo.ac.jp

Transport of outer membrane proteins

II. 단백질수송

병원성세균 effector의 숙주세포로의 여행

Abe Akio (阿部章夫)

병원세균의 단백질 가운데는 그 일생의 반을 숙주세포안에서 보내는 것이 존재한다.그 안에서도 숙주의 생리기능에 영향을 끼치는 기능성단백질은 effector라고 총칭된다. effector는 병원성발휘에 중요한 역할을 담당하고 있으며, 장관(腸管) 병원성 대장균 (enteropathogenic *Escherichia coli* : EPEC)에 있어서는 설사 야기에 관여한다. 또한 effector-숙주이동의 기구는 아주 특이하다. 균체외에 구축되는 바늘모양의 고차구조가 숙주세포막을 관통하고, 그 안을 effector가 통과하여 숙주내로 이동한다. 이 원고에서는 EPEC effector의 생활환과 숙주내에서의 역할에 대해서 해석한다.

keyWords type III 분비장치 장관병원성대장균 effector 샤페론

● 서론

EPEC는 유유아(乳幼兒)에게 설사를 발증(發症)시키는 병원성대장균이며, type III 분비장치를 사용하여 세균유래단백질을 숙주내로 이동시킨다. 필자는 British Columbia 대학에서 1995년부터 4년간 유학하면서 Fimley의 연구실에서 EPEC연구에 종사했다. EPEC의 type III 분비장치와 병원성의 관련을 조사하는 일이 필자의 연구테마이었다[1]. 현재로는 이 분비장치를 이용하여 숙주로 이동하는 Tir가 설사야기인자라고 알려져 있다[2,3]. 그러나 Tir가 effector로서 인식되기까지는 긴 세월이 필요했다.

I. Tir 발견의 역사적 경위

필자의 유학장소에서 Tir가 동정된 경위는 다음과 같다. EPEC를 배양세포에 감염시키면, 90K의 숙주측인자의 tyrosine잔기가 인산화되며, 이에 수반하여 숙주세포골격의 재편성이 유도된다. 이 90K의 숙주측인자는 Hp90이라고 명명되었다[4]. Hp90의 인산화는 type III 분비장치에 의존하며, 이 장치의 결손주를 배양세포에게 감염시켜도 Hp90의 인산화는 유도되지 않는다. 이런 점 때문에 Hp90은 EPEC감염에 있어서 중요한 인자라고 추론되었다. 그래서 이 단백질의 정제가 시도되었고, 동정하기 위하여 온갖 항체가 시도되었다. 이러한 열의에도 불구하고 Hp90은 쉽게 자태를 나타내지 않았다. 왜냐하면 Hp90은 숙주측 인자는 아니었기 때문이다.

후에는 Hp90은 translocated intimin receptor (Tir)라고 개명되었다[5]. Tir는 세균유래의 단백질이며, type III 분비장치를 매개하여 숙주로 이동한 다음, 세포막에 anchor하며, 숙주측의 수용체인 듯이 춤춘다. 당초 Tir를 숙주측인자라고 믿고 있었기 때문에 있지도 않는 숙주측인자의 탐색 때문에 수년이 허비되었다. 누구도 절망한 듯이 되어버린 어느날 post-doc인 Kenny가 Hp90은 세균유래일지도 모른다고 주장하기 시작했던 것이다. EPEC에 감염한 환자혈청이 EPEC배양상청액중의 72K의 분비단백질과 Hp90(90K)에 반응한 것이 그의 가설의 근거이었다. 그러나 분자량에 명백한 차이가 있었으므로 그의 가설은 부정적으로 취급되었다. 그래도 그는 지론을 포기하지 않고 데이터를 축적시켜나갔다. 그의

Akio Abe, 北里大学北里生命科学研究所細菌感染制御学研究室 E-mail : abe@lisci.kitasato-u.ac.jp
Passage of bacterial effectors into the host cell

가설은 [만약~이라면] 이라는 것이 되어, 다른 post-doc과 협력하면서 결국 Tir를 동정할 수 있었다[5]. Tir는 72K의 단백질이지만, 숙주측인자의 수식을 받으면 90K로 바뀐다는 성질이 해석을 지진하게 만든 원인이었다. 우여곡절이었지만, 숙주로 이동한 수용체로서 기능하는 최초의 세균인자의 발견이 되었다.

II. EPEC의 병원성과 effector의 관련

경구섭취된 EPEC는 소장에 부착한 다음, 상피세포의 미(微)융모를 파괴하고, 세균부착하부에 대좌양(臺座樣)구조를 형성한다(**그림1**). 이 병리학적 괴변(壞變)은 attaching and effacing(A/E) 상해(傷害)라고 정의되고 있다[6]. 필자는 유학연구실에서 A/E의 형성은 type III분비장치에 의존하며, 이 형성이 설사발증에 직접 관여한다는 것을 증명했다[1]. A/E상해형성의 유도는 병원성유전자cluster(집단)의 locus of enterocyte effacement(LEE)에 규정되고 있고, intimin, type III 분비장치와 그것에 의해서 분비되는 Tir, Esp(EPEC-secreted protein)단백질군, Map 등을 코드한다. effector의 숙주이동에 선행하여 EspB와 EspD가 type III 분비장치를 매개하여 숙주세포막으로 이동하고, 막에 구멍을 형성하는 인자로서 기능한다(그림1a). type III 분비장치에 의한 가교구조와 숙주막상의 구멍형성이 완료하면, effector의 숙주이동이 가능하게 된다. 이제까지 동정된 EPEC effector는 Tir, EspF, EspG, EspH, Map인데, A/E장해의 형성에 직접 관계하는 분자는 Tir이다.

III. Tir의 세균안에서의 생활환

숙주안에서 기능하도록 디자인된 effector는 세균내에서 불안정한 경우가 많다. 그 때문에 effector는 샤페론과 복합체를 형성하고, 세균내에서 보호된다. 필자는 *tir*하류에 존재하는 *orfU*를 파괴하면 세균내에서 Tir가 극단적으로 불안정하게 되는 것을 발견했다. 더욱이 *orfU*유전자산물은 Tir N말단의 100잔

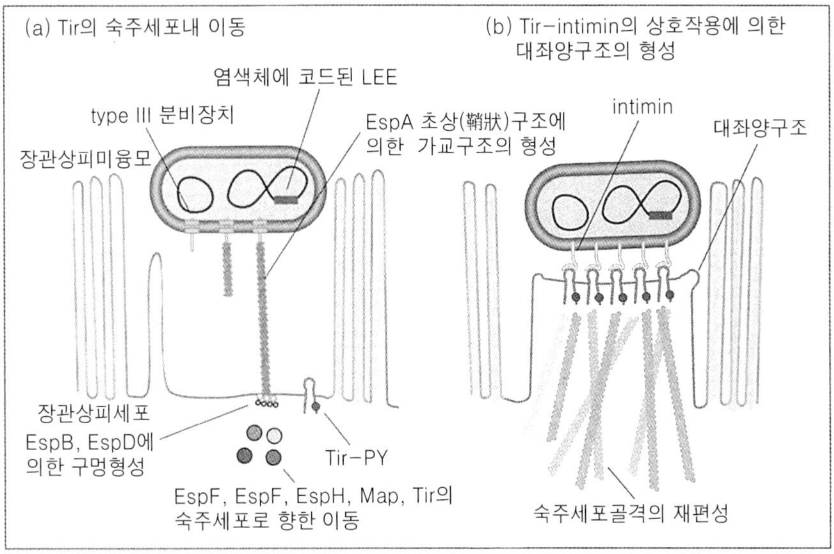

그림1. EPEC에 의한 대좌양구조의 형성
장관상피미융모에 부착한 EPEC는 type III 분비장치에 의해 EspA를 분비한다. EspA는 분비장치의 바늘선단부에 부착한 후, 중합하여 초상구조를 가지는 type III 분비장치가 세균과 숙주간에 가교구조를 형성하고, 이 구조를 매개하여 구멍형성인자가 숙주세포막으로 이동한다. 숙주막에 구멍이 형성되면, 가교구조를 매개하여 effector의 숙주이동이 가능하게 된다(a). EPEC의 막단백질인 intimin과 숙주로 이동한 Tir가 상호작용하는 것으로 세균부착하부에 세포골격형성에 관계하는 인자가 축적하고, 대좌양구조가 형성된다(b).

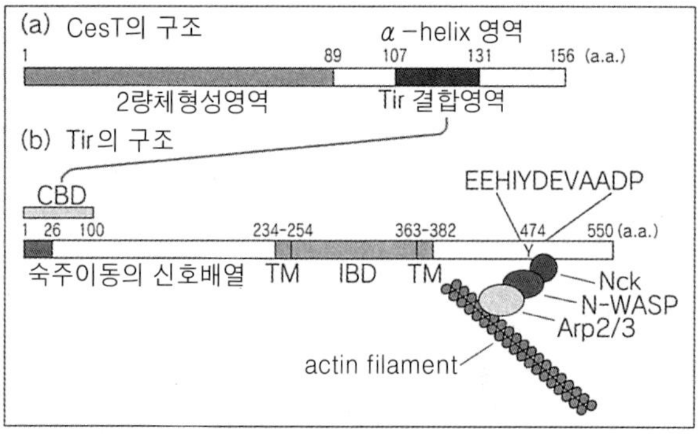

그림2. CesT 샤페론과 Tir effector의 구조

CesT의 N말단측에는 2량체형성에 관계하는 영역이 존재하며, 한편 C말단측에는 Tir와의 결합영역이 존재한다. Tir는 N말단의 26아미노산잔기내로 숙주이동신호가 존재하며, 더욱이 N말단의 100아미노산잔기내의 CesT결합영역(CesT binding domain: CBD)가 존재한다. Tir는 숙주로 이동하면 2가지의 막관통영역(transmembrane domain: TM)을 매개하여 숙주세포형질막에 국재한다. TM에 좁혀진 영역은 intimin과 결합하는 영역(intimin binding domain: IBD)이고, 세포외 loop를 형성한다. Tir는 숙주측인자에 의해서 tyrosine잔기가 인산화되며, 이 인산화수식과 tyrosine잔기의 주변부영역(EEHIYDEVAADP)을 인식하고 숙주 adaptor단백질의 Nck가 결합한다.

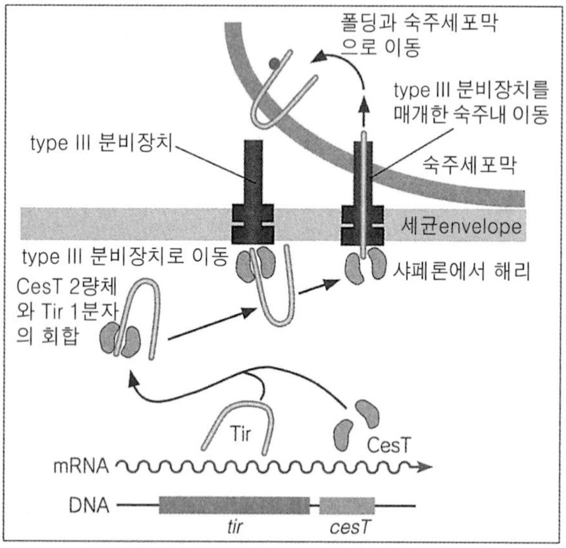

그림3. Tir와 CesT의 동태

샤페론을 코드하는 유전자는 많은 경우 effector유전자부근에 위치한다. CesT의 경우도 예외는 아니고, tir직(直)하류에 *cesT*가 존재하고, 같은 mRNA로 전사된다. CesT는 homo 2량체를 형성하고, 이것이 Tir 1분자가 결합하고 있다. Tir가 숙주로 이동하는 경우는 CesT에서 해리하며, type III 분비장치를 이용하여 숙주내로 이동한다.

기와 결합하는 것, OrfU-Tir의 상호작용은 1:1이 아니라 몇가지의 복합체를 형성하고 있는 것을 밝혔다(**그림2**). OrfU는 Tir의 특이적 샤페론인 점이 강하게 시사되었기 때문에, CesT(chaperone of *E. coli* secreted Tir)로 개명했다[7]. CesT는 C말단측에 존재하는 α-helix 영역을 매개하여 Tir와 결합한다[8](그림2). X선구조해석의 결과, CesT의 2량체와 Tir 1분자가 결합하는 것이 추측되어[9], 이후의 연구에서 이 2량체형성에는 CesT의 N말단영역이 관여하는 것이 밝혀졌다[8](그림2, **그림3**). 흥미로운 점은 Tir는 CesT와 복합체를 형성하고 있는 상태에서도 intimin과 결합가능했다. Elthinia의 effector에 있어서도 같은 보고가 되어 있고[10], [세균내에서 샤페론과 상호작용하고 있는 effector는 원래의 활성을 가지지 않고, unfold한 상태에서 존재한다]고 하는 이제까지의 가설은 계속하여 부정되고 있다.

Tir는 세균내에서 CesT와 복합체를 형성하고 있는데, type III 분비장치에 의해서 균체외로 분비되는 경우는 CesT에서 해리한다(그림3). Tir의 균체외분비에 필요한 신호배열은 N말단측에 존재한다. 흥미로운 것은 CesT 결손주로 실험을 하면 Tir의 분비에 필요한 영역은 N말단측의 26아미노산잔기에 국한되는데(그림2), CesT가 존재하면 142잔기의 N말단영역이 필요했다[11]. 샤페론의 유무로 분비에 필요한 신호배열의 인식이 변화하는 이유에 대해서는 아직 모른다.

IV. Tir의 숙주이동시스템으로서 type III 분비장치

Type III 분비장치의 고차구조는 세포내 기생세균의 *Salmonella*[12]와 이질균[13]이라고 보고되어있고, 편모기부에 유사한 구조가 세균외막에서 내막으로 관통한 모양으로 국재하며, 그 구조의 선단에는 바늘모양구조가 균체외로 돌출하고 있다. 이와같은 형태로부터 type III 분비장치는 바늘복합체라고 불리고 있다. 필자들은 Sekiya(關矢, 北里대학 약학부 전자현미경실)와의 공동연구로 EPEC의 바늘복합체의 초미형태학적 해석을 했던 바, EPEC의 type III 분비장치의 바늘선단부에는 신장가능한 초상구조가 둘둘말려서 붙어있는 것을 발견했다[14](그림1). EPEC

가 감염할 때에는 세균과 숙주세포간에 EspA의 기교구조가 형성된다는 결과가 발표되었다[15]. 거기에서 조정제한 type III 분비장치를 써서, 항EspA항체를 사용한 면역전자현미경에 의한 해석을 하여 초상구조에 항EspA항체가 반응하는 것을 밝혔다[14]. 이 초미형태학적 해석으로 EPEC type III 분비장치의 바늘부분의 선단에는 EspA 초상구조가 직접 붙어있는 것을 처음으로 밝혔다.

V. Tir의 *in vivo*에서의 기능

Tir는 숙주세포로 이동한 다음 세포막 위에 국재하고, 거기에서 수용체로서 기능을 발휘한다. Tir에 의한 A/E상해의 형성은 Tir의 세포외 loop영역(그림2의 IBD)에 EPEC의 외막단백질인 intimin이 결합함으로써 유도된다. 이 때 세균부착하부에 대좌양구조가 형성되며, 이것에 의해 EPEC는 상피세포에 강고하게 부착할 수 있게 된다(그림1b). 세균부착하부에서 세포골격의 재편성은 Tir의 474번째 아미노산잔기가 숙주측인자에 의해서 인산화됨으로써 개시된다. 처음으로 adaptor 단백질인 Nck가 Tir의 474번째의 인산화 tyrosine잔기와 그의 주변영역을 인산하여 결합한다(그림2)[16]. Tir-Nck복합체는 한층 숙주측인자인 N-WASP (neutral Wiskott-Aldorich syndrome protein)과 상호작용하며[17], 그 결과 N-WASP가 활성화된다. 더욱이 활성화 N-WASP가 Arp2/3복합체와 결합함에 따라 actin 중합핵(重合核)을 형성한다. 이와같이 EPEC에서는 Tir와 숙주측인자가 복합체를 형성함으로써 세포골격의 재편성을 유도하고 있는데, Tir를 매개한 설사발증기구에 대해서는 아직 불분명한 부분이 많으며 분자수준에서 해석이 진행중이다.

Tir이외의 effector로 설사발증에 관여한다고 추측되는 effector는 EspF이다. EspF는 장관상피세포간의 tight junction의 파괴를 유도하며, 세포간 장벽의 기능장해를 불러일으킨다[18]. 이와같이 설사발증에 대해서는 다른 effector기능도 포함하여 전체적으로 해석해갈 필요가 있다.

● 끝맺음

세균의 병원성인자가 어떻게 병원성에 관계하는지를 돌이켜보면 숙주측인자와 가지는 상호작용의 해석이 중요하다. effector는 숙주측인자에 직접 작용하므로, 그 기능해석이 병원성해명에 관계하는 경우가 많다. 작지만 종래의 세균학과 분자세포생물학을 융합한 병원성해석의 거점을 형성하는 것이 필자의 희망이다.

Q Tir는 한번 숙주세포내로 주입되며, 그 후 숙주세포막으로 삽입되는 그 메커니즘은? 인산화의 역할은 뭔가?

A 실은 Tir가 숙주세포막위에서 어떻게 하여 국재하는 지에 관해서는 거의 밝혀지지 않았다. EPEC는 숙주의 세포골격재편성을 유도함으로써 상피세포에 강고하게 부착을 성립시키는데, 이것에는 Tir가 관여하고 있다. Tir의 인산화는 숙주의 adpator 단백질인 Nck와 결합에 필수인 수식이다. 이 Nck와 상호작용함에 따라 EPEC는 세포골격편성에 필요한 숙주측인자를 이용할 수 있게 된다.

Q 숙주세포막에 작용하는 구멍형성인자는 무엇인가? 어떠한 활성이 구멍을 형성하는가?

A EPEC에 있어서는 EspB와 EspD가 구멍형성인자로서 동정되어 있다. 이 두가지 단백질은 type III 분비장치에 의해서 숙주막위로 이동하고 hetero 복합체에 의한 ring모양의 구멍을 형성한다고 생각되고 있다. 또한 type III 분비장치를 가지는 세균을 적혈구에 감염시키면 구멍형성에 의해서 용혈을 유도하는 것이 알려져 있다.

Q 단백질이 분비될 때 가교구조는 어떻게 되는가? 이 내부에 구멍은 있는가?

A EPEC에서는 type III 분비장치와 EspA 초상구조를 매개하여, 세균과 숙주세포사이에 가교구조를 형성한다. 이 가교구조의 직경은 약 12nm이며 중공상(中孔狀)의 구조가 추측되고 있다. 분비단백질은 이 가교구조를 통과하기 위하여 생체내환경에 노출되지 않고 숙주로 이동한다.

Q Tir는 막관통영역(TM)을 2가지 가지며, 숙주세포에 들어오면 막에 국재하는 것이지만, 세균에 있어서는 막에 삽입되는 일은 없는가? 샤페론 CesT가 막으로 국재화를 억제하고 있거나 TM에 의한 소수성 결합으로 응집하는 것을 억제하고 있을 것

같은 가능성은 없는가?

A Tir는 세균내에서는 세포질에 존재하고 있고, 막으로 삽입된다는 실험결과는 얻질 못했다. 또한 CesT가 세균세포질에 존재하지 않을 때의 Tir의 국재는 흥미있는 것이지만, CesT를 결손시키면 Tir의 세균내에서의 안정성이 아주 저하하기 때문에 실험계의 확립이 쉽지 않다고 예상된다.

문헌

1) Abe, A. *et al.* : *J. Exp. Med.*, **188**, 1907-1916(1998)
2) Deng, W. *et al.* : *Mol. Microbiol.*, **48**, 95-115(2003)
3) Marches, O. *et al.* : *Infect. Immun.*, **68**, 2171-2182(2000)
4) Rosenshine, I. *et al.* : *EMBO J.*, **11**, 3551-3560(1992)
5) Kenny, B. *et al.* : *Cell*, **91**, 511-520(1997)
6) Moon, H. W. *et al.* : *Infect. Immun.*, **41**, 1340-1351(1983)
7) Abe, A. *et al.* : *Mol. Microbiol.*, **33**, 1162-1175(1999)
8) Delahay, R. M. *et al.* : *Mol. Microbiol.*, **43**, 61-73(2002)
9) Luo, Y. *et al.* : *Nature*, **405**, 1073-1077(2000)
10) Birtalan, S. C. *et al.* : *Mol. Cell*, **9**, 971-980(2002)
11) Crawford, J. A., Kaper, J. B. : *Mol. Microbiol.*, **46**, 855-868(2002)
12) Kubori, T. *et al.* : *Science*, **280**, 602-605(1998)
13) Tamano, K. *et al.* : *EMBO J.*, **19**, 3876-3887(2000)
14) Sekiya, K. *et al.* : *Proc. Natl. Acad. Sci. USA*, **98**, 11638-11643(2001)
15) Knutton, S. *et al.* : *EMBO J.*, **17**, 2166-2176(1998)
16) Gruenheid, S. *et al.* : *Nat. Cell Biol.*, **3**, 856-859(2001)
17) Kalman, D. *et al.* : *Nat. Cell Biol.*, **1**, 389-391(1999)
18) McNamara, B. P. *et al.* : *J. Clin. Invest.*, **107**, 621-629(2001)

Column

Type I 분비기구
- 그램음성세균 ABC exporto

Omori Kenji (大森謙司)

총론에서 기술되어 있듯이 type I [ATP binding cassette (ABC) exporter]는 그램음성세균의 내막과 외막을 관통하는 3 단백질성분으로 된 통로의 transporter이다. 1985년 Holland 등의 그룹에 의해서 병원성대장균의 용혈소 α-hemolysin(HlyA)의 균체외분비기구(Hly system)가 ABC exporter라는 것이 최초로 보고되었다[1]. 몇 가지의 병원성 그램음성세균의 용혈소도 같은 기구로 분비되는 것이 알려져 있다. 1990년에 Wandersman그룹이 *Erwinia chrysanthermi* protease가 ABC exporter(Prt system)에 의해서 균체외분비되는 것을 발표했다[2]. 현재로는 근립(根粒)단백질, lipase(LipA), heme결합단백질(HasA), 세포표층단백질(S-layer단백질) 등 기능적으로 다른 여러 가지 단백질의 균체외분비에 ABC exporter가 관여하고 있는 것이 밝혀졌다. 지금으로는 그램음성세균에 널리 인정되는 균체외단백질분비기구로서 이해되고 있다.

ABC transporter는 일반적으로 4가지의 domain (2개의 막관통도메인과 2개의 ATP결합도메인)으로 되며, 일부의 예를 제하고 진핵세포에서는 이들은 한 가닥의 폴리펩타이드에 존재한다. 한편 원핵세포에서는 각 도메인은 서로 다른 subunit에 갈라져 존재하는 경우가 많은데, 융합형도 존재한다. ABC exporter의 경우는 ATP결합도메인과 막관통도메인 각각 하나가 한 가닥의 폴리펩타이드에 존재하고 있고, 기능단위는 2량체라고 생각되었기 때문에, half unit(half transporter)라고 불린다. 많은 ABC exporter 유전자는 3개의 구조단백질유전자가 cluster를 형성하며, 분비단백질유전자가 근방에 위치한다. 이들의 특징과 아미노산배열의 상동성에 기초하여 미생물게놈에서 ABC transporter와 그의 분비단백질을 코드하는 유전자를 탐색할 수 있게 되며, ABC transporter는 몇 개의 family로 분류되어 있다[3]. 분비단백질로서는 HlyA 등의 용혈소로 대표되는 nano peptide repeat를 가지는 RTX(reapeats-in-toxin)단백질이 잘 알려져 있다. 그러나 비(非) RTX단백질인 HasA도 분비되는 점으로 봐서 nonopeptide repeat는 분비에 필수는 아니지만, Ca 결합영역으로서 기능하며, 균체외에서 RTX 단백질의 기능발현과 구조유지에 필요하다. 그런데 균체외분비에 필요한 신호배열은 어디에 있는 것일까?

이 물음에 대해서 분비단백질의 C말단측에 신호배열이 존재하는 것이 HlyA에서 최초로 보고되었고, 더욱이 C말단의 −15, −46에 위치하는 아미노산배열이 신호배열로서 기능하는 것이 Holland그룹에 의해서 제시되었다[4]. 한편 *E. chrysanthemi* 또는 *Pseudomonas aeruginosa*의 protease에서는 C말단에서 15아미노산의 peptide가 균체외분비에 필수라는 점이 밝혀지게 되었고, 더욱이 1994년에 Wandersman그룹에서 부전하(−)를 가지는 아미노산과 여러 개의 소수성 아미노산으로 된 C말단 motif (**그림**1b의 그물부분)가 Prt system의 신호배열이라고 보고하였다[5]. C말단 motif는 Prt system과 꼭 같은 cluster에 속하는 ABC exporter family[3]의 분비단백질사이에서 보존되어 있기 때문에 필자들도 C말단 motif가 신호배열로서 기능하고 있다고 믿고 있었다.

그러나 *Serratia marcescens* Has system (HasSM system)의 분비단백질인 HasASM은 C말단 motif를 가지는 데도 불구하고 HasASM system과 동일한 family[3]에 속하는 Prt 혹은 Lip system (*S. marcescens* lipase의 분비기구)에서는 분비되지 않는다[6, 7]. 한편 HasASM의 ortholog인 *P. fluorescens* HasAPF는 HasASM만이 아니라 Lip이나 Prt 시스템에서도 분비된다. 이와같이 HasAPF는 HasASM시스템에 대해서 특이성을 나타낸다. 왜

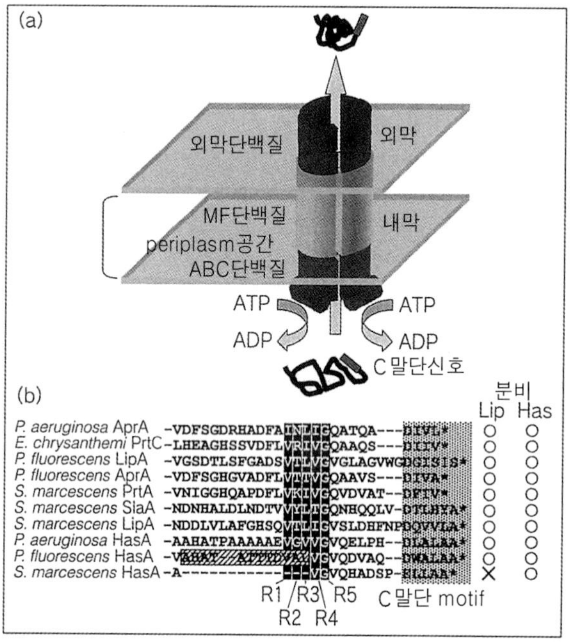

그림1. ABC exporter의 구조와 분비단백질의 C말단 아미노산배열

(a) Hly시스템의 구조를 예시했다. 외막단백질 TolC와 MF단백질 HlyD는 3량체구조이라고 보고되어 있다. 그러나 ABC단백질 HlyB의 고차구조는 알려져 있지 않다. (b) Lip과 Has시스템에 의해서 분비되는 분비단백질(*S. marcescens* HasA는 분비되지 않는다)의 C말단아미노산배열을 나타냈다. C말단motif는 그물로 표시했고, R1-R5배열은 검정바탕에 흰 글자로 표시했다. HasAPF에서 보이는 12아미노산잔기의 구역은 사선으로 표시했다.

Lip시스템에서 HasAPF는 분비되는데 HasASM은 분비되지 않는 것일까? 바꿔말하면 Lip시스템에 의한 분비에는 C말단 motif이외에 어떤 아미노산배열이 필요한 것일까? HasAPF와 HasASM의 아미노산배열의 상동성은 높다. 이 때문에 아미노산배열의 다른 부분에 이것을 푸는 열쇠가 숨겨져 있다고 여겨져 연구를 진행시켰다. 드디어 이 연구가 C말단 motif의 신호배열로서 기능한다는 데에 의문을 던질 수 있게 되었다.

HasAPF의 C말단부근에는 HasASM에는 인정되지 않는 12아미노산잔기의 구역(그림1b의 사선부분)이 존재한다. 필자들은 이 구역을 HasASM에 도입함으로써 Lip시스템에 의한 분비가 가능하게 되고, 더욱이 아미노산치환의 도입으로 이 구역의 일부를 포함하는 [I/V]-X-[I/L/V]-[I/M/V/T]-G로 되는 배열(R1-R5)(그림1b의 검정부분)이 Lip시스템에 의한 분비단백질의 인식에 중요하다는 것을 알아냈다[8]. Lip 및 Has 시스템에서 분비되는 HasASM 이외의 단백질에는 C말단 motif와 함께 R1-R5배열이 공통적으로 인정되었기 때문에, 양자가 협조적으로 분비신호로서 기능하고 있다고 생각된다.

그런데 C말단 motif는 정말로 분비에 관여하고 있는 것일까? 이것을 조사하기 위하여 아미노산치환을 도입하여 C말단 motif를 파괴한 분비단백질을 만들어서 Lip 및 Has시스템에 의한 분비실험을 하였다. 그 결과 C말단 motif를 파괴해도 분비가 관찰되어 C말단 motif는 분비에는 직접 관계없음을 알았다[8]. 따라서 Lip시스템이 속하는 ABC exporter family에서는 R1-R5배열이 분비신호로서 결정적인 역할을 연출하는 것으로 된다. 즉 HlyA ortholog에 있어서도 R1-R5배열과는 다르지만, C말단에서 30-40아미노산잔기 상류의 위치에 보존된 배열은 인정된다. 이것은 C말단에서 -15 ~-46에 위치하는 아미노산배열이 Hly시스템의 신호배열로서 기능한다는 보고[4]와 일치한다. Pasteur연구소의 세미나에서 C말단 motif를 보고한 Wandersman과, 이상의 결과에 대해서 토론할 기회가 있었다. 그녀들은 C말단결실변이체를 사용하여 C말단 motif의 신호배열기능을 증명했는데[5], 흥미롭게도 만든 변이체는 우연히도 R1-R5배열에 상당하는 아미노산배열을 호감이 가는 위치에 포함하고 있었다. 결과적으로 그녀들의 실험에서도 R1-R5배열이 분비에 관여하는 것을 나타내고 있었던 것이다.

ABC exporter에 의한 분비단백질의 인식은 단백질수송의 최초의 단계이며, 중요한 과정이다. 그의 인식기구의 해명에는 ABC exporter와 분비단백질의 복합체의 입체구조해석이 큰 힘을 발휘한다. 2중막을 관통하는 ABC exporter의 구조해석은 쉽지는 않는데, Hly시스템을 모델로 하여 연구가 진행되고 있다. 2001년에 TolC의 입체구조가 밝혀지고[9], 2003년에 HlyB의 ATP결합영역의 입체구조가 보고[10]되었다. Hly 시스템은 외막단백질 TolC와 MF

단백질 HlyD가 각각 3량체를 형성하며, ATP와 분비단백질 HlyA의 존재로 단백질 수송이 일어난다(그림1a)고 여겨지는데, ABC단백질의 전체의 입체구조는 아직 해명되지 않았으며, 통로의 전체상도 잘 알지 못한다. ABC exporter의 구조생물학연구의 앞으로의 진전을 기대한다.

Q R1-R5배열을 ABC exporter가 직접 인식하고 있다고 하는 증거는 있는가? 그 인식에 작용하는 ABC exporter의 부위는 동정되어 있는가?

A 야생형과 변이형 R1-R5배열을 가지는 2종류의 단백질을 사용하여 분비길항을 조사한 바, 변이형이 아니라 야생형단백질의 공동발현에 의해서만 꼬리표붙인(표지한, tagged) 야생형단백질의 분비수준의 저하(분비길항)를 알 수 있었다[8]. 이것은 R1-R5배열이 수송이 아니라 인식에 관여하고 있다는 것을 가리키고 있다. 또한 carrier 단백질의 존재는 부정할 수 없지만, ABC exporter가 대장균에서 재구성가능한 점으로 봐서 직접 R1-R5배열을 인식하고 있다고 여겨진다. LipB의 일부를 HasD의 일부와 치환한 chimeric ABC단백질을 만들어서 분비실험을 한 바, LipB에서는 원래는 분비되지 않는 HasASM이 분비되게 되었다(미발표). 치환한 영역이 R1-R5배열인식에 관여한다고 생각되어서, 일층 검토를 진행하고 있다.

문헌

1) Mackman, N. *et al.* : *Mol. Gen. Genet.*, **201**, 529-536(1985)
2) Letoffe, S. *et al.* : *EMBO J.*, **9**, 1375-1382(1990)
3) Omori, K. *et al.* : *J. Biosci. Bioeng.*, **95**, 1-12(2003)
4) Kenny, B. *et al.* : *Mol. Microbiol.*, **11**, 99-109(1994)
5) Ghigo, J.-M. *et al.* : *J. Biol. Chem.*, **269**, 8979- 8985(1994)
6) Akatsuka, H. *et al.* : *J. Bacteriol.*, **179**, 4754-4760(1997)
7) Kawai, E. *et al.* : *Mol. Microbiol.*, **27**, 941-952(1998)
8) Omori, K. *et al.* : *J. Biol. Chem.*, **276**, 27111-27119(2001)
9) Koronakis, V. *et al.* : *Nature*, **405**, 914-919(2000)
10) Schmitt, L. *et al.* : *J. Mol. Biol.*, **330**, 333-342(2003)

Kenji Omori, 田辺製薬㈱薬理研究所 E-mail : k-omori@tanabe.co.jp

Type I secretion pathway : Gram-negative bacterial ABC-exporter

III. 단백질의 품질관리 (총론)

단백질의 품질관리와 세포의 위기관리

Nagata Kazuhiro (永田和宏)

세포속에는 정확하게 folding된 native 단백질뿐만 아니라 여러 종류의 non-native형태의 단백질이 존재한다. 세포는 이처럼 부적절한 folding상태의 단백질을 구별하여 적절하게 처리하는 품질관리 메커니즘을 가지고 있다. 가장 연구가 잘되어있는 소포체에서는 molecular chaperone에 의한 재생 · 번역정지에 의한 misfolded 단백질의 부담을 감소, 변성단백질의 분해, 그리고 apoptosis에 의한 세포단위의 제거등과 같은 메커니즘이 알려져 있다. 이런 교묘하게 짜여진 품질관리 메커니즘을 가지고서도 해결되지 않을 경우 혹은 이 메커니즘이 고장이 생길 경우에 신경변성질환과 prion병과 같은 folding 이상병이 생긴다.

key Words molecular chaperone, folding, 재생, 번역정지, 소포체관련분야

●시작하기

최근의 10년에서 20년 동안에 우리가 단백질을 보는 눈이 많이 변했다는 것을 실감한다. 생화학 등에서 취급하는 단백질은 처음부터 정확한 구조를 가지며 정해진 기능을 하는 것으로 생각하여왔으나, 반드시 그렇지만도 아닌 것 같다. 세포내의 단백질에는 미성숙한 것, 불안정한 것, 적절치 못한 환경에서 만들어진 것 등이 있는 것 같다. 지금까지의 생화학에서는 본래의 모양에서 어긋난 불량품의 단백질에 대한 주의가 없었다.

이같은 불량품은 취급할 가치와 필요가 없는 것으로 생각되어져 세포사회에서 제외되어왔다. 그러나 이런 불량품의 재생을 포함하여 본래의 구조와 기능을 가지지 못한 단백질에 대한 시선이 뜨거워지고 있다. 극단적으로 말하면, 정상적인 구조와 기능을 하는 것이 오히려 귀한 존재이고 비정상적인 것들이 단백질사회에서는 보통일 지도 모르겠다.

지금까지는 관심을 가지지 않았던 non-native 단백질의 존재에 관심을 가지고 연구대상이 된 배경에는 몇 개의 요인이 있다. 지금까지의 생화학에서는 각각의 단백질 기능에 관한 지식이 너무 부족하여서, 단백질이 가지는 본래의 기능은 어떤 것일까에 대한 정보를 얻는 것이 전부였다는 것이 우선 생각된다. 고도 경제성장시기의 사회에서는 산업전사로 활동하는 사람들에게 존재의 가치가 있었기 때문에, 그 행렬에서 탈락한 사람들까지 관심을 가질 여유가 없었다. 지금 이와 같이 어떤 곳에도 도움이 되지 않는 단백질의 움직임이 주목을 받게 된 것도 과학의 발전 아니면 성숙에 의한 여유일 지도 모르겠다.

그리고 기능형과 비기능형, 혹은 변성중간체등을 검출 및 관찰할 수 있는 기기류와 방법론이 발달하여서 단백질의 동적인 전이상태를 연구할 수 있도록 한 연구수단 그 자체의 성숙 역시 많은 사람들이 이 방면에 관심을 가지게 된 원인의 하나일 것 같다.

더욱이 세포내의 단백질은 미성숙, 성숙, 그리고 수명이 끝나는 것과 같이 여러 상태의 단백질이 존재하는 것을 알게 되면서부터 지금까지 알 수 없었던 질병을 이해할 수 있게 된 것도 큰 원동력이 된 것임에 틀림이 없다. 지금까지는 단백질이 관여한 질병이라고 하면 본래의 모습을 가지고 있어야만 하는 단백

Kazuhiro Nagata, 京都大学再生医科学研究所 細胞機能調節学分野 E-mail : nagata@frontier.kyoto-u.ac.jp
Quality control mechanism of proteins and cellular crisis management

질이 결손된 것, 본래 가지고 있던 기능이 없어진 것, 혹은 단백질수송의 결함으로 인하여 것을 말한다. 이들은 모두 그 단백질의 고유기능의 불완전이란 관점에서, 하나의 질병원인에는 그 원인단백질의 기능이 관련되어있다는 생각이 그 저변에 깔려 있었다.

이것에 대하여 최근 「folding 異常병」혹은 「folding 병」이라고 총칭되는 질병들이 존재한다는 것이 보고되었다. 지금까지는 각각 서로 다른 질병이라고 생각되어진 것들이 단백질 folding이상에 의해서 일어난다는 공통점을 가지는 질병으로 이해하게 되었다. 제4부 (Kakizuka·Mori 참고)에 상세하게 설명되어있는 새로운 질병의 개념이다. 그것은 그 단백질이 본래에 가지고 있던 기능과 병의 원인이 1:1로 대응되지 않기 때문이다. 어떤 단백질이 가진 기능이 결손됨으로서 어떤 질병이 생기는 것과는 다르게 그 단백질이 가지고 있는 기능과는 관계없이 그 단백질의 folding 이상에 의해서 생긴다. 예를 들어 folding 이상의 단백질의 응집이 생김으로서 세포에게 나쁜 상태를 만든다. 이것이 바로 질병이 되어 나타난다는 개념이다. folding 이상의 단백질이 축적됨으로서 'storage disease' 라고 불리는 것도 있다[1]. 전형적인 것으론 신경변성질환과 amyloid병, 혹은 prion병 등을 들 수 있다. 이들 중요한 질병들은 아주 흥미롭게도 [folding 異常]이라는 관점에서 보지 않으면 그 본질을 이해할 수 없는 질병이다.

I. 세포내의 단백질 움직임

우선, 세포내부에 존재하는 모든 단백질의 움직임을 살펴보자. 앞에서 설명한 것과 같이, 세포에서 단백질은 지금까지 생각해온 것과 같이 성숙형 혹은 기능형뿐만 아니라 금방 생합성된 신생 polypeptide에서부터 misfolding되어 변성된 것과 분해도중의 것, 분해된 polypeptide단편까지 여러 형태의 non-native 단백질이 존재한다. **그림1**은 세포내에서 일어나는 단백질변화의 움직임을 나타낸 것이다.

정상적으로 합성된 polypeptide는 몇 개의 중간상태를 거쳐서 정확한 구조를 가지는 기능단백질까지 folding 된다. 이런 경로에는 각종 분자샤페론과 folding 효소 등이 관여하는 것은 제I부 (Yoshida의 논문)에서 설명되어있다. 더욱이 그들은 세포질과 세포내에 존재하는 각종 세포내소기관에 이르기까지 혹은 세포외부로 분비되어 그 기능을 발휘한다. 그 다음에는 각각의 단백질수명에 따라서 기능을 마친 단백질은 분해된다. 단백질의 수명은 짧게는 2-5분, 길게는 몇 달, 어떤 때에는 clusterin과 같이 몇 년 동안 계속되는 것도 있다.

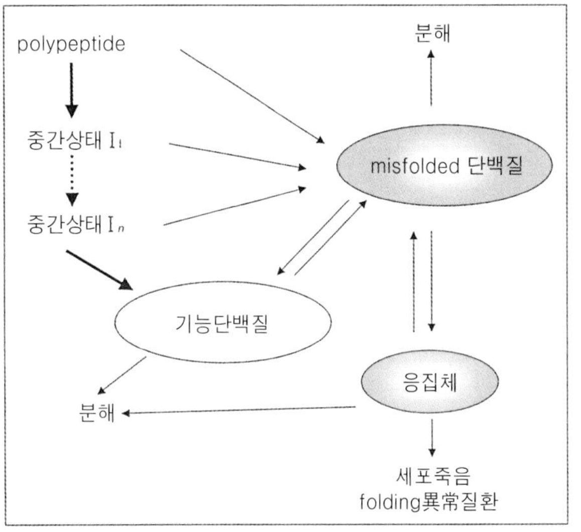

그림1. 세포내의 non-native 단백질의 동태
세포내에는 정확하게 폴딩한 단백질 이외에 여러 형태로 폴딩한 단백질이 존재하며, 그들은 서로 모양을 바꿀 수 있는 동적인 상태에 있다.

이것은 가장 이상적인 형태로 단백질의 성숙이 진행된 경우로, 실제로 세포내에서는 이와 같이 일방적으로 정확하게 folding이 일어나지는 않고 여러 종류의 문제가 생긴다. 예를 들어 세포가 열 충격 스트레스를 받는 경우가 대표적이다. 열충격뿐만 아니라 poly- peptide중에 아미노산 유사체가 들어가는 경우와 분비단백질의 경우는 당쇄부가의 저해, 이황화결합이 잘 이루어지지 않아서 구조변이가 일어나는 경우도 이 같은 스트레스이다. 세포에게 스트레스를 가해서 각종단백질의 구조에 이상이 생기면 이미 folding 되어있던 단백질도 misfolding되어 구조가 풀리게 된다. 세포내의 가용성단백질의 경우는 소수성잔기가 안쪽으로 접혀있기 때문에 가용성을 가지게 되지만 misfolding과 unfolding에 의해서 구조가 흐트러지면 이미 분자 안쪽으로 접혀있던 소수성잔기가 분자표면에 노출된다. 노출된 소수성은 물과는 사이가 좋지 않기 때문에 소수성잔기끼리 모이게 되어 결국에는 응집체를 형성하게 되어 세포가 죽음에 이르게 될 가능성이 있다.

세포는 이와같은 사태를 회피하기 위하여 몇 종류의 안정장치를 가지고 있다. 그것을 일반적으로 품질관리기구라고 부른다. 품질이라는 것은 물론 단백질의 품질이지만, 지금의 품질관리라는 말은 아주 넓게 사용되어 의미하는 것은 사람들에 따라서 여러 가지가 있어서 통일성을 가지지 못한다. 현재에는 품질관리기구가 가장 잘 연구되어 있는 것은 소포체에서 일어나는 품질관리이다, 여기에서는 소포체를 중심으로 설명한다.

II. 분자샤페론에 의한 misfolding 당백질의 재생

misfolding 혹은 unfolding된 단백질을 다시 정확하게 접는 것이 제1의 전략이다. 이를 refolding이라고 부르며, 과정은 folding때와 같이 분자샤페론이 관한다고 알려져 있다. 사실 열충격을 포함한 소포체 스트레스에 의해서 세포질의 분자샤페론, 소포체샤페론이 유도된다. 이는 변성단백질의 재생이라는 관점에서 볼 때에 아주 합리적인 방법이다.

이 반응의 방아쇠는 misfolding된 단백질의 축적이라고 생각된다. 세포질의 분자샤페론 유도는 일찍부터 연구되어 세포가 스트레스를 받으면 유도됨으로 스트레스단백질이라고 불리게 되었다. 오로지 열충격에 의한 유도에 흥미가 집중되어 열충격단백질이라고 불리는일이 많아, 지금도 몇 개의 분자샤페론의 이름에 HSP (heat shock protein)이라고 부르는 것이 있다.

misfolding된 단백질이 축적되면, 그것을 재생하기 위하여 분자샤페론이 동원된다. 분자샤페론은 소수성잔기에 선택적으로 결합하는 성질을 가진 것이 많으며[2,3], 소수성 상호작용을 통하여 기질인 misfolding된 단백질과 결합하여 재생시킨다 (제1부 Yoshida참고). 스트레스단백질에 이와 같은 재생능력이 있을 것으로 예상은 했지만, 1990년에 변성단백질을 *in vitro*에서 refolding 시켰다는 사실이 보고되었으며 그 충격은 컸다[4,5]. 처음에는 박테리아의 분자샤페론인 DnaK(Hsp70에 해당)와 GroEL 및 GroES을 사용하여 β-lactamase 및 RNA polymerase의 재생이 보고되었다. 이후에는 동물세포의 분자샤페론에서도 동일한 결과가 알려졌다. 그리고 기질로서의 변성단백질도 여러 종류가 보고되었다. 이 현상은 기본적으로 모든 세포에서 일어나며 기질도 많은 단백질에서 보편적으로 나타나는 현상인 것이 분명해졌다.

1. 열충격응답(heat shock response)

분자샤페론은 변성단백질의 재생시키는 일 이외에도 스트레스단백질의 유도에 관여하는 각종단백질의 신호전달인자에 결합하여 그들의 불활성화상태를 유지시킨다. 세포질의 스트레스단백질의 경우는 그 전사에 HSF(heat shock factor)가 관여하고 있지만, 뒤에서 설명하는 소포체스트레스의 경우도 포함하여 스트레스응답에 있어서 스트레스를 감지하여 그것을 신호전달인자에게 전달하여 그 이하의 신호전달체계에서 분자샤페론을 시작으로 각종 스트레스회피를 위한 분자를 합성하는 시스템을 공통적으로 가진다(**그림 2**). 스트레스 감지시스템은 스트레스를 감지하는 센서분자, 센서분자에 의해서 활성화되어 신호를 하류로 전달하기위한 신호전달인자, 그래서 그 신호에 의해서 일어난 결과의 대상인 표적분자. 이들 3종류의 분자를 기본적인 요소로 한다.

HSF에는 분자내에 2곳의 hydrophobic heptad

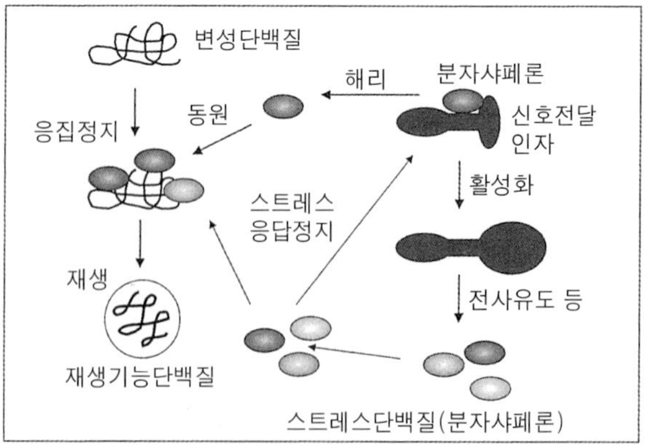

그림2. 스트레스단백질(분자샤페론)유도의 기본기구
스트레스단백질(분자샤페론)유도에는 스트레스를 감지하는 센서, 그 신호를 전달하는 분자, 그리고 그 신호에 의해서 활성화되어 전사와 번역에 관여하는 표적분자가 존재한다. 이들은 상호간에 정보를 교환하며 교묘한 제어를 한다.

repeat (leucine zipper motif) 존재한다. 보통 때에는 그들이 분자내 결합에 의해서 단량체로서 존재한다. 여기에는 Hsp90이 결합하여 불활성화상태로 안정되어있다. 그러나 열충격에 의해서 세포내의 단백질이 변성되면 세포내 스트레스단백질이 재생을 위해서 동원된다. 불활성화된 스트레스단백질무리가 감소함으로써 HSF에 결합하고 있던 스트레스단백질조차도 동원되어서 HSF는 샤페론-free 상태가 되어 불안정화되어 분자내결합이 풀려버린다. 그 결과 HSF는 3량체의 활성화상태가 되면서 핵으로 이동하여 스트레스단백질의 상류에 존재하는 HSE(heat shock element)에 결합하여 전사를 시작하게 한다.

한편, *in vitro*에서 HSF 그자체가 열충격에 의해서 활성화된다는 보고가 있다[6]. HSF 자체가 열충격의 센서로서 역할을 하는 것을 시사하지만, 실제로 세포내에서 이와같이 HSF자체의 열센서기능 이외에 분자샤페론도 변성단백질의 센서로서 HSF의 활성화에 중요한 역할을 한다.

2. 소포체스트레스응답(unfloded protein response: UPR)

위에서 설명한 것과 같은 분자샤페론의 역할은 소포체스트레스의 경우에도 동일하다. 소포체스트레스 신호분자는 ATF6와 IRE1이다. Mori Kazutoshi, Urano 및 Kimata·Kohno의 원고에 상세하게 설명되어있다. ATF6은 포유동물의 소포체에 존재하는 1회막통과형 단백질로서 소포체스트레스(소포체내강에 misfolded 단백질이 축적되는 것이 소포체스트레스로 됨)를 받으면 ATF6의 세포질 쪽의 50 kDa 단편이 막의 바로아래에서 절단되어 핵으로 이동하여 소포체분자샤페론의 전사를 유도한다[7]. 이럴 때에도 HSF의 경우와 같이 소포체내의 분자샤페론 BiP (Hsp70의 소포체상동체)이 ATF6를 negative하게 조절하고 있는 것 같다. 바꾸어 말하면, ATF6가 단편화는 골지체에 존재하는 효소에 의해서 이루어지지만 보통상태에서는 BiP이 ATF6의 골지체로의 수송을 방해하여 소포체스트레스에 의해서 BiP가 부족, 혹은 어떤 것의 제어기구에 의해서 ATF6에서 떨어짐으로써 ATF6의 골지체로의 이동이 일어나는 것으로 생각된다[8, 9]. 이 경우의 센서는 BiP이다. 그러나 BiP이 어떻게 ATF6의 골지체로의 수송을 억제하는지는 아직 잘 모른다.

IRE1을 통한 XBP1 전사인자의 활성화에 관해서도 BiP이 중요한 역할을 담당하고 있는 것이 분명하다. IRE1은 소포체막의 I형 막관통형 단백질인데, 보통 때에는 단량체로 존재하지만 소포체스트레스를 받으면 2량화되어 활성화된다. 활성화된 IRE1 2량체는 XBP1 전사인자의 mRNA를 splicing하여 만들어진 또 다른 mRNA가 번역된 단백질 XBP1만이 전사인자의 활성을 가진다. 이는 EDEM (ER degradation enhancing α-mannosidase-like protein) 등의 소포체관련분해(ERAD)에 관련하는 분자의 전사를 일으킨다. IRE1의 N-말단은 소포체내강에 존재하는데, 이 부위에 BiP의 결합부위가 있어서 BiP이 떨어져나감으로써 2량체화가 진행되는 것으로 생각된다. 그러나 아직 BiP이 떨어져나가는 기구, 그리고 IRE1의 2량체화만이 소포체스트레스응답 UPR에 필요충분한지에 관해서는 아직 의논의 여지가 많다.

III. 번역억제

소포체막에는 소포체스트레스에 응답하는 또 다른 신호전달분자인 PERK(PER-like ER kinase)가 존재한다[11, 12]. PERK는 IRE1과 같이 I형 막관통형 단백질이며 N-말단은 소포체내강에 존재한다. 스트레스응답시, 전달하는 분자는 PERK이지만 PERK가 IRE1과 다른 것은 C-말단의 세포질 측에 kinase domain을 가지고 있다. 소포체스트레스에 의해서 활성화된 PERK는 세포질측의 번역개시인자 eIF2 α subunit를 인산화시킨다.

eIF2는 번역개시에 앞서서 Met-tRNAi^{Met}와 GTP와 3자복합체를 만든다. 라이보좀의 작은 subunit (40S)에 결합하여 번역개시 복합체의 전구체를 형성한다. 다른 번역개시인자의 작용을 받아서 작은 subunit는 큰 subunit(60S)와 결합한다. 이때에 eIF2-GTP의 GTP의 가수분해가 에너지를 제공한다. eIF2가 재이용되기 위해서는 GTP-GDP교환반응에 의해서 eIF2-GTP를 재생산하지 않으면 안되지만, eIF2의 인산화는 GTP-GDP교환반응을 담당하는 eIF2 β subunit를 불활성시킨다. 이 결과 eIF2의 재사용이 저해되어 번역반응은 진행되지 않는다.

소포체스트레스를 받으면 결과적으로 번역시스템이 멈추게 된다[11, 12].

번역억제는 소포체스트레스이외에 아미노산공급이 거의 없을 경우에도 나타난다. 이 경우의 신호전달인자는 GCN2이다. GCN2는 PERK와 같이 eIF2 α를 인산화시킴으로써 번역을 억제한다[13].

이같은 번역억제에 의한 소포체스트레스에 대한 응답도 스트레스의 회피라는 의미에서는 합리적인 방법이다. 신생 polypeptide를 만들어도 변성되어버리는 조건에서는 생합성 자체를 정지시키는 것이다. 분자샤페론에 의한 재생이 공장에서의 수리, 재생이라는 공정에 해당한다면, 번역의 정지에 의한 스트레스회피는 생산공정의 전면적인 정지에 의해서 불량품이 축적되는 것을 억제하려는 전략이라고 생각된다(**그림3**).

번역억제에서도 소포체스트레스를 직접 감지하는 것은 아미도 BiP 등의 소포체샤페론이라고 생각된다. PERK의 N-말단에는 IRE1과 동일하게 BiP과 결합하는 부위가 존재하며 소포체스트레스상태에서는 BiP이 떨어진다는 보고가 있다[14, 15].

IV. 소포체관련분해(ERAD)

이미 만들어진 불량품을 분자샤페론이 수리를 하지만, 그래도 변성단백질만 만들어지는 조건에서는 생합성을 전면적으로 정지시킨다. 이와 같은 두 종류의 기구이외에 세포는 불량품으로 축적되는 단백질을 분해하는 기구를 가지고 있다(그림3). 실제로는 외부의 스트레스에 의해서 misfolded 단백질뿐만 아니라 oligomer를 형성하는 단백질의 subunit의 일부가 과다하게 생산되는 경우와 유전성변이에 의해서 folding이 잘 되지 않는 단백질 등은 세포외로 분비되지 않고 소포체에 머무르게 된다. 이들을 재빠르게 분비경로에서 분해하여 제거하는 기구이다.

Ari Helenius

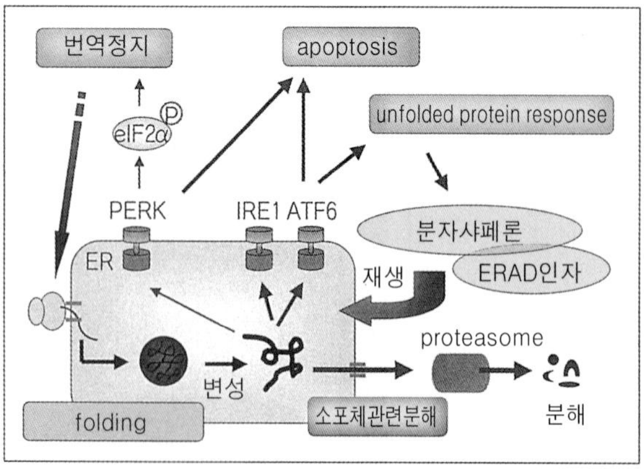

그림3. 세포체의 단백질 품질관리

소포체에는 각종 분자샤페론에 의해서 단백질을 정확하게 folding 시키는 기구이외에도 misfolded 단백질이 축적될 때에 그것들을 처리하기위한 품질관리기구가 준비되어있다. 4종류의 품질관리기구를 나타낸다.

처음 '소포체의 품질관리(ERQC: ER quality control)' 이라는 개념을 제창한 사람은 예일대학교의 Helenius 박사팀이라고 생각된다[16]. 그들은 VSV (vesicular stomatitis virus)의 G단백질의 온도감수성 변이세포주를 사용하여 온도변화에 따른 misfolding된 단백질은 분비계에 들어가지 못하고 소포체에 머무르고 있다는 것을 보고하였으며, 소포체가 가지는 이 같은 기능을 ERQC라고 했다. 이미 설명한 것과 같이 현재는 품질관리라는 개념에 재생과 번역억제을 포함하여 취급한다.

옛날부터 소포체내에서 생긴 변성단백질은 어떤 방법인지는 잘 모르지만 분해된다는 것이 시사되어 왔다. 분해과정은 당연한 것으로 소포체내에서 일어나는 것으로 생각하였다. 소포체내강의 cysteine protease가 표적이라고 여겨졌다[17]. 그러나 1995년에 cystic fibrosis의 원인유전자인 CFTR(cystic fibrosis transmembrane conductance regulator)의 변이체를 기질로 사용하여 이 같은 소포체내분해가 proteasome저해제로 저해되는 것과 ubiquitin의 dominant negative 변이체도입에 의해서 분해가 억제되는 점으로 봐서 CFTR의 분해는 ubiquitin-proteasome계에 의해서 일어난다고 보고되었다[18].

이 보고는 아주 강한 인상을 주었다. 왜냐하면 proteasome저해제로 분해가 저해된다면 이 분해과정은 세포질에서 일어나지 않으면 안 된다. CFTR은 막단백질이기 때문에 세포질측이 ubiquitination되어 당겨지듯이 분해가 진행될 수 있다. 거의 같은 시기에 소포체내강의 분비단백질 carboxypeptidase 변이체 (CPY*)의 분해에도 proteasome이 필요하다는 것이 알려졌다[19]. 이 같이 소포체에서 세포질로의 "역행수송"이 소포체에서의 분해에 필수적인 것이 분명해졌다[20].

현재는 이와 같이 소포체에서 생긴 misfolded단백질이 세포질로 역행되어 ubiquitin- proteasome계에 의해서 분해되는 기구를 소포체관련분해(ER associated degradation: ERAD)라고 부른다. ERAD에는 3가지의 진행과정이 있을 것으로 생각된다. 첫째는 misfolding된 단백질을 기질로 인식하여 분해과정으로 진행하는 과정이고, 둘째는 소포체에서 세포질로 역수송하는 과정이며, 셋째는 세포질에서 실제로 분해하는 과정이다.

1. 분해를 위한 신호전달과 인식기구

분해는 위험한 접근이다. 아주 정밀한 감시기구가 작동하지 못하면 겨우 만들어놓은 세포구성단백질을 분해하여 세포를 죽음에 이르게 한다. 리소좀은 세포내의 단백질분해장치이지만, 리소좀내에 존재하는 단백질은 산성영역에 최저pH를 가진다. 예를 들어 리소좀 막이 파괴되어 내부의 가수분해효소가 누출되면 pH가 중성부근에서는 활동하지 못하게 되어 있다. 이것은 세포보호라는 관점에서 중요하다.

리소좀이 분해효소를 누출하여도 활동을 못하게 하는 2중 안전장치가 준비되어있는 것에 비하여 분해될 기질에게만 표시를 하여 안전을 보장하는 방법이 있다. 대표적인 예로는 proteasome에 의해서 분해될 기질을 ubiquitin화하는 것이다. 또한 Tanaka가 뒤에서 설명하는 것과 같이 polyubiquitination의 진행은 한 개의 ubiquitin분자를 공유결합시키는 데에도 최저 3개의 효소(E1, E2, E3)가 필요하며, 그것이 수 10개 연결되어야만 분해신호로 인식된다. 분해에 대하여 얼마나 신중한 감시기구가 생체에서 작동하고 있는지를 알 수 있다.

그렇다면 ERAD에서 분해신호는 어떤 것인가? 현재 알고 있는 것은 이 분해를 위한 신호로서는 당쇄가 중요한 역할을 담당하는 것 같다.

당쇄는 소포체에서, folding과정에서, ERAD에서도 단백질의 folding상태를 감시하는 중요한 기능을 가진 것 같다. folding과정은 품질관리부분에서 설명하는 것보다는 제1부에서 많이 설명되겠지만 소포체에서의 folding은 별로 설명이 없는 것 같아서 여기에서는 당쇄를 중심으로 하는 folding 진행에 대하여 대략적으로 설명을 하겠다(**그림4**).

대부분의 분비단백질과 막단백질은 N결합형의 당쇄가 부가된다. N결합형당쇄는 번역과 동시에(co-

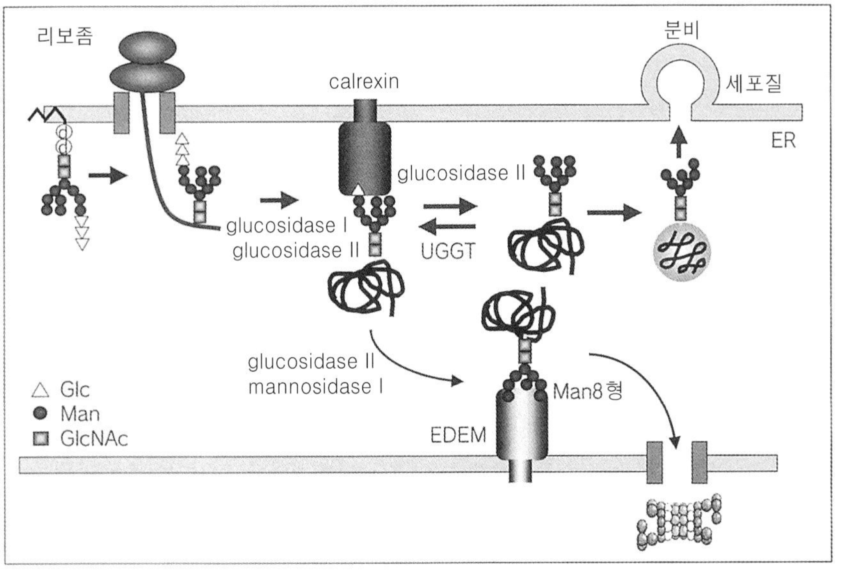

그림4. 소포체에서의 folding과 ERAD
소포체에서 당단백질의 당쇄부가와 folding의 과정을 나타낸다. 평행하여 품질관리의 하나인 소포체관련분해(ERAD)기구를 나타낸다.

translational) polypeptide의 Asn잔기에 공유결합한다. 당쇄는 dolichol phosphate에 2개의 N-GlcNAc와 5개의 mannose가 붙은 형태까지 세포질에서 만들어진다. flipase라고 불리는 효소에 의해서 소포체 내강으로 flip-flop기구에 의해서 반전된다. 그 이후에 소포체내강에서 mannose가 9개까지 붙는다. glucose가 3개 붙은 형태, 즉 Glc3Man9 GlcNAc2 형태로 polypeptide에 최종적으로 붙는다.

번역 후에 이들 단백질은 소포체내의 분자샤페론에 의해서 folding되지만, 최초에는 소포체의 어떤 샤페론과 결합하여 folding을 결정하는데 있어서 당쇄가 중요한 역할을 하는 것 같다. N말단에서 50잔기이내에 당쇄가 있을 경우에는 calnexin/calreticulin이라고 불리는 lectin형의 분자샤페론에 전달된다. 한편 당쇄가 N말단에서 50잔기이내에 있지 않을 경우에는 소포체내의 또 다른 중요한 샤페론인 BiP에 의해서 folding 이 진행된다[21]. VSV G단백질은 처음에는 BiP과 결합하여 그 이후에 calnexin에 결합한다는 보고도 있다[22]. 어쨌던 번역과 동시에 folding의 최초단계는 N결합형당쇄가 polypeptide의 어떤 위치에 있느냐에 따라서 BiP/PDI(protein disulfide isomerase)계와 calnexin/calreticulin계에서 기질이 처리된다. 어떤 것이던지, 최종적으로는 calnexin/calreticulin계에 옮겨져 folding되는 것으로 생각된다.

calnexin은 1회 막을 관통하는 I형 막단백질이다. 소포체에서는 상동단백질인 calreticulin이 존재하지만 calreticulin은 소포체내강의 가용성단백질이다. calnexin/calreticulin 사이에는 현재로서는 기능적인 상이점이 없는 것으로 생각된다. 기질이 calnexin에 전달되는 것도 당쇄가 신호가 된다. Helenius팀은 glucosidase와 mannosidase에 대한 저해제를 조합하여 calnexin은 glucose가 1개만 붙어있는 monoglucose형 당쇄를 특이적으로 인식하는 lectin형의 분자샤페론이라고 결론지었다. 한편 calnexin은 monoglucose형 당쇄를 주로 인식하지만 단백질부분도 인식한다는 보고도 있어[23], 최종적인 결론은 나지 않은 상태이다.

calnexin에서 기질이 떨어져 나오는 것은 최후의 glucose가 glucosidase II에 의해서 trimming됨으로서 가능한다. 이렇게 떨어져 나온 단백질은 정확하게 folding 되어있으면, 다음차례의 mannosidase I 혹은 II에 의해서 이번에는 mannose가 trimming되어 골지체로 수송된다. 하지만 혹시나 folding이 정확하게 이루어지지 않을 경우에는 UGGT(UDP-glucose: glycoprotein glucose transferase)라는 당전이효소에 의해서 다시한번 mannose에 glucose가 붙는다. 이렇게 monoglucose형이 된 기질은 재차 calnexin에 옮겨져 folding 된다. 이런 과정을 calnexin cycle이라고 한다[24].

calnexin cycle에서 정확하게 folding이 이루어진 것을 알 수 있는 것은 UGGT이다. UGGT는 Trypanosoma를 실험재료로 하여 당쇄의 trimming을 연구하던 중에 처음 발견되고 ERAD를 제어하는 인자라는 것이 밝혀짐으로 인하여 주목을 받게 되었다[25, 26]. UGGT는 N 결합형당쇄의 뿌리부근을 인식한다고 하지만 misfolded 단백질의 polypeptide부분을 인식한다는 보고도 있다. Helenius팀의 분석결과에 따르면 UGGT는 misfolded polypeptide 영역에 있는 당쇄를 인식하여 그곳에 glucose를 붙임으로써 그 단백질이 다시 calnexin/ calreticulin에 의해서 인식되도록 한다[27, 28].

그래서 기질은 calnexin cycle을 회전하며 folding되지만, 유전적 변이 혹은 어떻던 folding이 되지 않을 정도의 스트레스를 받았을 경우에는 변성단백질의 축적을 회피하기위하여 기질을 분해한다. ERAD를 위해서도 당쇄의 trimming이 신호인 것은 분명하다. 신호로서 가장 중요한 것은 mannose이다. 효모의 carboxypeptidase변이체(CPY) 혹은 동물세포의 α1-antitrypsin 변이체를 사용한 실험결과, 각각 9개의 mannose가 8개로의 trimming이 중요한 것을 알았다[29,30]. 실제로 이 실험계에서는 mannosidase을 결손시키는 방법 혹은 이들 효소의 저해제인 kifunensin 등에 의해서 mannose의 trimming을 저해하면 ERAD가 일어나지 않는다.

이때에는 기질을 분해하도록 하는 인자인 Man8 lectin과 같은 인자가 존재하는 것을 시사하고 있다. 동물세포에서 EDEM이라고 이름 붙여진 II형 소포체막 단백질은 mannosidase와 상동성을 가지지만 mannosidase로서의 효소기능을 가지지 않는 것으로 보아 mannose

Tom Rapoport

와 결합할 수 있는 가능성을 가진다. 그러나 EDEM의 과발현에 의해서 ERAD가 촉진되었다[31]. 효모에서도 ERAD의 상동체가 보고되어[32, 33], EDEM이 Man8 lectin으로서 변성단백질을 calrexin으로부터 넘겨받아서 translocon을 통하여 세포질로 보내는 분자로서 중요한 역할을 하는 것이 밝혀졌다[34]. 상세한 것은 Hosokawa의 논문에 설명되어있다. EDEM 그 자체가 XBP1경로를 통하여 소포체스트레스에 의해서 유도된다는 사실은 소포체스트레스에 의해서 발생한 misfolded 단백질을 분해 처리하는 관점에서는 아주 합리적이다[31, 35].

2. translocon을 매개로 하는 역수송

ERAD가 일어나기 위해서는 기질이 소포체에서 세포질로 수송되는 것이 필수적이다. polypeptide가 소포체내강에 수송되어 올 때에 기질은 translocon이라고 불리는 막통과장치를 통과한다. translocon은 미토콘드리아와 엽록체에도 존재하지만 소포체에 존재하는 translocon의 구성성분은 Sec61복합체로 이루어져있다. 대장균의 SecYEG에 상당하는 진핵생물의 막통과장치이다[36-38].

translocon은 각각의 막단백질인 Sec61 α, β, γ로 구성되어있다. Sec61-β, γ는 각각 1회 막관통 단백질이고, Sec61 α는 10회 막관통 단백질로서 물질의 이동통로인 channel을 형성한다. 이 channel은 8회막관통의 TRAM (translocation- associated membrane protein)과 만나 이들이 translocon의 핵심구조를 만든다(**그림5**). 이 핵심구조는 단백질로 번역될 때에는 시스날염기수용체가 결합하며 세포질 쪽에는 라이보좀이, 소포체내강에는 signal peptidase, 당전이효소 등이 결합한다. 효모의 경우는 co-translational과 post translational의 2종류의 소포체로의 막통과가 있으나, post translational의 수송의 경우는 이 핵심구조에 Sec63복합체

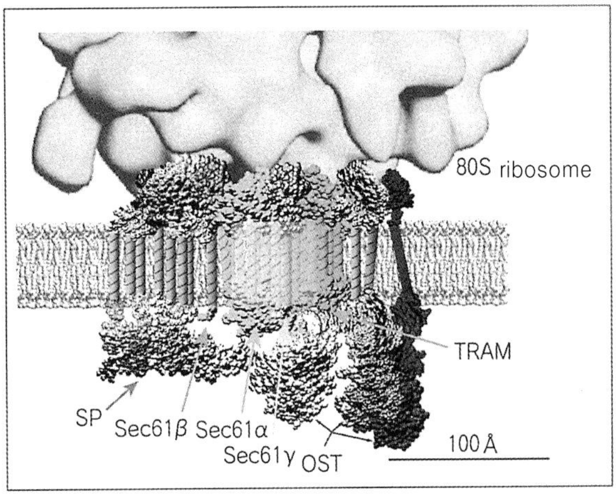

그림5. translocon의 구성분자; translocon을 구성하는 분자종류와 모식도[口繪4(p.4)참조]

(Sec62p, Sec63p, Sec71p, Sec72p 등)가 결합한다는 것이 알려져 있다[37].

분비단백질 및 막단백질은 Blobel박사에 의해서 제창된 신호가설에 따르면, 번역과 co-translational하여 translocon을 통과한다. 이때에 소포체내강의 BiP이 translocon에서 삽입되어 들어온 polypeptide에 결합과 떨어짐을 반복함으로서 역류를 방지한다. 한편 ATP hydrolysis와는 관계없이 타물질의 분해의존적으로 세포내물질이 수송된다는 Brownian ratchet model이 현재로서는 일반적으로 받아들여지고 있다(Nishikawa 참고).

ERAD의 경우도, 동일한 translocon을 사용할 것으로 생각된다. 그러나 들어옴과 나감이 완전하게 동일한 성분에 의해서 이루어진다고 생각하기는 어렵다. 소포체에서 세포질로의 역수송될 때에는 뭔가 잘 모르겠지만 특별한 인자가 translocon에 결합할 가능성도 있다. 이들의 인자는 아직 분리되지 않은 상태이며, 동일한 translocon에 결합하는 Hrd-Der 복합체등의 기능을 잘 모르고 있다. 이들의 기능을 밝히는 과정에서 in과 out의 2종류의 translocon의 사용방법의 기구가 알려질지도 모르겠다. co-translation 수송의 경우에는 translocon의 내측(내강측)은 보통 BiP에 의해서 봉쇄되어 이온 등이 세포질과 소포체를 자유로이 통과하는 것을 방해한다[40]. 이 역수송과정에서는 다른 미해결부분이 많이 남아있다. 우선 소포체에서 신생단백질은 이황화결합을 형성

하지만, 역수송과정에서는 이황화결합이 환원되지 않으면 안 된다. 이황화결합의 형성은 calnexin에 결합하는 ERp57와 소포체내의 샤페론인 PDI 등이 담당한다[41]. 이황화결합은 공유결합으로 folding을 촉진과 단백질의 구조를 안정화하는데 기여하지만 translocon을 통과하기 위해서는 이황화결합이 떨어지지 않으면 channel을 통과할 수 없다. 소포체내의 산성 환경에서 PDI와 새롭게 발견된 ERO1 등의 산화환원효소가 folding을 할 때와는 반대로 작용하여 이황화결합을 풀어버리는 것으로 생각된다.

그리고 translocon을 통과하기 위해서는 당쇄 역시 방해가 된다. 그러나 지금으로선 당쇄는 세포질로 수송된 후에 세포질의 glucosidase에 의해서 떨어지는 것으로 생각된다. 소포체내부에서 당쇄를 완전하게 제거할 수 있는 효소는 아직 알려지지 않고 있다. 이것은 역수송되는 단백질은 당쇄를 붙여 논 상태로 translocon을 통과하는 것을 시사한다. translocon의 직경은 polypeptide가 통과상태에 약 50A, 라이보좀과 polypeptide의 번역이 없는 상태에서는 15A이라고 생각한다[39]. 당쇄가 붙어있는 상태의 polypeptide가 그대로 통과해 가기에는 너무 어렵다. 그렇다면 분명한 것은, 우리가 아직 알지 못하는 어떤 기구에 의해서 세포는 이 문제를 깨끗하게 해결하고 있는 것이 틀림없다[38].

3. proteasome에 의한 분해

세포질로 수송된 misfolded 단백질은 세포질에서 분해된다, 여기에는 ubiquitin- proteasome계가 관여한다. 상세한 것은 Tanaka 및 Yoshida의 논문에서 설명할 것이다. 그리고 translocon에 결합하는 몇 종류의 단백질의 기능에 관하여서만 간단하게 설명한다. translocon에는 앞에서 설명한 것과 같이 핵심구조이외에 몇 개의 인자가 결합한다. 그중에서 ERAD에 관련이 깊다고 생각되는 것은 Cdc48/Ufd1/Nlp4복합체이다. Cdc48은 AAA family 단백질의 하나로 6량체를 형성한다. 효모에서는 Cdc48이지만 포유동물세포에서는 상동체로 p97이 있으며 ERAD에 필수적인 것이 증명되었다[42]. 이때에 소포체막위에 연결되어있는 Npl4, Ufd1의 cofactor가 Cdc48/p97과 함께 활동하여 기질 polypeptide를 소포체에서 세포질로 잡아당기는 역할에 기여한다[42]. 이 잡아당기는 역할에 관해서는 아직 불분명한 것이 많지만, polyubiquitination 되는 것이 역수송에 필수적이다. polyubiquitination 되지 않은 기질은 분해되지 않을 뿐만 아니라 세포질로의 수송자체도 저해된다[38].

또 translocon의 주위에는 Hrd1(Der3)를 매개로 하여, ubiquitination을 위한 E1, E2, E3효소가 모여 있다. 효모에서는 E1효소의 상동체로 Uba1, E2는 Ubc7, E3은 Hrd1 (Der3)이 있으며 이들이 ERAD 진행에 작용한다. Hrd1(Der3)은 ERAD에 필수적인 6회 막관통 단백질이며 그 활성은 역시 소포체 막관통 단백질인 Hrd3(Sel1)에 의존적이다[38]. 어쨌던 이들 각각의 인자가 어떻게 ERAD에 적극적으로 관여하는지는 아직 모르는 것이 더욱 많다.

V. apoptosis

misfolded 단백질의 소포체내 축적에 대하여 세포는 분자샤페론을 유도하여 재생, 번역정지에 의해서 misfolded 단백질의 부담을 줄이고 축적된 misfolded 단백질을 직접 분해시키는 3가지 전략으로 대응하고 있다. 이들 수단으로도 긴급 상황을 회피하는 것이 어려울 때에는 세포는 최종적인 수단(?)으로 세포단위로 제거하려는 장치를 가진 것 같다(그림3). apoptosis라는 기구를 통해서 세포자체를 제거해버리는 것이다. 이것에 관해서는 뒤에서 상세하게 여러 사람들에 의해서 설명되므로 여기서는 개략적으로 간단하게 설명한다.

소포체스트레스에서 apoptosis에 도달하는 경로는 중요한 3가지 전략을 생각할 수 있다(그림6). 첫 번째는 소포체스트리스 센서인 IRE1α 및 IRE1β의 세포질 측에 결합하는 TRAF2 활성을 통해서 ASK1→SEK1/MKK7→JNK→eIF2α의 인산화→ATF4 생산→CHOP생산에 이르러 CHOP에 의해서 apoptosis가 유도되는 경로이다. 두 번째로, CHOP유도와는 별개의 경로도 보고되어 있으며, UPR과 동일하게 ATF6이 관여하는 경로이다. 활성화되어 단편화된 50 kDa의 ATF6단편이 직접 CHOP을 유도하는 것이다. 세 번째 경로는 소포체막에 존재하는 caspase 12의 활성에 의해서 apoptosis가 일어나는 것이다. caspase 12의 활성화에는 소포체에서 칼슘방출→calpain→caspase12가 활성화된다.

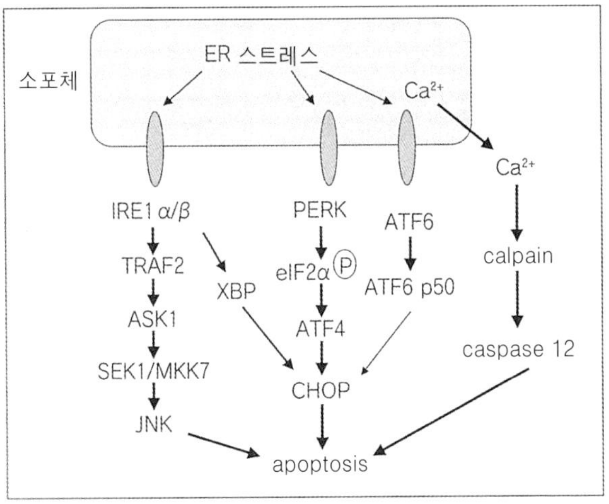

그림6. 소포체스트레스와 apoptosis경로
소포체스트레스에 의해서 유도되는 apoptosis 경로와 그것에 관련되는 분자를 나타냈다.

이들 전략이 각각 어떤 상황에서 작동할까? 상호간 cross talk는 있을까? 상세한 것은 앞으로의 연구진전을 기다린다.

● 끝맺기

central dogma는 DNA에서 RNA을 거친 정보는 일방적으로 단백질에 전달된다고 하였다. 그러나 Anfinsen은 RNase을 사용한 실험에서 단백질은 1차구조가 결정되면 고차구조는 저절로 결정된다는 것을 실험으로 증명하였다. 이런 역사적인 발전으로부터 단백질의 기능획득은 유전자에 쓰여져 있는 염기서열만으로 충분하다고 오랜 기간 동안 생각해왔다. 그러나 단백질의 고차구조는 여러 종류의 분자샤페론의 도움을 받음에도 불구하고 신생 polypeptide 모두가 정확하게 folding되어 기능형이 되지 않는다는 것이 밝혀졌다. 이런 인식을 통해서 분명해진 것이 세포가 가지는 품질관리기구이다. 이 기구는 만들기만 하는 것이 아니라, 만들어진 제품의 품질관리가 세포의 생존에 그만큼 중요하다는 것을 시사한다. 생산성을 높이기 위하여 어떤 공장에서도 반드시 품질관리부가 있다. 여기에서 소개된 세포의 품질관리기구는 인간사회에서 일어나는 품질관리를 놀랄 정도로 닮았다. 가장 연구가 잘되어있는 소포체의 품질관리에 관하여 설명하였다. 이 같은 기구는 세포질, 세포내 기관에도 조금의 차이는 있지만, 준비되어 있을 것으로 생각된다. 소포체 품질관리 이외의 분야는 흥미있는 곳을 이 책에서 찾아서 읽으면 될 것이다.

Christian B. Anfinsen
© The Nobel Foundation

이처럼 엄격한 품질관리기구를 가지고 있음에도 불구하고, 인간은 각종 folding결함병을 가진다. 이것은 기구의 불충분한 준비 때문인 것도 있지만, 이 기구를 빠르게 피해가는 진화된 병인의 승리일 것이다. 제IV부에서 서술한 것과 같이 지금은 folding 병은 장수사회를 맞이하여 더더욱 중요한 과제이다. 이들 병의 극복을 생각한다면 세포내부의 품질관리기구에 대한 이해가 필수인 것은 말할 필요도 없다. 그래서 이 분야의 연구는 한층 더 세계적으로 전개될 것으로 생각된다.

문헌

1) Rutishauser, J., Spiess, M. : *Swiss Med. Wkly.*, **132**, 211-222 (2002)
2) Fourie, A. M., Sambrook, J. F., Gething, M. J. : *J. Biol. Chem.*, **269**, 30470-30478 (1994)
3) Rudiger, S., Buchberger, A., Bukau, B. : *Nat. Struct. Biol.*, **4**, 342-349 (1997)
4) Skowyra, D., Georgopoulos, C., Zylicz, M. : *Cell*, **62**, 939-944 (1990)
5) Laminet, A. A., Ziegelhoffer, T., Georgopoulos, C., Pluckthun, A. : *EMBO J.*, **9**, 2315-2319 (1990)
6) Larson, J. S., Schuetz, T. J., Kingston, R. E. : *Nature*, **335**, 372-375 (1988)
7) Haze, K., Yoshida, H., Yanagi, H., Yura, T., Mori, K. *Mol. Biol. Cell*, **10**, 3787-3799 (1999)
8) Sommer, T., Jarosch, E. : *Dev. Cell*, **3**, 1-2 (2002)
9) Shen, J., Chen, X., Hendershot, L., Prywes, R. : *Dev. Cell*, **3**, 99-111 (2002)
10) Liu, C. Y., Xu, Z., Kaufman, R. J. : *J. Biol. Chem.*, **278**, 17680-17687 (2003)
11) Harding, H. P., Calfon, M., Urano, F., Novoa, I., Ron, D. : *Annu. Rev. Cell Dev. Biol.*, **18**, 575-599 (2002)
12) Harding, H. P., Zhang, Y., Ron, D : *Nature*, **397**, 271-274 (1999)

13) Harding, H. P. *et al.* : *Mol. Cell*, **6**, 1099-1108(2000)
14) Bertolotti, A., Zhang, Y., Hendershot, L. M., Harding, H. P., Ron, D. : *Nat. Cell. Biol.*, **2**, 326-332(2000)
15) Okamura, K., Kimata, Y., Higashio, H., Tsuru, A., Kohno, K. : *Biochem. Biophys. Res. Commun.*, **279**, 445-450(2000)
16) de Silva, A. M., Balch, W. E., Helenius, A. : *J. Cell. Biol.*, **111**, 857-866(1990)
17) Klausner, R. D., Sitia, R. : *Cell*, **62**, 611-614(1990)
18) Ward, C. L., Omura, S., Kopito, R. R. : *Cell*, **83**, 121-127 (1995)
19) Hiller, M. M., Finger, A., Schweiger, M., Wolf, D. H. : *Science*, **273**, 1725-1728(1996)
20) Kopito, R. R. : *Cell*, **88**, 427-430(1997)
21) Molinari, M., Helenius, A. : *Science*, **288**, 331-333(2000)
22) Hammond, C., Helenius, A. : *Science*, **266**, 456-458(1994)
23) Ihara, Y., Cohen-Doyle, M. F., Saito, Y., Williams, D. B. : *Mol. Cell*, **4**, 331-341(1999)
24) Ellgaard, L., Helenius, A. : *Nat. Rev. Mol. Cell Biol.*, **4**, 181-191(2003)
25) Tessier, D. C. *et al.* : *Glycobiology*, **10**, 403-412(2000)
26) Ellgaard, L., Molinari, M., Helenius, A. : *Science*, **286**, 1882-1888(1999)
27) Parodi, A. J. : *Annu. Rev. Biochem.*, **69**, 69-93(2000)
28) Ritter, C., Helenius, A. : *Nat. Struct. Biol.*, **7**, 278-280(2000)
29) Jakob, C. A., Burda, P., Roth, J., Aebi, M. : *J. Cell. Biol.*, **142**, 1223-1233(1998)
30) Liu, Y., Choudhury, P., Cabral, C. M., Sifers, R. N. : *J. Biol. Chem.*, **274**, 5861-5867(1999)
31) Hosokawa, N. *et al.* : *EMBO Rep.*, **2**, 415-422(2001)
32) Nakatsukasa, K., Nishikawa, S., Hosokawa, N., Nagata, K., Endo, T. : *J. Biol. Chem.*, **276**, 8635-8638(2001)
33) Jakob, C. A. *et al.* : *EMBO Rep.*, **2**, 423-430(2001)
34) Oda, Y., Hosokawa, N., Wada, I., Nagata, K. : *Science*, **299**, 1394-1397(2003)
35) Yoshida, H. *et al.* : *Dev. Cell*, **4**, 265-271(2003)
36) Matlack, K. E., Mothes, W., Rapoport, T. A. : *Cell*, **92**, 381-390(1998)
37) Romisch, K. : *J. Cell. Sci.*, **112**(Pt 23), 4185-4191(1999)
38) Kostova, Z., Wolf, D. H. : *EMBO J.*, **22**, 2309-2317(2003)
39) Johnson, A. E., van Waes, M. A. : *Annu. Rev. Cell. Dev. Biol.*, **15**, 799-842(1999)
40) Hamman, B. D., Hendershot, L. M., Johnson, A. E. : *Cell*, **92**, 747-758(1998)
41) Sitia, R., Braakman, I. : *Nature*, **426**, 891-894(2003)
42) Ye, Y., Meyer, H. H., Rapoport, T. A. : *Nature*, **414**, 652-656(2001)
43) Johnson, A. E, van Waes, M. A. : *Annu. Rev. Cell. Dev. Biol.* **15**, 799-842(1999)

소포체품질관리와 ERAD
EDEM분자는 당단백질의 ERAD을 촉진한다

Hosokawa Nobuko (細川暢子)

소포체관련분해(ER associated degradation: ERAD)는 소포체에 축적된 misfolded 단백질을 세포질로 역수송한 후에 분해하는 기구이며, 소포체품질관리(ER qualitiy control)의 중요한 일익을 담당하고 있다. 필자는 당단백질의 ERAD을 촉진시키는 기능을 가진 EDEM유전자를 cloning하였다. 본 논문에서는 이 분자의 기능분석을 중심으로 ERAD에 관하여 설명한다.

Key Words 소포체품질관리 소포체관련분해 소포체 mannosidase 당단백질 N결합형 당쇄

●시작하기

소포체에서 합성되는 대부분의 단백질은 N결합형 당쇄을 가진 당단백질이다. 분비되는 단백질과 세포막에 존재하는 단백질의 당쇄는 여러 형태의 다양성을 보이지만 소포체내에서의 N결합형당쇄의 trimming은 동일하다. 이런 점을 보더라도 소포체내의 당단백질 생합성, 품질관리에 미치는 N결합형당쇄의 trimming의 중요성을 알 수 있다[1]. 동물세포에서는 **그림1**에 나타낸 것과 같이, 말단의 glucose trimming을 통하여 lectin형의 샤페론인 calnexin/calreticulin(CNX/CRT)이 결합하며, 미성숙된 단백질의 folding을 돕는 것과 함께, 정확하게 folding 되지 않은 단백질을 소포체내에서 못나게 붙잡아두는 역학을 한다[1, 2].

소포체에서 품질관리의 일익을 담당하는 것이 ERAD이다. 아마도 CNX/CRT cycle (monoglucose cycle)을 몇 회나 반복해도 folding이 되지 않는 당단백질은 'misfolded 단백질' 로서 인식되어 ERAD계에 의해서 분해된다. 분해될 때에는 이번에는 N결합형당쇄의 mannose trimming이 중요한 신호가 되는 것으로 생각된다. 소포체에 존재하는 ER mannosidase I(ER ManI)에 의해서 당쇄의 가운데 가지의 mannose가 절단되어 Man8GlcNAc2, isomer B(Man8B)로 됨으로써 ERAD경로의 방아쇠가 된다. 이 현상은 효모에서 포유동물세포까지 공통적으로 나타난다. 소포체에는 Man8당쇄를 가진 misfolded 단백질을 인식하는 lectin형이 존재하는 것으로 예상되어왔다[2](그림2). 이 분자의 cloning에는 많은 시간이 걸렸다.

필자들은 소포체스트레스로 발현이 유도되는 유전자로서 ER Man I과 상동성을 가진 마우스의 새로운 단백질 EDEM(ER degradation enhancing α-mannosidase-like protein)을 cloning하여, 이 단백질이 ERAD에 중요한 역할을 담당하고 있는 것을 알았다[4]. 현재에는 이 마우스 EDEM은 당단백질의 ERAD에 중요한 Man8결합 lectin이 아닐까 생각중이지만 그것을 증명하기 위하여서는 뒤에서 설명하는 것과 같이 더욱 많은 실험결과가 요구된다.

I. EDEM의 지금까지 연구 결과

EDEM단백질은 cloning된 이후에, 지금까지 밝혀진 기능을 아래와 같이 정리하였다.

Nobuko Hosokawa, 京都大学・再生医科学研究所・細胞機能調節学分野 E-mail : nobuko@frontier.kyoto-u.ac.jp
ER quality control and ERAD : EDEM accelerates glycoprotein ERAD

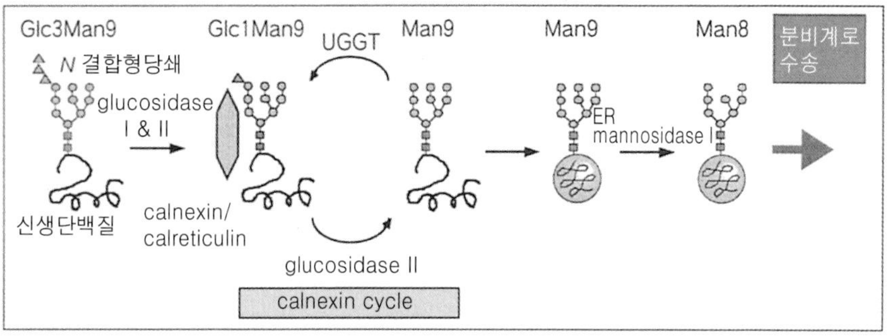

그림1. 포유동물세포에서의 당단백질의 품질관리기구의 모식도

신생단백질의 N결합형당쇄을 매개로 하는 품질관리기구를 나타냈다. Glc3Man9등은 Glc3Man9GlcNAc2 등을 간략화한 것이다. 번역과 동시에 N결합형당쇄가 부가된 후에 소포체의 효소에 의해서 당쇄의 trimming과 재부가가 일어난다. 단백질이 folding 되지 않았을 때에 UGGT(UDP-glucose: glycoprotein glucose transferase)가 이것을 인식하여 glucose를 재 첨가시킴으로서 미숙성한 당단백질은 다시 한 번 더 CNX cycle에 들어간다.

(3) 동물세포에서 ER ManI를 과발현시킬 경우에도 당단백질의 ERAD가 촉진되지만 (그림3a), 그 메커니즘은 EDEM을 발현시킨 경우와 다르다. 두 종류를 동시에 발현시키면 상호상승효과를 보인다[7].

(4) ERAD의 기질 당단백질은 동물세포에서는 우선 CNX에 결합한 후에 EDEM과 결합한다[8, 9].

(5) EDEM유전자 발현은 소포체스트레스에 의해서 유도되지만, ER Man I 유전자 발현은 유도되지 않는다[4]. EDEM mRNA는 *Ire1-/-* 세포에서는 발현 유도되지 않는다, 그래서 전사인자 Xbp1을 매개로 하는 발현유도제어를 받는 것으로 생각된다[10].

(1) 마우스 EDEM단백질의 상동체는 효모에서 사람에까지 존재한다. 효모의 상동체 단백질 Mnl1p/Htm1p도 역시 당단백질의 ERAD에 관여한다[5, 6].

(2) EDEM은 α-mannosidase와 상동성을 가지지만 EDEM-protein A 융합단백질을 사용한 실험의 경우, Man9GlcNAc2의 mannose을 trimming하는 효소활성은 가지지 않는다[7].

II. EDEM에 관련된 최근의 결과

최근에 필자가 EDEM 분자의 기능해석 중 당단백질의 ERAD에 관련된 것을 소개하겠다.

(1) ERAD계에 의해서 분해되는 NHK [α1-antitrypsin[11]]의 당쇄구조를 결정하였다[7] (그림3b). 세포내에서 NHK는 Glc1Man9GlcNAc2 (G1M9)와 Man9GlcNAc2(M9)의 당쇄구조를 가져 시간이 흐름에 따라 M8, M7, M6이 증가한다. 세포에 ER Man I을 인위적으로 발현시키면 mannosidase로서 효소활성이 발현되며, NHK의 당쇄는 주로 M8 혹은 G1M8이지만 EDEM을 transfection 시킨 경우에는 기본적으로 M9와

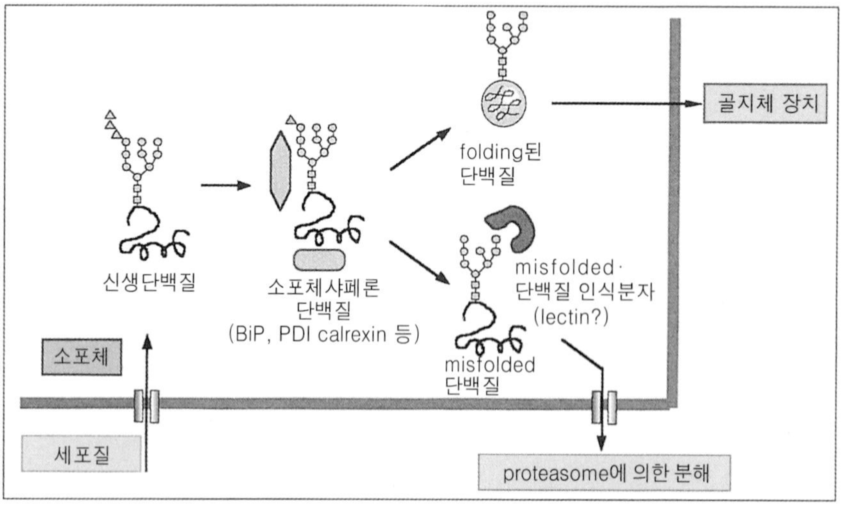

그림2. 품질관리와 ERAD

소포체에서 단백질의 품지관리와 ERAD의 모식도이다. 효모, 포유동물세포에서도 misfolded 단백질은 N형당쇄가 Man8로 trimming됨으로써 처음 ERAD분해된다. 그래서 소포체는 misfolding된 Man8형 당쇄를 인식하여 ERAD계로 넘기는 lectin이 존재한다고 생각되어왔다. 마우스의 EDEM단백질, 효모의 Mnl1p/Htm1p가 이 Man8에 결합하는 lectin이 아닐까 생각하고 있다.

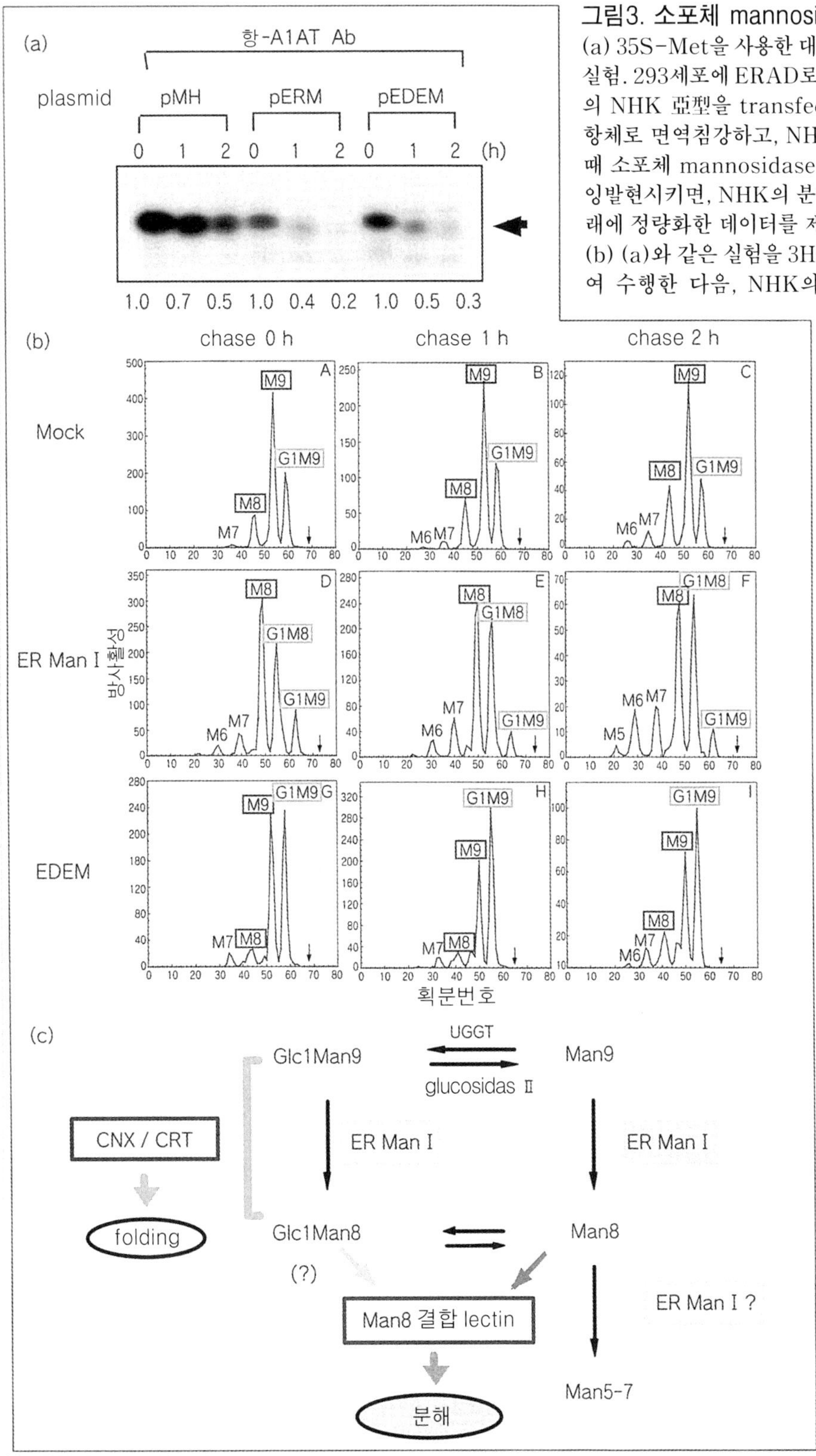

그림3. 소포체 mannosidase I과 EDEM

(a) 35S-Met을 사용한 대사표지에 의한 pulse-chase 실험. 293세포에 ERAD로 분해되는 α1-antitrypsin의 NHK 변형을 transfect하여, α1-antitrypsin의 항체로 면역침강하고, NHK의 세포내분해를 본 것. 이때 소포체 mannosidase 1(ERM) 혹은 EDEM을 과잉발현시키면, NHK의 분해가 촉진된다. 각 lane의 아래에 정량화한 데이터를 제시했다.

(b) (a)와 같은 실험을 3H-mannose로 당쇄를 표지하여 수행한 다음, NHK의 *N* 결합형당쇄를 끊어내어 HPLC로 해석한 것. G1M9 등은 Glc1Man9GlcNAc2 등을 나타내고 있다. 화살표는 G3M9 표준의 용출위치를 나타낸다. Mock 및 EDEM 共발현에서는 G1M9과 M9이 주된 당쇄인데 대해서, ER Man I을 공발현시키면 M8 및 G1M8이 주된 당쇄로 된다.

(c) 소포체품질관리와 ERAD에 있어서 *N*결합형 당쇄의 인식. 이제까지의 정보에다 NHK의 당쇄해석의 결과에서 밝혀지게 된 것을 보태어서 모식을 나타냈다.

G1M9의 당쇄를 가진다. ER ManI와 EDEM도 NHK의 ERAD을 촉진시키지만 양자의 작용순서가 다른 것은 당쇄구조가 다르기 때문인 것을 알아냈다.

(2) EDEM은 misfolded 단백질에 대하여 샤페론적으로 작용한다. EDEM은 정확하게 folding 된 wild type의 α 1-antitrypsin에 결합하지 않아서 세포외부로의 분비에도 영향을 미치지 못한다. 그러나 misfolding된 NHK에는 결합하여 NHK의 2량체 형성을 방해하여 ERAD기질을 분해 가능한 상태로 잡고 있는 기능을 가진 것으로 생각된다(Hosokawa, 논문투고중).

(3) EDEM 단백질에는 가용성 상동체 단백질이 존재한다. 필자는 이 단백질을 cloning하여 기능분석을 하고 있다. 예비결과이지만 이 가용성 상동체 단백질도 ERAD을 촉진시키지만 발현되는 조직이 EDEM과는 서로 다르다.

III. EDEM에 관한 미해결책

EDEM에 관해서도 뒤에서도 설명하지만 아직 몇 가지 중요한 문제가 해결되지 않고 있다.

(1) EDEM은 lectin일까? 이 문제는 cloning 당시부터 풀려고 노력하고 있지만 아직도 해결되지 않고 있다. 혹 lectin이라면 어떤 당쇄구조를 인식할까? 소포체 품질관리에서 CNX/CRT과 UGGT에 관해서 보고되어 있는 것과 같이 당쇄인식 뿐만 아니라 unfolding된 peptide부분도 동시에 인식할 수 있는 가능성이 있을까? 이런 문제를 해결하기 위한 예비data를 얻고 있다.

(2) EDEM 단백질은 어떤 조직과 세포에서 발현하는가? 내재성 EDEM의 발현은 mRNA 수준에서는 확실하게 알지만 단백질수준까지는 확인되어있지 않다. 최근에 Sifers박사팀이 보고한 것과 같이[12], 세포와 조직의 종류에 따라서 EDEM의 과발현의 효과는 다르다.

(3) ERAD에 의해서 분해되는 당단백질은 어떤 당쇄구조를 가지고 있을까? Man8형의 당쇄를 가진 단백질이 분해될까? 실제로는 아직 해결되지 않은 문제이다. 필자는 ERAD의 기질인 NHK의 당쇄구조를 처음으로 HPLC로 분석하였다[7]. 조금 늦게 Lederkremer팀도 동일한 보고를 했다[13]. 그들은 proteasome 저해제를 첨가하니까 M5, M6, M7형 당쇄가 증가하는 것으로부터, M8은 아니고 더욱 trimming이 진전된 당쇄가 분해의 신호가 된다는 결론을 내렸다. 그러나 proteasome 저해제를 사용하여 분석하는 경우에는 어떤 형의 당쇄가 증가하였다고 하여 그것이 반드시 분석되는 형태라고는 말할 수 없다. 분해가 저해되어 장시간 소포체에 머물러있는 동안에 trimming이 진행될 수 있는 가능성도 부정은 할 수 없다.

(4) EDEM은 정말로 mannose를 trimming 할 수 있는 효소활성은 없는 것인가? EDEM을 transfection 시켰을 경우의 NHK의 당쇄구조는 기존적으로는 변화가 없다. 그러나 chase 시간을 연장한다든지 하면 조금의 차이가 보인다, 그렇다면 다른 효소의 조절자로서 활동할 가능성은 전혀 없을까?

(5) EDEM의 하류에는 어떤 분자가 작용하고 있어서 ERAD기질의 ubiquitination, translocon에서 역수송이 일어날까?

(6) EDEM recombinant 단백질의 대량발현계의 확립. 대장균, 효모, baculovirus 발현계를 시험해보았지만 어떤 것도 효과적인 발현계가 아니었다. *In vitro*의 실험계의 확립과 고차구조분석을 위해서도 해결하지 안 되는 문제이다.

● 끝맺음

소포체에서의 단백질 품질관리기구에 관하여, 당단백질의 ERAD 경로를, 마우스 EDEM 단백질에 초점을 맞추어 소개했다. 이 분야에서는 일본에서도 독창성이 높은 결과가 많이 보고되고 있다. 인터넷에서 검색을 하면 주목할 만한 논문이 많이 발표되고 있어 필자의 이 작은 논문이 발표될 때에는 또 새로운 정보가 보태질 것이다. 그래도 필자의 논문이 조금이나마 앞으로의 연구에 보탬이 되면 행복하겠다.

Q CNX cycle에서 EDEM로 전달하는 방아쇠역할을 하는 것은 무엇일까? glucosidase에 의한 G1M8-M8 trimming일까?

A glucosidase II에 의한 G1M9에서 M9으로의 glucoase trimming, 및 그것에 연속하여 소포체 mannosidase에 의해서 M9에서 M8B로의 mannose trimming 후에 EDEM에 넘겨지는 것으로 생각된다.

Q EDEM은 당쇄를 가지지 않은 단백질의 분해에도 관여하는가?

A 필자의 실험결과로 볼 때에는 EDEM은 당쇄를 가지지 않은 단백질의 분해에는 관여하지 않는 것으로 생각된다. Molinari 연구팀도 동일한 결과를 발표했다.

Q EDEM의 기능조절은 EDEM자체의 발현양 의존적으로 조절된다. 칼슘 등에 의한 기능조절은 없을까?

A 현재로서는 있다는 것을 충분히 증명할 data는 없다. 이후에 *in vitro*에서 기능을 검색할 수 있는 시스템을 확립하여 검토될 것으로 생각된다.

문헌

1) Helenius, A., Aebi, M. : *Science*, **291**, 2364-2369(2001)
2) Ellgaard, L., Molinari, M., Helenius, A. : *Science*, **286**, 1882-1888(1999)
3) Jakob, C. A., Burda, P., Roth, J., Aebi, M. : *J. Cell. Biol.*, **142**, 1223-1233(1998)
4) Hosokawa, N. *et al.* : *EMBO Rep.*, **2**, 415-422(2001)
5) Jakob, C. A. *et al.* : *EMBO Rep.*, **2**, 423-430(2001)
6) Nakatsukasa, K. *et al.* : *J. Biol. Chem.*, **276**, 8635-8638(2001)
7) Hosokawa, N. *et al.* : *J. Biol. Chem.*, **278**, 26287-26294(2003)
8) Molinari, M. *et al.* : *Science*, **299**, 1397-1400(2003)
9) Oda, Y., Hosokawa, N., Wada, I., Nagata, K. : *Science*, **299**, 1394-1397(2003)
10) Yoshida, H. *et al.* : *Dev. Cell*, **4**, 265-274(2003)
11) Sifers, R. N. *et al.* : *J. Biol. Chem.*, **263**, 7330-7335(1988)
12) Wu, Y., Swulius, M. T., Moremen, K. W., Sifers, R. N. : *Proc. Natl. Acad. Sci. USA*, **100**, 8229-8234(2003)
13) Frenkel, Z., Gregory, W., Kornfeld, S., Lederkremer, G. Z. : *J. Biol. Chem.*, **278**, 34119-34124(2003)

소포체품질관리에 있어서 샤페론과 당쇄의 역할
무엇이 이상하면 뭐를 제거해야할까?

Nishikawa Shuh-ichi(西川周一)·Nakatsukasa Kunio(中務邦雄)·
Endo Toshiya(遠藤斗之也)

신생단백질이 고농도로 축적하는 소포체에는 native 상태에 이르지 못한 異常단백질을 처리하는 소포체품질관리기구가 있다. 소포체품질관리기구에서 인식되는 이상단백질은 응집체를 형성하기 쉬운 성질을 가진다. 소포체의 분자샤페론과 최근에 효모에서 밝혀진 이상단백질에 *O* 결합형당쇄 부가는 이와 같은 이상단백질의 solubility를 유지시킴으로써 소포체품질관리의 기능을 가지는 것으로 생각된다.

key Words 소포체 품질관리기구 분자샤페론 당쇄 solubility(용해도)

●시작하기

유전정보의 발현과정에서 고차구조형성의 신뢰도는 그다지 높지 않은 것 같다. 세포에서는 불량품의 단백질에 대하여 '품질관리' 라고 불리는 기구가 있다. 신생단백질이 고농도로 축적되는 소포체에서는 특히 용의주도한 품질관리 기구가 설치되어있어 고차구조형성, 정확한 번역후수식, 복합체형성등 'native 상태' 에 이르지 못한 불량품, 즉 '이상단백질' 을 처리한다.

'정상과 이상은 무엇으로 구별하는가?' '품질관리로 무엇을 제거하는가?' 이런 문제가 품질관리의 가장 중요한 과제들이다. 여기에서는 단백질의 'solubility(용해도)' 라는 관점에서 품질관리를 살펴보고 문제에 대한 해답을 찾아보자.

친수, 소수성을 가진 고분자인 단백질에 있어서 native 상태는 열역학적으로 덜 안정된 상태이지만, 조건에 따라서 자발적으로 응집한다. 가용성 단백질의 경우, 본래 분자내부에 숨겨져 있는 소수성영역의 분자사이의 상호작용과 β구조와 같이 분자간에 조직적인 수소결합이 형성되면 응집체형성을 촉진한다. 속도론적으로는 일정 크기의 화합체가 형성된 다음에 급속하게 응집이 진행된다. 그 이유는 잘 모르지만, 초기의 회합체(初期 會合體, early aggregate)가 세포에게는 '독' 인 것 같다[1]. 이것을 제거하는 것이 품질관리의 목적이라고 생각된다.

I. 응집촉진

대장균 내에서 이종단백질을 발현시키면 불용성의 봉입체가 형성되는 것을 간혹 경험하였을 것이다. 진핵세포에서도 aggresome과 같이 미소관을 이용하여 모여진 이상단백질의 큰 응집체가 알려져 있다[2]. 이 경우에, 불용성응집체인 이상단백질을 격리시킴으로써 결과적으로는 세포내의 다른 단백질들의 부적절한 상호작용을 방지할 수 있다. autophage등에 의해서 이상단백질을 효율적으로 분해할 때에 도움을 주는지도 모르겠다. 소포체에서도 Russell body와 같은 큰 단백질 응집체형성이 보고되어있다[2]. 그러나 이 처리법은 응집하는 단백질의 물성에 의존적

Shuh-ichi Nishikawa, Kunio Nakatsukasa, Toshiya Endo, 名古屋大学大学院理学研究科 E-mail : endo@biochem.chem.nagoya-u.ac.jp
Roles of molecular chaperones and carbohydrate chains in the endoplasmic reticulum quality control

이어서 일반적인 품질관리기구로서의 한계가 있다.

II. 분자샤페론에 의한 solubility의 유지

일반적으로 분자샤페론은 단백질의 소수성영역에 결합, 아니면 결합, 해리를 반복함으로써 응집을 억제한다. 소포체에서는 소포체막통과중 아니면 통과직후의 단백질에 분자샤페론이 결합하여 정확한 고차구조형성, 당쇄부과등의 번역후 수식, 복합체형성 등을 촉진하여서 이것들이 달성되면 샤페론과의 상호작용이 끝난다. Hsp70 패밀리에 속하는 BiP는 대표적 소포체분자샤페론의 하나이다. 효모에서는 Jem1p와 Scj1p(Dna 패밀리의 단백질)와 함께 작용한다[3]. 효모의 pro-α-factor 전구체는 소포체 내강(內腔)에 들어가면 *N*결합형당쇄가 부가되어 가용성이 된다. 당쇄부가위치의 아미노산을 치환하여 당쇄부가를 저해하면 가용성이 없어지며, solubility를 유지하기 위해서는 BiP의 기능이 필요하다[3]. 동물세포에서는 당쇄를 인식하는 분자샤페론인 calnexin/calreticulin이 역시 이상단백질의 solubility의 유지(응집저해)에 작용한다[4].

이상단백질이 소포체내에 축적되면 분자샤페론은 solubility가 상승할 때까지 점유되기 때문에 분자샤페론이 부족해질 가능성이 있다. 이 같은 상태를 방지하기 위하여 이상단백질증가라는 '소포체스트레스'에 대하여 UPR(unfolded protein response)이라는 응답반응이 작용한다. UPR은 분자샤페론의 전사촉진(혹은 동물세포에서는 전반적인 번역억제)에 의해서 이상단백질에 대하여 상대적으로 소포체내의 분자샤페론 양을 증가시켜서 샤페론부족을 방지한다[5]. 이상단백질의 축적을 억제하여 소포체스트레스가 해결되면 UPR도 끝난다.

III. 소포체관련분해

분자샤페론이 응집체형성을 저지시켜도 이상단백질의 native 상태가 쉽게 이루어지지 않는 경우에는 분자샤페론은 언제까지나 이상단백질에 점유되어있어서는 안 된다. 이런 사태를 타개하기위하여 특별한 수단이 요구된다. 소포체관련분해(ERAD)는 이런 사태를 타개하기위하여 가장 중요한 처리법이다. 바꾸어 말하면 이상단백질은 신생단백질이 소포체내강의 막통과를 위해 사용한 Sec61복합체의 channel을 역방향으로 통하여 세포질 쪽으로 송출된 다음 세포질에서 proteasome에 의해서 분해된다[6]. peptide로 분해되어 버리면, 응집체형성의 위험은 아주 낮아져서 단백질의 재료로서 재사용되기도 하며, 면역계에서는 한 번 더 소포체내에 들어가서 항원을 나타내는데 사용될 수도 있다[7].

ERAD에서는 소포체분자샤페론에 의한 이상단백질의 solubility유지가 중요한 역할을 담당한다. 효모에서는 BiP의 온도감수성 변이주와 *jem1/scj1* 변이주는 37℃에서 ERAD기능이 상실된다. 이때 예를 들어 분해기질이 되는 단백질은 소포체내에서 응집하며, 일단 고온에서 응집된 분해기질은 저온으로 돌아와도 분해되지 않는다. 결국, ERAD경로에서 분해되기 위해서는 기질 단백질의 응집이 BiP이라는 스

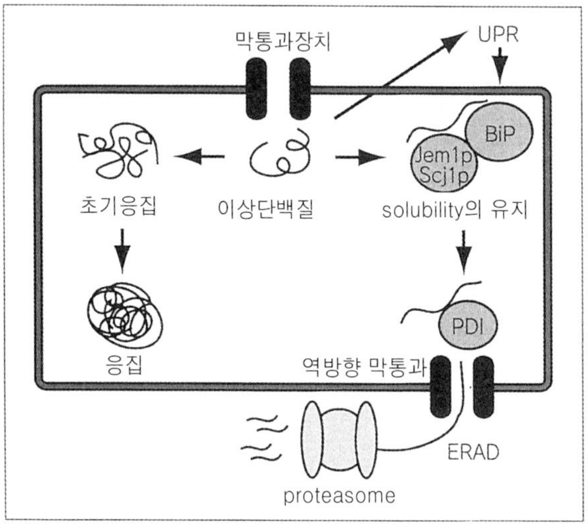

그림1. 분자샤페론에 의한 異常단백질의 solubility의 유지

효모 BiP(Hsp70)은 Jem1p/Scj1p(DnaJ 상동체)와 협조하여 이상단백질의 solubility를 유지한다. 이상단백질이 소포체내에 축적하면, UPR 경로가 활성화되어 분자샤페론의 유전자발현이 상승하여 소포체내 분자샤페론의 양이 증가한다. 정확하게 고차구조를 형성하지 못한다고 판단된 이상단백질은 ERAD 경로에 의해서 분해된다. 이 경로에서는 분자샤페론에 의해서 이상단백질의 solubility가 유지되는 것과, 분해기질이 분자샤페론에서 Sec61 channel에 전달되는 것이 중요하다. 효모PDI는 BiP에서 Sec61 channel로 분해기질을 인도하는 인자중의 하나로 생각된다.

위치에 의해서 억제되는 것이 필요하다(**그림1**)[3]. 일단 단백질이 응집되면 Sec61 channel을 통과할 수 없게 된다. 동물세포에서는 calnexin/calreticulin이 보다 중요한 역할을 담당할 가능성이 있다. 응집을 쉽게 하는 단백질은 응집하기직전에 어떤 처리를 하지 않으면 안 된다.

BiP에 의해서 solubility를 유지하던 이상단백질도 최종적으로는 BiP에서 떨어져 나와 Sec61 channel에서 세포질로 보내지지 않으면 안된다[8]. 그러나 BiP에서 직접 Sec61 channel로 넘겨지지는 않는 것 같다. 효모에서는 PDI(protein disulfide isomerase)가 분해기질을 받는 인자의 하나가 아닐까 생각한다[9]. PDI는 단백질분자내 분자간의 이황화결합형성을 촉진하는 것과 함께 샤페론기능을 가져[9] 단백질의 응집체형성을 저지하는 것으로 알려져 있다. 동물세포에서 이상당단백질은 calnexin/calreticulin에서 EDEM로 양도되는 것이 알려져 있다[10, 11]. EDEM은 Man8형당쇄를 가진 이상단백질을 인식하는 lectin이라고 생각된다.

IV. 당쇄에 의한 solubility 유지

소포체에서 분비경로에 들어온 단백질은 소포체를 포함한 이후의 세포내소기관에서 여러종류의 당쇄수식을 받는다. 소포체에서의 당쇄수식으로는 *N*결합형당쇄와 *O*결합형당쇄가 있다. *N*결합형당쇄는 기질단백질이 소포체막투과와 동시에 oligo당전이효소에 의해서 단백질의 Asn-X-Ser/Thr이라는 배열중의 asparagine잔기의 아미노기에 붙는다. 친수성의 N결합형당쇄는 단백질의 solubility 증가에 기여한다(**그림2**)[12]. 예를 들어 위에서 설명한 것과 같이 *N*결합형당쇄부가위치를 가지지 않는 pro-α-factor 변이체는 BiP이 없으면 가용성을 유지할 수 없다[3]. 그리고 세포를 N결합형당쇄부가의 저해제인 tunicamycin으로 처리하면 단백질의 소포체내 응집이 관찰된다[12].

한편, O결합형당쇄부가는 단백질의 seryl 혹은 threonyl 잔기에 직선형의 mannose가 부가되지만, 결합부위의 consensus배열은 잘 모른다. *O*결합형당쇄부가의 첫 번째 단계이다. dolichol phosphatemannose에서 seryl/threonyl 잔기에 mannose 전이반응(*O*-

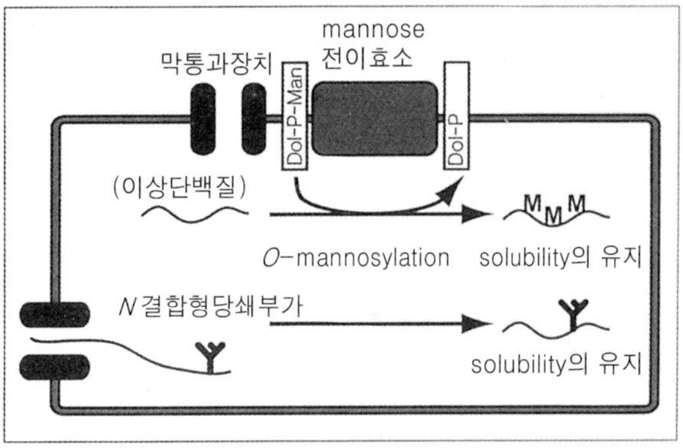

그림2. 당쇄에 의한 이상단백질의 solubility 유지
N결합형당쇄는 단백질의 소포체막통과와 동시에 단백질 염기중에서 Asn-X-Ser/Thr의 asparagine 잔기에 붙는다. 친수성당쇄의 부가자체가 단백질의 solubility의 증가에 기여한다. 출아효모의 O결합형당쇄는 소포체막에 존재하는 단백질 mannose 전이효소에 의해서 단백질의 seryl/threonyl 잔기에 Dol-P-Man에서 mannose가 직접 이동되어 부가된다(O-mannosylation). O-mannosylation은 소포체품질관리에서 있어서 이상단백질의 solubility 유지에 기여하는 것으로 생각된다.

mannosylation)는 소포체 막에 존재하는 단백질인 mannosyl transferase에 의해서 일어난다[13]. 최근에 효모의 연구에서 ERAD의 기질이 되는 이상단백질의 일부가 *O*-mannosylation 되는 것이 보고되었다[14, 15]. 그러나 *O*-mannosylation된 이상단백질은 ERAD에 의해서 분해를 받지 않는다. 그리고 *O*-mannosylation에 관계하는 Pmt2의 기능이 상실되어도 ERAD는 영향을 받지 않는다고 한다. 그 의미에 관해서는 아직 불분명한 점이 많다.

필자는 pro-α-factor에 있는 *N*결합형당쇄부가위치를 한 개, 두 개, 세 개 제거한 일련의 변이체를 만들어 그들의 solubility를 조사하였다. *N*결합형당쇄를 두 개, 세 개 제거한 변이체는 solubility가 내려가서 응집체형성이 쉽게 되었다. 그것을 방지하기 위해서는 BiP이 필요하다. solubility가 내려간 변이체는 ERAD는 작동하지만 기질이 *O*-mannosylation되었다. *O*-mannosylation된 변이체는 친수성의 당쇄가 붙음으로써 solubility가 올라가서 BiP 의존성이 감소되었다. 이 결과는 *O*결합형당쇄부가는 *N*결합형당쇄부가의 결함에 의해서 solubility의 감소를 보상하는 기능을 가진 것을 말한다[16].

*O*결합형당쇄가 부가된 pro-α-factor 변이체는 BiP에 의존하지 않고 가용성이 되기 때문에 변이단백질로 보이지 않게 된다. 그 결과, 소포체에서 분비경로에 들어가 세포외로 분비된다. 동일한 현상은 사상균유래의 protease인 RNAP-1의 pro배열을 결실시킨 변이체인 △pro에서도 볼 수 있다. △pro는 소포체 내에서 정확하게 folding 되지 않기 때문에 solubility가 저하되며, 응집체형성을 막기 위해서는 BiP이 필요하게 되며 동시에 일부는 ERAD경로에서 분해된다. ERAD변이체중에는 △pro는 *O*-mannosylation된다. 일단 *O*-mannosylation되면 △pro의 응집체 형성이 억제되어 최종적으로는 세포외로 분비된다[16].

이상의 결과에서 다음과 같은 모델을 생각할 수 있다. Solubility가 내려간 이상단백질은 ERAD 경로에 들어간다. 그러나 Sec61 channel을 통하여 세포질로 내보내는 효율이 어떤 이유로 불충분하면, ERAD 경로에서 과생산된 이상단백질은 샤페론을 계속 점유하기도 하고 응집체를 형성함으로써 세포는 위협에 처하게 될 가능성이 있다. 이같은 이상단백질을 *O*-mannosylation시킴으로써 solubility를 올리면 분비가 됨으로써 소포체에서 제거할 수 있는 가능성이 있다. *O*-mannosylation된 이상단백질이 골지체로 이동된 후에 소포체로 되돌아와 ERAD의 기질이 되는 경우도 있다. *O*결합형당쇄의 부가에 의한 solubility 상승은 ERAD경로의 fail-safe 기구로서 품질관리에 공헌한다고 할 수 있다.

●끝맺기

앞에서의 질문에 대한 답은 '소포체에 있어서 단백질의 이상은 solubility가 저하되어 쉽게 응집되는 것'이고 'solubility를 높임으로써 이상을 해소하는 것이 품질관리의 사명'이 아닐까 싶다. 이런 의미에서는 샤페론작용도 당쇄부가도 본질적으로는 solubility의 저하를 해소하는 효과와 동일하다. 당쇄부가에 관해서는 특히 최근에 알려진 *O*-mannosylation에 중점을 두고 설명하였다. 그러나 *O*-mannosylation은 단지 ERAD의 fail-safe 기구만으로 작동할까? 아니면 더욱더 다른 역할을 가지고 있을까? 또 동일한 기구가 동물세포에도 존재할까? 등이 이후의 연구과제이다. 그리고 solubility라는 관점의 논의가 amyloid 섬유와 같은 '특정한 구조를 가진' 응집체에도 적용될까? 이런 점들은 모두 아직은 불분명한 점들이다. glutamine이 연결된 polyQ는 amyloid 섬유를 형성하고, 신경변성질환의 원인이 된다. polyQ의 amyloid 섬유형성은 Hsp70에 의해서 방지되지만, 다른 여러 종류의 인자와 상호작용하여, 그 상호작용의 형식도 여러 가지이다[17]. 이런 경우에는 solubility라는 지표만의 품질관리에 대한 토론은 한계가 있을지 모른다.

Q *N*-glycosylation과 *O*-mannosylation의 비율은? 그리고 양자 중에서 우선순위가 있는가?

A 효모세포벽의 주요구성성분인 mannoprotein인 경우에 10%의 mannose가 seryl/threonyl 잔기에, 90%가 아스파라긴잔기에 부가되는 것이 알려져 있다. 양자 간에 명확한 우선순위는 불분명하다. 예를 들어, 효모에서는 tunicamycin처리에 의해서 *N*-glycosylation을 저해시키면 *O*-mannosylation이 상승한다는 보고가 있는 반면에, *pmt4*변이에 의해서 *O*-mannosylation이 저해되면 *N*결합형당쇄가 새롭게 부가되는 기질도 보고되어있다.

Q Sec61에는 세포체에서 세포질로 이상단백질을 배출하기 위한 특별한 기능을 가질까?

A 지금까지 막통과 channel은 단순한 구멍으로 생각해왔다. 그러나 필자의 연구실에서 미토콘드리아외막의 막통과 channel에 있는 Tom40이 고차구조가 풀어진 단백질과 상호작용하여 샤페론과 같은 활성을 가진 것을 발견하였다[18]. Sec61이 이와 같은 활성을 가질 가능성도 생각할 수 있으나 현재로서는 증명된 것은 없다.

문헌

1) Bucciantini, M. *et al.* : *Nature*, **416**, 507-511 (2002)
2) Kopito, R. R., Sitia, R. : *EMBO Rep.*, **1**, 225-231 (2000)
3) Nishikawa, S. *et al.* : *J. Cell Biol.*, **153**, 1061-1070 (2001)
4) Ellgaard, L., Molinari, M., Helenius, A. : *Science*, **286**, 1882-1888 (1999)
5) Kaufman, R. J. *et al.* : *Nat. Rev. Mol. Cell Biol.*, **3**, 411-421 (2002)
6) Fewell, S. W., Travers, K. J., Weissman, J. S., Brodsky, J. L. : *Annu. Rev. Genet.*, **35**, 149-191 (2001)
7) Solheim, J. C. : *Immunol. Rev.*, **172**, 11-19 (1999)
8) Kabani, M. *et al.* : *Mol. Biol. Cell*, **14**, 3437-3448 (2003)

9) Gillece, P. *et al.* : *J. Cell Biol.*, **147**, 1443-1456 (1997)
10) Oda, Y., Hosokawa, N., Wada, I., Nagata, K. : *Science*, **299**, 1394-1397 (2003)
11) Molinari, M., Calanca, V., Galli, C., Lucca, P., Paganetti, P. : *Science*, **299**, 1397-1400 (2003)
12) Helenius, A., Aebi, M. : *Science*, **291**, 2364-2369 (2001)
13) Strahl-Bolsinger, S., Gentzsch, M., Tanner, W. : *Biochim. Biophys. Acta.*, **1426**, 297-307 (1999)
14) Harty, C., Strahl, S., Römisch, K. : *Mol. Biol. Cell*, **12**, 1093-1101 (2001)
15) Vashist, S. *et al.* : *J. Cell Biol.*, **155**, 355-368 (2001)
16) Nakatsukasa, K. *et al.* : 未発表データ
17) Kim, S. *et al.* : *Nat. Cell Biol.* **4**, 826-831 (2002)
18) Esaki, M. *et al.* : *Nat. Struct. Biol.*, **10**, 988-993 (2003)

III. 단백질의 품질관리

단백질품질관리로서의 UPR

Mori Kazutoshi (森 和俊)

소포체내에 있어서 단백질 folding과정에 문제가 생기면, 세포는 한 무리의 유전자를 전사 유도함으로써 축적된 소포체내 이상단백질을 처리한다. 이같이 소포체에서 핵으로 세포내정보전달을 동반하는 전사유도기구를 unfolded protein response(UPR)이라고 한다. 지금까지 UPR의 연구는 분자기구의 해석을 중심으로 하였고, 그것은 마치 예비실험 정도로 느낄 만큼 최근의 5년간의 눈부신 진전을 하였다. 단백질품질관리기구로서 UPR연구의 최전선을 소개한다.

keyWords 폴딩 refolding 분해 분류

●시작하기

異常단백질의 축적에 대하여 세포는 신속하게 적절한 대처를 하지 않으면 안 된다. 실제로 모든 세포에는 단백질의 구조 이상에 대항하는 수단이 준비되어있다. 이 같은 세포응답의 대표적인 예로서 효모에서 사람에 이르기까지 넓게 보존되어있는 unfolded protein response(UPR)을 꼽을 수 있다. 소포체내에 이상단백질이 축적되면 진핵세포는 이것을 감지하여 핵으로 정보를 전달하여 한 무리의 유전자를 전사 유도한다. 이런 일련의 진행을 UPR이라고 부른다. 즉, UPR는 소포체에서 핵으로 세포내 정보전달을 동반하는 전사유도 시스템이라고 보면 된다[1, 2]. UPR의 대표적인 표적유전자는 소포체내에 축적된 이상단백질에 직접 작용하는 소포체에 존재하는 분자샤페론과 folding 효소(이하 소포체샤페론으로 총칭)이지만 이것들 이외에도 여러종류의 유전자가 전사유도되어 그들의 산물이 이상단백질의 축적에 의해서 일어난 각종 피해에 대처한다. 그리고 선충을 포함한 후생동물에서는 UPR은 전사유도와 번역억제의 2면성을 가진다[1, 2]. 번역억제의 분자기구와 의의에 관해서는 Urano(浦野)의 논문에서 상세하게 설명되어있다. 번역억제도 최종적으로는 전사유도에 귀결되는 점에 유의하기 바란다.

UPR 연구는 1990년대에 이르러 본격적으로 시작되었기 때문에 분자기구의 해명이 늦어졌다. UPR이 활성화되기 위해서는 적어도 다음과 같은 3가지 시스템이 성립되지 않으면 안 되는 것은 쉽게 상상할 수 있다. (1) 소포체에서 이상을 감지하는 시스템, (2) 감지한 정보를 핵으로 전달하는 시스템, (3) 전사유도를 실행하는 시스템. 이들의 시스템에 관련된 인자와 분자기구는, 우선 출아효모 UPR의 해석을 기반으로 하여 최근 5년간에 포유동물 UPR 해석이 눈부시게 발달했다. 흥미로운 일은 출아효모의 UPR이 한가지의 경로에 완전하게 의존하는 것에 비하여 포유동물에서는 3가지 경로가 기능을 한다[3, 4].

출아효모에서는 하나의 경로에서 대단히 많은 수(게놈의 전유전자의 약6%) 혹은 다양한(소포체샤페론뿐만 아니라 분해에 관련된 인자와 분비경로에 작용하는 인자 등) 유전자의 전사가 유도되는 것[5]으로 보아 UPR은 효모세포가 필요로 하는 인자를 모두 공

Kazutoshi Mori, 京都大学大学院 理学研究科 生物物理学教室 E-mail : kazu.mori@bio.mbox.media.kyoto-u.ac.jp
Unfolded protein response as a quality control mechanism of proteins

급하는 것이 주된 역할로서 단백질의 품질관리는 보충된 소포체샤페론등에 의해서 이루어지는 것으로 생각한다. 그러나 최근에서야 포유동물세포에서는 복수의 경로를 나누어 사용함으로써 UPR이 더욱더 적극적으로 단백질품질관리에 역할을 한다는 것이 알려졌다[6]. 그래서 본 논문에서는 우선 UPR의 분자기구의 해석과 포유동물에서의 UPR이 품질관리의 방향성을 결정한다는 UPR개념의 결과를 소개한다.

I. UPR의 분자기구

1. 출아효모의 UPR 분자기구

UPR에 있어선 소포체내의 정보가 소포체 밖으로 나가서 결국엔 핵으로 전달된다. 그래서 소포체 막을 관통하는 분자이라면, 소포체내부의 이상을 감지하는 것과 소포체 막을 넘어 정보를 전달하는 것을 단번에 실시한다. 실제로, UPR에 관여하는 분자로서 최초로 분리/동정된 출아효모의 Ire1p는 그것의 N-말단에 반 정도가 소포체내강에 위치하며, protein kinase domain과 endoribonuclease domain을 가지는 C-말단 쪽의 반 정도는 세포질을 향해있는 I형의 소포체 막관통 단백질이다(**그림1**). 효모의 소포체내 이상단백질이 축적되었을 때에 Ire1p에 의해서 감도 높게 감지되어, Ire1p의 자기인산화와 2량화를 거쳐 endo-ribonuclease가 활성됨으로써 세포질 쪽으로 전달한다. 한편 출아효모의 UPR에 특이적인 전사인자인 Hac1p를 코드하고 있는 *HAC1* mRNA는 항상 발현되어 있으나, 강한 번역억제작용을 하는 intron을 가지고 있기 때문에 번역은 되지 않는다. 활성화된 Ire1p의 endoribonuclease domain은 *HAC1* mRNA를 특이적인 2종류의 stem-loop 구조내에서 절단함으로써 non-spliceosomal mRNA splicing반응을 유도한다(필자는 frame switch형 splicing이라고 제창). 절단된 *HAC1* mRNA는 tRNA-ligase의 작용을 받아 연결되어 성숙형 *HAC1* mRNA가 생긴다. 성숙형 *HAC1* mRNA는 번역되자마자 5′측의 절단부위가 코딩영역내에 있기 때문에, 합성된 Hac1p의 C-말단이 10개의 아미노산에서 18개의 아미노산으로 만들어진다. Hac1p의 DNA 결합 domain(N-말단 측의 220 아미노산영역내에 존재)과 전사활성 domain(새롭게 더해진 18 아미노산)이 합해져서 강력한 전사촉진활성을 가진 Hac1p(238aa)가 만들어져 표적유전자가 높은 효율로 전사 유도된다. 이와 같이 출아효모의 UPR은 소포체에 있어서 센서 겸 신호전달자인 Ire1p와 전사인자 Hac1p가 frame switch형 splicing에 의해서 연결된 직선적인 경로이다(그림1).

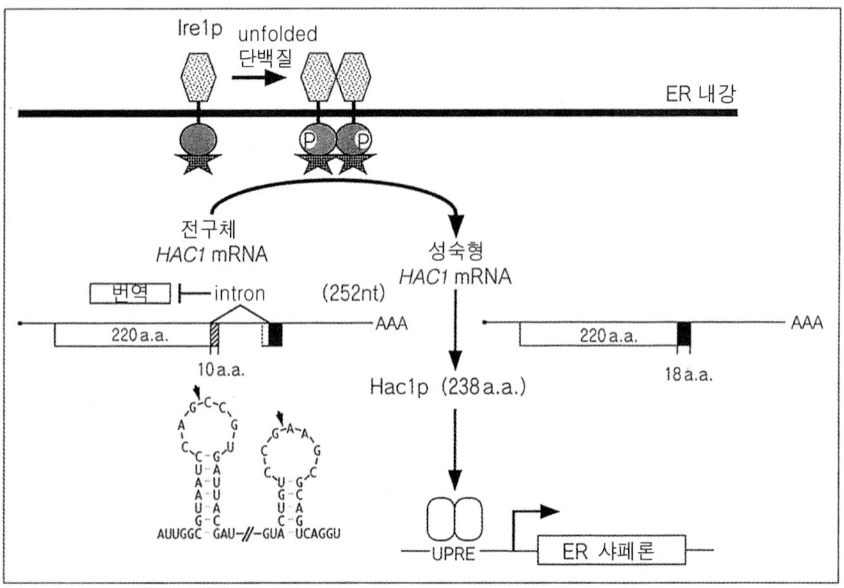

그림1. 출아효모 UPR의 분자기구

2. 포유동물의 UPR 분자기구

포유동물에서는 IRE1, ATF6, PERK라는 3종류의 소포체막관통형 단백질이 UPR에 관여하고 있는 것이 출아효모와 크게 다른 점이다. IRE1은 Ire1p의 상동체이며, 소포체막 결합성 endoribonuclease, ATF6은 소포체막결합성 전사인자, PERK는 소포체막결합성 단백질인산화효소이다. 이와 같이 소포체내강 domain에 감지된 동일한 정보를 각각

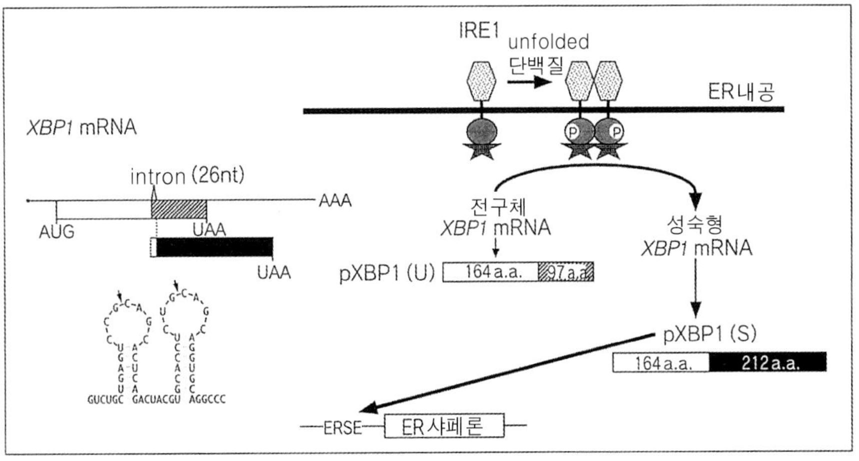

그림2. IRE1-XBP1경로

도 번역되지만, 그 산물 pXBP1(U)은 불안정하여 세포에서 금방 분해된다. *XBP1* mRNA가 splicing되면 Hac1p의 경우와 동일하게, 코드하고 있는 단백질의 C-말단 아미노산의 치환이 일어나 DNA결합 domain과 전사활성화 domain이 합쳐져서 강력한 전사인자 pXBP1(S)이 생산된다. 그 결과, ERSE을 거쳐서 소포체샤페론이 전사 유도된다(그림2).

의 세포질측 domain이 다른 기구로 down stream에 전달한다. 그리고 down stream의 전사인자가 일부는 겹치지만 다른 표적유전자를 전사유도함으로써 아주 합리적으로 다양한 응답을 할 수 있다.

포유동물 UPR의 분석은 1998년 소포체샤페론의 전사유도를 담당하는 *cis*-염기가 ERSE (ER stress response element)로서 동정된 것과 함께, 이들에 결합하는 단백질로서 2종류의 염기성 leucine zipper형 전사인자(ATF6과 XBP1)가 분리된 것이 출발이 되었다[7]. 본 논문에서는 ATF6경로와 IRE1-XBP1경로의 역할을 중심으로 설명한다. PERK경로에 관해서는 Urano(浦野)의 논문을 참고하기 바란다.

a. IRE1-XBP1 경로

1998년에 2종류의 IRE1, 즉 효모 Ire1p의 포유동물 상동체로서 어디에서나 발현하는 IRE1α와 소화관계통에만 발현하는 IRE1β가 보고되었다[8, 9]. 한편, 왜 전사인자 Hac1p는 출아효모에만 존재할까? IRE1이 동정된 후에도 2001년 말이 될 때까지는 down stream의 정보전달경로가 불분명했었다. 2001년 말에서 2002년 초에 걸쳐서 ERSE 결합단백질로 분리된 XBP1을 코드하고 있는 *XBP1* mRNA가 IRE1 endo-ribonuclease 활성의 기질이란 것이 알려져[10, 11], frame switch형 splicing이 효모에서 사람까지 잘 보존된 정보전달기구라는 것이 밝혀졌다(**그림2**). 그러나 *XBP1* intron은 26염기로 짧고 번역억제능력을 가지지 않기 때문에 splicing되지 않은 *XBP1* mRNA

b. ATF6

ATF6은 염기성 leuicine zipper 영역의 바로 옆 C-말단 측에 소수성영역을 가지는 II형 소포체막관통형 단백질로 합성된다는 것이 1999년(결국 XBP1의 기능이 알려지기 전에)에 알려졌다(**그림3** 왼쪽)[12]. 이때 전구체 단백질을 pATF6(P)라고 표기한다. 소포체내에 이상단백질이 축적되면 pATF6(P)은 제한적으로 단백질분해가 일어나 세포질 측에 있는 N-말단의 반 정도가 막에서 떨어져 나온다. 이 단편 pATF6(N)에는 전사인자로서 필요한 domain 이 모두 갖추어져 있어서, 핵으로 이동하여 ERSE을 거쳐서 소포체샤페론을 전사 유도할 수 있다[12, 13]. 결국, ATF6는 소포체에서 생긴 이상의 감지에서 전사유도의 실행까지 모든 단계에 관여한다(그림3 왼쪽). ATF6에도 α와 β의 2종류가 존재한다[14]. 두 종류 모두는 거의 모든 조직에서 발현되며, 서로 다른 역할을 하는지는 아직 잘 모른다. ATF6경로는 출아효모에는 존재하지 않는 진화적으로 새로이 획득한 기구이다.

c. ATF6경로와 IRE1-XBP1경로의 연관

ATF6경로와 IRE1-XBP1경로는 각각 별개의 독립적인 기능을 할까? 그렇지 않으면 서로 어떤 연관을 가지고 있을까? 가장 중요한 열쇠는 XBP1이다. XBP1의 promotor에도 ERSE가 존재한다(그림3 중앙). 이것은 XBP1유전자자신이 전사억제를 받고 있는 것을 의미하며 실제로 *XBP1* mRNA는 소포체샤

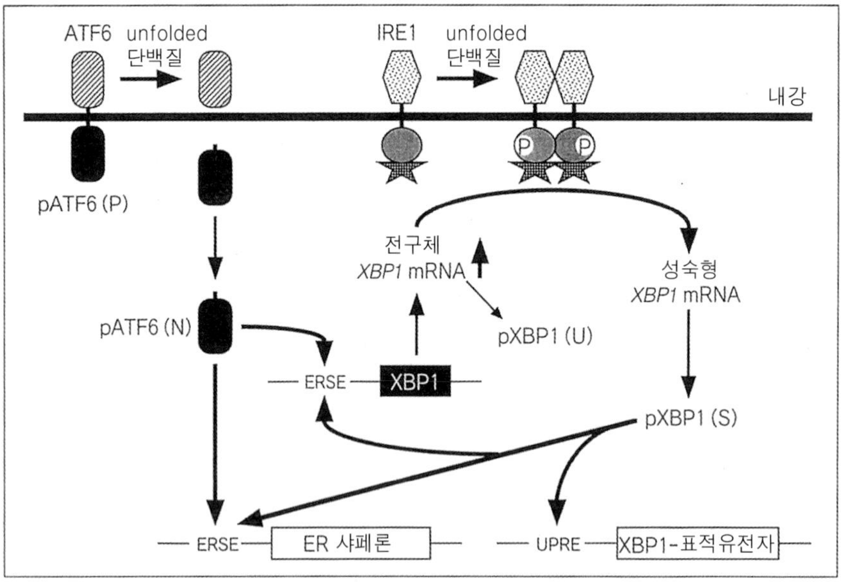

그림3. ATF6경로 및 IRE1-XBP1경로의 연관
(참고문헌10에서)

mRNA 유도→*XBP1* mRNA splicing→pXBP1(S)생산이라는 활성화 cycle을 계속 하는 것이 가능하다(그림3). 그래서 소포체스트레스에 대하여 ATF6경로는 신속한 응답, IRE1-XBP1경로는 지속적인 응답과 같이 역할분담이 나뉘어져 있지 않을까 생각한다.

원래 XBP1은 1990년에 조직적합성항원 class II의 promotor에 존재하는 cis 염기 X box에 결합하는 단백질로서 분리되어 그 이후 10년 이상 동안 mRNA의 splicing 현상을 알지 못한 상태로 분석이 진행되었다. *XBP1* knock out mouse는 태생치 사한다. RAG-2 knock out mouse과 chimera mouse를 만들어 면역계에 미치는 영향을 조사하였다. XBP1을 결손시켜도 B세포와 T세포의 숫자와 표현형은 변화하지 않았지만, 활성화 B세포는 각종 자극에 대응하는 형질세포로 분화되지 않았다[15]. 형질세포는 immunoglobulin의 합성과 분비를 위하여 특수 분화된 공장이기 때문에 이 세포는 세포질의 대부분이 소포체로 차있다. 초대량의 immunoglobulin의 품질관리에는 아주 대량의 소포체샤페론이 필요하다. 이를 유지하기 위하여 IRE1-XBP1경로의 자율적이고 지속적인 응답이 주효하는 대표적인 보기가 될 수 있다.

그리고 또 다른 IRE1-XBP1경로가 ATF6경로와 다른 점이 있다. 그것은 DNA 인식양식의 차이다. ATF6, XBP1은 각각 ERSE 결합단백질로서 분리된 것은 앞에서 설명하였다. ERSE에 잘 보존된 염기는 CCAAT-N9-CCACG이며, ubiquitous 전사인자인 NF-Y가 CCAAT부분에 결합하면 ATF6과 XBP1은 CCACG부분에 결합하여 전사를 활성화시킨다[10]. ERSE와는 별개로, UPRE(unfolded protein response element) 라고 이름 붙여진 소포체스트레스반응성의 cis-배열이 알려져 있다[16]. UPRE에서

페론 mRNA와 동일한 시간대에 유도된다[13]. *XBP1* mRNA의 2가지 번역산물인 pXBP1(U)과 pXBP1(S)은 안정성에 큰 차이가 없지만, 유도되어 증가한 *XBP1* mRNA가 splicing되기 때문에 소포체스트레스를 받을 때에 다량의 pXBP1(S)이 합성되며, pXBP1(S)은 분해되지 않아 표적유전자를 전사 유도할 수 있다[10]. 여기에서 중요한 것은, ATF6경로는 기존의 pATF6(P)의 한정분해에 의해서 활성형의 pATF6(N)이 생산되는 번역후조절을 받는 것에 비하여, XBP1은 번역후 조절을 받아서 *XBP1* mRNA가 splicing된 후에 번역되어 처음으로 pXBP1(S)이 생산된다. 필연적으로 pATF6(N)의 발현이 pXBP1(S)의 발현에 보다 앞선다. 그래서 소포체스트레스는 우선 활성화된 ATF6이 소포체샤페론유전자을 전사유도하는 것과 동시에 XBP1 유전자도 전사유도되어, pXBP1(S)의 세포내 발현을 촉진하는 것으로 생각된다(그림3).

d. ATF6경로와 IRE1-XBP1경로의 특색

IRE1-XBP1경로에 의한 표적유전자의 전사유도가 실행되는 것은 ATF6경로 보다 늦지만, XBP1 유전자의 promotor에 ERSE가 존재하기 때문에 일단 pXBP1(S)이 생산되면 소포체내에 이상단백질이 존재하여 IRE1이 활성화하고 있는 동안에는 *XBP1*

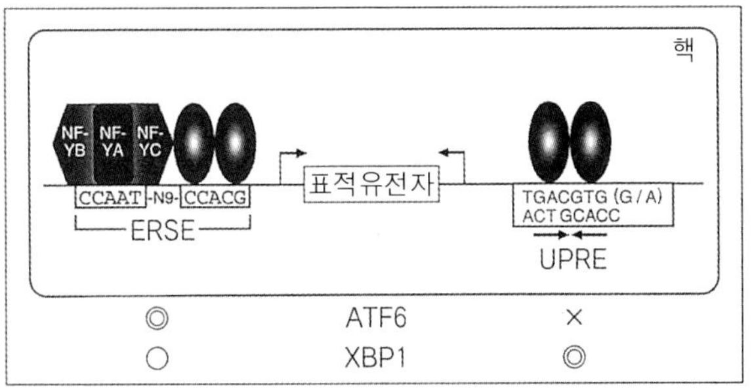

그림4. ATF6와 XBP1의 DNA 인식양식의 차이

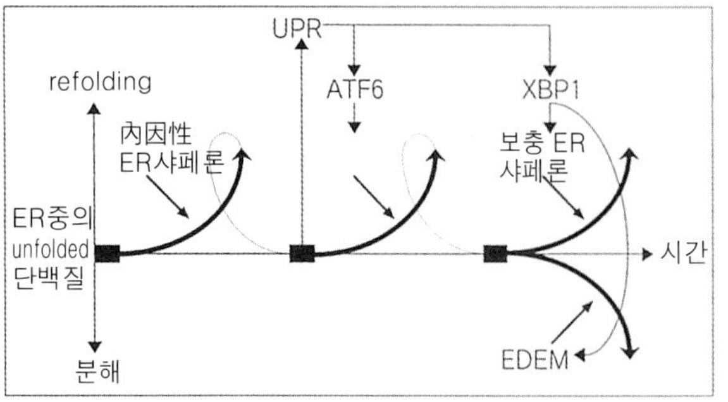

그림5. Refolding과 분해과정의 모식도

잘 보존되어있는 배열은 TGACG TGG/A로서 NF-Y 비의존적으로 전사인자가 결합한다. ERSE와 UPRE에 대한 ATF6과 XBP1의 결합능력을 비교 검토한 결과, ATF6은 ERSE에 더욱더 잘 결합하는 것에 비하여 XBP1은 ERSE와 UPRE 양쪽에 결합하였다(**그림4**)[10]. 이것은 XBP1이 활성화되면, ATF6로 전사유도되지 않는 표적유전자의 전사가 유도되는 것을 의미한다(그림3). 다른 성질을 가지고 있으면서도 연합할 수 있는 것과 같이 복수의 경로를 활용함으로써 세포가 소포체스트레스에 대한 다양한 대응기작이 가능하다.

II. 품질관리에서 UPR의 역할

소포체에 축적된 이상단백질의 처리방법으로서 생각할 수 있는 것은 refolding 하여 정상적인 구조를 가지게 하던가, 아니면 분해시켜서 존재자체를 없애버리는 것이다. refolding은 소포체샤페론에 의해서 일어나며, 분해는 ubiquitin-proteasome계에 의존하는 ERAD에 의해서 일어난다. 그렇다면 세포에서 어떻게 refolding과 분해가 일어나며, 어떤 법칙이 있을까? 단백질의 異常정도에 따라서 refolding과 분해를 어떻게 결정할까? 아니면 refolding과 분해가 동시에 이루어지다가 random하게 결정될까? 최근에 포유동물세포에서 해답의 실마리가 될 수 있는 결과가 보고되었다. ATF6경로와 IRE1-XBP1경로에 의한 전사유도의 시간차에 따른 DNA인식양상이 다른 교묘한 기전이 이용되어 refolding과 분해가 시간의존적으로 결정된다는 것이 알려졌다[6].

ATF6과 XBP1은 함께 ERSE를 거쳐서 전사 유도되지만, 이 경우의 표적은 대부분 소포체분자샤페론이다[17]. 한편, IRE1-XBP1경로에 특이적인 표적유전자로서 EDEM(ER degra- dation enhancing α-mannosidase-like protein)이 동정되었다[6]. EDEM은 고차구조가 이상한 당단백질을 분해하는 ERAD에서 아주 중요한 역할을 담당한다. 이 같은 결과를 바탕으로 하여 다음과 같은 기작이 제창되었다(**그림5**). 소포체내에 이상단백질이 축적되면, 우선 풍부하게 발현되어있는 소포체내재성 소포체샤페론이 대처한다. 이것으로 이상단백질이 회복되면 그 이상의 응답은 일어나지 않는다. 혹, 이상단백질의 회복이 불완전하고 이상단백질이 더욱 축적되는 상태가 되면 UPR이 활성화된다. 이 경우 우선, 활성형 ATF6이 발현하여, pATF6(N)은 ERSE를 통하여 소포체샤페론을 전사유도하기 때문에, 이상단백질은 refolding 쪽으로 진행된다. 이것으로 이상단백질이 회복되면 UPR은 종료된다. 역시 이상단백질이 회복되기 어렵다든지, 더욱이 이상단백질이 축적되는 사태가 되면 다음에는 활성형 XBP1이 발현한다. pXBP1(S)은 ERSE을 매개로 하여 소포체샤페론을 전사유도함으로 이상단백질은 refolding되지만 동시에 UPRE를 사용하는 시스템에서 EDEM을 전사유도하여 이상단단백질의 분해처리도 일어난다. 결국 포유동물세포의 UPR에는 몇 개의 얼굴이 있어 소포체내에 축적된 이상단백질의 질과 양에 따라서 ATF6경로에 의한 하나의 얼굴(refolding)에서 XBP1경로에 의한 두 방향의 얼굴(refolding과 분해)로 이동이 시간의존적으로 전이해가는 아주 역동적인 품질관리의 방향성을 나타낸다.

포유동물세포가 이와 같이 복잡한 시스템을 만들고 있는 이유는, 생산성과 에너지측면이 고려되었다고 생각된다. 분자샤페론에 의한 folding에는 다수의 ATP가 필요하며 ERAD도 높은 비용이 드는 것과 같이 회복에도 비용이 필요하다. 이상단백질을 소포체에서 뽑아내는 과정, ubiquitination, proteasome에 의한 분해, 이 모든 과정에 다수의 ATP를 필요로 한다. 어쨌던 다수의 ATP를 사용한다면 처음부터 분해처리를 시작하기보다는 우선 회복작용을 발휘해서 신생단백질을 가능한 사용 가능한 상태로 가져가본다, 그러나 어떻게 해도 되지 않는 경우는 피해가 다른 것에 미치지 못하게 분해처리를 하는 것과 같은 단계적으로 처리를 하는 것이 아닐까 생각된다.

● 끝맺기

최근의 급속한 연구의 발전에 의해서 포유동물UPR의 기구를 분자수준에서 아주 상세하게 말할 수 있게 되었다. 제한된 지면 때문에 설명하지 않았지만, ATF6을 소포체스트레스 의존적으로 절단하는 효소는 골지체에 존재하기 때문에[18], ATF6은 소포체에서 골지체로 이동함으로써 활성화된다[19]. 그래서 ATF6의 활성화 메커니즘은 IRE1과 PERK의 활성화의 경우보다도 복잡할 것으로 생각되지만, 실제적인 연구는 시작한지 얼마되지 않았다. 그리고 소포체스트레스의 조건에서 이상단백질은 소포체내에 붙잡혀있기 때문에 ATF6의 이동은 이상단백질의 움직임에 관심을 두고, 소포체에 있어서 품질관리의 관점에서 해석하지 않으면 안 된다.

남은 중요한 문제는 EDEM이외의 XBP1특이적인 표적유전자를 동정하는 것이다. 실제로 EDEM의 promotor 상류에 UPRE가 존재한다는 것이 증명되어 있지 않다, 이것의 해석을 통해서 IRE1-XBP1경로의 의미를 한층 더 정확하게하고. 그리고 PERK경로가 ATF6경로와 IRE1-XBP1경로의 활성화와 정보전달에 미치는 영향을 조사하여 3가지 경로의 연관성과 상호작용을 분명하게 할 필요가 있다. IRE1 knockout mouse는 간의 발달에 문제가 생겨 태아치사하지만, PERK knockout mouse는 정상적으로 살지만 비장의 β 세포가 apoptosis를 일으켜서 당뇨병을 유발한다. ATF6 knockout mouse를 만들어 연구하는 것이 급선무이다. 3가지 경로는 어디든지 잘 발현하는데도 불구하고, 왜 그것의 결손에 의한 영향은 특정한 장기에 국한될까? 이 문제는 품질관리의 메커니즘과 의미는 아주 흥미로운 것이다. 현재는 UPR의 활성상태를 구체적인 분자수준에서 알아보는 것이 가능하기 때문에, 여러 종류의 현상과 UPR과의 관계가 밝혀져서 UPR의 중요성에 관한 인식이 깊어질 것은 틀림없다고 생각한다.

Q PERK경로에서 번역억제가 일어난다. ATF6과 IRE1경로와 시간차는 연구되어있는가?

A 현재로서는 소포체내에 이상단백질이 축적되면 ATF6, IRE1, PERK 모두가 동시에 활성화되는 것으로 알고 있다. 그러나 down stream의 정보전달기구가 다르기 때문에 각각의 경로활성화의 효과가 세포내에 나타나기까지의 시간은 다르다. 최초로 효과가 나타나는 것은 PERK경로이다. 활성화된 PERK에 의해서 기질 eIF2α가 인산화되면 빠르게 번역억제가 시작된다. 그다음에 ATF6경로의 효과가 나타난다. proteasome에 의해서 생긴 활성형 ATF6이 핵으로 이동하여 전사를 활성화시킴으로써 번역억제의 영향을 받지 않기 때문에 PERK경로와 ATF6경로의 down stream에서 일어나는 일들은 동시에 진행되는 것으로 생각되지만, ATF6경로에 의해서 전사 유도된 소포체샤페론 등의 mRNA가 번역되기 위해서는 번역억제가 풀리지 않으면 안 된다. 마지막으로 IRE1경로의 효과가 나타난다. 활성화된 IRE1에 의해서 splicing된 *XBP1* mRNA가 번역됨으로써 활성형 XBP1이 생산되기 때문에 이 단계에서 이미 번역억제가 풀리지 않으면 안 된다. 활성형 XBP1이 발현하여 핵으로 이동하여 전사활성함으로써 유도된 소포체샤페론과 ERAD관련인자의 mRNA가 번역되어 효과를 발휘한다.

인산화된 eIF2α는 protein phosphatase 1c (PP1c)에 의해서 탈인산화되어 번역억제가 해제된다. PP1c에 결합하여 활성화되는 분자는 constitutive repressor of eIF2α phosphorylation (CReP)과 GADD34가 알려지고 있다. GADD34에 의해서 eIF2α의 탈인산화가 일어나지 않는 세포는, 소포체샤페론과 XBP1이 발현 유도되지 않는다는 것이 보고되어있다. PERK경로의 하류전사인자인 ATF4는 번역억제의 조건에서 발현되지만 GADD34에 의한

eIF2α의 탈인산화가 일어나지않는 세포에서도 발현유도되었다.

Q PERK, ATF6 및 IRE1경로는 UPR에 대한 차별화된 대응성을 가지는가? 그리고 차이가 있다면 조직에도 차별화된 대응성이 조절되는가?

A 이후의 중요한 문제들이다. 모든 조직에서 3종류의 경로가 준비되어있음으로, 각각 다른 조직이라는 개성이 어떻게 기구에 적용될지 아주 흥미로운 문제이다.

문헌

1) Kaufman, R. J. : *Genes Dev.*, **13**, 1211-1233 (1999)
2) Mori, K. : *Cell*, **101**, 451-454 (2000)
3) Ron, D. : *J. Clin. Invest.*, **110**, 1383-1388 (2002)
4) Mori, K. : *Traffic*, **4**, 519-528 (2003)
5) Travers, K. J. *et al.* : *Cell*, **101**, 249-258 (2000)
6) Yoshida, H. *et al.* : *Dev. Cell*, **4**, 265-271 (2003)
7) Yoshida, H. *et al.* : *J. Biol. Chem.*, **273**, 33741-33749 (1998)
8) Tirasophon, W. *et al.* : *Genes Dev.*, **12**, 1812-1824 (1998)
9) Wang, X.-Z. *et al.* : *EMBO J.*, **17**, 5708-5717 (1998)
10) Yoshida, H. *et al.* : *Cell*, **107**, 881-891 (2001)
11) Calfon, M. *et al.* : *Nature*, **415**, 92-96 (2002)
12) Haze, K. *et al.* : *Mol. Biol. Cell*, **10**, 3787-3799 (1999)
13) Yoshida, H. *et al.* : *Mol. Cell. Biol.*, **20**, 6755-6767 (2000)
14) Haze, K. *et al.* : *Biochem. J.*, **355**, 19-28 (2001)
15) Reimold, A. M. *et al.* : *Nature*, **412**, 300-307 (2001)
16) Wang, Y. *et al.* : *J. Biol. Chem.*, **275**, 27013- 27020 (2000)
17) Okada, T. *et al.* : *Biochem. J.*, **366**, 585-594 (2002)
18) Ye, J. *et al.* : *Mol. Cell*, **6**, 1355-1364 (2000)
19) Shen, J. *et al.* : *Dev. Cell*, **3**, 99-111 (2002)

III. 단백질의 품질관리

소포체 스트레스 감지시스템

Kimata Yukio(木俣行雄)·Kohno Kenji(河野憲二)

소포체스트레스는, Ire1, PERK와 ATF6라는 소포체스트레스 센서를 활성화함으로써 소포체스트레스응답을 일으킨다. 소포체스트레스 센서는 비스트레스상태에서는 BiP (소포체 內在性 분자샤페론)의 결합에 의해서 활성화가 억제되어 있지만, 스트레스상태가 되면 BiP은 떨어진다. 결국 BiP이 구조이상단백질과 결합하여 소포체스트레스 센서의 결합량이 저하되는 것이 소포체스트레스응답의 방아쇠일지 모른다. 그러나 한편으론 소포체스트레스 센서 자신이 소포체스트레스를 인식할 수 있는 가능성도 있다.

Key Words 소포체 스트레스응답 샤페론

●시작하기

소포체스트레스는 일반적으로 '분비경로를 통해서 분비되어야할 단백질이 구조이상이 생겨서 소포체에 축적된다' 이라고 생각한다. 그 원인은 변이단백질의 발현과 이상환경일 수도 있고, 한편으로는 정상분 비단백질의 과잉생산일 수도 있다, 예를 들어 분비단백질이 왕성한 췌장은 항상 소포체스트레스 상태이다.

세포에 소포체스트레스가 가해지면 소포체 막에 존재하는 막관통단백질인 Ire1, PERK와 ATF6이 활성화됨으로써 소포체스트레스응답경로의 down steam으로 시그널이 전달된다. 그런 의미에서 본 논문에서는 편의상, 그런 단백질을 소포체스트레스센서라고 부르며 어떤 메커니즘에 의해서 세포에 소포체스트레스가 가해지는 것을 소포체스트레스센서가 '감지' 할까?

I. 지금까지 알려진 BiP에 의한 negative 제어

다양한 구조이상단백질을 인식하는 것으로 가장 잘 알려진 것은 분자샤페론이다. 여기에서 설명하려는 BiP는 소포체에 존재하는 HSP70 family 샤페론이며, 단백질의 folding 뿐만 아니라 신생단백질의 정상적인 소포체막통과, 구조이상다백질의 역통과에도 관여한다. 소포체스트레스센서가 발견되기 전부터 필자는 BiP이 소포체스트레스응답경로를 negative하게 제어할 수 있는 가능성을 지적하였다. 바꾸어 말하면, BiP을 강제적으로 과발현시킨 출아효모세포에서는 소포체스트레스응답이 둔해지는 것을 알았다[1]. 앞에서 설명한 것과 같이 2000년대에 들어서 소포체스트레스센서와 BiP과의 관계가 분명해졌다.

1. Ire1, PERK와 BiP

Ire1은 소포체에 존재하는 I형 막관통 단백질로서 효모에서 식물, 동물에 이르기까지 진핵생물 전반에 걸쳐서 존재한다. 세포질측 영역의 말단은 부위특이적인 RNase로서 기능을 하여 소포체스트레스를 받을 때에 몇 종류의 RNA에 작용하는 것이 알려져 있다(**그림1a** 참고)[2-4]. 동물에만 존재하는 PERK는 번역개시인자 eIF2α의 인산화에 의해서 단백질합성

Yukio Kimata, Kenji Kohno, 奈良先端科学技術大学院大学 遺伝子教育研究センター E-mail : kimata@bs.aist-nara.ac.jp
How is ER stress sensed?

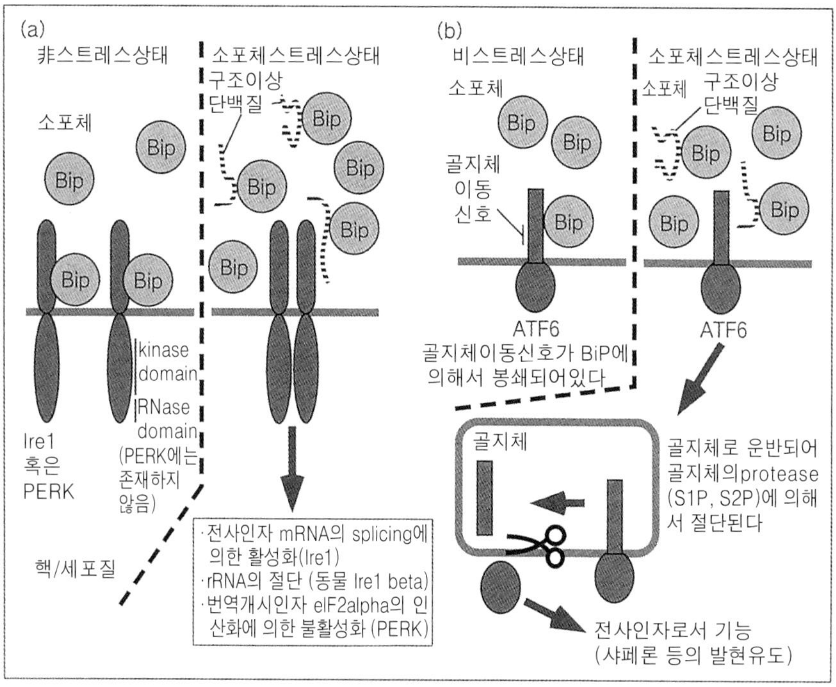

그림1. 소포체스트레스응답에 있어서 소포체스트레스센서의 작용 및 BiP에 의한 제어

(a) Ire1 및 PERK. (b) ATF6. 이들 소포체스트레스센서는 소포체스트레스에 대응하여 BiP의 해리에 의해서 활성형이 되는 것으로 생각된다.

을 억제한다[5]. Ire1과 PERK 역시 소포체스트레스에 대응하여 2량체화하여 활성형이 된다. 이들의 소포체내공영역에는 1차구조상의 상동성이 인정되며 비슷한 기구로서 제어되는 것으로 생각된다.

이들 단백질과 BiP과의 물리적인 상호작용은 동물세포로서 Ron박사의 연구팀, 효모로서 필자의 연구팀에 의해서 각각 보고되었다[6, 7]. 즉, 포유동물의 Ire1과 PERK 그리고 출아효모의 Ire1은, 비스트레스상태에서는 BiP이 결합하고 있다는 것이 흥미롭다. 소포체스트레스를 받으면 그들의 결합은 없어져 버린다. BiP결합이 Ire1을 negative하게 제어하고 있다는 증거는 출아효모 BiP 유전자(*KAR2*) 변이주의 분석에서 얻을 수 있다[8]. 첫째, 'Ire1과 결합하지 않는 형'의 변이형 BiP 발현주에서는 Ire1은 항상(소포체스트레스가 없을 때에도) 활성화하고 있다. 두 번째, 'Ire1에서 분리되지 않는 형'의 변이형 BiP 발현주에서는 소포체스트레스를 받을 때에도 Ire1은 약하게만 발현하였다. 이상의 결과에서 생각할 수 있는 모델은 그림1a와 같다.

BiP은 어떤 양식으로 Ire1에 결합하는가? 위에서 설명한 것과 같이 'Ire1과 결합하지 않는 형'의 변이형 BiP 발현주는 모델로 사용한 이상단백질과 결합도 하지 않았다. 또, 'Ire1에서 분리되지 않는 형'의 변이형 BiP 발현주는 모델로 사용한 이상단백질과 결합한 상태로 떨어지지 않아서 그 단백질의 folding을 돕지 못한다는 것이 보고되었다. 이런 '결합하지 않는 형', 혹은 '떨어지지 않는 형'에 관해서는 Ire1과 구조이상 단백질의 유사성의 측면에서 볼 때에, 필자는 Ire1은 BiP에 샤페론의 기질로서 인식되어 결합한다고 생각한다.

2. ATF6과 Bip

동물의 ATF6은 소포체내에 존재하는 샤페론 등의 유전자에 positive하게 작용하는 전사인자이지만, 보통 때에는 II형막단백질로서 소포체에 존재하면 특별한 기능을 하지 않는다. ATF6 활동하기위해서는 소포체스트레스에 의해서 막관통영역이 절단되어야 할 필요가 있다. ATF6을 절단하는 2종류의 protease는 골지체에 존재함으로 소포체스트레스에 의해서 ATF6이 소포체에서 골지체로 운반된다는 것이 보고되어있다(그림1b를 참고)[9, 10].

Prywes 연구팀은 ATF6의 위치를 결정하는 것이 BiP이라고 한다(그림1b)[11]. 바꾸어 말하면 Ire1과 PERK와 같이 ATF6에도 BiP이 결합하여 소포체스트레스를 받으면 떨어진다는 것이 알려져 있다. 그리고 ATF6에는 복수의 BiP 결합부위와 골지체이동시그날이 존재한다. BiP 결합부위를 결손 시킨 ATF6

변이체는 소포체스트레스의 유무와 관계없이 골지체로 운반되어 절단된다. 더욱이 ATF6에서 BiP이 해리되지 않는 변이체에서는 소포체스트레스에 의해서 ATF6의 골지체이동과 절단이 현저히 저해되었다. 이런 결과에서 비스트레스조건에서는 BiP이 ATF6을 소포체에 머물게 하며 소포체스트레스에 의해서 그것이 해제된다고 생각할 수 있다.

II. 현재의 과제

지금까지 설명한 것과 같이, 이미 알고 있는 소포체스트레스센서는 모두가 비스트레스상태에서는 BiP에 의해서 활성이 억제되어있다. 그래서 소포체스트레스에 대하여 BiP이 떨어져나감으로써 활성화된다. BiP을 포함한 HSP70 family 샤페론은 다양한 구조이상단백질을 기질로 한다. 그래서 필자는 소포체스트레스 센서도 샤페론기질로서 BiP에 결합하는 것으로 생각한다(구조이상단백질을 감싼다?). '소포체스트레스센서와 구조이상단백질이 BiP과의 결합을 경쟁한다' 라는 단순한 모델을 생각할 수 있다. 이 모델은 스트레스상태, 즉 구조이상단백질의 축적을 인식하는 것은 BiP이며, 소포체스트레스센서는 단순하게 BiP에 의해서 제어만 되는 존재이다. 그래서 이 모델을 ' BiP이 주역 '이라고 부른다. 그런데 이 모델이 진짜로 옳은 것일까?

1. BiP이 해리되는 메커니즘

'BiP이 주역' 가설의 전제는, 비스트레스상태에서도 BiP과 소포체스트레스센서는 결합과 해리의 평형상태에 있는 것이다. 일반적으로 HSP70 family의 분자샤페론은 몇 개의 샤페론보조인자가 존재하는 상태에서 기질인 단백질과 결합-해리의 사이클을 반복한다. 그 관계를 BiP과 소포체스트레스센서 맞추는 것도 그리 무리가 따르지 않아 보인다. 소포체스트레스상태에서는 구조이상단백질이 대량으로 만들어져 BiP은 이들에게 결합하기위하여 평형이 기울어진다. 그러나 한편으로는 일반적인 것은 아니지만 BiP은 기질단백질과의 결합-해리 cycle을 형성하지 않는다는 보고도 있다. Immunoglobulin heavy chain은 assembly 하지 않은 상태에서는 BiP과 결합하여 소포체내에 머무르고 있다는 것이 알려져 있

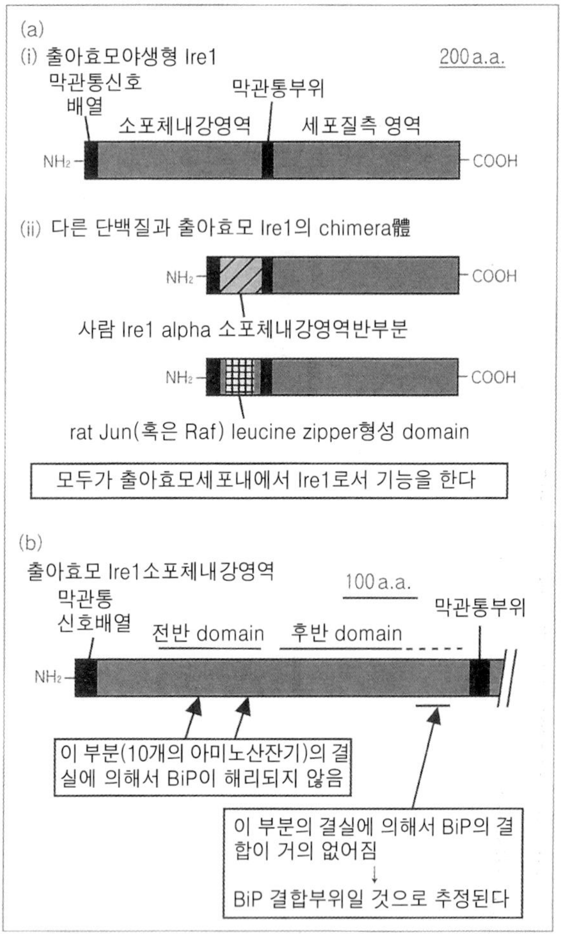

그림2. 출아효모 Ire1 유전자의 변이도입으로 얻은 결과

(a) Kaufman 연구팀에 의한 chimera 체의 제작과 해석(문헌13,14). 2량체형성기능을 가진 peptide와 출아효모 Ire1 chimera體(ii로 표시)는 출아효모 Ire1 유전자결손주에서 발현시키면, 소포체스트레스에 대한 대응은 야생형 Ire1과 동일하게 기능했다. (b) 필자는 계통적으로 출아효모 Ire1유전자에 변이를 도입하여 표현형을 분석하여서 다음과 같은 결과를 얻었다. (1) Ire1소포체내강영역은 그 기능에 필수적인 2개의 도메인(전반, 후반)을 가진다. (2) 후반도메인은 BiP이 결합하는 것으로 생각되는 부위를 포함. (3) 전반도메인은 BiP이 해리하기위하여 필요하다고 생각되는 부위를 포함.

지만, Hendershot 연구팀의 연구결과에 의하면 이 결합은 '안정적인 결합' 으로써 결합-해리 cycle이 형성되지 않는다는 것을 암시한다[12]. 더욱이 그들의 heavy chain에 light chain이 assembly(완전한 immunoglobulin에 가까움)함으로써 BiP이 떨어져

나간다는 모델을 제시하였다. 즉, 샤페론기질의 구조변화가 BiP의 해리를 일으킨다는 것이다.

최근에 Prywes 연구팀은 ATF6, BiP과 결합할 때에도 이 결합-해리 cycle이 형성되지 않는다는 것을 발표하였다(Shen, J., Prywes, R., 2003 Keystone symposium). 그렇지만 소포체스트레스에 대응하여 BiP이 ATF6에서 떨어지기 위해서는 어떤 특별한 메커니즘을 생각할 필요가 있다. 현재로서는 Ire1과 PERK와 관계는 어떤지 확실하지 않다.

2. Ire1 소포체내강영역의 기능

Kaufman 연구팀과 필자는 각각 독립적으로 출아효모의 Ire1 유전자변이주를 사용하여 연구를 진행하여 서로 상반될 결과를 얻었다.

Kaufman 연구팀은 소포체내강역역을 다른 peptide로 치환시킨 출아효모 Ire1 변이주를 분석하였다[13, 14]. '포유류 Ire1α 소포체내강영역내의 2량화 도메인' 이 출아효모 Ire1 소포체내강영역과 동일하게 기능을 하였다(**그림**2a), 이 결과는 Ire1 소포체내강영역의 기능이 단순히 2량화함으로써 가능하다는 것을 시사한다. 비스트레스상태에서는 2량화에 필요한 소수성면에 BiP이 결합함으로써 2량화가 방해를 받을지 모른다. HSP70 family 샤페론은 기질단백질의 소수성이 높은 영역에 결합하는 것으로 생각한다. 이 가설은 Ire1 소포체영역에 '소포체스트레스에 대응하여 BiP을 해리시킨다' 라는 적극적인 역할은 생각하지 않는다. 'BiP이 주역' 이라는 가설에는 충분한 증거가 부족하다.

한편 저자는 현재 소포체영역에 여러 종류의 deletion 변이가 도입된 출아효모 Ire1변이체를 많이 분석하였다. 그 결과 BiP 결합부위에서 조금 떨어진 곳에, 소포체스트레스에 대응하여 BiP을 해리시키는 작용에 필요한 영역이 존재하는 것을 알았다(그림2b). 이것은 Ire1과 BiP의 해리를 위해서 Ire1 자신도 적극적으로 활동을 하지 않으면 안 되는 가능성을 시사한다. '소포체스트레스센서도 주역' 이라는 가설이다.

● 끝맺기

소포체스트레스센서는 BiP과의 결합에 의해서 negative 제어되어서 소포체스트레스에서는 그것이 해제된다. 그러나 '구조이상단백질에 BiP이 잡힌다' 라는 지금까지 설명한 것과 같이 단순한 논리를 지지하는 사람과 지지하지 않는 사람으로 갈리어있다. BiP은 소포체스트레스응답의 제어인자뿐만 아니라 소포체스트레스에 의해서 발현이 유도된다는 의미로서 소포체스트레스응답경로의 마지막이다. 그렇다면 BiP에 의한 negative 제어는 과도한 소포체스트레스응답을 방지하기위하여 feed back 기구로 볼수도 있다.

세포질에서도 위와 같은 논란이 있다. 열충격응답을 유도하는 전사관련단백질(원핵생물의 σ32, 진핵생물의 HSF)은 세포질의 HSP70 family 샤페론에 의해서 negative하게 조절된다. 이 경우에도 '열충격을 포함한 스트레스에 의해서 세포질에 축적된 구조이상단백질이 σ^{32}와 HSF에서 HSP70 family 샤페론을 포획함으로써 열충격응답이 일어난다' 라고 하는 단순한 이야기는 성립하지 않는다는 결과가 보고되어있다[15, 16]. 그러나 '소포체스트레스센서도 주역' 가설에서 반드시 생각해야 하는 것은 소포체스트레스센서 자신이 이상을 감지하는 메커니즘은 전혀 알지 못한다는 것이다. 필자는 소포체스트레스센서의 기능, 구조해석이 이것에 대한 해답을 줄 것으로 믿는다.

Q 소포체스트레스상태가 해제되었을 때에, 일단 활성화된 소포체스트레스센서에 재차 BiP이 결합하여 불활성화시킨다. 그러면 활성화된 센서분자는 분해되는가? 아니면 그 경우에는 소포체스트레스센서 단백질의 발현은 소포체스트레스조건에서 유도되는지?

A Ire1은 활성화할 때에 자기인산화를 필요로 하며, 그 인산화상태를 제거하는 phosphatase도 알려져 있다. 필자는 BiP의 재결합을 포함하여 Ire1을 불활성화 시키는 메커니즘이 존재한다고 생각하고 있다.

Q Ire1변이주의 해석으로 소포체스트레스에 대응하는 BiP의 해리가 일어나지 않게 하는 영역이 존재한다는 발견은 아주 흥미롭다. 이것은 어떤 메커니즘을 생각할 수 있을까? 그 영역을 결손 시키면 구

조변화에 의해서 BiP과의 결합이 너무 강해져서 해지되지않을 수 있을 가능성은 없는지? 만역 그것이 있다면 그 결과만으로써 'BiP이 주역' 이라고 단정할 수 있는지?

A 그림2b에서 볼 수 있는 것과 같이 앞부분 도메인과 뒷부분 도메인은 구조적으로 독립적인 것으로 생각된다. 앞부분 도메인의 변이로 뒷부분 도메인구조가 이상해질 가능성은 낮은 것으로 생각한다. 소포체스트레스에 대응하여 앞부분 도메인이 뒷부분 도메인에 작용하여 BiP의 해리를 촉진하는 것으로 생각되지만 그 실체는 아직 불명확하다.

문헌

1) Kohno, K. *et al.* : *Mol. Cell. Biol.*, **13**, 877-890(1993)
2) Cox, J. S., Walter, P. : *Cell*, **87**, 391-404(1996)
3) Iwawaki, T. *et al.* : *Nat. Cell Biol.*, **3**, 158-164(2001)
4) Yoshida, H. *et al.* : *Cell*, **107**, 881-891(2001)
5) Harding, H. P. *et al.* : *Nature*, **397**, 271-274(1999)
6) Bertolotti, A. *et al.* : *Nat. Cell Biol.*, **2**, 326-332(2000)
7) Okamura, K. *et al.* : *Biochem. Biophys. Res. Commun.*, **279**, 445-450(2000)
8) Kimata, Y. *et al.* : *Mol. Biol. Cell*, **14**, 2559-2569(2003)
9) Ye, J. *et al.* : *Mol. Cell*, **6**, 1355-1364(2000)
10) Chen, X. *et al.* : *J. Biol. Chem.*, **277**, 13045- 13052(2002)
11) Shen, J. *et al.* : *Dev. Cell*, **3**, 99-111(2002)
12) Vanhove, M. *et al.* L. M. : *Immunity*, **15**, 105-114(2001)
13) Liu, C. Y. *et al.* : *J. Biol. Chem.*, **275**, 24881-24885(2000)
14) Liu, C. Y. *et al.* : *J. Biol. Chem.*, **278**, 17680-17687(2003)
15) Chattopadhyay, R., Roy, S. : *J. Biol. Chem.*, **277**, 33641-33647(2002)
16) Ahn, S. G., Thiele, D. J. : *Genes Dev.*, **17**, 516-528(2003)

III. 단백질의 품질관리

소포체 스트레스 전달기구

Urano Fumihiko(浦野文彦)

분비형 아니면 막관통형단백질은 정확한 입체구조로 folding됨으로써 본연의 기능을 발휘할 수 있다. 이 과정은 아주 정교하게 조절되는 과정이다. 이 같은 folding이 일어나는 중요한 세포내 소기관이 소포체이다. Folding 이상(異常)은 소포체스트레스로서 세포에게 인식되어 이것에 대응하는 적응반응은 "unfolded protein response (UPR)"이라고 불린다. 여기에서는 소포체스트레스에서 UPR까지의 분자 메커니즘에 관하여 설명한다.

key Words 소포체스트레스 protein folding unfolded protein response (UPR)

●시작하기

소포체는 진핵생물의 분비형 및 막관통형 단백질의 생합성에 중요한 역할을 담당한다. 이들 단백질은 소포체에 붙어있는 리보좀에서 합성과 동시에 소포체내에서 정확한 입체구조를 가짐으로써 생물학적 기능을 가지게 된다. 이 과정을 "folding"이라고 한다. 소포체가 적절하게 처리할 수 있는 신생단백질의 양은 한계가 있다. 필자는 소포체가 적절하게 처리할 수 있는 신생단백질량의 최대치와 실제로 소포체에서 folding되는 양의 불균형을 소포체스트레스 (ER stress)라고 정의한다[1]. 세포는 소포체스트레스에 적응하는 기전이 있다, 이 적응기전을 "unfolded protein response (UPR)이라고 하며 크게 3종류로 나눌 수 있다. (1) folding에 필요한 유전자의 전사속도를 높이는 일, (2) 단백질합성을 억제하는 일, (3) 이상단백질을 분해하는 일의 3가지이다(그림1)[2, 3]. 이들 적응기전은 소포체에 존재하는 수용체에 의해서 제어된다. 여기에서는 소포체스트레스에서 UPR에 도달하는 분자메카니즘에 관하여 설명한다.

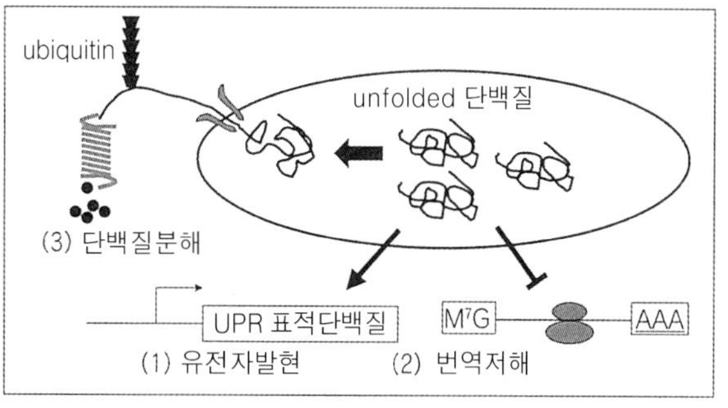

그림1. 소포체스트레스에 대한 3종류의 적응반응 (unfolded protein response)

I. 효모의 UPR

UPR의 분자메카니즘의 해석은 효모의 유전학을 이용하여 진행되었다. 그 결과, 소포체스트레스를 감지 후에 시그널을 핵에 전달하여 유전자발현을 제어하는 분자로서 IRE1이 분리되었다[4, 5]. IRE1은 소포체에 존재하는 막관통단백질이다. N말단측은 소포체내에 존재하며 소포체내의 스트레스를 감지하는 센서도메인으로 작용하며 C말단측은 세포질내에 존

Fumihiko Urano, マサチューセッツ大学医学部 E-mail : Fumihiko.Urano@umassmed.edu (日本語可)
Stress signaling from the endoplasmic reticulum

재하며 serine/threonine kinase 및 endo-ribonuclease (RNase) 도메인을 가지고있다. IRE1은 소포체스트레스에 의해서 활성화된다. 효모유전학으로 UPR에서 중요한 분자인 HAC1이 분리되었다[4]. HAC1은 IRE1에 의해서 활성화되는 전사인자이다. 활성형 IRE1의 endo-ribonuclease 도메인은 HAC1 mRNA을 splicing시킨다. Splicing된 HAC1 mRNA는 활성형의 전사인자를 코드한다. 활성형 HAC1은 분자샤페론 유전자의 upstream에 존재하는 전사조절영역에 결합하여 전사를 활성화함으로써 효모가 소포체스트레스를 해소한다[6].

그리고 DNA microarray를 이용한 분석결과, 효모의 UPR은 IRE1에서 HAC1로 전달되는 일원화된 경로에 의해서 조절되는 것이 알려졌다[7]. 효모에서 이 경로는 소포체내에서 folding을 실행하는 분자인 샤페론의 발현, 소포체로의 수송에 관여하는 분자의 발현 및 소포체내에 축적된 folding 이상 단백질을 분해하는 분자들의 발현을 활성화한다.

II. 포유류의 UPR

포유류에서 UPR은 IRE1에서 HAC1을 거치는 하나의 경로를 가지는 효모에 비하여 아주 복잡한 메카니즘에 의해서 조절된다. 효모에서 소포체스트레스를 감지하는 유일한 분자인 IRE1에 비하여 포유류에서는 IRE1이외에 PERK, ATF6라는 소포체스트레스 전달의 상류에 존재하는 분자가 3종류 있다(**그림2**).

1. IRE1 경로

포유류 IRE1의 구조는 효모와 높은 상동성을 보인다. 포유류에는 2종류의 IRE1 α, IRE1 β가 존재한다[8,9]. IRE1 α는 각종조직에서 널리 발현하며 mouse의 발생에 아주 중요한 유전자이다. IRE1 β는 소화기관에서 주로 발현하며 발생의의 역할은 불분명한다. 이들 IRE1 α 및 IRE1 β는 소포체스트레스에 의해서 활성화되며, 이들을 과발현시켰을 때에 소포체내의 분자샤페론인 BiP과 그이외의 소포체스트레스로 발현되는 유전자들의 발현이 유도된다. 그러나 IRE1 knockout mouse에서 얻은 세포는 소포체스트레스의 조건에서 이들 유전자의 발현유도에 이상은 없었다. 포유류세포에서는 2종류의 IRE1과 함께

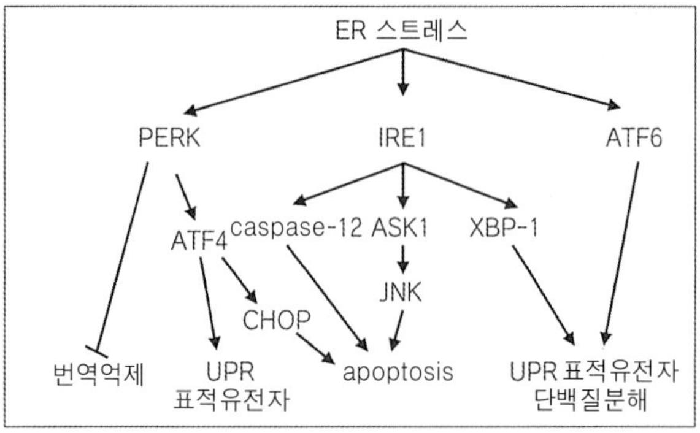

그림2. 소포체스트레스 전달기구

UPR에 중요한 분자로서 ATF6과 PERK가 존재함으로 IRE1 knockout 세포에서는 UPR경로가 ATF6 및 PERK의 활성화에 의해서 보완될 수 있는 가능성이 시사된다.

그리고 최근에는 효모의 HAC1에 상응하는 분자인 XBP-1(X-box binding protein)이 독립된 3팀에 의해서 거의 동시에 분리되었다[10-12]. 포유류세포에서는 활성형의 IRE1은 XBP-1 mRNA을 splicing시킨다. Splicing된 XBP-1은 HAC1과 같이 bZip형 전사인자를 코드한다. 활성형의 XBP-1의 구체적인 target 유전자의 분석은 진행 중이다.

a. IRE1→XBP-1 경로는 단백질분비가 활발한 세포의 분화에 중요하다

IRE1→XBP-1경로가 단백질분해에 중요한 유전자들의 일부를 발현제어한다는 것이 최근에 보고되었지만 아직 이 경로의 target 유전자에 관해서 불분명한 부분이 많다. XBP-1 knockout mouse의 분석결과, XBP-1은 항체를 생산하는 형질세포의 분화에 필수적인 분자인 것이 밝혀졌다[13].

B세포에서 형질세포로 분화하는 과정에서 항체생산이 소포체에 생리적인 부담을 주어 IRE1이 XBP-1 경로를 활성화하는 것으로 생각된다. 그래서 IRE1→XBP-1경로의 하류에 존재하는 유전자발현이 활성화되어, 항체생산, 결국 단백질분비가 활발하게 일어나야만 하는 형질세포의 분화를 촉진하는 것으로 생각된다. IRE1→XBP-1경로의 생리적 역할을 더욱 분명하게 하기 위하여 IRE1 knockout mouse 및 XBP-1 knockout mouse의 상세한 해석이 진행 중이다. 이 경로가 형질세포 뿐 만 아니라 단백질분비

가 활발하게 일어나는 세포에서 중요한 역할을 담당하는 것으로 이해할 수 있다.

b. IRE1→ASK1 경로에 의한 세포사의 조절

ASK1은 MAP kinase에 속하는 분자이다. ASK1은 세포외의 각종 스트레스에 의해서 활성화되어 세포사(apoptosis)를 유도한다. IRE1은 강한 소포체 스트레스 조건에서 ASK1 경로를 활성화한다. IRE1은 TRAF2 분자를 소포체막에 유도하여, 그 신호를 ASK1에 전달하는 것[14, 15]과 TRAF2를 통하여 caspase-12를 활성화함으로써 세포사를 유도하는 것이 알려져 있다[16]. IRE1은 강한 소포체스트레스의 조건에서 세포사의 중개자 역할을 담당한다.

2. ATF6 경로

ATF6은 소포체에 존재하는 II형 막관통형 단백질이다. ATF6은 N-말단에 leucine zipper형의 DNA 결합 도메인을 가진다. 소포체스트레스에 의해서 DNA 결합부위가 소포체에서 유리되어 핵으로 이동함으로서 BiP등과 같은 스트레스응답에 중요한 유전자발현을 활성화한다[17]. 포유류에서는 2종류의 ATF6a 및 ATF6b가 존재하지만 기능은 동일한 것으로 생각된다. ATF6의 DNA결합부위가 핵으로의 이동은 아주 특이한 메커니즘에 의해서 조절된다. 소포체에 존재하는 AFT6은 스트레스조건에서 S1P (site-1 protease)와 S2P(site-2 protease)에 의해서 소포체에서 유리되어 핵으로 이동한다[18]. IRE1→XBP-1경로와 ATF6의 상호관계는 해석이 진행중이다. 활성형의 ATF6은 많은 소포체스트레스 응답에 중요한 유전자의 발현을 활성화시킨다. 포유류 세포에서는 IRE1 경로이상으로 ATF6이 많은 유전자발현에 중요할 가능성이 시사된다.

3. PERK 경로

소포체스트레스에 대한 적응반응으로, 세포는 단백질합성을 저하시킨다. 이 기능에 의해서 세포는 소포체로 들어가는 단백질량이 줄어들어서 소포체의 부담이 줄어든다. 이 적응반응은 소포체에 존재하는 I형 막관통형 단백질인 PERK에 의해서 조절된다[19]. PERK의 N-말단은 소포체내에 존재하며 이 부분이 이상단백질을 감지하는 도메인을 작용한다. 그리고 이 부분의 구조는 IRE1의 N-말단과 상동성을 가진다. C-말단은 세포질에 존재하며 kinase 도메인을 가진다. PERK의 kinase 도메인은 IRE1과는 다르지만 PKR(dsRNA-dependent protein kinase)의 kinase 도메인과 상동성이 높다. PKR은 virus 감염에 대응하여 eIF2 α를 인산화시킴으로써 세포의 단백질합성을 저하시킨다. PERK는 PKR와 같이 소포체스트레스의 조건에서 eIF2α를 인산화함에 따라, 단백질합성을 저하시킨다. 소포체스트레스에 의해서 PERK들이 다량체를 형성한 결과, 세포질측에 존재하는 kinase 도메인이 자가인산화되어 활성화된다. 그의 활성화를 받은 PERK가 eIF2α를 인산화함으로써 단백질합성개시복합체의 형성이 소외되며 단백질합성이 저해된다. 전체적인 단백질합성의 저하를 하는 한편으로 PERK는 전사인자인 ATF4의 단백질합성능을 특이적으로 높인다는 사실이 밝혀졌다[20]. ATF4의 하류의 인자에는 CHOP나 ATF3, ERO1이라는 소포체스트레스응답에 중요한 유전자가 있다는 사실이 밝혀지게 되었다[21].

PERK의 생리학적인 역할을 알기 위하여 PERK의 knockout mouse가 만들어졌다. PERK의 knock-out mouse는 당뇨병을 발병한다는 것이 밝혀지게 되었다[22]. PERK knockout mouse의 췌장에서는 고빈도로 β세포사가 일어나고 있다. 췌장의 β세포는 insulin분비를 하는 조직이다. knockout mouse에서는 insulin 분비시 생리적인 스트레스가 적절하게 해소되지 않기 때문에 세포사가 일어나게 된다고 여겨진다. IRE1이 단백질분비를 활발하게 행하는 세포의 분화나 세포사를 제어하고 있는데 대해서, PERRK는 세포를 소포체스트레스로부터 보호하는 역할을 하고 있다.

●끝맺기

앞에서 설명한 것과 같이 세포는 다양한 방법으로 소포체스트레스에 대처한다. 이들의 반응은 생체가 항상성을 유지하기위하여 대단히 중요하다. 그리고 소포체스트레스 신호의 이상은 신경변성질환과 당뇨병의 원인에 중요한 역할을 할 수 있을 가능성이 밝혀졌다. 소포체스트레스 전달기전의 분자메커니즘을 분명하게 밝히는 것이 이들 질환의 진단, 치료에 기여할 것으로 기대한다.

Q 효모에서는 단순한 소포체스트레스경로이지만, 포유류에서 아주 복잡하게 진화한 이유는 무엇이라고 생각하는가? 소포체스트레스에서 세포의 생사를 구별하는 것은 무엇일까?

A 포유류와 효모와는 다르게 개체를 형성하여 유지하기위하여서는 여러 종류의 세포로 구성되어있다. 다른 종류의 세포는 다른 형태의 단백질을 합성, 분비하지 않으면 안 된다. 이런 현상에 적응하기위해서 생물은 여러 종류의 신호전달경로를 발달시켜온 것으로 생각된다. 세포의 생사구별을 구별하는 것은 서로 다른 형태의 단백질이 응집을 시작하는 때라고 생각된다. 응집을 일으키기 시작한 단백질은 하나의 세포의 관점애서 볼 때는 유해할 뿐만 아니라 다른 세포에게도 아주 유해할 가능성이 있다.

Q B세포에서 형질세포로 분화하는 과정에서 IRE1→XBP-1 경로가 설명되어지고 이해할 수도 있다. 그러나 그 활성이 분화촉진에 필요하다는 것은, 마치 계란이 먼저냐 닭이 먼저냐와 비슷하다. B 세포 분화에 IRE1→XBP-1 경로의 활성은 결과일까? 원인일까?

A IRE1→XBP-1 경로의 활성은 원인일 것으로 생각된다. 왜냐하면 이 경로가 차단되면 은 B 세포가 형질세포로 분화할 수 없기 때문이다. IRE1→XBP-1 경로가 활성되는것이 분화에 관련된 중요한 유전자의 발현, 혹은 분화에 중요한 인자의 분비를 도와주는 것으로 생각된다.

문헌

1) Harding, H. P., Calfon, M., Urano, F., Novoa, I., Ron, D. : *Annu. Rev. Cell Dev. Biol.*, **18**, 575-599 (2002)
2) Kaufman, R. J. *et al.* : *Nat. Rev. Mol. Cell Biol.*, **3**, 411-421 (2002)
3) Mori, K. : *Cell*, **101**, 451-454 (2000)
4) Cox, J. S., Shamu, C. E., Walter, P. : *Cell*, **73**, 1197-1206 (1993)
5) Mori, K., Ma, W., Gething, M. J., Sambrook, J. : *Cell*, **74**, 743-756 (1993)
6) Sidrauski, C., Walter, P. : *Cell*, **90**, 1031-1039 (1997)
7) Travers, K. J. *et al.* : *Cell*, **101**, 249-258 (2000)
8) Wang, X. Z. *et al.* : *EMBO J.*, **17**, 5708-5717 (1998)
9) Tirasophon, W., Welihinda, A. A., Kaufman, R. J. : *Genes Dev.*, **12**, 1812-1824 (1998)
10) Yoshida, H., Matsui, T., Yamamoto, A., Okada, T., Mori, K. : *Cell*, **107**, 881-891 (2001)
11) Shen, X. *et al.* : *Cell*, **107**, 893-903 (2001)
12) Calfon, M. *et al.* : *Nature*, **415**, 92-96 (2002)
13) Reimold, A. M. *et al.* : *Nature*, **412**, 300-307 (2001)
14) Nishitoh, H. *et al.* : *Genes Dev.*, **16**, 1345-1355 (2002)
15) Urano, F. *et al.* : *Science*, **287**, 664-666 (2000)
16) Yoneda, T. *et al.* : *J. Biol. Chem.*, **276**, 13935-13940 (2001)
17) Haze, K., Yoshida, H., Yanagi, H., Yura, T., Mori, K. : *Mol. Biol. Cell*, **10**, 3787-3799 (1999)
18) Lee, K. *et al.* : *Genes Dev.*, **16**, 452-466 (2002)
19) Harding, H. P., Zhang, Y., Ron, D. : *Nature*, **397**, 271-274 (1999)
20) Harding, H. P. *et al.* : *Mol. Cell*, **6**, 1099-1108 (2000)
21) Harding, H. P. *et al.* : *Mol. Cell*, **11**, 619-633 (2003)
22) Harding, H. P. *et al.* : *Mol. Cell*, **7**, 1153-1163 (2001)

소포체 스트레스 유도성 apoptosis의 분자기구

Nishitoh Hideki(西頭英起)·Ichijo Hidenori(一條秀憲)

소포체에 축적된 이상단백질은 소포체스트레스로서 감지되어 세포내에 여러 종류의 신호를 전달한다. 세포는 적극적으로 이상단백질을 제거함으로서 생존하려는 한편, 과도한 소포체스트레스를 견디지 못한 세포는 스스로 죽음(apoptosis)을 선택한다. 최근에 신경변성질환과 당뇨병을 중심으로 다양한 질환의 분자메카니즘이 밝혀지면서 소포체 스트레스와 관련성이 주목을 받고 있다. 소포체스트레스 유도성의 apoptosis의 분자기구의 해명은 실질적인 질환극복으로 연결될 것을 기대한다.

key Words 소포체스트레스 apoptosis 신경변성질환 ASK1

●시작하기

소포체에 이상단백질이 과도하게 축적되면 소포체 내강이 팽창되며 미토콘드리아의 형태변화가 일어나 Cytochrome c의 방출, caspase-3 활성화 등이 관찰된다. 최종적으로 TUNEL 양성적인 핵의 변화를 동반하는 세포사가 관찰된다. 더욱이 이 같은 세포사는 caspase 저해제에 의해서 억제되는 것으로 보아 소포체스트레스 유도성 세포사는 apoptosis이다. 이 같은 소포체스트레스 유도성 세포사는 knockout mouse를 사용한 분석에서 C/ERP-homologous protein (CHOP/GADD153), caspase-12, Bax/Bak, IRE1, apoptosis signal-regulating kinase (ASK1) 등이 중요한 역할을 담당하는 것이 알려졌다. 재생불능의 신경세포의 변성 및 세포사는 개체수준에서의 기능 상실은 신경변성질환의 증상으로 나타나고, 대량의 인슐린을 분비하는 췌장의 베타세포의 apoptosis는 당뇨병을 일으킨다. 실제로 예를 들어 파킨슨병, polyglutamine 병 등과 같은 신경질환에서는 유전자변이에 의한 이상단백질의 축적이 소포체스트레스를 유발하여 신경세포의 변성을 일으키는 것이 증명되었다. 이들 질환을 극복하기위한 열쇠로 소포체스트레스 유도성 apoptosis의 분자메카니즘을 해석하는 연구가 최근에 들어 활발하게 진행되고 있다.

I. 소포체 스트레스 유도성 apoptosis에 관여하는 신호전달 인자

개략적인 내용을 **그림 1**에 제시했다.

1. CHOP (GADD153)

소포체스트레스 유도성 apoptosis에 관련하는 분자로서 최초로 보고된 것은, 소포체스트레스에 의해서 발현 유도되는 전사인자 CHOP이다. *CHOP*$^{-/-}$ fibloblast는 소포체스트레스에 의한 세포사가 억제되는 것[1)]과, CHOP을 과발현시킨 세포는 apoptosis에 억제적으로 작용하여 Bcl-2의 발현억제와 ROS의 증가에 의해서 소포체스트레스에 대한 감수성이 증가한 것[2)]으로 이 CHOP분자가 소포체스트레스 유도성 apoptosis를 유발하는 인자중의 하나라는 것이 알려졌다. 그리고 *CHOP*$^{-/-}$췌장 β세포에서 NO 유도성 칼슘의존적인 소포체스트레스에 의한 apoptosis

Hideki Nishitoh[1], Hidenori Ichijo[2], [1]東京医科歯科大学大学院医歯学総合研究科・口腔機能再建学講座・21世紀COEプログラム, [2]東京大学大学院薬学系研究科細胞情報学 E-mail : nishitoh@mol.f.u-tokyo.ac.jp
Molecular mechanisms of ER stress-induced apoptosis

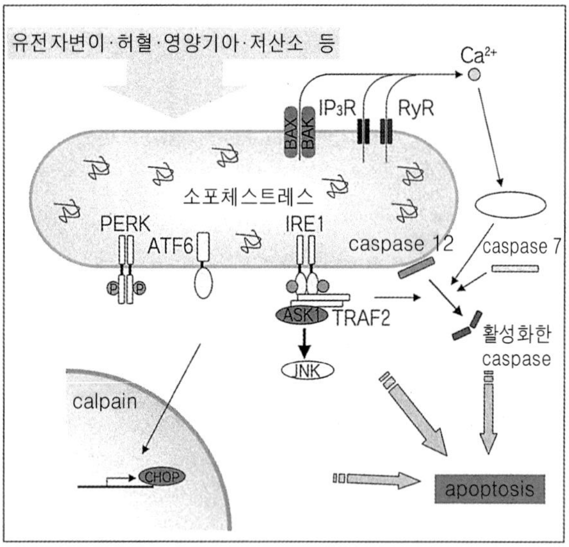

그림1. 소포체스트레스 유도성 apoptosis 신호전달에 관련된 분자

가 현저하게 억제되는 것으로 보아 당뇨병에서 CHOP의 중요성이 주목된다. CHOP의 활성화 메커니즘으로서 스트레스응답성 MAP kinase (MAPK)의 한 종류인 p38에 의해서 78번째와 81번째의 serine잔기가 인산화 된다는 것이 보고되어있다. 그것의 downstream에서 작용하는 표적유전자에 관해서도 몇 개의 보고가 있지만, 어떤 것도 상세하게 설명되지는 않는다. 한편, 신경변성질환의 하나인 Pelizaeus-Merzbacher병에 관하여 그것의 모델마우스와 *CHOP*$^{-/-}$마우스를 교배실험하면 신경세포의 apoptosis와 마우스개체의 사망률이 증가하는 것과, 역으로 CHOP이 apoptosis에 억제적으로 작용할 가능성도 시사된다[3]. 이상과 같이 CHOP은 소포체스트레스에 의한 apoptosis와 생존신호의 양자을 억제하는 것으로 생각되지만 어떻게 나누어사용하는지에 관해서 설명할 수 있는 결과는 없다.

2. caspase-12

소포체스트레스 유도성 apoptosis가 caspase저해제에 의해서 억제되는 것으로 보아, 이전부터 caspase 활성화 메커니즘이 주목되어왔다. 소포체스트레스에 의해서 특이적으로 활성화되는 caspase로는 caspase-12가 동정되었다[4]. 그것이 세포내에 존재하는 위치는 소포체막근처이며 소포체스트레스 의존적으로 절단되어 활성화형이 되어 세포질로 이동한다. Caspase-12$^{-/-}$ 마우스는 소포체스트레스에 의해서 apoptosis가 현저하게 억제된다[4]. Caspase-12의 활성화 메커니즘에 관해서는 몇 가지의 보고가 있다. 소포체에서 inositol 1,4,5-triphosphate receptor (IP_3R) 혹은 ryanodine receptor (RyR)를 통하여 방출된 칼슘에 의해서 활성화된 calpain에 의한 활성화, 소포체스트레스 수용체 IRE1에 TNF receptor-associated factor 2 (TRAF2)가 결합하여 caspase-12가 동원됨으로써 활성화한다. 그리고 caspase-7에 의한 활성화도 알려져 있지만 상세한 메커니즘은 불분명하다. 그리고 Alzheimer's disease 환자의 뇌에 형성되는 중요한 성분인 amyloid β peptide 응집체가 유도되는 세포사가 caspase-12$^{-/-}$ 신경세포에서 억제되는 것, 배양신경세포에서 amyloid β peptide 응집체에 의해서 caspase-12가 활성화됨으로서[4,5], caspase-12와 Alzheimer's disease와 관계가 주목을 받고 있다. 그러나 사람의 caspase-12는 유전자상의 변이에 의해서 단백질로서는 기능을 하지 못한다는 보고도 있어서[6], 다른 기능적 상동체의 동정이 기대되고 있다.

3. Bcl-2 family

거의 대부분의 apoptosis signal에는 Bcl-2 family 분자가 관여함으로 소포체 스트레스유도성 apoptosis도 예외적이지는 않을 것으로 생각된다. 최초로 그 관계가 유전학적으로 증명된 것은 Bax/Bak이다. Bax/Bak는 apoptosis 촉진에 기능을 하는 Bcl-2 family로서 미토콘드리아에서 Cytochrome c의 방출에 관여한다. Bax/Bak의 double knockout 마우스유래의 세포를 분석한 결과 UV자극등과 동일한 소포체스트레스에 의한 apoptosis가 억제되는 것이 증명되었다[7]. Bax/Bak는 그 메카니즘상 미토콘드리아막 뿐만 아니라 소포체막에서 칼슘항상성에 직접 관여한다는 보고가 있다[8].

4. IRE1

Serine/threonine protein kinase domain을 가진 소포체스트레스 수용체 IRE1에는 α와 β 2종류

의 isoform이 존재한다. IRE1 α는 각종조직에서 발현하지만 IRE1 β는 소화기계 조직 특이적으로 높게 발현한다. IRE1과 apoptosis와의 관계를 분명하게 함과 동시에 아주 흥미로운 결과가 Urano 박사에 의해서 밝혀졌다. 즉, 세포에 과도한 소포체스트레스가 걸리면 스트레스응답성 MAPK의 일종인 c-Jun N-terminal kinase (JNK)경로가 활성화되는 것은 이미 알려져 왔다. 그 활성화 메커니즘은 활성화 IRE1이 TRAF2와 직접 결합함으로써 가능해지는 것으로 알려져 있다[9]. 스트레스 응답성 MAPKKK family중의 하나인 ASK1이 TNF signal downstream에서 TRAF2와 결합하여 JNK을 활성화하는 것이 보고되어있다[10]. 이 IRE1-TRAF2-JNK경로에 ASK1이 apoptosis와 관련하여 중요한 역할을 가질 것으로 예상된다.

5. ASK1-JNK 경로

Apoptosis를 유도하는 많은 스트레스가 JNK/p38 경로를 활성화한다는 보고가 knockout 마우스 실험결과 보고되어있다. 앞에서 설명한 것과 같이 IRE1-TRAF2-JNK경로에 ASK1이 관여하는지를 검토한 결과, 소포체스트레스에 의해서 ASK1이 강하게 활성화하였으며 그때에 TRAF2와 ASK1의 세포내재성의 결합이 확인되었다. 더욱이 IRE1-TRAF2-ASK1의 삼자복합체가 형성되는 것으로 보아 적어도 결합에 의해서 ASK1이 소포체막의 근처에서 활성화되는 것으로 추정할 수 있다(그림1). ASK1-/-세포에서는 소포체스트레스 유도성의 JNK활성과 함께 apoptosis가 거의 일어나지 않음과 동시에 IRE1에 의한 JNK 활성 역시도 사라진다. 그래서 소포체스트레스-IRE1-TRAF2-JNK-apoptosis signal에 ASK1은 필수적이다[11]. 소포체스트레스에 의해서 활성화된 ASK1에 의한 apoptosis 유도의 메커니즘에 관해서는 여러 가지 가능성을 생각할 수 있다. 활성화형 ASK1이 JNK을 매개로 하여 Bcl-2를 인산화시키는 것, Apaf1-caspase 9-caspase 3의 경로를 활성화시키는 것으로 봐서, ASK1에 의해서 JNK/p38의존적으로 Bcl-2 family 분자의 활성억제을 하는 것으로 생각된다. 그러나 교감신경세포사에 JNK의존적인 c-Jun인산화가 관련된 Bcl-2 family의 하나인 Bim의 발현유도가 필요한 것[12]과, 그 이외의 여러 signal 전달경로의 가능성도 상상할 수 있다.

II. 소포체스트레스 유도성 apoptosis와 질환

1. Polyglutamine 병

ASK1을 매개로 하는 소포체스트레스 유도성 apoptosis신호가 생체내의 어떤 상황에서 발신되는지에 관해서는 필자는 신경변성질환에 주목하였다. Huntington disease와 Machado-Joseph 병(MJD)으로 대표되는 polyglutamine병은 원인유전자내에 있는 CAG의 반복횟수가 증가하여 polyglutamine

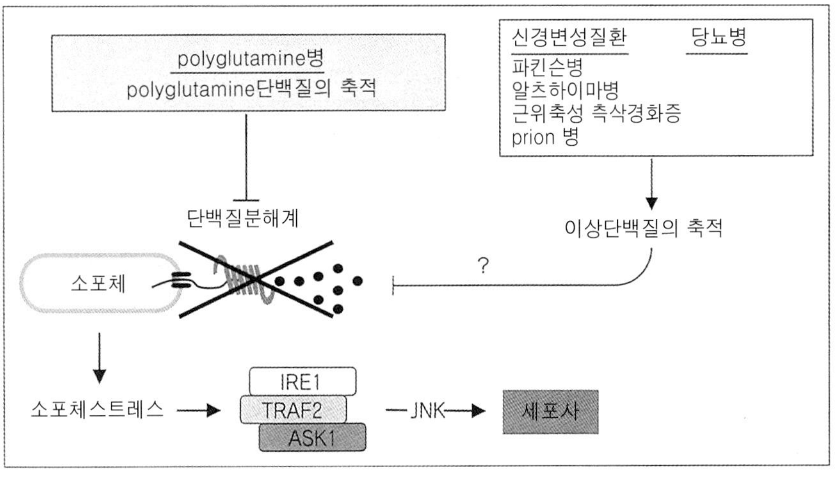

그림2. ASK1 활성을 매개로 하는 polyglutamine병에서 신경세포사의 분자기구

Polyglutamine 단백질의 축적은 ubiquitin-proteasome계의 파탄에 의해서 소포체스트레스를 일으킨다. IRE1-TRAF2-ASK1계의 활성화를 거쳐서 신경세포사를 유도한다.

단백질이 중추신경세포내에 축적되어 불가용성응집덩어리를 형성함으로써 발병한다. mouse 초대배양신경세포에 adenovirus를 사용하여 polyglutamine 단백질을 발현시킴으로써 소포체스트레스가 일어나 ASK1-JNK 경로가 강력하게 활성화되는 것이 증명되었다[11]. 그리고 ASK1$^{-/-}$신경세포를 사용한 실험에서 polyglutamine 유도성 신경세포사에 ASK1의 필요성이 제기되었다. 소포체외에 존재하는 polyglutamine단백질이 어떻게 하여 소포체스트레스를 유도하는지 아주 흥미롭다. Polyglutamine 단백질의 축적에 의해서 비교적 천천히 ERAD(ER associated degradation)계를 포함하는 세포내 proteasome 계의 억제가 관찰되어서 결과적으로 소포체내강에 이상단백질이 계속 축적되는 것으로 생각할 수 있다(**그림 2**). 그리고 길어진 polyglutamine 단백질에 특이적으로 결합하는 것으로 AAA ATPase family의 한 종류인 VCP/p97이 알려져 있다[13]. 이 단백질은 ERAD계에 관여하는 분자로 보고되어 있었지만 polyglutamin 단백질의 축적과 소포체스트레스의 발생을 연결시켜 줄 수 있는 가능성이 있는 것으로 주목을 받고 있다.

2. 기타의 신경변성질환

위에서 설명한 polyglutamine병 이외에 이전부터 가족성 알츠하이머병 (Alzheimer's disease)에서 PS1 단백질의 변이에 의해서 소포체스트레스 감수성이 증가된 것과 caspase-12$^{-/-}$ 마우스의 실험결과에서 알츠하이머병과 소포체스트레스의 관계가 주목을 받고 있다. 그리고 최근에는 파킨슨병(Parkinson disease) 소포체스트레스의 관계가 보고되어있어서 세포내의 이상단백질축적을 동반하는 신경변성질환, 예를 들어 prion병과 루게릭병(ALS, 근위축성 측색경화증) 등과 소포체스트레스 유도성 apoptosis의 관련성에 관해서도 흥미롭다(그림2).

3. Insulin 의존성 당뇨병(유년성 당뇨병)

Insulin 의존성 당뇨병이 일어나는 Wolcott-Rallison 증후군의 환자에서 사람 PERK유전자의 변이가 발견되었다[14]. 이것과 마찬가지로 PERK$^{-/-}$ 마우스[15], elf2α(Ser51Ala) knockout mouse[16]의 췌장 beta 세포는 모두가 insulin 분비저하의 표현형을 보였다. 더욱이 CHOP$^{-/-}$ 마우스에서도 췌장 β세포의 소포체스트레스에 대한 감수성변화가 확인되었다[17]. 그래서 이들의 소포체스트레스 센서 혹은 신호전달경로의 이상에 의한 소포체스트레스 감수성의 조금의 변화는 Insulin 의존성 당뇨병의 원인의 하나인 것이 알려졌다.

●끝맺기

세포는 스스로 만든 단백질의 품질을 소포체에 존재하고 있는 아주 정교한 센서기능에 의해서 관리하고 있다. 과도한 스트레스에 의한 소포체스트레스 센서의 균형이 깨어지면 apoptosis가 되고, 결국에는 이 원인에 의해서 생체에서는 각종 질환이 일어난다. 그래서 소포체스트레스 유도성 apoptosis의 분자메커니즘을 분명하게 하는 것은 질환의 원인규명과 치료로 연결될 것으로 생각된다. 이 영역의 비약적인 발전을 기대한다.

Q Polyglutamine은 신경계 이외에도 발현된다고 생각된다. 그렇다면 신경계를 중심으로 장애가 일어나는 것은 신경계에 특이적인 원인이 있는 것인가?

A 분명하게 polyglutamine 단백질은 각 polyglutamine병 특이적인 유전자변이가 원인이 되어 생체내에서 발현분포도 신경세포뿐 만아니라 다양하다. 그러나 이 같은 단백질이 어떻게 하여 특이적으로 신경세포를 공격하는지는 아직 불분명하다.

Q Apoptosis에 이르게 하는 몇 종류의 경로가 설명되고 있지만, 어떤 경로를 사용하는가는 무엇 때문인가? 스트레스의 종류에 따르는가?

A 세포특이적인 신호전달경로의 존재와 각분자의 발현부위특이성도 고려할 수 있으나, 각 경로의 cross-talk, 예를 들어 ASK1-JNK경로와 caspase 경로와 Bcl-2 family 분자의 관계가 존재할 것으로 생각되어, 이후의 연구는 이들의 관계를 심도 있게 검토하는 것이 필요할 것으로 생각된다.

문헌

1) Zinszner, H. *et al.* : *Genes Dev.*, **12**, 982-995 (1998)
2) McCullough, K. D., *et al.* : *Mol. Cell Biol.*, **21**, 1249-1259 (2001)
3) Southwood, C. M. *et al.* : *Neuron*, **36**, 585-596 (2002)
4) Nakagawa, T. *et al.* : *Nature*, **403**, 98-103 (2000)
5) Nakagawa, T. *et al.* : *J. Cell. Biol.*, **150**, 887-894 (2000)
6) Fischer, H. *et al.* : *Biochem. Biophys. Res. Commun.*, **293**, 722-726 (2002)
8) Scorrano, L. *et al.* : *Science*, **300**, 135-139 (2003)
9) Urano, F. *et al.* : *Science*, **287**, 664-666 (2000)
10) Nishitoh, H. *et al.* : *Mol. Cell*, **2**, 389-395 (1998)
11) Nishitoh, H. *et al.* : *Genes Dev.*, **16**, 1345-1355 (2002)
12) Whitfield, J. *et al.* : *Neuron*, **29**, 629-643 (2001)
13) Hirabayashi, M. *et al.* : *Cell. Death. Differ.*, **8**, 977-984(2001)
14) Delepine, M. *et al.* : *Nat. Genet.*, **25**, 406-409 (2000)
15) Harding, H. P. *et al.* : *Mol. Cell*, **7**, 1153-1163 (2001)
16) Scheuner, D. *et al.* : *Mol. Cell*, **7**, 1165-1176 (2001)
17) Oyadomari, S. *et al.* : *J. Clin. Invest.*, **109**, 525-532 (2002)

분자샤페론과 apoptosis

Gotoh Tomomi (後膳知己)·Mori Masataka (森 正敬)

Hsp70을 시작으로 분자샤페론은 각각의 스트레스에 대응하여 세포를 보호하는 한편 apoptosis에 대해서도 억제활성을 가진다. 그 억제작용은 apoptosis 신호전달의 각각의 단계에 영향을 준다. 필자들은 NO(일산화질소)가 소포체스트레스 경로를 거쳐서 apoptosis를 유도한다는 것을 분명하게 밝히는 것과 Hsp70-DnaJ(Hap40) 샤페론계가 Bax의 미토콘드라이의 이동을 직접 저해함으로써 apoptosis를 억제한다는 것을 알았다.

key Words Hap70 DnaJ apoptosis 소포체스트레스 Bax

●시작하기

Hsp70을 대표로하는 분자샤페론은 여러 종류의 apoptosis 유도자극에 대하여 세포보호작용을 한다[1]. 이 작용은 분자샤페론이 단백질의 변성을 억제 혹은 변성단백질의 분해를 촉진하는 작용과 관련하는 것으로 생각해왔다. 그러나 최근에 apoptosis 유도경로가 분명하게 밝혀지면서 분자샤페론이 apoptosis를 특이적으로 억제한다는 것이 시사되고 있다[1]. 분자샤페론에 의한 apoptosis의 억제는, 이것을 이용함으로써 당뇨병, 신경변성질환 등, 과도한 apoptosis가 원인으로 작용하는 질환의 새로운 치료법을 개발하는 것으로 이어질 수 있어서 많은 기대를 하고 있다. 반대로 악성종양에서 분자샤페론의 기능을 억제함으로써 치료의 감수성을 높일 수 있는 가능성도 있다. 그러기 위해서는 분자샤페론이 apoptosis 신호전달을 억제하는 메커니즘을 분명하게 밝히는 것이 중요하다. 최근에 필자는 소포체스트레스 감수성 apoptosis에서 Hsp70-DnaJ(Hsp40)샤페론군이 apoptosis를 촉진시키는 Bcl-2 family분자인 Bax가 미토콘드리아로 이동하는 것을 저해시키는 새로운 기능을 발견하였다[2]. 여기에서 대표적인 세포질 분자샤페론인 Hsp70에 관하여 필자의 연구를 포함하여 apoptosis와 샤페론 연구의 현황을 소개한다.

I. Hsp70과 apoptosis

Hsp70 family에는 세포질에서 항상 발현하고 있는 Hsc70과 여러 종류의 자극에 의해서 유도되는 Hsp70이 존재한다. Hsp70은 신생단백질의 folding과 세포내소기관으로의 이동에 관여하는 것과 동시에 스트레스조건하에서는 Hsp70 (유도형)이 유도되어 단백질의 변성을 방지하든지 변성된 단백질의 분해를 촉진함으로써 세포를 보호한다. 이들 Hsp70 샤페론 활성은 BiP과 같이 세포내소기관 특이적인 Hsp70 family분자를 포함하여 apoptosis를 억제하는 장치의 하나로 생각된다. 그러나 최근에 Hsp70은 apoptosis 신호전달경로의 각각의 단계에 특이적인 억제작용을 가지고 있다는 것이 밝혀졌다(**그림1**)[1]. 지금까지는 Hsp70이 각종 apoptosis 유도자극에 대항하여 세포를 보호한

Tomomi Gotoh, Masataka Mori, 熊本大学大学院医学薬学研究部（医学系）分子遺伝学教室 E-mail : tomomi@gpo.kumamoto-u.ac.jp
Regulation of apoptosis by molecular chaperones

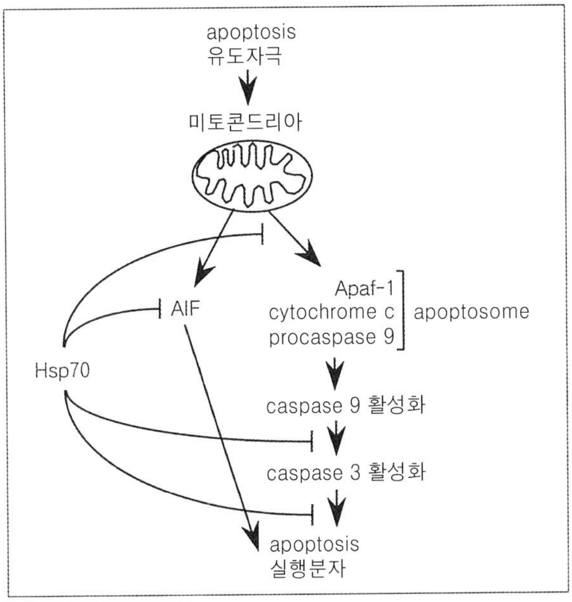

그림1. Hsp70에 의한 apoptosis 억제 메커니즘
Hsp70에 의한 apoptosis 억제 메커니즘에 관해서는, apoptosis 신호전달경로의 다양한 단계를 억제한다는 보고가 있다. AIF: apoptosis inducing factor

다는 것이 보고되어왔다. Mosser박사는 열충격으로부터 유도된 세포사는 Hsp70이 스트레스응답성 MAP kinase인 SAPK/JNK(c-Jun N-terminal kinase)의 활성화, 미토콘드리아로부터 cytochrome c의 방출, caspase-3의 활성화의 각각의 단계에서 억제한다는 것을 보고하였다[3]. Gabai박사는 종양괴사인자 α(TNF α)에 의해서 유도된 apoptosis에서는 Hsp70이 apoptosis를 억제한다고 보고하였다. 이 경우의 apoptosis는 Bcl-2 family분자이면서 apoptosis를 촉진시키는 Bid의존성이며, 억제는 JNK의 억제를 매개로 한다고 보고하였다[4]. Beere박사는 *in vitro*의 proteosome형성 실험계를 사용하여 Hsp70이 Apaf-1에 결합하여 apoptosome을 형성함으로써 caspase-9의 활성화를 저해하는 것을 밝혔다[5]. 한편, Ravagnan박사는 *apaf-1*$^{-/-}$ 세포에서도 Hsp70이 혈청제거에 의해서 유도되는 apoptosis를 억제하는 것과 Hsp70이 caspase 비의존성 death effector인 apoptosis inducing factor (AIF)에 결합함으로써 AIF에 의한 apoptosis를 억제한다는 것도 알았다[6]. 이와 같이 Hsp70의 apoptosis 억제메커니즘에 관해서는 여러 가지의 보고가 있기 때문에 지금까지도 어떤 행태라고 확정할 수는 없다. 물론 Hsp70이 각종 단백질의 folding과 세포소기관으로의 이동에 샤페론으로서 작용하는 것을 생각하면 apoptosis 유도경로의 여러 단계에 대하여 저해활성을 가져서 apoptosis 유도자극과 세포의 차이 등에 따라서 작용하는 주요부위가 다르지 않을까 생각한다.

한편, Hsp70에는 DnaJ (Hsp40) family를 포함한 많은 수의 샤페론이 존재하여 Hsp70의 작용을 조절한다. DnaJ family 중에서 포유동물세포의 세포질에는 dj1 (DjB1/Hsp40)과 dj2 (DjA1/HSDJ)가 대표적이다. King 박사는 *in vitro* 실험으로 Hsc70-dj1 샤페론군이 p53에 결합하여 p53의 안정화와 핵으로의 이동을 조절할 수 있는 가능성을 제창하였다[7].

대표적인 신경변성질환의 하나인 polyglutamine병은 신장된 poly Q배열을 가진 이상단백질이 신경세포내에 축적된다. 이상단백질을 배양세포에 발현시키면 특히 핵내에 응집체가 생겨 세포는 apoptosis를 유도한다[8]. 이 응집체에는 Hsp70과 DnaJ가 포함되어있다고 보고되어있다. 더욱이 Kobayasi 박사는 Hsp70과 dj1의 동시발현에 의해서 polyglutamine이 발현하여 세포사를 억제한다는 결과를 얻었다[9]. 그러나 지금까지의 다른 apoptosis에서 Hsp70의 항apoptosis작용에 DnaJ가 관련한다는 보고는 거의 없었다.

Hsp70의 co-chaperone으로서 작용과 함께 apoptosis 저해활성을 가지는 Bag family가 있다[10]. Bag-1은 대장균에서 GrpE의 기능적으로 상동성을 가지는 것으로 생각되며 Hsp70의 ATP-ADP 교환반응을 촉진시킨다. Terada박사는 Bag-1이 Hsc70-DnaJ 샤페론계의 ATP 가수분해활성과 단백질의 folding 활성을 촉진시킨다는 것을 증명하였다[11]. 그러나 Bag-1은 미토콘드리아외벽위에 존재하기 때문에 apoptosis 억제에는 아마도 Bcl-2와 결합할 수 있는 활성을 가질 것이다. Takayama박사는 Bag-1과 Bcl-2 양자를 동시에 발현시킨 결과 Bcl-2의 항 apoptosis 활성이 증가된 결과를 얻었다. 그리고 항apoptosis활성은 Bag-1-Hsp70 복합체가 Bcl-2의 구조적변화를 일으킴으로서 Bcl-2의 활성을 증강시키는 것으로 추정한다[10].

II. Hsp70-DnaJ 샤페론계에서 NO유도성 apoptosis의 억제

일산화질소(NO)는 다양한 기능을 가진 생리활성

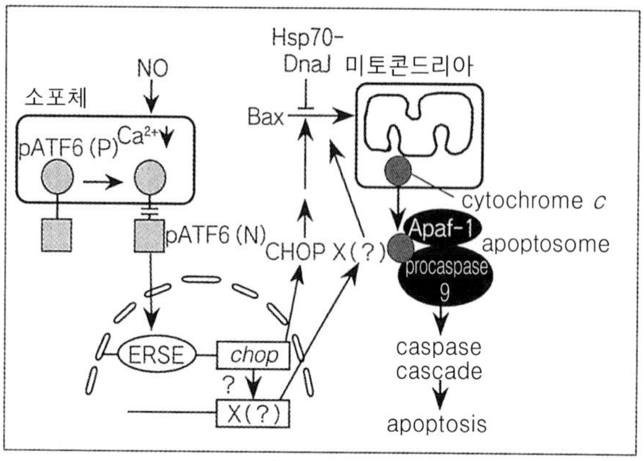

그림2. NO에 의한 apoptosis 유도경로와 Hsp70-DnaJ 샤페론계에 의한 제어

과잉 NO가 세포에 작용하면, 소포체내의 칼슘농도가 저하되어서 소포체스트레스응답이라고 불리는 세포의 응답 메커니즘이 작동한다. 먼저 ATF6이 절단-활성화되어 전사인자 CHOP의 유도를 매개로 Bax가 미토콘드리아로 이동하면 apoptosis신호가 미토콘드리아로 전달된다. 그 결과, 미토콘드리아의 막간 내강에 존재하는 cytochrome c가 세포질로 방출되어 세포질에서 cytochrome c, Apaf-1, procaspase-9가 복합체를 이룬 apoptosome를 형성한다. 이것에 의해서 procaspase 9가 절단되어 활성형의 caspase 9가 된다. 활성화된 caspase 9는 연속적으로 caspase 3을 절단하여 활성형으로 만든다. 활성화된 caspase 3은 Acinus, CAD (caspase-associated DNase)등의 apoptosis 실행인자를 활성화시켜서 세포는 apoptosis 상태가 되어 DNA 단편화, 핵응집등 apoptosis 특유의 변화를 일으킨다. Hsp70-DnaJ 샤페론이 Bax에 결합하여 미토콘드리아로의 이동을 저해한다. 전사인자인 CHOP의 표적유전자 (그림에서 X)는 아직 분명하지 않다. pATF6(P): 비활성형 ATF6, pATF6(N): 활성형 ATF6 ; ERSE : ER stress repsonse element

분자이지만 과잉생산되면 세포는 apoptosis가 일어난다. NO에 의한 apoptosis는 당뇨병과 자가면역질환 등 각종 질환의 원인이 된다. 필자는 NO에 의한 apoptosis유도의 장치와 그것에 대응하는 세포방어 메커니즘에 관하여 연구하고 있다 (**그림2**). 마우스 macrophage 계의 RAW세포를 NO 발생시약 SNAP (1.5 mM)로 자극하면 세포는 apoptosis를 일으킨다[12]. 그러나 세포를 사전에 42℃/2시간 열처리 혹은 저농도의 SNAP (0.1 mM)로 3시간 처리하면 Hsp70, dj1 혹은 dj2가 유도되어 그 이후로 고농도의 SNAP (1.5 mM; 12시간)처리하여도 세포는 apoptosis를 일으키지 않는다. 이 결과로부터, 유도된 Hsp70-DnaJ 샤페론계가 apoptosis를 억제하는 것을 시사한다. 그 다음에는 분자샤페론의 항 apoptosis효과를 보다 직접적으로 보기위하여 Hsp70을 정제 혹은 Hsp70과 dj1 아니면 dj2를 고발현하는 안정적인 세포주를 만들었다. Hsp70이 단독으로 발현하는 세포주에서는 NO에 의한 apoptosis는 억제되지 않았으나, Hsp70과 dj1 혹은 dj2를 함께 고발현시킨 세포주에서는 apoptosis가 억제되었다. 이 실험결과, Hsp70-DnaJ 샤페론계가 NO 유도성 apoptosis의 억제하는 것이 밝혀졌다. 더욱이 샤페론이 미토콘드리아의 apoptosis경로 보다가 상위에서 작용하는 것도 밝혀졌다.

그러나 아직 여기에 관해서는 불명확점이 많이 남아있다. 그래서 NO에서 미토콘드리아에 이르는 apoptosis경로의 해석을 진행하였다[13]. 저농도의 NO에 의한 apoptosis에서는 DNA상해와 p53의 축적은 인정되지 않았으며 p53을 결손시킨 세포주에서도 NO에 의한 apoptosis가 유도되었다[14]. 이 결과로 인하여 저농도의 NO는 DNA상해를 매개로 하지 않고 apoptosis를 유도하는 것을 알았다. 더욱이 필자는 췌장 β세포[15], microglia[14] 및 RAW세포[16]에서 NO에 의해서 유도되는 apoptosis에 작용하는 전사인자 C/EBP homologous protein (CHOP; GADD153)의 유도가 인정되어서 apoptosis가 소포체스트레스경로를 매개로 한다는 것이 발견되었다. 실제로 *chop* knockout 마우스유래의 Langerhans' islands 세포 및 복강 macrophage는 NO에 의한 apoptosis에 대응하는 저항성을 나타낸다. NO는 소포체내 칼슘을 저하시킴으로써 소포체스트레스을 일으키는 것 같다. CHOP은 전사인자임으로 타 유전자의 전사를 매개로 apoptosis 시그널을 전달하는 것으로 생각된다. 그러나 CHOP이 Bcl-2의 발현을 억제하는 것은 보고가 있지만 CHOP의 표적유전자는 아직 확실하지 않다. 필자는 최근에 CHOP의 하류에서 apoptosis에 촉진적으로 작용하는 Bcl-2 family 분자인 Bax (BCL-2 associated X protein)의 미토콘드리아로의 이동이 일어나 apoptosis 시그널이 미토콘드리아에 전달되는 것을 밝혔다. 실제로 *bax bax* (Bcl-2 homologous antagonist/killer) double knockout 세포에서는 소포체스트레스을 매개로 하는 apoptosis가 억제되었다[17].

다음으로 Hsp70과 DnaJ가 함께 발현하는 세포주을 사용하여 NO에 의한 apoptosis 경로가 어떤 단계에서 억제되는지를 조사하였다. 그 결과, CHOP의 유도는 억제되지 않지만, Bax의 미토콘드리아로의 이동은 저해되었다[2]. Hsp70계의 항apoptosis작용에는 Hsp70의 ATPase domain과 C-말단의 EEVD 배열이 필요하다. 그래서 이 같은 apoptosis억제가 Bax에 Hsp70-DnaJ 샤페론이 직접 작용하지는 지를 알아본 결과, Hsp70-DnaJ 발현주는 Bax-Hsp70-DnaJ 복합체형성이 면역침강에 의해서 확인되었다. 그래서 Hsp7—DnaJ 샤페론은 Bax의 미토콘드리아로의 이동을 직접 억제하는 것으로 생각된다. Bax는 다른 소포체스트레스와 DNA상해에 의해서 유도되는 apoptosis에서도 중요한 역할을 하며 여기에서도 Hsp70-DnaJ 샤페론에 의한 것과 동일한 억제 메커니즘이 작용하는지를 알아보는 것은 흥미로운 일이다.

●끝맺기

분자샤페론은 다양한 세포보호작용을 한다. 여기에서 설명한 것 이외에도 Hsp90, Hsp27과 특정 세포내 소기관에만 존재하는 분자샤페론에 관해서도 apoptosis와의 관련이 많이 보고되어있다. 이후 이들 분자샤페론의 연구가 apoptosis에 관련된 각종 질환의 치료법의 개발로 연결될 수 있기를 기대한다.

Q Bax-Hsp70-DnaJ 복합체는 *in vitro*에서도 재구성되는가? 항상 이 복합체가 존재하는 것이 아니라면 Bax와 Hsp70-DnaJ 사이의 상호작용은 어떻게 조절된다고 생각하는가?

A 적어도 Hsp70과 DnaJ의 유전자를 도입하여 과발현시킨 세포추출액을 사용하여 Bax의 면역침강을 하였을 때에 Hsp70과 DnaJ가 함께 침전되었다. Bax와 Hsp70-DnaJ 사이의 상호작용의 조절에 관해서는 apoptosis 신호가 전달되면 Bax의 구조적변화가 일어나는 것이 알려져 있기 때문에, 이 경우 Hsp70-DnaJ와의 결합친화력이 저하되어 보다 많은 Hsp7- DnaJ가 존재하지 않으면 Bax와의 결합은 이루어질 수 없을 가능성을 생각할 수 있다. 그래서 apoptosis가 일어날 때에는 아직 밝혀진 것은 아니지만 미토콘드리아의 수용체와 결합하여 미토콘드리아외막으로 이동하지 않을까하고 추측하고 있다.

문헌

1) Garrido, C., Gurbuxani, S., Ravagnan, L., Kroemer, G. : *Biochem. Biophys. Res. Commun.*, **286**, 433-442(2001)
2) Gotoh, T., Terada, K., Oyadomari, S., Mori, M. : *Cell Death Differ.*, in press
3) Mosser, D. D., Caron, A. W., Bourget, L., Meriin, A. B., Sherman, M. Y., Morimoto, R. I., Massie, B. : *Mol. Cell. Biol.*, **20**, 7146-7159(2000)
4) Gabai, V. L., Mabuchi, K., Mosser, D. D., Sherman, M. Y. : *Mol. Cell. Biol.*, **22**, 3415-3424(2002)
5) Beere, H. M., Wolf, B. B., Cain, K., Mosser, D. D., Mahboubi, A., Kuwana, T., Tailor, P., Morimoto, R. I., Cohen, G. M., Green, D. R. : *Nat. Cell Biol.*, **2**, 469-475 (2000)
6) Ravagnan, L., Gurbuxani, S., Susin, S. A., Maisse, C., Daugas, E., Zamzami, N., Mak, T., Jäättelä, M., Penninger, J. M., Garrido, C., Kroemer, G. : *Nat. Cell Biol.*, **3**, 839-843 (2000)
7) King, F. W., Wawrzynow, A., Hohfeld, J., Zylicz, M. : *EMBO J.*, **20**, 6297-6305(2001)
8) Ikeda, H., Yamaguchi, M., Sugai, S., Aze, Y., Narumiya, S., Kakizuka, A. : *Nature Genet.*, **13**, 196-202(1996)
9) Kobayashi, Y., Kume, A., Li, M., Doyu, M., Hata, M., Ohtsuka, K., Sobue, G. : *J. Biol. Chem.*, **275**, 8772-8778 (2000)
10) Takayama, S., Reed, J. C. : *Nat. Cell Biol.*, **3**, E237-E241 (2001)
11) Terada, K., Mori, M. : *J. Biol. Chem.*, **275**, 24728-24734 (2000)
12) Gotoh, T., Terada, K., Mori, M. : *Cell Death Differ.*, **8**, 357-366(2001)
13) Oyadomari, S., Araki, E., Mori, M. : *Apoptosis*, **7**, 335-345 (2002)
14) Kawahara, K., Oyadomari, S., Gotoh, T., Kohsaka, S., Nakayama, H., Mori, M. : *FEBS Lett.*, **506**, 135-139(2001)
15) Oyadomari, S., Takeda, K., Takiguchi, M., Gotoh, T., Matsumoto, M., Wada, I., Akira, S., Araki, E., Mori, M. : *Proc. Natl. Acad. Sci. USA*, **98**, 10845-10850(2001)
16) Gotoh, T., Oyadomari, S., Mori, K., Mori, M. : *J. Biol. Chem.*, **277**, 12343-12350(2002)
17) Ferri, K. F., Kroemer, G. : *Nat. Cell Biol.*, **3**, E255-E263 (2001)

III. 단백질의 품질관리

세포내 단백질품질관리와 저분자샤페론

Ito Hidenori(伊東秀記)·Inaguma Yutaka(稻熊 裕)·Kato Kanefusa(加謄兼房)

저분자샤페론은 분자량이 15-30 kDa 정도의 단백질무리를 말하며, 대표적인 것은 Hsp27 Alpha B-crystallin을 들 수 있다. 지금까지 세포외의 스트레스에 의해서 유도 혹은 인산화가 일어나는 것이 각종 난치병과 관련이 있다는 흥미로운 현상이 알려지고 있지만, 그 생리작용에 관해서는 거의 알지 못하는 상태이다. 그러나 최근 1-2년 사이에 이들 단백질의 기능, 특히 세포내에서 단백질의 ubiquitination, 분해, 이상단백질의 응집 등, 단백질의 품질관리 메커니즘과 관련된 기능이 조금씩 밝혀지고 있다.

key Words crystallin 분자샤페론 인산화 ubiquitin proteasome

●시작하기

최근에 Alzheimer's disease와 Parkinson disease 등, 각종 신경변성질환의 발병부위에서 단백질의 이상축적과 병태와의 관계가 밝혀졌다. 세포내에서 단백질의 움직임을 제어하는 대표적인 것 중의 하나로서 단백질구조을 유지하기위하여 중요한 분자샤페론을 꼽을 수 있다. 분자샤페론에는 HSP70, HSP90, 저분자량 HSP등 몇 개의 family가 존재한다. 지금까지 분자샤페론연구는 비교적 분자량이 큰 HSP70, HSP90을 중심으로 이루어졌다. 이들 샤페론의 기능, 유도 메커니즘, 생리적 표적분자 등이 상세히 연구되어온데 비하여, 저분자 분자샤페론 연구는 초기에는 효모에서 저분자샤페론은 온열내성에 필수적이라는 연구도 있었지만[12], 비교적 진행은 느린 편이다. 저분자샤페론은 분자량이 15-30 kDa 정도의 단백질로서, 특징으로는 (1) 약 80 아미노산잔기로 구성된 "α-crystalline domain"이라고 불리는 높은 상동성의 아미노산염기를 가지고 있다. (2) 항상 세포내에서는 고분자량 (500 kDa 이상)의 중합체를 형성하고 있다. (3) 화학적 스트레스와 열충격에 의한 유도 및 인산화가 일어난다[3-6]. 필자 팀은 지금까지 대표적인 저분자샤페론인 Hsp27과 α B crystalline의 스트레스응답과 병태와 관련하여 해석을 하고 있다. 여기에서는 최근의 저분자샤페론에 관한 토픽 중에서 세포내 단백질품질관리와 관련된 지식을 중심으로 설명한다.

I. Ubiquitin-proteasome계와 저분자샤페론

1. proteasome 저해제에 대한 저분자샤페론의 응답

필자는 지금까지 Alzheimer's disease와 Parkinson disease 환자의 뇌에서 저분자샤페론이 축적되어있는 것을 보고하였으나[7,8], 그것의 생물학적 의의는 아직 잘 모르고 있는 상태이다. 이상단백질의 축적이 병변부위에 보이는 몇 종류의 신경변성질환과 세포내의 ubiquitin-proteasome계의 혼란과 연관이 있다는 보고가 있어, 필자는 ubiquitin-proteasome계와 저분자량 분자샤페론의 연관성을 검토하였다[9]. human

Hidenori Ito, Yutaka Inaguma, Kanefusa Kato, 愛知県心身障害者コロニー発達障害研究所神経制御学部 E-mail : itohide@inst-hsc.jp
Small heat shock proteins participate in the quality control of the protein in mammalian cells

astroglioma 세포주인 U373 MG 세포에 proteasome 저해제인 MG-132 혹은 anisomycin을 처리하면 Hsp27과 α B crystalline이 유도, 불용성분획으로의 이동, 인산화가 관찰되었다. proteasome 저해제를 처리한 후에 Hsp27과 α B crystalline의 세포내 localization을 형광항체법으로 조사한 결과, 이들은 핵 근방에 모였다. 이 구조물은 Kopito 박사에 의해서 제창된 Aggresome[10)]과 동일한 것이다(**그림1a**). Aggresome은 Cystic fibrosis환자에서 볼 수 있는 변이단백질 (△F508 CFTR), Alzheimer's disease 환자에서 관찰되는 presenilin의 변이체 등, 세포내에 정상적인 입체구조를 가지지 못한 단백질을 발현시키고, 더욱이 proteasome 저해제를 작용시킴으로써 형성된 세포질봉입체이다. 그의 특징으로는, (1) 미소관 형성중심(MT organizing center; MTOC)에 미소관(microtubule; MT)골격 의존적으로 형성된다, (2) vimentin(또는 decamin)의 중간徑 filament에 의해서 둘러싸인 일종의 바구니의 한가운데에 ubiquitin화된 異常단백질이 축적하고 있는 구조물이다는 등이 열거되어, 몇 가지의 변성질환의 병태와의 관련이 주목되고 있다. 이 proteasome 저해제에 의한 aggresome 형성과 저분자샤페론의 집적은 Hela 세포에서도 관찰되여, 세포종을 뛰어넘어 보편적인 현상이라고 생각된다. 그리고 GFP-20이라는 자기자신을 발현시키는 것만으로 aggresome형성을 유도하는 단백질을 발현시킨 경우에도 저분자량 분자샤페론의 aggresome집적은 관찰되며, aggresome이 형성되는 경로에 관계없이 저분자량 분자샤페론은 aggresome으로 집적되는 것도 밝혔다. 아직까지는 proteasome저해제에 의한 저분자샤페론의 유도, 인산화와 aggresome집적의 생리적 의의에 관하여 완전하게 해명되지 않았지만, 최근에 이들 현상과 관련하여 ubiquitin-proteasome계에서 저분자량 분자샤페론의 기능이 밝혀졌다.

2. α B crystalline과 FBX4의 상호작용

de Jong박사팀은 α B crystalline을 bait로 하여 효모 two hybrid screening을 한 결과 α B crystalline과 결합하는 분자로 FBX4를 동정하였다[11)]. 이 FBX4는 ubiquitin ligase(E3) 복합체인 SCF의 구성성분인 F-box 단백질의 하나이다. α B crystalline에는 3개의 인산화부위 (Ser19, Ser45, Ser59)가 있으나, FBX4와 결합은 야생형 α B crystalline (wt-α B)에 비하여 모든 인산화부위를 asparagine으로 치환한 인산화유사변이체(S19D/S45D/S59D-α B) 및 Ser19와 Ser45를 asparagine으로 치환한 변이체(S19D/S35D-α B)로 증강되는 점으로 보아 α B crystalline의 인산

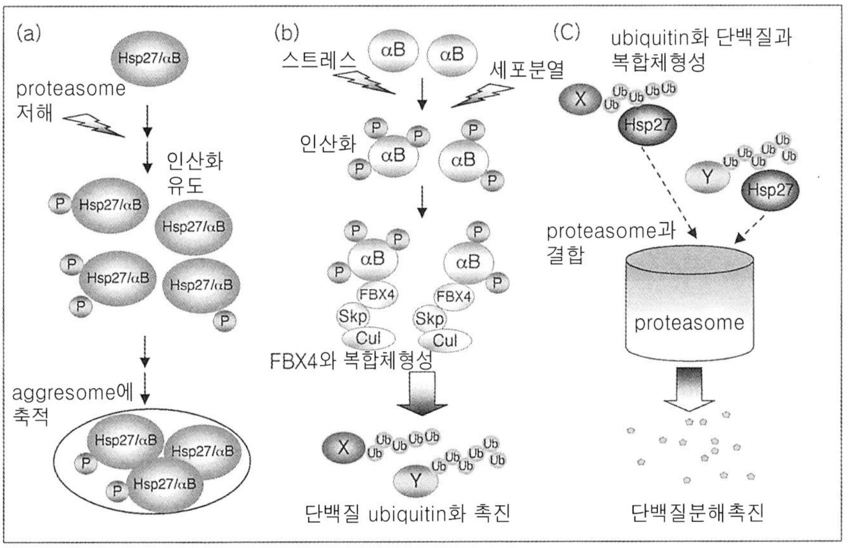

그림1. Ubiquitin-proteasome계와 저분자량분자샤페론

(a) Hasp27과 αB crystalline은 세포내에서 proteasome 저해가 일어나면 발현유도와 인산화가 일어난다. 더욱이 aggresome이 형성되어 Hasp27과 αB crystalline은 aggresome에 함께 집적된다. (b) αB crystalline은 세포외에서 스트레스와 세포분열에 수반하여 인산화된다. 인산화 유사변이체를 사용한 실험에서 αB crystalline은 인산화되면, ubiquitin ligase 복합체 SCF의 구성성분인 FBX4와 친화성이 증가하여, 복합체를 형성하는 것과 동시에 세포내에서 단백질 ubiquitin화를 촉진시킬 수 있는 가능성이 시사된다. (c) Hsp27은 ubiquitin 결합단백질임과 동시에 26S proteasome과 복합체를 형성하여 ubiquitin화 단백질의 분해를 촉진한다.

화상태에 의존한 결합이라고 추측된다. 그리고 포유동물세포내에서 α B crystalline 혹은 FBX4를 각각 독립적으로 발현시킬 경우에는 단백질 ubiquitination에 영향을 미치지 않았으나, S19D/S45D-α B와 FBX4를 함께 발현시킬 경우에는 세포내의 단백질 ubiquitination이 현저하게 촉진되었다. 이 결과로부터, α B-crystalline은 인산화와 함께 FBX4와 복합체를 형성하여 세포내에서 단백질 ubiquitination을 촉진할 수 있는 가능성이 제시되었다(그림1b).

3. Hsp27에 의한 Ubiquitin화 단백질분해의 촉진

최근에 Hsp27이 ubiquitin화 단백질분해에 직접 작용한다는 아주 흥미로운 결과가 보고되었다[12]. Garrido 박사팀은 Hsp27을 항상 발현시킨 포유동물세포에서 etoposide 혹은 tumor necrosis factor α (TNF-α)에 의해서 활성화된 proteasome의 활성이 증가되어 세포내의 ubiquitin화 단백질의 분해가 촉진된다는 것을 밝혔다. 그래서 면역침강실험의 결과에서 Hsp27은 ubiquitin, 특히 polyubiquitin과 결합하는 것과 26S proteasome과 복합체를 형성하는 것이 밝혀졌다(그림1c). 더욱이 이들 현상의 생물학적인 의의에 관하여 I-κBα/NF-κB 복합체와의 작용을 검토하고 있다. I-κBα와 NF-κB는 무자극 상태에서는 세포내에서 복합체를 형성하고 있으나, cytokine 등이 세포외자극에 응답하여 I-κBα의 인산화와 분해가 일어나 NF-κB는 핵 속으로 이동한다. 이때의 I-κBα의 분해에 ubiquitin-protea some계가 관여하고 있는 것이 알려져 있다. 그들은 Hsp27은 인산화된 I-κBα와 결합하여 자극에 응답하는 I-κBα의 분해를 촉진하여 NF-κB의 활성화를 촉진시킨다는 결과를 보여준다. Hsp70 역시도 ubiquitin화 단백질의 분해를 촉진시킨다는 보고가 있지만 그 작용은 ubiquitin인 BAG-1과 CHIP를 매개로 이루어진다[13]. 그것에 비하여 Hsp27의 경우는 ubiquitin화 단백질 혹은 proteasome과 직접적인 상호작용에 의한 작용이다.

II. 異常단백질 응집체와 저분자량 분자샤페론

1. Polyglutamine 응집체와 저분자량 분자샤페론

어떤 특정단백질의 polyglutamine chain이 異常신장과 관련되는 Huntington's disease과 측삭소뇌변성증 등, 소위 말하는 polyglutamine병은 현재로서는 치료법이 확립되어있지 않는 난치병이다. 각종 세포에 일정수이상의 신장 polyglutamine chain이 발현되면 polyglutamine 응집체가 형성되어 세포상해를 일으킨다. 최근에 Rubinsztein 박사팀은 Huntington's disease의 원인유전자로서 異常신장 polyglutamine을 가진 Huntingtin을 신경계배양세포에 발현시켜서 관찰한 결과, 세포사가 Hsp27의 과발현에 의해서 억제된다는 것을 보고하였다[14]. 다른 분자샤페론 family에 속하는 Hsp70/Hsp40 역시 polyglutamine 응집체에 의한 세포사를 억제한다는 것이 밝혀졌지만[15], 메커니즘은 서로 다를 것으로 생각된다. Hsp70/ Hsp40은 polyglutamine 응집체의 형성을 억제하여 세포사를 억제하는 것에 비하여 Hsp27은 polyglutamine 응집체의 형성을 억제하지 않고 세포사를 억제한다. 그렇다면 Hsp27의 세포사

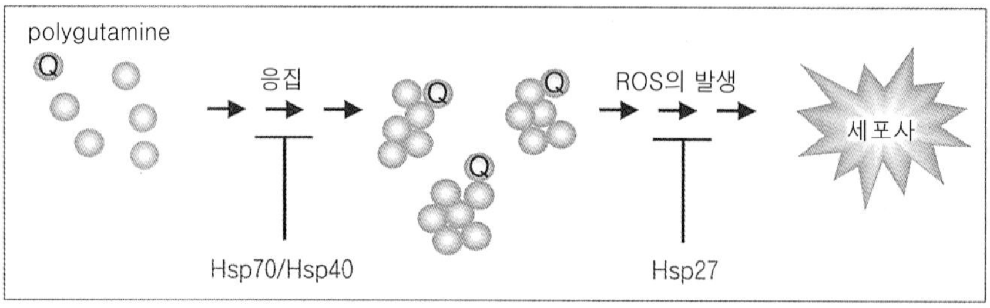

그림2. Polygutamine단백질에 대한 Hsp70/Hsp40과 Hsp29의 서로 다른 작용
Hsp70/Hsp40 복합체는 polygutamine단백질의 응집을 억제함으로써 세포사를 억제한다. 한편, Hsp27은 polygutamine단백질의 응집자체에는 영향을 미치지 않으나 그 이후의 ROS 발생에 의한 세포상해에 대해서 방어적인 역할을 한다.

억제는 어떤 메커니즘에 의해서 일어나는 것일까? 그 점에 관해서는 그들이 분명하게 설명하였다, 즉 Hsp27은 polyglutamine 응집체가 형성되어 유도되는 ROS(reactive oxygen species)의 발생을 억제함으로써 세포사를 억제한다(**그림2**). Alzheimer disease와 Parkinson disease등, 신경변성질환에서도 ROS의 발생과 세포사의 관련성이 알려져 있는 것과 같이 세포사 역시도 억제할 수 있는 가능성이 있어, 이후의 연구의 전개가 기대된다.

2. Desmin myopathy와 저분자량 분자샤페론

Desmin (myofibrillae) myopathy는 intermediate filament의 하나인 desmin이 근섬유내에 축적되는 특징을 가진 근질환으로서, 많은 경우에 상(常)염색체우성유전형식을 취하며 청소년기에 발병하여 골격근, 심근에 결함이 나타나 결국에는 사망하게 되는 난치성병중의 하나이다. 이 질환의 원인유전자인 desmin의 변이가 조금 보고 되어있는 것과 함께 프랑스의 어떤 가족을 분석한 결과, αB crystalline의 missense mutation (R120G)이 보고되어있다. 이 αB crystalline의 변이에 의한 Desmin myopathy는 우성유전으로 환자의 근조직에서는 desmin과 αB crystalline을 포함한 이상응집체가 관찰된다[16]. R120G αB crystalline이 가진 특징은 대장균에서 만든 재조합단백질을 사용하여 분석하였다. 실험관내에 응집체를 만들기 쉬웠으며 샤페론활성이 야생형에 비하여 약해졌다는 보고가 있다[17, 18]. 포유동물의 근조직중에는 αB crystalline과 Hsp27이 높은 발현을 보이는 것으로보아 필자는 R120G αB crystalline의 포유동물세포내에서의 성질을 Hsp27과의 상호작용을 포함하여 검토하였다[19]. 야생형의 αB crystalline 혹은 R120G αB crystalline을 항상 발현시킬 경우에 야생형 αB crystalline은 대부분이 가용성분획에서 회수되지만 R120G αB crystalline은 대부분이 불용성분획에서 회수되었다. 세포내의 위치를 조사한 결과, 야생형의 αB crystalline은 대부분이 세포질에 존재하지만 R120G αB crystallin도 대부분은 세포질에 존재하였다. 그러나 R120G αB crystalline이 발현하고 있는 세포의 약 20%는 복수의 봉입체구조가 형성되어있었으며 R120G αB crystalline에 의한 봉입체형성 관한 Hsp27의 영향을 조사하였다. R120G αB crystalline은 Hsp27과의 共발현에 의해서 대부분 가용성분획에서 회수되었으며 봉입체형성을 억제하였다. 이 결과로 볼 때에 Hsp27은 R120G αB crystalline에 대하여 응집을 억제하는 분자샤페론으로서 작용하는 것이 밝혀졌다. 그리고 거의 같은 때에 Landry 박사팀에 의해서도 동일한 결과가 보고되었다[20]. Hsp27뿐만 아니라 야생형의 αB crystalline에 의해서도 R120G αB crystalline의 응집이 억제되는 것이 보고되었다.

●끝맺기

2003년 8월에 캐나다 Quebec에서 열린 분자샤페론 국제학회가 있었다. 저분자샤페론의 워크숍에 붙여진 이름이 "Small Hsps: the Forgotten Chaperones?" 이였다. 그러나 이번 회에는 지면상의 문제 때문에 소개하지 않았다. 최근 2-3년 동안에 세포사관련의 분자와 상호작용하는 것과 같이 주목할 만한 새로운 기능이 밝혀졌다. 그래도 Hsp70과 Hsp90 등의 major 분자샤페론영역보다는 저분자량 분자샤페론의 연구자 숫자가 적으나 기능에 관한 미지의 부분이 많이 남아있다. 그래서 아직 발현하지 못한 생리기능이 남아 있을 가능성이 있다. 이후의 많은 연구자가 저분자량샤페론의 연구영역에 참가하여 새로운 영역을 펼치길 기대한다.

Q 저분자샤페론의 knockout mouse는 만들어졌는가?

A αA crystalline과 αB crystalline/HSPB2의 knockout mouse는 만들어져있다. αA crystalline의 knockout mouse는 이 단백질이 렌즈에 많이 발현하고 있기 때문에 백내장을 일으킨다는 보고가 있다. αB crystalline/HSPB2의 knockout mouse는 두개의 유전자가 근접하고 있기 때문에 두 유전자가 동시에 knockout 되었다, 이런 mouse는 백내장은 관찰되지 않지만 근조직의 이상이 관찰된다. 그렇지만, αB crystalline과 HSPB2는 근육에 강한 발현을 하기 때문에 어느 쪽의 knockout mouse인지는 분명하지 않다.

문헌

1) Petko, L., Lindquist, S. : *Cell*, **45**, 885-894 (1986)
2) Susek, R. E., Lindquist, S. L. : *Mol. Cell. Biol.*, **9**, 5265-5271 (1989)
3) Kato, K. *et al.* : *J. Biol. Chem.*, **269**, 11274-11278 (1994)
4) Caspers, G. J. *et al.* : *J. Mol. Evol.*, **40**, 238-248 (1995)
5) Ito, H. *et al.* : *J. Biol. Chem.*, **272**, 29934-29941 (1997)
6) Ito, H. *et al.* : *J. Biol. Chem.*, **276**, 5346-5352 (2001)
7) Shinohara, H. *et al.* : *J. Neurol. Sci.*, **119**, 203-208 (1993)
8) Kato, K. *et al.* : *J. Neurochem.*, **76**, 730-736 (2001)
9) Ito, H. *et al.* : *J. Biochem.(Tokyo)*, **131**, 593-603 (2002)
10) Johnston, J. A. *et al.* : *J. Cell Biol.*, **143**, 1883-1898 (1998)
11) den Engelsman, J. *et al.* : *J. Biol. Chem.*, **278**, 4699-4704 (2003)
12) Parcellier, A. *et al.* : *Mol. Cell. Biol.*, **23**, 5790-5802 (2003)
13) Demand, J. *et al.* : *Curr. Biol.*, **11**, 1569-1577 (2001)
14) Wyttenbach, A. *et al.* : *Hum. Mol. Genet.*, **11**, 1137-1151 (2002)
15) Kobayashi, Y. *et al.* : *J. Biol. Chem.*, **275**, 8772-8778 (2000)
16) Vicart, P. *et al* : *Nat. Genet.*, **20**, 92-95 (1998)
17) Bova, M. P. *et al.* : *Proc. Natl. Acad. Sci. USA*, **96**, 6137-6142 (1999)
18) Perng, M. D. *et al.* : *J. Biol. Chem.*, **274**, 33235-33243 (1999)
19) Ito, H. *et al.* : *Cell. Mol. Life. Sci.*, **60**, 1217-1223 (2003)
20) Chavez Zobel, A. T. *et al.* : *Hum. Mol. Genet.*, **12**, 1609-1620 (2003)

III. 단백질의 품질관리

소포체내에서 단백질의 행동

Wada Ikuo(和田郁夫)·Nagaya Hisao(長屋壽雄)·Tamura Taku(田村 拓)

mRNA에서 새롭게 번역된 분비단백질은 translocon을 거쳐서 소포체로 들어가 상당히 안정적인 입체구조를 가지게 된 후에 골지체로 이동한다. 고등동물의 소포체는 세포 전체에 길게 넓게 환상구조로 퍼져있다. translocon은 소포체의 거의 全面에 분포하고, 단백질의 출입구인 소포체천이영역은 COP II coat로 둘러싸여진 點狀구조이다. 세포내에서 끊임없는 단백질분비작업이 이루어지기 위해서는 소포체내강에서의 물질의 흐름이 불가결하다고 생각된다. 여기에서는 그런 현상을 어떻게 해석할 것인가와 밝혀진 결과에 대하여 설명한다.

Key Words 소포체 FRAP FCS

●시작하기

생합성직후의 분비계 단백질은 translocon에서 소포체내강에 얼굴을 내밀면서부터 다양한 단백질군의 작용을 받는다. 신생단백질의 입체구조형성 메커니즘을 알기위하여 지금까지 필자는 세포를 표면활성제롤 녹여 그들의 상호작용하는 분자군과 기질이 되는 단백질의 항체를 사용하여 분리, 면역침강하는 단백질을 분석하는 방법을 사용하여왔다. 이 방법은 분자샤페론등 결합단백질의 기질특이성 등을 밝히는데는 유용할 수 있다. 그러나 이들 측정을 하나의 반응으로 볼 때에, 이것은 막대한 희석을 동반하는 일시적인 것으로 친화성이 약한 상호작용은 쉽게 결과를 얻을 수 없다. 그래서 화학적 가교제를 사용한 실험을 하였다. 그러나 그렇게 하면 소포체내의 샤페론, folding효소만이 결합하였다. 이것은 품질관리인자만이 약한 상호작용으로 결합하여 칼슘을 통하여 matrix모양을 형성하는 것이라고 생각된다[12].

소포체는 대부분의 동물세포에서는 세포전역에 길게 뒤감는 망상구조를 가진다. 내강단면의 직경은 20−30nm 정도이다. 평균적으로 folding된 단백질의 크기를 헤모글로빈 정도의 5nm라고 하여도, 막의 내강표면에는 풍부하게 존재하는 calnexin(내강측의 긴 직경은10 nm) 등의 단백질이 돌출되어있으며, 다른 많은 샤페론군이 대기하고 있는 것을 생각하면 그들과의 상호작용을 반복하는 미성숙한 단백질의 존재는 아주 기묘한 것으로 생각된다. 결국 신생분자는 응집체로 만들어지는 것을 극복한 것이라고 할 수 있다, 그렇다면 단백질합성이 시작되면 짧은 시간내에 관의 내강이 막혀버리는 일이 일어나지 않는 것은 어떤 이유에서일까? 일단 어떻게 해서 세포는 출입구까지 빠르게 신생단백질을 운반하는가? 그러기위해서는 어떤 제어 메커니즘이 있는 것이 틀림이 없다. 그러나 지금까지 소포체내부에서의 단백질 행동에 관해서는 무작위적인 확산, 혹은 크로마토그라피와 같이 수동적으로 운반된다는 가정을 해왔다. 이것이 진짜일까, 그래서 필자는 살아있는 세포내에서 역동적인 분석을 시작하였다.

Ikuo Wada, Hisao Nagaya, Taku Tamura, 福島県立医科大学医学部付属生体情報伝達研究所細胞科学研究部門, CREST・JST
E-mail : iwada@fmu.ac.jp
Dynamics of proteins in the endoplasmic reticulum

I. 소포체에서 단백질의 행동을 FRAT로 측정

소포체내에서 단백질의 확산속도의 측정은 지금까지는 FRAT(fluorescence recovery after photobleaching) 혹은 FLIP(fluorescence loss in photobleaching)에 의해서 이루어졌다[3]. 본래 이 방법은 3차원적으로 평등하게 확산되는 분자의 측정을 위하여 개발된 것이지만, Verkman박사팀은 소포체내 단백질과 같이 관의 내강에 존재하는 분자에 대하여서도 세포질단백질과 동일한 계산법으로 거의 정확치를 얻을 수 있는 방법을 Monte Carlo Simulation에 의해서 증명하였다[4]. 그리고 소포체내에서 발현한 GFP의 기존적인 특성이 보고되어있다[5]. Schwartz 박사팀은 이 해석을 진행하여 misfolding된 VSVG (vesicular stomatitis virus, 수포성 구강내 염증바이러스의 당단백질)의 folding변이체 ts045가 비허용온도에서 응집하는 성질에 주목하여 예상되는 이동도 변화를 계산하였다. 그러나 misfolding된 ts045-GFP는 folding된 것과 거의 동일한 확산속도를 나타내어, 적어도 움직일 수 없는 상태가 되지는 않았다[6]. 결국 이것은 소포체내에서는 자유 확산하지만 골지체로의 이동은 일어나지 않았다.

이 현상은 많은 단백질에서도 확인되었다. 예를 들어 Verman 박사팀은 CFTR(cystic fibrosis transmembrane conductance regulator)변이체 △F506에서도 같은 실험을 하였다. 역시 소포체에 축적되는 변이체도 정상체와 동일한 확산속도룰 나타냈다[7]. 그렇지만 소포체내의 단백질이라도 translocon 단백질은 mRNA와 결합하여 polyribosome을 형성하여 확산속도가 현저하게 떨어졌다[8].

II. 당쇄를 통한 행동제어

그렇다면, 이 같은 소포체내에서의 단백질의 움직임은 단순 확산만으로 설명할 수 있는 것인가? 최근에 필자는 소포체 네트워크내에 당단백질의 움직임은 조절성이 있어서 확산보다는 수송이라는 모델을 제안하였다(Nagaya et al., 투고 준비 중). 이것은 원래 고삼투압 스트레스에서 당단백질의 움직임을 관찰하는 중에 생각하게 된 현상이다. 세포에게 고삼투압 스트레스를 가하면 분비가 정지되는 것과 함께 실제로 여러 종류의 응답이 일어나는 것은 잘 알려져 있고, 이 신호전달계도 밝혀져 있다. 그러나 이 전달계와는 무관하게 소포체에서 골지체로의 수송은 정지한다. 이 현상을 조사한 결과 우선 COPII coat의 소포체천이영역에서 해리가 선택적으로 저해되는 것을 알았다. 흥미로운 것은 이때에 세포체내강에 존재하는 분자 중에서 asparagine결합당쇄가 붙은 단백질의 경우는 확산도 극도로 저하되어서 많은 경우 움직이지 않았다. 당쇄의 유무만이 영향을 미쳐서 당쇄가 없는 단백질은 거의 움직이지 않았다. 당쇄가 없는 단백질에 한 개의 당쇄를 붙이면 최대 회복률에 큰 변화는 없었지만 2개를 붙이면 현저하게 저하되었다. 이것은 단백질의 움직임을 제어하는 것 같은 당쇄의 수용체의 존재를 의미한다. 여기에서 소포체에 존재하는 lectin과 lectin 유사 분자군에 대하여 단편을 만들어 혹은 형광표지를 하여 조사한 결과, 분명하게 각각 특징적인 패턴을 나타냈다. 그러나 하나의 예외를 제외하고는 그들은 움직이지 않은 당단백질과 결합한 결과라고 생각된다. 예외적인 것으로는 core 단백질과 동일한 특성을 나타내는 VIPL 라고 불리는(당 그 자체와의 결합은 실험적으로 증명되어있지 않다) 분명한 lectin 도메인을 가진 막단백질이었다[9]. 이 단백질은 동일 유전자 family인 ERGIC53과 VIP36과는 다른 소포체내 localization을 보이며 과발현과 RNAi에 의한 발현제어는 특정단백질의 정방향의 수송에 영향을 미쳤다[10]. 결과적으로 이 단백질이 필자가 생각한 것과 같은 기능을 가지는지는 아직 분명하지 않을 뿐만 아니라, 왜 고삼투압 조건하에서 확산이 정지되는가? 그 메커니즘의 설명도 지금부터의 과제이다.

이들 결과는 직접적으로 고삼투압에서는 당단백질의 네트워크 내에서의 움직임이 정지하는 것을 나타낸다. 필자는 이들 실험결과 등장액보다 낮은 상태에서도 소포체내에서의 당단백질도 단순확산이 아니고 수용체를 통한 수송일 가능성을 생각하였다. 아주 고도의 측정을 하면 그것은 밝혀질 것이다, 이후에는 그것을 위한 접근에 관하여 설명한다.

III. 형광상관분광법을 사용한 해석

세포에 형광표지를 단 단백질의 FRAP을 사용하여 확산속도을 구하려고 하면 세포에 따른 차가 심하여 곤란한 일이 생긴다. 이것은 발현한 단백질양과 관련되는 경우가 많다. 세포내에서 단백질을 발현시키면 당연히 분자의 혼란도가 증가됨으로 확산속도는 본래, 그 발현양과의 관계에 바탕을 두고 구하여야한다. 일정 이상의 혼란도가 증가하면 분자는 거의 포화상태가 되어 FRAP에서는 최대 회복율이 극단적으로 저하하여 거의 움직이지 않는다. 이와 같은 문제는 필자가 취급하고 있는 살아있는 세포에서 형광상관분광법(FCS)을 측정할 때에 자주 나타난다[11]. 이 수법은 Kanegiro 박사에 의해서 설명[12]되어있어서 상세하게 설명하지는 않지만, 이것은 측정시료(세포)중에 共초점레이저현미경을 사용하여 미소공간을 설정하여 그 속의 형광신호를 연속적으로 측정하여 그것의 흔들림의 특성(이것에는 자기상관관수라는 계산법을 사용하여 노이즈의 중심에서 분자에 고유 흔들림의 정보를 뽑아냄)을 해석함으로써 긴 시간 분해능으로 산란시간(산란속도와 역수의 관계에 있다)과 측정공간애에서의 형광분자의 숫자를 산출하는 것이다. 이것은 소포체단백질의 단일분자수준에서 해석이 가능한 현시점에서 유일한 방법이다. 이것의 특징은 원리에서 알 수 있듯이 산란을 더욱더 직접적으로 측정할 수 있다(**그림**1b). FRAP의 경우, 한번 bleaching된 분자군(성질이 변하지 않은 것으로 가정)이 그 영역에서 산란하여, 동시에 주변에서 형광단백질이 그 중앙에 유입되는 과정을 측정하기 때문에 원리적으로는 간접적이다. 그리고 FRAP에서 보통은 수백 fL 정도의 공간으로의 측정영역주변에서의 유입을 측정하는 것에 비하여 FCS에서는 0.2−0.3 fL 정도의 미소공간을 대상으로 하며 측정은 2항(桁) 정도의 분자를 대상으로 한다.

그러나 FCS는 아주 민감하기 때문에 살아있는 세포의 측정에는 큰 장애가 있다[13]. 그 가장 으뜸가는 점은 photobleaching이다. FCS에서는 최고로 약한 레이저를 사용하지만 한곳에 연속하여 때리기 때문에 photobleaching은 혼잡도가 높은 세포내에서는 현저하다. 그러나 반대로 photobleaching을 측정영역내에 존재하는 형광분자숫자의 관수로서 표시하는 경우, 포화하지 않는 범위를 알 수 있다. 예를 들어 막단백 ty-rosinase에 관하여 연구해보면 소포체로의 발현이 1 fL의 중앙에 많아도 100개 이내로 있으면, 적어도 포화되는 일은 없다. 이것은 1변이 1um인 입방체의 중심에 직경 5nm 정도의 공이 100정도 있어도 비교적 자유롭게 확산될 정도의 이미지를 가질 수 있다. 이 범위의 발현은 보통의 현광현

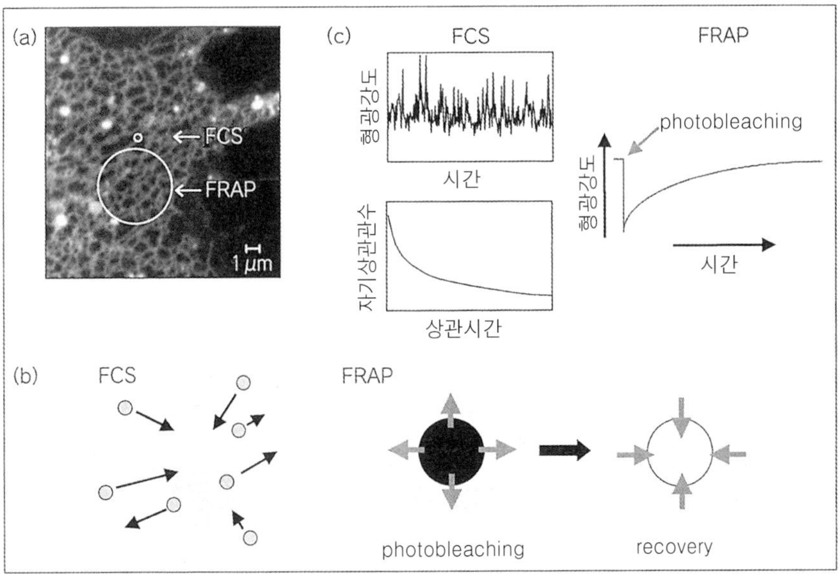

그림1. FCS와 FRAP

(a) DiOC6 염색을 이용하여 촬영한 NIH3T3세포의 소포체. FRAP에서 고전적인 측정영역(5 um) 혹은 FCS(400nm)의 측정영역. (b) FCS 혹은 FRAP에서 확산측정의 원리적으로 서로 다른 점. FCS에서 분자의 확산은, 분자가 측정영역에 출입함으로써 형광강도의 진동이 나타남으로 직접적인 계측이 된다. 이에 비하여 FRAP에서는 일단 photobleaching된 영역내의 분자가 확산될 필요가 있기 때문에 측정은 간접적이다.
(c) FCS 혹은 FRAP의 전형적인 측정 결과.
FCS에서는 형광신호의 진동은 확산속도(확산정수 D와 확산시간 τD에는 $D{\sim}r^2/4\tau$, r은 측정영역의 반지름, 의 관수가 있다)로서, 자기상관관수의 그래프에서 구할 수 있다. 자기상관관수 $G(\tau)$와는 어떤 시간 t에서 형광강도가 $F(t)$라고 하면 τ시간에 동안의 시각의 형광강도 $F(t+\tau)$에 관하여 상관의 강도를 표시한다. $G(\tau)=\langle F(t)\cdot F(t+\tau)\rangle$로서 표시할 수 있다. 상세한 것은 참고문헌 11을 참고. FRAP에서는 확산속도는 Axelrod의 고전적인 식[18] 아니면 Schwartz 박사가 자주 사용하는 1차원 확산식[3]을 이용하여 계산된다.

미경으로 볼 경우에 거의 검출한계까지 발현하여 시판되는 일반적인 시약을 사용한 일시적인 과발현에서는 발현정도의 아주 초기만 얻는 것이 되지 않는다. 안정적인 발현의 경우는 거의 이 범위에 들어오지만 조사하려는 분자들 모두에게서 안정적으로 발현시키는 것은 짧은 인생에 비해서 시간이 너무 걸림으로 필자들은 이전에 발표한 실리콘화한 미세유리구슬을 사용하는 방법을 취하였다[14]. 이 방법은 3-5시간 내에 이 수준의 발현을 할 수 있다.

실제로 FCS로 살아있는 세포의 확산속도를 측정한 경우에 고민하게 하는 또 다른 문제가 있다. 예를 들어, 막단백질의 확산특성의 해석을 위하여 자기상관관수를 구하려면 1-3성분으로 이루어지는 브라운운동을 가정한 경우에는 이론곡선을 벗어나 이상한 확산을 나타내는 경우가 많다. 이것은 그 분자가 존재하는 막의 형태와 환경을 반영하는 것으로 생각되지만 최근에 Weiss 박사는 골지체의 막단백질에 대하여 FCS계측을 하여 수학적인 해석에 의해서 특히 느린 확산시간의 이상성은 막의 영향에 의한 것이 아니라는 것을 증명하였다. 그래서 이것은 다른 움직임의 특성, 예를 들어 continuous time random walk (CTRW)-어떤 분자에 결합하여 조금씩 다른 것에 결합하는 것과 같은 움직임-에 의한 가능성을 시사한다[15]. 이 지적은 성숙과정에서 많은 분자샤페론과 반복적으로 상호작용하는 단백질의 움직임을 생각한다면 중요하다. 그리고 그들의 분석에 의하면 그 분자가 존재하는 막의 형태는 외관의 확산시간에 크게 영향을 미쳐서 심한 편차의 요인이 된다고 한다.

하여간 현실적으로 세포내의 특정한 시점을 정하여, 시간의 흐름과 함께 측정할 경우에는, 예를 들어 막장치와의 결합과 응집화 등, 확산의 제약이 되는 변화는 비교적 용이하게 찾을 수 있다. 특히, 소포체내 네트워크의 경우는 확산은 몇 가지의 성분에 의해서 이루어진다. FCS로 자기상관관수를 분석함으로써 각각의 확산속도에 관하여 알 수 있음으로 FRAP보다도 정보량은 많다. 그래서 위에서 설명한 당쇄의 유무에 의한 소포체의 역동적인 제어의 가능성에 관하여 알아보았다. 당쇄가 없는 단백질에서는 이미 보고한 것과 같이[5] 세포질에 발현한 GFP의 확산속도의 5배정도 느리게 확산되기 때문에 소포체의 구조

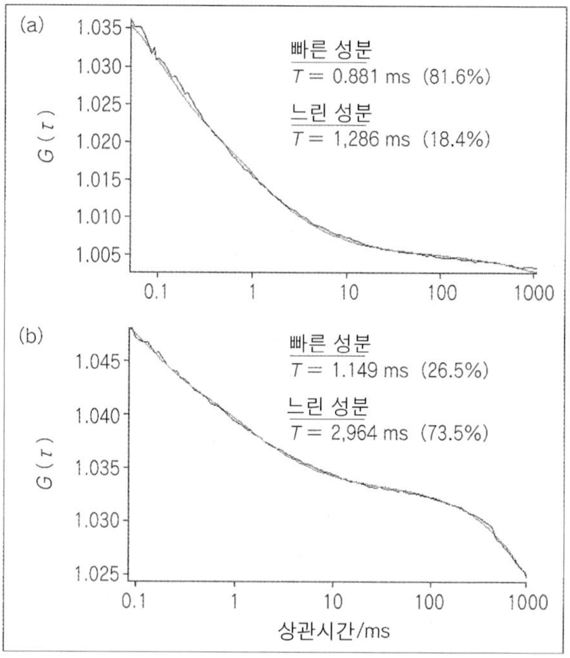

그림2. FCS로 측정한 당쇄의 유무에 따른 확산속도의 차이

소포체내강에서 발현하는 ssYFP (a) 혹은 그것에 2개의 당쇄가 붙은 단백질(ssYFP-gly2) (b) 의 벡터를 COS7 세포에 glass beads를 사용하여 발현시켜 3시간후에 FCS를 사용하여 측정한다. 여기에서 보는 그림은 15초간의 측정을 4회 반복하였다. 그의 평균치가 굵은 선이다. 그 2성분 확산 시뮬레이션에 가깝게(실선) 확산속도를 구하였다. 당쇄가 붙으면 분자의 움직임이 아주 늦어지는 성분으로 구성되는 것 같다.

적인 제한을 생각하면[4], 이 경우에는 단순확산이라고 생각된다. 한편, 당쇄가 붙어 소포체내에서 발현하는 형광단백질 ssYFP의 경우에는 극단적으로 느린 확산속도의 성분이 나타난 것으로 시사된다(**그림 2**), 분명한 것은 당쇄를 가진 단백질의 경우는 단순확산은 아니고 어떤 것의 역동적인 제어가 있다는 것을 시사한다. 필자는 이 성분이 단지 느리게 하는 것뿐만 아니라, 네트워크내의 미성숙단백질의 적극적인 수송에 관여하는 것이라고 생각한다.

덧붙여서 FCS의 또 다른 하나의 가능성에 관하여 설명하려고 한다. 이것은 살아있는 세포에서 2분자 사이의 분자상호작용을 찾을 수 있는 FCCS(형광공상관분광법)이다. 이를 위하여 일반적으로 사용되는 기계 ConfoCor2에 있어서는 현재 488nm와 543nm의 동시여기(同時勵起)에 의한 FCCS가 가능하다.

현시점에서 유일하게 단량체형 적색형광분자 mRFP1[16]과 EGFP을 형광표식으로 사용하여 이들이 동시에 흔들리는 성분을 관찰함으로써 양자의 결합을 알 수 있게 된다. 오로지 (1) 양 분자의 파장특성상 완만하게 경사진 부분이 겹침으로써 파장의 탈락이 일어난다, (2) mRFP1 형광의 flicker ring[17]이 GFP보다 현저하다는 등의 문제가 있으며, 살아있는 세포에서 사용하기위해서는 특히 RFP의 형광특성의 개선이 필요하다. 원리적으로는 이 방법은 현재 보급되어있는 FRET(형광공명에너지전이법)에 비해서, 양자의 상호위치와 발현양에 의존하지 않는 이점도 있어 강력한 해석수단이 될 가능성을 갖고 있다.

●끝맺기

소포체내에서 신생단백질의 성숙화과정에는 세포질과는 다른 특유의 문제가 있다. 이것은 단순하게 물질의 이동이라는 것뿐만 아니라, 신생단백질의 품질관리에서 소포체 네트워크구조에 의한 물리적인 제한이라는 큰 제어요인이 작용할 가능성이 있다. 여기에서는 이와 같은 문제점의 해결하기위한 필자 팀의 최근의 연구에 관하여 설명했다. 여기에서 설명한 것과 같은 우리에게 희망을 주는 결과도 있지만 원리적인 면과 기술적인 면에서 극복하지 않으면 안 되는 문제가 많이 남아있다. 이번에는 특히 생물물리분야의 연구자의 협력을 받아서 극도로 혼란한 내강계의 기능분자의 연속적인 생산 메커니즘을 풀기위하여 노력하고 있다.

Q subunit를 가진 단백질의 경우는, assembly를 도와주는 메커니즘의 존재는 알려져 있는가?

A 샤페론을 적극적으로 움직이게 하는 메커니즘은 알려져 있지 않다. 그러나 본연구가 동정한 것과 같은 메커니즘이 그것에 상응하지 않을까 생각한다.

Q 고삼투압에서 ER내의 단백질움직임이 정지하는 것은 무슨 의미인가?

A 전이영역에서 COPII coat의 해리가 정지하였기 때문에 내강에서의 수송을 정지하여야 할 필요가 있다고 생각한다. 번역도 정지한다.

Q 당쇄을 통한 상호작용이 ER내에서의 단백질움직임을 억제한다는 사실은 무슨 의미인가?

A 대부분의 당단백질에는 N-결합형당쇄가 붙어있어서, 여기서 설명한 것은 소포체외에 당단백질을 수송하기위한 메커니즘이라고 생각한다. 소포체 네트워크와 같이 어느 정도 긴 거리를 빠르게 수송할 경우, 단순확산에 맡기는 것은 효율이 떨어지기 때문에 수용체를 통한 능동수송이 작용할 것으로 생각된다. 신경세포의 axon내 물질의 능동적 수송같은 것일 것이다.

문헌

1) Tatu, U., Helenius A. : *J. Cell Biol.*, **136**, 555-565(1997)
2) Meunier, L., Usherwood, Y. K., Chung, K. T., Hendershot, L. M. : *Mol. Biol. Cell*, **13**, 4456-4469(2002)
3) Spectpr, D. L., Goldman, R. D., Leinwand, L. A. : "Cells : a laboratory manual", Vol. II., pp.79.1-79.23, Cold Spring Harbor Press, NewYork(1998)
4) Olveczky, B. P., Verkman, A. S. : *Biophys. J.*, 74, 2722-2730(1998)
5) Dayel, M. J., Hom, E. F., Verkman, A. S. : *Biophys. J.*, 76, 2843-2851(1999)
6) Nehls, S., Snapp, E. L., Cole, N. B., Zaal K. J., Kenworthy, A. K., Roberts, T. H., Ellenberg, J., Presley, J. F., Siggia, E. Lippincott-Schwartz, J. : *Nat. Cell Biol.*, **2**, 288-295(2000)
7) Haggie, P. M., Stanton, B. A., Verkman, A. S. : *J. Biol. Chem.*, **277**, 16419-16425(2002)
8) Nikonov, A. V., Snapp, E., Lippincott-Schwartz, J., Kreibich, G. : *J. Cell. Biol.*, **158**, 497-506(2002)
9) Nufer, O., Mitrovic, S., Hauri, H. P. : *J. Biol. Chem.*, **278**, 15886-15896(2003)
10) Neve, E. P., Svensson K., Fuxe, J., Pettersson, R. F. : *Exp. Cell. Res.*, **288**, 70-83(2003)
11) Kamada, A., Nagaya, H., Tamura, T., Kinjo, M., Jin, H.-Y., Yamashita, T., Jimbow, K., Kanoh, H., Wada, I. : *J. Biol. Chem.*, in press (2004)
12) 金城政孝 ; 蛋白質 核酸 酵素, **44**, 1431-1438(1999)
13) Lippincott-Schwartz, J., Patterson, G. H. : *Science*, **300**, 87-91(2003)
14) Nagaya, H., Wada, I., Jia, Y. J., Kanoh, H. : *Mol. Biol. Cell*, **13**, 302-316(2002)
15) Weiss, M., Hashimoto, H., Nilsson, T. : *Biophys. J.*, **84**, 4043-4052(2003)
16) Campbell, R. E., Tour, O., Palmer A. E., Steinbach P. A., Baird, G. S., Zacharias, D. A., Tsien, R. Y. : *Proc. Natl. Acad. Sci. USA*, **99**, 7877-7882(2002)
17) Haupts, U., Maiti, S., Schwille, P., Webb, W. W. : *Proc. Natl. Acad. Sci. USA*, **95**, 13573-13578(1998)
18) Axelrod, D., Koppel, D. E., Schlessinger, J., Elson, E., Webb, W. W. : *Biophys. J.*, **16**, 1055-1069(1976)

단백질품질관리 시스템에 의한 면역제어

Tamura Yasuaki(田村保明)·Torigoe Toshihiko(鳥越俊彦)

단백질품질관리시스템은 세포내 신생단백질의 입체구조의 형성과 수송에서, 변성단백질의 refolding과 응집억제, 그래서 분해방지에 이르기까지, 바꾸어 말하면, 단백질의 요람에서 무덤까지를 엄밀하게 조절하는 것이다. 이 단백질품질관리시스템을 구성하는 중요한 분자는 분자샤페론과 스트레스단백질이지만 이들은 면역계에서도 중요한 역할을 담당한다. MHC class I 항원분자의 처리제시기구, 생체의 danger signal 등, 면역계의 근간을 구성하는 요소는 모두가 단백질품질관리시스템에 의해서 이루어진다. 스트레스단백질이 樹狀세포를 성숙, 활성화함으로써 자연면역을 작용하여 획득면역을 유도하는 메커니즘도 최근에 밝혀졌다. 이 같은 지식은 감염면역과 종양면역에서 병태의 해명과 새로운 치료법의 개발에 공헌할 것이다.

key Words　분자샤페론　열충격단백질　樹狀세포　항원제시　항원 peptide

●시작하기

세포내에서 새롭게 합성된 단백질이 정확한 기능을 하기위해서는 적절한 입체구조를 가질 필요가 있다. 그러기의해서 열충격단백질(HSP)을 포함한 분자샤페론이 담당하는 단백질품질관리시스템이 작동하고 있다. 분자샤페론은 신생단백질의 folding과 수송을 돕는 것뿐만 아니라 스트레스를 받았을 때에 증가하는 변성단백질의 refolding과 응집방지에 작용하여 refolding이 불충분한 단백질을 단백질분해계로 보내는 역할도 가진다. 아주 최근에 30%이상의 신생단백질이 불량품으로서 분해되어 버린다는 것이 보고되었다. 이같이 분자샤페론은 단백질의 요람에서 무덤까지, 일생의 단면을 보고 있는 것 같다. 여기에서 설명하는 면역시스템은 단백질이 일생을 마친 후의 세계와 깊이 관계가 있다. 단백질분해산물인 peptide의 일부는 MHC분자와 결합하여 세포표면에 제시되어 면역계의 T세포는 이 peptide-MHC복합체를 인식하여 자기와 비자기를 판별한다. 그리고 세포가 virus와 물질화학적인 스트레스에 의해서 상해를 입으면 상해를 받은 세포에서 유리된 peptide의 일부는 분자샤페론과 함께 항원제시세포인 수상세포를 자극하고 적극적으로 받아들여 항원으로서 T세포에 제시한다는 것이 밝혀졌다. 이와 같이 단백질품질관리시스템은 단백질의 일생뿐 만아니라 죽은 후에도 면역계에 재사용되어 조절장치를 가진다.

I. 종양항원으로 동정된 HSP

HSP가 면역연구 분야에 나타난 것은 1990년대 초반 때이다. 필자들은 암유전자 H-fas에 의한 rat fibroblast의 악성형질전환에 동반하는 세포표면에 발현하는 종양관련항원을 탐색 중에 HSC73 상동분자를 찾아냈다[1]. 이 세포표면상에 HSC73 상동분자는 $\gamma\delta$형 T세포에 인식되어 세포종양활성의 표적분자로서 판명되었다[2]. 이때에 HSC73은 종양세포에서 유래한 항원 peptide을 결합하여 $\gamma\delta$형 T세포는 이 HSP-peptide 복합체를 인식하여 종양세포에게 상해를 입히는 것이 나타낸다[3]. 같은 시기에 Srivastava 그룹은 마우스 근종세포인 Meth A의 종양항원을 생화학적인 방법으로 분리동정하였는데, 그중의 하나가 소포체에 존재하는 HSP90 family의 하나인 gp96(GRP94)임

Yasuaki Tamura, Toshihiko Torigoe, 札幌医科大学医学部病理学第一講座　E-mail : torigoe@sapmed.ac.jp
Immunoregulatory role of the protein quality control system

을 밝혔다[4]. 종양유래의 gp96을 마우스에 면역반응시키면, 종양특이적인 $CD8^+$T세포응답이 유도되어 종양은 거부된다. 이 면역원성의 본체는 gp96이지 않고 gp96과 결합하는 종양유래의 peptide인 것이 판명되었고, 그 이후에 gp96뿐만 아니라 세포질의 HSP70, HSP90과 소포체의 calreticulin등도 동일하게 T세포응답을 유도하다는 것이 밝혀졌다[5, 6]. 결국 이것은 종양세포내에서 이들 분자샤페론이 항원 peptide와 결합하고 있다는 것을 시사한다. 세포질에서 생산되는 항원 peptide가 소포체로 수송되어 MHC class II분자와 결합하는 과정에 분자샤페론이 관여하지 않을까 추측한다[7]. 그리고 세포외의 분자샤페론이 수상세포와 같이 항원제시세포에 안쪽으로 잡혀 들어가, 그것과 결합하고 있는 peptide가 MHC분자에 의해서 세포표면에 제시되는 메커니즘도 관심을 모으고 있다[8].

II. 세포내 항원 peptide 수송과정에서 분자샤페론의 역할

Virus 단백질과 암항원과 같은 세포내재성의 항원단백질은, 단백질품질관리시스템에 의해서 분해 처리되어 항원 peptide로 절단된다. 즉, 항원단백질은 ubiquitin-proteasome계에 의해서 peptide로 분해된다. 생성된 peptide단편은 소포체막에 존재하는 TAP(transporters associated with antigen processing)이라고 불리는 막수송단백질에 의해서 소포체내강으로 보내진다. TAP는 TAP1과 TAP2로 구성된 heterodimer로서 ATP가수분해의 에너지를 사용하여 세포질의 항원 peptide을 소포체내강으로 보내는 역할을 담당한다. 필자는 세포질의 분자샤페론 73 kDa HSP(HSC73)가 ATP의존적으로 TAP와 결합하여 항원 peptide의 HSC73 결합친수성과 ATP의존적 수송효과와에 상관성이 있는 것이 밝혀졌다. 더욱이 TAP와 HSC73과의 결합을 방해하면 HSC73과 결합하고 있던 항원 peptide의 수송은 억제되었다. 한편, proteasome도 HSC73과 결합하고 있는 것이 알려졌다. HSC73은 세포질에서 proteasome에서 TAP까지의 항원 peptide 수송과 TAP의 전송기능을 돕는 것으로 생각된다.

MHC class I에 의해서 제시되는 다양한 항원 peptide에 대하여 HSC73과의 친화성을 검토하였다. 멜라노마 항원의 하나인 tyrosinase peptide (YMNGTMSQV)을 포함하여 몇 종류의 항원 peptide는 반드시 HSC73과 높은 친화성을 보이지는 않았으며 TAP 전송효과도 낮았다. proteasome에 의해서 생산된 peptide 단편은 각각의 길이가 propeptide로서 절단되었기 때문에 분자샤페론과 친화성이 높은 propeptide가 소포체로 보내져서 aminopeptidase에 의한 trimming을 받아서 8-10정도의 짧은 아미노산이 되어 MHC와 결합하는 것으로 생각된다. 실제로 Udono박사팀은 마우스 RL♂1세포를 사용하여 세포질에 HSP70, HSP90이 N-말단伸長 propeptide와 결합하는 것을 증명하였다[9].

소포체를 통과하는 분비단백질과 막단백질도 단백질품질관리시스템에 의해서 항원 peptide의 공급이 이루어진다. 이에 관한 것으로 최근에 밝혀지고 있는 ERAD(ER-associated degradation)가 있다[10]. ERAD는 소포체스트레스응답과 연결된 것으로 소포체내에 변성단백질이 증가할 수 있는 스트레스가 가해지면 GRP78(Bip)과 같은 소포체샤페론의 발현이 증가하는 것과 함께 변성단백질은 막수송단백질 translocon을 통하여 소포체에서 세포질로 역수송되어 세포질내의 ubiquitin-proteasome계에 의해서 분해된다. 이렇게 분해된 peptide 단편은 TAP을 거쳐서 다시 소포체로 보내져 MHC class I분자와 결합한다.

항원 peptide의 수송이 분자샤페론에 의해서 제어되는 것은 MHC분자에 제시되는 항원 peptide의 종류가 분자샤페론에 의해서 어느 정도 선발될 가능성을 시사한다. HSP70 유전자의 다형성이 질환감수성과 관련되어있다는 보고도 있어, 상세한 해명이 기대된다.

III. 분자샤페론에 의한 획득면역과 획득면역의 연관과 활성화

세균과 virus 등의 감염에 대하여 생체방어반응은 최초에는 자연면역응답이 일어나며, 그 다음에 연속적으로 획득면역응답이 이루어지는 것은 아주 중요하다. 이 메커니즘에는 전문적인 항원제시세포인 수상세포의 성숙, 활성화가 중심적인 역할을 담당하고 있다(**그림1**). 수상세포의 세포표면에는 Toll 수용체 family (TLR)가 발현하고 있다. TLR1에서 TLR10

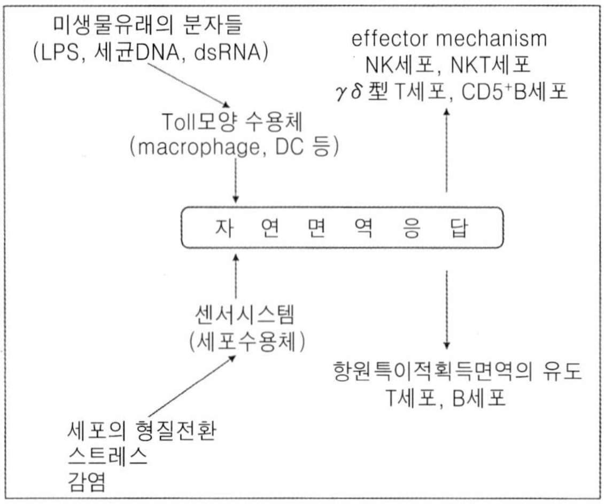

그림1. 생체방어기구에서 자연면역과 획득면역의 관련
포유류 등의 고등동물의 생체방어는, 자연면역과 획득면역의 협조작용에 의해서 이루어진다. 자연면역은 미생물이 감염되었을 때에 신속하게 기능을 발휘하는 변역응답기구로서 대부분 macrophage, 수상세포 등의 항원제시세포에 의해서 담당되어 지고 있다. 이들 항원제시세포는 Toll 수용체을 사용하여 미생물유래의 분자를 인식하여 신호전달기구를 활성화한다. 그리고 항원제시세포는 생물이 위기에 처했을 때에 신속하게 대응한다. 즉, 세포가 스트레스를 받을 때 아니면 세포사를 할 때에 danger signal을 감지하는 수용체를 이용하여 자연면역기구를 활성화한다. 이와 같은 항원제시세포의 활성화는 함께 자극하는 분자의 발현을 높이며 동시에 cytokine 생산을 유도하여 항원특이적인 T 세포를 활성화하여 획득면역을 유도한다.

까지 각각의 TLR은 세균세포벽구성분자인 LPS와 미생물에 특징적인 CpG 핵산배열등과 같은 리간드와 결합하여 수상세포을 활성화시켜서 IgM 생상과 NK 세포활성화와 같은 자연면역반응을 일으킨다[11]. 최근에 HSP도 TLR의 리간드로서 역할을 하여 수상돌기의 성숙, 활성화를 유도한다는 것이 보고되었다[12]. 세균유래의 HSP을 수상돌기에 첨가하면 성숙의 표식인 CD86, CD83의 발현이 증가하여 T세포의 활성을 유도한다. TLR family 중에서도 CD14/TLR2, 4가 HSP수용체 역할을 하는 것 같다[13]. 흥미로운 것은, 세균유래의 HSP뿐만 아니라 사람의 HSP70과 HSP60도 CD14/TLR2, 4를 통하여 항원제시세포를 활성화하는 것이 보도되어있다[14-18]. 이것은 세포가 djEJs 원인에 의해서 상해를 입었을 경우에, 그것으로부터 유리하는 HSP에 의해서도 면역반응이 시작된다는 것을 의미한다. 세포가 virus, 세균 등의 감염에 의해서 상해를 받는다든지, 각종 물리화학적인 스트레스에 의해서 세포사에 이르게 되면, 그것은 생체에 의해서 위기정보로서 면역계에 전달되어 생체방어반응이 일어난다. 이것의 시작을 이끄는 분자군은 danger signal로 불린다(**그림2**)[19]. 분자샤페론은 생체방어기구의 danger signal의 하나로서 활동하는 것으로 생각된다, 그러나 이같이 각종 HSP에 의한 수상세포의 활성화는 보고자에 따라 그 결과가 달라서[20] 다른 접근에 의한 검정이 필요하다.

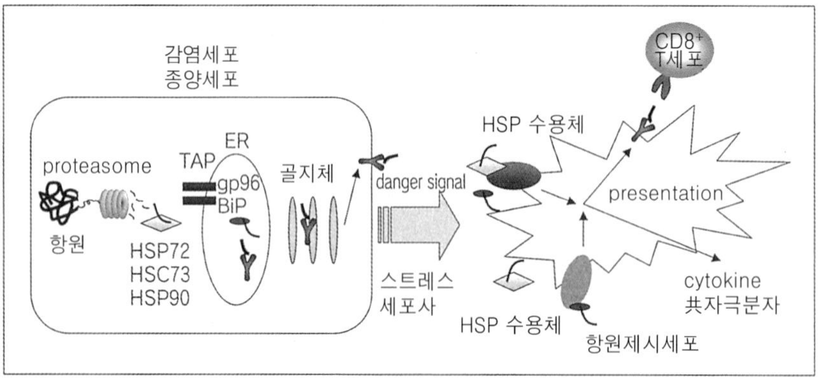

그림2. Danger signal로서 HSP와 cross presentation의 기구
세포질에 존재하는 HSP72, HSC73, HSP90은 proteasome에 의해서 생산된 항원 peptide와 결합하여 TAP로 보내진다. 그리고 소포체내의 gp96, BiP등과 TAP을 경유하여 들어온 peptide의 MHC class I분자와의 결합을 촉진한다. 스트레스와 세포사가 일어난 경우 HSP peptide복합체는 세포외로 방출되어 수상세포상의 HSP수용체를 통하여 결합한다. 수상세포의 활성화, 성숙을 유도하는 것과 동시에 MHC class I 경로에 의한 항원제시를 촉진한다.

항원제시세포에 발현하는 HSP수용체는 TLR 이외에도 몇 개가 더 보고되어있다. α2 macroglobulin 수용체 CD91은 grp96, HSP70, HSP90, calreticulin 등의 분자샤페론 수용체로서 lectin과 같은 산화 LDL 수용체 LOX-1과 CD40은 HSP70수용체로서 기능을 한다. 상해를 받은 세포와 암세포에서 유리된 분자샤페론 peptide 복합체는 이들 수용체을 매개로 하여 적극적으로 항원제시세포내에

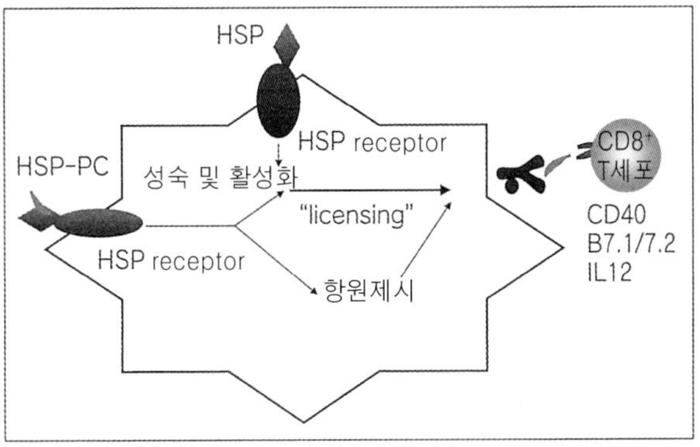

그림3. HSP에 의한 수상세포의 활성화(licensing)와 CD8+T세포활성화

HSP는 수상세포에서 발현하고 있는 HSP receptor에 결합하여 이것을 활성화, 성숙시켜, CD8+T세포활성화 능력을 가지게 한다. 이것은 CD4+T세포가 CD40L-CD40을 통하여, 수상세포의 licensing을 가능하게 하는 것 같다. HSP-peptide 복합체의 cross presentation에 의한 CD8+T세포활성화에 대한 licensing을 주는 것으로 생각된다.

들어가며, TAP의존성 아니면 비의존성에 항원처리, 수송되어, MHC class I분자와 결합하여 세포표면에 제시한다[21]. 바꾸어 말하면, 분자샤페론은 danger signal로서 수상세포의 성숙과 활성화를 촉진하여 자연면역을 시작하게 하는 것 뿐만 아니라 결합하여있는 외래성 peptide을 MHC class 경로로 보냄으로써 CD8+T세포를 유도하여 획득면역도 활성화하도록 한다(**그림3**). 이같이 분자샤페론은 자연면역과 획득면역을 연결하는 역할을 가지고 있다.

●끝맺기

세포내 단백질품질관리시스템은 세포의 생존, 기능에 필수적인 시스템으로 대장균에서 포유동물에 이르기까지 잘 보존되어있지만 고등동물에서는 면역계의 기반을 받쳐 주는 시스템과 함께 밀접하게 연결되어 있는 것이 알려져 있다. 자기 및 비자기의 구별과 생체방어의 danger signal에는 품질관리시스템의 최종처리장에서 배출된 폐기물이 재생되고 있다. 세포수준에서 보면, 단백질의 일생은 신생에서 분해까지로 생각되지만, 개체수준에서 보면, 무덤에 가기 전에 확실하게 면역계에서 활약하고 있다. 이런 새로운 개념은 감염면역, 종양면역, 자기면역에서의 병태뿐 만아니라 새로운 백신의 개발 등, 임상의학에서도 공헌할 것이 틀림이 없다.

Q 분자샤페론과 종양세포에서 유래한 항원 peptide에 관하여 세포질의 샤페론은 어떻게 항원 peptide와 결합하는가? 세포질에서 결합하여 함께 소포체로 들어가는 일이 있는가?

A 세포질의 샤페론 HS73과 HSP90은 TAP뿐만 아니라 proteasome과도 ATP의존적으로 결합한다. ATP결합형 HSC73 (즉 free HSC73)은 proteasome과 친화력이 있어 ADP결합형 HSC73 (즉 기질결합형 HSC73)은 TAP와 친화성이 높다. 이런 것으로 보아 항원 peptide는 proteasome의 출입구에서 샤페론과 결합하여 proteasome에서 떨어져 나와 TAP로 보내지는 것으로 생각된다. 샤페론은 분자량이 크기 때문에 peptide와 함께 TAP를 통과할 수 없다.

Q 분자샤페론, 종양항원은 모두 정상세포에서도 존재량은 다를지 모르지만 본래부터 존재하고 있다고 생각된다. 그들이 자기면역을 획득하는 일은 없는지?

A HSP70은 정상세포에서 자기항원과 결합하고 있다. 항원제시세포의 HSP70을 과발현시키면, 자기항원반응성 T세포의 활성을 촉진시킨다는 것이 보고되어있다. 또한 자기항원 peptide·분자샤페론 복합체를 사용하여 수상세포를 자극하면 면역관용이 무너져서 자기면역응답이 생기는 현상도 알려져 있다.

문헌

1) Konno, A. *et al.* : *Cancer Res.*, 49(23), 6578-6582(1989)
2) Tamura, Y. *et al.* : *J. Immunol.*, 151(10), 5516-5524(1993)
3) Takashima, S. *et al.* : *Artif. Organs.*, 20(8), 857-861(1996)
4) Srivastava, P. K., Old, L. J. : *Cancer Res.*, 49(6), 1341-1343(1989)
5) Udono, H., Srivastava, P. K. : *J. Immunol.*, 152(11), 5398-5403(1994)
6) Srivastava, P. : *Annu. Rev. Immunol.*, 20, 395-425(2002)
7) Srivastava, P. K. *et al.* : *Immunogenetics*, 39(2), 93-98(1994)
8) Basu, S. *et al.* : *Int. Immunol.*, 12(11), 1539-1546(2000)
9) Ishii, T. *et al.* : *J. Immunol.*, 162(3), 1303-1309(1999)
10) Kopito, R. R. : *Cell*, 88(4), 427-430(1997)

11) Janeway, C. A., Jr., Medzhitov, R. : *Annu. Rev. Immunol.*, **20**, 197-216(2002)

12) Singh-Jasuja, H. *et al.*, : *Eur. J. Immunol.*, **30**, 2211-2215 (2000)

13) Vabulas, R. M. *et al.* : *J. Biol. Chem.*, **277**(23), 20847-20853 (2002)

14) Asea, A. *et al.* : *Nat. Med.*, **6**(4), 435-442(2000)

15) Asea, A. *et al.*, : *J. Biol. Chem.*, **277**(17), 15028-15034(2002)

16) Kol, A. *et al.* : *J. Immunol.*, **164**(1), 13-17(2000)

17) Ohashi, K. *et al.* : *J. Immunol.*, **164**(2), 558-561(2000)

18) Bethke, K. *et al.* : *J. Immunol.*, **169**(11), 6141-6148(2002)

19) Matzinger, P. : *Science*, **296**(5566), 301-305(2002)

20) Bausinger, H. *et al.* : *Eur. J. Immunol.*, **32**(12), 3708-3713 (2002)

21) Tamura, Y. *et al.* : *Science*, **278**(5335), 117-120(1997)

Column

Lysosome 막단백질의 역할

Kuronita Toshio(黑仁田敏雄)·Himeno Masaru(姬野 勝)·
Tanaka Yoshitaka(田中嘉孝)

최근의 분자세포생물학연구의 기술적인 진보에 의해서 lysosome을 통한 분해메커니즘은 생각했던 것보다 훨씬 복잡한 것으로 나타났다. 그리고 lysosome이 단순하게 분해의 장소뿐 만아니라 각종 생명현상에 관여하고 있는 것이 밝혀짐으로써[1, 2], lysosome에 관한 연구가 각광을 받기 시작하였다. Lysosome은 내강의 산화가수분해효소와 그것을 싸고 있는 지질2중막으로 구성되어있다. 그 막에는 당쇄수식을 받은 많은 막단백질이 존재한다[3]. 그 대부분이 LAMP1/LAMP2 (LAMPs: lysosome-associated membrane proteins)와 LGP(lysosomal membrane glycoprotein)85등의 주요 lysosome 막단백질로 이루어져 있으며, 그들 막단백질이 lysosome막을 그 내강의 가수분해효소로부터 보호하고 있는 것으로 생각한다, 그이상의 역할에 관해서는 분명하게 밝혀진 게 없다. 그러나 최근의 유전자결손 마우스를 이용한 분석 등에 의해서 주요 lysosome 막단백질의 기능분석이 진행되고 있다. 여기에서는 최근에 밝혀진 lysosome 막단백질의 lysosome 형성, 기능유지에 관한 역할에 주목하여 소개한다.

1 LAMPs의 기능

LAMPs와 LGP85는 1980년대 후반부터1990년 전반에 걸쳐서 차례차례 cloning되어 1차구조와 lysosome에 존재하는 위치가 해명되었지만, 본래의 기능에 관하여서 전혀 밝혀지지 않았다. 이들의 주요 단백질의 기능해석의 선각자적 연구가 chaperone mediated autophagy (CMA)에 LAMp2가 관여하고 있다는 것이 Dice 박사에 의해서 보고되었다[4]. 그들은 혈청제거등으로 유도되는 샤페론 매개성 autophagy의 수용체로서 LAMP2의 기능을 제창하였다. 사람폐 섬유아세포와 CHO세포를 사용한 분석에 의하면 KFEQR motif을 가진 세포질단백질이 LAMP2의 세포질 C-말단영역과 직접 결합함으로써 직접 lysosome막을 통과함으로서 lysosome에서 분해를 받을 수 있다는 것이 밝혀졌다. 한편 필자는 최근에 von Figura 팀과 공동연구를 통해서 LAMP2 knockout mouse를 제작하여 아주 흥미로운 결과를 얻었다. LAMP2 결손 마우스의 세포에서 미성숙의 autophagosome이 관찰되어서 LAMP2가 autophagosome의 성숙에 필요하다는 것이 밝혀졌다[5]. 그리고 같은 시기에 Nishino 박사팀은 사람의 심근세포에서 autophagosome의 축적을 Danon병 환자에게서 확인하였다, 이는 LAMP2 유전자에 변이가 생겨서 LAMP2 결곤이 이 유전병의 원인이었다[6]. 그렇다면 어떻게 LAMP2 결손에 의해서 autophagosome의 성숙 (autophagosome의 형성)이 저해되는가?

LAMP2결손 마우스에서 분리한 간세포를 사용하여 최근에 분석한 결과, 그 실마리를 잡을 수 있는 보고가 있다[7]. LAMP2 결손에 의해서 lysosome효소(cathepsin D)의 processing이 저해되어 세포외로 분비가 증가되었다. 이 현상은 lysosome 효소 수용체중의 하나인 MPR46의 endosome에서 trans-Golgi network(TGN)로 역수송의 이상이 원인이라는 것이 시사되었다. 그래서 LAMP2 결손 때문에 MPR46을 통한 lysosome효소의 lysosome으로의 수송기능에 방해를 받아 lysosome 내강의 효소기능이 저하된 결과, autophagosome의 형성이 저해된 것으로 생각된다. 그러나 현재로서는 LAMP2가 MPR46의 recycling에 대하여 어떤 기능을 하는지는 전혀 해명되어있지 않아서 이후의 분석이 기대된다. 한편, LAMP1 결손 마우스에 관한 보고에서 LAMP1의 결손에 의해서 눈에 띄는 표현형은 관찰되지 않았다[8]. 그러나 LAMP1 결손 마우스에서는 LAMP2의 발현량의 증가가 확인되었다. LAMP1과

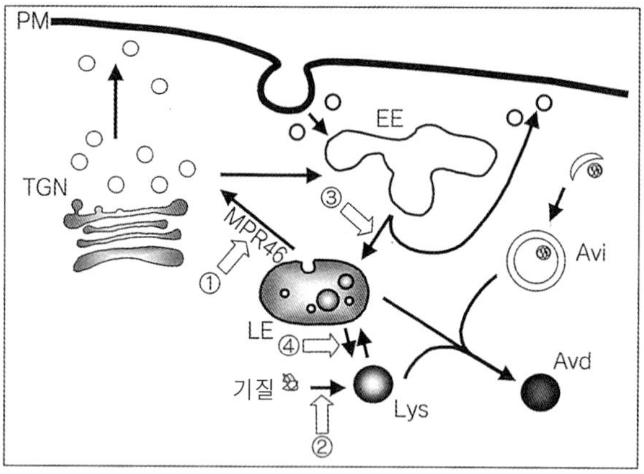

그림1. Lysosome 막단백질의 기능부위의 모식도
각각 화살표로 표시되어있는 LAMP2(①, ②), LGP85(③, ④)가 기능을 하고 있다고 예상되는 부위를 나타내고 있다. PM: 세포막, TGN: trans-golgi complex, EE: 초기 endosome, LE: 후기 endosome, Lys: lysosome, Avi: autophagosome, Avd: autolysosome, MPR: mannose-6-인산수용체

LAMP2는 약 40%의 1차구조 상동성을 보여 LAMP2가 LAMP1의 결손을 보상한 결과, 표현형으로 나타나지 않을 가능성을 충분히 생각할 수 있다. 이것은 LAMP1과 LAMP2를 동시에 결손시킬 경우에 마우스의 새끼는 태어나기 전에 모두 죽었다. 그래서 이 결과는 적어도 발생초기단계에서는 LAMP1에도 역시 어떤 역할이 있을 것으로 강하게 시사된다.

2 LGP85(LILP II)의 기능

LGP85는 LAMP1, LAMP2에 붙어서 lysosome 막에 많이 존재하는 단백질이지만, LAMPs와 같이 세포내 기능은 알려진 것이 전혀 없다. 그러나 최근에 필자 팀은 그 기능에 관하여 흥미로운 결과를 얻었다[9]. 배양세포에 LGP85를 과발현시키면 초기 endosome, 후기 endosome-lysosome이 각각 만들어져 막위에는 과발현된 cholesterol이 축적된다. 전자현미경에 의한 관찰 결과, LGP85의 과발현에 의해서 endosome내에 보통 때에 보였던 다포체가 없어진다. 그리고 초기endosome에서 후기endosome(분해경로)행렬에 초기 endo-some에서 세포막(recycling 경로)의 막수송이 현저하게 억제되는 것이 밝혀졌다. 흥미로운 것은 endosome들의 융합에 기능하는 저분자량 GTPase Rab5의 불활성화(GDP결합형)와 LGP85를 함께 발현시키면 LGP85의 과발현에 의해서 생기는 vesicle이 현저하게 억제되었다. 그래서 Rab5를 중심으로 endosome의 막융합기구에서 LGP85의 관여가 vesicle형성의 하나의 원인일 가능성을 시사한다.

최근에 LGP85결손 마우스가 만들어져 분석한 결과, 표현형에서 ureteropelvic junction(腎盂(신우)尿管 이행부)의 폐쇄에 의한 hydronephrosis(水腎症), 線條體(corpus striatum)장해에 의한 난청, 말초신경의 진행성 신경변성(髓鞘(수초)탈락, demyelinization)이 밝혀지게 되었다[10]. 흥미로운 것은 LGP85결손에 의해서 ureter adjacent(尿細管)의 epithelial cells에서 요세관의 투과성에 중요한 막단백질 Uroprakin의 apical 面間의 막수송이 저해받는 점이 시사되고 있고, 신장해는 요로상피세포에 있어서 Uroprakin의 apical面으로의 분포가 감소하는 점에 기인한다고 여겨진다. 또한 LGP85결손 마우스에서는 적어도 일부의 조직에서 lysosome의 형태이상, lysosome의 비중저하 및 lysosome 효소의 활성증가 등이 알려져 있다. 이들 異常도 현시점에서는 자세한 기능은 분명하게 밝혀지지 않고 있지만, 실제로 lysosome 기능과 형성기구에 LGP85가 중요한 역할을 할 가능성을 강하게 시사한다.

세포내의 분해장소인 lysosome에는 세포막, TGN, 세포질 등 여러 장소에서 물질이 운반되어 들어온다. Lysosome의 물질수송에는 SNARE와 Rab GTPase 등 많은 분자가 관여하는 것이 알려져 있다. 그들에 덧붙여서 이번에 소개한 것과 같이 lysosome 막단백질도 그들 기능중의 하나를 담당하고 있다는 것이 새롭게 제시되었다(**그림1**). 주요 lysosome 막단백질의 기능에 관한 분석은 아직 초기단계이지만 이후 프로테오믹스분석 등을 중심으로 이들의 기능의 분자 메커니즘을 해명하는 것이 지금까지 비밀에 싸여 있는 lysosome 형성기구해명의 기회가 될 것이다.

Q 참고문헌 4의 연구(chaperone-mediated autophagy; CMA)는 그 이후로 어떻게 되었나?

A Dice 박사팀에 의한 분석의 결과, CMA는 LAMP2와 Hsc73뿐만 아니라 Hsp90, Hip, Hop, BAG-1, Hsp40 등과의 샤페론단백질복합체의 활동에 의해서 일어난다는 것이 알려졌다[11]. 또한 고령의 rat 간세포에서 lysosome막의 LAMP2양이 저하되어 CMA (chaperone- mediated autophagy) 활성이 저하된 것[12], 더욱이 최근의 보고에 의하면 LAMP2는 lysosome성 serine protease인 cathepsin A에 의해서 제한분해를 받아서 lysosome막에서 내강으로 유리됨으로써 CMA활성이 저하된다는 사실이 밝혀졌다[13]. 한편 LAMP2결손 마우스의 fibroblast를 사용하여 해석한 결과 혈청제거에 의해서 lysosome의; 분해기능의 저하는 인정되지 않았다[3].

문헌

1) Blott, E. J., Griffiths, G. M. : *Nat. Rev. Mol. Cell Biol.*, 3, 122-131(2002)
2) Ferri, K. F., Kroemer, G. : *Nat. Cell. Biol.*, **3**, E255-263(2001)
3) Eskelinen, E. L. *et al.* : *Trends Cell Biol.*, **13**, 137-145(2003)
4) Cuervo, A. M., Dice, J. F. : *Science.*, **273**, 501-503 (1996)
5) Tanaka, Y. *et al.* : *Nature.*, **406**, 902-906(2000)
6) Nishino, I. *et al.* : *Nature.*, **406**, 906-910(2000)
7) Eskelinen, E. L. *et al.* : *Mol. Biol. Cell*, **13**, 3355-3368(2002)
8) Andrejewski, N. *et al.* : *J. Biol. Chem.*, **274**, 12692-12701(1999)
9) Kuronita, T. *et al* . : *J. Cell. Sci.*, **115**, 4117-4131(2002)
10) Gamp, A. C. *et al.* : *Hum. Mol. Genet.*, **12**, 631-646(2003)
11) Agarraberes, F. A., Dice, J. F. : *J. Cell. Sci.*, **114**, 2491-2499(2001)
12) Cuervo, A. M., Dice, J. F. : *J. Biol. Chem.*, **275**, 31505-31513 (2000)
13) Cuervo, A. M., *et al.* : *EMBO J.*, **22**, 47-59(2003)

Toshio Kuronita, Masaru Himeno, Yoshitaka Tanaka, 九州大学大学院薬学研究院細胞生物薬学分野 E-mail : tanakay@bioc.phar.kyushu-u.ac.jp

The role of lysosomal membrane glycoproteins

III. 단백질의 품질관리

단백질 대규모 분해시스템으로서의 autophagy
알려진 다채로운 생리기능

Yoshimori Tamotsu (吉森 保)

Autophagy는 세포질과 세포내소기관의 일부를 lysosome으로 보내어 분해, 재사용하는 과정이다. 진핵세포에 보편적으로 존재하며, 세포를 구성하는 단백질의 주요한 분해경로라고 생각된다. 오랫동안 알 수 없었던 그의 분자기구에 관하여, 효모의 분석이 실마리가 되어 최근에 급격하게 진행되고 있다. 효모의 지식을 바탕으로 autophagy의 생체에서 생리적인 의미의 연구도 활발하게 이루어지고 있다. 여기에서는 아주 최근에 밝혀진 동물개체의 발생 및 질환-folding병과 병원성세균감염-에 있어서 autophagy의 역할을 소개한다.

Key Words 세포내 단백질분해 발생 folding 병 세포감염

●시작하기

단백질이 천수를 누리려고 하더라도, 질병과 불의의 사고로 쓰러지는 것과 같이, 그의 일생의 종말에는 분해가 기다리고 있다. 즉, 단백질은 최종적으로 세포에 의해서 능동적으로 분해된다. 그것을 담당하고 있는 2대 시스템이 proteasome계와 autophagy*1이다. 전자가 주로 짧은 수명의 단백질 분해에 관여하는 것에 비하여, 후자는 세포구성성분의 다수를 점하는 장수단백질의 분해를 수행한다. Autophagy에서는 우선, 세포질에 격리막이라고 불리는 편평한 1겹 막의 소포가 출현, 굽으면서 길어져, 세포질과 미토콘드리아 등의 세포내소기관을 감싼다(**그림1a**). 완전하게 감싸여져 말단이 융합, 폐쇄된 2중 막구조를, autophagosome라고 부르며, 연속하여 외막에 lysosome이 융합하여 autosome이 되면 내막과 내용물이 소화된다. Proteasome이 표적단백질을 1분자씩 선택적으로 분해하는 것에 비하여, autophagy는 세포내의 어떤 공간이 완전하게 소화되기 때문에 bulk분해계라고 불린다.

Autophagy의 분자수준의 실태는 긴 시간 베일에 싸여있다. 그러나 Ohsumi 박사에 의해서 출아효모의 autophagy 불능 변이체의 분리가 기회가 되어, autophagy의 이해는 최근 10년 급속하게 발달하였다. 분자기구의 해명은 autophagy의 생리기능의 직접적인 접근을 가능하게 하여 경쟁적인 연구가 일어나 autophagy 연구의 르네상스시대를 맞고 있다. 그러나 분자기구에 관해서는 다른 총설[1-3]이 있으므로, 여기에서는 autophagy의 역할에 초점을 맞추어 최신정보를 소개한다.

I. 발생과 autophagy

적어도 포유동물세포에서 autophagy는 항상 일정 빈도로 일어나서, 아마도 세포구성성분의 대사회전에 기여하는 것으로 생각한다. 그리고 영양기아상태에 이르면 현저하게 증가하여 생존에 필요한 아미노산 pool을 유지는 것과 필요이상의 세포내기관이 생기면 그 양을 적절하게 조절하는 기능을 하는 것 같다. 더욱이 효모의 autophagy불능 변이주는 포자형성이 일어나지 않아서 분화에 수반되는 세포의 재편에도 관계하는 것으로 생각된다. 세포내의 대규모

Tamotsu Yoshimori, 国立遺伝学研究所 細胞遺伝研究部門 E-mail : tamyoshi@lab.nig.ac.jp
Autophagy as a bulk protein degradation system : It plays various roles

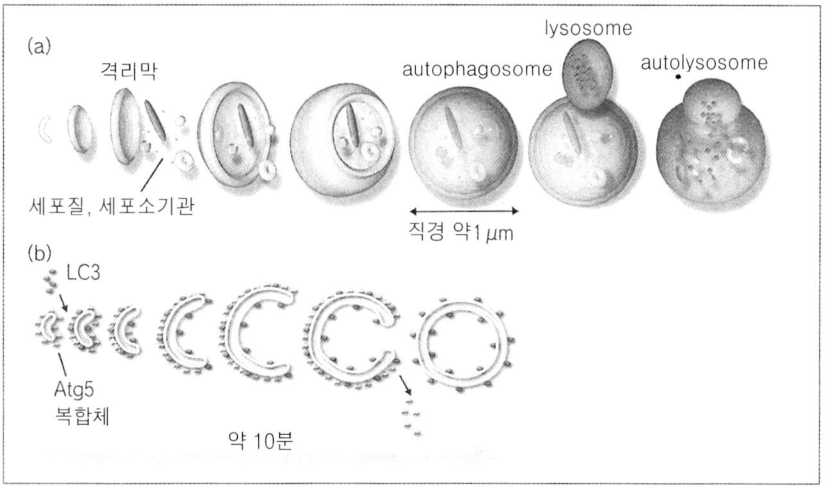

그림1; Autophagy의 과정(포유류 세포)

(a) 최초에는 씨앗의 종자와 같은 형태를 가진 격리막이 세포질의 일정공간을 감싸 안아 성장한 autophagosome이 된다. 세포내소기관이 잡아먹힐때 도있다. autophagosome이 융합하여 autolysosome이 되면 없어진다.
(b) 효모 Atg5의 상동유전자를 포함하는 복합체가 씨앗의 종자에 결합하면 Atg8 상동유전자인 LC3가 막에 모이게 되면서 막의 성장이 시작된다. Atg8 복합체는 autophagosome의 완성직후에 막에서 떨어져 나오지만 LC3은 남는다.

scrap & build(역자 주: 노후 시설을 폐기하고 능률적인 시설을 적극적으로 갖춤. 기업의 근대적인 경영방침의 하나)에 대한 해체를 담당하는 기관으로서 autophagy는 안성맞춤라고 생각한다. 실제로 최근에 발생, 분화의 연구에 많이 사용되는 2가지의 모델생물인 세포성 점균과 선충에서 잘 설명되고 있다.

Kessin박사팀은 세포성 점균(*Dictyostelium discoideum*)에서 효모의 Atg5[*2]와 Atg7 상동성 유전자를 파괴하였다[4]. Atg란 autophagy에 필수적인 효모단백질군이고, Atg5는 그의 포유류의 상동성 유전자의 해석 결과, 격리막 전구체에 결합하여 그 막의 신장을 시작하도록 하는 것이 밝혀졌다(그림1b)[5]. Atg5는 ubiquitin화와 유사한 반응에 의해서 Atg12와 공유결합하여 그 결합이 Atg5의 기능에 필요하다. Atg7은 그 공유결합반응의 최초단계를 촉매하는 효소이다[6]. Atg5 혹은 Atg7 상동성유전자를 파괴시킨 변이점균은 분화를 유도하는 이상한 형태형성을 나타낸다.

Levine박사팀은 선충(*C. elegans*)를 사용하여 Atg6 상동유전자의 RNAi에 의한 발현억제실험의 결과를 보고하였다[7]. Atg6는 PI3 kinase복합체의 제어 subunit로서 PI3P의 생산을 통하여 autophagosome 형성에 관여하는 것으로 생각된다[8]. 그 포유류 상동유전자인 beclin도 PI3 kinase와 복합체를 만들어 trans-Golgi complex에 존재한다[9]. beclin이 포유동물의 autophagy에 필요하고, 또한 발암억제에도 관여한다고 Levine박사가 밝혔다[10]. Levine박사팀은 선충 Atg6의 knockdown실험결과, dauer유충이라고 불리는 휴면stage에서 형태형성과 성충의 수명결정에 autophagy가 관여할 가능성을 제시하였다. Atg6 이외의 Atg1,7,8등의 결손도 dauer 형태이상을 일으킨다.

이들의 생물에서 autophagy의 움직임과 분화할 때

*1 autophagy에는 chaperone 개재성 autophagy, microautophagy, macroautophagy의 3가지의 형식이 존재하는데, macroautophagy가 가장 중요하고 간단히 augophagy라고 불리는 경우가 많기 때문에, 여기에서도 같이 호칭한다.

*2 원래 유전자명은 *APG*이었는데, 2003년 관련유전자간의 합의에 의해, 이제까지 복수의 명칭이 있었던 autophagy 관련효모유전자명은 *ATG*로 통일되게 되었다[*Dev. Cell*, 5, 539-545(2003)]. 여기에서는 그의 상동체에 대해서도 합의에 따르기로 한다. 즉, APG의 번호는 그대로 답습된다.

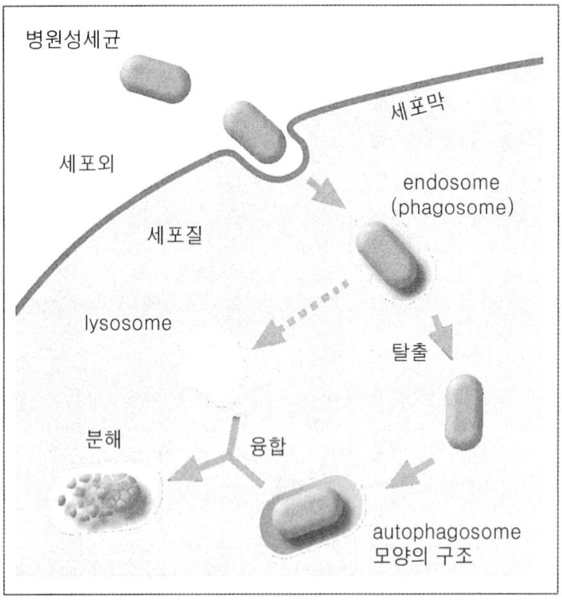

그림2. 세포내에 침입한 병원성세균과 autophagy
필자가 연구한 병원성세균은 먼저 endosome에 들어가 그곳에서 세포질로 방출된다. 그러나 그곳에서 autophagosome 모양의 구조에 포획, 분해된다.

의 역할에 관해서는 아직 해석이 충분하지 않다, 이상의 결과는 autophagy가 다세포생물종의 발생·분화에 관여하고 있다는 것을 강력하게 시사하는 것이다. 최근에 beclin유전자 파괴한 마우스는 태생치사가 된다는 보고도 있다[11]. 이후의 연구에 의해서 발생·분화에서의 autophagy의 의미에 관하여 그 전체적인 모습이 나타날 것이다.

II. 질환과 autophagy

이전부터 여러 질환에서 autophagy가 관여한다는 보고가 있었다. 그러나 그것들이 부차적인 것인지, 아니면 발병과 깊은 관계를 하고 있는지에 관해서는 잘 모르고 있었다. 이들 질환에는 각종 folding병이 포함되어있어서 이상단백질 제거에 autophagy가 작용할 가능성이 생각되었다. 그래서 필자는 α_1-antitrypsin Z(ATZ) 변이체와 신장(伸長) polyglutamine(poly Q)에서 Atg5 상동성 유전자를 파괴한 마우스 배 유래의 줄기세포 (*Atg5*$^{-/-}$ ES세포)를 사용하여 분석하였다. 이 세포에서는 autophagosome이 형성되지 않는다[5]. α_1-antitrypsin은 줄기세포에서 분비된 혈청단백질이지만 그 유전자의 Z변이는 단백질의 정상적인 folding을 저해하여 소포체에 축적을 일으킨다[12]. 그 결과, 간변성이 일어난다. 중증정도는 개인적인 차이가 있지만 간세포에서 ATZ 분해 능력이 관계있는 것 같다. 이 ATZ을 *Atg5*$^{-/-}$ ES세포에 강제로 발현시키면 소포체의 축적과 불용화가 *Atg5*$^{-/-}$ ES 세포에 비하여 항진한다. 이것은 ATZ의 분해력의 저하에 의한다는 사실도 판명되었다 (피츠버그대학 Perlmutter와 공동연구, 투고 준비 중). autophagy가 소포체를 분해하는 것이 알려져 있어서 ATZ는 소포체마저도 분해할 지 모르겠다.

한편, Huntington병을 위시한 몇 종류의 신경변성 질환은 polyglutamine병이라고 불리며, 원인단백질에 포함되어있는 연속적인 glutamine 배열이 유전적 변이에 의해서 비정상적으로 길게 된 것이 원인이 된다. Poly Q는 세포질 중에 축적되어 계면활성제불용성의 응집덩어리를 만든다. 그래서 *Atg5*$^{-/-}$ ES 세포에서는 정상세포보다 현저하게 Poly Q 응집덩어리의 숫자가 증가한다. 그 결과 분포가 다른 2종류의 이상단백질이 autophagy에 의한 분해를 설명하는 증거가 된다. 그리고 이들의 이상단백질은 proteasome에 의해서도 분해되지만, proteasome 저해제투여에 의해서 분해가 저하되면 *Atg5*$^{-/-}$ ES 세포에서의 분해저하의 상태가 거의 동일한 것으로 보아 양분해계의 공헌은 같은 정도로 생각할 수 있다.

더욱이 autophagy는 세포내에 침입한 병원성세균을 체포하여 분해하는 능력을 가지고 있다. 세포내에 침입하는 병원성미생물이 다수 알려져 있으며, 세포측의 방어수단인 endosome-lysosome계에 대해서는, 어떤 것은 endosome에 lysosome이 융합하지 못하도록 가공을 하고, 어떤 것은 endosome에서 세포질로 회피할 수 있는 궁리에 몰두하고 있다[13]. 필자는 어떤 병원성세균의 경우 독소를 분비하여 endosome으로부터 탈출하지만, 그것의 대부분은 autophagosome의 막 marker인 Atg8의 포유동물 상동체인 LC3[14]이 존재하는 막에 포획되어 있다(**그림2**). *Atg5*$^{-/-}$ ES 세포에서는 이 같은 막구조는 형성되지 않고 동시에 세포내의 세균수가 정상세포에 비하여 대단히 많아진다. 세균을 감싸는 autophagosome 모양의 막구조와 lysosome의 융합에 의해서 세균이 분해된다는 증거가 보고되었다. 이 결과는 유일한 방과제로 생각되었던 endosome-lysosome계에 2차 방어선으로 autophagy 기능을 하는 것을 시사한다. 세포질에서 잘 증식하는 세균도 잘 알려져 있는데, autophagy에 의한 공격을 회피하는 수단도 가지고 있을 수도 모른다. 이 같은 진화 비상수단의 상세한 해석은 세균감염증의 유효한 방어, 치료수단의 개발에도 도움이 될 것이다.

autophagosome이 세포의 정상구성성분 뿐만 아니라 이상단백질과 병원성세균으로 세포내의 [초대받지 않은 손님]분해에도 기여한다는 것이 밝혀졌지만 여기에서 주목을 받는 것은 선택성이다. 지금까지 autophagosome에는 선택성이 없고 random하게 세포질을 분해하는 것으로 알려져 왔다. 그러나 이번에 필자가 관찰한 이상단백질과 병원성세균의 경우는 선택적으로 분해된다는 것을 나타내는 결과를 얻었다. 또한 감염에 의해서 분명하게 autophagosome가 항진하고 있으며, 이들의 선택의 분자 메커니즘과 autophagosome 항진의 제어기구의 해명이 이후의 과제이다.

●끝맺기

2003년6월에 autophagy를 테마로 하는 학회가 개최되었다. 여기에서 언급한 연구들을 포함하여 새로운 결과 및 실험이 많이 발표되어 열기 높은 토론이 펼쳐졌다. 이후 분자구조와 생리기능의 해명에 박차를 가할 것으로 생각되지만, 반대로 세포의 대사전환과 기아시의 영양원의 확보 등에 머무르지 않고 다양한 역할이 밝혀짐으로써 autophagy의 세계는 크게 넓어질 것으로 생각된다.

Q polyglutamine의 분해와 세균의 분해에서 autophagy와 각각의 proteasome 아니면 lysosome이 공동으로 작용한다는 보기가 있는데, 그들이 공동으로 작용하는지 아니면 순서대로 작용하여 효과 등에 차이가 있는지? 결국 한쪽이 한쪽의 보조수단이 되는 것은 아닌지?

A 이상단백질의 분해에서 proteasome과 autophagy의 관계는 아직 잘 알려져 있지 않다. proteasome에 의해서 분해되지 않는 것을 autophagy가 파괴 할지도 모른다. 양자 간에 상호작용이 있을 가능성도 생각할 수 있어 현재 분석중이다. 세균에 관해서는 필자가 분석한 균의 경우, endosome에서 탈출하지 못한 변이체가 autophagosome 모양의 구조에 포획되지 않는 것으로 보아 autophagy-lysosome 계에서 도망친 것을 포획하는 보조 수단적인 역할을 담당한다고 생각한다.

Q 이상단백질의 응집, 축적에서 *Atg5*$^{-/-}$ ES 세포에 proteasome 저해제를 투여하면 상승효과가 나타나는지?

A 이상단백질이 발현하고 있는 *Atg5*$^{-/-}$ ES 세포에 proteasome 저해제를 투여하면 세포사가 현저하게 일어나지만 상승효과의 유무는 확실하지 않다. 이 세포사의 증가에서 autophagy와 proteasome이 이상단백질의 축적에 의한 세포사유도의 억제에 중요하다는 것을 시사한다.

문헌

1) 吉森　保：蛋白質 核酸 酵素, **46**, 2117-2126(2001)
2) 水島　昇：生化学, **74**, 523-537(2002)
3) Klionsky D. J., ed : "Autophagy", Eurekah.com/Landes Bioscience(2003)
4) Otto, G. P., Wu, M. Y., Kazgan, N., Anderson, O. R., Kessin, R. H. : *J. Biol. Chem.*, **278**, 17636-17645(2003)
5) Mizushima, N., Yamamoto, A., Hatano, M., Kobayashi, Y., Kabeya, Y., Tokuhisa, T., Ohsumi, Y., Yoshimori, T. : *J. Cell Biol.*, **152**, 657-667(2001)
6) Shintani, T., Mizushima, N., Ogawa, Y., Matsuura, A., Noda, T., Ohsumi, Y. : *EMBO J.*, **18**, 5234-5241(1999)
7) Meledez, A., Tallozy, Z., Seaman, M., Eskelinen, E.-L., Hall, D. H., Levine, B. : *Science*, **301**, 355-357(2003)
8) Kihara, A., Noda, T., Ishihara, N., Ohsumi, Y. : *J. Cell Biol.*, **152**, 519-530(2001)
9) Kihara, A., Kabeya, Y., Ohsumi, Y., Yoshimori, T. : *EMBO Rep.*, **2**, 330-335(2001)
10) Liang, X. H., Jackson, S., Seaman, M., Brown, K., Kempkes, B., Hibshoosh, H., Levine, B. : *Nature*, **402**, 672-676(1999)
11) Yue, Z., Jin, S., Yang, C., Levine, A. J., Heintz, N. : *Proc. Natl. Acad. Sci. USA*, **100**, 15077-1582(2003)
12) Perlmutter, D. H. : "Progress in Liver Disease", (Ockner, R. K., Boyer, J., eds), Vol. II, p. 139, W. B. Saunders, Philadelphia(1993)
13) 光山正雄：『感染と生体防御』, 岩波講座・現代医学の基礎11巻, pp.21-35, 岩波書店(2000)
14) Kabeya, Y., Mizushima, N., Ueno, T., Yamamoto, A., Kirisako, T., Noda, T., Kominami, E., Ohsumi, Y., Yoshimori, T. : *EMBO J.*, **19**, 5720-5728(2000)

III. 단백질의 품질관리

Ubiquitin과 Proteasome

Tanaka Keiji (田中 啓二)

단백질의 일생을 시간별로 생각하면, 단백질분해는 그 말기의 시간, 즉 [죽음]을 의미한다. 단백질의 죽음에 관한 생물학에 관해서는 최근에 개념의 큰 전환이 있었다. 그것은 단백질의 분해가 단순한 [필요없는 물건의 처리]에 머무르지 않고 [새로운 탄생을 위한 파괴]라고도 말할 수 있다. 소위 말하는 단백질의 죽음을 긍정적인 면에서 해석하려는 생각이 널리 보급되었기 때문이다. 이 개념의 전환의 발판이 된 것이 ubiquitin과 proteasome의 발견이다. 단백질을 분해하는 이 세포내 장치는 생명활동의 유지에 필수적인 것이지만 아직은 많은 비밀을 가지고 있다.

Key Words Ubiquitin proteasome 단백질분해

●시작하기

생명활동은 단백질의 활동이라 말할 수 있다. 유전자에 새겨진 설계도에 따라서 생합성된 단백질은 정확하게 folding함으로써 기능성분자가 된다. 모든 단백질은 시공간적 감시하에서 생존할 수 있지만 일정한 시간 후에는 분해되어진다. 그러나 단백질에 수명이 있다는 생물학적 의미는 충분하게 이해되어 있지 않다. 최근에 단백질분해의 중요성은 생명과학의 구석구석까지 침투되어있지만 동일한 재료로 만들어진 단백질이라도 탄생후의 운명은 큰 차이가 있다. 각각의 단백질의 수명은 수분에서 수개월까지 천차만별로서 그 차이는 1만배 이상의 것도 있다.

단백질의 수명기구을 해명하는 것은 간단한 일이 아니다. 그것의 하나의 수단은 단백질분해의 메커니즘을 이해하는 것이다. ubiquitin과 proteasome을 어렵사리 발견한 데는 이 같은 배경이 있었다. 4반세기를 지나서 그 전모가 밝혀졌다. 그러나 단백질분해를 감싸고 있는 많은 비밀은 아직도 그것을 결말지을 수 있는 상태는 아니다.

I. ubiquitin·proteasome system

Ubiquitin은 진핵생물에 존재하는 8.6 kDa의 작은 단백질이다. Ubiquitin은 C-말단의 glycine 염기가 표적단백질의 특정 lysine 잔기의 ε-아미노산기와 축합하여 isopeptide 결합을 형성하여 ubiquitin분자내의 lysine 잔기와 축합반응을 반복하여 polyubiquitin chain을 형성한다. ubiquitin에 의한 번역후 수식반응은 E1 (활성화산소)-E2 (결합산소)-E3 (ligase)로 구성된 복합효소계에 의해서 촉매 된다(**그림1**). E1에 의한 ubiquitin의 활성화에는 ATP사 소비된다. E2는 단독으로 ubiquitin을 단백질에 결합시킬 수가 있는 효소로서 발견되었으나 많은 경우에는 E3(ubiquitin ligase)을 필요로 한다. E3은 활성화된 ubiquitin과 표적단백질을 함께 붙잡을 수 있는 도메인 혹은 subunit (복합체형E3의 경우)를 공유하고 있어 ubiquitin을 기질에 신속하게 전달할 수 있다. 기질단백질에 공유결합한 ubiquitin과 새로운 ubiquitin 사이에서 동일한 연속적인 반응을 반복하여 polyubiquitin chain이 형성되면 이것이

Keiji Tanaka, 東京都臨床医学総合研究所 E-mail : tanakak@rinshoken.or.jp
Ubiquitin and proteasome

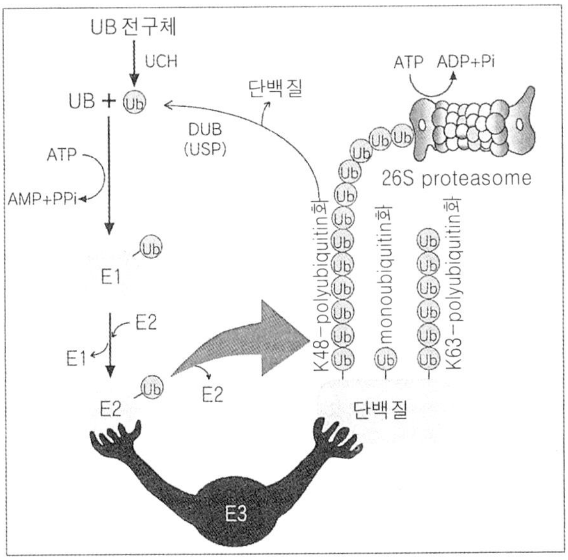

그림1. ubiquitin system
Ub: ubiqutin, E1: Ub **활성화효소**, E2: Ub **결합효소**, E3: Ub ligase, DUB, USP, UCH는 **탈**ubiquitin**효소**. proteasome**은 진핵생물의** ATP**의존성** protease **복합체, 상세한 것은 본문참고.**

시그널이 되어 단백질은 분해되지만 ubiquitin은 분해되지 않고 탈ubiquitin화 되어서 재사용된다.

26S proteasome은 주로 polyubiquitin화된 단백질을 선택적으로 분해하는 진핵생물의 ATP의존성 proteasome이다. 이 효소는 촉매 unit인 20S proteasome(CP: core or catalytic particle)의 양쪽 끝에 조절 unit인 PA700(RP: regulatory particle)이 결합한 분자량 2.5 MDa의 거대한 분자 집합체이다(**그림2**). 20S proteasome은 α링과 β링(각각 7종의 subunit로 구성)이 αββα의 순서로 결합한 750 kDa의 원통형입자로 구성되어있다. 이 효소는 caspase형 (β1), trypsin형 (β2), chymotrypsin형 (β5)의 촉매활성 (산성, 염기성, 소수성 아미노산의 어떤 것도 절단할 수 있는 활성을 가짐). 3종류의 β형 subunit(β1, β2, β5)는 threonine protease로서 작용하는 새로운 효소로서 그들의 활성중심은 β링의 내부에 존재한다. 일반적으로 20S proteasome은 α링이 닫혀있기 때문에 불화성의 상태로 세포내에 존재한다.

PA700은 lid(덮개 부분)와 base(기저부)로 구성되어 lid는 ubiquitin화 단백질을 구별하여 보충하는 기능을 기지며, base는 20S proteasome의 α링과 결합하여 그 중앙의 문을 열어서 기질단백질의 통과를 가능하게 하는 기능을 가진다. 그리고 6종류의 AAA형 ATPase를 포함한 base는 ATP 가수분해 에너지를 이용하여 단백질의 3차구조를 파괴하며(unfolding), 기질이 α링을 통과하여 β링의 내부에 도달하도록 하는 샤페론기능을 가지고 있다. 이 단백질분해반응에서는 대사에너지는 기질의 고차구조의 unfolding과 α링의 열린 입구 및 분자내수송에 이용되도록 되어있다. 전자현미경상의 이상한 형태를 보고 상상을 해보면, 26S proteasome은 동물이 마치 포획물을 포식(입으로 먹어 위장에서 소화)하고 있는 것 같은 움직임을 보이는 효소이다.

ubiquitin-proteasome system(UPS)는 다양한 생체반응을 신속하게, 순서대로, 일괄적으로 정방향으로 결정하는 합리적인 수단으로서 세포주기, apoptosis, 대사조절, 면역반응, 신호전달, 전사조절, 품질관리, 스트레스반응, DNA수복 등, 생명과학의 다양한 영역에서 중심적인 역할을 담당하고 있다. 바꾸어 말하면, UPS는 생물의 다양한 고차기능의 제어와 환경스트레스에 반응하는 항상성유지에 필수적이다. 이들의 생리기능의 해명에 크게 기여한 것은 lactacystin (활성형은 clasto-lactacystin β-lactone), eponemycin, MG132 (Z-Leu- Leu-leucinal), PSI [Z-Ile-Glu(O-t-butyl)-Ala-leucinal], Z-L3VS (Z-Leu-Leu vinyl sul- fone), PS-341 (velcade) 등의 proteasome 저해제의 발견·개발이다. 그리고 효모와 마우스를 이용한 유전학적 기능해석연구도 UPS의 살아있는 세포와 개체 수준에서의 의의 해명에 크게 기여하였다.

II. ubiquitin의 불가사의

■수수께끼1: 변화무쌍한 ubiquitin 유전자

ubiquitin유전자의 하나는, ubiquitin과 ribosome 단백질의 융합단백질을 코드하고 있다. 각각은 번역 후, 탈ubiquitin효소 (DUB)에 의해서 processing 되어 독립된 기능분자가 된다. ribosome에는 2개의 큰 60S subuint와 작은 40S subunit로 구성되어있지만, ribosome단백질을 코드하고 있는 유전자의 2/3은 필수적이지 않다. 흥미로운 것은, 이 융합단백질

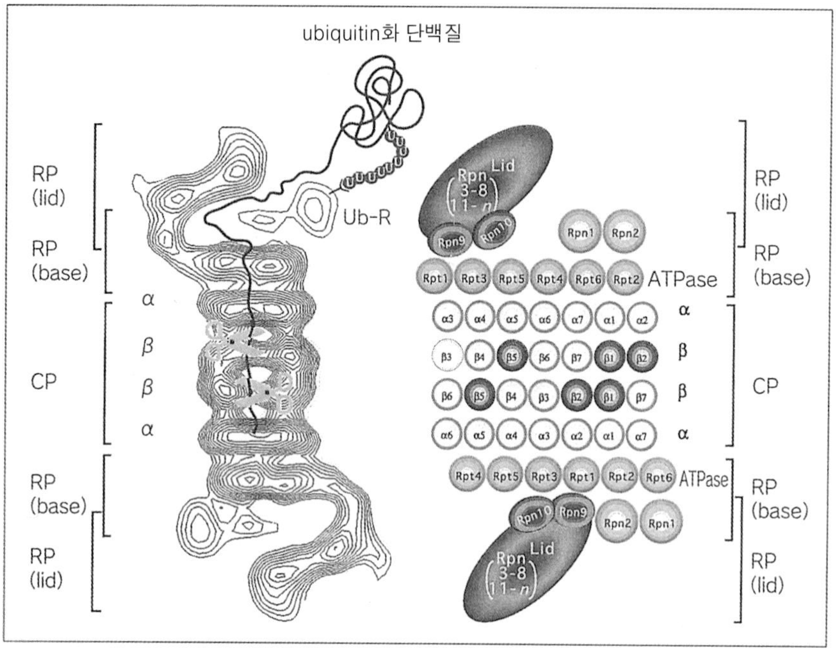

그림2. proteasome system
(a) 26S proteasome (CP와 RP의 복합체)의 전자현미경분석에 의한 분자형상. U: ubiquitin, Ub-R: polyubiquitin receptor, (b) subunit의 구성모델. CP (20S proteasome)은 α/β 링이 αββα의 순으로 결합한 원주형입자. β1 (caspase 형)·β2 (trypsin형)·β5 (chymotrypsin형)는 활성중심 subunit. RP (PA700)은 lip (덮개)와 base (기저부)로 구성된 복합체. RP는 Rpn (RP non-ATPase)와 Rpt (RP triple ATPase) subunit로 구성되어있다.

은 생물종에 관계없이 적어도 2종류이상이 존재하며, 그들은 각각 60S와 40S subunit을 구성하는 필수 ribosome 단백질을 코드하고 있다. 이들 융합단백질은 단백질의 합성 및 분해의 균형을 조절한다고 생각하면 합리적인 것 같지만 그것은 어디까지나 개념적이며 실제로 합성장치와 분해장치의 작용기구을 생각하면 양자에게 기능적인 연관성을 가지게 하는 것은 불가능하다. 그럼에도 불구하고 ubiquitin과 ribosome 단백질의 융합유전자는 진화적으로 잘 보존되어있다. 이 같은 수수께끼를 설명할 수 있는 합리적인 해석은 아직 준비되어 있지 않다.

ubiquitin 유전자의 또 다른 독특한 점은, 수개-수10개의 ubiquitin이 반복적으로 연결된 polyubiquitin을 코드하고 있는 polyubiquitin 유전자의 존재이다. 이 유전자의 개수 및 코드하고 있는 ubiquitin 분자숫자는 생물종에 따라서 다르다. 전사·번역된 polyubiquitin은 세포질에 존재하는 탈ubiquitin효소에 의해서 processing 되어 순식간에 성숙형 ubiquitin으로 전환된다. 이와 같이 polyubiquitin 유전자는 일단 전사·번역되어 다수의 ubiquitin분자를 단숨에 생합성하는 것이 가능하게 되어있어서 대량생산이라는 관점에서는 유리하다. 그렇지만 polyubiquitin 유전자의 상류에는 Heat shock element가 존재하여 열충격에 응답한다. 즉, ubiquitin은 스트레스단백질의 일종으로 볼 수 가있다. 이 같은 polyubiquitin유전자의 특성은 세포가 환경스트레스에 응답하고 있는 대량의 ubiquitin을 필요로 한다는 것을 분명하게 말하는 것이다. 실제로 출아효모에서 1개의 polyubiquitin 유전자는 보통은 필수적이지 않지만 이 유전자를 파괴하면 스트레스부하에 대처하지 못하고 죽어버린다.

■수수께끼2: 다양한 ubiquitin화 경로

ubiquitin분자 내에는 7개의 lysine잔기 (K)가 있으며 그 모두에 ubiquitin이 공유결합 하여 polyubiquitin사슬을 형성한다. 특히 48번째의 lysine에 연결된 polyubiquitin chain은 "분해 표식", 즉 26S proteasome으로의 target signal이 되는 것은 잘 알려져 있다. 한편, 63번째 lysine을 매개로 형성된 polyubiquitin도 최근에 주목을 받고 있다(그림1). DNA 수복, endocytosis, 아미노산 수송, 단백질의 번역, 신호전달 (NF-κB signal에 관여하는 IκB kinase의 활성화) 등, 다양한 역할에 관련된다는 것이 밝혀졌다. 그러나 K48과 K63에 결합한 polyubiquitin화를 구별하여 촉매하는 E3의 존재는 아직 잘 모른다. 양자의 signal의 차이점을 알기위하여 입체구조가 분석되었다. 그 외의 signal에 관련하는 polyubiquitin chain의 상세한 것은 아직 잘 모른다.

한편, 단백질의 monoubiquitin화 수식이 다양한 정보를 발신한다는 것도 잘 알려져 있다. 예를 들어, Histone H2A와 H2B 등은 세포주기 의존적으로 monoubiquitin화 된다(chromatin의 silencing에 필수적인 H3의 methylation에 관여하는 것으로 추정). 현재, monoubiquitin화의 의미가 확실하게 밝혀진 것은 endocytosis에서의 역할로서 세포막상의 막단백질 (receptor와 transporter)을 lysosome/액포계로 구별하는 기구에 관여한다는 것이다. 그리고 세포내의 소포 수송에서 sorting(선별)이나 virus의 출아 등에서도 단백질의 monoubiquitin화가 필요하다는 것이 알려져 있다. 더욱이 유전성의 Fanconi anemia (FA)의 원인유전자로 동정된 6개의 FA 단백질은 FA복합체를 형성하지만 그 중앙의 FANCD2의 monoubiquitin화가 핵내에서의 FA 복합체의존적인 foci형성에 필수적인 것이 알려져 있다.

■수수께끼3: E3의 인식신호는?

단백질의 세포내 안정성을 생각할 경우, E3이 기질을 식별하는 기전의 해명은 아주 중요한 일이다. 지금까지 기질단백질의 수식이 주목을 받아왔다. 가장 잘 알려진 것으로는 인산화 수식이다. 많은 SCF형 E3 (vul1-based E3)은 인산단백질을 인식한다. 최근에 N-결합형당단백질의 당쇄를 인식하는 E3로서 SCFFbs1과 SCFFbs2가 발견되었다. 그리고 VHL (Cul2-based E3)는 기질 (HIF1α)의 hydroxylation수식을 하여 HOIL-1 (RING-IBR-RING형 E3)은 기질 (IRP-2)의 산화수식을 인지하고 있다. 한편, 복합형 E3인 APC/C는 Cdc20과 Cdh1이 기질식별 subunit로서 작용하여 세포주기 의존적으로 발현함으로 활성화인자로서도 작용한다고 한다. Cul1-based E3의 경우는 Cul분자의 NEDD8수식이 활성화의 방아쇠이다. 그래서 탈NEDD8을 촉매 하는 Cop9/signalosome도 존재한다. 이와 같이, E3에 활성제어기구가 존재하는 것은 아주 중요하다고 생각된다. 한편, CHIP(U box형 E3)의 경우는 Hsp70과 Hsp90이 붙잡은 변성단백질을 ubiquitin화하는 E3로서 샤페론 의존적 ligase라고 불린다. CHIP는 분자샤페론과 연계하여 단백질의 재생과 분해를 지배하는 특이한 효소이다.

■수수께끼4: ubiquitin 신장인자 E4

Ufd4 (HECT형 E3)는 단독으로는 2-3개의 ubiquitin정도만 결합하지만 Ufd2가 존재하면 효율적으로 polyubiquitin화가 진행된다. Ufd2는 ubiquitin의 polymer화를 촉진시키는 신장인자임으로 "E4"로 명명되었다. 최근에 CHIP도 Parkin(E3 활성을 가진 가족성 Parkinson의 책임유전자산물)에 대하여 E4활성을 나타내는 것이 시사되었다. 그리고 전사 장치의 주요인자인 p300이 Mdm2 (p53을 표적으로 하는 E3)의 존재하에서 E4활성을 나타내는 것이 보고되었다. 그러나 CHIP, Parkin, Mdm2 등은 단독으로도 E3활성을 가짐으로 E3과 E4를 엄격하게 구별할 수 있는 명확한 기준은 없다.

■수수께끼5: 탈ubiquitin효소

탈ubiquitin효소(deubiquitylating enzyme: DUB) 혹은 USP(ubiquitin specific protease)는 생물종에 관계없이 큰 유전자 family를 형성하고 있다. 이들은 소수의 UCH(ubiquitin-C-terminal hydrolase)형과 다수의 UBP(ubiquitin-specific processing protease)형으로 구별된다. UCH는 ubiquitin과 ribosome 단백질의 융합단백질 혹은 polyubiquitin을 processing하여 성숙형 분자로 전환하는 효소이며, UBP는 ubiquitin화 수식된 단백질에서 ubiquitin을 해리시키는 효소이지만 UBP가 UCH활성을 같이 가지고 있을 경우도 있기 때문에 양자의 구별은 항상 명확하게 되는 것은 아니다. 그리고 26S proteasome의 subunit인 Rpn11과 물리적으로 proteasome과 결합하는 UBP6은 ubiquitin화 단백질을 분해하는 과정에서 polyubiquitin chain에 작용하여 ubiquitin을 해리시켜서 재사용하는 효소로서 이들은 상호보완적인 기능을 가진다. 다수의 DUB가 존재하는 것은 ubiquitin화에 의한 번역후수식이 가역적이라서 다기능을 가진 것을 강하게 시사한다. 그러나 그것의 생물학적의미의 해명은 이후의 큰 과제로 남아있다.

■수수께끼6: DRiPs는 존재하는가?

최근에 '신생단백질의 약 30%이상이 정확한 folding이 이루어지지 않아서 불량품이 되는데 이들은 UPS에 의해서 신속하게 분해된다' 는 믿기 어려운 논문이 발표되었다. 이 현상은 DRiPs (defective ribosome products)라고 불리며 DRiPs는 MHC class I 의존적인항원을 나타내는 관계로 내재성항원에서 peptide (세포상해성 T 림프구의 epitope)의 공급원으로 생각된다. 이 발견이 사실이라면 면역학적으로는 합리적인 이야기일지라도 "단백질의 일생" 을 생각한 경우에는 큰 낭비를 의미한다. 그리고 '인간은 고도로 세련된 신체시스템을 진화적으로 획득했다' 라는 우리들의 생각이 자기중심적인 오류인 것을 시사한다. 현재 DRiPs의 진위의 문제를 해결하기위하여 이 ubiquitin화에 작용하는 E3을 동정하는 것이 중요하다.

■수수께끼7: UBL에 관하여

진핵생물에는 ubiquitin과 유사한 수식분자군 (SUMO1, NEDD8, Atg8/12 등)이 다수 존재한다, 이들을 I형 UBL 단백질이라고 부른다. 한편 ubiquitin 유사 도메인 (UBL)이 단백질 중에 몇 개씩 존재하는 것들을 편의상 II형 UBL 단백질이라고 부른다. I형 UBL에도 ubiquitin과 같은 특이적인 E1/E2/E3 효소계가 존재한다. 이들의 수식반응도 가역적으로 7종류의 탈SUMO화 효소와 탈NEDD8화를 촉진하는 효소로서 COP9/signalosome과 DEN1/NEDP1이 동정되어있다. 다수의 UBL군중에서도 독자적인 전개를 보이는 것이 Atg12와 Atg8이다. 이들은 autophagy에 관련하여 수식한다. Atg12와 Atg8은 ubiquitin과 1차구조상의 상동성은 거의 없지만 연결반응구조는 닮았다(그러나 E3은 불필요). Atg12는 표적분자가 단백질이지만, Atg8은 인지질로서 막형성에 직간접적으로 관여하는 특별한 계이다. II형 UBL은 주로 26S proteasome와 상호작용하는 도메인으로 해석되어있으나 UBL을 가진 E3에 관해서는 표적식별에 관여하는 것으로 보고되어있어 그 의미부여에 무리가 있는 것은 아니다. 이들 UBL분자군 중에는 1차구조상 ubiquitin과 현저한 상동성을 보이지 않지만 입체구조를 분석해본 결과 "꼭 닮았다" 다고 볼 수 있는 분자가 다수 존재한다. 이들은 ubiquitin과 같이 길고 짧은 2개의 α-나선구조와 5개의 β-sheet 구조가 $\beta\beta\alpha\beta\beta\alpha\beta$의 순서대로 배열된 2차구 조를 가지며 진화적으로 잘 보존된 구조는 "ubiquitin fold" 라고 불린다. 현재, ubiquitin이나 ubiquitin fold구조와 상호작용하는 모티브구조를 가진 단백질이 하나둘 발견되고 있어 ubiquitin이 가진 "시그널" 의 분자수준의 해명이 빠르게 진전되고 있다.

III. Proteasome의 수수께끼

■수수께끼1: proteasome의 분자다양성

proteasome에는 분자다양성이 존재한다. 그것은, 26S proteasome을 구성하는 촉매입자 CP (20S proteasome)에도, 조절입자 RP(그림2 참고)에도 존재한다. 예를 들어, MHC (주요조직적합성복합체)을 유악(有顎, 턱을 가진)척추동물이후의 생물에서는 내재성항원의 processing효소로서 특이적으로 작용하는 "면역 proteasome"이 존재한다. 이것은 interferon γ 등의 cytokine에 의해서 유도되는 3종류의 새로운 β형 촉매 subunit가 분자내 치환한 효소이다. 최근에 표준형 20S proteasome (포유동물)의 입체구조가 X선결정구조해석이 밝혀져서 이후의 연구는 면역 proteasome의 입체구조가 밝혀지길 기대한다.

RP을 구성하고 있는 subunit중에는 polyubiquitin chain과 결합하는 수용체 Rpn10도 있다. 이상하게도 거의 대부분의 proteasome의 subunit 군은 각각 단독으로 존재하지만, polyubiquitin chain의 receptor기능을 가진 Rpn10은 발생의존적인 splicing에 의해서 5종류의 subunit(Rpn10a~10e)가 1개의 유전자에 의해서 만들어진다. Rpn10a는 보편적으로 발현하지만 그 이외의 유전자들은 머리 등 선택적으로 발현한다. 즉, 다세포생물에서는 일반적인 26S proteasome과 조직특이적인 26S proteasome이 존재한다. 거의 대부분이 비슷한 구조를 가지지만, 조금 다른 효소가 시공간적으로 독립적으로 존재하는 이유는 아직 잘 모른다.

PA700 이외의 조절 unit로서 PA28 (α, β, γ의 3종류 family를 구성)존재하는 것과 함께 20S proteasome의 양말 단에 PA700과 PA28을 조절하

는 unit를 가진 "hybrid-proteasome"도 존재한다. 더욱이 핵에 존재하여 DNA수복에 관여하는 PA200과 PI31이라고 불리는 저해단백질의 존재도 알려져 있다. 이외에도 proteasome과 상호작용하는 분자로서 ECM29등도 분리되었다. PA200-ECM29-20S proteasome의 복합체는 이미 전자현미경으로 촬영되어있다. 이 복합체도 PA700과 PA28과 동일한 모양으로 원통형입자의 α링의 외표면에 결합하고 있다 (Rechsteiner 등, 사신).

■수수께끼2: 기질식별기구의 다양성

26S proteasome은 ubiquitin화된 단백질을 선택적으로 분해하는 효소로 발견되었지만 실제로는 ubiquitin을 붙이고 있는 단백질만을 표적으로 하지는 않다. 예를 들어, 아주 반감기가 짧은 효소로 알려진 ornithine decarboxylase(ODC)은 26S proteasome에 의해서 ATP의존적으로 분해되지만 이 분해반응은 ubiquitin은 관여하지 않는다. 이 ODC 분해의 중심효소는 antizyme(AZ)으로 불리는 ODC의 저해단백질이다. ODC가 관여하는 대사경로의 최종산물인 polyamine에 의해서 극적으로 유도되는 AZ는 2량체 ODC를 단량체로 해리시켜서 활성을 저해하는 것뿐만 아니라 분해를 촉진시키는 작용도 가지고 있다. 흥미로운 것은 소수의 AZ가 다수의 ODC 분해하는 것이다. AZ는 ODC와 함께는 분해되지 않고 반복하여 재사용하는 것은 ubiquitin과 닮았다. 그러나 AZ는 ubiquitin과는 구조적인 상동성은 없으며 ubiquitin과는 달이 단백질에 공유결하는 수식분자는 아니다. 최고의 차이점은 ubiquitin이 분해 시그널이 되는 것이 비하여 AZ는 ODC와 결합하여 ODC분자 내에 있는 분해시그널을 발현시켜서 26S proteasome에 식별될 수 있도록 한다. 그래서 양자는 동일하게 표적분자에 불안정성을 부과하는 것이 가능하지만 그 작용 메커니즘은 전혀 다르다.

일반적인 이야기에 따르면, 20S proteasome은 불활성화효소이지만 이상하게도 산화된 단백질이 20S proteasome에 의해서 직접 분해되는 것은 옛날부터 알려져 왔다. 필자는 *in vitro*에서의 분해 작용은 부분적인 변성에 의한 비생리적으로 활성화된 20S proteasome에 의해서 2차적인 영향에 의한 것으로 생각한다. 그렇지만 p21과 α synuclein 등 2차구조를 가지지 않는 단백질이 20S proreasome의 α링에 직접 결합하여 중앙문을 열어서 β링속으로 보내 분해된다는 보고가 있다. 그러나 이 경우에는 ATP는 필요하지 않다(이 경로의 생리적 의의는 잘 모른다). 또 26S proteasome은 나선구조를 가지지 않는 영영을 한정적으로 분해하는 processing 활성이 있는 것도 알려져 있다. 그럼에도 불구하고 이 한정작용에는 ubiquitin수식이 필수적이다. 이 같은 protease작용에서도 proteasome의 식별메카니즘은 다양하지만 아직 분자수준의 상세한 것은 모른다.

■수수께끼3: 샤페론활성(folding과 unfolding)

RP의 base을 구성하는 6개의 Rpt subunit는 AAA형ATPase family에 속하며 기질단백질을 unfolding 시키는 것으로 생각되고 있지만 이 RP 복합체에 변성단백질을 folding시키는 샤페론활성이 있다는 보고가 있다. 이들이 세포내에서 실제로 샤페론기능을 담당하는지 아닌지는 분명하지 않으나, RP 복합체에 protease 활성에 의존하지 않는 생리작용 (특히 DNA 수복 등)이 있다는 것이 시사되는 것을 생각하면 반드시 허위라고 말하기는 어려울지 모른다. 한편, 또 다른 활성인자중의 하나인 PA28에도 샤페론활성이 있다는 것이 밝혀졌으므로 proteasome은 기본적으로 샤페론기능을 가진 기계로 생각하는 것이 타당하지 않을까 생각한다.

■수수께끼4: proteasome의 분자집합

proteasome은 거대한 多성분 복합체이지만 그것의 분자집합메카니즘은 비밀에 싸여있다. 20S proteasome의 분자집합에 관련하는 인자로서 Ump1이, 26S proteasome의 분자집합에는 Nob1이 알려져다(그러나 최근에 Nob1은 40S ribosome 단백질의 합성에 필수인자로 분리되었다). Ump1은 subunit를 집합하기위한 싹과 같이 작용하는 분자로서 Ump1 주위에 β subunit가 집합하여 그 후에 α링이 붙는 것으로 생각한다. 그 사이에는 13~16S의 복합체를 형성한다. 이 복합체중간에는 Hsp70이 포함되어있다. 20S proteasome의 분자집합이 끝나면 Ump1은 자기 분해된다. 한편, RP의 분자집합에 관하여 최근에 필자 팀은 Hsp90이 26S proteasome의 구조유지와 결합에 필수적인 역할을 하는 것을 발견했다. 이런 이유에서도 분자샤페론과 proteasome의 밀접한 관계를 생각할 수 있다. 그리고 앞에서 설명한 것과 같이 PA200과 Ecm29를 포함하여 proteasmome과 상호작용하는 여러 인자가 proteasome의 분자집합에 관여한다는 보고도 있다. proteasome의 분자집합 메커니즘을 분명하게 밝히는 것이 이후의 proteasome연구의 최대과제이다.

●끝맺기

Ubiquitin 및 그 관련수식 system은 대체로 "단백질의, 단백질에 의해, 단백질을 위해 번역후수식 메커니즘" 이라고 생각할 수 있다. 이 수식 system은 유전정보의 증폭과 제어라는 관점에서 아주 중요한 생물학적 역할을 담당하고 있음에도 불구하고 genome world라는 큰 세계를 구축하고 있다. 이 같이 말할 수 있는 것은 이들을 코드하고 있는 유전자군이 全게놈유전자수의 3%이상을 차지하고 있기 때문이다.

마지막으로 UPS의 분자진화에 대하여 설명하려고 한다. UPS에서 단백질분해계의 최대 수수께끼는 ubiquitin(system)이 진핵생물에 특이적이며, 원핵생물의 게놈에는 존재하지 않는다. 분자샤페론과 전사장치와 같이 모든 생물에 공통적인 생물현상에 관련하는 분자군의 경우에는 원핵생물, 진핵생물을 가리지 않고 진화적으로 잘 보존되어 있어서 조상유전자는 원핵생물에서 찾을 수가 있다. 단백질분해도 모든 생물에 공통적인 현상이다. 그러나 ubiquitin은 진핵생물에 갑자기 나타난 생체system이다. 이것은 기존의 분자진화설로서는 설명하기 어려운 수수께끼로서 유사한 상황의 proteasome도 마찬가지이다. 여기에서 설명한 복잡한 proteasome은 진핵생물 특이적이다. 그러나 조상형을 생각할 수 있는 proteasome과 그 조절인자의 하나로서 ATPase는 원핵생물에도 존재한다. 실제로 HsIUV (HsIV는 proteasome이고 HsIU는 ATPase이다)는 26S proteasome과 근친관계에 있는 효소로 볼 수 있지만, 분자 구성 등을 생각하면 아주 먼 조상형효소로 생각된다. 원핵생물에 ubiquitin이 존재하지 않는 것을 생각하면 단백질분해계는 원핵생물과 진핵생물에 큰 차이가 있는 것을 부정할 수 없다. 단백질분해계의 분자진화는 아주 어려운 수수께끼를 가지고 있다.

Q ubiquitin유전자는 monoubiquitin유전자뿐만 아니라 polyubiquitin유전자와 ubiquitin-ribosome융합유전자가 있다. Polyubiquitin유전자와 ubiquitin-ribosome 융합유전자는 각각 복수로 존재하고 있으나, monoubiquitin유전자는 한 개로 존재하는지? 보통의 조건하에서는 각각에서 발현되는 ubiquitin량은 어떤 비율인가?

A monoubiquitin유전자는 존재하지 않는다. 흥미로운 것은 각각의 유전자에서 발현되는 ubiquitin량은 알 수 없다. 생합성의 비율을 엄밀하게 측정하는 것은 아주 어려운 것으로 생각한다.

Q proteasome은 double ring 구조를 하고 있으나 F1-ATPase, GroEL, CCT 등도 동일하게 원통형구조를 가진다. 일반적으로 이것의 원통구조는 기능적인 측면에서 볼 때에 어떤 유리한 점이 있다고 생각하는가? 뭔지 확실하진 않지만 일반적인 법칙 아니면 원리가 있는 것을 생각할 수 있지 않을까?

A 어려운 질문이다. proteasome이 원통형구조를 가지는 것은 활성조절의 수단의 우수성 (기질과 촉매부위의 자유로운 촉매를 방어)을 생각할 수 있지만, 다른 유사구조를 가진 분자집합체와 기능적인 연관성리 있는지는 예측할 수 없다. 보편적인 원리가 있는지도 지금으로선 확실하지 않다.

Column

당쇄인식 ubiquitin ligase

Yoshida Yukiko(吉田雪子)

사람게놈에 코드되어 있는 단백질은 약 26,000개 정도라고 추정된다. 이들의 1/2정도이상은 당쇄가 붙어있는 당단백질이라고 한다. 당단백질의 당쇄는 결합형식에 따라서 N-결합형 (Asn의 NH_2기에 C-N 결합)과 O-결합형 (Ser 혹은 Thr의 OH기에 C-O 결합)으로 크게 나누지만, 당쇄의 구조, 구성하는 당의 종류와 숫자, 분지된 방향등의 차이에 의해서 대단히 다양하다. 더욱이 당쇄구조는 수식을 받는 단백질, 세포, 기관, 생물종간에 틀릴 뿐만 아니라 세포증식과 암화 등에 의해서 변화한다. 이것들은 사람에서 300개정도 존재하는 당쇄관련유전자의 유기적인 관계에 의해서 만들어지기 때문에 이처럼 복잡한 구조를 가진 당쇄가 생체에서 어떤 기능을 하고 있는지는 분명하게 밝혀진 예는 아주 적다. 이 같은 당쇄의 복잡성이 당쇄유전자 분석을 통한 기능해석을 곤란하게 하기 때문이다. 현재까지 당쇄의 기능이 밝혀진 많은 것은 특정한 당쇄와 결합하는 당쇄수용체(lectin)의 해석에 의한 것이 많다[1]. 그래서 필자는 당단백질당쇄, 특히 N-결합형당쇄의 새로운 기능을 알기위하여 다양한 당쇄구조를 가진 당단백질을 고정화한 크로마토그라피을 사용하여 뇌 유래의 lectin을 screening하여 ubiquitin ligase 복합체의 표적식별 subunit인 F box 단백질인 Fbs1 (F-box protein that recognize sugar chain 1/Fbx2/NFB42)을 분리하였다[2].

ubiquitin은 활성화산소(E1)-결합효소(E2)-ligase(E3)로 구성되어 ubiquitin계에 의해서 표적단백질에 공유결합 하며, 이 반응을 반복함으로써 형성되는 polyubiquitin chain이 표적단백질의 proteasome에 의한 분해표지로서 작용한다. E3은 표적단백질을 선발하는 아주 중요한 효소로서 구조적, 기능적으로 다른 큰 family를 형성하고 있다. 그중에서도 가장 큰 family는 Skp1/Cullin1/F box 단백질/Roc1로 구성된 SCF복합체이다. 이것은 표적단백질을 인식·결합하는 복합체 중에서 유일하게 가변 unit인 F box 단백질이, 포유동물에서는 수백종류가 존재하는 것으로 추정한다[3]. Fbs1 역시도 다른 F box 단백질과 같이 SCF복합체를 형성하며(**그림1**), 실험관내 재구성계에서 E3활성이 인정되었다[3].

Fbs1은 다른 F box 단백질과 같이 세포질에 존재한다. 한편, 단백질의 당쇄수식은 소포체 및 골지체 내강에 존재하는 효소에 의해서 이루어진다. 당단백질의 대부분은 막단백질과 분비단백질 등, 소위 말하는 분비계단백질이다. 일부 예외적으로 GlcNAc 단당이 Ser, Thr에 결합하는 O-GlcNAc 수식은 세포질에서 이루어진다고 알려져 있으나 적어도 N-결합형 당쇄수식은 분비경로에서 일어난다[5]. 그렇다면 Fbs1과 기질이 되는 당단백질은 어디에서 만날까? Fbs1의 기질이 되는 당단백질을 몇 개 분리하여 그중의 하나를 분석한 결과 integrin β1 subunit 였다[2]. 세포접합분자 integrin은 세포표층에 존재한 막단백질로서 많은 경우 복합형당쇄(비환원말단에 sialic

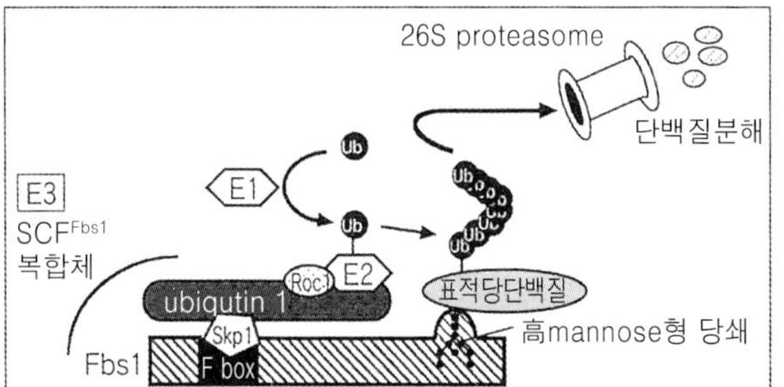

그림1: Ubiquitin·proteasome system과 SCFFbs1 복합체구조

F box 단백질인 Fbs1은 高mannose형 당쇄를 인식하여 표적단백질과 결합한다. Fbs1은 다른 F box 단백질과 같이 F box 도메인을 통하여 Skp1과 결합한다. Skp1은 Cul1/Roc1/E2 복합체와 결합하고 있다. E1에 의해서 활성화되어 E2에 전위된 ubiquitin에 의해서 표적당단백질은 polyubiquitin화 된다. polyubiquitin화 된 표적당단백질은 26S proteasome에 의해서 분해된다.

acid를 가진 N-결합형당쇄)수식을 받는다, 물론 당쇄는 세포의 밖으로 나와 있다. integrin β_1 subunit의 경우는 N-결합형당쇄부가를 받은 부위는 12곳이나 있기 때문에 복합형당쇄부가를 받은 세포막위의 것과 소포체내에 존재하는 高mannose형 당쇄부가를 받은 전구체형 β_1과 간단하게 SDS-PAGE로 구별할 수 있다[6]. Fbs1과 결합하는 것은 전구체형 β_1이며, 복합형당쇄가 붙은 것이나 약제처리에 의해서 당쇄수식을 잃어버린 β_1과는 결합하지 않았다. 그리고 Fbs1의 기질이 되는 단백질은 모두가 高mannose형 당쇄을 인식하는 concanavalin A lectin과 결합하는 것으로 보아 β_1과 같이 高mannose형 당쇄을 인식하는 것으로 추정된다. 더욱이 세포분획물을 사용한 면역침강실험결과, 양자는 세포질에서 결합하여 그 결합은 proteasome 저해제를 첨가하였을 때만 유지되는 것을 알았다. integrin β_1은 10종류의 α chain과 2량체을 형성하기 위하여 β_1은 소포체에서 과발현하여 만들어져 2량체 형성의 준비가 되어있는 것이 알려져 있다[7]. 이것으로 보아 소포체에 존재하는 여분의 β_1이 세포질로 역수송되어 거기에서 Fbs1을 포함하고 있는 SCF복합체에 의해서 ubiquitin화 된 다음에 proteasome에 의해서 분해되는것을 생각할 수 있다. 그래서 SCF^{Fbs1}은 소포체관련분해 (ERAD)에서 ubiquitin ligase로서 기능을 하는 것으로 추정된다. 실제로 ERAD의 기질로 알려진 CFTR변이체와 T세포 receptor α subunit 등의 분해는, SCF복합체를 형성하지못하는 Fbs1변이체(dominant negative 변이체)을 발현시킴으로써 저해되었다[2].

Fbs1의 당쇄결합특이성을 분석한 결과, 비환원말단에 mannose 앞에 다른 당쇄가 붙는 것과 당쇄결합의 뿌리인 GlcNAc의 결손과 수식에 의해서 결합능력이 현저하게 저하되는 것이 밝혀졌다. 일반적으로 lectin은 비환원말단의 당을 인식하는 것에 비하여, Fbs1이 당쇄결합의 뿌리를 인식하는 것은 흥미로운 것이다. 그 메커니즘을 알기위하여 X-ray 및 NMR에 의한 입체구조해석을 하였다. β sheet에서 튀어나온 loop 영역에 당쇄의 뿌리인 GlcNAc-GlcNAc부분과 결합함으로써 일정한 방향을 유지하여 비환원말단측에 위치하는 당쇄와 단백질영역을 일정한 방향을가지게 하는 것으로 추정한다[8].

Fbs1의 발현은 성인의 뇌, 그것도 neuron 특이적이다. ERAD는 모든 세포·장기에서 보편적으로 보이는 현상이라고 생각한다면, Fbs1과 같은 高mannose형 당쇄을 인식하는 lectin형 ubiquitin ligase가 존재한다고 하여도 이상하지는 않다. 실제로, 보편적 발현 형태를 보이는 高mannose형 당쇄에 결합하는 제2의 F box 단백질 Fbs2도 찾았다[9]. Fbs1과 높은 상동성을 나타내는 F box 단백질은 다른 곳에도 존재하지만[10], 그들은 高mannose형 당쇄와 결합하지는 않는다. 그렇다면 이것이 다른 당쇄를 인식하는지는 이후의 과제이다. Fbs1,2는 함께 ERAD에서 ubiquitin ligase로서 기능을 하지만 그 기능적 차이와 역할분담은 없는 것 같다. 실제로 Fbs1의 기능으로서 세포질에 생기는 응집체(aggrosome) 형성저해활성이 있는 것이 실험적으로 증명되었다[2]. 어떻게 Fbs1이 기능을 하는지는 모르지만, ERAD에서 ligase 기능이외의 역할도도 고려한다면, 당쇄인식 ubiqutin ligase family의 전체모습을 밝히고 싶다.

Q ERAD에서 ligase로서 Fbs1[2]은 소포체의 역수송장치와 물리적으로 상호작용을 하는가?

A 아직 모르지만, 앞으로 검토할 예정이다.

Q Fbs1과 Fbs2의 특이성은 동일한가? Neuron에서는 양자가 발현하는가? 그렇다면 역할분담은?

A Fbs1,2는 함께 高mannose형 당쇄을 인식하는 것은 동일하지만, 당쇄에 대한 affinity는 Fbs1이 강하다. Fbs1은 integrin β_1과 강하게 결합하지만 Fbs2는 거의 결합하지 않는다. 반대로 T세포 receptor α에 대한 affinity는 Fbs1에 비하여 Fbs2가 강하다. Fbs2는 모든 장기에서 발현하지만 뇌에서의 발현은 약하기 때문에 neuron에서는 Fbs1이 우위라고 생각한다. 양자의 기능적 차이를 알기 위한 연구는 지금부터 시작이다.

Q 사람의 단백질의 1/2이상이 당단백질이다. 이후에도 다양한 당쇄를 인식하는 다수의 F box

단백질이 발견될 것으로 생각하는가?

A 그렇다. 그리고 F box 단백질과 다른 형태의 ligase가 존재할지도 모르겠다.

문헌

1) Varki, A. : *Glycobiology*, 3, 97-130(1993)
2) Yoshida, Y. *et al.* : *Nature*, 418, 438-442(2002)
3) Winston, J. T., Koepp, D. M., Shu, C., Elledge, S. J., Harper, J. W.: *Curr. Biol.*, 9, 1180-1182(1999)
4) Vosseller, K., Sakabe, K., wells, L., Hart, G. W.: *Curr. Oppin. Chem. Biol.*, 6, 851-857(2002)
5) Helenius, J., Ng, D. T. W., Marolda, C. L., Walter, P., Valvano, M. A., Aebi, M. : *Nature*, 415, 447-450(2002)
6) Koivisto, L., Heino, J., Hakkinen, L., Larjava, H. : *Biochem. J.*, 300, 771-779(1994)
7) Lenter, M., Vestweber, D. : *J. Biol. Chem.*, 269, 12263-12268(1994)
8) Mizushima, T. *et al.* : *Nature Struct. Mol. Biol.*, in press (2004)
9) Yoshida, Y., Tokunaga, F., Chiba, T., Iwai, K., Tanaka, K., Tai, T.: *J. Biol. Chem.*, 278, 43877-43884(2003)
10) Ilyin, G. P., Serandour, A. L., Pigeon, C., Rialland, M., Glaise, D., Guguen-Guilloouzo, C. : *Gene*, 296, 11-20(2002)

Yukiko Yoshida, (財)東京都医学研究機構・東京都臨床医学総合研究所先端研究室　E-mail : yyosida@rinshoken.or.jp

Ubiquitin ligases that recognize sugar chains

Column

ubiquitin과 ubiquitin binding domain · motif의 구조생물학

Fujiwara Kenichiro (藤原建一郎)·Tochio Hidehito (杤尾豪人)

●시작하기

Ubiquitin은 진핵생물에 고도로 보존된 76잔기로 구성된 단백질이며, E1, E2, E3라고 불리는 결합효소군에 의해서 기질단백질의 lysin 잔기에 isopeptide 결합에 의해서 결합한다[1]. 단백질의 ubiquitin화는 지금까지 K6, K29, K48, K63링의 polyubiquitin화, mono-ubiquitin화가 인식되어 proteasome에 의해서 단백질분해, DNA수복, endocytosis 등의 시그널로서 기능을 한다. 그 때에 다른 양식의 ubiquitin화는 다른 표적단백질과의 상호작용을 유도하여, 결과적으로는 다른 기능을 나타낸다. 동일한 ubiqitin분자에 의한 수식에도 불구하고 monomer, polymer, 더욱이 polymer의 결합양식의 차이에 의해서 전혀 다른 시그널로서 기능을 발휘하는 것은 아주 흥미롭다.

Ubiquitin·polyubiquitin chain과 각각 다른 표적단백질과의 상호작용을 이해하기위한 열쇄의 하나는, 각각의 ubiqutin 결합 단백질에 포함되어있는 ubiquitin 결합 도메인·motif이다. 이들은 현재까지 5종류 확인되어있으며. 몇몇 예에서는 ubiquitin과 복합체를 형성했을 때의 입체구조도 해석되어있다.

1 UIM (ubiquitin interacting motif)

UIM은 proteasome S5a subunit 배열중의 ubiquitin 인식에 필수적인 영역이다. 배열상동성분석에 의해서 endocytosis, 세포내 수송에 관련하는 인자에도 포함되어 있는 것도 알려졌다[2]. UIM은 약 20개 아미노산잔기로 구성되어, S5a의 UIM은 4개 이상의 polyubiquitin chain에 강하게 결합한다는 것이 알려져 있다. 이것에 대하여 endocytosis 인자인 UIM은 monoubiquitin과 결합함으로서 기능을 발휘하는 것 같다. 그리고 아미노산배열, 입체구조가 ubiquitin과 닮은 도메인인 UBL(ubiquitin like) 도메인과도 강하게 결합한다.

소포체수송에 관여하는 출아효모 Vps27의 UIM

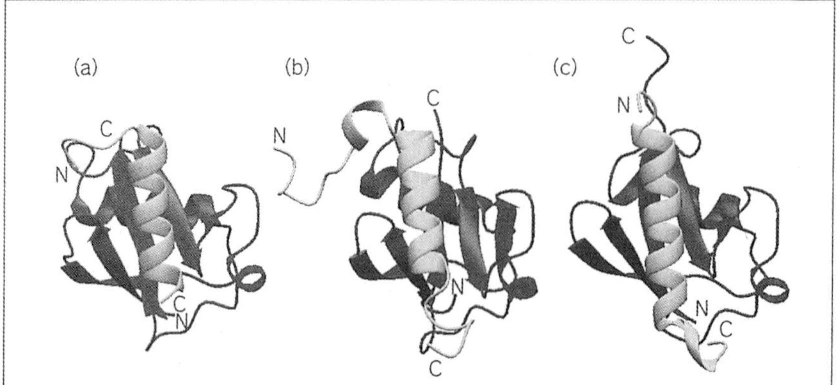

그림1. UBL 도메인, ubiquitin-UIM 복합체의 입체구조
(a) HR23B의 UBL 도메인-S5a UIM 복합체의 구조
(b) HR23A의 UBL 도메인-S5a UIM 복합체의 구조
(c) ubiquitin-Vps27 UIM 복합체의 구조
UIM은 엷은 색으로, UBL 도메인 혹은 ubiquitin을 진하게 표시했다. 모든 구조가 UIM의 α 나선구조가 UBL 도메인과 ubiquitin의 β sheet와 상호작용하고 있는 것을 알 수 있다.

과 ubiquitin의 복합체, S5a의 UIM과 HHR23A, HHR23B의 UBL 도메인과의 복합체의 구조해석이 발표되었다[3-5]. 2개의 UIM 모두가 α 나선구조를 가지며 ubiquitin 혹은 UBL 도메인의 β sheet에 주로 소수성 상호작용에 의해서 결합하고 있다(**그림1**). HHR23A, HHR23B의 UBL 도메인과의 복합체에서 S5a의 UIM은 N-말단부분에 loop구조를 가지며 이 부분에도 UBL 도메인과 상호작용하지만, ubiquitin과의 복합체에서 Vps27의 UIM은 같은 모양의 loop가 없고 나선구조부분만 ubiquitin과 접촉하고 있다. Vps27의 UIM과 ubiquitin의 결합활성은 S5a UIM의 HHR23A, HHR23B의 UBL 도메인에 대하여 그것에 비하여 낮다 (해리정수로 약 100배), 그 차이는 이 loop부분에서의 상호작용의 유무가 원인의 하나라고 생각된다.

2 CUF 도메인

CUE(coupling of ubiquitin conjugation to ER degradation)도메인은 ERAD(소포체관련분해)인자인 CUE1p의 배열 중에 있는 도메인으로 배열상동성분석에 의해서 endocytosis, 신호전달관련분자도 포함하고 있다. CUE 도메인은 약 40개의 잔기로 구성되어 monoubiquitin, polyubiquitin에 결합한다. 출아효모 CUE2p와 Vps9의 CUE 도메인과 ubiquitin의 복합체의 구조해석이 보고되어있다[6, 7]. 모두가 CUE 도메인은 3개의 나선구조다발 구조이다. 그것의 N- 및 C-말단의 나선구조가 ubiquitin과의 상호작용에 기여한다. 한편, ubiquitin은 UIM에서와 같이 β sheet 위의 소수성잔기가 결합에 관여하고 있다(**그림2a**).

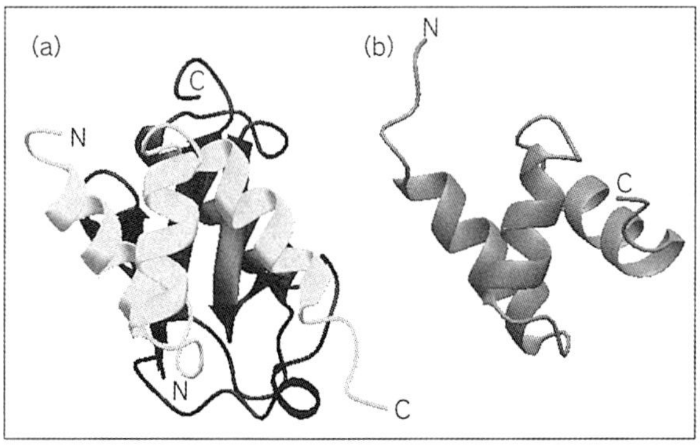

그림2. CUE 도메인과 UBA 도메인의 구조
(a) Vps9의 CUE 도메인과 ubiquitin의 복합체구조. CUE 도메인은 엷은 색으로, ubiquitin을 진한 색으로 표시하였다.
(b) HR23A의 UBA 도메인의 입체구조

3 UBA (ubiquitin associated 도메인)

UBA도메인은 약 40개정도의 잔기로 구성된 도메인으로 ubiquitin화효소와 탈ubiquitin화효소등의 배열에 포함되어있다[8]. monoubiquitin, polyubiquitin에 결합하지만 특히 polyubiquitin에 대한 친화도가 높아 tetraubiquitin에 대하여 monoubiquitin의 300배정도 강하게 결합된다는 것이 보고되어[9~11], 이들은 모두가 3개의 나선구조다발 구조를 가진다는 것이 알려져 있다 (그림2b). ubiquitin과의 복합체의 구조는 지금까지는 보고되지 않고 있지만, 입체구조의 유사성으로 볼 때에 CUE 도메인과 유사한 양식으로 ubiquitin과 상호작용 할 것으로 예상된다.

●끝맺기

ubiquitin결합도메인은 지금 소개한 것 이외에 UEV (ubiquitin E2 variant)도메인, NZF (novel zinc finger)도메인 등이 존재한다. 이들의 도메인구조만 발표되어서 ubiquitin 인식메카니즘에 관해서는 상세하게 알 수 없다. 그러나 NMR 실험결과, ubiquitin은 UIM, CUE 도메인 등의 경우와 같이 β sheet의 잔기가 상호작용에 관여하는 것이 알려져 있다. 결국, 지금까지 확인된 ubiquitin결합 도메인은 모두가 ubiquitin의 동일부분을 인식한다. 이후의 연구는 이들이 복수의 결합상대를 어떻게 인식하는가를 해명하는 것이 과제이다. 그리고 UIM과 UBA등은 ubiquitin chain의 신장에 동반하여 결합친화성이 상승하는 것이 확인되어있다. 이것을 명확하게 하기위하여 polyubiquitin을 이용한 구조해석이 이루어져야한다.

문헌

1) Hershko, A., Ciechanover, A. : *Annu. Rev. Biochem.*, **67**, 425-479(1998)
2) Hofmann, K., Falquet, L. : *Trends. Biochem. Sci.*, **26**, 347-350(2001)
3) Swanson, K. A., Kang, R. S., Stamenova, S. D., Hicke, L., Radhakrishnan, I. : *EMBO J.*, **22**, 4597-4606(2003)
4) Klapisz, E., Sorokina, I., Lemeer, S., Pijnenburg, M., Verkleij, A. J., van Bergen en Henegouwen, P. M. : *J. Biol. Chem.*, **277**, 30746-30753(2002)
5) Fujiwara, K., Tenno, T., Sugasawa, K., Jee, J. G., Ohki, I., Kojima, C., Tochio, H., Hiroaki, H., Hanaoka, F., Shirakawa, M., : *J. Biol. Chem.*, **279**, 4760-4767(2004)
6) Kang, R. S., Daniels, C. M., Francis, S. A., Shih, S. C., Salerno, W. J., Hicke, L., Radhakrishnan, I. : *Cell*, **113**, 621-630(2003)
7) Prag, G., Misra, S., Jones, E. A., Ghirlando, R., Davies, B. A., Horazdovsky, B. F. Hurley, J. H. : *Cell*, 113, 609-620(2003)
8) Hofmann, K., Bucher, P. : *Trends. Biochem. Sci.*, **21**, 172-173(1996)
9) Dieckmann, T. *et al.* : *Nat. Struct. Biol.*, **5**, 1042-1047(1998)
10) Withers-Ward, E. S., Mueller, T. D., Chen, I. S., Feigon, J. : *Biochemistry*, **39**, 14103-14112(2000)
11) Mueller, T. D., Feigon, J. : *J. Mol. Biol.*, **319**, 1243-1255(2002)

Fujiwara Kenichiro, Tochio Hidehito, 横浜市立大学大学院総合理学研究科 E-mail : gfuji@tsurumi.yokohama-cu.ac.jp tochio@tsurumi.yokohama-cu.ac.jp

Structural biology of ubiquitin and ubiquitin binding domain/motif

III. 단백질의 품질관리

Unfoldase로서 AAA단백질

Ogura Teru((小椋 光)

세포는 단백질의 고차구조를 에너지 의존적으로 folding하는 장치를 가지고 있다. 그런 것 중의 하나인 AAA(ATPases associated with diverse cellular activities)단백질은 다양한 세포기능을 조절하고 있다. AAA단백질의 분자메커니즘의 현황과 생물학적 의의에 관하여 설명한다. AAA단백질이 촉매하는 unfoldase는 보통의 분자샤페론이 촉매하는 refolding과는 고차구조의 변환이라는 점에서 반대방향이다. unfoldase와 분자샤페론은 표리일체의 관계에 있다.

Key Words AAA단백질 unfolding unfoldase 분자샤페론

●시작하기

단백질은 정확한 장소에 운반되어, 정확하게 folding 됨으로써 기능을 발휘하기 시작한다. 이 같은 과정은 많은 분자샤페론에 의해서 엄격하게 관리되고 있다. 이것에 비하여, 단백질의 입체구로를 푸는 unfolding은 스트레스라고 불리는 물리화학적 요인(고온과 ethanol 등)에 의해서 일어나 단백질은 활성을 잃기 때문에 세포의 입장에서는 나쁜 상황이 되는 것이 보통이다. 그러나 정상적인 세포기능의 관점에서 단백질의 unfolding을 필요로 할 때도 있기 때문에 그런 장치가 존재하는 것을 알았다.

I. 단백질 unfolding의 생리적 의의

단백질의 unfolding이 생리적으로 의의가 있는 것은 어떤 경우일까? 세포내 소기관 등의 막을 단백질이 통과할 때, 고차구조가 풀어지지 않고는 channel 형의 translocator의 구멍을 통과할 수 없을 때, 정확한 위치에 도착하기까지 folding이 일어나지 않도록 하면 걱정이 없다. 실제로 샤페론의 다른 역할로서 단백질의 unfolding상태를 유지하는 기능도 있다. 이것은 변성단백질의 응집체형성을 방지하기위하여서도 중요하다. 그러나 예를 들어 미토콘드리아에서는 folding된 단백질도 unfolding하여 channel을 통과시키는 장치가 있는 것이 알려져 있다.

다른 예로는 근육의 탄력(스프링) 구조라고도 불리는 titin이 알려져 있다*1. Titin은 분자량 3,000 kDa, 길이 1 μm에 이르는 실모양의 분자로서 분자내에 역병행 β sheet에 풍부한 Ig(면역글로뷰린)도메인의 반복구조을 가져서 기계적인 힘으로 잡아당기면 그 도메인이 한 개씩 unfolding하고, 그리고 자발적으로 refolding한다[1]. 단백질의 unfolding-folding의 연구자료로서도 빈번하게 사용된다.

II. 에너지 의존적 단백질분해는 기질단백질의 unfolding을 동반한다

잘 알려진 또 다른 한의 예는, 에너지 의존적 단백질분해이다. 진핵세포의 26S proteasome과 원핵생물의 ATP의존성 protease는 protease subunit(도메인) 링과 ATPase subunit(도메인)링이 결합하고 있다. 이들의 protease는 단지 불필요한 단백질을 분해

Teru Ogura, 熊本大学発生医学研究センター胚形成部門細胞複製分野 E-mail : ogura@gpo.kumamoto-u.ac.jp
AAA proteins as unfoldases

제거하는것 뿐만 아니라, 각종 단(短)수명조절단백질을 특이적으로 분해하여 세포기능을 조절한다[2]. 기질단백질은 ATPase 링의 channel을 통과하여 protease chamber에 보내져 분해된다. 이러기 위해서는 folding된 기질단백질을 분해하는 unfolding이 필요하다. 실제로 인식표를 붙인 모델기질을 사용하여 실험한 결과, Horwich박사팀은 ClpAP protease의 ClpA가 unfolding 활성을 가진 것을 증명하였다[3]. 이 unfolding은 ATP의 가수분해를 필요로 한다. 이와 같이 ATP의존성 protease의 ATPase는 기질단백질을 unfolding시키는 활성을 가지고 있기 때문에 "unfoldase"라고 불린다. 지금까지 동정된 ATP의존성 protease는 구조적으로 닮았으며 모두가 AAA family에 속한다[4) *2].

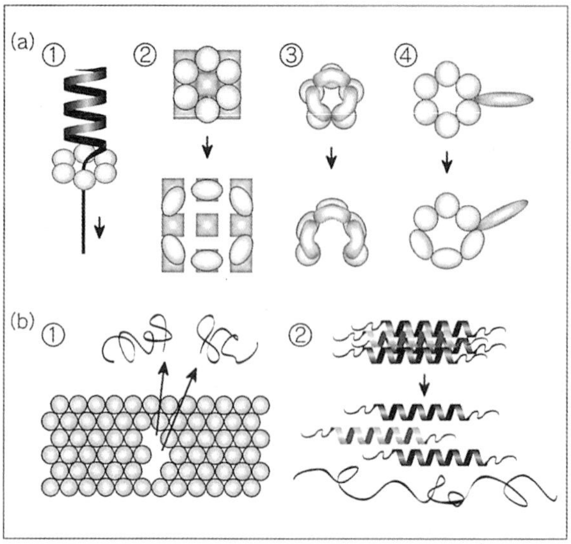

그림1. AAA+ 단백질의 작용 메커니즘
(a) AAA+ 단백질의 작용 모델. ① ATP의존적 protease의 ATPase ② katanin, NSF, p97, ③ clump-motor ④ dynein에서 추정된 작용모델
(b) ① katanin과 ②NSF의 작용모델의 또 다른 가능성

III. Protease 이외의 기능을 가진 AAA단백질의 작용 메커니즘

Protease로서 기능하는 종류 이외에도 다수의 AAA단백질이 존재하며 여러 종류의 세포기능에 관여하는 것이 알려져 있다. 일반적인 AAA단백질은 기질단백질의 unfolding에 관련되어있으나, 지금까지 알려져 있는 AAA단백질의 작용 메커니즘을 정리하면 아래와 같다. **그림**1a에서 보는 것과 같이 몇 개의 다른 양식이 있다[4]. 그중에서 중요한 반응으로 실제로 unfolding을 포함하는 것은 ①과 같이 실이 통과하는 방식뿐이다. ③과 ④는 각각 DNA복제에 작용하는 무리들을 DNA에 장착시키는 clump·motor, motor 단백질 dynein에 대해서 추정되는 작용 메커니즘으로서, 이 메커니즘에서는 기질단백질의 unfolding은 생각하기 어렵다.

미소관을 절단하는 katanin, 막융합에 중요한 SNARE (soluble NSF attachment protein receptor), 복합체를 disassemble 하는 NSF(N-ethylmaleimide-sensitive factor), p97(또는 VCP, 효모에서는 Cdc48p) 등에 대해서 추정되어있다. ②의 작용모델은 ③과 비슷한 기능을 가졌지만 ①의 방식으로도 설명할 수 있다(그림1b②). 이 같은 가설을 생각할 수 있는 이유는 실이 통과하는 방식으로 생각되는 AAA/AAA+ 단백질은 링의 구멍에 기능적으로 중요한 아미노산배열이 있어 그림1a②의 모델로 생각되는 katanin, NSF, p97/VCP/Cdc48p 등의 AAA subfamily에는 그 배열이 모두 보존되어있기 때문이다. 필자팀은 FtsH를 해석한 결과, 구멍의 배열이 기질단백질의 unfolding과 translocation에 관여하는 것이 시사되었다[5]. 소포체관련분해에 작용하는 p97은 아마도 실이 통과하는 방식으로 misfolding된 소포체단백질을 세포질로 역수송한다.

---

*1 Maruyama박사는 후에 titin과 동일한 것으로 판명된 근육의 탄성단백질을 분리하여 "연결한다"는 의미의 connectin이라고 이름지어 1976년에 보고하였다. 1979년에 Wang박사팀에서 "거대한"이란 의미로 titin이라고 명명하였다. 현재는 titin이라는 이름이 널리 사용되고있다.

*2 AAA는 공통된 ATPase 도메인을 가지고 있음에도 불구하고 그들이 다양한 세포기능을 가지고 있어서 이름 붙여졌다. AAA는 구조적으로는 Walker형의 ATPase의 속, C-말단 측에 α 나선구조가 풍부한 도메인을 가져 링상태의 oligomer를 형성하는 family이다. AAA는 subfamily로서는 SRH(second region of homology)라고 불리는 특징적인 motif를 가진다.

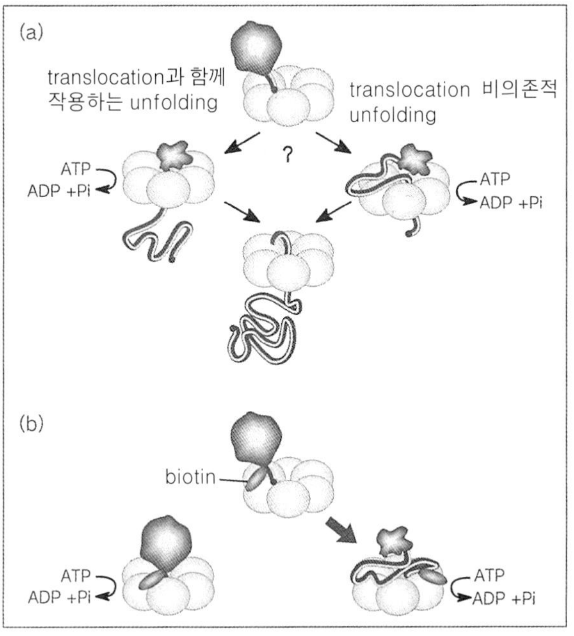

그림2. Unfolding과 translocation
(a) 2가지 반응의 관계 (b) 실제의 디자인과 결과

IV. 기질단백질의 unfolding 메커니즘

그렇다면, 기질단백질의 unfolding은 어떻게 일어나는가? 하나는 translocation이 unfolding을 유도할 가능성이 있다. 또 다른 하나는 translocation과는 관계없이 translocation보다 먼저 일어날 가능성이다(**그림2**a). 이 두 가지를 구별하는 실험을 Navon과 Goldberg가 하였다[6]. 고세균 유래의 proteasome 제어 AAA ATPase인 PAN (proteasome activating nucleotidase)에 의한 unfolding 반응계에서, 인식된 직후에 아주 안정적인 biotin을 결합시켜서 물리적으로 transolaction이 일어나지 않도록 한 기질의 unfolding을 추적하였다. 분명하게 unfolding이 일어나는 것이 증명되었다(그림2b).

V. Unfoldase와 분자샤페론은 표리일체

AAA단백질이 촉매하는 unfolding은 보통의 분자샤페론이 촉매하는 refolding과는 고차구조의 변환이라는 점에서는 역방향이지만 unfolding과 분자샤페론으로 2가지로 분류하기에는 쉽지 않다. 예를 들어, ClpA 등은 그 자신이 변성단백질을 refolding하는 기능도 가지며, ClpB/Hsp 104는 단백질응집체를 disassembly 시킨다. 그리고 앞에서 설명한 NSF에 의한 SNARE의 해체는 SNARE분자의 재활성화이다. 이와 같이 unfoldase와 분자샤페론은 표리일체의 관계로 unfoldase는 분자샤페론의 특수한 형태라고 생각할 수 있다.

●끝맺기

이상과 같이 설명한, AAA⁺단백질 중에서 AAA단백질과 protease ATPase가 unfoldase라는 견해(혹은 그 가능성이 높다)가 필자 팀에 의해서 소개되었지만, 그것의 상세한 분자 메커니즘은 모두가 다음 연구의 과제로 남아있다. 최근 몇 년간에 AAA단백질의 결정구조도 몇 개가 밝혀지고, 구조-기능의 상관관계의 해명은 그리 멀지않은 것 같으나, 그러기 위해서는 새로운 해석법이 도입되는 것이 중요하다. Unfoldase의 생물학적의의는 분자샤페론과의 관계에서 새로운 개념을 제창하는 것이 될 것이다.

Q clump·motor에도 구멍근방의 구조는 중요하다고 생각하는가?

A clump·motor는 clump를 unfolding시키는 활성은 없고, 구멍근처는 그 작용에는 중요하지 않다고 생각한다.

Q p97이 실이 통과하는 방식으로 misfoldi 단백질을 세포질로 역수송하지만, translocon 자신이 실이 통과하는 방식의 능력을 가지고 기질을 unfolding한다. 두 번이나 실이 통과하는 방식으로 unfolding시키는 의미는 무엇인가?

A translocon은 unfolding된 기질단백질이 자나가는 길일뿐 만아니라 기질단백질의 unfolding 상태를 유지한다. 수송의 방향성을 결정하는 것은 막의 양쪽에 있는 샤페론이다. ERAD에서 p97의 역할은 unfolding보다는 세포질로 잡아당기는 것이다. 소위 Brownian ratchet라는 세포질 측으로의 방향성을 결정하는 것으로 생각한다. 상세한 것은 아직 잘 모른다.

문헌

1) Trinick, J., Tskhovrebova, L. : *Trends Cell Biol.*, **9**, 377-380 (1999)

2) Gottesman, S. : *Annu. Rev. Cell Dev. Biol.*, **19**, 565-587 (2003)

3) Weber-Ban, E. U., Reid, B. G., Miranker, A. D., Horwich, A. L. : *Nature*, **401**, 90-93 (1999)

4) Ogura, T., Wilkinson, A. J. : *Genes Cells*, **6**, 575-597 (2001)

5) Yamada-Inagawa, T., Okuno, T., Karata, K., Yamanaka, K., Ogura, T. : *J. Biol. Chem.* **278**, 50182-50187 (2003)

6) Navon, A., Goldberg, A. L. : *Mol. Cell*, **8**, 1339-1349 (2001)

III. 단백질의 품질관리 (총론)

단백질의 세포내 recycling system (원핵세포)

Ogura Teru (小椋 光)

세포내에서 고장 혹은 녹이 쓴 단백질은 수리하여 재생하는 것과 분해하여 부품으로서 아미노산을 회수하는 것으로 정교하게 구별하여 처리하는 장치가 존재한다. 이것을 사용하는 것은 분자샤페론과 protease이다. Protease중에는 분자샤페론으로서 기능을 병행하는 것도 있으며, 수리공장과 해체공장은 서로 연계되어있다. 또 잘못된 공정에 의해서 제조된 불량품단백질을 시장에 유통시키지 않는 기능도 있어서 품질관리와 recycling이 엄격하게 품질관리되고 있다.

Key Words 분자샤페론 ATP 의존성 protease 품질관리 refolding trans-translation

●시작하기

생태계(ecosystem)이라는 것은 아주 이상적으로 만들어진 것이다. 지구전체를 보면 작은 연못의 물이라든지, 생물군집과 무기적 환경을 구성단위로 하여 하나의 계가 성립된다. 생물군집에는 생산자(식물 등)와 소비자(동물 등)와 분해자(미생물 등)로 하는 3종류의 기본적 단위가 존재한다. 생산자가 1차 소비자에게 먹히고 그 다음에 2차 소비자에 먹히는 사슬관계(먹이사슬)가 있다, 이들이 죽으면 분해자가 처리한다. 이 계에서 일반적으로 에너지는 태양에너지를 생산자가 받아(이용), 일부는 생산자에서 소비자, 분해자까지 흘러가지만 나머지는 생물군집의 호흡에 의해서 무기적 환경으로 방출된다. 한편, 물질은 생물군집과 무기적 환경사이에서 순환한다. 이것은 일종의 recycling임에 틀림이 없다. 이것이 정상적으로 성립되기 위해서는 각 계층의 균형이 중요하다. 어떤 것이 부족하지도 않고 비정상적으로 증가하지 않아야만 system 전체가 유지될 수 있다. 생물에 국한하지 않고 한정된 자원을 어떻게 잘 이용하는가는 지구규모의 문제가 되고 있다. 가까운 주변에서도 자원쓰레기의 recycling 등이 진행되고 있다. 이 모두가 「eco (ecology)」가 핵심이 되어있다.

지구규모의 문제와 동일한 무제가 단 하나의 세포에도 존재하며 실제로 잘 처리되고 있다. 여기에서는 단백질의 순환시스템에 관하여 microecology의 세계를 돌아보도록 한다. 가능하면 단순한 system이 이해하기 쉽기 때문에 여기에서는 대장균을 중심으로 이야기를 진행하지만, 여기에서도 놀랄 만큼 미묘한 장치가 준비되어있다는 것이 분명해졌다. 단백질의 recycling이라고 한 경우에 크게 2가지의 다른 방법을 생각할 수 있다. 하나는 뭔가에 의해서 상처를 받은 단백질을 수리하여 재생하는 방법이며 또 다른 하나는 쓰레기로 처리하여 아미노산이라는 부품을 회수하는 방법이다. 이 두 가지를 합해서 일반적으로 단백질의 quality control (품질관리)라고 부른다. 세포내에서 단백질의 품질관리와 recycling에 깊이 관여하는 것이 분자샤페론과 ATP의존성 protease이다. 분자샤페론은 제I부에서 상세하게 설명한 것과 같이 단백질의 정확한 folding 과정에 활동하는 것뿐만 아니라, 이상단백질 (스트레스에 의해서 변성된 단백질 혹은 파트너단백질과 결합하지 못한 단백질 등)을 인식하여 그들의 refolding(뒤에서 설명하겠

Teru Ogura, 熊本大学発生医学研究センター胚形成部門細胞複製分野 E-mail : ogura@gpo.kumamoto-u.ac.jp
Protein recycling systems in prokaryotic cells

지만 단순히 1개의 변성단백질의 refolding뿐만 아니라 변성단백질의 응집체를 풀어서 활성형 단백질이 될 때까지 refolding시키는 system이 있는 것이 분명하게 밝혀졌다)을 도와준다든지 그것이 곤란할 때에는 ATP의존성protease에 의해서 분해·제거를 촉진한다. 그리고 합성 중에 이상단백질이 생긴 경우도 있다. 세균은 이렇게 제조과정에서 생긴 불량품을 유통시키지 않는 system을 가지고 있다고 알려져 있다. 여기에서는 이들의 system에 초점을 두고 현재 일어나고 있는 상황을 소개한다.

I. 異常단백질을 수리하여 recycling하는 system

단백질이 합성된 후에 정확하게 folding 상태를 가지고 정확한 장소에서 기능을 발휘하기까지는 수많은 관문이 기다리고 있다. 그 각각의 단계에 관여하는 것이 분자샤페론이 존재한다는 것은 지금은 상식이 되었다. 제I부에서 상세하게 설명한 것과 같이 이 분야의 연구역사가 30년 남짓하다. 그러나 대표적인 샤페론인 DnaK/DnaJ/GrpE와 GroEL/ES는 각각의 이름이 나타내는 것과 같이 원래는 어떤 종의 phage(세균에 기생하는 virus)의 DNA복제와 증식·형태형성에 필요한 인자로 동정되었지만, 현재와 같이 세포내의 단백질의 보편적인 인자로서 지위를 확보한 것은 아주 최근의 일이다. 분자샤페론의 생물학적 의의가 밝혀진 것은 이들 샤페론의 많은 경우가 열충격에 의해서 합성 유도되는 단백질(heat shock protein: Hsp)이라는 것이 알려지면서부터이다*1. 열충격등의 스트레스는 세포내의 많은 단백질을 변성시켜서 세포기능이라는 관점에서는 위기적 상황에 빠지게 된다(**그림1**). 이런 상황 하에서 특이적으로 발현이 유도되는 단백질무리가 알려졌으며, 그런 유도가 잘 되지 않는 변이체는 이들 스트레스에 대하여 고감수성이 된다는 것이 판명되었다. 열충격등의 스트레스에 의해서 변성 혹은 misfolding된 단백질의 재생(recycling)에서 중요한 역할을 하는 것이 GroEL/ES(샤페로닌) system과 DnaK/DnaJ/GrpE system이다(그림1). 이것들에 관해서는 제I부에서 상세하게 설명되었기에 여기에서는 더 이상 설명하지 않는다.

Bemd Bukau

변성·misfolded 단백질이 가용성의 상태로 존재한다면 위에서 설명한 샤페론 system과 DnaK system이 효율적으로 작용하여 refolding이 일어나지만 변성·misfolded 단백질이 소수성의 상호작용에 의해서 찐덕찐덕하게 엉켜서 응집체를 형성하면 위험하게 된다. 아주 최근까지 이들의 응집체는 어떻던 원래상태로 돌아가지 못하며, 제거방법으로는 뒤에서 설명하는 protease에 의해서만 분해된다고 생각했지만, Lindquist팀이 효모에서 Hsp40과 Hsp70 system의 공동작업에 의해서 응집단백질이 탈응집하여 활성형단백질까지 refolding된다는 보고[1]를 함으로써 상황은 변하였다. 세균에서도 Hsp104, Hsp70 system의 상동체는 존재한다. 이미 설명한 것과 같이 Hsp70 system의 상동체는 DnaK system이다. Hsp104는 AAA$^+$형의 샤페론으로서 세균에서는 ClpB가 그것의 상동체이다. 실제로 3팀(Yoshida팀[2], Zolkiewski팀[3], Bukau팀[4])이 독립적으로 ClpB와 Dnak system이 협조적으로 단백질응집체에 작용하여 탈응집·refolding 시키는 것을 보고하였다. 이들 system이 어떤 순서로 아니면 어떻게 협조하여 작용하여 어떠한 단계를 거쳐서 refolding되는지는 지금도 뜨거운 이슈중의 하나이다. 큰 응집체에는 우선 ClpB가 작용하여 그것을 작은 응집체로 변환시켜는 DnaK system이 작용한다는 순차적(sequential) 모델을 지지하는 견해도 있다. 탈응집된 단백질의 refolding은 단지 DnaK 만으로도 진행되지만, ATP를 가수분해할 수 없는 변이ClpB는 작은 응집체에 결합한 DnaK system에 의해서 탈응집을 저해 받는다[5, 6]. 한편, 미토콘드리아의 상동 sys-

*1 열충격단백질의 개념은 최초는 초파리에서 제창되었지만, 대장균에 관해서는 由良(Yura)팀이 선도적인 역할을 하였다. Georgopoulos팀, Neidhardt팀, Grosse팀이 경쟁적 혹은 협력적으로 열충격단백질의 동정과 열충격 응답메커니즘의 해명을 진행했다.

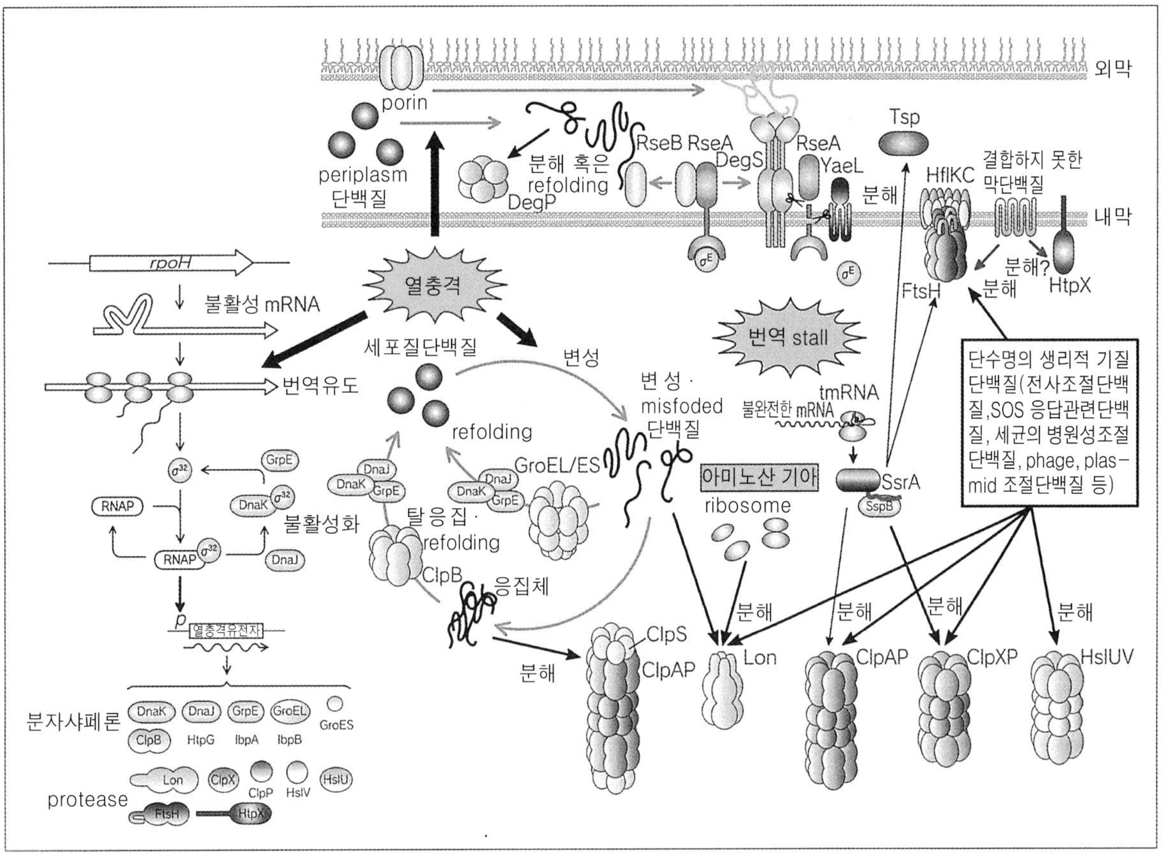

그림1. 원핵세포의 단백질 recycling system의 전체모습

대장균 세포를 모델로 하여 단백질의 cycling system의 전체모습을 나타냈다. 왼쪽에 전사인자 σ32에 의한 열충격응답기구과 대표적인 열충격단백질을 표시하였다. σ^{32}는 DnaK system에 의한 불활성화와 FtsH에 의한 분해에 의해서 제어된다. 진핵세균에서 열충격응답은 다양성이 있다. 예를 들어 고초균에서는 σ^{32}이 없는 반면에 HrcA repressor에 의한 제어기구가 있다. 열충격단백질대부분은 분자샤페론 혹은 protease로 분류되며 이들은 단백질의 품질관리에는 역할을 하지만, 기능이 밝혀지지 않은 열충격단백질(그림에서는 생략)도 있다. 중앙에 단백질 변성·refolding cycle과 그들의 대표적인 기질을 표시하였다. 변성단백질과 응집체는 protease에 의해서 분해경로에서도 처리된다. 오른쪽에는 ATP의존성 protease와 그들의 대표적인 기질을 나타냈다. 정상적인 folding 상태에서 어떤 생리적 기질단백질은 각각 특이적인 protease에 의해서 분해되지만 여기에서 설명하지 않는다. tmRNA(SsrA)가 관여하는 *trans*-translation의 결과 생긴 SsrA-tagged 단백질의 운명과 마미노산 결핍조간에서의 Lon에 의한 ribosome 단백질의 분해를 나타냈다. 위에 세포표층에서의 단백질품질관리기구를 나타냈다[口絵6(p.5)참조].

tem과 세균의 system을 조합한 실험결과 Hsp70(DnaK) system과 Hsp100(ClpB/Hsp78) system이 동일한 종에서 유래된 조합에서만 기능을 하는것을 알았다. 양 system이 복합체를 형성하여 협력적으로 작용할 가능성도 시사되었다[7].

최근에 ClpB의 결정구조도 밝혀져[8], 구조와 분자메카니즘의 관계가 논의되는 단계가 되었다. 상세한 것은 Wadanabe·Yoshida 박사가 쓴 것을 참고하기 바란다. 단백질응집체는 생물학적 관점뿐 만아니라 의학적인 견지에서도 깊은 관심을 가져야할 분야이다. 왜냐하면, 사람의 많은 신경변성질환이 단백질응집체형성을 동반하는 신경세포의 죽음이 원인이기 때문이다. 세포가 변성단백질응집체를 탈응집·재생하는 system을 준비하고 있는 것은 이들 신경변성질환(적어도 일부)은 탈응집system의 기능저하 때문일지도 모른다. 실제로 닮은 system이 어떤 종의 응집체형성과 밀접하게 관계가 있다는 것이 하나둘 밝혀지고 있다. 앞으로 탈응집system을 인위적으로 제어하는 방법이 확립되면 치료의 길도 열릴 것이다.

II. 異常단백질을 분해하여 부품(아미노산)으로 recycling하는 system

수리하여 재생할 수 없는 이상단백질은 세포로서는 유독하기 때문에 가능한 빨리 처리하기를 원한다. 그렇게 함으로써 세포독성이 해소되는 것뿐만 아니라 다른 단백질을 합성하기위한 부품인 아미노산의 공급도 원활해진다. 세포내에서 단백질분해의 주역으로 활동하는 것은 당연히 protease이지만 세포내 단백질분해의 대부분은 에너지 의존적(통상 ATP가 사용된다)으로 일어난다. 최근에는 가전제품을 버리는데도 돈이 드는 것과 같이 불필요한 물품의 처리에 일정한 지불이 필요한 것은 일반적이지만, 단백질분해에 대가를 필요로 하는 것은 화학적으로는 기묘한 것이다. 아미노산의 peptide 중합결합에 의해서 단백질이 되는 것은 설명할 필요가 없으나 이 peptide 결합의 절단에는 에너지가 필요하지 않다. 먹은 고기가 소화관(이것은 세포에 있다)에서 pepsin과 trypsin에 의한 protease로 분해될 때에 에너지는 필요 없다. 실험관속에서 정제된 효소만으로 분해가 재현되는 것을 생각하면 너무나 당연한 것이다. 에너지의존적 단백질분해에서 에너지는 왜 필요한 지는 이후의 중요한 연구과제중의 하나이다. 극단적으로 말하면, ATP의존성 protease는 기질을 절단할 때까지 기질단백질의 구조변화를 수반하는 전처리에 에너지가 필요하다고 할 수 있다. 다른 견해는, ATP의존성 protease는 분해효율을 높이기 위하여 에너지를 사용하는 것이라기보다는 「분해해서는 안되는 정상단백질을 분해하지 않는」장치이며, 단지 기질단백질이 특별한 진행과정을 거쳐 분해된다고도 한다.

대장균에서는, 지금까지 5종류의 ATP의존성 protease가 발견되었다[9](그림1). 그 중에서 4종류(Lon, ClpAP, ClpXP, HslUV)는 가용성 세포질 protease이지만, FtsH는 막관통도메인을 가진 막결합형 protease이다. Lon과 FtsH는 한 가닥의 polypeptide내에 protease 도메인과 ATPase 도메인을 가지지만, 다른 3종류는 protease subunit와 ATPase subunit가 결합함으로서 ATP의존성 protease로서 기능을 한다. ClpAP와 ClpXP는 protease subunit로서 ClpP를 공통으로 사용한다. FtsH는 막결합형으로서 유일하게 막단백질기질을 ATP의존적으로 분해하며, 세포질단백질을 기질로 하는 대장균에서는 필수적인 유일한 ATP의존성 protease라는 특징을 가지고 있다. 5개의 ATP의존성 protease의 ATPase 도메인과 subunit는 서로 간에 많이 닮아있어서 모두가 AAA^+ subunit family에 속한다. 이들은 모두가 링모양의 oligomer를 형성하는 특징을 가진다.

ATP의존성 protease family가 샤페론family와 함께 열충격단백질의 또 다른 하나의 기능을 가진 그룹을 구성하고 있는 것은 아주 중요한 일이다. 최초로 발견된 ATP의존성 protease는 Lon으로 60년대 후반에는 벌써 그것의 변형주가 얻어져, 이것이 protease을 코드하고 있다는 것이 밝혀진 것은 1981년이다[11, 12]. 오랫동안 Lon이 대장균의 유일한 ATP의존성 protease라고 생각했으나 1987년에 제2의 protease ClpAP가 발견됨으로써[13, 14], 이들 protease의 생물학적 의의에 관하여 본격적인 연구가 시작되었다. 원래 사람들은 DNA복제, 전사, 단백질합성등과 같이 물건이 만들어지는 것에는 관심이 많지만 분해하는 것에는 관심이 별로 없다, 그것이 단순히 폐기처분되는 것이라면 더욱 더하다. 자주「생산적(productive)인 일을 하라」고 말해지지만 disruption은 non-productive 보다 더욱 나쁘게 생각된다. 그러나 최근의 연구는 세포내의 에너지의존적 단백질분해가 단순히 폐기처분이 아니라는 것이 밝혀져 단백질분해의 아주 새로운 세계가 열렸다.

세포내 이상단백질의 분해에 관여하는 주요한 ATP의존성 protease는 Lon과 ClpAP라고 생각한다. 이 2개의 protease는 서로 상당히 다른 것 같다. Lon은 단지 가용성의 변성·misfolded 단백질의 분해를 주도하지만 ClpAP는 응집체가 되어버린 단백질을 분해한다. 그리고 ClpAP는 다음에 설명하는 SsrA 단백질의 분해에도 관여한다. 어느 쪽의 분해에 속하게 되는지의 조절은 ClpS라고 불리는 adaptor 단백질에 의해서 알려져 있다[15)*2]. ClpS가 ClpAP에 결합하면 SsrA 단백질의 분해활성이 저해되어 응집체단백질의 분해활성이 촉진된다.

더욱 흥미로운 것은 ATP 의존성 protease는 단순하

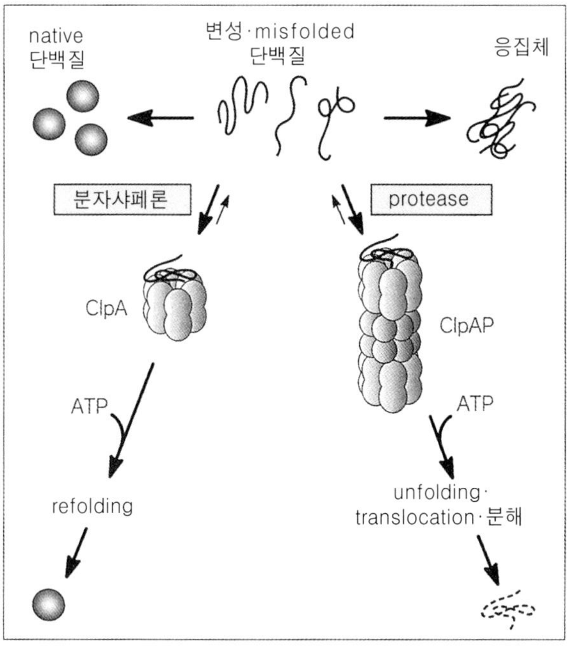

그림2. 단백질의 품질관리기구에 있어서 triage 모델

게 protease로서 작용하는 것뿐만 아니라 ATPase 도메인과 subunit는 분자샤페론활성을 함께 가지고 있다는 것이 밝혀졌다. 즉, 수리·재생이 분해·재처리의 어느 쪽인가를 선택하게 된다. 이들을 야전병원 등에서 부상병의 치료(한정된 의료자원을 최대한 활용하여 치료의 효율을 높이기 위하여 도움을 받을 수 있는 환자만을 선별하는 system)에 비유하여 triage라고 부른다. 예를 들어 ClpAP는 protease로서 기질단백질을 분해하지만 ClpA는 분자샤페론으로서 기능을 발휘하여 기질단백질의 remodeling(불활성의 2당체 단백질의 활성형 단량체로 변환 등)을 한다(**그림2**)[*3].

III. 합성 중에 생긴 불량품에 표식을 하여 분해하는 system

진핵세포에서는 불필요하게 된 단백질에 분해를 위한 표시를 하여 분해하는 ubiquitin-protease계라는 system이 존재하지만, 고세균을 포함한 원핵세포에서는 ubiquitin계가 존재하지 않는다. 일반적으로 변성단백질의 분자표면에 노출된 소수성 peptide가 직접 분자샤페론과 protease에 인식된다. 아니면, 짧은 수명의 조절단백질은 내재성의 인식표를 준비하고 있다. 그러나 원핵생물에는 핵막이 없기 때문에 전사 (mRNA 합성)와 번역 (단백질 합성)은 동시에 일어나며, mRNA는 진핵세포처럼 말단에 보호기를 가지지 않기 때문에 아주 단수명이다. 그러기 때문에 전사가 끝나지기 전에 번역이 시작한다든지, 전사가 중도에 끝나버린다든지, mRNA의 3′-말단측이 번역이 끝나지기 전에 절단되는 사고가 일어나기 쉽다. 이와 같은 mRNA에는 번역종지코돈 (stop codon)이 존재하지 않기 때문에 번역이 종지하지 않는다. 이것은 실제로 큰 문제를 불러일으킨다. 즉, stop codon이 번역종결인자에 의해서 인식됨으로써 번역이 종료되고, mRNA와 신생 peptide가 ribosome에서 분리되기 때문에 stop codon이 없는 mRNA의 번역은 종료하지 않고 ribosome에 mRNA와 중도까지 합성된 신생 peptide가 결합된 채 꼼짝 못하게 되어버린다(stall). 이것은 활성을 가진 완전한 단백질이 합성되지 않을 뿐만 아니라, 그 ribosome이 다음의 mRNA의 번역을 하는 것도 저해한다. 원핵세포에서는 이와 같이 위험한 상황을 타계하기 위하여 ribosome을 구제하는 것과 함께 불완전한 신생 peptide의 신속한 분해를 명령하는 절묘한 system이 존재한다는 것이 Sauer 박사팀에 의해서 제창되었다[18]. 이 system에서 주된 역할을

Robert T. Sauer

*2 ClpA는 대장균의 ATP 의존성 protease의 subunit중에서 유일하게 열충격단백질이 아니다. 최근에 *ClpA* 유전자의 상류에 *ClpS*유전자가 존재하여 operon을 형성할 가능성을 보였으며 그 상류에 열충격promotor의 consensus 배열이 발견되어 ClpA이 열충격단백질인지를 재검토할 필요가 있다.

*3 ClpP와 복합체를 형성하지 않는 것이 ClpA와 ClpX가 분자샤페론으로서의 기능을 위한 필수조건은 아니다. ClpAP와 ClpXP가 샤페론활성을 가진 것이 실험적으로 증명되었다[17]. 이때에 protease로서의 활성과 샤페론으로서의 활성조절이 어떻게 일어나는지는 분명하게 밝혀지지 않았다. 한 가닥의 polypeptide chain에 ATPase 도메인과 protease 도메인을 가진 Lon과 FtsH에 관해서도 샤페론으로 기능을 한다는 것이 시사되었다.

담당하는 것이 tRNA와 mRNA의 동시기능을 가진 tmRNA(SsrA 혹은 10Sa RNA라고 불림)이다. 이 tmRNA는 움직이지 않고 있는 ribosome을 인식하여 자기자신의 중심에 있는 mRNA로서 기능을 하는 배열(최후에는 stop codon을 가짐)에 대응하는 10개정도의 아미노산을 신생 peptide의 C-말단에 붙여 번역을 종료시켜서 polypeptide을 ribosome에서 떨어지게 한다. 그렇지만 c-말단에 붙게 된 아미노산배열은 protease의 인식표지(SsrA라고 부름)가 되어 신속하게 분해된다. 일석이조의 system이다. 이 tmRNA에 의한 번역 system을 *trans*-translation이라 부른다 (상세한 분자기구는 姬野·武藤의 원고를 참고하라).

세포질에는 4종류의 ATP의존성 protease가 존재하지만 SsrA 단백질의 분해는 어떻게 분담・제어되는가에 대하여서는, 적어도 ClpAP와 ClpXP가 SsrA 단백질을 인식하여 단백질을 분해하는 활성을 가지는 것이다. 그러나 *in vivo*에서는 거의 대부분의 세포질 SsrA tag 작용에 단백질은 ClpXP에 의해서 분해된다는 것이 알려져 있다. 그것은 SspB라는 adaptor 단백질의 작용에 의해서 일어난다. SspB는 SsrA tag단백질에 특이적으로 결합한다. SspB에 결합한 SsrA tag단백질은 ClpXP에 선택적으로 인식되어 분해된다[19]. ClpS가 ClpAP에 의한 SsrA tag단백질의 분해를 저해하는 것도 ClpXP에 의한 선택적 분해에 기여한다. *trans*-translation은 불완전한 mRNA의 번역산물인 SsrA tag단백질을 protease로 제거하는 system으로서만이 아니라, 몇 종류의 유전자에서는 정상적인 조건에서도 일어나며, 어떤 종에서는 조절기능도 가진다.

IV. 막단백질의 recycling system

異常한 막(세포막; 대장균에서는 내막을 말한다) 단백질 분해는 대부분 FtsH에 의해서 일어난다고 생각하지만[20], 최근에 *htpX*의 이중변이주의 분석에 따르면, HtpX도 막단백질의 품질관리에 관여한다는 것이 밝혀지고, 이것은 protease motif를 가지고 있는 것으로 보아 아마도 막단백질의 분해에 관계한다고 생각한다[21]. 덧붙여 HtpX는 ATPase 도메인은 가지고 있지 않는 ATP 비의존성 protease이다. FtsH와 HtpX에 관해서는 Akiyama(秋山)박사가 상세하게 설명한 것을 참고하기 바란다.

SsrA표지가 붙은 막단백질도 당연히 생기는 것으로 생각되지만, SsrA tag단백질의 분해가 무엇에 의해서 일어나는지에 관해서는 아직 아무것도 모른다. HtpX는 SsrA tag를 인식하는 것으로 알려져 있어 유력한 후보이다.

이상 설명한 것과 같이, 세포질 및 막결합형의 ATP 의존성 protease는, 변성단백질, SsrA tag단백질, 결합을 못한 막단백질 등 이상단백질의 분해에 관련하는 것 이외에 특이적으로 짧은 수명의 생리적 기질단백질을 분해함으로써 각종 세포기능을 조절한다. FtsH가 필수적인 이유는 LpxC라는 lipopolysaccharide와 phospholipid (모두가 막 구성성분)의 균형있는 생합성을 조절한다. *Caulobacter*에서는 복수의 ATP 의존성 protease가 정교한 세포주기조절 메커니즘의 네트워크를 형성한다는 것이 밝혀졌다. 이들의 생리적기질의 분해는 단수명단백질에 의한 세포기능의 조절이라는 측면은 물론 기질에 존재하는 tag의 인식기구라는 측면에서도 흥미있는 테마이지만, 여기에서는 주제에서 벗어남으로 상세하게 설명할 수 없다. 아미노산결핍이라는 극한적인 환경하에서 축적되는 phospholipid가 adaptor 단백질로서 ribosome 단백질을 분해하여 긴급하게 필요한 아미노산을 공급하는 system이 최근에 밝혀져서(그림1), *Salmonella* 등의 병원성세균에서 병원성에 관련하는 유전자군의 발현이 ATP 의존성 protease에 의해서 조절된다는 것을 알았다. 최근 protease 활성부위에 변이를 가진 변이 ClpXP을 사용한 생리적 기질단백질의 광범위한 탐색결과가 보고에 의하면, 인식 tag가 다른 적어도 5종류를 분류하였다[22]. 이같이 분자샤페론과 ATP의존성 protease의 기질단백질의 광범위한 분석을 통하여, 샤페론-protease에 의한 폭넓은 세포조절 네트워크의 전모를 밝히기 위한 분석도 시작되었다.

V. 세포표층단백질의 recycling system

지금까지 「세포내」와 「세포막」에 관하여 살펴보았다. 대장균 등의 그람음성세균에는 내막이라 불리는 진핵세포의 세포막에 상당하는 막의 외측에 또 하나의 외막이라 불리는 막이 있어, 2개 막 사이를 periplasm이라 부른다. 이것은 세포외라는 표층구조이지만, 최근에 periplasm단백질의 품질관리의 중요성이 밝혀졌다. 이 공간의 특징은 세포외측에 있기 때문에 ATP 등의 에너지원이 없다는 것이다. 이러기 위해서는 periplasm에서 기능을 하는 분자샤페론과 protease는 세포내에서 기능을 하는 많은 것들이 ATP를 요구하는 것에 비하여 ATP 비의존적인 것이 특징이다.

Periplasm에는 예외적으로 다수의 protease가 존재한다. 여기에서는 대표적인 것을 소개한다. 세포질의 열충격응답은 보통 42℃정도의 고온에서 σ^{32}에 의해서 유도(그림1)되지만, periplasm의 열충격응답은 그것보다 고온인 50℃에서 유도된다. 이 periplasm의 스트레스응답에 관련하는 전사인자가 σ^{E}이다. σ^{E}를 코드하고 있는 유전자는 *rseA, rseB*와 operon을 형성하여 σ^{E} 자신에 의해서 전사가 유도된다. σ^{E}는 RseA에 결합하여 불활성화상태이지만, DegS에 의한 periplasm측의 절단, 그것에 연속하여 일어나는 YaeL에 의해서 막관통영역의 절단에 의해서, σ^{E}가 유리되어 활성형이 된다. 이때에 DegS의 활성스트레스에 의한 제어를 받아 변성외막단백질에 결합하여 활성화된다. RseB는 RseA과 함께 periplasm 영역에 결합하는 단백질로서 변성단백질 결합활성을 가져 스트레스응답의 센서의 하나로 작용한다는 모델이 제창되어있다. Periplasm에서 생긴 변성단백질의 분해는 σ^{E}의 전사제어를 받는 DegP(HtrA)에 의해서 일어난다(그림1). 이 DegP는 물론 ATP 비의존성이지만 흥미롭게도 protease 활성과 샤페론활성을 함께 가져서 그 활성조절은 온도에 의존한다고 알려져 있다[23]. 즉, 저온에서는 샤페론으로서의 활성이 강하고, 고온일 때는 protease활성이 촉진된다. 이런 조절기능 때문에 periplasm에서 변성단백질의 refolding에 관여하였다가 분해에도 관여하는 것 같다. SsrA에 tag가 붙은 periplsm의 단백질을 분해하는 protease로서 Tsp가 동정되어있다. Periplasm에는 disulfide 결합을 가진 단백질이 많다. Disulfide 결합형성에 관여하는 Dsb system에 관해서는 Akiya박사가 설명한다.

VI. 고세균의 단백질 recycling system

고초균은 핵막이 없다는 점에서는 원핵세균임에 틀림이 없지만, 여러 가지 system(예를 들어 DNA 복제 system 등)을 비교해보면 진핵세균보다도 진핵세포에 닮은 점이 많다는 것이 알려져 왔다. 분자샤페론과 ATP 의존성 protease에 관해서도 같은 경향을 보인다.

고초균의 분자샤페론에 관한 상세한 것은 Yoshida(吉田)박사가 설명하겠지만, 샤페론은 진핵세포의 세포질에 존재하는 것과 비슷한 형이다. 그리고 아주 특이한 것은 초호열성고초균에는 Hsp70이 존재하지 않는다. 한편, protease에 관해서는 진핵세포에 비교하면 단순하지만 proteasome이 존재한다(그렇지만 ubiquitin계는 없다)는 것이 아주 큰 특징이다. 그러기위해서 진정세균에 존재하는 다수의 세포질 ATP 의존성 protease는 존재하지 않는다. 또, 막결합형의 ATP의존성 protease로서는 고초균의 Lon이 존재하지만 FtsH의 상동체는 없다. 고초균의 protease에 관해서는 Tamura(田村)박사의 것을 참고하라.

●끝맺기

이상으로 살펴본 것과 같이 [단백질의 품질관리]는 제I부 [단백질의 탄생에서 성숙] 에 연속하여 단백질의 드라마 후반부이다. 앞에서 [ecosystem]이라고 설명하였지만 위기적인 환경파괴가 초래되는 것같이 세포의 입장에서는 심각한 문제에 직면하게 된다. 그것은 제IV부에서 설명되는 [병태·folding 병]로 연결된다. 기분좋고 상냥한 상태로 배우가 무대를 바꾸어 놓은 것같다. 희극이라 다행이지만 세포로서는 비극적인 일일뿐이다. 그런 일이 일어나지 않도록 세포의 [단백질의 품질관리 메커니즘]이 정상적으로 기능을 하는 것이 중요하다.

문헌

1) Glover, J. R., Lindquist, S. : *Cell*, **94**, 73-82(1998)
2) Motohashi, K. *et al.* : *Proc. Natl. Acad. Sci. USA*, **96**, 7184-7189(1999)
3) Zolkiewski, M. : *J. Biol. Chem.*, **274**, 28083-28086(1999)
4) Goloubinoff, P. *et al.* : *Proc. Natl. Acad. Sci. USA*, **96**, 13732-13737(1999)
5) Diamant, S. *et al.* : *J. Biol. Chem.*, **275**, 21107-21113(2000)
6) Weibezahn, J. *et al.* : *J. Biol. Chem.*, **278**, 32608-32617(2003)
7) Krzewska, J. *et al.* : *FEBS Lett.*, **489**, 92-96(2001)
8) Lee, S. *et al.* : *Cell*, **115**, 229-240(2003)
9) Gottesman, S. : *Annu. Rev. Cell Dev. Biol.*, **19**, 565-587(2003)

10) Ogura, T., Wilkinson, A. J. : *Genes Cells*, **6**, 575-597 (2001)
11) Charette, M. F. *et al.* : *Proc. Natl. Acad. Sci. USA*, **78**, 4728-4732 (1981)
12) Chung, C. H., Goldberg, A. L. : *Proc. Natl. Acad. Sci. USA*, **78**, 4931-4935 (1981)
13) Katayama-Fujimura, Y. *et al.* : *J. Biol. Chem.*, **262**, 4477-4485 (1987)
14) Hwang, B. J. *et al.* : *Proc. Natl. Acad. Sci. USA*, **84**, 5550-5554 (1987)
15) Dougan, D. A. *et al.* : *Mol. Cell*, **9**, 673-683 (2002)
16) Gottesman, S. *et al.* : *Genes Dev.*, **11**, 815-823 (1997)
17) Pak, M. *et al.* : *J. Biol. Chem.*, **274**, 19316-19322 (1999)
18) Keiler, K. C. *et al.* : *Science*, **271**, 990- 993 (1996)
19) Levchenko, I. *et al.* : *Science*, **289**, 2354-2356 (2000)
20) Akiyama, Y. *et al.* : "Handbook of Proteolytic Emzymes" 2nd ed., Elsevier (2004)
21) Shimohata, N. *et al.* : *Genes Cells*, **7**, 653-662 (2002)
22) Flynn, J. M. *et al.* : *Mol. Cell*, **11**, 671-683 (2003)
23) Spiess, C. *et al.* : *Cell*, **97**, 339-347 (1999)

III. 단백질의 품질관리

대장균의 표층단백질의 품질관리

Akiyama Yoshinori (秋山芳展)

단세포인 대장균은 세포표층구조가 외부세계와 여러 가지 상호작용이 일어나는 접점으로서 외부환경변화로부터 세포를 지키는 최전선에 있다. 막을 위시한 세포표층 구조가 세포자체를 규정한다. 즉, 세포를 세포로 유지하는 기본적인 구조라는 것을 생각하면, 세포표층의 기능을 담당하는 많은 단백질을 유지 · 관리하는 것은 의심할 것 없이 세포로서는 아주 중요하다. 여기에서는 특히 내막과 periplasm에서의 단백질품질관리 및 이상(異常) 표층단백질에 대처하는 스트레스응답기구의 최근의 결과를 소개한다.

key Words 막단백질분해 protease 표층스트레스응답 세포표층 분자샤페론

●시작하기

대장균은 내막(세포질막)과 외막의 2중막구조를 가진다. 2중막사이를 periplasm이라하며 세포표층을 형성한다. 이것은 세포를 외부세계로부터 구별하여 세포 (세포질)의 항상성을 유지하는 장벽이며, 한편으로는 세포내외로의 물질 혹은 정보의 효율적인 주고받음을 중개하는 중간자로서 중요한 기능을 가진다. 세포표층단백질은 외부와 가혹한 조건에도 접하게 된다. 그같은 환경에서도 그들의 기능이 정확하게 유지되지 않으면 안된다. 세포표층에 존재하는 단백질의 품질관리는 세포의 입장에서는 아주 중요한 문제이다.

I. 대장균 내막단백질의 분해메커니즘

세포는 일반적으로 2가지방법-단백질의 정확한 folding의 촉진과 재생 불능인 이상단백질의 분해-에 의해서 단백질이 품질관리되지만, 대장균 내막단백질의 품질관리에 관해서 특히 전자에 관해서는 거의 알려진 것이 없다. 막단백질의 분해 메커니즘에 관한 정보도 최근까지 아주 적었다. 10년전까지는 막단백질(품질관리)에 관련하는 protease조차도 알지 못했다. 최근에 차츰차츰 많은 것이 알려지기 시작하고 있다.

단백질의 분비에 작용하는 막단백질 SecY는 partner단백질(SecE)과 복합체를 형성하지 못하게 되면 신속하게 분해되어버린다. 단독의 SecY가 축적되면 세포의 생육과 막기능을 방해하기 때문에, 필자는 세포에는 이 같은 [異常한] 막단백질을 신속하게 분해·제거하기위한 메커니즘이 준비되어 있는 것으로 생각한다. 거기에 관련된 protease을 탐색한 결과, 막결합성 ATP의존성 protease FtsH가 관여하는 것이 밝혀졌다[1]. FtsH는 N-말단영역의 2가닥의 막관통배열에서 막에 결합하고 있다. 세포질영역은 AAA ATPase family에 속하는 ATPase도메인과 그것에 연속하는 protease도메인으로 구성되는, 아마도 6량체로 링구조을 만드는 것으로 생각한다. FtsH는 단독상황의 막단백질인 Foα (F_1F_0 AT-Pase의 subunit)와 몇 개의 이상막단백질을 분해하는 것이 알려져 있어서 분해를 통한 막단백질의 품질관리에서 중심적인 역할을 하는 것으로 생각된다[1].

Yoshinori Akiyama, 京都大学・ウイルス研究所 E-mail : yakiyama@virus.kyoto-u.ac.jp
Quality control of cell surface proteins in *E. coli*

FtsH에 의해 막단백질이 분해될 때에 전체가 신속하게 분해된다. [기질의 막관통영역과 periplasm영역은 FtsH의 활성부위에 존재하는 세포질과는 막에 의해서 격리되어있다. 그런데도 불구하고 FtsH는 그것들을 분해한다] – 필자는 이 같은 의문을 풀기위하여 연구를 시작하였다. FtsH가 확실하게 이들의 비세포질영역도 분해한다는 것을 증명할 수 있는 많은 결과가 나왔다. 예를 들어, FtsH의 기질막단백질의 하나인 YccA가 periplasm 영역내에 분해의 표적이 되고, folding 상태를 조절할 수 있는 단백질도메인 (PhoA 도메인)을 삽입한 chimera단백질 YccA–PhoA을 만들어 분석하였다(**그림1**). PhoA 도메인이 unfolding되어 있을 때 chimera단백질은 PhoA 부분도 포함한 전체가 FtsH에 의존하여 분해되지만, PhoA가 키메라단백질의 C–말단측까지의 영역이 축적되었다. YccA는 그 N–말단 세포질영역이 결손되면 FtsH에 의한 분해를 받지 않게 되기 때문에 분해개시에는 이 N–말단영역이 필요하다. 이것으로 보아, FtsH가 YccA을 N–말단영역에서 세포질쪽으로 끌어내면서 분해시킨다는 모델이 제창되었다[2]. 최근 정제된 FtsH와 YccA을 ribosome이 포함된 재구성막소포를 이용하여 YccA의 분해를 재현하는 것도 성공하였다[3]. *in vitro* 재구성계의 결과는 위의 모델과 잘 일치하였으며, 기질막단백질의 세포측으로의 [역수송]에는 본질적으로 FtsH이외의 단백질을 필요하지 않다는 것을 시사한다.

FtsH에 의한 몇 종류의 막단백질기질의 인식·분해개시에는 기질의 N–말단 세포측영역의 길이가 중요하여 YccA의 경우 20잔기이상의 길이를 가진 것만이 분해되었다[4]. FtsH는 기질에 따라서는 C–말단 세포측영역에서 분해를 시작하는 것도 있다. 이경우도 C–말단영역의 길이가 중요하다[5]. FtsH의 ATPase 도메인의 구조[6, 7]로부터 기질은 AAA 도메인이 만드는 중앙의 구멍을 통하여 protease활성부위가 있는 FtsH 다량체내부로 이동한다는 모델이 제창되었다. 막단백질의 분해에 필요한 세포질말단영역의 길이는 막과 기질결합부위와의 거리를 반영하고 있는지도 모르겠다. 그리고 역수송분해를 위해서는 FtsH가 충분하게 강하여 기질과 상호작용하기 위하여 필요할 것이라고 생각된다. 다른 ATP 의존성 protease에 비교하여 FtsH는 단백질을 unfolding시키는 힘이 약한 것 같다[8]. 이 성질이 구조가 붕괴된 [이상]단백질을 선택적으로 분해하여 품질관리장치로서의 성격을 FtsH에 주는 것 같다. FtsH에 의한 막단백질기질의 인식·분해는 기질의 말단영역의 길이와 전체적인 구조를 포함한 여러 종류의 검사를 거쳐서 일어난다. FtsH의 ATPase·protease활성에는 다량체화가

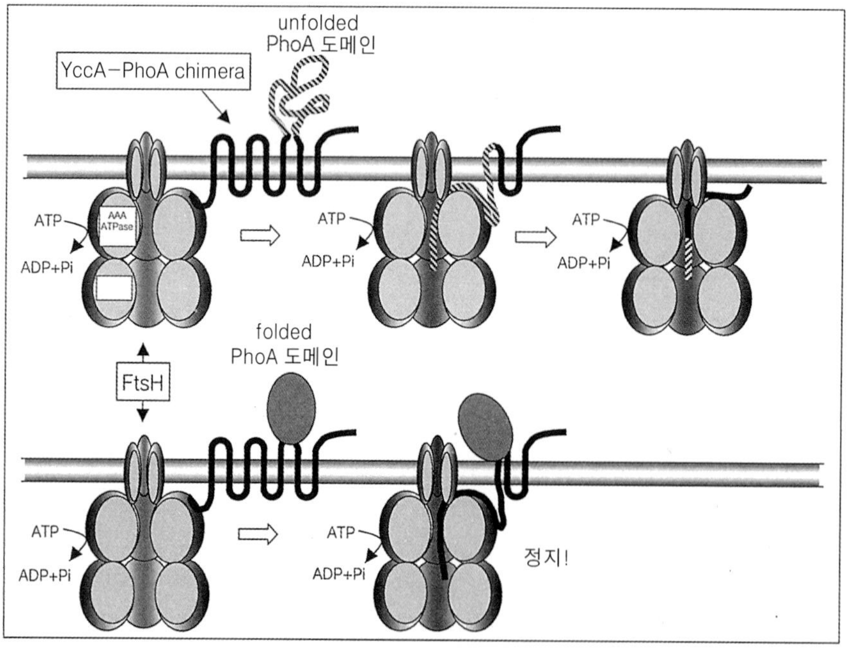

그림1. FtsH에 의한 기질단백질의 잡아당겨 분해하는 모델
FtsH는 6량체 링 구조를 가지며 내무에 protease 활성부위가 있는 channel을 가진다고 생각한다. 모델 기질 단백질 YccA–PhoA는 N–말단측에서 YccA을 세포측으로 당겨져 연속적으로 분해된다. Periplasm의 PhoA 도메인이 unfolding되었을 때에는 세포질측으로 당겨져 분해되지만, 단단하게 folding 되어있으면 FtsH에 의해서 분해는 그 직전에 정지한다.

필수적이며, 막단백질을 분해하기위해서는 더욱이 자신이 알맞게 박혀있는 것이 필요하다[9]. 기질을 막으로부터 당기는 [힘]을 발생하여 전달하기위해서는 자신이 막에 고정되어 있는 것이 필요할지도 모른다.

FtsH는 homo-multimer(다량체)를 만들 뿐만 아니라 다른 막단백질인 HflKC와 약 1,000 kDa이상의 막단백질로서는 아주 큰 초대형복합체(FtsH holoenzyme)를 형성한다[9a]. HflKC는 FtsH의 기능조절에 관계하는 것 같지만, FtsH이 HflKC와 어떤 상호작용을 하기위하여 거대복합체를 만드는지, HflKC가 어떻게 FtsH기능을 [조절]하는지는 잘 모른다.

FtsH에 의한 막단백질 분해메커니즘에 관해서는 많은 의문점이 남아있다. 그중에서도 기질단백질이 FtsH내부에 존재하는 것으로 추측되는 protease 활성중심에 구체적으로 어떠한 경로·메커니즘으로 운반되는지, ATP 에너지가 거기에서 어떻게 사용되는지는 큰 의문점이다. FtsH에 의한 단백질분해가 막의 양성자 구동력 (proton-motive force)에 의해서 촉진되는 것이 알려져 있으나[10], 그 메커니즘은 알지 못한다. FtsH homo복합체와 FtsH holoenzyme의 구조분석과, 그것을 기초로 하는 기능분석은 남겨진 많은 문제를 해결하기 위하여 중요한 접근방법이 될 것으로 생각된다.

최근에 FtsH이외에도 막 protease HtpX가 막단백질의 분해에 관계가 있다는 것이 밝혀졌다[11]. HtpX 결손만으로는 세포의 생육에 명확한 영향을 미치지 않으나, FtsH 기능결손과 합쳐지면 고온에서 죽어버린다 [*ftsH*는 필수유전자이지만 억제변이 *sfhC21* 존재 하에서는 결실가능[12]]. 필자는 HtpX가 FtsH와 협조하여 막단백질분해에 관여하지 않을까 추정하고 있다. 막단백질분해에 관련하는 인자는 이들 이외에도 존재할지 모른다. 막단백질 분해 system의 전체를 알기위해서는 더욱 더 탐사가 필요하다.

II. Periplasm에서의 단백질의 품질관리

대장균에서 분비단백질은 내막을 직접 통과하여 periplasm으로 수송된다. 이런 면에서는 periplasm은 진핵세포의 소포체내강과 같이 볼 수 있다. 소포체내강에는 분자샤페론을 포함한 많은 효소가 존재하며 분비단백질의 엄격한 품질관리가 일어나고 있다. Periplasm에도 기질특이적 샤페론과 proline 이성화효소 등, 각종 단백질 folding 인자와 protease 등이 존재하지만, 예를 들어 소포체에서 Bip (Hsp70)와 같은 일반적으로 작용하는 분자샤페론이 존재하여 품질관리에 작용하는 것은 분명하지 않다. periplasm에는 ATP는 존재하지 않는다. Periplasm의 단백질 folding 인자 중에는 disulfide 형성에 관련하는 Dsb system이 가장 연구가 진전된 것 중의 하나이다(**그림2**). 이전에는 disulfide 결합의 형성은 공기산화에 의해서

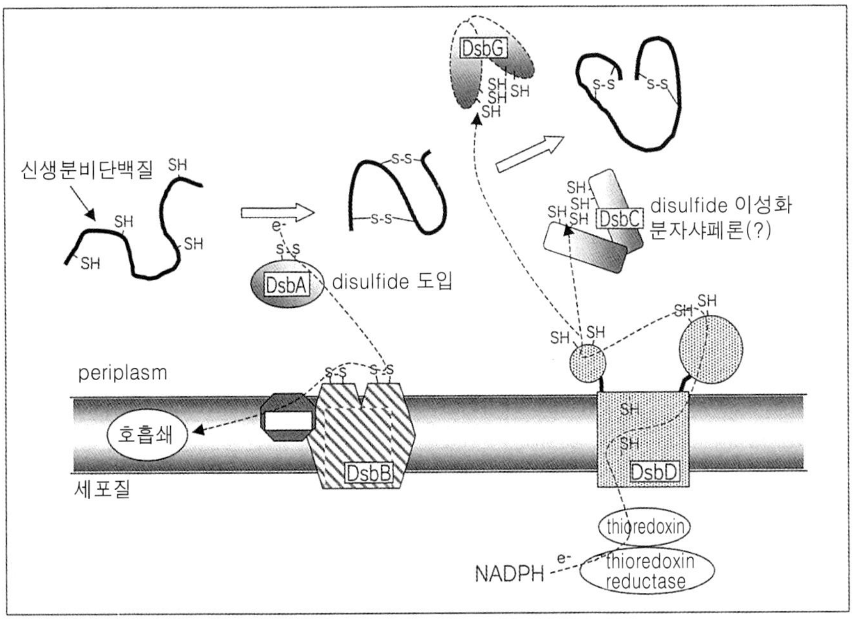

그림2. 대장균 periplasm의 disulfide 결합형성 system

DsbA는 disulfide 도입에, DsbC 및 DsbG는 disulfide 이성화에 작용한다. Electron은 막단백질 DsbB 및 DsbD가 가지는 두개의 -SH을 순차적으로 받아 전달한다고 생각한다. 예상되는 electron의 경로는 실선으로 표시하였다.

자연적으로 일어난다고 생각했지만, 대장균은 disulfide 결합을 신속, 정확하게 하기위한 정교한 메커니즘을 가진 것이 밝혀졌다. Periplasm 효소 DsbA는 disulfide 결합에 작용한다. 한편 DsbC와 그것의 상동체인 DsbG는 틀리게 형성된 disulfide 결합의 수복(isomerization,이성화)시킨다. 이들 단백질은 분자샤페론활성을 가지고 있다. DsbC와 DsbG의 분자샤페론활성은 잘못형성된 disulfide 결합을 가진(그래서 native형이 아닌 형태의 구조를 가짐) 단백질을 인식 및 결합하여 disulfide는 이성화에 특히 중요한 것인지 모른다. DsbA와 DsbC는 함께 periplsasm에 존재하지만, 활성형효소는 전자가 산화형, 후자는 환원형으로 활성부위에 있는 cysteine 잔기의 산화환원상태가 다르다. 이것들을 각각 활성형으로 보존하기위하여 각각에 특이적인 막단백질이 작용하고 있다[13]. 기질을 산화하여 자신이 환원되는 DsbA는 DsbB에 의해서 재산화된다. 전자(electron)는 DsbB에 결합한 quinone을 통해서 최종적으로 호흡쇄로 전달된다. 한편, DsbD는 DsbC의 환원형유지를 위한 기능을 가졌다. 이 경우 환원력은 세포질의 thioredoxin, 아니면 NADPH에서 유래한다. Dsb system에서 electron 이동의 구체적인 분자 메커니즘은 중요한 문제로서 현재 뜨거운 논의가 되고 있다.

Periplasm에서 단백질품질관리에 관하여 흥미로운 것이 보고되었다. DegP는 periplsasm에서 이상단백질을 분해시키는 주요한 protease이지만 periplasm 단백질 MalS의 folding을 보조하는 분자샤페론으로 작용한다는 것이 밝혀졌다. 분명하게 DegP는 저온에서는 분자샤페론으로서 작용하지만 고온에서는 protease 기능이 우세하다[14]. 최근 [분자샤페론형]의 DegP의 구조가 밝혀졌다[15]. DegP 단백질은 N-말단측의 trypsine형 protease 도메인과 C-말단측의 2개의 PDZ도메인으로 구성된 총 3개의 도메인으로 구성되어있다. 그것이 결합하여 6량체구조를 가지게 된다. Protease 도메인은 중앙에 위치하며 내부에 protease 활성부위가 있는 channel을 가진다. 분자샤페론형 DegP에서는 protease 활성부위가 정확하게 형성되어 있지 않기 때문에 protease 활성이 아주 낮다. PDZ 도메인은 protease 도메인의 외측에 위치하여 중앙 channel로 통하는 통로의 출입구로서, 그리고 기질을 붙잡는 팔로서 활발하게 작용하는 것으로 추측된다. DegP의 분자샤페론기능은 protease 도메인이 담당하지만, 그 작용메커니즘과 온도의존적인 protease 활성의 on/off 메커니즘에 관해서는 아직 잘 모른다. DegP가 어느 정도 일반적인 분자샤페론으로서 작용하는지도 이후의 풀어야할 과제이다.

III. 표층스트레스 응답

Periplasm과 외막에 이상단백질이 축적되면, protease와 folding 인자 등을 코드하고 있는 한 무리의 유전자발현이 유도된다. 이것을 표층스트레스응답이라고 부르며, 주요한 신호전달경로로는 CpxA/CpxR에 의해서 제어되는 Cpx 경로와 시그마인자 σ^E경로가 있다[16]. 필자는 이상내막단백질의 축적이 Cpx경로를 활성화시키는 것을 발견하였다[11]. 앞에서 설명한 막protease HtpX의 발현은 Cpx경로에 의해서 유도된다. Cpx경로와 FtsH기능이 동시에 결손하면 치사하는 것으로 보아, Cpx경로는 HtpX 등의 유도를 통해서 내막단백질의 품질관리에 중요한 역할을 담당하는 것으로 추측한다. 그리고 FtsH와 HtpX는 세포질스트레스응답에 의해서도 유도된다. 위험한 이상단백질의 축적에 신속·정확하게 대처하기위해서는 세포는 여러 종류의 감지 메커니즘을 준비하고 있는 것 같다. 다음은 σ^E경로의 활성화 메커니즘에 관한 최근의 정보를 소개한다(Cpx 경로에 관해서는 다른 총설을 참고). σ^E는 보통의 생육조건에서는 내막의 anti-σ^E인자인 RseA(1회 막관통형 단백질)의 세포질도메인에 결합하여 불활성화상태를 유지한다. 외막단백질의 축적 등의 스트레스를 받으면 periplasm 측에 활성부위를 가지는 내막 protease DegS가 RseA을 절단하여 최종적으로 σ^E가 활성화된다. 그러나 DegS에 의해서 RseA 절단이 어떻게 일으키며, periplasm측의 RseA의 절단이 세포질의 σ^E활성화에 어떻게 관련이 있는지는 불분명하다. DegS에 의해서 RseA 절단에 관해서는, 최근에 외막단백질이 공통적으로 가지는 C-말단 motif가 DegS의 PDZ 도메인에 결합하는 것이 방아쇠가 된다는 보고가 있다[17]. PDZ 도메인은 보통은 DegS protease 활성을 억제하지만 외막단백질에 결합함으로 억제력이 풀리는 것 같다. σ^E경로는 세포표층의 이상을 외막단백질의 이상을 통해서 탐지하는 안전장치로 볼 수 있다. 한편, 필자[18]와 Gross 박사팀[19]은 ResA가 DegS에 의해서 periplasm영역에서의 절단에 이어서 막 protease을 YaeL에 의해서 (아마도 막내부에서)절단되는 것을 밝혔다. 이것에 의해서 RseA의 세포질도메인이 막으로부터 떨어져, 더욱이 세포질 protease에 의해서 분해됨으로써 σ^E이 활성화하는 것으로 추측한다. 진핵생물의 ER 스트레스반응에서도 막결합형 전사인자 ATF6이 2단계의 절단후 활성화된다. 흥미롭게도, 그 2단계째의 절단이 YaeL의 상동체 S2P에 의해서 일어나[20], 대장균표층 스트레스응답과 아주 닮았다. YaeL은 RseA가 DegS에 의해서 절단된 뒤에만 작용한다. 결국 DegS에 의한 제1번째의 절단을 뛰어넘는 YaeL의 폭주적인 RseA 절단은 억제된다. 이 억제에는 YaeL가 가진 PDZ 도메인과 RseA periplasm 영역의 Glm잔기 무리가 관여한다[20]. 막단백질의 막내절단에 의한 기능제어는 RIP(regulated intramembrane proteolysis)라고 불리며, 여러종류의 세포기능에 관여하기 때문에 최근에 주목을 받고 있다[21]. 소수적환경인 지질이중층내에서 RseA 막관통부위의 가수분해가 어떻게 일어나는가는 아주 흥미로운 문제이다.

●끝맺기

이상으로 대략적으로 본 것과 같이 세포표층단백질의 품질관리 메커니즘에 관해서는 모르는 것들이 많이 남아있다. 그 이유 중의 하나는, 중요한 역할을 담당하는 막단백질의 연구가 어렵기 때문으로 생각한다. 막단백질의 분석수단이 발달하면 표층단백질의 품질관리 메커니즘도 비약적으로 발전될 것이다. 그래서 그것은 세포전체로서 단백질 품질관리 메커니즘을 해명하기 위하여 반드시 필요하다.

Q FtsH에 의한 막단백질의 분해에서 세포질 측으로 나와 있는 길이만이 중요하고, 아미노산배열과 예상되는 2차구조에는 무관한 것인가?

A 기질막단백질에는 FtsH에 의한 분해를 받는데에 필수적인 것이 [공통된 특정배열]은 아니라고 생각하지만, FtsH에 친숙 혹은 기피되는 배열(아니면 아미노산 조성)과 고차구조가 존재할 가능성이 있는 것으로 생각한다. 기질이 복합체를 형성함으로써 분해를 받지 않는 것도 있는 것으로 보아 3차, 4차 구조에 의해서 영향을 받는 것은 분명하다고 생각한다.

Q 단백질의 절단은 가수분해반응이지만 YaeL이 지질이중층의 막내부에서 절단될 때에 필요한 분자는 지질층의 중앙으로 들어오는 것으로 생각하는가?

A 이것은 YaeL에 국한된 것이 아니고, [RIP protease]전체의 문제이다. 원래 [RIP protease]에 의한 기질의 절단이 정말로 막내부에서 일어나는지에 관해서는, 그렇다고 추정하지만, 현재 분명하게 증명된 상태는 아니다. 절단부위가 막관통영역의 내부에 있어도, 직접적인 절단이 막내부에서 일어난다고 말할 수는 없다. 예를 들어, 진핵생물의 YaeL의 상동체인 S2P protease의 기질막단백질 SREBP는 2단계적으로 절단된다. 처음에 S1P protease에 의해서 절단됨으로써 SREBP의 막관통영역에 구조적변화가 일어나고, 그 결과 S2P 절단부위가 세포질에 노출되어 S2P에 의해서 절단된다는 모델이 제창되고 있다. 한편, 역시 RIP에 관여하는 Rhomboid protease는 막내에서 protease 자신이 친수성환경을 만들어 기질을 절단한다는 가능성도 말해지고 있다. 어쨌던 이 문제를 분명하게 밝히기 위하여 향후 상세한 생화학적 그리고 구조생물학적인 분석이 필요하다.

Q 외막의 단백질도 분해되는지? Periplasm과 외막의 단백질분해산물은 세포내에 들어가는가?

A Periplasm과 외막에는 많은 proteas가 존재하는데, 그들이 외막단백질의 분해에 작용하는 것으로 생각되지만, 내막에서 FtsH와 같이 작용하는 protease이 있는지 없는지는 지금으로서는 불분명하다. periplasm에는 ATP는 없다고 말해지고 있다. 내막에는 oligopeptide 투과효소가 있기 때문에 periplasm과 외막에서 분해된 단백질산물의 적어도 일부분은 세포질로 운반되어 대사에 사용될 것이다.

문헌

1) Akiyama, Y., Ito, K. : "Handbook of Proteolytic Enzymes", (Barret, A. J. *et al.* eds), pp. 1502-1504, Academic Press, London (1998)
2) Kihara, A., Akiyama, Y., Ito, K. : *EMBO J.*, **18**, 2970-2981 (1999)
3) Akiyama, Y., Ito, K. : *J. Biol. Chem.*, **278**, 18146-18153(2003)
4) Chiba, S. *et al.* : *EMBO Rep.*, 1, 47-52 (2000)
5) Chiba, S., Akiyama, Y., Ito, K. : *J. Bacteriol.*, **184**, 4775-4782 (2002)
6) Niwa, H. *et al.* : *Structure (Camb.)*, **10**, 1415-1423 (2002)
7) Krzywda, S. *et al.* : *Structure (Camb.)*, **10**, 1073-1083 (2002)
8) Herman, C. *et al.* : *Mol. Cell*, **11**, 659-669 (2003)
9) Akiyama, Y., Ito, K. : *EMBO J.*, **19**, 3888-3895 (2000)
9a) Saikawa, N., Akiyama, Y., Ito, K. : *J. Strnct. Biol.*, in press (2004)
10) Akiyama, Y. : *Proc. Natl. Acad. Sci. USA*, **99**, 8066-8071 (2002)
11) Shimohata, N. *et al.* : *Genes Cells*, **7**, 653-662 (2002)
12) Ogura, T. *et al.* : *Mol. Microbiol.*, **31**, 833-844 (1999)
13) Kadokura, H., Katzen, F., Beckwith, J. : *Annu. Rev. Biochem.*, **72**, 111-135 (2003)
14) Spiess, C., Beil, A., Ehrmann, M. : *Cell*, **97**, 339-347 (1999)
15) Krojer, T. *et al.* : *Nature*, **416**, 455-459 (2002)
16) Raivio, T. L., Silhavy, T. J. : *Annu. Rev. Microbiol.*, **55**, 591-624 (2001)
17) Walsh, N. P. *et al.* : *Cell*, **113**, 61-71 (2003)
18) Kanehara, K., Ito, K., Akiyama, Y. : *Genes Dev.*, **16**, 2147-2155 (2002)
19) Alba, B. M. *et al.* : *Genes Dev.*, **16**, 2156-2168 (2002)
20) Kanehara, K., Ito, K., Akiyama, Y. : *EMBO J.*, **22**, 6389-6398 (2003)
21) 金原和江・秋山芳展：蛋白質 核酸 酵素, **48**, 836-841(2003)

응집단백질을 재생하는 ClpB

Watanabe Yohei (渡邊洋平)·Yoshida Masasuke (吉田賢右)

변성단백질은 비특이적으로 결합하여 응집체를 형성한다. 지금까지 분자샤페론은 응집된 단백질을 재생하지 않는 것으로 생각해왔다. 그러나 수년전에, 2개의 분자샤페론, ClpB와 DnaK가 협력하여 응집체를 풀어 재생하는 것이 밝혀졌다. 우선 ClpB가 ATP 에너지를 사용하여 응집체를 어느 정도까지 풀면 DnaK가 그것을 재생하는 것 같다. 여기에서는 ClpB의 입체구조와 ATP 에너지는 어떻게 사용되는지? ClpB는 어떻게 응집체를 인식하여 그것에 작용하는지에 관한 연구결과를 소개한다.

key Words 단백질응집체 탈응집 분자샤페론 ClpB DnaK

●시작하기

열과 같은 스트레스에 의해서 입체구조가 구겨진 단백질은 비특이적으로 결합하여 불용성의 응집체가 된다. 분자샤페론은 변성상태의 단백질에 결합하여 응집체형성을 억제하는 것은 가능하지만, 일단 응집해버린 단백질은 재생할 수 없다고 생각해 왔다. 그러나 몇 년 전에 ClpB와 DnaK가 협력하여 응집단백질을 풀어(탈응집), 활성이 있는 상태로 재생된다는 것이 밝혀졌다[1-4]. ClpB-DnaK 샤페론중에 DnaK system(DnaK와 보조인자 DnaJ와 GrpE) 이미 잘 알려진 분자샤페론이다. DnaK는 ATP의 가수분해 cycle에 동반하여 변성단백질과 결합-해리를 반복함으로써 입체구조형성을 돕는다. DnaJ, GrpE는 DnaK에 의한 ATP 가수분해, 결합 nucleotide의 교환반응을 촉진하여 DnaK의 상태를 제어한다. 그리고 어떤 특정의 응집체는 DnaK system 만으로 탈응집 되는 것도 최근에 증명되어있다[5]. 그 응집체는 기질단백질이 특정조건에서 변성되었기에 소수표면이 노출되어있어 응집체의 크기가 작은(결합하고 있는 단백질의 수가 적다) 특징을 가지고 있다. 그러나 변성조건을 엄격하게 하면 응집체의 크기가 크게 되는 등 DnaK system 만으로 조절할 수 없고 ClpB가 필요하다. DnaK system과 ClpB을 동시에 작용시키면 크기가 보다 큰 응집체까지도 탈응집 시킬 수 있으며 효율도 비약적으로 좋아진다. 그러나 한편으로는 ClpB 만으로는 작은 응집체조차도 풀지 못한다. 결국, ClpB는 응집체를, DnaK system에 의해서 풀려진 상태, 아마도 응집체의 소수표면이 노출된 상태로 되도록 변화시키는 것 같다.

I. ClpB의 구조

ClpB는 약 860개의 아미노산잔기로 구성되며, 2개의 Walker형의 ATP 결합부위을 가진다. 그리고, 1차배열의 상동성으로 보아 AAA^+단백질 family중의 Clp/Hsp100 family로 분류된다. 아주최근에, 필자팀이 호열균 유래의 ClpB의 결정구조 분석하였다. ClpB는 5개의 독립된 N-말단 도메인, nucleotide 결합 도메인 1 (NBD1), 중간 도메인, nucleotide 결

Yo-hei Watanabe, Masasuke Yoshida, 東京工業大学・資源化学研究所 E-mail : ywatanab@res.titech.ac.jp myoshida@res.titech.ac.jp
Disaggregation of protein aggregates by ClpB chaperone

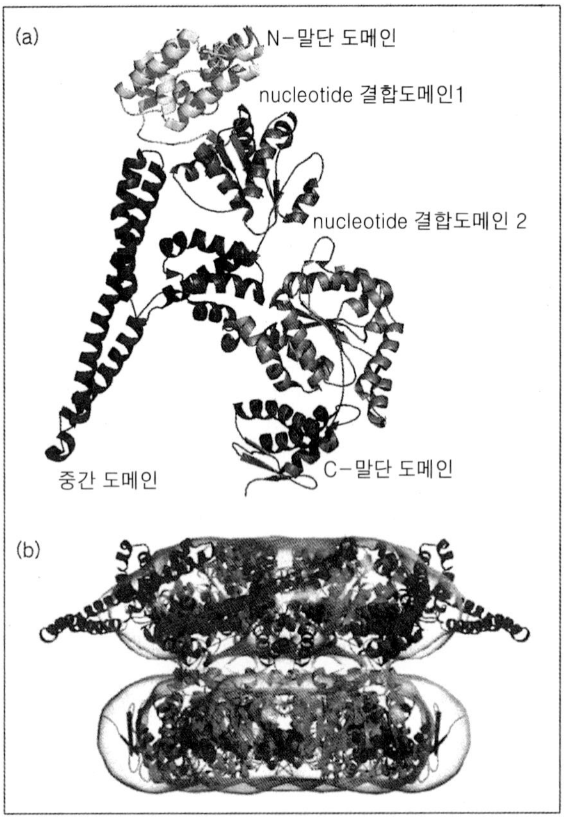

그림1. 호열균의 ClpB의 결정구조
(a) 단량체구조와 (b) 6량체모델. 각각 N-말단도메인(노란색), nucleotide 결합도메인 1(청색), 중간 도메인(갈색), coil to coil 구조(보라색), nucleotide 결합도메인 2(녹색), C-말단 도메인 (분홍색). (b) 에서는 N-말단 도메인이 생략되어있다.

합 도메인 2(NBD2), C-말단 도메인으로 구성되어 있는 것이 밝혀졌다(**그림1**)[6]. N-말단 도메인은 α 나선구조가 많은 구형 도메인이고 NBD1,2는 각각 Walker형 ATPase에 특징적인 RecA형 구조를 가진 도메인이다. NBD1과 중간 도메인의 일부(AAA1), NBD2와 C-말단 도메인(AAA2)은 각각 AAA^+ 단백질 family로 특징적인 AAA motif (RecA fold와 그것에 연속하는 나선구조)을 형성한다. 그리고 중앙 도메인은 AAA1의 나선 도메인에 연속하여 특징적인 긴 코일 도메인구조를 가진다. 이 코일 도메인구조는 Clp/Hsp90 family중에도 ClpB subfamily의 member만이 가지는 염기배열에 해당한다.

ClpB는 단백질농도, 염농도, 온도, ATP결합 등의 조건에 따라서 다량체구조가 다이나믹하게 변화되지만, 기능단위는 6량체의 링구조라고 생각된다. 이 6량체의 링구조가 유지되기 위해서는 C-말단 도메인을 포함하는 AAA1, 2 motif가 필수적이며, Hsp104, Hsp78(각각 효모의 세포질형, 미토콘드리아형의 ClpB 상동체)에는 NBD2가, ClpB에는 NBD1에 ATP가 결합함으로써 구조가 안정화된다[7-11]. 그리고 기질단백질이 결합하여도 6량체 링구조가 안정화된다.

II. ATPase cycle

ClpB의 탈응집활성화에는 NBD1,2 도메인의 가수분해가 필수적이다. ClpB 6량체에 있는 12개의 ATP 결합부위가 ATP을 가수분해할 때에 2개의 협동성이 관찰된다. 하나는 NBD1,2 사이, 또 하나는 각 NBD subunit사이의 협동성이다[12,13]. 그리고 ClpB의 ATPase활성은 변성모델 단백질인 casein, Poly-L-lysine에 의해서 촉진된다.

ATP의 협력적인 가수분해에 의해서 ClpB는 어떻게 응집체에 작용하는가에 관해서는 casein, Poly-L-lysine과 응집체 관련하여 훌륭한 연구가 진행되고 있다. 다음에 설명할 ClpB의 기질인식부위에 관한 연구도 그중의 하나이다.

III. 기질인식부위

ClpB는 어디에서 응집체를 인식하여 결합하는가, 여러 가설이 있고 혼란스럽다. ClpB의 N-말단 도메인을 결손 시키면 casein에 의한 ATPase 활성의 촉진이 없어지는 것으로 보아, N-말단 도메인이 기질결합부위로 생각한다. 그러나 그 이후에 N-말단 도메인은 탈응집체반응자체에 필수적이지는 않다고 여겨지고 있다[11,14].

ClpB에 속하는 Clp/Hsp100 family의 많은 것들은 ATP의존 protease의 제어subunit로서 단수명전사인자 등, 그 protease subunit가 분해해야할 단백질을 선별한다. Sauer박사는 Clp 단백질의 C-말단 도메인의 보존성 높은 부분이 기질단백질을 선택적으로 결합하는 것을 ELISA로 증명하였다. 그들은 이 영역을 SSD(sensor & subatract discrimination) 도메인이라고 이름 붙이고 Clp단백질에 공통의 기질결합부위라고 주장한다[15]. 그리고 Lindquist 박사팀은

Poly-L-lysine이 Hsp104의 C-말단 도메인에 결하하여, 그것의 ATPase 활성을 촉진하는 것으로 보아 C-말단 도메인이 기질결합부위라고 주장한다[16]. 그러나 한편에서는 Bukau 박사팀은 Poly-L-lysine이 ClpB의 탈응집활성을 촉진한다고 한다. Poly-L-lysine은 기질로서 ClpB에 결합해있는것 아니고 effector분자라고 주장한다[17]. 더욱이 그들은 NBD1의 6당체 링의 구멍을 형성하는 부분이 기질결합부위라는 연구결과를 보고하였다. 링의 구멍의 뚜껑에 해당하는 tyrosine 잔기와 그 주위를 감싸고 있는 glutaime산 잔기를 alanine 잔기로 치환하면 ClpB의 탈응집활성이 없어져 모델기질과의 친화력이 저하된다고 한다. 그리고 peptide library 법을 사용한 실험에서 기질측의 염기성의 아미노산잔기와 방향족환(벤젠고리)을 가진 아미노산잔기가 이 결합에 공헌하고 있다고도 한다. 링의 구멍주위에 기질이 결합하는 것은, 다른 종류의 AAA단백질인 FtsH에서도 보고되어있어 AAA단백질 family에 공통의 기질결합부위가 아닐까 주목받고 있다[18].

●끝맺기: 이후의 전망

여기에 소개한 생화학연구의 대부분은 ClpB의 입체구조가 밝혀지기 이전의 결과이지만, 이후의 연구는 ClpB의 입체구조의 정보에 기반을 둔 연구가 기대된다. 예를 들어, 필자 팀은 ClpB의 결정구조에서 특징적인 coiled coil 구조가 탈응집체반응과 함께 작용한다는 것을 시사하는 연구결과를 얻었다[6]. coiled coil구조와 NBD1의 근접하는 부위에 각각 cysteine잔기에 변이를 도입하면 disulfide 결합으로 도메인간의 움직임에 제한을 주면 ClpB의 탈응집활성이 상실된다.

이같이 결정구조를 기반으로 구조와 기능의 관계를 심도 있게 연구할 수 있게 되었기 때문에 ClpB가 응집체를 눌러서 넓게 펴든지, 링 구멍을 통해서 응집체내의 polypeptide chain을 하나씩 당겨내는 것과 같은 시각적인 모델을 제창하고 검정할 수 있는 단계가 되었다.

Q ClpB의 coiled coil구조가 탈응집활성에 필요하지만, 이 구조를 가지지 않는 ClpB도 탈응집활성을 가진다는 보고가 있다[19]. 탈응집활성반응의 메커니즘이 ClpB와 ClpA는 다른가?

A 기본적으로는 같다고 생각한다. ClpA의 탈응집활성반응에는 ClpS라는 adaptor 단백질이 필요하다. 이것이 coiled coil구조의 기능을 대체할 수 있는 가능성이 고려된다.

Q Disulfide 결합으로 coiled coil구조의 움직임이 제한되는 경우, basal level의 ATPase 활성은 변화하는가?

A 형성하는 disulfide 결합의 위치에 따라서 각각 다르게 변화한다.

Q Casein, Poly-L-lysine은 같은 양식으로 ClpB에 인식되는가?

A 인식양식은 다르다고 알고 있다.

Q ClpB는 소수부위가 거의 노출되어있지 않은 응집체에 작용한다고 한다. 소수성 이외의 어떤 표시를 감지하여 응집체를 인식하는가?

A Peptide 수준에서는 염기성과 방향환을 가진 아미노산잔기를 인식하여 결합한다. 그리고 Lysine 잔기가 많이 모여 있는 상태를 인식한다는 가설도 있다.

문헌

1) Glover, J. R., Lindquist, S. : *Cell*, **94**, 73-82(1998)
2) Motohashi, K., Watanabe, Y., Yohda, M., Yoshida, M. : *Proc. Natl. Acad. Sci. USA*, **96**, 7184-7189(1999)
3) Zolkiewski, M. : *J. Biol. Chem.*, **274**, 28083-28086(1999)
4) Goloubinoff, P., Mogk, A., Zvi, A. P., Tomoyasu, T., Bukau, B. : *Proc. Natl. Acad. Sci. USA*, **96**, 13732-13737(1999)
5) Diamant, S., Ben-Zvi, A. P., Bukau, B., and Goloubinoff, P. : *J. Biol. Chem.*, **275**, 21107-21113(2000)
6) Lee, S., Sowa, M. E., Watanabe, Y. H., Sigler, P. B., Chiu, W., Yoshida, M., Tsai, F. T. F. : *Cell*, **115**, 229-240(2003)
7) Parsell, D. A., Kowal, A. S., Lindquist, S. : *J. Biol. Chem.*, **269**, 4480-4487(1994)
8) Kim, K. I., Cheong, G. W., Park, S. C., Ha, J. S., Woo, K. M., Choi, S. J., Chung, C. H. : *J. Mol. Biol.*, **303**, 655-666(2000)
9) Krzewska, J., Konopa, G., Liberek, K. : *J. Mol. Biol.*, **314**, 901-910(2001)
10) Watanabe, Y. H., Motohashi, K., Yoshida, M. : *J. Biol. Chem.*, **277**, 5804-5809(2002)
11) Mogk, A., Schlieker, C., Strub, C., Rist, W., Weibezahn, J.,

Bukau, B. : *J. Biol. Chem.*, **278**, 17615-17624(2003)

12) Schlee, S., Groemping, Y., Herde, P., Seidel, R., Reinstein, J. : *J. Mol. Biol.*, **306**, 889-899(2001)

13) Hattendorf, D. A., Lindquist, S. L. : *EMBO J.*, **21**, 12-21 (2002)

14) Beinker, P., Schlee, S., Groemping, Y., Seidel, R., Reinstein, J. : *J. Biol. Chem.*, **277**, 47160-47166(2002)

15) Smith, C. K., Baker, T. A., Sauer, R. T. : *Proc. Natl. Acad. Sci. USA*, **96**, 6678-6682(1999)

16) Cashikar, A. G., Schirmer, E. C., Hattendorf, D. A., Glover, J. R., Ramakrishnan, M. S., Ware, D. M., Lindquist, S. L. : *Mol. Cell*, **9**, 751-760(2002)

17) Strub, C., Schlieker, C., Bukau, B., Mogk, A. : *FEBS Lett.*, **553**, 125-130(2003)

18) Yamada-Inagawa, T., Okuno, T., Karata, K., Yamanaka, K., Ogura, T : *J. Biol. Chem.*, [Epub ahead of print](2003)

19) Dougan, D. A., Reid, B. G., Horwich, A. L., Bukau, B. : *Mol. Cell*, **9**, 673-683(2002)

번역과 동시에 작용하는 단백질품질관리 system: *trans*-translation

Himeno Hyouta (姬野俵太)·Muto Akira (武藤 昱)

Trans-translation은 두 분자의 mRNA에서 한분자의 polypeptide을 만드는 변칙적 변역 system 이다. 이 반응에서 중심적 역할을 담당하는 tmRNA는 정보분자(mRNA)로서의 기능과 정보를 읽는 분자(tRNA)로서의 양기능을 가진다. trans-translation의 결과 생긴 chimera 펩타이드의 C-말단측, 즉 tmRNA에 코드되어 있는 tag-펩타이드배열이 세포내 분해효소의 표적이 되어 우선적으로 분해를 받는다. 일련의 반응은 [이상 mRNA에서 생긴 이상단백질을 처리한다, 진핵세균에 특이적인 품질관리 system]으로 해석된다.

Key Words Trans-translation tmRNA ribosome SmpB

●시작하기

trans-translation은 「두분자의 mRNA에서 한분자의 polypeptide을 만드는 변칙적 변역 system」이며, 세포로서는 「이상 mRNA에서 생긴 이상단백질을 처리하는 품질관리 system」으로 자리잡고 있다. 여기에서는 반응의 분자메커니즘을 중심으로 발견 과정에서 최근의 진전을 포함하여 trans-translation을 설명한다. trans-translation산물의 분해과정에 관해서는 Teru Ogura박사의 총설을, 그리고 이 현상이 "어떤 시기에" "어떤 목적으로" 일어나는가에 관해서는 Tatsuhiko Abo박사의 column을 참고하기 바란다.

I. tmRNA와 trans-translation

1. trans-translation의 발견

필자 및 Inokuchi 박사팀은 각각 10년정도 전부터 tmRNA(당시는 10Sa RNA라 불렀다)에 주목하여, 양 말단으로 구성된 2차구조가 tRNA의 반 정도와 닮은 구조를 가진 것을 발견하였으며, tRNA와 같이 alanine tRNA 합성효소(AlaRS)의 기질이 되어 3′ 말단에 alanine이 결합하는 것을 밝혔다[1, 2]. 이 결과는 tmRNA가 tRNA로서 일부 기능을 가지며 tmRNA의 번역에 관여하는 것을 예상하게 한다. 실제 tmRNA는 ribosome에 결합하는 것이 밝혀졌지만, 동시에 tRNA와는 다르게 단백질합성의 장소인 ribosome에는 거의 결합하지 않는다는 것도 밝혀졌다[3]. 1995년에 Tu박사는 대장균내에서 이종번역산물의 중간정도가 tmRNA에 코드 되어있는 것으로 생각되는 10개 아미노산으로 구성된 peptide가 alanine이 부가되어있는 것(alanine을 포함하여 11개 아미노산을 tag-peptide라 부름)을 보고하였다. 이것은 tmRNA가 mRNA로서 작용할 가능성을 시사하는 것으로써 trans-translation 발견의 방아쇠역할을 했다. 1996년 Sauer 박사팀은 인공으로 만든 정지코드가 없는 mRNA에서 번역산물의 C-말단에 tmRNA유래의 tag-peptide가 부가되는 것을 밝혀서 trans-translation을 제창하였다[5]. 그리고 그들은 tag-peptide가 세포내의 protease의 목표가 된다는 것을 밝히면서 「trans-translation은

Hyouta Himeno, Akira Muto, 弘前大学農学生命科学部 E-mail : himeno@cc.hirosaki-u.ac.jp
Trans-translation : Co-translational protein quality control system

어떤 원인에 의해서 정지된 번역을 해소하여, 그 결과 만들어진 불완전한 peptide을 적극적으로 파괴함으로써 번역상의 품질관리를 하는 system이다」라는 개념을 제창하였다. 이것과 전후하여 필자는, *in vitro*에서 tmRNA가 tRNA와 mRNA의 두 기능을 병행하는 것, mRNA로서 기능할 때에 tRNA로서의 기능이 필수적인 점을 밝혔다[6]. 더욱이 tag-peptide의 N-말단에 존재하는 유래불명의 alanine이 tmRNA에 alanine화되어있는 alanine에 유래한다는 것을 알았다[7]. 이 같은 연구흐름에 의해서 trans-translation model의 정당성이 확립되었다[8,9].

2. tmRNA의 구조

tmRNA는 진정세균 및 일부의 엽록체에 존재한다. 필자는 염기배열의 비교해석에 생화학적인 해석을 바탕으로 하여 대장균의 tmRNA의 2차구조모델을 제창하였다[10](**그림1**). 종에 따라서 예외적으로 2개의 절편으로 나누어진 것도 존재하지만[11], 이 경우도 포함하여 그의 2차구조는 지금까지 발견된 모든 tmRNA에 적용된다.

tmRNA의 양말단은 tRNA와 아주 닮은 2차구조를 가지며, 거기에는 tRNA에 보편적으로 존재하는 2개의 수식염기가 존재한다[12]. 한편, tagged peptide을 코드하고 있는 영역은 tRNA 도메인의 한쪽 끝에서 갈라져 나온 긴 나선구조의 선단부분이 만드는 큰 loop중간에 4개의 의사(疑似)매듭구조(PK1~PK4)에 둘러싸인 것 같이 존재한다.

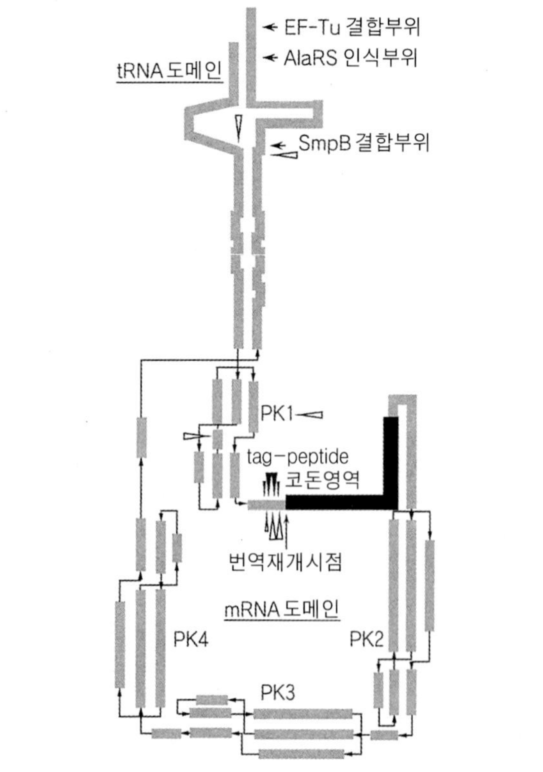

그림1. 대장균 tmRNA의 2차구조

치환에 의해서 trans-translation의 효율을 저하시키는 염기는 흰색의 화살머리, trans- translation의 개시위치의 shift를 일으키는 염기는 검은색의 화살머리로 표시.

II. trans-translation의 분자 메커니즘

1. tmRNA 결합단백질과 기능

tmRNA 결합단백질로서, 보통 번역신장인자 EF-Tu[13] 이외에도 SmpB[14], ribosome S1[15]이 알려져 있다. EF-Tu는 aminoacyl화된 tmRNA의 tRNA 도메인에 tRNA와 동일하게 결합한다[13]. SmpB는 trans-translation에 특이적인 인자로 동정되었는데, ribosome의 tmRNA결합에 필수적[14]이지만 그것뿐만아니라 tmRNA의 아미노아실화를 활성화하여 세포내의 tmRNA의 안정화의 측면에서 EF-Tu 이상으로 중요한 역할을 담당한다[16]. 아미노아실화의 유무에는 관계없이 tRNA 도메인에 결합하지만 번역개시영역근방과 거짓도메인에는 결합하지 않는다[16,17]. S1은 ribosome의 작은 subunit에 약하게 결합하는 단백질로서 보통은 번역개시에 관련되는 것으로 생각된다. trans-translation의 관여에 관해서는 뒤에서 설명하는 것과 같이 불분명한 점이 많다.

2. 번역 재개시점 결정의 분자메커니즘

trans-translation에 관여하는 인자들과 개략적인 과정을 그림2에 볼 수 있다. tmRNA이 ribosome에 결합할 때까지의 과정은 대략적으로 타당하다고 생각되지만 문제는 그 이후이다. tmRNA에는 보통의 번역개시를 지정하는 SD배열과 AUG 코돈이 존재하지 않는다. codon-anticodon의 상호작용 혹은 어떻게 최초의 코돈이 규정되는가? 적어도 최초의

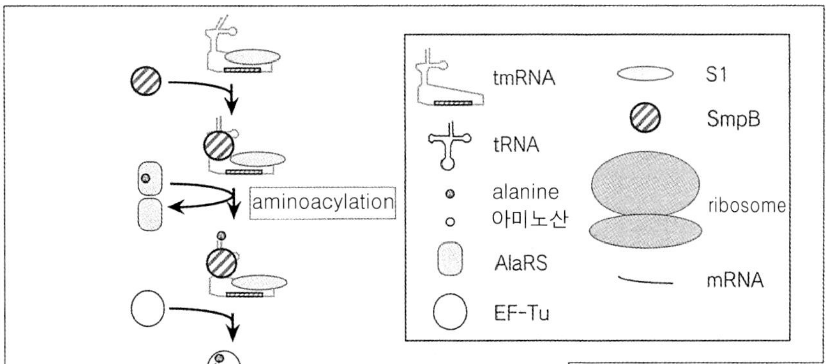
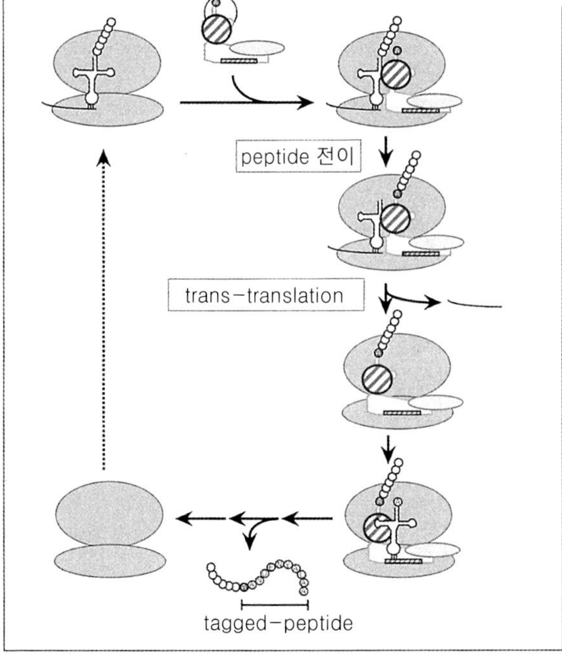

그림2. trans-translation 반응에 관여하는 인자와 모식도

trans-translation의 직후에는 최초의 GCA 코돈은 A부분에 정확하게 위치하지 않으면 안 된다. 필자는 우선, 번역재개지점에서 12염기상류의 PK1이 trans-translation의 효율적인 면에서는 중요하다. 그러나 정확한 번역재개지점의 결정에는 관여하지 않았다는 것을 밝혔다[18, 19]. 다음에, 번역재개지점에서 2-5염기 상류의 염기가 trans-translation의 효율적인 면에서는 종요하다. 그래서 이 영역 주변의 변이가 번역재개지점을 -1염기만 옮겨지게 했다는 것을 밝혔다[20]. 아마도, 이 영역이 뭔가에 의해서 인식되어 정확한 번역재개지점의 결정이 되는 것으로 생각된다. 그 유력한 후보로서는 앞에서 설명한 tmRNA 결합단백질이라고 생각된다.

이와같이 SmpB는 번역재개지점의 상류를 포함한 mRNA domain과는 결합하지 않는다. S1이 번역재개지점의 상류영역과 cross link한다는 Wower그룹의 보고[15]는, S1이 번역재개에 직접 관여한다는 것을 의미한다. 한편으로 고초균 tmRNA가 S1이 존재하는 대장균에 있어서도, 존재하지 않는 고초균에 있어서도, 같은 지점에서 *trans*-translation을 할 능력이 있다는 필자들의 발견은, 번역재개지점결정에 있어서 S1의 중요성에 의문을 던지고 있다[21].

문제의 분자간 상호작용의 상대가 직접 ribosome일 가능성도 있다. 필자들은 ribosome small subunit의 A부위에 결합함으로써 통상의 번역에 있어서 오독(誤讀, shift는 아님)을 일으키는 시약으로 알려진 aminoglycoside계 항생물질 paromomycin이 trans-translation의 개시위치를 -1만 shift시키는 걸 발견했다[22]. 이 결과는 번역재개지점 상류영역과 A부위주변의 결합을 통하여 tmRNA의 번역재개지점의 결정이 이뤄질 가능성을 시사한다.

이와같이 번역재개지점 결정의 메커니즘에 관해서는 여러 학설 가운데 어느 것도 결정적이지 않으며, 앞으로의 과제로서 남아있다.

3. trans-translation 복합체의 저온전자현미경상

최근이 되어 Ramakrishnan과 Frank박사팀은 tmRNA·SmpB·EF-Tu(GDP)·kirromycin·ribosome 복합체의 저온전자현미경상을 발표하였다[20](**그림3**). kirromycin(또는 mocimycin라고도 불림)은 GTP가수분해 후의 EF-Tu을 ribosome에 결합상태를 계속 유지시키는 항생물질로서, 이 상은 trans-translation의 아주 초기단계를 나타내는 것으로 해

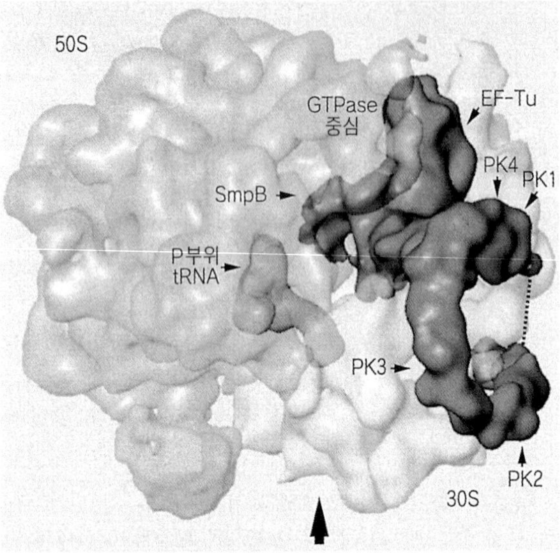

그림3. tmRNA·SmpB·EF-Tu(GDP)·kirromycin·ribosome 복합체의 저온전자현미경 모양

붉은색은 mRNA·SmpB·EF-Tu(GDP)·kirromycin·ribosome 복합체, 녹색은 P부위의 peptidyl tRNA. S1이 결합하는 30S subunit 상의 화살표를 표시. 번역개시지점을 포함한 1가닥사슬의 영역은 점선부분에 위치하는 것으로 생각된다(참고문헌 23).[口繪8(p.6)참조]

석된다. 13Å과 저해상도에서 ribosome에 관련하는 각인자의 대부분의 배열은 판단할 수 있다. 예상한 것과 같이 SmpB는 tRNA 도메인에, EF-Tu는 tmRNA의 아미노아실 말단에 결합하고 있다. mRNA로서 작용하는 영역은 decoding 영역으로부터 멀리 떨어져 있다. 이후의 단계에서, 어떤 peptide 전이와 trans-translation에 동반하여 decoding 영역으로 이동한다. 그림3에는 S1은 포함되어 있지 않지만 S1을 포함한 복합체모양도 얻을 수 있으나, 이 두 종류에서 mRNA로서 작용하는 영역의 구조가 약간 다르다. 이 차이는 trans-translation에 있어서 번역영역의 동적인 구조변화를 반영하고 있는 것이다. 그렇지만, 예를 들어 S1을 포함한 복합체가 trans- translation의 어떤 단계를 올바르게 반영하고 있다고 해도 ribosome 위에서의 S1은 tmRNA과도 decoding 영역과도 떨어진 위치에 있어 S1과의 분자간 상호작용으로 번역재개지점결정의 메커니즘을 설명하기에는 무리가 있다.

● 끝맺기

trans-translation의 최초의 단계조차 아직 논의가 더 필요하지만, 그보다 앞 단계는 더욱 논의가 필요할 정도이다. 원래 tmRNA는 어떻게 번역이 지체된 ribosome을 선택하여 ribosome에 결합한 이후의 각 단계에서 tmRNA는 어떤 상대와 어떤 분자상호작용을 하는가? 예를 들어, trans-translation 할 때에, 보통의 번역에서 작용하는 EF-G가 필요한지? S1은 어떤 단계에서 어떻게 작용하는지? SmpB는 ribosome 상에서 어떤 작용을 하는지? 아니면 tmRNA에서 해리하는지? 무엇보다 tmRNA는 좁은 ribosome의 골자기 사이에 잘 들어가, 몇 종류의 인자간의 분자상호작용을 교묘하게 변화시키는 2개의 도메인을 움직이게 하여 trans-translation을 수행하는지? 생화학적 연구에 구조생물학연구를 보탬으로서 문제를 해결할 수 있을 것 같다.

Q 유전학적으로 동정된 trans-translation에 필요한 인자는 tmRNA와 SmpB 뿐인가?

A tmRNA와 SmpB 뿐이다.

Q tmRNA가 두개의 단편으로 나뉘어져있을 경우도 있다, 어떤 기능적 의의가 있는가?

A 이 경우, tmRNA 도메인을 포함한 5´ 측의 1/2 분자와 tRNA 도메인의 3´ 측을 포함한 3´ 측의 1/2분자는 상호간에 부분적으로 안정된 염기-염기를 만들어 전체적으로 보통의 tmRNA와 아주 닮은 2차구조를 가지게 되어 보통의 tmRNA와 동일한 기능을 하는 것으로 생각된다.

Q 진핵세포의 불량 mRNA는 어떻게 처리되는가?

A 진핵생물에서는 tmRNA system 대신에 exosome이라고 불리는 단백질복합체가 불량 mRNA에 의해서 정체된 번역을 해소하는 것으로 알고 있다.

Q 고세균에서는 trans-translation은 존재하지 않는가? 같은 원핵세포이지만 어떻게 진정세균에만 존재하는가?

A 고세균에서는 tmRNA도 SmpB도 발견되지 않는다. 최근에 고세균에서 exosome모양의 복합체가 존재하는 것이 밝혀져, 불량 mRNA의 번역과정의 품질관리 system의 진화의 한 단면이 보이기 시작하고 있다.

문헌

1) Ushida, C., Himeno, H., Watanabe, T., Muto, A. : *Nucl. Acid. Res.*, **22**, 3392-3396(1994)
2) Komine, Y., Kitabatake, M., Yokogawa, T., Nishikawa, K., Inokuchi, H. : *Proc. Natl. Acad. Sci. USA*, **91**, 9223-9227 (1994)
3) Tadaki, T., Fukushima, M., Ushida, C., Himeno, H., Muto, A. : *FEBS Lett.*, **399**, 223-226(1996)
4) Tu, G-F., Reid, G. E., Zhang, J-G., Moritz, R. L., Simpson, R. J. : *J. Biol. Chem.*, **270**, 9322-9326(1995)
5) Keiler, K. C., Waller, P. R. H., Sauer, R. T. : *Science*, **271**, 990-993(1996)
6) Himeno, H., Sato, M., Tadaki, T., Fukushima, M., Ushida, C., Muto, A. : *J. Mol. Biol.*, **268**, 803-808(1997)
7) Nameki, N., Tadaki, T., Muto, A., Himeno, H. : *J. Mol. Biol.*, **289**, 1-7(1999)
8) Muto, A., Ushida, C., Himeno, H. : *Trends Biochem. Sci.*, **23**, 25-29(1998)
9) Withey, J. H., Friedman, D. I. : *Annu. Rev. Microbiol.*, **57**, 102-123(2003)
10) Felden, B., Himeno, H., Muto, A., McCutcheon, J., Atkins, J. F., Gesteland, R. F. : *RNA*, **3**, 89-103(1997)
11) Keiler, K. C., Shapiro, L., Williams, K. P. : *Proc. Natl. Acad. Sci. USA.*, **97**, 7778-7783(2000)
12) Felden, B., Hanawa, K., Atkins, J. F., Himeno, H., Muto, A., Gesteland, R. F., McClosky, J. A., Crain, P. F. : *EMBO J.*, **17**, 3188-3196(1998)
13) Barends, S., Wower, J., Kraal, B. : *Biochemistry*, **39**, 2652-2658(2000)
14) Karzai, A. W., Susskind, M. M., Sauer, R. T. : *EMBO J.*, **18**, 3793-3799(1999)
15) Wower, J., Zwieb, C., Guven, S. A., Wower, I. : *EMBO J.*, **19**, 6612-6621(2000)
16) Hanawa-Suetsugu, K., Takagi, M., Inokuchi, H., Himeno, H., Muto, A. : *Nucl. Acid. Res.*, **30**, 1620-1629(2002)
17) Hanawa-Suetsugu, K., Bordeau, V., Himeno, H., Muto, A., Felden, B. : *Nucl. Acid. Res.*, **29**, 4663-4673(2001)
18) Nameki, N., Felden, B., Atkins, J. F., Gesteland, R. F., Himeno, H., Muto, A. : *J. Mol. Biol.*, **286**, 733-744(1999)
19) Nameki, N., Chattopadhyay, P., Himeno, H., Muto, A., Kawai, G. : *Nucl. Acid. Res.*, **27**, 3667-3675(1999)
20) Lee, S., Ishii, M., Tadaki, T., Muto, A., Himeno, H. : *RNA*, **7**, 999-1012(2001)
21) Ito, K., Tadaki, T., Lee, S., Takada, K., Muto, A., Himeno, H. : *FEBS Lett.*, **516**, 245-52(2002)
22) Takahashi, T., Konno, T., Muto, A., Himeno, H. : *J. Biol. Chem.*, **278**, 27672-27680(2003).
23) Valle, M., Gillet, R., Kaur, S., Henne, A., Ramakrishnan, V., Frank, J. : *Science*, **300**, 127-130(2003)

Column

Trans-translation은 어떤 때에 일어나는가?

Abo Tatsuhiko(阿保達彦)·Inada Toshifumi(稻田利文)·Aiba Hiroji(饗場弘二)

●시작하기

trans-translation은 번역도중에 꼼짝 않고 가만히 있는 ribosome에서 tmRNA(SsrA RNA)가 작용하여 일어나는 특수한 번역 메커니즘이다[1, 2]. 그의 상세한 분자 메커니즘은 Ogura Teru (小椋 光)와 Himeno Hyouta·Muto Akira (姬野俵太·武藤 昱)의 총설을 참고하기 바란다. *trans*-translation 산물은 그 C-말단에 tmRNA 유래의 분해tag(꼬리표)배열을 가져, protease에 의해서 우선적으로 분해된다. tmRNA내의 mRNA로서 작용하는 영역에 염기치환(분해tag의 최후의 2개 아미노산 AA을 DD로 치환)하면 protease에 내성을 가진 tag(DD-tag라고 부름)이 된다. 이 같은 tmRNA (SsrA^{DD})이용한 *trans*-translation 산물은 protease에 의한 분해를 피하게 되고, 더욱이 항 DD-tag 항체로서 검출될 수 있다[3]. 실제로 SsrADD을 가진 대장균에서 크고 작은 DD가 달린 단백질이 검출되었다(**그림1**). 보통의

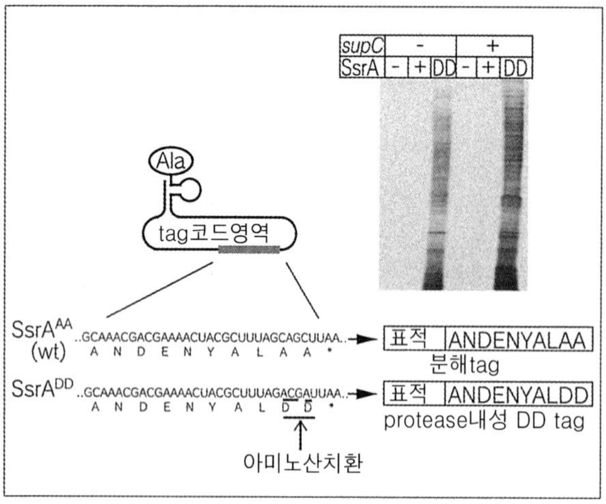

그림1. 구조와 항DD tag-항체로 검출된 *trans*-translation 산물

SsrA^{DD}의 존재 조건에서 DD가 달린 산물이 다수 관찰되었으며, suppressor-tRNA(supC)의 존재조건에서 더 많이 관찰되었다.

연구 환경에서 생육하는 대장균 세균 내에서 *trans*-translation이 빈번하게 일어난다고 알려져 있다[4]. 그렇다면 어떤 상황에서 이같이 특수한 번역은 일어나는가?

1 종지코돈이 없는 짧은 mRNA

대부분의 *trans*-translation은 종지코돈를 가지지 않은 어중간한 mRNA의 3′ 말단에 도달하여 꼼짝 않고 가만히 있는 ribosome을 표적으로 하는 것으로 생각된다. 세균의 mRNA는 대체로 불안정하여 분해되는 도중에 mRNA는 반드시 종지코돈을 가지지 않은 상태를 경험한다. 그림1에서 보여주는 것과 같이 각양각색의 많은 *trans*-translation 산물은 이같이 만들어지는 것 같다. 그리고 최근 긴축제어에 관계하는 RelE단백질이 리보솜내에서 mRNA를 절단하며[5], 이 절단된 mRNA의 3′ 말단에서 꼼짝 않고 가만히 있는 리보솜을 해방시키는데 *trans*-translation 시스템이 작용한다고 보고되고 있다[6]. 도무지 mRNA의 분해에 의하지 않고도 종지코돈을 가지지 않는 mRNA가 만들어지는 경우도 있다. 대장균 *lac* operon의 조절영역에 있어서 lactose repressor, LacI가 결합하는 operator배열의 하나인 *O3*은 일부 *lacI* 자신의 ORF와 중복되기도 하고, 이곳에 결합한 LacI가 *lacI*의 전사신장을 저해하여, 종지코돈까지 도달하지 못하여 도중에 전사가 끊어져 버린 짧은 lacI mRNA를 만든다. 이렇게 하여 LacI는 *trans*-translation의 표적이 된다[4].

2 번역종지코돈을 읽지 않고 건너뛰기

종지코돈이 존재해도 그것을 읽지 않고 건너뛰면 리보솜은 mRNA의 3′ 말단에 도달하며, trans-translation의 표적으로 된다. 이를테면 정지코돈을 sense codon(읽기코돈)으로 인식하는 변이tRNA인 suppressor tRNA가 존재하면 종지코돈에서 번역

을 종결하지 않고, 3′ 말단에 도달하는 리보솜이 증가한다고 생각된다. 실제로 SsrA[DD]를 사용하여 해석한 바로는 suppressor tRNA의 존재하에 DD 꼬리표가 달린 단백질이 증가하고, *trans*-translation의 빈도가 올라갔다[7](그림1).

aminoglycoside계 항생물질 가운데, kanamycin이나 streptomycin 등은 miscoding drug이라고 부르며, 고농도에서는 리보솜에 결합하여 번역을 저해하는데, 저농도에서는 번역의 충실도를 내려서 코돈의 오독(잘못 읽음)을 불러일으킨다. 코돈의 오독이 종지코돈에서 일어나면, suppressor tRNA의 경우과 같이, 3말단에 도달하는 리보솜이 증가하며, ***trans***- translation의 빈도가 올라간다고 여겨지며, 실제로 SsrADD를 사용하여 행한 실험에서 그렇게 나타났다[8].

3 희귀 코돈

arginine을 지정하는 코돈 AGA는 rare codon이라고 불리며, 대장균염색체상의 전유전자를 통해서 발현빈도가 낮아서 대응하는 tRNA의 양이 적다. AGA 코돈이 연속하는 장소에서는 ARG-tRNA가 부족하여 번역이 정체한다고 여겨지며, 그러한 상황에서 *trans*-translation이 일어난다고 보고되고 있다[3].

4 종지코돈에서 *trans*-translation

종지코돈에서는 aminoacyl tRNA 대신에 RF가 작용하여 번역이 종결하는데, 직전의 아미노산이나 종지코돈의 종류, 주위의 염기배열에 의해서는 번역종결효율이 낮게 될 경우가 있다. 그러한 경우도 리보솜이 정체하고 있는 상태로 인식되는 것일까? 종지코돈에 상당하는 위치에서 *trans*-translation이 일어난다고 보고되고 있다[9-11]. 종지코돈의 직전의 아미노산배열이 중요한 결정요인이 되고 있는 듯한데, 분명한 공통성은 현재의 경우 발견되고 있지 않다.

5 생리적 의의

mRNA의 3′ 말단에 꼼짝 않고 있기도 하고 리보솜을 표적으로 하여 신생 폴리펩타이드사슬에 분해꼬리표를 붙이는 점으로 봐서, *trans*-translation은 종지코돈을 가지지 않는 규격외의 mRNA로부터 만들어지는 규격외의 단백질을 분해하는 단백질품질관리시스템으로서 작용하고 있다고 여겨진다. 또한 mRNA의 3′ 말단에 붙들려있는 리보솜을 해방함으로써 리보솜의 재이용을 가능하게 한다. 더욱이 그 mRNA에 대한 nuclease의 공격을 가능하게 하고, 규격외의 mRNA의 분해를 촉진하는 mRNA 품질관리유지기구[12]라는 측면도 가진다. 규격외의 mRNA로부터 규격외의 단백질이 만들어진다고 생각한다면, 이것도 단백질품질관리기구라고 할 수 있다. *ssrA* 결손주는 phage의 증식이나 스트레스아래에서 생육, 영양원고갈 등에 대한 응답에 이상을 나타내는데, 대장균 등, 세균종에 따라서는 통상의 생육에 거의 영향이 없는 것도 있다[1]. 그러나 tmRNA가 널리 진정세균사이에 존재한다는 것은 세균에 있어서 *trans*-translation의 중요성을 말한다. 앞으로 이 특수한 번역기구의 생리학적 의의에 관해서 한층 더 연구가 필요하겠지.

Q 대장균이 정상적으로 생육하고 있을 때, 어느 정도의 비율의 단백질이 tmRNA로 인해 성가신 존재로 되느냐?

A 분해꼬리표에 6xHis배열을 포함하는 변이 tmRNA를 이용하여 대장균의 표적단백질을 affinity 정제한 실험으로 봐서, 전단백질의 0.01-0.05%라고 추정되고 있다[10].

Q 세균의 종에 따라서 *ssrA* 결손주의 생육이 크게 달라지는 것은 왜 그러냐? 또한 생육에 *ssrA*를 필요로 하는 종에서는 *trans*-translation의 어느 기능이 생육에 중요한 것이냐?

A *ssrA*를 필요로 하는 세균에서는 생육에 필수적인 유전자의 번역이 멈추기 쉬운 구조로 되어있는지도 모르는데, 정확한 이유는 아직 모른다. *Neisseia gonorrhoeae*(임질균)의 경우 *ssrA*가 생육에 필수이지만, *ssrA[DD]*가 존재한다면 생존가능하며, 이것이 리보솜의 mRNA로부터 해방되는 것이 생육에 필요하다는 걸 나타낸다.

●문헌

1) （最近の総説を一つ最初に挙げておく） Withey, J. H., Friedman, D. I. : *Annu. Rev. Microbiol.*, **57**, 101-123 (2003)
2) Keiler, K. C., Waller, P. R. H., Sauer, R. T. : *Science*, **271**, 990-993 (1996)
3) Roche, E. D., Sauer, R. T. : *EMBO J.*, **18**, 4579-4589 (1999)
4) Abo, T., Inada, T., Ogawa, K., Aiba, H. : *EMBO J.*, **19**, 3762-3769 (2000)
5) Pederson, K. *et al.* : *Cell*, **112**, 131-140 (2003)
6) Christensen, S. K., Gerdes, K. : *Mol. Microbiol.*, **48**, 1389-1400 (2003)
7) Ueda, K. *et al.* : *Genes Cells*, **7**, 509-519 (2002)
8) Abo, T. *et al.* : *Genes Cells*, **7**, 629-638 (2002)
9) Collier, J., Binet, E., Bouloc, P. : *Mol. Microbiol.*, **45**, 745-754 (2002)
10) Roche, E. D., Sauer, R. T. : *J. Biol. Chem.*, **276**, 28509-28515 (2001)
11) Sunohara, T., Abo, T., Inada, T., Aiba, H. : *RNA*, **8**, 1416-1427 (2002)
12) Yamamoto, Y. *et al.* : *RNA*, **9**, 408-418 (2003)

Tatsuhiko Abo[1,2], Toshifumi Inada[1], Hiroji Aiba[1], [1]名古屋大学大学院理学研究科, [2]現：岡山大学理学部　E-mail：tabo@cc.okayama-u.ac.jp

When *trans*-translation occurs?

Column

Lon에 의한 리보솜단백질의 순환시스템

Nomura Kazutaka (野村和孝)·Ohtake Hisao (大竹久夫)·Kuroda Akio (黑田章夫)

●시작하기

단백질합성장치인 리보솜은 안정한 단백질 RNA 복합체이다. 그러나 긴 세포의 일생 중에는 그 거대하고 안정한 장치도 때로는 상처받아 수복되기도 하고, 혹은 분해되기도 하는 경우가 당연히 있을게다. 이를테면 미생물이 아미노산 기아에 들어간 경우에는, 리보솜은 적당한 아미노산공급원으로서 재이용된다고 알려져 있다. 그런데 그 분해계는 어떻게 되어 있는 걸까? 그 답은 전부를 알고 있지는 않지만, 최근 필자들은 세균의 리보솜단백질의 분해기구의 일부를 해명했기에 여기에 소개하고자 한다.

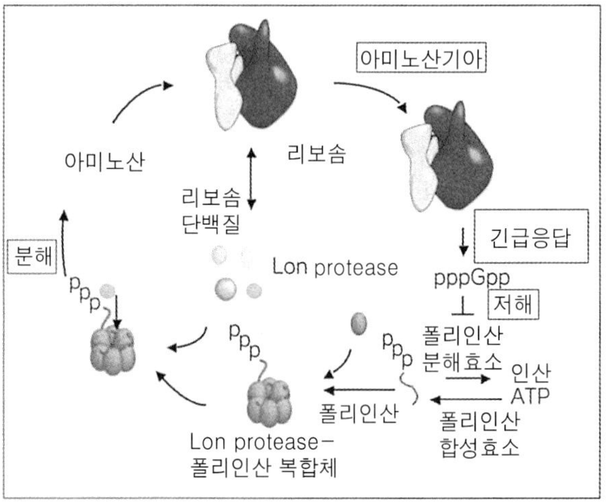

그림1. 세포의 긴급응답과 폴리인산에 의한 리보솜 단백질분해촉진기구모델

대장균은 아미노산기아에 처하면 긴축인자 (p)ppGpp를 축적한다. 이 (p)ppGpp가 폴리인산분해효소를 길항적으로 저해함에 따라, 폴리인산의 축적이 일어난다고 생각된다. 축적한 폴리인산은 ATP의존성protease의 하나인 Lon과 결합함으로써, 세포내에서 불필요하게 된 유리상태의 리보솜단백질의 분해를 촉진하고, 아미노산기아의 적응에 필요한 아미노산을 공급하고 있다고 생각된다. 폴리인산이 Lon protease에 결합하면 거대한 복합체로 되는데, 그 상세한 구조는 아직은 모른다. 현재 *in vitro*에서 폴리인산과 Lon protease의 복합체에 의한 분해가 확인되고 있는 리보솜단백질은 L1, L3, L6, L9, L13, L17, L24, S2, S4이다.

1 리보솜단백질의 순환시스템

대장균은 아미노산 기가에 들어가면 수백 개의 인산이 고에너지인산결합으로 연결한 폴리인산을 축적한다. 그때 폴리인산과 ATP의존성protease의 하나인 Lon protease가 결합함으로써, 리보솜단백질을 분해하는 것을 발견했다[1]. 이것은 아미노산 기아에 적응하기 위하여 리보솜단백질을 분해하여 필요한 아미노산을 공급하고자 하는 리보솜단백질순환시스템이라고 여겨진다(**그림1**). Lon protease는 ATP 대신에 폴리인산을 에너지원으로서 이용하지는 않는다. 그런데 폴리인산과 결합한 Lon protease은 어떤 기구로 리보솜단백질을 인식하여 그것을 분해하는 걸까?

2 Lon과 폴리인산의 작용, 효과, 일, 공적, 작업

Lon protease에는 4개의 도메인(BAB, ATPase, SSD, protease의 각 도메인)의 존재가 시사되고 있다[2, 3](**그림2**). 최초로 이들 영역의 결실변이체를 만

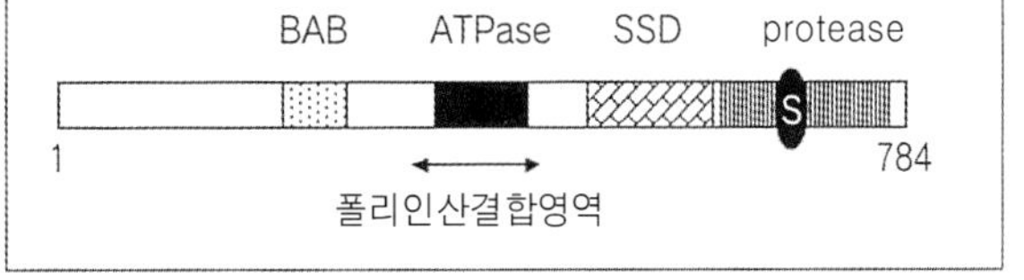

그림2. Lon protease의 도메인구조와 폴리인산결합 도메인

BAB(basic-acid-basic)도메인은 Lon protease의 DNA결합성에 관계한다고 여겨지고 있다. 또한 ATPase 도메인은 샤페론활성에 필요한 ATP와 결합한다. SSD 도메인은 기질특이성에 관계한다고 여겨지고 있고, protease도메인은 활성중심serine을 가지는 단백질분해활성도메인이다. 폴리인산결합실험은 결실단백질을 nitrocellulose막에 전사하여, ^{32}P로 표지(label)한 폴리인산과의 결합유무를 검출하는 방법을 사용했다.

들고, 폴리인산의 결합영역을 조사했다. 그 결과, ATPase도메인에 폴리인산결합영역이 존재하는 것을 밝히게 되었다(그림2). Lon protease와 폴리인산은 이 영역을 사이에 두고 아주 안정한 복합체(Kd=0.5nm)를 만든다. 현재로서는 그 복합체의 추정분자량은 약 8000K이지만, 그 구조는 밝히지 못했다.

폴리인산 의존적으로 분해되는 리보솜단백질은 모두 폴리인산과 결합한다. 이런 점으로 봐서 Lon protease는 폴리인산을 통해서 리보솜단백질을 ATPase도메인으로 끌어당겨서, unfolding하여 protease도메인에 인도하는 게 아닌가라고 생각된다. 그래서 폴리인산 결합능을 상실한 리보솜단백질 L9를 만들어 그의 분해를 조사하였다. 염기성이 강한 리보솜단백질은 폴리인산과 잘 결합한다. 어쩌면 그 결합은 단백질표면에 존재하는 +로 하전한 아미노산을 통해서 이뤄지고 있다고 여겨지므로, 화학수식에 의해서 lysine이나 arginine의 전하를 해소했다. lysine 또는 arginine만을 수식한 경우, 폴리인산의 결합력은 원래에 비해서 약하게 되며, 여전히 폴리인산과 결합하고, 그러나 폴리인산에 의한 분해의 촉진이 보였다. 한편 lysine과 arginine 양쪽을 수식하면 폴리인산의 결합력은 거의 잃는다. 그래서 lysine과 arginine 양쪽을 수식한 리보솜단백질은 Lon에 의해서 어느 정도 분해되며, 폴리인산의존적인 분해가 보이지 않게 되었다(**그림3**). 이상의 것으로 봐서 표적이 되는 리보솜단백질과 폴리인산의 결합이, 그의 분해의 촉진에 필요하다고 생각되었다. 최초의 결과와 아울러서 생각하면, Lon protease, 폴리인산, 리보솜단백질의 삼자의 결합이 중요하다고 여겨진다.

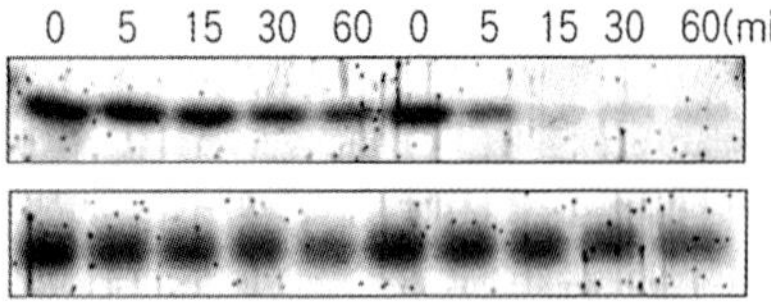

그림3. 수식한 리보솜단백질 L9의 Lon protease에 의한 분해

정제한 리보솜단백질 L9를 사용하여 lysine(20mM sodium cyanoborohydride(NaBH3CN), 20mM formaldehyde 존재하에 24℃, 5시간) 및 arginine(200mM H3BO3(붕산), 50mM 1,2-cyclohexane(C6H12) dione 존재하에, pH9, 37℃, 2시간)을 화학적으로 수식했다. 그 결과, 수식한 L9은 폴리인산결합능을 잃고, 폴리인산에 의한 분해의 촉진이 보이지 않게 되었다.

●끝내기

시기적절하게 특정의 표적단백질을 신속하게 분해하는 것이, 증식제어나 스트레스응답 등에 아주 중요하다는 것은 말할 것도 없다. 그러나 현재 ubiquitin의 존재가 확인되고 있지 않는 원핵생물의 세포내 단백질의 분해제어가 어떻게 되어 있는지에 대해서는 통일적인 견해는 없는 듯이 생각된다. 최근 sigma인자의 분해를 촉진하는 adaptor분자 등이 속속 발견되고 있다[4, 5]. 폴리인산은 Lon protease가 리보솜단백질을 분해하는 때의 adaptor분자라고 말할 수 있겠지. 원핵생물에서는 단백질분해제어의 하나로서, adaptor분자에 의한 기질인식제어를 발달시킨 것일지도 모른다.

Q 폴리인산은 Lon의 ATPase활성을 촉진하느냐?

A 기질이 없을 경우, 폴리인산은 Lon protease의 ATPase활성에 거의 영향을 주지 않는다.

Q 리보솜단백질과 폴리인산의 결합에 단백질표면의 정전하가 중요하다고 하는데, 거꾸로 염기성이 강한 단백질은 리보솜단백질이외에도 분해되기 쉬운 것이냐? 또한 리보솜단백질(특히 4종류)은 특별히 염기성이 강한가?

A 모든 염기성단백질이 폴리인산 Lon protease 복합체로 분해되는 것은 아니다. 이를테면 리보솜단백질이외에도 폴리인산에 결합하는 염기성단백질이 있지만 분해되지 않는다. 또한 폴리인산 Lon protease 복합체로 분해되는 리보솜단백질은, 분해되지 않는 리보솜단백질에 비해서 특히 염기성이 강하다고 할 수는 없다. 폴리인산에 결합하는 것이 중요한 듯하지만, 충분하지는 않는 듯하다.

Q 리보솜단백질이면서 Lon으로 분해되지 않는 것이 있느냐? 있다면 그것은 어떤 protease로 분해되는지?

A 폴리인산이 존재해도 Lon에 의해서 분해되지 않는 것이 있다. 그러나 이를테면 열변성해 버리면, 거의 모든 리보솜단백질이 Lon에 의해서 분해된다.

●문헌

1) Kuroda, A., Nomura, K., Ohtomo, R., Kato, J., Ikeda, T., Takiguchi, N., Ohtake, H., Kornberg, A. : *Science*, **293**, 705-708 (2001)
2) Ebel, W., Skinner, M. M., Dierksen, K. P., Scott, J. M., Trempy, J. E. : *J. Bacteriol.*, **181**, 2236-2243 (1999)
3) Smith, C. K., Baker, T. A., Sauer, R. T. : *Proc. Natl. Acad. Sci. USA*, **96**, 6678-6682 (1999)
4) Becker, G., Klauck, E., Hengge-Aronis, R. : *Proc. Natl. Acad. Sci. USA*, **96**, 6439-6444 (1999)
5) Dougan, D. A., Reid, B. G., Horwich, A. L., Bukau, B. : *Mol. Cell*, **9**, 673-83 (2002)

Kazutaka Nomura, Hisao Ohtake, Akio Kuroda, 広島大学大学院先端物質科学研究科 E-mail : akuroda@hiroshima-u.ac.
Recycling system of ribosomal proteins by Lon protease

Column

Protease에 의한 세균병원(病原)전략의 제어

Yamamoto Tomoko (山本友子)

●시작하기

세균의 병원성 발현기구의 연구에 샤페론·protease가 처음 등장한 것은 10여년전이다. 발단으로 된 것은 병원세균의 스트레스응답에 관한 연구이다. 세균이 감염하면, 숙주는 피해를 최소한으로 저지하기 위하여, 여러 가지 생체방어기구를 발동한다. 생체방어의 최전선에서는 macrophage 등의 식세포가 살균을 맡고 있어 세균의 대부분은 이 과정에서 식균되는데, Salmonella 등의 세포내 기생성을 가진 세균은 식균기구를 피하여 증식할 수가 있다. macrophage내부는 세균이 감염초기에 조우하는 훨씬 가혹한 환경이기 때문에, 세균은 이 스트레스를 극복하기 위하여 스트레스단백질을 유발시켜서 병원전략에 이용할 거라고 생각했다. 이 가설은 스트레스단백질 HtrA를 파괴한 Salmonella가 병원성을 잃었다는 보고에 의해서 증명되었다[1]. 필자들은 Salmonella의 스트레스단백질을 망라적으로 해석하여, 병원성 발현에는 Lon, ClpXP, HtrA의 각 protease가 필수이지만, ClpAP, HslVU는 관여하지 않는다는 것을 알았다[2, 3]. 또한 샤페론으로는 DnaK/DnaJ/GrpE 시스템이 필수이지만, IbpA/ IbpB는 관여하지 않는다는 것을 밝혔다[4]. 세균의 병원전략은 숙주의 방어기구에 대해서 발동되는 복잡한 시스템이기 때문에, 이 전략상의 샤페론·protease의 역할에 대해서 분자수준에서의 연구는 그다지 되어있지 않다. 여기에서는 최근 필자들이 연구성과를 중심으로 protease에 의한 Salmonella의 병원성 전략제어의 분자기구에 대해서 소개한다.

1 Salmonella의 병원전략과 type III 분비시스템

살모넬라의 중요한 병원전략은 상피세포침입능과 macrophage내 증식능이다. 어느 쪽의 전략에도, type III 분비시스템(TTSS, secretion system)이라는 단백질분비시스템이 관여하고 있다. 침입에 관계하는 TTSS-1은 needle 복합체라고 불린다(**그림1**). 살모넬라가 숙주세포에 접촉하면 needle에서 effector 단백질을 세포내에 주입하여, 세포내 신호전달계를 교란한다. 그 결과, 상피세포막의 ruffling이 일어나고, 형성된 아메바모양의 식지(食指, forefinger, 집게손가락)에 의해 균이 포획된다. 따라서 세균이 침입한다기보다도 숙주에게 포획된다고 생각된다.

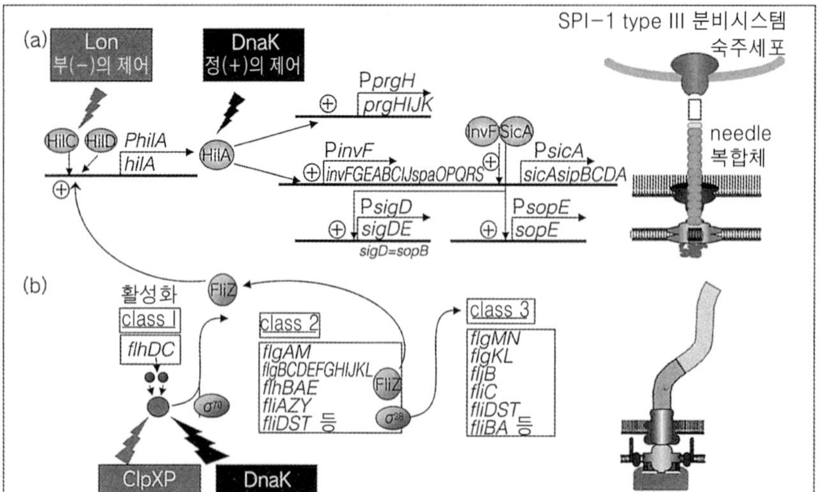

그림1. SPI−1 유전자발현제어모델과 TTSS−1의 모식도 (a) 및 편모regulon 발현제어모델과 편모의 모식도(b)

살모넬라는 macrophage 내에서 항상 *Samonella* containing vacuole(SCV)라는 소기관에 둘러싸여서 증식하는데, 그의 증식에 필요한 effector 단백질을 SCV막을 관통하여 macrophage 세포질에

던져 넣는 것이 TTSS-2라고 여겨진다. 그러나 세포내증식의 분자메커니즘은 충분히 해명되어있지 않으며, 살모넬라연구의 중에서 가장 뜨거운 화제로 되고 있다. TTSS의 구조는 세균편모의 근원에 있는 기부체(基部體)와 hook 복합체에 유사하며. 기능적으로도 공통성이 있으므로, 편모장치로부터 진화한 것이라고 여겨지고 있다. 여기에서는 Lon 및 ClpXP에 의한 SPI 1 regulon과 편모regulon의 전사제어기구에 대해서 기술한다.

2 Lon에 의한 SPI-1발현과 세포침입제어

세포침입성에 관여하는 TTSS-1은 게놈상의 *Samonella* pathogenicity island(SPI)-1 유전자 cluster에 코드되어 있다. 필자들은 살모넬라의 Lon을 결손시키면 상피세포 침입효율이 현저하게 증가하는 것을 발견했다. Lon이 SPI-1발현의 강력한 부(-)의 regulator인 점을 밝혔다[5]. *SPI-1*유전자군의 발현에는 4가지의 전사인자 HilC, KilD, HilA, InvF가 계층성(階層性)을 가지고 관계하고 있다(그림1). 우선 HilC, HilD가 *hilA* pormoter의 상류에 결합하여 전사개시를 유도한다. HilC, HilD는 *hilA*의 전사억제를 해제하는 탈repressor로서 작용한다. HilA는 *invF*를 포함하는 모든 TTSS-1관련인자의 전사촉진인자로서 작용한다. 더군다나 InvF는 SPI-1내외의 effector 유전자의 전사를 활성화한다. 현시점에서는 HilC, HilD가 SPI-1전사계층의 정점에 존재한다고 여겨지고 있는데, 필자들은 Lon이 HilC, HilD의 양을 조절함에 따라 SPI-1발현과 세포침입효율을 엄밀하게 제어하고 있음을 밝혔다. SPI-1 effector는 macrophage에 apoptosis를 유도하는 활성을 가지고 있다. 살모넬라는 macrophage에 탐식되면 바로 SPI-1발현을 정지시켜, 스스로의 주거지인 macrophage가 apoptosis로 들어가는 것을 방지하지만, Lon결손주는 탐식된 다음에도 SPI-1을 연속적으로 발현하여 고빈도로 apoptosis를 일으킨다. 후술하듯이 Lon결손주는 높은 침입능을 가지고 있는데도 불구하고 병원성은 저하하고 있다. 따라서 Lon에 의한 SPI-1발현의 엄밀한 제어가 살모넬라의 병원성발현에는 불가결이라고 할 수 있다. Lon결손에 비해서 그 효과는 작은 ClpXP도 또한 SPI-1발현에 관여하고 있다. 그의 메커니즘은 다음에 기술하는 편모regulon과 SPI-1발현의 coregulation이다.

3 ClpXP에 의한 편모regulon전사제어

세균의 형태현성과 기능발현에는 50을 넘는 유전자가 직접 관여하는데, regulon 전체는 겨우 3가지 전사계층으로 된 cascade이다(그림1b). 계층의 정점에 위치하는 것은 *flhD*, *flhC* 유전자이며, $FlhC_2FlhD_2$복합체를 형성하여 regulon의 전사를 유도한다. 필자들은 살모넬라의 ClpXP를 결손시키면 편모의 과잉형성이 일어나는 걸 발견했다[6]. 이 현상은 다른 protease의 결손에서는 보이지 않고, ClpXp만이 $FlhC_2FlhD_2$복합체의 turnover에 관계함에 따랏, 편모regulon의 발현을 부(-)로 조절하는 것을 밝혔다[7]. ClpXP에 의한 proteolysis에서는 ClpX가 기질인식에 관계하지만, 살모넬라의 ClpXp는 $FlhC_2FlhD_2$ hetero 4량체를 인식하지만, $FlhC_2$ 혹은 $FlhD_2$ homo 2량체를 인식하지 않는다. 복합체형성후에 나타나는 ClpX의 표적부위를 현재 해석중이다. class2에 코드된 FliZ는 편모형성에 있어서 역할은 모르지만, 전술한 SPI-1의 전사촉진인자 HilA의 전사를 활성화하는 점으로 봐서, ClpXP는 편모regulon을 경유하여 SPI-1발현을 제어하고 있다고 생각된다.

4 Lon 이나 ClpXP에 의한 macrophage내 증식능의 제어

살모넬라는 macrophage탐식후 바로 작용하는 활성산소에 대해서, superoxide dismutase의 작용에 의하여 살균을 피하며, SCV로 둘러싸인 채 증식한다. 이 macrophage 내 증식에는 SPI-2에 코드된 TTSS-2의 기능이 필수이다. 필자들은 살모넬라의 Lon결손주와 ClpXP결손주가 macrophage내 증식성을 잃고, 비병원성으로 되는 걸 발견했다[2,3]. 최근 필자들은 Lon이 SPI-1 effector 단백질의 분비에 관계하는 걸 발견했기 때문에, SPI-2의 유전자와 기능발현기구에 있어서 Lon의 표적탐구를 개시하고 있다.

일련의 연구는 [감염시에 발동되는 생체방어기구

가 방아쇠로 되어 병원세균이 스트레스응답을 유발한다]는 가설에 의해서 시작했지만, 현재로서는 샤페론·protease 네트워크를 끌어들인 세균의 병원전략기구의 해명으로 그의 중심은 옮겨가고 있다.

Q HilC와 HilD에 의한 *hilA*전사의 활성화와 FliZ에 의한 활성화는 협조적인 것인가?

A FliZ 결손주에서는 *hilA*의 전사활성이 저하하는 점으로 봐서 FliZ는 hilA 전사의 정(+)의 regulator이라고 할 수 있으나, FliZ가 HilC, HilD를 통하여 이것에 대응하고 있는 지는 조사되어있지 않다. 따라서 협조적인지 그렇잖은지는 현시점에서는 모른다.

●문헌

1) Johnson, K. *et al.* : *Mol. Microbiol.*, **5**, 401-407(1991)
2) Yamamoto, T. *et al.* : *Infect. Immun.*, **69**, 3164-3174(2001)
3) Takaya, A. *et al.* : *Infect. Immun.*, **71**, 690-696(2003)
4) Takaya, A., Tomoyasu, T., Matsui, H., Yamamoto, T. : *Infect. Immun.* **72**, 1364-1373(2004)
5) Takaya, A. *et al.* : *J., Bacteriol.*, **184**, 224-22(2002)
6) Tomoyasu, T. *et al.* : *J. Bacteriol.*, **184** : 645-653(2002)
7) Tomoyasu, T., Takaya, A., Isogai, E., Yamamoto, T. : *Mol. Microbiol.*, **48**, 443-452(2003)

Tomoko Yamamoto, 千葉大学大学院薬学研究院微生物薬品化学研究室 E-mail : tomoko-y@athenaeum.p.chiba-u.ac.jp

Regulation of bacterial pathogenesis by proteases

Column

고초균의 proteome

Bunai Keigo(武内桂吾)·Yamane Kunio(山根國男)

●시작하기

DNA배열은 생물이 가지는 설계도이며, 그것을 바탕으로 RNA나 단백질이 실제 생명활동을 하고 있다. 특히 단백질은 게놈의 코드영역(ORF)으로부터 존재수나 아미노산배열, 분자량 등 많은 정보를 간단히 추정할수 있기 때문에, 데이터베이스의 구축이 용이하다. 이것에 의해서 proteome해석이 급속하게 진행되고 있다. DNA배열에 따라서 합성된 단백질은 세포내에서 수많은 수식반응을 거쳐서 적절한 장소에 국재화하고, 또한 다른 단백질과 상호작용하여, 여러 가지 생체반응을 효율좋게 행한다. 세포내의 존재량만이 아니라 동력학적인 현상을 망라적으로 다루는 것이 proteomics의 중요한 점이다.

그램양성세균인 고초균은 산업적으로 중요한 효소생산균이다. 염색체는 약 4.2Mb나 되는 환상DNA이며, 4,106종의 단백질과 116종의 RNA를 코드하고 있다[1]. 최근 고초균의 proteome해석이 급속하게 진행하고 있고, 약1,000종류의 단백질이 동정되었다.

1 세포질가용성 단백질의 proteome해석

Hecker그룹은 pH4-7 및 pH4.5-5.5의 등전점전기영동에 의한 2차원전기영동을 사용하여, 세포를 초음파 파괴하여 얻은 세포질가용성 단백질을 분리하여, 346종류의 세포질가용성 단백질을 동정하였다[2]. 동정된 단백질의 중에 양적으로 많은 50종류를 **표1**에 정리했다. EF-Tu가 가장 많고, 이어서 RplL, IlvC, EF-F, ForES, GroEL의 순이다. 대부분은 예상대로 해당계, TCA회로, 단백질합성, 아미노산합성효소 등의 세포의 증식을 지지하는 대사단백질군이었다. 의뢰로 GroES, GroEL, DnaK와 같은 품질관리에 관계하는 단백질이 많은 것도 주목된다. 이것은 정상적인 세포내에서도 불량품단백질은 끊임없이 만들어지고 있고, 세포는 막대한 에너지를 사용하여 그것을 회피하면서 필사로 생육을 하고 있다는 걸 응변하고 있다. 또한 그 외에 세포운동, 해독, 대사, 에너지합성, 핵산합성 등의 단백질도 보였다. 50종류의 단백질양은 세포질 단백질전체의 45%에 해당한다고 예상되며, 어떻든 양적으로 많이 관계한다. 그 가운데 필수단백질은 Eno, FbaA, PllL, RpsF, RplJ, RplB, GroES, GroEL의 8종류이었다[3].

표1. 고초균 세포질가용성단백질 중 양적으로 많은 상위 50의 기능분류

해당계효소	Eno, Gap, FbaA, PhdA, PhdB, PhdC, PhdD,Pgk
TCA회로	CitC, CitH, SucC
아미노산합성계효소	IlvC, MetC, GlyA, AroA, SerA, GlnA, ArgF, RocD, Asd, LeuB, CysK, ilvD
단백질합성·번역	EF-Tu, RplL, EF-G, RpsF, RplJ, RplB, EF-Ts
단백질품질관리	GroES, GroEL, Tig, DnaK, TrxA
기타 기능	Hag, SodA, AhpC, Tkt, AtpA, GuaB, PurB
기능미지의 단백질	YkrT, YjlD, YdjL, YwaA, Yqil, YpfD, YxjH, YwjH

2 세포막을 구성하는 단백질의 proteome해석

막관통도메인 검색프로그램 TopPredII(http://bioweb.pasteur.fr/seqanal/interfaces/toppred.html)와 단백질을 리포단백질형과 분비단백질형으로 분류하는 Signal P를 사용하여, 고초균의 4,106종의 단백질 가운데 분자량이 작은 약 100종을 제한 3,994종에 대해서 해석했다. 그 결과 확실성이 높은 막단백질은 1,490종(37.3%), 확실성이 낮은 막단백질은 635종(15.9%), 리포단백질/분비단백질은 260종(6.5%), 가용성단백질은 1,609종(40.3%)로 추정되었다. 확실성이 높은 막단백질의 비율은 다른 많은 세균이나 효모에서도 거의 같았다. 다시한번 全3,994종류의 단백질을 고초균 데이터베이스(Subtilis: http://genolist.pasteur.fr/ SubtiList/)에 제시된

표2. 고초균 전체단백질의 기능별분류와 막단백질·리포단백질/분비단백질·가용성단백질의 비율

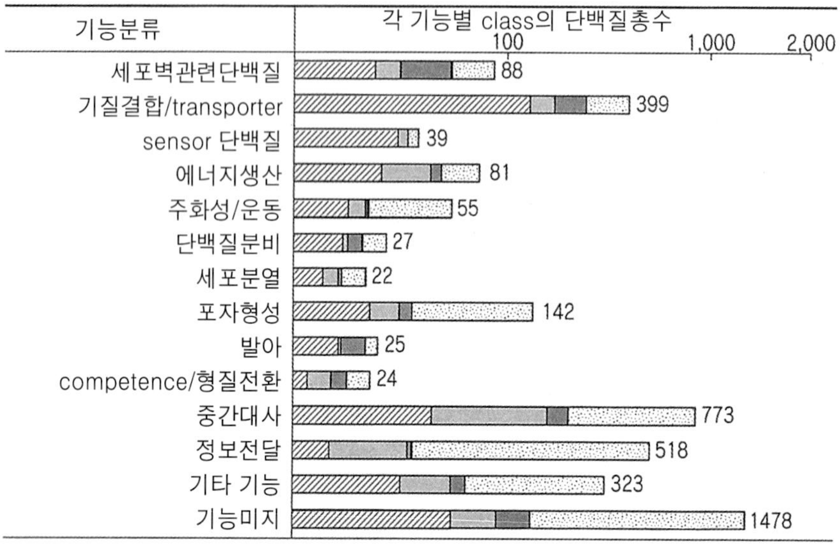

기능별로 분류된 각 그룹의 단백질의 총수는 대수로 나타냈다. 또한 각 그룹에 있어서 확실성이 높은 막단백질( ), 확실성이 낮은 막단백질( ), 리포단백질/분비단백질( ). 및 가용성단백질( )의 비율로 나타냈다. 각 bar의 오른 쪽 끝의 숫자는 각기능별 그룹에 있어서 단백질의 총수를 나타낸다.

단백질기능별 그룹에 따라서 분류하고, 각각을 TopPredII로 해석하여 **표2**에 정리했다. 확실성이 높은 막단백질의 비율이 가장 높은 그룹은 센서단백질의 85%이고, 이어서 transporter/기질결합단백질군의 71%이었다. 거꾸로 낮은 그룹은 competence/형질전환단백질군의 21%이었다. 이들 해석으로부터 전체단백질의 50%가 세포막에 관계한다고 추정된다.

그래서 세포막획분을 조제·가용화하여, 1차원·2차원 gel 전기영동과 MALDI-TOF MS에 의하여 637종류의 단백질을 동정했다[4]. 확실성이 높은 막단백질은 158종, 확실성이 낮은 막단백질은 98종, 리포단백질/분비단백질은 101종, 가용성단백질은 280종이었다. 고초균 단백질분비계에서 작용하는 SecA나 FtsY는 막관통도메인을 가지지 않는 가용성 peripheral 단백질이고, 세포질과 세포막의 양쪽에서 기능한다. 이번에 막획분에서 다수의 가용성단백질이 검출된 것은 이와같은 peripheral 단백질이 세포막에 다중 존재하고 있음을 예상하게 한다. 또한 각 단백질의 분자량이나 pI는 게놈데이터의 추측치와 실측치의 사이에서 상당히 다르며, 많은 단백질의 processing나 수식을 받고 있다고 추측된다. 이 해석에서 고초균 세포막표면에 국재하는 ABC transporter - 기질결합단백질의 대부분을 해석할 수 있었다[4]. 그러나 막관통도메인을 4개이상 가지는 단백질은 추정되는 560종류 가운데 20종류뿐이었다. 더욱더 기술적 개량이 필요하다고 여겨진다.

3 배지로 분비되는 단백질의 proteome 해석

고초균 게놈데이터를 기반으로 한 생물정보학에서는 약 150종류의 Sec 단백질군 의존성 signal peptide 함유분비단백질과, 114종류의 리보단백질이 추정되었다. Yamane[5] 및 Brom[6]의 그룹은 2차원 전기영동에 의해 배지에서 약 200종류의 단백질이 분비되는 것을 발견했으며, 그 가운데 82종류를 N말단 아미노산배열분석 및 mass spectrometry로 동정했다. 고초균 signal peptidase I(Spase I)에는 SipS, T, U, V, W의 5종류가 있고, 대량으로 생산되는 α-amylase나 protease에 대응하고 있다고 생각된다. 그러나 각 유전자파괴주에서는 단백질의 분비양상에 차이가 없으므로 기능상 overlap이 추측된다. 한편 YfnI와 같은 막관통 도메인을 다수 가지는 단백질의 절단·유리에는 SipT, V가 관여하는 것이 밝혀져, 막단백질의 processing에 관계하는 signal peptidase의 존재가 시사되고 있다[6]. 또한 리보단백질전구체를 절단하는 signal peptidase II(SPase II)는 Lsp의 1 종류뿐이다.

●끝맺음 : 미래의 proteome 해석에 대하여

최근 Hecker그룹은 2차원 전기영동의 은염색相

과 ^{35}S-methionine의 집어넣기(pulse label)를 이용한 autogram을 색으로 식별하고, 컴퓨터에서 조합시키는 dual channel imaging and warping method을 개발했다[7]. 이 방법으로 세포의 변화에 수반하여 일어나는 단백질전체의 경시적 변화를 해석할 수 있다. 한편 mass spectrometry로는 안정 동위체를 정확하게 구별할 수 있다. 필자들은 Hecker 그룹과는 다른 각도의 연구방법으로서 안정동위체 ^{15}N을 사용한 pulse label실험을 하여 수송단백질의 망라적 해석을 진행하고 있다.

앞으로는 염색체에 코드되어 있는 모든 단백질의 세포내외국재의 catalog화를 행하고, 그 동태해석을 진행시키는 것, 고초균에서 밝혀진 19종류의 σ 인자가 어떠한 경우에 어떠한 유전자를 발현시키는 지, 또한 포자형성에 관계하고 있는 단백질군을 해석함으로써 생명활동의 본질을 이해할 수 있다고 생각한다.

●문헌

1) Kunst, F. *et al.* ; *Nature*, **390**, 249-256(1997)
2) Büttner, K. *et al.* : *Electrophoresis*, **22**, 2908-2935(2001)
3) Kobayashi, K. *et al.* : *Proc. Natl. Acad. Sci. USA*, **100**, 4678-4683(2003)
4) Bunai, K. *et al.* : *Electrophoresis*, **25**, 141-155(2004)
5) Hirose, I. *et al.* : *Microbiology*, **146**, 65-75(2000)
6) Antelman, H. *et al.* : *Genome Res.*, **11**, 1484-1502(2001)
7) Bernhardt, J. *et al.* : *Genome Res.*, **13**, 224-237(2003)

Keigo Bunai, Kunio Yamane, 筑波大学生物科学系 E-mail : kyamane@sakura.cc.tsukuba.ac.jp

Proteome analysis of *Bacillus subtilis*

Column

고세균의 protease

Tamura Noriko (田村範子)·Tamura Tomohiro (田村具博)

고세균의 geneome project는 현재 17종이 종료하고, 27종이 진행중이다. 평균적인 게놈크기는 2 Mbp정도이고, 게놈에 코드되어 있는 protease유전자는 종에 따라 다른데, 19-50종류라고 추정되고 있다. 고세균의 중에서도 단백질분해계에 대해서 상세하게 연구되고 있는 종의 하나로서 *Thermoplasma acidophilum*이 거론된다. *T. acidophulum*은 1.56 Mbp의 게놈에 30정도의 protease유전자가 코드되어 있어, 단백질분해계가 단순화된 모델생물로서 고찰할 수 있다[1]. 여기에서는 *T. acidophulum*를 중심으로 고세균의 세포내 단백질 분해계에 대해서 기술한다.

세포내 단백질은 최종분해산물인 아미노산까지 분해되는 과정에서 처음으로 ATP의존성 protease에 의해서 oligopeptide로 분해를 받는다. 이 초기분해를 담당하는 protease군은 고세균에서는 20S proteasome과 Lon protease의 2종의 복합체이며, 그들은 진화적으로 보존되어있다. 고세균의 20S proteasome은 진핵생물유래 효소보다 구성성분이 단순하며, 단일의 α 및 β subunit 각각 7개로 구성되는 ring 4층(α_7, β_7, β_7, α_7)으로 구축된다.

proteasome과 같이 링모양 복합체를 형성하고, 촉매활성부위를 분자내부에 국재시키는 protease를 self-compartmentalizing protease라고 부른다. 이 종의 효소는 링중앙의 구멍을 통하여 표적단백질을 촉매활성부위로 보낼 필요가 있으므로, 고차구조를 가지는 단백질의 구조를 풀어서 촉매활성부위로 보내는 기구가 필요하게 된다. 진핵생물에 있어서 해당하는 역할을 담당하는 분자가 19S 제어인자복합체이며, 6종의 AAA ATPase로 되는 링구조체를 포함하는 10종류 이상의 성분으로 형성된다(Tanaka의 원고 참조). 많은 고세균에는 19S 제어인자 중 S4라고 불리는 ATPase subunit의 상동분자만이 보존되며, 링모양 복합체를 형성하고, 20S proteasome과 상호작용함으로써 입체구조를 가지는 단백질을 ATP 의존적으로 분해한다.

S4 상동분자에 대해서는 *Methanococcus jannaschii* 유래의 단백질이 상세하게 연구되어있다. 이 효소는 ATP이외의 CTP, GTP, UTP도 가수분해하면서 20S proteasome을 활성화함으로써, proteasome-activating nucleotidase(PAN)이라고 명명되어있다[2]. PAN은 대장균의 SsrA tag(Himeno·Muto의 원고 참조)를 분해신호로서 인식하여, GFP-SsrA를 분해한다고 알려져 있다. SsrA tag는 고세균에서는 발견되고 있지 않는데, 기질의 인식구조를 이해하는 데에 유용한 신호이다. *T. acidophulum* 유래의 20S proteasome의 α

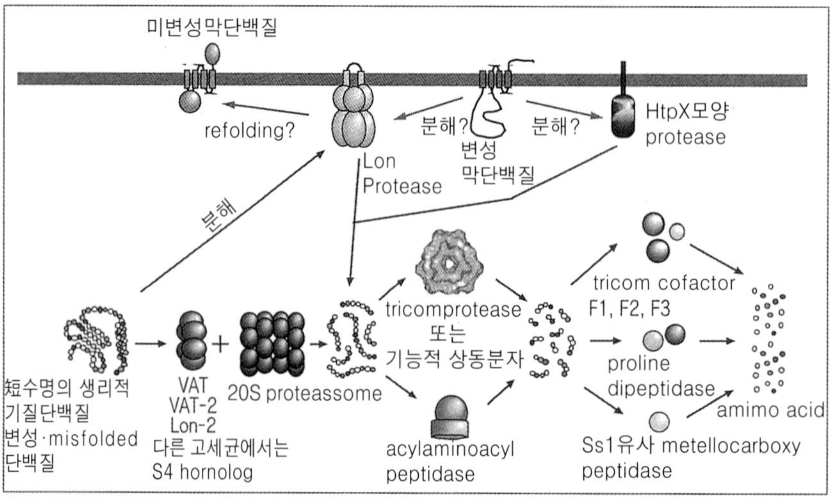

그림1. ***Thermoplasma acidophilum*에 있어서 세포내 단백질분해경로**
상세한 것은 본문을 참고할 것.

subunit의 N말단영역을 결실한 복합체는 링 중앙의 구멍이 야생형에 비해서 넓게 되어 있으므로, casein 등의 고차구조를 가지지 않는 단백질은 PAN에 의한 분해촉진효과가 보이지 않게 될 만큼 분해속도가 상승한다. 한편, GFP-SsrA와 같이 고차구조를 유지하는 단백질은 PAN 의존적으로 분해되는 점으로 봐서, PAN은 기질구조를 풀고, α ring 중앙의 gate를 열어서, 다시한번 기질을 촉매활성부위로 유도하는 작용을 가진다는 것이 시사된다[3].

흥미롭게도 *T. acidophulum*에는 이러한 S4와 상동분자가 존재하지 않는다. 그 때문에 S4의 기능적 상동분자의 검색이 이뤄지고 있다. 후보로서는 S4 같은 AAA+ family에 속하는 Cdc48/p97의 상동분자인 VAT, VAT의 상동분자이며 2개 있는 ATPase 영역의 하나를 잃은 VAT-2, 그리고 Lon protease의 상동분자이며 protease영역을 잃은 Lon-2의 3가지 단백질이 거론된다. 특히 VAT은 unfolding활성이 확인되어있고[4], proteasome과 함께 folding하고 있는 단백질을 분해할 가능성이 있다.

또 하나의 ATP의존적 protease는 Lon protease이다[5]. 고세균의 Lon protease는 진핵세포나 진정세균유래 효소와 달리, Walker A와 Walker B ATPase motif 사이에 2 곳의 막 관통영역이 있고, 막결합단백질로서 존재하고 있다. 고세균에는 대장균에서 필수 막단백질인 FtsH의 상동분자가 존재하지 않는 점으로 봐서, Lon protease가 막 단백질분해에도 관여하고 있다고 생각된다(투고중).

ATP의존성 protease에 의해서 생산된 oligopeptide의 일부는 aminopeptidase(AP)에 의해서 직접 아미노산으로 분해된다. 그러나 oligopeptide는 세포내 반감기가 아주 짧은데도 불구하고, AP단독에 의한 분해효율은 아주 나쁜 점으로 봐서, oligopeptide를 한층더 짧은 peptide로 분해하여 AP로 공급하는 protease라고 여겨졌다. 이 protease에 대해서는 *T. acidophulum*를 사용하여 상세하게 연구되어 있고, tricorn protease(TRI)라고 불리는 고분자량복합체가, ATP의존성 protease에 의해서 생산된 평균 8-12 아미노산잔기의 oligopeptide를 2-4 아미노산잔기의 짧은 peptide로 분해하는 점이 밝혀졌다[6,7]. 생산된 짧은 peptide는 다시 한번 TRI와 상호작용하는 aminopeptidase F1, F2, F3에 의해서 아미노산으로 재빨리 분해된다. 필자들은 F2, F3의 결정구조해석으로부터 두 가지 AP 모두가 짧은 peptide를 특이적으로 분해하는 분자기구를 가지는 점을 확인하였으며, TRI에 의한 oligopeptide의 분해는 peptide의 아미노산 분해효율을 생각하는데 있어서 아주 중요한 분해단계인 점을 밝혔다(투고준비중). TRI는 N말단측에 2개의 β propeller영역을 가지며, C말단측에 촉매활성부위를 포함하는 tail-specific protease같은 영역을 가진다. 기질은 촉매활성부위에 도달하기 위하여 β propeller영역의 중앙에 있는 구멍을 통할 필요가 있기 때문에, 긴 peptide는 구멍을 통할 수 없다. 따라서 TRI는 oligopeptide를 선택적으로 분해하게 된다. TRI는 일부 고세균에만 보존되어 있으므로, TRI가 존재하지 않는 종에 대해서는 기능적 상동분자가 존재한다고 여겨진다. 필자들은 *Pyrococcus furiosus*에서 TRI의 기능적 상동분자를 정제하고, Trilobed protease라고 이름붙였다. 이 protease도 N말단측에 β propeller영역을 가지며, 결정구조해석의 결과, 이 영역이 기질의 선택에 관여하고 있다고 생각된다(투고준비중).

*T. acidophulum*에는 상술한 protease이외에도 막결합 Htp-like protease의 존재가 추정되고 있으며, 막단백질의 분해에 관여하고 있다고 여겨진다. 더욱이 acylaminoacyl peptidase나 proline dipeptidase, carboxypeptidase SsI-like protease도 발현하고 있다고 여겨지며, 이들도 ATP의존성 protease의 하류에서 협조적으로 작용하고 있다고 추정된다. 고세균 전반에 있어서 단백질이 아미노산까지 분해를 받는 분해양식으로는 ATP의존성 protease군과 AP 사이에서 기능하는 peptidase에 종특이성이 보인다. 이 다양한 peptidase는 실제로 정제하여 해석하는 이외에 그 기능을 밝히는 것이 어려우므로, 미해석 protease가 많고, 이들의 기능해석이 고세균의 protease network의 전모해명에 있어서 중요하며, 앞으로의 연구가 기대된다.

Q ubiquitin도 SsrA tag도 없는 고세균의 분해신호를 동정·해명하기 위해서는 어떠한 접근이

가능할까?

A 고세균은 유전학적 수법에 의한 해석이 용이하지는 않으므로, 현시점에서는 생화학적 수법과 proteasome의 기술을 도입한 해석방법을 중심으로 접근할 필요가 있다. 이를테면 PAN과 불활성형 proteasome을 세포조추출(粗抽出)획분과 혼합하여 반응시킴으로써, PAN에 의해 인식되어 proteasome에 보내진 단백질은, proteasome이 불활성이므로 분자내부에 축적된 채로 있게 된다고 예상된다. 이 단백질을 질량분석계로 해석하므로써 PAN이 인식하는 단백질군의 정보가 얻어진다고 생각된다. 이것은 Lon의 경우에서도 촉매활성부위만 불활성화한 변이주를 사용함으로써 같은 효과를 얻을 가능성이 있다. 이와 같은 수법으로 protease 특이적으로 분해되는 기질이 특정(特定)된다면 분해신호의 동정·해명에 연관하는 정보가 얻어질 것으로 생각된다.

●문헌

1) Ruepp, A. *et al.* : *Nature*, **407**, 508-513(2000)
2) Zwickl, P. *et al.* : *J. Biol. Chem.*, **274**, 26008-26014(1999)
3) Benaroudj, N. *et al.* : *Mol. Cell*, **11**, 69-78(2003)
4) Golbik, R. *et al.* : *Biol. Chem.*, **380**, 1049-1062(1999)
5) Fukui, T. *et al.* : *J. Bacteriol.*, **184**, 3689-3698(2002)
6) Tamura, T. *et al.* : *Science*, **274**, 1385-1389(1996)
7) Tamura, N. *et al.* : *Cell*, **95**, 637-648(1998)

Noriko Tamura, Tomohiro Tamura, 産業技術総合研究所生物機能工学研究部門　遺伝子発現工学研究グループ, E-mail : n-tamura@aist.go.jp　t-tamura@aist.go.jp

Proteases in Archaea

IV. 병태·폴딩병 (총론)

폴딩병으로서의 신경변성질환과 organelle병

Kakizuka Akira (垣塚 彰)·Mori Masataka (森 正敬)

세포의 여러 가지 기능을 담당하는 단백질이 올바르게 작용하기 위해서는 올바르게 꾸부려지고, 더욱더 올바른 장소에 운반되지 않으면 안된다. 이 과정이 잘 이뤄지지 않으면 세포기능에 여러 가지 부조화가 생길 것으로 예상된다. 실제 많은 신경변성질환의 발증에 이상하게 꾸부려진 단백질이 관여할 가능성이 시사되며, 한편으로는 단백질의 세포소기관으로의 수송의 장해나 세포소기관의 기능에 필수적인 단백질이 결손됐을 때, 세포소기관의 이상이 생기고 organelle병이라는 일군(一群)의 병태가 생긴다고 말해왔다.

key Words 신경변성질환 organelle병 이상단백질 단백질수송

●시작하기

세포내에서는 끊임없이 단백질이 합성되며, 각각의 단백질은 목적 장소로 운반되며, 그곳에서 임무를 수행하며, 역할을 다한 단백질은 기본적으로 파괴된다. 이 과정은 인간의 일생과 잘 닮아 있어서, 단백질의 일생이라고도 불린다(제I부 Yoshida의 총론참고). 최근의 연구에서 새롭게 합성되는 단백질의 1/3이 불량품(주로 올바른 꾸부려지기의 실패)이라고 밝혀지고, 세포는 이들 불량품의 처리에 막대한 노력(에너지의 소비)를 필요로 하고 있음을 밝히게 되었다. 이 과정에 관여하는 분자기구가 이른바 단백질의 품질관리기구이었고, 그 중심으로 되는 분자가 샤페론 단백질군이며, 최종적인 불량단백질의 분해기구가 proteasome이다. 어느 것이나 에너지(ATP)를 사용하여 그 임무를 다하고 있다. 최근 이 단백질의 품질관리기구와 분해기구가 파탄났을 때, 이를테면 깔끔하게 처리를 다할 수 없을 정도의 異常단백질이 만들어진 경우나 과잉 스트레스가 소포체에 가해졌을 때, 여러 가지 병이 일어날 가능성이 지적되어 왔다. 이들의 품질관리기구의 파탄은 어느 경우에도 세포에 변성·죽음을 가져온다. 한편 단백질 개개의 세포소기관으로의 수송의 장해나 세포소기관의 기능에 필수인 단백질이 결손했을 때, 위중한 세포내의 소기관의 이상이 생긴다. 여기에서는 우선 이상단백질의 축적이 가져오는 세포의 변성·죽음에 의한 병태로서 최근 주목을 받고 있는 신경변성질환에 대해서 Kakizuka가 총론적인 설명을 하고, 이어서 organelle병에 대한 총론적인 설명을 Mori가 한다. 여기에 이어서 각론으로서 현재 각각의 영역에서 활약을 하는 분에게 연구성과를 포함하여 현상을 소개받기로 하였다.

I. 신경변성질환

1. 신경변성질환에 보이는 공통성

신경변성질환은 질환마다에 특유한 장해부위를 가지며, 장해를 받은 영역이 가지는 뇌·신경기능을 잃게 된다. 그 결과 개개의 질환에 특유한 증상(치매·운동실조·이상운동·근력저하 등)이 나타난다. 증상이 지나치게 다각도에 이르기 때문에, 많은 질환에 걸맞는 통일적인 발증기구가 상정되지는 않았다. 그러나 여러 가지 질환을 주의깊게 관찰하면, 몇 가지

Akira Kakizuka[1], Masataka Mori[2], [1]京都大学大学院生命科学研究科, [2]熊本大学大学院医学薬学研究部 E-mail : kakizuka@lif.kyoto-u.ac.jp masa@gpo.kumamoto-u.ac.jp
Neurodegenerative disorders as protein misfolding diseases and organelle diseases

공통점이 존재하는 걸 알게 된다. 이를테면, (1) 우성유전형식을 취하는 질환이 아주 많은 것, (2) 발증이 중년이후에 일어나서 진행성인 점, (3) 장해부위는 다르다고 해도 병리像으로서 공통으로 신경세포의 변성과 탈락(소실·죽음)을 나타내는 것을 들 수 있다. 이와같은 공통성으로부터 신경변성질환의 발증기반에는 신경세포의 지나치게 빠른 세포사를 불러일으키는 무언가의 공통 분자기구가 존재할 것이라고 생각할 수 있다[1]. 더욱이 헌팅톤(무도)병을 대표로하는 몇 가지 질환에서는 이 3가지의 특징에 보태어서, (4) 세대를 거칠 때마다 중독상태로 되며, 게다가 발증연령이 빨라지는 것이 관찰되어 [표현촉진형상]이라고 불리고 있다. 우성유전병에서는 질환을 불러일으키는 유전자변이는 하나이며, 따라서 유전성 신경변성질환의 경우, 위의 3가지(때로는 4가지)의 성질이 하나의 유전자변이로 일어나게 된다. 그런 의미에서 허팅톤병의 원인이 되는 유전자변이가 동정되면, 신경변성질환에 공통하는 발증기구를 해명하기 위한 큰 힌트가 얻어질 거라고 기대하고 있다.

2. polyglutamine병

1991년에 반성(伴性)열성유전병인 구(球)척수성 근위축증(spinal and bulbar muscular atrophy: SBMA)의 원인이 되는 유전자변이[2]를, 그리고 2년 후인 1993년에 우성유전병의 대표인 헌팅톤병(Huntington's disease: HD)의 원인인 유전자변이를 판명했다[3]. 놀랍게도 유전형식조차 다른 2가지의 병에서 환자에 특이적으로 인정된 유전자변이는 SBMA와 HD이며 유전자는 다르지만, 똑같이 glutamine을 코드하는 CAG의 반복배열이 신장된 것이었다. 게다가 긴 CAG 반복배열을 가진 환자일수록 발증이 빨라지고 위독하게 되는 것, 더욱이 HD에서는 세대를 거듭할수록 CAG 반복배열의 길이가 조금씩 신장하여 유전되는 경우가 많다고 판명되어, [표현촉진현상]을 불러일으키는 유전자변이가 실체로서 확실하게 증명되었다[3]. 한편 정상인에게도 존재하는 짧은 반복배열(40 repeat 이하)은 세대간에서도 비교적 안정되게 인계되는 점이 밝혀졌다. 이와같은 결과로 봐서 그 외의 우성유전성 신경변성질환 가운데 적어도 표현촉진현상을 수반하는 질환은 CAG 또는 다른 3염기(triplet) 반복배열의 신장을 원인유전자로 가질 가능성이 급부상했다. 실제로 현재까지 위의 두 가지의 병을 포함하여 적어도 9개의 유전성 신경변성질환이, 그들의 원인유전자내의 CAG반복배열의 신장에 의해서 일어나는 것을 알아냈다[4]. 그 중 하나인 Machado-Joseph disease(MJD)의 원인유전자는 1994년에 필자(Kakizuka)들이 동정한 것이며[5], 현재로는 국내만이 아니라 세계의 유전성 소뇌실조증의 1/4내지 1/3이 *MJD I* 유전자의 CAG 반복배열의 신장에 따라서 발증하고 있다고 판명되고 있다[4].

이들 CAG반복배열은 전부 번역영역에 존재하며, polyglutamine으로 번역된다. 게다가 그 수가 정상인에서는 겨우 40 repeat를 넘지 않는데 대해서, SCA6을 제외하고는 그 이상의 반복배열수(길어도 겨우 130 repeat까지)로 질환을 발증시키는 것까지가 완벽하게 일치한다(**표1**). 이 말은 새삼스레 이들 질환에 공통의 발증기구가 존재한다는 걸 의미한다. 더구나 이들 질환에서는 공통으로 반복배열수와 발증연령이 역상관하는 점, 반복배열수에 따라서 수 년의 오차로 발

표1. polyglutamine으로 번역되는 CAG 반복배열의 신장을 원인유전자에 가지는 유전성 신경변성질환

질환명	유전형식	염색체의 위치	유전자	반복배열수	
				정상인	환자
SBMA	XR	Xq11-12	*Androgen receptor*	7～34	38～68
HD	AD	4p16.3	*HD*	10～35	37～121
SCA1	AD	6p23	*SCA1*	6～39	43～82
DRPLA	AD	12p13	*DRPLA*	5～35	49～85
MJD (SCA3)	AD	14q32.1	*MJD1*	13～44	65～84
SCA2	AD	12q24.1	*SCA2*	14～31	35～59
SCA6	AD	19q13	*α1A Ca^{2+}channel*	4～16	21～27
SCA7	AD	3p12-13	*SCA7*	7～17	38～130
SCA17	AD	6q27	*TATA binding protein*	25～42	47～63

SMBA: spinal and bulbar muscular atrophy. HD: Huntington's disease. SCA: spinocerebellar ataxia. DRPLA: dentatorubural pallidoluysian atrophy. MJD: Machado- Joseph disease. XR: X염색체 열성유전. AD: 상염색체우성유전.

증연령이 결정된 점이 명백하게 드러나고, 반복배열의 길이가 발증연령을 규정하는 主 요인인 점이 밝혀졌다. 즉 이들 질환에서 공통의 분자기구를 상정한 경우, 번역산물로서 polyglutamine(신장한 glutamine repeat)의 관여가 우선 떠오른다. 필자들은 MJD의 원인유전자에 유래하는 신장한 CAG반복배열에서 번역되는 polyglutamine을 포함하는 부분단백질을 배양세포에서 발현시키면 세포사가 일어난 점, 또한 mouse 소뇌의 Purkinje세포에서 발현시키면 소뇌가 위축하며, 동시에 소뇌가 장해를 받았을 때에 나타나는 특유한 증상(실조증)을 나타내는 점을 밝혔다[6]. 이 때 polyglutamine을 발현시킨 배양세포에서는 세포 내에 polyglutamine의 응집체가 관찰되며(**그림**1a), 거기에 연속적인 세포사가 관찰되었다[6]. 이 세포사는 우성으로 유전자량효과를 나타내며, polyglutamine이 길게 되는 만큼 증강되는 것을 발견했으며, 임상소견과 잘 일치한 표현형이었다[6]. 또한 번역되지 않는 신장한 CAG 반복배열을 mRNA로서 발현시킨 경우, 이와 같은 세포사는 관찰되지 않았다[6]. 한편 全長의 MJD1 cDNA를 발현시켰을 때, 이를테면 신장한 glutamine repeat(polyglutamine)를 포함해도, 배양세포 더욱이 mouse 소뇌에 있어서 두드러진 변화는 일어나지 않았다[6]. 이상의 결과는 polyglutamine이 신경변성을 불러일으킨다는 걸 명쾌하게 나타낸 것이며, polyglutamine이야말로 CAG신장을 수반하는 유전성 신경변성증의 공통의 기인물질임을 강하게 시사하고 있다. 발증연령과 증상의 위험도를 규정하는 유전자량효과와 polyglutamine의 길이는 각각 polyglutamine의 농도 상승과 polyglutamine의 결합의 안정성에 기여하고 있다고 여겨지며, 어느 것도 polyglutamine의 응집성을 높이는 요인이 된다[1, 6]. 이들의 발표를 전후하여 신장한 CAG 반복배열을 가지는 *HD*유전자의 제1 exon만을 발현시킨 transgenic mouse가 HD와 닮은 증상을 나타낸다고 발표되었고[7], polyglutamine으로 번역되는 신장한 CAG반복배열을 원인유전자에 가지는 질환군을 polyglutamine병이라고 부르게 되었다[1]. 여기에서는 Hori·Kakizuka, Kimura, Yamanaka·Ogura의 원고에서 polyglutamine을 불러일으키는 분자메커니즘에 관해서 각각 동물세포, 효모, 선충을 사용한 실험데이터로 얻어진 최근의 결과를 소개하고 있다. 또한 Oma·Ishiura의

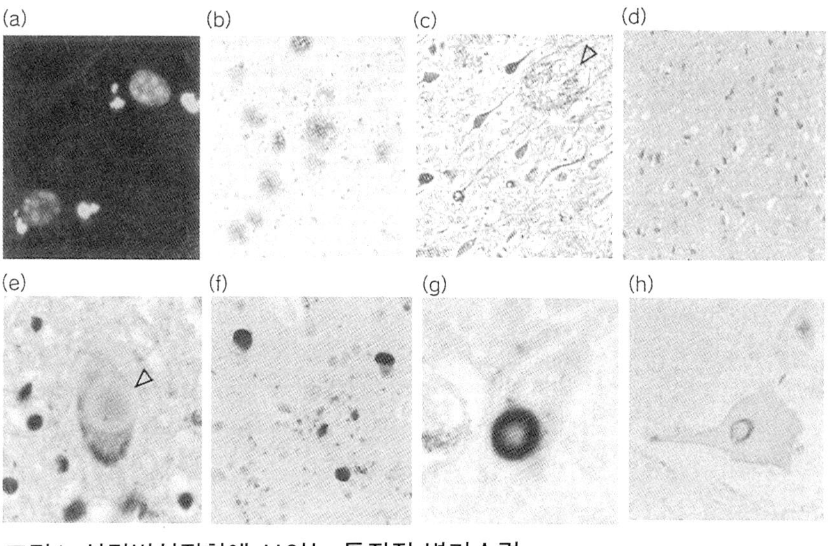

그림1. 신경변성질환에 보이는 특징적 병리소견

(a) polyglutamine을 발현시킨 신경세포에서 인정된 polyglutamine의 응집체
(b) alzheimer병에서 인정되는 노인반(차색)
(c) 알츠하이머병에서 인정되는 노인반(화살표)과 신경세포내의 신경원섬유변화
(d) Creutzfeldt-Jakob병 환자의 해면상뇌증(海綿狀腦症). 광범위한 신경세포의 소실 때문에 뇌의 실질(實質)이 해면과 같이 듬성듬성하게 비게 되었다.
(e) Parkinson병에서 인정되는 Lewy 小體(화살표).
(f) 항ubiquitin항체로 농염된 파킨슨병의 Lewy 小體(차색).
(g) 파킨슨병의 Lewy 小體는 항 α-synuclein항체로 특히 윤곽부분이 halo모양으로 농염된다(차색).
(h) 항SOD1항체로 염출(染出)된 가족성 근위축성 측색경화증의 환자의 운동neuron내의 초자(硝子;유리)모양 봉입체.
[(b)는 Kyoto대학의학부의 木下彩榮 박사, (c)와(f)는 宇多野병원의 小牟禮 修 박사, (d)는 Tokyo도립신경병원의 小田雅也 박사, (e)는 Kyoto대학의학부의 尾琦彰彦 박사, (g)는 Tokyo 대학약학부의 岩坪 威 박사, (h)는 Tottori(鳥取)대학의학부의 大浜榮作 박사에게 각각 제공받았다.] (문헌1에서 改變)[口繪9(p.6)참조]

원고에서는 다른 아미노산의 homopolymer가 나타내는 세포독성에 대해서 개설해 두었다.

3. 알츠하이머병

알츠하이머병의 뇌에서는 병상과 병행하여 노인반이라는 amyloid모양의 세포외 침착물(그림1b)과 인산화된 tau 단백질이 주요성분인 세포내의 섬유상구성물(신경원섬유변화)(그림1c)이 관찰된다. 1984년 노인반의 주요구성단백질로서 아주 용해하기 어려운 β sheet구조를 취하는 단백질이 정제되고, Aβ단백질이라고 붙여졌다[8]. 그 후, Aβ단백질은 아밀로이드전구체단백질(amyloid precursor protein: APP)라고 이름붙여진 I형 막단백질의 막관통영역의 근방에 위치하는 40개(Aβ 40) 혹은 42개(Aβ 42)의 motif단편에 대응하는 것을 알아냈다. 그래서 이 Aβ의 N말단 C말단을 각각 끊어내는 효소가 상정되며, 각각 β-secretase, γ-secretase로 불렸다. 이어서 우성유전을 하는 가족성 알츠하이머병 가운데 21번 염색체에 연속하는 가계의 원인유전자가 *APP*유전자 자신이라고 알려지고, Aβ단백질을 코드하는 영역의 근방에 변이가 동정되고[9], 변이에 의해서 Aβ단백질의 생산이 높아진 것이 밝혀졌다. 더구나 우성유전을 하여 14번 염색체·1번 염색체에 연결하는 알츠하이머병 가계해석으로부터 相同 신규 막단백질을 코드하는 유전자가 원인유전자로서 동정되어, 각각 *presenilin1, 2*라고 이름붙였다[10, 11]. presenilin은 분비단백질의 수송·수식에 관여하는 소포체에 존재하고, presenilin의 변이에 의해서 역시 Aβ단백질의 생산이 높아지는 것이 알려져, 현재로는 presenilin 스스로가 γ-secretase의 절단활성을 담당하는 주요구성성분이라고 인식되고 있다[12]. 이들 관찰결과에서 알츠하이머병이 발증기구의 유력한 모델로서 비생리적으로 절단된 Aβ단백질이 불용성으로 되고, 침착하여 신경세포를 장해한다는 이른바 β가설이 널리 발아들여지고 있다. 여기에서는 Iwatsubo의 원고에서 알츠하이머병 연구의 최신의 정보에 대해서 개설해두었다. 또한 아밀로이드의 형성과 분해과정의 분자기구에 대해서 Goto 등, Hasegawa·Naiki의 원고에서 *in vitro*에서 신규로 동정된 강한 세포독성을 가지는 아미로이드 관련분자(amylospheroid)에 대해서 Hoshi의 원고에서, 더구나 아밀로이드의 전파기구에 대해서 Higuchi의 원고에서 최근의 정보를 소개해 두었다.

Stanley B. Prusiner
©The Nobel Foundation

4. prion병

프리온병(이를테면 사람의 Creutzfeldt-Jakob병이나 소의 해면상뇌증(이른바 광우병)은 1997년 노벨의학·생리학상을 수상한 Prusiner에 의해서 제창된 개념이다. 프리온 단백질이라고 불리는 정상으로 존재하는 단백질(PrP^c라고 부름)이 어떤 이유로 이상하게 꾸부려지면(α-helix구조가 β-sheet구조로 변환했을 때), 단백질분해를 받기 어려운 異常형(PrP^{Sc}라고 부름) 그러나 일단 PrP^{Sc}가 형성되면 차례로 정상의 PrP^c를 이상형으로 변환하는 반응이 일어나고, 그 결과 신경세포에 이상형단백질이 축적하여, 광범위하게 신경이 장해받고 급속하게 사멸해 간다고 여겨지고 있다. 병리학적으로는 프리온 아밀로이드의 세포외 침착에 더하여, 신경세포사가 현저하게 보이므로 뇌전체가 해면상으로 된다(해면상뇌증)(그림1d). 많은 경우 발증이 이상단백질의 경구 또는 의료에 따르는 섭취로 계속하여 관찰된 점으로 봐서, 종래는 바이러스의 감염이 원인이라고 생각되어왔다. 이 질환에도 우성유전을 하는 유전병이 있고, 그 경우 아미노산의 치환에 의해서 이상형으로 되는 폴딩이 자연스레 일어나기 쉽게 된다고 여겨지고 있다. 여기에서는 프리온병 연구의 최전선의 현상을 Hachiya·Kaneko의 원고에서, 프리온섬유의 형성기구를 Inoue·Yoshida의 원고에서, 프리온형성을 저해하는 전략을 Kuwata의 원고에서 소개해 두었다.

5. 파킨슨병

1993년에 노인반의 Aβ단백질 이외의 구성단백질로서 정제된 단백질의 하나가 NAC(non-Aβ

component of AD amyloid)로 명명되고, 그것은 全長 140아미노산잔기로 되는 NACP (NAC precursor)의 부분단백질이라고 밝혀졌다[13]. 이보다 앞선 1983년에 이 NACP의 rat homolog가 신경세포의 presynapse와 핵에 존재하는 신규단백질 synuclein으로 보고되어있었기 때문에(핵에 존재한다는 당초의 기제는 그후 추시(追試)되고 있지 않다), 현재로서는 synuclein이라는 이름이 보급되고 있다[14]. 그 후 2가지 유사유전자가 동정되고, 그들은 순서대로 α-, β-, γ-synuclein이라고 불리고 있다. 또한 *NACP*유전자는 제4염색체 q21-22에 유래한다고 보고되었다. 한편 우성유전을 하는 가족성 파킨슨병 가계의 연속해석으로부터 원인유전자가 제4염색체의 α-synuclein의 근방에 지도그려지고, α-synuclein단백질의 53번째인 alanine이 threonine으로 변이하는 염기치환이 동정되었다[15]. 설치류에서는 53번째는 원래 threonine이므로, 당초 이 변이의 의의에 의문이 주어졌다. 따라서 30번째의 alanine이 proline으로 변이하는 염기치환을 가지는 파킨슨병의 가계가 동정되었기 때문에[16], α-synuclein유전자의 변이에 의해서 유전성 파킨슨병이 일어난다고 믿게 되었다.

파킨슨병의 주요한 병리像에 Lewy小體라는 세포내의 응집체가 있다(그림1e). Lewy小體는 알츠하이머병의 노인반이나 HD의 핵내 봉입체같은 것, 항 ubiquitin항체로 강하게 염색되며(그림1f), ubiquitin을 통하는 단백분해계의 표적산물의 깔끔하게 처리되지 않은 몰골이라고 여겨지고 있다. Iwatsubo 등은 Lewy小體가 아주 많이 인식되는 다른 질환(dementia with Lewy bodies)의 뇌에서 Lewy小體를 정제하여, 그 주요성분이 α-synuclein인 점을 단독으로 발견했다(그림1g). 이 도식은 孤發例의 Lewy小體에도 적합하고, α-synuclein단백질이 왜 도파민신경 등 특이적인 세포에서 응집하며, 그것이 어떻게 신경변성에 관여하는가에 대해서 Imai·Takahashi의 원고에서 논의하고 있다.

1998년 희귀질환이지만 열성유전을 나타내어 젊어서 발증하는 열성 약년(若年)성 파킨슨(autosomal recessive juvenile parkinsonism: AR-JP)의 원인유전자가 연쇄해석으로 6번염색체 q25.2-27에 map되고, 그 후 Kiyomizu·Mizuno 등의 공동연구에서 동정되어, *parkin*이라고 이름붙여졌다[19]. Parkin단백질에는 ubiquitin과 상동한 부위를 가지고 있고, Parkin단백질에는 ubiquitin ligase(E3)의 활성이 있는 것을 알아냈다. 즉 Parkin의 기능상실이 어떤 단백질의 축적(분해이상)을 가져오고, 신경세포가 장해받으리라는 도식이 쉽게 떠오른다. 실제 이제까지는 Parkin에 의해 ubiquitin화를 받는 내재성의 기질후보단백질이 수 종류 동정되어 있다. 이 후보단백질의 중에는 *O*형의 당쇄수식을 받은 α-synuclein이 포함되어 있는데[20], 원래 이 AR-JP에는 Lewy小體는 거의 인정되지 않는 특징이 있고, 이 점이 하나의 paradox로 되고 있다. Parkin자신과 그의 기질의 하나로서 동정된 Pael수용체는 소포체관련분해(ERAD)에 관계한다고 알려져 있다[21, 22]. 따라서 Parkin의 기능소실에 의해서 일어나는 소포체 스트레스가 파킨슨병을 불러일으킬 가능성이 제창되고 있다. 이에 대한 최근의 정보에 대해서도 Imai·Takahashi의 원고에서 소개한 바 있다.

6. 운동 Neuron병

운동신경이 장해를 받는 대표적인 병으로서 근위축성 측삭경화증(ALS)이 있다. ALS는 운동신경이 특이적으로 장해를 받음에 따라서 일어나는 진행성의 근위축증을 특징으로 한다. 따라서 이 질환에서는 병상이 진행한 말기에 있어서도 다른 신경기능은 비교적 정상으로 유지된다. 그 때문에 환자는 자신의 병상을 충분히 이해할 수 있기 때문에 더구나 몇 배의 고통을 받는다고 한다. 1993년 우성유전을 하는 가족성 ALS의 원인유전자의 하나로서 Cu/Zn SOD (superoxide dismutase)유전자(*SOD1*)가 동정되었다[23]. 변이*SOD1*유전자산물이 어떠한 분자기구로 운동신경의 변성을 가져오는지는 확실하지는 않으나, 계속 변성하는 운동신경이나 그 주변의 성상(星狀)세포 내에는 초자(硝子, 유리)모양봉입체로 불리는 응집물이 빈번하게 관찰된다. 더욱이나 A4V변이, L126 frameshift변이를 가지는 ALS환자나 G85R변이의 *SOD1*유전자를 도입한 transgenic mouse의 초자모양봉입체에, SOD1단백질이 응축·축적하고 있다고 보고되고, 가족성 ALS의 발증과 변이*SOD1*단

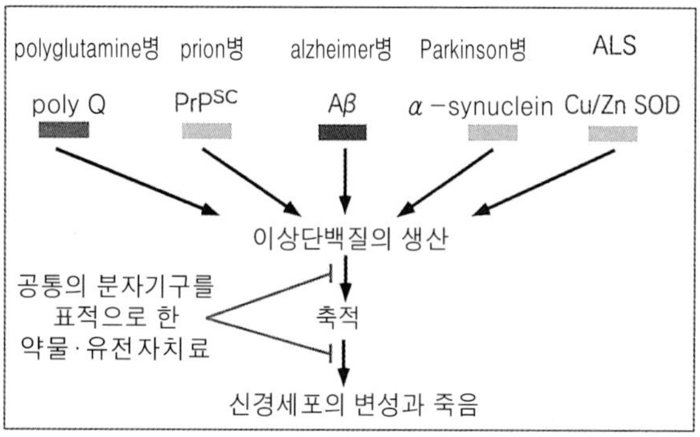

그림2. 신경변성질환에 상정되는 공통분자기구와 기대되는 치료표적부위

백질의 축적과의 관계가 주목받고 있다(그림1h). 최근 운동신경에 발현하고 있는 Parkin과 아주 닮은 구조의 E3단백질 Dorfin이 동정되어[24], 운동 neuron병의 발증과의 관계에 있어서 주목받고 있다.

전술한 신장한 CAG 반복배열을 원인유전자에 가지는 질환으로서 최초로 동정된 SBMA도 운동신경병의 하나이다. 그밖의 polyglutamine병이 우성유전형식을 취하기 위해서는, 이 SBMA만이 반성(伴性)열성유전형식으로 유전한다. 변이유전자가 X염색체에 있고, 원인유전자를 가지는 남성만 발증한다. 이 원인유전자산물이 남성호르몬(androgen)수용체(AR)이며(표1), AR은 남성호르몬이 없는 상태에서는 Hsp90단백질과 거대한 복합체를 형성하여, 수용체로서 기능하지 않는다고 알려졌다. 이런 점으로 봐서 당초부터 이 병의 발증에는 남성호르몬이 필요하며, 그 때문에 여성에서는 발병하지 않을 거라고 추측되어왔다. 실제 이 생각은 초파리모델에 있어서 완벽하게 증명되어[25-27], SBMA에 관해서는 전립선암의 치료와 같은 방법으로 남성호르몬을 감소시키는 치료가 사람에 있어서도 유효할 것으로 여겨져 현재 임상시험이 이뤄지고 있다. 여기에서는 최근의 운동신경병의 정보에 관해서 Niwa·Sobue의 원고에서 개설해 두었다.

7. 신경변성질환의 공통개념화

많은 신경변성질환의 본태를 [이상단백질의 축적]으로 개념화하면, 많은 질환이 우성유전형식을 취하며, 발증이 중년이후에 일어나는 것에 납득이 간다. 즉 축적하는데 시간이 걸린다. 따라서 신경변성질환을 불러일으키는 공통의 분자기구를 상정하는 것은 결코 황당무계하다고 말할 수 없고, 이상단백질의 축적이 불러일으키는 신경세포의 변화·죽음의 universal mechanism을 해명하여, 모든 신경변성질환의 만능치료약을 목표로 하는 아주 중요한 도전이 지금 시작하려고 하고 있다(**그림2**). 또한 신경변성질환발증의 기본원리는 다른 이상단백질의 축적이나 ER스트레스에 관계하는 병태에도 깊이 관여하고 있을 가능성이 있고, 이번 증간호에서 소개했듯이 기초연구에서 보다 많은 병의 치료로 연결하는 치료법이 발견될 지도 모른다. 어떻던 하루 빨리 신경변성질환의 기본원리가 밝혀져서, 새로운 치료법이 개발되어, 이들의 병으로 고통을 받고 있는 많은 사람들에게 구원이 되면 한다.

II. organelle병

1. organelle 단백질의 수송

세포는 생명의 기본단위이다. 진핵생물의 세포는 여러 가지 생체막에 의해서 세포소기관(organelle)을 포함하는 많은 구획으로 구분되어 있고, 세포에 맡겨진 임무는 이들의 세포내 구획의 공동작업에 의해서 확실하게 영위되고 있다.

이를테면 핵에서는 유전자의 복제나 전사, 수복 등이 행해지고, 미토콘드리아에서는 산화적 인산화에 의한 ATP의 합성이, 소포체에서는 분비단백질의 합성이나 약물의 대사가, lysosome에서는 여러 가지 물질의 분해가, peroxisome에서는 과산화수소의 생성이나 분해사, 또한 가용성획분(cytosol)에서는 포도당의 분해나 합성이 이뤄지고 있는 상태이다.

이들의 일은 각각의 세포내 구획에 특이적으로 존재하는 효소 등의 단백질에 의해서 이뤄지고 있다. 세포에는 핵염색체유전자 이외에 미토콘드리아와, 식물의 경우에는 chloroplast에도 작은 게놈DNA가 존재하며, 각각의 소기관에 국재하는 단백질의 극히 일부를 코드하고 있다. 이들 예외를 제외하고, 거의 모든 단백질은 세포핵의 염색체유전자에 코드되어 있으며, cytosol의 리보솜에서 합성된 다음, 각각의 세포내 구획으로 이동하여, 거기에서 바르게 꾸부려져서 활성을 갖게 된다.

새롭게 합성된 단백질 가운데 cytosol의 단백질은 합성된 장소에 머물러 있으면 좋다. 그러나 cytosol 이외의 소기관에 존재하는 단백질은 세포내의 많은 막계의 가운데서 스스로 가야할 소기관의 막을 특이적으로 인식하고, 막을 통과하기도 하고, 막에 통합(integrate)되지 않으면 안된다. 또한 분비단백질이라는 일군의 단백질은 세포외로 분비된다(제2부 Endo·Yoshihisa의 원고참조).

생체막의 중요한 역할의 하나는 세포의 내부를 외부로부터 막으로 둘러싸기도 하고, 세포내부를 많은 구획으로 나눠서, 이들 구획이 자유롭게 섞이지 않도록 하며, 각각의 구획의 독자성을 유지하는데 있다. 따라서 분자량이 수만 이상의 생체고분자의 단백질이 생체막을 통과한다는 말은 불가사의하다. 이들의 단백질의 세포내 수송과 막통과의 기구를 분자수준에서 해명하는 일은 소기관의 형성, 더 나아가서는 세포의 형성에 관계하는 중대사이다.

단백질의 세포내 수송의 연구는 분비단백질의 소포체막 통과의 연구에서 막이 열렸다. 혈청단백질이나 소화효소, 펩타이드성 호르몬 등의 분비단백질은 분비세포의 조면소포체에서 합성되며, 소포체내강으로 이동하며, 골지체, 분비소포를 경유하여 세포외로 개구(開口)분비된다. 1975년, Blobel 등은 분비단백질의 소포체막식별과 막통과를 확실하게 설명하는 신호가설을 제창했다. 분비단백질의 N말단에는 소포체막 표적화에 작용하는 신호펩타이드가 존재하고, 이것이 소포체막에 결합하고, 단백질의 신장과 동시에 작동하여 번역과 동시(co-trans lational)에 소포체막을 통과하며, 소포체 내강으로 이동한다는 모델이다. 신호펩타이드부분은 소포체막의 내강측에 존재하는 signal peptidase에 의해서 절단·제거된다. 그후의 연구에서 신호가설은 증명되어, 신호의 구조나 그의 수용체, 소포체막의 수송장치의 전모가 들어나게 되었다. Blobel은 이 업적으로 1999년 노벨의학생리학상을 수상했다. 분비단백질 외에는 소포체, 골지체, lysosome 및 세포막의 단백질이 소포체막을 통과하여 분비경로에 들어가고, 각각의 표적화 신호의 지령에 따라서 각각의 장소로 이동해간다.

한편 미토콘드리아 및 chloroplast, 핵, peroxisome으로 향하는 단백질수송에는 co- translational 한 기구와는 전혀 다른 번역후(post translational) 수송의 기구로 작동하고 있는 것을 밝히게 되었다. 이들 소기관단백질은 cytosol의 유리 리보솜에서 각각에 고유한 표적화 신호를 가진 전구체의 모양으로 합성된 다음에, 각각의 소기관으로 수송된다. 미토콘드리아와 chloroplast 단백질의 대다수는 N말단에 고유한 신호배열을 가지며 수송때에 절단되는데 대해서, 핵단백질은 성숙단백질의 내부에 신호가 존재한다. 또한 peroxisome 단백질의 대다수는 C말단에 비절단성의 신호를 가지지만, N말단에 절단성의 신호배열을 가지는 것도 있다. 어느 경우도 이들 신호는 표적막의 수용체에 결합하여 내부로 수송되는데, 각각의 소기관에 대해서 막수송장치의 구조와 막통과의 기구가 밝혀지고 있다.

2. 단백질의 수송장해와 소기관병

단백질의 세포내 수송의 문제는 생물학상 중요할 뿐 아니라, 의학적으로도 아주 중요하다. 각각의 소기관의 형성장해나 기능장해를 주로하는 일군의 병이 발견되고, 소기관에 따라서 lysosome병(Tananka의 원고 참조), 미토콘드리아병(Mori Masataka의 원고 참고), peroxisome병(Fujiki의 원고 참고), 더욱이 이들을 합쳐서 소기관(organelle)병이라고 하는 하나의 질환단위로서 이해되어 오고 있다. 게다가 최근 소포체내에 있어서 단백질의 품질관리의 연구가 비약적으로 진보하여(제III부참고) 그의 장해에 의해서 일어나는 병도 발견되며, 필자들은 이것을 소포체스트레스병, 또는 소포체병이라고 부를 것을 제창하고 있다(Mori Masataka의 원고 참고). 이들 병의 발증에 단백질의 수송이나 폴딩, 조립의 장해가 깊이 관여하고 있다(**그림3**). 각각에 대해서 각론과 칼럼에서 다루지만, 여기에서는 주요한 특징에 대해서 기술한다.

a. lysosome병

lysosome은 필요없게 된 세포내외의 여러 가지 물질의 가수분해·소화를 행하는 소기관이다. lysosome에는 골지체에서 생성되는 1차 lysosome과, 1차 lysosome이 식포(食胞 : phagosome)와 융합하여 만들어지는 2차 lysosome이 있다. lysosome 막에는 ATP의존성의 proton pump가 존재하고, ly-

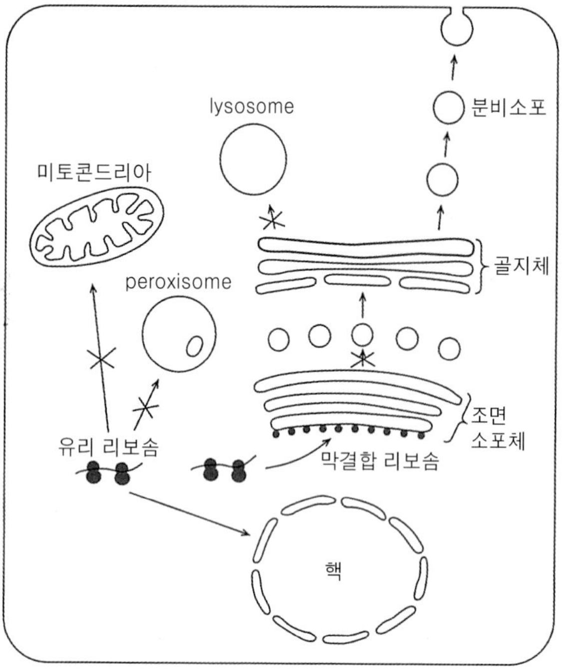

그림3. 단백질의 세포내수송과 잘 보이는 수송장해
각각의 소기관에 대응하여 lysosome병, 미토콘드리아병, peroxisome병 소포체스트레스병 등이 일어난다. x는 가끔 장해가 보이는 부위를 나타낸다.

sosome내는 pH5 근방에 머물고 있다. 내강에는 산성의 최적 pH를 가지는 수십 종류의 가수분해효소가 국재하고 있다. 이들 가수분해효소가 결손하면, 그 효소의 기질이 lysosome내에 축적하여 lysosome병을 일으킨다. lysosome병은 lysosome축적병이라고도 부르는데, 소아기에 다양한 증상을 나타내는 진행성의 병으로서 발증하며, 중추신경장해를 수반하는 경우가 많다.

lysosome효소유전자의 하나가 결손함에 따라 일어나는 lysosome병이 수많이 알려져 있는데, 복수의 lysosome효소가 결손하는 unique한 병으로서 I세포병(I-cell disease)이 옛부터 알려져 있다[28]. lysosome효소분자의 당쇄내의 mannose분자는 골지체에서 수식되어 mannose-6-인산이 형성되며, 이것이 특이적 수용체에 인식되어 lysosome으로 수송된다. I세포병은 mannose-6-인산을 형성하는 효소의 유전성결손에 의해서, 대다수 lysosome효소가 올바르게 수송되지 않아서 일어나는 것으로 밝혀졌다. 수송장치의 장해에 의한 소기관병으로서 최초로 발견된 예이다.

b. 미토콘드리아병

미토콘드리아는 ATP생산을 주요 역할로 하는 소기관이며, 그의 형성은 미토콘드리아유전자와 핵유전자의 양쪽의 지배를 받는다. 미토콘드리아게놈에는 에너지생산이나 미토콘드리아 고유의 단백질합성에 관여하는 37종의 유전자가 존재한다. 이들 유전자에 변이가 일어나면 에너지생산이 장해받고, 에너지를 가지면서 많이 필요로 하는 뇌나 근육이 피해를 받으며, 미토콘드리아 뇌근증(腦筋症)을 일으킨다[29].

한편 미토콘드리아단백질의 대부분은 핵유전자에 코드되며, 미토콘드리아외부에서 합성된 다음에 내부로 수송되고, 꾸부려지고, 조립된다. 이들 단계의 장해에 의한 미토콘드리아병이 최근 속속 발견되고 있다. 그 중에는 수송되는 미토콘드리아 단백질 쪽의 이상에 의한 것과, 수송장치 쪽의 이상에 의한 것이 있다. 전자의 경우는 변이유전자에 대응하는 미토콘드리아단백질의 결손증의 모양으로 발증하는데, 표적화 신호부분의 변이에 의한 것도, 성숙단백질 부분의 변이에 의한 것도 보고되어 있다. 한편 수송장치의 변이에 의한 병이 최근 몇 가지 발견되었다. 이 경우에는 에너지생산에 관여하는 단백질을 포함하여 대다수 단백질의 수송이 장해받으므로, 뇌근증의 모습으로 발증하는 일이 많다. 미토콘드리아단백질 수송에 관여하는 인자는 수십종 동정되어 있기 때문에, 변이가 동정된 것은 그의 극히 일부에 지나지 않는다. 미토콘드리아는 세포의 생존에 필수적인 소기관인데, 수송인자의 대부분도 필수라고 여겨지며, 그의 결손증은 태생(胎生)치사로 된다고 예상된다.

c. peroxisome병

peroxisome에는 과산화수소 H_2O_2를 생성하는 일군의 oxidase와, 이것을 분해하는 catalase가 국재하며, 과산화수소의 생성과 분해가 이뤄진다. 그 외에 극장쇄(極長鎖) 지방산의 β산화나 plasmalogen의 ether phospholipid의 합성의 대사를 하고 있다. peroxisome의 형성이 장해되면 peroxisome병을 일으킨다. 그 중에서 대표적인 것은 Zellweger병후군(病候群)이며, 형태적으로 peroxisome이 인정되지 않아, 그의 형성이 장해되고 있다[30].

peroxisome은 중요한 소기관이며, 그것이 결손하면 생후 수개월 이내로 사망하지만, 태생치사로는 되지 않는다. 따라서 환자의 배양피부 섬유아세포를 사용한 해석이 가능하며, 상보해석이 이뤄져서, peroxisome형성이상증은 10수종의 상보성군으로 나뉘어지는 것을 알게 되었다. 그러나 그의 상보유전자의 분리는 환자의 섬유아세포로는 어렵고, 주로 peroxisome을 결손하는 CHO(chinese hamster 난소) 세포의 분리와 효모의 peroxisome결손주를 사용하여 이뤄졌다. 최초의 peroxisome형성유전자(peroxin유전자)의 분리는 Fujiki등에 의해서 CHO 변이세포를 사용하여 이뤄졌다. 현재로서는 위에 기술한 상보군에 거의 상당하는 10수종의 peroxin유전자가 동정되어, 그의 기능이 밝혀지고 있다. 일반적으로 소기관 형성의 연구와 소기관병의 연구는 밀접하게 관련하여 진전하는데, peroxisome은 그의 으뜸가는 것이다.

d. 소포체 스트레스병

소포체는 이른바 분비경로의 입구이며, 그의 내강에서는 분비단백질의 당쇄부가나 disulfide결합의 형성이 이뤄지며, 올바르게 꾸부려진 다음에 골지체로 옮겨진다. 이들 반응이 장해받아서 꾸부려지기가 불완전한, 혹은 잘못 꾸부려진 이상단백질이 축적하면 소포체 스트레스가 생기고, 세포는 이것을 극복하는 3가지의 응답반응을 일으킨다. 하나는 번역을 정지시켜서 소포체의 부하를 경감시키는 반응, 둘째는 소포체 샤페론을 유도하여 이상단백질의 꾸부려지기를 돕는 반응, 세번째는 이상단백질을 cytosol로 역수송하여 proteasome에서 분해하는 소포체관련분해(ERAD)라고 부르는 반응이다(제 III부 참고). 이들 소포체스트레스 응답경로의 교묘하고 놀라운 기구가 밝혀지고 있어 주목을 받고 있다. 한편 소포체스트레스가 강하여 이들의 응답으로는 회피할 수 없을 때에는 상해(傷害)세포는 세포사에 의해서 제거된다. 소포체 스트레스를 통하는 세포사에는 CHOP/GADD153(C/EBP전사인자 family의 일원)를 통하는 경로, TRAF2-ASK1을 통하는 경로, caspase 12를 통하는 경로의 적어도 3가지의 경로가 알려지고 있다.

소포체 스트레스를 일으키는 요인으로서는 분비단백질의 유전자변이[31], 당쇄부가의 장해, 산화환원상태의 이상에 의한 disulfide결합형성부전, Ca^{2+}의 고갈에 의한 단백질의 꾸부려지기 부전(不全)이 있고, 이들을 일으키는 약물이나 조건은 모두 소포체스트레스를 일으킨다[32].

이번 증간호의 편집중에 조울증의 위험인자로서 *XBP1*유전자가 동정되었다는 뉴스가 날아와서 급하게 집필을 부탁했다(Kato·Kakiuchi의 원고). XBP1 단백질은 ER 스트레스로 유도되어 ER샤페론이나 소포체관련분해계의 인자의 수준을 조절하는 전사인자이다(제 III부 Mori Kazutoshi의 원고). 이 유전자의 발견의 응답성(positive feedback)의 차이에 따라서 왜 조병(躁病)에서도 아니고 울병(鬱病)에서도 아니고 조울병에 관계할 위험도가 상승하는 것인지 아주 불가사의하다. 한편 최근 소포체 스트레스전달단백질의 하나인 PERK의 변이나, insulin의 disulfide 결합형성부전, 및 소포체 Ca^{2+}의 고갈이 소포체 스트레스를 통하여 췌장β세포사를 일으키고, 당뇨병을 발증하는 사실이 보기좋게 증명되었다[34](Mori Masataka의 원고). 그 췌장β세포사가 CHOP라는 ER 스트레스에 의해서 활성화를 받는 전사인자의 knockout mouse에서 현저하게 경감하는 것(Mori Masataka의 원고)이나 동맥경화에도 ER스트레스가 관여하고 있다고 보고 있다. 즉 이상단백질의 축적이나 ER스트레스가 관여하는 병은 생각외로 많을지도 모른다. 앞으로 자세한 해석이 기대된다.

● 끝내기

이 원고의 전반부에서는 이상단백질의 축적이라는 시점에서 볼 때 신경변성질활이 상당히 공통성을 가진다고 소개했다. 후반부에서는 소기관병으로서 확립했고, 또는 확립하고 있는 4종의 소기관병에 대해서 개설했다.

물론 이외에도 핵이나 골지체의 기능장해를 수반하는 것, 소포수송이나 endocytosis의 이상을 수반하는 것이 알려져 있다. 신경변성질환을 전부 개념화하고 그의 공통분자기구를 해명하는 것, 한편 소기관의 형성장해나 기능장해를 일으키는 유전자이상이나 병의 근간부분을 생생한 현실감을 가지고 이해하는 것이 가능하게 되었다고 생각한다. 그와 같은 해석의 결과, 전혀 새로운 치료법이 개발되리라고 기대하고 있다.

문헌

1) Kakizuka, A. : *Trend. Genet.*, **14**, 396-402(1998)
2) LaSpada, A. R. *et al.* : *Nature*, **352**, 77-79(1991)
3) The Huntington's Disease Collaborative Research Group : *Cell*, **72**, 971-983(1993)
4) Kimura, Y., Kakizuka, A. : *IUBMB Life*, **55**, 337-345(2003)
5) Kawaguchi, Y. *et al.* : *Nat. Genet.*, **8**, 221-228(1994)
6) Ikeda, H, *et al.* : *Nat. Genet.*, **13**, 196-202(1996)
7) Davies, S. W. *et al.* : *Cell*, **90**, 537-548(1997)
8) Glenner, G. G., Wong, C. W. : *Biochem. Biophys. Res. Commun.*, **120**, 885-890(1984)
9) Goate, A. *et al.* : *Nature*, **349**, 704-706(1991)
10) Sherrington, R. *et al* : *Nature*, **375**, 754-760(1995)
11) Levy-Lahad, E. *et al.* : *Science*, **269**, 973-977(1995)
12) Takasugi, N. *et al.* : *Nature*, **422**, 438-441(2003)
13) Ueda, K. *et al.* : *Proc. Natl. Acad. Sci. USA* **90**, 11282-11286(1993)
14) Maroteaux, L. *et al.* : *J. Neurosci.*, **8**, 2804-2815(1988)
15) Polymeropoulos, M. H. *et al.* : *Science*, **276**, 2045-2047(1997)
16) Kruger, R. *et al.* : *Nat. Genet.*, **18**, 106-108(1998)
17) Spillantini, M. G. *et al.* : *Nature*, **388**, 839-840(1997)
18) Baba, M. *et al.* : *Am. J. Pathol.*, **152**, 879-884(1998)
19) Kitada, T. *et al.* : *Nature*, **392**, 605-608(1998)
20) Shimura, H. *et al.* : *Science*, **293**, 263-269(2001)
21) Imai, Y. *et al.* : *J. Biol. Chem.*, **275**, 35661-35664(2000)
22) Imai, Y. *et al.* : *Cell*, **105**, 891-902(2001)
23) Rosen, D. R, *et al.* : *Nature*, **362**, 59-62(1993)
24) Niwa, J. *et al.* : *J. Biol. Chem.*, **277**, 36793-36798(2002)
25) Takeyama, K. *et al.* : *Neuron*, **35**, 855-864(2002)
26) Katsuno, M. *et al.* : *Neuron*, **35**, 843-854(2002)
27) Katsuno, M. *et al.* : *Nat. Med.*, **9**, 768-773(2003)
28) Kornfeld, S., Sly, W. S. : "The Metabolic and Molecular Bases of Inherited Disease" (Scriber, C. R. *et al.*, eds.), pp. 2495-2508, McGraw-Hill(1995)
29) 内海耕慥・井上正康監修：『新ミトコンドリア学』, 共立出版(2001)
30) 藤木幸夫：生化学, **75**, 459-464(2003)
31) Ron, D. J. : *Clin. Invest.*, **109**, 443-445(2002)
32) Kaufman, R. J. : *J. Clin. Invest.*, **110**, 1389-1398(2002)
33) Kakiuchi, C. *et al.* : *Nat. Genet.*, **35**, 171-175(2003)
34) Oyadomari, S., Mori, M. : *Cell Death Differ.* in press(2004)
35) Feng, B. *et al.* : *Nat. Cell Biol.*, **5**, 781-792(2003)

알츠하이머병
β amyloid와 γ secretase를 중심으로

Iwatsubo Tokeshi (岩坪 威)

알츠하이머병에서는 대뇌피질의 신경세포탈락과 함께, βamyloid나 tau의 이상단백질의 축적이 생긴다. 가족성 알츠하이머병의 병인유전자이상이 βamyloid의 생산, 축적과정에 영향을 미치는 사실이 밝혀졌고, amyloid를 구성하는 Aβ peptide를 병인물질이라고 생각하는 [βamyloid가설]이 지지받고 있다. Aβ는 전구체 APP로부터 2단계의 protease 작용에 의해서 절단된다. 특히 제2단계를 담당하는 γsecretase는 presenilin 단백질을 촉매 subunit로 하고, 막내복합체를 형성하여 기질의 막관통부위를 절단하는 특이한 성질이 주목받고 있다. 또한 βamyloid축적에는 Aβ의 분해나 배출도 관련한다.

key Words 알츠하이머병 β amyloid γ secretase presenilin

●시작하기

알츠하이머병(Alzheimer's disease:AD; 여기에서는 알츠하이머형 노년치매를 포함하여 AD로 총칭한다)의 뇌에는 신경세포탈락과 표리일체의 관계를 가지며 2종류의 섬유성 이상구조물-신경원(原)섬유변화와 amyloid-이 축적하는 것이 특징이다. 1980년대에는 이들이 이상단백질의 본모습이 생화학적으로 밝혀지기 시작하여, 1990년대에는 가족성 AD의 병인유전자가 β amyloid의 축적을 촉진하는 것이 밝혀지고, 그의 병인적 의의가 확립되었다. 또한 아주 최근 β amyloid생성에 관계되는 γ secretase의 특이한 성질이 해명되기에 이르렀다. 여기에서는 특히 β amyloid에 초점을 맞추고, SD의 분자병태연구의 현상에 대해서 개설한다.

I. β amyloid의 생산과정 : β secretase와 γ secretase

β amyloid는 AD뇌에 노인반, 혈관 amyloid의 병리학적 형태를 취하여 축적하고, 생화학적으로는 40-42 amino acid로 되는 Aβ peptide로 구성된다. Aβ는 전구체 APP(amyloid precursor protein)로부터 2단계의 절단을 받아서 생성되어, 세포외로 분비된다. β amyloid의 축적이 AD의 병인에 직결하고 있다고 생각하는 [β amyloid가설]은 다음의 이유로부터 널리 지지를 받고 있다. (1) β amyloid의 축적은 AD 및 Down증의 관련질환에 한하여 생기고, AD에 대하는 질환특이성이 높다. (2) β amyloid의 축적은 세포사나 신경원섬유변화의 출현에 선행하여 생긴다. AD 최초기의 병리학적 변화이다. (3) 가족성 AD의 병인유전자 변이의 대부분이 amyloid 축적을 촉진하는 효과를 나타낸다. 특히 후술하듯이 가족성AD의 분자유전학에서 얻어진 정보는, 고발성(孤發性) AD에 있어서도 보이는 β amyloid의 축적이라는 현상을, AD전반에 공통하는 원인이라고 생각하는[β amyloid가설]을 결정적인 것으로 했다[1].

APP에서 Aβ가 생산될 때, 세포외부분에 최초의 절단을 가하여 Aβ의 N말단을 형성하는 β secretase는, 막결합형의 asparagine 산성 protease BACE-1로서 동정되었다[2]. 가족성 AD의 병인유전자변이로 알려진 APP의 Sweden형 변이는, Aβ의 N말단

Takeshi Iwatsubo, 東京大学大学院薬学系研究科・臨床薬学教室 E-mail : iwatsubo@mol.f.u-tokyo.ac.jp
Alzheimer's disease : Focus on β-amyloid and γ-secretase

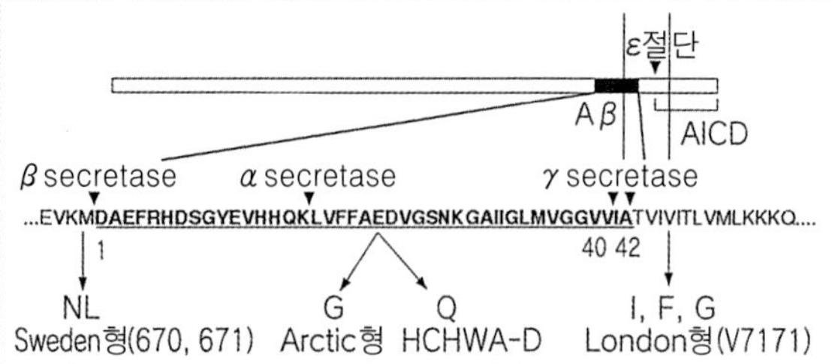

그림 1. APP단백질의 구조와 Aβ생산과정, 및 가족성AD를 발생하는 주요한 APP변이

위에 APP의 구조, 아래에 Aβ부근의 배열을 확대하여 표시했다. 아래의 배열의 위쪽에 α, β, γ secretase에 의한 절단위치를, 아래쪽에 주요한 가족성 AD변이의 위치를 화살표로 나타냈다. 위에는 ε 절단의 위치와 AICD 해당부분을 합쳐서 나타냈다.

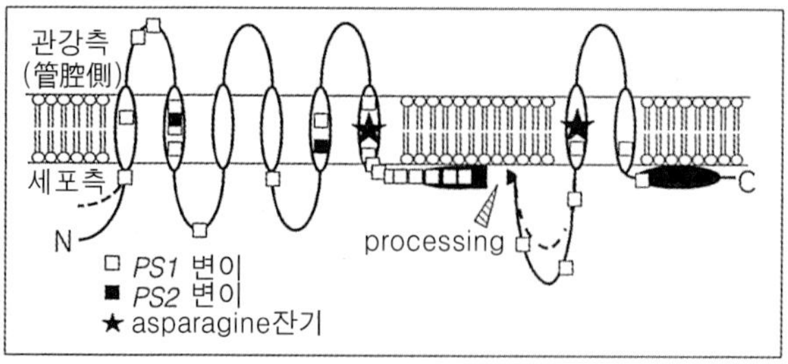

그림2. presenilin단백질이 구조

PS1과 PS2에서 배열이 크게 다른 부분을 점선으로, □으로 PS1, ■으로 PS2의 기지(既知)의 가족성AD에 연쇄하는 변이를, γ secretase활성에 관여하는 막내(膜內) asparagine을 ★표로 표시했다.

직전의 2 아미노산(lysine+methione)을 asparagine과 leucine으로 치환하는데, APP를 BACE-1의 보다 좋은 기질로 전환하여, Aβ 생산을 증대시킴으로써 AD발증으로 유도하는 것이라고 생각된다(**그림 1**). 또한 이 결과는 β 절단이 Aβ 생산의 율속과정인 것을 가리킨다.

BACE-1으로 절단된 약 99 아미노산으로 구성되는 APP의 C말단 단편은, 막 관통부위의 내부로 넘겨받아서 γ secretase에 의해서 절단을 받고, Aβ가 형성되어서 세포외로 방출된다. 그의 절단부위에는 다양성이 있고, Aβ의 C말단의 90%는 40위, 10%는 42위에서 생기는데[1], β amyloid로서의 응집성은 Aβ42가 보다 높으며, AD뇌에 있어서도 초기부터 우선적으로 축적한다[3]. 또한 40, 42위의 Aβ C말단의 형성에 더하여, 최근에는 보다 다량의 절단이 49위(γ′ 또는 ε 절단으로도 불린다)에서 생기는 것을 밝혔다. 이 절단은 후술하는 Notch의 site-3절단과 같이 C말단 단편(APP intercellular domain: AICD)이 세포질측으로 유리된다[4]. 가족성 AD에서 빈도가 같은 APP의 Aβ C말단측에 위치하는 변이(APP717위의 London형 변이)에서는 Aβ42가 AD뇌에서 우선적으로 축적한다는 정보와 합쳐져서, β amyloid의 병인적 의의가 확립되었다(**그림1**)[1].

II. presenilin과 γ secretase

APP변이로 물려받아서 동정된 가족성AD의 주요한 병인유전자(presenilin: *PS*)의 변이가 역시 Aβ42생산을 증가시키는 것이 밝혀져서[5, 6], *PS*와 γ secretase의 관계가 주목받았다. *PS*는 신규의 8회 막관통 단백질을 코드하고 있는데(**그림2**), *PS* knockout mouse에 있어서 Aβ 생산이 소실되고, β secretase 절단산물인 APPC 말단 단편이 축적하는 점[7], mouse는 Notch수용체의 기능장해나 발생이상을 나타내며, 태생치사인 점을 판명했다[8]. 이들 결과로부터 PS는 γ secretase기능의 필수인자인 것, 그리고 APP이외에 Notch도 그의 기질인 점을 알게 되었다.

PS가 γ secretase에 일치한다는 생각에 대해서는 당초 부정적인 의견이 속출했다. PS의 세포내 국재가 주로 소포체인데 대해서, Aβ 생산은 trans-golgi body, endosome, 등의 late compartment에서 생긴다는 “spatial paradox”의 문제, 그리고 활성중심이 막관통영역에 매몰한 구조를 취하는 protease에서 선례가 없는 점이 주요 반론의 이유이었다. 그러나 다음의 2가지 실험결과로부터 현재 PS는 막결합형 asparagine 산성 protease의 촉매 subunit에 일치한다는 견해가 유력하다. Wolfe 등은 PS의 제6,7막관통부위의 중앙부에 각각 1개씩의 asparagine잔기가 존재하는 점에 주목하여, 이들을 alanine으로 치환했을 때, γ secretase활성이 소실했다[9](그림2). 이 결과는 PS가 신규의 protease이고, protease의 활성중심을 이루는 한 쌍의 asparagine잔기를 치환함으로써 효소활성이 소실한 것도 해석가능했다. Merck사의 Li 등은 저해제에 의한 labelling실험에서 보다 직접적인 증명을 했다. HIV

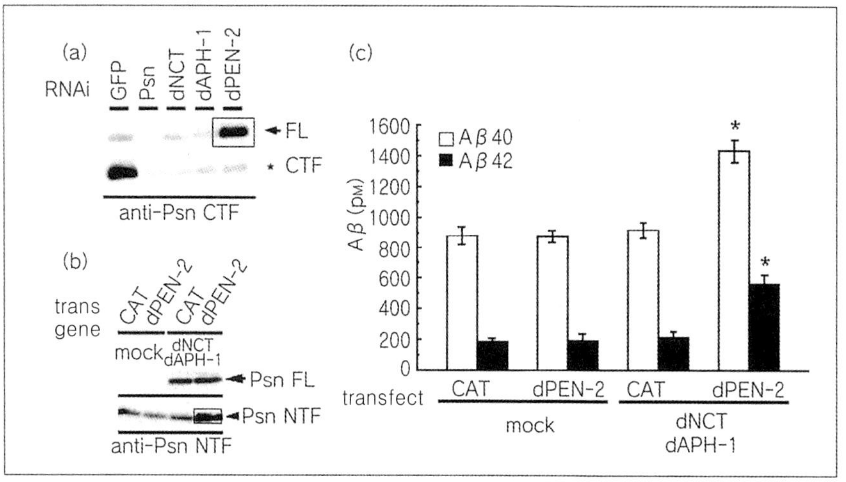

그림3. PS cofactor 단백질이 PS의 대사와 γ secretase 활성에 미치는 영향
(a) 초파리 S2세포에 내인성에 존재하는 PS(Psn) 및 cofactor를 RNAi로 knock down하면, 어느 경우에도 단편형 Psn(CTF)이 소실하는데, dPEN-2의 경우만 전장형Psn(FL)이 축적한다(네모표시). (b,c) dAPH-1과 dNCT를 항상적으로 共발현하는 초파리 S2세포에는 전장 Psn(Psn FL)의 축적이 생기는데(b: 오른쪽에서 두 번째 줄), γ secretase 활성은 변화하지 않는다.(C. 오른쪽에서 두번째 column) 여기에 *dPEN-2*를 발현시키면 단편형 Psn이 증가하고(b. 오른쪽 줄 아래 네모표시), γ secretase 활성도 증대한다(c. 오른편의 column).

protease의 asparagine 산성 protease는 가수분해 반응시 활성중심에 물이 결합하고, [천이상태]를 취한다. Li등은 천이상태 모방형 저해제 L-685,458이 결합하는 γ secretase의 촉매 subunit가 PS의, 특히 그의 N, C 말단단편의 hetero이량체에 일치한다고 했다[10]. γ secretase는 단편형(斷片型)PS를 포함하는, 분자량 250-500KDa 이상의 거대한 막단백질복합체를 형성한다. 생합성을 막 마친 PS의 대부분은 짧은 반감기로 proteasome계에 의해 급속하게 분해되는데, 복합체를 형성한 단편형 PS는 고도의 안정성을 획득한다. 또한 세포내에 존재할 수 있는 안정(활성)형 PS의 총량은 엄밀하게 일정수준으로 유지되고 있고, 외래성의 PS가 내인성(内因性)의 PS를 치환한다고 하는 "replacement" 현상이 알려져 있다[11]. 이것은 내인성과 외래성의 PS가, 존재양이 제한된 복합체 구성인자(cofactor)와의 결합을 경합하는 것이라고 해석되며, PS의 cofactor의 동정이 다음의 초점이 되었다.

III. γ secretase 복합체의 형성기구

PS의 cofactor로서 최초로 동정된 것은 I형의 배향성을 가진 분자량 약 100KDa의 당단백질 Nicastrin(NCT)이다[12]. NCT상동분자의 결손은 선충, 초파리에 있어서 Notch기능장해에 의한 발생이상을 낳는 것, RNAi knock down에 의해 PS고분자량 복합체가 붕괴하고, γ secretase 활성도 소실하는 점으로 봐서 NCT는 γ secretase복합체의 필수인자라고 생각되었다. 이어서 선충에 있어서 Notch/PS계의 활성화인자의 유전학적 screening에서 7회 막관통 단백질을 코드하는 *APH-1*, 2회 막관통 단백질을 코드하는 *PEN-2*가 cloning되었다[13]. 필자 등은 이들 cofactor 단백질군이 γ secretase 복합체의 형성에서 담당하는 역할을 검토하기 위하여, RNAi에 의한 검토를 했던 바, 3자 어느 쪽의 knock down에 의해서도 단편형 PS를 포함하는 고분자량 복합체 및 γ secretase 활성이 소실했다. 그런데 *PEN-2*를 knock down한 경우에 한해서, 全長型 PS를 함유하는 고분자량 복합체의 축적이 보였는데, 이 복합체는 γ 활성을 가지지 않았다(**그림3**). 더구나 내인성 PS가 충분히 존재하는 상태에서 *APH-1*과 *NCT*를 과잉발현시키면, 전장 PS를 포함하는 고분자향 복합체가 형성되며, 이것은 *PEN-2* RNAi에서 관찰된 전장 PS를 포함하는 불활성형 복합체의 축적에 유사했다. 여기에서 다시 *PEN-2*를 발현시키면, γ secretase활성이 상승함과 동시에, PS의 단편화가 관찰되었다.(그림3). 이들 결과로부터 APH-1은 NCT와 공동으로 PS복합체를 안정화하는 점, PEN-2가 γ secretase 복합체의 활성화에 관여하는 점, 그리고 PS, NCT, APH-1, PEN-2의 4자가 γ secretase 복합체의 기본골격을 형성하는 점을 알아냈다(**그림4**)[14].

현재 PS 및 cofactor의 knock down에 의해서 γ secretase 복합체가 소실하면, Aβ40, 42의 생산이나 Notch절단은 모두 소실하기 때문에, 이들의 다른

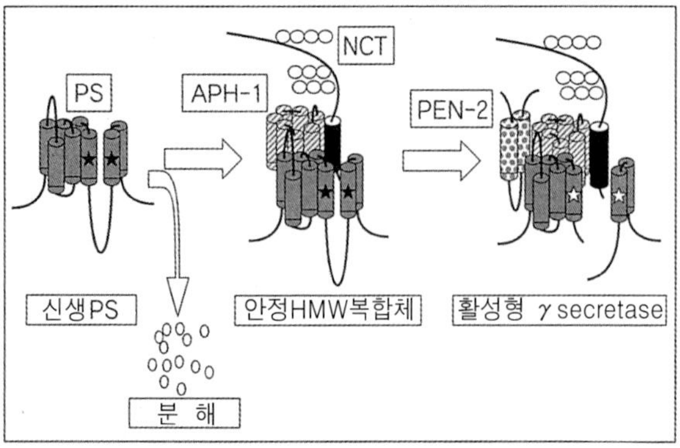

그림4. γ secretase 복합체의 형성과정
생합성된 PS의 일부는 APH-1 및 NCT와 결합하고, 고도로 안정화된 고분자량의 복합체를 형성하는데. 이 시점에서는 PS는 processing을 받고 있지 않는 全長단백의 상태로 존재하며, γ secretase활성도 없다(검은 별모양으로 비활성형의 Asp잔기를 표시). 이어서 PEN-2가 결합함에 따라 γ secretase의 활성화가 생기고(흰색 별로 활성형의 Asp잔기를 표시), PS의 단편화도 생긴다.

기질·절단부위를 담당하는 γ secretase는 기본적으로 같은 subunit구성을 가지는 것이라고 생각된다. 그러나 Aβ40, 42의 절단이나 *PS*변이에 의한 Aβ42의 shift가, 동일한 효소복합체내부에 있어서 기질결합상태의 다양성에 기인하는 것인지, 혹은 다른 pool의 효소복합체가 다른 기능을 가지는 것인지에 대해서는 결정되지 않았다. 또한 APP, Notch이외에도 γ secretase의 기질로서 CD44[15]이나 DCC[16] 등, 몇 개의 1회 막관통형 단백질이 발견되어, γ secretase 기능은 종래 상상되어온 이상으로 폭넓은 생체기능에 관련할 가능성이 있다.

IV. Aβ의 분해와 배출

가족성 AD에서는 Aβ(특히 Aβ42)의 생산수준에서 항진(亢進)이 주목되어온데 대해서, 대다수를 점하는 고발성(孤發性) AD에 있어서는 Aβ의 생산이 항진하고 있는 증거는 없다. 혈장이나 수액(髓液)의 Aβ수준에 의미있는 상승이 없다는 걸 생각한다면, β amyloid의 축적에는 Aβ의 분해 또는 배출의 장해, 혹은 응집성의 항진 등의 관여가 생각된다. 뇌내에서 생산된 가용성 Aβ의 분해에 관여하는 protease로서, Nishidou 등은 중성endoprotease인 neprilysin을 동정했다[17]. 또한 insulin 분해효소(IDE)를 중시하는 연구자도 있다[18]. 한편 Aβ는 반감기가 수십분이고, 뇌내에서 급속하게 말초혈액중에 배출되고 있는 것도 밝히게 되었다[19]. 이 배출은 혈액뇌 관문을 구성하는 혈관내피세포에 있는 어떤 수송기구를 통하는 것이라고 여겨진다. Zlokovic 등은 LRP-1을 통한 apoE나 α_2 macrogloburin과 공동수송을 그의 주요 메커니즘으로 상정하고 있는데[19], 중화항체나 과잉의 ligand(RAP)로 완전히 저해될 수 없기 때문에, 미지의 수용체·수송기구가 존재할 가능성도 높다. 최근 Aβ peptide로 개체를 면역하고, 항Aβ항체를 생산시키는 [vaccine요법][20]이나, 항Aβ항체의 수주(輸注)에 의한 [수동면역]이 transgenic mouse 뇌에 있어서 β amyloid축적을 현저하게 감소시키는 점이 주목받고 있다. 그의 메커니즘으로서는 항체가 뇌내에 들어가서 amyloid에 결합하고, microglia에 의한 탐식(貪食)을 촉진할 가능성과, 혈중에 존재하는 항체가 뇌내와 혈중의 가용성 Aβ의 평형을 말초측에 shift시킨다는 [sink가설]의 2가지가 생각되고 있다[21]. 후자는 혈액뇌관문의 clearance계를 통하는 메커니즘으로 예상되어 그 실체의 해명에 흥미를 불러오고 있다.

●끝내기

이상과 같이 Aβ를 둘러싼 연구의 전개는 AD를 단백질절단·분해의 이상이라고 파악하는 새로운 시점(視點)을 불러왔다. 그래서 [β amyloid가설]은 사람 AD뇌에서 secretase 저해제나 면역요법에 의해 amyloid 축적을 감소시킨 경우에 임상적 효과의 유무를 검증함에 따라, 그의 적부(適否)가 추궁받는 대단원의 단계를 맞았다. 신경 原섬유 변화의 주요성분인 tau단백질에 의한 이상섬유형성도, tau유전자변이에 의한 변성질환 FTDP-17에 있어서, AD와 같이 불용성tau섬유의 축적이 생기는 점을 합쳐 생각해보면, AD에 있어서 세포사의 진행과정에 중요한 역할을 담당하는 것이라고 여겨진다[22]. 또한 AD의 유전적 위험인자로서 유일하게 확립되어 있는 apoE의 ε4 allele가 어떤 기구에 의해 발증을 촉진하는 지도 미해결이다. ApoE는 Aβ와 결합하고, transgenic mouse에서 apoE4가 β amyloid축적을 촉진하는 점[23]에서, Aβ응집촉진을 통하여 AD발증을 초래한다고 믿어지는 한편, 뇌에 있어서 지질대사에 다른 효과를 끼침으로써 신경세포의 생존에 영향을 줄 가능성도 있어 앞으로의 연구가 기대된다.

Q Aβ의 작용부위는 세포외 만을 생각해도 좋은가?

A Aβ는 세포내의 transgolgi망-분비소포, endosome으로 형성되며, 그의 후분비를 받기 위하여, 세포외에서 신경세포에 대해서 영향을 끼치는 이외에, 세포내에서 작용할 가능성도 생각된다. 사람 AD부검뇌에서 신경세포내에 Aβ의 면역반응성을 검출했다는 보고도 있었다. 全身性 amyloidosis에서는 혈장단백질에 유래하는 세포외 amyloid가 국소에 침착하여 세포사를 초래한다고 여겨지며, AD에서도 세포외의 β amyloid의 역할을 중시하는 한 가지 요인이 되고 있다. 세포외에 존재하는 Aβ를 표적으로 하는 면역용법이 치료효과를 나타내면, 세포외의 Aβ를 중시해야하는 새로운 근거로 될 가능성도 있다.

Q β, γ secretase의 생리적 기능은? APP에 대한 절단은 생리적인 것을 아니라는 말인가?

A γ secretase의 생리적 기능으로서 훨씬 명확한 것은 Notch수용체가 ligand자극을 받은 다음, 세포내 domain(NCID)이 유리되며, 핵에 들어가서 전사활성화를 할 때, 막내절단에 의해서 NCID를 형성하는 역할이다. PS1 knockout mouse가 발생이상을 나타내어 치사로 되는 주요요인은 Notch의 활성화의 장애라고 여겨진다. APP절단의 생리적 의의는 Aβ의 생리적 기능과 함께 아직은 모른다. Suedhof 등은 APP의 세포내 도메인도 γ secretase에 의해서 절단되며, 핵에 들어가서 trans활성화에 관여한다는 설을 제시하고 있다[24]. β secretase(BACE)의 생리적 의의도 모른다. BACE-1의 APP 이외의 기질도 보고되어 있지만, 그의 knockout mouse는 현저한 이상표현형을 나타내지 못한다.

Q 비가족성의 AD의 경우, 노인이 되면 발증하는 것은 왜 그런가? 축적에 관계하는 시간때문인가?

A AD의 가장 중요한 위험인자가 [가령(加齡)]인 점은 고령화와 함께 AD의 빈도가 상승하는 점에서도 분명하다. AD의 병리변화중에서 가장 초기에 출현하는 β amyloid의 축적은 임상적인 치매의 발증보다도 10년이상 선행하여 생긴다고 예측되고 있다. 또한 가족성 AD는 若年-初老期에 발증한다고 해도, 출생시부터 amyloidogenic한 대사이상을 가지고 있는 데도 불구하고, 증상이 드러나는 데는 30-40대 이후이며, 이 경우도 가령의 영향을 배제할 수 없다. 가족성 AD에 있어서 대사이상은 가령에 의한 AD의 기본과정을 촉진·조장하는 유전적 위험인자로 단정해도 좋을지도 모른다.

Q AD는 최근 급속하게 증가하고 있기 때문에 식생활의 서구화와 관계가 있는 듯이 생각된다. ApoE와 관련하여 어떻게 생각되고 있는가?

A AD의 위험인자로서 최근 高콜레스테롤血症이 주목받고 있다. transgenic mouse에서는 高콜레스테롤 식사에 의해서 amyloid축적이 촉진되며, 콜레스테롤의 억제에 의해서 amyloid가 감소하는 것도 관찰되고 있다. 이 경우 뇌내 apoE양은 콜레스테롤 수준에 연동하여 증감하는 점도 제시되고 있다. 또한 apoE4를 가진 환자에서는 혈중 콜레스테롤 수준이 높다는 보고도 있으며, apoE가 콜레스테롤과의 상호관계를 통하여 AD의 risk에 관계할 가능성도 남아있다.

문헌

1) Suzuki, N. *et al.* : *Science*, **264**, 1336-1340(1994)
2) Vassar, R. *et al.* : *Science*, **286**, 735-741(1999)
3) Iwatsubo, T. *et al.* : *Neuron*, **13**, 45-53(1994)
4) Gu, Y. *et al.* : *J. Biol. Chem.*, **276**, 35235-35238(2001)
5) Duff, K. *et al.* : *Nature*, **383**, 710-713(1996)
6) Tomita, T. *et al.* : *Proc. Natl. Acad. Sci. USA*, **94**, 2025-2030(1997)
7) De Strooper, B. *et al.* : *Nature*, **391**, 387-390(1998)
8) De Strooper, B. *et al.* : *Nature*, **398**, 518-522(1999)
9) Wolfe, M. S. *et al.* : *Nature*, **398**, 513-517(1999)
10) Li, Y. M. *et al.* : *Nature*, **405**, 689-694(2000)
11) Thinakaran, G. *et al.* : *J. Biol. Chem.*, **272**, 28415-28422(1997)
12) Yu, G. *et al.* : *Nature*, **407**, 48-54(2000)
13) Francis, R. *et al.* : *Dev. Cell*, **3**, 85-97(2002)
14) Takasugi, N. *et al.* : *Nature*, **422**, 438-441(2003)
15) Murakami, D. *et al.* : *Oncogene*, **22**, 1511-1516(2003)
16) Taniguchi, Y., Kim, S. H., Sisodia, S. S. : *J. Biol. Chem.*, **278**,

30425-30428(2003)
17) Iwata, N. *et al.* : *Nat. Med.* **6**, 143-150(2000)
18) Farris, W. *et al.* : *Proc. Natl. Acad. Sci. USA*, **100**, 4162-4167(2003)
19) Shibata, M. *et al.* : *J. Clin. Invest.*, **106**, 1489-1499(2000)
20) Schenk, D. *et al.* : *Nature*, **400**, 173-177(1999)
21) DeMattos, R. B. *et al.* : *Proc. Natl. Acad. Sci. USA*, **98** : 8850-8855(2001)
22) Hutton, M. *et al.* : *Nature*, **393**, 702-705(1998)
23) Holtzman, D. M. *et al.* : *Proc. Natl. Acad. Sci. USA*, **97**, 2892-2897(2000)
24) Cao, X., Südhof, T. C. : *Science*, **293**, 115-120(2001)

IV. 병태·폴딩병

amyloid 섬유의 구조안정성
nano규모의 침(針)

Goto Yuji (後藤祐兒)·Ban Tadato (伴 匡人)·Hoshino Masaru (星野 大)

amyloid섬유(fibril)는 무정형(amorphous)의 단백질응집체는 아니고, β sheet구조가 규칙적으로 정렬한 나노규모의 침이다. 유연한 단백질은 어떻게 하여 딱딱한 침으로 변해가는 걸까. 투석 amyloidosis에서는 원래 조직적 합성 항원의 한 성분인 β_2 microglobulin이 amyloid섬유를 형성한다. 중수소교환반응과 methylsulfoxide에 의한 용해, NMR해석을 합쳐서, amyloid섬유의 유연성을 아미노산잔기 마다 해석했다. 그 결과 수소결합이 광범위하게 걸쳐서 형성됨에 따라 강직한 섬유구조를 형성하게 되는 것이라고 밝히게 되었다.

key Words β_2 microglobulin amyloidsis 인공혈액투석 NMR 형광현미경

●시작하기

보통 단백질이라고 하면 난백이나 고기가 떠오른다. 신변의 단백질에 대해서 우리들이 가진 이미지는 [불가역변성을 하는 유연한 물질]일 것이다. 일단 열이나 산에 의해서 변성되어 버린 단백질은 원래로 돌아가지 않는다. 그런데 단백질(특히 물리화학분야의) 연구자가 변성에 대해서 구축해온 이미지는 일상의 단백질과는 동떨어져있다[1, 2]. 단백질연구의 역사 가운데 연구자는 정제한 작은 단백질의 변성을 조사하고, 분자량이 작은 단백질의 변성은 잘 하면 가역적이라고 밝혔다. 이것을 최초로 나타낸 것이 Anfinsen (1972년도 노벨화학상)이다. 그는 ribonuclease A의 4 가닥의 disulfide결합을 고농도의 요소 가운데서 환원제에 의해서 절단한 다음, 요소나 환원제를 제거하면, 원래의 활성을 가진 ribonuclease A가 재생하다는 것을 제시했다. 이에 따라 [단백질의 입체구조는 아미노산의 1차배열정보에 따라서 단백질이 자발적으로 폴딩하여 형성하는 자유에너지 최소상태]라는 개념을 확립했다. 이를 Anfinsen dogma라고 부른다.

단백질의 폴딩을 paper folding(종이접기)에 비유할 수 있다. 동시에 펼쳐진 상태에서 촘촘한 입체구조(천연구조)가 형성된다. 종이접기는 사람의 손으로 접지만, 단백질은 스스로 접혀진다. 인간게놈의 큰 틀이 결정된 지금, 포스트게놈의 중심적 과제로서 구조 proteomics가 진행중이다. 단백질의 입체구조는 유전자와 일대일로 대응하고 있다고 여겨지며, 실험과 이론을 구사하여, 게놈에 함유된 단백질의 입체구조의 모두를 결정한다. 이것을 이론적으로 지지하는 것이 Anfinsen dogma이다.

그러나 amyloidosis로 대표되는 단백질 폴딩병은 이와같은 생각이 반드시 올바르지는 않다는 것을 가리킨다[3, 4]. 왜냐하면 amyloidosis를 일으키는 단백질의 입체구조는 일의적(一義的)이지 않기 때문이다. 종이접기의 비유로 말하면, 단백질기능을 담당하는 천연구조는 잘 접어올린 학이나 서양개이다. 신통찮은 손으로 하는 종이접기는 실패하기도 하고, 잘 접어올린 접이종이도 낡아지기라도 하면, 둘둘 뭉쳐서 쓰레기통에 버리게 된다. 쓰레기통 안의 휴지 단백질은, 구조라는 점에서는 재미없는 것이라고 생각

Yuji Goto, Tadato Ban, Masaru Hoshino, 大阪大学·蛋白質研究所 E-mail : ygoto@protein.osaka-u.ac.jp
Conformational stability of amyloid fibril : Nanoscale needle

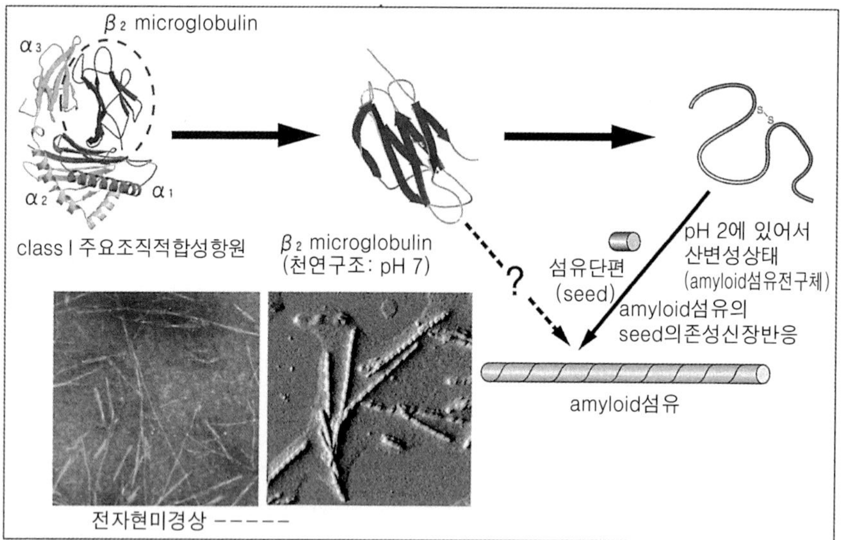

그림1. β_2 microglobulin의 구조변화와 amyloid 섬유형성반응

Amyloid섬유의 전자현미경화상(좌)은 문헌7. 원자간력현미경화상(우)은 문헌8을 기본으로 작성. [口繪 10(p. 7)참조]

해왔다. 그런데 쓰레기에 손을 넣으면, 휴지에 섞여서 예리한 침이나 나이프(amyloid fibril)가 만들어져 있었던 것이다.

단백질은 유연하다고 믿어온 단백질물성의 연구자에게 있어서는 큰 문제이다. 부드러운 단백질은 어떻게 딱딱한 침이 되는 걸까? amyloid fibril(섬유)의 구조와 형성반응을 연구하면, 그 수수께끼에 직면할 수 있겠지. 그건 그렇더라도 구상(球狀)단백질의 천연구조에 비하면, amyloid섬유는 실로 복잡하고 애매모호한 상태이다. 보편적인 방법으로는 되지 않는다. 이것을 연구하기 위해서는 천연구조와는 다른 연구수법을 도입할 필요가 있다.

I. 투석 amyloidosis

우선 투석 amyloidosis에 대해서 소개한다. 인공혈액투석은 신질환의 중환자에 대해서 원래 신장이 하던 혈액투석기능을 인공적으로 하는 의료이다. 일본에서는 현재 약 21만명이 장기 혈액투석 의료를 받고 있고, 일본에서 특히 보급된 의료이다. 그런데 10년이상 장기투석환자의 대부분은 수근관(手根管) 증후군이라는 손목통(手首痛)이나 견통(肩痛)이나 운동장해를 수반하는 증상이 나타난다. 이 원인은 amyloid침착이다. 1986년에 Gejyo(下條)(Niigata 대학)등은 β_2 microglobulin이 amyloid섬유의 구성단백질인 점을 밝혔다[5]. 발견자도 매우 놀랐음에 틀림없다. 왜냐하면 β_2 microglobulin은 면역계의 중요한 기능성 단백질이었기 때문이다. class I 주요조직적합성항원의 한 성분인 β_2 microglobulin은 정상적(定常的)으로 대사회전하고, 신장의 뇨세관세포에서 분해된다. 신장해를 가지는 혈액투석환자에서는 분해될 수 없다. 더욱이나 혈액투석으로는 제거할 수 없으므로, β_2 microglobulin의 혈중농도가 50mg/L정도로 상승한다. 이 상태가 10년 이상에 결쳐서 계속하면, 대부분의 환자에서 β_2 microglobulin은 amyloid섬유로 되어 침착한다(**그림1**). 투석 amyloidosis는 우수한 의료가 불러일으킨 것이라고는 생각도 하지 못한 합병증이며, 醫原病의 하나이다.

II. seed 의존성 amyloid 伸長반응

Naiki(内木) 등은 β_2 microglobulin을 위시하는 몇 가지의 amyloid 原性단백질에 있어서, 파쇄하여 단편화한 amyloid섬유를 seed로서 사용함에 따라, amyloid섬유를 형성할 수 있음을 제시했다(seed 의존성 amyloid 신장반응)[6]. seed 의존성 amyloid 신장반응은 amyloid 섬유형성의 특징을 반영한 중요한 실험이다.

β_2 microglobulin의 예에서는 우선 환자한테서 추출하여 정제한 amyloid섬유를 초음파파쇄하고 섬유단편을 만들고, 이것을 seed로서 사용한다(**그림1**). 이것에 β_2 microglobulin의 monomer를 첨가하면,

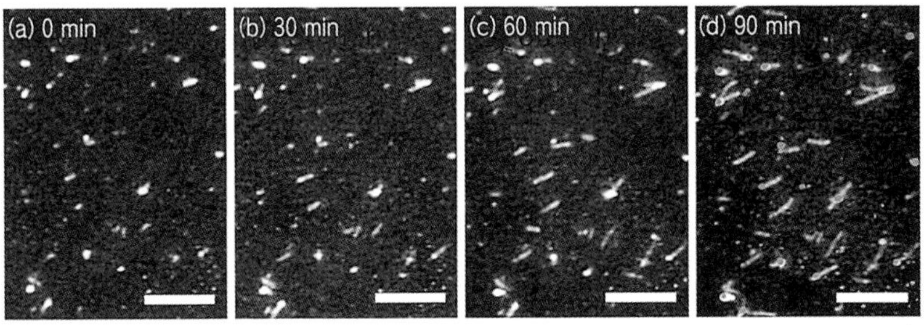

그림 2. amyloid섬유신장반응의 실시간관찰
thioflavin T의 형광을 이용하여 전반사형광현미경에 의해서 관찰한 β_2 microglobulin의 amyloid섬유신장반응. (d)의 붉은 점은 (a)의 seed의 휘점을 포갠 것. scale bar는 10 μm. 문헌10을 기초로 작성. [口繪11(p.7)참고]

amyloid신장반응이 일어난 다. 단지 이상의 조작은 모두 산성(pH2.5)에서 한다. pH2.5에서는 monomer의 β_2 microglobulin은 산변성한다. amyloid섬유의 신장반응은 형광색소 thioflavin T를 사용하여 간단하게 정량할 수 있다. thioflavin T은 amyloid섬유가 존재하지 않으면 미약한 형광밖에 내지 않지만, amyloid섬유에 결합하면 강하게 발광한다. amyloid섬유를 전자현미경이나 원자간력현미경으로 관찰하면, 폭이 10-15 nm, 길이가 1-2 μm의 바늘모양 구조를 하고 있다(그림1)[7, 8]. 이와같은 바늘모양의 형태는 여러 가지 단백질의 amyloid섬유에 공통하고 있다. 유연함이 강조된 많은 단백질이 이와같이 예리하고, 더구나 폭이 일치한 균일한 막대기모양 구조를 형성하는 것은 놀랍다. amyloid섬유는 나노규모의 바늘이다.

amyloid섬유의 형성반응을 이해하기 위해서는 그의 직접관찰이 유용하다. 전반사형광현미경을 써서 amyloid섬유를 1섬유수준, 그 위에 실시간으로 관찰하는 방법을 개발했다.(**그림2**)[9]. thioflavin T를 사용함으로써 amyloid섬유만을 선택적으로 관찰할 수 있다. 신장반응의 실시간 관찰에서는 우선 seed의 휘점을 볼 수 있다. 대부분의 신장은 seed에서 한 방향으로 진행했다. 다른 단백질의 예를 보면, amyloid섬유의 신장은 한 방향으로 일어나는 경우[10]와, 쌍방으로 신장하는 경우의 쌍방이 있다[11]. thioflavin T를 이용한 amyloid섬유의 1섬유관찰은 amyloid섬유의 종류에 따르지 않는 보편적인 방법이다. 요컨대 thiol기를 이용한 형광수식에서는 새로운 cysteine 잔기를 도입할 필요가 많은데, 그러한 조작은 일체 필요없다. 이 방법을 이용함에 따라서 여러 가지의 섬유의 신장반응의 상세한 해석이 가능하게 될 것으로 기대할 수 있다.

III. amyloid섬유의 구조

amyloid섬유는 단결정으로는 안되고, 고분자량 복합체이기 때문에, 용액NMR도 사용할 수 있다. 다른 한편, 고체NMR이 amyloid섬유의 특히 중요한 연구수단으로서 주목받으며[12], 원자간력(間力)현미경이나 전자현미경에 의한 관측, X선 회절을 사용한 연구도 활발하게 이뤄지고 있다[13, 14]. 이들 연구에서 amyloid섬유의 입체구조로서 주쇄의 방향이 섬유축과 거의 직행하는 cross β sheet가 기본으로 되어, 그들이 몇 장이나 층상(層狀)으로 포개진 것이 다시 나선으로 꼬인 구조라는 이미지가 만들어지고 있다. 다른 한편 amyloid섬유의 구조안정성에 관한 정보는 거의 없다. 단백질의 역동성이나 안정성을 아는 것은 단백질의 입체구조를 아는 것과 같이 중요하다[1, 2]. 필자들은 dimethylsulfoxide에 의한 amyloid섬유의 용해와 용액NMR을 조합시킴으로써, amyloid섬유의 구조안정성을 해석하는 방법을 고안했다[15].

각종 알코올을 위시한 유기용매의 작용을 조사하는 중에 고농도의 DMSO는 β_2 microglobulin의 amyloid섬유를 완전하게 녹일 수 있음을 알아냈다[16]. 경우가 좋게도 DMSO ($(CH_3)_2$=O)는 단백질의 amide proton과 교환할 수소원자를 포함하고 있지 않으므로, 중수소교환반응을 정지하게 된다. 그래서 다음의 실험을 했다. (1) 우선 amyloid섬유의 중수소교환반응을 한다. (2) 다음으로 amyloid섬유를 원심분리회수하고, 동결건조한다. (3) DMSO에 용해후, DMSO의 가운데서 NMR spectum을 측정하여 중수소교환반응의 정도를 정량한다.

amyloid섬유의 중수소교환실험(위의 (1))을 수중에서 8일간 하고, DMSO가운데서 NMR spectrum을 해석했을 때, N말단, C말단을 제하고 광범위하게

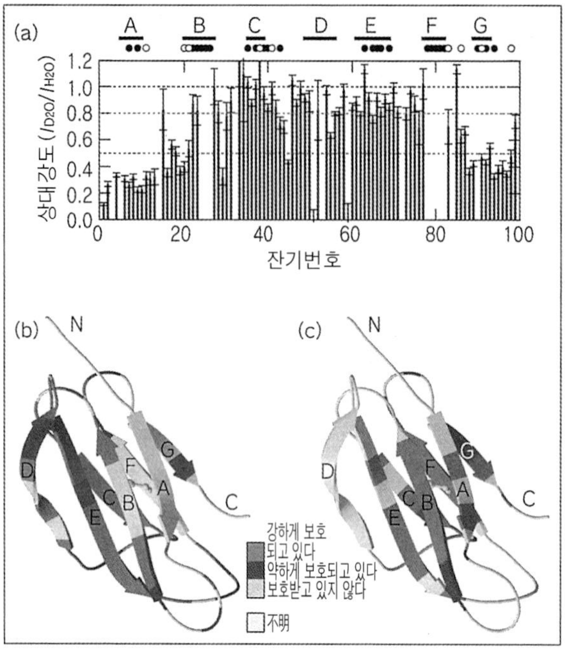

그림3. β_2 microglobulin의 amyloid섬유의 중수소화반응

(a) pD2.5, 25℃에서 8일간 중수소교환했을 때, 교환의 정도를 아미노산잔기번호에 대해서 plot했다. 전혀 교환하지 않은 경우가 1.0이다, 전체의 모양은 台形으로 되어 있고, 중심부분은 중수소교환하지 않았는데, N, C말단영역은 교환했다. 그림의 위에 천연구조에 존재하는 β strand의 위치(A-G의 가로 막대기)와, 천연구조로 교환으로부터 보고되고 있는 잔기((c)의 빨강·파랑 부분)를 원(●: 강하게 보호되고 있는 잔기((c)의 빨강). ○:약하게 보호받고 있는 잔기((c)의 파랑))으로 표시했다. (b) amyloid섬유에 대한 교환으로부터 보호를 천연구조에 표시했다. (c) 천연구조(pD 6.5, 5℃)를 약10분간 중수소교환하고, 교환으로부터 보호된 것을 천연구조에 표시했다. 문헌15를 기초로 작성.[口繪12(p.7)참고]

amide수소가 교환으로부터 강하게 보고받고 있었다(**그림3**). 비교를 위하여 β_2 microglobulin의 천연상태(pH6.5)에 대해서도 중수소교환실험을 하였다. 천연상태에서는 주로 β sheet의 core가 교환으로부터 보고받고 있었다. amyloid섬유에서는 그외에 loop영역도 교환으로부터 보호받고 있었다. amide수소가 중수소교환으로부터 보호받는 주요한 원인은 수소결합의 형성때문이다. amyloid섬유에서는 천연구조의 loop영역도 β sheet를 형성하고 있을 가능성이 높다. 이와같은 방법을 여러 가지 amyloid섬유에 적용함으로써, amyloid섬유의 구조안정성의 기구가 해명되어 갈 것이라고 기대한다.

●끝내기

amyloid섬유는 천연구조에 필적하는 단백질의 일반적인 구조상태는 아니라고 생각되게 되었다(**그림4**). 이와 같은 생각의 전개에 특히 큰 공헌을 한 것은 Dobson(Cambridge대학)이다[17]. 그들은 amyloid原性을 가진 사람 lysozyme의 연구를 단서로 했고, 병과는 전혀 관계가 없다. 여러 가지 단백질도 amyloid섬유를 형성하는 것을 잇달아 밝히게 되었다. 이들에는 SH3도메인, acyl phosphatase, myoglobin, β lactoglobulin 등이 포함된다. 또한 poly amino acid에서도 amyloid섬유와 같은 구조상태를 형성하는 것을 알았다[14]. 이것은 β_2 microglobulin과 같이 병의 위험을 가진 단백질도 상당한 수로 존재하는 것을 시사하고 있다. amyloid섬유의 구조물성의 연구를 진행함으로써 그의 예방이나 치료를 목표로 함과 함께, 새로운 醫原病을 미연에 방지할 필요가 있다. 그래서 위험성을 잘 제어할 수 있다면, 나노규모의 바늘은 나노기술의 소자(素子)로서 이용할 수 있을 지도 모

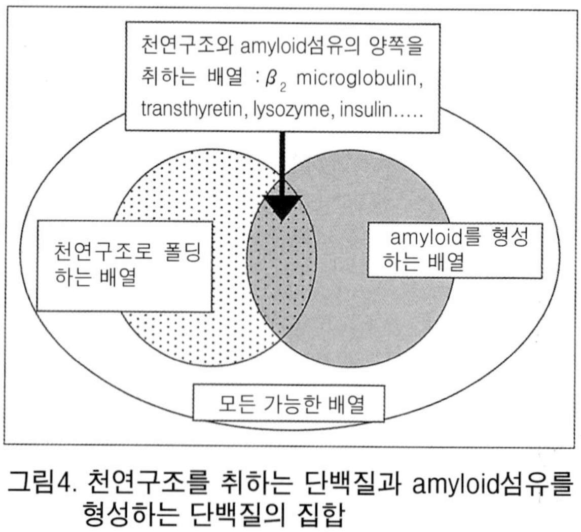

그림4. 천연구조를 취하는 단백질과 amyloid섬유를 형성하는 단백질의 집합

현존하는 단백질배열은 모든 가능한 배열을 망라한 것은 아니다. 폴딩하여 기능을 발휘할 수 있는 단백질이 진화에 의해서 선택되어왔다고 생각된다. 다른 한편, 현존하지 않는 아미노산배열을 포함하면, 상당한 수의 단백질이 amyloid섬유구조를 형성할 수 있다고 여겨진다. 평소는 기능성단백질로서 생체에 필수인 중요한 단백질로서 작용한다. 그런데 생각도 않는 상황에서 amyloid섬유로 갑자기 바뀌어 버린다.

른다[18].

Q β_2 microglobulin의 amyloid는 정말로 바늘과 같이 견고한가? 어떤 실험결과에 기초한 기술인가?

A amyloid섬유의 정의의 하나는 [전자현미경으로 관찰하면 폭 약 6-10nm의 가지가 분지(分枝)가 없는 미세구조를 나타낸다]고 되어있다. 대부분의 단백질의 amyloid섬유에 있어서 두 가닥의 속으로 된 피아노선을 비비꼬아 나선구조를 가진 균질의 강직한 침상(針狀)구조로 되어있다고 보고되어있다. 그림1에 제시한 β_2 microglobulin의 amyloid섬유는, 만일 폭을 1cm로 하면 거의 만곡(彎曲)이 없는 수 미터의 막대에 상당한다. 이와 같은 강직한 구조를 형성하기 위해서는 아주 견고한 내부구조가 필요하다. 여기에서 소개한 중수소교환반응의 보호실험의 외에 효소분해에 대한 내성도 amyloid섬유의 견고한 구조물성을 나타내고 있다.

이상의 이미지로부터 [나노규모의 바늘]이라는 표현을 사용하였다. 단지 [바늘에 찔리게 됨으로써 병이 발생한다]는 건 결코 없다. amyloid섬유는 속으로 된 집합체로서, 조직에 침착한다. 이와 같은 집합체는 물리적으로도 일단 강고하여 다른 조직을 압박한다고 생각된다. 또한 일단 amyloid 침착을 형성해버리면, 부수거나 제거하는 일은 곤란하다고 예상한다. amyloid섬유의 단백질물성에 기초한 특징이 병과도 깊게 관계하는 게 아닌가하고 여겨진다.

Q β_2 microglobulin을 열로 응집시켜서 하는 중수소교환이 amyloid와 닮은 결과로 될 가능성은?

A 이미 β_2 microglobulin의 몇 가지 응집상태에 대해서 중수소교환실험을 하여 보았다. 열에 의한 부정형(不定形)의 응집체에서는 amyloid섬유에서 관찰되는 것 같은 강한 보호효과는 보이지 않았다. 중수소교환으로부터의 강한 보호에는 특이적인 수소결합의 형성, 즉 β sheet로 덧붙인 amyloid섬유의 형성이 필요하다고 여겨진다.

문헌

1) 後藤祐児：『蛋白質の一生』(中野明彦・遠藤斗志也編), シリーズ・バイオサイエンスの新世紀2, pp. 19-30, 共立出版(2000)
2) 後藤祐児・谷澤克行：『タンパク質の分子設計』(後藤祐児・谷澤克行編), シリーズ・バイオサイエンスの新世紀3, pp. 1-35, 共立出版(2000)
3) 後藤祐児・星野 大：蛋白質 核酸 酵素, **47**, 663-669(2002)
4) 後藤祐児：実験医学, **21**, 898-902(2003)
5) Gejyo, F., Yamada, T., Odani, S., Nakagawa, Y., Arakawa, M., Kunitomo, T., Kataoka, H., Suzuki, M., Hirasawa, Y., Schmid, K. *et. al.* : *Biochem. Biophys. Res. Commun.*, **129**, 701-706(1985)
6) Naiki, H., Hashimoto, N., Suzuki, S., Kimura, H., Nakakuki, K., Gejyo, F. : *Amyloid*, 4, 223-232(1997)
7) Kozhukh, G. V., Hagihara, Y. Kawakami, T., Hasegawa, K., Naiki, H., Goto, Y. : *J. Biol. Chem.*, **277**, 1310-1315(2002)
8) Katou, H., Kanno, T., Hoshino, M., Hagihara, Y., Tanaka, H., Kawai, T., Hasegawa, K., Naiki, H., Goto, Y. : *Protein Sci.*, **11**, 2218-2229(2002)
9) Ban, T., Hamada, D., Hasegawa, K., Naiki, H., Goto, Y. : *J. Biol. Chem.*, **278**, 16462-16465(2003)
10) Inoue, Y., Kishimoto, A., Hirao, J., Yoshida, M., Taguchi, H. : *J. Biol. Chem.*, **276**, 35227-35230(2001)
11) Depace, A. H., Weissman, J. S. : *Nature Struct. Biol.*, **9**, 389-396(2002)
12) Petkova, A., Ishii, Y., Balbach, J. J., Antzutkin, O. N., Leapman, R. D., Delaglio, F., Tycko, R. : *Proc. Natl. Acad. Sci. USA*, **99**, 16742-16747(2002)
13) Lopez de la Paz, M., Goldie, K., Zurdo, J., Lacroix, E., Dobson, C. M., Hoenger, A., Serrano, L. : *Proc. Natl. Acad. Sci. USA*, **99**, 16052-16057(2002)
14) Fandrich, M., Dobson, C. M. : *EMBO J.*, **21**, 5682-5690(2002)
15) Hoshino, M., Katou, H., Hagihara, Y., Hasegawa, K., Naiki, H., Goto, Y. : *Nature Struct. Biol.*, **9**, 332-336(2002)
16) Hirota-Nakaoka, N., Hasegawa, K., Naiki, H., Goto, Y. : *J. Biochem.*, **134**, 159-164(2003)
17) Dobson, C. M. : *Nat. Rev. Drug Disco.*, **2**, 154-160(2003)
18) Scheibel, T., Parthasarathy, R., Sawicki, G., Lin, X. M., Jaeger, H., Lindquist, S. T. : *Proc. Natl. Acad. Sci. USA*, **100**, 4527-4532(2003)

Column

Amyloid섬유의 형성과 해리

Hasegawa Kazuhiro (長谷川一浩)·Naiki Hironobu (內木宏延)

●시작하기

지금부터 150년 전에 독일의 병리학자 Virchow가 amyloid를 발견했을 때, 요드반응양성인 점으로 봐서 전분유사물질(amyloid)이라고 명명했다[1]. amyloid의 본체가 섬유狀으로 응집한 단백질인 것이 증명된 것은 1968년 Pras 등이 증류수추출정제법을 개발한 이후의 일이다. amyloid에는 proteoglycan(PG), glycosaminoglycan(GAG), apolipoprotein E(apoE) 등이 공존하고 있고, 섬유를 형성할 때에 amyloid의 전구단백질과 각종 생체분자가 상호작용한다고 여겨졌다. 이 칼럼에서는 시험관내에 있어서 amyloid 섬유형성과 해리의 분자기구에 대해서 기술함은 물론 생체분자가 이들의 과정에 어떻게 관여하고 있는 지를 고찰한다.

1 섬유형성기구

필자들은 생체에 있어서 복잡한 섬유형성과정을 순수한 전구체단백질만으로 된 섬유형성반응계로 환원하고 기본적인 형성기구를 확인한 다음, 생체분자와의 상호작용을 검토함으로 생체에 있어서 반응을 재구축하는 방법론을 사용하고 있다. 여기에서는 alzheimer병 Aβ 단백질에 의한 β amyloid섬유(fAβ)형성과 β_2 microglobulin(β_2m)에 의한 투석 amyloid섬유(fA β_2m)형성과정을 비교검토한다. Aβ단백질은 생리조건에서 특정의 구조를 취하고 있지 않는 negative unfolding 단백질이지만, β_2m은 β barrel구조이다.

우선 fAβ와 fAβ_2m에 공통하는 형성기구에 대해서 기술한다. amyloid섬유의 시험관내 형성을 설명하는 모델로서 중합핵의존성중합모델이 제창되어있다[2-5]. 이것은 actin섬유와 공통하는 기구이고, 결정형서에도 잘 보인다. 마우스노화 amyloid섬유(AapoA-II), fAβ[2], fAβ_2m[3] 및 면역글로뷰린경쇄(AL) amyloid섬유에 대해서, 이 기구가 성립하는 것을 확인하고 있다. 이 모델은 전구체단백질로부터 중합핵형성과정, 및 섬유신장과정의 2 가지 과정으로 구성된다(**그림**1a). 중합핵형성과정은 열역학적으로 일어나기 어렵고, 전체의 율속단계로 되어 있다. 또한 섬유신장반응은 1차반응속도론모델, 즉 $[P]_n + [M] \rightleftharpoons [P]_{n+1}$ (P는 섬유 또는 핵의 절단의 수, M은 monomer를 표시한다)로 표시된다. 요컨대 중합핵 또는 섬유절단(주형)에 결합한 전구체단백질이 구조변화하여 새로운 주형으로 된 것이며, 섬유의 신장·단축(短縮)이 step by step의 중합 혹은 탈중합에 의해 (이론적으로는) 무한으로 진행하는 점, 섬유신장이 중합과 탈중합의 평형과정인 것을 나타내고 있다. 신장속도는 중합속도(K_{on}[P][M])과 탈중합속도($-K_{off}$[P])의 합으로 나타내며, 전구체단백질농도에 의존하여 변화한다. 또한 전구체 단백질농도가 임계모노머농도, 다시 말해 신장속도가 제로(0)로 되는 농도이하에서는 섬유신장이 일어나지 않으며, 역으로 탈중합한다[6].

중합핵형성은 복잡한 과정이다. Aβ단백질의 경우, 생체내의 농도는 낮으므로, 중합핵형성에는 어떠한 분자와 상호작용에 의한 특정한 입체구조의 획득이 필요하다고 여겨진다. 이를테면 가용성 Aβ단백

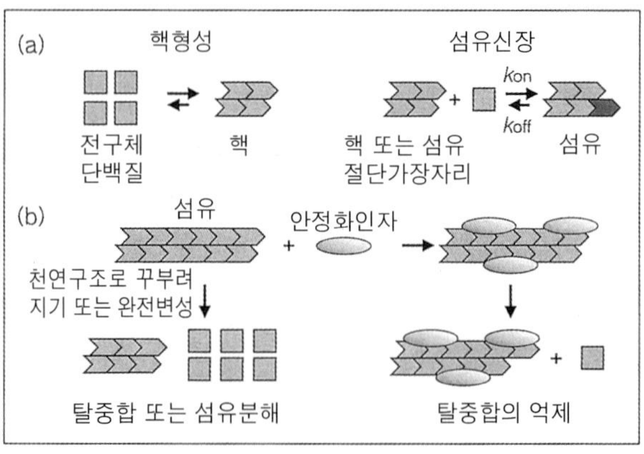

그림1. 중합핵의존성중합기구과 안정화인자에 의한 섬유의 탈중합억제기구

질이 ganglioside GM1, 콜레스테롤의 지질분자와 상호작용한 결과, 중합핵으로서 기능한다고 알려져 있다[7]. β_2m의 경우는 단독으로는 일어나기 어려운 핵형성을 proteoglycan이 촉진할 가능성이 있다[8].

위의 중합기구이외에 Aβ단백질에 대해서 protofibril중합기구가 제창되고 있다[9]. 가용성 Aβ 단백질이 일단 5-10nm정도의 입자상 응집체를 형성하고, 이것이 beads모양으로 이어져서 100nm정도의 길이의 protofibril을 형성하며, 이것이 다시 집합·성숙하여 amyloid섬유가 형성된다고 하는 가설이다. protofibril이 amyloid섬유형성 중의 중간체이던가, 또는 이 기구가 각종 amyloid섬유에 공통하는 또 하나의 중합양식이던가는 논의의 여지가 있다고 여겨진다.

지금까지 기술한 공통기구 이외에 개개의 전구체단백질에 고유한 섬유형성조건이 있다. 이를테면 각종 amyloid섬유 신장반응의 최적 pH를 조사해보면, fAβ에서는 pH7.5부근에 있다[2]. 그러나 fAβ_2m[3] 및 일부의 AL amyloid섬유에서는 pH2.5-3.5, 생체내에서는 아직 일어날 가능성이 없는 현저한 산성쪽에 있다. CD, NMR분석에 의해서, 이 조건하에서는 β_2m은 풀러진 중간체의 구조를 취하고 있고, 이것이 섬유절단가장자리의 촉매적 작용에 의해서 amyloid형으로 변화하여 섬유로 만들어진다[4, 10]. 생체에서는 β_2m에 산성환경과 같은 구조변화를 생기게 하는 인자가 존재한다고 여겨지며, 탐색을 하고 있다. 또한 Aβ단백질은 원래 폴딩하고 있지 않으므로 섬유절단가장자리의 촉매적 작용만으로 amyloid형으로 구조변화한다고 생각된다.

2 섬유해리기구

amyloid섬유의 해리는 다음의 원인에 의한 것이라고 여겨지는데, 최초의 2종류는 형성반응의 역기구에 해당한다.

(1) 신장과정의 평형반으로서의 탈중합. 이미 기술했듯이 전구체단백질농도가 임계모노머농도이하로 되면 탈중합한다[6]. 따라서 조건에 따라서 임계모노머농도가 변화함으로써 반응이 탈중합으로 기우는 경우도 있다.

(2) 전구체단백질의 구조에 관계하는 탈중합. 투석 amyloid섬유의 경우, pH7.5에서는 β_2m과 incubate해도 신장반응이 전혀 일어나지 않던가, 오히려 섬유양이 일시적으로 감소했다. 순수하게 β_2m만으로 구성된 amyloid섬유의 탈중합의 pH의존성을 조사해보면, 산성영역에서는 거의 탈중합하지 않는데, 등전점을 넘어서 중성영역으로 들어가면 현저한 탈중합이 일어나며, 전자현미경관찰에 의해서 amyloid섬유가 거의 완전하게 소실하고 있는 것을 확인했다. 그런데 생체에서는 왜 실제로 amyloid섬유가 형성되어 안정하여 침착하는 것인지를 분자간 상호작용의 관점에서 검토한 결과, apoE, proteoglycan, glycosaminoglycan이 농도의존성으로 탈중합반응을 억제했다[8, 10]. 이상을 정리하면, 순수한 fAβ_2m는 중성pH영역에서 빠르게 oligomer이하의 β_2m에 탈중합하는데, apoE의 안정화인자가 존재하면 섬유표면에 결합함으로써 섬유를 안정화시켜서 탈중합을 억제한다고 추측된다(그림1b).

(3) 화합물에 의한 해리. amyloid섬유의 가용화에는 고농도의 guanidine염산, 요소 등을 사용하는 수가 많다. 필자들은 nordihydroguaiaretic acid (NDGA), 일군(一群)의 polyphenol화합물은 0.1-1μm의 농도에서 fAβ를 해리하는 것을 밝혔다[11]. 이들은 항산화작용을 가지며, 특이적인 작용기구가 있다고 여겨지는데, 그의 상세한 것을 아직 해명되지 않고 있다.

●끝맺음

전구체단백질로부터 amyloid섬유 형성은 중합핵의존성 중합기구에 의해서 설명할 수 있는데, 그의 모든 국면에서 생체물질의 관여가 필수이다. 치료를 향한 섬유형성기구의 전용해명을 위해서, 이들의 상호작용을 염두에 두고 해석해갈 필요가 있다.

●문헌

1) 磯部　敬：『アミロイドーシス』, 医学書院(1997)
2) Naiki, H., Nakakuki, K. : *Lab. Invest.*, 74, 374-383(1996)
3) Naiki, H., Hashimoto, N., Suzuki, S., Kimura, H., Nakakuki, K., Gejyo, F. : *Amyloid*, 4, 223-232(1997)

1) 磯部　敬：『アミロイドーシス』, 医学書院(1997)
2) Naiki, H., Nakakuki, K. : *Lab. Invest.*, 74, 374-383(1996)
3) Naiki, H., Hashimoto, N., Suzuki, S., Kimura, H., Nakakuki, K., Gejyo, F. : *Amyloid*, 4, 223-232(1997)
4) 長谷川一浩・山口　格・内木宏延：細胞工学, **20**, 1495-1501(2001)
5) Harper, J. D., Lansbury, P. T. Jr. : *Annu. Rev. Biochem.*, **66**, 385-407(1997)
6) Hasegawa, K., Ono, K., Yamada, M., Naiki, H. : *Biochemistry*, 41, 13489-13498(2002)
7) 柳澤勝彦：蛋白質 核酸 酵素, **47**, 344-350(2002)
8) Yamaguchi, I., Suda, H., Tsuzuike, N., Seto, K., Seki, M., Yamaguchi, Y., Hasegawa, K., Takahashi, N., Yamamoto, S., Gejyo, F., Naiki, H. : *Kidney Int.* **64**, 1080-1088(2003)
9) Harper, J. D., Lieber, C. M., Lansbury, P. T. Jr. : *Chem. Biol.*, 4, 951-959(1997)
10) Yamaguchi, I., Hasegawa, K., Takahashi, N., Gejyo, F., Naiki, H. : *Biochemistry*, **40**, 8499-8507(2001)
11) Ono, K., Hasegawa, K., Yoshiike, Y., Takashima, A., Yamada, M., Naiki, H. : *J. Neurochem.*, **81**, 434-440(2002)

Kazuhiro Hasegawa, Hironobu Naiki, 福井大学・医学部・分子病理学講座　E-mail：khase@fmsrsa.fukui-med.ac.jp
Formation and dissociation of amyloid fibrils

Column

〔모양〕이 제어하는 신경의 죽음
amylospheroid로부터 병 · 노화의 암호를 푼다

Hoshi Minako(星 美奈子)

인간게놈 전염기배열결정에 따라 35억년의 진화가 품었던 [생명의 설계도]가 해독되어, 설계도에서 만들어지고, 기능을 담당하는 단백질의 기능동태의 해명이 요구되고 있다(**그림1**세로축). 그러나 생물의 최대의 특징은 탄생에서 죽음으로 가는 [비가역적인 과정]을 겪는 일이고, 단백질도 설계도는 동일하지만 비가역적인 시간 가운데서 모양과 그 기능을 바꿔갈 수 있다고 예상된다. 말하자면 이 [모양]에 의한 노화 algorism이라고도 부르는 것이, alzheimer병의 발증에 깊이 관여하고 있을 가능성이 시사된다. 왜냐하면 발증의 대부분이 유전적 변이에 의하지 않는 알츠하이머병에서는 생리적 단백질이 비가역적 시간(=개체노화)의 가운데서 병인으로 변화했다고 여겨지고 있기 때문이다(그림1가로축). 알츠하이머병 발증의 방아쇠를 당기는 것은 β amyloid(Aβ)라고 여겨지고 있다. 그런데 생리적 단백질인 Aβ는 어떠한 분자기구로 변해서 병인이 되는 걸까?

알츠하이머병은 기억이나 인지기능을 서서히 잃는 진행성의 치매증이며, 신경세포이 변성/기능부전과 죽음으로 증상이 진행한다. 노인의 뇌에 있어서 알츠하이머병의 병인인 Aβ는 원래는 생리적 펩타이드-그의 기능은 아직 불명-로서 우리들의 몸 안에서 만들어지고 있다. 그 생리적 Aβ가 노화의 과정에서 무언가로 변함으로써 발증의 방아쇠를 당기는지에 대해서는, 당초 환자뇌에 남겨진 2가지의 흔적의 하나, Aβ가 섬유모양으로 축적한 검버섯과 같은 노인반이 유력시되어, Aβ의 생산과 분해의 균형이 붕괴됨으로써 Aβ량이 증가하고, 결과로 섬유형성이 일어난다고 여겨져 왔다[1]; 그러나 양의 증가나 섬유형성은 반드시 임상증상과 대응하지 않으며[2], 다량의 Aβ섬유를 축적하고 있는데도 얼핏 보아 건강한 노인들도 있으며[3], 양이나 섬유이외의 요인도 고려되었다.

다음으로 환자뇌에서 증가하고 시냅스감소와 잘 대응하는, 보다 온화한 조건에서 추출가능한 가용성 Aβ가 주목되었다[3, 4]. 환자뇌에 있는 가용성Aβ는 2-수백량체의 혼합물이며, 40아미노산의 $A\beta_{1-40}$, 42 아미노산의 $A\beta_{1-42}$의 양쪽으로부터 만들어진다[4]. *in vitro*에 있는 비섬유구조체로서는 전구체발현세포의 배양상등액에 분비되는 2/3량체(2량체 내지는 3량체), 화학합성Aβ로부터 만들어진 protofibril과 $A\beta_{1-42}$회합화합물(3-6량체를 중심으로 24량체까지)인 Aβ-derived diffusible ligands(ADDLs)가 동정되었다[5]. 2/3량체는 rat 海馬의 장기증강을 억제한다[6]. 섬유에 이르는 중간체인 protofibril은 β-sheet구조를 가진 폭4-10nm, 길이 200nm이하의 여러 가지 크기의 끈이다[5]. 최근 亞種으로 pore狀 protofibril이 동정되고, Arctic변이(Aβ의 22번째의 glutamic acid가 glycine으로 돌연변이한 것, 알츠하이머병을 조기발증한다)를 갖는 Aβ에서는 출현빈도가 올라간다고 보고되었다[7]. ADDLs는 섬유형성의 억제조건(저온 또는 ApoJ 첨가)에서 $A\beta_{1-42}$에서 생기는 회합체혼합물이며, $A\beta_{1-40}$에서는 형성되지 않는다[5]. 원자간력현미경에서는 높이 5nm의 여러 가지 크기의 타원구(楕圓球)로 볼 수 있다[5]. protofibril, ADDLs와 함께 신경세포

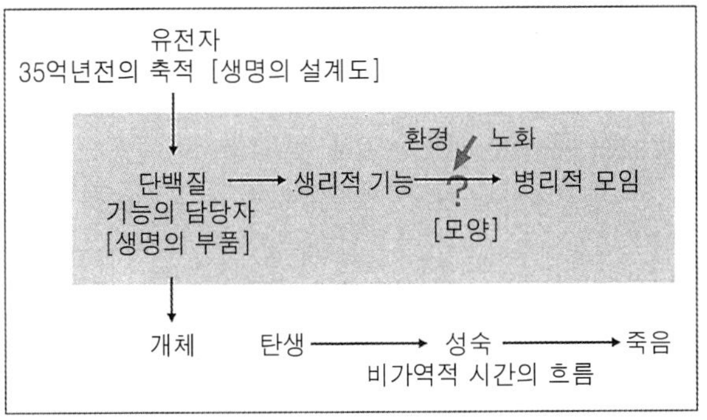

그림1. [모양]에 의한 단백질의 노화 알고리즘

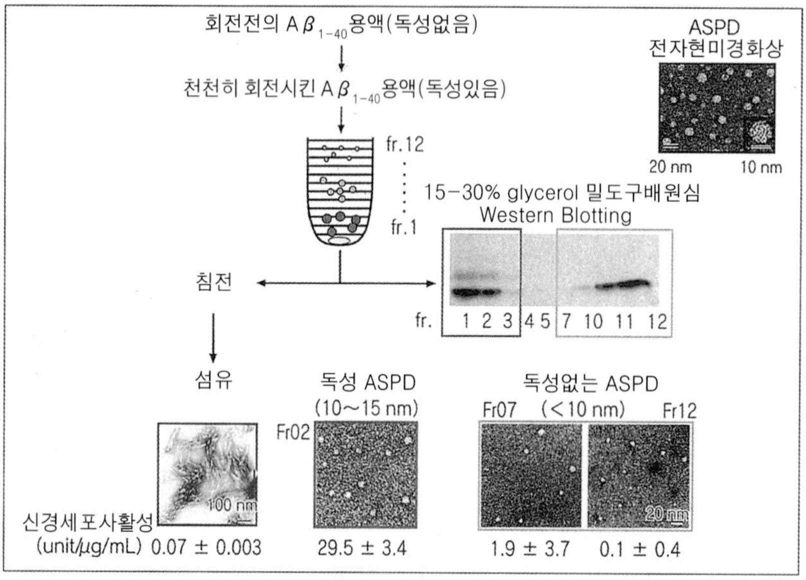

그림2. Amylospheroid (ASPD)의 동정
glycerol밀도구배원심에 의해 독성이 강한 amylospheroid분획을 정제할 수 있었다. 이것이 종래 주목되어온 섬유의 약 400배의 신경독성을 가진다. 더구나 독성과 구조의 상관관계로봐서 독성이 강한 amylospheroid는 직경이 10-15nm이 크기를 가진 것으로 알게 되었다.

사활성을 나타내는데, 어느 것도 회합체화합물인 채로 취급되고 있으며, 그 중에서 신경세포사활성을 담당하는 실체는 불명이다. 또한 형성과정, 물리화학적 성질도 미해명인 채, 주로형태로 구별되고 있다.

필자들은 화학합성 $A\beta_{1-40}$을 녹인 다음, 아직 독성이 없는 수용액을 천천히 회전교반함으로써 球狀구조체가 형성되며, 신경독성이 나타난다는 걸 발견했다(**그림2**)[8, 9]. 침강계수에 의한 분리와 구조활성의 상관관계로봐서 직경 10-15nm의 球狀$A\beta$가 신경세포사활성을 담당하는 실체라고 판명하고, [amylospheroid]라고 명명했다(그림2)[8, 9]. 섬유의 400배의 독성을 가진 amylospheroid는 액중(liquid) 원자간력현미경에서 직경=높이의 동그란 공이고, 수백PM에서 세포사모양의 죽음을 불러일으킨다[9]. 전술한 것처럼 $A\beta_{1-40}$, $A\beta_{1-42}$와 함께 가용성 $A\beta$를 만드는데, 발증과 상관하는 것은 $A\beta_{1-42}$라고 여겨져 왔다. 필자들은 $A\beta_{1-42}$가 $A\beta_{1-40}$보다도 amylosperoid 형성능력이 높고, 신경독성도 강한 점을 증명하여, 이 차이가 발증과의 상관의 차이로 되고 있을 가능성을 나타냈다[9]. 더구나 섬유를 위시하여 그 이외의 [모양]의 회합체에는 독성이 없는 점을 나타냄으로써, $A\beta$가 특정한 [모양]을 취하는 것이 중요하다고 말할 가능성을 제시했다. 즉 생리적 $A\beta$가 그 배열에서 가지는 잠재적 독성도메인은 특정구조를 취함으로써 처음으로 현재화(顯在化)한다고 여겨진다. amylospheroid가 알츠하이머병의 진짜 요인인지는 앞으로의 과제이지만, 이것에 의해서 일어나는 신경세포사의 모습은 알츠하이머병에서 보고되는 것과 잘 대응하고 있으며, 신경세포사로 이르는 cascade의 일익을 담당하고 있을 가능성은 높다. 현재 특이적 항체를 계속 제작하고 있고, 생체에서 실증을 하려고 하고 있다. 필자들의 보고와 전후하여 Glabe 등이 금콜로이드에 $A\beta$를 부착한 인공물로 항체를 만들고, 이것이 $A\beta$회합체혼합물의 독성을 억제하여, 환자뇌에 있어서 노인반과는 다른 부위를 염색하는 것으로 나타났다[10]. 이 항체가 실제로 무엇을 인식하고 있는지는 앞으로의 해석이 기대된다.

위와 같이 amylospheroid의 동정을 위시하여 가용성 $A\beta$의 실체가 해명되고 있는 가운데, [생리적 $A\beta$가 무엇으로 변함으로써]라는 문제는 해명되는 듯하다. 그러나 만약 amylospheroid 내지는 그의 유연분자가 생체내에 존재했다고 하여도 발증기구의 해명에는 생리적 $A\beta$가 [어떤 분자기구로 독성을 가진 회합체로 변한 것인지], 그것을 [제어하는 기구는 무엇인지]라는 문제를 풀지 않으면 안된다. amylospheroid를 위시하는 복수의 다른 $A\beta$회합체가, 시험관내에서 다른 단백질 등의 도움을 빌리지 않고 형성되는 것, 그래서 그 중 적어도 한 가지인 섬유는 실제로 사람뇌에서 형성되는 점에서, Aβ는 복수의 회합체를 형성하는 자기조직화 능력을 가진다고 추측된다. 여러가지 가능성 중의 어느 것이 선택되는지를 좌우하는 것은 Aβ를 둘러싼 물과 이온환경, 그리고 샤페론이 생각되지만, 알츠하이머병의 최대 발증인자인 노화와 이들의 관계는 아직 앞으로 해결할 과제이다. amylospheroid의 경우, 회전이 어떠한 물리화학적 변화를 Aβ에게 불러일으키는지를 밝혀야 하지만, 제어기구를 해명하는 최초의 한 걸음이 될 것이다. 생리적 Aβ와 각종 Aβ회합체는 이미 Aβ로부터 만들어져 conformation과 연쇄양식만 다르다. 회합체가 원래의 기능을 상실하는 것이 아니라 새로운 기능을 발현하는 점으로 봐서, 단백질은 이 구조대사라고 해야 할 동적인 구조변화에 의해서 생체의 각 단계에 응한 기능을 발휘하고 있을 지도 모른다. 필자들의 연구는 아직 한 발짝 딛는 단계이지만, amylospheroid를 단서로 하고 현재 존재하는 기술적 문제를 타파하여 병과 노화라는 생명현상을 물리화학적으로 해명해보고 싶다.

Q amylospheroid는 실제로 생체 내에 있는가?

A 현재 특이적 항체를 제작을 중이고 검토중에 있다. amylospheroid에 의한 신경세포사의 기구는 (상세한 것은 생략하지만) 알츠하이머병뇌에 있어서 신경세포사기구와 아주 잘 일치하는 면이 있고, 그것이 아니라도 유연구조체가 존재하는 것은 아닌가하고 생각하고 있다. 단지 만약 존재한다고 해도 왜 생리적으로 존재해서는 안되는 것에 어떤 특정 신경세포가 반응하고 선택적으로 죽음을 당해버리는지 등, 아직 밝히지 않으면 안되는 것이 아주 많이 남아있다고 생각하고 있다.

Q 세포내에서의 amylospheroid의 형성 혹은 해체에 분자샤페론이 관여할 가능성에 대해선 어떻나?

A 최종 단락에서 간단히 언급했지만(보다 자세한 것은 문헌 8을 참고), amylosperoid 혹은 유연구조체의 형성·해체에 분자샤페론이 관여하고 있을 거라는 건 충분히 생각된다. 분자샤페론과 ubiquitin proteasome계에 의한 감시기구의 열화가 발증의 요인으로 되는지, 그리고 보다 적극적인 발증에 관계하는 분자샤페론이 존재하는 지는 앞으로의 과제라고 생각한다.

●문헌

1) Hardy, J. A., Higgins, G. A. : *Science*, **256**, 184-185(1992)
2) Nilsberth, C. *et al.* : *Nat. Neurosci.*, 4, 887-893(2001)
3) Lue, L. F. *et al.* : *Am. J. Pathol.*, **155**, 853-862(1999)
4) Kuo, Y.-M. *et al.* : *J. Biol. Chem.*, **271**, 4077-4081(1996)
5) Klein, W. L., Kraft, G. A, Finch, C. E. : *Trends Neurosci.*, **24**, 219-224(2001)
6) Walsh, D. M. *et al.* : *Nature*, **416**, 535-539(2002)
7) Lashuel, H. A. *et al.* : *Nature*, **418**, 291(2002)
8) 星 美奈子 : 細胞工学, **21**, 728-732(2002)
9) Hoshi, M. *et al* : *Proc. Natl. Acad. Sci. USA*, **100**, 6370-6375(2003)
10) Kayed, R. *et al* : *Science*, **300**, 486-489(2003)

Minako Hoshi, 三菱化学生命科学研究所　神経変性疾患ユニット, 科学技術振興事業団　戦略的創造科学研究推進事業　PRESTO
E-mail : mie@libra.ls.m-kagaku.co.jp

Amylospheroid and the 'morphometabolism' disease(conformational disease)

amyloidosis의 전파기구

Higuchi Keiichi(樋口京一)

마우스노화(AApoAII) amyloidosis나 반응성(AA)amyloidosis에서는 미량의 amyloid섬유의 투여로 amyloidosis의 발증이 촉진되며, prion에 유사한 전파(transmission)양식을 나타낸다. amyloidosis의 발증연령, 중증도에는 개인차가 현저하며, 발증을 촉진하는 환경요인으로서 amyloid섬유에 의한 전파가 중요한 역할을 담당한다고 여겨지고 있다. 현재 30종이상 보고되고 있는 amyloid섬유는 미세형태학적으로 공통한 특이적 구조를 나타낸다. 사람이나 마우스의 각종 amyloid섬유를 마우스에 투여하면 amyloid침착이 유도되며, 공통구조에 의한 amyloidosis의 촉진, 즉 異種의 amyloid단백질과 섬유사이의 상호작용이 시사된다.

Key Words　amyloidosis　전파　섬유구조　공통구조　독성

●시작하기

종래 prion병 이외의 amyloidosis는 비전파성 amyloidosis로 분류되어왔다. 그러나 양자에는 공통점이 많고, prion단백질가설이 amyloidosis에서도 성립할 가능성이 지적되어 왔다. 실제 많은 amyloid섬유의 시험관내 형성이 기존의 amyloid섬유첨가로 가속된다. 필자들은 병리적 구조를 취하는 단백질이 생리적 구조를 가지는 단백질을 자기들과 동일한 구조로 변환함으로써 병리적 구조를 증대해가는 이른바 구조의 전파가 amyloidosis의 발증의 기본적 메커니즘이라는 작업가설을, 마우스의 amyloidosis를 사용하여 검토해왔다. 최근에는 amyloidosis에서도 prion에 유사한 전파양식을 나타내는 일이 국제적으로도 인정되기에 이르러, 전파성과 비전파성 amyloidosis의 경계는 소실되고 있는 중이다[1,2]. 현재 정력적으로 검토되고 있으며, 가까운 장래 해결되어야 하는 과제로서, (1) 섬유단백질이나 병이 아주 다양한 amyloidosis에 있어서 amyloid섬유에 의한 전파기구는 모든 amyloidosis에서 성립하던가, (2) 전파나 세포독성에 관여하는 단백질의 구조는, (3) 다종류의 amyloid섬유 및 단백질사이의 상호작용에 의한 cross talk이 존재하던가, (4) 더구나 이들 정보에 기초한 효과적인 amyloidosis의 예방이나 치료방법 등이 거론된다.

I. amyloid섬유에 의한 전파

1. prion(전파성)과 일반적(비전파성) amyloidosis에 명확한 경계는 존재하는가?

prion병의 전파성에 관해서는 Gajdusek와 Prusiner가 두 번에 걸쳐서 노벨상을 수상해오고 있다. 1976년도 수상의 Gajdusek는 kuru병이나 Creutzfeldt Jakob병이 전파성인 것을 증명했는데, 감염원으로서는 특수한 바이러스(slow virus)를 가정하고 있었다. 현재로는 1997년수상의 Prusiner가 제창한, 체외에서 침입한 異常구조 prion이 생리적 구조 prion의 구조변화를 유발하고 이상구조 prion의 증대·축적을 야기한다는 [단백질가설]이 널리 받아들여지고 있다.

그런데 형태학적(**그림1**), 단백질구조적으로 유사한 amyloid섬유로는 전파는 일어나지 않는 것일까?

Keiichi Higuchi, 信州大学大学院医学研究科加齢適応医科学系　E-mail : khiguchi@sch.md.shinshu-u.ac.jp
Transmission of amyloidosis

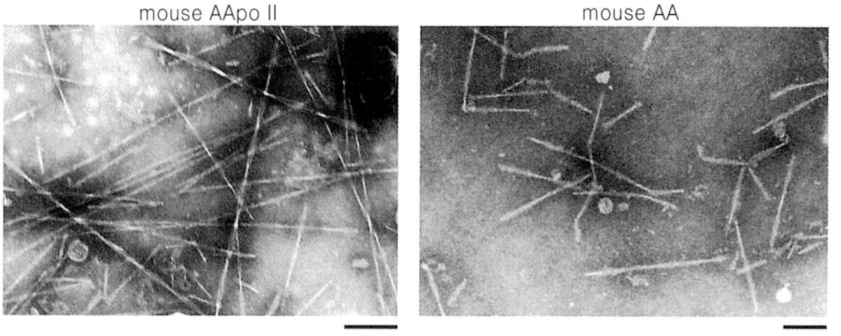

그림1. mouse AApoA II와 mouse AA amyloid 섬유의 전자현미경상
그림아래의 자는 100nm, 폭 8~10nm의 직선의 전형적인 amyloid섬유가 관찰된다.

Westermark 등은 2002년 3월에 마우스반응성 amyloidosis(최초로 발견된 amyloid로 amyloid A, 약해서 AA amyloidosis라고 불린다)*1에서 프리온 유사의 전파가 일어난다고 보고했다[3]. AA amyloidosis(사람, 마우스 등)의 amyloid단백질인 SAA (serum amyloid A)는 염증이나 감염의 때에 급격하게 혈액중으로 분비되는 급성기 단백질이며, 대부분은 혈청고밀도리포단백질(HDL)의 apo단백질로서 兩親媒 helix구조를 취하지만, β sheet에 풍부한 구조로 변환한 분자는 amyloid섬유침착의 시기나 정도에는 개체차가 아주 크며, 무언가가 침착을 유발하는 것인지 20년이상의 논의가 있고 많은 설이 제창되어있다. 가장 주목을 받아온 amyloid 촉진인자의 정체에 대해서는 amyloid섬유가 핵(nidus)이나 종자(seed)로 된다는 가설과, 구조변환을 돕는 병적 샤페론의 주장이 서로 대립하고 있었다.

Westermark 등은 질산은($AgNO_3$)을 피하에 투여하여 SAA를 증가시킨 마우스를 사용하여, 미량의 AA amyloid섬유($10^{-6}\mu g$)의 정맥투여나 경구투여가 amyloidosis를 촉진하고, 고농도의 구아니딘염산처리로 그 활성이 소실하였으며, amyloid촉진인자는 AA amyloid섬유자체인 것을 밝혔다. 필자들은 마우스 노화 amyloidosis(加齡에 수반하는 HDL의 apo단백질인 apoA-II가 amyloid섬유인 AApoAII를 형성하여 침착한다)를 사용하여, amyloid섬유에 의한 전파를 보고했다[4, 5]. 즉 apoA-II의 C형 대립유전자(*Apo2*^{c}, 5번째의 아미노산이 proline에서 glutamine으로 변이하고 있다)를 가지며, amyloidosis가 발증하기 쉬운 마우스계통에서 미량의 AApoAII섬유투여($10^{-7}\mu g$, 정맥, 복강 및 위내)에 의한 amyloidosis유발, 혹은 마우스개체사이에서의 전파, 섬유구조에 의존한 전파 등의 prion유사의 전파기구가 성립하는 것을 밝혔다. 이들 연구성과는 prion과 다른 amyloidosis의 경계를 제거한 것이다[6].

2. amyloidosis에 있어서 전파의 의의와 앞으로의 전개

amyloidosis이 전파는 아직 형상을 겨우 붙잡은 단계라고 말할 수 있는데, 프리온의 연구에서 지금까지 축적한 지식·기술을 환자수가 팽대한 amyloidosis의 연구로 응용하는 타당성을 나타낸 의의는 크다. 단지 amyloidosis의 경우는 amyloid단백질의, (1) 異常생산(AA amyloidosis, 면역globulin성 amyloidosis, 투석 amyloidosis)이나, (2) 돌연변이(AApoAII amyloidosis, 가족성amyloid다발신경장해나 다른 가족성 amyloidosis) 등, 섬유형성능을 가진 amyloid단백질이 비교적 다량으로 존재하는 것이 전제조건으로서 필요하다. 즉 amyloidosis를 발증하는 병리적·유전적 상태에 있는 개체에서 일종의 방아쇠로서 amyloid섬유에 의한 전파가 작동한다고 여겨진다. 그런 점에서 생리적 상태에서는 정상인 prion

*1 amyloid섬유의 명명법: 질환으로서 amyloidosis, amyloidosis의 원인인 amyloid섬유, amyloid섬유를 형성하는 amyloid 단백질의 명명법은 복잡한데, 국제명명위원회에서 결정되어 있으며, 현재 25종류정도의 amyloidosis, amloid섬유(amyloid 섬유구조를 나타내는 A가 선두에 붙는다), amyloid단백질이 명명되어 있다. 이를테면 반응성 amyloidosis에서는 rheumatisch (=rheumatism)나 세균감염 등의 염증에 수반하여 출현하는 급성기 단백질인 SAA가 섬유를 형성(AA)하고, 면역globulin성 amyloidosis에서는 다발성 골수종 등으로 증가한 면역 globulin의 경쇄(light chain)가 amyloid섬유(AL)에 중합한다.

단백질이 병적 구조로 변화하는 prion병과는 다르다.

최근 100세 이상에서 죽은 유명한 쌍생아(雙生兒) 여성의 주요한 병리소견이 심장(transthyretin amyloid섬유)과 뇌(Aβ)로 침착된 것이라는 보고가 있다. 이 경우는 정상단백질이 amyloid섬유를 형성하고 침착하였다. 고령사회에서 앞으로 중요하게 될 질환의 하나는 amyloidosis와 같은 단백질의 변성이 원인으로 되는 질환이며, 전파는 그의 관건으로 되는 것이라고 필자들은 여기고 있다. 현재 30종 가까운 amyloidosis가 보고되었으며, 병태도 다양하다. 어느 amyloidosis로 전파경로가 성립하게 될 지, 기존이나 신규의 모델마우스를 사용하여 검토중이다.

II 전파나 독성을 담당하는 구조

1. 공통구조에 의한 촉진과 개성적 구조에 의한 억제

amyloid섬유가 amyloid단백질의 구조를 변환하는 기구는 거의 알려져 있지 않다. 성숙한 전형적인 amyloid섬유(그림1)가 구조변환의 촉진을 담당할 지에 대해서는 논쟁이 분분하다. 1차구조에 유사성이 인정되지 않는데도 불구하고, amyloid섬유는 공통하는 미세섬유구조를 나타낸다. 1994년에 Westermark 등[7]은 transthyretin이나 amiline의 합성부분 펩타이드를 가지고 시험관내에서 만든 amyloid섬유의 투여가 AA amyloid의 침착을 촉진하는 것을 알아냈다. 필자들은 사람이나 마우스조직에 침착한 여러 가지 amyloid섬유나 합성펩타이드, recombinant protein을 가지고 만든 amyloid섬유를 투여하면, AApo II amyloidosis가 유발되는 것을 발견했다. amyloidosis의 유발정도는 투여한 amyloid섬유의 1차구조와 apoA-II의 유사성이 높을수록 컸다. 이 결과는 각종 amyloid섬유에 공통하는 구조가 異種 amyloid단백질의 구조변환을 유발하지만, 섬유에 대해 특이적인 구조가 구조변환을 억제한다는 걸 의미한다. 이와같은 공통기구에 대해서 최근 흥미깊은 보고가 나오고 있다. Hrncic등은 면역글로뷰린性 amyloid섬유(AL)에 대한 monoclonal antibody가 다수의 amyloid섬유를 인식했으며[8], 더구나 O'Nuallliain 등은 Aβ amyloid섬유에 대한 monoclonal antibody의 몇 가지가 여러 가지 amyloid단백질을 가지고 만든 amyloid섬유를 인식하지만, negative(비섬유) amyloid단백질은 물론, collagen이나 gelatin 등의 단백질 응집체와 반응하지 않는 것을 알았다[9]. 이들 결과는amyloid섬유에는 어떤 단백질도 취할 수 있는 공통구조가 존재한다는 것을 의미한다. 이 공통구조가 구체적으로 어떠한 구조인지, 전파를 담당하는 구조인지는 앞으로의 중요한 검토과제이다. 한편으로 Bucciantini 등은 amyloidosis와 관계가 없는 대장균의 펩타이드로부터 전형적인 amyloid섬유로는 형성되지 않는 중간구조물을 만들었고, amyloid섬유가 나타내지 않는 강한 세포독성을 가진 것을 알아냈다[10]. 여기에 더하여 Kayed 등은 Aβ의 가용성 oligomer에 대한 특이적 항체가 각종 amyloid단백질 가용성 oligomer의 세포독성을 중화

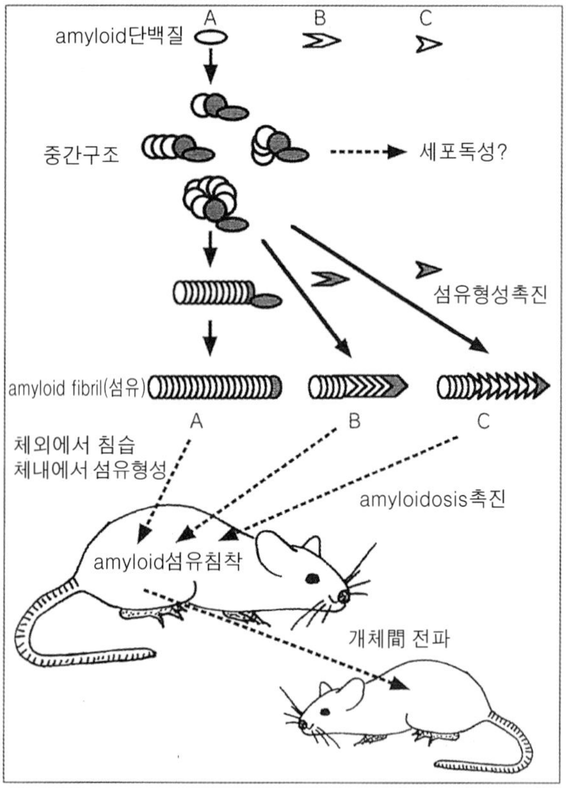

그림2. amyloidosis의 전파기구

amyloid단백질의 중간구조를 거쳐서 amyloid섬유를 형성한다고 여겨진다. 중간구조는 amyloid의 세포독성이나 섬유형성촉진(전파)을 담당한다고 생각된다. 異種의 amyloid 단백질 사이에는 상호작용이 작용한다. amyloid섬유는 마우스체내에서 amyloidosis를 촉진(전파)한다.

하는 것을 밝혔다[11]. 세포독성에 있어서 성숙섬유이전의 구조의 중요성이 많은 amyloidosis에서 지적되고 있지만[12], 이와같은 독성과 전파에 관한 공통구조가 동일한 것인지 다른 것인지 흥미있는 문제이다(그림2).

2. 단백질의 구조에 의한 cross talk

amyloid섬유구조는 대장균이나 효모, 고초균 등의 미생물에서 마우스, 사람 등의 포유동물까지 보고되어 있고[13], 조건마저 갖춰지면 많은 단백질이 amyloid섬유를 형성할 수 있다고 여겨지고 있다. 섬유구조의 유사성과 특이성에 의존하면서 여러 가지의 amyloid단백질과 amyloid섬유가 상호작용을 하여, 동물체내에서 [단백질의 구조]라는 정보가 서서히 전파해갈 가능성(cross talk?)을 검토해야 한다고 여겨진다. 이미 異種의 효모 prion사이나 알츠하이머병의 모델마우스에서 Tau와 α synuclein사이의 섬유형성촉진작용이 확인되고 있다[14, 15].

●끝내기

사람이나 소의 전파성 海綿狀 변성뇌증(transmissible spongiform encephalopathy)이 큰 주목을 받은 이래, [전파]라는 말에는 prion병에 특이적이며 위험한 인상이 들어있다. amyloid섬유의 침습(侵襲)에 의한 질환발증촉진은 [전파]의 중요한 일면인데, 단백질의 구조의 가변성이 밝혀지게 되고, 나아가 amyloid섬유구조를 지닌 단백질이 속속 발견되는 현상으로 봐서는 보다 보편적인 생명현상이라고 생각될 것이다. 그러나 이와 같은 전파의 상세한 것은 아직 해명되어 있지 않다. amyloid단백질의 전파나 세포독성에는 전형적인 amyloid섬유와는 다른 중간체의 중요성이 시사되고 있지만, 그 실체도 불분명한 점이 많다(그림2). 전파를 담당하는 단백질구조의 단백화학적 해명과 개체를 사용한 생물학적 해석이 사회적, 의학적으로 중요성이 증대하고 있는 amyloidosis로 대표되는 단백질구조질환의 예방이나 치료에 유력한 정보를 제공할 것이다.

Q amyloid 섬유의 독성은 성숙한 amyloid섬유에 의하는가, 중간체에 의하는가에 대한 논의가 있지만, 세포내에 축적하는 경우와 세포외에 축적하는 경우는 서로 다른 것인가? 전자는 중간체, 후자는 amyloid섬유?

A 모든 종류의 amyloid섬유라고는 말할 수 없지만, 성숙한 amyloid섬유는 세포외에서 형성되는 것이 거의 대부분이라고 생각한다. 이 성숙섬유나 당화수식(AGE; advanced glycation end-product)을 받은 섬유, 더구나 섬유가 세포외에서 구조변환을 유도한 중간체가 독성을 발휘한다는 보고도 있지만, 섬유자체에는 독성이 없다는 생각이 주류이다. 이에 대해서 세포내, 즉 세포질이나 소포체 등에서 형성되는 것은 전형적인 amyloid섬유가 아니고, 여러 가지 경로에서 세포독성을 발휘한다는 보고도 있어 앞으로 주목해야할 것이라고 생각한다.

Q prion이외의 amyloidosis를 가지는 동물을 먹은 경우, 과연 amyloidosis는 전파할 가능성이 있는가?

A 현재 실험적으로 amyloid섬유에 의한 경구전파가 확인되고 있는 것은 mouse의 AApoA II와 AA amyloid만이다. 어느 것도 추출?부분정제한 amyloid섬유를 mouse의 위내에 투여한 경우에 amyloid 침착이 촉진된다. 따라서 이들의 amyloidosis로는 amoyloid침착동물을 먹었을 때의 전파의 가능성은 부정할 수 없다고 생각한다. 단지 전파를 받은 측도 amyloid단백질의 변이(AApoAII)나 생산과잉(AA)이라는 amyloidosis를 발증하기 쉬운 상황(前 amyloidosis 상태)에 있는 것이 필요하다.

문헌

1) Xing, Y., Higuchi, K. : *Mech. Ageing Dev.* **123**, 1625-1636 (2002)
2) 樋口京一 : 『分子シャペロンによる細胞機能制御』, (永田和宏・森 正敬・吉田賢右編), pp.164-174, シェフリンガーフェアラーク東京(2001)
3) Lundmark, K. *et al.* : *Proc. Natl. Acad. Sci. USA*, **99**, 6979-6984(2002)
4) Xing, Y. *et al.* : *J. Biol. Chem.*, **277**, 33164-33169(2002)
5) Xing, Y. *et al.* : *Lab. Invest.*, 81, 493-499(2001)
6) Sigurdsson, E. M., Wisniewski, T., Frangione, B. : *Trend. Mol. Med.*, 8, 411-413(2002)
7) Ganowiak, K., Hultman, P., Engstrom, U., Gustavsson A., Westermark, P. : *Biochem. Biophis. Res. Commun.*, 199,

1) Xing, Y., Higuchi, K. : *Mech. Ageing Dev.* **123**, 1625-1636 (2002)
2) 樋口京一：『分子シャペロンによる細胞機能制御』,（永田和宏・森 正敬・吉田賢右編）, pp.164-174, シェフリンガーフェアラーク東京(2001)
3) Lundmark, K. *et al.* : *Proc. Natl. Acad. Sci. USA*, **99**, 6979-6984(2002)
4) Xing, Y. *et al.* : *J. Biol. Chem.*, **277**, 33164-33169(2002)
5) Xing, Y. *et al.* : *Lab. Invest.*, 81, 493-499(2001)
6) Sigurdsson, E. M., Wisniewski, T., Frangione, B. : *Trend. Mol. Med.*, 8, 411-413(2002)
7) Ganowiak, K., Hultman, P., Engstrom, U., Gustavsson A., Westermark, P. : *Biochem. Biophis. Res. Commun.*, **199**, 306-312(1994)
8) Hirncic, R. *et al.* : *Am. J. Pathol.*, **157**, 1239-1246(2000)
9) O'Nuallain, B., Wetzel, R. : *Proc. Natl. Acad. Sci. USA*, **99**, 1485-1490(2002)
10) Bucciantini, M. *et al* : *Nature*, **416**, 507-511(2002)
11) Kayed, R. *et al.* : *Science*, **300**, 486-489(2003)
12) Ma, J., Wollmann, R., Lindquist, S. : *Science*, **298**, 1781-1785(2003)
13) Giasson, B. I. *et al.* : *Science*, **300**, 636-640(2003)
14) Derkatch, I. L., Bradley, M. E., Hong, J. Y., Liebman, S. W. : *Cell*, **106**, 171-182(2001)
15) Maddelein, M. L., Dos Reis, S., Duvezin-Caubet, S., Coulary-Salin, B., Saupe, S. J. : *Proc. Natl. Acad. Sci. USA*, **99**, 7402-7407(2002)

IV. 병태·폴딩병

BSE와 prion의 감염·증식기구

Hachiya Noami(八谷如美)·Kaneko Kiyotoshi(金子清俊)

2001년 9월 일본최초의 소 해면상 뇌증(BSE)에 이환한 소가 발견되었다. 사람에 있어서 프리온병을 위시하여, 이들 프리온병의 발증에는 입체구조변환에 의해서 정상형 프리온단백질(cellular isoform of prion protein:PrP^{c})이 異狀감염형 프로온단백질(scrapie isoform of prion protein: PrP^{Sc})로 된다고 여겨지고 있지만, 그 기구는 밝혀지지 않았다. 더구나 프리온이라고 불리는 경우는 병인으로 되는 PrP^{Sc}를 가리킨다. 프리온병의 감염기구를 포함하는 병태해명에는 프리온단백질이외의 입체구조변화에 관계하는 player를 동정할 필요가 있다.

key Words prion병 소해면상뇌증(BSE) 프리온단백질 protein X 분자샤페론

●시작하기

2001년 9월 Chiba(千葉)현에서 일본최초의 소 해면상뇌증(이하 BSE)에 이환한 젖소가 발견되어, 일본에서 BSE에 대한 염려가 널리 퍼졌는데, 최근이 되어서도 非定型 BSE가 의심되는 경우가 발견되어, 좀처럼 BSE에 대한 염려가 소실하지 않는 상황이 계속하고 있다. 영국을 발상지로 하여 전세계에 만연하고 있는 BSE에, 지금까지 1종류의 株(strain)밖에 존재하지 않는다고 말해왔지만, 이번의 비정형BSE는 (1) 생후 23개월이라는 젊은 소인 점, (2) Western Blot의 pattern이 다른 점, (3) 단백질분해효소에 대한 저항성이 다른 점 등의 특징 때문에 새로운 타입일 가능성이 지적되고 있다. 그러나 과학적으로 결론을 내는 데는 시기상조이다. 이들의 상세한 것에 관해서는 필자들의 홈페이지(http://www.ncnp.go.jp/nin/guide/r7/index.html)를 참고하라.

프리온병은 사람 및 동물에 있어서 신경변성질환의 一群(그룹)의 호칭이며, 이 질환군에는 (1) 원인불명의 孤發性 Creutzfeldt-Jakob(CJD)병, (2) Gerstmann-Straussler-Scheinker syndrome (GSS증후군, mutation of prion protein), 가족성치사성불민증(FFI)이라는 유전성을 가진 가족성, 혹은 (3) 감염성으로 분류되는 식인습관에 수반하는 Kuru나 의료행위에 의한 醫原性 prion병(건조경막이식후 CJD 등), 소 해면상 뇌증(BSE)에 유래한다고 하는 variant CJD(vCJD)가 거론된다. 더구나 사람이외의 동물에 있어서도 전술한 BSE이외에 200년이상 전부터 그 존재가 알려져 온 羊의 Scrapie, 북미대륙에서도 가장 염려하고 있는 야생사슴의 프리온병인 chronic wasting disease(CWD) 등이 거론된다.

덧붙여서 말하면 감염성 프리온병의 병인(病因)인 PrP^{Sc}는 소화관에서도 분해되지 않으므로, 소장상피에서 장관의 임파조직인 Peyer's patch(板)이나 말초신경을 거쳐서 腹腔신경절(節) 경유로 척수에 도달한다고 여겨지고 있다[1]. 장관의 신경총(叢)에는 PrP^{Sc}로의 감염에 필요한 PrP^{c}가 많이 발현하고 있는 점이나, 장관점막아래의 Peyer's patch에 있는 여포성수상(濾胞性樹上)세포(follicular den-

Naomi S. Hachiya, Kiyotoshi Kaneko, 国立精神・神経センター神経研究所 疾病研究第七部, CREST E-mail : naomi@ncnp.go.jp http://www.ncnp.go.jp/nin/guide/r7/index.html
BSE infection and prion replication

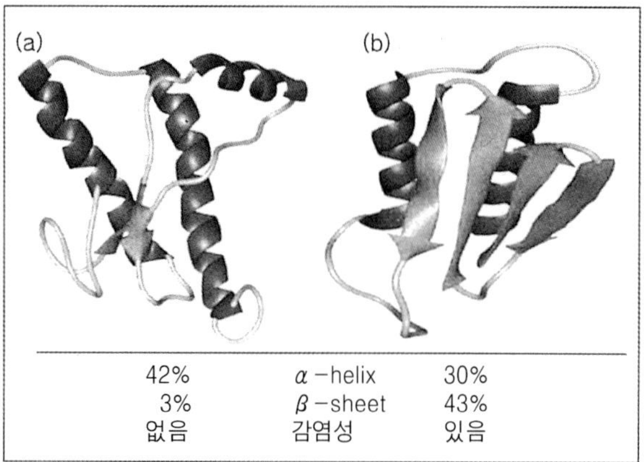

그림1. hamster 정상형과 감염형의 prion단백질 입체구조의 차이

용액NMR에 의한 hamster 정상형 recombinant peptide (SHaPrP90-231)의 입체구조예측모델(a) 및 그것을 기본으로 한 異狀감염형 recombinant(SHaPrP90-231)의 입체구조 컴퓨터예측도(b)를 나타낸다.

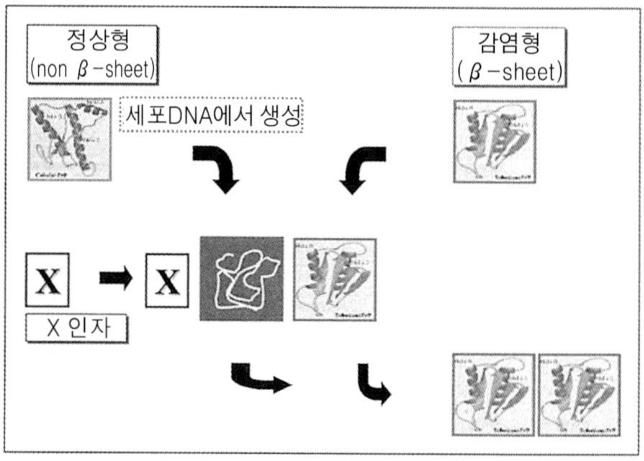

그림2. 프리온단백질의 증식모델

프리온 단백질증식에 있어서 hetero dimer설 모델을 나타낸다. PrP^{c}는 PrP^{Sc}와 복합체를 형성하기 전에 X인자(proteian X)와 상호작용하고(그림 왼쪽), X인자는 PrP^{Sc}와의 저친화성을 위하여 복합체에서 해리하여 시간경과와 함께 PrP^{Sc}는 指數關數的으로 증식한다.

dritic cell: FDC)가 보체를 이용하여 PrP^{Sc}를 포촉하는 것이 원인이며, 장관의 임파계 조직에도 PrP^{Sc}의 감염이 확대한다는 해석도 있다[2].

I. prion설

프리온은 "proteinaceous infectious particles"(감염성을 가진 단백질입자)로부터 만들어진 조어이다[3]. 명명자인 Prusiner는 감염역가가 protease 저항성의 단백질과 상관하고, 핵산획분과는 관련이 없는 점, 감염성은 단백질 불활성화조건에 따라 소실하는데, 핵산불활성화 조건에서는 변화하지 않는 점 등으로 봐서 이 질환의 원인으로 단백질만이 관여한다고 하는전례가 없는 질환개념을 제창했다. 그 후 (1) PrP^{Sc}와 PrP^{c}의 양자에는 아미노산배열상의 차이는 인정되지 않으나 단백질분해효소에 대한 부분저항성, 계면활성제에 대한 불용성 및 감염성의 유무에 따라 구별되는 점, (2) PrP^{Sc}의 β sheet型 구조가 3%이하인 것에 대해서 PrP^{Sc}에서는 40%이상이나 증가하고 있고, 단백질고차구조의 변화가 그의 배경에 있다고 여겨지는 점 등이 밝혀지게 되었다. 그림1에 대장균 recombinant에 의한 hamster PrPc(아미노산배열 90-231의 펩타이드, PrP^c(90-231))의 용액 NMR에 의한 입체구조모델을 제시했다(4). 즉 그림1오른 쪽에 나타나는 PrP^{Sc}(90-231)의 구조모델은 PrP^c(90-231)의 구조를 기본으로 하여 컴퓨터해석한 것이다.

약호
PrP^c :cellular isoform of prion (정상형 프리온단백질)
PrP^{Sc}:scrapie isoform of prion protein(scrapie형 prion 단백질)

프리온 복제기구의 설명으로는 (1) 종자(seed)설과 (2) 2량체설이 제창되어있다[5]. (1)의 종자설은 우선 핵이 되는PrP^{Sc}가 생성되며, 이것을 씨앗(seed)으로 하여 PrP^{Sc}가 신장해 간다는 설이며, (2)의 hetero dimer(2량체)설은 **그림2**와 같은 상호작용에 의해서 PrP^{c}와 PrP^{Sc}가 상호작용하여 PrP^{c}에서 PrP^{Sc}로 변환이 일어난다는 설인데, 어떻던간에 [PrP^{Sc}를 주형으로 하는 PrP^{c}의 고차구조변환에 의한 PrP^{Sc}의 복제기구]라는 개념에 변화는 없다. 이 프리온설을 지지하는 증거로서, (1) 아미노산변이를 가지는 PrP^{c}를 발현하는 transgenic mouse가 전파성 프리온병을 자연발증하는 사실[6], (2) PrP^{c}를 knockout시킨 마우스에는 PrP^{Sc}는 전파하지 않는다는 것[7]이 거론되었다. 더구나 변이를 가진 인공합성형 펩타이드에 의해 동물개체에 감염성을 야기할 수 있었다는 보고도 있다[8]. 그러나 최종적인 프리온설의 증명은 변이를 가지지 않는 프리온단백질로부터 인공적으로 PrP^{Sc}를 생성할 필요가 있다.

II. Protein X 및 unfolding 분자의 탐색

hamster PrP^{c}를 발현시킨 transgenic mouse는 hamster PrP^{Sc}에 감수성을 나타내게 된다. 한편 사람 PrP^{Sc}를 발현시킨 transgenic mouse는 內在性의 마우스 PrP^{c} 존재에서는 사람 PrP^{Sc}에 감수성을 나타내지 않고, 이들을 knockout하면 감수성을 나타내게 된다. 이들 실험결과는 사람과 마우스의 PrP^{c}의 아미노산배열 중, 종에 따라 다른 부분에 프리온전파를 제어하는 종특이적인 인자(protein X)가 존재하는 것을 시사하고 있다. 상세한 검토에 의해서 프리온단백질과 protein X의 반응부위가 mapping되었다[9, 10]. 생체내에서는 PrP^{c}는 그의 중심영역에서 최초의 분해를 받는 것으로 알려져 있다[11]. 이 부분은 PrP^{Sc}로 변환할 때도 경계적인 영역에 상당하고[12], 분해를 받을지 변환될지 서로 競合的인 운명을 결정하는 영역이다[13]. 바꿔말하면 이 부분에서 절단되어 버리면 이미 PrP^{Sc}로 변환은 일어나지 않기 때문에 치료법개발의 관점에서도 중요하다. 이 부분은 아주 소수성이 풍부하기 때문에 분해효소가 접근할 때에는 이 영역이 unfolding될 필요가 있다고 추측된다. 필자들은 우선이 부분을 unfolding하는 분자의 동정을 목표로 하고 있다. 이것은 PrP^{Sc}로 변환에 관여하는 분자샤페론유사분자, 이른바 protein X[9, 10]와 상동일 가능성이 높다고 생각된다.

●끝내기

프리온병 발증의 원인인 프리온단백질의 해석에 있어서 제1의 문제점은 異狀 감염형 PrP^{Sc}의 고차구조해석을 할 수 있는 점이다. 그 원인은 PrP^{Sc}의 불용성에 기인한다고 말할 수 있다. recombinant peptide에서는 성공한 용액 NMR에 의한 해석도 혹은 일반적으로는 아주 강력한 무기인 결정구조해석도 의미있는 성과는 나오고 있지 않는 것이 현실이다. 최근 유기용매에 용해한 PrP^{Sc}를 grid위에서 건조시켜서 미세한 결정구조를 만들고, 전자현미경을 사용한 구조해석의 시도가 되어오고 있다[14]. 그 결과에 따르면 종래의 β-sheet형 구조가 아니라 β-helix구조를 취하였다. 덧붙여 말하면 이 β-helix구조는 몇 개의 β-sheet형 구조가 모여서 cylinder모양의 형태를 취한 것이다. 이 결과는 아주 흥미깊은 정보이지만, 동시에 아무래도 고분해능의 구조해석에는 요원한 것이 실정이다. 또 하나의 큰 과제는 PrP^{c}에서 PrP^{Sc}로의 입체구조 변환기구의 상세한 해석이겠지. 이 목적을 달성하기 위해서는 전술한 것과 같이 우선 프리온단백질 이외에 이 입체구조변환에 관여하는 다른 player들을 동정할 필요가 있다고 여겨진다.

문헌

1) Shmakov, A. N., McLennan, N. F., McBride, P., Farquhar, C. F., Bode, J., Rennison, K. A. , Ghosh, S., : *Nature Med.*, **6**, 840-841(2000)

2) Klein, M. A., Kaeser, P. S., Schwarz, P., Weyd, H, Xenarios, I., Zinkernagel, R. M., Carroll, M. C., Verbeek, J. S., Botto, M., Aguzzi, A. *et al.* : *Nature Med.*, **7**, 488-492(2001)

3) Bolton, D. C., McKinley, M. P., Prusiner, S. B. : *Science*, **218**, 1309-1310(1982)

4) Prusiner, S. B., Peters, P., Kaneko, K., Taraboulos, A., Lingappa, V., Cohen, F. E., DeArmond, S. J. : " Cell Biology of Prions", Cold Spring Harbor, New York(1999)

5) Come, J. H., Fraser, P. E., Lansbury, P. T., Jr. : *Proc. Natl. Acad. Sci. USA*, **90**, 5959-5963(1993)

6) Hsiao, K. K., Scott, M., Foster, D., Groth, D. F., DeArmond, S. J., Prusiner, S. B. : *Science*, **250**, 1587-1590(1990)

7) Bueler, H., Aguzzi, A., Sailer, A., Greiner, R.-A., Autenried, P., Aguet, M., Weissmann, C. : *Cell*, **73**, 1339-1347(1993)

8) Kaneko, K., Ball, H. L., Wille, H., Zhang, H., Groth, D., Torchia, M., Tremblay, P., Safar, J., Prusiner, S. B., Cohen, F. E. *et al.* : *J. Mol. Biol.*, **295**, 997-1007(2000)

9) Telling, G. C., Scott, M., Mastrianni, J., Gabizon, R., Torchia, M., Cohen, F. E., DeArmond, S. J., Prusiner, S. B. : *Cell*, **83**, 79-90(1995)

10) Kaneko, K., Zulianello, L., Scott, M., Cooper, C. M., Wallace, A. C., James, T. L., Cohen, F. E., Prusiner, S. B. : *Proc. Natl. Acad. Sci. USA*, **94**, 10069-10074(1997)

11) Harris, D. A., Huber, M. T., van Dijken, P., Shyng, S.-L., Chait, B. T., Wang, R. : *Biochemistry*, **32**, 1009-1016(1993)

12) Huang, Z., Gabriel, J.-M., Baldwin, M. A., Fletterick, R. J., Prusiner, S. B., Cohen, F. E. : *Proc. Natl. Acad. Sci. USA*, **91**, 7139-7143(1994)

13) Taraboulos, A., Scott, M., Semenov, A., Avrahami, D., Laszlo, L., Prusiner, S. B. : *J. Cell Biol.*, **129**, 121-132(1995)

14) Wille, H., Michelitsch, M. D., Guenebaut, V., Supattapone, S., Serban, A., Cohen, F. E., Agard, D. A., Prusiner, S. B. : *Proc. Natl. Acad. Sci. USA*, **99**, 3563-3568(2002)

Column

프리온섬유형성기구

Inoue Yuji (井上雄嗣)·Yoshida Masasuke (吉田賢右)

① 효모 프리온

포유류에 보이는 프리온과 유사한 현상이 출아효모의 유전인자에서 발견되어 있다. [*PSI*$^+$]나 [*URE3*]로 불리는 표현형은 예부터 非멘델유전을 한다고 알려져 있는데, 그 전파양식이 포유류의 프리온 감염양식과 같고, 단백질의 구조변화에 의해서 일어나는 것이 확인되어[1], 여기에 관여하는 단백질인자를 효모프리온이라고 부르게 되었다.

② 프리온병원체는 amyloid섬유를 형성한다

amyloid라고 불리는 섬유상 응집체는 단백질분자가 β-sheet를 통해서 중합한 것이며, 여러 가지 질환에서 보인다. 프리온 병원체도 또한 amyloid섬유를 형성하며, 특히 프리온섬유라고 불린다. 프리온섬유의 생성방법으로서 잘 알려져 있는 것이 핵의존중합모델이다[2]. 우선 monomer이었던 프리온단백질이 몇 분자가 모여서 섬유의 기초가 되는 핵을 만든다. 이것은 가역적이며, 시간이 걸린다. 일단 핵이 만들어져버리면 거기에선 비가역적으로 중합이 일어나며, 섬유화가 진행한다. 이것은 프리온병의 대부분에서 자연발증율이 아주 작은 데로 불구하고 어떤 기회에 프리온 병원체를 밖에서 끌어들이면 발증율이 극적으로 높아지는 현상을 잘 설명할 수 있다. 이 모델은 프리온섬유의 형성기구를 아는데 아주 중요한 것이지만, 이것만으로는 섬유가 단백질의 구조변화의 후에 중합하여 형성된 것인지, 아니면 섬유자신이 구조변환을 촉매하면서 중합하고 있는지는 모른다.

③ 효모프리온섬유의 성장 -섬유가 구조변화를 촉매한다

효모의 [*PSI*$^+$]는 번역종결인자인 Sup35단백질의 구조異狀化에 의해서 일어나는 번역종결이상이며, mRNA의 종지코돈의 read-through(通讀)를 빈발한다. Sup35는 N말단에 구조변화를 일으키는 프리온도메인을 가지며, 이곳을 제거하고 발현해도 원래의 기능은 유지된다. 프리온도메인을 포함하는 N말단의 단편(Sup35NM)은 프리온연구에 널리 쓰이고 있고, 정제한 Sup35NM이 섬유를 형성하는 것이 확인되고 있다[3]. 필자들은 이 Sup35NM을 사용하여, 프리온섬유의 성장을 해석했다[4]. 우선 붉게 형광표지한 Sup35NM에서 섬유를 만든다. 이것을 종자로 하여 다음은 녹색으로 형광표지한 Sup35NM에서 섬유를 성장시킨다. 이에 따라 섬유성장의 방향성을 알았다. 결과 거의 한 방향성장을 하는 강한 극성을 나타냈다. 이것은 단백질의 구조변환이 섬유의 말단에서 일어났음을 가리킨다(**그림1**). 다시 말해서 프리온섬유자신이 구조변환을 촉매하고 있었던 것이다. 더구나 원자간력현미경을 사용하여 Sup35NM섬유

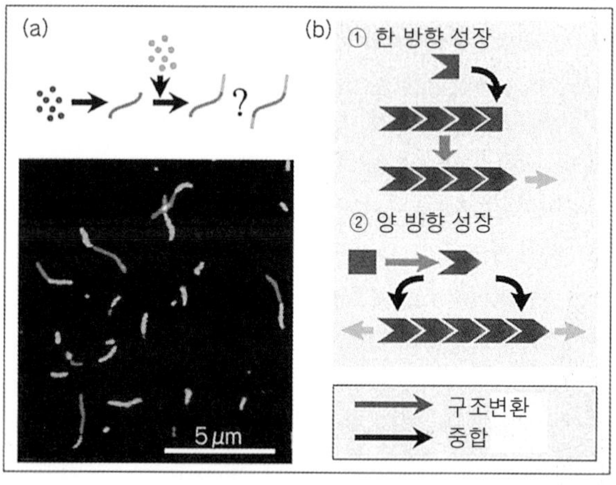

그림1. 프리온섬유가 구조변환을 촉매한다

(a) 붉은 색으로 형광표지한 Sup35NM섬유를 녹색으로 형광표지한 Sup35NM으로 성장시킨 경우, 대부분이 한 방향 성장을 나타냈다. 녹색만의 섬유도 있지만 이것은 후에 첨가한 녹색의 Sup35NM이 새롭게 섬유형성한 것이다.

(b) 만약 구조변환의 후에 중합이 일어난다면 섬유성장은 양방향일 터이다②. 반대로 한 방향 성장이라면 구조변환은 섬유의 말단에 추가하고 나서 일어난 것을 나타낸다①. [口繪13(p.8) 참조]

의 성장을 상세히 해석한 그룹에 의하면[5], 섬유 성장의 방식에는 성장속도나 극성의 강도에 따라서 몇 가지의 그룹이 있다는 것을 알게 되었다. 다시말해서 프리온섬유는 단일구조의 집단이 아니라 몇 가지의 약간씩 다른 구조의 집단인 듯하다. 각 섬유의 class는 섬유형성의 초기단계에서 결정되면 그것을 종자로 하여 몇 가지 섬유가 성장해도 성질은 변하지 않는다고 한다. 이 섬유구조의 다양성에 대해서는 후술한다.

4 프리온섬유의 분열기구 - 분열없이 증식않는다

프리온섬유형성기구에 주목하여 말을 진행해왔는데, 프리온의 증식을 말할 때 간과할 수 없는 문제가 있다. 전술했듯이 프리온섬유는 프리온단백질의 구조변환의 장이며, 섬유는 시간과 함께 길게 된다. 그러나 일정數의 섬유가 단순히 길게 되는 것만으로는 결코 증식이라고 말할 수 없다. 대부분의 프리온병에서 보이듯이 프리온병원체는 감염후, 서서히 指數關數的인 증가를 나타내게 된다. 이와같은 증식은 어떻게 하여 일어나는 걸까? 아주 자연적으로 만드는 것이 어딘가에서 섬유의 분열이 일어나면 좋을 것라고 생각한다. 실제로 포유류 프리온을 *in vitro*에서 증식시키는 실험을 하면, PrP^c를 異狀型프리온으로 된 종의 PrP^{Sc}와 섞어두는 것만으로는 PrP^{Sc}는 증식하지 않지만, 거기에 초음파처리과정을 가하며 이것을 반복하면 효율좋게 증식이 일어난다고 보고되어있으며[6], 프리온증식에 있어서 [분열]의 사정이 큰 것을 알았다. 그런데 실제 세포에서는 무엇이 어떻게 프리온섬유의 분열을 일으키는 걸까?

일설로는 분자샤페론의 한 종류가 관여하고 있다고 한다. 효모에서는 [PSI^+]의 전파효율이 Hsp104에 의해서 좌우된다. Hsp104는 단백질의 탈응집에 관여하는 분자샤페론인데, 그의 세포내농도가 과다하거나 반대로 없어도 [PSI^+]는 안정적으로 계승되지 않고, 비프리온표현형인 [psi^-]으로 바뀌간다[7]. 이것은 Hsp104가 Sup35섬유를 절단하는 작용을 가지고 있기 때문이라는 설이 있다[8]. 다시말해서 Hsp104농도가 과다하면 섬유가 지나치게 뿔뿔이 흩어지게 되고 결국은 monomer로까지 해리해버리며, 없으면 섬유가 분열할 수 없으며, 따라서 증식하지 않는다. Sup35섬유의 성장속도와 분열의 빈도가 잘 맞춰질 때에만 [PSI^+]는 안정되게 계승되는 것은 아닌지, 그러나 정말로 Hsp104에 프리온섬유를 절단하는 작용이 있는 지에 대해서는 현재로서는 모른다.

5 프리온섬유의 다양성과 프리온(株) - 제어인자로서 프리온

프리온섬유에는 몇 가지 구조그룹이 있는 듯하다고 앞에서 애기했는데, 구조에 다양성이 있으면, 그의 분열양식도 다양할 것으로 예측된다. 흥미있게도 [PSI^+]에는 강하게 나타나는 것과 약하게 나타나는 것(프리온[株])가 존재한다[9]. 만약 프리온섬유에 성장이 빠른 구조와 느린 구조가 존재한다면, 그것은 그대로 표현형의 강약으로 되어 나타나오겠지. 이를테면 先祖의 세포내에 다양한 구조의 섬유가 균일하게 존재하고 있다 해도 세대를 거칠 때마다 프리온섬유의 [유전적 부동(浮動)]이 일어나고, 어떤 섬유구조만이 [고정]되는 것도 있을 수 있다. 이 경우 성장이 빠른 섬유나 분열하기 쉬운 섬유를 가진 프리온주가 압도적으로 남기 쉬운 듯이 생각하는데, 꼭 그렇다고만 할 수는 없다. [PSI^+]는 애당초 번역종결異狀이므로 지나치게 강하면 생육에 불리하기 때문이다. 효모는 프리온이라는 수단을 써서, 종지코돈의 read-through라는, 일견 바람직하지 않는 현상을 조절하고 있는 듯하다. 왜 프리온일까, 그 수수께끼는 아직 해명되지 않고 있지만, 단백질의 일생에 있어서 [병]의 이미지가 강한 프리온섬유형성을 [삶]을 조절하기 위해서 유용하게 쓰고 있는 점은 흥미롭다.

Q 프리온섬유에는 몇 개의 구조그룹이 있다는 말인데, monomer의 프리온단백질의 구조는 균일한 것인가? 혹은 벌써 다양성이 있는 가능성이 있다는 말인가?

A Sup35의 경우, mopnomer상태에서는 프리온 도메인은 임의구조를 취하고 있다는 데이터가 있다. 그 점에서 α-helix가 많은 monomer구조에서 섬유형성을 거쳐서 β-sheet가 많은 구조로 변환하는 전형적인 amyloid섬유형성단백질과는 약간

다르다. 따라서 monomer상태에서 이미 몇 가지 특정 구조를 취하지 않는 한, 섬유형성의 초기에 일어난 미묘한 구조의 차이가 그래도 승계될 가능성은 있겠지. 포유류 프리온병에 있어서도 각각 증상이 다른 [주]가 존재한다. PrP^{c}에는 구조의 안정부분과 불안정부분이 있는 듯하지만, 이 불안정부분이야말로 프리온[주]를 생기게 하는 원인일지도 모른다.

●문헌

1) Wickner, R. B. : *Science*, **264**, 566-569 (1994)
2) Jarrett, J. T., Lansbury, P. T. : *Cell*, **73**, 1055-1058 (1993)
3) Glover, J. R., Kowal, A. S., Schirmer, E. C., Patino, M. M., Liu, J., Lindquist, S. : *Cell*, **89**, 811-819 (1997)
4) Inoue, Y., Kishimoto, A., Hirao, J., Yoshida, M., Taguchi, H. : *J. Biol. Chem.*, **276** (38), 35227-35230 (2001)
5) DePace, A. H., Weissman, J. S. : *Nat. Struct. Biol.*, **9** (5), 389-396 (2002)
6) Saborio, G. P., Permanne, B., Soto, C. : *Nature*, **411**, 810-813 (2001)
7) Chernoff, Y. O., Lindquist, S. L., Ono, B., Inge-Vechtmov, S. G., Liebman, S. W. : *Science*, **268**, 880-884 (1995)
8) Kushnirov, V. V., Ter-Avanesyan, M. D. : *Cell*, **94**, 13-16 (1998)
9) Uptain, S. M., Sawicki, G. J., Caughey, B., Lindquist, S. : *EMBO J.*, **20** (22), 6236-6245 (2001)

Yuji Inoue, Masasuke Yoshida, 東京工業大学資源化学研究所
E-mail : yinoue@res.titech.ac.jp myoshida@res.titech.ac.jp
Mechanism of prion-fibril formation

Column

프리온중간체와 치료약개발
-분자감염기구와 創藥제어

Kuwata Kazuo (桑田一夫)

1 지금 왜 프리온인가?

프리온의 폴딩과정을 보는 것은 프리온에 의한 감염메커니즘의 해명에 연관하는 걸까? 프리온의 폴딩과정은 틀림없이 그의 입체구조 多形性과 관련하고 있다. 최근 일본에서 잇달아 발견된 젊은이(若年) 발증타입의 광우병(小海綿狀腦症, BSE)은 프리온株의 차이에 의한 것이라고 생각된다. hamster에서는 입체구조 및 생물학적 성상이 다른 적어도 8종류의 株가 확인되고 있다[1]. 株의 차이가 입체구조의 차이에 기초하는 것이라면 프리온의 폴딩과정에서 관측되는 여러 가지의 중간체는 신경세포독성이나 생물학적 성상의 다양성과 직접 관계할 가능성이 있다.

현재의 상황을 정리해보자. 프리온의 폴딩중간체는 염산구아니딘 등의 변성제존재하[2]이나 low pH 영역[3]에서 圓二色性(CD) spectra를 이용하여 관측되었다. 최근에는 속도론적 폴딩중간체에 관한 논문이 발표되었다[4]. 또한 필자들은 고압NMR을 이용하여 프리온중간체의 구조를 잔기수준에서 특징짓는데 성공했다[5]. 더구나 세포형 프리온에 있어서 milli second(초) order의 느린 구조흔들림이 프리온중간체에 이르는 반응경로에 연하여 일어나고 있음을 발견했다[6].

병을 일으키는 프리온의 변이부위[7]는 상세히 조사되고 있으며, 주로 helix B, C에 집중하고 있다. 한편 프리온중간체(PrP★)에 있어서도 helix B, C에 부분적인 변성이 보인다(**그림1**). 특히 β-sheet부분과 접촉하고 있는 부분이 국소적인 안정성이 낮은 것을 알았다[5]. 이것은 이들 프리온중간체가 scrapie형(PrP^{Sc})으로의 전환과정과 관계하고 있을 가능성을 강하게 시사하고 있다고 말할 수 있다. 그림1에 나타났듯이 PrP^{Sc}형성은 PrP^{c}형성반응에 대해서 off-pathway일 가능성이 시사되고 있다(Kuwata 등, 미발표데이터).

2 소수성 cluster와 helix와의 관계는?

세포형 프리온(PrP^{c})의 N말단측 반쪽은 거의 random coli인데, C말단측 반쪽은 β-sheet와 helix를 형성하고 있다(그림1참조). 정적 구조만을 살펴보면, 이 2가지의 영역은 때마침 독립적으로 흔들고 춤추는 듯이 보이는데, [감염]이라는 생물학적 기능에 주

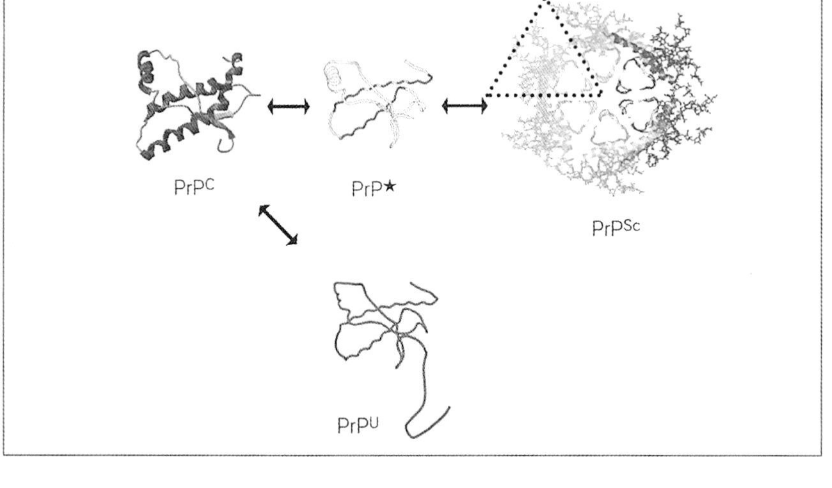

그림1. 프리온의 구조변환과 정과 중간체의 역할[5]
세포형(PrP^{c}), 중간체(PrP^{*}), 변성형(PrP^{u}). scrapie형(PrP^{Sc})의 입체구조(hamster prion, 아미노산번호90에서 231번까지를 나타낸다)와 입체구조변환과정에 관계하는 상호관계를 나타내는 PrP^{Sc}는 모델에 지나지 않는다[10].[口絵14(p. 8)를 참고]

목한다면 양자는 끊을래야 끊을 수 없는 관계에 있다.

PrP^{c}에서 PrP^{Sc}로의 구조변화과정은 아직 밝혀지지 않았지만, PrP^{Sc}는 단량체, 혹은 2-6량체정도의 oligomer일거라고 추정하고 있다[8-10]. 그런데 프리온단백질의 부분peptide PrP 106-126은 oligomer를 형성하고[11], 신경세포사를 유도한다[12]. 그러나 [감염]이 성립하기 위해서는 이 부분을 포함하는 소수성 cluster부분과 helix부분이 필요하다[13].

이들 실험사실은 언뜻 보아 독립적으로 흔들며 춤추고 있는 듯이 보이는 소수성cluster과 helix가 어딘가에서 구조적으로 간섭하며 만나고 있다는 것을 가리키고 있다. NMR실험의 결과로부터도 간접적으로 양자의 상호작용이 시사되고 있다[5]. 소수성cluster가 apoptosis를 유도하는 oligomer를 형성한다고 하면, helix는 일단 어떤 역할을 담당하고 있는 걸까?

3 인식 없이는 감염도 없다?

PrP^{Sc}가 어떤 기구로 신경세포사를 야기하는 가라는 문제는 아직 해결되지 않았다. 최근 알츠하이머병, polyglutamine병, 2형당뇨병 등의 이른바 conformation병의 일반적인 것에 대해서 관련단백질의 amyloid에가 아니라 oligomer[14]에 독성이 있다고 보고되어있다. 그러나 이들이 PrP^{Sc}와 같은 [감염성]을 가지는 가에 대해서는 현재로서는 모른다.

단백질과학의 관점에서 본다면, 분자감염이 어떻게 하여 성립하는 가라는 문제는 상당히 깊은 의문을 지니고 있다. 천연입체구조가 붕괴되고, 감염인자의 작용에 의해 다른 입체구조로 되감기는 반응이 정말로 일어날까?

amyloid의 선단에서는 이것에 가까운 반응이 일어나고 있다[14]. 율속단계는 단량체에 이어서 구조변환과정에 있다[15]. 그러나 현재로는 어떠한 단백질에서도 조건만 정비되면 amyloid를 형성한다고 여겨지고 있다[16].

그런데 감염에 필요한 것은 무엇일까? 전자현미경화상으로부터 유추한 PrPSc의 모델[10]에서는 PrP^{Sc}는 PrP^{c}구조가 완전히 붕괴한 것이 아니라, 부분적으로 PrP^{c}의 구조를 유지한 이른바 중간체적인 구조와 같은 것이다.

가장 최근 프리온의 구조변환을 촉진하는 물질로서 RNA가 보고되었다[17]. 이를테면 RNA를 인식하기 위해서는 프리온 측에도 인식기구, 즉 어떠한 입체구조가 필요할 것이다. PrP^{c}에서 PrP^{Sc}로의 구조변환에 대해서, 샤페론같은 것에 작용한다고 생각되는 인자X의 결합부위[*1]는 염기성 아미노산이 많고, 실제 DNA 등의 핵산은 비특이적으로 프리온에 결합하며, 구조를 불안정화하는 듯 하다[18]. 이런 의미에서 RNA가 인자X에 상당할 지 어떨 지의 판단은 주의를 요한다.

4 dynamics에 기초하는 創藥

구조에 기초하는 창약(structure based drug design: SBDD)이 제창되고 나서 오래되는데, 빛나는 성공은 주로 효소저해제에 한하고 있다. 프리온에서도 인자X 결합부위에 결합하는 약물이 탐색되었다[19]. 그러나 그 후 이렇게 하여 선발된 약제는 [결국 효과가 없다]고 평가되기에 이르렀다. 실제 PrP^{c}에 있어서 인자X 결합부위에는 명확한 결합 pocket은 존재하기 않고, 결합정수도 그렇게 크지 않다고 여겨진다.

한편 앞서 기술한 프리온중간체(PrP★)를 관측한 바, PrP^{Sc}는 변성형(PrP^{U})에서가 아니라, 오히려 PrP★에서 생성될 가능성이 있다(그림1참조).

PrP^{Sc}의 구조는 아직 모른다. 그러나 PrPc의 구조를 기초로 하여, PrP★로의 구조변환을 선택적으로 억제하는 약제를 다자인하는 것은 가능하다. 이러한 약물은 PrP^{c}의 느린 구조요동을 억제하고, PrP^{c}를 안정화하며, PrP★의 population을 감소시킨다. 그 결과 PrP^{Sc}의 생성을 억제한다. 다른 말로 하면, [지진

*1 인자X는 당초 가상단백질이고, PrP^{c}에서 PrP^{Sc}로의 구조변환반응의 촉매로서 작용한다고 생각되었다. 그의 결합부위는 사람 프리온이며, 167, 171, 214, 218번째의 아미노산잔기에 대응한다고 상정되고있다[19]. 그러나 인자X는 반드시 단백질일 필요는 없고, 본문에 제시했듯이 RNA일 가능성도 있다[17].

대책을 할 수 없는 집의 벽에 튼튼한 기둥을 세워서 지진이 와도 간단하게 붕괴하지 않도록 한다]는 지진대책에 가까운 방법이다. 필자는 이것을 단백질의 dynamics에 기초하는 창약(dynamics based drug design: DBDD)이라고 이름붙였다. 이러한 방법으로 꽤 강력한 항프리온작용을 가지는 물질이 현재 개발되고 있다(이 연구는 Nagasaki(長崎)대학대학원 의치약학 총합연구과 西田教行박사, 片峰 茂 부총장과의 공동연구이다. 논문투고중).

Q 프리온의 감염은 신경세포에 특이적인가? 혹은 다른 세포에도 감염하지만 PrP^{c}가 존재(적다)하기 때문에 PrP^{Sc}의 형성·축적이 일어나지 않는 걸까?

A PrP^{Sc}는 신경세포이외의 조직, 이를테면 백혈구나 비장조직에도 축적할 수 있는데, 이를테면 감염성을 나타내어도 신경세포이외의 조직에 대해서 분명한 독성을 나타내는 것은 아니다. 놀랍게도 세포외 PrP^{Sc}의 축적자체가 신경세포에 독성을 나타나는 것도 아니다[20]. 오히려 신경세포내에서 형성되는 여러 가지의 중간체구조가 신경세포독성과 직접 관계할 가능성이 있다는 보고도 있다[21]. 이러한 의미로 봐서 프리온중간체의 입체구조결정 및 중간체로의 구조전이를 방지하기 위한 약물디자인은 앞으로 더욱더 중요하게 된다고 생각된다.

❷문헌

1) Safar, J., Wille, H., Itri, V., Groth, D., Serban, H., Torchia, M., Cohen, F. E., Prusiner, S. B. : *Nature Med.*, **4**, 1157-1165 (1998)
2) Zhang, H., Stockel, J., Mehlhorn, I., Groth, D., Baldwin, M. A., Prusiner, S. B., James, T. L., Cohen, F. E. : *Biochemistry*, **36**, 3543-3553 (1997)
3) Hornemann, S., Glockshuber, R. : *Proc. Natl. Acad. Sci. USA*, **95**, 6010-6014 (1998)
4) Apetri, A. C., Surewicz, W. K. : *J. Biol. Chem.*, **277**, 44589-44592 (2002)
5) Kuwata, K., Li, H., Yamada, H., Legname G., Prusiner, S. B., Akasaka, K., James, T. L. : *Biochemistry*, **41**, 12277-12283 (2002)
6) Kuwata, K., Kamatari, Y. O., Akasaka, K., James, T. L. : *Biochemistry*, in press (2004)
7) Prusiner, S. B. : *Curr. Top. Microbiol. Immunol.*, **207**, 1-17 (1996)
8) Prusiner, S. B. : *Scienece*, **216**, 136-144 (1982)
9) Prusiner, S. B. : *Proc. Natl. Acad. Sci. USA*, **95**, 13363-13383 (1998)
10) Wille, H., Michelitsch, M. D., Guénebaut, V., Supattapone, S., Serben, A., Cohen, F. E., Agard, D. A., Prusiner S. B. : *Proc. Natl. Acad. Sci. USA*, **99**, 3563-3568 (2002)
11) Kuwata, K., Matumoto, T., Cheng, H., Nagayama, K, James, T. L., Roder, H. : *Proc. Natl. Acad. Sci. USA*, **100**, 14790-14795 (2003)
12) Forloni, G. *et al.* : *Nature*, **362**, 543-546 (1993)
17) Deleault, N. R., Lucassen, R. W., Supattapone, S. : *Nature*, **425**, 717-720 (2003)
18) Cordeiro, Y., Machado, F., Juliano, M. A., Brentani, R. R., Foguel, D., Silva, J. L. : *J. Biol. Chem.*, **276**, 49400-49409 (2001)
19) Perrier, V., Wallace, A. C., Kaneko, K., Safar, J., Prusiner, S. B., Cohen, F. E. : *Proc. Natl. Acad. Sci. USA*, **97**, 6073-6078 (2000)
20) Hill, A. F., Joiner, S., Linehan, J., Desbruslais, M., Lantos, P. L., Collinge, J. : *Proc. Natl. Acad. Sci. USA*, **97**, 10248-10253 (2003)
21) Mallucci, G., Dickinson, A., Linehan, J., Klön, P-C., Brandner, S., Collinge, J. : *Science*, **302**, 871-874 (2003)

Kuwata Kazuo, 岐阜大学大学院医学研究科医科学専攻 分子・構造学講座 蛋白高次機能学分野 E-mail : kuwata@cc.gifu-u.ac.jp
Intermediate conformer of prion and Dynamics Based Drug Design (DBDD)

파킨슨병에 있어서 도파민 신경세포사
이상단백질의 축적은 원인인가 결과인가

Imai Yuzuru (今居 讓)·Takahsshi Ryosuke (高橋良輔)

폴딩병으로 분류되는 신경변성질환은 어떤 특정의 신경집단이 영향을 받는 경우가 많은, 병변부위로의 이상단백질의 축적이라는 공통의 현상이 보인다. 파킨슨병도 그 하나이며, 신경세포의 이상단백질 처리기구에 문제가 있음이 차차 밝혀지고 있다.

key Words　ubiquitin-proteasome 경로　폴딩이상단백질　단백질봉입체
黑質 도파민(작동성)신경

●서론

Parkinson병 발병의 분자기구는 유전성 파킨슨병에 관한 최근의 눈부신 연구성과에 의해 그 일단이 해명되고 있다. 현재까지 해석이 진행하고 있는 원인유전자산물은 어느 것이나 [폴딩이상단백질의 축적과 단백질분해경로의 파탄]이라는 키워드로 연결되고 있다. 폴딩이상단백질(이하 이상단백질로 약칭함)이 어떻게 파킨슨신경세포를 죽음으로 도달하게 하는 지를 해명하는 것이 이 연구의 중심으로 되어오고 있다.

I. 파킨슨병이란?

파킨슨병은 알츠하이머병에 대해서 이환율이 높은 노인성 신경변성질환이다. 65세이상에서는 100인에 1인은 앓는다는 통계도 있다. 임상의 증상으로서 운동기능이 장해되며, 손가락의 떨림, 근육의 경직, 동작의 완만·소실 등이 보인다. 그 원인은 중추흑질의 도파민신경의 선택적 변성에 의한 것이 병리학적으로 해명되고 있는데, 선택적인 도파민신경세포사의 원인은 밝혀져 있지 않다. 그 중에서 병변부위의 잔존신경은 이따금 눈에 띄는 Lewvy body(小體: LB)라고 불리는 단백질봉입체의 존재는 파킨슨병 병리의 하나의 특징이며, 신경변성의 원인을 밝히는 관건이 된다고 여겨진다(**그림1**). 파킨슨병은 대부분 孤發性인데, 일부에서 유전성인 것이 알려져 있으며, 그 원인유전자가 계속 클로닝되어 왔다. 유전학, 분자생물학의 발전에 발맞추어 유전성 파킨슨병으로부터 파킨슨병 발증기구 해명의 접근이 왕성하게 이뤄지고 있고, 그들 연구의 최신의 토픽을 중심으로 개설한다.

II. 유전성 파킨슨병의 원인유전자의 발견

1. LB의 구성성분 *α -synuclein*

*α -synuclein*의 유전자산물은 뇌 synapse 前말단에 풍부하게 존재하는 작은 단백질이다. 드문 우성유전형의 원인유전자인 점, 그리고 야생형 *α -synuclein*자체가 LB의 구성성분인 점이 밝혀지게

Yuzuru Imai, Ryosuke Takahashi, 理化学研究所・脳科学総合研究センター, 運動系神経変性研究チーム　E-mail : yimai@brain.riken.jp
Dopaminergic neuronal death in Parkinson's disease: Is accumulation of unfolded proteins a cause or effect?

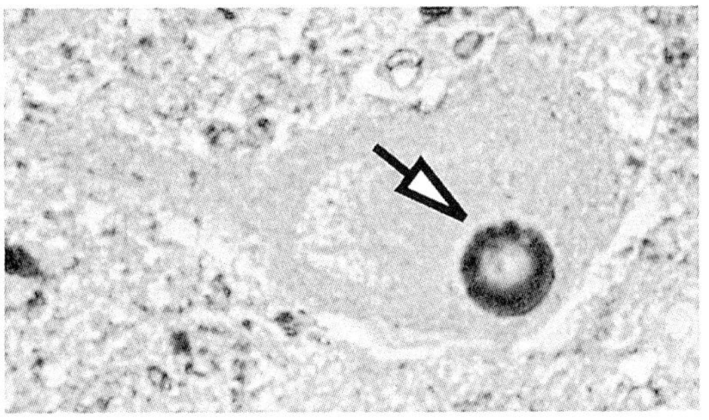

그림1. Lewvy body(小體: LB)의 미스테리

LB(화살표)는 대부분의 파킨슨병의 症例에 있어서 병변부위의 잔존신경에 서 관찰되는 구상의 봉입체이다. 미스테리 소설적으로 표현하자면, 현장에 남아있는 것은 LB를 둘러싼 빈사상태의 신경세포만이고, 반수이상의 도파민신경은 모두 흔적도 없이 죽어 없어져 버린다. 그래서 추리를 해보면, LB가 신경변성을 유도하는 직접 원인이 되고 있던가, 신경세포가 이상단백질에 의한 세포사를 피하기 위하여 형성한 것이던가, 이들 2 가지의 추리(가설)이 본연구의 큰 쟁점이 되고 있다(그림2를 참고). LB는 *α-synuclein*이 주요구성성분이라고 여겨지고 있는데, 그 외 파킨슨병의 원인유전자 Parkin, UCH-L1이나 단백질의 대사·품질관리에 중요한 ubiquitin, proteasome, 분자샤페론 등이 포함되고 있다. 사진은 LB를 포함하는 신경세포를 항 *α-synuclein*항체로 염색한 像이다(Okayama대학 村上哲明박사·Tokai林幹夫 박사 촬영).

되어 주목받게 되었다. *α-synuclein*은 응집성이 높고, *in vitro*에서 고도로 섬유화(fibrillization)할 수 있다. 이와같은 단백질의 특성때문에 응집체자체가 LB로 되며, 신경세포에 부하를 거는 게 아닌가라는 가설이 제창되었다[12]. 한편 섬유(fibril)화로 이행하는 과정에서 생기는 중간체(protofibril)가 신경독성의 본태라는 생각도 있다[3]. 이것은 알츠하이머병의 신경변성의 원인이라고 생각되고 있는 Aβ peptide가 oligomer의 상태에서 훨씬 독성을 가진 것은 아닌가라는 생각에 유사하다. Lansbury 등은 *α-synuclein*이 *in vitro*에서 섬유로 되는 것을 억제하는 화합물을 검색한 결과, catecholamine 골격을 가지는 화합물류가 그의 응집을 저해하는 것을 밝혔다[4]. 도파민은 catecholamine류에 포함되며, 중추흑질에서는 도파민이 *α-synuclein*과 산화화합물 DA-α-SYN을 형성하며, 섬유화를 억제하는 것과 함께, 보다 독성이 강한 protofibril의 반감기를 길게 한다고 한다. 이 가설은 도파민신경의 선택적인 세포사를 도파민의 관여로 설명하고 있어서 주목받고 있다. 또한 다른 가설로서 가용성의 *α-synuclein*자신이 세포독성을 가진다는 주장도 있어서, 아직 정해지지 않은 상태이다(**그림2**).

이들 가설을 마땅히 입증해야 하고, 야생형 혹은 변이형 *α-synuclein*을 과잉발현시킨 파킨슨병 모델동물의 제조가 여러 연구실에서 시도되고 있다. 현재 mouse, rat의 모델에서는 파킨슨병에서 보이는 듯한 도파민신경의 변성缺落은 재현되고 있지 않다. 그러나 LB와 같지는 않는, 신경세포내에 봉입체가 관찰되며, 도파민신경의 지능저하나 운동기능의 장해가 보고되고 있다[1]. 한편 게놈에 *α-synuclein*의 상동분자를 가지지 않는 초파리에서는 나이가 들면서 LB봉입체 및 도파민신경의 변성, 운동기능의 장애가 재현되고 있다[2]. 그런데 초파리에서는 분자샤페론 Hsp70을 과잉으로 발현함에 따라 봉입체의 형성을 저해하지 않고 *α-synuclein*의 독성을 중화하는 것이 제시되었다[5]. 이 관찰은 protofibril이 신경세포에 상해를 준다는 가설을 뒷받침하고 있다.

2. Parkin은 ubiquitin ligase이다

젊은 층에서 발병하는 열성유전성 파킨슨병*1(autosomal recessive juvenile parkinsonism:AR-JP)의 원인유전자로서 *parkin*이 positional cloning에 의해 동정되었다[6]. *parkin*의 변이는 전 세계에서 보고되고 있고, 전체길이를 통하여 다양한 변이가 발견되고 있다.

유전성 파킨슨병에 있어서 *parkin*이 원인으로 되는 경우는 비교적 많고, 젊은 층에서 발증하는 파킨슨병에 있어서는 약 반수를 점한다고 한다. 거의 대부분의 경우, 젊은 층(40세미만)에서 발병하는 점에서 이 유전자산물의 도파민신경의 생존에 있어서의 중요성을

*1 병리학적으로 LB가 보이던가 보이지 않던가에 상관없이 수족의 떨림, 筋固縮이라는 파킨슨병의 임상증상을 나타내는 상태를 parkinsonism이라고 한다. LB가 형성되지 않는 AR-JP는 parkinsonism으로 분류되지만, 간단하게 하기 위해서 여기에서는 구별않고 파킨슨병이라고 표기한다.

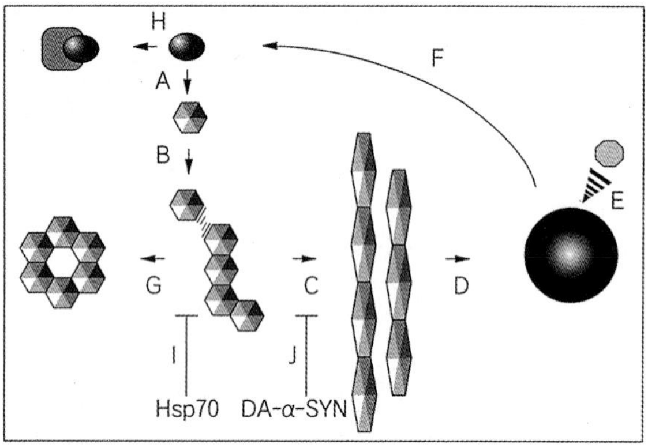

그림2. α -*synuclein*에 의해 야기되는 LB형성과 신경변성의 작업가설

A : α -*synuclein*의 구조의 변화. 유전적 변이에 의한 단백질의 성질의 변화. 산화스트레스에 의한 nitro화, 기작불명의 인산화 등이 그 원인이라고 생각되고 있다.
B : 구조변화한 α -*synuclein*이 응집하기 시작한다(protofibril).
C : protofibril은 구조적으로 안정한 섬유(fibril)로 변화한다.
D : 이윽고 축적한 섬유가 LB로 된다.
E : LB에는 단백질분해에 관여하는 단백질(ubiquitin, proteasome, Parkin 등), 분자샤페론 등이 흡착하고, 세포의 단백질품질관리능력이 서서히 저하한다.
F : 단백질품질관리능력의 저하는 이상단백질의 축적을 허용하고, A~F의 악순환에 들어간다.
G : protofibril의 일부는 다시 구조변화하고, 통로모양의 구조물로 될 수 있음이 원자간력현미경으로 보였다. 이 통로모양의 구조물은 세포의 여러 가지 막구조에 구멍을 뚫어 상해한 것이라고 추측되고 있다.
H : 분해를 받지 않고 양적으로 증가한 가용성의 α -*synuclein*이 세포내 신호전달인자와 결합하여, 신호를 조절함으로써 세포사를 유도한다.
A~F가 대부분의 연구자에 의해 지지되고 있는 가설이다. 단지 protofibril과 LB의 어느 쪽이 신경변성을 유도하는 직접인자인가라는 점에서 양분된다.
I : α -*synuclein* transgenic Drosophila의 연구에 의해서, Hsp70이 α -*synuclein*병리에 유효하다고 알려졌다. Hsp70은 봉입체의 형성은 억제하지 않기 때문에 protofibril을 어떤 모양으로 무독화하고 있다고 생각된다.
J : 도파민(DA)은 산화하여 α -*synuclein*에 부가하는 것이 *in vitro*에서 관찰되었다. 이 화합물 DA-α -SYN은 α -*synuclein*의 섬유화를 억제하며, 결과적으로 proptofibril의 축적을 초래한다고 한다. 이와 같이 DA가 이상단백질형성과정에서 관여한다는 의견도 적지 않다. 도파민신경의 선택적 변성을 잘 설명한다.

알 수 있지만, LB가 보이는 것은 극히 드물다.

*parkin*의 유전자산물은 세포내 단백질의 분해에 관계하는 ubiquitin-proteasome경로에서 작동하는 ubiquitin ligase의 활성을 가진다. 파킨슨병에서 보고된 어느 변이체는 그의 반수이상이 C말단측의 ubiquitin ligase 영역에 어떠한 영향을 미치고 있다고 여겨지고 있다[7, 8]. 한편 N말단측의 ubiquitin류 영역에 아미노산치환형변이를 가지는 변이체도 1종류 발견되어있다. 그러므로 Parkin이 ubiquitin ligase로서 본래 분해해야할 기질단백질을 도파민신경세포내에서 축적하는 것이 신경변성의 원인이라고 여겨지고 있다.

Parkin이 ubiquitin화하는 기질로서는 CDCrel-I, Pael수용체(Pael-R), *O*결합형당쇄수식을 받은 α -*synuclein* 등이 보고되어 있다[10]. CDRel-I은 synapse에서의 신경전달물질의 분비를 제어하는 것이 시사되고 있어, CDRel-I의 분해에 이상을 초래한다면, synapse의 기능의 不全을 일으킨다고 생각된다[8]. 기능불명의 당쇄수식받은 α -*synuclein*은 AR-JP에 있어서 축적된다고 보고되고 있다.

Pael-R은 도파민신경에 풍부하게 발현하고 있는 기능미지의 수용체이지만, 배양세포에서 과잉 발현시키면 세포질에 봉입체를 형성하여 세포는 죽는다[11]. Pael-R은 아주 폴딩이 곤란한 단백질이고, 대부분이 소포체관련분해(ERAD)로 분해되는, 그리고 ERAD의 처리능력을 넘는 발현양이 unfolded protein response(UPR)을 불러일으키기 때문이라고 생각된다. Pael-R을 초파리의 뇌신경전체에 발현시키면, 나이가 듦과 함께 도파민신경만이 선택적으로 변성결합하며, Parkin을 knockdown시키면 한층 그 증상이 악화한다[12]. 도파민신경만이 왜 Pael-R의 과잉발현에 대해서 취약한지는 아직 수수께끼이며, 앞으로 포유동물수준에서 해석되어야 할 필요가 있다.

AR-JP는 열성유전이므로 Parkin의 knockout mouse는 AR-JP의 모델로 될 것으로 기대된다. 아주 최근 Parkin의 knockout mouse의 보고가 있었다[13]. 도파민신경세포의 변성은 전혀 보이지 않고, 그러나 행동에 약간 영향이 보였다(활성양의 저하, 기억의 장해). 또한 흥미롭게도 도파민과 그의 대사산물의 축적의 경향이 대뇌 변연계(邊緣系)에 있어서 보였다. 더구나 세포막 도파민 transporter, 소포막 monoamine transporter(어느 쪽도 도파민의 신경세포로의 흡수에 관계한다)의 발현의 저하가 線條體에 있어서 보이는 점으로 봐서 시냅스 소포에서 도파민의 開口放出이 장해된다고 추측된다. 이러한 관점에서 시냅스 開口를 억제한다고 하는 CDCrel-I가 Parkin에 의해서 제어되고 있는 게 아닌가 하는 문제는 해명되어야 한다.

3. ubiquitin chain을 절단하는 효소 : UCH-L1

독일의 작은 一家系에서 uch-II의 아미노산치환형의 점변이(I93M)가 발견되었다[14]. 우성유전하지만 발병을 하지 않는 경우도 있기 때문에, 파킨슨병 발병의 위험인자로 되는 유전자 多型의 가능성도 있다. I93M변이체는 脫ubiquitin화효소(ubiquitin chain의 말단의 ubiquitin을 절단하여 ubiquitin의 재생을 하는 효소)로서의 활성을 50%정도 유지하고 있고, 생체내에서는 고작 25%정도 활성이 저하한다고 어림잡고 있다. 마우스에서는 uch-II결손의 계통(*gad* mouse)이 발견되어 있지만, 파킨슨병와는 다른 신경변성질환(역행성 신경축색변성)을 일으킨다[15]. 이런 점으로 봐서 탈ubiquitin화 효소로서의 활성의 저하가 파킨슨병의 원인일 가능성은 낮다.

III. 신경독에 의한 파킨슨병 모델연구

파킨슨병의 모델로서 옛부터 연구되어 온 것은 신경독이다. 특히 도파민신경에 선택적으로 흡수되어 미토콘드리아 호흡쇄의 complex I 활성을 억눌러서 독성을 발휘한다고 하는 1-methyl-4-pyridium(MPP^+) 및 그의 전구체인 N-methyl-4-phenyl-1,2,3,6-tetrahydro pyridine(MPTP)은 파킨슨병에 아주 닮은 도파민신경변성을 나타낸다[16]. 또한 死後의 파킨슨病腦에서 발견되고 있는 6-hydroxy dopamine(6-OHDA)은 도파민이 산화하여 생겼다고 여겨지는 신경독이다. 이들의 신경독에 의한 급성의 도파민변성 동물모델이 만들어지고 있는데, 변성을 받은 신경에 LB모양 봉입체는 생기지 않는다.

한편 complex I의 선택적 저해제인 rotenone을 다량으로 rat에 투여하면, 파킨슨병모양 증상을 나타내며, Lewvy 소체모양의 봉입체를 수반하는 흑질 도파민신경의 변성이 일어난다고 보고되어있다[17]. 이와같이 신경독을 사용한 파킨슨병 모델동물은 [미토콘드리아호흡쇄의 장해에 의한 산화스트레스]라는 key word에 연결되어 있어서, 흑질에 풍부하게 포함되어있는 철분이 free radical의 생성을 조장한다는 보고가 한층 그것을 지지한다[18]. 그러나 MPP^+나 rotenone 같은 물질이 환경요인이 되어 존재하고, 孤發性 파킨슨병을 불러일으키고 있는지에 대해서는 모른다.

이와 같은 신경독으로 재현시키는 도파민신경세포사에, 유전성 파킨슨병의 연구로부터 病因가설로서 제창되어 있는 단백질분해경로의 장해가 관여하고 있는지 어떤지는 모른다. 그러나 이런 가운데, MPP^+나 6-OHDA로 처리한 배양세포에 있어서 UPR이 일어난다고 최근 보고되었다[19, 20]. 이 발견을 기점으로 한 한층 더한 연구의 진전이 양방면의 연구의 간극을 메

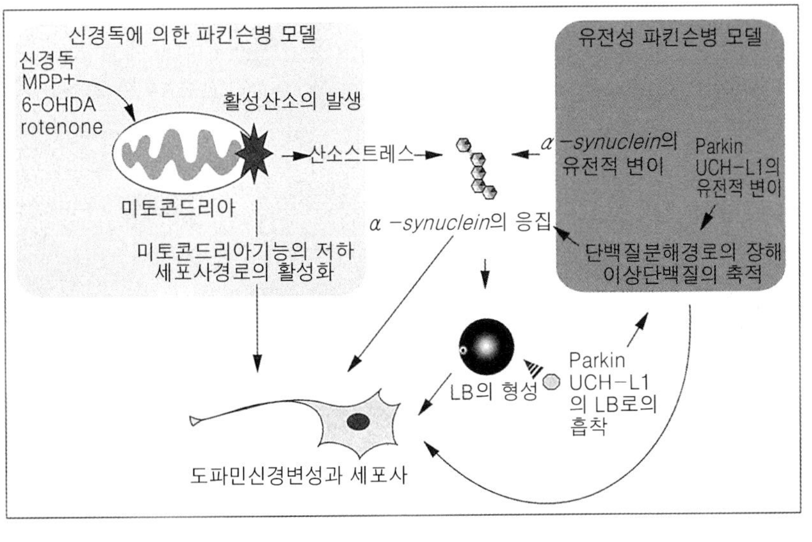

그림3. 유전성 파킨슨병과 신경독 모델의 연구성과로부터 생각되는 통일가설
신경독에 의한 파킨슨병 모델에 사용되는 독물에는 살충, 살서제에 포함되는 주변에 있는 약제도 포함되며, 孤發性 파킨슨병의 모델로서 연구되어왔다. 그러나 이와같은 신경독이 실제로 孤發性 파킨슨병 발증의 한 요인이 되고 있는지는 아직 모른다. 신경독모델로 주목되는 [미토콘드리아장해에 의한 산화스트레스]는 이상단백질이 생성의 한 요인이 되며, 유전성 파킨슨병 연구에서 고려되고 있는 [이상단백질에 의한 신경변성]가설과 융합되고 있다.

우는 것은 아닌가하고 기대된다(**그림3**).

●끝내기

유전성 파킨슨병의 연구성과로부터 파킨슨병이 이상단백질과 그의 분해경로의 파탄에 의해서 일어날 가능성이 크게 부각되어왔다. 파킨슨병 병리의 일대특징인 LB는 섬유화한 *α - synuclein*의 외에 유전성 파킨슨병의 원인유전자산물 Parkin이나 UCH-L1도 내포하고 있다. 이들은 어느 것도 ubiquitin-proteasome경로에 관여할 효소이다. 이 관찰은 Parkin, UCH-L1의 기능손실과 LB형성이 단백질품질관리기구의 장해에 의해 그려진 파킨슨병의 발증기구의 퍼즐의 일부일 가능성을 강하게 시사하고 있다. 각각의 연구의 진전에 따라 어떻게 퍼즐의 한쪽 한쪽이 메꾸어져 갈지 앞으로의 전개가 기대된다.

Q 폴딩병에 있어서 응집체의 형성과 그의 독성을 고려하는 경우, 문제 단백질의 통상 세포내국재와 응집체의 국재에 관련이 있는가? 이를테면 *α - synuclein*에 대해서는 어떤가?

A 단백질이 응집체로 될 요소로서는 세포내국재보다 오히려 단백질 그 자체의 생화학적 성질에 의한 경우가 크다고 여겨진다. 이를테면 막단백질이나 소수성의 영역을 노출하기 쉬운 단백질은 세포내의 단백질품질관리기구가 정상으로 기능하기 않게 된 경우, 쉽게 응집체를 만든다고 생각된다. 또한 세포내에 있어서 존재양도 중요하다. 훨씬 풍부하게 존재하는, 혹은 어떤 계기로 양이 증가하는 단백질의 편이 고밀도로 되기 쉽고, 응집체를 만들기 쉽다고 말할 수 있다. 국소적이라도 고밀도로 될 기회가 많은 단백질도 응집체를 만들기 쉽다고 생각된다. 그러한 의미로 생각하면 세포질에 있는 단백질보다 막계에 국재하고 있는 단백질의 편이 국소적으로 고밀도로 되기 쉬워서 응집체를 만들기 쉽다고 말할 수 있을 지도 모르겠다.

파킨슨병의 병변부위의 봉입체(LB)의 주요구성성분이라고 여겨지는 *α -synuclein*은 natively unfolded protein이라고 말해지고 있다. 즉 원래부터 일정구조를 유지하고 있지 않다는 의미이다. *α - synuclein* 자신은 *in vitro*에서는 아주 가용성인 단백질이지만, 지질·지방산과 고친화성이어서 이들의 존재하에서 응집하는 것이라고 여겨지고 있다.

최근 새로운 파킨슨병의 유전자변이가 동정되었다. 그의 변이는 *α -synuclein*의 어느 염색체영역이 triplication을 일으킨다는 의미이었다. 그 결과 *α - synuclein*이 건강인의 2배있는 것으로 되어, 실제로 mRNA와 단백질수준에서 2배정도 발현이 증가하고 있음이 시사되고 있다. 이 변이에 의한 파킨슨병은 다량의 LB형성이 보고되고 있다. 이 예와 같이 단백질의 발현양-세포내에서의 농도-의 증가도 응집체형성에 중요함을 알게 되었다.

Q LB는 꽤 큰 봉입체로 보이지만, *in vivo*, 세포에서 LB는 어느 정도 발현되는가? 그 때 LB의 크기나 수와 새포장해성이 관계는 관찰되어 있는가?

A LB를 실험적으로 재현하려는 시도는 몇 차례 이뤄지고 있다. *in vivo*에서는 야생형 혹은 파킨슨병型 변이 *α -synuclein*을 과잉으로 발현시킨 모델동물에 있어서 봉입체를 관찰하고 있지만, LB와 동등의 섬유질을 주체로 한 구조를 가진 것은 재현할 수 없었다. rotenone을 투여한 모델동물에서는 Lewvy소체모양의 봉입체를 만들 수 있는 것으로 주목받고 있는데, 미토콘드리아 전자전달계의 complex I의 저해제인 rotenone이 어떻게 작용하여 이 봉입체를 만들었는지 아직 해명되지 않았다.

세포를 사용한 실험에서는, proteasome의 활성을 그의 저해제로 억제할 때 생기는 aggresome 등의 봉입체로 LB의 성질을 연구하려고 시도되고 있다. 그러나 LB의 구조를 재현하기까지에 이르지 못하였다. 그 때문에 이 연구에서 얻어진 결과가 LB의 성질을 반영하고 있는가라는 의문은 항상 붙어 다니다.

파킨슨병의 LB의 크기는 어느 것도 직경 10-20 μm정도이다. 물론 LB의 수가 많은 만큼 중증인 경우가 많은 듯하지만, 그 점에서 LB가 신경세포상해를 불러일으키고 있다고 여겨지는 것은 약간 단편적이다. LB는 살아남은 신경세포에 존재하기 때문에 신경세포에 있어서 보호적인 역할을 가지고 있다는 주장도 있다(본문 참조).

한편 세포를 사용한 실험에서는 인공적으로 만들어진 봉입체가 proteasome의 활성을 낮추기도 하고, 세포가 생존하는데 중요한 단백질을 흡착하기도

하여, 그의 기능을 저해하는 것이 시사되고 있다.

이처럼 LB가 신경변성에 어떠한 영향을 가지는 가라는 명제는 파킨슨병 연구자의 사이에서 확실히 쟁점으로 되고 있다.

문헌

1) Masliah, E. *et al.* : *Science*, **287**, 1265-1269(2000)
2) Feany, M. B., Bender, W. W. : *Nature*, **404**, 394-398(2000)
3) Goldberg, M. S., Lansbury, P. T. : *Nat. Cell. Biol.*, **2**, E115-119(2000)
4) Conway, K. A. *et al.* : *Science*, **294**, 1346-1349(2001)
5) Auluck, P. K. *et al.* : *Science*, **295**, 865-868(2002)
6) Kitada, T. *et al.* : *Nature*, **392**, 605-608(1998)
7) Shimura, H. *et al.* : *Nat. Genet.*, **25**, 302-305(2000)
8) Zhang, Y. *et al.* : *Proc. Natl. Acad. Sci. USA*, **97**, 13354-13359(2000)
9) Sakata, E. *et al.* : *EMBO Rep.*, **4**, 301-306(2003)
10) Feany, M. B., Pallanck, L. J. : *Neuron*, **38**, 13-16(2003)
11) Imai, Y. *et al.* : *Cell*, **105**, 891-902.(2001)
12) Yang, Y. *et al.* : *Neuron*, **37**, 911-924(2003)
13) Itier, J.-M. *et al.* : *Hum. Mol. Genet.*, **12**, 2277-2291(2003)
14) Leroy, E. *et al.* : *Nature*, **395**, 451-452(1998)
15) Saigoh, K. *et al.* : *Nat. Genet.*, **23**, 47-51(1999)
16) Langston, J. W. *et al.* : *Science*, **219**, 979-980(1983)
17) Betarbet, R. *et al.* : *Nat. Neurosci.*, **3**, 1301-1306(2000)
18) Kaur, D. *et al.* : *Neuron*, **37**, 899-909(2003)
19) Holtz, W. A., O'Malley, K. L. : *J. Biol. Chem.*, **278**, 19367-19377(2003)
20) Ryu, E. J. *et al.* : *J. Neurosci.*, **22**, 10690-10698(2002)

폴리글루타민병에 있어서 창약표적

Hori Seiji(堀 清次)·Kakizuka Akira(垣塚 彰)

폴리글루타민병에 대한 치료전략으로서 응집체형성을 직접약물로 억제하는 방법이나 전사수준에서의 조절에 치료효과를 기대하는 방법이 잘 연구되어있다. 그러나 세포내의 변성단백질의 움직임에 주목한 방법도 유효한 창약표적을 제공할 수 있다. 필자들은 폴리글루타민병의 원인단백질과 유전적·생화학적으로 상호작용하는 단백질로서 VCP/p97을 동정하고, 더욱이 이들이 ERAD라는 또하나의 변성단백질의 세계를 조절하고 있다는 것을 발견하게 되었다. VCP/p97의 활성조절기구를 밝히기 위하여 새로운 신경변성질환의 창약표적을 제공할 수 있을 것이다.

key Words 폴리글루타민 VCP/p97 ERAD 신경변성질환

●서론

폴리타민병 원인유전자의 동정은 우성으로 유전하는 이유나 표현축진현상의 메커니즘 등 많은 생물학적 현상을 밝히게 되었지만[1-3], 유전병의 진단과 정신적인 근심의 문제로 보였듯이 사회적으로 큰 충격을 주었다[4]. 그러나 치료법의 개발은 아직 앞으로의 진전에 기대하고 있다.

유효한 치료법의 개발을 위해선 응집체를 형성하는 단백질이 그의 일생에 있어서 세포에게 주는 효과를 이해하는 것이 큰 도움이 될 것이다. 필자들은 폴리글루타민과 생화학적·유전학적으로 상호작용하는 인자로서 VCP/p97을 동정했는데, 여기에서는 이 분자가 폴리글루타민병을 포함하는 신경변성질환의 치료표적으로서 유효할 가능성을 기술해본다.

I. 폴리글루타민병이 원인요법

유전자치료가 가능하게 되어도 폴리글루타민병과 같이 기능획득성(gene of function)의 우성변이에서는 유전자의 보충용법을 적용할 수 없고, 어떠한 기술적 비약이 필요하게 된다. 최근 RNA간섭법(RNAi)을 사용한 실험에서 우성유전병의 원인요법에 관한 특이한 시도가 보고되었다. 원인유전자좌(MJD/SCA3)에 伸長한 폴리글루타민을 가진 듯한 대립유전자에 특이적인 SNP(single nucleotide polymorphism)를 표적으로 하고, 신장한 폴리글루타민을 가진 원인유전자의 발현을 특이적으로 RNA간섭법으로 억제한다는 배양세포의 실험이다[5]. RNA 간섭법자체는 이미 마우스의 in vivo에서 말초조직을 표적으로 한 시도도 성공하기 시작하고 있어서, 다음의 과제는 중추신경계로의 이행이 가능한 RNA간섭법의 개발일 것이다.

II. 폴리글루타민병 약물요법의 연구

간(幹)세포요법 등 최선단의 의료기술이 진행해도 설비 및 기술의 보급의 문제나 비용對효과의 점으로 봐서 개발이 바람직한 치료법의 주류는 여전히 약물요법이며 계속할 것이다. 이하에 이제까지 보고된 폴리글루타민병의 약물요법의 시도를 개관한다.

1. 항암약의 전용

전사활성인자의 중에는 글루타민이 풍부한 배열

Seiji Hori, Akira Kakizuka, 京都大学 生命科学研究科 E-mail : shori@lif.kyoto-u.ac.jp
Therapeutic targets in polyglutamine diseases

을 가진 것이 있고, 또한 폴리글루타민 응집체에게 전사인자를 끌어들여서 전사의 억제가 일어난다고 알려져 있다[6, 7]. 이러한 정보로부터 Bates 등은 항암약으로서 사용되는 전사활성화약(histone deacetylase 저해제) suberoyl anilide hydroxisamic acid(SAHA)를 폴리글루타민병의 치료에 적용하는, 前임상단계의 시도를 보고하고 있다. 유감스럽게도 이 항암약의 만성독성은 강하고, 모델마우스에 유효한 용량으로는 야생형 마우스에서도 의미있는 체중감소가 일어났다[8]. 다른 항암약으로는, Hsp90의 저해제 geldanamycin이 Hsp40, Hsp70의 발현유도를 통해서 배양세포에서 폴리글루타민의 응집체형성을 억제한다는 연구가 있다[9].

이미 의약품으로서 개발된 화합물을 그대로 치료약으로서 사용하고자 하는 생각은 매력적이지만, 상당한 저독성이 아니면 항암약의 장기투여는 어렵고, 신경변성질환의 치료약으로서의 유용성은 낮을 것이다.

2. 폴리글루타민 응집을 저해하는 화합물

주지하듯이 응집한 $A\beta_{42}$를 사용한 알츠하이머병 면역요법의 임상치료가 이뤄졌고, 중증인 염증을 수반하는 부작용에 의해 치료는 정지되었지만, 인지능력의 유지자체에는 유효했다고 보고되었다[10]. 알츠하이머병 모델마우스를 사용한 실험에서는 응집한 amyloid peptide에 대한 수동면역이나 능동면역을 사용한 방법은 함께 유효성이 인정되고 있는데, 폴리글루타민병에 있어서도 신장한 폴리글루타민에 특이적인 항체1C2가 응집을 억제할 수 있음이 *in vitro* 연구에서 밝혀졌다[11]. 또한 폴리글루타민에 결합하여 응집억제효과를 나타내는 peptide가 제작되어, 초파리의 폴리글루타민병 모델에서 그 유효성을 나타냈다[12, 13]. 이 계에서는 응집체형성을 결합펩타이드의 改?에 의해서 조절할 수 있게 되어, 폴리글루타민독성의 메커니즘의 이해에도 공헌할 것으로 기대된다.

약물요법의 본류인 저분자화합물로는 Congo red에 폴리글루타민의 응집억제효과가 있고[11], Huntington병의 모델마우스에서도 유효하다고 보고되었다[14]. Congo red는 amyloid 班을 염색하는 물질로서 옛부터 사용되어 왔는데, 보다 세포투과성이 높은

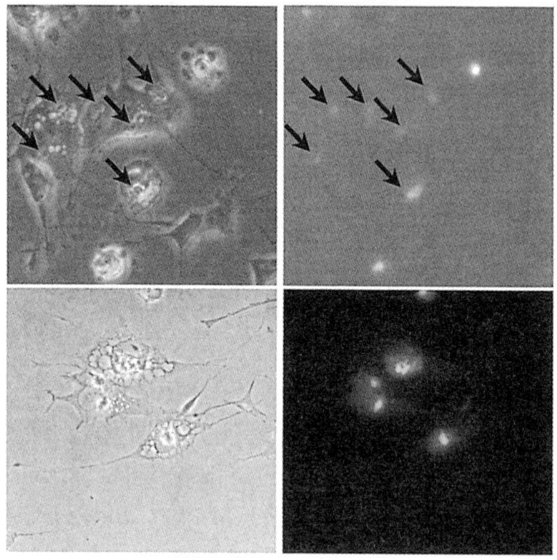

그림1. 폴리글루타민 발현세포에서 응집체를 BSB로 염색한 그림

tetracycline제거로 폴리글루타민의 발현이 유도되는 PC12세포를 이용하여 폴리글루타민 발현유도한 2일후에, 생세포인 채 (상단2매) 혹은 고정하여 계면활성제처리후(하단2매) 10μg/mL BSB로 처리하여, 위상차(좌2매) 혹은 형광현미경(우2매)로 관찰했다. 상단의 화살표는 폴리글루타민의 응집체를 나타낸다. 생세포도 고정한 세포도 空胞생성이 일어나는 점에 주의하라.

類緣體의 chrysamine G는 폴리글루타민 응집억제효과를 나타낸다[11]. Congo red 유도체의 가운데서도 (*trans*, *trans*)-1-bromo-2,5-bis-(3-hydroxycarbonyl-4-hydoroxy)styrylbenzene (BSB)은 우수한 세포투과성을 나타내며, 뇌혈관관문을 투과하기 때문에, amyloid班의 *in vivo* imaging에 사용된다[15]. 이 화합물은 생세포내의 폴리글루타민 응집체를 염색하는 것도 할 수있다(**그림1**). 그러나 필자들이 시도해 본 바로는 이 화합물에 폴리글루타민의 응집억제효과는 없고, 형성된 응집체에 결합하는 활성과 응집체형성을 억제하는 효과는 반드시 일치하지 않는다.

Wanker 등은 정제 폴리글루타민 단백질의 응집억제 활성을 지표로 184,000 화합물을 스크린을 했다. 근위축성 측삭경화증(ALS) 치료약으로서 인가되고 있는 riluzole의 유연체 등 200이상의 화합물을 동정했다[16]. 그들의 보고에서는 응집억제활성이 강한 화합물은 어느 것이나 세포독성이 강한데, 이것은 응집

체생성의 생리적 측면까지 저해해 버릴 가능성이 있다. 이를테면 樹狀세포에서는 생리적으로 응집체를 형성하는 현상이 알려져 있다[17]. 폴리글루타민 응집체의 병리적 측면을 취급하는 데는 응집체의 측만이 아니라 거기에 응답하는 세포 측으로부터의 시점의 도입이 유효할 것이다.

III. 다른 접근에 의한 창약표적의 추출

1. VCP/p97의 동정

필자들은 Machado-Joseph disease의 원인유전자산물인 MJD와 생화학적으로 상호작용하는 단백질의 연구와 초파리를 사용하여 유전적으로 폴리글루타민의 독성발현에 관여하는 인자의 연구를 병행하고, 이들 두 방면의 연구는 운좋게도 같은 단백질 VCP/p97의 동정으로서 결실했다[18, 19]. VCP/p97은 6량체구조를 가지는 AAA family에 속하는 ATPase이고, 각 subunit 는 2가지의 ATPase 도메인을 가진다. N말단측에는 비교적 flexible domain이 존재하며, 이 영역에서 MJD의 폴리글루타민영역과 상호작용한다. 폴리글루타민병을 포함하는 신경변성질환의 연구에 있어서 이 분자는 몇 가지의 특이한 점을 가진다.

첫째로 폴리글로타민병 뿐만 아니라 Parkinson병 등, 다른 신경변성질환에서 보이는 이상단백질과 밀접하게 관계하고 있는 점이 환자뇌조직절편이 염색 등에 의해 밝혀지게 되었다[19, 20]. 이 정보는 VCP/p97이 폴리글루타민병 뿐만 아니라 이상단백질의 축적이 보이는 이외의 질환에 있어서도 창약표적으로 될 수 있음을 가리키고 있다.

둘째로 세포내막계의 동태에 직접 관계되고 있는 점이다. VCP/p97의 연구는 주로 소포체나 골지체막의 재구성이라는 세포생물학적인 관점에서 연구가 진행되어왔다. 필자들의 실험에서는 VCP/p97의 ATPase활성 결실변이체의 발현에서 세포내에 과잉 空胞생성이 보였으며, 같은 空胞생성은 배양세포에서 폴리글루타민발현에서도 일어난다[19]. 여기에서 보이는 空胞생성은 소포체(ER)의 이상팽대가 주인 점을 알게 되었는데, 세포내막계의 기능이 파탄하고 있는, 이해하기 어려운 예이다.

셋째로 변성단백질의 분해기구와 밀접하게 관련하고 있는 점이다. 최근 필자들의 그룹를 포함하는 다수의 연구그룹이 이 단백질은 소포체에서 생성한 변성단백질을 cytosol에서 분해하는 ERAD(endoplasmic reticulum associated degradation)의 과정에 중요한 역할을 담당하고 있음을 발견했다[21, 22]. ERAD의 설명은 다른 원고(제III부)를 참조하고, ATPase 활성을 잃은 VCP/p97의 변이체를 발현시키기도 하고, RNA간섭법으로 VCP/p97의 발현을 저하시키면 ubiquitin화된 단백질이 막획분에 축적한다(**그림2우**).

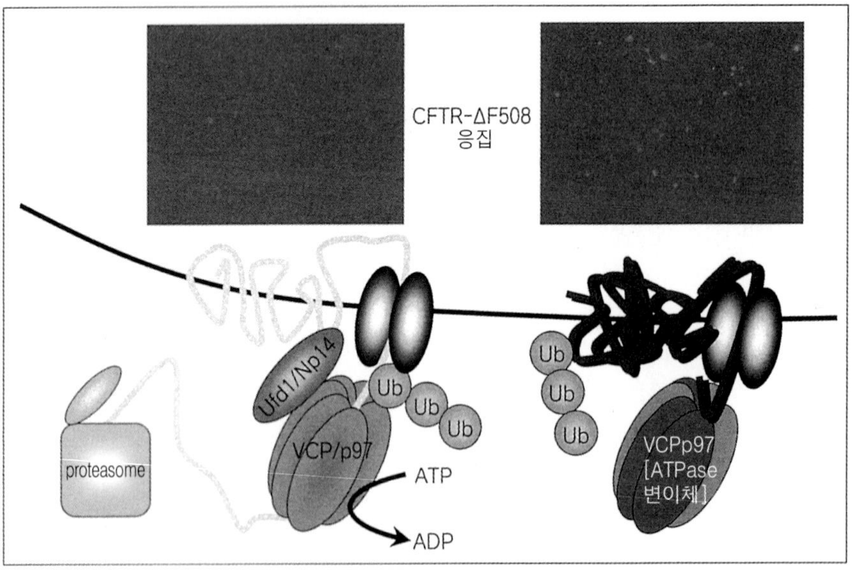

그림2. ER에서 생성한 변성단백질을, VCP를 포함하는 분자장치가 분해하는 모양을 나타낸 모식도

ATPase활성을 결핍한 변이체가 존재하면(우), 이렇게 한 단백질을 ER에서 꺼낼 수 없기 때문에 CFTR-△F508과 GFP의 융합단백질을 동시에 발현시키면 응집체형성이 촉진됨을 알았다.

흥미로운 점은 이와 같이 VCP/p97이 관여한 ERAD로 분해되는 단백질 중에는 유전적낭포(囊胞)성 섬유증의 원인유전자산물 CFTR-△F508 등이 있다[22]. 이 유전자산물에서는 1아미노산의 결실에 의해서 폴딩이상이 일어나고, 세포표면에 보내는 성숙단백질의 발현이 억제되어 전해질수송의 이상이 일어난다. 변이유전자산물에서 보이는 현상은 야생형 유전자산물이 특수환경아래에서 일어나기 쉬운 현상이라는 법칙이 성립된다면, 막단백질의 세포표면발현이 스트레스로 영향을 받을 때 VCP/p97이 관여의 유무는 흥미롭다. 실제로 신장한 폴리글루타민을 세포에 발현시키면, 함께 발현한 CFTR-△F508의 응집은 현저하게 증대한다. 이 응집체형성촉진은 폴리글루타민에 의한 proteasome 기능저해경유[23, 24]인지 VCP/p97도 관여하고 있는지 확정하지 못하고 있다. 그러나 변성단백질의 생성이 세포기능에 영향을 미치는 분자의 생활사이클에 관계한다는 점에서 세포사에 이르기 이전의 세포기능저하를 설명할 수 있는 기구이라고 말할 수 있다.

2. 번역후 수식에 의한 기능조절

VCP/p97의 특징의 하나로 인산화 등의 번역후 수식을 많이 받고 있는 점이 있고, 빠른 단계에서 T세포의 항원자극으로 인산화되는 단백질로서 동정되어 있다[25]. 필자들도 mass spectrometry에 의한 해석으로 몇 가지 번역후 수식을 독자적으로 동정하고 있으며, 몇 가지는 세포의 병리적 변화와 상관하고 있을 가능성이 있다. VCP/p97의 다면적 작용을 고려하면, 상황에 따라서 활성의 장을 교체하는 분자스위치의 존재가 필요하며, 그의 실체가 단백질의 번역후 수식이라는 형태로 밝혀지고 있다.

●끝맺음

폴리글루타민병이라는 드문 유전병의 연구로부터 시작하여 동정된 분자가 세포의 기본적인 과정에 중요한 분자임을 알게 된 데에 기묘한 인상을 가질 독자도 있을 지도 모르겠다. 그러나 응집체형성의 전단계로 되는 분자동지의 회합과 해리는 단백질이 세포내에서 기능하기 위한 극히 기본적인 성질이다. 신장한 폴리글루타민사슬에는 β-sheet구조를 기본으로 하여 상호작용하는 단백질의 성질이 순수한 형으로 표현되고 있는 것은 아닐까?

필자들은 폴리글루타민이라는 변성단백질의 연구로부터 ERAD라는 또하나의 변성단백질의 세계에 도달했다. 세포가 여러 변성단백질처리계를 어떻게 조정하여 이용하고 있는 가라는 과정을 VCP/p97을 통하여 이해하게 되면, 신경변성질환의 새로운 치료약개발에 연결한다고 기대된다.

Q VCP/p97이 인산화에 의해 기능이나 국재가 변화한다는 보고는 있는지?

A VCP/p97의 인산화는 T 세포의 활성화나 세포주기·정자의 수정능획득 등과 아주 상관하고 있는데, 이들 현상이 인산화에 의존하고 있다는 증명은 없다. 출아효모의 VCP/p97 homolog Cdc48은 세포주기의존적으로 C말단에서 tyrosine 인산화를 받고, 핵이행한다고 보고되어 있다.

Q VCP/p97은 p47이나 Ufd1/Np14 등 다른 adaptor단백질과 회합하여 특이적 기능에 관여한다고 하는데, 폴리글루타민과의 상호작용에 있어서는 어떤가?

A 직접 폴리글루타민과 결합하는 VCP/p97은 극히 일부인데, 기질단백질이 polyubiquitin화를 받고 있는 경우는 Ufd1/Np14와의 복합체가 결합에 관여한다고 생각된다.

문헌

1) Kakizuka, A. : *Trends Genet.*, 14, 396-402 (1998)
2) Bates, G. : *Lancet.*, 361, 1642-1644 (2003)
3) Driscoll, M., Gerstbrein, B. : *Nat. Rev. Genet.*, 4, 181-194 (2003)
4) Wexler, A. : "Mapping Fate: A Memoir of Family, Risk, and Genetic Research", University of California Press (1996)
5) Miller, V. M., Xia, H., Marrs, G. L., Gouvion, C. M., Lee, G. *et al.* : *Proc. Natl. Acad. Sci. USA.*, 100, 7195-7200 (2003)
6) Shimohata, T., Nakajima, T., Yamada, M., Uchida, C., Onodera, O. *et al.* : *Nat. Genet.*, 26, 29-36 (2000)
7) Sugars, K. L., Rubinsztein, D. C. : *Trends Genet.*, 19, 233-238 (2003)
8) Hockly, E., Richon, V. M., Woodman, B., Smith, D. L., Zhou, X. *et al.* : *Proc. Natl. Acad. Sci. USA*, 100, 2041-2046 (2003)
9) Sittler.A., Lurz. R., Lueder, G., Priller. J., Lehrach. H. *et al.* : *Hum. Mol. Genet.*, 10, 1307-1315 (2001)
10) Hock, C., Konietzko, U., Streffer, J. R., Tracy, J., Signorell,

A. *et al.* : *Neuron*, **38**, 547-554(2003)

11) Heiser, V., Scherzinger, E., Boeddrich, A., Nordhoff, E., Lurz, R. *et al.* : *Proc. Natl. Acad. Sci. USA*, **97**, 6739-6744 (2000)

12) Kazantsev. A., Walker, H. A., Slepko, N., Bear, J. E., Preisinger, E. *et al.* : *Nat. Genet.*, **30**, 367-376(2002)

13) Nagai, Y., Fujikake, N., Ohno, K., Higashiyama, H., Popiel, H. A. *et al.* : *Hum. Mol. Genet.*, **12**, 1253-1259(2003)

14) Sanchez, I., Mahlke, C., Yuan, J. : *Nature*, **421**, 373-379 (2003)

15) Skovronsky, D. M., Zhang, B., Kung, M. P., Kung, H. F., Trojanowski, J. Q., Lee, V. M. : *Proc. Natl. Acad. Sci. USA*, **97**, 7609-7614(2000)

16) Heiser, V., Engemann, S., Brocker, W., Dunkel, I., Boeddrich, A. *et al.* : *Proc. Natl. Acad. Sci. USA*, **99**(suppl 4), 16400-16406(2002)

17) Lelouard, H., Gatti, E., Cappello, F., Gresser, O., Camosseto, V., Pierre, P. : *Nature.*, **417**, 177-182(2002)

18) Higashiyama, H., Hirose, F., Yamaguchi, M., Inoue, Y. H., Fujikake, N., Matsukage, A., Kakizuka, A. : *Cell Death Differ.*, **9**, 264-273(2002)

19) Hirabayashi, M., Inoue, K., Tanaka, K., Nakadate, K., Ohsawa, Y., Kamei, Y. *et al.* : *Cell Death Differ.*, **8**, 977-984 (2001)

20) Mizuno, Y., Hori, S., Kakizuka, A., Okamoto, K. : *Neurosci. Lett.*, **343**, 77-80(2003)

21) Ye, Y., Meyer, H. H., Rapoport, T. A. : *Nature.*, **414**, 652-656(2001)

22) Kobayashi, T., Tanaka, K., Inoue, K., Kakizuka, A. : *J. Biol. Chem.*, **277**, 47358-47365(2002)

23) Bence, N. F., Sampat, R. M., Kopito, R. R. : *Science*, **292**, 1552-1555(2001)

24) Nishitoh, H., Matsuzawa, A., Tobiume, K., Saegusa, K., Takeda, K. *et al.* : *Genes Dev.*, **16**, 1345-1355(2002)

25) Egerton, M., Ashe, O. R., Chen, D., Druker, B. J., Burgess, W. H., Samelson, L. E. : *EMBO J.*, **11**, 3533-3540(1992)

Column

폴리글루타민 응집체 형성기구

Kimura Yoko (木村洋子)

폴리글루타민병에서는, 원인유전자산물에 존재하는 신장한 폴리글루타민이 세포에 상해를 주는 원인이며, 이것은 불용성의 응집체를 형성한다[1)](Hori(堀)·Kakizuka(垣塚)의 원고참고). 폴리글루타민에 의한 세포상해는 폴리글루타민의 응집체형성과 밀접한 상관관계가 있다. 즉, 폴리글루타민의 길이가 길고(Q의 수가 많다), 또한 발현양이 많으며, 세포상해능이 강하다. 이것에 상관하여 응집체는 형성된다. 또한 효율좋게 응집체를 형성하는 긴 폴리글루타민의발현은 신경세포만이 아니라 비신경세포에 있어서도 결국은 단세포인 대장균이나 출아효모까지 세포에 어떠한 상해를 준다. 따라서 응집체를 형성하는 듯한 폴리글루타민은 세포에 나쁜 점은 밝혀졌지만, 응집체 자체가 세포상해에 관여하는 지는 확실하지 않다. 단지 현시점에서는 응집체형성을 야기시키는 듯한 구조의 변화가 폴리글루타민에 일어나는 일이 독성발휘에 연결된다는 점에서는 동의가 얻어지고 있다. 더구나 이미 구조의 변화를 일으킨 폴리글루타민은 수용성이 폴리글루타민의 구조변화를 불러일으키므로 다른 분자의 구조변화를 야기시킨다는 의미에서는 응집체는 "나쁜" 존재라고 말할 수 있다(후술).

1 폴리글루타민의 응집체는 β-sheet가 풍부한 amyloid이다

폴리글루타민의 응집체의 구조에 대해서 선구적인 연구를 한 것은 1962년에 hemoglobin의 구조해석으로 노벨화학상을 수상한 Perutz이다[2)]. 그는 1994년에 폴리글루타민의 펩타이드의 CD(circular dichroism)해석에서 응집체는 β-sheet구조를 취하며, 인접한 폴리글루타민쇄가 역평행으로 병렬하며(anti-parallel), 글루타민의 주쇄(main chain)와 인접쇄의 글루타민의 측쇄의 amide가 수소결합을 하고 있는 구조(polar zipper)를 제창했다[3)]. 그러나 최근이 되어서 폴리글루타민응집체는 폴리글루타민쇄가 평행으로 병렬한 구조나 다른 구조가 있다고 제창되고 있다[4)]. 현상으로는 여러 가지 해석에 의해서 폴리글루타민응집체는 β-sheet구조를 취한다고 일반적으로 여기고 있다.

Huntington병의 병리절편이 Congo red 등의 amyloid 염색물질에 의해 염색되며, 또한 HD exon 1 (Huntington병의 원인 유전자산물)을 발현시킨 세포의 전자현미경상에 의한 관찰로부터, 폴리글루타민함유 단백질이 섬유상의 형태를 취하는 것을 알았다[5, 6)]. 또한 recombinant HD exon 1이나 풀리글루타민 펩타이드의 응집체는 전자현미경에서 섬유상의 형태를 나타내며, amyloid 염색물질에 의해서 염색되는 점으로 봐서 폴리글루타민의 응집체는β-sheet가 풍부한 amyloid 모양의 형태를 취하는 것이 밝혀지게 되었다[6)]. 덧붙여 말하자면 알츠하이머병에 있어서 β amyloid, Parkinson병에 있어서 α synuclein, prion병에 있어서 PrP^{Sc} 등, 어느 것도 amyloid인 점이 보고되고 있다. amyloid는 정의적으로 congro red 등의 amyloid염색물질로 염색되는 섬유상의 단백질

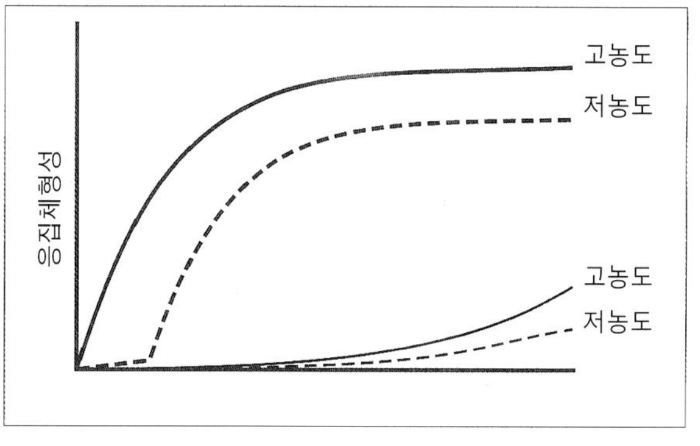

그림1. polyglutamine repeat 배열을 가진 단백질 및 peptide의 응집체형성의 개략도

polyglutamine repeat의 길이가 길수록, 또는 농도가 높을수록, 응집체형성은 빨리 또는 효율좋게 형성시킨다. 응집체형성은 filter trap assay, 광산란법 등으로 정량화되고 있다.

이라고 말해지고 있는데, 그 중에서도 amyloid의 놀라운 성질은 대부분의 amyloid단백질은 자기자신과 같은 아미노산배열을 가진 정상적인 (수용성의) 단백질을 불용성의 amyloid형으로 변환시킬 수 있다는 것이다. 사실 in vitro의 실험에서 폴리글루타민응집체도 그 자신만이라면 구조변화를 일으킬 수 없는 짧은 폴리글루타민의 반복배열을 응집체에 둘러싸서 구조변화를 일으켜 버린다고 보고되고 있다.

2 amyloid형성의 반응 – in vitro에서의 해석

recombinant HD exon1을 사용한 해석으로부터, (1) 폴리글루타민의 길이, (2) 폴리글루타민의 양이 응집체형성을 결정하는 parameter이라고 보고되었다(**그림1**)[6, 7]. 또한 여러 가지 해석을 비교해보면, (3) 폴리글루타민의 주변의 배열의 길이와 배열도 중요하다. 이를테면 폴리글루타민배열의 단백질전체에 대한 기여가 높아지고, 응집체형성이 일어나기 쉽고, 또한 lysine 등의 전하가 많아 수용성으로 되는 만큼 응집체형성은 일어나기 어렵다.

폴리글루타민도 다른 amyloid와 같이 *in vitro*의 閉鎖系에서는 기본적으로는 중합핵 의존성 중합의 반응에 따라서 일어난다. 중합핵 의존성 중합은 크게 2가지의 반응으로부터 성립하며, 느긋한 중합핵의 형성반응과, 그것에 연이어서 수용성의 monomer의 폴리글루타민이 중합핵에 끌려들어가는 신장반응이다(Hasegawa(長谷川)·Naiki(内木)의 원고참조). 응집체형성은 대충 이들 반응에 의한 듯하지만, 세부적으로는 모르는 점이 많다. 이를테면 신장반응은 중간체로서 우선 oligomer가 형성되며, 다음에 그것이 모여서 일어난다는 보고도 있다[4]. 또한 중합핵형성에 있어서는 monomer가 몇 개 모여서 만들어 지는 지는 확실하지 않다[4]. 최근 Wetzel 그룹은 폴리글루타민 합성 펩타이드의 중합 kinetics의 해석을 통하여 중합핵을 형성하는 폴리글루타민분자는 한 가지뿐이라는 점을 보고했다[8]. 다시 말해 핵형성은 폴리글루타민 1분자의 구조변화에 의해서 일어난다는 것이다.

3 *in vivo*에 있어서 응집체 형성

폴리글루타민응집체 형성은 *in vitro*에서는 위에서 설명했듯이 자발적으로 일어난다. 그러나 *in vivo*에서는 응집체형성이나 발증에 한층 세포내의 분자가 필요하다는 보고가 나오고 있다. 이를테면 출아효모 중에 폴리글루타민을 발현시키는 계에 있어서도 폴리글루타민은 amyloid모양의 응집체를 형성한다[9]. 그러나 Hsp104 등의 분자샤페론의 변이체나 효모의 prion의 하나인 Rnq 1의 결손주에서는 폴리글루타민의 응집체형성이 현저하게 감소한다[9-12]. 이들 세포내분자가 폴리글루타민의 응집체 반응에 있어서 어느 부분에 관계하는지는 흥미롭고, 발증의 기구를 해명하는 열쇄일 가능성이 충분히 있다. 현재 Hsp104의 역할은 폴리글루타민 응집체의 중합핵이 수를 증가하는 것은 아닌가하고 추측하고 있다[9, 12].

또한 세포내의 폴리글루타민의 응집체에는 Hsp70, Hsp40, VCP/p97를 위시하여 실로 여러 가지 분자가 함께 혼재해있고, 또한 몇 가지 분자샤페론의 대량발현은 응집체형성에 영향을 준다는 것도 보고되어있다[1, 13]. 이들 분자가 응집체형성에 관여하고 있는 지, 하고 있다면 어떻게 관여하고 있는 지 흥미롭다.

Q 폴리글루타민이 어떻게 세포독성을 발휘하는 가라는 문제는 응집체가 형성되는가 아닌가라는 문제와 함께 어디에서 형성되는지, 세포질인지 핵인지가 중요하다고 생각되고 있다. 세포질와 핵에서는 존재하는 분자샤페론에도 차이가 있다고 생각한다. 그들의 관계에 대해서 현상은 어떤 것일까? 구체적인 질문으로 바꾼다면, Hsp104는 다량 세포질에 국재하는 샤페론이라고 생각하는데, 세포질에서의 응집체형성과 핵내응집체형성에 미치는 영향은 어떻게 다른 가라는 질문이다.

A 우선 폴리글루타민 함유 단백질이 핵내에 집적함에 따라 핵의 기능장해(예:전사장해)가 일어난다고 하는 대부분의 보고로부터 일반적으로 핵내응집체가 세포에 상해를 초래한다고 생각되고 있다. 단지 SCA6에서는 핵내만이 아니라 세포질에 원인유전자단백질을 포함하는 응집체가 보이는 점으로 봐서 SCA6가 예외인지, 그렇지 않으면 세포질에도 세포상해를 야기하는 기구가 있는지는 아직 불명이다. 또한 폴리글루타민의 국재와 분자샤페론과의 관

계에 대해서는 거의 알고 있지 않다. 단지 대부분의 분자샤페론은 세포질, 핵내 동시에 국재를 검출할 수 있다. 또한 효모에서는 폴리글루타민의 응집체는 세포질에서 검출되며, Hsp104의 변이체에서는 응집체형성이 감소하지만, 폴리글루타민에 NLS를 붙여서 핵내로 가게 하면, Hsp104 변이체에서도 응집체 형성을 할 수 있게 된다는 보고도 있다. 그러나 그것이 핵내라는 특수한 환경이므로 Hsp104 비의존적으로 응집체를 만들 수 있던가 그렇지 않으면 핵내라는 좁은 장소에서 대량으로 발현시키기 위하여 자발적인 응집체형성이 효율좋게 일어나게 할 수 있도록 된 것인지는 모른다.

●문헌

1) Kimura, Y., Kakizuka, A., : *IUBMB Life*, **55**, 337-345 (2003)
2) 貫名信行・田中元雅 : 神経進歩, **46**, 661-668 (2002)
3) Perutz, M. F. *et al.* : *Proc. Natl. Acad. Sci. USA*, **91**, 5355-5358 (1994)
4) Ross, C. A. *et al.* : *Proc. Natl. Acad. Sci. USA*, **100**, 1-3 (2003)
5) Huang C. C. *et al.* : *Somat. Cell Mol. Genet.*, **24**, 217-233 (1998)
6) Scherzinger E. *et al.* : *Cell*, **90**, 549-558 (1997)
7) Scherzinger E. *et al.* : *Proc. Natl. Acad. Sci. USA*, **96**, 4604-4609 (1999)
8) Chen, S. *et al.* : *Proc. Natl. Acad. Sci. USA*, **99**, 11884-11889 (2002)
9) Kimura, Y. *et al.* : *J. Biol. Chem.*, **277**, 37536-37541 (2002)
10) Krobitsch, S., Lindquist, S. : *Proc. Natl. Acad. Sci. USA*, **97**, 1589-1594 (2000)
11) Kimura Y. *et al.* : *Genes Cells*, **6**, 887-897 (2001)
12) Meriin, A. B. *et al.* : *J. Cell Biol.*, **157**, 997-1004 (2002)
13) Cummings, C. J. *et al.* : *Nat. Genet.*, **19**, 148-154 (1998)

Yoko Kimura, 東京都医学研究機構, 東京都臨床医学総合研究所, 先端研究部門 E- mail : ykimura@rinshoken.or.jp

Mechanism of polyglutamine aggregate formation

IV. 병태·폴딩병

선충을 이용한 AAA단백질에 기인하는 신경변성질환 모델

Yamanaka Kunitoshi (山中邦俊)·Ogura Teru (小椋 光)

모델생물이라고 하면 일반적으로 마우스를 떠올린다. 예전에 비해서는 아주 취급하기 쉬워졌다고는 말해도, 누구나, 어디에서나, 얼마나 간에 라는 말에는 아직 문턱이 높은 것이 현실이다. 필자들은 사용이 용이한 다세포생물이면서 근육, 신경, 소화관 등 동물로서의 기본적 체제를 갖추고 있는 선충을 사용하여, 사람유전성 질환의 病因해명을 시도하고 있다. 한 무리의 ATPase인 AAA family 단백질에 기인하는 신경변성질환에 대해 소개한다.

key Words AAA단백질 신경변성질환 유전성경(련)성對마비 폴리글루타민병 paraplegin

●서론

AAA단백질의 수는 진핵생물에서는 종이 달라도 큰 차이없고(20여개), 또는 각각의 homolog는 종을 넘어 잘 보존되고 있다[1]. 사람에서 신경변성질환에 관계하는 AAA단백질은 3가지[paraplegin, spastin과 VCP/p97]로 동정되어 있으며, 그들의 homolog(상동체)는 이미 선충에도 존재한다. 순서대로 보아나가자.

I. 유전성경련성對마비

유전성경련성대마비(hereditary spastic paraplegia: HSP)는 완서(緩徐)진행성의 兩하지의 경련성마비와 근력저하를 나타내며, 上位운동뉴론의 변성을 주요특징으로 하는 한 무리의 질환이며, 현재까지 20 유전자좌가 보고되어 있다. 이중 8가지에 대해서는 원인유전자가 동정되었으며, 2가지(paraplegin과 spastin)가 AAA단백질이다[2-5](**표1**). 각각의 원인유전자의 변이가 어떻게 해서 신경변성이라는 병상을 초래하는 지에 대해서는 간단한 모식도를 **그림1**에 나타냈지만, AAA 단백질이 관여하는 경로에 관해서는 거의 알고 있지 않다[3].

paraplegin은 미토콘드리아에 국재하는 막결합형 AAA metalloprotease이며, 이것에 변이를 가진 질환근육의 조직화학적 해석에 따라 미토콘드리아의 호흡기능부전이 시사되고 있다[4]. 막결합형 AAA metalloprotease는 대장균 FtsH의 상동체이며, 그림2에 제시했듯이 진핵생물에서는 3 종류의 상동체가 존재하며, 모두 미토콘드리아에 국재하고 있다, 단 식물에는 이들에 추가하여 엽록체에 존재하는 상동체도 있다[6, 7]. 효모에서는 Yta10p와 Yta12p가 hetero oligomer를 형성하고 있는 점, 각각의 유전자의 결실변이체는 호흡기능장해 등 아주 닮은 표현형을 나타내는 것이 보고되어 있다[6]. 사람이나 선충에서도 m-AAA protease는 2종류존재하고 있다[1,7]. 이들도 효모의 경우와 같이 hetero oligomer를 형성하고 있을까, 만약 그렇다면 각각의 변이는 같은 표현형을 나타낼 것으로 기대된다. 사람의 경우 확실하게 paraplegin의 변이에서는 미토콘드리아의 호흡

Kunitoshi Yamanaka, Teru Ogura, 熊本大学発生医学研究センター胚形成部門細胞複製分野 E-mail : yamanaka@gpo.kumamoto-u.ac.jp ogura@gpo.kumamoto-u.ac.jp
Neurodegenerative disease models of AAA proteins in *C. elegans*

표1. 유전성 경련성대마비(HSP)의 분류

type	유전자좌	임상형	유전자산물
常염색체優性유전성HSP			
SPG3A	14q11-q21	순수형	atlastin
SPG4	2p22-p21	순수/복합형	spastin
SPG6	15q11.1	순수형	
SPG8	8q23-q24	순수형	
SPG9	10q23.3-q24.1	복합형	
SPG10	12q13	순수형	KIF5A
SPG12	19q13	순수형	
SPG13	2q24-q34	순수형	Hsp60
SPG17	11q12-q14	복합형	
SPG19	9q33-q34	순수형	
상염색체劣性유전성HSP			
SPG5	8p12-q13	순수형	
SPG7	16q24.3	순수/복합형	paraplegin
SPG11	15q13-q15	복합형	
SPG14	3q27-q28	복합형	
SPG15	14q22-q24	복합형	
SPG20	13q12.3	복합형	spastin
SPG21	13q14	순수형	
性염색체열성유전성HSP			
SPG1	Xq28	복합형	L1CAM
SPG2	Xq22	복합형(간혹 순수형)	PLP1
SPG16	Xq11.2	순수형	

임상증상은 兩하지의 경련성마비와 근력저하를 주요증상으로 하는 순수형과 경련성대마비에 덧붙여서, 추체외로(錐體外路)증상, 정신발단지연, 소뇌실조, 말초신경장해, 정신발달지연, 소뇌실조, 말초신경장해, 망막색소변성증 등의 신경학적 이상을 수반하는 복합형으로 분류된다.

기능장해가 관찰되며, HSP의 표현형을 나타낸다[4]. 그러나 AFG3L2에 관해서는 현재 이미 알려진 HSP의 유전자좌에는 없다. 선충에 있어서도 필자들의 RNA간섭법에 의한 연구결과에서는 Y47G6A(RNAi)에서는 미토콘드리아의 호흡기능장해를 수반하는 성장저해가 관찰되었는데, Y38F2AR.para(RNSi)에서는 분명 이상은 관찰되지 않았다(Yamada(山田)-Inakawa(稻川) 등, 미발표). Y47G6A.10의 homooligomer가 중요한가? i-AAA protease에 관해서도, 사람의 YNME1L과 HSP의 관련은 현재 없다. 선충에 있어서도 M03C11.5 (RNAi)에 의한 표현형은 관찰되지 않았다(Yamada-Inakawa 등, 미발표). 진핵생물에서도 단세포생물과 다세포생물에서는 꽤 모양이 다른 듯하다.

어떻던 Y47G6A.10(RNAi)에 의해서 미토콘드리아이상·성장저해·진행성의 운동장해가 관찰되었

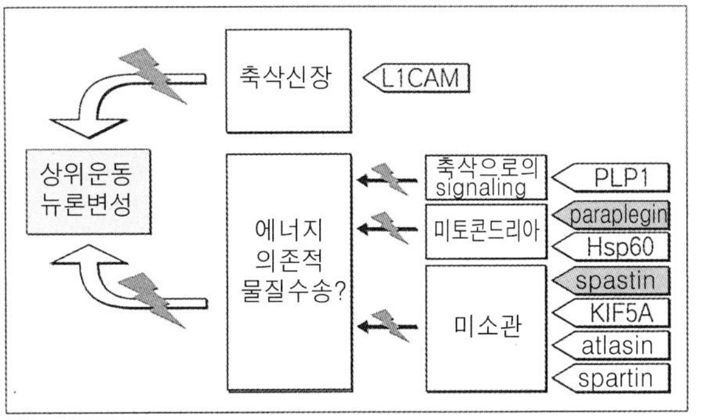

그림1. 유전성 경련성對마비 원인인자로부터 신경변성에 이르는 경로의 모식도

L1CAM은 lg superfamily에 속하는 막관통 당단백질이며, 정상적인 축삭신장, 형성에 필요하다. 결손하면 축색 guidance에 장해가 보인다. PLP1은 myelin의 주요구성성분의 하나이다. 결손에 따라 전자밀도가 높은 막소포나 미토콘드리아가 축적함으로써 축삭수송에 관련이 있다고 여겨진다. 다른 인자에 대해서는 본문을 참고하라(문헌3에서 改變).

다. 이들은 HSP의 표현형에 상당한다고 생각되며, 선충은 paraplegin이 변이에 의한 HSP의 병인해명의 모델이 된다고 기대하고 있다. 신경이나 근육은 그의 기능유지에 많은 ATP를 필요로 하며, 그것을 공급하는 것이 미토콘드리아인다. 문제는 미토콘드리아이상이 어떻게 신경변성을 초래하는 가에 대한 분자수준의 해석이다. 지금까지 밝혀진 원인인자를 보면 무언가가 보일지도 모르겠다(그림1). Hsp60은 미토콘드리아에 국재하는 샤페로닌이다. spastin은 최근 미소관과 결합하는 것이 밝혀졌다[8]. KIF5A는 kinesin 중쇄(heavy chain)이며, 미소관을 따라서 가는 물질수송의 모터단백질복합체를 구성한다. atlastin은 GTPase이고, dynamin family에 속하며, 세포내의 소포수송에 관여한다고 생각된다. spartin도 아미노산배열상 미소관결합영역을 가지고 있다. 이렇게 보면 신경축색내에 있어서 미소관을 통해서 에너지의존적 물질수송이 HSP의 분자병인론을 밝히게 하는 열쇄로 되는 것 같다.

II. 폴리글루타민병

폴리글루타민병의 상세한 것은 이 책의 Kakizuka(垣塚)-Mori(森)의 총론을 참고하라. 선충에서 폴리글루타민사슬을 GFP(초록형광단백질) 융합단백

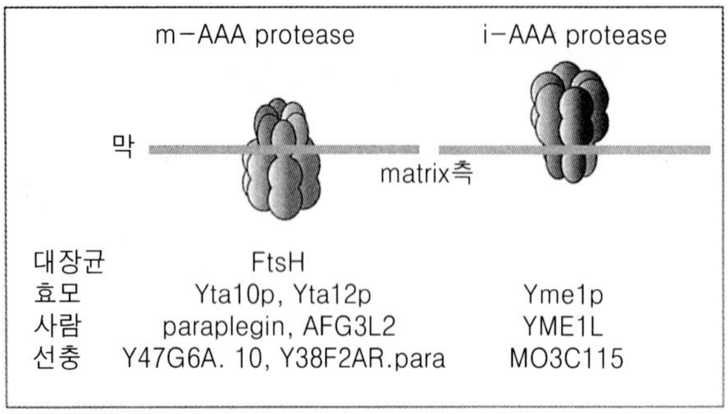

그림2. AAA metalloprotease

대장균에는 활성부위가 세포질측에 있는 막관통 AAA protease FtsH 1종만 존재한다. 진핵생물에는 미토콘드리아내막에 matrix측에 활성부위를 가지는 m-AAA protease 2종과 막間 space에 활성부위를 가지는 i-AAA protease 1종이 존재한다.

질로서 발현시키면, 약 40을 경계로 하여 그것보다도 사슬길이가 길게 되면 응집체를 형성한다[9-11]. 이 성질은 사람의 폴리글루타민병에서 보이는 그것과 같다. 사슬길이가 긴 폴리글루타민사슬과 torsin A 상동체[12]나 효모의 Hsp104[9]를 동시 발현시키면, 응집체형성이 완화된다고 보고했다. 이들은 동시에 AAA+에 속하는 ATPase이며, Hsp104에 있어서는 선충에 그의 상동체가 발견되지 않고 있다. p97/VCP라고 부르는 단백질은 폴리글루타민사슬에 결합하는 활성을 가지며, 이상단백질을 검지하는 센서적 역할을 담당하고 있다고 제창되고 있다[13]. 사람이나 마우스에서는 p97/ VCP는 1종류밖에 존재하지 않는데, 왠지 선충에서는 2종류있다. 사슬길이가 긴 폴리글루타민사슬과 선충의 p97/VCP를 동시 발현시키면 확실하게 응집체형성이 완화된다고 보고했다[11]. 단지 사슬길이가 79로 되면 이 효과는 인정되지 않았다. 그런데 p97/VCP는 어떻게 효력을 내고 있을까? p97/VCP은 보다 긴 폴리글루타민사슬과 아주 강하게 결합한다고 보고되어있다[13]. p97/VCP가 폴리글루타민사슬에 결합함에 따라 응집체를 형성하는 것을 저해하는 것이라면, 보다 긴 폴리글루타민사슬에 대해서 보다 강한 효과를 낼 참인데, 필자들의 결과는 그 반대이었다. 그런데 생긴 응집체를 해리시키고 있는 것인지, p97/VCP를 포함하며 일반적으로 AAA family의 ATPase활성은 약하다(이를테면 Na^+/K^+-ATPase의 약 1/10)[14,15]. 보다 긴 폴리글루타민사슬에 유래하는 응집체이 해리에는 보다 많은 에너지를 필요로 하겠지. ClpB/Hsp104는 변성단백질응집체를 탈회합시키는 활성을 가진다(제III부 Watanabe(渡邊)-Yoshida(吉田)의 원고참고). 이러한 것으로 봐서 현재는 p97/VCP의 작용은 응집체의 형성저해라고 하기보다, 만들어진 응집체의 해리이라고 가정하고 그이 설명을 시도하고 있다.

●끝맺음

선충에는 302개의 신경세포가 있고, 그들의 세포계보나 회로망이 밝혀지게 되었다. 사람이나 마우스와 비교하면 훨씬 단순한 시스템이다. 단순한 만큼 느껴져 오는 기본개념을 명확하게 할 수 있다면 하고 바라고 있다.

필자들은 선충연구를 시작하기에 즈음하여 많은 협력, 지도를 받은 Kyushyu(九州)대학 이학연구원의 大島靖美 박사, 古賀 誠 박사에게 심심한 사의를 드린다. 이 원고에서 소개한 필자들의 연구는 연구실의 由田-稲川知子 박사, 大久保佳子 씨와의 공동으로 이뤄진 것이다. 이곳을 빌어 감사를 드린다.

Q 우성유전의 HSP, 이를테면 spastin의 발증의 메커니즘을 어떻게 생각하고 있는가? haplo in-sufficiency(不全)인가?

A 환자標品의 변이mRNA는 불안정하고 존재양이 극단적으로 적으므로, haplo insufficiency(不全)이라고 생각하고 있다. 단지 최근 spastin을 배양세포로 발현시키는 시스템에서의 해석에서, 야생형 spastin은 미소관 dynamics에 관여하고 있고, 변이형에서는 이 기능에 손상을 가진다고 보고되고 있다[8].

Q paraplegin의 기질로서 어떠한 단백질이 생각되고 있는가?

A 과잉 Cox1, Cox2, Cob나 F0 subunit 6.8.9는 효모 Yta10/Yta12p의 기질, Cox2는 Yme1p의 기질이라고 보고되어있다. 재미있는 것으로 Ccp1의 전구체에서 성숙체로의 과정에 Yta10p/Yta12p가 필요하다는 것도 알고 있다.

Q m형과 I형에서 膜配向性의 차이는 기능적으로 어떠한 차이를 불러일으키는가?

A 상술한 기질특이성이 다른 것 이외는 알고 있지 않다. 단지 m형은 제어인자 prohibitin과 거대

복합체를 형성하고 있다.

문헌

1) Ogura, T., Wilkinson, A. J. : *Genes Cells*, **6**, 575-597(2001)
2) Crosby, A. H., Proukakis, C. : *Am. J. Hum. Genet.*, **71**, 1009-1016(2002)
3) Casari, G., Rugarli, E. : *Curr. Opin. Genet. Dev.*, **11**, 336-342 (2001)
4) Casari, G. *et al.* : *Cell*, **93**, 973-983(1998)
5) Hazan, J. *et al.* : *Nat. Genet.*, **23**, 296-303(1999)
6) Langer, T. : *Trends Biochem. Sci.*, **25**, 247-251(2000)
7) Juhola, M. K. *et al.* : *FEBS Lett.*, **481**, 91-95(2000)
8) Errico, A. *et al.* : *Hum. Mol. Genet.*, **11**, 153-163(2002)
9) Satyal, S. H. *et al.* : *Proc. Natl. Acad. Sci. USA*, **97**, 5750-5755(2000)
10) Morley, J. F. *et al.* : *Proc. Natl. Acad. Sci. USA*, **99**, 10417-10422(2002)
11) Yamanaka, K. *et al.* : *J. Struct. Biol.*, in press (2004)
12) Caldwell, G. A. *et al.* : *Hum. Mol. Genet.*, **12**, 307-319(2003)
13) Hirabayashi, M. *et al.* : *Cell Death Differ.*, **8**, 977-984(2001)
14) Song, C. *et al.* : *J. Biol. Chem.*, **278**, 3648-3655(2003)
15) Meyer, H. H. *et al.* : *FEBS Lett.*, **437**, 255-257(1998)

Column

운동뉴론병

Niwa Jun-ichi(丹羽淳一)·Sobue Gen(祖父江 元)

운동뉴론병이란 진행성으로 상위(1차)운동뉴론과 하위(2차)운동뉴론의 어느 쪽이 한쪽 혹은 양쪽이 선택적으로 장해받는 질환이 총칭이다. 상위·하위 운동뉴론 동시에 침해받는 것으로 근위축성 측삭경화증(amyotrophic lateral sclerosis: ALS)가 있고, 척수성 근위축증(spinal muscular atrophy: SMA) 및 球척수성 근위축증(spinal and bulbar muscular atrophy: SBMA)이 있다. 단백질의 일생이라는 관점에서 이들의 운동뉴론병의 발증기작을 생각하면, SMA에서는 단백질의 생성에 이르는 mRNA의 성숙과정의, SBMA와 ALS에서는 이상단백질이 축적하기 때문에 분해과정의 장해가 있다고 볼 수 있다.

1 SMA

SMA는 *SMN(survival of motor neurons)*유전자의 변이에 의해 척수前角운동뉴론의 변성이 생기는 상염색체 열성 유전성질환이고, 발증연령, 임상경과에 기초하여 1型(중증형, Werdig -Hoffmann병), 2형(중간형), 3형(경증형, Kugelberg-Welander병)으로 분류된다. 1형은 생후 6개월까지 발증하고, 좌위(坐位)불가능, 2세까지 사망한다. 2형은 1세6개월까지 발증하며 기립 또는 보행이 불가능, 2세이상 생존한다. 3형은 1세6개월이후에 발증하며 보행이 가능한 형이다.

사람에서는 *SMN*은 5q12.2-q13.3에 역방향으로 2가지의 유전자가 나란히 존재한며, telomere측이 *SMN1*, centromere측이 *SMN2*라고 불리고 있다. *SMN1*의 결실이나 변이에 의해서만 SMA가 발증한다. SMN은 태생주기부터 보편적으로 발현하고 있는데, 뇌척수의 신경세포에 있어서 가장 풍부하게 존재한다. SMN은 세포질에 비만성으로 존재하며, 핵내에서는 Gem(Gemini of Cajal body)라고 불리는 Cajal체에 인접한 영역에 존재하고 있다. SMN는 Germin과 복합체를 형성하며, 세포질에서 UsnRNP (uridine-rich small nuclear ribonucleo- protein)의 회합과 핵내에서의 spliceosome형성에 필요하다[1]. *smn*을 homo로 knockout한 마우스는 태생기에 사망하지만, 신경조직에 있어서 conditional knock-out에 있어서는 振戰 등의 신경증상과 신경세포의 著減이 인정된다. SMN이 모든 세포종에 필요한 한편으로, 운동뉴론만이 SMA에 있어서 장해받는 이유에 대해서는 모르는데, 운동뉴론에서는 보다 높은 SMN활성을 필요로 하기 때문인지 혹은 운동뉴론특이적으로 SMN과 상호작용하는 단백질이 존재하며, SMN이 운동뉴론에 있어서 미지의 기능을 가질 가능성이 생각되고 있다. *SMN2*로부터는 고율로 exon7을 날린 splicing이 일어나며, 생산된 짧은 SMN단백질은 불안정하여 분해되기 쉬운데, *SMN2*가 발현할 수 있는 기능적 全長 단백질의 양이 많을수록 SMA는 경증화하기 때문에, *SMN2*의 발현양을 증가하던가 exon7을 날리지 않고 splicing을 일으키게 할 수 있다면, SMA의 유효한 치료법으로 될 수 있다.

2 SBMA

SBMA는 성인기이후에 발증하는 緩徐진행성의 하위 운동뉴론병이며, 伴性 劣性 유전질환이다. 주증상은 안면이나 사지 근위부의 근력저하·근위축과 構音·嚥下(연하)의 장애(球마비)이며, 여성화 유방이나 여성모양 피부, 정소위축·불임·陰萎(음위)등의 androgen 기능저하에 의한 증상을 수반하는 것이 특징이다. 병리학적으로는 척수前角이나 腦幹의 운동뉴론의 변성·탈락이 인정된다. SBMA는 Xq11-q12에 존재하는 androgen수용체(receptor)(AR) 유전자의 exon1 안의 폴리글루타민사슬을 코드하는 CAG repeat의 이상연장이 원인이며, 폴리글루타민병으로서 최초로 보고된 질환이다. AR은 androgen 의존성의 전사인자이며, SBMA는 폴리글루타민병 가운데 원인유전자의 생리적 기능이 알려져 있는 드문

질환의 하나이며, 운동뉴론병만이 아니라 폴리글루타민병의 병태를 해석할 수 있는데도 중요한 질환이다. AR은 신경계·비신경계를 묻지 않고 널리 발현하고 있는 데도 불구하고, SBMA의 病變은 하위운동뉴론을 중심으로 한 특정한 부위만에 국한한다. 운동뉴론 특이적으로 변이AR과 상호작용하는 단백질의 존재가 추측되고 있는데, 아직까지는 동정되어 있지 않다.

SBMA의 병리학적인 특징은 하위운동뉴론의 핵내에 ubiquitin화 봉입체가 출현하는 것이다. 이 핵내봉입체에는 AR이 축적하며, HSP70 등의 분자샤페론이나 proteasome의 구성단백질과 공존하고 있다. 세포내에서 unfold한 이상단백질은 분자샤페론에 의한 refolding 이나 ubiquitin-proteasesome에 의한 분해라는 단백질품질관리의 처리를 받는데, 변이AR은 응집하여 난용성으로 되며, ubiquitin화되어도 proteasome으로 분해되기 어렵고, proteasome활성을 저해한다고 보고되고 있다[2].

변이단백질의 핵내이행은 폴리글루타민병에 있어서 병태발현에 관계하는 중요한 단계이라고 생각되고 있으며, 延長한 폴리글루타민사슬이 전사관련단백질과 결합함으로써 특정의 유전자군의 발현저하를 불러일으며, 신경세포기능을 저해한다고 밝혀져 있다. AR은 androgen의존성으로 핵내이행하는 것과 여성에게는 발증하지 않는 점으로 봐서 필자들의 연구실에서는 ABMA 모델마우스에 있어서 거세나 항androgen 약에 의해 androgen 양을 감소시키고, AR의 핵내이행을 block함으로써 신경증상의 개선에 성공했으며[3], 사람 SBMA로의 응용을 현재 검토하고 있다.

3 ALS

ALS는 주로 중년기이후에 발증하며, 대뇌의 상위운동뉴론과 뇌간·척수의 하위운동뉴론의 양쪽이 변성·탈락하는 질환이며, 진행성의 球마비·사지마비를 일으키며, 약 3년의 경과로 최종적으로 호흡筋마비에 의해 사망한다. 대부분의 ALS가 孤發性으로 발증하며, 유전성의 경우는 약 10%이다. 현재까지 常염색체성 우성 유전성 ALS(ALS1)의 원인으로서 21q22.1에 존재하는 *SOD1* 유전자변이, 常염색체성 열성 ALS(ALS2)의 원인으로서 2q11에 존재하는 *ALS2* 유전자 변이가 동정되어 있다. 병리학적으로는 척수前角운동뉴론 세포질내에 ubiquitin화 봉입체가 출현하는 것이 고발성·우성 유전성 ALS에 공통하는 특징이다.

변이SOD1은 세포내에 발현시키면 응집하여 운동뉴론 선택적인 독성을 나타내는데[4], 운동뉴론은 다른 신경세포와 비교하여 proteasome 활성의 저해에 대해서 취약하며, 변이 SOD1이 proteasome 활성을 저해한다고 보고되어있다[5]. 또한 척수의 proteasome 활성이 나이듦에 따라 감소하는 것도 ALS의 발증에 관여하고 있다고 여겨진다. ALS1에서는 ubiquitin화 봉입체에 변이 SOD1이 축적하고 있고, 변이SOD1이 형성하는 봉입체는 aggresome이 특징을 가진다고 하는데[7], aggresome에는 ubiquitin, 분자샤페론, proteasome이 집적하며, 단백질품질관리에 중요한 부위라고 추정되고 있다. 변이SOD1에 의한 aggresome형성과 proteasome활성저해의 관련에 대해서는 지금으로서는 밝혀져 있지 않다.

필자들이 사람척수로부터 동정한 Dorfin은 세포내 aggresome이 형성하는 미소관형성중심에 존재하며, 병리조직에서는 고발성·우성 유전성 양쪽의 ALS ubiquitin화 봉입체에 국재하고 있다. Dorfin에는 야생형SOD1과는 반응하지 않으며, ALS1의 변이SOD1만을 ubiquitin화하여 분해를 촉진하는 ubiquitin ligase 활성이 있는데[8], 고발성ALS에 있어서도 미지의 이상단백질이 축적하는 병태가 있고, Dorfin이 그것을 인식하여 ubiquitin화하고 있는 지도 모른다.

●문헌

1) Paushkin, S., Gubitz, A. K., Massenet, S., Dreyfuss, G. : *Curr. Opin. Cell Biol.*, **14**, 305-312(2002)
2) Mandrusiak, L. M. *et al.* : *Hum. Mol. Genet.*, **12**, 1497-506 (2003)
3) Katsuno, M. *et al.* : *Nature Med.*, **9**, 768-773(2003)
4) Durham, H. D., Roy, J., Dong, L., Figlewicz, D. A. : *J. Neuropathol. Exp. Neurol.*, **56**, 523-530(1997)

5) Urushitani, M., Kurisu, J., Tsukita, K., Takahashi, R. : *J. Neurochem.*, 83, 1030-1042 (2002)
6) Keller, J. N., Huang, F. F., Markesbery, W. R. : *Neuroscience*, 98, 149-156 (2000)
7) Johnston, J. A., Dalton, M. J., Gurney, M. E., Kopito, R. R. : *Proc. Natl. Acad. Sci. USA*, 97, 12571-12576 (2000)
8) Niwa, J. *et al.* : *J. Biol. Chem.*, 277, 36793-36798 (2002)

Jun-ichi Niwa, Gen Sobue, 名古屋大学大学院医学系研究科細胞情報医学専攻脳神経病態制御学講座神経内科分野 E-mail : jniwa@med.nagoya-u.ac.jp sobueg@med.nagoya-u.ac.jp
Motor neuron disease

Column

homo poly amino acid의 세포효과

Oma Yoko(大間陽子)·Ishiura Shoichi(石浦章一)

사람의 게놈중에는 반복배열이 다수 존재한다. 그 중 triplet repeat라고 불리는 3염기반복배열도 유전자내외를 묻지않고 다수 존재한다. 이것이 유전자의 단백질번역영역(ORF)내에 존재하는 경우, 연속하여 같은 아미노산을 코드하게 된다. 이와같은 같은 아미노산의 연속을 [homo poly amino acid]라고 부르고 있다.

단백질 내의 폴리글루타민영역의 신장에 의한 질환이 몇 가지 알려져 있는데, 최근 폴리알라닌영역의 신장에 의한 질환도 차츰 보고되기 시작했다[1-3]. 이들의 폴리알라닌질환의 대부분은 우성의 유전성질환인데, 원인단백질의 점변이에 의해서도 꼭같이 질환으로 되는 것도 있으므로, 폴리글루타민병과 같은 기능획득(gain-of-function)이 아니라, haplo insufficiency(不全)*1에 의한 기능상실(loss-of-function)설이 제창되고 있는 경우도 많다. 그러나 폴리아닐린 신장에 의한 질환의 하나인 眼咽頭筋 dystrophy의 환자의 筋세포에 있어서 원인단백질을 포함하는 세포내응집체가 관찰되었던 일[4]이나 GFP(녹색형광단백질)의 C말단에 폴리알라닌을 부가하면 세포독성이 나타났던 점[5]으로 봐서, 폴리글루타민의 세포독성과 공통하는 기구가 시사되어 주목을 받고 있다. 또한 폴리글루타민병인 Huntington병과 같은 증상을 나타내는 Huntington병 유사2라는 질환은 병인단백질인 폴리알라닌 또는 polyleucine의 伸長에 의해서 발병한다고 보고되고 있다[6]. 한층 假性연골발육부전증이나 多發性骨端형성부전증의 원인단백질 COMP의 변이의 하나로서 polyasparagine 영역의 伸長도 보고되고 있다[7].

애당초 폴리아미노산영역이 신장하는 것은 유전자중의 반복배열이 복제시의 오류(replication slippage)나 감수분열시의 불균등한 조환(unequal crossing over)에 의한다고 생각되고 있다. 10종류의 반복배열을 포함하는 플라스미드를 대장균에서 복제시켰을 때의 안정성을 비교하면, CTG/CAG, CGG/CCG, GTC/GAC, GTG/CAC의 4종류에서 불안정성이 보였고, 특히 CTG/CAG는 다른 종류의 8배정도 불안정했다[8]. 질환과의 관계가 보고되어 있

표1. 천연에 존재하는 homo폴리아미노산 함유 단백질의 수

	11～20	21～30	31～40	41～
Ala	37	0	0	0
Arg	0	0	0	0
Asn	0	0	0	0
Asp	3	0	0	0
Cys	0	0	0	0
Gln	28	15	3	0
Glu	24	4	1	0
Gly	18	2	0	0
His	12	0	0	0
Ile	0	0	0	0
Leu	2	0	0	0
Lys	0	0	0	0
Met	0	0	0	0
Phe	0	0	0	0
Pro	16	1	0	0
Ser	8	4	0	2
Thr	2	0	0	0
Trp	0	0	0	0
Tyr	0	0	0	0
Val	0	0	0	0

http://ebi.ac.uk/fasta33/genomes.html에 있어서 사람게놈 데이터베이스 검색을 행한다. homo 폴리아미노산을 가지는 단백질의 수를, 그의 잔기수의 길이별로 분류하고, 11잔기이상가진 것을 포기했다.

*1 정상적인 allele 유래의 산물만으로는 부족한 결과, 우성의 표현형으로 된다.

*2 일반적으로 폴리글루타민병은 40잔기전후이상의 반복으로 발생한다고 말한다. 폴리아닐린병에서는 질환에 의해 몹시 불규칙한데, 정상 8-28, 질환 12-57이다. 다시 말해서 이 실험에서는 어느 쪽도 30잔기로는 고분자량화가 보이지 않았는데, 보다 긴 폴리글루타민(150잔기), 폴리알라닌(70잔기)에서는 고분자량화가 보였고, 현저한 세포독성도 보였다

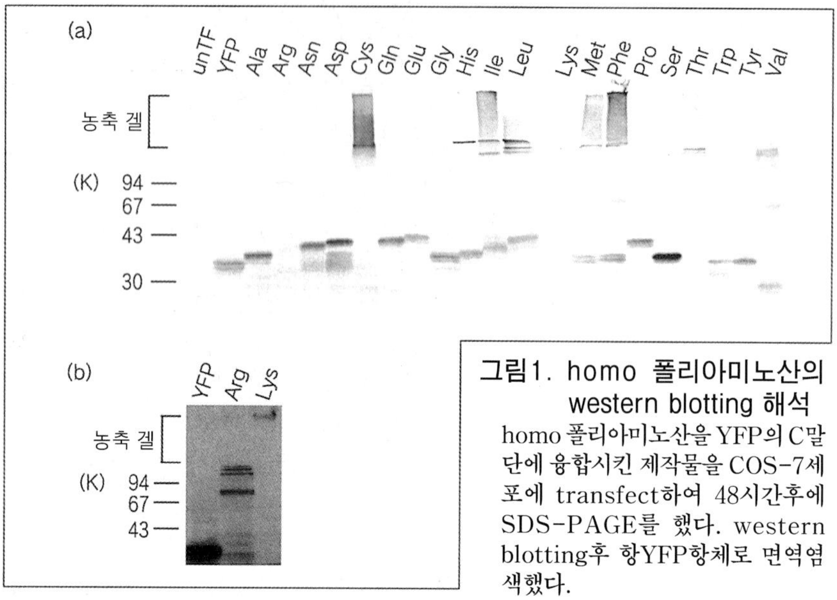

그림1. homo 폴리아미노산의 western blotting 해석
homo 폴리아미노산을 YFP의 C말단에 융합시킨 제작물을 COS-7세포에 transfect하여 48시간후에 SDS-PAGE를 했다. western blotting후 항YFP항체로 면역염색했다.

지 않는 단백질에 있어서도 homo poly amino acid 영역은 수많이 존재하는데, 아미노산의 종류에 따라서 그의 존재빈도가 다르다(**표1**). 코돈과 비교하여 종합해보면 불안정성이 높은 3염기 repeat에 따라서 코드되고 있는 폴리아미노산이 많다는 것을 알았다. 아미노산의 종류에 의한 homo 폴리아미노산의 존재빈도차이의 이유로서 이 3염기반복의 불안정성이 차이에 보태어서 2가지의 요인이 고려된다. 하나는 homo폴리아미노산영역이 어떤 기능을 가지기 위하여 적극적으로 유지되며 작동하고 있을 가능성이다. 동일 아미노산의 반복이라는 특이한 배열을 가지는 이들 영역은 세포내에 있어서 고유한 생리기능을 가질 가능성이 고려된다. 또하나의 요인은 homo폴리아미노산의 세포독성의 차이이다. 다시 말해 homo폴리아미노산영역은 그 종류에 따라서 세포에 대해서 지장이 없는 길이의 한계가 다른 것은 아닌가 하는 가능성이다.

필자들은 여러 가지 종류의 homo폴리아미노산의 세포내 성질을 조사하기 위하여 약 30잔기의 길이를 가진 全종류(20종류)의 homo폴리아미노산을 YFP(황색형광단백질)의 C말단에 융합시키고 동물세포에서 발현시켰다. **그림1**은 48시간의 발현후, YFP항체를 이용하여 western blotting한 결과이다. 흥미롭게도 polyisoleucine, polyleucine, polyphenylalanine 등, 소수성이 높은 homo폴리아미노산에 있어서 고도로 응집을 일으키며, 고분자측으로 shift한 염색패턴이 얻어졌다. SH기를 가진 cysteine의 연속인 polycysteine도 고도로 응집한 염색패턴을 나타냈다. 또한 polyarginine, polylysine 등 염기성이 강한 폴리아미노산도 고분자량화하고 있었다. 또한 2량체나 oligomer를 형성하고 있다고 여기지는 band도 관찰되었다.

또한 필자들은 이들 20종류의 homo폴리아미노산이 세포에서 발현했을 때의 세포에 대한 독성을 caspase 3의 활성을 지표로 측정했다. 그 결과 western blotting에 있어서 고분자량화하고 있던 homo폴리아미노산일수록 강한 세포독성을 가진다는 것을 밝히게 되었다*2. 이것에 의해서 단백질의 응집·침착에 의한 여러 가지 질환에 있어서 세포독성과 공통성이 시사되었다. 또한 이들 독성의 강도는 생물에 보존되고 있는 여러 가지 단백질의 중에서 이들 종류의 homo폴리아미노산 영역의 존재수가 희소(稀少)인 점이 하나의 요인이라고 시사되었다[9].

가용성의 homo폴리아미노산영역은 전사인자 등에 자주 존재하는데, 이들 영역의 기능에 관해서는 아직 밝혀져 있지 않다. 앞으로 homo 폴리아미노산 영역의 기능이나 성질을 밝히는 일이나 단백질의 oligomer화·응집·침착(沈着)이 세포독성에 어떻게 관계하는 지를 해명하는 가가 중요하다. 또한 이미 6잔기의 폴리히스티딘이 His tag로서 이용되고 있듯이 homo폴리아미노산이라는 특수한 구조의 생화학적 성질을 활용하여 재료로서의 응용도 기대할 수 있다.

●문헌

1) Brais, B., Bouchard, J. P., Xie, Y. G., Rochefort, D. L., Chretien, N., Tome, F. M., Lafreniere, R. G., Rommens, J. M., Uyama, E., Korcyn, A. D. *et al.* : *Nature Genet.*, 18, 164-167(1998)
2) Goodman, F. R., Bacchelli, C., Brady, A. F., Brueton, L. A., Fryns, J. P., Mortlock, D. P., Innis, J. W., Holmes, L. B., Donnenfeld, A. E., Scambler, P. J. *et al.* : *Am. J. Hum. Genet.*, **67**, 197-202(2000)
3) Amiel, J., Laudier, B., Attie-Bitach, T., Trang, H., de Pontual, L., Gener, B., Trochet, D., Etchevers, H., Ray, P., Lyonnet, S. *et al.* : *Nature Genet.*, **33**, 459-461(2003)
4) Shanmugam, V., Dion, P., Rochefort, D., Laganiere, J., Brais, B., Rouleau, G. A. : *Ann. Neurol.*, **48**, 798-802(2000)
5) Rankin, J., Wyttenbach, A., Rubinsztein, D. C. : *Biochem. J.*, **348**, 15-19(2000)
6) Holmes, S. E., O'Hearn, E., Rosenblatt, A., Callahan, C., Hwang, H. S., Ingersoll-Ashworth, R. G., Fleisher, A., Stevanin, G., Brice, A., Margolis, R. L. *et al.* : *Nature Genet.*, **29**, 377-378(2001); Erratum in: *Nature Genet.*, **30**, 123(2002)
7) Delot, E., King, L. M., Briggs, M. D., Wilcox, W. R., Cohn, D. H. : *Hum. Mol. Genet.*, 8, 123-128(1999)
8) Ohshima, K., Kang, S., Wells, R. D. : *J. Biol. Chem.*, **271**, 1853-1856(1996)
9) Oma, Y., Kino, Y., Sasagawa, N., Ishiura, S. : *J. Biol. Chem.*, in press(2004)

Column

소포체 스트레스와 당뇨병

Mori Masataka (森 正敬)

●서론

소포체의 내강(內腔)에서는 새로 합성되어서 소포체내강으로 보내진 분비단백질 등의 당쇄부가나 disulfide결합의 형성, 폴딩이 이뤄지는데, 올바르게 폴딩하지 않은 이상단백질이 소포체내에 축적하면 세포의 생존이 위협받는다. 세포는 이것을 피하기 위하여 번역억제, 소포체샤페론의 유도, 소포체관련분해계(ERAD)(Nagata(永田)의 원고 참조)에 의한 이상단백질의 분해를 포함하는 소포체스트레스응답반응을 일으킨다. 그러나 이래도 처분할 수 없을 때에는 apoptosis에 의해서 상해세포를 제거한다. 아주 최근 일부의 당뇨병의 발증에 소포체스트레스를 통하여 췌장β세포의 apoptosis가 관계하고 있다는 것이 밝혀지게 되었다. 당뇨병에 있어서 소포체스트레스의 중요성은 점점더 크게 될 듯하다.

1 일산화질소(NO)에 의한 β세포의 apoptosis는 소포체스트레스를 통하여 일어난다[1]

β세포의 파괴에 의한 I형 당뇨병의 발증에 β세포 자신 혹은 염증세포포부터 생산되는 NO에 의한 β세포의 apoptosis가 관여한다고 여겨진다. 대량의 NO는 DNA상해-p53경로를 거쳐서 apoptosis를 일으킨다고 알려져 있는데, 필자들은 DNA상해를 일으키지 않는 저농도의 NO가 β세포나 macrophage에 apoptosis를 유도하는 데에 주목하였다. 사실 p53결손 microglia세포에서도 NO에 의해서 apoptosis가 일어난다. 그래서 p53경로이외의 apoptosis경로를 검색했던바, CHOP/GADD15이 유도되는 것을 발견했다. CHOP는 C/EBP전사인자 family의 일원으로 소포체스트레스를 거치는 apoptosis경로의 중요인자로서 주목되고 있다(제III부 Nishitoh(西頭)·Ichijo(一條)의 원고 참고). NO는 소포체 Ca^{2+}를 저하시킴으로써 소포체스트레스를 유도하며, calreticulin의 과잉발현에 의해서 소포체 Ca^{2+} pool을 증대시키면, β세포의 apoptosis가 억제되었다(**그림1**). 또한 *Chop*를 파괴한 β세포는 NO에 저항성을 나타냈다. 따라서 NO에 의한 소포체스트레스를 거치는 β세포사가 I형 당뇨병의 발증에 관여한다는 것이 밝혀지게 되었다.

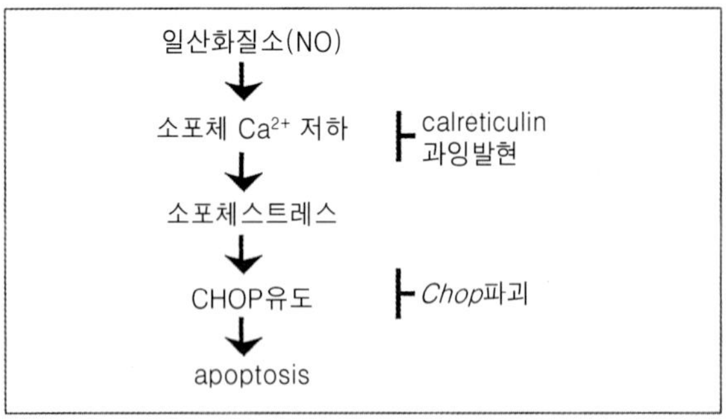

그림1. NO에 의한 β세포의 apoptosis는 소포체스트레스-CHOP경로를 거친다

calmodulin의 과잉발현에 의해서 소포체 Ca^{2+} pool이 증대하고, apoptosis가 억제된다. 또한 Chop knock-out mouse의 β세포에서는 NO에 의한 apoptosis가 억제된다.

2 Akita 마우스의 당뇨병은 소포체스트레스를 통하여 일어난다[2]

insulin유전자의 변이(C96Y)에 의한 Akita 당뇨

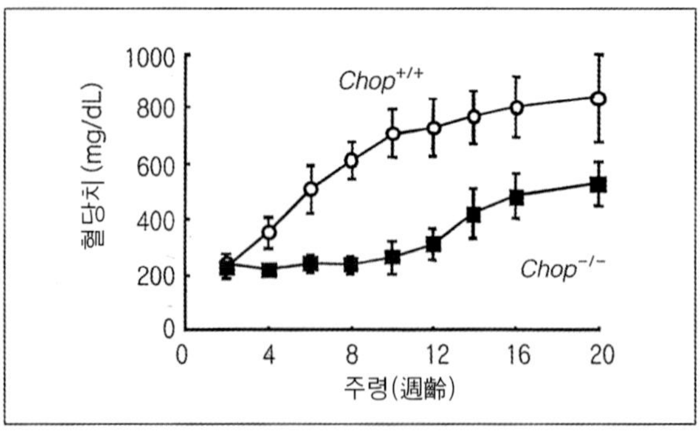

그림2. Akita마우스의 *Chop*를 파괴하면 당뇨병이 현저하게 개선된다[2]

Akita hetero 마우스(수컷)를 사용했다. 값은 평균값±SD(n=7)

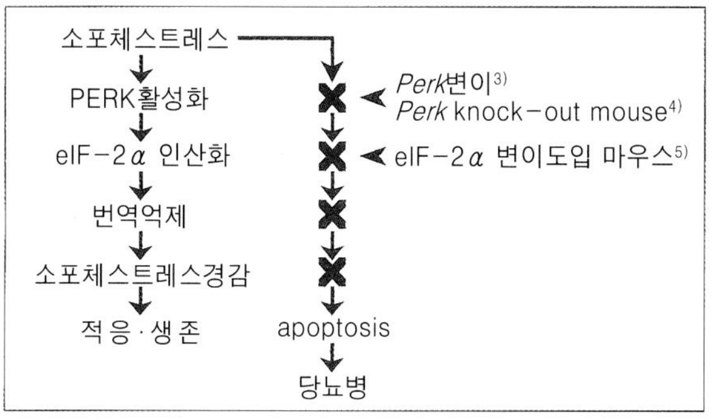

그림3. PERK 경로가 파탄나면 당뇨병을 발증한다
PERK가 활성화되면 번역억제를 거쳐서 소포체스트레스를 경감하는데, Perk의 변이나 파괴, eIF-2α의 변이도입에 의해서 이 경로가 장해받으면 β세포가 apoptosis에 빠져들며, 당뇨병을 발증한다.

병마우스는 hetero접합체이며 현저한 당뇨병을 발증한다. 마우스는 2가지의 인슈린유전자를 가지며, 그 하나를 결손시켜도 당뇨병을 발증하지 않는 점에서, 인슈린의 기능상실(loss-of-function)로는 설명할 수 없다. 필자들은 disulfide결합의 형성이 장해받는 변이 proinsulin이 β세포에게 소포체스트레스를 불러일으키며, apoptosis에 이르는 것은 아닌가 하고 생각했다. 사실 Akita 마우스의 취장세포에서는 BiP나 CHOP가 현저하게 유도되며, β세포의 apoptosis가 관찰되었다. Akita hetero mouse의 *Chop*을 파괴하면, β세포 의 apoptosis가 억제되며, 당뇨병이 현저하게 개선되었다(그림2). 따라서 Akita 마우스의 당뇨병은 변이proinsulin의 축적→소포체스트레스→CHOP유도→β세포apoptosis의 경로를 거쳐서 일어난다는 것이 밝혀지게 되었다.

3 PERK경로가 파괴되면 당뇨병을 발증한다

소포체스트레스전달단백질의 하나인 PERK(제III부 Nagata(永田)의 원고 참고)는 eIF-2α를 인산화함에 따라 번역을 억제하고, 소포체스트레스를 경감하게 움직인다. 최근 신생아당뇨병을 일으키는 Wolcott-Rallison 증후군의 원인으로서 PERK의 변이가 동정되었다[3]. 또한 *Perk* knock-out mouse[4]나 eIF-2α의 인산화부위를 변이시킨 knock-in mouse[5]도 당뇨병을 발증한다고 보고되었다. 이것은 β세포는 생리적 조건에 있어서도 소포체스트레스에 노출되어있으며, 그의 응답기구가 장해받으면 β세포가 apoptosis를 일으키며, 당뇨병을 발증하는 것으로 알려져 있다(**그림3**).

●끝맺음

β세포는 insulin 분비를 주요한 일로 하는 분비세포이며, 소포체스트레스에 대해서 특히 취약하다. 필자들은 여기에서 기술한 1형 당뇨병이나 insulin유전자이상만이 아니라 , 2형 당뇨병의 발증에도 소포체스트레스가 관여하고 있는 것은 아닌가하고 생각하고 있다[6]. 2형 당뇨병은 insulin저항성이 insulin의 과잉생산을 일으키며, β세포가 피폐(疲弊)하여 발증한다고 여기고 있지만, 피폐의 본체야말로 소포체스트레스는 아닐까? 앞으로의 연구가 기대된다.

Q calreticulin에 의한 NO유도성 apoptosis의 억제에 calreticulin의 샤페론활성은 필요한가? 또한 calnexin은 유효한가?

A 소포체 Ca^{2+} pool의 상승에 더하여 calreticulin의 샤페론활성이 관여할 가능성은 크다고 여겨진다. calnexin의 실험은 계획중이다.

Q CHOP와 미토콘드리아의 사이의 apoptosis 경로는 어느 정도 알고 있는가?

A 거의 모르며, 지금 주목을 받고 있다. 최근 그의 최후의 단계에 Bax가 관여하는 것이 밝혀졌다[7].

●문헌

1) Oyadomari, S. *et al.* : *Proc. Natl. Acad. Sci. USA*, 98, 10845-10850(2001)
2) Oyadomari, S. *et al.* : *J. Clin. Invest.*, **109**, 525-532(2002)
3) Delepine, M. *et al.* : *Nature Genet.*, **25**, 406-409(2000)
4) Harding, H. P. *et al.* : *Mol. Cell*, **7**, 1153-1163(2001)
5) Zhang, P. *et al.* : *Mol. Cell. Biol.*, **22**, 3864-3874(2002)
6) Oyadomari, S., Mori, M. : *Cell Death Differ.*, in press (Review)(2004)
7) Gotoh, T. *et al.* : *Cell Death Differ.*, in press(2004)

Masataka Mori, 熊本大学大学院医学薬学研究部 (医学系) 分子遺伝学教室 E-mail : masa@gpo.kumamoto-u.ac.jp
Endoplasmic reticulum stress and diabetes

Column

소포체 스트레스반응의 이상(異常)과 조울병

Kato Tadafumi (加藤忠史)·Kakiuchi Chichiro (恒內千尋)

●서론

조울병(躁鬱病; 雙極性장해)은 조상태, 울상태라는 2가지의 病相을 반복하며, 기분안정약(lithium, valproic acid, carbamazepin)에 의한 생애에 걸친 예방요법이 필요한 질환이다. 쌍생아연구, 가족연구로부터 유전요인이 관여한다고 알려져 있고, 다수의 주요한 관련유전자가 존재한다고 생각되었는데, 연쇄해석으로는 다수의 연쇄부위가 지적되고 있지만, 연쇄부위는 좁혀지고 있지 않다[1].

울상태, 조상태에 주효하는 항울약과 항정신병약이 어느 것도 monoamine정신전달에 영향을 미치는 점에서 monoamine 관련유전자가 샅샅이 조사되고 있지만, 쌍극성장해와의 관련이 확인된 유전자는 없다.

이러한 와중에 lithium이 inositol인지질계에 작용하는 점으로 보아, 쌍극성장해에 있어서 세포내 정보전달계의 이상이 존재할 가능성이 고려되게 되었으며, 배양 lymphoblast(淋巴芽球樣세포)의 연구에서도 여러 가지 세포내 정보전달계의 이상이 보고되어, 이것은 유전자와 정신질환이라는 표현형을 연결하여 [중간표현형]이라고 생각되고 있다. 따라서 세포내 정보전달계 관련유전자는 여러 갈래에 걸치며, 유전적 위험인자의 동정에는 이르지 못했다.

1 현재의 연구

이런 상황 중에 필자들은 방법론적인 돌파구가 필요하다고 생각하여 전혀 다른 방법으로 질환관련유전자를 동정하려고 생각했다. 종래 일란성쌍생아는 유전자가 100% 동일하다고 생각하고 환경과 유전의 영향을 비교하는 연구의 대상으로 되어 왔는데, 최근에는 일란성쌍생아사이에서 DNA염기배열에 차이가 보이는 예나 DNA methylation에 차이가 있을 가능성이 보고되는 등, 유전자연구의 대상으로서도 매력적이라는 기운이 팽배해졌다. 그래서 필자들은 일란성쌍생아에서 한 사람만이 조울병을 발증한 불일치예 2조를 대상으로 하여, DNA microarray에 의해서 유전자 발현양에 차이가 있는 유전자를 망라적으로 탐색했다[2]. 그 결과 두 쌍생아에서 공통의 발현변화가 보인 17유전자에, 2가지의 ER 스트레스반응 관련 유전자 *XBP1* 및 *HSPA5*(GRP78 또는 Bip)가 포함되는 데에 주목했다. *XBP1*가 조울병의 연쇄연구의 hot spot인 22q12에 존재하며, *HSPA5*는 *XBP1*의 하류의 유전자인 점(제III부 Nagata(永田)의 원고 참고), *HSPA5*의 발현양을 기분안정약의 하나인 valproic acid가 상승시키는 점이 보고되고 있었던 점으로 봐서 *XBP1*이 조울병에 관계하고 있다고 생각했다.

일란성쌍생아의 사이에서는 *XBP1*의 유전자배열, 게놈의 copy 수, DNA methylation이 차이가 보이지 않았다. 그래서 일반적인 조울병환자의 lymphoblast에 thapsigargin으로 ER 스트레스를 주어 반응을 조사한 바, 환자의 세포에서는 *XBP1, HSPA5*의 반응이 저하하였다. 그래서 다수의 일본인 환자와 건강인에서 상류배열을 염기배열결정한 결과, *XBP1* 유전자의 상류에 ERSC(소포체 스트레스반응 element)와는 별도로 *XBP1*결합배열이 존재하며, 이 결합배열의 ACGT core를 잃게 된 −116C/G 多型이 존재하는 점을 발견했다. 이 다형은 일본인의 症例대조연구(odds比4.6), 미국인의 이(罹)환자와 양친의 전달불평형test의 두 가지 경우에서 뜻깊은 관련이 보였던 점으로 보아, 이 다형이 조울병의 risk를 높인다고 결론지었다. 또한 −116G는 일본인에서는 다수파이지만, 미국인에서는 G allele이 위험인자로 되고 있는 것 같다.

lymphoblast 및 lymphocyte(淋巴球)에 있어서 G/G형에서는 thapsigargin에 의한 ER스트레스에 대한 *XBP1*반응이 낮은 점으로 보아, 이 다형은 기능변화를 발생한다는 것이 확인되었다. −116G 또는 −116C 및 ERSC를 포함하는 것을 만들어 전사활성을 조사한 바, 보통에서는 양자에 차이가 없지만, 활성형 *XBP1*을 함께 발현시켰을 때만 C 型의 경우가 활성이 높은 것을 알았으며, 이 [*XBP1* 결합배열]에 실제로 활성형 *XBP1*이 결합하며, 이 결합능이 −116G

多型에 의해 잃게 된다는 걸 알았다.

G/G형의 세포에 있어서 ER 스트레스반응의 저하는 valproic acid 7일간 처리에 의해 회복했는데, 이것은 ER 스트레스계에 있어서 *XBP1*의 상류에 위치하는, ATF6(제III부 Mori Kazutoshi(森 和俊)의 원고 참고)의 mRNA를 증가시키기 때문이라고 판명했다[2].

이들 결과는 *XBP1* 多型이 기분안정약의 반응예측의 검사로서 이용가능할지도 모른다는 걸 가리킨다. 또한 ATF6는 새로운 創藥의 표적분자로 될 수 있다. 거기에 더하여 뇌에 있어서 XBP1 pool의 기능을 밝히는 것은 기분의 분자메커니즘의 해명에 관계할 지도 모른다.

2 향후 방향

이번 기회에 일란성쌍생아 불일치예 2조에서 공통으로 발현양차이를 보인 유전자가 모두 ER 스트레스 경로에 관계하는 유전자라고 말할 수 없으며, cAMP계나 미토콘드리아 등, 조울병과의 관련이 지적되어 온 다른 경로에 관계하는 유전자도 포함되어 있어서, 다른 경로가 조울병에 관계하고 있을 가능성이 부정될 수 없게 되었다. 이번 증간호에서 취급하고 있는 다른 질환은 거의가 [폴딩異常을 일으킨 단백질이 어떠한 메커니즘으로 기능장해를 일으킨다]는 질환이다. 그런데 조울병에서는 신경변성의 증거는 없고, 조상태와 울상태라는 可逆性의 증상을 나타내는 질환인 점으로 봐서, 이상단백질의 축적에 의해서 신경변성을 일으키는 다른 ER 스트레스 관련질환과는 그 메커니즘이 다르다고 생각된다.

그런데 왜 XBP1 pool이 조울병과 관계하고 있는 걸까? 이것은 당연히 앞으로의 연구과제이며, 현시점에서는 어떤 정보도 없다. 이제까지 필자들이 검토해온 가능성의 하나는 신경전달에 필요한 단백질, 이를테면 serotonin transporter의 성숙에 영향을 줄 가능성이다. 또 하나는 ER 샤페론의 다른 작용이다. HSPA5는 Ca^{2+}결합작용을 가지며, 소포체의 Ca^{2+} signalling에 영향을 주는 점으로 봐서 XBP1 pool의 장해에 의해 IP_3를 거친 이 Ca^{2+} signalling이 이상을 가져올 가능성도 고려된다.

또 하나는 *XBP1*에 신경계 특유의 기능이 존재할 가능성이다. *XBP1*은 원래 일반적인 전사인자이며, 임파구의 분화, 췌장의 형성 등, 많은 작용을 가지고 있어, 결코 ER 스트레스 전문의 전사인자라고는 말할 수 없다. 또한 ER 스트레스에 대해서는 주로 세포수준에서의 연구가 진행해 왔기 때문에, *in vivo*, 특히 뇌에서의 생리적 의의에 대해서는 아직 충분히 알고 있다고는 말할 수 없다. 당뇨병에서 ER 스트레스가 문제도 되는 것은 췌장에서 분비단백질을 대량으로 합성하기 위함인데, 신경에서도 신경내분비세포 등, 분비단백질·펩타이드의 합성을 하는 세포에서는 ER 스트레스반응의 효율이 기능적으로 큰 의의를 가진 지도 모른다. 혹은 신경可塑的 변화에 따르는 단백질합성의 亢進시, 이 경로가 중요하게 될 가능성도 있다. 신경세포에서는 세포핵에서 멀리 떨어진 수상돌기, 축색에서도 mRNA로부터의 단백질 합성이 이뤄지고 있고, 그 때문에 축색신장에 따라서 mRNA가 필요하게 된다고 생각되는데, 어쩌면 *XBP1*은 축색의 신장이나 synapse형성을 위한 단백질합성, 소포체에서의 폴딩이 왕성하게 되었을 때, 이것을 감지하여 이러한 신경가소적 변화에 필요한 mRNA합성을 촉진하는 작용을 가지고 있는 지도 모른다.

2002년에 3종의 기분안정약의 모두가 신경세포의 성장원추(圓錐)를 증대시키는 작용을 가진다는 것이 Nature지에 보고되어 주목받았는데[3], 그 병태생리학적 의의는 전혀 밝혀져 있지 않다. 이번의 *XBP1* pool에 대한 나의 소견과 이러한 신경세포에 대한 기분안정약의 공통작용의 사이에 잃어버린 고리가 연결되는 날이 올 지도 모르겠다.

●문헌

1) 加藤忠史・加藤進昌：蛋白質 核酸 酵素，**44**, 1975-1981 (1999)
2) Kakiuchi, C., Iwamoto, K., Ishiwata, M., Bundo, M., Kasahara, T., Kusumi, I., Tsujita, T., Okazaki, Y., Nanko, S., Kato, T. *et al* : *Nature Genet.*, **35**, 171-175(2003)
3) Williams, R. S., Cheng, L., Mudge, A. W., Harwood, A. J. : *Nature*, **417**, 292-295(2002)

Tadafumi Kato, Chihiro Kakiuchi, 理化学研究所 脳科学総合研究センター精神疾患動態研究チーム E-mail : kato@brain.riken.go.jp
ER stress response and bipolar disorder

Column

혈액응고인자결핍증과 단백질의 수송, 품질관리

Tokunaga Fuminori (德永文稔)

創傷부위에서 피가 딱딱해지는 매우 낮익은 생체반응은 수 종류의 serine protease 전구체와 보인자가 연쇄적으로 활성화하는 cascade 반응으로 되며, 최종적으로 fibrin이 gel화하여 혈전으로 된다. 그 후 과잉 혈전을 생기지 않도록 지혈반응에 브레이크를 거는 제어인자군이 작용한다. 따라서 응고인자의 기능이상은 출혈증이 되며, 제어인자의 이상은 혈전증을 나타낸다. 혈우병은 유럽왕실에 발증한 것으로부터 역사적으로 특히 유명한데. 그 외의 다른 인자에 대해서도 수많은 유전성변이가 별견되고 있다. 여기에서는 그의 분자병인이 단백질의 세포내수송이나 품질수송에 관련하는 2가지의 토픽을 소개한다.

하나는 선천성 제V, VIII인자합병결핍증(F5F8D)이다. F5F8D는 V인자나 VIII인자의 유전자에는 전혀 변이가 없는 데도 불구하고, 이들의 혈중함량이 5-30%로 감소하기 위하여 출혈증이 되는 불가사의한 병이었다. 1998년에 F5F8D의 원인유전자의 하나가 ERGIC-53인 것이 밝혀지게 되었는데[1], 최근 더욱더 원인유전자로서 MCFD2(multiple coagulation factor deficiency 2)가 동정되었다[2]. ERGIC-53은 소포체-골지체중간영역에 존재하는 분자량53K의 막단백질이며, 內腔영역은 mannose lectin이다. 또한 MCFD2는 calcium 의존적으로 복합체를 형성하고 있고, V·VIII인자의 중앙부에 있는 당쇄가 풍부한 영역에 모여서, 이들을 소포체에서 골지체로 수송하는 cargo수용체로서 작용한다고 생각된다. 현재의 경우, ERGIC-53/MCFD2복합체의 기능이상에 의한 V·VIII인자의 분비이상이라는 형질만이 인정되고 있는데, 이 복합체는 혈액응고계를 가지지 않는 하등생물에도 존재하는 점으로 봐서 보다 기본적인 세포내 단백질수송에 관여하고 있을 가능성이 높다.

또 하나의 토픽은 혈액응고인자결핍증과 품질관리기구와의 관련이다. 일반적으로 혈액응고인자결핍증은 혈중단백질양이 저하하는 양적이상(I형)과, 활성이 저하하는 질적이상(II형)으로 대별된다. I형은 분비이상이 되는 타이프이고, 그의 세포기구는 (1) 전형적인 ERAD를 받는 타이프(다수있음), (2) proteasome 비의존성분해를 받은 변이체(histidine-rich 당단백질 Tokushima(德島) I형), (3) 소포체내 축적을 일으키는 변이체(fibrinogen Aguadilla[3], anti-thrombin Morioka(盛岡)[4])등 다양하다. 번역후수식不全이 분비이상에 관련하는 예도 보이며, 소포체 막효소인 γ-carboxylase에 의해서 γ-carboxyglutamic acid라는 응고인자에 특이적인 아미노산이 생성되지 않는 경우는 ERAD를 받는다. 또한 VIII인자결합단백질인 von Villebrand factor(vWF)의 Cys149→Arg변이는 dominant negative가 되며, 소포체내에서 정상형과 oligomer를 형성하며, 동시에 분해된다. XII인자 Tenri(天里) Tyr34→Cys)의 환자혈중에서는 새로 생긴 Cys에 α_1 microglobulin이 결합한 hetero dimer가 약간 분비되고 있으며, 변이부위를 mask함으로써 소포체의 품질관리에서 일탈했다고 생각된다[5]. 이들 다채로운 표현형은 어떠한 소포체내 품질관리인자와 상호작용함(혹은 할 수 없음)에 따라서 야기되는 것인지 잘 알 수 없지만, 품질관리의 엄밀함이나 변이에 의한 입체구조변화와, 분해나 축적이라는 표현형과의 상관관계을 해석하는 최고의 모델계라고 말할 수 있다.

Q ERGIC-53/MCFD2기능이상에서 V인자, VIII인자는 ERAD를 받는가?

A ERAD을 받는지는 모르지만, *N*결합형당쇄의 mannose trimming이 ERGIC-53회합에 중요한 점으로 봐서, ER의 품질관리계와 ERGIC-53은 협조한다고 생각된다.

Q fibrinogen Aguadilla, anti-thrombin Morioka에서는 소포체내 축적을 일으키는 메커니즘으

로서는 어떠한 것이 생각되고 있는가?

A fibrinogen은 응고에 수반하여 oligomer화하는데, Aguadilla형은 그 부위가 변이했기 때문에, ER내에서 polymer화한다고 여겨진다. 또한 Morioka형에서는 S-S결합형성부전 때문에 2량체화하는 것이나 GRP78과 회합하는 것이 축적의 원인으로 생각되고 있다.

●문헌

1) Nichols, W. C. *et al,* : *Cell*, **93**, 61-70 (1998)
2) Zhang, B. *et al.* : *Nat. Genet.*, **34**, 220-225 (2003)
3) Brennan, S. O., *et al,* : *Hepatology*, **36**, 652-658 (2002)
4) Tanaka, Y. *et al,* : *J. Biol. Chem.*, **277**, 51058-51067 (2002)
5) Kondo, S. *et al,* : *Blood*, **93**, 4300-4308 (1999)

Fuminori Tokunaga, 大阪市立大学大学院 医学研究科 分子制御分野 E-mail : ftokunaga@med.osaka-cu.ac.jp

Hereditary deficiencies of blood coagulation factors : From the viewpoints of intracellular transport and quality control

peroxisome의 형성기구와 peroxisome병

Fujiki Yukio (藤木幸夫)

세포내 소기관 peroxisome은 세포내 단백질선별수송, organelle의 형성과 장해기구 등, 이른바 protein kinesis의 과제해명에 적당한 모델organelle로서, 연구의 진전이 두드러진다. 여러 종의 효모나 포유동물 배양세포유래 peroxisome결손성 변이주를 사용한, peroxisome 유전자(*PEX*)의 cloning과 해석이 진행되었고, 이 organelle의 형성기구의 개요가 밝혀져 왔다. 그래서 많은 상보성군으로 분류되는 Zellweger증후군 등, 치사성유전질환 peroxisome 결손증(형성이상증)의 病因 *PEX*유전자의 전모가 최근 마침내 해명되었다. 이들 일련의 비약적인 연구의 진보를 해설한다.

key Words peroxisome CHO변이세포 *PEX*유전자 peroxin peroxisome 형성이상증

●서론

peroxisome은 진핵세포에 널리 존재하는 직경 0.1-1 μm의 구상 내지 타원형의 한 겹 단위막 세포내 소기관이며, 極長鎖 지방산의 β산화, plasmalogen이라는 ether인지질이나 담즙산의 생합성 등, 여러 방면에 걸친 기능을 가진다[1]. peroxisome의 형성제어기구와 위독한 치사성 유전자질환인 peroxisome 결손증(이상증)의 병인해석에 대해서 최근 큰 진전을 보이고 있다. 여기에서는 이번 증간호과제의 해명을 향한 하나의 모델계로서 필자들의 연구를 포함하여 최근의 정보를 개설한다.

I. peroxisome의 생합성기구

peroxisome의 형성기구에 관해서는 cytosol의 유리형 polysome에서 합성된 구성단백질이 번역후 기존의 peroxisome에 이송되며, 그 결과 peroxisome이 성장, 분열하여 증식해간다는 모델이 일반적으로 받아들여지고 있다[1]. peroxisome구성 matrix 단백질의 수송신호로서 현재까지 2가지의 type(PTS1, PTS2)가 동정되고 있고, 대부분의 효소는 PTS1형이다(표1). peroxisome으로 가는 단백질수송·집어넣기 때에는 PTS2는 proteolytic processing을 받지만, PTS1은 절단되지 않는다. 한편 peroxisome 막단백질 국재화신호(mPTS)에 관해서는 효모 *Candida boidiniii*PMP47, 사람 PMP34나 사람 Pex16p[2] 등에서 밝혀져 있지만, 앞으로 전체像의 해명이 기대된다. 최근 효모계나 마우스 樹狀세포 등의 특이적 조직에 있어서 peroxisome 생합성초기과정에 있어서 ER(소포체)이 관계된다는 보고는 아주 흥미롭다.

표1. peroxisome국재화신호

type	아미노산배열	절단
PTS1	C말단 SKL motif -Ser/Ala-Lys/Arg/His-Leu-COOH	−
PTS2	N말단 연장 peptide -Arg/Lys-Leu/Val/Ile-X5-His/Gln-Leu/Ala-	+

X는 임의의 아미노산을 가리킨다.

II. peroxisome 병

1964년, Bowen 등에 의해서 처음 보고된 Zellweger 증후군(ZS)이라는 뇌·간·위증후군은 신생아期부터

Yukio Fujiki, 九州大学大学院理学研究院生物科学部門 E-mail : yfujiscb@mbox.nc.kyushu-u.ac.jp
Peroxisome biogenesis and human peroxisomal disorders

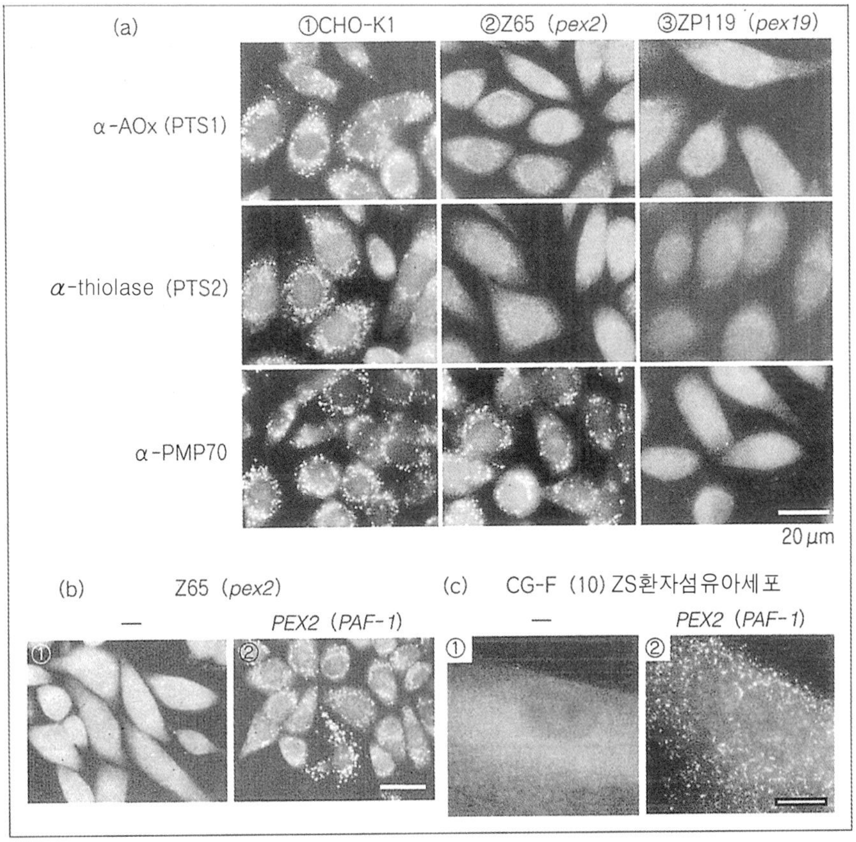

그림1. CHO *pex* 변이세포와 상보(병인)유전자의 cloning

(a) CHO-K1 야생주 ①, 및 peroxisome 형성이상변이세포 : matrix 단백질수송장해성 ②, 및 peroxisome 막 assembly 장해성세포 ③ (표2 참조)의 PT1, PTS2 (thiolase, acetyl-CoA acetyltransferase, EC 2.3.1.9)).70K 막단백질항체에 의한 면역형광항체염색. 야생주에서는 무수한 peroxisome이 과립상으로 관찰되는데, *pex*변이세포에서는 단백질국재화에 이상을 드러내어 peroxisome은 인정되지 않는다. (b) 상보 *PEX* 유전자도입?발현세포 : *pex2* Z65세포 ① : cDNA library로부터 perxisome이 형성회복을 지표로 클로닝한 positive clone *PEX2*를 발현한 Z65세포 ②. 항catalase항체염색. Pex 2p발현으로 인해 perxisome으로의 수송회복이 보인다. scale bar:20 μm. (c)상보 PEX 유전자도입·발현환자세포: 상보성群 F(유럽10)群의 Zellweger증후군 환자유래 섬유아세포 ①: *PEX2*도입·발현F群 환자서유아세포 ②. 항catalase항체염색. (b) 같은 모양. *PEX2*발현에 의한 peroxisome의 형성회복이 인정된다. scale bar:20 μm.

筋긴장저하, 안면이상, 간腫大, 정신운동발달지연 등 多發기형을 가지는 증후군이며, 유아기 조기(수주간-1년이내)에 거의 사망하는 위독한 常염색체 열성 유전질환이다[4]. 임상생화학적 이상으로서 plasmalogen의 著減, 극장쇄 지방산이나 pipecolic acid의 증가, 담즙산 중간대사산물의 축적 등이 인정된다. 환자세포에서는 peroxisome 효소의 생합성은 정상적으로 이뤄지고 있는데, 수송이상 때문에 형태학적으로 peroxisome이 관찰되지 않는다(**그림1**). 한편, peroxisome ghost라고 불리는 내부가 空洞의 막구조물이 많은 본환자유래섬유아세포에 검출되는 점으로 봐서 막단백질의 수송은 정상이라고 생각된다[5](3가지의 상보성군을 제외하고, 아래 참조). 이른바 peroxisome 형성이상증의 prototype ZS와 유사한 질환으로서 신생아형 부신백질디스트로피(neonatal adrenoleukosystrophy:NALD)와 유아형 Refsum병(infantile Refsum disease:IRD)가

표2. peroxisome 형성이상증 상보성群과 상보(병인)유전자

상보유전자	사람 상보성균		임상형	CHO변이세포	막 assembly	peroxisome의 특징	
	일본	유럽				분자량(K)	
PEX1	E	1	ZS,NALD,IRD*	Z24, ZP107	+	143	AAA family
PEX2 (PAF1)	F	10	ZS,IRD*	Z65	+	35	PMP.RING finger
PEX3	G	12	ZS	ZPG208	−	42	PMP, peroxisome막형성인자
PEX5		2	ZS,NALD	ZP105*, ZP139	+	68	PTS1 receptor, TPR family
PEX6	C	4 (6)	ZS,NALD*	ZP92	+	104	AAA family
PEX7	R	11	RCDP	ZPG207	+	36	PTS2 receptor, WD motif
PEX10	B	7 (5)	ZS,NALD		+	37	PMP.RING finger
PEX12		3	ZS,NALD,IRD	ZP109	+	40	PMP.RING finger
PEX13	H	13	ZS,NALD*	ZP128	+	44	PMP, PTS1 docking factor, SH3 domain
PEX16	D	9	ZS		−	39	PMP, peroxisome막형성인자
PEX19	J	14	ZS	ZP119	−	33	peroxisome 막형성인자, farnesyl화
PEX26	A	8	ZS,NALD*,IRD*	ZP124, ZP167	+	34	PMP, Pex1p−Pex6p recruit인자
PEX14				ZP110	+	41	MMP, PTS1 및 PTS2 receptor docking factor
				ZP114	+		
				ZP126	+		

ZS : Zellweger 증후군, NALD : 신생아형 부신백질 dystrophy, IRD : 유아형 Refsum병, RCDP : 반상연골형성부전증 II형, * : ts(온도감수성), PMP : peroxisome 막단백질

있다(**표2**). 광범한 뇌백질의 脫髓(탈수)와 부신피질세포의 팽대를 보는 유전성질환 ALD의 신생아형(NALD) 및 phytanic acid의 增量을 포함한 여러 가지의 생화학적 이상이 인정되는 IRD는 peroxisome의 결손이나 감소에 기인한다. 양자모두 ZS에 비해서 증상은 경미하고 환자의 수명도 길다.

斑狀연골형성부전증 II 형(rhizomelic chondrodysplasia punctata: RCDP)에서는 극도의 성장장해, 사지발달부전 등이 인정된다. 생화학적으로는 phytanic acid의 증가나 plasmalogen의 著減 등의 이상을 나타내는 것 이외는 정상이다. peroxisome 형성이상증에는 현재까지 12종의 상보성군이 보고되고 있다[6, 7](표2). 그 외 伴性型 부신백질디스트로피(반성형 ALD, X−linked ALD)나 原發性 高oxalic acid뇨증 I형 등, 이른바 peroxisome 효소(단백질) 단독결손증도 많이 알려져 있다[8].

III. peroxisome형성인자(peroxin)의 분리

1. peroxisome형성이상 동물변이세포의 분리

ZS로 대표되는 사람 선천성peroxisome결손증 질환군의 변인유전자의 구명과 그의 분리는 환자로부터 입수가능한 섬유아세포 등으로는 곤란하다. 그래서 필자들은 CHO(chinese hamster 난소)세포로부터 환자유래세포와 같은 표현형을 나타내며, 13종의 상보성군으로 분류되는, peroxisome 결손성 변이세포의 분리를 하여 성공하였다[6, 7](표2, 그림1). 그 중 10종의 CHO 변이세포는 세포융합실험에서 peroxisome형성이상증 화자유래 섬유아세포과 같은 상보성군에 속하는 것으로 판명되었다[6, 7](표2). 이 결과로부터 peroxisome형성에는 적어도 15개의 유전자(산물)이 관여한다고 여겨졌다.

2. 포유동물 peroxisome cDNA cloning과 해석

a. matrix 단백질수송에 관여하는 peroxisome

필자들은 전술한 CHO 변이세포에 대해서 peroxisome 형성회복을 지표로 한 유전학적 상보활성 screening법을 이용한 peroxin cDNA(*PEX*)의 cloning을 전개하고 있고, 변이세포 Z65에 대한 상보유전자 *PAF−1*(*PEX2*) cDNA의 분리에 처음으로 성공했다[9]. 이어서 변이세포 ZP92에 대해서 *PEX6*가 클로닝되고, 꼭같이 *PEX12, PEX1, PEX13* 및 *PEX14*의 분리에 성공했다[6, 7]. 사람*PEX10*은 효모의 human homolog로서 human cDNA database에서의 homolog검색법(EST법)에 의해 클로닝했다[10]. Pex1p와 Pex6p는 AAA ATPase family에 속하며,

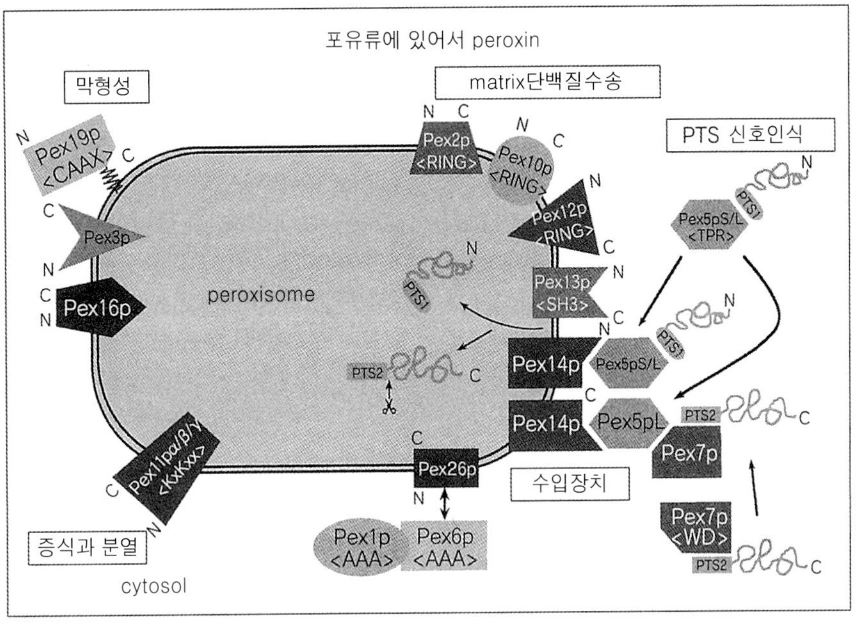

그림2. peroxisome의 assembly와 형성인자 peroxin

사람을 포함한 포유동물계에서 현재까지 클로닝된 peroxsisome의 형성에 필수적인 peroxin과 그의 세포내 국재를 나타낸다. PTS1단백질은 PTS1수용체 Pex5pS 및 Pex5pL에 의해서 운반되는 한편, PTS2단백질은 Pex5pL-Pex7p-PTS2 cargo 복합체로서 수송되며, 주로 Pex14p, Pex13p, RING finger-peroxin으로 구성되는 막통과장치를 거쳐서 peroxisome내로 국재화된다[11,12]. 더구나 수송되는 단백질 가운데 적어도 PTS1단백질은 Pex14p를 통과한 다음, Pex13p에 이르기 전 단계에서 Pex5p에서 유리된다[11]. 한편 AAA ATPase peroxin 복합체 Pex1p-Pex6p는 신규 peroxin Pex26p에 의해 peroxisome막으로 recruit된다[15].

Pex2p, Pex10p, Pex12p는 Zn^{2+}-결합성 RING family 단백질이다. PTS1 및 PTS2 수용체에 의해 클로닝되었다[5]. 포유동물계 Pex5p에는 2종의 isoform, S型과 L型(S형 내 부위215-216의 사이에 37 아미노산의 삽입배열)이 존재하고, homo 및 hetero dimer를 형성하여, PTS1단백질을 cytosol에서 peroxisome으로 수송한다[11]. 한편 PTS2단백질은 PTS2 수용체 Pex7p에 의해 인식되며, 양자의 복합체는 Pex5pL에 의해서 수송되는 것이 밝혀졌다[11, 12]. 양 복합체의 peroxisome막의 docking 인자는 Pex14p이다. 더욱이나 Pex5p의 Pex14p나 Pex13p와의 결합에는 N말단측(1-243)에 존재하는 WXXXF/Y motif가 필수인 점, Pex7p와는 Pex5pL 특이적 삽입배열의 N말단측 약 1/2몫과 상류측 27아미노산 영역에서 결합하는 점, 또한 PTS1 단백질은 막통과장치구성인자인 Pex14p를 통과한 다음, Pex13p의 앞에서 해리하는 것을 밝혔다[11](그림2). Pex5p는 cytosol-peroxisome matrix 사이의 shuttle receptor로서 기능하고 있는 점도 보고되어 있으며[13], Pex7p도 같은 기구로 기능하고 있다고 생각된다[12]. 따라서 peroxisome matrix 단백질은 Pex14p, Pex13p, RING peroxin(Pex12p, Pex10p, Pex2p)를 주체로 한 막통과장치를 거쳐서 peroxisome 내로 국재화되며, Pex5p와 Pex7p는 순환하는 기구가 생각된다(**그림2**). 아주 최근 출아효모에서의 peroxisome matirx 단백질수송장치 복합체는 Pex14p, Pex13p, Pex17p로 이뤄지는 "docking 복합체"와 "RING복합체"로 구성되며, 양자의 만남에는 Pex8p가 개재하는 것이 발견되었다[14]. 그러나 포유류 Pex8p의 보고는 없다.

Pex1p 및 Pex6p는 복합체를 형성하는 그들의 기능에 관해서는 모르지만, 효모 *Yarrowia lipolytica*

에서는 peroxisome막의 융합에 관여한다는 보고도 있어 흥미롭다. 저자들은 아주 최근 ZP167 변이세포를 사용하여 Pex1-Pex6p 복합체를 peroxisome으로 recruit하는 peroxin으로서 작용하는 Pex26p의 클로닝을 성공했다[15](표2). 이 구도는 peroxisome 형성과정에 있어서 Pex1p, Pex6p의 기능해명에 실마리를 주었을 뿐만 아니라, 소포수송계에 있어서 SNARE-SNAP -NSF 등과 같은 작용기구도 상상하게 한다. 또한 같은 시기에 효모 Pex15p가 Pex6p의 막수용체로서 작용한다고 보고되었다[16].

b. 막단백질의 수송·삽입에 관여하는 peroxin

peroxisome막 형성異常 CHO변이세포에 대한 상보유전자 *PEX19* 및 *PEX3*을 분리하고[17,18](표2, 그림2), 이어서 이들의 유전자의 발현에 따르는 peroxisome생합성과정의 해석으로부터 처음으로 peroxisome막의 assembly, 이어서 matrix단백질의 집어넣기에 의해서 peroxisome이 형성되는 점을 밝혔다[17]. 아울러 peroxisome막 결손 상보성群 D群(유럽9群)에 대하여 상보유전자 PEX16을 ETS법에 의해서 클로닝했다[19](표2). 이들 시스템을 사용한 막형성과정(membrane biogenesis)의 해명은 훨씬 흥미로운 중요과제로서 분자수준에서 그 해석이 기대된다.

c. peroxisome의 증식·분열기구

출아효모의 *PEX11* 유전자파괴주에서는 이상하게 큰 peroxisome이 관찰되는 한편, 과잉발현에 따라 수많은 peroxisome을 만드는 점으로 봐서 Pex11p는 peroxisome의 분열에 관여하는 것이 시사되고 있다. 포유동물세포에서는 *PEX11*변이 CHO세포 혹은 peroxisome 형성이상증 환자의 보고는 없다. 최근 만들어진 *PEX11* β knockout 마우스에서는 peroxisome의 형태, 기능 모두 거의 정상인데, 생후 하루 이내로 사망한다고 하는, 아주 흥미로운 정보가 보고되어있다[20]. 그러나 *PEX11* α null 마우스에서는 이와같은 것은 인정되지 않았다[21]. CHO세포에서의 일과성의 발현에서는, Pex11p β는 형태적으로 분열 전이라고 여겨지는 아령(dumbbell)모양 peroxisome의 중앙에 있는 점으로 봐서, Pex11p β자신 혹은 다른 인자와 복합체의 모습으로 분열을 제어한다고 해석된다(Tanaka 등, 미발표). 최근 PEX11 γ가 클로닝되고 있고, 그의 기능해명이 이들 3자의 관계를 밝히는 것이라고 기대된다[21, 22]. 더욱이나 미토콘드리아의 형태와 분열에 관계하는 것으로 알려진 포유류 dynamin-like protein 1(DLP1)이 peroxisome의 분할이나 형태유지에 관여하고 있다고 보고된다[23]. Pex11p와의 협주적 역할, GTP의 가수분해에너지는 어느 단계에 필요하게 될 지 흥미진진하다.

이와같이 peroxisome에 대해서는 그의 기능이 해명된 것은 적고, 앞으로의 연구를 기대하고 있는 형편이다. 따라서 이들 기능분자기반을 밝히는 일은 peroxisome 형성·유지기구의 분자수준의 해명과 직결한 문제라고 말할 수 있다.

IV. peroxisome 병의 病因유전자

1. peroxisome 결손증 원인유전자의 클로닝과 해석

a. peroxisome 형성이상증의 병인유전자

peroxisome 형성인자로서 처음 클로닝한 *PAF-1(PEX2)*을 F群의 Zellweger증후군(ZS)환자유래 섬유아세포에서 발현시킨 경우, peroxisome의 형성이 회복했다[24](그림1b,c). 이 환자는 Pex2p(305 아미노산잔기)배열중 Arg119(<u>C</u>GA)가 종지코돈(<u>T</u>GA)로 변이한 homo접합형변이 *PEX2* 유전자를 가진 것으로 판명됐고, Pex2p(1-118)는 peroxisome형성부전의 결과, ZS를 발증한 것이라고 결론 내렸다[24]. 이것이 세계에서 첫 병인유전자의 해명임과 동시에 이 질환이 常염색체 열성유전병인 것을 유전자수준에서 해명한 성과로서 높이 평가받고 있다. 이어서 현재까지 ZS를 위시하여 peroxisome결손증 가운데 7가지의 상보성군에 대해서 CHO 변이세포를 사용하여 동정, 분리한 *PEX1, PEX3, PEX5, PEX6, PEX12, PEX13* 및 *PEX19*가 병인유전자라는 점을 밝혔다[6, 7](표2). 또한 효모유전자를 사용한 human EST DNA database검색에 의해 클로닝한 *PEX10* 및 *PEX16*도 각각 상보성군 B군(유럽7군), D군(유럽9군) peroxisome 결손증의 병인유전자인 점을 밝혔다[10, 19]. 유럽에서는 오로지 이 EST법에 의한 해명이 병행하여 전개되어 왔다[5]. 아주 최근 필자들은 남아있던 상보성군 8군(일본A군)의 병인유전자로서 *PEX26*의 클로닝에 오랜 시간과 노력 끝에 성공했다[15, 22]. 따라서 질환 peroxisome 형성이상증의 全상보성군에 대하여 병인유전자가 밝혀지게 된 것이다. 10년 남짓 이정도 많은 질환유전자가 밝혀지게 된 예는 거의 없다.

b. 임상형과 온도감수성 세포 표현형

가장 환자수가 많은 E군(유럽1군)에 있어서, IRD 환자유래의 섬유아세포는 30℃에서 배양시 peroxisome형성이 회복하는데, 이와같은 온도감수성은 ZS 환자유래의 섬유아세포에서는 관찰되지 않는 점을 알아냈다[26](**그림3**). 이 온도감수성은 변이 Gly843Asp에 기인하는 점, 그것도 많은 IRD환자나 일부 NALD 환자에게서 이 점변이가 homo 또는 hetero로 인정되었다[26]. IRD나 NALD는 ZS에 비해서 수명도 비교적 길고, 임상적 및 생화학적으로도 증상이 가볍고, 온도감수성을 나타내는 *PEX1*의 변이와 IRD의 임상병型과의 밀접한 관련을 강하게 시사하고 있다. 같은 온도감수성의 표현형은 *PEX26*변이를 가지는 NALD나 IRD 환자세포[25] 등, 다른 상보성군 세포에서도 발견되고 있으며, 임상적 중증도나 생명豫後와 상관이 있고, 출생前진단, 중증도진단이나 예후판정도 가능하다고 말할 수 있다(표2).

c. peroxisome 형성인자결손·장해 모델마우스

peroxisome 결손증의 발증기구, 특히 태생기에 있어서 뇌·신경형성이나 기관형성이상의 메커니즘의 해명을 목표로 하여, *PEX2*[27], *PEX5*[28], *PEX27*[29], *PEX11*[20, 21], *PEX13*[30]의 유전자 knockout mouse가 확립되어 왔다. 환자의 보고가 없는 PEX11을 제외하고, 어느 것도 기본적으로는 그들의 유전자장해를 가지는 peroxisome형성장해환자와 같은 표현형을 나타낸다고 보고되고 있다.

2. 그 외의 peroxisome 병인유전자의 탐색

peroxisome형성이상증 이외의 peroxisome병의 1차적 병인에 관한 정보를 간단히 소개한다. peroxisome막국재의 極長鎖 지방산-CoA ligase결손 또는 기능부전에 기인한다고 말해온 伴性型 ALD는 ABC(ATP-binding cassette)수송체 superfamily에 속하는 ALDP(ALD protein)의 이상이 원인이다. 原發性 高oxalic acid뇨증 I형에서 peroxisome 효소, serine:pyruvic acid aminotransferase(SPT,

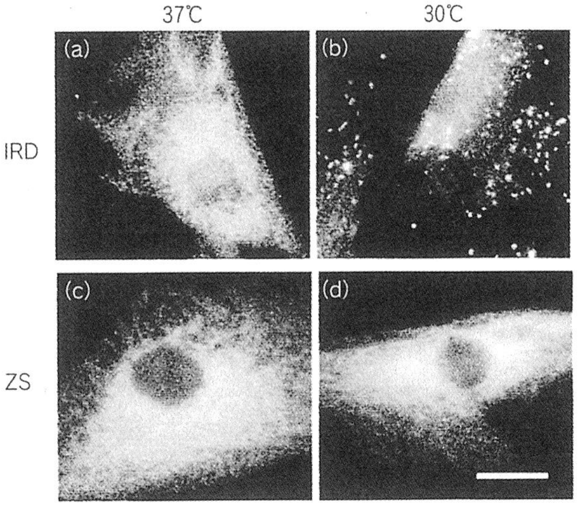

그림3. 온도감수성 peroxisome형성

상보성군 E군(유럽1군)의 환자 섬유아세포를 37℃ 및 30℃에서 배양후, 항catalase항체에 의한 면역형광항체염색상. IRD : 乳幼兒性 Refsum병(a,b); ZS : Zellweger증후군(c,d). scale bar: 20 μm. 경증형 환자세포에 있어서는 30℃에서 peroxisome의 형성회복이 인정된다.

별칭 AGT)의 異常은 대부분의 SPT가 peroxisome 국재가 아니고, 미토콘드리아에 mistargeting되어 있는데에 기인하고 있다. SPT 변이부위로서 Pro11 Leu, Gly170Arg, Ile340Met가 발견되어 있다. 단일 효소결손증의 상세한 것은 다른 책[8]을 참고하라.

●끝내기

peroxisome의 형성과정에는 수많은 *PEX*유전자(산물)가 관여한다는 것이 10년간의 연구의 경이적 발전에 의해 밝혀지게 되었는데, 그 수가 점점 증가하고 있다. 또한 현재까지 동정된 12 상보성군의 peroxisome형성이상증의 병인유전자도 국제적 경쟁아래 비약적으로 해명되고, 全상보성군의 병인유전자가 밝혀지게 되었다. 앞으로 새로운 상보성군의 환자보고의 가능성도 높은 한편, 대부분의 12 상보성군 환자의 유전자변이해석에 의해서 유전자형-표현형의 상관성 확립이나 임상적 응용도 포함하여 보다 상세한 검토가 기대된다. 또한 peroxisome형성인자결손장해 모델마우스를 사용한 peroxisome 결손의 발증기구, 특히 태생기에 있어너서 뇌신경형성이나 기관형성이상의 메커니즘의 해명, 더구나 유전자치료법 확립으로 향한 기초연구도 기대된다. 이들 일련의 연구의 진전과 병행하여, *PEX*유전자의 클로닝에서 peroxisome의 생화학적 기능해석과 연구의 주류가 이동하고 있다. peroxisome을 모델 organelle로 한 protein kinesis의 연구는 단백질의 세포내 선별수송, 소시관형성과 그의 제어기구의 해명이라는 분자세포생물학의 명제해결에 공헌하면서 크게 전개하고 있다.

Q peroxisome단백질의 peroxisome막통과에 대해서는 어느 정도 알고 있는가? 이를테면 폴딩한 채 통과하는지, unfolding한 모양으로 통과하는지? 분자샤페론의 관여는? 막통과장치의 후보인자 Pex13p와 Pex14p는 복합체로서 구멍을 형성하는가?

A peroxisome으로 향하는 단백질의 수송과정에는 cytosol HSP70, 효모 Djp1(DnaJ-like protein) 및 ATP 등의 에너지가 필요하다는 정보가 얻어져 있으며, peroxisome내의 분자샤페론도 병행하여 검색되어왔는데, 발견했다는 보고는 아직 없다. 한편 peroxisome으로 향하는 단백질수송에는 반드시 unfolding은 필요하지 않고, 단백질이 oligomer화하고 나서라도 peroxisome으로 수송된다고 하는 아주 흥미로운 관찰이 보고되어 있다. 또한 peroxisome matrix 단백질의 막통과를 介在하는, Pex14p나 Pex13p로 되어있는 "docking 복합체"의 구멍형성의 가능성도 논의되고 있다.

Q peroxisome 병에 보이는 plasmalogen의 著減, phytanic acid의 증량은 무엇을 의미하는가?

A peroxisome은 지방산, 특히 極長鎖 지방산(탄소쇄C20이상)의 β산화, plasmalogen이라는 ether 인지질의 생합성, 담즙산의 생합성, chlorophyl의 대사중간산물 phytanic acid나 lysine의 중간대사물 pipecolic acid의 異化 등을 위시하여, 많은 물질대사계를 담당하고 있고, 이 소기관의 형성장해에 의한 기능부전은 여러 가지의 대사물질의 축적이나 결핍을 불러일으키며, 치사성의 질환을 초래하게 된다.

문헌

1) Lazarow, P. B., Fujiki, Y. : *Annu. Rev. Cell Biol.*, 1, 489-530 (1985)
2) Honsho, M., Hiroshige, T., Fujiki, Y. : *J. Biol. Chem.*, **277**, 44514-44524 (2002)
3) Tabak, H. F., Murk, J. L., Braakman, I., Geuze, H. J. : *Traffic*, 4, 512-518 (2003)
4) Lazarow, P. B., Moser, H. W. : " The metabolic basis of inherited disease", (Scriver, C. R., Beaudet, A. L., Sly, W. S., Valle, D. eds.) , 7th ed, pp. 2287-2324, McGraw-Hill, New York (1995)
5) Gould, S. J., Valle, D. : *Trends Genet.*, **16**, 340-345 (2000)
6) Fujiki, Y. : *FEBS Lett.*, **476**, 42-46 (2000)
7) Fujiki, Y. : "*Nature* Encyclopedia of the Human Genome", vol. 4, pp. 541-547, Macmillan., London (2003)
8) "The metabolic basis of inherited disease", (Scriver, C. R., Beaudet, A. L., Sly, W. S., Valle, D. eds.) , 7th ed, pp.2325-2424, McGraw-Hill, New York (1995)
9) Tsukamoto, T., Miura, S., Fujiki, Y. : *Nature*, **350**, 77-81 (1991)
10) Okumoto, K., Itoh, R., Shimozawa, N., Suzuki, Y., Tamura, S., Kondo, N., Fujiki, Y. : *Hum. Mol. Genet.*, **7**, 1399-1405 (1998)
11) Otera, H., Setoguchi, K., Hamasaki, M., Kumashiro, T., Shimizu, N., Fujiki, Y. : *Mol. Cell. Biol.*, **22**, 1639-1655 (2002)
12) Mukai, S., Ghaedi, K., Fujiki, Y. : *J. Biol. Chem.*, **277**, 9548-9561 (2002)
13) Dammai, V., Subramani, S. : *Cell*, **105**, 187-196 (2001)
14) Agne, B., Meindl, N. M., Niederhoff, K., Einwaechter, H., Rehling, P., Sickmann, A., Meyer, H. E., Girzalsky, W., Kunau, W.-H. : *Mol. Cell*, 11, 635-646 (2003)
15) Matsumoto, N., Tamura, S., Fujiki, Y. : *Nat. Cell Biol.*, 5, 454-460 (2003)
16) Birschmann, I., Stroobants, A. K., van den Berg, M., Schaefer, A., Rosenkranz, K., Kunau, W.-H., Tabak, H. F. : *Mol. Biol. Cell*, **14**, 2226-2236 (2003)
17) Matsuzono, Y., Kinoshita, N., Tamura, S., Shimozawa, N., Hamasaki, M., Ghaedi, K., Wanders, R. J. A., Suzuki, Y., Kondo, N., Fujiki, Y. : *Proc. Natl. Acad. Sci. USA*, **96**, 2116-2121 (1999)
18) Ghaedi, K., Tamura, S., Okumoto, K., Matsuzono, Y., Fujiki, Y. : *Mol. Biol. Cell*, 11, 2085-2102 (2000)
19) Honsho, M., Tamura, S., Shimozawa, N., Suzuki, Y., Kondo, N., Fujiki, Y. : *Am. J. Hum. Genet.*, **63**, 1622-1630 (1998)
20) Li, X., Baumgart, E., Morrell, J. C., Jimenez-Sanchez, G., Valle, D., Gould, S. J. : *Mol.Cell. Biol.*, **22**, 4358-4365 (2002)
21) Li, X., Baumgart, E., Dong, G.-X., Morrell, J. C., Jimenez-Sanchez, G., Valle, D., Smith, K. D., Gould, S. J. : *Mol.Cell. Biol.*, 22, 8226-8240 (2002)

22) Tanaka, A., Okumoto, K., Fujiki, Y. : *Biochem. Biophys. Res. Commun.*, **300**, 819-823 (2003)
23) Koch, A., Thiemann, M., Grabenbauer, M., Yoon, Y., McNiven, M. A., Schrader, M. : *J. Biol. Chem.*, **278**, 8597-8605 (2003)
24) Shimozawa, N., Tsukamoto, T., Suzuki Y, Orii, T., Shirayoshi, Y., Mori, T., Fujiki, Y. : *Science*, **255**, 1132-1134 (1992)
25) Matsumoto, N., Tamura, S., Furuki, S., Miyata, N., Moser, A., Shimozawa, N., Moser, H. W., Suzuki, Y., Kondo, N., Fujiki, Y. : *Am. J. Hum. Genet.*, **73**, 233-246 (2003)
26) Imamura. A., Tamura, S., Shimozawa, N., Suzuki, Y., Zhang, Z., Tsukamoto, T., Orii, T., Kondo, N., Osumi, T., Fujiki, Y. : *Hum. Mol. Genet.*, **7**, 2089-2094 (1998)
27) Faust, P. L., Hatten, M. E. : *J. Cell Biol.*, **139**, 1293-1305 (1997)
28) Baes, M., Gressens, P., Baumgart, E., Carmeliet, P., Casteels, M., Fransen, M., Evrard, P., Fahimi, D., Declercq, P. E., Mannaerts, G. P. *et al.* : *Nat. Genet.*, **17**, 49-57 (1997)
29) Brites, P., Motley, A. M., Gressens, P., Mooyer, P. A. W., Ploegaert, I., Everts, V., Evrard, P., Carmeliet, P., Dewerchin, M., Baes, M. *et al.* : *Hum. Mol. Genet.*, **12**, 2255- 2267 (2003)
30) Maxwell, M., Bjorkman, J., Nguyen, T., Sharp, P., Finnie, J., Paterson, C., Tonks, I., Paton, B. C., Kay, G. F., Crane, D. I. : *Mol. Cell. Biol.*, **23**, 5947-5957 (2003)

Column

lysosome 축적증

Tanaka Yoshitaka (田中嘉孝)·Fujita Hideaki (藤田英明)·Himeno Masaru (姬野 勝)

lysosome은 모든 有核세포에 보편적으로 존재하며, 그 가운데 포함된 약 70종류에 달하는 산성가수분해효소의 작용에 의해 세포내나 세포외에서 끌어들인 생체고분자를 분해하는 세포내 소기관이다[1]. 그 때문에 이와같은 lysosome기능의 파탄은 위중한 질환을 초래하게 된다. 1 종류 또는 수 종류의 lysosome효소의 결손에 의해서 일어나는 40가지를 넘는 lysosome효소결손증이 이제까지 보고되어 있다. 이들의 원인의 대부분은 선천적인 유전질환에 의한 것이 대수를 점한다. lysosome효소의 결손은 통상 분해되어야 할 기질성분의 lysosome에서의 이상축적을 일으키기 때문에, lysosome효소결손증이라기 보다는 차라리 lysosome 축적증(lysosomal storage disease:LSD)이라고 불리고 있다. 특히 당단백질, 당지질 및 지질을 분해하는 효소의 결손에 의한 여러 가지 LSD가 알려져 있는데, 이들은 exo형의 효소이므로, 이를테면 1종류가 결손해도 그 후의 대사경로전체에 영향을 미치게 된다. 이들은 축적물의 종류의 차이(sphingolipid, glycogen, mucopolysaccharide, 당단백질 등)에 따라서 몇 가지 범주로 분류되고 있다(상세한 것은 문헌 2를 참고할 것). 한편 LSD의 중에도 lysosome 효소유전자의 변이는 아니고, 번역후에 받는 수식이상이 원인으로 일어나는 것이 있다.

그 대표적인 예가 I 세포병(mucolipidosis II: ML II)이다. 이 질환은 lysosome효소가 lysosome에 운반되기 위해서 필요한 mannose-6-phosphate을 부가하는 효소(GlcNac-phosphotransferase: 이후 phosphotransferase라고 표시함)의 결손이 원인으로 일어난다. 즉 I 세포병환자의 섬유아세포를 사용한 연구가 발단으로 되어 밝혀졌는데, lysosome효소는 소포체에서 합성후, trans-golgi body net(TGN)에 겨우 당도하기까지 당쇄의 mannose잔기의 C6자리에 인산의 부가를 받는다. 이 수식이 lysosome효소가 lysosome으로 겨우 당도하기까지의 편도차표(일방향)로 되는 것이다[1]. I 세포병환자의 섬유아세포에서는 이 효소의 결손에 의해 결국 거의 대부분 가용성 lysosome 효소가 세포외로 분비되어 버린다. 1980년대 초기에 phosphotransferase의 존재가 확인되고, lysosome 효소에 대한 인식기구에 관한 연구가 정력적으로 진행되고 있는데도 불구하고, 이 효소의 실체는 오랫동안 불명이었다. 약 15년의 세월을 거쳐서야 겨우 이 효소의 동정에 이르게 되었다. Canfield 그룹은 소의 간장에서 phosphotransferase의 정제에 성공하고, 3가지의 subunit(α, β, γ)의 6량체($\alpha_2\beta_2\gamma_2$)로 구성된 분자량 540K의 단백질인 것을 판명했다. 그 후 그들은 경증의 I 세포병인 mucolipidosis III(MLIII)의 환자의 phosphotransferase γ chain의 cDNA 클로닝을 하고, frameshift 변이가 생기는 것을 발견했다[3]. 또한 I 세포병에서는 어쩐지 α/β chain의 전사가 결실하고 있는듯하다. ML III의 phosphotransferase는 합성효소인 α-methylmannoside에 대한 촉매활성은 있지만, lysosome효소는 기질로 하지 않는다는 사실은 이전부터 알려져 있었다. 그 때문에 이들의 연구성과는 γ chain이 lysosome효소의 인식에 기능하며, 활성부위는 α와, 혹은 β chain에 존재하는 점을 분자수준에서 증명하고, lysosome 효소국재화의 분자기구에 확실하게 종지부를 찍으려고 하고 있다. 단지 I 세포병 환자의 여러 가지 조직에서 왜 lysosome 효소활성이 정상적인가라는 의문은 앞으로 해결되지 않으면 안되는 중요한 문제로서 남아있다.

번역후의 수식부전에 의한 LSD의 또 하나의 예로서, multiple sulfatase 결손증(MSD)이 알려져 있다. 척추동물에는 13가지 sulfatase가 발견되어 있으며, 그 가운데 8가지가 lysosome性이다. von Figura 그룹에 의한 일련의 실험으로부터 이들 sulfatase는 粗面소포체(rough ER)에서 합성종료직전 혹은 직후(아직 올바르게 폴딩되어 있지 않는 단계), 모든 sulfatase에 보존되어 있는 활성부위에 위치하는 cysteine잔기가 Ca-formylglycine(FGly)으로 변화되며, 이 수식이 sulfatase의 활성발현에 필수인 점이 밝혀졌다[4]. 이 결과는 MSD환자의 sulfatase의 cysteine잔기가 FGly화을 받고 있지 않다는 사실에서도 입증된다. 최근 von Figura[5] 및 Ballabio[6]의 두 그룹에서 다른 실험계에 의해서 FGly화 효소(FGly generating enzyme:FGE)가 동정되고, 이 효소는 소포체에 국재하고 있다. 실제로 MSD환자에 있어서 이 효소의 유전자 *SUMF 1*(*sulfatase modifying factor 1*)에 변이가 발견되고, MSD 환자의 섬유아세포에서 야생형 FGE cDNA의 발현은 sulfatase 활성의 상승을 불러일으킨 점으로봐서 FGE가 MSD의 원인유전자이라고 확정했다. 이들 연구의 성과는 이들 질환의 치료법으로서 이뤄지고 있는 효소보충요법의 진전에 도움을 줄 것이다.

여기에서는 상세히 취급할 수 없었지만, 이것 이외에도 lysosome효소 그 자신의 변이를 수반하지 않는 LSD, MLIV(*MCOLN1*), cystinosis(*CTNS*), sialidosis(*LC17A5*) 등의 원인유전자가 이 수년사이에 밝혀지게 되었다(괄호내는 원인유전자를 가리킨다). 또한 knockout mouse에 의한 lysosome막 단백질의 기능해석의 연구로부터 이들 단백질과 어떤 종의 질환의 관련성이 밝혀지고 있는 참이다(Kuronita(黑仁田)등의 원고 참고). I 세포병의 연구가 확실하게 그랬듯이 lysosome질환의 원인해명은 치료법의 개발은 말할 것도 없고 lysosome형성기구의 연구에 큰 공헌을 하는 것은 틀리지 않는다.

Q lysosome단백질의 몇 할 정도가 mannose-6-phosphate의 경로에서 수송되는가? 또한 그 밖의 경로에 대해서는 어느 정도 알고 있는가?

A lysosome효소의 몇 할이 mannose-6-phosphate의 경로에서 수송되는 지에 관해서 정확한 수치는 알고 있지 않다. 이것은 50종류, 70종류라고도 말해지는 lysosome효소 가운데, 한정된 효소밖에 해석되어 있지 않은 점에 기인한다. 또한 I 세포병의 동물모델인 mannose-6-phosphate수용체결손 마우스(mannose-6-phosphate수용체는 MPR46과 MPR300의 2 종류가 존재하며, 이들 두 수용체를 결손시킨 마우스)의 해석에서는 II종류만의 mannose-6-phosphate가 부가된 단백질 밖에 확인되어 있지 않다. 그런데 mannose-6-phosphate 비의존성의 경로의 분자기구에 관해서는 아직 밝혀지지 않고 있는 것이 현실이다. 일부의 효소에서는 막에 결합한 채 lysosome으로 운반된다고 보고되어 있는데, 그 상세한 것은 해명되어 있지 않다.

Q lysosome이외의 sulfatase도 모두 FGE에 의해 FGly로의 변환이 일어나는가? FGE는 1 종류밖에 존재하지 않는가?

A 非lysosome성의 aryl sulfatase C 및 E도 FGE에 의해 아마도 FGly로 변환함으로써 활성화된다. 또한 진핵세포만이 아니라 원핵세포의 sulfatase도 FGly화되는 것이 알려져 있다. *SUMF1*과 높은 상동성을 가지는 *SUMF2*유전자가 존재한다. *SUMF1*에 비해 약하지만, *SUMF2*유전자도 sulfatase를 활성화하는 듯하다.

●문헌

1) Kornfeld, S., Mellman, I. : *Annu. Rev. Cell Biol.*, **5**, 483-525(1989)
2) Desnick, R. J., Schuchman, E. H. : *Nat. Rev. Genet.*, **3**, 954-966(2002)
3) Raas-Rothschild, A., Cormier-Daire, V., Bao, M. *et al.* : *J. Clin. Invest.*, **105**, 673-681(2000)
4) Von Figura, K., Schmidt, B., Selmer, T., Dierks, T. : *BioEssays*, **20**, 505-510(1998)
5) Dierks, T., Schmidt, B., Borissenko, L. V. *et al.* : *Cell*, **113**, 435-444(2003)
6) Cosma, M. P., Pepe, S., Annunziata, I. *et al.* : *Cell*, **113**, 445-456(2003)

Yoshitaka Tanaka, Hideaki Fujita, Masaru Himeno, 九州大学大学院薬学研究院細胞生物薬学分野 E-mail : tanakay@bioc.phar.kyushu-u.ac.jp

Lysosomal storage disease

Column

단백질의 수송, 폴딩, assembly 장애와 미토콘드리아병

Mori Masataka (森 正敬)

● 서론

미토콘드리아는 세포내의 발전소로도 불리며, 그의 가장 중요한 역할은 ATP의 생산이다. 미토콘드리아의 형성은 미토콘드리아유전자와 핵유전자의 양쪽의 지배를 받고 있다. 미토콘드리아 게놈에는 호흡쇄나 산화적인산화에 관계하는 유전자가 존재하는데, 이들에 변이가 생기면 에너지를 많이 필요로 하는 뇌와 근육이 손상되며, 미토콘드리아 뇌근증을 초래한다. 한편 미토콘드리아 단백질의 대부분은 핵유전자에 코드되어 있어서 미토콘드리아외부에서 합성된 다음에 미토콘드리아 막을 통하여 내부로 수송되고, 폴딩되며, 때로는 복합체를 형성하고, 활성을 가지게 된다. 이들의 과정에 cytosol이나 미토콘드리아의 각 구획에 존재하는 많은 인자가 작용하고 있다 최근 이들 인자의 이상에 의한 미토콘드리아 이상증이 차차 발견되고 있다. 여기에서는 몇 가지 대표적인 예를 소개한다.

1 전구체단백질의 변이에 의한 수송장애[1]

미토콘드리아 단백질의 대부분은 N말단에 미토콘드리아 이행신호로서 작용하는 pre배열을 가지는 전구체의 모습으로 합성된 다음, 미토콘드리아내부로 수송된다. pre 배열의 변이에 의한 수송장애의 症例가 몇 가지 보고되어 있다. 또한 성숙단백질의 변이에 의한 수송장해의 예도 보고되고 있다. 이들의 경우는 각각의 단백질의 결손증의 모습으로 발증한다.

2 유전성 경성대마비(痙性對麻痺)

이 병은 하지의 진행성 경성대마비와 탈력을 수반하는 유전성질환이며, 20종류이상의 유전자좌가 알려져 있다. 이중의 7형의 원인유전자로서 paraplegin 유전자가 동정되었다[2]. paraplegin은 효모 미토콘드리아의 metalloprotease와 높은 상동성을 가지는 AAA family에 속하는 단백질이며, 아마도 에너지생산에 관여하는 특정의 미토콘드리아 단백질의 processing에 관여하는 것은 아닌가하고 생각된다.

한편 이 병 13형의 증례에서 미토콘드리아 샤페로닌 Hsp60의 missense 변이(V72I)가 발견되고, 대장균을 사용한 상보성해석에 의해 병인으로 동정되었다[3]. 그러나 이 변이는 유사아미노산의 치환이며, 하나의 증예의 보고에 지나지 않아서 다른 증예의 해석이 기다려진다.

3 Mohr-Tranebjaerg 증후군

이 증후군은 다채로운 신경증상을 나타내는 X연쇄신경유전병이며, 그의 병인단백질 DDP1이 동정되었다[4, 5]. 미토콘드리아 내막에 존재하는 수송체 단백질 등의 소수성 단백질의 수송에는, 효모에서는 Tim8을 포함하는 소분자 Tim군이 작동하는데, DDP1은 Tim8의 사람상동체이다. 효모를 사용한 상보성해석에 의해 내막단백질의 수송장해가 증명되고 있다.

●끝맺음

미토콘드리아 단백질 수송인자의 장해에 의한 미토콘드리아병은 앞으로도 발견될 것이다. 여기에서는 기술하지 않았지만, 호흡쇄복합체의 assembly에 작동하는 샤페론유사(樣)인자의 변이에 의한 미토콘드리아병도 많이 발견되고 있다[6]. 아주 최근 사람의 심장미토콘드리아의 proteome해석에 의해서 615종의 polypeptide가 동정되었고[7], 앞으로 더욱더 병과의 관련에 대해서 이해가 진전할 것이라고 기대되고 있다. 단백질의 수송, 폴딩, assembly의 異常은 미토코드리아병 연구에 있어서 더욱더 중요하게 될 것이다.

●문헌

1) Mori, M., Terada, K. : *Biochem. Biophys. Acta*, **1403**, 12-27 (1998)
2) Casari, G. *et al.* : *Cell*, **12**, 973-983 (1998)
3) Hansen, J. J. *et al.* : *Am. J. Hum. Genet.*, **70**, 1328-1332(2002)
4) Jin, H. *et al.* : *Nat. Genet.*, **14**, 177-180 (1996)
5) Roesch, K., Curran, S. P., Tranebjaerg, L., Koehler, C. M.: *Hum. Mol. Genet.*, **11**, 477-486 (2002)
6) 大竹 明・森 正敬：実験医学増刊号「細胞内輸送研究の最前線」, pp. 2007-2014 (2003)
7) Taylor, S. W. *et al.* : *Nat. Biotech.*, **21**, 281-286 (2003)

Masataka Mori, 熊本大学大学院医学薬学研究部（医学系）分子遺伝学教室　E-mail : masa@gpo.kumamoto-u.ac.jp

Defects in mitochondrial protein import, folding and assembly, and mitochondrial disease

찾아보기

D

E

F